Risse in Gebäuden

Frank Frössel

Risse in Gebäuden

Damit aus einer Fassade kein Ris(s)iko wird

2. Auflage

Springer Vieweg

Frank Frössel
Horb am Neckar, Deutschland

ISBN 978-3-658-47095-1 ISBN 978-3-658-47096-8 (eBook)
https://doi.org/10.1007/978-3-658-47096-8

Die Deutsche Nationalbibliothek verzeichnet diese Publikation in der Deutschen Nationalbibliografie; detaillierte bibliografische Daten sind im Internet über https://portal.dnb.de abrufbar.

1. Auflage: © Baulino Verlag GmbH 2008

Springer Vieweg ist ein Imprint der eingetragenen Gesellschaft Springer Fachmedien Wiesbaden GmbH und ist ein Teil von Springer Nature.
Die Anschrift der Gesellschaft ist: Abraham-Lincoln-Str. 46, 65189 Wiesbaden, Germany

„…nen Bau, der nich' reißt, den jibt's nich"

Vorwort zur 2. Auflage

Risse in Gebäuden bleiben ein Dauerthema. Daran hat sich auch nach über 15 Jahren nichts geändert – seit der 1. Auflage des gleichnamigen Buchtitels. Viele der damaligen Prognosen sind in den letzten Jahren eingetreten. Risse in Gebäuden belegen nach wie vor die vorderen Plätze in Schadensstatistiken und beschäftigen eine Vielzahl von am Bau Beteiligten. Zu ihnen gehören Architekten und Fach- sowie Instandsetzungsplaner, die Baustoffindustrie sowie Materialprüfanstalten, ausführende Bau- und Handwerksfirmen, vor allem Sachverständige und Gutachter, aber eben auch Fachanwälte für Baurecht, Gerichte und Versicherungen. Daran wird sich auch in den kommenden Jahren nichts ändern – ganz im Gegenteil. Die Ursachen für Risse in Gebäuden sind nicht nur multikausal, sondern in vielen Fällen auch nicht eindeutig einem Verursacher zuzuschreiben. Das Ursache-Wirkungs-Prinzip kann bei zeitlich nachgelagerten Schadensmechanismen in so genannten Verbundbaustoffen in den meisten Fällen eben gerade nicht eindeutig festgestellt werden. Verschiedene Baustoffe mit unterschiedlichen Eigenschaften, verbaut durch unterschiedliche Akteure im Bauablauf, verursachen im Verbund häufig Schadensmechanismen, die auf den ersten Blick nicht erkennbar sind und auch auf den zweiten Blick nicht unbedingt eindeutig sein müssen. Eine mögliche Unterstützung kann hierbei ggf. die so genannte Bauforensik bieten – eine neue Disziplin in der Bauwerksdiagnostik, mit der z. B. auch versteckte Bauschäden oder nicht sichtbare Fehler in vorausgegangenen Sanierungen sichtbar gemacht werden kann. Das gleichzeitig spannende wie auch innovative Thema wurde daher in die 2. Auflage mit aufgenommen.

An den Ursachen für Risse in Gebäuden hat sich in den letzten 15 Jahren nichts verändert. Das Bestreben von Politik und Baustoffindustrie, die Gebäudehülle aus einer immer energieeffizienteren Baukonstruktionen herzustellen, führt zu Bau- und Wärmedämmstoffen mit einer immer geringeren Wärmeleitfähigkeit, die im Verbund mit Baustoffen kombiniert werden, die schon allein aus statischen Gründen in den meisten Fällen eine schlechtere Wärmeleitfähigkeit aufweisen und zwangsläufig zu hygro-thermischen Spannungen an den Grenzflächen führen. Diese Problematik wird durch die zunehmende Entwicklung industriell vorgefertigter und/oder großformatiger Bauelemente vor allem im Neubau zusätzlich verschärft. Es verwundert daher nicht, dass Risse in Gebäuden in erster Linie ein Thema im Neubau ist, da Schadensmechanismen, die zu unterschiedlichen Rissarten führen können, im Altbau weitestgehend abgeschlossen sind. Altbauten sind eher von Rissen betroffen, wenn nachträgliche Veränderungen im Umfeld der Gebäude zu baugrundbedingten und in einigen Fällen zu konstruktivbedingten Rissen führen. Untergrundbedingte Risse und bis auf wenige Ausnahmen Putzbedingte Risse sind im Altbau in der Regel nicht anzutreffen, dafür umso mehr im Neubau. Die Ursachen hierfür sind hausgemacht und werden auch in den nächsten Jahren eher zunehmen als abnehmen. Als einer der Hauptgründe muss auch weiterhin der Preis- und Zeitdruck im Neubau genannt werden. Beides führt erfahrungsgemäß zum Aus- und in vielen Fällen zum Überreizen von Materialeigenschaften, was sich vor allem in einem Unterschreiten von notwendigen Stand- und Trocknungszeiten zeigt. Eine zu hohe Restfeuchte in einzelnen Wandbaustoffen führt dazu, dass eine Austrocknung immer noch stattfindet, wenn diese bereits mit anderen Baustoffen verbunden sind. In Folge der unterschiedlichen hygro-thermischen Eigenschaften von Baustoffen im Verbund treten meistens Spannungen auf, die auf das unterschiedliche Quell- und Schwindverhalten der einzelnen Verbundbaustoffe zurückzuführen ist. Diese Spannungen „entspannen“ sich in Form von Rissen.

Die Anamnese von Rissen in Gebäuden ist immer eine Art „Zeitreise“. Dies wird in der Diagnostik und Bewertung von Rissen zu häufig vernachlässigt. Untersuchungen fokussieren sich zu oft auf den Ist-Zustand und/oder nur auf das Bauteil, in dem der Riss aufgetreten bzw. an der Oberfläche als Makroriss sichtbar geworden ist. Schließlich ist der Riss das zeitlich versetzte Sichtbarwerden eines vorausgegangenen Schadensmechanismus – dieser kann mehrere Wochen, aber auch mehrere Monate und im Extremfall auch mehrere Jahre zurückliegen. Daher ist die Anamnese, Diagnostik und Bewertung von Rissen in erster Linie eine Retrospektive. Hinzu kommt, dass Risse in den seltensten Fällen die Ursache für einen Bauschaden sind, sondern in der Regel nur die optischen Symptome für einen komplexen Schadensmechanismus sind. Diesen zu identifizieren und objektiv zu analysieren sowie ein darauf abgestimmtes Instandsetzungskonzept zu entwickeln, ist die Kernaufgabe einer nachhaltigen Risssanierung.

Die multikausalen Ursachen für eine Vielzahl ganz unterschiedlicher Rissarten und deren verschiedene Auswirkungen auf die Funktionalität einer Gebäudehülle, kombiniert mit einer Vielzahl von Beteiligten und überlagerten Zuständigkeiten bei der Planung und Ausführung von Bauleistungen, die zu Rissen führen können, sowie ein unterschiedliches Verständnis über die Rissfreiheit einer Bauleistung, rufen zwangsläufig die Juristen auf den Plan. Es bringt daher auch nichts, wenn sich Baustoffindustrie, Bausachverständige und technische Regelwerke einig sind, wann ein Riss nicht zu bemängeln ist, wenn dies ausschließlich eine Rechtsfrage und von Juristen zu beantworten ist. Daher ist es immer wieder erstaunlich, wie häufig in der Praxis Begriffe wie Schaden und Mangel synonym verwendet werden und/oder dass technische Regelwerke vorgeben wollen, wann ein Riss noch hinnehmbar oder als „hinzunehmende Unregelmäßigkeit“ zu tolerieren ist. Im Endeffekt kommt es in diesen Fällen umso mehr darauf an, was Auftraggeber und Auftragnehmer vertraglich miteinander vereinbaren. Schließlich ist der Spruch: „bezahlt wird mit Mängeln“ aktueller denn je. Daran wird sich angesichts steigender Baukosten und einer zunehmend bauherrenfreundlichen Rechtsprechung vorläufig nichts ändern.

Generell ist im Umgang mit Regelwerken wie Normen oder auch Merkblättern folgendes zu beachten: Regelwerke beschreiben in der Regel den Soll-Zustand, also wie eine Bauleistung im Idealfall zu planen und auszuführen ist. Man kann dies auch als „Normalfall" bezeichnen. Risse in Gebäuden ist aber gerade alles andere als der Normalfall. Daher gilt für die Untersuchung und Bewertung, die Planung und Ausschreibung sowie die Sanierung und in den meisten Fällen auch die Vorbeugung von Rissen: Gerade den „Normalfall" gibt es eben nicht, sodass es fast immer auf eine Einzelfallbetrachtung hinausläuft. Hierfür ist interdisziplinäre Fachkompetenz wichtiger als nur der Verweis auf Regelwerke, die nicht selten einen Kompromiss unterschiedlicher Interessen darstellen und den individuellen Einzelfall gerade nicht abdecken können. In diesem Sinne sollen die Ausführungen zu den Regelwerken in diesem Buch verstanden werden.

In der 2. Auflage wurden nicht nur die Regelwerke aktualisiert, sondern auch nicht bewährte Systeme zur Risssanierung entfernt. Neue Technologien wurden genauso ergänzt wie versicherungstechnische Aspekte. Außerdem wurde das Glossar im Anhang gegenüber der 1. Auflage um rissspezifische Fach- und Sachbegriffe deutlich erweitert sowie eine Übersicht über relevante Regelwerke ergänzt.

Horb, im Sommer 2025 Frank Frössel

Interessenkonflikt

Der/die Autor*in hat keine für den Inhalt dieses Manuskripts relevanten Interessenkonflikte.

Inhaltsverzeichnis

Abbildungsverzeichnis

Tabellenverzeichnis

Rissologie – die Systematik der Risse

1

In der Vergangenheit fehlten bei der Anamnese, Diagnostik und Bewertung von Rissen in Gebäuden eine systematische und konzeptionelle Vorgehensweise sowie ein ganzheitlicher Ansatz. Dieser wurde unter dem Begriff der Rissologie geschaffen und beinhaltet die Lehre von der Entstehung, der Analyse der Ursachen, der Bewertung der Auswirkungen sowie der richtigen Auswahl geeigneter Instandsetzungsmaßnahmen. Hierbei wird unterschieden zwischen der Entstehung und Ausbreitung von Rissen sowie den primären Ursachen und Symptomen (Auswirkungen). Daher spricht man auch von Primär- und Sekundärrissen. Erstgenannte sind die Risse selbst sowie dadurch verursachte (weitere) Bauschäden. Unter den Letztgenannten werden dagegen die Risse verstanden, die als Folge anderer Bauschäden entstehen.

In der Rissologie werden Untersuchungen am Objekt und weiterführende Analysen im Labor unterschieden. In der Bauwerksdiagnostik werden hierfür Begriffe wie die visuelle und instrumentelle Analyse verwendet. Einfache Untersuchungen am Objekt sind z. B. die visuelle Erfassung der Rissart, Rissbreite und -tiefe, der Rissverlauf, das Rissalter und der Zeitpunkt des Auftretens oder Erkennens der Rissbildung und -ausbreitung, die Dynamik der Rissausbreitung sowie eine allgemeine Umfeldanalyse. Hierzu gehören neben der Erfassung der Objektdaten vor allem auch die Bauzustandsanalyse des gesamten Bauteilquerschnitts und seiner einzelnen Baustoffe im Verbund. Die instrumentelle Analyse beschäftigt sich in Abhängigkeit von der Aufgabenstellung u. a. mit der Druck- und Zugfestigkeit, der Wasseraufnahme und Wasserdampfdiffusion, dem E-Modul und Spannungszustand, der chemischen Zusammensetzung, Wärmeleitfähigkeit, hygro-thermischen Ausdehnung, Rohdichte und ggf. treibenden Einflüssen und Einschlüssen. Im Einzelfall können bauphysikalische Berechnungen die Rissdiagnostik komplettieren.

Die Rissologie hat die Aufgabe, die anschließende Bewertung von Rissen nicht nur nach technischen Gesichtspunkten vorzunehmen, sondern auch optische Aspekte zu berücksichtigen. Hierbei wird unterschieden, ob die optische Bewertung auch ohne oder nur mit Hilfsmitteln möglich ist und/oder die Risse nur unter gewissen Bedingungen (z. B. Lichtverhältnisse oder Niederschläge) sichtbar werden. In Bezug auf die geplante Instandsetzung müssen zudem wirtschaftliche Aspekte mit einbezogen werden.

In der Praxis kann man häufig feststellen, dass Begriffe wie Schaden und Mangel synonym verwendet werden, obwohl die Bewertung eines Schadens nach technischen Gesichtspunkten und somit z. B. durch einen Bausachverständigen zu erfolgen hat und die Bewertung eines Mangels nach rechtlichen Gesichtspunkten und somit durch einen Juristen. Hierbei spielt es keine Rolle, dass ein Schaden auch vorliegen kann, ohne dass ein Mangel vorliegt oder ein Mangel vorliegen kann, ohne dass ein Schaden vorliegen

F. Frössel, *Risse in Gebäuden*, https://doi.org/10.1007/978-3-658-47096-8_1

muss. In den meisten Fällen ist bei Rissen in Gebäuden davon auszugehen, dass sowohl ein Schaden als auch ein Mangel vorliegt. Allerdings gibt es auch wenige Ausnahmen, bei denen Risse weder einen Schaden noch einen Mangel darstellen.

Gerade Risse in Gebäuden sind ein Beispiel dafür, dass multikausale Ursachen verantwortlich sein können und nicht zwangsläufig in den Zuständigkeitsbereich des Auftragnehmers oder Auftraggebers fallen müssen. Hinzu kommt, dass die Ursachen für die Rissentstehung und -ausbreitung an der Oberfläche eines Bauteils nicht zwingend diesem Bauteil bzw. seinen Baustoffen zugeordnet werden kann und somit ein weiteres Problem verdeutlicht: Verantwortlich für einen Riss können in vielen Fällen sowohl der ausschreibende Planer, der ausführende Handwerker und in seltenen Fällen auch der Materiallieferant sein. Liefern dann ggf. noch mehrere Baustoffhersteller verschiedene Materialien für einen Wandaufbau (z. B. hoch porosierte Leichthochlochziegel, Dünn- oder Mittelbettmörtel, Unterputz, Oberputz, Anstrich und Putzprofile), ist die Zuordnung schwierig, wenn es sich um nicht geprüfte Verbundbaustoffe handelt (anders als z. B. bei einem Wärmedämm-Verbundsystem). Hinzu kommt, dass nicht selten auch noch fremde Gewerke (parallel oder nachgelagert) für einen Riss (mit-)verantwortlich sein können.

Bei der Instandsetzung von Rissen in Gebäuden unterscheidet die Rissologie zwischen zwei grundsätzlich verschiedene Methoden: Bei der Instandsetzung von baugrund- und/oder konstruktivbedingten Rissen geht es um die Beseitigung der primären Ursachen, die zu Rissen geführt haben, hingegen es bei der Instandsetzung von untergrund- und/oder putzbedingten Rissen in den meisten Fällen um das Kaschieren der Symptome an der Oberfläche geht. Instandsetzungsverfahren wie z. B. die nachträgliche Verfüllung und/oder Verfestigung des Baugrundes oder die kraftschlüssige Injektion des Tragwerkes sind daher mit den Instandsetzungsverfahren wie z. B. die anstrich- oder putztechnische Risssanierung nicht vergleichbar. Dies gilt nicht nur für die Methoden und Technologie oder Verfahren und Materialien, sondern insbesondere für die Konzeption und Planung, Ausschreibung und Ausführung und letztendlich für den Aufwand und den damit anfallenden Kosten. Denn bei den Erstgenannten handelt es sich in der Regel um eine Einzelrisssanierung, die fast immer nach Abschluss der Maßnahmen visuell wahrzunehmen ist und daher die Zustimmung des Auftraggebers zu den optischen Nachteilen im Vorfeld eingeholt werden sollte. Bei den Letztgenannten handelt es sich meistens um eine Flächensanierung, bei denen es hauptsächlich darum geht, rissfreie Oberflächen auch dann sicherzustellen, wenn es im darunterliegenden Bauteil nachträglich zu einer Rissbreitenänderung und/oder Rissflankenverschiebung kommt.

Bezüglich der Bezeichnung verschiedener Risse gibt es eine große Inkonsistenz. Teilweise werden Risse entweder nach ihrer Größe, ihrem Aussehen und Verlauf oder dem Zeitpunkt ihres ersten oder wiederholten Auftretens bezeichnet. In anderen Fällen werden Risse nach dem Baustoff oder dem Bauteil benannt, in dem sie auftreten. Ebenfalls üblich ist eine Namensgebung nach den Ursachen wie planungs-, oder ausführungs- oder materialbedingte Risse. Dies widerspricht allerdings der Komplexität von Rissen, sodass dieses Fachbuch der Logik folgt, Risse in Abhängigkeit vom Entstehungsort zu benennen – also nach der Umgebung, in denen diese auftreten bzw. sichtbar werden. Infolgedessen wird in den folgenden Kapiteln unterschieden in:

- **Baugrund**bedingte Risse
- **Konstruktiv**bedingte Risse
- **Untergrund**bedingte Risse und
- **Putz**bedingte Risse.

Es wäre wünschenswert, wenn sich diese Systematik in den nächsten Jahren am Markt durchsetzen würde, damit in Gutachten, Veröffentlichungen, Normen und Merkblättern die verschiedenen Begrifflichkeiten und Definitionen vereinheitlicht werden.

Die nachfolgende Grafik (Abb. 1.1) gibt einen Überblick über die Systematik des Buches und eine Orientierung, welche Themen in welchen Kapiteln behandelt werden.

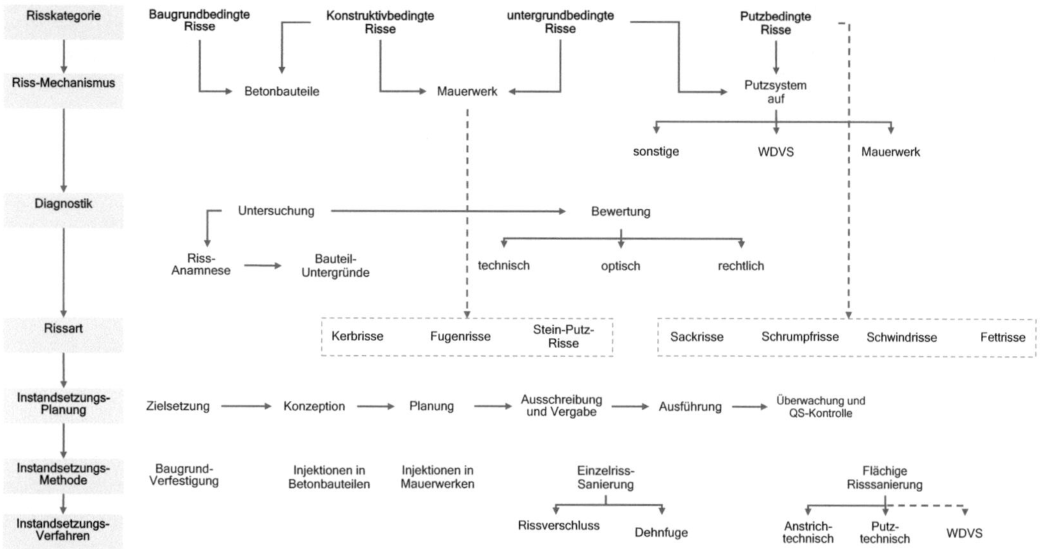

Abb. 1.1 Rissologie – die Systematik der Risse

Die Inhalte dienen der allgemeinen Information, sind unverbindlich und ersetzen nicht die individuelle Beratung vor Ort und/oder durch einen spezialisierten Experten. Empfehlungen haben einen allgemeingültigen Charakter und können nicht ohne Prüfung auf den Einzelfall ohne weiteres übernommen werden. Dies bezieht sich auf individuelle Hintergründe, objektspezifische Voraussetzungen und/oder ggf. geschlossene Vertragsverhältnisse. Verbindliche Aussagen zu technischen Merkmalen, Ausstattungen oder Eigenschaften sowie Art und Umfang der Umsetzung bleiben ausschließlich den Unternehmen vorbehalten, die mit der Analyse und Bewertung sowie der Instandsetzung oder Vorbeugung von Rissen in Gebäuden beauftragt werden. Die allgemein anerkannten Regeln der Technik sowie gültigen Normen und Richtlinien sind zu beachten. Fotos, technische Zeichnungen, Skizzen oder Illustrationen dienen nur der Veranschaulichung und stellen einen Sachverhalt grundsätzlich dar. Technische Angaben und Vorgaben zu Produkten und/oder Verfahren (einschließlich Methoden) bleiben den jeweiligen Anbietern vorbehalten.

2 Einleitung

Risse in Gebäuden sind in Statistiken über Bauschäden allgegenwärtig und dennoch gibt es keine offiziellen Marktzahlen. Weder das statische Bundesamt noch diverse Verbände z. B. der Baustoffindustrie oder der Bausachverständigen Deutschland kennen die genaue Anzahl von Gebäuden, die pro Jahr aufgrund von Rissschäden instandgesetzt werden müssen. Obwohl die Versicherungswirtschaft die Kosten der Instandsetzung von Elementarschäden pro Jahr ausweist, enthalten auch diese keine konkreten Angaben über Risse in Gebäuden. Daher ist man weiterhin auf relativ alte Markterhebungen angewiesen, wenn man den Markt der Risssanierung quantifizieren möchte.

Für das Bauen im Bestand muss somit weiterhin der *„Dritte Bericht über Schäden an Gebäuden*“ der Bundesregierung aus dem Jahre 1996 herangezogen werden. In diesem so genannten „Bauschadensbericht“ wurde der Altbaubestand in Deutschland bewertet und für die neuen Bundesländer erstmalig eine qualitative und quantitative Einschätzung gegeben. Wichtigste Aufgabe hierbei war es, die Bausubstanz nach Alter und Bauteil, Baustoffe und Art von Schäden zu quantifizieren. Hierzu wurden die Gebäude in Baualtersgruppen eingeteilt, wobei Gebäude, die bis Mitte des vergangenen Jahrhunderts errichtet wurden, eine besondere Auffälligkeit an Rissen und Putzabplatzungen aufwiesen. Bei der Differenzierung nach der Gebäudeart zeigten vor allem verputzte Fachwerkgebäude eine besonders starke Rissbildung – was nicht überrascht. Nicht ohne Grund werden Fachwerkhäuser auch als „lebende Gebäude“ bezeichnet, in denen Rissbildungen nicht vermieden werden können.

Zwischen den neuen und alten Bundesländern zeigten sich zum Teil große Unterschiede. Während in den alten Bundesländern nur ca. 15 % der Fassaden eine leichte bis durchschnittliche Rissbildung aufwiesen, waren es in den neuen Bundesländern immerhin über 60 %. Angesichts der fehlenden Gebäudeunterhaltung bis 1990 ist dies sicherlich eine nicht allzu überraschende Feststellung. Auch wenn der Bauschadensbericht fast 30 Jahre alt ist und unter anderen Vorzeichen in Auftrag gegeben wurde – die Bauzustandsanalyse in den neuen Bundesländer diente in erster Linie den zuständigen Bundesministerien dazu, den Instandsetzungsbedarf in den neuen Bundesländern zu quantifizieren, um eine solide Haushaltsplanung aufstellen zu können – haben die inhaltlichen Aussagen an ihrer Bedeutung und Aktualität nichts verloren. In vielen Statistiken des Bauschadensberichts gestaltete sich eine saubere Trennung zwischen Putzschäden, Abplatzungen und Rissbildungen als schwierig, da sich Schadensbilder und/oder deren Ursachen häufig überlagert haben. Bezogen auf die neuen Bundesländer bedeutet dies, dass über 80 % der Fassaden im Bestand Risse und/oder Abplatzungen zeigten.[1]

Aufgrund der zwischenzeitlich durchgeführten Sanierungen, Renovierungen und Modernisierun-

F. Frössel, *Risse in Gebäuden*, https://doi.org/10.1007/978-3-658-47096-8_2

gen ist davon auszugehen, dass sich der Flächenanteil auf unter 60 % reduziert haben wird, aber wegen des noch relativ hohen Anteils an Altbauten immer noch bei über 30 % liegen wird und somit sich allmählich dem Niveau in den alten Bundesländern angleicht. In den alten Bundesländern war die Bausubstanz in einem deutlich besseren Zustand, sodass man heute davon ausgehen kann, dass unter 20 % der Fassaden im Bestand noch Risse und/oder Abplatzungen aufweisen (Abb. 2.1).

Gleichzeitig muss man erwähnen, dass Risse in Gebäuden zunehmend ein Thema im Neubau ist, sodass die Bauzustandsanalyse im Altbau zunehmend an Relevanz verliert.

Zum besseren Verständnis sollen die Unterschiede zwischen Sanierungen, Renovierungen und Modernisierungen kurz erläutert werden. **Sa-**

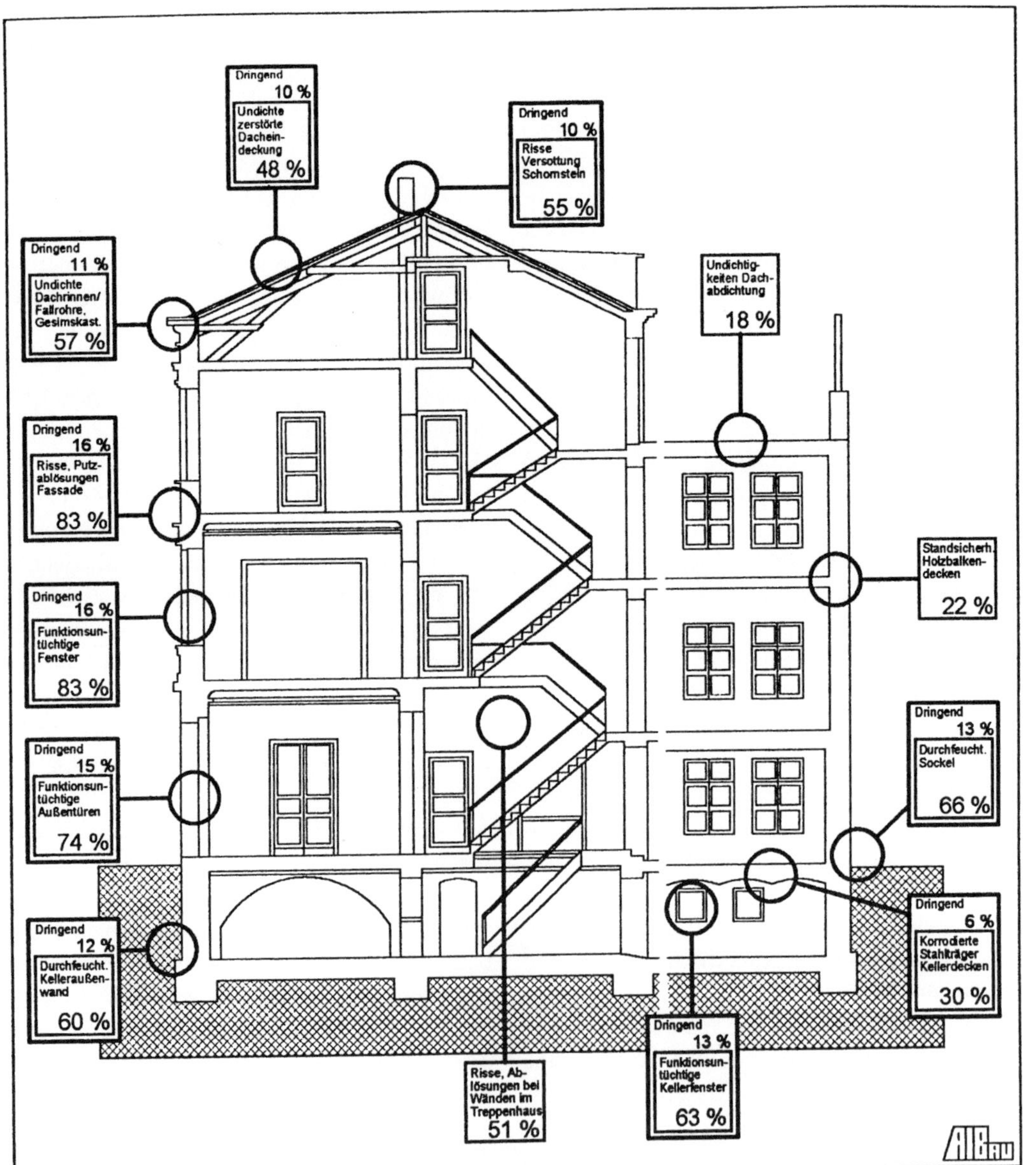

Abb. 2.1 lt. Dritten Bauschadensbericht weisen über 80 % der Fassaden im Altbau Risse und Abplatzungen auf

nierungen beschreiben die Beseitigung von Bauschäden, ohne dass zwingend die heutigen Anforderungen z. B. an den Wärmeschutz erfüllt werden müssen. Bestes Beispiel ist die putz- oder anstrichtechnische Risssanierung, bei der Risse an der Oberfläche überarbeitet werden, ohne dass die Fassade anschließend die Anforderungen energieeffizienter Gebäudehüllen erfüllen. Gleiches gilt für die Instandsetzung bei Putzabplatzungen oder wenn ein feuchte- und/oder salzbelasteter Sockel mit einem Sanierputz beschichtet wird. Bei der **Renovierung** geht es um eine Überarbeitung aus optischen Gründen. Hierzu gehören z. B. Renovierungsanstriche bei verschmutzten Fassaden oder wenn z. B. eine grobkörnige Putzfassade aus den 1970-er oder 1980-er Jahre überarbeitet wird, um das Erscheinungsbild dem Zeitgeist anzupassen. Im Gegensatz zur Sanierung liegen bei der Renovierung keine Schäden vor. Bei der **Modernisierung** geht es darum, eine alte Fassade – unabhängig davon, ob diese Schäden aufweist oder nicht – im Rahmen der Instandsetzung gleich auf den technischen Stand heutiger Anforderungen zu bringen. Bestes Beispiel hierfür sind Wärmedämm-Verbundsysteme, mit denen der Wärme- und Feuchteschutz verbessert wird. Idealerweise sollte sich der Brand- und Schallschutz durch derartige Modernisierungen nicht verschlechtern. Darüber hinaus gibt es noch die Rekonstruktion, Restaurierung und Instandhaltung.

In dem bereits erwähnten Bauschadensbericht wurde darüber hinaus der kurz- und mittelfristige Instandsetzungsbedarf definiert. Dieser wurde einerseits notwendig, um aufzuzeigen, welche Instandsetzungen kurzfristig durchzuführen sind, um z. B. die Bausubstanz nicht zu gefährden (z. B. den totalen Substanzverlust durch Einsturz) und welche Instandsetzungen mittelfristig anfallen, um weitergehende Schäden zu vermeiden. Eine Kommission aus Experten hatte die betroffenen Bauteile analysiert und bewertet und kam zu dem Ergebnis, dass ca. 16 % dieser Fassadenflächen dringend saniert werden müssen, um z. B. eine substanzgefährdende Durchfeuchtung des Mauerwerkes zu unterbinden. Als Hauptursachen wurden vor allem alterungsbedingte Putzschäden sowie eine teilweise fahrlässig unterlassene Bauwerksunterhaltung genannt.

Darüber hinaus gibt es private Marktstudien. Beispielsweise wurde in [2] nicht nur die Fassadenfläche aller Gebäude in Deutschland erfasst, sondern auch deren Material- und Oberflächenstruktur. Demnach betrug die Fassadenfläche im Jahr 2001 etwa 5,1 Mrd. Quadratmeter, unterteilt in elf Kategorien. Die drei häufigsten Fassadensysteme (verputztes Mauerwerk, Klinkermauerwerk sowie Wärmedämm-Verbundsysteme) decken knapp 90 % aller Fassadenflächen ab, gefolgt von vorgehängten hinterlüfteten Fassaden (Abb. 2.2).

Mit einem Anteil von über 60 % (3234 Mio. m^2) an erster Stelle fokussieren sich auch die Ausführungen der nachfolgenden Kapitel auf klassische Putzfassaden, gefolgt von Klinkerfassaden mit

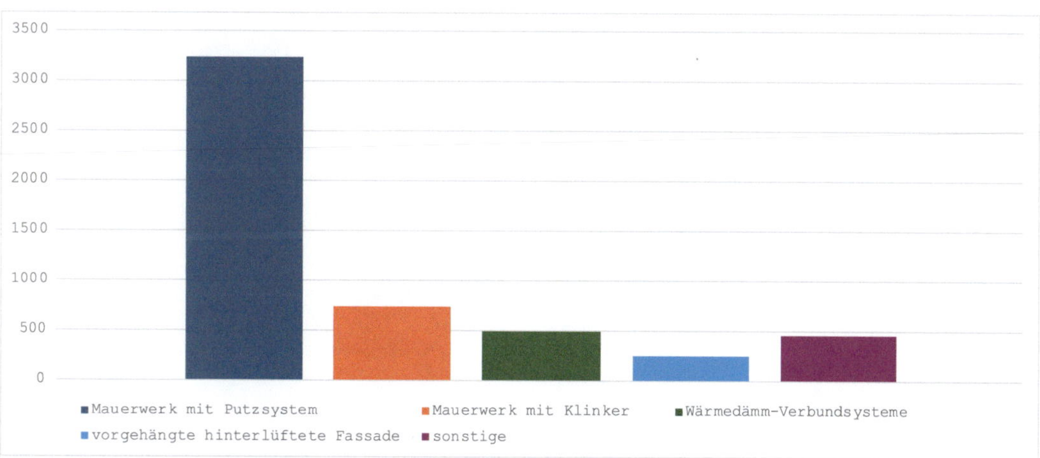

Abb. 2.2 Fassadenfläche in Deutschland nach Fassadensystemen in Mio. m^2

über 14 % (740 Mio. m²) und Wärmedämm-Verbundsystemen (WDVS) mit knapp 10 % (490 Mio. m²). Nachdem seit 2001 durchschnittlich ca. 30 Mio. m² Fassadenfläche mit einem Wärmedämm-Verbundsystem pro Jahr belegt wurde, hat sich die Fassadenfläche mit einem WDVS mehr als verdoppelt und beträgt mit mehr als 1 Mrd. m² mittlerweile etwa ein Fünftel aller Fassadenflächen in Deutschland – bereinigt um die Flächen, die mit einem Wärmedämm-Verbundsystem der so genannten 1. und 2. Generation versehen waren und in der Zwischenzeit ebenfalls saniert werden mussten. Hiermit sind Systeme gemeint, die in den 1970-er bis Mitte der 1990-er Jahre ausgeführt wurden (1. Generation) sowie von Mitte der 1990-er Jahre bis Anfang der 2000-er Jahre (2. Generation). Wärmedämm-Verbundsysteme der so genannten 3. Generation gelten als technisch ausgereift mit einem so genannten Renovierungszyklus von mehr als 45 Jahre. Wenn also auch Wärmedämm-Verbundsysteme im Zusammenhang mit Rissen genannt werden, geht es in erster Linie um ältere Systeme. Hierbei zeigen sich immer wieder gleiche Probleme, die zu Rissen führen (Abb. 2.3, Abb. 2.4, Abb. 2.5).

Abb. 2.3 Aufschüsseln von Wärmedämmplatten bei älteren Systemen

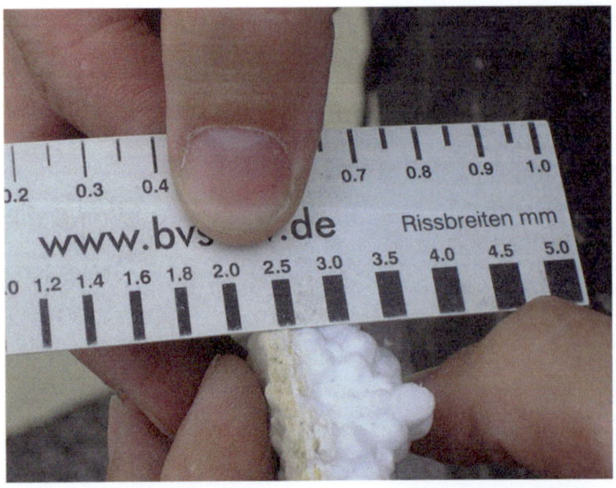

Abb. 2.4 Verarbeitungsfehler wie z. B. die Nichteinhaltung vorgegebener Schichtdicken

Abb. 2.5 nicht fachgerechte Ausbildung von Details wie z. B. die Abdichtung der Anschlüsse einer Fensterbank

Nach nicht veröffentlichten Schadensstatistiken der WDVS-Systemanbieter – so genannte Reklamationserfassung – weisen ca. 10 % der neu ausgeführten Wärmedämm-Verbundsysteme unterschiedliche Risse auf[3]. Da diese fast immer auf Verarbeitungsfehler zurückzuführen sind, tauchen diese in keiner offiziellen Statistik auf. Dies bedeutet allerdings auch, dass bei ca. 30 Mio. m^2 verlegte Wärmedämm-Verbundsysteme pro Jahr auf ca. 3 Mio. m^2 WDVS-gedämmte Fassadenfläche unterschiedliche Risse auftreten, die beseitigt werden müssen. Hierbei muss berücksichtigt werden, dass in der Regel nicht einmal 10 % der Flächen Putzbedingte Risse aufweisen, sodass auch nur diese Bereiche saniert werden müssen.

Ähnliche Aussagen treffen die Hersteller von hoch wärmedämmenden Mauerwerken. und Porenbetonsteinen. Das Problem von Stein-Putz-Rissen auf verputzten hoch porosierten Leichthochlochziegeln wird mit ca. 10 % der Putzflächen angegeben. Dies entspricht etwa 1 Mio. m^2 pro Jahr. Bei Mauerwerken aus Porenbetonsteinen liegen die Werte etwa bei 500.000 m^2 pro Jahr, wobei bei Porenbeton im Gegensatz zum Leichthochlochziegel noch das Problem hinzukommt, dass 10 bis 20 % der verbauten Porenbetonsteine eine zu hohe Restfeuchte aufweisen und Stein-Putz-Risse vor allem durch ein starkes Schwinden der Steine verursacht werden – von Problemen durch Wasserdampfdiffusion über die Innenwandflächen einmal abgesehen.

Über Risse in dem zunehmenden Segment der Holzständerbauweise liegen bisher keine Zahlen vor. Es ist davon auszugehen, dass diese aufgrund der industriellen Vorfertigung und einer etwas anderen Montagetechnologie unter 5 % liegen werden.

Zusammengefasst bedeutet dies, dass pro Jahr ca. 5 Mio. m^2 Fassadenfläche mit Rissen im Neubau und im Altbau saniert werden. Da es sich hierbei in der Regel um Putzbedingte Risse handelt, die entweder schon nach wenigen Stunden bis Tagen oder bereits nach wenigen Wochen bis Monaten auftreten, handelt es sich um Mängel, die noch vor der Abnahme auftreten und dem entsprechend umgehend beseitigt werden. Auf Nachfrage des Autors bei Malern und Stuckateuren haben viele bestätigt, dass kurz nach Fertigstellung der Putzarbeiten auftretende Risse *„mal eben schnell zugeschmiert werden"*, um keinen Ärger zu bekommen und Folgeaufträge nicht zu gefährden. Infolgedessen können derartige Flächen gar nicht erfasst werden. In der Reklamationsstatistik der Baustoffhersteller werden die hierfür notwendigen Farblieferungen als Kulanz „verbucht".

Grundlagen

3

Inhaltsverzeichnis

F. Frössel, *Risse in Gebäuden*, https://doi.org/10.1007/978-3-658-47096-8_3

3.1 Einleitung

Normalerweise sollte man davon ausgehen, dass Grundlagen über Baustoffe sowie deren Eigenschaften bekannt und ausreichende Kenntnisse über Schadensbilder und deren Ursachen vorhanden sein sollten. Die Praxis beweist aber das Gegenteil und bei einem Blick in die Fachliteratur entsteht häufig der Eindruck, dass Bauschäden und die damit oft zusammenhängenden Unzulänglichkeiten auch weiterhin ausführlich dokumentiert werden. Nicht selten taucht der Begriff der „vermeidbaren Bauschäden“ auf, womit sich die Frage stellt, warum diese Bauschäden dann nicht vermieden werden. Ein ebenfalls beliebter Begriff ist der „typische Bauschaden“, der u. a. mit verarbeitungs- und/oder witterungsbedingten Ursachen begründet wird. Auch hier stellt sich die Frage, ob die heute übliche Verarbeitung von Baustoffen wirklich so schlecht und unqualifiziert ist, dass daraus zwangsläufig Schäden entstehen (müssen), die dann auch noch als „typisch“ bezeichnet werden. Und Wetter-Apps auf jedem Handy sollten heutzutage eigentlich sicherstellen, dass die Verarbeitung entsprechender Baustoffe nicht durch ungünstige Witterungsbedingungen wie z. B. Nachtfröste im Spätherbst oder ein Aufbrennen im Sommer behindert werden.

Die eigentliche Ursache liegt in einer verhängnisvollen Entwicklung. Hierzu gehören zum einen der Preisdruck und -verfall für Baustoffe und Bauleistungen und zum anderen der Zeitdruck mit seinen immer kürzer werdenden Bauabläufen und -fristen. Infolgedessen ist eine Spirale in Gang gesetzt worden, die eine qualifizierte und fachgerechte Verarbeitung der Produkte in den meisten Fällen unmöglich macht, was wiederum zu Reklamationen seitens der Bauherrn (Auftraggeber) führt. Auch die Preisentwicklung bei den Baustoffen bleibt nicht ohne Konsequenzen, da das Ausreizen und Abmagern der Rezepturen auf der einen Seite und das Vergrößern der Anwendungsvielfalt auf der anderen Seite die in der Vergangenheit gewohnte Sicherheit in der Produktqualität reduziert und das Risiko für den Fachhandwerker erhöht. Um dies zu erkennen und bei der Angebotsabgabe dem Auftraggeber die Abhängigkeiten und Wechselwirkungen zwischen Untergrund und der notwendigen Untergrundvorbehandlung, dem darauf aufzubringendem Material, der Austrocknungs- und/oder Härtungszeit sowie den Witterungseinflüssen fundiert und fachkompetent erklären zu können, sind grundlegende Kenntnisse unabdingbar. Diese werden in den nachfolgenden Kapiteln beschrieben.

3.2 Verfestigung/Erhärtung mineralischer (anorganischer) Bindemittel

3.2.1 Einleitung

Trotz großer Unterschiede in der chemischen und mineralogischen Zusammensetzung sind bei allen mineralischen (anorganischen) Bindemitteln wesentliche Gemeinsamkeiten vorhanden. Um die Verfestigung besser verstehen zu können, müssen die Kristallisationsvorgänge betrachtet werden. In [4] wird hierzu ausgeführt, dass aus dem feinpulverigen, ebenfalls aus Kristalliten bestehenden Ausgangsprodukt nach Zugabe von Wasser neue und andere kristalline Verbindungen entstehen. *Bertoldi* klassifiziert diesen Prozess in folgende Abschnitte:

- *Anziehen* der Masse und Steifwerden des Mörtels durch Wasserentzug. Dies geschieht entweder durch Verdunstung oder durch die Penetration in den Untergrund oder evtl. andere rezepturintern verlaufende Prozesse, bei denen Wasser oder Feuchtigkeit benötigt werden.
- *Erstarrungsphase*, in dem der Erhärtungsvorgang bis zum Verlust der Verarbeitbarkeit einsetzt. Im Wesentlichen ist dieser Vorgang dadurch bedingt, dass die neu entstehenden Kristalle sich ineinander verfilzen und verzahnen.
- *Erhärtungsphase*, in der die Festigkeit etwa bis zur Normenzeit ansteigt, und die
- *Nachhärtungsphase*. Dies sind die Veränderungen der Festigkeitseigenschaften unter ver-

schiedenen Bedingungen, beispielsweise in Abhängigkeit von der Zeit, etwa Jahre, Jahrzehnte oder auch Jahrhunderte nach der Erhärtung. Ein großer Teil der Bindemittel zeigt nach dem Erhärten langzeitig Veränderungen der Festigkeitseigenschaften.

In den weiteren Ausführungen werden folgende allgemeingültige Feststellungen getroffen:

> „Die Erhärtung der mit Wasser angeteigten Masse erfolgt durch einen Kristallisationsprozess (mit der einzigen Ausnahme Lehm). Letztendlich entsteht ein fester kapillarporöser Körper mit bestimmten Eigenschaften. Unter der Kristallisation versteht man eine geordnete Anlagerung von Atomen, Ionen und Molekülen in einem Kristallgitter, dies bedeutet in einem regelmäßigen Symmetriegesetzen folgenden Aufbau. Der Kristallisationsvorgang geht prinzipiell so lange weiter, als weitere Atome, Ionen und Moleküle in ungeordnetem Zustand und transportierende Medien (wie z. B. Wasser) in ausreichender Menge vorhanden sind.“ [4]

Mineralische (anorganische) Bindemittel sind pulverförmige Produkte mit einem Spektrum von 2000 bis 25.000 cm^2 pro Gramm spezifische Oberfläche. In der Regel handelt es sich um Spitzkörner. Ausnahmen hiervon sind die Bindemittel mit einer Feinheit von unter 100 µm. Nach Zugabe von Wasser entsteht ein dickflüssiger „Mineral-Wasser-Brei“, in dem sich neue Kristalle bilden. Dies kann im Bereich der Bindemittelkörner oder auch an anderen Stellen passieren, je nachdem, ob das Bindemittelkorn zunächst aufgelöst wird und sich dann aus der sich konzentrierenden übersättigten Lösung neue Kristalle bilden. Hierbei können als Zwischenprodukt vereinzelt und dann nur in sehr geringen Mengen gelförmige Phasen auftreten.[4]

Die Verfestigung bzw. Erhärtung der mineralischen (anorganischen) Bindemittel erfolgt im Wesentlichen durch dreidimensional verfilzende Kristallite, die sowohl ein stängel- bis nadelförmiges Aussehen annehmen können. Das Spektrum ihrer Größe reicht hierbei von etwa 1 bis maximal 100 µm. Nach *Bertoldi* liegt das Verhältnis der Länge zu Dicke im Bereich von eins zu drei bis etwa eins zu tausend. In diesen Erhärtungsprozess werden auch sechsseitige Kristalle mit einem plättchenförmigen Aussehen eingebunden. Infolgedessen ist sicherlich nachvollziehbar, weshalb äußere mechanische Einwirkungen wie z. B. Rühren, Stoßen oder Pressen für einen ungestörten Kristallisationsverlauf unbedingt vermieden werden müssen. Diese zerstören das sich aufbauende Kristallnadelskelett, sodass der Festigkeitsverlauf und damit der Härtungsprozess nachhaltig gestört werden. Umgekehrt bedeutet dies, dass die Festigkeit umso höher ist, desto dichter die Verfilzung der Kristalle stattfindet und/oder je höher deren Raumfüllung ist. Infolgedessen ist eine hohe Raumfüllung mit stark verfilzenden, langen nadeligen Gebilden das typische Eigenschaftsprofil für Bindemittel mit hoher Festigkeit. Dagegen haben grobnadelige Kristalle wie z. B. abgebundener Gips eine deutlich geringere Festigkeit als z. B. feinnadelige Gebilde, die sich bei abgebundenem Portlandzement bilden.[4]

Für die Erhärtung der mineralischen (anorganischen) Bindemittel muss weiterhin beachtet werden, dass die Biegezugfestigkeit in der Regel unter der Druckfestigkeit liegt. Deshalb wird die Biegezugfestigkeit auch als typischer Schwachpunkt der kristallinen Stoffe angesehen. Hinzu kommt, dass für den Festigkeitsverlauf in der Regel immer mehr Wasser benötigt wird, als für den eigentlichen Härtungsprozess unbedingt notwendig ist.

Bei der Zugabe von Wasser wird zwischen zwei Gruppen unterschieden. Allgemein bekannt ist das so genannte Anmachwasser, das zur Reaktion des Mörtels benötigt wird. Darüber hinaus gibt es noch das so genannte Zusatzwasser, das zur Plastifizierung des Mörtels zugegeben wird. Dieses zusätzliche Wasser besitzt den Nachteil, dass die Raumfüllung und damit Festigkeit reduziert wird, da sich bei der Verdunstung so genannte Sekundärporen bilden.

3.2.2 Kalkhärtung – Karbonatisierung

Chemisch handelt es sich beim Weißkalkhydrat um Kalziumhydroxid $Ca(OH)_2$, das nach dem Brennen aus möglichst reinem Kalkstein und dem anschließenden Löschvorgang entsteht. Kalk benötigt zum Abbinden Luftkohlensäure, die aus dem Kalkhydrat wieder den Kalkstein (Kalziumkarbonat) zurückbildet. Infolgedessen kann der Sumpfkalk sehr lange eingelagert werden, da der eingesumpfte Kalk unter Wasser kein Kohlendioxid aufnehmen und dem zu Folge nicht abbinden kann. Außerdem wird der Sumpfkalk mit der Zeit sehr geschmeidig, da immer mehr Wasser eingelagert wird. Früher wurde dieser Kalk in Gruben eingesumpft, wobei die spezifisch schweren Verunreinigungen schneller sedimentierten. So kam es innerhalb der Sumpfkalkschichten zu einer Trennung von sauberem rein weißen Sumpfkalk und verunreinigten Kalkkonglomeraten.

Die Karbonatisierung ist ein chemischer Vorgang, unter dem die Reaktion von Kalziumhydroxid mit Kohlendioxid der Luft zu Kalziumkarbonat verstanden wird.

$$\underset{\text{Kalziumhydroxid}}{Ca(OH)_2} + \underset{\text{Kohlensäure}}{CO_2 + H_2O} \rightarrow \underset{\text{Kalziumkarbonat}}{CaCO_3} + \underset{\text{Wasser}}{2H_2O}$$

Dieser Vorgang wird bei der Härtung kalkgebundener oder kalkzementgebundener Baustoffe notwendig, damit die erforderliche Festigkeit erreicht wird. Durch die Karbonatisierung wird die Alkalität, also der pH-Wert eines Baustoffes, abgebaut. Verschiedene Untersuchungen haben gezeigt, dass eine maximale Karbonatisierung nur im Bereich von ca. 0,5 bis 5 % H_2O möglich ist. In den Bereichen darunter und darüber findet keine Karbonatisierung statt oder kann vernachlässigt werden. Dies wiederum bedeutet, dass der Härtungsprozess einer mineralischen (anorganischen) Putzschicht sehr ungleichmäßig verlaufen kann. Die Wasserlöslichkeit des Kohlendioxides ist temperatur- und druckabhängig. Infolgedessen ist auch der Karbonatisierungsgrad temperatur- und druckabhängig. Gleichzeitig ist auch das Kalziumhydroxid in seiner Löslichkeit stark temperaturabhängig. Die Erhärtung des Luftkalkes kann infolgedessen als extrem abhängig von den Umweltbedingungen angesehen werden.

Damit die, unter dem Begriff der Karbonatisierung zusammengefassten, chemischen Reaktionen betrachtet werden können, müssen die einzelnen Kohlensäurereaktionen erläutert werden: In der ersten Phase (Eindringen des Kohlendioxids) dringt das Kohlendioxid durch Diffusion in die feinen Kapillarporen im oberflächennahen Putzbereich ein. Die Kapillarporen eines Putzmörtels stellen das Transportsystem für Gase und Wasser dar. Die zweite Phase (Bildung der Kohlensäure) ist durch das Lösen des Kohlendioxids im Kapillarsystem des Putzmörtels gekennzeichnet:

$$H_2O + CO_2 \rightarrow 2H_2CO_3 \,(\text{Kohlensäure})$$

Die dritte Phase stellt eine Neutralisationsreaktion der Kohlensäure und der Alkalität des Untergrundes (Putz- oder Mauermörtel/Ziegel- oder Naturstein) dar. Der gebildete Kalkstein wird aufgrund seiner hohen spezifischen Oberfläche sehr schnell wieder in eine leicht lösliche Kalkverbindung, dem Kalziumhydrogenkarbonat, umgewandelt. Diese Reaktion ist sehr stark temperaturabhängig und reversibel. Infolgedessen kommt es an der Fassade zu einer ständigen Reaktion, die zu Lösungserscheinungen und zur erneuten Auskristallisation führt:

$$CaCO_3 + H_2O + CO_2 \leftrightarrow Ca(HCO_3)_2$$

Das entstehende Kalziumhydrogenkarbonat besitzt eine größere Löslichkeit als Kalkstein und wird durch kapillare Transportvorgänge in andere Bereiche des Baustoffgefüges transportiert. Insbesondere bei Temperaturerhöhung kommt es dann zur erneuten Auskristallisation, wobei die Reaktionszeit u. a. von der Porosität abhängig ist. Für Putze auf der Basis von Kalkhydrat bedeutet dies, dass der Putz von der Oberfläche ausgehend abbindet, weil das Kohlendioxid erst dann in die Putzschicht eindringen kann, wenn das Wasser den Porenraum verlassen hat. Dies führt zwangsläufig dazu, dass der Putz an der Oberfläche bereits erhärtet ist, während der Putzquerschnitt noch weich sein kann. Des Weiteren wird häufig vernachlässigt, dass die Luft im Durchschnitt nur etwa 0,03 Vol.-Prozent CO_2 enthält und damit der Karbonatisierungsvorgang in der Regel ein sehr langsam ablaufender Prozess ist.

Abschließend soll noch erwähnt werden, dass die Festigkeitsbindung, die auch ohne eine entsprechende Karbonatisierung relativ hoch sein kann, durch die Plastizität des Kalkhydrates in Folge seiner kleinen sechsseitigen Kristalltäfelchen verursacht wird. In der Anfangsphase ist der trocknungsbedingte Anteil an der Erhärtung relativ hoch und wird mit zunehmender Dauer durch die Erhärtung im Rahmen der Karbonatisierung gesteigert bzw. abgelöst.[9]

3.2.3 Zementhärtung – Hydraulische Härtung (Hydratisierung)

Die hydraulische Härtung wird auch als Hydratation oder Hydratisierung bezeichnet und beschreibt in der Regel die Zementhärtung. Diese ist ein komplizierter chemischer Vorgang. Im Gegensatz zur Karbonatisierung, die nur an der Luft stattfindet, kann die hydraulische Härtung auch unter Wasser stattfinden. Vereinfacht erklärt wird deshalb unter diesem Vorgang die Anlagerung von Wasser verstanden. Das Wasser ist nötig, um die nadelförmigen Kristalle entstehen zu lassen, ohne die ein mineralischer (anorganischer) Mörtel nicht hart werden kann. Je nach Wasserangebot ist die Form der Kristalle in Länge und Dicke unterschiedlich, sie sind nadelförmig und verfilzen miteinander. Deshalb spricht man auch von der kristallinen Erhärtung. Hierbei entsteht der so genannte Zementstein, der sehr fest ist. Er umhüllt die Zuschlagsstoffe mit einer feinen Schicht und bindet sie zusammen.

Bei der hydraulischen Härtung entstehen aus den Klinkerphasen verschiedene Hydratphasen. Dabei wandeln sich die einzelnen Zementkörner in nadel-, faser- oder tafelförmige Kristalle um, die miteinander verbunden und zum Schluss fest miteinander und ineinander verzahnt sind. Die Form der Kristalle hat einen großen Einfluss auf die Erhärtung des Putzes sowie auf seine Festigkeit und dessen Helligkeit. Nach ca. 3 Tagen bilden sich sehr fein kristalline Kalziumsilikatphasen, die sich in den Poren etablieren und für die höhere Festigkeit verantwortlich sind. Dieser Prozess dauert 28 Tage, sodass die Reaktionszeit der hydraulischen Härtung mit ca. 4 Wochen angeben wird.

$$\underset{\text{Trikalziumsilikat}}{2\left(3CaO\cdot SiO_2\right)} + \underset{\text{Wasser}}{6H_2O} \rightarrow \underset{\text{Kalzium-silikathydrat}}{3CaO\ 2SiO_2} + \underset{\text{Kalziumhydroxid}}{3Ca\left(OH\right)_2}$$

Die wesentliche Festigkeitsbildung des mineralischen (anorganischen) Mörtels erfolgt durch die Umwandlung der so genannten Silikatphasen in die bereits beschriebenen nadel-, faser- oder tafelförmigen Kristalle von Kalziumsilikathydrat. Da die Silikatphasen zu den Kalziumsilikathydratphasen reagieren und diese kalkärmer sind, wird gleichzeitig (oder zusätzlich) das alkalische Kalziumhydroxid abgespalten. Dieses ist für die stark basische Reaktion des Zementes (pH-Wert > 12) und damit z. B. für die korrosionshemmende Wirkung des Beton ursächlich. Bei vollständiger Karbonatisierung des Kalziumhydroxides nimmt der pH-Wert auf Werte deutlich unter 12 ab, sodass der Korrosionsschutz für die Bewehrung nicht mehr vorhanden ist. Durch die Einwirkung des Kohlendioxids bilden sich aus dem Kalziumhydroxid sowohl Kalziumkarbonat als auch hoch wasserhaltige Kalziumaluminiumkarbonate.

Der Kristallisationsvorgang der Klinkerphasen zu Kalziumsilikathydraten ist exotherm, wobei besonders das Trikalziumaluminat eine hohe Hydratationswärme erzeugen kann. Abschließend soll noch erwähnt werden, dass das Trikalziumaluminat mit Sulfaten sehr schnell reagiert. Der sich bildende Ettringit erzeugt eine enorme Volumenvergrößerung, wodurch ab bestimmten Mengen Treiberscheinungen eintreten können. Sulfatresistente Zemente müssen infolgedessen trikalziumaluminatarm oder besser -frei sein.

Der hydraulische Kalk unterscheidet sich vom Zement dadurch, dass kein Trikalziumsilikat vorhanden ist. Die höchste Phase ist somit Dikalziumsilikat. Da der zentrale Festigkeitsbildner das Trikalziumsilikat ist, kann hydraulischer Kalk nur einen Teil der Festigkeit von Zement erreichen, wobei dieser Vorgang auch noch wesentlich länger dauert. Der Härtungsprozess muss dem entsprechend gleich oder ähnlich wie bei Zement verlaufen mit dem Unterschied, dass die (haupt)festigkeitsbildende Komponente Kalziumtrisilikat nicht vorhanden ist. Auch beim hydraulischen Kalk sind Kalziumsilikathydrate Endphasen.

3.2.4 Gipshärtung – Hydraulische Härtung (Hydratisierung)

Der Prozess beim Abbinden der unterschiedlichen Phasen des $CaSO_4 \times n\ H_2O$ zum Kalziumsulfatdihydrat wird im Wesentlichen von der Löslichkeit der Ausgangsphase bestimmt. Hierbei gilt: je größer die Löslichkeit ist, desto schneller erfolgt die Übersättigung des Anmachwassers und umso schneller erfolgt der Kristallisationsvorgang zu Kalziumsulfatdihydrat. Darüber hinaus werden die Kristallisationsgeschwindigkeit und damit die Abbindezeit zusätzlich von der spezifischen Oberfläche beeinflusst. Auch die Temperatur nimmt Einfluss auf das Abbindeverhalten. Der Abbinde- und Kristallisationsvorgang kann durch so genannte Additive sehr stark beeinflusst werden. Beschleunigend sind z. B. Schwefelsäure und einige ihrer Verbindungen, Salpetersäure, Salzsäure und einige ihrer Alkali- und Ammoniumsalze oder auch Wasserglas etc. Dagegen wirken Kalziumchlorid, Kali- und Natronlauge, Glycerin, Aceton, Zucker, Zitronen, Essigsäure u. a. als reaktionsverzögernd.

$$\underset{\text{Gips-Halbhydrat}}{CaSO_4 \cdot \tfrac{1}{2}H_2O} + \underset{\text{Wasser}}{1\tfrac{1}{2}H_2O} \rightarrow \underset{\text{Gips}\cdot\text{Dihydrat}}{CaSO_4 \cdot 2H_2O}$$

Die Reaktionszeit beträgt einige Minuten. Bedauerlicherweise werden gerade das Kalziumhydroxid und das Kalziumkarbonat von den Schadstoffen in der Umwelt angegriffen und in bauschädigende Salze umgewandelt. Hierbei ist Gips leichter löslich als Kalk und wird deshalb sehr schnell und einfach von der Fassade abgewaschen. Höhere Konzentrationen wird man deshalb bei Untersuchungen auf der Fassade kaum feststellen.[4, 9]

3.2.5 Latent-hydraulische Härtung (Trass – Römerzement)

Als latent-hydraulische Bindemittel werden Puzzolane, Trass, Hüttensande und ähnliche Stoffe genannt, die amorphe Kieselsäure etc. enthalten. Hierbei handelt es sich allerdings nicht, wie der Name vermuten lässt, um selbstständig abbindende Bindemittel. Erst in Anwesenheit von Kalkhydrat und/oder Zement als Reaktionspartner werden diese „Bindemittel“ wirksam. In der Regel bildet Kalziumhydroxid den Reaktionspartner, der allmählich mit der amorphen Kieselsäure des latent hydraulischen Bindemittels unter Gegenwart von Wasser reagiert und als Endprodukt Kalziumsilikathydrat bildet. Infolgedessen entstehen die Reaktionsprodukte der Zement- oder auch hydraulischen Härtung.

$$\underset{\text{Kalziumhydroxid}}{3Ca(OH)_2} + \underset{\text{Kieselsäure}}{2SiO_2(\text{amorph})} + \underset{\text{Wasser}}{3H_2O} \rightarrow \underset{\text{Kalziumsilikathydrat}}{3CaO \cdot 2SiO_2 \cdot 3H_2O}$$

Die Reaktionszeit beträgt zwischen 1 bis 3 Monaten.

Die latent-hydraulischen Bindemittel werden auch als Hydraulite bezeichnet. Bei ihnen tritt bereits bei normaler Temperatur eine Reaktion mit Kalziumhydroxid ein. Da der dominante Anteil der Hydraulite SiO_2 ist, entstehen in dieser Reaktion Kalziumsilikathydrate. Je nach Zusammensetzung des Ausgangsproduktes können auch Kalziumsilikataluminathydrate (und verwandte Verbindungen mit Eisen) gebildet werden, die allerdings von untergeordneter Bedeutung sind. Diese Bindemittel werden aus Kalziumkarbonat und Bauxit (Tonerdehydrat) hergestellt und bestehen zum größten Teil aus Kalziumaluminaten. Beim Abbinden des Tonerdezementes bilden sich Kalziumaluminathydrate, ohne dass jedoch dabei Kalziumhydroxid in wesentlichen Mengen abgespalten wird.[4, 9]

Da durch die Abbindereaktion, die deutlich langsamer als bei den Zementen verläuft, gleiche oder ähnliche Endprodukte wie bei Zement gebildet werden, sollte davon ausgegangen werden, dass auch die Endqualitäten dieses Produktes sehr ähnlich sind. Hydraulite binden langsam ab und die reaktive Festigkeitsbildung in Folge der Reaktion zwischen Kalk und Hydrauliten steigt langsam an. Dieser Vorgang kann noch nach einigen Jahren festgestellt werden. Es ist das einzige mineralische (anorganische) Bindemittel, dessen Eigenschaften mit zunehmender Dauer „besser“ werden.

3.2.6 Physikalische Trocknung (kalter Fluss)

Im Gegensatz zu der chemischen Härtung von mineralischen (anorganischen) Putzen trocknen organisch gebundene Putze (Kunstharzputze) physikalisch. Das bedeutet, dass die im Wasser befindlichen Dispersionsteilchen als Bindemittel bei der Verdunstung des Wassers langsam zusammenfließen und miteinander verschmelzen oder verkleben (Abb. 3.1). Dieser Prozess wird als Filmbildung oder auch Koaleszenz (in Einzelfällen auch als „Kalter Fluss") bezeichnet. Für die Filmbildung ist eine Temperatur notwendig, die über der so genannten MFT (= Mindestfilmbildetemperatur) liegen muss. Diese beträgt in der Regel um ca. 5 °C.

Die Polymerteilchen sind plastisch, um die Filmbildung sicher zu stellen. Ist die Luftfeuchtigkeit höher als die Feuchtigkeit im Putz oder in der Beschichtung (z. B. bei Regen oder Nebel) ist der Putz oder die Beschichtung bestrebt, bis zum Erreichen der Ausgleichsfeuchte zusätzlich Feuchtigkeit aus der Luft aufzunehmen. Das heißt, dass sich die Feuchtigkeit im Putz oder in der Beschichtung der Luftfeuchtigkeit angleicht.

Solange der Putz oder die Beschichtung aber noch nicht durchgetrocknet ist und die Dispersionsteilchen noch nicht miteinander verklebt sind, ist der Putz oder die Beschichtung gegenüber Schlagregen, Frost oder mechanischen Einwirkungen deutlich anfälliger. Die Oberflächen z. B. eines Kunstharzputzes können bei niedrigen Temperaturen aber vor allem hoher Luftfeuchtigkeit infolgedessen noch nach Tagen (oder im Extremfall sogar nach Wochen) noch feucht sein.

Um dieses Problem zu umgehen, werden seit ca. 20 Jahren so genannte „Winterqualitäten" angeboten. Der Begriff und auch die Auslobung der Verarbeitungseigenschaften in den technischen Unterlagen der Baustoffindustrie suggerieren allerdings eine Applikation bei kalten Temperaturen (> 1 °C), was ursprünglich nicht Gegenstand der Entwicklung war. Bei der ursprünglichen Entwicklung ging es um das Trocknungsverhalten bei einer Luftfeuchtigkeit von > 80 % rel. Luftfeuchte, wie dies häufig in den späten Herbstmonaten der Fall ist und daher häufig mit den niedrigen Temperaturen gleichgesetzt wird. Verwendet wird hierfür ein modifiziertes Bindemittel, mit dem eine schnelle Hautbildung erreicht

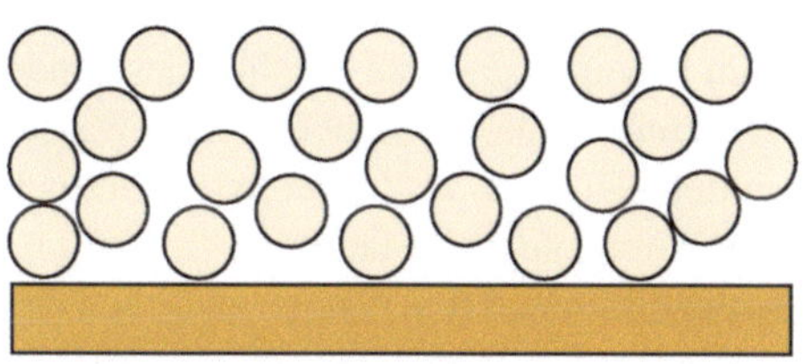

In einer frisch aufgetragenen Beschichtung ist das Bindemittel verteilt.

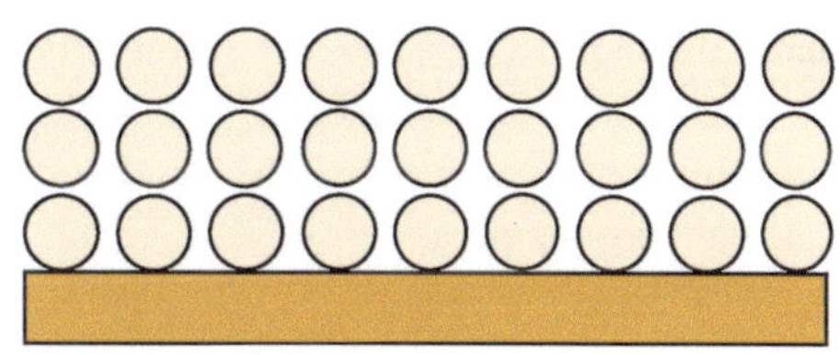

Bei beginnender Trocknung nähern sich die Dispersionsteilchen.

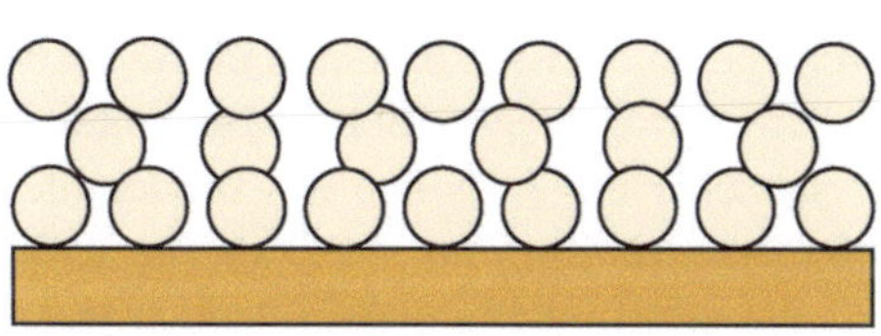

Mit fortgeschrittener Trocknung bewegen sich die Dispersionsteilchen weiter aufeinander zu und sind nun kaum noch beweglich.

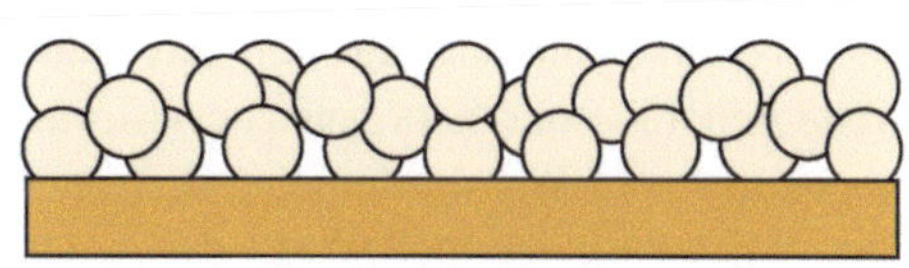

Verdunstet das Wasser weiter, verbinden sich die Dispersionsteilchen fest miteinander.

Abb. 3.1 schematische Darstellung der physikalischen Trocknung wird. Diese hat die Aufgabe, den physikalisch trocknenden organisch gebundenen Oberputz (Kunstharzputz oder Siliconharzputz) vor äußerer Einwirkung wie Regen, Nebel oder Frost zu schützen.

Allerdings bürgt diese Hautbildung auch eine Gefahr, die häufig unterschätzt wird. Bei der Trocknung verdunstet die Feuchtigkeit an der Oberfläche schneller als in den darunter liegenden Schichten, sodass die Feuchtekonzentration an der Oberfläche schneller abnimmt. Dadurch nimmt der so genannte Diffusionskoeffizient ab. Dies hat eine Abnahme des Feuchtestromes durch die Oberfläche zur Folge, wodurch die Differenz zwischen der Feuchtekonzentration der Oberflächenschicht und dem Beschichtungssystem vergrößert wird. In der weiteren Folge entsteht ein Beschichtungssystem aus zwei Phasen – einer festen, trockenen Oberflächenschicht und einer weniger festen, noch feuchten Putzschicht. Durch seine Ähnlichkeit mit einem Zweiphasensystem beim Pudding, wird diese Phase auch als „Pudding-Effekt" bezeichnet. Dieser Effekt hängt von der Feuchtekonzentration am Anfang der Trocknung, der Trocknungsgeschwindigkeit sowie der Abhängigkeit des Diffusionskoeffizienten ab, der wiederum von der Feuchtekonzentration und der Beschichtungsdicke abhängt. Fazit: unter der vermeintlich trockenen, festen Oberfläche ist die Putzschicht weiterhin feucht und plastisch – und somit gerade bei Frosttemperaturen anfällig.

3.2.7 Wasser-Bindemittel-Wert

Nach *Bertoldi* [4] ist der so genannte Wasser-Bindemittel-Wert die zentrale Kenngröße, wenn es um die Beeinflussung der physikalischen Werte mineralischer (anorganischer) Mörtel geht. Abgeleitet vom Wasser-Zement-Wert beinhaltet der Wasser-Bindemittel-Wert das volumenbezogene Verhältnis vom Anmachwasser zum Bindemittel. Ein hoher Wasser-Bindemittel-Wert bedeutet, dass ein hoher Wasseranteil vorhanden ist. Dies kann zur Folge haben, dass der Baustoff nach der Trocknung (Wasserverdunstung) einen großen Porenanteil aufweist. Hintergrund hierfür ist, dass für die Plastifizierung eines Mörtels mehr Wasser zugegeben werden muss, als für den eigentlichen Härtungsprozess nötig ist. Infolgedessen verbleibt ein Teil des ursprünglichen Anmachwassers in den Baustoffporen des Frischmörtels und verdunstet mit der Zeit. Dies hat zur Folge, dass diese „Wasserporen" nach der Trocknung einen freien Porenraum ergeben. Wird also einem Mörtel sehr viel Wasser zugegeben, erhöht sich damit der Porenraum des Frischmörtels und senkt sich somit das Raumgewicht. Außerdem beeinflusst ein hoher Wasser-Bindemittel-Wert den Härtungsverlauf und damit die Festigkeit und nimmt damit direkten Einfluss auf die Oberflächenerosion des Festmörtels. Der Wasser-Bindemittel-Wert beeinflusst darüber hinaus die Porosität des Festmörtels und das Schwindverhalten während und nach der Härtung bzw. Trocknung.

Hierbei muss beachtet werden, dass die Menge des notwendigen Anmachwassers ganz wesentlich von der Art des Bindemittels beeinflusst wird. Je feiner ein Bindemittel ist, desto mehr Wasser muss in der Regel dem Frischmörtel zugegeben werden. Dies hängt mit der so genannten inneren oder spezifischen Oberfläche zusammen, die bei sehr feinen Bindemitteln entsprechend größer ist als bei etwas Gröberen. Dies wiederum bedeutet, dass die Feinheit des Bindemittels bereits Aussagen über den Wasser-Bindemittel-Wert und in der weiteren Betrachtung zum Porenvolumen erlaubt.

Bertoldi differenziert in [4] noch zwischen dem Wasser-Bindemittel-Wert beim Frischmörtel im Vergleich mit dem Wasser-Bindemittel-Wert beim Festmörtel und weist auf Unterschiede im Zusammenhang mit den Schichtdicken hin. Die Unterschiede im Wasser-Bindemittel-Wert sind dabei umso geringer, je größer die Schichtdicke und je schneller das Ansteifen des Bindemittels ist. Infolgedessen wird die physikalische Kenngröße „Wasser-Bindemittel-Wert" auch durch die Abbindezeit beeinflusst. Abschließend soll noch die Temperatur erwähnt werden, die ebenfalls Einfluss auf den Wasser-Bindemittel-Wert nimmt. Hierbei gilt, dass niedrige Temperaturen den Härtungsverlauf verzögern. Bei Anwendung der so genannten *Saulschen Regel* berechnet sich der Hydratationsgrad eines hydraulisch abbindenden Mörtels aus dem Produkt von Zeit und Temperatur. Werden die durchschnittlichen Kenndaten für einen Kalk-Zement-Putz auf eine Temperatur von 20 °C, 10 °C und 5 °C umgelegt, ergeben sich daraus Härtungsphasen von 28, 42 und 56 Tagen. Diese Erkenntnis ist insbesondere bei der marktüblichen Verarbeitung von mineralischen (anorganischen) Mörteln wichtig.

Der Wasser-Bindemittel-Wert darf nicht mit dem Wasser-Zement-Wert (W/Z-Wert) gleichgesetzt werden. Der W/Z-Wert beschreibt ausschließlich das volumenbezogene Verhältnis vom Anmachwasser zum Zement und damit ausschließlich die Mechanismen bei der Zementhärtung. Dagegen beschreibt der Wasser-Bindemittel-Wert die Gesamtheit der Bindemittel, da es neben Zement auch noch andere anorganische, aber auch organische Bindemittel gibt. Infolgedessen wird der Wasser-Bindemittel-Wert nicht nur bei der (chemischen) Härtung anorganischer Bindemittel, sondern auch bei der (physikalischen) Trocknung der organischen Bindemittel berücksichtigt.

3.2.8 Additive

Der Begriff Additiv wurde aus dem Lateinischen abgeleitet und heißt Zusatzstoff – nicht zu verwechseln mit Zuschlags- oder Füllstoffen. Additive werden dem mineralischen (anorganischen) Mörtel zugegeben, um seine Eigenschaften bei der Verarbeitung und/oder in Bezug auf seine bauphysikalischen Kenndaten zu beeinflussen. Diese Anforderungen bestimmen auch Art und Menge der Additive.

Auch wenn allgemein angenommen wird, dass mit der Zugabe von Additiven erst in den letzten 20 bis 25 Jahren begonnen wurde, so war dies in den vergangenen 2000 Jahren gängige Praxis. Natürlich haben sich Art und Qualität der Zusätze gravierend geändert – der Hintergrund war und ist allerdings immer der Gleiche gewesen. Der mineralische (anorganische) Mörtel sollte durch die Zugabe gegen äußere Einflüsse geschützt bzw. seine Haltbarkeit verbessert werden. Früher wurden hierfür „natürliche" Zusätze wie Kasein (Quark), Blut oder Eier (Eiweiß), Öle und Fette, Naturharze, Zucker, Alkohole, Fischschuppen, Haare u. a. verwendet. Mit ihnen konnten unterschiedliche Eigenschaften entweder erzeugt oder vorhandene Eigenschaften verstärkt werden.

Auch wenn es in der älteren Literatur (z. B. *Vitruv, Plinius, Palladio*) verschiedene Erklärungen und Interpretationen dieser Zusatzstoffe sowie Widersprüche in ihren Eigenschaften gegeben hat, so gilt heute ihre generelle Funktionalität als nachgewiesen. Je nach Art und Menge des Zusatzstoffes konnte entweder z. B. die Wasserabweisung, die Frostbeständigkeit, die Rissüberbrückung, die Porosität oder einfach nur die Verarbeitung verbessert werden. Einzig und allein die Frage, ob die heute bekannten „Verbesserungen" der Mörteleigenschaften durch Zusatzstoffe auch in der Vergangenheit schon bekannt oder ein Produkt des Zufalls gewesen sind, kann heute nicht endgültig und zuverlässig beantwortet werden. Natürlich kann den damaligen Baumeistern unterstellt werden, dass sie sich der Sinnfälligkeit ihrer Zugabe von Ölen und Fetten sowie Harzen als Zusatzstoff zur Wasserabweisung bewusst gewesen sind. Heute weiß man allerdings, dass diese Zugaben auch Reaktionen innerhalb der Bindemittelmatrix verursachen können, die sich letztendlich in einer hydrophoben Eigenschaft auswirken. *Bertoldi* geht hierauf in [4] ein und beschreibt, dass durch die Zugabe von Ölen und Fetten eine Reaktion alkalischer Bindemittel verursacht wird, bei der sich mikrokristalline Kristallpartikel (Kalziumoleate, Palmitate, Linoleate etc.) bilden. Diese haben stark hydrophobe Oberflächenstrukturen, sodass die Saugfähigkeit reduziert wird. Auch bei der Zugabe von Blut kann die Saugfähigkeit des Mörtels und damit die Kapillarität herabgesetzt werden. Durch das Untermischen von Blut wird ein stark Mikroporen erzeugender Stoff zugegeben und damit die Porengeometrie ganz wesentlich beeinflusst.

Die Diskussion um das Wissen der alten Baumeister wird infolgedessen sehr differenziert betrachtet. Einerseits unterstellt man den Vorfahren ein umfangreiches Wissen über Baustoffe und deren Technologie sowie große Erfahrung in der Anwendung, andererseits wird auch heute noch den Zusätzen die naturwissenschaftliche Notwendigkeit abgesprochen und einer Diskussion eine mythische oder emotionale Bedeutung beigemessen. Tatsache ist, dass die Baumeister der vergangenen Jahrhunderte diese Zusätze mit dem Ziel zugegeben haben, eine Vergütung des Mörtels herbeizuführen und die Haltbarkeit zu verbessern. Weiterhin ist unstrittig, dass viele der bekannten Zusätze eine bewusst oder unbewusst herbeigeführte Verbesserung der Mörteleigenschaften brachten, sodass heute noch Putze und Wandbeschichtungen aus vergangenen Jahrhunderten oder Jahrtausenden vorhanden sind. Es ist aber auch bekannt, dass viele der überlieferten Zusatzstoffe nicht nur eine Verbesserung der Mörteleigenschaften brachten, sondern diese auch negativ beeinflusst haben. Beispielhaft sollen Verunreinigungen und Salze genannt werden. Das Wissen um vorteilhafte wie nachteilige Eigenschaften von Zusatzstoffen hat dazu geführt, dass gegenwärtig kaum noch mineralische Mörtel ohne „Vergütung" angeboten werden.

Hierbei wird die Diskussion immer nur um die Zusätze bei der Herstellung entweder als Werktrockenmörtel oder Baustellenmörtel geführt. Es soll deshalb erwähnt werden, dass bereits auf Bindemittelebene entsprechende Vergütungen und Zusätze stattfinden. Beispielhaft sollen die so genannten Mahlhilfsmittel genannt werden, da viele Bindemittel ab einem bestimmten Mahlgrad zur Klumpenbildung neigen, was auch als „Verpelzung der Bindemittel" bezeichnet wird.

In den weiteren Ausführungen sollen die klassischen Additive beschrieben werden, die den mineralischen (anorganischen) Mörteln zugegeben werden. Zu ihnen gehören in erster Linie Kunstharzdispersionen oder Dispersionspulver, mit denen die Untergrundhaftung des Mörtels verbessert wird. Alternativ werden auch Methylzellulose oder in Ausnahmen Casein verwendet. Weiterhin werden Additive verwendet, mit denen die Abbindung bzw. Härtung reguliert werden kann. Hierbei werden *Abbinderegulative* eingesetzt, die sowohl als auch eine Verzögerung oder eine Beschleunigung der Abbindung bzw. der Härtung bewirken. Selbst die Art der Verzögerung oder der Beschleunigung kann durch entsprechende Zusätze reguliert werden. Hierzu gehört nicht nur der Anfang und das Ende der Härtungsphase, sondern auch der Härtungsverlauf selbst. Dieser kann so dimensioniert werden, dass eine Härtung kontinuierlich verläuft oder je nach Untergrund- und Umgebungsbedingung variabel vonstattengehen kann. Das bekannteste Beispiel ist die fein dosierte Gipszugabe bei der Zementhärtung. Darüber hinaus soll die Zugabe von Kaliumdiphosphat, Kalzium-Ligninsulfonat, Naphtalinsäure etc. oder auch die Zugabe von gefällten Kieselsäureprodukten oder Alkalisilikaten (Wassergläser) genannt werden.[4]

Im Gegensatz dazu kann die Härtung beim Hydratkalk durch Additive nicht beeinflusst werden. Lediglich die Härtungsgeschwindigkeit lässt sich durch Zugabe der so genannten Hydraulite wie z. B. fein gemahlener Trass variieren. Während die Gipshärtung z. B. durch Zugabe von warmen Wasser stark beschleunigt werden kann, gilt die Zugabe von Zitronensäure als Abbindeverzögerer. Die Menge der zugegebenen Abbinderegulative ist vom jeweiligen Bindemittel, Mörtel und seiner Verwendung abhängig und kann zwischen 0,01 und bis zu 10 % betragen.

Die nächste Gruppe unter den Additiven sind die so genannten *Wasserrückhaltemittel*, die auch als Wasserretentionsmittel bezeichnet werden. Diese sollen ein „Aufbrennen" oder „Verdursten" des Putz- oder Mauermörtels verhindern. So wird ein unerwünschter und zu schneller Wasserentzug bezeichnet, der sich auf die Härtungs- oder Trocknungsphase des mineralischen (anorganischen) Mörtels negativ auswirken kann. Hierbei muss zwischen dem Wasserentzug aufgrund eines stark saugenden Untergrundes oder durch Witterungseinflüsse unterschieden werden. Um einem Aufbrennen oder Verdursten des Mörtels auf einem stark saugfähigen Untergrund vorzubeugen, muss der Untergrund vorgenässt oder im Einzelfall grundiert werden. Hierfür werden so genannte „Aufbrennsperren" eingesetzt.

Ein witterungsbedingtes Aufbrennen oder Verdursten wird in der Praxis häufig ausschließlich mit intensiver Sonneneinstrahlung in Verbindung gebracht. Aber auch Wind kann einen starken Wasserentzug verursachen. Hierbei muss kein besonders starker Wind vorhanden sein, da auch ein kontinuierlicher Luftzug ausreicht, um die Oberfläche schneller abzutrocknen. Wenn zusätzlich noch Sonneneinwirkung dazukommt, ist in der Praxis häufig ein Aufbrennen oder Verdursten zu beobachten. Die Oberfläche sandet oder kreidet dann stark und die oberflächennahe Schicht ist in ihrer Härtung oder Trocknung gestört. Bei einem mehrschichtigen Aufbau sind häufig Haftungsverluste in der Grenzschicht und/oder weiterer (unerwünschter) Wasserentzug der nachfolgenden Beschichtung die Folge.

Da sich die Produkthersteller auf die fachgerechte Untergrundvorbehandlung seitens des Verarbeiters nicht verlassen und die erwähnten Witterungsbedingungen nicht einplanen können, werden den mineralischen (anorganischen) Mörteln die oben genannten Wasserrückhaltemittel zugegeben. Diese bestehen z. B. aus verschiedenen Zellulosederivaten (vor allem Methylzellulose), Stärke, diverse Quellstoffen und -mineralien (z. B. Bentonit) oder auch Kasein und haben die Aufgabe, das Anmachwasser im Mörtel „einzulagern" und kontinuierlich abzugeben. Bei der hauptsächlich verwendeten Methylzellulose handelt es sich um ein Polysaccharid, das durch Wechselwirkung mit den Wassermolekülen zu einem kurzzeitigen Quellen führt, bei dem Wasser gebunden wird. Anschließend wird dieses Wasser wieder abgegeben, sodass der Mörtel während der Trocknungs- und Härtungsphase gleichmäßig mit Wasser versorgt wird. Infolgedessen kann eine gleichmäßige Härtung der mineralischen (anorganischen) Bindemittel sowie Trocknung der Beschichtung sichergestellt werden.

In der Art und Menge der Zugabe liegt das eigentliche Rezepturgeheimnis des Herstellers. Wenn dem Mörtel zu wenig Wasserretentionsmittel zugegeben wird, ist das Prinzip wirkungslos. Wird dagegen zu viel zugegeben, kann das Anmachwasser nicht aus dem Mörtel entweichen und dadurch nicht in den Untergrund eindringen. Infolgedessen kann es in der Grenzschicht zu Haftungsproblemen kommen. Dieses Problem kann im Zusammenhang mit Wasserrückhaltemitteln auch auftreten, wenn diese trocknungsbedingt einen leichten Film (Hautbildung) auf der Oberfläche verursachen. *Bertoldi* weist in diesem Zusammenhang in [4] darauf hin, dass die Wasserretentionsmittel nicht mit so genannten Verdunstungsverhinderern verwechselt werden dürfen. Diese werden in der Regel und nur in Ausnahmen nachträglich aufgebracht (aufgesprüht), um eine Verdunstung der Oberfläche zu vermeiden oder diese stark zu verzögern.

Zu den Additiven gehören weiterhin die so genannten *Plastifizierungsmittel*, die auch als Verflüssigungsmittel (oder nur kurz Verflüssiger) bezeichnet werden. Die Prinzipien, mit denen einem mineralischen (anorganischen) Mörtel plastische Eigenschaften verliehen werden, sind hierbei sehr verschieden. Zum Einen kann die Plastizität des Mörtels durch die Beeinflussung der Kristallisation eingestellt werden. Dies bedeutet, dass der Härtungsverlauf „manipuliert" wird. Eine andere Möglichkeit besteht darin, dass die Wasserretention erhöht wird. Hierzu werden dann die bereits erwähnten Quellstoffe zugegeben. Alternativ werden inerte, sehr feine pulverförmige Stoffe, wie z. B. Gesteinsmehle zugegeben. Man kann einen ähnlichen Effekt aber auch erzielen, in dem der Anteil an sehr feinen Mikroluftporen erhöht wird.

Letztgenannte können auch durch Zugabe von *Luftporenbildnern* und Schaummitteln (kurz Schäumer) erreicht werden. Mit ihnen wird die Porosität eines Mörtels beeinflusst, mit der wiederum z. B. die Frost-Tausalz-Beständigkeit eingestellt werden kann. Verwendung finden z. B. Aluminium- oder Magnesiumpulver. Diese Eigenschaften können auch durch Zugabe von speziellen Leichtfüllstoffen erreicht werden, sodass beide Mechanismen nicht verwechselt werden dürfen. Abschließend sollen noch die Additive genannt werden, mit denen die Festigkeit eines Mörtels beeinflusst werden kann. Neben den verschiedenen Kunstharzdispersionen stehen auch verschiedene Mechanismen zur Verfügung. So werden verflüssigende Stoffe verwendet, mit denen der Wasser-Zement-Wert (W/Z-Wert) gesenkt werden kann. Alternativ werden so genannte *Entschäumer* eingesetzt, mit denen das Raumgewicht des Bindemittels erhöht werden kann. Hierbei handelt es sich um „entlüftende" Zusätze, mit denen der Luftporengehalt reduziert wird. Je nach Mörtel und seiner Anforderungen wird die Gruppe der Zusatzmittel oder Additive durch thixotropierende, hydrophobierende, fungizide, bakterizide, algizide Zusätze sowie Frostschutzmittel oder speziellen Dichtungsmitteln abgerundet. Diese müssen aufeinander abgestimmt werden und dürfen sich in ihrer Wirkung nicht neutralisieren.

3.2.9 Porosität der Bindemittel

Eine Betrachtung von Porenräumen, -größe und -geometrie bezieht sich in der Regel immer nur auf den Festmörtel als Ganzes oder auf seine Zuschlags- oder Leichtfüllstoffe. Dabei besitzen die Bindemittel selbst eine gewisse Porosität, die dadurch entsteht, dass mineralische (anorganische) Bindemittel das vorhandene Raumvolumen auch nach dem Abbinden oder Härten nicht vollständig ausfüllen. Hierbei spielt es keine Rolle, ob und/oder welche Zuschlagstoffe verwendet wurden. Auch die Bedingungen während des Abbindens sind unerheblich. Mineralische (anorganische) Bindemittel haben grundsätzlich Hohlräume und Poren in einer Größenordnung von 5 bis ca. 20 Vol.-% (Abb. 3.2). In Abhängigkeit von den Bedingungen und von der Art der verwendeten Zuschlagsstoffe liegen diese Hohlräume und Poren bei Standardmörteln zwischen 25 und 50 Vol.-%. Werden dagegen spezielle Leichtfüllstoffe verwendet, erhöht sich dieser Anteil auf bis zu 80 Vol.-%. Infolgedessen sollte nicht nur die Porosität von Mörteln betrachtet werden, sondern auch die der Bindemittel und ihrer Formen. Diese stellen eine weitere markante Charaktereigenschaft mineralischer (anorganischer) Bindemittel dar.

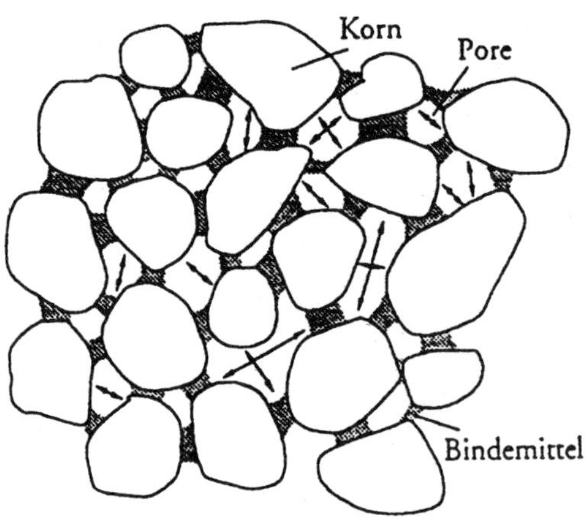

Abb. 3.2 schematische Darstellung von Zuschlagsstoffen, Bindemittel und Porenraum

Auch hierauf geht *Bertoldi* ein und unterscheidet nach der Porenform in Luftporen, Wasserporen und den so genannten Zwickelporen. Luftporen sind dabei immer rund und Wasserporen rundlich bis oval und oftmals unsymmetrisch. Die Zwickelporen dagegen sind mehr oder weniger geradlinig oder geradflächig und durch so genannte Kristalliten begrenzt. Eine markante Eigenschaft dieser Porenart ist ihre spitz zulaufende Form, mit der sich der Durchmesser kontinuierlich verkleinert. Diese Porenräume entstehen immer dann, wenn sich platten- oder nadelförmige Kristalle in einem Winkel kreuzen. Eine ganz wesentliche Eigenschaft dieser Poren besteht in ihrer Wasseraufnahme. Aufgrund der kontinuierlichen Reduzierung des Porendurchmessers nimmt die Kapillarkraft zu. Dies hat zur Folge, dass Wasserdampf in den Poren gehalten und flüssiges Wasser aus Wasserdampf in den Zwickeln gebunden wird. Weiterhin soll erwähnt werden, dass unter bestimmten Voraussetzungen eine erhebliche Oberflächenspannung auftreten kann, wenn diese Zwickelporen mit Wasser gefüllt bzw. kapillargesättigt sind. Außerdem findet in den engen Poren der Bindemittel deutlich schneller eine Kondensation statt. Der Wasserhaushalt innerhalb der Bindemittel-Matrix ist deshalb von anderen Gesetzmäßigkeiten geprägt, als dies von den Mörteln bekannt ist.[4]

3.2.10 Zuschlagsstoffe

Zuschlagstoffe haben für die Verfestigung bzw. Erhärtung der mineralischen (anorganischen) Bindemittel eine grundlegende Bedeutung. Im Gegensatz zu dieser Feststellung wird in der Praxis im Allgemeinen der Beitrag der Zuschlagstoffe an der Verfestigung bzw. Erhärtung der Bindemittel unterschätzt. Dabei sind bei den Zuschlagstoffen zum Teil große Unterschiede in den physikalischen Eigenschaften vorhanden, die einen wesentlichen Einfluss auf die Qualität des herzustellenden Mörtels ausüben können. Zuschlagstoffe unterscheiden sich vor allem hinsichtlich:

- Korngröße und Größtkorn,
- Kornform,
- Oberflächenbeschaffenheit sowie
- Kornaufbau und Eigenfestigkeit.

Bindemittel und Zuschlagsstoffe müssen als Einheit betrachtet werden, da sie erst gemeinsam den Mörtel mit seinen definierten Eigenschaften ergeben.

In der Mörteltechnologie gilt für die Zuschlagsstoffe das Gesetz der dichtesten Packung. Folglich sind optimal dicht gepackte Zuschlagsstoffe die wichtigste Grundlage für einen minimalen Bindemittelbedarf bei gleichzeitig hoher Festigkeit. Eine wesentliche Kenngröße der Zuschlagsstoffe ist das Verhältnis Oberfläche zu Raumvolumen. Sehr feine Zuschlagsstoffe haben eine hohe spezifische Oberfläche und deshalb einen höheren Bindemittelbedarf. Sie sind wichtig für die Verarbeitungseigenschaften von Mörteln und werden zum Ausfüllen der Zwischenräume der groben Zuschlagstoffe verwendet. Allerdings nehmen sie für sich mehr Bindemittel in Anspruch, sodass Art und Menge der verschiedenen *Kornfragmente* aufeinander abgestimmt werden müssen. In der Mörteltechnologie hat sich bewährt, dass die Größe vom Maximalkorn höchstens dem Drittel der Schichtdicke des Nassmörtels entsprechen sollte. In Ausnahmen kann der Durchmesser des Größtkorns auch bis zur Hälfte der Schichtdicken betragen. Dann allerdings werden Mörtel mit einer hohen Festigkeit erzielt.

Durch die Menge an Größt-, Fein- und Feinstkorn wird nicht nur der Bindemittelbedarf beeinflusst, sondern auch der Härtungsverlauf, die Festigkeit und das Schwindverhalten und somit das Rissrisiko. Bei Bewegungen im Untergrund und/oder einem Schwinden im Putzmörtel entstehen feinste Mikrorisse bis maximal 10 µm. Man geht heute davon aus, dass diese je nach Mörtel an den einzelnen größeren Zuschlagsstoffen zerfasern und sich somit innerhalb des Putzgefüges verteilen. Infolgedessen sind diese Risse mit dem bloßen Auge (ohne Hilfsmittel) nicht zu erkennen. Außerdem gilt als gesichert, dass einige dieser Mikrorisse wieder miteinander verwachsen und sich verschließen können. Dies wird mit der permanenten Transformation der Karbonatisierung und der Umkristallisierung der Karbonate begründet.[4]

Hierfür sind allerdings entsprechend große Zuschlagsstoffe notwendig, die in den heute werkseitig gemischten Trockenmörtel kaum noch zum Einsatz kommen. Ein Grund hierfür ist die maschinelle Verarbeitung in Verbindung mit der Silotechnik. Die Anwendung der Silo- und Maschinentechnik setzt Mörtel voraus, die sich fördern lassen und hierbei keinen Abrieb verursachen. Deshalb werden immer feinere Zuschlagsstoffe eingesetzt. Normalerweise müsste deshalb der Bindemittelanteil erhöht werden, was wiederum aufgrund der Kostensituation einerseits und der Marktpreise mineralischer Mörtel andererseits nicht realisierbar ist. Auch in der Korngrößenverteilung und Sieblinie dominieren die Fein- und Feinstanteile. Diese wiederum sind eine der wesentlichen Ursachen für die zunehmende Rissproblematik, da auftretende Spannungen aus dem Untergrund und/oder innerhalb des Mörtels nicht mehr „abgefangen“ werden können.

Wenn ein „optimaler“ Zuschlagsstoff definiert werden soll, müsste eine Beurteilung die mineralische Zusammensetzung, Verunreinigungen, Kornzusammensetzung und Kornform berücksichtigen. Demnach muss ein Mörtelsand aus festen, dauerhaften und frostbeständigen Gesteinen bestehen. Durch Lehm oder Ton verunreinigte Grubensande und/oder Brechsande mit einem hohen Anteil an Gesteinsstaub sind ungeeignet. Aufgrund des Salzgehaltes (Nitrate, Sulfate, Chloride etc.) sollten keine verunreinigten Meer-, Dünen- oder Seesande verwendet werden. Auch eine Belastung durch Abwässer muss ausgeschlossen sein. Die Mörtelsande müssen frei sein von humusartigen Bestandteilen und/oder Kohleteilchen. Die Kornform sollte gedrungen und möglichst kubisch sein. Mörtelsande mit idealer Kornzusammensetzung weisen eine hohe Schüttdichte mit Feinsanden von max. 0,2 mm Korngröße und einem Anteil von 10 bis 20 Gewichtsprozent auf.

Neben traditionellen Zuschlagsstoffen werden heute zunehmend auch Leichtzuschlagsstoffe wie Perlite, Vermiculit, Blähton sowie natürliche Leichtzuschlagsstoffe wie Bims oder Tuff eingesetzt (Abb. 3.3, 3.4). Diese erhöhen je nach Material und technologischen Anforderungen den Porenanteil, reduzieren den Materialverbrauch und haben Wärme- und/oder Schalldämmende Eigenschaften.

Perlite werden aus Sand hergestellt, der bei > 900 °C gebrannt wurde. Bei dieser Temperatur

Abb. 3.3 offenporige Oberflächenstruktur von Leichtfüllstoffen

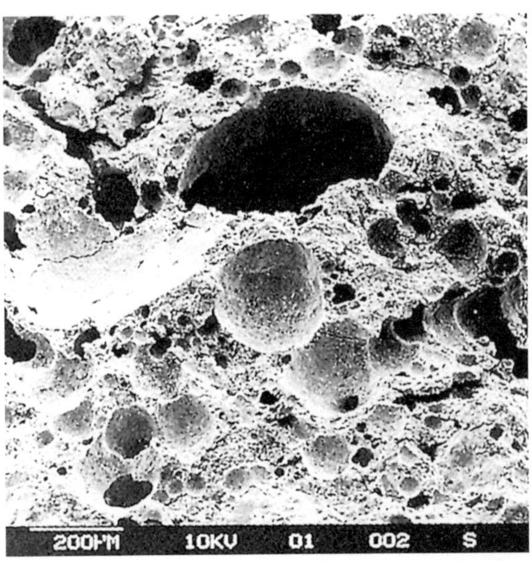

Abb. 3.4 offenporige Oberflächenstruktur von Leichtfüllstoffen

bläht er auf und verändert seine Form bei der Abkühlung nicht mehr. In Folge der geringen Dichte sind Perlite beliebte Zuschlagsstoffe für Sanier-, Wärmedämm- und Leichtputz.

Vermiculit ist dagegen ein Zuschlagsstoff, der einen schichtartigen Aufbau aufweist und zwischen den einzelnen Lagen flächige Poren ausbildet. Die Länge der Porenräume beträgt maximal 150 µm, die Breite bis zu 15 µm. Andere Zuschlagsstoffe wie Perlite z. B. zeigen im Vergleich ein völlig anderes Porensystem. Einzelne kugelige und polyedrische Poren sind durch dünne und glatte Porenwandungen verbunden, deren Dicke etwa 0,5 µm beträgt. Der Porendurchmesser liegt im Bereich von ca. 60 µm bis < 10 µm. Die dünnen Porenwandungen führen bei mechanischer Beanspruchung (z. B. beim Mischen) sehr schnell zu Gefügezerstörungen, mit denen die Gesamtporengrößenverteilung beeinflusst werden kann.

Bims oder auch Bimsstein kommt in der Natur als hoch poröses und glasiges Lavagestein vor. Ein vergleichbares Material kann auch künstlich hergestellt werden. Hierzu wird Hochofenschlacke mit Hilfe von Wasser, Dampf und Bindemittel geschäumt und anschließend gehärtet. Aufgrund seiner porösen und damit Wärme dämmenden Eigenschaft wird Bims gerne als Rohstoff für Baustoffe oder als Zuschlagsstoff für z. B. Wärmedämm-, Leicht- oder auch Sanierputz verwendet. Bims weist eine den Perliten ähnliche Gefügestruktur auf, die allerdings deutlich stabiler ist. Die Porenwandungen sind bis zu 5 µm dick, die Porendurchmesser liegen im Bereich zwischen 20 µm bis < 3 µm.

Tuff (oder auch Tuffgestein) ist ein aus ursprünglich lockerem, später verfestigtem vulkanischen Auswurfmaterial bestehendes Sediment. Vulkanische Tuffe dürfen nicht mit kalkhaltigen Sintergesteinen wie Kalk- oder Quelltuff verwechselt werden. Tuffe stehen in enger Beziehung zu Lava, da sie gleichzeitig mit dieser aus dem Vulkankrater ausgeworfen wurden. Hierbei werden sie in charakteristischer Weise geformt. Man unterscheidet Tuffe selten nach ihrer Zusammensetzung (Ursprungsmaterial und zugehörige Laven), sondern häufiger nach der Korngröße. Diese liegt im Bereich zwischen 1 bis 15 cm.[5]

3.3 Baustoffe und Bauteile

3.3.1 Porosität von Baustoffen

Mineralische Baustoffe bestehen aus Bindemitteln, Zuschlagsstoffen und den nach ihrer Härtung und Verdichtung entstehenden Poren. Porengröße und Porengrößenverteilung – also letztendlich die Porosität eines Baustoffes – sind die entscheidenden Faktoren für die Herausbildung der wesentlichen physikalischen Eigenschaften wie z. B. der Wärmeleitfähigkeit, des kapillaren Wassertransportes, der Wasserdampfdurchlässigkeit und natürlich auch der Sorptionseigenschaften.

Bei allen mit anorganischen Bindemitteln hergestellten kapillarporösen Baustoffen erfolgt mit der Zeit eine Porenveränderung durch zusätzliche Um- und Auskristallisation. Weder bei Zementen noch bei Kalken stellt sich unter natürlichen Bedingungen ein dauerhaft stabiler Porenraum ein. Als eine solche Veränderung wird u. a. die so genannte primäre Porosität betrachtet, die sich einstellt, wenn die partikelförmigen Bindemittel mit oder ohne Zuschlagsstoffe in ein bestimmtes Volumen eingebracht werden. Während des Abbinde- und Kristallisationsvorganges entwickelt sich allmählich die so genannte sekundäre Porosität, die von der Menge der chemischen Reaktion (Reaktionswasser) und dem Ver- oder Abdampfen von Wasser sowie auch Schwindung bestimmt wird. Die sekundäre Porosität verändert sich laufend in Folge des Kristallisationsprozesses. Die Langzeitporosität verändert sich im Laufe der Zeit durch zusätzliche Kristallisationsvorgänge. Während der Entwicklung der Langzeitporosität wirken bei natürlichen Baustoffen die Atmosphärilien ein, die zusätzlich Lösungsvorgänge und Kristallisationsvorgänge hervorrufen.[4]

Poren mit einem Radius kleiner als 10^{-7} m werden als Mikroporen sowie mit einem Radius kleiner als 10^{-9} m als Gelporen bezeichnet. Poren mit einem Radius zwischen 10^{-7} und 10^{-4} m werden als Kapillarporen bezeichnet. Als Luftporen werden Poren bezeichnet, die einen Radius größer als 10^{-4} m besitzen und sich demnach bereits im Millimeterbereich befinden. Diese Poren werden auch als Makroporen bezeichnet. Bei der Betrachtung der Porensysteme muss noch in geschlossene und offene Poren sowie in durchgehende und so genannte Sackporen unterschieden werden. In zementgebundenen Werkstoffen wird außerdem zwischen den gewöhnlichen und den künstlichen Luftporen differenziert. Die künstlichen Luftporen führen zu einer Verbesserung des erhärteten Mörtels. Das Porenvolumen allein ist zur Charakterisierung der Porosität eines Baustoffes noch nicht ausreichend. Die Porengrößenverteilung ist eines der wesentlichen Merkmale, das Aussagen über den Feuchtigkeitstransport in dem Baustoff zulässt (Abb. 3.5). Das gleiche Porenvolumen zweier verschiedener Werkstoffe kann auf viele kleine oder wenige große Poren verteilt sein. Hier wird zwischen Mikro- und Makroporen unterschieden. Durch Kapillarkondensation können noch Poren mit einem Radius von bis zu 10^{-7} m (0,1 µm) mit Wasser gefüllt werden. Deshalb wird dieser Wert häufig als Grenzporenradius verwendet, um die Mikroporen von den Makroporen zu unterscheiden.

Ein weiteres Charakterisierungsmerkmal ist die Porengeometrie. Poren können zylinderförmig, keilförmig, spaltenförmig oder kugelförmig angeordnet sein. Sie können miteinander verbunden oder nicht verbunden sein, sodass zwischen *offenen Poren* mit mindestens zwei Öffnungen, *Sackporen* mit mindestens einer Öffnung oder *geschlossenen Poren* ohne Verbindung mit der

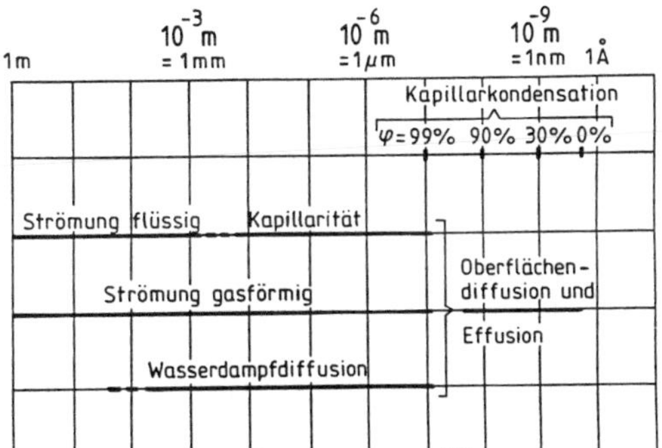

Abb. 3.5 Wassertransportmechanismen in Abhängigkeit zum Porendurchmesser

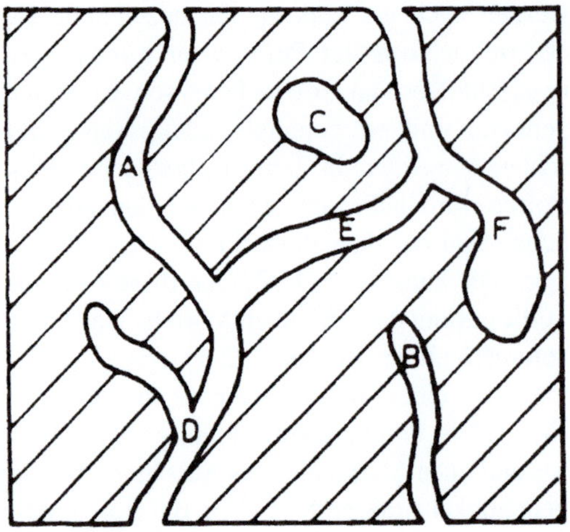

Abb. 3.6 schematische Darstellung unterschiedlicher Porenarten

Umgebung unterschieden wird (Abb. 3.6). Für den Feuchtigkeitshaushalt sind nur die Sackporen und die offenen Poren von Bedeutung, da das Wasser nur durch diese Porenarten eindringen kann.

Für die Baustoffeigenschaften allgemein und speziell für die Wasser- bzw. Wasserdampfaufnahme und -abgabefähigkeit der Baustoffe ist es im Rahmen der Bauphysik und der Werkstoffkunde von großem Interesse, den für Wasser offenen Porenraum näher zu charakterisieren. Hierzu wird die Baustoffprobe bis zur Massekonstanz unter Wasser gelagert. Nachdem sich alle Poren mit Wasser gefüllt haben, kann aus der Massendifferenz zwischen nasser und trockener Probe die offene Porosität nach folgender Gleichung bestimmt werden:

Offene		1		Masse der nassen Probe in kg (m_F) minus Masse der trockenen Probe in kg (m_T)		
Porosität	=	———	•	———	•	100 %
(w_v)		Dichte von Wasser in kg/ m^3		Volumen der Probe in m^3 (V_{Probe})		

Die offene Porosität (normale Wasseraufnahme) wird in der Regel in Volumenprozent angegeben. Sie beschreibt, welchen Anteil die offenen Poren am Gesamtvolumen der Baustoffprobe haben. Diese Berechnung ist allerdings fehlerhaft, da bei jedem Saugversuch speziell in den Sackporen Lufteinschlüsse zurückbleiben. Diese können durch das Koch-Verfahren vermieden werden, bei dem die Baustoffprobe in kochendem Wasser gelagert wird. Durch das Kochen werden die Luftblasen nahezu vollständig beseitigt, sodass diese Messmethode derzeit den genauesten Wert für die offenen Poren bzw. den Anteil des benetzbaren Porenraumes liefert.[4]

Beim Vergleich verschiedener Baustoffe (Tab. 3.1) hinsichtlich ihres Porenanteils stellt man fest, dass Baustoffe mit nahezu gleichem Porenanteil in der Regel sehr unterschiedliche thermische und hygrische Eigenschaften aufweisen. Ausschlaggebend hierfür ist die Porenverteilung des Baustoffes, die in der Praxis im Allgemeinen indirekt bestimmt wird. Bewährt hat sich hierbei insbesondere die Quecksilberdruckporosimetrie. Da die Oberfläche der Baustoffe Quecksilber abstößt, muss es mit Druck in die Poren gepresst werden. In Abhängigkeit vom Druck und der Masse des eingedrungenen Quecksilbers können mit Hilfe der Bauwerksdiagnostik so genannte Porenradienverteilungskurven erstellt werden.[11]

Abschließend kann festgestellt werden, dass durch die Porengeometrie die bauphysikalischen Eigenschaften der Baustoffe zum Teil deutlich beeinflusst werden. Flaschenförmige Poren mit verengtem Einlass (Flaschenhals) beeinflussen z. B. die Wasseraufnahme erheblich. Sowohl künstliche als auch natürliche Steine können in ihrem Mikrogefüge aus kugelförmigen, blättchenförmigen oder nadelförmigen Teilchen zusammengesetzt sein. Dabei wird der Porengehalt meistens als Quotient aus dem Porenvolumen und dem Gesamtvolumen des porösen Stoffes angegeben. Das Porenvolumen kann sich dabei auf Poren mit unterschiedlichen Radien verteilen. Da der Radius der Poren üblicherweise nicht bekannt ist, geht man von einem theoretischen, dem so genannten hydraulischen Radius

Tab. 3.1 Richtwerte für den Porenanteil ausgewählter Baustoffe (in Vol.-%)

Material	Offene Porosität in Vol.-% (Toleranzbereiche)									
	10	20	30	40	50	60	70	80	90	100
Ziegel										
Kalksandstein										
Schwerbeton										
Bimsstein										
Porenbeton										
Granit										
Marmor										
Schiefer										
	0,2	0,4	0,6	0,8	1,0	1,2	1,4	1,6	1,8	2,0
Material	Offene Porosität in Vol.-% (Toleranzbereiche)									

aus. Dieser wird als Verhältnis aus Porenvolumen zur inneren Oberfläche berechnet. Die innere Oberfläche ist die Summe aller Porenoberflächen und lässt sich experimentell relativ schnell bestimmen. Zwischen Porosität, Dichte und Wasseraufnahme besteht demnach ein direkter Zusammenhang mit gegenseitiger Abhängigkeit.

3.3.2 Kenngrößen der Verformung

Im Folgendem sollen die verschiedenen Baustoffe und Bauteile näher betrachtet werden. Hierbei sind natürlich primär die Baustoffe und Bauteile von Interesse, in denen vorwiegend Risse auftreten. Da es sich in über 70 % der Fälle um verputztes Mauerwerk handelt, werden zunächst die verschiedenen Mauerwerke beschrieben. Einen Schwerpunkt bilden hierbei die so genannten „Stein-Putz-Risse" auf Leichtmauerwerk. Bei der Diskussion um die Ursachen dieser Risse kommt zwischen Stein-, Mörtel- und Putzherstellern der Aspekt zu kurz, dass es sich hierbei um einen Verbundbaustoff handelt. Dies bedeutet, dass die Ursachenanalyse nicht allein auf einen Baustoff reduziert werden darf, sondern immer als gesamter Wandaufbau betrachtet werden muss. Daran anschließend müssen verputzte Bauplatten wie z. B. Holzwolle-Leichtbauplatten und plattenähnliche Untergründe wie z. B. Wärmedämm-Verbundsysteme betrachtet werden, die einen Anteil an den gerissenen Putzfassaden von ca. 20 % ausmachen. Der Rest von weniger als 10 % teilt sich in gerissene Sichtmauerwerke, sichtbare und verputzte Fachwerkhäuser sowie verputzte Mauerwerke im Bestand (Naturstein-, Ziegel- und Mischmauerwerk sowie verputzte Betonflächen) auf.

Eine besondere Kategorie stellen Risse aufgrund von Baustoffwechseln an Bauteilübergängen dar, die unabhängig von der Art der Untergründe auftreten können. Der Klassiker in dieser Kategorie ist der Rollladenkasten, aber auch Anschlüsse an Fensterbänken, überputzte Fugen und Geschossdecken gehören dazu. Die Ursache für diese Risse liegt in der Regel in der Verformung der Baustoffe. Eine Verformung kann durch hygro-thermische Einflüsse sowohl von außen als auch im Baustoff selbst oder durch mechanische Einwirkungen (äußere Kräfte) ausgelöst werden. Ein ganz wesentlicher Denkfehler besteht darin, das Verformungsverhalten der Baustoffe isoliert zu betrachten. Hierbei wird vernachlässigt, dass Baustoffe zum Teil gravierende Unterschiede im Verformungsverhalten besitzen und einwirkende Einflüsse und Kräfte zu Spannungen führen, wenn der Baustoff sich nicht frei verformen kann, sondern in einem Verbund eingebettet ist. In Folge dessen müssen die Verformungskenngrößen bekannt sein und sowohl auf den Baustoff und das Bauteil als auch auf den Übergangsbereich von Bauteil zu Bauteil angewendet werden.

In [10] werden die wichtigsten Verformungskenngrößen in drei Gruppen eingeteilt:

1. Elastizitäts- und Schubmodul sowie die Kriechzahl bilden die Gruppe der lastbedingten Kenngrößen
2. Der Gruppe der lastunabhängigen Verformungskenngrößen werden das Schwindmaß und die Wärmedehnzahl zugeordnet
3. Die dritte Gruppe enthält die Entspannung bei aufgezwungener Verformung. Sie wird durch die Relaxationszahl definiert

Das *Elastizitätsmodul* (kurz E-Modul) charakterisiert das Dehnungsverhalten eines festen Körpers. Damit wird der Zusammenhang zwischen Spannung und Dehnung bei einer mechanischen Beanspruchung beschrieben. Dies bedeutet, dass mit dem E-Modul das Verhältnis der Zugspannung (= Kraft pro Querschnittsfläche) zur Längsdehnung (= Längendehnung zur Gesamtlänge) dargestellt und in Folge dessen in Kraft pro Fläche angegeben wird. Der Zahlenwert des Elastizitätsmoduls ist um so größer, je mehr Widerstand ein Material seiner Verformung entgegensetzt. Ein Material mit hohem E-Modul ist also steif, ein Material mit niedrigem E-Modul ist weich bzw. besitzt eine höhere Dehnbarkeit. Die Ermittlung erfolgt nach genormten Prüfverfahren. Häufig wird das Elastizitätsmodul als Materialkonstante bezeichnet. Das E-Modul ist aber eigentlich nicht konstant, sondern wird von verschiedenen Umgebungsbedingungen wie z. B. dem Druck oder der Temperatur beeinflusst, mit denen die Materialeigenschaften verändert werden können.

Das *Schubmodul* wird zur Berechnung der Scherbeanspruchung herangezogen, wenn z. B. auf den oberen Bereich einer unter Last stehenden Wand eine horizontal wirkende Kraft (Scherkraft) wirkt. Als Resultat der Krafteinwirkung entsteht horizontale Verformung. Bekanntes Beispiel für diesen Vorgang sind Deckenschubrisse.

Die *Scherfestigkeit* ist eine wichtige Kenngröße, da sie die Belastungsfähigkeit eines Baustoffes auf Abscheren beurteilt. Sie wird mit Hilfe der maximalen Schubspannung definiert, mit der ein Baustoff belastet werden kann. Sie beschreibt damit den Widerstand, den ein Baustoff den (horizontalen) Scherkräften entgegensetzt. Im Gegensatz zu den so genannten Reibungskräften, die auf den Oberflächen wirken, handelt es sich bei den Scherkräften um zusammenhaltende Kräfte. Die Scherfestigkeit wird als Kraft pro Fläche in N/m^2 angegeben.

Der Begriff Kriechen beschreibt die temperatur- und zeitabhängige Verformung eines Baustoffes unter Einwirkung einer mechanischen Belastung. Hierbei kann die so genannte *Kriechzahl* in einem weiten Bereich variieren. Die große Schwankungsbreite der Kriechzahl lässt sich gut am Beispiel eines neuen Porenbetonmauerwerkes erklären. Wurde das Mauerwerk mit feuchten Porenbetonsteinen errichtet und bereits nach relativ kurzer Zeit (z. B. nach 2 bis 3 Wochen) belastet, kann sich das Mauerwerk um bis zu 6 bis 8 mm pro m verkürzen. Werden dagegen ausgetrocknete Porenbetonsteine verwendet und das Mauerwerk erst nach 5 bis 6 Wochen belastet, reduziert sich diese Verkürzung auf 1 bis max. 2 mm/m. Ursache für die Verformung ist in beiden Fällen das Kriechen und Schwinden. Während im ersten Fall die Baustoffe noch einen relativ hohen Feuchtegehalt aufwiesen und die Trocknung/Härtung während der Belastungsphase noch nicht abgeschlossen war, befand sich im zweiten Fall deutlich weniger Feuchtigkeit im Baustoff und diese vorwiegend im Bereich der Fugenflanke. Durch die zeitlich verzögerte Belastung hatte sich innerhalb des Mauerwerkverbundes bereits eine deutlich höhere Festigkeit ausgebildet und der Kriechverkürzung entgegengewirkt.

Neben den lastabhängigen Verformungen finden im Mauerwerk auch lastunabhängige Formänderungen statt. Zu ihnen gehört die Volumenverkleinerung während der Trocknung, die durch das *Schwindmaß* ausgedrückt wird. Im Gegensatz zur Kriechzahl beschreibt das Schwindmaß die natürliche Austrocknung, ohne dass gleichzeitig eine Last einwirken muss. Das Schwindmaß wird, auf den jeweiligen Baustoff bezogen, in Millimeter pro Meter angegeben. Ebenfalls lastunabhängig ist die Verformung eines Baustoffes als Folge von Temperatureinwirkung. Dieser Vorgang kann sowohl durch Erwärmung als auch durch Abkühlung verursacht werden und wird als Wärmedehnung bezeichnet. In der Praxis ist üblich, diese Verformung als thermisches Schwinden oder thermisches Quellen zu bezeichnen. Die Größe der Verformung wird durch die *Wärmedehnzahl* ausgedrückt.

Abschließend soll noch der Vorgang der *Relaxation* erwähnt werden, der sich zwar von den vorher genannten Verformungen grundsätzlich unterscheidet, aber in einem gewissen Zusammenhang mit dem Kriechen steht. Als ein Ergebnis der Kriechprozesse unter permanenter Lasteinwirkung verlieren Baustoffe mit der Zeit ihre „elastische Dehnung", der Baustoff relaxiert. Während demnach das Kriechen die zeitabhängige Zunahme der Verformung eines Baustoffes unter der Einwirkung von Spannungen bezeichnet, wird mit der Relaxation die zeitabhängige Abnahme der Spannungen beschrieben. Dieser Vorgang ist vor allem dort zu beobachten, wo sich Formänderungen langsam entwickeln oder langfristig einwirken. Die Relaxation hat vor allem bei Baustoffen, die mithilfe von Bindemitteln hergestellt sind, eine besondere Bedeutung. Sie spielt vor allem für die Folgenabschätzung bei aufgezwungener Verformung eine Rolle. Die Relaxationsfähigkeit ist anfangs recht groß und nimmt mit der Zeit entsprechend der parallel zunehmenden Festigkeit ab. Die Relaxationszahl ist hierbei ein Maß für den Abbau der Spannungen. Höhere Werte bedeuten eine größere Abnahme (der Wert 1 bezeichnet den vollständigen Spannungsabbau).[10]

Die bisher beschriebenen Kenngrößen

- Elastizitätsmodul,
- Schubmodul,
- Kriechzahl,
- Schwindmaß,
- Wärmedehnzahl,
- Relaxationszahl

beziehen sich lt. *Pfefferkorn* und *Klaas* [10] auf den elastischen Bereich, in dem Spannungen und Dehnungen im Zeitpunkt der Belastung proportional sind. Übersteigen die Spannungen den elastischen Bereich, nehmen die Dehnungen überproportional zu, weil sich die Baustoffe plastisch verformen. Dies hat zur Folge, dass eine plastische Verformung auch dann erhalten bleibt, wenn die äußere Krafteinwirkung nachlässt. In der Praxis werden die Begriffe „elastisch" und „plastisch" oft gleichgesetzt, obwohl ihre Mechanismen verschieden sind. Unter *Plastizität* wird die im Wesentlichen irreversible Verformung fester Stoffe unter der Einwirkung äußerer Kräfte verstanden. Im Gegensatz zur Plastizität beschreibt die *Elastizität* die Eigenschaft fester Stoffe, eine aufgezwungene Verformung nach Aufhebung des Zwangs rückgängig (reversibel) zu machen. Ist die Formänderung irreversibel oder nur teilweise reversibel, so bezeichnet man diesen Stoff als vollkommen oder teilweise plastisch.

3.3.3 Verformung von Baustoffen und Bauteilen

Wie eingangs erwähnt, liegt ein Schwerpunkt der Rissbildung bei verputzten Mauerwerken. Deshalb werden zunächst die verschiedenen Mauerwerke und deren Einzelkomponenten wie Putz- und Mauermörtel sowie Ziegelsteine betrachtet, bevor unter Berücksichtigung der verschiedenen Bauweisen anschließend die Formänderungen bei Beton, Stahlbeton und Holz ergänzt werden.

Die Verformungskennwerte von *Mauerwerk* weisen eine relativ große Streubreite auf. Die Ursache hierfür liegt einerseits in der Verschiedenartigkeit der Mauersteine sowie andererseits in den verschiedenen Mauerwerksarten und deren Erstellung. In der Tab. 3.2 und 3.3 sind die Verformungskennwerte für Mauerwerke aus den wichtigsten Mauersteinarten aufgeführt. Hierbei unterteilt die DIN EN 1996-1 (2013) Eurocode 6: „Bemessung und Konstruktion von Mauerwerksbauten – Teil 1: Allgemeine Regeln für bewehrtes und unbewehrtes Mauerwerk" in einen Rechenwert und einen Wertebereich. Der Wertebereich

Tab. 3.2 Verformungskennwerte (Wärmedehnungskoeffizient und E-Modul) für Mauerwerk nach DIN EN 1996-1 (2013) Eurocode 6: „Bemessung und Konstruktion von Mauerwerksbauten – Teil 1: Allgemeine Regeln für bewehrtes und unbewehrtes Mauerwerk“

Mauersteinart	Wärmedehnungskoeffizient in 10^6/K		Elastizitätsmodul	
	Rechenwert	Wertebereich	Rechenwert	Wertebereich
Mauerziegel	6	5 bis 7	3000	3000 bis 4000
Kalksandsteine	8	7 bis 9	3000	2500 bis 4000
Hüttensteine	8	7 bis 9	3000	2500 bis 4000
Leichtbetonsteine	10	8 bis 12	5000	4000 bis 5500
Leichtbeton (mit überwiegend Blähton als Zuschlag)	8	8 bis 12	5000	4000 bis 5500
Betonsteine	10	8 bis 12	7500	6500 bis 8500
Porenbetonsteine	8	7 bis 9	2500	2000 bis 3000

Tab. 3.3 Verformungskennwerte (Feuchtedehnung und Endkriechzahl) für Mauerwerk nach DIN EN 1996-1 (2013) Eurocode 6: „Bemessung und Konstruktion von Mauerwerksbauten – Teil 1: Allgemeine Regeln für bewehrtes und unbewehrtes Mauerwerk“

Mauersteinart	Feuchtedehnung in mm/m*		Endkriechzahl	
	Rechenwert	Wertebereich	Rechenwert	Wertebereich
Mauerziegel	0	+ 0,3 bis – 0,2	1,0	0,5 bis 1,5
Kalksandsteine	– 0,2	–0,1 bis – 0,3	1,5	1,0 bis 2,0
Hüttensteine	– 0,2	– 0,1 bis – 0,3	1,5	1,0 bis 2,0
Leichtbetonsteine	– 0,4	– 0,2 bis – 0,5	2,0	1,5 bis 2,5
Leichtbeton (mit überwiegend Blähton als Zuschlag)	– 0,4	– 0,2 bis – 0,5	2,0	1,5 bis 2,5
Betonsteine	– 0,2	– 0,1 bis – 0,3	1,0	
Porenbetonsteine	0,2	+0,1 bis – 0,3	1,5	1,0 bis 2,5

* negatives Vorzeichen beschreibt Verkürzung (Schwinden), positives Vorzeichen eine Verlängerung (chemisches Quellen)

gibt das gesamte Spektrum an und drückt den nach unten und oben möglichen Formänderungskennwert aus. In der Praxis wird deshalb mit dem Rechenwert gearbeitet, der den im Allgemeinen zutreffenden Formänderungskennwert angibt.[12]

In diesem Zusammenhang soll darauf hingewiesen werden, dass es sich bei den Tabellenwerten nicht um gesicherte Grenzwerte handelt, sondern um den heutigen Kenntnisstand. Dies hat zur Folge, dass in Ausnahmen und in Einzelfällen auch Verformungskennwerte außerhalb dieser Wertebereiche auftreten können. Weiterhin muss die Mörtelart bei der Erstellung des Mauerwerkes beachtet werden. Diese verliert bei zunehmender Größe der Mauersteine ihren Einfluss auf die Formänderung des Mauerwerkes. Dies wird besonders deutlich bei den Dünnbettmauerwerken, die im Wesentlichen nur von den Formänderungskennwerten der Mauersteine beeinflusst werden. *Schubert* hat deshalb in [12] zusätzlich eine Tabelle für Leichtmauerwerk mit Leichtmörtel und Dünnbettmörtel aufgenommen, die sich zum Teil erheblich von den Angaben in der alten DIN 1053 Teil 1 unterscheidet (Tab. 3.4).

Infolgedessen muss eine Bewertung stets anhand der jeweiligen Formänderungskennwerte des vorliegenden Mauerwerkes erfolgen. Dies hat insbesondere bei Reklamationen oder Schadensfällen den Vorteil, dass die Ursache eindeutiger ermittelt und damit die Schuldfrage objektiver beantwortet werden kann.

In [10] wird auf den Zusammenhang zwischen Spannung und Dehnung bei Mauerwerken hingewiesen. Dort heißt es, dass schon bei kurzzeitiger Lasteinwirkung die Mauerwerksdehnung bei zunehmender Beanspruchung stark überproportional zunimmt. Daraus folgt, dass kein echtes Elastizitätsmodul vorhanden ist. In den weiteren Ausführungen wird deshalb vom Verformungsmodul des Mauerwerkes gesprochen, der die

Tab. 3.4 Verformungskennwerte für Leichtmauerwerk nach [12]

Mauersteinart	Mauermörtel	Feuchtedehnung in mm/m*		Endkriechzahl	
		Rechenwert	Wertebereich	Rechenwert	Wertebereich
Hlz nach DIN 105-2	Leichtmörtel Dünnbettmörtel	+ 0,1	0 bis + 0,3 0	1,5 (2,0)	1,1 bis 2,7 0,1
PP nach DIN 4165	Dünnbettmörtel	– 0,1	– 0,2 bis + 0,1	0,5	0,2 bis 0,7
Vbl nach DIN 18152	Leichtmörtel Dünnbettmörtel		– 0,7 – 0,5		1,7 1,5

* negatives Vorzeichen beschreibt Verkürzung (Schwinden), positives Vorzeichen eine Verlängerung (chemisches Quellen)

mittlere Dehnungszunahme bis zur zulässigen Mauerwerkspressung darstellt. Diese entspricht etwa einem Drittel der so genannten Kurzzeitbruchlast. *Pfefferkorn* und *Klaas* erwähnen weiterhin, dass sich die lastbedingte Kurzzeitdehnung und die lastbedingte Langzeitdehnung (Kriechen) überlagern. Unter langzeitigen hohen Druckbeanspruchungen können deshalb Gesamtverkürzungen mit Dehnungen von 5 bis 10 (!) mm pro Meter entstehen, bevor es zu einem Überschreiten der Grenzspannung und damit zu einem Bruch kommt.

In der Zusammenfassung bedeutet dies, dass nicht nur die lastbedingten Verformungen entsprechende Spannungen und Risse im Mauerwerk verursachen können. Auch die lastunabhängigen Formänderungen, die durch hygro-thermische Einflüsse verursacht werden, müssen bei der Beurteilung gerissener Mauerwerke berücksichtigt werden. Eine der Schwierigkeiten hierbei ist die Abschätzung der anteiligen Einflüsse, wenn sich beide Mechanismen überlagern.

Die Formänderungen von *Beton* und *Stahlbeton* werden u. a. von der Betongüte bestimmt. Die Güte des Betons selbst ist neben anderen Faktoren auch vom Wasser-Zement-Faktor sowie von der Zugabe verschiedener Additive abhängig, mit denen z. B. die Dichtigkeit, das Schwind- und Schrumpfverhalten sowie die Abbindezeit des Betons beeinflusst werden kann. Wie beim Mauerwerk muss auch bei Beton/Stahlbeton zwischen den lastbedingten und den lastunabhängigen Verformungen unterschieden werden. Zu den lastunabhängigen Verformungen gehören das Schwinden und Kriechen, das im Wesentlichen durch die vorhandene Luftfeuchtigkeit, die Bauteilabmessungen sowie die Betongüte bestimmt wird.

Beton kann im Wesentlichen nur Druckkräfte aufnehmen, da die Zugfestigkeit im Verhältnis zur Druckfestigkeit unter 10 % beträgt. Dieser Nachteil wird im Verbund mit Stahleinlagen (Stahlbeton) ausgeglichen. Der Stahl übernimmt im Stahlbeton die Zugkräfte, während der Beton alle Druckkräfte sowie einen geringen Anteil der Zugkräfte aufnimmt. Das lastbedingte Verformungsverhalten von Stahlbeton ist deutlich komplizierter als von unbewehrtem Beton und kann mit dem Verformungsverhalten eines gewebearmierten Putzes verglichen werden.

Bei geringer Beanspruchung nimmt die Dehnung des Stahls zunächst nur geringfügig zu. Wenn die so genannte Zugbruchfestigkeit des Betons erreicht wird, entsteht an der schwächsten Stelle ein Mikroriss. Dadurch wird die bis zu diesem Zeitpunkt vom Beton aufgenommene Zugkraft auf die Bewehrung übertragen. Infolgedessen entwickelt sich schlagartig eine zusätzliche Dehnung, die zu einem Makroriss führt. Bei weiterer Zunahme der Zugkraft entstehen zunächst weitere kleine Risse, bis sich ein geschlossenes Rissbild gebildet hat. Bei einer weiteren Zunahme der Zugkraft entstehen in der Regel keine neuen Risse, da das Spannungs-Dehnungs-Verhalten durch die Stahlbewehrung beeinflusst wird. Auf weitere Literatur wird verwiesen.[10 bis 16]

Das Verformungsverhalten von *Holz* wird im Wesentlichen von der Richtung zur Stammachse beeinflusst. In Bezug auf die Dehnung verhält sich Holz dann vergleichbar mit Mauerwerk. Bei einer rechtwinkligen Beanspruchung liegt dieser Wert um ein Vielfaches höher (Tab. 3.5).

An den Werten wird deutlich, dass der Elastizitätsmodul in Faserrichtung zwischen 20 bis 30mal höher ist als rechtwinklig zur Faserrichtung. Ähnlich verhält es sich mit den

Tab. 3.5 Elastizitäts- und Schubmodul in MN/m² für verschiedene Arten von Voll- und Brettschichtholz (Holzfeuchte ≤ 20 %) nach DIN 1052 (2024): „Holzbauwerke - Herstellung und Ausführung von Holzbauwerken“

Holzart	Elastizitätsmodul		Schubmodul
	parallel zur Faserrichtung	rechtwinklig zur Faserrichtung	
z. B. Fichte, Kiefer, Tanne, Lärche	10.000	300	500
Brettschichtholz aus den o. g. Holzarten	11.000	300	500
z. B. Eiche, Buche, Teak	12.500	600	1000

Tab. 3.6 Quellen und Schwinden verschiedener Mörtel

	Bewegungen in mm/m	
	reversible Quell- und Trocknungsbewegung	irreversibler Trocknungsschwund
Zement-Mörtel	0,2	0,08–0,1
Zement-Kalk-Mörtel	0,2–0,22	0,1
Kalk-Zement-Mörtel	0,22	0,1–0,13

Schwindwerten, die tangential und radial zu den Jahresringen ermittelt werden. Hierzu gibt die DIN 1052 „Holzbauwerke - Herstellung und Ausführung von Holzbauwerken“ einen Durchschnittswert von 0,01 % an. Da die temperaturbedingten Verformungen im Vergleich zu den anderen Holzverformungen vernachlässigt werden können, sind Wärmedehnzahlen von Holz in der Norm nicht enthalten.[10]

Kapillarporöse Baustoffe wie *Putz- und Mauermörtel* nehmen bei Wassersättigung ein höheres Volumen ein als nach der Trocknung. Tab. 3.6 verdeutlicht den Unterschied beim Quellen und Schwinden verschiedener Mörtel.

Außerdem muss beachtet werden, dass durch Frost-Tau-Wechsel in diesen Baustoffen ganz erhebliche Längenbewegungen auftreten können, die durch die Ausdehnung des Wassers beim Gefrieren verursacht werden. Sind die Poren eines kapillarporösen Baustoffes dagegen so aufgebaut, dass eine totale Wassersättigung nicht möglich ist und ausreichend Porenraum für die Eisexpansion zur Verfügung steht, finden Gefügezerstörungen nur im Bereich einzelner kleiner Porenzwischenwände statt und können vernachlässigt werden. Bei zementhaltigen Baustoffen kann dieses günstige Verhalten z. B. durch das gezielte Einbringen von Luftporen (Makroporen) erzielt werden, wie es seit Jahrzehnten aus der Betontechnologie oder auch von Sanierputzen bekannt ist.

3.3.4 innere und äußere Kräfte

Bei der Betrachtung von Verformungen wird in der Regel der Fokus auf die Einwirkung äußerer Kräfte gelegt. Bei einer gesamthaften Betrachtung müssen jedoch innere und äußere Kräfte unterschieden werden. Innere Kräfte werden auch als *Zwang* bezeichnet und verursachen die so genannten Zwangsspannungen. Zu ihnen gehören die lastunabhängigen Formänderungen wie z. B. die Kriech- und Schwindprozesse, die durch hygro-thermische Einflüsse verursacht werden. Auch die Phase der Entspannung eines Baustoffes (Relaxation) nach aufgezwungener Verformung muss den inneren Kräften zugerechnet werden.

Äußere Kräfte dagegen verursachen Lastspannungen und werden deshalb auch als *Lasten* bezeichnet. Sie verursachen die lastbedingten Formänderungen, zu denen das Dehnungsverhalten (Elastizitätsmodul), die Scherbeanspruchung (Schubmodul) sowie die temperatur- und zeitabhängige Verformung unter Einwirkung einer mechanischen Belastung (Kriechzahl) gezählt werden. Ein grundlegender Unterschied zwischen den äußeren und inneren Kräften besteht darin, dass die durch äußere Kräfte induzierten Lastspannungen von den durch innere Kräfte verursachten geringfügigen Verformungen nicht beeinflusst werden. Außerdem befinden sich innere Kräfte untereinander immer im Gleichgewicht.

Werden die inneren Kräfte (lastunabhängige Dehnung aus Schwinden und Temperatureinwirkung) nicht behindert, verursachen sie auch keine Spannungen. Wird dagegen die Längendehnung behindert, entstehen die bereits erwähnten Zwangsspannungen. Zusätzlich können hygro-thermische Einflüsse so genannte Zwang-Scherspannungen verursachen, die in der Regel an Kerbstellen auftreten.[10]

3.4 Putzarten

Die Zeiten, in denen alle Untergründe mit einem Universalputz beschichtet werden konnten, sind lange vorbei. Zu unterschiedlich sind Untergründe im Neubau oder im Rahmen der Altbausanierung in Bezug auf deren Festigkeit, Steifigkeit, Wasseraufnahme oder Spannungen sowie Schäden wie z. B. Salze, aber auch Funktionen, die Putze heute übernehmen müssen. In den nachfolgenden Kapiteln werden daher die unterschiedlichen Putzsysteme sowie deren Eignung auf unterschiedlichen Untergründen und/oder aufgrund individueller Anforderungen vorgestellt.

3.4.1 Regelwerke

In den vergangenen Jahren sind verschiedene europäische und deutsche Normen und Merkblätter erschienen, die auf die Herstellung, Planung und Ausführung von Putzen und Putzsystemen erheblichen Einfluss haben, zum Teil alte Regelwerke ablösen und/oder bestehende ergänzen. Genannt werden sollen die

- DIN EN 998-1: Festlegungen für Mörtel im Mauerwerksbau, Teil 1: Putzmörtel
- DIN EN 13914-1 (2016): Planung, Zubereitung und Ausführung von Innen- und Außenputzen, Teil 1: Außenputz
- DIN 18550-1 (2018): „Planung, Zubereitung und Ausführung von Innen- und Außenputzen Teil 1: Ergänzende Festlegungen zu DIN EN 13914-1 (2016) für Außenputze“
- DIN EN 13914-2 (2016): Planung, Zubereitung und Ausführung von Innen- und Außenputzen, Teil 2: Planung und wesentliche Grundsätze für Innenputz
- DIN 18550-2 (2018): „Planung, Zubereitung und Ausführung von Innen- und Außenputzen Teil 2: Ergänzende Festlegungen zu DIN EN 13914-2 (2016) für Innenputze
- DIN EN 15824: Festlegungen für Außen- und Innenputze mit organischen Bindemitteln“ sowie
- VOB/C ATV DIN 18550: Putz- und Stuckarbeiten (2015)
- IWM Leitlinien für das Verputzen von Mauerwerk und Beton – Grundlagen für die Planung, Gestaltung und Ausführung (2022)
- DIN 18202-10: Toleranzen im Hochbau – Bauwerke

Somit stellt sich selbst dem Fachmann als erstes die Frage: wozu braucht der Markt bis zu sechs Normen, um die Verarbeitung von Putzmörteln/Putzsystemen zu regeln? Diese Frage lässt sich mit einem Blick in den Anwendungsbereich der europäischen Norm einfach beantworten: „*Aufgrund der zahlreichen und unterschiedlichen Materialien und Arbeitsweisen in Europa war und ist es nicht möglich, dass in den europäischen Verarbeitungsnormen genügend Einzelheiten angegeben werden können, um den Anwendern in jedem Land umfassende Verwendbarkeit zu bieten.*“

Gerade im Zusammenspiel zwischen den europäischen Normen und den deutschen Rest- oder Ergänzungsnormen stellt sich für viele am

Bau Beteiligten die Frage nach der Gewichtung und höheren Priorität. Selbst für Fachleute ist nach dem Erscheinen der Verarbeitungsnorm DIN EN 13914 Teil 1 und 2 nicht sofort erkennbar, was noch oder nun gilt oder nicht mehr angewendet werden darf. Die umfangreichen Beschreibungen und Texte der europäischen Anwendungsnorm mit knapp 90 Seiten Umfang und zusätzlichen 70 Seiten Technical Reports gleichen mehr einem Lehrbuch als einer praxisorientierten Norm. Zumal wichtige und für den deutschen Markt relevante Informationen und Besonderheiten nicht berücksichtigt wurden, sodass die Ausführungen für die praktische Arbeit nicht konkret genug sind. Daher war es nur folgerichtig, dass mit der DIN 18550 Teil 1 und 2 in den Jahren 2014 und 2015 zwei nationale Normen erschienen sind, die die europäischen Normen bzgl. ihrer nationalen Eigenheiten ergänzen.

Wichtig zu wissen ist, dass beide Normen – also sowohl die europäische Norm DIN EN 13914 als auch die deutsche Ergänzungsnorm DIN 18 550 – für sich allein nicht vollständig sind und dem entsprechend nicht allein gelten, sondern sich jeweils ergänzen. Die europäische Norm verweist in weiterführenden Ausführungen auf die deutsche Ergänzungsnorm und diese wiederum beinhaltet nur Ergänzungen, um Redundanzen zu vermeiden. Darauf wird im Vorwort explizit hingewiesen: „*Diese Norm gilt nur in Verbindung mit DIN EN 13914. Die DIN EN 13914 erlaubt zu bestimmten Gesichtspunkten dieser Norm ergänzende nationale Anwendungsregeln festzulegen, um genügend Einzelheiten für die Anwender zu bieten.*“ Die Abschnitte, für die entsprechende nationale Regelungen angegeben werden dürfen, sind in der europäischen Norm mit dem Wortlaut „*Es gilt die DIN EN 13914-1, zusätzlich gilt*:“ entsprechend gekennzeichnet. Darüber hinaus werden zu bestimmten Abschnitten der europäischen Norm Informationen für die nationale Anwendung gegeben. Hierbei werden nur die Nummerierungen und die Überschriften der Abschnitte der europäischen Norm übernommen, auf die sich die nationalen Ergänzungen beziehen. Die national geltenden Tabellen werden mit der vorangestellten Buchstabenkombination DE gekennzeichnet, um nicht die Tabellennummerierung der europäischen Norm zu ändern. Neben den verbindlichen Regelungen gibt es in der deutschen Ergänzungsnorm auch Empfehlungen für die nationale Anwendung, die ähnlich gekennzeichnet sind: „*Es gilt die DIN EN 13914. Darüber hinaus sollte beachtet werden:*“ Beispielhaft soll erwähnt werden, dass sich in den nationalen Ergänzungen zusätzliche Hinweise

- zur Klassifizierung und Beurteilung von Rissen
- zum Armierungsputz mit Gewebeeinlage
- zu präventiven Maßnahmen zur Verringerung der Rissbildung

wiederfinden. Um die Lesbarkeit für den Anwender zu verbessern, haben die Mitglieder des DIN Normenausschusses Bauwesen (DIN NABau) 005-06-06 Putzmörtel beschlossen, dass die Texte der europäischen und deutschen Norm in einem harmonisierten Gesamtdokument zusammengefasst werden. Im Jahr 2016 ist daher im BEUTH Verlag ein Normen-Handbuch erschienen, in dem schneller deutlich wird, welche europäischen Texte gelten und bei welchen Passagen deutsche Ergänzungen vorliegen.

Notwendig wurden diese europäische und deutsche Verarbeitungsnorm seit Einführung der europäischen Norm EN 998 „Festlegung für Mörtel im Mauerwerksbau“, da die europäische Norm nur noch eine Stoffnorm ist. Sie ist unterteilt in die DIN EN 998 Teil 1 (Putzmörtel) und löste die alte DIN 18550 in allen Abschnitten ab, die sich auf die Herstellung von Werkmörtel sowie auf die Klassifizierung der Putzmörtel bezog. Zeitgleich wurden die Allgemeinen Technischen Vertragsbedingungen (ATV) für Putz- und Stuckarbeiten der VOB/C (DIN 18 350) angepasst.

Für alle mineralischen Putzmörtel gab es mit Einführung der DIN EN 998-1 teilweise erhebliche Änderungen gegenüber den nationalen Anforderungen. Auch langjährige und am Markt etablierte Begrifflichkeiten und Abkürzungen haben sich seitdem geändert, insbesondere hinsichtlich der Putzmörtelarten, der Druckfestigkeitsklassen sowie die Klassen der kapillaren Wasseraufnahme und der Wärmeleitfähigkeit.

3.4.2 Klassifikation

Zur Kennzeichnung von Mörteln dient das CE-Kennzeichen, in dem der Hersteller bestimmte Werte oder Klassen deklarieren muss. In der DIN EN 998-1 werden Putzmörtel nach den Eigenschaften und/oder nach dem Verwendungszweck unterteilt in

• Normalputzmörtel (Grundputz)	GP
• Leichtputzmörtel (Leichtputz)	LW
• Edelputzmörtel (Edelputz)	CR
• Einlagenputzmörtel für außen	OC
• Sanierputzmörtel (Sanierputz)	R
• Wärmedämmputzmörtel (Wärmedämmputz)	T

Diese Abkürzungen werden zur Produktbeschreibung ergänzt. Hinzu kommt eine Klassifizierung nach Festmörteleigenschaften, mit der die Druckfestigkeit nach 28 Tagen angegeben wird.

• CS I	0,4 bis 2,5 N/ mm^2
• CS II	1,5 bis 5,0 N/ mm^2
• CS III	3,5 bis 7,5 N/ mm^2
• CS IV	$\geq$ 6,0 N/ mm^2

Auf diese Weise wird eindeutig festgelegt, welche Druckfestigkeit ein Leichtputz, Faserleichtputz oder ein Ultraleichtputz besitzt. Alle diese Begrifflichkeiten waren in der Vergangenheit nicht sauber definiert und dem entsprechend wurden die Qualitäten unterschiedlich interpretiert. In den seltensten Fällen entsprach ein „Leichtputz alter Generation" den entsprechenden Anforderungen an einen Leichtputz in der alten DIN 18550 Teil 4. Dies hat sich durch die klare Zuordnung der Festmörtelklassen nach DIN EN 998 Teil 1 geändert.

Zu den weiteren Eigenschaften der Festmörtel gehört die kapillare Wasseraufnahme, für die ebenfalls eine Klassifizierung geschaffen wurde:

• W 0	nicht festgelegt/nicht definiert
• W 1	$c \leq 0{,}4$ kg/ ($m^2 \times min^{0,5}$)
• W 2	$c \leq 0{,}2$ kg/ ($m^2 \times min^{0,5}$)

Damit soll auch bei der kapillaren Wasseraufnahme eine klare Zuordnung geschaffen werden, da in der Vergangenheit häufig Begriffe wie witterungsbeständig, wasser- oder regenabweisend, schlagregendicht und dgl. verwendet und/oder durcheinandergebracht wurden, ohne hierfür die entsprechenden bauphysikalischen Kennwerte zu definieren.

Allerdings muss darauf hingewiesen werden, dass der Zahlenwert der kapillaren Wasseraufnahme c (!) in kg/($m^2 \times min^{0,5}$) nach DIN EN 1015-18: 2003-03 ermittelt und angegeben wird und nicht verwechselt werden darf mit der kapillaren Wasseraufnahme w (!) in kg/($m^2 \times h^{0,5}$), wie er in der alten Putznorm DIN V 18550 sowie in der DIN 4108-3: 2001-07 verwendet wird. Diese Werte werden auch nicht nach der DIN 1015-18: 2003-03, sondern nach der DIN EN ISO 15148 bestimmt und damit nach einem komplett anderen labortechnischen Prüfverfahren. Es ist deshalb auch nicht zulässig und führt zu falschen Ergebnissen, wenn der c-Wert aus der neuen Norm (DIN EN 998) einfach mit $\sqrt{60}$ multipliziert wird, um den w-Wert nach alter Norm (DIN V 18550) zu erhalten.

Der Inhalt der DIN EN 998 Teil 1 wird komplettiert durch Angaben zur Wärmeleitfähigkeit und zum Brandverhalten. Ein Wärmedämm-Putzmörtel T 1 besitzt eine Wärmeleitfähigkeit von $\leq$ 0,1 W/(m $\times$ K), ein T 2 von $\leq$ 0,2 W/(m $\times$ K) usw. Das Brandverhalten eines Putzmörtels wird in die Klasse A 1 eingestuft, wenn der Gehalt des Mörtels an homogen verteilten organischen Bestandteilen $\leq$ 1 % der Masse oder des Volumens ist. Hinzu kommt, dass Eigenschaften, die für den Verwendungszweck und/oder der Produktart von Bedeutung sind, ausgezeichnet (deklariert) werden müssen.

Im Gegensatz zur alten Norm DIN 18550 werden Putze und Putzsysteme nicht mehr nach Bindemittel, Zusammensetzung, Anforderung, Verwendungszweck oder Oberflächenstruktur unterschieden, sondern wie bei der DIN EN 998 Teil 1 nach Festmörtelklassen. In Abhängigkeit von der Mörtelart erfolgt eine Unterteilung in die Putzmörtelgruppe P I bis P IV, die durch Angaben zur Druckfestigkeit gemäß Festmörtelklassen nach DIN EN 998 Teil 1 ergänzt werden müssen.

• P I	Luftkalkmörtel, Wasserkalkmörtel, Mörtel mit hydraulischem Kalk
• P II	Kalkzementmörtel, Mörtel mit hoch hydraulischem Bindemittel oder mit Putz- und Mauerbinder
• P III	Zementmörtel mit oder ohne Zusatz von Kalkhydrat
• P IV	Gipsmörtel und gipshaltige Mörtel

Die bisher übliche Unterteilung beim Kalkputz in P Ia bis P Ic, Kalkzementputz in P IIa oder P IIb, Zementputz in P III a oder P IIIb usw. ist nicht mehr gültig – oder besser gesagt nicht mehr normkonform! Dies sollte bei Ausschreibungen beachtet werden.

In der Ergänzungsnorm DIN 18550-1 wurden insgesamt sieben nationale Ergänzungen und 18 nationale Empfehlungen aufgenommen, die zusätzlich zur DIN EN 13914-1 gelten. Ein entsprechender Hinweis findet sich in der DIN 13914-1. Hierbei legt die europäische Norm großen Wert darauf, dass „*... diese Empfehlungen befolgt werden sollten, wenn nicht ein berechtigter Grund dagegen spricht.*“ Die Hinweise betreffen u. a.

- die Beschaffenheit und den Zustand (Festigkeit) des Untergrundes,
- die Umgebungsbedingungen vor, während und nach den Putzarbeiten
- Anzahl der Putzlagen
- Putzdicken
- Putzträger sowie
- Feuchtigkeitseinflüsse und -schutz.

Unter 6.1.1 in der DIN EN 13914 Teil 1 wird u. a. gefordert, dass die Putzmörtelart und Mischung so gewählt werden müssen, dass sie mit den Eigenschaften des Putzgrundes verträglich sind, besonders mit der Festigkeit und eventueller Bewegung des Untergrundes. Die Verträglichkeit der Putzlagen untereinander sollte ebenfalls beachtet werden. Konkretere Anforderungen oder spezielle Hinweise finden sich allerdings in der Norm nicht. Infolgedessen wurden in der Ergänzungsnorm DIN 18550 Teil 1 diese Empfehlungen aufgenommen. Zunächst wird u. a. grundsätzlich auf das richtige Festigkeitsgefälle der einzelnen Putzlagen untereinander, aber auch zum Untergrund hin, eingegangen. Nach wie vor gilt bei klassischen Aufbauten die Regel, dass die Putzlagen von innen nach außen eine geringere Festigkeit aufweisen sollte („weich auf hart“) oder beide Putzlagen gleich fest sind. Diese Regel gilt nicht für Wärmedämmputze und moderne Leichtunterputze, wenn auf diese ein Armierungsputz mit Gewebeeinlage aufgebracht wird. Dieser Entkopplungseffekt gilt auch für dünnlagige geriebene Oberputze, die auf einem Leichtunterputz aufgetragen werden.

3.4.3 Untergründe

Bei der Begutachtung von Putzschäden ist häufig festzustellen, dass bei der Planung und Ausschreibung von Putzarbeiten im Wesentlichen zwei Kardinalfehler begangen werden: entweder wurde der Untergrund nicht gründlich untersucht, bewertet sowie fachgerecht vorbehandelt oder es wurde nicht das für den vorliegenden Untergrund geeignete Putzsystem ausgewählt und demzufolge auch nicht ausgeschrieben. Die in Produktbeschreibungen (technische Merkblätter) der Hersteller für Untergründe üblichen Formulierungen wie „trocken“ oder „saugfähig“, „fest“ oder „tragfähig“ reichen bei der Vielzahl der in der Praxis vorkommenden Untergründe nicht mehr aus.

Nach ihren Eigenschaften können Untergründe in folgende Gruppen unterteilt werden:

- Saugfähigkeit/Wasseraufnahme
- Wärmedämmende Eigenschaften
- Festigkeit/Steifigkeit

Zu den stark saugenden Untergründen gehören z. B. porosierte Hochlochziegel, Porenbeton, Leichtbeton, Holzwolle-Leichtbauplatten sowie einige Natursteinarten wie auch ggf. altes Mauerwerk oder alte Putzflächen. Als nicht oder schwach saugend können dagegen Untergründe aus Beton, die meisten Natursteinarten, Faserzementplatten, Dispersions- und Siliconharzfarben und -putze, Keramik, Glas sowie extrudiertes Polystyrol bezeichnet werden. Hierbei wird natürlich von „normalen" Untergründen ausgegangen. Je nach Alter und Zustand der Oberflächen können auch alte verwitterte Beton- oder Natursteinoberflächen eine hohe Saugfähigkeit aufweisen.

In Bezug auf die thermische Beanspruchung der Putzbeschichtung sind die wärmedämmenden Eigenschaften des Untergrundes zu berücksichtigen. Untergründe aus z. B. Polystyrol-, Mineralfaser-, Mineralschaum- oder Schaumglasplatten aber auch Mauerwerke aus Porenbeton oder porosierten Ziegeln haben eine hohe Wärmedämmung. Im Gegensatz dazu weisen Untergründe aus z. B. Beton, Kalksandstein, Vollziegel oder Leichtbeton eine geringe Wärmedämmung auf. Weiterhin muss die Festigkeit und Steifigkeit der Untergründe beachtet werden. Untergründe wie z. B. Beton, Vollziegel, Kalksandstein oder Leichtbeton, aber auch Wärmedämmplatten auf Mineralschaum- oder Phenolharzbasis, sind als schubstarr bzw. dehnsteif einzustufen. Dem gegenüber gelten Polystyrol-, Mineralfaser-, Holzfaser- oder Holzwolle-Leichtbauplatten als schub- bzw. dehnweich (Abb. 3.7, 3.8, 3.9, 3.10, 3.11, 3.12, 3.13, 3.14, 3.15, 3.16, 3.17, 3.18, 3.19, 3.20, 3.21).

Neben den genannten sind noch weitere Untergrundeigenschaften und -faktoren aufzuführen, die bei der Auswahl eines geeigneten Putzsystems beachtet werden müssen. Zu ihnen zählen z. B.

Abb. 3.8 Mischmauerwerk

Abb. 3.7 Bruchsteinmauerwerk

Abb. 3.9 Mauerwerk aus porosierten Leichthochlochziegeln

Abb. 3.10 Mauerwerk aus Porenbetonsteinen

Abb. 3.11 Mauerwerk aus Betonsteinen

Abb. 3.12 Kalksandsteinmauerwerk

Abb. 3.13 Mauerwerk aus Ziegelsteinen

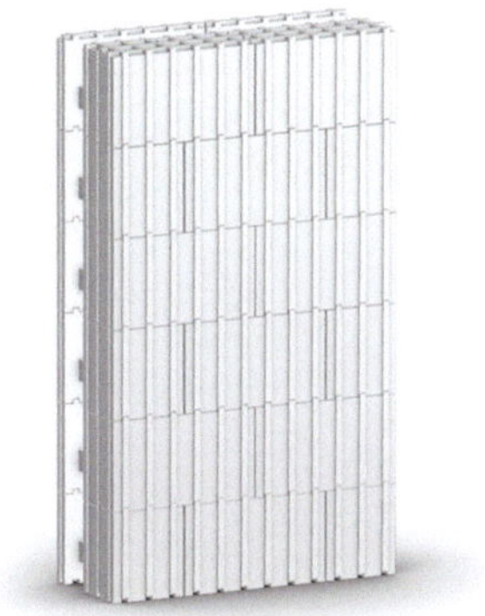

Abb. 3.14 Mauerwerk aus Polystyrol-Steinen

Abb. 3.16 feuchte- und salzbelastetes Mauerwerk

Abb. 3.15 Mauerwerk mit Holzwolle-Leichtbauplatten

Abb. 3.17 Mauerwerk mit gerissenem Altputz

Abb. 3.18 Mauerwerk mit Altputz ohne Schäden

Abb. 3.19 Sockelmauerwerk im Neubau

Abb. 3.20 Sockelmauerwerk im Altbau

Abb. 3.21 Beton

- die Art des Untergrundes (mineralisch oder organisch),
- die chemische Verträglichkeit (z. B. die Verseifung eines Dispersionsanstriches bei hoher Alkalität des aufzubringenden Putzes),
- die Oberflächenstruktur und -rauhigkeit,
- eine mögliche Feuchte- und/oder Salzbelastung an der Oberfläche oder im Untergrund,
- Verschmutzungen an der Oberfläche und/oder Verunreinigungen im und/oder aus dem Untergrund sowie
- ggf. mikrobieller Befall.

Natürlich müssen auch Risse an der Oberfläche sowie aus dem Untergrund berücksichtigt werden.

Eine der wichtigsten Aussagen in Bezug auf die Vermeidung von Rissen enthielt die alte DIN 18550, wenn sie das Einlegen eines Armierungsgewebes in die obere Lage des Unterputzes (in der Regel im oberen Drittel) als nicht mehr ausreichend bezeichnet. So wird dazu in der Norm u. a. angegeben, dass bei ineinander übergehenden, unterschiedlichen Untergründen „… *der Auftrag eines Armierungsputzes mit einem eingebetteten alkalibeständigen Glasgittergewebes nach dem Erhärten des Unterputzes ...*" erfolgen soll. Diese inhaltlich eindeutige Empfehlung zeigt, dass das Einbetten des Glasgittergewebes im oberen Drittel des Unterputzes offenbar nicht die gewünschte Wirkung hat. Als Ursache hierfür werden zwei Theorien vertreten: Zum einen gibt es keine ausreichende Verbindung zwischen den Gewebefäden und dem Unterputz, sodass Zugspannungen nicht wirksam aufgenommen und verteilt werden können. Zum anderen kann eine Gewebeeinbettung erst ihre Funktion erfüllen, wenn der Putz gerissen ist und die Zugspannungen vom Gewebe aufgenommen und über die Fläche verteilt werden. Infolgedessen sollte zwischen dem erhärteten Unterputz und dem anschließenden Oberputz eine zusätzliche und separate, dünnschichtige Armierungsschicht aufgebracht werden. Geeignet hierfür sind in der Regel Armierungsmörtel oder -putze, die wesentlicher Bestandteil von Wärmedämm-Verbundsystemen sind.

Auch die DIN EN 13914-1 gibt in Bezug auf Risse klare Empfehlungen, wenn sie fordert: „*Auf allen Untergründen mit Neigung zu Formänderungen, z. B. an Ecken aller Öffnungen oder an den Anschlussstellen unterschiedlicher Materialien, sollte eine Armierung verwendet werden.*" Die Norm empfiehlt dies auch bei Untergründen, die mit einem Putzträger versehen wurden. Hintergrund dieser Empfehlung ist die Tatsache, dass die Putze in der Regel eher auf dem Putzträger haften bzw. mit ihm eine Verbindung eingehen und sich eher selten mit dem Untergrund verbinden.

Eine Putzschicht unterliegt starken Schwindverkürzungen. Bei einem ausreichenden Haftverbund des Putzsystems zum Untergrund (z. B. Mauerwerk) stehen den Zugspannungen (Schwindkräfte) entsprechend hohe Zugfestigkeiten (Haftungskräfte) gegenüber. Eine Verkürzung der Putzschicht (Schwindrisse) wird deshalb in der Regel nicht stattfinden. Erst wenn die Zugspannungen größer sind als die Zugfestigkeiten, entsteht ein Bruch bzw. Riss. Haftet der Putz nicht am Untergrund, sondern nur am Putzträger, sind Schwindrisse mit hoher Wahrscheinlichkeit zu erwarten, da der Putzträger keine ausreichende Zugfestigkeit gegenüber den auftretenden Zugspannungen besitzt. Der Entstehung derartiger Schwindrisse soll entsprechend der Empfehlung der Norm durch eine zusätzliche Armierungsschicht vorgebeugt werden.

3.4.4 Unterputz

Zunächst sollen die „klassischen" Unterputze beschrieben werden. Hierzu gehören nach der alten DIN 18550 die bindemittelbezogenen Putzmörtelgruppen P I bis IV sowie die Putztypen nach DIN EN 998-1 nach ihrer Funktionalität. Eine Gegenüberstellung beinhalten Tab. 3.7 und 3.8.

Tab. 3.7 Putzmörtelgruppen nach DIN 18550

Putzmörtelgruppe	Mörtelart
P I	Luftkalkmörtel, Wasserkalkmörtel, Mörtel mit hydraulischen Kalk
P II	Kalkzementmörtel, Mörtel mit hochhydraulischem Kalk oder mit Putz- und Mauerbinder
P III	Zementmörtel mit oder ohne Zusatz von Kalkhydrat
P IV	Gipsmörtel und gipshaltige Mörtel

Tab. 3.8 Putzmörtelgruppen nach DIN EN 998-1

Putztyp	Kurzbezeichnung
Normalputzmörtel	GP (General Purpose Plaster)
Leichtputzmörtel	LW (Lightweight Plaster)
Einlagenputzmörtel	OC (One Coat Mortar)
Sanierputzmörtel	R (Renovation Mortar)
Wärmedämmputzmörtel	T (Thermal Mortar)

Bei den umgangssprachlichen Grundputzen (Normalputzmörtel GP) handelt es sich nach DIN EN 998-1 um einen Putzmörtel ohne besondere Eigenschaften. Die Trockenrohdichte beträgt > 1300 kg/m³. Aufgrund der Entwicklung extrem leichter und/oder hoch wärmedämmender Untergründe wie z. B. Leichthochlochziegel, Poren- oder Leichtbeton wurden die dafür passenden Leichtputze (Leichtputzmörtel LW) entwickelt. Leichtputze sind Putze mit geringer Festigkeit und geringem Elastizitätsmodul. Diese Eigenschaften erhalten sie aufgrund ihrer mineralischen oder organischen Zuschläge. Die Unterschiede in Bezug auf ihre Wärmeleitfähigkeit und Rohdichte sind zum Teil so erheblich, dass ergänzend zur Norm im Merkblatt[43] des VDPM (*Verband für Dämmsysteme, Putz und Mörtel e. V.*), ehemals IWM (*Industrieverband Werkmörtel e. V.*) eine weitere Unterscheidung in Leichtputz nach Typ I und Typ II vorgenommen wurde.

Leichtputzmörtel Typ I ist nach DIN EN 998-1 ein Putzmörtel mit einer Trockenrohdichte $\leq$ 1300 kg/m³, während Leichtputzmörtel vom Typ II eine Trockenrohdichte < 1000 kg/m³ aufweist. Beide Putzmörtel haben sich für das Verputzen von hoch wärmedämmenden Mauerwerken bewährt. Durch die Zugabe von Fasern wurden Leichtputzmörtel hinsichtlich Elastizität und Schwindverformung optimiert, wodurch ein günstiges Verhältnis E-Modul (Putz) zum E-Modul (Untergrund) von zum Teil deutlich unter 1 erreicht werden konnte. Durch die Klassifizierung nach Festmörteleigenschaften, mit der die Druckfestigkeit nach 28 Tagen angegeben wird, kann ein Leichtputz eindeutig definiert werden. Kreative Wortschöpfungen wie Faserleichtputze, Ultraleichtputze, Superleichtputze und dgl. können damit wieder auf einen konkreten technischen Wert reduziert werden. Die Tab. 3.9 zeigt die unterschiedlichen Kennwerte der Leichtputze und deren Eignung auf verschiedenen Untergründen.

Allerdings soll in diesem Zusammenhang darauf hingewiesen werden, dass man sich nicht allein auf den technischen Wert in einem Produkt-Datenblatt verlassen sollte. Es sind durchaus Fälle bekannt, bei denen eine ungewollte und nicht unerhebliche Festigkeitszunahme im Leichtputz aufgrund ungünstiger Witterungsverhältnisse in der Härtungsphase festgestellt wurde. Hierzu gehören z. B. die maschinelle Verarbeitung, niedrige Temperaturen, hohe Luftfeuchtigkeit sowie eine starke Durchfeuchtung des Untergrundes. Alle diese Faktoren können die Festigkeit des Leichtputzes auf das zwei- bis Dreifache seines ursprünglichen Wertes ansteigen lassen.

Unterliegt das Putzsystem einer höheren Beanspruchung, z. B. bei

- besonderer Exposition und Belastung (z. B. Lage, Höhe etc.) der Fassade,
- erhöhter Feuchtebelastung und/oder einer möglichen Rissgefahr aus dem Untergrund,
- erheblichen Unregelmäßigkeiten (z. B. Unebenheiten und/oder Mischbauweise) im Untergrund
- oder bei speziellen Unterputzen (z. B. Wärmedämmputzen) und Oberputzen (Korngröße unter 2 mm)

empfiehlt sich als Zwischenschicht (zwischen Unter- und Oberputz) das Aufbringen eines Armierungsputzes mit vollflächiger Gewebearmierung. Hierfür werden vergütete mineralische Armierungsmörtel oder organisch gebundene Armierungsputze verwendet, die in Wärmedämm-Verbundsystemen zum Einsatz kommen und eine gute Kraftübertragung auf das vollflächig eingelegte Glasgittergewebe sicherstellen. Infolgedessen haben diese Armierungsmörtel und -putze die Aufgabe, mögliche Spannungen aus dem Untergrund/ Unterputz „abzupuffern".

Der Oberputz muss auf den Leicht-Unterputz abgestimmt sein und der Festigkeitsklasse CS I (0,4 bis 2,5 N/mm²) oder CS II (1,5 bis 5,0 N/mm²) entsprechen. Grundsätzlich gilt auch heute noch auf schubsteifen Untergründen die Putzregel „weich auf hart". Dies bedeutet, dass das Elastizitätsmodul der einzelnen Schichten nach außen abnehmen sollte oder mindestens gleich sein muss. Hinzu kommt, dass das gesamte Putzsystem Wasser abweisend sein sollte. Außerdem muss beachtet werden, dass auf Leichtputzen mit organischen Zuschlägen keine lösemittelhaltigen

Tab. 3.9 Unterputze auf verschiedenen Untergründen[1]

Untergrund[2]	Rohdichte kg/dm^3	Wärmeleit-fähigkeit W/m K	Druckfestig-keitsklasse N/mm^2	Normalputz	Leichtputz Typ I	Leichtputz Typ II	Wärmedämm-putz
Vollziegel	> 1,0			+++	+++	+++	+++
Leichthoch-lochziegel	≥ 0,6	> 0,11	≥ 6	–	++	+++	+++
	< 0,6	≤ 0,11	< 6	–	++	+++	+++
		≤ 0,11		–	+	+++	+++
Porenbeton		> 0,11		-	++	+++	+++
		≤ 0,11		–	+	+++	+++
Kalksandstein				+++	+++	+++	+++
Leichtbeton							
haufwerksporige Wandelemente				–	+++	+++	+++
gefügedichte Wandelemente				+	+++	+++	+++
Mauerwerk aus Leichtbetonsteinen				-	++	+++	+++
Normalbeton				+++	++	++	++
Misch-/Bruch-steinmauerwerk				+	++	++	++

- nicht geeignet; + bedingt geeignet; ++ geeignet; +++ besonders gut geeignet

[1] für alle üblichen Putzflächen bei regel- und sachgerecht ausgeführtem Mauerwerk, wenn Oberputz mit Körnung > 2 mm und einem Hellbezugswert ≥ 30 eingesetzt wird. Wenn dies nicht zutrifft oder die Risssicherheit erhöht werden soll, auf den Unterputz zusätzliche Armierungsschicht mit vollflächiger Gewebeeinlage aufbringen.

[2] bei feuchte- und/oder salzbelasteten Untergründen muss ein Sanierputzsystem aufgebracht werden

Schlussbeschichtungen aufgebracht werden dürfen. Außerdem muss der Unterputz hydraulisch erhärtende Bindemittel und eine Druckfestigkeit von $\geq$ 3,5 N/mm^2 aufweisen, wenn als Schlussbeschichtung ein Kunstharzputz aufgebracht werden soll. Mit dieser Empfehlung soll verhindert werden, dass Kunstharz- und vergleichbare Oberputze auf wenig druckfeste Leichtputze aufgebracht werden.

3.4.5 Sockelputz

Der Name Sockel ist aus dem lateinischen Begriff *Socculus* (= kleiner Schuh) abgeleitet und bezeichnet den unteren Abschluss einer Fassade oder bei nicht unterkellerten Gebäuden den Fußpunkt des Bauwerkes. Er umfasst in der Regel den Bereich von Geländeoberkante bis 30 cm darüber. Neben den technisch-funktionalen Anforderungen muss der Sockel auch gestalterische und/oder architektonische Aufgaben übernehmen. So wird der Sockel entweder geometrisch mit einem Absatz (Rücksprung) und/oder optisch mit einem anderen Material (z. B. Buntsteinputzen) als in der Fassade gut sichtbar ausgebildet. Oder der Sockel soll sich bewusst nicht von der Fassade optisch unterscheiden, sodass in der Regel die Schlussbeschichtung der Fassade bis in den Sockelbereich ausgeführt wird. Diese beiden Varianten haben einen wesentlichen Einfluss auf die Sockelausführung.

Hinzu kommt, dass der Sockel einer deutlich stärkeren hygro-thermischen Belastung ausgesetzt ist als die Fassade und die Feuchtebelastung nicht nur von außen (z. B. Spritzwasser), sondern auch aus der Konstruktion (z. B. kapillar aufsteigende Feuchtigkeit) verursacht werden kann. Neben einer direkten Durchfeuchtung (z. B. Oberflächenwasser) kann die Durchfeuchtung auch durch Hygroskopizität (z. B. Chloride aus Streusalzen oder Nitrate aus Urin) auftreten. Hinzu kommen thermische Belastungen (z. B. Schnee) sowie Temperaturwechsel (Tag/Nacht sowie Sommer/Winter) und mechanische Belastungen (z. B. Fußtritte). Im Sockelbereich verwendete Putze sind diesen Beanspruchungen ausgesetzt und müssen sowohl für den Neubau (z. B. auf hoch porosiertem Mauerwerk), den Altbau (z. B. feuchte- und/oder salzbelastet) als auch für denkmalgeschützte Bauten (z. B. Mischmauerwerk) geeignet sein. Unterschieden werden „klassische“ Sockelputze und Oberputze, die als Schlussbeschichtung für den Sockel geeignet sind.

Sockelputze müssen eine hohe Festigkeit (mechanische Belastung) und hohe Wasserabweisung (Spritzwasser) besitzen. Darüber hinaus müssen sie gegenüber Frost-Tau-Zyklen resistent sein und einer bestimmten Salzbelastung widerstehen. Bewährt haben sich Putze der Festigkeitsklasse CS IV nach DIN EN 998-1. Bei hoch wärmedämmenden Mauerwerken oder leichteren („weicheren“) Wandbaustoffen (z. B. Steine der Festigkeitsklasse $\leq$ 8) sollten jedoch Sockelputze der Kategorie CS III nach DIN EN 998-1 (Druckfestigkeit 3,5 bis 7,5 N/mm^2) mit hydraulischen Bindemitteln verwendet werden. Mineralische Oberputze im Sockelbereich sollten eine Druckfestigkeit von 2,5 N/mm^2 nicht unterschreiten.

In jedem Fall müssen Putze im erdberührten Bereich zusätzlich abgedichtet werden. Dies gilt auch dann, wenn ein sockelgeeigneter Putz (spezieller Sperrputz, Sockelleichtputz oder alternativ Sanierputz) zum Einsatz kommt. Entsprechende Hinweise hierzu finden sich unter Pkt. 4.4 der DIN 18550 sowie in der DIN EN 13914-1, aber auch in der Richtlinie „Fassadensockelputz/ Außenanlage“ vom Fachverband der Stuckateure aus dem Jahr 2024. Belastungen wie im Sockelbereich können sich auch an anderen Gebäudeteilen wie z. B. Balkone, Loggien und Dachterrassen, Außentreppen, Laubengänge und Vordächer oder Gauben sowie an großen Mauerwerksvorsprüngen (z. B. Gesimse) ergeben.

3.4.6 Wärmedämmputz

Wärmedämmende Putze spielen im Neubau fast keine Rolle, da die Wärmeleitfähigkeit für die Anforderungen der Energieeinsparverordnung (EnEV) und des Gebäudeenergiegesetzes (GEG) nicht ausreichen. Eine Ausnahme ist, wenn so genannte Hochleistungsdämmputze auf hoch wärmedämmende Mauerwerke in entsprechender Schichtdicke aufgebracht werden (was in der

Regel an den höheren Kosten scheitert). Dafür sind wärmedämmende Putze oftmals die einzige Möglichkeit, um ein Baudenkmal oder einen Altbau nachträglich energetisch zu sanieren, wenn die gesetzlichen Auflagen für den Wärmeschutz nicht greifen und/oder ein Wärmedämm-Verbundsystem nicht eingesetzt werden kann.

Ein wärmedämmendes Putzsystem ist auf den ersten Blick ein Wärmedämmputz (WD-Putz). Durch die Weiterentwicklung, vor allem in den letzten zehn Jahren, gibt es neben den herkömmlichen Wärmedämmputzen nach DIN EN 998-1 „Festlegungen für Mörtel im Mauerwerksbau - Teil 1: Putzmörtel" auch Leichtputze mit wärmedämmenden Eigenschaften oder so genannte Hochleistungsdämmputze, die der aktuellen Norm nicht entsprechen. Herkömmliche Wärmedämmputze haben seit vielen Jahren ein Nischendasein. Im Vergleich zum Absatz aller Putzmörtel weisen diese Putze nicht einmal einen Marktanteil von 0,2 % auf.

Nach DIN EN 998 Teil 1 werden Wärmedämmputze nach der Wärmeleitfähigkeit in zwei Kategorien unterschieden:

- T1 mit einem λ-Wert $\leq$ 0,1 W/(m K) und einem Bemessungswert von 0,12 W/(m K)
- T2 mit einem λ-Wert $\leq$ 0,2 W/(m K) und einem Bemessungswert von 0,24 W/(m K)

Über viele Jahre wurden Putzmörteln organische Leichtzuschläge in Form von expandiertem Polystyrol (Styroporkügelchen) zugegeben, um die Wärmeleitfähigkeit zu reduzieren. Hierzu muss man wissen, dass expandiertes Polystyrol einen Luftporenanteil von bis zu 98 % aufweist. Daher kann ein Wärmedämmputz mit EPS-Zuschlägen besonders geringe Rohdichten und dem entsprechend einer geringen Wärmeleitfähigkeit aufweisen. Aufgrund der Kritik an EPS wurden alternativ mineralische Leichtzuschläge in Form von Bims, Blähton und Perlite zugegeben, mit denen allerdings eine höhere Wärmeleitfähigkeit (T2) erreicht werden kann. In einigen Fällen wurden Leichtzuschläge mit Tensiden (Luftporenbildner) kombiniert, die man aus der Herstellung von Sanierputzen kannte. Im Endeffekt geht es in allen diesen Modifizierungen darum, den Porenanteil des Putzmörtels zu erhöhen und die Trockenrohdichte des Mörtels zu reduzieren.

Dies unterscheidet Wärmedämmputze von Leichtputzen, die ebenfalls auf wärmedämmenden Mauerwerken eingesetzt werden und über Leichtzuschläge und Luftporen verfügen – aber eine deutlich höhere Trockenrohdichte aufweisen. Unter der Trockenrohdichte versteht man das Gewicht des trockenen Putzes bezogen auf sein Volumen. Die Einheit lautet deshalb kg/m^3. Von einem Leichtputz spricht man, wenn die Trockenrohdichte des Mörtels $\leq$ 1300 kg/m^3 beträgt. Die der Wärmedämmputze liegt dagegen unterhalb von 600 kg/m^3.

Art und Menge der Leichtzuschläge bestimmt aber nicht nur die Trockenrohdichte und somit die Wärmeleitfähigkeit, sondern auch Festigkeit, Wasseraufnahme und Diffusionsverhalten sowie das Brandverhalten. Je nach Art der Leichtzuschläge sind Wärmedämmputze den Baustoffklassen A1 („nicht brennbar"), A2 („nicht brennbar, mit geringen organischen Bestandteilen") oder B1 („schwer entflammbar") nach DIN EN 13501 „Klassifizierung von Bauprodukten und Bauarten zu ihrem Brandverhalten" zuzuordnen. Wärmedämmputze mit organischen Leichtzuschlägen (EPS), die einen organischen Anteil > 12 % aufweisen, werden der Baustoffklasse B1 zugeordnet, WD-Putze mit organischen Leichtzuschlägen (EPS), die einen organischen Anteil < 12 % aufweisen, der Baustoffklasse A2 und Wärmedämmputze mit mineralischen Leichtzuschlägen der Baustoffklasse A1. Die Druckfestigkeit entspricht der Festigkeitsklasse CS I (0,4 bis 2,5 N/mm^2).

Wärmedämmputze haben ein gutes Standvermögen und werden bis ca. 50 cm Schichtdicke in einer Lage und bis ca. 100 cm Schichtdicke in zwei Lagen aufgebracht. Geeignet sind alle tragfähigen Untergründe. Ist die Tragfähigkeit nicht gegeben und/oder müssen höhere Putzschichtdicken ausgeführt werden und/oder müssen kleinere Bewegungen (< 0,3 mm) im Untergrund überbrückt werden (Entkopplung), sind spezielle Putzträger (z. B. *Armanet, Welnet, Stucanet*) auf dem Untergrund aufzubringen. Im Sockelbereich muss darauf geachtet werden, dass der Feuchteschutz nicht beschädigt wird, sodass diese Putzträger mindestens 15 cm oberhalb der Geländeoberkante zu befestigen sind. Anschließend wird auf dem Putz eine Armierungsschicht, bestehend aus einem Armierungsspachtel und einem Armierungsgewebe, aufgetragen. Die Schlussbeschichtung bildet ein wasserabweisender und diffusionsoffener Oberputz.

Seit knapp 10 Jahren gibt es so genannte Hochleistungsdämmputze, mit denen die Lücke zwischen einem Wärmedämm-Verbundsystem und einem herkömmlichen Wärmedämmputz geschlossen wurde. Die Weiterentwicklung wurde möglich, in dem spezielle Hartperlite mit speziellen Luftporenbildnern kombiniert wurden, in anderen Fällen durch den Einsatz eines Aerogels. Aktuelle Entwicklungen konzentrieren sich auf die Kombination dieser beiden Technologien. Mit diesen konnte die Wärmeleitfähigkeit auf 0,055 bis 0,028 W/(m K) reduziert werden. Der Luftporenanteil liegt zwischen 75 und 90 % und ist somit vergleichbar mit einem Porenbetonstein (Mauerwerk) oder einer Mineralschaumplatte (WDVS).

Hochleistungsdämmputze, die auch als spritzbare Dämmung bezeichnet werden, haben ein optimiertes Verhältnis zwischen Biegezug- und Druckfestigkeit und eignen sich daher besonders gut als Entkopplungsschicht gegenüber untergrundbedingten Spannungen. Diese Putze haben eine hohe Wasserdampfdiffusion und ein gutes Sorptionsvermögen. Deshalb sind diese Putze auch als Innendämmung bestens geeignet.

3.4.7 Oberputz

Im Gegensatz zu Unterputzen, die in der Regel in einer Schichtdicke von 10 bis 15 mm und mehr aufgetragen und ein- oder mehrlagig ausgeführt werden, sind Oberputze in der Regel Dünnschichtputze. Ausgenommen hiervon ist der so genannte Edelkratzputz, der im Vergleich zu anderen Oberputzen dickschichtig aufgetragen wird. Im Gegensatz zu den Unterputzen, die nach ihren Eigenschaften und/oder Anwendungsgebieten bezeichnet werden, unterscheiden sich die Oberputze nach dem Hauptbindemittel. Im Gegensatz zum Unterputz hat der Oberputz eine dekorative, optische und strukturgebende Funktion zu erfüllen und muss gleichzeitig bauphysikalische Anforderungen erfüllen. So muss er als Witterungsschutz gegenüber physikalischen, chemischen und biologischen Angriffen resistent sein und den darunter liegenden Unterputz sowie den Putzträger (in der Regel das Mauerwerk) schützen.

Die Eigenschaften eines Oberputzes hängen im Wesentlichen von seinem Bindemittel ab. Das Bindemittel bestimmt die Härte und Festigkeit, die Diffusionsfähigkeit und die Witterungsbeständigkeit, die Elastizität und Rissüberbrückung, den pH-Wert und die Farbtonstabilität sowie letztendlich auch die Eignung des Putzes für den jeweiligen Untergrund. Es gibt organisch gebundene und mineralische (anorganische) Oberputze in weiß und getönt sowie in verschiedenen Korngrößen und Putzstrukturen.

Zu den organisch gebundenen Oberputzen gehören die Kunstharz- und Siliconharzputze. Kunstharzputze sind in der DIN EN 15824 „Festlegungen für Außen- und Innenputze mit organischen Bindemitteln" (2017) und nicht mehr in der DIN 18558 geregelt (ehemals als P Org 1 und P Org 2). Ihr großer Vorteil ist die Elastizität. Nachteilig ist die schlechtere Wasserdampfdiffusionsfähigkeit. Siliconharzputze bestehen aus einer Dispersion und einem Siliconharz, wobei es zwischen den Herstellern große Unterschiede gibt. Siliconharzputze besitzen eine hohe Wasserabweisung und sind dennoch diffusionsoffen. Ihre Farbtonauswahl ist gegenüber den Kunstharzputzen etwas eingeschränkt, in der Regel aber immer noch deutlich besser als bei den Mineral- und Silikatputzen. Kalk-, Kalkzement- oder Silikatputze werden von der Zusammensetzung den organisch gebundenen und von den Eigenschaften eher den mineralischen Oberputzen zugeordnet. In ihrem Diffusionsverhalten sind Mineral- und Silikatputze deutlich besser als die organisch gebundenen Oberputze. Dafür sind sie nicht elastisch und können nur eingeschränkt eingefärbt werden. Mineralische Oberputze binden durch chemische Härtung ab. Bei den Silikatputzen dagegen findet eine Kombination aus physikalischer Trocknung (Dispersionsanteil) und

Tab. 3.10 Eigenschaften von Oberputzen

Eigenschaft	Mineralputz	Silikatputz	Siliconharzputz	Kunstharzputz
Bindemittel	Kalk, Zement	Kaliwasserglas, Dispersion	Siliconharz-emulsion, Dispersion	Polymerdispersion
Elastizität/ Verformbarkeit	–	+	++	+++
Wasserabweisung	+	+	++	+++
Wasserdampfdiffusionsfähigkeit	+++	++	+	–
Farbvielfalt	+	+	+	++
Farbtonstabilität/ Fleckenbildung	–	+	++	+++
Geeignete Untergründe	+++	++	++	+
Widerstand gegen Mikroorganismen	–	+	++	++
Kreidungsresistenz	–	+	++	++
Überstreichbarkeit/Renovierbarkeit	+++	++	+	+

+++ sehr gut; ++ gut; + geeignet; - ungeeignet/schlecht

chemischer Härtung (Wasserglas, Silikat) statt. Mineral- und Silikatputze haben gemeinsam, dass sie zu Ausblühungen neigen.

Bauphysikalisch betrachtet gibt es keinen idealen Oberputz, da jeder individuelle Stärken und Schwächen besitzt und jedes Objekt seine individuellen Anforderungen hat. Generell gilt, dass Oberputze auf Grund der hygro-thermischen Belastungen auf der Bauteiloberfläche eine hohe Wasserabweisung haben und dennoch ausreichend wasserdampfdiffusionsoffen sein müssen, eine gewisse Elastizität besitzen müssen und dennoch keine Eigenspannung aufbauen dürfen. Aufgrund der zunehmenden Umweltbelastung müssen Oberputze gegen mikrobiellen Befall z. B. durch Algen und/oder Pilze resistent sein. Hoch alkalische Putze wie Kalk-Zementputze oder Silikatputze erreichen dies aufgrund ihres hohen pH-Wertes, allerdings baut sich die Alkalität an der Fassade innerhalb von nur wenigen Monaten relativ schnell ab. Organisch gebundene Oberputze werden dagegen mit bioziden Wirkstoffen ausgerüstet, die in verkapselter Form zugegeben werden und über einen längeren Zeitraum an der Oberfläche freigesetzt werden. Hierbei besteht die Herausforderung, dass die bioziden Wirkstoffe ausreichend wasserlöslich sein müssen – um freigesetzt zu werden – aber insofern wasserabweisend sein müssen – um bei Niederschlägen nicht ausgewaschen zu werden.

Außerdem unterscheiden sich organisch gebundene und mineralische (anorganische) Oberputze in ihrer Farbtonauswahl und -stabilität (Fleckenbildung, Ausblühungen, Hellbezugswert, intensive Farbtöne). Abschließend sollen die wesentlichen Eigenschaften der verschiedenen Oberputze in Tab. 3.10 zusammengefasst werden.

Bei der Bewertung muss beachtet werden, dass bei organisch gebundenen Oberputzen eine Ausrüstung mit bioziden Zusätzen (fungizid, algizid) möglich ist und damit die Resistenz gegen mikrobiellen Befall erhöht werden kann. Mineralische Oberputze können zusätzlich hydrophobiert werden, sodass sich die Wasserabweisung deutlich verbessert. Somit können bindemittelbedingte Nachteile durch Zusätze (Additive) nachträglich ausgeglichen werden.

3.5 Schadensmechanismen

Nachdem die grundsätzlichen Baustoffeigenschaften von Putzsystemen beschrieben wurden, setzen sich die nachfolgenden Kapitel mit den Schadensmechanismen auseinander.

3.5.1 Einleitung

An einer verputzten Fassade treten verschiedene Schadensmechanismen auf. Neben

- treibenden Angriffen (durch Frostschäden, Salzschäden in Folge von Hydratation und Kristallisation, Bindemittelumwandlung usw.),
- lösenden Angriffen (durch die Auflösung oder Umwandlung der Bindemittel- und Zuschlagsstoffe durch den Einfluss saurer Schadstoffe),

- Schäden durch Quell- und Schwindvorgänge (wie hygrische und/oder thermische Effekte),
- Schäden durch hygroskopische Effekte sowie
- Schäden durch Mikroorganismen (wie Pilze, Algen, Flechten und Bakterien)

ist die Rissbildung eine der am häufigsten vorkommenden Schadensarten. Die Schadensbilder können sehr unterschiedliche Auswirkungen haben – von einer deutlichen Minderung des Fassadenschutzes und infolgedessen auch des Wärmeschutzes bis hin zu einer optisch-ästhetischen Beeinträchtigung, die „unter gebrauchsüblicher Verwendung“ zu vernachlässigen ist. Die Einschätzung, ob ein kleiner und kaum wahrzunehmender Riss vernachlässigt werden kann, darf nicht nach subjektiven Kriterien erfolgen. Der Sachverständige muss immer die Auswirkungen des Risses bewerten und sich die Frage stellen, ob auch ein kleiner und kaum wahrzunehmender Riss z. B. einer erhöhten Feuchtigkeitsaufnahme unterliegt und damit für Frost-Tau-Wechsel oder eine erhöhte Verschmutzung anfällig ist. Weiterhin muss beachtet werden, dass durchfeuchtete Rissflanken anfälliger für einen Befall bzw. Bewuchs mit Mikroorganismen sind und sich in der weiteren Folge Risse und ihre Verläufe verstärkt abzeichnen können.

Risse entstehen grundsätzlich dort und immer dann, wenn die Bruchfestigkeit eines Baustoffes überschritten wird. Dies kann durch innere und/ oder äußere Kräfte verursacht werden. Darüber hinaus gibt es aber auch andere Schadensmechanismen, die primär oder sekundär auf die Entstehung und Ausbreitung von Rissen Einfluss nehmen können. Bevor auf die eigentliche Rissbildung und deren Ursache(n) eingegangen wird, sollen deshalb die grundsätzlichen Schadensmechanismen in ihrer Ursache-Wirkung-Beziehung kurz beschrieben werden. Bei den Ursachen können generell drei Kategorien unterschieden werden: die physikalischen, chemischen und biologischen Einflüsse.

1. Zu den *physikalischen* Einflüssen zählen die hygrischen, thermischen und statischen Einwirkungen. Dies können z. B. Durchfeuchtungen, Temperaturwechsel und Wärmeverlust, Quell- und Schwindvorgänge, Frostschäden oder Bewegungen im Untergrund sein. Sie sind die Hauptursache für Risse in Baustoffen und Bauteilen.
2. *Chemische* Einflüsse sind z. B. Bindemittelreaktionen, Gefügeveränderungen, Salzausblühungen und Frost-Tausalz-Schäden, Treiberscheinungen und Kalkauswaschungen sowie Rostflecken und sonstige Verunreinigungen aus dem Untergrund. Die chemischen Einflüsse spielen vor allem bei der Rissbildung in Baustoffen eine wichtige Rolle, werden aber in der praktischen Wahrnehmung unterschätzt.
3. *Biologische* Einflüsse sind im Hinblick auf Risse zu vernachlässigen, allerdings werden viele Risse erst durch mikrobiellen Bewuchs sichtbar werden oder in ihrer Dimension deutlicher erkennbar. Zum mikrobiellen Bewuchs gehören vor allem Algen und Pilze sowie Flechten und Bakterien.

Alle drei Kategorien haben einen gemeinsamen Katalysator: Feuchtigkeit. Sie ist in direkter oder indirekter Form die Hauptursache für die Schadensmechanismen oder unterstützt diese maßgebend. Durch Feuchtigkeit in Baustoffen, Bauteilen oder Baukonstruktionen können die physikalischen Eigenschaften wie z. B. die Wärmedämmung oder der Schallschutz nachhaltig verändert werden. Auch die chemischen Eigenschaften wie z. B. die Hygroskopizität und die so genannten Chemogradienten werden beeinflusst. Durch Korrosion, Quell- und Schrumpfprozesse werden die Werkstoffeigenschaften verändert, sodass sich das Gefüge ändert. Im weiteren Verlauf entstehen zunächst Mikrorisse und später Makrorisse, die optisch und ohne weitere Hilfsmittel wahrgenommen werden können. Risse verschmutzen mit der Zeit und bieten mit der parallel verlaufenden Durchfeuchtung der Rissflanken einen idealen Nährboden für mikrobiellen Bewuchs.

Feuchtes Mauerwerk oder Putzoberflächen sind erheblichen thermischen Beanspruchungen ausgesetzt. In Frostperioden entsteht im oberflächennahen Bereich (durch gefrierendes Wasser) ein starker Hydratationsdruck. Dies führt zu einer allmählichen Gefügezerstörung der Stein- oder Putzoberfläche bis hin zur Rissbildung, die wiederum eine höhere Feuchtigkeitsaufnahme zur Folge hat. Dies führt zu einer Reduzierung der Wärmedämmung, da Feuchtigkeit die Wärmeleitfähigkeit erhöht. Neben niedrigen Temperaturen müssen auch hohe Temperaturen und direkte Sonneneinstrahlung als Ursachen für Rissbildung genannt werden. Die resultierenden Oberflächentemperaturen sind abhängig von der Wärmeleitfähigkeit des Untergrundes und insbesondere vom Absorptionsgrad (Verhältnis absorbierter zu auftreffender Strahlung) der Oberfläche.

Feuchtigkeit dient darüber hinaus als Transportmittel für aggressive und bauschädigende Substanzen. So gelangen z. B. lösliche Salze über kapillaren Wassertransport in das Mauerwerk und verteilen sich über den gesamten Mauerwerksquerschnitt. An der Wandoberfläche kristallisieren die Salze aus. Infolgedessen erhöhen sich die Hygroskopizität im Baustoff und damit der Feuchtigkeitsgehalt. Durch Feuchtigkeit werden aber auch Salze gelöst, die sich im Baustoff befinden. Dadurch werden Mineralreaktionen im Baustoff verursacht, bei denen das Reaktionsmedium mit den festen Phasen (Mineralen) in Wechselwirkung tritt. In mineralischen Baustoffen sind sowohl die festen Phasen als auch der Porenraum betroffen. Dies bedeutet, dass sowohl Zuschlagsstoffe als auch Bindemittel gleichermaßen betroffen sind. Aus diesem Grund müssen Schadensmechanismen in fast allen Fällen übergreifend analysiert und interpretiert werden.

3.5.2 Feuchtebeanspruchung

Einen wesentlichen Einfluss auf die Feuchtigkeitsbeanspruchung einer Fassade haben Lage und Standort des Gebäudes, Ausrichtung der Fassade sowie konstruktive Details (z. B. Dachüberstand). Aus der gleichzeitigen Einwirkung von Regen und Wind leitet sich die Schlagregenbeanspruchung ab. Der Feuchtehaushalt einer Fassade wird durch die Wechselwirkung der Feuchtigkeitsaufnahme und -abgabe des Regenwassers bestimmt. Die Aufnahme des auftreffenden Regenwassers in die Wand kann über den Mechanismus der kapillaren Saugwirkung der Oberfläche und/oder auf Grund des Staudrucks über Risse oder fehlerhafte Fugen und Abdichtungen erfolgen. Um eine Durchfeuchtung des Putzes über eine längere Zeit zu vermeiden, muss in der regenfreien Zeit das aufgenommene Wasser durch Verdunstung, d. h. durch Trocknung auf dem Wege des kapillaren Wassertransports und der Wasserdampfdiffusion, so schnell wie möglich an die Außenluft abgegeben werden können.

Geht man von einer weitgehend rissfreien Oberfläche und fachgerecht ausgeführten Details aus, können die Vorgänge der regenbedingten Wasseraufnahme und der Trocknung von Fassaden zur komplexen Darstellung des Regenschutzes von Putzoberflächen auf zwei hygrische Kennwerte zurückgeführt werden:

- den Wasseraufnahmekoeffizienten w in kg/($m^2 \times h^{0,5}$) zur Beurteilung der kapillaren Wasseraufnahme des Baustoffs,
- die wasserdampfdiffusionsäquivalente Luftschichtdicke $s_d = \mu \times d$ in m als Kriterium für die Trocknungsmöglichkeit durch Verdunstung.

In mineralischen Baustoffen wie Mauerwerk oder Putz ist die kapillare Saugfähigkeit bzw. Wasseraufnahme der Haupttransportmechanismus. Der Wasseraufnahmekoeffizient w ist eine Stoff- bzw. Oberflächeneigenschaft. Er ist die von einem Probekörper bei Wasserkontakt je Flächeneinheit und Wurzel aus der Zeit aufgenommene Wassermenge und wird nach DIN EN ISO 15148 bestimmt. Im Allgemeinen ist die folgende Klassifizierung von Oberflächenschichten hinsichtlich des w-Wertes in kg/($m^2 \times h^{0,5}$) üblich:

• wassersaugende Oberflächenschicht	$w \geq 2{,}0$
• wasserhemmende Oberflächenschicht	$0{,}5 < w < 2{,}0$
• wasserabweisende Oberflächenschicht	$w \leq 0{,}5$
• wasserdichte Oberflächenschicht	$w < 0{,}01$

In DIN EN 1062 Teil 1 „Beschichtungsstoffe und Beschichtungssysteme für mineralische Substrate und Beton im Außenbereich - Teil 1: Einteilung; Deutsche Fassung EN 1062-1:2004“ wird für Beschichtungen und Beschichtungssysteme auf porösen Untergründen wie Mauerwerk und Beton die Durchlässigkeitsrate für Wasser w in folgende Klassen unterteilt:

• hohe Wasserdurchlässigkeit	$w > 0,5$
• mittlere Wasserdurchlässigkeit	$0,5 \leq w < 0,1$
• niedrige Wasserdurchlässigkeit	$w \leq 0,1$

Die kapillare Saugfähigkeit wird im Wesentlichen durch den Kapillarradius der Poren bestimmt. Kapillarität entsteht durch das Zusammenwirken der Kohäsionskraft an der Wasseroberfläche (Oberflächenspannung), der Adhäsionskraft an der Grenzfläche zwischen Feststoff und Flüssigkeit (Haftspannung) und der Schwerkraft. In einem Kapillarsystem steigt die Flüssigkeit so lange an, bis sich ein Gleichgewicht zwischen dem hydrostatischen Druck der Flüssigkeit ($h \times \rho_W \times g$) und dem Kapillardruck p_K einstellt. Daraus kann die maximale Steighöhe abgeleitet werden.

$$h_{max} = \frac{2 \times \gamma_W \times \cos \Theta}{\rho_W \times g \times r}$$

h_{max}	maximale Steighöhe
Θ	Randwinkel
γ_W	Oberflächenspannung des Wassers
ρ_W	Dichte des Wassers
r	Kapillarradius
g	Erdbeschleunigung ($g = 9,81\ m/s^2$)

Angesichts mehrerer in der Gleichung vorkommenden Konstanten wird deutlich, dass die kapillare Steighöhe im Wesentlichen dem Kapillarradius umgekehrt proportional ist. Als Näherung ergibt sich die maximale Steighöhe aus ~ 0,0015/Kapillarradius.

Die Wasseraufnahme und Wasserdampfdurchlässigkeit wird darüber hinaus über die Porengeometrie beeinflusst. Flaschenförmige Poren mit verengtem Einlass (Flaschenhals) beeinflussen die Wasseraufnahme erheblich. Zum Bauen werden häufig inhomogene Werkstoffe verwendet. Sowohl künstliche als auch natürliche Steine können in ihrem Mikrogefüge aus kugelförmigen, blättchenförmigen oder nadelförmigen Teilchen zusammengesetzt sein. Dabei wird der Porengehalt meistens als Quotient aus dem Porenvolumen und dem Volumen des porösen Stoffes angegeben. Das Gesamtporenvolumen kann sich dabei auf Poren mit unterschiedlichen Radien verteilen. Da der Radius der Poren üblicherweise nicht bekannt ist, geht man von einem theoretischen, so genannten hydraulischen Radius aus. Dieser wird als Verhältnis aus Porenvolumen zur inneren Oberfläche berechnet. Die innere Oberfläche ist die Summe aller Poren und lässt sich experimentell relativ schnell bestimmen. Zwischen Porosität, Dichte und Wasseraufnahme besteht demnach ein direkter Zusammenhang mit gegenseitiger Abhängigkeit.

Grundsätzlich kann man davon ausgehen, dass eine Veränderung des Feuchtegehaltes eine Verformung der Putzschichten (Quellen und Schwinden) nach sich zieht. Hierzu reicht unter Umständen bereits die Veränderung der relativen Luftfeuchtigkeit. Ob hierbei bereits tageszeitbedingte Schwankungen (Tag/Nacht, Niederschläge) ausreichen oder ein längerer Zeitraum (jahreszeitbedingte Schwankungen) für die relative Verformung von Putzschichten notwendig ist, hängt u. a. von der Porenstruktur, dem Bindemittel und dem Diffusionswiderstand der Putzmatrix sowie dem Schichtenaufbau (Adhäsion) ab.

Die Trocknungsmöglichkeit der durch Beregnung aufgenommenen Wassermenge wird durch die Wasserdampf-Diffusionswiderstandszahl μ und die wasserdampfdiffusionsäquivalente Luftschichtdicke s_d der Oberflächenschicht einer Außenwand maßgeblich bestimmt. Die dimensionslose physikalische Größe μ ist eine baustoffspezifische Eigenschaft. Sie gibt an, um welchen Faktor der Wasserdampf-Diffusionswiderstand des betrachteten Baustoffes größer als der einer gleich dicken, ruhenden Luftschicht gleicher Temperatur ist (Tab. 3.11 beinhaltet Beispiele für Richtwerte).

Tab. 3.11 μ-Werte gebräuchlicher Baustoffe

Bau- bzw. Dämmstoff	μ- Wert [1)]
Normalbeton, Leichtbeton	70/150
Kalksandstein-Mauerwerk, hohe Dichte	15/25
Vollziegel, Hochlochziegel	5/10
Porenbeton, Block- und Plansteine	5/10
Putzmörtel aus Kalkzement, Kalk	15/35
Mineralwolle	1
Holzfaserdämmplatte	5
Polystyrol-Hartschaum EPS	20/50
Polystyrol-Extruderschaum XPS	80/250

[1)] In bauphysikalischen Berechnungen ist jeweils der für die Baukonstruktion ungünstigere Wert einzusetzen (siehe auch DIN 4108 Teil 3 „Wärmeschutz und Energie-Einsparung in Gebäuden - Teil 3: Klimabedingter Feuchteschutz - Anforderungen, Berechnungsverfahren und Hinweise für Planung und Ausführung“ Ausgabe 2024-03)

Tab. 3.12 Beanspruchungsgruppen nach DIN 4108-3

Beanspruchungsgruppe I	Beanspruchungsgruppe II	Beanspruchungsgruppe III
Geringe Schlagregenbeanspruchung	Mittlere Schlagregenbeanspruchung	Starke Schlagregenbeanspruchung
	Beanspruchung	
Jahresniederschlag < 600 mm	Jahresniederschlag 600 bis 800 mm	Jahresniederschlag > 800 mm
wenn windgeschützt: > 600 mm	wenn windgeschützt: > 800 mm	windreiche Gebiete < 800 mm
	Exponierte Gebäude aus Gruppe I	Exponierte Gebäude aus Gruppe II
Ohne besondere Anforderungen an Schlagregenschutz	Wasserhemmende Putze	Wasserabweisende Putze
Fliesen- und Plattenverkleidung im Dünn- oder Dickbett		mit Wasser abweisendem Ansetzmörtel
Wärmedämm-Verbundsysteme		
Beton mit gefügedichter Außenschicht		

Die wasserdampfdiffusionsäquivalente Luftschichtdicke $s_d = \mu \times d$ ist die Dicke einer ruhenden Luftschicht in m, die den gleichen Wasserdampfdiffusionswiderstand besitzt wie die betrachtete Bauteilschicht. Sie bestimmt den Widerstand gegen Wasserdampfdiffusion.

In Bezug auf die Diffusionsfähigkeit können Putze und Beschichtungen wie folgt klassifiziert werden:

- diffusionsoffene Schicht: $s_d \leq 0{,}5$ m
- diffusionshemmende Schicht $0{,}5 \text{ m} < s_d < 1500$ m
- diffusionsdichte Schicht $s_d \geq 1500$ m

In der DIN 4108 Teil 3 werden in Abhängigkeit von den außenklimatischen Bedingungen (Wind und Niederschlag), den örtlichen Gegebenheiten (Berg- oder Tallage, Höhe des Standorts über N. N.) und der Gebäudeart (Hochhaus, ein- oder mehrgeschossiges Gebäude) unter Pkt. 5 drei Beanspruchungsgruppen festgelegt (Tab. 3.12):

- I geringe Schlagregenbeanspruchung
- II mittlere Schlagregenbeanspruchung
- III starke Schlagregenbeanspruchung

Für die Zuordnung der Putze und Beschichtungen zu den Beanspruchungsgruppen ist deren Witterungsbeständigkeit maßgebend (Abb. 3.22, 3.23, 3.24). Der Begriff der Witterungsbeständigkeit wird über die Anforderungen der DIN 4108 geregelt, in der Kriterien für den Regenschutz festgelegt sind (Tab. 3.13).

Abb. 3.22 Übersichtskarte zur Schlagregenbeanspruchung nach DIN 4108

Abb. 3.23 Schlagregenbeanspruchung im Hochbau

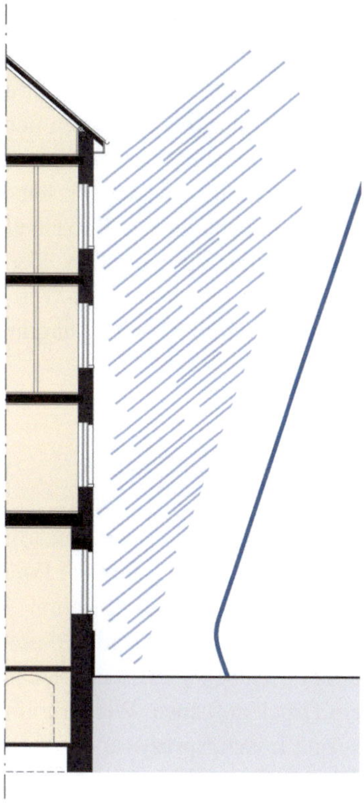

Abb. 3.24 schematische Darstellung der Schlagregenbeanspruchung

Tab. 3.13 Kriterien für den Regenschutz von Putzen und Beschichtungen nach DIN 4108-3

Kriterien für den Regenschutz	Wasseraufnahmekoeffizient w $[kg/(m^2 \cdot h^{0,5})]$	wasserdampfdiffusionsäquivalente Luftschichtdicke s_d [m]	Produkt $w \bullet s_d$ $[kg/(m \cdot h^{0,5})]$
Wasserhemmende Putze und Beschichtungen (Beanspruchungsgruppe II)	$0,5 < w < 2,0$	keine Festlegungen	keine Festlegungen
Wasserabweisende Putze und Beschichtungen (Beanspruchungsgruppe III)	$\leq 0,5$	$\leq 2,0$	$\leq 0,2$

Die Angaben „keine Festlegungen“ in Tab. 3.7 der Norm liegt darin, dass die Klasse der wasserhemmenden Putze insbesondere durch mineralische Putze gebildet wird, bei denen der s_d-Wert deutlich unter 2,0 m liegt. Es ist deshalb in diesem Fall gerechtfertigt, die Regenschutzwirkung von mineralisch gebundenen Putzen allein auf Grund des w-Wertes zu beurteilen. Der Zusammenhang zwischen dem w- und sd-Wert wird am besten durch das Künzel´sche Diagramm dargestellt.

3.5.3 Kristallisationsdruck

Bei der Austrocknung poröser Baustoffe findet bei ausreichender Konzentration der Porenlösung eine Kristallisation (Auskristallisation) von Salzen statt. Wird diese Kristallisation durch die Anordnung der Poren behindert, kann sich im Porengefüge ein Druck aufbauen. Wiederholte Kristallisations- und Lösungsprozesse der Salze führen schließlich zur Zerstörung des Baustoffgefüges. Die mit kristallisierenden Salzen zusammenhängenden Schadensmechanismen werden wie folgt unterschieden:

- Hydrostatischer Kristallisationsdruck oder Kristallisationsdruck aus übersättigten Lösungen
- Linearer Wachstumsdruck
- Hydratationsdruck

Die Abgrenzung zwischen Kristallisationsdruck und linearem Wachstumsdruck ist in der Literatur nicht immer eindeutig, sodass häufig mit beiden Begriffen der gleiche Sachverhalt erklärt wird. Wie alle Kristalle wachsen auch die sich aus einer Lösung ausscheidenden Salzkristalle nur in Richtung der sich ausbildenden Kristallflächen weiter. Im Porenraum der mineralischen Baustoffe kann das freie Wachstum der Salzkristalle behindert werden, wenn der wachsende Kristall an die gegenüber liegende Porenwandung stößt oder sich beide gegenseitig behindern. Vor allem bei Salzkristallen in Form einer Nadel oder Säule (Abb. 3.25, 3.26), bei denen eine Wachstumsrichtung außerordentlich bevorzugt wird, kann dies häufig beobachtet werden.[4, 17]

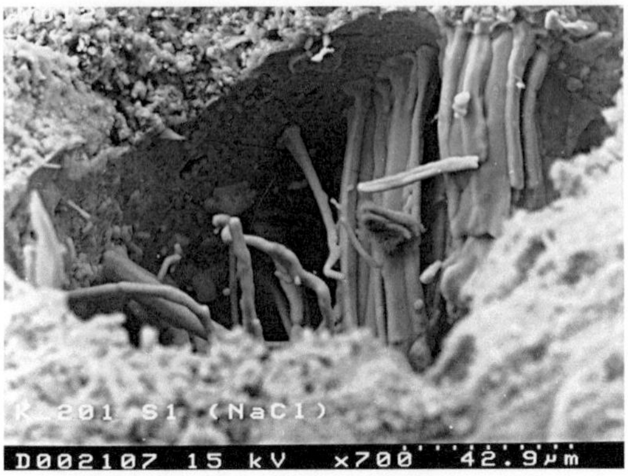

Abb. 3.25 gut zu erkennen: Kristallbildung innerhalb der Baustoffporen

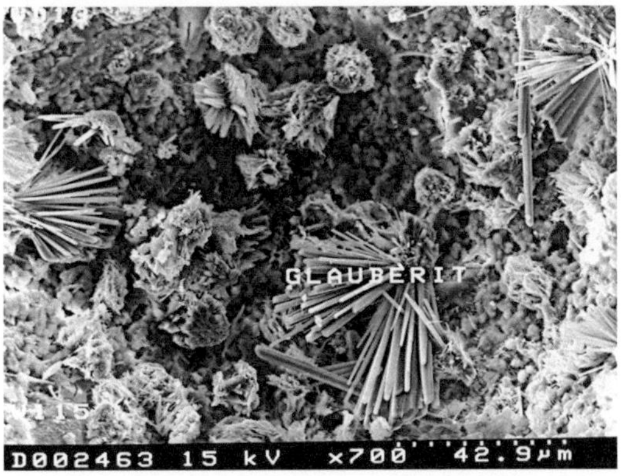

Abb. 3.26 gut zu erkennen: Kristallbildung innerhalb der Baustoffporen

Das Schadenspotenzial ist hauptsächlich darauf zurückzuführen, dass die Auskristallisation der Salze (Übergang von der gelösten in die feste Phase) mit einer (zum Teil erheblichen) Volumenvergrößerung verbunden ist. Kann sich diese Volumenvergrößerung innerhalb des Baustoffgefüges nicht abbauen oder verteilen, kommt es zum so genannten Kristallisationsdruck. Dies bedeutet, dass die in den Kapillarräumen und Baustoffporen befindliche übersättigte Salzlösung bei der Feuchtigkeitsabgabe ihr Volumen vergrößert und einen Kristallisationsdruck auf die Porenwandung ausübt. Dabei gilt der Grundsatz, dass der Kristallisationsdruck in seiner

Tab. 3.14 Kristallisationsdrücke von bauschädlichen Salzen

Salze	Molvolumen	Kristallisationsdruck in N/ mm²			
		C/CS* = 2		C/CS* = 10	
		0 °C	50 °C	0 °C	50 °C
$CaSO_4 \cdot ½H_20$	46	33,5	39,8	112,0	132,5
$CaSO_4 \cdot 2H_20$	55	28,2	33,4	93,8	111,0
$MgSO_4 \cdot 7H_20$	147	10,5	12,5	35,0	41,5
$MgSO_4 \cdot 6H_20$	130	11,8	14,1	39,5	49,5
$MgSO_4 \cdot 1H_20$	57	27,2	32,4	91,0	107,9
$Na_2SO_4 \cdot 10H_20$	220	7,2	8,3	23,4	27,7
Na_2SO_4	53	29,2	34,5	97,0	115,0
NaCl	28	55,4	65,4	184,5	219,0
$Na_2CO_3 \cdot 10H_20$	199	7,8	9,2	25,9	30,8
$Na_2CO_3 \cdot 7H_20$	154	10,0	11,9	33,4	36,5
$Na_2CO_3 \cdot 1H_20$	55	28,0	33,3	93,5	110,9

* Wert für die Übersättigung der Lösung

Schädigung zunimmt, je größer die Kristallwasseraufnahme ist. Des Weiteren ist dieser Vorgang temperaturabhängig. Bei wiederholtem Wechsel von nass und trocken verstärkt sich dieser Schadenskreislauf. Der Kristallisationsdruck wirkt treibend und übersteigt um ein Vielfaches die Festigkeitseigenschaften der Baustoffe, wodurch diese anfänglich zermürbt werden und sich anschließend Ausblühungen und Abplatzungen sowie Risse zeigen. Tab. 3.14 verdeutlicht die Kristallisationsdrücke verschiedener Salze.

Die Höhe des Kristallisationsdruckes wird wesentlich durch die Porenradienverteilung beeinflusst. Als gesichert gilt die Erkenntnis, dass die meisten Baustoffgefüge einmalige Belastungen relativ schadlos überstehen und erst wiederkehrende Zyklen ein zerstörendes Potenzial aufweisen. Einer der Gründe hierfür ist, dass Salze bevorzugt in großen Poren, Hohlräumen und Rissen auskristallisieren. Infolgedessen ist eine Belastung der feinen Porenräume durch Kristallisationsdruck relativ selten anzutreffen (oder nachzuweisen). Findet allerdings eine wiederholte Belastung des Baustoffgefüges statt, werden auch die feinen Porenräume in den Kristallisationsvorgang einbezogen. Bekannt ist, dass wachsende Salzkristalle in kleinen Poren ein deutlich höheres Schadenspotenzial (Kristallisationsdruck) aufweisen als eine vergleichbare Belastung in einer großen Pore. Infolgedessen tritt der höchste Kristallisationsdruck immer in Baustoffen mit einem hohen Anteil an Feinporen auf.

Neben dem Kristallisationsverhalten besitzen einige Salze auch die Eigenschaft, in entsprechenden Temperaturbereichen Wasser in das Kristallgitter einzulagern bzw. daraus abzugeben. Dieser Vorgang wird als Hydratation bezeichnet und ist in Folge der Anlagerung von Wasser ebenfalls mit einer Volumenzunahme/-vergrößerung verbunden. Bei diesem Vorgang hat die übersättigte Lösung ein kleineres Volumen als die sich ausscheidenden Salzkristalle und die gesättigte Restlösung. Füllt die übersättigte Lösung eine Pore vollständig aus und verschließen die sich bildenden Kristalle die Porenzugänge, so kann bei der Kristallisation ein hydrostatischer Druck entstehen, der in alle Richtungen auf die Porenwandungen wirkt. Dieser wird auch als Hydratationsdruck bezeichnet und soll am Beispiel von Gips erklärt werden.

Der Hydratationsdruck entsteht durch wechselnde Kristallwasseranteile, insbesondere bei den Salzen der Schwefelsäure. Wandeln sich bei einer chemischen Reaktion Schwefelsäure und Kalk in Gips um, werden bei der Kristallisation des Gipses zwei Moleküle Kristallwasser eingebaut. In dem festen Kristall werden pro Molekül Kalziumsulfat zwei Moleküle Wasser gebunden. Diese Reaktion bewirkt eine Volumenzunahme von 100 %, d. h., das Volumen des Gipses ist genau doppelt so groß wie das beim Kalzium, das ersetzt wird. Wird der Gips an die Oberfläche transportiert und reichert sich dort an, treten in der Regel Kristallisations- und Hydratationseffekte auf. Bei Gips kann der Hydratationsdruck bis zu 200 N/mm² betragen und ist damit ein Vielfaches größer, als feinporige mineralische Baustoffgefüge standhalten können. Dies führt zwangsläufig zu Zerstörungen des Baustoffgefüges. Bei Magnesiumsulfat entsteht ein 4-faches, bei Eisensulfat ein 5-faches Volumen bis hin zu Verbindungen, bei denen so gar eine bis zu 40-fache (!) Volumenvergrößerung auftreten kann.[4, 17]

3.5.4 Frost-Tau-Beanspruchung

Temperaturen unterhalb des Gefrierpunktes lassen Wasser in durchfeuchteten Baustoffen wie Natur- oder Ziegelstein sowie in Putzschichten gefrieren. Eis hat gegenüber Wasser ein bis zu 10 % größeres Volumen. Infolgedessen entsteht beim Gefrieren des Wassers im Baustoffgefüge ein Druck, der zu Abplatzungen und/oder Rissen führen kann. Weitere Schadensbilder sind abgewitterte (sandende) Oberflächen oder zeigen sich durch das Ablösen (Abscheren) von Oberflächenschichten (Abb. 3.27). Diese oberflächigen Erscheinungsformen können auch parallel zu Gefügestörungen im Inneren auftreten. Die Höhe der Beanspruchung durch Frost-Tau-Wechsel hängt von der Wasseraufnahme des Baustoffs ab und nimmt mit steigendem Wassersättigungsgrad zu. Es soll allerdings darauf hingewiesen werden, dass die Mechanismen, die einen Frostschaden bewirken können, noch nicht endgültig geklärt sind.

Abb. 3.27 Ablösung der äußeren Ziegelsteinschicht

3.5.5 Temperaturdifferenzen und thermische Ausdehnung

Tageszeitliche Temperaturschwankungen (Tag/Nacht) an der Oberfläche sowie Sonneneinstrahlung (oder sonstige Wärmeeinwirkung) führen zu Zugspannungen und in der weiteren Folge zu Rissbildungen, wobei dieser Prozess von der Oberfläche ausgeht. Die Tab. 3.15 soll dazu dienen, einen Überblick über die an Baustoffen auftretenden Temperaturbeanspruchungen zu geben.

Aufgrund der verschiedenen Wärmedehnzahlen der so genannten Kristallite (in mineralischen Baustoffen) treten unterschiedliche Bewegungen innerhalb des Baustoffgefüges auf, die zunächst zu Mikrorissen und in Abhängigkeit von der thermischen Beanspruchung zu Makrorissen und/oder Abplatzungen führen können. Um dies zu verdeutlichen, ist die lineare thermische Ausdehnung einiger Baustoffe je K Temperaturdifferenz in Tab. 3.16 angegeben.

Wie bereits erwähnt wurde, darf die lineare, thermische Ausdehnung nicht isoliert pro Baustoff betrachtet werden, sondern nur im Verbund. Bei einem Leichtmauerwerk als typisches Beispiel für einen Verbundbaustoff müssen infolgedessen die verschiedenen Wärmedehnzahlen des

Tab. 3.15 Verformung in Folge der Temperaturunterschiede und Rissauslösende Temperaturdifferenz ΔT_{Riss}

	Verformung in mm bei $\Delta T = 30$ K	Verformung in mm bei $\Delta T = 60$ K	Zugfestigkeit β_z (MN/m²)	ΔT_{Riss} K
Beton	0,3	0,6	0	0
Mauerwerk aus Kalksandstein	0,24	0,48	0	0
Mauerwerk aus Ziegelstein	0,18–0,27	0,36–0,54	1,5	10
Zementputz	0,3	0,6	0,3	6
Kalkzementputz	0,36	0,72	0,3	22,5
Leichtputz	0,45	0,9	1	40
Wärmedämmputz	0,45	0,9	1	40
Sanierputz	0,45	0,9	1	40
Gipsputz	0,36–0,54	0,72–1,08	0,3	7,2

Tab. 3.16 lineare, thermische Ausdehnung von Baustoffen in mm pro m

Kalkstein	7
Kalksandstein	5 bis 8
Ziegelstein	5
Sandstein	12
Beton	9 bis 12
Betonwerkstein (Zementstein)	11 bis 18
Porenbeton	11
Klinker und Fliesen	5 bis 8
Zementmörtel	10 bis 11
Kalkzementmörtel	9 bis 10
Kalkmörtel	8 bis 10
Stahl	10 bis 14
Polystyrol	60 bis 100
Hartschichtholz	10–40
Epoxidharze (Gießharze)	60
Zinkblech	21–33

porosierten Hochlochziegel, des Mauer- oder Dünnbettmörtels, des Leichtputzmörtels und seiner Schlussbeschichtung z. B. in Form eines Oberputzes betrachtet werden. Neben diesen baustoffspezifischen Eigenschaften müssen noch äußere Einflussfaktoren wie z. B. der Hellbezugswert der Schlussbeschichtung oder auch die Gebäudelage und damit witterungsbedingte Einflüsse in Abhängigkeit von der Orientierung der Fassade („Wetterseite") berücksichtigt werden.

Die Ausführungen in diesem Kapitel haben gezeigt, dass alle Baustoffe einer mehr oder weniger starken Formänderung oder Verformung und damit Volumen- bzw. Längenänderungen unterliegen. Diese können lastbedingt und/oder lastunabhängig verursacht werden. Hierbei spielt die Frage, ob sich diese Volumen- bzw. Längenänderungen ungehindert ausbilden können, eine wichtige Rolle. Bei einer ungehinderten Verformung entstehen in der Regel keine Risse. Allerdings handelt es sich bei den in diesem Buch beschriebenen Baukonstruktionen um Verbundbaustoffe mit zum Teil sehr unterschiedlichen Eigenschaften. Neben dem oben bereits erwähnten Schichtenaufbau bei einem Mauerwerk sind noch weitere konstruktive Aspekte zu beachten, wenn z. B. die Längenausdehnung einer Betondecke im Verbund mit einem Mauerwerk oder mit einer Stahlbeton-Skelett-Bauweise betrachtet wird, bei der die Felder ausgemauert werden.

Ein Riss entsteht

4

Inhaltsverzeichnis

4.1 Einleitung

In der Bauphysik (Bruchmechanik) wird das Materialversagen rissbehafteter Bauteile bzw. die Entstehung und Ausbreitung von Rissen unter statischen und dynamischen Belastungen bis hin zum Bruch unterschieden. Diese beinhaltet wesentliche Elemente der Material- und Werkstoffkunde, aber auch aus der so genannten Elasto- und Plastomechanik.

Grundsätzlich wird zwischen einem Bruch und einem Riss unterschieden. Hierbei geht man immer davon aus, dass bereits eine Fehlstelle (Riss) im Bauteil vorhanden ist. Diese kann z. B. als Folge des Herstellprozesses in Form von Lunkern, Einschlüssen, Spannungsrissen und dgl. entstanden sein oder erst später durch Nutzung und/oder Beanspruchung gebildet werden. Auf der Grundlage der Geometrie und Beanspruchung dieser Fehlstelle kommt es zu einem unzulässigen

F. Frössel, *Risse in Gebäuden*, https://doi.org/10.1007/978-3-658-47096-8_4

Risswachstum bis hin zum Bruch. Hierbei wird die Bruchfestigkeit überstiegen. In der Bruchmechanik werden die folgenden Brüche unterschieden:

- Sprödbruch (oder auch Trennbruch)
- Ermüdungsbruch (oder auch Dauerbruch)
- Verformungsbruch (oder auch duktiler Bruch).

Diese Inhomogenitäten (Geometrie und Material) sowie Festigkeiten beeinflussen ganz wesentlich den Zeitpunkt für das Auftreten von Rissen. Hierbei werden die Abstände und Breite der Risse u. a. beeinflusst von der

- Art, Lage und Abstand einer möglichen Bewehrung
- Verteilung einer möglichen Bewehrung im Querschnitt
- sowie dem Verbundverhalten.

4.2 Mikrorisse

4.2.1 Rissbildung

Bevor auf die verschiedenen Rissarten und deren Schadensbilder, die primären und sekundären Ursachen der Rissentstehung und -ausbreitung sowie daran anschließend auf die Instandsetzung bzw. die Prävention eingegangen wird, soll zunächst die Charakteristik eines Risses beschrieben werden.

Risse in einem Baustoff entstehen, wenn dessen Zugfestigkeit überschritten wird. Sie verlaufen senkrecht zur Richtung der Riss erzeugenden Kraft. Infolgedessen können aus dem Rissverlauf Rückschlüsse auf die Kraftrichtung gezogen werden. Der Entstehung eines Risses geht immer ein „Bruch" des Werkstoffes voraus. Bei der Materialtrennung durch mechanische Einwirkung laufen zwei Mechanismen ab:

- die Rissbildung und
- die Rissausbreitung.

Unter der Rissbildung versteht man die erstmalige Entstehung einer bleibenden Trennung innerhalb eines Werkstoffes oder zwischen zwei Werkstoffen, wenn diese vorher verbunden waren. In der Regel geht diesem Vorgang ein Mikroriss voraus, der äußerlich nicht zu erkennen ist und innerhalb der Baustoff- oder Gefügematrix entsteht. Beispiele hierfür sind Spannungen innerhalb der Bindemittelmatrix und Einflüsse aus der Festigkeit, den Mengenanteilen sowie der Korngröße der Zuschlagsstoffe. Auch Art und Menge der Poren bzw. der Hohlräume innerhalb des Gefüges können eine Rolle spielen. Hinzu kommen noch unvermeidbare Gefriereffekte (Frosteinwirkung) sowie Löslichkeitsverschiebungen und Fällungsreaktionen (Salze), die sich auf der Molekularebene abspielen. Diese Löse-, Gefrier-, Kristallisations- und Fällungsreaktionen von Salzen und Salzlösungen sind bis heute nicht endgültig erforscht und können sich überlagern. Dies macht die Bewertung ihres Einflusses auf die verschiedenen Schadensmechanismen sehr schwierig. Hinzu kommt die Bildung von so genannten Doppelsalzen und komplex zusammen gesetzten Mischsalzen, die in partiell wassergefüllten porösen Baustoffen sehr komplexe Mehrstoff-Mehrphasen-Systeme bilden. Ihr Einfluss auf den Hydratations- und Kristallisationsdruck innerhalb des Baustoffgefüges ist eine der spannenden Problemstellungen, die in den nächsten Jahren erforscht werden muss.

Es stellt sich die Frage, was ein Mikroriss ist. Es gibt keine einheitliche Definition und deshalb verschiedene Interpretationen. Zum einen spricht man von Mikrorissen, wenn diese mit dem bloßen Auge und ohne Hilfsmittel nicht erkennbar sind. Ihre Größe wird mit kleiner 1 µm (10^{-6} m) angegeben, womit die meisten Mikrorisse im Nanobereich (10^{-9} m) liegen. Außerdem spricht man von „voids" (Hohlräume), da ihre Dimensionen als zweidimensional eingestuft werden. Zum anderen wird zwischen äußeren und inneren Mikrorissen unterschieden. Jede mechanisch bearbeitete Oberfläche weist kleinste Mikrorisse auf, die von außen in das Material führen. Bei den inneren Mikrorissen handelt es sich um kleinste Risse an der Kontaktfläche im Übergang der Bindemittelmatrix zu den Zuschlagsstoffen oder auch innerhalb der Zuschläge. Werden natürliche anorganische Zuschlagsstoffe verwendet, liegt eine heterogene Materialstruktur vor. Diese kann bei hygro-thermischer Belastung bereits Spannungen innerhalb des Zuschlagstoffes verursachen. Auch nicht komplett in die Bindemittelmatrix eingebettete Zuschläge und Füllstoffe können z. B. in Folge eines gestörten Festigungs- oder Härtungsverlaufs Ursache für Mikrorisse sein. In Fachkreisen spricht man in diesen Fällen von einer versetzten Korngrenze, da an der Kontaktfläche zum Zuschlags- oder Füllstoff entsprechende Scherkräfte wirken. Die Kanten an den heterogenen Korngrößen wirken wie eine Kerbe.

Auch wenn die meisten Mikrorisse nur wenige nm (10^{-9} m) betragen, können sie nachhaltig das Bruchverhalten innerhalb eines Baustoffgefüges beeinflussen. Dies hat zwei Gründe: Zum einen sind die lokalen Spannungen an einem Mikroriss höher als im Volumen. Wird eine Materialprobe, die feinste Mikrorisse aufweist, einer einachsigen Spannung (z. B. Zugversuch) ausgesetzt, befindet sich das rissfreie Material auch nur in einem einachsigen Spannungszustand. Im Bereich des vorhandenen Mikrorisses dagegen ist ein anderer Spannungszustand festzustellen. Neben den unterschiedlichen Spannungen innerhalb des keilförmigen Risses (von der Öffnung des Risses bis hin zur Rissspitze) verlaufen die Spannungen dreidimensional. Dies führt dazu, dass die Bruch verursachende Spannung höher sein kann als die externe Spannung. Dies ist besonders an scharfen Kanten zu beobachten, sodass bereits bei kleineren Spannungen ein lokaler Bruch am Mikroriss entsteht, der im Volumen (rissfreier Körper) nicht auftreten würde.

Zum anderen kann bereits an vielen Mikrorissen eine unterschiedlich hohe Zug- wie auch Druckspannung nachgewiesen werden. Das Problem hierbei ist, dass sich die Spannung innerhalb der Materialprobe („eingebaute Spannung") mit der angelegten äußeren Spannung überlagert, sodass sich die Normalspannungen addieren. Als gesichert gilt, dass die lokalen Spannungen am Mikroriss immer höher sind als die von außen einwirkende Spannung. Infolgedessen erfolgt der lokale Bruch am Mikroriss immer vor dem „globalen" Bruch der Materialprobe.[18]

Es ist den Werkstoffwissenschaften bis heute nicht gelungen, ein einheitliches Kriterium für das Entstehen lokaler Brüche an einem Mikroriss zu entwickeln. Die Gesetzmäßigkeiten sind sehr komplex und zum Teil widersprüchlich. Auf der anderen Seite ist es nur von sekundärer Bedeutung, ob und unter welchen Voraussetzungen an einem Mikroriss ein lokaler Bruch auftritt. Die wesentlich spannendere Frage ist, ob und unter welchen Voraussetzungen ein lokaler Bruch an einem Mikroriss dazu führt, dass sich ein Makroriss bildet und damit die gesamte Materialprobe bricht. Diese Fragestellung wird durch die Rissausbreitung beantwortet, welche die unaufhaltsame Ausbreitung eines lokalen Mikrorisses über die gesamte Materialprobe beschreibt.

4.2.2 Rissausbreitung

Bei der Rissausbreitung ist zwischen einem **stabilen** und einem **instabilen** Verlauf zu unterscheiden. Während der stabilen Rissausbreitung werden die Abmessungen des Risses nur langsam vergrößert. Die Veränderung der Rissabmessungen ist dabei proportional der zunehmenden Belastung. Eine Entlastung würde den Stillstand der Rissausbreitung bedeuten. Im Gegensatz dazu erfolgt die Ausbreitung des Risses bei einem instabilen Verlauf bis zur Trennung des Baustoffes – ein Makroriss entsteht. Der Moment des Überganges von der stabilen zur instabilen Rissausbreitung wird als Rissauslösung bezeichnet.

In [18] wird der Nachweis geführt, dass ein Bruch immer dann erfolgt, wenn bei einer Vergrößerung des Mikrorisses die gewonnene elastische Energie größer ist als die aufzuwendende Oberflächenenergie – oder anders ausgedrückt, wenn die äußere Zugspannung größer ist als die Grenzspannung innerhalb des Baustoffes, die von der Rissgröße abhängt. Mit Rissgröße ist bewusst nicht nur die Rissbreite gemeint, da auch die Risstiefe und die Größe der Rissflanken ein ganz entscheidendes Beurteilungskriterium ist. Weiterhin wird nachgewiesen, warum die Bruchstücke einer schon gebrochenen Probe tendenziell erst bei höheren Spannungen brechen: die verbliebenen Mikrorisse können nur kleiner sein als der Mikroriss, der zum ersten Bruch führte. Infolgedessen kann man festhalten, dass schon kleinste Mikrorisse im Nanobereich die Bruchfestigkeit eines Baustoffes signifikant reduzieren können.

Bisher wurde immer davon ausgegangen, dass es einen linearen Zusammenhang zwischen Zugspannung und Materialbeanspruchung gibt. In diesen herkömmlichen Theorien galt, dass sich Atome trennen und neue Oberflächen entstehen, wenn Materialien reißen. Hierbei konnte nachgewiesen werden: „*Wenn dieser Vorgang langsam geschieht, dann entstehen atomare Oberflächen, die spiegelglatt sind, während schnellere Risse die Oberflächen immer unregelmäßiger werden lassen, bis der Riss sich schließlich verzweigt.*" Dieser Vorgang wird in der Materialforschung als dynamische Bruchinstabilität bezeichnet und lässt sich in vielen spröden Materialien beobachten. In Folge dessen ist seit vielen Jahren bekannt, dass man bei der Entstehung derartiger Vorgänge die Atome in die Theorien mit einbeziehen muss.

Wissenschaftler am *Massachusetts Institute of Technology* (MIT) in Cambridge und am *Max-Planck-Institut* in Stuttgart haben ein Modell entwickelt, mit dem das Aufbrechen von Atomverbindungen während der Ausbreitung von Rissen sichtbar gemacht wurde. Die Forscher konnten aufzeigen, dass die Beanspruchungen vor allem hochgradig nichtlinear sind, weil besonders an der Spitze des Risses starke Verformungen auftreten. Hierbei geht man davon aus, dass in der dynamischen Bruchinstabilität mehrere Vorgänge ineinander fließen, die alle zusammen vom Energiefluss und dem Spannungsfeld im direkten Umfeld der Rissspitze beeinflusst werden. Damit konnte die grundlegende Vermutung widerlegt werden, dass die Bruchinstabilität auf evtl. vorhandene Gefügeschäden in den Materialien zurück zu führen sind. Die Wissenschaftler konnten nachweisen, dass dieser Vorgang auch in absolut homogenen und schadensfreien Materialien auftritt. Hierzu muss das Verhalten des Materials beim Aufbrechen der atomaren Bindungen betrachtet werden, anstatt nur Materialeigenschaften unter kleinen Zugbelastungen.[65]

An der Spitze des Risses tritt die so genannte „nichtlineare Elastizität" auf, die von Materialforschern auch als „Hyperelastizität" bezeichnet wird (Abb. 4.1, Abb. 4.2). Aufgrund der großen

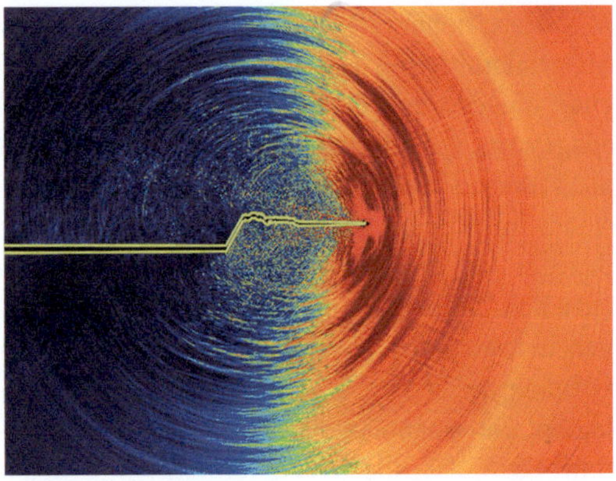

Abb. 4.1 Darstellung der nichtlinearen Elastizität zum Zeitpunkt der Rissentstehung

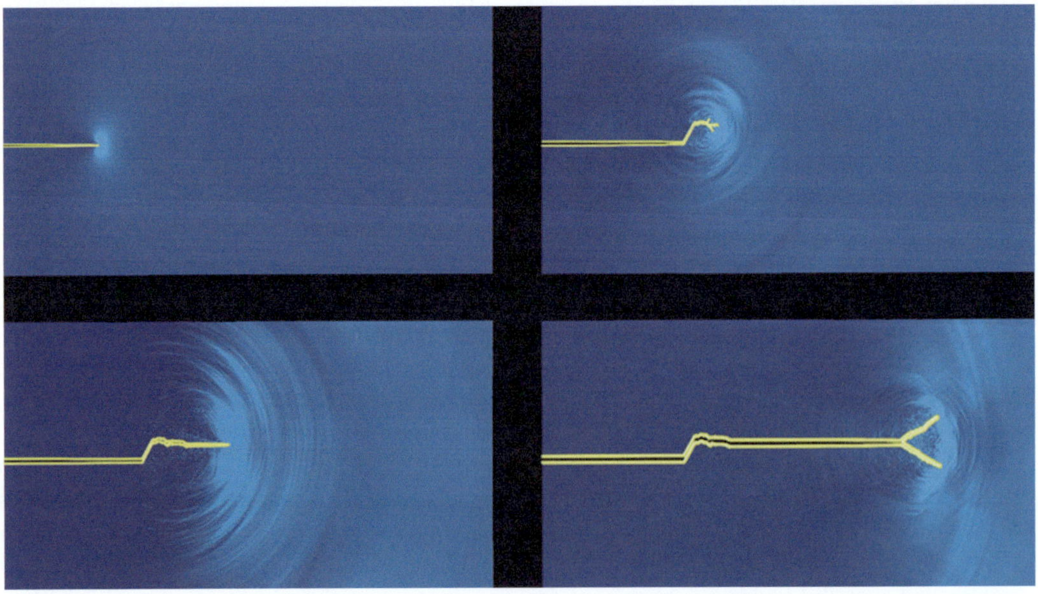

Abb. 4.2 Darstellung der nichtlinearen Elastizität zum Zeitpunkt der Rissentstehung

Spannungen auf kleinstem Raum werden quantenmechanische und atomare Eigenschaften von Materialien an der Spitze des Risses mit in die Betrachtung einbezogen. Das Modell hat darüber hinaus neue Erkenntnisse für die Elastizität von Materialien und deren Veränderung gebracht. So verändert sich in bestimmten Materialien die Elastizität mit zunehmender Deformation. Beispielhaft soll Gummi genannt werden. Gummi ist bei geringer Dehnung weich. Bei starker Dehnung dagegen wird dieser hart.[80]

4.3 Makrorisse

4.3.1 Allgemeiner Rissmechanismus

Die Rissmechanismen unterscheiden sich zum Teil erheblich. Um sie zu verstehen, soll die Formänderung oder Verformung an einfachen Grafiken [19] demonstriert werden. Sie zeigen die Lage und Neigung, den Drehpunkt und den Versatz der Ebene sowie, ob der Riss dazu neigt, auseinander zu klaffen. Insbesondere Letztgenanntes ist eine wesentliche Ursache dafür, warum Rissbreiten häufig zu groß und damit fehlerhaft bewertet werden. Deshalb sollte man zur Erhöhung der Genauigkeit bei der Bewertung von Rissbreiten und -tiefen sowie des Verlaufs der Rissflanken in die Tiefe entsprechende Materialproben aus dem Untergrund nehmen. Auf dieses Thema wird noch ausführlich eingegangen.

Das erste Diagramm (Abb. 4.3) zeigt einen relativ häufig vorkommenden Rissmechanismus. Dargestellt ist der gleichmäßige Verlauf einer Zugspannung, sodass eine parallel verlaufende Rissbreite entsteht. Diesen Mechanismus kann man häufig zwischen zwei Bauteilen beobachten, die miteinander verbunden waren. Die Rissbreite zeigt dann in der Regel an, um welches (Schwind) Maß sich das Bauteil „auf natürlichem Weg" verkürzt hätte, wenn es nicht mit dem anderen Bauteil verbunden gewesen wäre. Ein typisches Beispiel für diesen Rissmechanismus sind großformatige Porenbeton-Planelemente, die nach dem Einbau trocknungsbedingt schwinden. Es kann hier auch eine Überlagerung thermischer Einflüsse vorliegen. In der Theorie ist der Riss nach Abschluss des Schwindens „beruhigt", sofern nicht weitere hygro-thermische Einflüsse vorhanden sind. Aufgrund der witterungsbedingten Einflüsse (warm – kalt, feucht – trocken) muss deshalb in der Regel mit einer weiteren Längenänderung gerechnet werden, sodass kein beruhigter Riss vorliegt. Insbesondere bei Bauteilen mit entsprechender Dimensionierung sind Längenänderungen durch Quellen und Schwinden zum Teil erheblich.

Das zweite Diagramm (Abb. 4.4) zeigt einen baupraktisch relativ seltenen Rissmechanismus. Der Riss in der Mitte entspricht dem Mechanismus, der im ersten Diagramm bereits beschrieben wurde. Oberer und unterer Riss klaffen jeweils auseinander, die Rissflanken sind somit nicht parallel. Ursächlich hierfür ist, dass die Risse ab einem bestimmten Drehpunkt breiter werden und sich in der Form eines Keils öffnen.

Auch das dritte Diagramm (Abb. 4.5) zeigt einen baupraktisch eher seltenen Rissmechanismus. Der Riss weist in der Mitte die größte Riss-

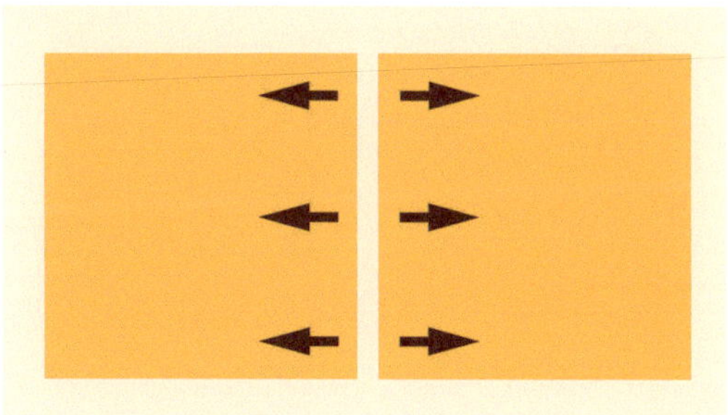

Abb. 4.3 Diagramm 1

Abb. 4.4 Diagramm 2

breite auf, die an beiden Enden gegen Null geht. Ursache für diesen Mechanismus ist, dass die Spannungen auf Zug von außen nach innen größer werden. Eine andere mögliche Erklärung kann auch darin bestehen, dass die Spannungen auf Zug in den äußeren Bereichen besser aufgenommen und verteilt werden können als im Inneren.

Im vierten Diagramm (Abb. 4.6) ist einer der häufigsten Rissmechanismen zu erkennen. Der Riss klafft auseinander und verläuft keil- oder V-förmig. Ein typisches Beispiel für diesen Rissmechanismus sind Schwindrisse in der Härtungsphase einer Putzschicht. Wie bei allen keil- oder V-förmigen Rissen muss eine Materialprobe entnommen werden, da sonst die äußerlich erkennbare Rissbreite zu Fehlinterpretationen führen kann.

In den nächsten beiden Diagrammen (Abb. 4.7, Abb. 4.8) werden „verwandte" Rissmechanismen analog Diagramm 4 dargestellt. Ein Unterschied besteht darin, dass der Riss oder Bruch durch den Körper verläuft (und nicht nur an der Oberfläche) und dass sowohl der Versatz der Ebene von beiden Teilen als auch der Drehpunkt sichtbar werden. Werden die beiden auseinanderklaffenden Bauteile weiter um 90° gedreht, bricht oder knickt eines der beiden Bauteile ab. Ein typisches Beispiel für diesen Rissmechanismus sind sich durchbiegende Decken. Die Auflagerfläche auf dem Mauerwerk wird zu einer Auflagerlinie, sodass der Eintrag der Last exzentrisch wirkt. Des Weiteren wird deutlich, dass in diesen Bereichen aufgrund der auf die Außenwände einwirkenden Horizontalkräfte ein Ringanker notwendig wird.

Im siebten Diagramm (Abb. 4.9) wird ein auf den ersten Blick ungewöhnlicher und seltener Rissmechanismus dargestellt. *Probst* erwähnt in [19] allerdings, dass es sich hierbei um einen relativ häufigen Riss handeln soll, der in der Praxis einfach verkannt oder nicht erkannt wird. Der Mechanismus basiert auf der Tatsache, dass die Diagonalen in einem rechteckigen Bauteil normalerweise gleich lang sind. Findet eine Ver-

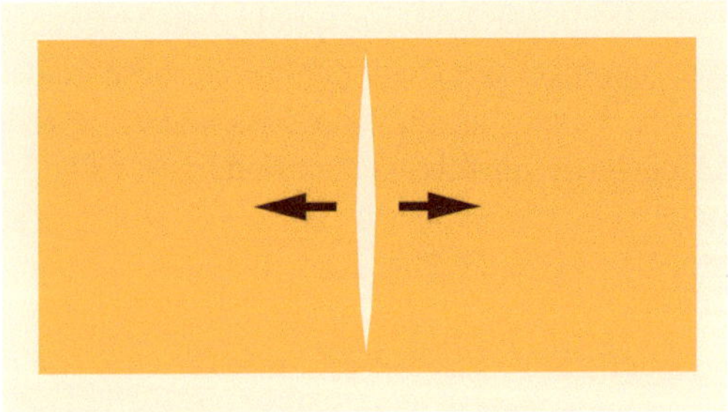

Abb. 4.5 Diagramm 3

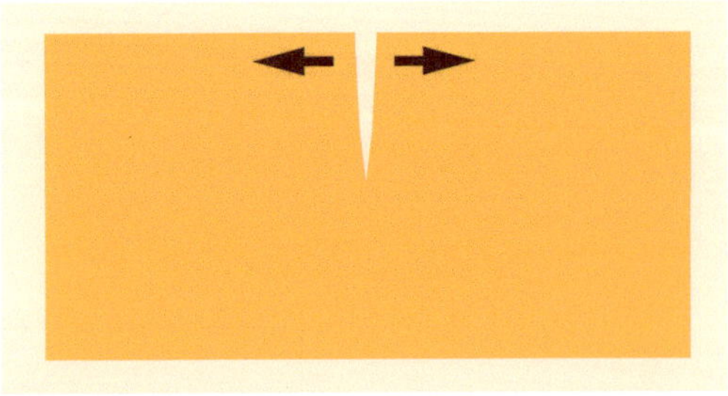

Abb. 4.6 Diagramm 4

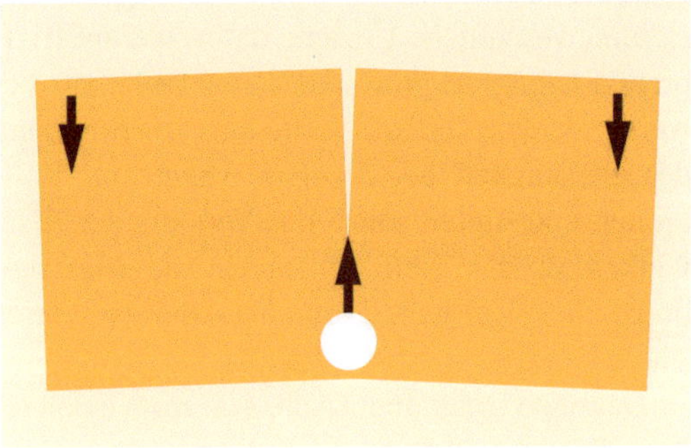

Abb. 4.7 Diagramm 5

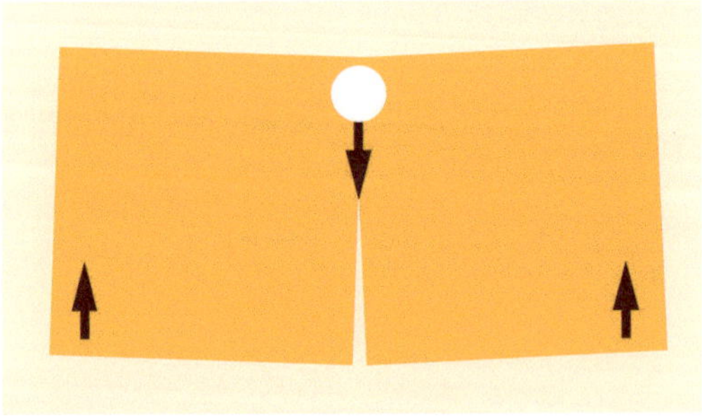

Abb. 4.8 Diagramm 5 und Diagramm 6

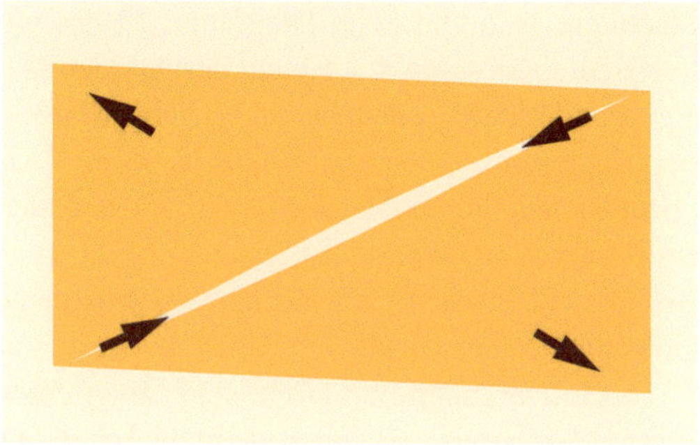

Abb. 4.9 Diagramm 7

formung oder Formänderung statt, bei der eine Diagonale gestreckt und die andere Diagonale gestaucht wird, ergibt sich ein unterschiedlicher Spannungsverlauf. In Richtung der kürzeren Diagonale wirkt Druck, in Richtung der längeren Diagonale wirkt Zug. Infolgedessen entsteht in der Mitte der kürzeren Diagonale ein klaffender Riss. Ausschlaggebend hierfür ist eine Kombination aus Druck- und Zugspannung. In Einzelfällen kann noch ein Verdrehen der Diagonalen auftreten. Für das Erkennen und Bewerten des Risses ist entscheidend, den Versatz der Ebenen zu finden.

Das nächste Beispiel (Abb. 4.10) zeigt einen Rissmechanismus, bei dem eine der beiden Längsseiten auf Druck beansprucht wird, der die andere Längsseite zwingt, auseinander zu klaffen. Im Unterschied zu anderen Mechanismen liegt bei diesem Mechanismus der Drehpunkt zentral im Bauteil. Durch die unterschiedliche (einseitige) Belastung klafft der Riss an der Außenseite auseinander. Beobachtet werden kann dieser Rissmechanismus z. B. bei Decken, unter die nachträglich eine Trennwand eingezogen wurde und die nachträglich in einem der beiden Räume von oben auf Druck belastet wird. Ein typisches Rissbild für diesen Mechanismus ist ein Deckenschubriss. Werden die objektiven Ursachen für diesen Riss nicht erkannt, wird das Rissbild in der Regel fehlerhaft bewertet. Deshalb gehen Fachleute gegenwärtig davon aus, dass dieser Riss in der Praxis deutlich öfter vorkommt, als er von Sachverständigen und Gutachtern erkannt wird.

Im neunten Diagramm (Abb. 4.11) wird der Rissmechanismus für einen klassischen Setzriss

Abb. 4.10 Diagramm 8

Abb. 4.11 Diagramm 9

Abb. 4.12 Diagramm 10

dargestellt. Dieser Riss kommt relativ häufig vor und ist durch den Drehpunkt, den Versatz der Ebenen und das Auseinanderklaffen des Risses gut zu erkennen. Der ansteigende breiter werdende Riss zeigt immer auf das abgesenkte Bauteil.

Im Unterschied dazu zeigt das zehnte Diagramm (Abb. 4.12) den gleichen Rissmechanismus wie das vorhergehende mit dem Unterschied, dass der Kraftangriff auf die Diagonale stattfindet und infolgedessen der Versatz der Ebenen horizontal stattfindet. Drehpunkt und Auslöser für das Auseinanderklaffen des Risses sind für beide Mechanismen gleich. In beiden Fällen (Diagramm 9 und 10) ist ein Setzriss dargestellt, bei dem der Rissmechanismus nur auf den ersten Blick gleich ist, die Auswirkungen dagegen grundlegend verschieden sind. Allerdings kommt diese Art von Setzrissen nach Ansicht von Fachleuten relativ selten vor. Die beiden Diagramme 9 und 10 werden durch die Rissmechanismen der Diagramme 11 und 12 (Abb. 4.13, Abb. 4.14) komplettiert, bei denen die beschriebenen Rissmechanismen in umgekehrter Reihenfolge stattfinden.

Der Darstellung in Diagramm 9 ähnlich ist der Rissmechanismus entsprechend Diagramm 13. Ein Unterschied ist lediglich im Versatz der Ebenen vorhanden. Der geneigte Riss besteht sowohl aus einem horizontalen als auch einem vertikalen Bauteil, die beide den gleichen Drehpunkt aufweisen. Auch die Tendenz zum Auseinanderklaffen der Rissflanken ist identisch.

Gegenüber der Darstellung der Rissentstehung in Diagramm 13 (Abb. 4.15) unterscheidet sich der Rissmechanismus in Diagramm 14 (Abb. 4.16) erheblich. Während beim Diagramm 13 das untere Bauteil abgesenkt wird und deshalb der Riss auseinanderklafft, entsteht das gleiche Rissbild bei Diagramm 14 aufgrund der Tatsache, dass das obere Bauteil angehoben wird. Die auf den ersten Blick nur spiegelverkehrte Darstellung kann in Bezug auf Ursache und Wirkung ganz erhebliche Unterschiede aufweisen.

Das letzte Diagramm (Abb. 4.17) zeigt einen Rissmechanismus, bei dem sowohl die Innen- als auch die Außenseiten eines Mauerwerkes einen Riss aufweisen. Ein Beispiel hierfür ist das Auf-

Abb. 4.15 Diagramm 13

Abb. 4.13 Diagramm 11

Abb. 4.16 Diagramm 14

Abb. 4.14 Diagramm 12

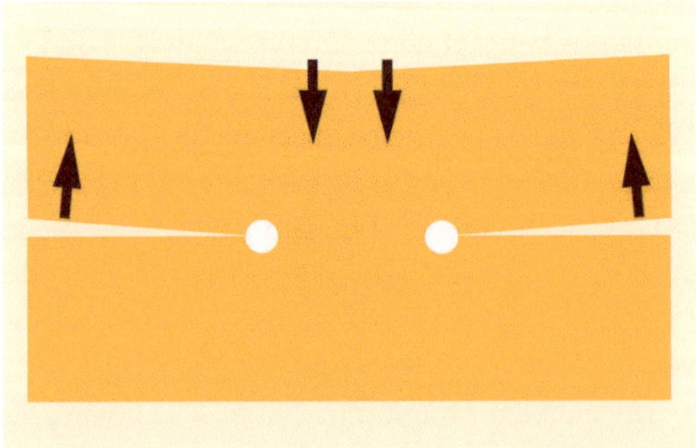

Abb. 4.17 Diagramm 15

schüsseln von Betondecken in ihrer dynamischen Komplexität. Aufgrund des Schwindverhaltens der Betondecke zieht sich diese zusammen und hebt sich an den Enden des Mauerwerkes. Infolgedessen kommt es in der Mitte des aufliegenden Mauerwerkes zu einem zusätzlichen Stauchen und zu einem Ablösen der Betondecke an den Außenseiten. Die Größe dieser Deformation hängt u. a. von der Auflast des Mauerwerkes ab, sodass dieses Rissbild häufig in der oberen Etage zu beobachten ist.[19]

4.3.2 Rissmechanismus (bei Putzsystemen)

Risse in Putzbeschichtungen entstehen immer dann, wenn Formänderungen oder Verformungen zwischen mindestens zwei (oder mehreren) Materialien behindert werden (Abb. 4.18). Die Verformung des Putzes am Bauwerk entsteht durch das Schwinden bei der Austrocknung bzw. Erhärtung oder durch das Quellen bei Feuchtigkeitsaufnahme. Des Weiteren ergeben sich Verformungen durch Temperaturänderungen. Aufgrund der Verbindung mit dem Untergrund, die diese möglichen Verformungen behindert, entstehen Spannungen – ein Aspekt, der nicht nur bei der Analyse und Bewertung von Rissen entscheidend ist, sondern auch bei der Auswahl eines geeigneten Risssanierungssystems beachtet werden muss!

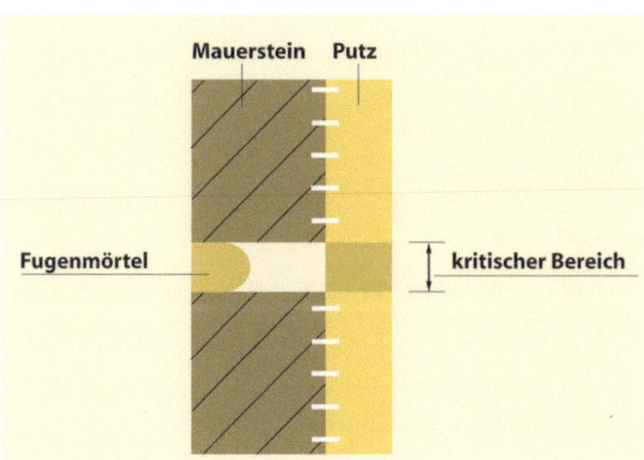

Abb. 4.18 schematische Darstellung der kritischen Bereiche bei einem Putzaufbau

Spannungen geben den mechanischen Beanspruchungszustand eines Werkstoffes an – also die vorhandene Kraft, die je Flächeneinheit wirkt. Mit Festigkeiten dagegen werden Grenzspannungen, d. h. Höchstwerte der Beanspruchbarkeit, angegeben. Werden diese überschritten, kommt es zum Bruch. In jedem Baustoff werden in Folge von Beanspruchungen aus Druck, Zug, Biegezug, einseitiger Erwärmung oder Abscheren Spannungen induziert, denen jeweils die entsprechenden Festigkeiten gegenüberstehen (z. B. Druckspannung – Druckfestigkeit, Zugspannung – Zugfestigkeit).

Es wird in Druckspannungen, Zugspannungen, Biegezugspannungen, Scherspannungen und Schwindspannungen unterschieden. Die Einheit der Spannungen und Festigkeiten ist N/mm^2 – Kraft je Flächeneinheit. Spannungen werden nicht direkt gemessen, sondern mit Hilfe von gemessenen Kräften oder gemessenen Verformungen errechnet. Das Elastizitätsmodul (oder auch nur kurz E-Modul) ist das Maß für die Elastizität eines Werkstoffes und gibt an, wie viel Kraft pro Flächeneinheit erforderlich ist, um einen Stoff um ein bestimmtes Maß zu verformen. Es stellt damit den Zusammenhang zwischen einer Spannung und der entsprechenden Verformung her und wird ebenfalls in N/mm^2 angegeben.

Der Rissmechanismus bei Putzbeschichtungen ist im Wesentlichen auf eine der beiden folgenden Wechselwirkungen zurückzuführen:

- Die Zugspannung ist größer als die Zugfestigkeit. Aufgrund der unterschiedlichen Kräfteverhältnisse findet zwangsläufig eine Rissbildung statt.
- Die Zugspannung ist größer als die Haftscherfestigkeit. Dies ist die am häufigsten vorkommende Rissart bei verputzten Mauerwerken, da neben dem trocknungs- oder härtungsbedingten Schwinden (innerhalb der Putzschicht) noch Scherspannungen (Haftung der Putzschicht zum Untergrund) auftreten. Der mehrlagige Putzaufbau teilt sich im Querschnitt, was zu einer Hohlstelle führt, die wiederum ein Ablösen des Putzes vom Untergrund verursacht.

Der Schwerpunkt der nachfolgenden Betrachtung liegt demzufolge auf der Längenänderung (Zugfestigkeit) der Putzbeschichtung sowie auf deren Haftung (Haftscherfestigkeit) zum Untergrund (Abb. 4.19, Abb. 4.20). Beide Mechanismen treten häufig parallel auf, wobei einem Abscheren der Beschichtung vom Untergrund immer eine Zugspannung vorausgehen muss. Im Folgenden sollen kurz die Einflussfaktoren auf diese beiden Kenngrößen beschrieben werden.

Neben Bewegungen aus dem Untergrund oder Baugrund (Setzungen) sind als Einflussgrößen vor allem das hygrische und thermische Quellen und Schwinden zu nennen. Hierbei müssen verschiedene Mechanismen betrachtet werden. Werden Baustoffe mit einem unterschiedlichen Wasseraufnahmekoeffizienten miteinander verbaut (Verbundbaustoff), treten aufgrund der unterschiedlich hohen Feuchtigkeitsaufnahme hygrische Quell- und Schwindvorgänge der Baustoffe auf. Diese Vorgänge werden auch als witterungsbedingte hygrische Verformungen bezeichnet. Die Witterung übt insbesondere durch langsam verlaufende, jahreszeitlich bedingte Schwankungen der Luftfeuchtigkeit, aber auch durch plötzliche Wetteränderungen, z. B. starke Niederschläge, Einfluss auf die hygrischen Verformungen aus. Die Wasseraufnahme und -abgabe bzw. eine eventuelle Durchfeuchtung einer Fassade durch Niederschlagstätigkeit wird durch folgende Faktoren bestimmt:

- Wasseraufnahmekoeffizient der Beschichtung
- Diffusionsäquivalente Luftschichtdicke
- Standort und Ausrichtung (Himmelsrichtung) der Fassade
- Dachüberstand und andere Elemente der Wasserabführung an der Fassade

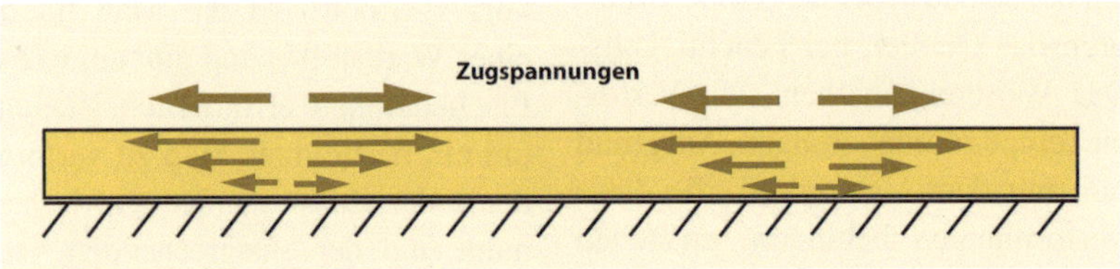

Abb. 4.19 schematische Darstellung der Zugspannung eines Putzsystems mit zunehmender Zeit

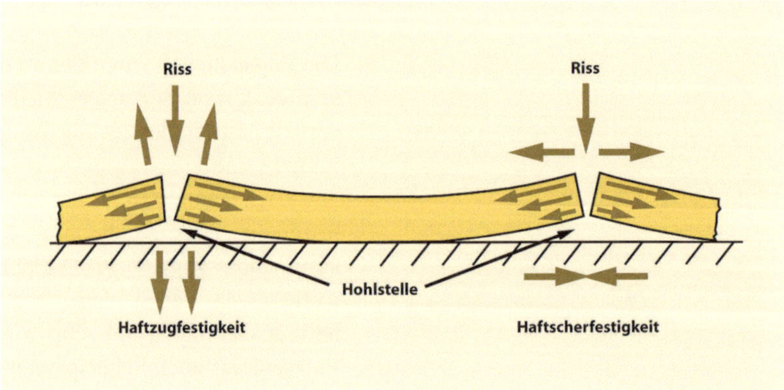

Abb. 4.20 schematische Darstellung der Zugspannung eines Putzsystems mit zunehmender Zeit

- Niederschlagshöhe
- Windgeschwindigkeit

Hinzu kommen ggf. noch weitere Mechanismen des Transports und der Aufnahme von Feuchtigkeit in Baustoffen wie z. B. kapillar aufsteigende Feuchtigkeit und/oder Hygroskopizität.

Neben dieser permanenten Feuchtigkeitsaufnahme und -abgabe an der Fassade sind auch einmalige Vorgänge zu beachten. Hierzu gehören die Schwindspannungen während der Trocknung oder Erhärtung der Putzbeschichtung (Erstschwinden). Diese dürfen mit dem hygrischen (witterungsbedingten) Schwinden nicht verwechselt werden und sind nach der Trocknung oder Erhärtung abgeschlossen (Abb. 4.21, Abb. 4.22).

Diese beschreiben eine einmalige Längenänderung, die durch das so genannte Schwindmaß quantifiziert und in mm pro m angegeben wird. Eine wichtige Gegenüberstellung hierbei ist das Schwindmaß verschiedener Baustoffe, die im Verbund ggf. miteinander verbaut wurden.

Die Tab. 4.1 beinhaltet gleich mehrere Punkte, auf die hingewiesen werden muss. Zum einen ist zu erkennen, dass die üblichen Untergründe ein geringeres Schwindmaß aufweisen als die üblichen Putzsysteme. Dies bedeutet, dass der Untergrund weniger schwindet als das anschließende Putzsystem. Diese Tatsache ist bekannt und verursacht eine mehr oder weniger starke Zugspannung an der Oberfläche der Putzbeschichtung. Infolgedessen galt seit vielen Jahren die Empfehlung, eine Gewebearmierung in das obere Drittel des Unterputzes einzubetten (Abb. 4.23). Mittlerweile ist man dazu übergegangen, eine zusätzliche Gewebearmierung auf den erhärteten Unterputz auszuführen, bevor der Oberputz aufgebracht wird.

Weiterhin zeigen die unterschiedlichen Schwindmaße zwischen Unter- und Oberputzen, dass diese aufeinander abzustimmen sind. Infolgedessen kann nicht jeder Unterputz bzw. Untergrund mit jedem beliebigen Putz endbeschichtet werden. Beispielsweise kann die Eigenspannung (Zugspannung) eines Kunstharzputzes zu einem Abscheren vom Unterputz oder Untergrund führen, wenn die Adhäsion durch eine leicht sandende Oberfläche gestört ist. Liegt eine ausreichende Haftung des Oberputzes zum Unterputz vor, werden diese Zugspannungen auf den Unterputz übertragen. Infolgedessen muss die Kohäsion des Unterputzes (Zugfestigkeit) mindestens genauso groß wie die Zugspannung sein. In Bezug auf die Zugspannung von Kunstharzputzen kann die geringe Zugfestigkeit von Sanier-, Leicht-, Faserleicht-, Ultraleicht- oder

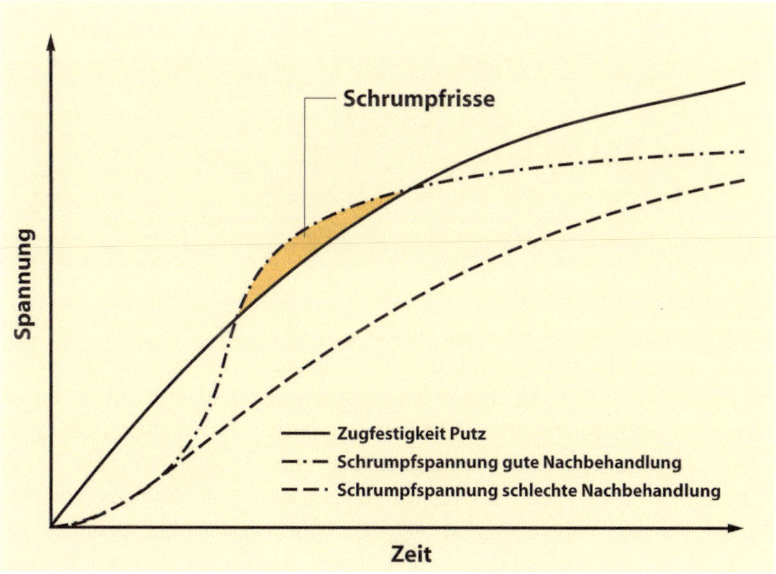

Abb. 4.21 Entstehung von Schrumpfrissen infolge mangelhafter Nachbehandlung des Putzes

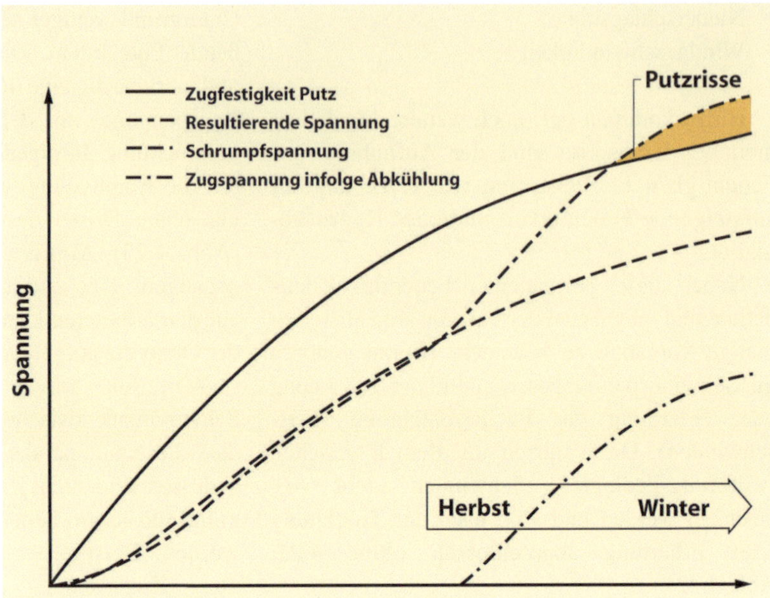

Abb. 4.22 Putzrisse infolge eines ungeeigneten Ausführungszeitraumes

Tab. 4.1 Schwindmaß in mm pro m für ausgewählte Unter- und Oberputze sowie Untergründe

Putz	Schwindmaß in mm pro m	Untergrund
Kalkputz	- 0,8	
Kalkzementputz	- 0,7	
Zementputz	- 0,7	
Gipsputz	+ 1,0	
Sanierputz	- 0,8	
Leichtputz	- 0,8	
Wärmedämmputz	- 0,9	
Edelputz	- 0,7	
Silikatputz	- 0,7	
Siliconharzputz	- 0,8	
Kunstharzputz	- 0,9	
	- 0,5	Beton/ -stein
	- 1,0	Leichtbeton
	- 0,3	Porenbeton/ -stein
	-	Leichthochlochziegel
	- 0,6	Bimsstein/ -beton
	- 0,2	Vollziegel
	- 0,3	Kalksandstein

auch Wärmedämmputzen nicht ausreichen und muss vom Hersteller geprüft und freigegeben sein. Eine Beschichtung dieser Unterputze mit einem Kunstharzputz ist also gleich im doppelten Sinn als kritisch zu sehen. Ist die Haftung zum Unterputz gestört, schert der Kunstharzputz ab. Ist die Haftung zum Unterputz gegeben, überträgt sich die Zugspannung und kann zu Spannungen innerhalb des Unterputzes führen, die bei einem ungeeigneten Unterputz einen Bruch (Riss) zur Folge haben können.

Zur Vermeidung von trocknungs- oder härtungsbedingten Rissen ist es deshalb erforderlich, dass zum einen die Zugfestigkeit des Putzes schneller ansteigt als die auftretende Zugspannung. Auf das Wechselverhältnis zwischen Zug-

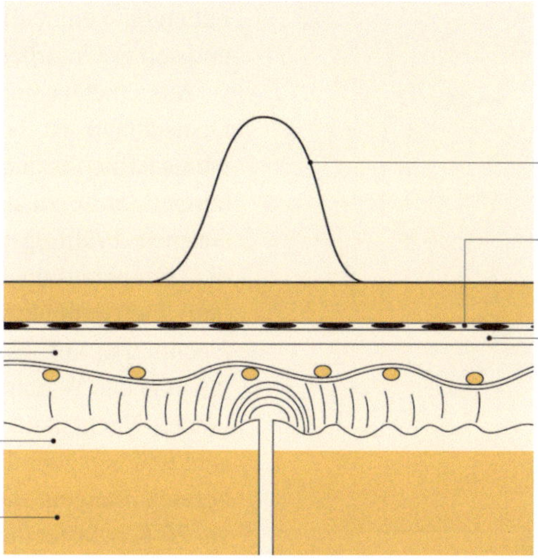

Abb. 4.23 schematische Darstellung der Spannungsverteilung einer gewebearmierten Putzbeschichtung

spannung und Zugfestigkeit haben folgende Faktoren Einfluss:

- das Saugverhalten des Untergrundes,
- die Witterung bei der Verarbeitung und anschließenden Trocknung bzw. Härtung,
- der Wasser-Bindemittel-Faktor,
- die Nachbehandlung in Abhängigkeit von der Witterung (Sonneneinstrahlung und/oder Wind) sowie
- das Festigkeitsprofil der verschiedenen Putzmörtel (Sieblinie)

Zum anderen muss dem Putz genügend Zeit zum Abbau der Schwindspannungen durch Kriech- und Relaxationsvorgänge zur Verfügung stehen. Die durch Verformung des Untergrundes oder Putzes entstehenden Zugspannungen verringern sich durch Relaxation. Je größer das Relaxationsvermögen ist, desto besser ist ein Putz in der Lage, auftretende Spannungen abzubauen und damit die Rissgefahr zu reduzieren.

Darüber hinaus müssen thermisch bedingte Verformungen und Formänderungen genannt werden, wobei diese parallel zum hygrischen Quellen und Schwinden auftreten (können). Besonders deutlich werden diese thermischen Verformungen im Übergangsbereich von Baustoffen und Bauteilen mit unterschiedlicher Wärmeleitfähigkeit. Als typisches Beispiel kann der Rollladenkasten genannt werden (Abb. 4.24, Abb. 4.25). Werden diese Formänderungen behindert, können Spannungen und im weiteren Verlauf Risse (Entspannung) entstehen.

Abb. 4.24 Kerbrisse an einem Fenstersturz …

Zusätzlich zu den baustoffspezifischen Eigenschaften aufgrund unterschiedlicher Wärmeleitfähigkeit sind noch exogene Einflüsse zu beachten. Hier sind

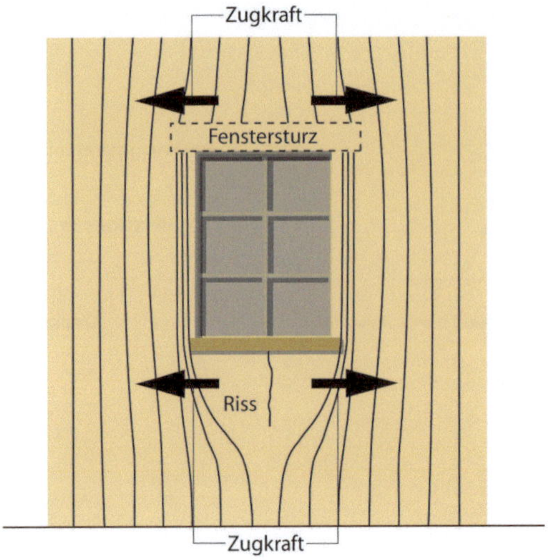

Abb. 4.25 … mit der dazugehörigen schematischen Darstellung der Zugkräfte

- die unterschiedlichen Temperaturen im Tag-Nacht-Rhythmus,
- die jahreszeitlich bedingten Temperaturschwankungen sowie
- die Temperaturänderungen nach stark abkühlenden Niederschlägen im Sommer (plötzlicher Wetterwechsel durch Gewitter)

zu berücksichtigen. Ein typisches Beispiel ist ein mehrschichtiger Putzaufbau auf einem hoch wärmedämmenden Mauerwerk. Bei einer witterungsbedingten Abkühlung schwindet das mineralische Putzsystem früher und schneller als das noch „wärmere" Mauerwerk. Dies bedeutet, dass neben der unterschiedlichen Wärmeleitfähigkeit auch Zeitverzögerung des Schwindens berücksichtigt werden muss. Die Verkürzung der verschiedenen Schichten findet zeitversetzt statt, wodurch neben Zugspannungen auch Haftscherspannungen untereinander entstehen können.

Die vorhandenen thermischen Einflüsse können durch gestalterische Faktoren, z. B. durch den Hellbezugswert der Oberfläche, in der Wirkung verstärkt werden. Es muss hierbei aber berücksichtigt werden, dass beide Mechanismen der Rissentstehung einerseits durch hygrische und andererseits durch thermische Einflussparameter parallel auftreten können, was in vielen Fällen eine eindeutige Zuordnung des Rissbildes und seiner Ursache(n) und Wirkung erschwert.

Aus meteorologischen Aufzeichnungen in Deutschland ist bekannt, dass die tages- und jahreszeitlich bedingten Schwankungen der Lufttemperatur bis zu 20 K betragen können. Es ist an warmen Frühlingstagen keine Seltenheit, dass die Temperaturen am Morgen nur knapp über dem Gefrierpunkt liegen und bis zum frühen Nachmittag auf 20 bis 25 °C ansteigen können. Auch in den Wintermonaten kann die Temperatur in den Nachtstunden auf minus 10 °C gefallen sein und tagsüber dann auf bis zu 10 °C im Plusbereich steigen. Die Temperaturdifferenz von ca. 20 K belastet dann innerhalb von Stunden die Fassade – und verursacht ein thermisches Quellen und Schwinden.

Dagegen ist relativ unbekannt, dass die Temperaturschwankungen der Fassadenoberfläche in Abhängigkeit vom Hellbezugswert der Beschichtung deutlich höher ausfallen können. So kann die Intensität der Sonneneinstrahlung (Globalstrahlung in Deutschland auf eine südwestorientierte Fassade) einen Betrag von bis zu 1000 W/m^2 erreichen. Die daraus resultierenden Oberflächentemperaturen der Putzschicht sind neben der Wärmeleit- und Wärmespeicherfähigkeit des Untergrundes vor allem vom Absorptionsgrad a_S der Putzoberfläche für Sonnenstrahlung abhängig. Dieser beschreibt das Verhältnis von absorbierter Strahlung zur auftreffenden Strahlung. Vom Absorptionsgrad zu unterscheiden ist der Reflexionsgrad r_S, der das Verhältnis von reflektierter zur auftreffenden Strahlung beschreibt. Für Baustoffoberflächen gilt: $a_S + r_S = 1$ oder $= 100$. Der für die Gestaltung von Fassadenoberflächen verwendete Hellbezugswert kann in erster Näherung dem Reflexionsgrad gleichgesetzt werden.

Kurz zur Erklärung: Der Hellbezugswert (HBW) beschreibt als Maß wie „hell" eine Körperfarbe (Beschichtung) für das menschliche Auge im Vergleich zu einer ideal weißen, ebenso beleuchteten Fläche ist. Dabei hätte reines weiß einen HBW 100 (wobei dies nur ein theoretischer Wert ist) und reines schwarz einen HBW 0 (ebenfalls nur in einer theoretischen Betrachtung). Im Verlaufe eines Jahres kann eine weiße Putzoberfläche (mit einem Hellbezugswert von 90) Temperaturen von bis zu ca. 40 °C erreichen. Eine pastellfarbende Putzoberfläche (mit einem Hellbezugswert von 60 bis 70) kommt maximal auf 50 °C und Putze mit dunkleren Farbtönen (z. B. Hellbezugswert 20) erreichen eine Oberflächentemperatur von bis zu 70 °C. Der Vollständigkeit wegen sollen noch schwarze Farbtöne erwähnt werden, die einen Hellbezugswert von ≤ 5 haben. Schwarz getönte Putzoberflächen können im Verlauf eines Jahres Temperaturen von bis zu 80 °C erreichen (Abb. 4.26, Abb. 4.27).

Diese Gegebenheiten müssen bei der Planung und Ausführung von farbigen Beschichtungen in Abhängigkeit von der Gebäudelage und der Gebäudegröße beachtet werden, da das thermische Quellen und/oder Schwinden in Abhängigkeit von der Art der Beschichtung bis zu 1,5 mm pro m betragen kann. Daraus entstehen Zugspannungen, die von den meisten Putzbeschichtungen nicht „abgepuffert" werden können. In der Tab. 4.2 sind beispielhaft verschiedene Farbtöne und deren mögliche Oberflächentemperaturen abgebildet.

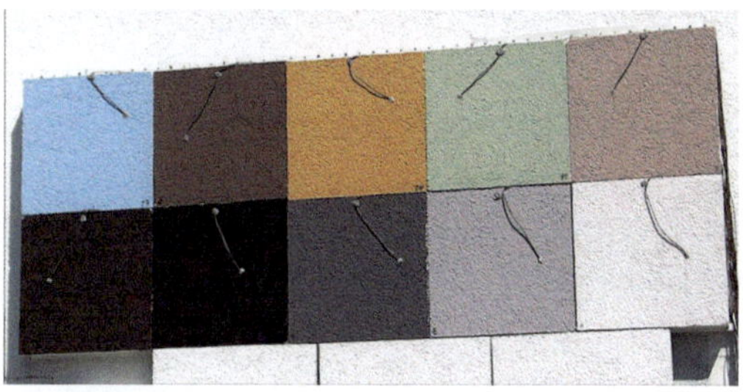

Abb. 4.26 Versuchsaufbau (Wetterstand) von Schlussbeschichtungen mit unterschiedlichen Farbtönen (Hellbezugswerten)

Bisher galt für Fassadenbeschichtungen als unterste Grenze ein Hellbezugswert von 20, da Oberflächen mit Farbtönen im Hellbezugswertbereich < 20 bis zu 80 °C bei direkter Sonneneinstrahlung erreichen können. Besonders bei Beschichtungen auf Wärmedämm-Verbundsystemen sind sich die einschlägigen Regelwerke (z. B. DIN 55699 sowie Merkblätter des BFS sowie des VDPM) bisher einig gewesen, dass dieser Wert nicht unterschritten werden darf. EPS weist nur eine Temperaturbeständigkeit von 70 bis 80 °C auf, sodass Verformungen der Dämmplatten auftreten und Risse im Putzsystem und/oder Abrisse im Anschlussbereich verursacht werden können.

Grundlage für die Beurteilung des Hellbezugswertes ist das sichtbare Licht. Jedoch

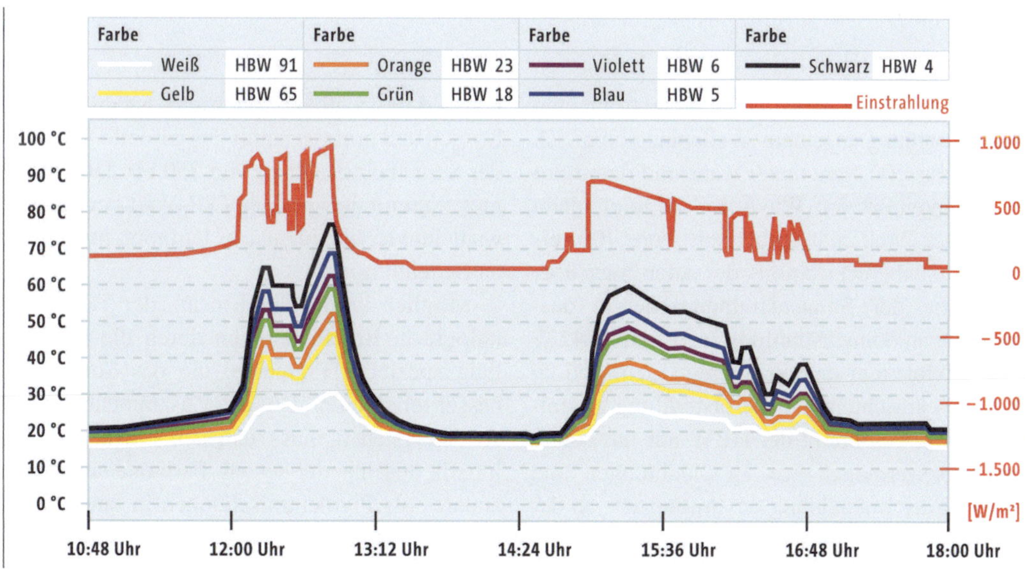

Abb. 4.27 Oberflächentemperaturen von farbigen Schlussbeschichtungen in Abhängigkeit vom Hellbezugswert und der Intensität der Sonneneinstrahlung

Tab. 4.2 Farbtonabhängige Oberflächentemperaturen von Beschichtungen

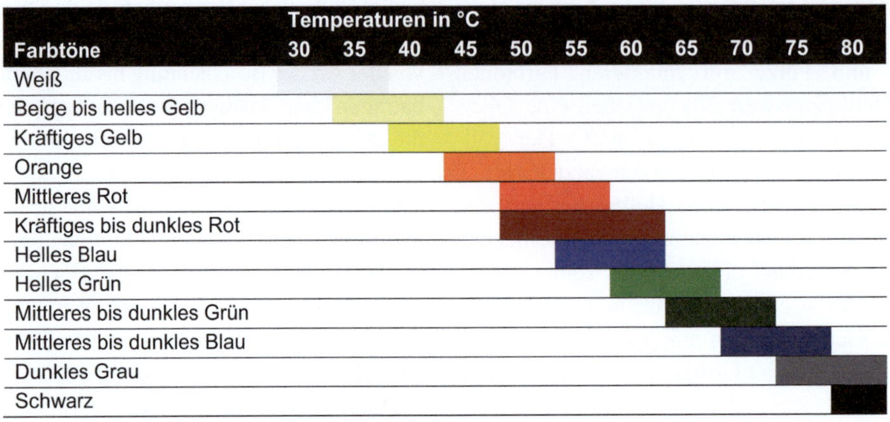

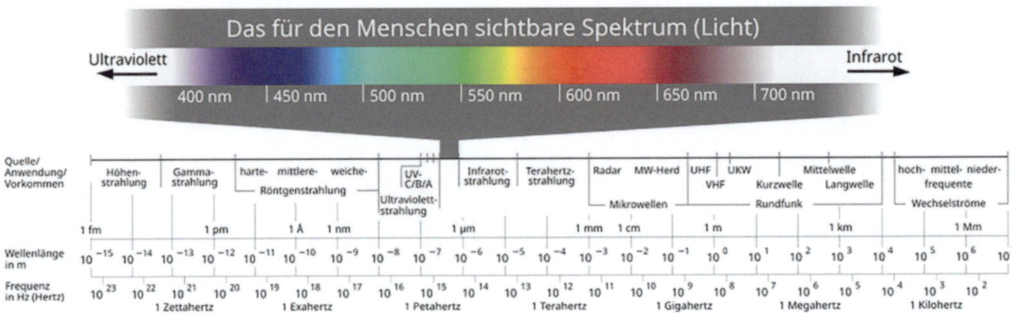

Abb. 4.28 elektromagnetisches Spektrum

nimmt der Mensch ausschließlich elektromagnetische Strahlung in einem Wellenlängenbereich von 400 bis 700 Nanometer wahr und damit nur den kleineren Bereich. Wie Abb. 4.28 zeigt, bleibt bisher der Wellenlängenbereich von 700 bis 2500 nm unberücksichtigt, der allerdings über die Hälfte der Sonnenstrahlungsenergie ausmacht. Denn Sonnenstrahlung setzt sich zu 42 % aus ultraviolettem und sichtbarem Licht und zu 58 % aus unsichtbarer Infrarotstrahlung zusammen. Somit beschreibt der HBW nur das solare Reflektionsvermögen von Beschichtungen und deckt bei der Betrachtung des Aufheizens an der Fassade nur einen Teilaspekt ab. Infolgedessen muss eine Beschichtung auch im Infrarotbereich ein hohes Reflexionsverhalten aufweisen.

Dies wird mit der so genannten TSR-Technologie (engl. für Total Solar Reflectance) sichergestellt. Der TSR-Wert berücksichtigt neben dem sichtbaren auch den nahen Infrarotbereich und umfasst somit das gesamte Spektrum der Sonneneinstrahlung von 250 bis 2500 Nanometer. Somit gewinnt der TSR-Wert bei der Auswahl dunkler und intensiver Farbtöne zunehmend an Bedeutung.

Möglich wurde der Einsatz der TSR-Technologie in Beschichtungen durch die Entwicklung spezieller Pigmente, die das Sonnenlicht besser reflektieren. Um den Zusammenhang besser zu verstehen, muss man sich kurz mit der Koloristik auseinander setzen. Farbtöne sind nichts anderes als Pigmentmischungen in unterschiedlicher Zusammensetzung. Titandioxid gilt als prominentestes Pigment und weist den höchsten TSR-Wert auf. Infolgedessen findet hier die niedrigste Aufheizung der Oberfläche statt. Buntpigmente können bei der Betrachtung intensiver Farbtöne zunächst vernachlässigt werden.

Im Gegensatz dazu stehen schwarze Ruß- und Eisenoxidpigmente, die den niedrigsten TSR-Wert aufweisen und bei Beschichtungen mit einem Hellbezugswert < 20 eine Schlüsselrolle einnehmen. Dem entsprechend sind diese Pigmente für die starke Aufheizung der Oberflächen verantwortlich. Um das Aufheizen dunkler Farbtöne zu verringern, benötigt man ein modifiziertes Schwarz-Pigment mit einer höheren NIR-Reflektivität. Die NIR-Technologie (engl. für Near Infrared Radiation) reflektiert genau diese Nah-Infrarot-Wellen, sodass sich Oberflächen im Vergleich zu herkömmlichen Beschichtungen zwischen 10 bis 20 % bzw. bis zu 10 °C weniger aufheizen (Abb. 4.29).

Allerdings soll diese neue Technologie nicht darüber hinwegtäuschen, dass sich in der Praxis Oberflächentemperaturen von über 70 °C trotzdem nicht vermeiden lassen. Einer der Gründe hierfür ist, dass bei der Diskussion von Oberflächentemperaturen von Fassaden häufig unterschätzt wird, dass z. B. der Hellbezugswert nicht nur durch Farbton und Farbsättigung bestimmt wird. Durch Verschmutzung kann sich der Wert des Hellbezugswertes um bis zu 5 Punkte ändern. Das bedeutet, dass Fassadenbeschichtungen mit einem anfangs „grenzwertigen“ Hellbezugswert mit der Zeit in kritische Bereiche „abrutschen“ können. Folglich kann auch die Veränderung von Hellbezugswerten eine Ursache für Spannungen und im weiteren Verlauf für Risse sein.

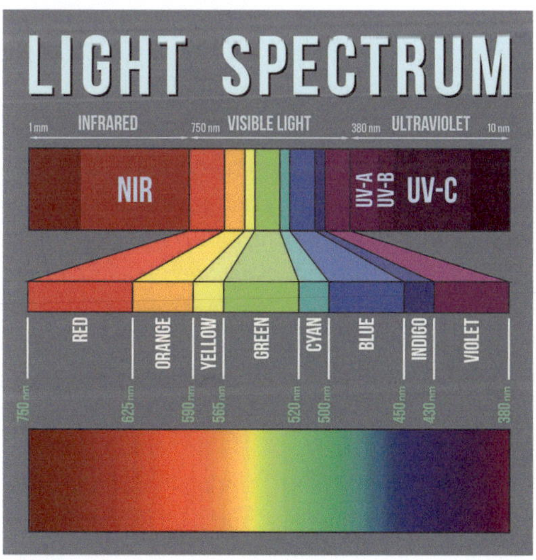

Abb. 4.29 Das Lichtspektrum – der sichtbare Anteil des elektromagnetischen Spektrums

Im Allgemeinen werden hohe Oberflächentemperaturen an der Fassade in der Regel mit hohen Lufttemperaturen in den Sommermonaten in Verbindung gebracht. Dabei muss berücksichtigt werden, dass im Februar/März etwa gleich hohe Temperaturen auf der Fassadenoberfläche auftreten können wie im Juli/August. Ursache hierfür ist u. a. die im Winter tiefer stehende Sonne und die geringere Atmosphärentrübung.

Den Rissmechanismus bei Putzsystemen abrundend soll schließlich noch die Frost-Tau-Beanspruchung erwähnt werden. Die Beanspruchung durch Frost-Tau-Wechsel nimmt in der kalten Jahreszeit mit steigendem Wassersättigungsgrad der Putzbeschichtung zu. Hinsichtlich der Rissmechanismen bei einem Frostschaden (Abwittern, Ablösen von Oberflächenschichten, Gefügeschäden in der Putzstruktur) sind noch nicht alle Fragen ausreichend geklärt. Neben der Sprengwirkung (die Ausdehnung von Eis in gefüllten Poren beträgt je nach Putz bis zu 10 %) spielen auch Druckunterschiede beim Gefrieren in Poren mit unterschiedlichem Durchmesser eine Rolle. Es entstehen Mikrorisse, die im weiteren Verlauf zu einer nachhaltigen Gefügestörung führen können. Durch Hydrophobierung, Erhöhung der Festigkeit und der Porosität kann der Frostwiderstand eines Putzes verbessert werden.

4.3.3 Rissmechanismus (bei Beschichtungen)

Eine Beschichtung auf Beton, Naturstein, Mauerwerk, Putz oder Holz ist die dünnste Schicht eines Bauteils. In der Regel kann davon ausgegangen werden, dass die Ursache einer Rissbildung nicht in der Beschichtung selbst liegt, sondern in den darunter liegenden Baustoffen/Bauteilen. In Folge der begrenzten Rissüberbrückungsfähigkeit einer Beschichtung – je nach Art und Bindemittel – ist eine Beschichtung auch nur bis zu einem gewissen Grad in der Lage, mit einer Rissentstehung und -ausbreitung entstehende Bewegungen aufzunehmen. Risse, die

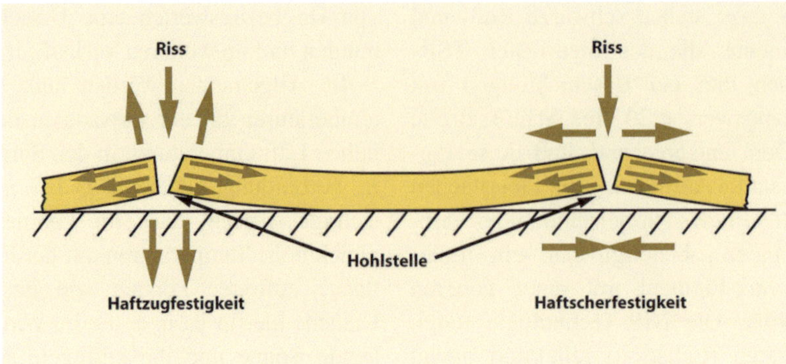

Abb. 4.30 schematische Darstellung der Zugspannung eines Beschichtungssystems mit zunehmender Zeit

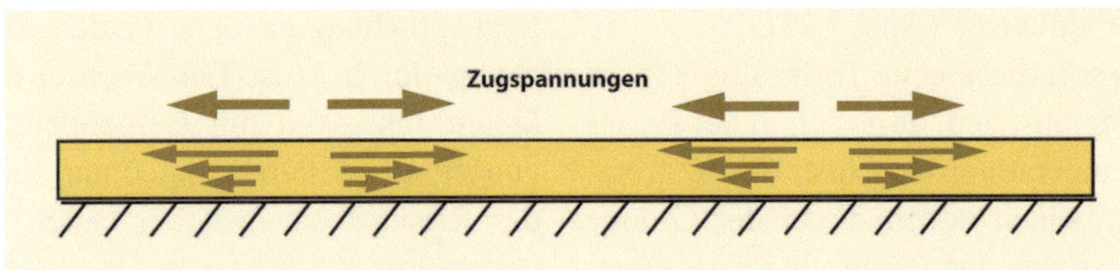

Abb. 4.31 schematische Darstellung der Zugspannung eines Beschichtungssystems mit zunehmender Zeit

nur in der Beschichtung auftreten **und** ihre Ursache ausschließlich in der Beschichtung haben, sind sehr selten. Und auch in diesem Fall liegt die Ursache in der Regel nicht im Beschichtungsstoff selbst, sondern oft in falscher Materialwahl und -verträglichkeit untereinander und/oder in nicht fachgerechter Verarbeitung.

Nach *Rolof* können die Ursachen für die Rissbildung von Beschichtungen in drei Kategorien unterteilt werden.[20] Wenn der Untergrund als Rissursache ausscheidet, müssen als mögliche Ursachen analysiert werden:

- die Grundbeschichtung,
- der aufgebrachte Beschichtungsstoff und
- das komplette Beschichtungssystem mit seiner Wechselwirkung

Darüber hinaus müssen neben der Rissüberbrückungsfähigkeit der Beschichtung weitere Aspekte wie z. B. das Diffusionsverhalten, die Untergrundhaftung, die Schichtdicke und -folge, die Alkalibeständigkeit, der Hellbezugswert und/oder die exogenen Einflüsse berücksichtigt werden. Häufig liegt bei Beschichtungen keine klassische Rissbildung vor, sondern stattdessen ein Abscheren oder Abschälen vom Untergrund. Diese Ablösung vom Untergrund ist entweder auf zu hohe Filmspannungen (Eigenspannungen) und/oder auf eine fehlende Haftung (Adhäsion) zum Untergrund (z. B. absandender Untergrund) zurückzuführen (Abb. 4.30, Abb. 4.31).

Infolgedessen muss bei der Schichtenfolge auf den Bindemittelgehalt der einzelnen Beschichtungsstoffe geachtet werden, der nicht zu stark voneinander abweichen darf. Werden bindemittelreiche („fette") Beschichtungen auf bindemittelarme („magere") Untergründe aufgebracht, entstehen hohe Filmspannungen (Abb. 4.32, Abb. 4.33). Die Intensität des dadurch ausgelösten Abschälens oder „Aufrollens" der Beschichtung wird in der Regel dadurch verstärkt, dass bindemittelarme Untergründe eine geringe Festigkeit aufweisen und/oder an der Oberfläche absanden.

Werden umgekehrt bindemittelarme („magere") Beschichtungen auf bindemittelreiche („fette") Beschichtungen aufgetragen, bilden sich trocknungsbedingt Risse in der oberen Beschichtung. Außerdem hat ein solcher Unter-

Abb. 4.32 Blasenbildung einer Dispersionsfarbe

Abb. 4.33 Blasenbildung einer Dispersionsfarbe

grund dann meistens elastische Eigenschaften, weshalb eine Beschichtung, die mehr oder weniger starr ist, hierfür ungeeignet ist.

Des Weiteren kann in der Praxis oft beobachtet werden, dass Beschichtungen in einem Arbeitsgang aufgetragen werden. Dabei hat die alte Handwerksregel: „*besser zweimal dünn als einmal dick*" nichts von ihrer Aktualität eingebüßt. Beim Auftragen von zu hohen Schichtdicken in einem Arbeitsgang entstehen an der Oberfläche der Beschichtung Eigenspannungen, da die physikalische Trocknung von der Oberfläche her stattfindet. Die Folge sind trocknungsbedingte Spannungsrisse an der Oberfläche.[20]

Bei lösemittelhaltigen Beschichtungsstoffen kann es durch einen zu hohen Materialauftrag in einem Arbeitsgang vorkommen, dass Lösemittel in die Grundbeschichtung oder in noch tiefere Schichten eindringen. Diese so genannte Lösemittelretention führt zu einer unzureichenden Untergrundhaftung, die wiederum ein Abschälen/Abscheren der Beschichtung vom Untergrund zur Folge hat.

Störungen der Filmbildung können auch durch Faktoren wie

- die zu hohe Zugabe von Verdünnungsmitteln
- Feuchtigkeit im Untergrund z. B. durch aufsteigende Feuchte
- Feuchtigkeit durch Beregnung
- Frost sowie intensive Sonneneinstrahlung oder Wind

ausgelöst werden, als Folge dessen der Beschichtungsfilm netzartig aufreißen kann.

4.3.4 Rissmechanismus (bei Beton)

Risse im Beton können auf verschiedene Entstehungsmechanismen zurückgeführt werden. Welche Mechanismen wirken, ist abhängig u. a. von der Rissursache sowie vom Zeitpunkt ihres Auftretens. So sind Risse im plastischen Bereich der Betone von Rissen im erhärteten Beton zu unterscheiden. Risse im Frühstadium (so genannte Frühschwindrisse) sowie durch Setzungen sollen in den nachfolgenden Ausführungen vernachlässigt werden. Es werden primär Risse im erhärteten Beton betrachtet. Hierbei muss die lastunabhängige Verformung berücksichtigt werden. Hierzu zählt die Schwindverkürzung sowie in Ausnahmen auch das Quellen, temperaturbedingte Längenänderungen und Verformungen. Schwindverformungen werden durch das Endschwindmaß beschrieben. Sie werden insbesondere durch die Austrocknungsbedingungen und das bei der Trocknung abzugebende Wasser aus dem Bauteil bestimmt. Das Endschwindmaß bei Normalbeton beträgt 0,2 bis 0,6 mm pro Meter, bei Leichtbeton 0,3 bis 0,8 mm pro Meter. Die Bruchdehnung dagegen liegt bei 0,1 mm pro Meter.

Es muss beachtet werden, dass es sich bei dem Schwinden um einen Vorgang im Rahmen eines langsam ablaufenden Austrocknungsprozesses handelt. Hierbei entweicht das überschüssige Wasser aus dem Gefüge, wodurch eine Volumenverringerung des Betons stattfindet. Neben dem durch den physikalischen Trocknungsprozess beim Beton ausgelösten Trocknungsschwinden muss auch das chemische Schwinden betrachtet werden, das ebenfalls zu einer Volumenverringerung während der Hydratation führt. Dieser Schwindprozess wird auch als Schrumpfdehnung bezeichnet. Hierbei handelt es sich um eine Austrocknung des Betons von innen heraus, die nach einem Jahr zu mehr als 90 % abgeschlossen ist. Die vollständige Austrocknung ist in der Regel nach 2 bis 3 Jahren erreicht (Abb. 4.34).

Dem gegenüber findet die physikalische Trocknung an der Oberfläche statt und wird ganz wesentlich von der Bauteiloberfläche beeinflusst. Auch wenn dieser Vorgang nach einem Jahr zu 60 bis 70 % abgeschlossen ist, dauert die Austrocknung der Restfeuchte noch Jahre bis Jahrzehnte an. In der DIN 1045-1 finden sich Hinweise, die auf Andauer des Trocknungsschwindens von bis zu 70 Jahren schließen lassen. Der überaus langsame Prozess des Trocknungsschwindens ist

Abb. 4.34 verschiedene Schwindrisse im Beton

nicht nur für die Bewertung eines aufgetretenen Risses relevant, sondern spielt auch bei der nachträglichen Rissverpressung eine Rolle.

Für die Durchführung der Rissverpressung ist es wichtig zu wissen, ob und in welchem Umfang sich die Rissflanken noch verschieben können (Schwindverkürzung). Einer der wesentlichen Gründe, weshalb der Schwindprozess bei Beton z. B. im Vergleich mit Mauerwerk deutlich länger braucht, ist die unterschiedliche Porengeometrie. Beton weist deutlich feinere Poren auf, wodurch der Trocknungsprozess langsamer abläuft. Während bei Mauerwerk die Häufigkeitsverteilung der Porengrößen ein Maximum bei einem Porendurchmesser von 10^{-6} m aufweist, liegt bei Beton das Maximum der Häufigkeitsverteilung der Porengrößen mit einem Durchmesser im Bereich von 10^{-7} bis 10^{-8} m um ein bis zwei Zehnerpotenzen niedriger.

Neben dem unterschiedlichen Schwindverhalten innerhalb des Betons, das zu möglichen Spannungen (Zwangsbeanspruchung) führen kann, müssen auch die temperaturbedingten Verformungen betrachtet werden. Diese werden durch die täglichen (Tag und Nacht) und monatlichen bzw. jährlichen (Sommer und Winter) Temperaturänderungen beeinflusst und äußern sich durch Längenänderung und/oder Krümmung des Betons. Den Referenzwert oder Normalzustand stellt die so genannte mittlere Bauteiltemperatur dar. Temperaturschwankungen bzw. Temperaturverläufe sind durch einen ungleichförmigen und/oder einen nicht linearen Anteil gekennzeichnet. Ein ungleichförmiger Temperaturverlauf liegt z. B. bei einem Bauteil mit einer Tagestemperatur von + 10 °C und einer Nachttemperatur von – 2 °C vor. Ein nicht linearer Temperaturverlauf kann dagegen bei einem dickeren Bauteil mit einer Tages- und Nachttemperatur von – 5 °C auftreten und wird durch den langsameren Wärmezu- und -abfluss verursacht. Er bewirkt keine Bauteilverformung, sondern nur Längenänderungen des Bauteils zwischen der Oberfläche und dem Bauteilkern. Infolgedessen kommt es zu einer Krümmung der Querschnittsfläche. Zur Bestimmung der temperaturbedingten Verformung benötigt man die Wärmedehnzahl von Beton. Diese liegt bei Normalbeton bei 0,07 bis 0,12 (Rechenwert 0,10) mm/m und bei Leichtbeton bei 0,07 bis 0,10 (Rechenwert 0,08) mm/m.[48]

Risse, die im erhärteten Beton auftreten, können entweder auf physikalische und/oder chemische Einwirkungen zurückgeführt werden. Zu den physikalischen Einflüssen gehört der Angriff durch Frost- und Frost-Tau-Wechsel, der Risse und Abplatzungen an der Betonoberfläche verursachen kann. Ein ähnliches Erscheinungsbild ist bei Rissen durch chemische Einwirkung festzustellen, bei dem die Betonoberfläche beispielsweise durch Sulfate oder aggressive Lösungen zersetzt wird. Auf einen anderen Entstehungsmechanismus sind dagegen die Schwindrisse zurückzuführen, die durch das gesamte Bauteil (Wandquerschnitt, Bodenplatte oder Decke) verlaufen können. Aufgrund dieser Risse können die Statik und/oder die Wasserdichtigkeit des Bauteils gefährdet sein. Es gilt als gesichert, dass diese das Bauteil durchtrennenden Risse nicht nur auf das trocknungsbedingte oder chemische Schwinden des Betons zurückzuführen sind, sondern auch auf Temperaturspannungen. Bei dieser Art von Rissen ist zu beachten, dass durch eine Volumenänderung durch Schwinden und/oder Temperaturschwankungen nur dann hohe Spannungen erzeugt werden und sich in der weiteren Folge Risse bilden, wenn das Bauteil in seinen Volumen- und/oder Längenänderungen behindert wird (Abb. 4.35, Abb. 4.36, Abb. 4.37).

Ein Riss entsteht, wenn die Zugfestigkeit überschritten bzw. die Bruchdehnung des Betons von 0,1 mm/m erreicht wird. Bauteile aus Beton haben, verglichen mit ihrer Druckfestigkeit, eine vergleichsweise geringe Zugfestigkeit. Diese erreicht etwa nur 5 bis 10 % der Druckfestigkeit.

Abb. 4.35 verschiedene Schwindrisse im Beton

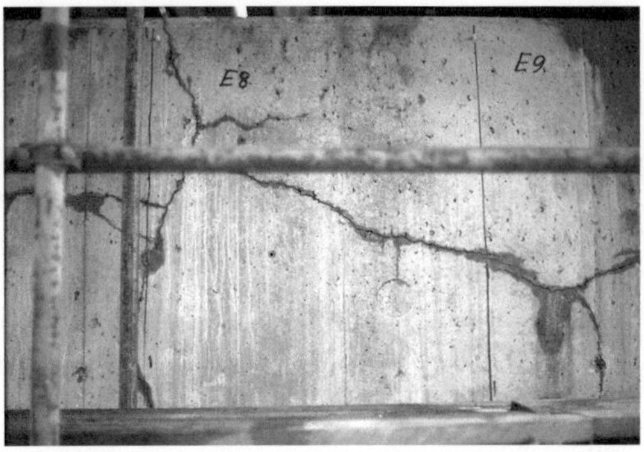

Abb. 4.36 verschiedene Schwindrisse im Beton

Abb. 4.37 verschiedene Schwindrisse im Beton

Infolgedessen wird schon bei relativ geringen Zugspannungen die Zugfestigkeit erreicht. Da Beton nicht geeignet ist, nennenswerte Zugspannungen aufzunehmen, darf die Zugfestigkeit nach DIN 1045-1 beim Nachweis der Grenztragfähigkeit für Bauteile mit Biegebeanspruchung mit und ohne Längskraft nicht berücksichtigt werden.

In [48] erwähnt *Meichsner/Rohr-Suchalla*, dass bei Stahlbeton die durch die ungehinderte Zwangdehnung entstandene Zugkraft im Bauteil auch nach der Rissbildung erhalten bleibt. Durch die Dehnung wird ein erster Riss verursacht, wenn die Bruchdehnung erreicht wurde. Er entsteht dort, wo die Betonzugfestigkeit am kleinsten oder die Fläche geschwächt und damit die Beanspruchung am größten ist. Das Bauteil wird um die Rissbreite länger. Aufgrund der Verlagerung der Zugkraft auf die Bewehrung entstehen bei zunehmender Dehnung weitere Risse.

Unterschieden werden

- **Oberflächenrisse**, die sich in der Regel netzartig ausbilden und einen unregelmäßigen Verlauf sowie eine begrenzte Risslänge und -tiefe haben. Sie dringen in der Regel nur wenige Millimeter in den Beton ein und entstehen während des Abbindens des frischen Betons durch oberflächennahe Schrumpfungen und Setzungen, insbesondere bei ungenügender Nachbehandlung.
- **Schubrisse**, die bei einer Biegebeanspruchung schräg zum Bauteilrand bzw. zur Bauteilachse auftreten.
- **Biegerisse**, die bei einer Zugbeanspruchung rechtwinklig zum Bauteilrand verlaufen, nur an einer Bauteilseite auftreten und innerhalb des Querschnittes enden. Diese Risse laufen im Bauteilinneren auf Null aus und entstehen in der Regel durch äußere Lasten.
- **Trennrisse**, die bei einer zentrischen Zugbeanspruchung auftreten und rechtwinklig zur Zugkraft durch das gesamte Bauteil verlaufen. Diese durchdringen das Bauteil über die ganze Bauteildicke. Sie entstehen in der Regel durch Zugspannungen in Folge behinderter Längenverkürzung (Zwang) oder durch zentrische Zugkräfte.
- **Verbundrisse**, die zwischen der Bewehrung und der Bauteiloberfläche auftreten. Ihr Erscheinungsbild äußert sich meistens als Längsriss an der Bauteiloberfläche.

Hinzu kommen noch so genannte Sammelrisse, die durch die Vereinigung mehrerer schmaler Risse in Bereichen ohne ausreichende Bewehrung entstehen können. So können sich z. B. schmale Biegerisse im Bauteilinneren zu breiten Sammelrissen entwickeln. Grundsätzlich kann man festhalten, dass alle Rissarten im Bereich durchdringender Bewehrung deutlich schmaler werden. Je höher hierbei die Betonüberdeckung ist, desto stärker ist die Abnahme von Rissbreiten bis zur Bewehrungslage.

Es können zwei Phasen der Rissbildung unterschieden werden: die Einzelrissbildung und das abgeschlossene Rissbild. Als Auslöser einer Einzelrissbildung werden die geringeren Dehnungen zusammengefasst, die bei Bauteilen mit unveränderlichem Querschnitt mehr oder weniger immer auftreten. In dieser Phase entstehen die Risse nacheinander, ohne dass die Zwangkraft größer werden kann als die Risslast, die Rissabstände sind unregelmäßig. Wenn der Rissabstand so gering ist, dass bei weiterer Dehnung keine neuen Risse mehr entstehen können, ist die Phase des abgeschlossenen Rissbildes erreicht. Die Bezeichnung resultiert aus der Tatsache, dass in der Phase theoretisch keine weiteren Risse entstehen können, weil die Betonzugfestigkeit zwischen den Rissen nicht mehr erreicht werden kann. Bei einer Zunahme der Zwangdehnung werden zwar die Rissbreiten vergrößert, es entstehen aber keine neuen Risse (Abb. 4.38, Abb. 4.39). Das abgeschlossene Rissbild tritt aber auch bei vorgegebenen Soll-Riss-Stellen auf, die dann die Anzahl der Risse bestimmen.[48]

Rissbilder von Beton unterscheiden sich z. B. erheblich von denen im Mauerwerk, da bei Beton der mit dem Riss gestörte Zugkraftfluss in den Betonstahl um- und weitergeleitet wird – ein Mechanismus, der beim unbewehrten Mauerwerk fehlt. Während sich beim Mauerwerk mit zunehmender Dehnung die Rissflanken weiter verschieben und die Rissbreite zunimmt, entsteht beim Stahlbeton ein zweiter Riss, ohne dass sich die Rissbreite des ersten Risses wesentlich verändert.

In [48] werden folgende Rissbilder unterschieden:

- Lastbedingte Risse in Stahlbetonbauteilen
- Zwangbedingte Risse in Bodenplatten aus Beton und Stahlbeton

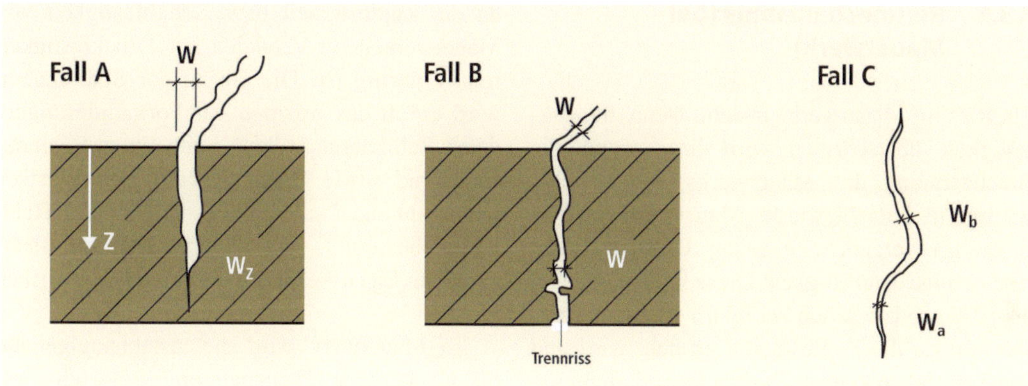

Abb. 4.38 mögliche Ausbildung von Rissen (Klaffung mit Rissbreite w)

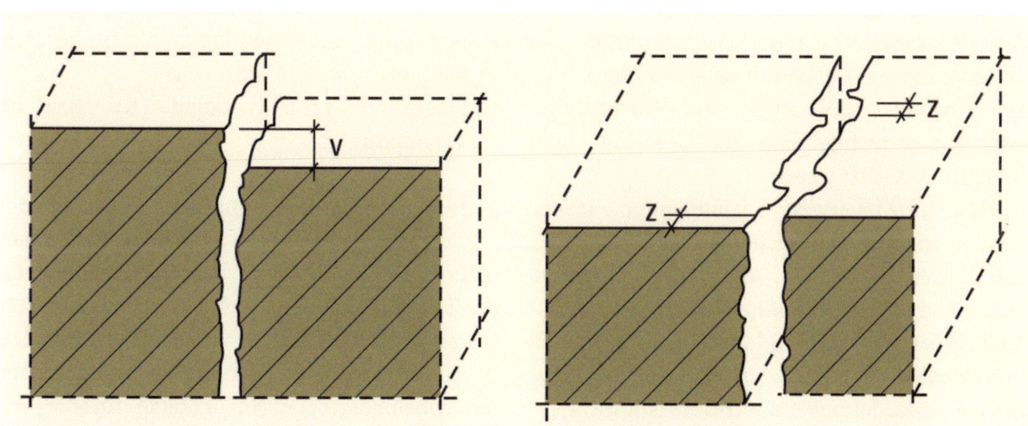

Abb. 4.39 mögliche Ausbildung von Rissen (Höhen- bzw. Seitenversatz der Rissufer)

- Risse in tragenden Stahlbetonwänden durch abfließende Hydratationswärme
- Risse in tragenden Stahlbetonwänden – Elementwände
- Zwangbedingte Biegerisse in einer zylindrischen Behälterwand
- Risse durch unterbrochene Bewegungsfugen in Wänden, Decken und Bodenplatten
- Risse in Monolithbetondecken.

Abschließend muss noch erwähnt werden, dass sich die Rissbreite über die gesamte Risslänge in der Regel verändert. Die Rissbreite ist über die Tiefe eines Risses ebenfalls veränderlich. Diese Eigenschaften können wichtige Hinweise auf die jeweiligen Rissursachen geben, z. B. die Art der gegenseitigen Versetzung der Rissufer.

4.3.5 Rissmechanismus (bei Mauerwerk)

Ein Riss im Mauerwerk entsteht, wenn die Zugfestigkeit überschritten wird bzw. wenn die Bruchdehnung des Mauerwerks von 0,1 bis 0,2 mm/m erreicht wurde. Mauerwerk hat wie Beton im Vergleich zu seiner Druckfestigkeit eine geringe Zugfestigkeit. Diese liegt bei etwa 5 bis 10 %, sodass schon bei relativ geringen Zugspannungen die Zugfestigkeit erreicht wird und Risse entstehen können. Da Mauerwerk nicht geeignet ist, nennenswerte Zugspannungen aufzunehmen, darf nach der DIN EN 1996-1 (2013) Eurocode 6: „Bemessung und Konstruktion von Mauerwerksbauten – Teil 1: Allgemeine Regeln für bewehrtes und unbewehrtes Mauerwerk“ für den Nachweis der Zug- und Biegezugbeanspruchung rechtwinklig zur Lagerfuge eine Zugkraft angesetzt werden.

Risse im Mauerwerk beeinträchtigen in der Regel nicht die Standsicherheit von Bauteilen oder ganzen Bauwerken. Allerdings können die Auswirkungen auf Funktionsfähigkeit und Ästhetik eines gerissenen Mauerwerkes erheblich sein. *Schubert* charakterisiert in [21] die verschiedenen Formänderungen und beschreibt die typischen Risse und Rissformen im Mauerwerk. Risse im Mauerwerk entstehen immer dann, wenn Formänderungen oder Verformungen zwischen mindestens zwei (oder mehreren) Materialien behindert werden. Die Verformung entsteht z. B. durch Temperaturänderung, trocknungsbedingtes Schwinden und durch Quellen bei Feuchtigkeitsaufnahme. Da diese Vorgänge zeitlich versetzt und mit unterschiedlicher Intensität ablaufen und die miteinander verbundenen Baustoffe eine unterschiedliche Steifigkeit aufweisen, treten im Verbund zwangsläufig Spannungen auf.

Bei den Spannungen wird zwischen Eigen- und Zwangsspannungen unterschieden. Unterschiedliche **Formänderungen** im Bauteilquerschnitt werden als **Eigenspannung**, zwischen verschiedenen Bauteilen als Zwangsspannung bezeichnet. In dem Zusammenhang sind vor allem die Zug- und Schubspannungen erwähnenswert, da die Zugfestigkeit bzw. Schubfestigkeit von Mauerwerken im Vergleich zur Druckfestigkeit relativ gering ist. Die Größe der Spannungen wird durch das Ausmaß der Formänderungen, deren Behinderung (dem so genannten Behinderungsgrad sowie Einspanngrad), den Elastizitätsmodul und den Spannungsabbau durch Relaxation bestimmt. Wenn die auftretende Spannung die (Eigen)Festigkeit überschreitet, entstehen Risse.[21]

Im Mauerwerk wird die lastabhängige und lastunabhängige Formänderung unterschieden. Die **lastabhängige** Formänderung (Abb. 4.40) beinhaltet die

- kurzzeitige Lasteinwirkung (elastische Dehnung bis 1,5/2,0 mm/m) sowie
- langzeitige Lasteinwirkung (Kriechen bis 4,0 mm/m).

Bei der **lastunabhängigen** Formänderung wird zwischen Wärme- und Feuchtedehnung unterschieden. Die Wärmedehnung ist eine Folge der Temperaturänderung und kann bei den nachfolgenden Betrachtungen vernachlässigt werden. In [21] wird weiterhin darauf hingewiesen, dass die unbehinderte Feuchtedehnung für die Vermeidung von Rissen im Mauerwerk die ent-

Abb. 4.40 lastabhängige Formänderung

scheidende Formänderung darstellt. Zu der Feuchtedehnung gehören das

- Schwinden, d. h. die Verkürzung in Folge der Feuchtigkeitsabgabe (Austrocknen) von bis 0,4/0,6 mm pro m (so genanntes Trocknungsschwinden),
- Quellen, d. h. die Verlängerung in Folge der Feuchtigkeitsaufnahme von bis 0,4 mm pro m (so genannte Quelldehnung),
- Karbonatisierungsschwinden, verursacht durch die Reaktion des Kohlendioxids der Luft mit kalkhaltigen Bestandteilen der Baustoffe sowie
- irreversible oder chemische Quellen (Feuchtigkeitsaufnahme) bis 0,3 mm pro m.

Da es in der Vergangenheit des Öfteren Missverständnisse und Fehlinterpretationen des Begriffes „chemisches Quellen" gegeben hat, geht *Schubert* in [44] speziell darauf ein: *„Das chemische Quellen kann bei Mauerziegeln vorkommen. Es handelt sich dabei um die Auslagerung von Wassermolekülen im Ziegelmaterial, die zu einer unter normalen Bedingungen nicht umkehrbaren Volumenvergrößerung bzw. Längenzunahme führt. Der Begriff chemisch wurde gewählt, weil es sich um einen Vorgang handelt, der chemischen Reaktionen grundsätzlich ähnelt und der im praxisrelevanten Temperaturbereich nicht, sondern erst bei hohen Temperaturen von über 650 °C umkehrbar ist. Reaktionspartner ist ausschließlich Wasser! Es sollte deshalb zukünftig statt chemischen Quellen der Begriff irreversibles Quellen verwendet werden."*

Zu der lastunabhängigen Verformung gehört die Schwindverkürzung sowie in Ausnahmen auch das Quellen, temperaturbedingte Längenänderungen und Verformungen. Schwindverformungen werden durch das Endschwindmaß beschrieben. Sie sind von den Austrocknungsbedingungen und von der Masse des aus dem Bauteil abzugebenden Wassers (Bauteilfeuchte) abhängig. Das Endschwindmaß für Mauerwerk nach der alten DIN 1053-100 beträgt für

• Mauerziegel:	0,3 bis – 0,2 mm/m (Rechenwert 0 mm/m),
• Kalksandsteine:	0 bis – 0,3 mm/m (Rechenwert – 0,2 mm/m),
• Leichtbetonsteine:	0 bis – 0,5 mm/m (Rechenwert – 0,4 mm/m),
• Hüttensteine:	0 bis – 0,5 mm/m (Rechenwert – 0,4 mm/m),
• Porenbetonsteine:	0,1 bis – 0,3 mm/m (Rechenwert – 0,2 mm/m).

Die Bruchdehnung bei Mauerwerk liegt bei 0,1 bis 0,2 mm pro Meter. Das Endschwindmaß ist bei Mauerwerk nach drei bis vier Jahren erreicht. Wenn vorher Risse auftreten, sollten diese erst nach diesem Zeitraum verschlossen werden, da die Risse sonst erneut auftreten können. Allerdings werden diese neuen Risse eine geringere Rissbreite aufweisen, da sich bei ihnen nur der Zuwachs an Schwindverkürzung auswirkt.

In [48] werden Risse im Mauerwerk (Abb. 4.41, Abb. 4.42) wie folgt unterschieden:

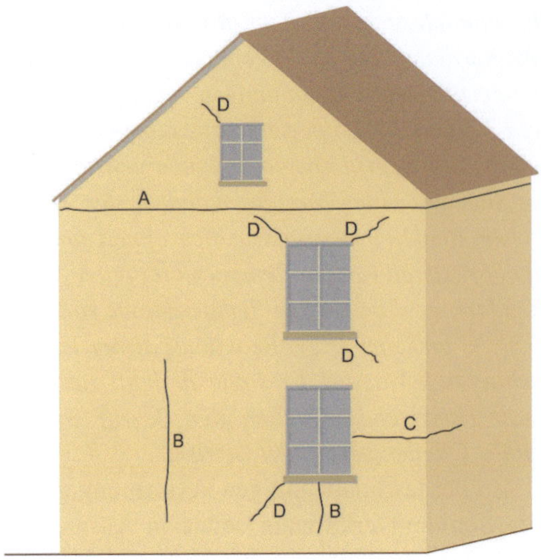

Abb. 4.41 Darstellung der verschiedenen Rissarten im Mauerwerk (A – Deckenschubriss, B und C – senkrecht bzw. waagerecht verlaufender Fugenriss, D, E und F – Kerbrisse)

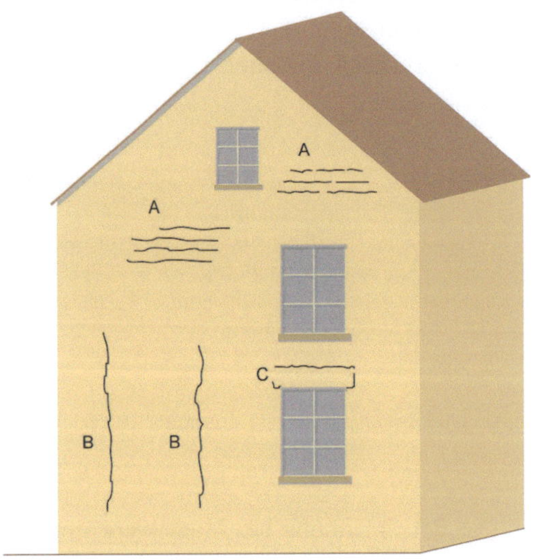

Abb. 4.42 Darstellung der verschiedenen Rissarten im Mauerwerk in Mischbauweise (A, B und C – senkrecht bzw. waagerecht verlaufende Fugenrisse bei Materialwechseln wie Rollläden, verputzte Fachwerkbauten, Ausbesserungen oder Um- und Anbauten mit verschiedenen Mauersteinen)

- Lastbedingte Risse in Mauerwerk,
- Risse durch Setzungsdifferenzen im Baugrund,
- Risse durch Verformungsdifferenzen zwischen Mauerwerk und Beton,
- Risse durch Verformungsdifferenzen verschiedener Mauerwerksarten und
- Risse in nicht tragenden Innenwänden bei großen Deckendurchbiegungen.

Bei Rissen im Mauerwerk kann man sich auf zwei Rissarten beschränken: Risse im Stein oder Risse im Fugenbereich. Ob die eine oder andere Rissart auftritt, hängt im Wesentlichen davon ab, in welchem Bereich die geringere Festigkeit vorhanden ist. In der Regel verlaufen die Risse etwa senkrecht zu den auftretenden Spannungen (Abb. 4.43). Infolgedessen können Risse die folgenden Formen und Verläufe haben:

- vertikal/verzahnt
- vertikal/gerade
- horizontal/gerade
- schräg/stufenförmig oder abgetreppt

Verzahnte oder auch gerade, vertikale Risse werden im Wesentlichen durch Schwinden und/oder Abkühlen des Mauerwerks in horizontaler Richtung verursacht (Abb. 4.44, Abb. 4.45, Abb. 4.46, Abb. 4.47).

Horizontale sowie schräge Risse sind auf unterschiedliche Formänderungen von kraftschlüssig miteinander verbundenen Bauteilen zurückzuführen. Als Ursache gilt hier das unterschiedliche Verformungsverhalten miteinander verbundener Bauteile wie z. B. Mauerwerk und Decke. Das Schwinden der Decke führt zu einer Verkürzung und infolgedessen zu einem Horizontalriss. Kommt es dagegen zu einem Schwinden und damit zum Verkürzen der Wand, zeigen sich die Risse in vertikaler Ausrichtung. Horizontalrisse im Bereich der Gebäudeecke zeigen sich dagegen bei einem Ab-

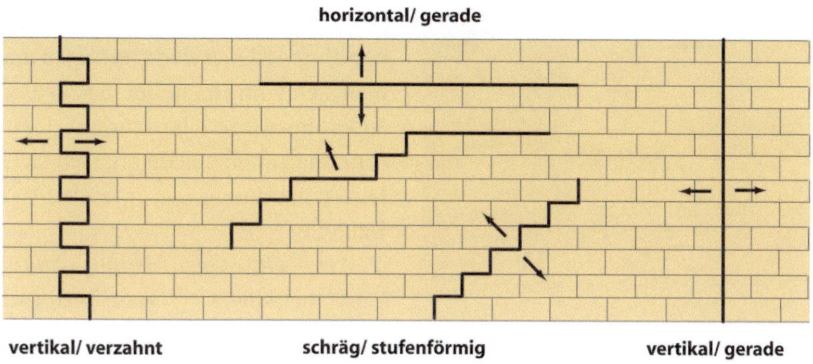

Abb. 4.43 schematische Darstellung der häufig vorkommenden Rissverläufe im Mauerwerk

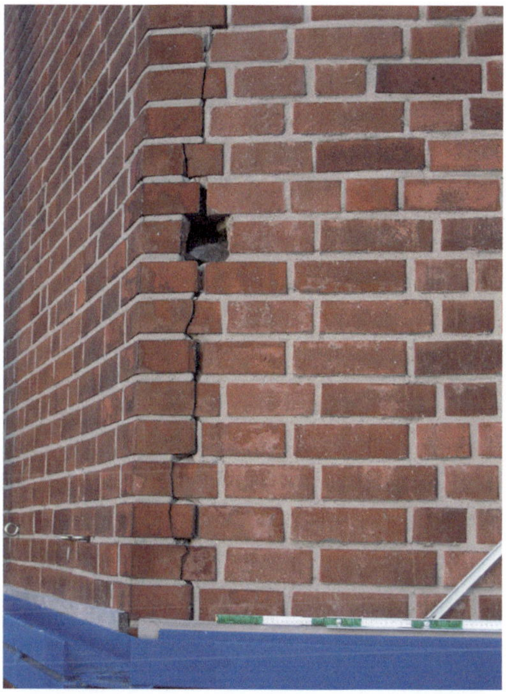

Abb. 4.44 Beispiel für typische Rissverläufe im Mauerwerk

Abb. 4.45 Beispiel für typische Rissverläufe im Mauerwerk

heben der Decke, z. B. in Folge einer zu großen Deckendurchbiegung und/oder einer zu geringen Deckenauflast.

Des Weiteren muss der zu große Unterschied in der vertikalen Formänderung von Innen- und Außenwand genannt werden. Ein Beispiel hierfür ist die Mischbauweise „rot-weiß" (außen Ziegel/ innen Kalksandstein) sowie der Verbund aus Mauerwerk mit Beton und anderen Baustoffen. Hierbei ist vor allem auf das unterschiedliche Schwindverhalten (Verkürzung) und Quellverhalten (Verlängerung) verschiedener Baustoffe

Abb. 4.46 Beispiel für typische Rissverläufe im Mauerwerk

Abb. 4.47 Beispiele für typische Rissverläufe im Mauerwerk

hinzuweisen, wodurch Spannungen verursacht werden (Abb. 4.48, Abb. 4.49). Deshalb sollte man sich ggf. zwei (oder mehr) miteinander verbundene Baustoffe getrennt vorstellen und das Schwind- und Quellverhalten separat ermitteln bzw. bewerten. Dies kann unter Bezug der DIN EN 1996-1 (2013) Eurocode 6: „Bemessung und Konstruktion von Mauerwerksbauten - Teil 1: Allgemeine Regeln für bewehrtes und unbewehrtes Mauerwerk" erfolgen und/oder in dem man sich vom Hersteller die zugesicherten Formänderungswerte bestätigen lässt. Die Verformungsunterschiede ergeben sich dann aus der Differenzbildung dieser beiden (oder mehreren) Bauteile.

Am *Otto-Graf-Institut Stuttgart* wurden Untersuchungen [22] zum Verformungsverhalten von Mauersteinen im Rand- und Kernbereich durchgeführt, wobei der Einfluss einer unterschiedlichen Befeuchtungsart berücksichtigt wurde. Des Weiteren wurden die Austrocknungsverhältnisse an Porenbetonsteinen aus unterschiedlichen Bindemitteln, an Leichtbetonsteinen aus unterschiedlichen Leichtzuschlägen sowie an Kalksandsteinen und Ziegelsteinen mit hoher Wärmedämmung untersucht. Der Feuchtegehalt bei der Anlieferung betrug bei den Porenbetonsteinen ca. 40 Gew.-% und bei den Leichtbetonsteinen ca. 50 Gew.-%. Infolgedessen war das trocknungsbedingte Schwinden bei Normklima (23 °C und 50 % rel. Feuchte) unterschiedlich hoch. Bei den Porenbetonsteinen betrug das Schwinden 0,40 bis 0,59 mm pro Meter, bei den Leichtbetonsteinen 0,63 bis 0,85 mm pro Meter.

Anschließend wurde der entgegen gesetzte Fall angenommen, dass trockene Mauersteine auf die Baustelle geliefert und durch Lagerung im Freien und/oder starken Niederschlägen durchfeuchtet werden. Das Quellen der Mauersteine in einem Klima mit 20 °C und 95 % rel. Feuchte nahm in den ersten beiden Monaten deutlich zu. Nach einer Feuchtlagerung von insgesamt 6 Monaten konnte an den Ansichts- und Lagerflächen der Porenbetonsteine ein Schwinden von 0,40 bis 0,48 mm pro Meter und 0,47 bis 0, mm pro Meter bei den Leichtbetonsteinen nachgewiesen werden.

Abschließend wurde der Verformungsunterschied zwischen der Außen- und Innenfläche eines Mauerwerkes untersucht, der z. B. auftritt, wenn ein unverputztes Mauerwerk einseitig durchfeuchtet wird (z. B. bei einem Schlagregen). Nach 24-stündiger Beregnung zeigte sich an den Ansichtsflächen der Porenbetonsteine eine Verlängerung von 0,24 bis 0,32 mm pro Meter und bei den Leichtbetonsteinen von 0,28 bis

Abb. 4.48 schematische Darstellung für Schrägrisse im Mauerwerk (ε_s – Schwinddehnung, ε_T – Wärmedehnung)

Abb. 4.49 auslaufender Deckenschubriss

0,37 mm pro Meter. Da die Feuchteaufnahme über den gesamten Querschnitt auch bei außenseitiger Beregnung des Steines zunimmt, ist das feuchtebedingte Quellen an der Innenseite relevant, um die Spannungen innerhalb des Steines ermitteln zu können. Die maximale Differenz zwischen der außen- und innenseitigen Verlängerung der Steine betrug beim Porenbetonstein zwischen 0,17 und 0,20 mm pro Meter, bei den Leichtbetonsteinen so gar zwischen 0,24 und 0,35 mm pro Meter.

Dieses unterschiedliche Quell- und Schwindverhalten führt zu einer unterschiedlichen Verformung auch innerhalb der Steine. Wird diese Verformung behindert, können die Wand durchtrennende Risse – so genannte Spaltrisse – auftreten.

Treten diese Risse nur an der Steinoberfläche auf, spricht man von Schalenrissen. Während die Spaltrisse in der Regel vertikal über die Höhe des Mauerwerkes verlaufen und dieses im Bereich der Stoßfugen und der Mauersteine durchtrennen, ist das Rissbild der Schalenrisse unregelmäßig. Hierbei gilt folgender Grundsatz: Wenn die Haftfestigkeit zwischen den Mauersteinen und dem Mörtel größer als die Zugfestigkeit der Mauersteine ist, verlaufen die Risse sowohl durch die Steine als auch durch die Fugen. Wenn die Haftfestigkeit dagegen im Fugenbereich geringer als die Zugfestigkeit der Mauersteine ist und/oder die Stoßfugen nicht vermörtelt sind, entstehen Schalenrisse in der Regel im Bereich der Stoß- und Lagerfugen. Hohe Verformungs- und Spannungsunterschiede in Folge einer unterschiedlichen Austrocknungsgeschwindigkeit im Außen- und Innenbereich begünstigen die Bildung von Schalenrissen. Spaltrisse treten dagegen auf, wenn die rissbildende Verformung bzw. Spannung weitgehend den gesamten Wandquerschnitt erfasst hat (Abb. 4.50, Abb. 4.51).

Zeuss schlussfolgert in [22], dass die Bildung von **Spaltrissen** und deren Abstand im Mauerwerk von

- dessen Einspanngrad,
- der Größe der Verformung und
- der Zugfestigkeit des Mauerwerkes

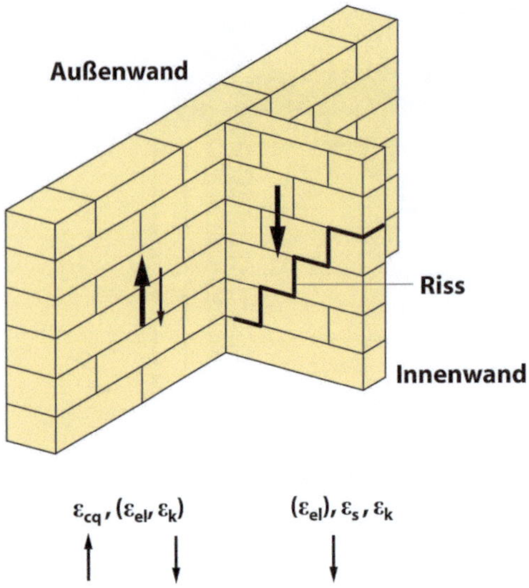

Abb. 4.50 schematische Darstellung für die Entstehung von Spaltrissen

Abb. 4.51 Beispiel eines Spaltrisses

maßgebend beeinflusst wird. Die Bildung von **Schalenrissen** erfolgt

- mit zunehmendem Verformungsunterschied zwischen dem Außen- und Innenbereich eines Mauerwerkes beim Austrocknen,
- mit abnehmender Haftfestigkeit zwischen Fugenmörtel und Mauerstein, insbesondere bei unvermörtelter Stoßfugenausbildung sowie
- bei zunehmender Mauersteingröße.[22]

Die o. g. Untersuchungen ergaben weiterhin, dass die meisten Risse bereits nach dem Schwinden von nur 0,2 mm pro m auftraten. Infolgedessen kann die Rissgefahr deutlich reduziert werden, wenn die Mauersteine erst eingebaut werden, wenn die austrocknungsbedingte Verformung (trocknungsbedingtes Schwinden) der Mauersteine eine Größenordnung von ca. 0,2 mm/m nicht überschreitet.

Außerdem müssen Verformungen in Folge von Temperaturänderungen sowie Lasteinwirkungen durch spontane Verformung und Kriechen berücksichtigt werden. Besonders groß ist die Rissgefahr bei Mischbauweisen, bei der die Innenwände aus Kalksandstein oder Mauerziegel und die Außenwände aus Leichthochlochziegel oder Porenbeton erstellt wurden. In diesem Fall weisen die Innenwände eine Schwindverformung von lediglich 0,1 mm/m auf, hingegen die Außenwände eine Schwinddehnung von 0,3 mm/m. Der Verformungsunterschied beträgt damit 0,2 mm/m!

Die temperaturbedingten Verformungen werden durch die täglichen (Tag und Nacht) und monatlichen bzw. jährlichen (Sommer und Winter) Temperaturänderungen beeinflusst und äußern sich durch Längenänderung und/oder Krümmung. Den Referenzwert oder Normalzustand stellt die so genannte mittlere Bauteiltemperatur dar. Temperaturschwankungen bzw. Temperaturverläufe sind durch einen ungleichförmigen und/oder einen nicht linearen Anteil gekennzeichnet. Ein ungleichförmiger Temperaturverlauf liegt z. B. bei einem Bauteil mit einer Tagestemperatur von +10 °C und einer Nachttemperatur von −2 °C vor.

Ein nicht linearer Temperaturverlauf kann dagegen bei einem dickeren Bauteil mit einer Tages- und Nachttemperatur von −5 °C auftreten und wird durch den langsameren Wärmezu- und -abfluss verursacht. Er bewirkt keine Bauteilverformung, sondern nur Längenänderungen des Bauteils zwischen der Oberfläche und dem Bauteilkern. Infolgedessen kommt es zu einer Krümmung der Querschnittsfläche. Zur Bestimmung der temperaturbedingten Verformung wird die Wärmedehnzahl des Mauerwerks bzw. der Mauersteine benötigt. Der Verformungsunterschied der verschiedenen Mauersteine beträgt nach [48] für

- Mauerziegel bei 0,05 bis 0,07 (Rechenwert 0,06) mm/m,
- Kalksandsteine bei 0,07 bis 0,09 (Rechenwert 0,08) mm/m,
- Leichtbetonsteine bei 0,08 bis 0,12 (Rechenwert 0,10) mm/m,
- Betonsteine bei 0,08 bis 0,12 (Rechenwert 0,10) mm/m und
- Porenbetonsteine bei 0,07 bis 0,09 (Rechenwert 0,08) mm/m.

Abb. 4.52 Spannungsrisse und Abplatzungen in keramischen Belägen

Abb. 4.53 Spannungsrisse und Abplatzungen in keramischen Belägen

4.3.6 Rissmechanismus (bei Verblendschalen und Bekleidungen)

Verblend- oder Sichtmauerwerk wird in verschiedenen Varianten ausgeführt. Früher wurde das einschalige massive Sichtmauerwerk aus Vollziegel als Feldbrandziegel (Backstein), Hartbrandziegel oder Klinker bevorzugt. Derartigen Konstruktionen begegnet man heute im Rahmen der Mauerwerkssanierung. Nach dem zweiten Weltkrieg entwickelte sich das zweischalige Sichtmauerwerk, bei welchem auch Kalksandsteine und Hochlochziegel verwendet wurden. Später kamen Wärmedämm-Verbundsysteme mit keramischen Belägen hinzu. Im Zuge der jüngsten Entwicklungen traten dann auch die ersten Risse auf, die auf thermische Verformung zurückzuführen sind. *Klaas* stellt in [47] einen Zusammenhang her zwischen Rissen und Gebäuden mit so genannten Sparverblenderbekleidungen sowie Rissen und Verblendschalen an Bauten mit einem Grundriss von mehr als 15 m Länge. Hierbei traten die Risse vorwiegend an den Gebäudeecken auf, wenn keine Fugen ausgebildet wurden (Abb. 4.52, Abb. 4.53).

Dem entsprechend reagierte die Normung und schrieb bereits in der Ausgabe 1970 (!) der DIN 19515 „Fassadenbekleidungen mit keramischen Baustoffen“ die Anordnung von Dehnungsfugen vor: *„Vertikale Dehnungsfugen sind im Bereich jeder Gebäudeecke, horizontale unter den Aufsetzflächen (Aufstandskonsolen in jedem zweiten Geschoss) anzuordnen. Die Anordnung weiterer Dehnungsfugen hängt von den örtlichen Gegebenheiten und den Abmessungen des Gebäudes (z. B. bei Gebäudelängen oder -tiefen über 20 m) ab.“* In der heutigen DIN 18515-2: 1993-04 heißt es hierzu, dass zum Abbau von Spannungen in der Außenwandbekleidung Bewegungsfugen anzuordnen sind. Die Lage oder Anordnung sowie Maße sind zwischen dem Planer und Ausführenden vorab abzustimmen. Auch die Mauerwerksnorm DIN 1053 reagierte frühzeitig und empfahl zur Vermeidung von Rissbildungen in Verblendmauerwerken bereits in ihrer Ausgabe vom November 1974: *„In der Außenschale sollen senkrechte Dehnungsfugen angeordnet werden. Ihre Abstände richten sich nach der klimatischen Beanspruchung (Temperatur, Feuchtigkeit usw.), der Art der Baustoffe und der Farbe der äußeren Wandfläche. Darüber hinaus muss die freie Beweglichkeit der Außenschale auch in vertikaler Richtung gewährleistet sein. Die unterschiedlichen Verformungen der Außen- und Innenschale sind insbesondere bei Gebäuden mit* *über mehrere Geschosse durchgehender Außenschale bei der Konstruktion der Türen und Fenster zu beachten."*

Die Ziegelindustrie empfahl daraufhin die Anordnung von Dehnungsfugen in Verblendmauerwerk mit Luftschicht im Abstand von 10 bis 12 m, bei Verblendmauerwerk mit Schalenfuge von 10 bis 15 m und bei Verblendmauerwerk mit Kerndämmung von 6 bis 8 m. Für Kalksandsteine konnten diese Empfehlungen nicht übernommen werden, da Verblendschalen aus diesem bindemittelgebundenen Baustoff sowohl stärkeren Temperatur- als auch Quell- und Schwindverformungen ausgesetzt sind. Neben den genannten Verformungen ist darüber hinaus die geringere Haftscherfestigkeit zwischen Stein und Mörtelfuge zu beachten, sodass eine Rissfreiheit der Verblendschale kaum zu erreichen ist. Die Kalksandsteinindustrie hat in Ihren Verarbeitungsvorschriften deshalb die Abstände der Dehnungsfugen auf 6 bis 8 m bei Verblendmauerwerk ohne und auf 5 bis 6 m bei Verblendmauerwerk mit Kerndämmung beschränkt. In späteren Untersuchungen konnten diese eingeschränkten Werte für die Mauerwerke mit Kerndämmung nicht bestätigt werden, sodass sie wieder zurückgezogen wurden.[47]

Typische Erscheinungsbilder für Risse in Verblendschalen und Bekleidungen sind

- Vertikalrisse der Außenschale bei normalem Mauerwerksquerschnitt (Vertikalverformung)
- Vertikalrisse der Außenschale im Bereich von Querschnittsänderungen wie Gebäudeecken, größeren Aussparungen etc.
- Horizontalrisse der Außenschale.

Die vertikal durch Stein und Stoßfugen verlaufenden Risse erstrecken sich über die Wandhöhe und die gesamte Wanddicke, wobei die Risse in der Regel in einem gewissen Abstand vom unteren und/oder oberen Wandabschluss enden. Die Ursache für diesen Rissverlauf liegt in der Überschreitung der Zugfestigkeit der Steine in Längsrichtung (Lochsteine) und der Lagerfugen.

Risse aus der Vertikalverformung entstehen in Folge der temperaturbedingt zwischen der Verblendschale einerseits und dem tragenden Mauerwerk des Baukörpers andererseits auftretenden unterschiedlichen Längenänderungen (Temperaturdehnung). Hinzu kommen vertikale Längendifferenzen aufgrund der material- und lastabhängigen Verkürzung der inneren Wandschale. Dies führt zu unterschiedlichen vertikalen Verformungen (Zugspannungen) bei zweischaligen Außenwänden. *Klaas* führt hierzu in [47] aus: *„Diese sind bei Gebäuden mit über mehrere Geschosse durchgehender Außenschale nicht nur bei Konstruktionen von Türen und Fenstern zu beachten. Insbesondere in Bereichen starrer Verbindungen zwischen Verblendung und tragendem Baukörper, z. B. bei Konsolverankerung von Brüstungen und Stürzen über Fassadenöffnungen sowie an Loggia und Balkonplatten kann es zu Zwangsspannungen und Rissen kommen, wenn diese als Zwischenauflager für die Verblendschale dienen. Diese Bereiche sind ggf. durch vertikale Bewegungsfugen von der mehrgeschossig durchlaufenden Verblendschale zu trennen. Dabei können diese Fugen gleichzeitig zur Längenbegrenzung der Fassadenflächen bzw. zur Verringerung der horizontalen Fugenabstände genutzt werden."*

Nach der DIN EN 1996-2 (2010) Eurocode 6: „Bemessung und Konstruktion von Mauerwerksbauten - Teil 2: Planung, Auswahl der Baustoffe und Ausführung von Mauerwerk" sollen bei Verblendschalen in Abständen von ca. 12 m entsprechende Ausgleichsfugen angeordnet werden. Diese haben die Aufgabe, die unterschiedlichen Verformungen zwischen der Verblendschale und der tragenden Innenschale aufzufangen. Je nach Konstruktion (Beton, Kalksandstein, Ziegel, Naturstein) können diese Angaben abweichen (siehe Tab. 4.3).

Nahezu vertikal oder treppenförmig verlaufende Risse der Außenschale können an Gebäudeecken, Fassadenvorsprüngen, Lisenen, Aussparungen, Loggien und dgl. auftreten. Als Rissursache wird in [12] horizontales Schwinden und/oder eine temperaturbedingte (Abkühlung) Verkürzung angegeben, durch die in der Verblendschale in der Regel mehr oder weniger horizontal gerichtete Zugspannungen erzeugt werden. Diese führen zu einem Versagen der

Tab. 4.3 Empfohlene Höchstwerte des Horizontalabstandes in Metern zwischen vertikalen Bewegungsfugen

Vertikale Dehnungsfugen in unbewehrten, tragenden und nicht tragenden Mauerwerk-Außenschalen nach prEN 1996-2		
Mauerwerk aus …	Behinderung der Wand am oberen und unteren Rand	Behinderung der Wand nur am unteren Rand
Ziegelstein	12	20
Kalksandstein	8	10
Betonstein	6	8
Porenbeton	6	8
Naturstein	12	20

Haftscherfestigkeit des Mörtels in den Lagerfugen im Überbindebereich der Steine. *Schubert* [12] führt weiter aus, dass bei Querschnittsänderungen durch Veränderung der Wanddicke im Bereich von Nischen, Aussparungen und dgl. im Bereich der reduzierten Wanddicke große Zugspannungen auftreten, wobei zwischen Spannung und Wanddicke ein unmittelbarer Zusammenhang besteht. So erhöht sich z. B. die Zugspannung auf das Doppelte bei einer Halbierung der Wanddicke. Infolgedessen ist eine Rissgefahr vorhanden, die noch zunimmt, wenn im Bereich der Querschnittsminderung das Mauerwerk nicht im Verband verlegt, sondern nur gestoßen wurde und durch eine Mörtelfuge miteinander „verbunden“ ist. Die Rissgefahr wird zusätzlich durch die Hebelwirkung erhöht, da die außen liegende Verblendschale in der Regel „beweglich“ und die innen liegende Verblendschale und/oder das Hintermauerwerk dagegen massiv ausgebildet wird (Abb. 4.54, Abb. 4.55, Abb. 4.56).

Abb. 4.54 Spannungsrisse in keramischen Belägen

4.3.7 Rissmechanismus (bei Wärmedämm-Verbundsystemen)

Treten Risse in Wärmedämm-Verbundsystemen auf, wurde die Grenzspannung im Putz überschritten. Dies bedeutet, dass die vorhandene Zugspannung (Rissspannung oder aufgetretene Dehnung) größer ist als die Zugfestigkeit (aufnehmbare Rissdehnung). Die Zugspannungen werden entweder durch äußere Einwirkungen verursacht oder durch die Behinderung von thermisch und/oder hygrisch bedingten Verformungen (Zwangsbeanspruchung). *Cziesielski* u. a. unterscheiden in [23] nur nach system- und ausführungsbedingten Ursachen. Zu den **systembedingten Ursachen** gehören u. a.

- die zu große Steifigkeit des Putzes, z. B. dickschichtiger Edelkratzputz (Abb. 4.57)
- Schwindverformungen der Dämmplatten aus Polystyrol (Abb. 4.58)
- eine ungeeignete Bewehrung (z. B. Polypropylen, zu große Maschenweite des Gewebes)
- ein zu geringer Hellbezugswert der Schlussbeschichtung

Typisch für **ausführungsbedingte Ursachen** sind u. a.

Abb. 4.55 Spannungsrisse in keramischen Belägen

Abb. 4.56 Spannungsrisse in keramischen Belägen

Abb. 4.57 Dickschichtiger Edelkratzputz

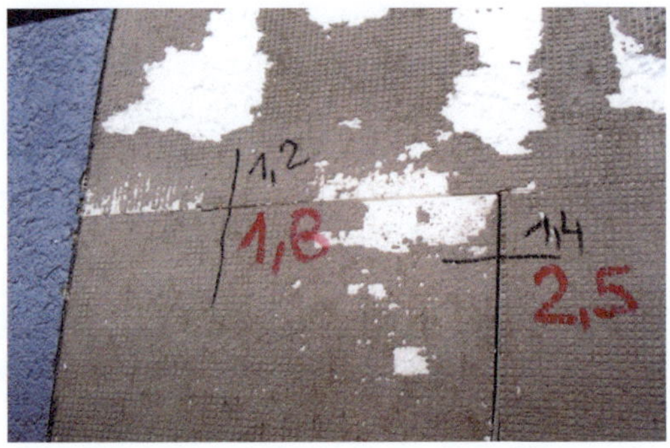

Abb. 4.58 Schwindverformungen der Dämmplatten aus Polystyrol

- fehlende oder falsche Verklebung insbesondere von EPS-Dämmplatten (z. B. nur Punkt-Verklebung und/oder keine fachgerechte Rand-Verklebung)
- offene Fugen zwischen den Dämmplatten
- falsche Verarbeitung oder mangelhafte Ausführung der Putzbewehrung im Hinblick auf die Lage und/oder die Gewebeüberlappung
- keine oder falsch verlegte Diagonalarmierung bei Ecken und Öffnungen
- kein Eckausschnitt des Dämmstoffs bei Fenstern
- zu geringe Dicke des Armierungsmörtels (Unterputz)
- unzureichende Härtung/Trocknung der Putz- und/oder Armierungsschicht (Unterputz)

Typische Riss-Erscheinungsbilder bei Wärmedämm-Verbundsystemen sind putzbedingte und untergrundbedingte Risse.

Zu den **putzbedingten Rissen** zählen Schwindrisse, die durch (ungeeignete) Eigenschaften und die Zusammensetzung des Oberputzes hervorgerufen werden und damit praktisch unabhängig vom WDVS sind. Schwindrisse entstehen auch auf anderen Untergründen und sind somit nicht systembedingt. Sie entstehen an der Oberfläche und verlaufen nur im Oberputz, der Unterputz bleibt rissfrei. Sie werden als beruhigt eingestuft, umso mehr, je engmaschiger das Rissbild ist.

Untergrundbedingte Risse treten in der Regel diagonal von den Fensterecken ausgehend und entlang der horizontalen und vertikalen Plattenstöße auf (Abb. 4.59). Sie sind u. a. darauf zurückzuführen, dass

- die Wärmedämmplatten nicht „knirsch" bzw. pressgestoßen sind,
- der Plattenversatz nicht eingehalten wurde,
- die Wärmedämmplatten nachschwinden,
- die Gewebearmierung nicht fachgerecht in die Armierungsschicht eingelegt wurde.

In [23] führen *Cziesielski* u. a. aus, dass nicht hinreichend abgelagerte Dämmplatten 1,5 bis 2,0 % nachschwinden können (Abb. 4.60). Bei einer Plattenlänge von 1 m kann durch das Nachschwinden eine Fugenbreite von max. 2,0 mm entstehen. Eine Fugenbreite dieses Ausmaßes tritt aber praktisch nicht auf, da die Schwindverformung der Dämmplatten aufgrund der Verklebung mit dem Untergrund behindert wird. Die Verklebung der Dämmplatten erfolgt gemäß den bauaufsichtlichen Zulassungen im Allgemeinen mit der Punkt-Wulst-Methode. Dies bedeutet, dass der Klebemörtel mit einer umlaufenden Wulst aufgetragen und durch zwei oder mehr Klebepunkte in der Mitte der Dämmplatte ergänzt wird. Die Wulst am Dämmplattenrand soll sicherstellen, dass die Dämmplatte in Folge eines möglichen Restschwindens, eines Aufschüsselns und/oder von Temperaturveränderungen nicht verschoben wird bzw. sich vom Untergrund löst. Ist eine fachgerechte Verklebung nicht sichergestellt, werden in der Armierungsschicht (Unterputz) sowie in der Schlussbeschichtung (Oberputz) Zugspannungen erzeugt, die Risse in den Putzschichten verursachen können (Abb. 4.61, Abb. 4.62).

Die einspringenden Ecken von Bauwerksöffnungen stellen grundsätzlich einen Schwachpunkt im Wärmedämm-Verbundsystem dar, da von ihnen eine Kerbwirkung ausgeht. Verlaufen die von den Ecken ausgehenden Risse in der Flucht der Öffnungskanten, so zeichnen sie meist ebenfalls Dämmplattenstöße nach. Verläuft der Riss in der Ecke diagonal, so fehlt in der Regel die zusätzliche diagonale Eckbewehrung. Rechnerische Untersuchungen [45] haben gezeigt, dass die Rissgefährdung oder -freiheit von folgenden Einflussfaktoren abhängig ist:

- Art der Schlussbeschichtung (Kunstharz- oder Mineralputz)
- Dehnsteifigkeit der Schlussbeschichtung (Oberputz)
- Bruchdehnverhalten der Schlussbeschichtung (Oberputz)
- Schwindverhalten (Wasserbindemittelwert, Nachbehandlung)
- Hydrophobierung (hygrische Verformungseigenschaften)
- Schubsteifigkeit der Wärmedämmung

Es wurde das Spannungs-, Dehnungs- und Rissverhalten von Mineral- und Kunstharzputzen untersucht und miteinander verglichen. Hierbei zeigte der organisch gebundene Putz bei den Zugversuchen eine deutlich höhere Elastizität. Erst bei einer Dehnung von mehr als 10 % konnten vereinzelt feine Risse festgestellt werden. Bei dem Mineralputz dagegen traten diese Risse bereits ab einer Dehnung von 0,5 % auf. Wie zu erwarten war, tritt hierbei ein sofortiger Spannungsabfall auf, bis die Gewebearmierung die Kräfte aufnimmt und verteilt.

Risse in WDVS können auch auf mechanische Einwirkungen, z. B. durch Befestigungsdübel,

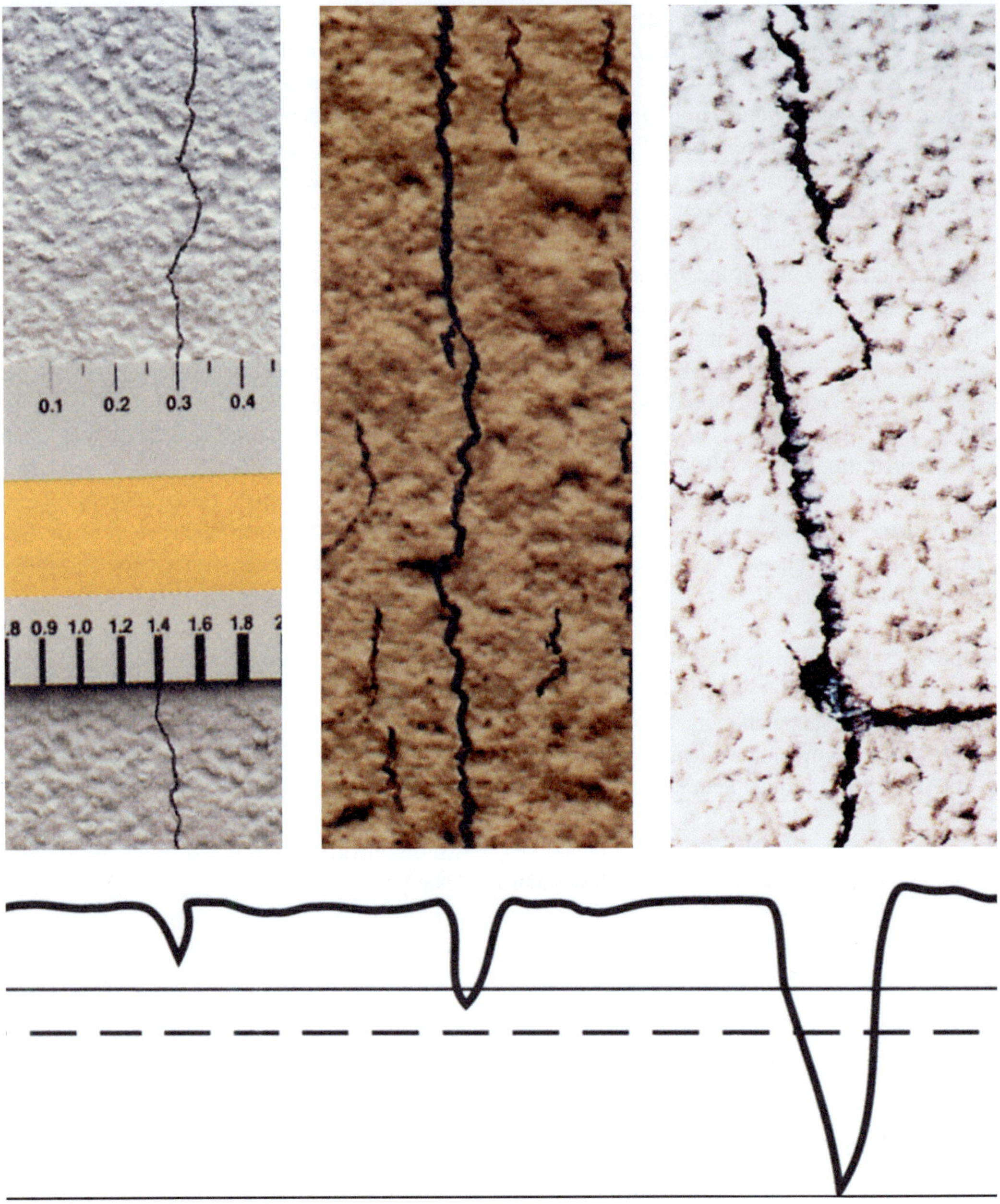

Abb. 4.59 Bei Wärmedämm-Verbundsystemen kommt es darauf an, ob der Riss die Armierungsschicht komplett durchzieht oder nur die Schlussbeschichtung

Abb. 4.60 zu große Fugenabstände z. B. durch ein Nachschwinden der Wärmedämmplatten

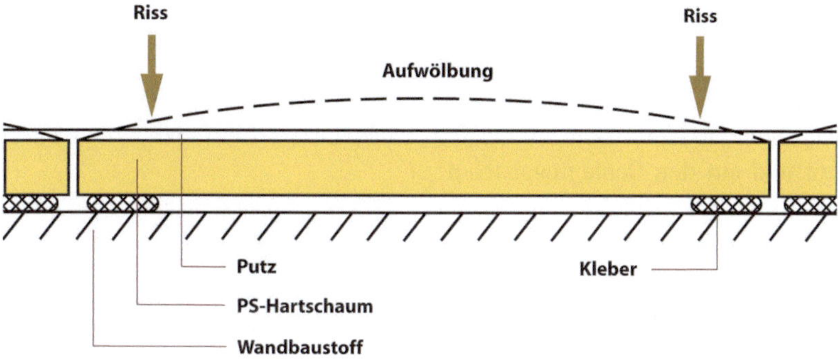

Abb. 4.61 schematische Darstellung für das unterschiedliche Spannungsverhalten und deren Rissbildung bei einem Aufwölben oder Aufschüsseln der Wärmedämmplatten

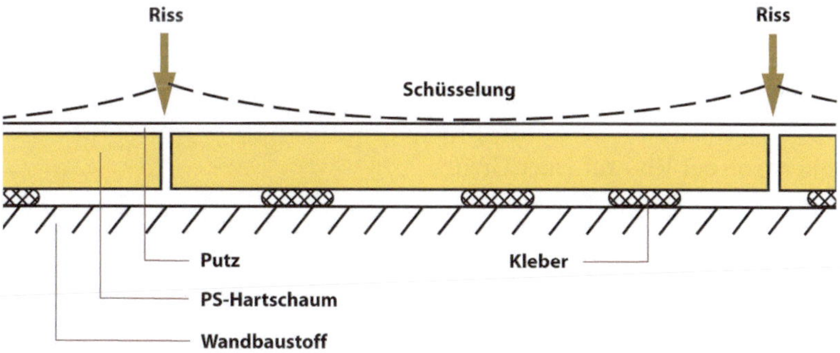

Abb. 4.62 schematische Darstellung für das unterschiedliche Spannungsverhalten und deren Rissbildung bei einem Aufwölben oder Aufschüsseln der Wärmedämmplatten

zurückgeführt werden. Befestigungsdübel können die Ursache für Putzrisse sein, wenn die Dübelschäfte zu starr sind, sodass die hygrothermischen Formänderungen der Putzschicht behindert werden. Außerdem müssen regelmäßig verteilte, rund verlaufende Risse mit einem Durchmesser von 50 bis 60 cm genannt werden. Die Ursache hierfür liegt häufig darin, dass die Tellerdübel der Verankerung nicht ausreichend eingebettet sind und oberhalb der Armierungsschicht liegen.

Bei der Bewertung von Rissen in Wärmedämm-Verbundsystemen gehen die Expertenmeinungen weit auseinander. In den Erläuterungen zur alten DIN V 18 550 Teil 2 ist nachzulesen, dass die Rissschäden dahingehend begutachtet werden sollen, in welchem Maße der „technische Wert" des Putzes durch die Risse beeinträchtigt wird. Neben der Beurteilung der optischen Beeinträchtigung sind vor allem die Auswirkungen auf die Dauerhaftigkeit und auf den Schlagregenschutz zu klären. Der Einfluss von Rissbildungen auf den Schlagregenschutz kann nur dann fach- und sachgerecht beurteilt werden, wenn die Kriterien der Wasseraufnahme im Riss und in Rissnähe und die anschließenden Austrocknungsmöglichkeiten des eingedrungenen Wassers berücksichtigt werden. Hierbei spielen folgende Faktoren eine entscheidende Rolle:

- die Kapillarität und Wasserspeicherfähigkeit des Putzes und des Untergrundes
- die Wasserdampfdurchlässigkeit des Putzes
- die Art des Rissverlaufes, wobei zusätzlich entscheidend ist, ob der Riss auf einer Grenzfläche zu einer dichten Schicht endet.

Diagonalrisse in den Fenster- und Türecken und an den Profilstößen sind deshalb in der Regel zu vernachlässigen, da sie auf nicht kapillar leitfähigen Dämmplattenoberflächen enden. Eine große Zahl, der über den Dämmplattenstößen verlaufenden Risse, sind allerdings dann besonders problematisch, wenn Dämmplatten ohne Stufenfalz oder mit nach oben geöffnetem Stufenfalz verlegt worden sind. *Künzel* weist auch auf die Möglichkeit des Feuchtigkeitstransportes durch Luftströmung und Staudruck bei durch mangelhafte Verklebung entstandenen Lücken im Untergrund hin. An Rissen längs der Stoßfugen von Wärmedämmplatten oder ausgehend von Dübeln findet unter dem Einfluss hygrothermischer Beanspruchungen eine Änderung der Rissbreite statt, sodass sie als Bewegungsrisse einzustufen sind (Abb. 4.63, Abb. 4.64). Beispielsweise Polystyrol-Hartschaumplatten, deren Wärmedehnzahl wesentlich größer als diejenige üblicher Putze ist, können Temperaturänderungen untergrundbedingte Rissbewegungen verursachen. Andererseits sind hygrische Formänderungen von nicht hygroskopischen und nicht saugfähigen Wärmedämmstoffen wie EPS bei Feuchteänderungen vernachlässigbar gering.

In den letzten 15 bis 20 Jahren sind vom *Fraunhofer-Institut für Bauphysik* zahlreiche Untersuchungen über die Feuchteverhältnisse bei Dämmstoffen von Wärmedämm-Verbundsystemen durchgeführt und publiziert worden. Gegen-

Abb. 4.63 nach der Freilegung der Armierungsschicht wird deutlich, dass der Fugenabstand der Wärmedämmplatten zu groß ist

Abb. 4.64 nach der Freilegung der Armierungsschicht wird deutlich, dass der Fugenabstand der Wärmedämmplatten zu groß ist

Abb. 4.65 Blasenbildung zwischen den Wärmedämmplatten und dem Beschichtungsaufbau

stand einer derartigen Untersuchungsreihe war z. B. der Einfluss der Temperatur auf die Breite einer Stoßfuge zwischen zwei EPS-Dämmplatten. Zur Erhöhung der Zugfestigkeit bzw. zur Verteilung der auftretenden Spannungen auf eine größere Fläche dient die Gewebearmierung, die mittig in die Armierungsschicht einzulegen ist und eine ausreichende Überlappung von 5 bis 10 cm aufweisen muss. Fehlt diese Überlappung, können die Zugkräfte von einem Armierungsgewebe zum anderen nicht übertragen werden. Selbstverständlich ist, dass Art, Korngröße und Dicke der Armierungsschicht einerseits als auch Art und Maschenweite des Armierungsgewebes andererseits miteinander abgestimmt sein müssen – abgesehen davon, dass diese Forderung durch die Produktzulassung jedes Herstellers ohnehin vorgegeben ist.

In Versuchen wurden die Zeitverläufe der Rissbreitenänderung eines sich stark und eines sich geringer bewegenden Risses bewertet. Hierbei wurde eine maximale Änderung der Oberflächentemperatur von ca. 12 K angenommen; dann beträgt die Rissbreitenänderung des sich stark ändernden Risses ca. 0,1 mm. Da die Messungen im Oktober durchgeführt wurden, sind bei höherer thermischer Beanspruchung im Sommer entsprechend größere Rissbreitenänderungen zu erwarten. Die Unterschiede in der Breitenänderung verschiedener Risse sind auf die jeweiligen Situationen der Plattenverlegung zurückzuführen. Derartige Einflüsse haben in den o. g. Versuchen bewirkt, dass bei manchen Rissen nur die Armierungsschicht, bei anderen die Armierungsschicht und der Oberputz und in anderen Fällen zusätzlich auch das Gewebe gerissen ist.

Auf eine Besonderheit ist bei Schlussbeschichtungen mit einem höheren Wasserdampfdiffusionswiderstand und mit unterschiedlichen Diffusionswerten im Trocknungs- und Durchfeuchtungsbereich hinzuweisen. Bei Wärmedämm-Verbundsystemen mit z. B. Kunstharzputzen als Oberputz kann eine Erhöhung der Feuchtigkeit im Dämmstoff in Folge der geringeren Wasserdampfdiffusion auftreten (Abb. 4.65, Abb. 4.66). Dies wird bedingt durch stärkeres

Abb. 4.66 Blasenbildung zwischen den Wärmedämmplatten und dem Beschichtungsaufbau

Abb. 4.67 bei diesem Schadensfall wurde sowohl die Mindestschichtdicke der Armierung unterschritten als auch das Armierungsgewebe direkt auf der Wärmedämmplatte aufgebracht

Eindringen (Diffusion) von Wasserdampf bei Besonnung einer regennassen Fassade im Vergleich mit der Intensität der anschließenden Trocknung. Auf die sorgfältige Ausführung und Abdichtung aller Anschlüsse ist daher bei diesen Systemaufbauten besonders zu achten.

Ungeachtet der Vielfalt der auf dem Markt befindlichen Wärmedämm-Verbundsysteme hinsichtlich der verwendeten Bau- und Dämmstoffe und der Gebrauchseigenschaften können folgende allgemeine Ursachen für das Auftreten von Schäden genannt werden:

- Die EPS-Dämmplatten sind nicht ausreichend abgelagert, sodass im Bereich der Plattenstöße aufgrund einer starken Schwindverformung hohe Zugspannungen in das Putzsystem übertragen werden.
- Es werden Wärmedämmplatten mit sehr hoher Steifigkeit verwendet, sodass die so genannten Relativverformungen zwischen dem Oberputz und dem Untergrund nicht übertragen werden können
- Die Dämmplatten werden nicht vollflächig oder nicht mit dem Wulst-Punkt-Verfahren, sondern nur punktweise auf den Untergrund geklebt. Durch die fehlende Wulstverklebung sind die Plattenränder nicht ausreichend fixiert, sodass Bewegungen möglich sind.
- Die Dämmplatten werden nicht passgenau angeklebt, sodass offene Fugen entstehen, die vom Putzsystem überbrückt werden müssen
- Das Gewebe fehlt stellenweise im Unterputz oder wird nicht fachgerecht eingearbeitet. Die Aufgaben des Gewebes, die einwirkenden Kräfte auf eine größere Fläche zu verteilen und die Zugfestigkeit des Putzsystems zu erhöhen, werden nicht erfüllt (Abb. 4.67).

Allgemein gilt am Markt die Aussage, dass so genannte Haarrisse bis 0,1 mm in der Regel unkritisch bzw. unproblematisch sind. Bei einer Rissbreite von 0,1 bis 0,2 mm muss mit Eindringen des Regenwassers durch Staudruck und/oder Schlagregen gerechnet werden. Deshalb muss bei der Bewertung der Rissbreiten berücksichtigt werden, um welche Art von Putzen es sich handelt und wie tief der Riss ist. Außerdem spielt auch das Alter des Wärmedämm-Verbundsystems bzw. seiner Schlussbeschichtung eine wichtige Rolle.

Bei Rissbreiten über 0,2 mm kann man in der Regel davon ausgehen, dass die Gebrauchstauglichkeit des WDVS eingeschränkt ist. Zu den Einschränkungen gehören u. a.:

- die Durchfeuchtung der Wärmedämmung,
- die verminderte Haftzugfestigkeit zwischen der Wärmedämmplatte, der Armierungsschicht (Unterputz) und der Schlussbeschichtung (Oberputz),

- die verminderte Querzugfestigkeit von Mineralfaserdämmplatten sowie
- die verminderte Frost-Tau-Wechsel-Beanspruchbarkeit.

Bei Untersuchungen an ausgeführten Wärmedämm-Verbundsystemen wird festgestellt, dass in Systeme mit Polystyrol-Hartschaumplatten in der Regel weniger Wasser eindringt als in vergleichbare Systeme mit Mineralfaserdämmung. In Wärmedämm-Verbundsystemen mit Mineralfaserdämmplatten wird darüber hinaus die Querzugfestigkeit der Dämmplatte bei einer Durchfeuchtung irreversibel reduziert, sodass nach Rücktrocknung die Ausgangsfestigkeit des Dämmstoffs nicht wieder erreicht wird. Aufgrund dieser Untersuchungsergebnisse empfehlen *Ziesielski* u. a. in [23] folgende „zulässige" Rissbreiten:

- Putz auf Mineralfaser-Dämmplatten $w \leq 0{,}2$ mm
- Putz auf Polystyrol-Hartschaumplatten $w \leq 0{,}3$ mm

Diese Empfehlungen stimmen überein mit den DIN EN 13499 „Wärmedämmstoffe für Gebäude – Außenseitige Wärmedämm-Verbundsysteme (WDVS) aus expandiertem Polystyrol – Spezifikation" und DIN EN 13500 „Wärmedämmstoffe für Gebäude – Außenseitige Wärmedämm-Verbundsysteme (WDVS) aus Mineralwolle – Spezifikation" sowie mit dem WTA-Merkblatt „Instandsetzung gerissener Putze an Fassaden", in denen jeweils eine zulässige Rissbreite von $\leq 0{,}2$ mm angegeben wird.

Künzel kommt aufgrund langjähriger Untersuchungen zu dem Ergebnis, dass Risse in Oberputzen von Wärmedämm-Verbundsystemen in der Regel die Funktion des Systems nicht beeinträchtigen. Die Risse sind lediglich als eine optische Auffälligkeit zu bewerten. Folgeschäden sind nach seiner Einschätzung nicht zu erwarten. Maßgebend für diese Bewertung sind einerseits die günstigen hygrischen Eigenschaften der Dämmplatten, die weder hygroskopisch noch kapillaraktiv sind, und andererseits die wasserabweisende Einstellung der üblicherweise verwendeten Oberputze. *Oswald* schließt sich diesen Ausführungen nicht oder nur bedingt an und empfiehlt, Risse in einem Wärmedämm-Verbundsystem **grundsätzlich** einer sorgfältigen Bewertung **im Einzelfall** zu unterziehen. Im Allgemeinen gilt, dass Risse in Wärmedämm-Verbundsystemen in den meisten Fällen eine Nachbesserung erforderlich machen und nicht vernachlässigt werden dürfen.

4.3.8 Rissmechanismus (bei Holzwolle-Leichtbauplatten)

Bei Holzwolle-Leichtbauplatten entstehen aufgrund hygro-thermischer Einflüsse Volumenänderungen. Diese werden in reversible und irreversible Formänderungen (Veränderung des Feuchtigkeitshaushaltes) unterschieden. Schwinden im jungen Alter ist primär auf den Zementstein zurück zu führen, während Schwinden zum späteren Zeitpunkt durch das Schwinden des Holzes verursacht wird. Hierbei verhält sich das Schwindverhalten (Formänderungen) bei dichten zementgebundenen Spannplatten anders als z. B. bei porösen Leichtbauplatten. Des Weiteren muss der Einfluss hydrophobierender Zusatzmittel genannt werden, da Feuchtigkeit als Katalysator dieser Vorgänge ursächlich ist.

Putzrisse und/oder -ablösungen auf Holzwolle-Leichtbauplatten u. ä. werden auf verschiedene Ursachen zurück geführt. Entweder versagt aufgrund von Feuchteeinwirkung das Bindemittel der Holzwolle-Leichtbauplatte bzw. -verbundplatte und/oder der Unterputz wird aufgrund einer Mineralphasenbildung in der Grenzschicht zwischen Untergrund und Putzschicht abgesprengt. Dies wird u. a. durch das Elastizitätsmodul, Wasserrückhaltevermögen sowie Haftzugfestigkeit beeinflusst.

Die Verarbeitungsrichtlinien der Hersteller schreiben hierzu vor, dass mit einem Spritzbewurf gearbeitet werden muss, um das Quellen der Platten einzudämmen. Des Weiteren wird für den Spritzbewurf eine Standzeit von 4 Wochen (!) vorgeschrieben – eine Forderung, die angesichts der derzeit üblichen Baustellenabläufe und Terminplanung absurd erscheint. Für den Verarbeiter ist diese Forderung aufgrund der daraus resultierenden vierwöchigen Pause im Bauablauf meist nicht einzuhalten. Die aus der Verkürzung der Standzeit des Spritzbewurfs resultierenden Putzrisse in Folge der unvermeidlichen Schwindung der Holzwolle-Leichtbauplatten werden in der Praxis häufig in Kauf genommen. Werden gerissene Putze auf Holzwolle-Leichtbauplatten untersucht, werden in der Regel geringe Festigkeiten festgestellt. Meistens korreliert diese geringe Festigkeit mit einem Verlust des Adhäsionsverhaltens.

Der geschilderten Rissbildung könnte relativ einfach vorgebeugt werden, wenn der Planer dem Rohbauer übertragen würde, die zu dämmenden Untergründe mit einem Spritzbewurf zu versehen. In diesem Fall wäre die geforderte Standzeit zu dem Zeitpunkt, an dem der Verarbeiter zur Untergrundprüfung auf der Baustelle eintrifft, sicher eingehalten, wenn nicht gar überschritten. Ein weiteres Problem ist der Materialwechsel im Untergrund. Durch das unterschiedliche Saugverhalten verschiedener Materialien wie z. B. Holzwolle-Leichtbauplatten und Ziegelmauerwerk ist die Rissbildung in vielen Fällen unvermeidbar und im Nahtbereich fast immer relativ gut zu erkennen.[40]

4.3.9 Rissmechanismus (bei Holzweichfaserplatten)

Durch die zunehmende Bedeutung der Holzbauten in Deutschland – mittlerweile werden knapp 20 % der Neubauten in dieser Bauweise errichtet – werden immer mehr Holzweichfaserplatten auch im Außenbereich eingesetzt. Diese Dämmplatten nach DIN EN 13171 „Wärmedämmstoffe für Gebäude – werkmäßig hergestellte Produkte aus Holzfasern (WF) – Spezifikation“ werden entweder im Trocken- oder Nassverfahren hergestellt und als Putzträgerplatten bezeichnet, da sie den Untergrund für den anschließenden Armierungsputz bilden. Vor allem im Bereich von Geschossstößen sowie im Übergangsbereich von Aufstockungen oder Anbauten können Quetschfalten entstehen. Diese Bewegungen/Spannungen müssen durch Ausbildung einer Bauteilfuge durch Dehnungsprofile kompensiert werden und dürfen nicht auf das Wärmedämm-Verbundsystem übertragen werden. Dies bedeutet, dass die Bauteilfugen nicht überdämmt werden dürfen und auch im WDVS als Dehnungsfuge ausgebildet werden müssen. Vor allem gegenüber Vertikalverformungen sind Wärmedämm-Verbundsysteme mit Holzweichfaserplatten besonders empfindlich.

Typische Rissbildungen treten im Bereich der Plattenstöße auf, wenn die Holzweichfaserplatten nicht gut genug zusammengepresst wurden (Fugen > 2mm). Treten die Risse im Bereich der Fenster- und/oder Türlaibungen auf, sind die Dämmplatten entweder als Kreuzfuge ausgebildet und/oder die Diagonalarmierung fehlerhaft verlegt oder nicht ausgeführt. Häufig kann beobachtet werden, dass die Sockeldämmplatte zwischen Bodenplatte oder Keller und Holzbaukonstruktion nicht getrennt befestigt ist, sodass sich die Spannungen übertragen. Die Spannungen aufgrund der Verformungen können auch durch eine zweimalige Gewebearmierung nicht aufgenommen werden.

Bei Rahmenkonstruktionen mit Beplankung/Bekleidung aus Plattenwerkstoffen oder auf tragenden Holzkonstruktionen müssen die Holzweichfaserdämmplatten mit Tellerbefestiger oder Breitrückenklammern nach DIN EN 1995 immer auf den Rippen befestigt werden. Dies bedeutet, dass die Befestigungsmittel durch die Beplankung/Bekleidung gesetzt werden müssen. Anderenfalls treten Diagonalrisse über die gesamte Fläche auf.

4.3.10 Rissmechanismus (im Holzständerbau)

Ein Holzständerbau, nicht zu verwechseln mit einem Holzrahmenbau oder Holzmassivbau, ist eine flexible Konstruktion aus senkrechten, waagerechten und schrägen Stäben mit latent beweglichen Knotenpunkten. Bevorzugtes Material ist Eichenholz, wobei auch Kiefer, Fichte und Tanne verwendet wird. Aufgrund der spezifischen Materialeigenschaften ist Holz in der Lage, durch geeignete Blatt- und Zapfenverbindungen vornehmlich Druckkräfte und in geringem Maße auch Zugkräfte aufzunehmen. In Folge der inhomogenen Materialkombination, bestehend aus der Gefachfüllung einerseits sowie dem Holzskelett andererseits und den daraus resultierenden unterschiedlichen spezifischen Materialeigenschaften wie z. B. Zug- und Druckfestigkeit, Dehnverhalten, Wasseraufnahme und -speicherung, sind Risse in Holzständerbauten systemimmanent.

Eine entscheidende Rolle spielt der Baustoff. Holz ist im Vergleich zu industriell hergestellten Baustoffen kein homogenes Material, sodass im Querschnitt unterschiedliche Eigenschaften auftreten können. Als gewachsenes biologisches Material besitzt jeder Stamm individuelle Merkmale, die durch die Holzart, die Struktur, den Standort sowie Umweltfaktoren beeinflusst werden. Zu den Standortfaktoren gehören z. B. die Klimazone und Bodenbedingungen. Individuelle Umwelteinflüsse hingegen können Hitze (z. B. Blitzschlag), mechanische Schäden (z. B. orkanartige Windböen), Kälte (z. B. Frostsprengungen) oder Mikroorganismen (z. B. Befall durch Schädlinge) sein. Auch Änderungen der Lichtverhältnisse u. v. m. können zu Veränderungen im Wachstum beitragen und somit den Faserverlauf im Holz beeinflussen. Daher sind für das Verständnis von Rissbildungen in Holzkonstruktionen gewisse Grundkenntnisse in der Holzanatomie wichtig.

In der Längsrichtung besteht Holz aus Fasern und in der Querrichtung aus Jahrringen. Letztere teilen sich in das so genannte Frühholz (hell) und Spätholz (in der Regel dunkel) auf. Frühholz bildet sich im Frühjahr und dient dem Baum zur Versorgung mit Nährstoffen. Spätholz wird im Sommer gebildet und dient der Stabilisierung des Baums. Im Gegensatz zum Frühholz besitzt Spätholz eine höhere Dichte. Standort- und Umweltfaktoren können bei jedem Stamm individuell in den Jahresringen abgelesen werden. Außerdem besitzen schnell wachsende Baumarten einen höheren Frühholzanteil und weisen deshalb eine geringere Rohdichte auf. Außerdem unterscheidet man den Stammquerschnitt bei hauptsächlich im Holzständerbau verwendeten Hölzern in Kern- und Splintholz. Das Kernholz bildet das Grundgerüst. In seinen Jahresringen werden keine Nährstoffe mehr transportiert und durch Einlagerung von diversen Zusatzstoffen erfolgt eine Art Aussteifung der Zellen. Das Splintholz wird durch die äußeren Jahresringe gebildet und dient dem Wasser- und Nährstofftransport. Das Wasser und die Nährstoffe sind zwischen den Fasern und in den Zellen einlagert, was es besonders anfällig für holzzerstörende Pilze und Insekten macht. Nach dem Fällen des Baumes entweicht dieses Wasser, sodass die Fasern und Zellen schrumpfen. Außerdem trocknet Splintholz schneller als Kernholz und reißt daher schnell auf. Ein Riss kann bis tief in den Kern dringen.

Die Holzfeuchte – konkret die hygroskopische Ausgleichsfeuchte des Holzes – ist der entscheidende Faktor für die Rissbildung. Holz passt sich der Luftfeuchte in seiner Umgebung an. Durch die Einlagerung und Abgabe von Wasser in den Fasern unterliegt Holz in Abhängigkeit der Umgebungsfeuchte durch Quellen und Schwinden einer ständigen Volumenänderung, sodass es im Holz zu Spannungen kommt, die zu Schwind- bzw. Trocknungsrissen führen können. Diese Volumenänderung ist tangential zum Jahresring am größten, während diese in axialer Richtung des Stamms am geringsten ist. Schwachstellen wie z. B. Asteinschlüsse können eine Rissbildung zudem begünstigen, da die Struktur unterbrochen wird und der Astansatz ein eigenes Schwindverhalten aufweist. Hierbei muss beachtet werden, dass Holz längs zu seiner Faserrichtung große Zugkräfte aufnehmen kann, während die Zugfestigkeit quer zur Faser sehr gering ist. Infolgedessen können Risse aufgrund der Inhomogenität von Holz nicht vermieden werden. Im Vollholz sind Schwindrisse dagegen eher die Regel.

Dennoch sollte man bei der Planung und Ausführung darauf achten, dass Bauschnittholz (Nadelholz) in Anlehnung an die DIN 1052-1 „Holzbauwerke – Berechnung und Ausführung“ (Anmerkung: in der Zwischenzeit zurückgezogen) prinzipiell mit einer Holzfeuchte unter 20 % verbaut wird. Das Problem in der Praxis ist allerdings, dass viele Hölzer bei der Beschaffung immer noch Ausgleichsfeuchten über 20 % aufweisen und der Austrocknungsprozess sehr langsam stattfindet. Darüber hinaus ist essenziell, dass Holz während der Lagerung und Montage keiner neuen Feuchtigkeit ausgesetzt ist. Werden Holzständerwerke oder Dachstühle im strömenden Regen errichtet, kommt es nicht nur kurzfristig zu einer Durchfeuchtung, was ideale Wachstumsbedingungen für holzzerstörende Pilze schafft, sondern später auch zu Verformungen und Spannungen aufgrund des oben beschriebenen Quellens und Schwindens, sodass Risse entstehen.

Risse im Holz können aber auch durch andere Ursachen entstehen. Beispielhaft sollen eine zu hohe Ästigkeit, Druckholz oder Drehwuchs genannt werden. Letztgenannter ist eine Besonderheit bei manchen Bäumen, bei denen Fasern nicht senkrecht im Stamm verlaufen, sondern spiralförmig in einer Torsionsbewegung. Während der Trocknung im verbauten Zustand kann es vorkommen, dass sich dieses Holz in Richtung seines Faserverlaufs dreht und diagonale, den Fasern folgende Risse bildet. Dies bzgl. wird auf die DIN 4074-1: „Sortierung von Holz nach der Tragfähigkeit - Teil 1: Nadelschnittholz" (2012) verwiesen, in der die Qualität der unterschiedlichen Hölzer für den modernen Holzbau durch die Einteilung in Sortierklassen geregelt ist.

Risse im Holz sind aber nicht nur ein optisches Problem, sondern können auch Habitat für Mikroorganismen werden und/oder den Zutritt für Flammen bei einem Brand beschleunigen.

Risse im Holz müssen aber nicht zwangsläufig auf das Quellen und Schwinden in Verbindung mit hygroskopischer Feuchte oder auf Unregelmäßigkeiten im Wachstum zurückzuführen sein, sondern können auch Anzeichen für statische Probleme sein. Bei Lastveränderungen, nachträglichen Querschnittsschwächungen oder einer Überdimensionierung des Bauteils können Risse die Vorboten für Verformungen, Quetschungen und Brüche sein. Daher sollte einer verstärkten Rissbildung oder sogar Absplitterung an Auflagern oder Knotenpunkten immer eine besondere Aufmerksamkeit gewidmet werden. Bei tragenden Bauteilen sollte ein Statiker oder Tragwerksplaner hinzugezogen werden. Der Vollständigkeit halber soll auch Korrosion an Verbindungselementen aus Metall genannt werden, die zu einer Rissbildung führen kann.

Einen Sonderfall bilden Leimhölzer oder Leimbinder. Auch wenn bereits in der Produktion mögliche Fehlerquellen minimiert werden, können sich in Leimhölzern nach dem Einbau Risse bilden. Entscheidend ist, ob sich der Riss in der Lamelle (im Holz selbst) oder in der Leimfuge bildet. Risse in der Lamelle sind in der Regel Schwindrisse und auf den bereits erwähnten Wechsel der Holzfeuchte (Quellen und Schwinden) zurückzuführen. Hierbei treten diese Risse fast immer auf der der Sonne ausgesetzten Fassadenseite auf und kaum auf den beschatteten Seiten. Risse in der Leimfuge dagegen sind in der Regel ein Zeichen für schlechte Verklebung oder ein Nachlassen der Klebkraft des Klebers, wodurch die Tragfähigkeit des Leimbinders unter Umständen nicht mehr gegeben ist.

4.3.11 Rissmechanismus (bei Außenstuck)

Fassadenstuck wird in zwei verschiedenen Techniken hergestellt. Die traditionelle Methode ist das Antragen und Profilieren des Stuckmörtels. Alternativ werden hierfür industriell hergestellte Profile und Stuckornamente mit einem Kleber auf den Untergrund aufgeklebt.

Bei der traditionellen Methode wird der Stuckmörtel direkt auf den Untergrund (in der Regel Mauerwerk) aufgetragen und mit einem Schlitten abgezogen, bis sich das Profil abzeichnet. Nachdem das Profil ausgebildet ist, wird an- und abschließend eine feine Mörtelschicht aufgetragen, die zum Schluss mit dem Schlitten abgezogen wird. Infolgedessen bildet sich das Profil scharfkantig aus, wobei offene Poren und Lunker verschlossen werden. In diesem Fall ist das Profil mit dem Untergrund verbunden und Bestandteil der Putzfassade. Risse entstehen in der Regel dann, wenn Spannungen aus dem Untergrund (Mauerwerk) in das Profil übertragen werden (untergrundbedingte Risse). Die Stuckrisse können sowohl senkrecht zur Richtung der Profilachse auftreten als auch im Anschluss an die Putzfläche (Horizontalrisse).

Risse im Außenstuck entstehen immer dann, wenn Formänderungen oder Verformungen zwischen mindestens zwei (oder mehreren) Materialien behindert werden. Die Verformung des Stucks ist auf hygro-thermische Vorgänge zurückzuführen, einerseits auf das Schwinden bei der Austrocknung bzw. bei der Erhärtung und andererseits auf das Quellen durch Feuchtigkeitsaufnahme sowie durch Temperaturänderungen. Aufgrund der Verbindung mit dem Untergrund werden diese Verformungen behindert, sodass Spannungen entstehen. Wie bei der Putzbeschichtung ist die Rissentstehung im Wesentlichen auf eine der beiden folgenden Mechanismen zurückzuführen:

- Die Zugspannung ist größer als die Zugfestigkeit.
- Die Zugspannung ist größer als die Haftscherfestigkeit. Dies ist die am häufigsten vorkommende Beanspruchung bei Außenstuck, da neben dem trocknungs- oder härtungsbedingten Schwinden (innerhalb des Stuckprofils) auch Scherspannungen (Haftung des Stuckprofils zum Untergrund) auftreten.

Kalkzementgebundene Außenstuckmörtel unterscheiden sich von industriell gefertigten Profilen und von gipshaltigem Innenstuck u. a. durch Schwindung bei Erhärtung, Nachschwinden auf Gewichtskonstanz sowie durch die hygrisch bedingte Formänderung. Hydraulisch gebundene Außenstuckmörtel besitzen ein Anfangsschwindmaß von 1,0 bis 1,5 mm/ m (freie Schwindung) und eine temperaturbedingte Längenänderung von 0,3 bis 1,0 mm/ m. Hierbei muss beachtet werden, dass ein Spannungsabbau in Profilen immer nur eindimensional (in Richtung der Profilachse) erfolgt. Infolgedessen ist ein Stuckprofil stets rissgefährdeter als eine klassische Putzfläche.

Ansonsten können im Allgemeinen die Ausführungen zu den Putzbeschichtungen übernommen werden, da sich die Rissmechanismen nicht wesentlich unterscheiden.

Dagegen unterscheidet sich der Rissmechanismus, der bei industriell gefertigten Profilen auftritt, die auf den Untergrund aufgeklebt werden, zum Teil erheblich vom Rissmechanismus der Putze. Neben den lastabhängigen und lastunabhängigen Verformungen des Untergrundes, die sich auf das Fassadenprofil übertragen und Risse hervorrufen können, sind die behinderten Längenänderungen (Zugfestigkeit) der Profile sowie deren Haftung auf dem Untergrund (Haftscherfestigkeit) die Hauptursachen für Rissbildungen. Beide Mechanismen treten in der Regel parallel auf, wobei dem Abscheren des Profils vom Untergrund eine entsprechend hohe Zugspannung vorausgehen muss. Verantwortlich für den Aufbau hoher Zugspannungen in den Profilen ist primär das hygrische und thermische Quellen und Schwinden, da industriell gefertigte Profile (z. B. aus Polystyrol oder Blähglas) und der Untergrund (in der Regel eine Putzbeschichtung) einen unterschiedlichen Wasseraufnahmekoeffizienten und eine unterschiedliche Wärmeleitfähigkeit besitzen. Infolgedessen werden in den Profilen aufgrund der unterschiedlich hohen Feuchteaufnahmefähigkeit sowie aufgrund der unterschiedlichen Wärmeleitfähigkeit hygrische und thermische Quell- und Schwindvorgänge ausgelöst. Werden die Oberflächen der Profile und des Untergrundes zusätzlich mit verschiedenen Farbtönen versehen, verstärkt sich durch den unterschiedlichen Hellbezugswert das Problem zusätzlich. Aufgrund hoher Zugspannungen löst sich das Profil vom Untergrund, sodass Feuchtigkeit eindringen kann.

Da Stuckprofile – unabhängig davon, ob handwerklich ausgeführt oder industriell (vor)gefertigt – aus der Fassade herausragen, ist die Feuchtigkeitsbelastung zum Teil erheblich. Infolgedessen muss die Art der Schlussbeschichtung auf das Profil (Verträglichkeit) und die zu erwartenden Niederschlagsmengen abgestimmt sein. Aufgrund der bisherigen Erfahrungen geht die Majorität der Hersteller dazu über, leicht gefüllte und/oder rissüberbrückende Dispersions- oder Siliconharzfarben als Schlussbeschichtung für Fassadenprofile zu empfehlen.

4.4 Rissflankenverschiebung

Neben den baustoffspezifischen Rissmechanismen muss die individuelle Rissflankenverschiebung betrachtet werden. Je nach Größe der

Spannung, Art des Baustoffes oder Bauteiles sowie je nach Ursache verlaufen Risse nur an der Oberfläche oder durchtrennen den Bauteilquerschnitt ganz oder teilweise. Die Information über den Zeitpunkt des Auftretens des Risses liefert erste konkrete Hinweise auf die Rissursachen. Eine weitere und in der Praxis häufig unterschätzte Informationsquelle ist die Verschiebung oder der Versatz der Rissflanken zueinander (Abb. 4.68). Hierbei wird in der Regel nur die Rissbreitenänderung bewertet, indem die Rissbreite gemessen wird. Diese Herangehensweise vernachlässigt, dass sich die Rissflanken nicht nur parallel auseinander bewegen (Breitenänderung), sondern auch parallel auseinander scheren können (Höhenversatz). In seltenen Fällen kann dieses Scherverhalten auch entlang der Rissflanken festgestellt werden, sodass prinzipiell drei verschiedene Mechanismen der Rissflankenverschiebung zu unterscheiden sind (Abb. 4.69). Nicht selten findet eine zweidimensionale Rissflankenverschiebung aus z. B. Breitenänderung und Scherung parallel statt. Im Extremfall kann auch eine dreidimensionale Rissflankenverschiebung vorliegen (Abb. 4.70). Dies bedeutet, dass unmittelbar über dem Risskreuz eine Breitenänderung des Risses stattfindet, der sich in der Höhe zueinander verschiebt und in Längsrichtung auseinander schert.

Bei thermisch bedingten Längenänderungen liegt in der Regel eine zweidimensionale Rissflankenverschiebung vor. Bei lastbedingten Verformungen werden häufig dreidimensionale Rissflankenverschiebungen festgestellt. Dies muss durch den Sachverständigen unbedingt erkannt und messtechnisch erfasst werden, da sonst eine fehlerhafte Interpretation der Rissursachen erfolgt und ein ungeeignetes Instandsetzungs- oder Beschichtungssystem ausgewählt wird.

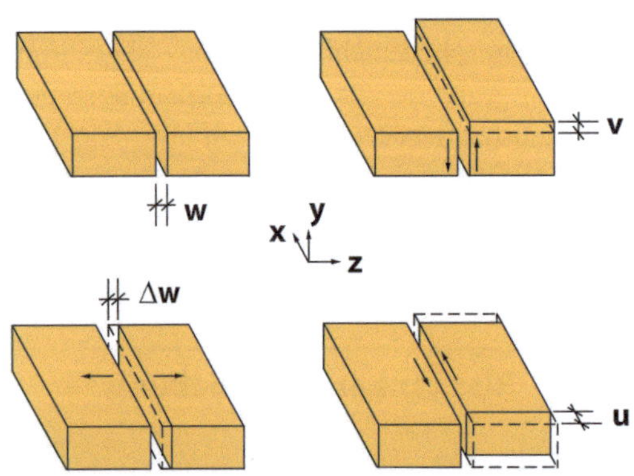

Abb. 4.68 schematische Darstellung der dreidimensionalen Rissflankenverschiebung

Abb. 4.69 Praxisbeispiel für eine zweidimensionale Rissflankenverschiebung

Abb. 4.70 Praxisbeispiel für eine dreidimensionale Rissflankenverschiebung

Prinzipiell ist die Frage, ob sich die Rissflanken noch bewegen – und wenn, in welchen Dimensionen – eine der Kernfragen überhaupt bei der Risssanierung. In der Praxis wird an dieser Stelle immer die unendliche Diskussion geführt, ob ein Riss beruhigt ist oder ob es sich um einen dynamischen Riss handelt, ob es überhaupt beruhigte Risse gibt oder ob nicht aufgrund thermischer und/oder hygrischer Einflüsse immer ein gewisses Quellen und Schwinden stattfindet und damit auch eine mehr oder weniger große Rissflankenverschiebung.

Es reicht heute nicht mehr aus, die Frage einer möglichen Rissflankenverschiebung nur anhand der Rissart beurteilen zu wollen. Aufgrund der bisherigen Ausführungen über

- Mikrorisse und Makrorisse
- innere und äußere Kräfte
- lastunabhängige und lastabhängige Verformungen
- thermisches und/oder hygrisches Quellen und Schwinden

ist deutlich geworden, dass der Rissmechanismus ein komplexer Vorgang ist, der von vielen Faktoren beeinflusst wird und ohne entsprechende Messungen und ohne eine qualifizierte Bewertung nicht objektiv beurteilt werden kann.

Es macht deshalb keinen Sinn, bereits an dieser Stelle die verschiedenen Risse und ihre Ursachen zu beschreiben, da erst die Untersuchungen am Bauwerk und ggf. weiterführende Materialanalysen im Labor eine objektive Grundlage hierfür bieten. Im nachfolgenden Kapitel werden deshalb zunächst die Untersuchungen am Bauwerk beschrieben, bevor anschließend eine Bewertung der Risse nach unterschiedlichen Kriterien erfolgt. Erst danach ist es sinnvoll, die verschiedenen Rissbilder den jeweiligen Ursachen zu zuordnen und eine Klassifizierung der Rissarten vorzunehmen.

Diagnostik und Bewertung von Rissen

5

Inhaltsverzeichnis

5.1 Einleitung

In der Praxis kann oft beobachtet werden, dass Risse und ihre Auswirkungen häufig nur subjektiv bewertet werden. Als Anhaltspunkt dienen entweder die Rissbreite, die in der Regel zu groß eingeschätzt wird, und/oder die Risstiefe, soweit diese überhaupt zu erkennen ist. Auf dieser subjektiven Einschätzung wird dann ein „Sanierungsvorschlag" unterbreitet, ohne konkret die

- tatsächliche Ursache der Rissentstehung und ggf. -ausbreitung
- Auswirkungen dieses Risses auf andere Schadensmechanismen
- noch vorhandene Dynamik dieses Risses

F. Frössel, *Risse in Gebäuden*, https://doi.org/10.1007/978-3-658-47096-8_5

zu kennen. Dabei sind besonders diese Faktoren unerlässlich, um eine objektive und kompetente Beurteilung und Bewertung eines Risses durchführen zu können. Infolgedessen sind Untersuchungen zur Rissentstehung und -ausbreitung notwendig. Sie dienen auch als grundlegende Voraussetzung, um eine geeignete Instandsetzungsmethode auszuwählen.

Diese Untersuchungen werden vorwiegend am Gebäude durchgeführt, können jedoch durch weitergehende Analysen im Labor unterstützt werden. Es werden die Rissursachen und die Auswirkungen der Risse auf andere Schadensmechanismen ermittelt. Daraus folgt eine qualitative und quantitative Bewertung des Risses. Erst diese ist die Grundlage für die alles entscheidende Frage,

- ob die Ursache des Risses beseitigt und der Riss saniert oder
- ob der Riss und seine Auswirkungen lediglich kaschiert

werden. Deshalb kann dieser Punkt gar nicht deutlich genug am Anfang dieses Kapitels herausgestellt werden. Die Notwendigkeit einer Untersuchung wird in der Regel unterschätzt. So entspricht es häufig der Praxis, dass relativ schnell eine Empfehlung zur Sanierung gegeben wird, ohne dass fundierte Kenntnisse über Rissart und -ursache vorliegen. Hinzu kommt, dass relativ schnell Instandsetzungsmethoden empfohlen werden, die häufig nicht die erforderliche Funktionstüchtigkeit und Dauerhaftigkeit aufweisen. Ein hochwertiges Risssanierungssystem muss nicht zwangsläufig das Nonplusultra sein. Und ein hoch flexibles Beschichtungssystem muss nicht automatisch geeignet sein, denn der hohen Elastizität steht häufig eine ungenügende Wasserdampfdurchlässigkeit gegenüber. Diese und andere Fragen können nur in einer ganzheitlichen Bauwerksdiagnostik geklärt werden – und damit ist nicht der alleinige Einsatz eines Rissbreitenmessers gemeint.

Neben den Primäruntersuchungen der Risse müssen in den meisten Fällen weiterführende Sekundäruntersuchungen des Untergrundes durchgeführt werden – mit dem Ziel, die Qualität und Eignungsfähigkeit des Untergrundes für ein nachfolgendes Sanierungssystem zu prüfen. Für die Bewertung der Eignung eines Sanierungssystems werden häufig nur die wichtigsten Eigenschaften wie Elastizität, Flexibilität oder Rissüberbrückung herangezogen. Aber auch die Verträglichkeit mit dem Untergrund, die Wasserdampfdiffusionsfähigkeit, die Verschmutzungsneigung und andere Eigenschaften können ebenso wichtig sein. Um das gesamte Spektrum des Anforderungsprofils abdecken zu können, müssen objektive Untersuchungen durchgeführt werden, die anschließend zu einer objektiven Empfehlung führen. Nur auf diese Weise kann eine geeignete und nachhaltige Instandsetzungsmethode ausgewählt werden.

Bei den Untersuchungen muss beachtet werden, dass es sich in der Regel um zerstörende Verfahren handelt, da die Oberflächen oder Bauteile geöffnet und/oder Materialproben entnommen werden müssen. Verfahrensbedingt bleiben deshalb in den meisten Fällen optisch sichtbare Auffälligkeiten im Bauteil zurück. In der Praxis hat sich deshalb bewährt, im Vorfeld den Auftraggeber auf mögliche auftretende Schäden schriftlich hinzuweisen und sich die schriftliche Genehmigung für das Öffnen eines Bauteils und/oder das Entnehmen einer Baustoffprobe (Abb. 5.1, 5.2) einzuholen (siehe Abschn. 5.2).

Abschließend soll darauf hingewiesen werden, dass die Notwendigkeit einer Voruntersuchung

Abb. 5.1 Das Entnehmen von Materialproben für weitergehende Untersuchungen sollte immer im Vorfeld mit dem Auftraggeber geklärt und die Genehmigung hierfür schriftlich eingeholt werden

Abb. 5.2 Das Entnehmen von Materialproben für weitergehende Untersuchungen sollte immer im Vorfeld mit dem Auftraggeber geklärt und die Genehmigung hierfür schriftlich eingeholt werden

auch vom Zeitpunkt der Rissentstehung abhängt. Wenn ein Riss während der Bauausführung entsteht, z. B. in der Härtungs- und Trocknungsphase, kann im Rahmen einer sofortigen und „unbürokratischen" Rissbeseitigung der wirtschaftliche Aspekt in den Vordergrund gestellt und auf eine Voruntersuchung verzichtet werden. Dem gegenüber ist eine Voruntersuchung an einem Altbau oder einem Neubau außerhalb der Gewährleistungszeit eine wichtige Voraussetzung, um die bereits erwähnten Ungewissheiten im Vorfeld abzuklären. Treten Risse innerhalb der Gewährleistungszeit auf, sind Voruntersuchungen in der Regel unumgänglich und haben oft den Charakter eines Beweissicherungsverfahrens. Die Untersuchung, Analyse und Diagnostik von Rissen müssen nicht zwangsläufig die Qualität der Ausführung oder die Eignung des verwendeten Materials im Fokus haben. Nicht selten deckt eine Bauwerksdiagnostik verschiedene Planungsfehler auf, die zu der Rissbildung geführt haben (können). Deshalb sollten ausführende Handwerksbetriebe beim Auftreten eines Risses nicht automatisch von einer mangelhaften Bauleistung ausgehen, sondern im Einzelfall für die Durchführung dieser Untersuchungen selbst die Initiative ergreifen. Insbesondere das Beispiel der so genannten Stein-Putz-Risse hat verdeutlicht, dass die multikausalen Ursachen im Zusammenspiel zwischen Steinhersteller und Putzhersteller sowie Planung und Ausführung liegen.

Infolgedessen werden Art und Umfang der Bauwerksdiagnostik sowie die eingesetzten Verfahren und Methoden nicht nur vom Untergrund und/oder von den Bedingungen am Gebäude, von der Rissart und von den Rissursachen bestimmt, sondern auch durch den Zweck der Voruntersuchung und durch das definierte Untersuchungsziel. Zu den Grundsätzen der Bauwerksdiagnostik gehört, dass Analyse und Diagnostik objektiv, sachlich, fachkompetent und ganzheitlich ausgeführt werden müssen. Die Ergebnisse müssen repräsentativ und jederzeit nachvollziehbar sein. Im Vorfeld sollte geklärt werden, welche Messgeräte und Diagnoseverfahren zum Einsatz kommen und ob die verwendeten Geräte und Verfahren im Rahmen eines möglichen Rechtsstreites vor Gericht anerkannt werden. Weiterhin sollte im Vorfeld geklärt werden, ob einmalige Messungen durchgeführt werden. In diesem Fall müssen die Messpunkte und evtl. Probeentnahmen sorgfältig ausgewählt werden, da mögliche Folgeuntersuchungen unter gleichen Bedingungen nicht mehr möglich sind. Eine Vergleichbarkeit ist damit unmöglich, woraus sich während eines evtl. Rechtsstreites Komplikationen ergeben können.

5.2 Probeentnahmen und Bauteilöffnungen im rechtlichen Kontext

Im Rahmen der Bauwerksdiagnostik ist es häufig notwendig, vor Ort entsprechende Materialproben für weitergehende Untersuchungen im Labor zu entnehmen. Eine in der Praxis übliche wie selbstverständliche Vorgehensweise ist unter rechtlichen Gesichtspunkten nicht ganz unproblematisch. Denn eine Probeentnahme ist je nach Art und Umfang der Probe im technischen Sinne eine Bauteilöffnung und somit im rechtlichen Sinne eine Beschädigung fremden Eigentums. Typische Bauteilöffnungen im Rahmen der Rissdiagnostik sind z. B. die Entnahme von Materialproben zur Bestimmung von Festigkeiten oder auch Schadstoffen und dgl.

Die gesetzlichen Grundlagen für Bauteilöffnungen ergeben sich aus der Beweiserhebung durch Sachverständige, die im § 402 ff. der Zivilprozessordnung (ZPO) geregelt sind. So wird im § 404a Abs. 1 ausgeführt: „Das Gericht hat die Tätigkeit des Sachverständigen zu leiten und kann ihm für Art und Umfang seiner Tätigkeit Weisungen erteilen.“ Im Absatz 4 des gleichen Paragrafen heißt es weiter: „Soweit es erforderlich ist, bestimmt das Gericht, in welchem Umfang der Sachverständige zur Aufklärung der Beweisfrage befugt ist …“. Dies lässt zunächst vermuten, dass der Sachverständige auch zur Bauteilöffnung legitimiert ist. Lange Zeit war unklar, ob auch eine Anweisung des Gerichts an den Sachverständigen zur Freilegung oder Öffnung von Bauteilen und/oder Konstruktionen unter die Auslegung des § 404 fällt und somit zulässig ist.

Der Bundesgerichtshof (BGH) hat sich hierzu im Jahr 2020 (Aktenzeichen IV ZR 88/19) geäußert und betont, dass ein Gericht nach § 404a Absatz 1 und 4 ZPO zwar verpflichtet ist, dem Sachverständigen die für Art und Umfang seiner Tätigkeit notwendigen Weisungen zu erteilen, allerdings auch einen gewissen Ermessensspielraum eingeräumt und keine verpflichtende Weisung an den von ihm bestellten Sachverständigen zu einer Bauteilöffnung sieht. Das Gericht hat bei der Erteilung einer Anweisung an den Sachverständigen die Interessen der beweispflichtigen Partei mit den an den Sachverständigen gestellten Anforderungen sorgfältig gegeneinander abzuwägen. Der BGH lässt somit die strittige Frage, ob ein Gericht Sachverständige zu Bauteilöffnungen anweisen darf, unbeantwortet. Für die Prozessbeteiligten, sowohl für die Parteien wie auch Sachverständige, bedeutet dies einen entsprechenden Aufwand (Prüfung und Begründung). Es wird daher zunehmend darauf ankommen, ob vor der Beweislastentscheidung alle anderen zur Verfügung stehenden Beweismöglichkeiten ausgeschöpft wurden (BGH, Urteil vom 7.2.2019 – VII ZR 274/17). Dies bedeutet weiterhin, dass sich Kläger nicht automatisch darauf verlassen können, dass ein Gericht durch eine Anweisung an den Sachverständigen sicherstellt, dass der Kläger seiner Beweislast nachkommen kann.

Infolgedessen sollte auch weiterhin die Einwilligung des Eigentümers zur Bauteilöffnung (Abb. 5.3, 5.4, 5.5) vorliegen. Wenn der Sachverständige eine Bauteilöffnung ohne wirksame Einwilligung vornimmt oder veranlasst und dadurch die Bausubstanz verletzt, kann sich daraus eine Haftung des Sachverständigen gem. § 823

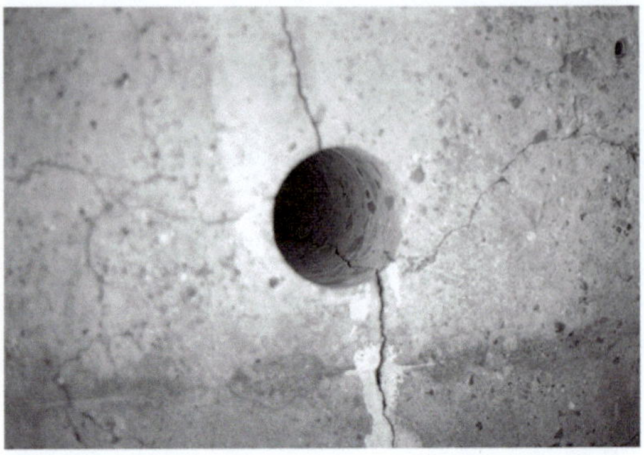

Abb. 5.3 weiterhin höchst umstritten: die Bauteilöffnung und das Entnehmen einer Materialprobe

Abb. 5.4 weiterhin höchst umstritten: die Bauteilöffnung und das Entnehmen einer Materialprobe

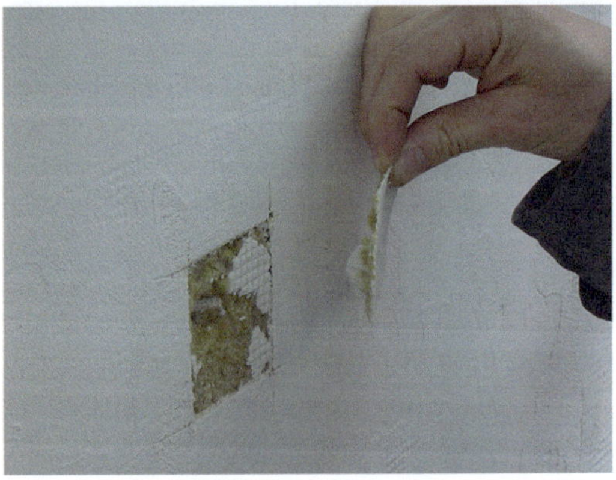

Abb. 5.5 weiterhin höchst umstritten: die Bauteilöffnung und das Entnehmen einer Materialprobe

Abs. 1 BGB ergeben. Die Einwilligung wird hierbei nicht durch die Fragestellung eines möglichen Beweisbeschlusses ersetzt, auch dann nicht, wenn die Bauteilöffnung zur Beantwortung der Beweisfrage unbedingt erforderlich ist. Das Gericht darf den Sachverständigen nicht einmal ermächtigen, die Wohn- und Geschäftsräume einer Partei, ohne deren Einverständnis zu betreten. Voraussetzung für die Wirksamkeit der Einwilligung in die Bauteilöffnung und damit einer möglichen Beschädigung ist die Aufklärung des Eigentümers über die damit verbundenen Nachteile und Risiken. Wenn sich das vom Eigentümer aufgrund der unzutreffenden oder unterlassenen Hinweispflicht falsch eingeschätzte Risiko verwirklicht, kann dies zur Haftung des Sachverständigen führen. Er muss in einem möglichen Haftungsprozess beweisen, dass der Eigentümer auch dann in die Bauteilöffnung eingewilligt hätte, wenn er über das Risiko sachgerecht und umfassend aufgeklärt worden wäre. Der Sachverständige muss also seinen Aufklärungs- und Hinweispflichten nachkommen und das Gericht und/oder die beteiligten Parteien auf mögliche Schadensrisiken hinweisen. Hat der Sachverständige dagegen Bedenken gegen die Bauteilöffnung selbst oder gegen die Art der Bauteilöffnung, weil er z. B. befürchtet, dass diese zu irreparablen Schäden am Bauwerk führen, muss er ebenfalls das Gericht und/oder die beteiligten Parteien über seine Bedenken informieren.

Außerdem kann sich aus einer Bauteilöffnung eine deliktische Haftung gemäß § 823 Abs. 1 BGB ergeben, wenn der Sachverständige z. B. eine fehlerhafte Anordnung trifft, wo, wie und durch wen diese Bauteilöffnung ausgeführt werden soll. Der Sachverständige muss deshalb zunächst einmal klären, ob, wo und wie eine Bauteilöffnung zur Beantwortung der offenen und/oder Beweisfrage vorgenommen werden soll oder ob hierfür ggf. auch eine zerstörungsfreie Messung ausreicht. Hierbei muss der Sachverständige die Erforderlichkeit und Verhältnismäßigkeit prüfen – also Art und Weise der Bauteilöffnung klären und Öffnungsstellen wählen, die den geringsten Schaden verursachen, mit dem geringsten Risiko verbunden sind und am besten wieder verschlossen werden können. In der Praxis kann man viel zu häufig beobachten, dass gegen diesen Grundsatz verstoßen wird und der Sachverständige vorrangig sein Aufgabengebiet und die Beantwortung der offenen Fragen sieht.

Diese beziehen sich im Übrigen nicht nur auf die Bauteilöffnung selbst, sondern auch auf die Wiederherstellung des ursprünglichen Zustandes. Ohne Weisung des Gerichts hat der Sachverständige die von ihm vorgenommene Bauteilöffnung nur zu sichern. Wenn nicht geregelt ist, wer hierfür zuständig ist, muss der Sachverständige vor der Einwilligung zu einer Bauteilöffnung darauf hinweisen. Wird daraufhin die Einwilligung verweigert, darf die Bauteilöffnung nicht vorgenommen werden. Das Gericht muss dann entscheiden, ob diese Ablehnung unter Umständen eine Beweisvereitelung darstellt. Dies hängt u. a. davon ab, ob es dem Eigentümer zugemutet werden kann, eine Bauteilöffnung über einen längeren Zeitraum hinzunehmen. Schließlich können sich Rechtsstreitigkeiten u. U. über Jahre hinziehen. In der Regel ist es dem Eigentümer nicht zumutbar, eine Wohnung mit einer oder mehreren Bauteilöffnungen zu bewohnen, insbesondere wenn sich diese im Wohn- und Sichtbereich befinden. Die Anwendung einer Beweislastregel stellt eine ultima ratio dar, die erst dann relevant wird, wenn das Gericht alle zulässigen Beweismöglichkeiten ohne Erfolg ausgeschöpft hat und weitere Feststellungen nicht mehr möglich erscheinen. Dies gilt auch, wenn die Beweisaufnahme durch eine Begutachtung durch den Sachverständigen unterbleibt, weil der Auftraggeber sich weigert, Bauteilöffnungen zuzulassen. Gerichte sind dann angewiesen, durch den Sachverständigen die beweisbedürftigen Fragen soweit klären zu lassen, wie dies ohne eine Bauteilöffnung möglich ist.

Wenn die Festlegung und Ausführung der Bauteilöffnung nicht in das Fachgebiet des Sachverständigen fällt, muss er gem. § 407a Abs. 1 der Zivilprozessordnung vorschlagen, einen weiteren Sachverständigen hinzuzuziehen. Sobald das Gericht entschieden hat, dass der Sachverständige entsprechend seinen Vorschlägen vorgehen soll und dies von den Parteien akzeptiert wird, beschränkt sich die Haftung des Sachverständigen gem. § 839a Abs. 1 BGB auf fehlerhafte Weisungen. Je nach Art und Umfang von Bauteilöffnungen kann es im Einzelfall sogar sinnvoll sein, ein so genanntes Bauteilöffnungsgutachten zu erstellen. In diesem werden z. B. die Erforderlichkeit einer oder jeder einzelnen Bauteilöffnung begründet, Art und Stellen der Bauteilöffnung festgelegt, die den geringsten Schaden verursachen, mit der Bauteilöffnung verbundene Risiken bewertet sowie die Möglichkeit und die Kosten der Wiederherstellung des ursprünglichen Zustands beschrieben.

Das größere Problem besteht bei den vielen Probeentnahmen und Bauteilöffnungen, wenn der private Sachverständige bei dem Vor-Ort-Termin selbst entscheidet und eine Materialprobe entnimmt oder eine Bauteilöffnung durchführt oder eines von Beiden durch einen Handwerker ausführen lässt und ihm Anweisungen gibt. Dies kann auch bei einer leicht fahrlässigen Pflichtverletzung schnell ein Haftungsrisiko darstellen. Dies begründet sich nicht in der rechtsgeschäftlichen Beauftragung des Handwerkers, sondern in den entscheidenden Anweisungen (deliktisches Haftungsrisiko gem. § 823 BGB). Der Versicherungsschutz des Sachverständigen kann durch dieses risikofreudige Vorgehen u. U. entfallen.

Ein ähnlich umstrittenes Thema in diesem Zusammenhang ist, wenn ein Sachverständiger im Rahmen seiner Vor-Ort-Besichtigung sowie anschließender Untersuchungen evtl. Schäden und/oder Mängel feststellt, die zum Zeitpunkt seiner Beauftragung nicht Gegenstand sind. Dass, was auf den ersten Blick als sinnvoll erscheint, da man schließlich genau deshalb einen Sachverständigen beauftragt, sehen einige Gerichte anders. Einige Richter sind der Auffassung, dass sich ein Sachverständiger dem Vorwurf der Befangenheit aussetzt, wenn neue Sachverhalte in den Prozess eingebracht werden, über die bisher die Parteien nicht gestritten haben. Hier entsteht ein Konflikt aus prozessrechtlicher und technischer Perspektive. Ein Sachverständiger ist dazu angehalten, einen Sachverhalt ganzheitlich zu bewerten – auch dann, wenn dieser aus den bisherigen Beweisbeschlüssen nicht hervorgeht. Einig sind sich Juristen und Sachverständige, dass diese Hinweispflicht von der Höhe ihrer Auswirkungen abhängig ist. Beobachtet der Sachverständige z. B. einen Befall durch den Echten Hausschwamm, der in den meisten Bundesländern nicht nur meldepflichtig ist, sondern auch die Statik des Gebäudes gefährden kann, muss er diesen Hinweis gaben. Stellt der Sachverständige dagegen nur kleinere Schäden fest, die für den Rechtsstreit unerheblich und/oder so offensichtlich sind, dass diese von den Parteien problemlos hätten festgestellt werden können, braucht der Sachverständige darauf nicht einzugehen. Der Sachverständige kann dann davon ausgehen, dass dieser Mangel nicht Gegenstand des Rechtsstreits ist. Dem Vorwurf der Befangenheit muss sich der Sachverständige nur dann aussetzen, wenn mit seinem Hinweis der Eindruck erweckt wird, einer der Parteien einen Vorteil verschaffen zu wollen.

Hinzu kommt, dass sich die Folgen eines Bauschadens ausdehnen können. So können zwischen dem ersten Auftreten eines Schadens, dem Scheitern einer gütlichen Einigung, der Klageerhebung bis hin zum ersten Verhandlungstermin mit Beauftragung eines Sachverständigen mehrere Monate bis Jahre vergehen. Infolgedessen können sich die vorgefundenen Bauschäden u. U. in einem anderen Bild, Umfang oder Zustand befinden, wie der ursprüngliche Bauschaden.

5.3 Bauwerksdiagnostik

5.3.1 Definition

Der Begriff der Bauwerksdiagnostik hat sich erst in den 1990er-Jahren etabliert. Bis dahin wurde durch *Helmut Weber*, der als Pionier der modernen Bauwerksdiagnostik gilt, der Begriff der Bauzustandsanalyse verwendet. Der Begriff der Bauwerksdiagnostik wurde durch *Helmuth Venzmer* erweitert und konkretisiert. Sie ist eine Teildisziplin der Bauphysik. Die wesentliche Aufgabe der Bauwerksdiagnostik besteht darin, den zeitlich aktuellen Qualitätszustand von Bauteilen und Baustoffen sowie deren Funktionen und Eigenschaften zu erfassen. Im Gegensatz zur früheren Bauzustandsanalyse beinhaltet die moderne Bauwerksdiagnostik auch die Bewertung und Klassifizierung des Bauzustandes. Nach *Venzmer* bildet die Bauwerksdiagnostik die Basis für die Vorbereitung, Begleitung und Bewertung der Wirtschaftlichkeit und Nachhaltigkeit von wissenschaftlich begründeten Instandsetzungsverfahren. Deshalb muss Art, Umfang und Zielsetzung der Bauwerksdiagnostik im Vorfeld geklärt werden. Hierbei sollte immer berücksichtigt werden, dass die Bauwerksdiagnostik Mittel zum Zweck ist und nicht umgekehrt!

In Abhängigkeit von der Schadensart und dem -umfang, von der Schadensursache und den Auswirkungen auf andere Schadensmechanismen sowie von den generellen Bedingungen am Gebäude und der Rechtslage werden in der Bauwerksdiagnostik folgende Methoden angewendet:

- Beobachtungen,
- Messungen,
- Berechnungen und
- Simulationen.

Beobachtungen sind hierbei die einfachste Methode und stehen grundsätzlich am Anfang der Untersuchungen. Hierbei wird der Ist-Zustand erfasst, wie er visuell-optisch wahrgenommen wird, ohne dass hierfür Hilfsmittel eingesetzt werden müssen. Die Beobachtung kann einmalig erfolgen oder sich in bestimmten Abständen wiederholen.

Messungen dagegen dienen dazu, um skalierte Werte der mechanischen, physikalischen oder chemischen Einwirkungen zu erfassen bzw. Schadensmechanismen zu dokumentieren. Hierbei handelt es sich um zum Teil aufwändige Mess- und Prüfverfahren für die Ermittlung der Baustoffeigenschaften. Dies können Untersuchungen z. B. über

- den Mauerwerksquerschnitt,
- den Mauerwerkszustand (wie z. B. Feuchtigkeitsgehalt und -verteilung, Durchfeuchtungsursachen, qualitativer und quantitativer Salzgehalt und dessen Verteilung),
- die Zusammensetzung oder Porosität von Beschichtungen,
- den Ist-Zustand von Beschichtungen (wie z. B. Druck- und Zugfestigkeit, Eigen- und Verbundfestigkeit zum Untergrund, Oberflächenkreidung, mikrobieller Bewuchs, Rissbreite und -tiefe, Rissverlauf und -dynamik und dgl.)

sein. Diese werden ergänzt durch spezielle Untersuchungen z. B. im Hinblick auf das Quellen und Schwinden, Druck- und Zugbelastungen und auf chemische und biologische Prozesse, durch deren Einwirkung die Porenstruktur verändert und der Baustoff destabilisiert werden kann.

Trotz der Anwendung modernster Messmethoden müssen auch in der Bauwerksdiagnostik (einfache) *Berechnungen* durchgeführt werden. Diese sind u. a. notwendig, um statisch-konstruktive Gesetzmäßigkeiten abzubilden und um gemessene Kenngrößen zu bewerten. Einfache Berechnungsmodelle stehen im Allgemeinen wegen der zugrunde liegenden stationären Randbedingungen, wie z. B. bei den Lasten und beim Klima, in der Kritik. Die praktische Bauwerksdiagnostik muss sich aber mit den Auswirkungen instationärer Bedingungen (z. B. Lastwechsel, Klimaschwankungen) auf Bauteile und Bauteiloberflächen auseinandersetzen.

Zur Untersuchung instationärer Vorgänge in und an Bauteiloberflächen sind *Simulationen* geeignet. Mit Hilfe der Computertechnik werden die gewonnenen Prüf- oder Messwerte in geeignete hochkomplexe Berechnungsmodelle eingegeben und die Rechenergebnisse mit vorhandenen Kenndaten bzw. Erfahrungswerten abgeglichen, sodass eine „realistische Situation" der Beanspruchung und Beanspruchbarkeit simuliert werden kann. Instationäre Rechenverfahren sind deshalb ein probates Mittel, um die aus Mess- und Prüfmethoden gewonnenen Ergebnisse der Bauwerksdiagnostik zu ergänzen.

5.3.2 Ablauf der Bauwerksdiagnostik

Methodisch können folgende Stufen der Bauwerksdiagnostik unterschieden werden, die

- *visuelle* Diagnostik, bei der eine optisch-visuelle Analyse nach äußeren Merkmalen stattfindet.
- *instrumentelle* Diagnostik, bei der eine Messung und/oder Prüfung mit Mess- oder Diagnosegeräten erfolgt. Diese Analyse kann sowohl vor Ort als auch in einem Labor durchgeführt werden.
- *bewertende* Diagnostik, bei der die Summe der diagnostischen Ergebnisse analysiert und anschließend eine Bewertung vorgenommen wird.

Die visuelle Diagnostik beginnt mit der so genannten Anamnese. Hierbei handelt es sich um die Begehung und Besichtigung des Gebäudes (Ortsbesichtigung) als Grundlage nachfolgender Untersuchungen. Sie bildet das Fundament der Bauwerksdiagnostik und stellt die Weichen, welche nachfolgenden Untersuchungen in welchem Umfang notwendig werden. Infolgedessen sind bereits in dieser Phase ein hoher Sachverstand und eine hohe Fachkompetenz zwingend notwendig.

Hauptaufgabe der visuellen Diagnostik ist, wie bereits erwähnt, die Erfassung der äußeren Merkmale im Zusammenhang mit ihrem Umfeld. Das bedeutet, dass Angaben zum Gebäude wie

- *Art des Gebäudes* (z. B. Wohn- oder Nichtwohngebäude, Ein- oder Mehrfamilienhaus, Anzahl der Geschosse, Himmelsrichtung der Fassade und Lage des Gebäudes),
- *Zustand des Gebäudes* (z. B. Alter, Bewuchs im Umfeld, Art, Ort und Umfang der sichtbaren Schäden, Art und Oberflächenstruktur der Beschichtung, konstruktive Besonderheiten wie z. B. Fachwerk- oder Stahlbetonskelettbauweise) sowie
- Informationen über *verwendete Materialien* (z. B. Zeitpunkt und Art der letzten Beschichtung, Erstbeschichtung bei Neubau oder Schichtenaufbau bei Sanierung)

erfasst werden. Bei Rissen, die vermutlich auf konstruktive Ursachen zurückzuführen sind, ist es üblich, benachbarte Gebäude gleicher Bauweise mit in die Anamnese einzubeziehen. Ein analoges Vorgehen gilt auch für putz- oder untergrundbedingte Risse, wenn an den Nachbargebäuden identische Materialien verwendet wurden und/oder der gleiche Verarbeiter tätig gewesen ist. Generell sollten in dieser Phase möglichst viele Informationen gesammelt werden, wofür auch andere Analysemethoden angewendet werden können. Besonders hilfreich können Befragungen des Eigentümers oder der Bewohner sein. In einem günstigen Fall sind auch noch alte Lieferscheine und Rechnungen vorhanden, welche Auskunft über die verwendeten Materialien geben können.

Bei der visuellen Diagnostik werden einfache, so genannte „nicht-instrumentelle" Untersuchungsmethoden angewendet. Hierzu gehören alle Möglichkeiten, die durch Sehen, Tasten/Fühlen, Riechen, Hören oder Schmecken wahrgenommen werden können. Wesentlicher Inhalt dieser Phase ist das „In-Augenschein-Nehmen" (Abb. 5.6).

Besonders kompetente Sachverständige vermerken in ihrem Besichtigungsprotokoll den Abstand ihrer Augenscheinnahme zum Untergrund, den Blickwinkel und die Witterung oder Tageszeit, um die Lichtverhältnisse zu dokumentieren. Obwohl es eigentlich eine Selbstverständlichkeit ist, soll dennoch darauf hingewiesen werden, dass die erstellten Fotos in einem direkten Bezug zu der Augenscheinnahme stehen und zur gleichen Zeit, im gleichen Abstand und Winkel zum Untergrund aufgenommen werden müssen. Mit der Hand (Wischprobe) kann ein mögliches Absanden des Untergrundes festgestellt werden (Abb. 5.7). Riechen und Schmecken sind zwar prinzipielle Wahrnehmungen, die fallweise auch in der Bauwerksdiagnostik genutzt werden. In der Rissdiagnostik haben sie aber keine Bedeutung. Durch das Abklopfen der Bauteiloberfläche mit dem Handknöchel oder mit einem Schlüssel kann das „geübte" Ohr Hohlstellen wahrnehmen.

Bei der Anamnese von Putzrissen wird in der Regel dem Zeitpunkt ihrer Entstehung oder ihres Erkennens zu wenig Bedeutung beigemessen, obwohl die Genese der Risse oft ein Anhaltspunkt für die Rissursache ist. Man unterscheidet zwischen Rissen, die unmittelbar während der Verarbeitung oder kurze Zeit nach Bauabnahme entstehen und Rissen, die erst nach einigen Wo-

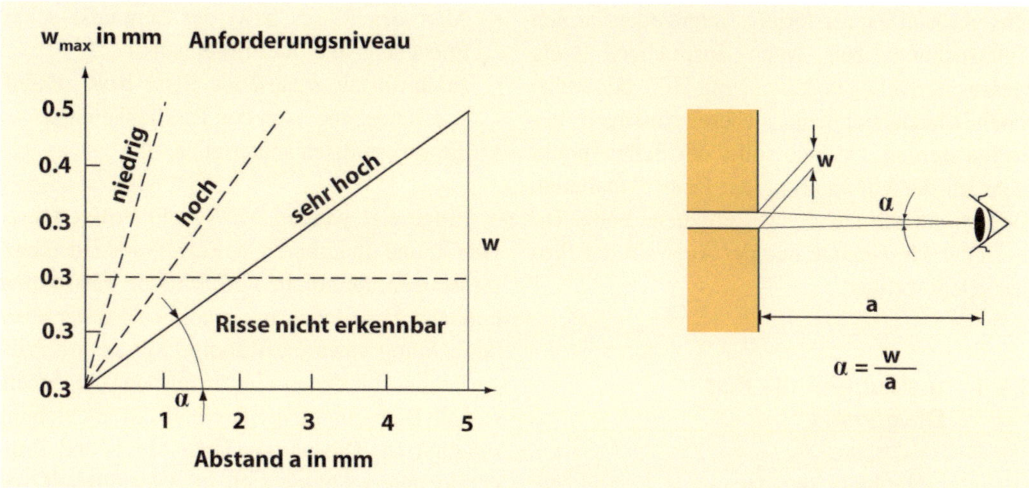

Abb. 5.6 schematische Darstellung für die optische/visuelle Wahrnehmung von Rissen durch das menschliche Auge

Abb. 5.7 die Wischprobe ist eine einfache Methode zur Feststellung der Oberflächenfestigkeit

chen oder Monaten entstehen. Putzrisse, die während der Bauausführung oder in den ersten Wochen nach Abnahme auftreten, lassen in der ersten Beurteilung auf einen Material- und/oder Ausführungsfehler des Beschichtungssystems schließen. Die Außenhaut kann entweder hinsichtlich der technischen Materialeigenschaften und hinsichtlich der Abstimmung als Verbund von Untergrund und Putz (oder Anstrich) nicht geeignet sein (Materialauswahl), oder die Baustoffe haben ihre vorgesehenen Eigenschaften bis zu diesem Zeitpunkt nicht entwickeln können (Mischungs-/Dosierungsfehler, Ausführungsfehler, falsche oder unzureichende Nachbehandlung etc.). Deshalb sollte bei der Anamnese unbedingt der Zeitpunkt erfragt werden, wann die Risse erstmals aufgetreten sind oder bei welchen Bedingungen (Zeit, Witterung, Nutzung etc.) die Risse zu erkennen sind.

Nach dieser einfachen und sehr preiswerten Vor-Ort-Besichtigung kann eine gezielte, wirtschaftlich angemessene und messtechnische Untersuchung stattfinden. Je nach Bauwerk (z. B. Denkmal) sollten möglichst zerstörungsfreie oder -arme Untersuchungsmethoden zum Einsatz kommen. Bei der Auswahl dieser Möglichkeiten sollte ein entsprechendes Augenmaß angewendet und die Zielsetzung der Untersuchung nicht aus den Augen verloren werden. So geht es primär darum, die Rissbildung und -ausbreitung, die Rissart(en) und ihre Ursache(n) sowie die Auswirkungen der Rissbildung zu erkunden. In der Regel ist dies nur mit einer entsprechenden Probeentnahme und damit einer zerstörenden Untersuchungsmethode möglich. Denn folgende Erkenntnis steht im Widerspruch zu der Forderung nach einer zerstörungsfreien oder -armen Untersuchung: Nur wenn ausreichend viele Messwerte vorliegen, können mit Hilfe der Wahrscheinlichkeitsrechnung sichere Aussagen getroffen werden. Deshalb sollte der Schwerpunkt nicht auf die Minimierung der Probeentnahmen, sondern auf die fachliche Kompetenz beim Anlegen der Messpunkte und der Auswahl der Proben gelegt werden!

5.3.3 Instrumentelle Riss-Diagnostik

Mit dem Abschluss der Anamnese beginnt die eigentliche Bauwerksdiagnostik. Im Gegensatz zur ersten Stufe (Sammlung allgemeiner Informationen zum Gebäude und seinem Umfeld) werden in dieser Phase die Bauschäden dokumentiert. Hierbei wird zwischen den so genannten Primär- und Sekundärschäden unterschieden, da sowohl die Risse selbst einen Bauschaden darstellen als auch durch Risse andere Bauschäden verursacht werden können. Als Ursache für eine Rissbildung können aber auch andere Schadensmechanismen in Betracht kommen. Deshalb kommt es in der Bauwerksdiagnostik auf einen ganzheitlichen Ansatz an, um alle möglichen Einflussfaktoren und ihre Wechselwirkungen zu erfassen. Weiterhin ist unbedingte Voraussetzung, dass die Schadensmechanismen als komplexe Prozesse begriffen werden. So ist es wichtig, dass die Untersuchungen und die anschließende Analyse und Bewertung sich nicht nur auf den Riss allein beschränken, sondern auch andere Schadensmechanismen einbeziehen, die den Riss verursacht haben können. Die Betrachtung muss also beide Richtungen beinhalten.

Mit der instrumentellen Diagnostik werden deshalb das Umfeld eines Gebäudes, das Bauwerk selbst, der Untergrund sowie die Materialien betrachtet. Die Bauwerksdiagnostik muss hinsichtlich der Risse folgende Ergebnisse liefern:

- Rissbreite und -tiefe,
- Rissverteilung und -verlauf,
- Rissflankenversatz (dreidimensionale Verschiebung der Rissflanken zueinander),
- Alter des Risses bzw. der Zeitpunkt seines Entstehens und/oder Erkennens,
- zukünftig zu erwartende Risse bzw. zukünftige Bewegungen an den Rissflanken und
- die verwendeten Materialien.

Eingesetzt werden Mess- und Prüfverfahren vor Ort und im Labor, d. h. Einzel- und Differenzmessungen, räumliche und zeitliche Messungen, einfache Messungen mit eindimensionaler Rissbetrachtung sowie aufwändige Mess- und Prüfverfahren, mit denen eine zwei- oder dreidimensionale Betrachtung der Rissflankenverschiebung möglich ist. Die verwendeten Mess- und Prüfgeräte unterscheiden sich in Abhängigkeit von der Zielstellung des Messens und Prüfens. So kann mit bestimmten Geräten lediglich die Existenz oder Nichtexistenz eines Risses festgestellt, mit anderen hingegen die Rissbreite oder -tiefe gemessen werden. Spezialgeräte wiederum ermöglichen die Erfassung der Rissbreitenänderung und Dehnung – und dies ggf. bei gleichzeitiger Erfassung der hygro-thermischen Bedingungen und/oder ihrer Veränderungen.

Die verschiedenen Messverfahren zur Rissdiagnostik können in einen räumlichen oder zeitlichen Messbereich differenziert werden. Die Festlegung darüber hängt wesentlich von der Frage- oder Aufgabenstellung, dem Bauteil oder Untergrund sowie dem eingesetzten Messverfahren ab. So kann sich z. B. ein Rissbild räumlich sowohl nur an einer einzigen Stelle befinden oder über oder durch ein gesamtes Bauteil erstrecken. Die Rissbreiten können mikroskopische Dimensionen (< 0,1 mm) oder makroskopische Dimensionen (> 0,1 mm) aufweisen. Bei der zeitlichen Erfassung von Rissen werden zwei ganz grundlegende Vorgänge unterschieden. Hier muss zunächst der Vorgang der eigentlichen Rissentstehung genannt werden. Eingesetzt werden so genannte High-Speed-Digital-Kameras, um Vorgänge von $> 5 \times 10^3$ m/s erfassen zu können. Hinzu kommt die zeitliche Erfassung der Rissausbreitung, die in Minuten bis Wochen oder Monaten gemessen wird (Tab. 5.1).

Der räumliche Messbereich kann, wenn dies notwendig und/oder gewünscht wird, noch in einen ein-, zwei- oder dreidimensionalen unter-

Tab. 5.1 Messbereiche nach [81]

	Messwert	Messbereich
Räumlicher Messbereich		
Global	Rissverlauf, Verteilung der Risse über das gesamte Rissbild	[cm] – [m]
lokal	Rissbreite, Rissflankenverschiebung parallel und senkrecht zum Rissverlauf, Risstiefe	[µm] – [cm]
Zeitlicher Messbereich		
Einzelmessung	Rissbild, Rissbreite	-
Differenzmessung	Kurz: Rissentwicklung Lang: Rissbildentstehung, Rissverteilung	Nach Bedarf

Tab. 5.2 Messbereiche und -genauigkeit verschiedener Messverfahren nach [81]

Messverfahren bzw. –gerät	Messwert	Messbereich	Genauigkeit
Menschliches Auge	A	> 0,002 mm	-
Rissbreitenmesser	B	0,05 bis > 5 mm	0,04 mm
Risslupe	B	0,05 bis > 15 mm	0,002 mm
Setz-Dehnungsmesser	A, C	-	0,001 mm
Gipsmarken	D	Punktuell	0,005 bis 0,02 mm
Rissmonitor	D	Punktuell	0,1 bis 1,0 mm
Dehnungsmessstreifen	C	0,6 bis 150 mm	0,1 % bis 1 % der Dehnungsänderung
Wegaufnehmer	C	0,5 bis 100 mm	0,1 % des Skalenendwertes
Optische Verfahren	B, E	50 cm × 50 cm	> 0,1 mm
Digitale Fotogrammetrie	E, D	10 cm × 10 cm	0,002 bis 0,005 mm
Ultraschallmessverfahren	E	Beliebig	1 mm
Computertomografie	E	1 bis 50 cm Ø Probe	0,1 mm
Schallemissionsanalyse	A, D	5 cm bis > 1 m	1 bis > 100 mm

A – Vorhandensein von Rissen
B – Rissbreite
C – Dehnung
D – Rissveränderung
E – Rissbild

teilt werden. Für eine eindimensionale Einzelmessung werden Zollstock, Rissbreitenmesser oder Risslupe eingesetzt. Beispiele für die Differenzmessung sind Gipsmarken, Rissmonitor, Setz-Dehnungsmesser, Dehnungsmessstreifen oder auch Wegaufnehmer. Hierbei handelt es sich um die praxisgängigen Methoden der Rissdiagnostik. Etwas aufwändiger sind die zweidimensionalen Messverfahren, zu denen z. B. die Bildverarbeitung oder Fotogrammetrie gehören. Der Vollständigkeit wegen sollen noch die dreidimensionalen Messverfahren genannt werden, zu denen das Ultraschallverfahren oder die Schallemissionsanalyse für die Einzelmessung oder tomografische Verfahren (Röntgen) für die Differenzmessung zählen.

Die Messbereiche bzw. räumliche Genauigkeit der Verfahren schwanken hierbei von 0,001 mm bis 1 mm. Die Tab. 5.2 zeigt die Unterschiede der verschiedenen Verfahren in Bezug auf den Messbereich und die Genauigkeit (Standardabweichung) an.

Die wichtigste geometrische Kenngröße bei der Untersuchung, Bewertung und Sanierung von Rissen ist die *Rissbreite*. Auch wenn diese einfach zu messen ist, kann sie in der Regel nicht mit einem Referenz- oder Sollwert verglichen werden. Rissbreiten müssen kommentiert und interpretiert werden. Außerdem stellt das Messen der Rissbreite immer nur eine Momentaufnahme dar.

Als erstes „Messgerät" muss das menschliche Auge genannt werden, mit dem sowohl das räumliche Rissbild wie auch die lokale Rissbreite und dgl. erkannt werden kann. In Folge der theoretischen Auflösung des Auges (die Größe der so genannten Zäpfchen beträgt 2 bis 4 µm, die Brennweite 16 bis 18 mm) kann das Auge ohne Hilfsmittel rechnerisch noch aus einer Entfernung von 10 cm einen Riss mit einer Breite von ca. 20 µm (0,002 mm!) erkennen. Da das Auge ein stereoskopisches Auflösungsvermögen besitzt und ca. 20 Graustufen und über 5 Mio. (!) Farbtöne erkennen kann, ist die tatsächliche Auflösung höher. Eine visuelle Prüfung durch das menschliche Auge ist infolgedessen unter „technischen" Gesichtspunkten möglich, allerdings neigt der Mensch zu einer subjektiven Einschätzung der Situation.

Um dem vorzubeugen, werden objektive Hilfsmittel eingesetzt. Die einfachste und am weitesten verbreitete Messmethode besteht in der Anwendung eines so genannten Rissbreitenmessers (auch als Risslineal, Rissbreiten- oder Vergleichsmaßstab bezeichnet). Bei seiner Anwendung muss berücksichtigt werden, dass die Genauigkeit nicht sehr hoch ist und der subjektive menschliche Einfluss eine Rolle spielt. Der Sachverständige vergleicht die Breite des vorliegenden Risses mit den Strichbreiten des Rissbreitenmessers, die in 0,1 mm-Schritten bei 0,1 mm Breite beginnend bis 1,0 mm Breite nebeneinander aufgestrichen sind (Abb. 5.8, 5.9, 5.10, 5.11, 5.12). Es können Risse bis maximal 5 mm Breite bewertet werden

Vereinzelt werden auch so genannte Rissmesslupen oder Rissmikroskope (Abb. 5.13, 5.14) eingesetzt. Mit ihnen ist eine 20- bis 50-fache Vergrößerung des Risses möglich. Hierbei muss darauf geachtet werden, dass mit zunehmender Vergrößerung das Bildfeld kleiner wird. Infolgedessen wird es schwieriger, die Rissmesslupe genau über dem zu messenden Riss zu positionieren. Im Gegensatz zum Riss-

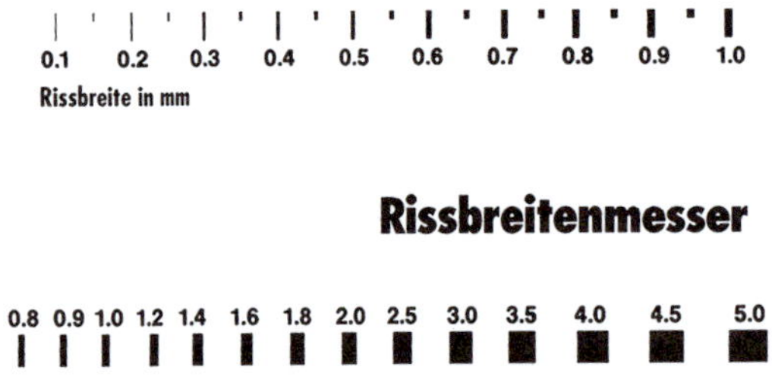

Abb. 5.8 mit dem Rissbreitenmesser oder -lineal können verschiedene Rissbreiten auf verschiedenen Untergründen objektiv festgestellt werden

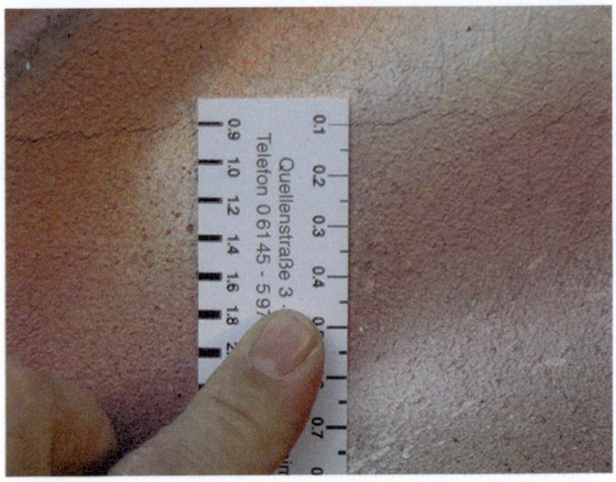

Abb. 5.9 mit dem Rissbreitenmesser oder -lineal können verschiedene Rissbreiten auf verschiedenen Untergründen objektiv festgestellt werden

Abb. 5.10 mit dem Rissbreitenmesser oder -lineal können verschiedene Rissbreiten auf verschiedenen Untergründen objektiv festgestellt werden

Abb. 5.11 mit dem Rissbreitenmesser oder -lineal können verschiedene Rissbreiten auf verschiedenen Untergründen objektiv festgestellt werden

Abb. 5.12 mit dem Rissbreitenmesser oder -lineal können verschiedene Rissbreiten auf verschiedenen Untergründen objektiv festgestellt werden

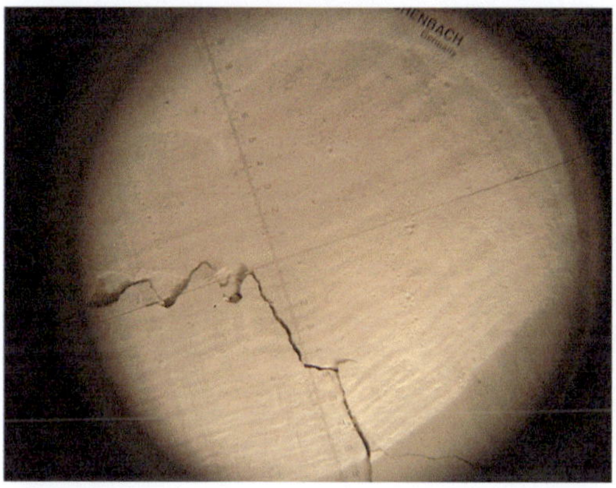

Abb. 5.13 Einsatz einer Rissmesslupe

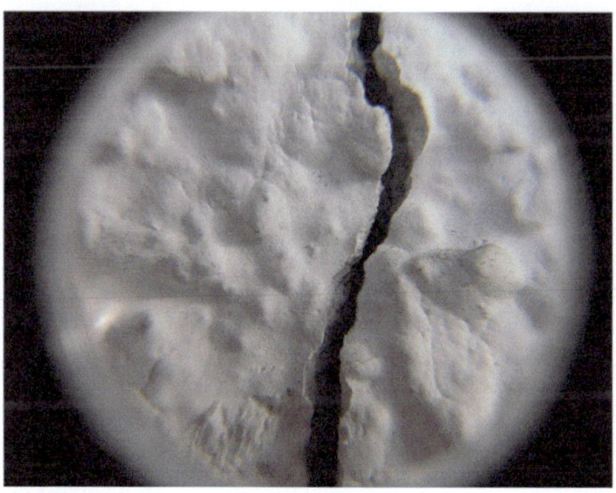

Abb. 5.14 Einsatz einer Rissmesslupe

breitenmesser kann mit der Rissmesslupe eine Genauigkeit von 1/100 mm erreicht werden. Bei einigen Fabrikaten ist die Skala beleuchtet, um ein Ablesen der Rissbreite zu vereinfachen. Bei der Anwendung der Rissmesslupe ist darauf zu achten, dass sich das menschliche Auge, die Rissmesslupe und der zu bewertende Riss in einer optischen Achse befinden müssen.

Ohne Einsatz dieser „Hilfsmittel" werden in der Praxis, die Rissbreiten in den meisten Fällen zu groß bewertet. Nicht selten werden dann „millimeterbreite" Risse angegeben, die sich beim Nachmessen tatsächlich nur als Riss mit einer Breite von z. B. 0,5 mm herausstellen. Hierfür gibt es verschiedene Ursachen. Neben der subjektiven Einschätzung (oder Übertreibung des Problems) müssen auch objektive Fakten genannt werden. Zum einen wird durch eine evtl. Untergrundvorbehandlung (z. B. durch Sandstrahlen oder Hochdruckwasserstrahlen) der Bereich um die Rissflanken V-förmig ausgeweitet, sodass der Riss an der Oberfläche breiter erscheint, als der Riss in der Tiefe tatsächlich ist. Eine weitere „Manipulation" des Auges kann bei Anwesenheit einer Verschmutzung und/oder eines mikrobiellen Bewuchses der Rissflanken (Abb. 5.15) vorliegen. Auch dann zeichnet sich der Riss intensiver ab, als er tatsächlich ist, sodass er in der Regel breiter bewertet wird. Deshalb sollte eine Rissbreitenmessung ausschließlich mit einem objektiven Messgerät erfolgen, wenn der Untergrund im Bereich der Rissflanken leicht gereinigt ist und Verunreinigungen jeglicher Art beseitigt wurden.

Eine weitere Kenngröße ist die *Risstiefe*, die stark von der Rissform abhängt. Unterschieden werden so genannte V-förmige Risse und Risse mit parallelen oder annähernd parallel verlaufenden Rissflanken. Risse mit V-förmigen Flanken haben eine definierte Tiefe. Dies bedeutet, dass diese Risse eine messbare Tiefe aufweisen. Dem gegenüber reichen Risse mit parallelen oder nahezu parallel verlaufenden Rissflanken bis in den Untergrund und setzen sich dort oftmals fort (Abb. 5.16).

V-förmige Risse bzw. solche mit begrenzter Risstiefe treten vor allem dort auf, wo ein starkes Schwinden stattgefunden hat. Diese Risse sind meistens nur wenige Millimeter tief. Eindringende Niederschläge gelangen dabei in der Regel nicht bis zum Untergrund, sondern verteilen sich je

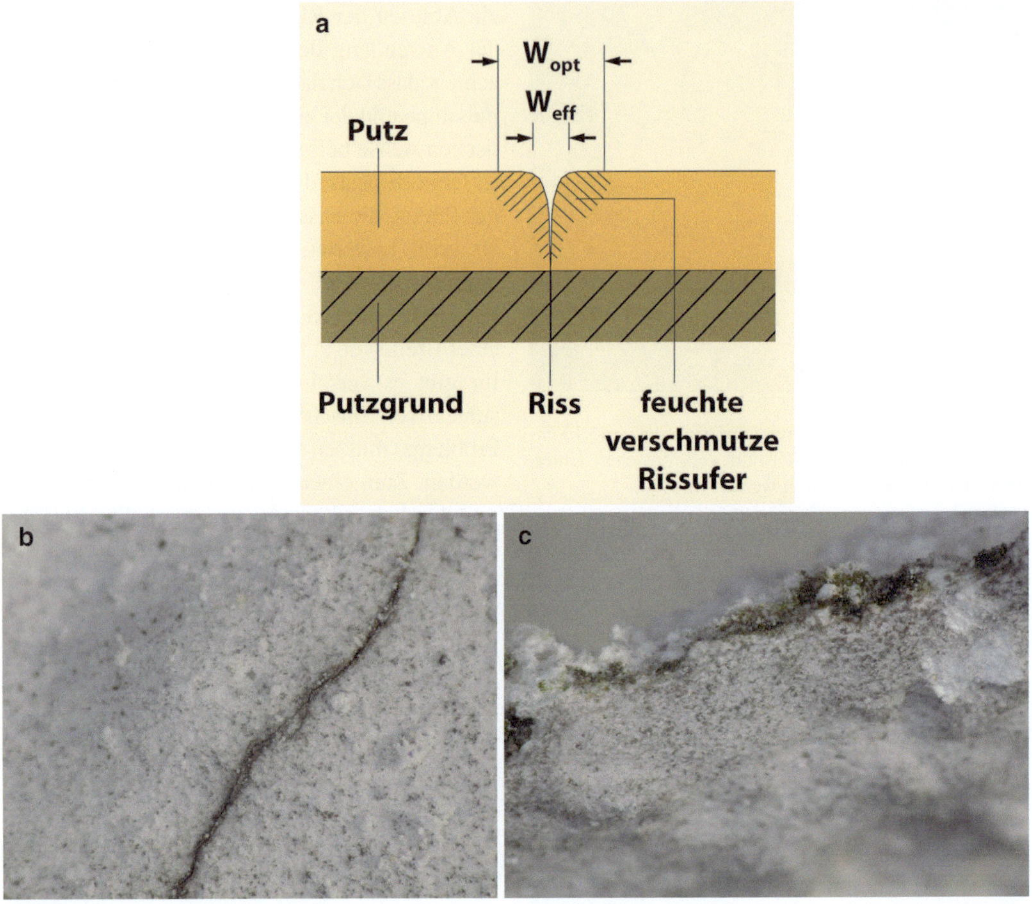

Abb. 5.15 (**a**, **b**, **c**) durch Verschmutzung und/oder mikrobiellen Befall der Rissflanken wirken Risse subjektiv breiter

Abb. 5.16 einfache Überprüfung über die Risstiefe

nach Saugfähigkeit der Oberfläche mehr oder weniger tief im Putz oder in der Schlussbeschichtung. Bei Rissen mit parallelen oder nahezu parallel verlaufenden Rissflanken können eindringende Niederschläge dagegen in größere Tiefen und unter Umständen bis zum Untergrund vordringen. Je nach Saugfähigkeit des Untergrundes kann über einen längeren Zeitraum betrachtet eine erhebliche Durchfeuchtung auftreten. Hierbei ist davon auszugehen, dass Risse mit einer Breite von $\geq$ 0,3 mm in der Regel bis in den Untergrund reichen. Diese Erkenntnis lässt deutlich werden, wie eng der Zusammenhang zwischen der Rissbreite und -tiefe einerseits und der kapillaren Wasseraufnahme des Untergrunds andererseits ist. Gemessen wird die Risstiefe z. B. mit einem Messschieber, wobei ggf. der Riss mit einem kleinen Meißel, Hohlbohrer (Bohrkerngerät) oder dgl. aufgeweitet wird. Infolgedessen darf die Risstiefe erst gemessen werden, nachdem die Rissbreite objektiv ermittelt wurde.

Für die Dokumentation ist es sinnvoll, die *Verteilung* und den *Verlauf* der Risse in einer Skizze oder einem Ansichtsplan vom Gebäude (Fassade) festzuhalten. Die Risskartierung (Abb. 5.17, 5.18, 5.19) muss nicht ausschließlich manuell erfolgen, sondern kann auch mit Hilfe einer Digitalkamera durchgeführt werden. Letzteres ist insofern vorteilhaft, da so der zeitliche Ablauf der Kartierung in Abhängigkeit von der Witterung und/oder von der Tageszeit dokumentiert werden kann. Es hat sich in der Praxis bewährt, vor allem bei sehr feinen Haarrissen zusätzlich einen Hinweispfeil in das Foto einzufügen. Je nach Digitalkamera und Qualität der entsprechenden Software kann der Rissverlauf anschließend berechnet und eine quantitative Bewertung vorgenommen werden. Unter bestimmten Umständen kann es sinnvoll sein, die Putzbeschichtung zu entfernen und die weitere Rissverteilung und den Rissverlauf im Untergrund festzuhalten. Je nach Fachkompetenz und Erfahrung des Sachverständigen sowie Rissart und -ursache kann auch eine Untersuchung der Bauteilrückseite für die Rissbeurteilung nützlich sein.

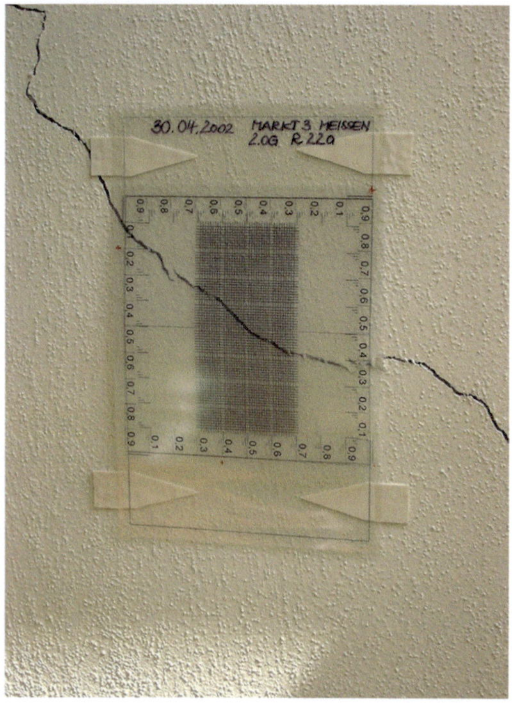

Abb. 5.18 Einsatz einer Rissschablone in Kombination mit einem Rissbreitenmesser

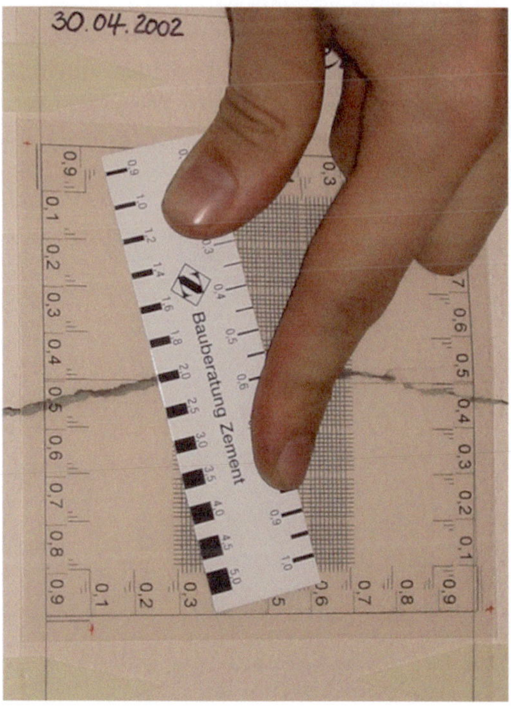

Abb. 5.17 Einsatz einer Rissschablone in Kombination mit einem Rissbreitenmesser

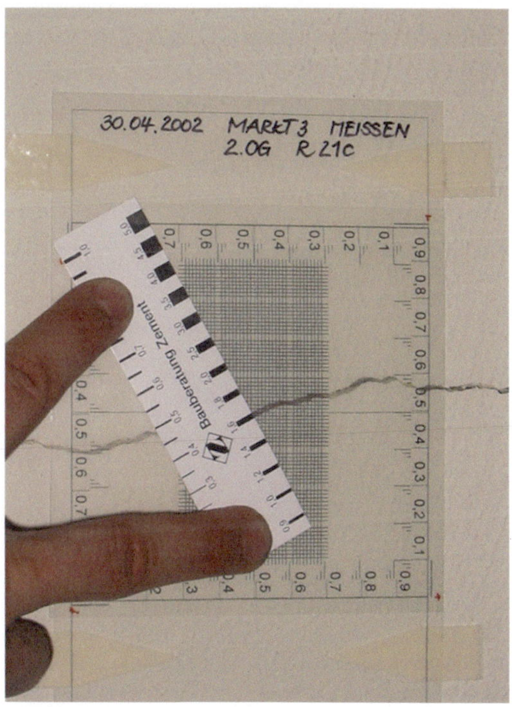

Abb. 5.19 Einsatz einer Rissschablone in Kombination mit einem Rissbreitenmesser

Der *Rissflankenversatz* wird in der Praxis zu selten gemessen, wobei diese Messgröße ein wichtiges Indiz für die Rissursache sein kann und vor allem – noch viel wichtiger (!) – einen Ausblick auf die vorgesehene Instandsetzung gibt. Ob sich die Rissflanken „nur" in der Breite verändern oder parallel noch eine Scherung zur Längsachse und/oder ein Höhenversatz vorliegt, entscheidet über die Funktionstüchtigkeit und Dauerhaftigkeit des ausgewählten Sanierungssystems. Schließlich können über dem Riss die Spannungen dreidimensional auftreten.

In der Praxis ist es üblich, die Rissflankenverschiebung durch Gipsmarken sichtbar zu machen. Wichtigste Voraussetzung bei dem Setzen einer Gipsmarke ist die notwendige Untergrundhaftung an den Flanken und eine schmalere Ausführung (Schichtdicke) über dem Riss. Nach der Aufrauung und Reinigung der Oberfläche wird ein „Gipsbatzen" über dem Riss aufgetragen und glattgestrichen. Anschließend wird Datum und Strichmarkierung quer zum Riss vermerkt.

Gipsmarken dürfen nicht zu dick aufgetragen werden (Abb. 5.20, 5.21) und sollten mindestens ein bis zwei Monate auf dem Riss verbleiben. Üblicherweise sind sie etwa 1 cm dick, 4 bis 6 cm breit und max. 20 cm lang. Die Verjüngung (schmaler Gipssteg) kann modelliert oder durch das Unterlegen einer Pappe sichergestellt werden. Hintergrund dieser Ausführung ist, dass die Gipsmarke an der dünnsten Stelle brechen soll. Bei einer massiven Gipsmarke besteht die Gefahr, dass der Gips vom Untergrund abschert, ohne dass es vom Sachverständigen bemerkt wird. Nach dem Abscheren vom Untergrund ist die Gipsmarke unbrauchbar, da Bewegungen des Untergrundes nicht mehr auf den Gips einwirken. Dies stellt generell das Problem der Gipsmarken dar.

Man geht heute davon aus, dass Gipsmarken bereits bei einer Rissbreitenänderung von 0,005 mm einen ersten Riss aufweisen. Weitet sich der Putzriss nicht auf, sondern zieht sich zusammen, bricht oder schert die Gipsmarke ab. Gleiches kann beobachtet werden, wenn die Rissflanken einen Höhenversatz aufweisen. Bei einem Längenversatz der Rissflanken zeigen sich Risse im Gips bereits ab 0,01 bis 0,02 mm. Wird darüber hinaus berücksichtigt, dass Rissbewegungen nicht selten in mindestens zwei Richtungen stattfinden, wird deutlich, dass der Einsatzbereich und die Aussagekraft der Gipsmarke sehr limitiert sind. Man sollte deshalb die Gipsmarke als einfache und kostensparende Methode betrachten, mit der vororientierende Untersuchungen durchgeführt werden, deren Ergebnisse aber durch quantitative Messungen verifiziert werden müssen (Abb. 5.22, 5.23, 5.24, 5.25).

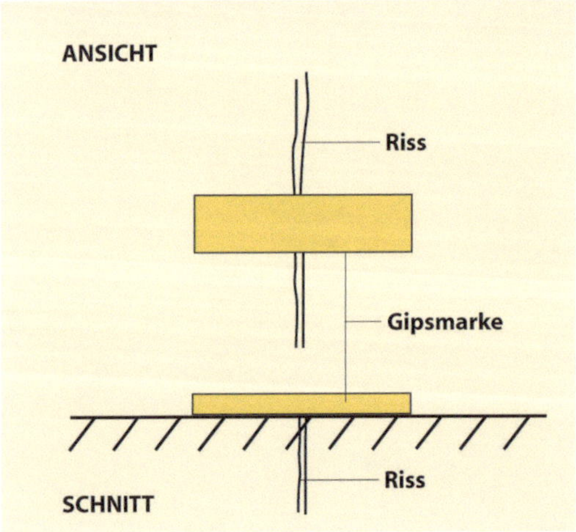

Abb. 5.20 schematische Darstellung und Realaufnahme einer ungeeigneten Gipsmarke. Bei dieser Ausführung besteht die Gefahr eines Flankenabrisses, sodass bestehende Bewegungen im Untergrund auf die Gipsmarke nicht übertragen werden

Abb. 5.21 schematische Darstellung und Realaufnahme einer ungeeigneten Gipsmarke. Bei dieser Ausführung besteht die Gefahr eines Flankenabrisses, sodass bestehende Bewegungen im Untergrund auf die Gipsmarke nicht übertragen werden

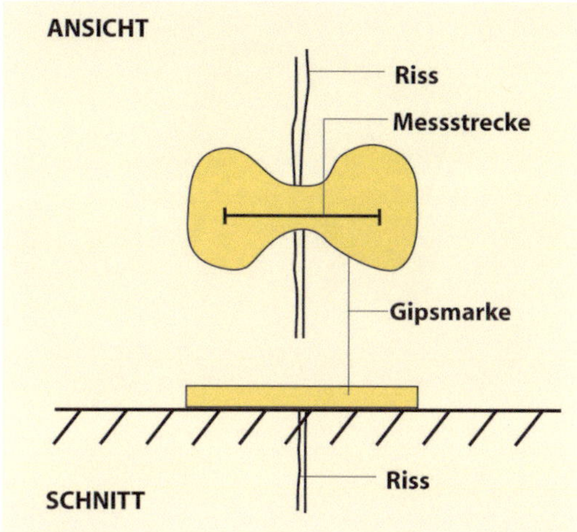

Abb. 5.22 schematische Darstellung von geeigneten Gipsmarken

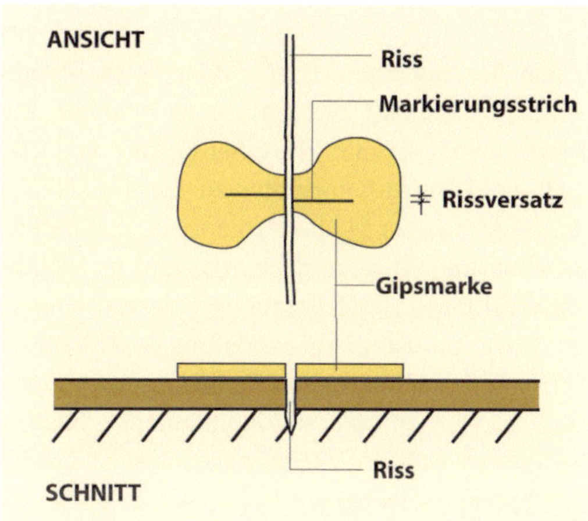

Abb. 5.23 schematische Darstellung von geeigneten Gipsmarken

Abb. 5.24 Das Durchtrennen der Gipsmarke zeigt Bewegung im Untergrund an; der Riss „arbeitet"

Abb. 5.25 Das Durchtrennen der Gipsmarke zeigt Bewegung im Untergrund an; der Riss „arbeitet"

Man sollte nicht vergessen, dass eine Gipsmarke aus Gips besteht, der im Außenbereich anfällig gegen Witterungseinflüsse ist. Es kann deshalb bei längerer Standzeit und/oder starker Schlagregenbelastung (Wetterseite) notwendig sein, die Gipsmarke vor den Witterungseinflüssen zu schützen. Dennoch kann nicht ausgeschlossen werden, dass sich Gipsmarken bei starken Temperaturschwankungen vom Putz ablösen.

Die Gipsmarke hat darüber hinaus noch einen ganz wesentlichen Nachteil: sie dokumentiert nur einmalig eine *Dynamik* des Untergrundes. Ist die Gipsmarke gerissen oder vom Untergrund abgelöst, weiß der Sachverständige nicht, ob es sich um einen einmaligen Vorgang gehandelt hat oder ob die Bewegungen wiederholt aufgetreten sind. Hinzu kommt, dass nach einem Abscheren der Gipsmarke keine verlässlichen Angaben darüber vorliegen, wie groß die Bewegungen gewesen sind.

Um diese Informationen zu erhalten, werden so genannte Rissmonitore (Abb. 5.26, 5.27) eingesetzt. Bei diesen handelt es sich um zwei über-

Abb. 5.26 Darstellung eines Rissmonitors

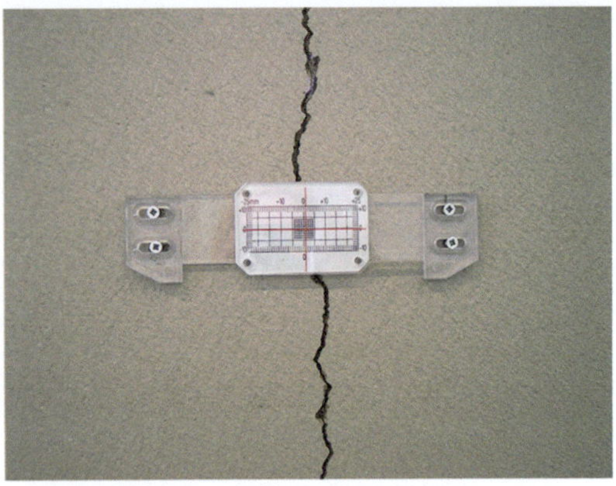

Abb. 5.27 Darstellung eines Rissmonitors

einander liegende Kunststoffplättchen. Eines von beiden ist mit einem konventionellen Rissbreitenmesser vergleichbar und besitzt eine kalibrierte Messskala, das andere ist mit einem Fadenkreuz ausgestattet. Sobald sich der Riss öffnet oder schließt, bewegen sich die Plättchen relativ zueinander, sodass die Verschiebung abgelesen werden kann. Somit kann mit dem Rissmonitor die zeitliche Veränderung der Rissbreite und/oder des Versatzes erfasst werden, die entweder visuell oder messtechnisch in bestimmten Zeitabständen bewertet wird. Der Messbereich der Rissmonitore beträgt 0 – 20 mm bei einer Messgenauigkeit von ± 0,5 mm. Mit bestimmten Rissmonitoren können auch Verformungen von winklig zueinander angeordneten Bauteilen gemessen werden, wobei Winkeleinstellungen von ca. 60 bis 250° möglich sind.

Da die Bewegungen der Rissflanken im Außenbereich ganz wesentlich von den klimatischen Bedingungen (Luft- oder Bauteiltemperatur) beeinflusst werden, ist es sinnvoll, die Rissbreitenänderung in Abhängigkeit von der Luft- und Bauteiltemperatur zu messen. Neben der traditionellen Methode, die Werte manuell zu erfassen und zu dokumentieren, gibt es Weiterentwicklungen der Rissmonitore. Diese sind in der Lage, die Rissbreitenänderung in Abhängigkeit von den klimatischen Bedingungen automatisch zu messen und zu dokumentieren. Hierbei handelt es sich um kleine elektronische Geräte mit einem Datenlogger (Klimasensor), der die klimatischen Bedingungen (Temperatur, Luftfeuchtigkeit) in Abhängigkeit von der Zeit (Datum, Uhrzeit) registriert (Abb. 5.28, 5.29). Mit Hilfe der aufgezeichneten Klimadaten erfolgt anschließend eine objektive Auswertung der Messwerte am PC.

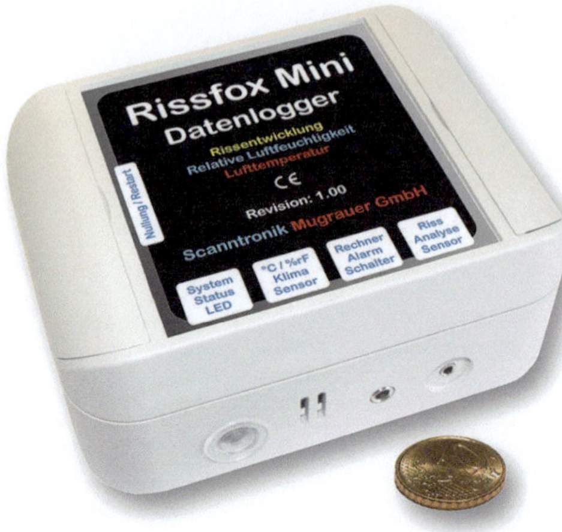

Abb. 5.28 mithilfe einer Kombination aus Datenlogger und Rissmonitor können Rissbewegungen in Abhängigkeit zu Klimadaten dokumentiert werden

Die digitalen Rissmonitore weisen eine präzise Riss-Analyse-Sensorik auf und haben einen so genannten RISC-Micro-Controller, der bis zu 64.000 Messdaten speichern kann. Der Vorteil dieser Messmethode besteht darin, dass eine kontinuierliche Aufzeichnung stattfindet, sodass die Bewegungen eines Risses bis zu 100 mal (!) pro Sekunde registriert werden können. Somit werden alle Bewegungen dokumentiert, auch wenn sie zeitweilig nicht am Monitor abgelesen werden. In Folge der Möglich-

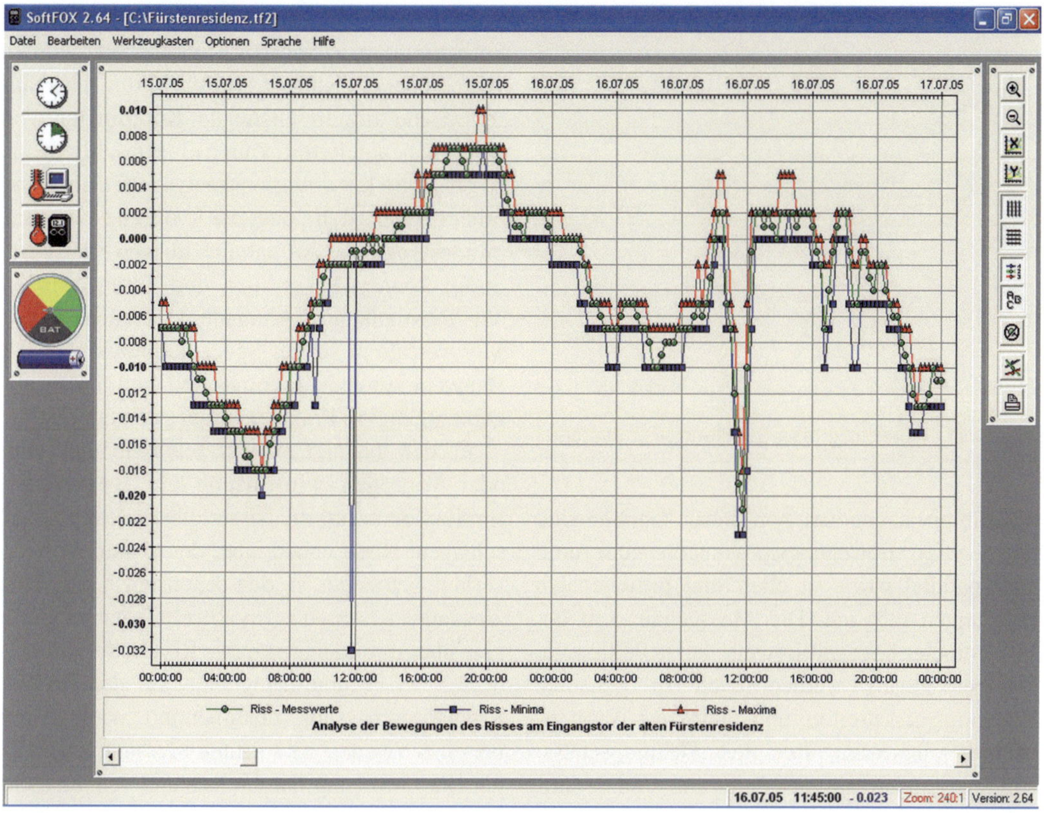

Abb. 5.29 mithilfe einer Kombination aus Datenlogger und Rissmonitor können Rissbewegungen in Abhängigkeit zu Klimadaten dokumentiert werden

keit, mit Hilfe der digitalen Rissmonitore die Rissbreitenänderungen in Abhängigkeit von den klimatischen Bedingungen zu erfassen, können den Rissbreitenänderungen mechanische, thermische oder hygrische Ursachen eindeutig zugeordnet werden.

Bei baugrundbedingten Ursachen können Rissbreiten auch mit einem so genannten Extensometer (Setzdehnungsmesser), mit einem Inklinometer, einem Fissurometer (analoge bzw. digitale Messuhren) oder mit induktiven Wegaufnehmern gemessen werden (Abb. 5.30, 5.31). Diese sehr aufwändigen Messmethoden werden hinsichtlich der Kosten nur von GPS-Messungen überboten. Ein Extensometer ist ein Dehnungsmessgerät und dient der Erfassung von Verschiebungen längs der Messachse. Inklinometer werden dagegen eingesetzt, um Verschiebungen an Gleitflächen (z. B. Hänge und Böschungen) zu messen.

Abb. 5.30 Darstellung eines Extensometers und eines Fissurometers

Die so genannten Fissurometer eignen sich zur permanenten Überwachung von Rissen, Spalten und Dehnungsfugen. Diese Dehnungsmessgeräte werden sowohl in mechanischer als auch in elektrischer Ausführung (analoge und digitale

Abb. 5.31 Darstellung eines Extensometers und eines Fissurometers

Messuhren) angeboten. Mit diesen Geräten sind hochwertige Bewegungsmessungen quer und/oder parallel sowie in allen drei orthogonalen Richtungen möglich. Die Messgenauigkeit der Fissurometer liegt mittlerweile bei ± 0,002 mm. Darüber hinaus werden auch so genannte Dehnungsmessstreifen und induktive Wegaufnehmer eingesetzt. Bei den Dehnungsmessstreifen handelt es sich um auf Folien aufgebrachte Metallbeschichtungen, die auf den Baukörper geklebt werden. Der, der Dehnung proportionale, elektrische Widerstand wird elektronisch erfasst. Dagegen wird mit induktiven Wegaufnehmern mittels Induktion die Differenzverschiebung zwischen zwei Messpunkten gemessen, auf denen die Widerlager aufgebracht worden sind. Über elektronische Wegaufnehmer sind auch Online-Messungen möglich. Diese Messgeräte sind zusätzlich mit einem elektronischen Temperatursensor ausgestattet, sodass simultan der Temperaturverlauf erfasst wird.

Bei besonders hochwertigen Messverfahren erfolgt die Messung und Auswertung von Verformungen und Rissbewegungen an der Fassade mit Hilfe hoch aufgelöster Fotos (Fotogrammetrie). Die Auswertung dieser Digitalfotos ermöglicht die Ermittlung eines Rissbildes zum Zeitpunkt seiner Aufnahme. Nachdem das Bild entzerrt und der Kontrast erhöht wurde, erfolgt eine Kantenextraktion. Anschließend werden die Rissstrukturen mit verschiedenen Methoden detektiert, sodass neben der Rissbreite und dem Rissverlauf auch eine zeitliche Veränderung dokumentiert werden kann. Bei der Fotogrammetrie werden digitale Aufnahmen verschiedener Kameras ausgewertet und anschließend dreidimensionale Koordinaten von Oberflächen geliefert. Durch eine anschließende so genannte Deformationsanalyse wird ein Rissbild ermittelt, d. h., dass die Differenz zwischen mindestens zwei Aufnahmen ausgewertet wird. Somit können Rissbreiten und Veränderungen der Rissflanken dokumentiert werden. Beide Messverfahren setzen Spezialkenntnisse in der Bauwerksdiagnostik voraus und sind für die allgemeingängige Praxis weniger geeignet.

In den bekannten Veröffentlichungen und/oder Vorträgen wird häufig ein wesentlicher Einflussfaktor auf die Rissbreitenmessung unterschlagen: Risse haben, über den gesamten Rissverlauf betrachtet, in den seltensten Fällen eine konstante Rissbreite. Im Regelfall haben Risse eine über ihre Länge variable Rissbreite. Infolgedessen ist es unumgänglich, dass der Ort der Rissbreitenmessung dokumentiert wird, damit bei einer zweiten oder dritten Messung und/oder bei einer Messung durch einen anderen Sachverständigen auch die gleiche Rissbreite erfasst wird, die bei der ersten Messung zum Referenzwert wurde. Hinzu kommt, dass der Sachverständige entscheiden muss, welche der gemessenen Rissbreiten letztendlich für die Bewertung ausschlaggebend ist. Werden z. B. Rissbreiten von 0,2 mm, 0,3 mm sowie 0,5 mm innerhalb eines Rissverlaufes gemessen, welche Rissbreite gilt dann für die Bewertung? In der Praxis wird in der Regel der Riss an der breitesten Stelle gemessen. Sollte der Sachverständige unsicher sein, ist es sinnvoll, alle unterschiedlichen Rissbreiten zu messen und mit Angabe der Messstelle zu dokumentieren.

Abschließend soll erwähnt werden, dass es gegenwärtig kein genormtes Verfahren zur Messung der Rissbreite gibt. Kaum bekannt ist, dass die optischen Messverfahren wie Rissbreitenmesser oder Rissmesslupe nicht die gleichen Messergebnisse liefern wie die mechanischen Verfahren (z. B. Setzdehnungsmesser) oder die elektrischen Verfahren (z. B. induktive Wegaufnehmer). *Meichsner* gibt in [48] an, dass die mit optischen Verfahren erhaltenen Messwerte um ca. 65 % kleiner sind als die Messwerte, die mit mechanischen oder elektrischen Messmethoden gewonnen wurden. Angesichts dieser Messwertdifferenzen besteht objektiv für die Praxis eine Notwendigkeit, ein anerkanntes Verfahren für die Rissbreitenmessung zu deklarieren und zu normieren. Des Weiteren sollte bei jeder kommunizierten Rissbreite auch das Messverfahren angegeben werden.

Die Untersuchungen werden durch Angaben über das *Alter* eines Risses und/oder über den *Zeitpunkt* seiner Entstehung komplettiert. Hierbei ist u. a. der Zustand der Rissflanken zu bewerten (hinsichtlich einer Verschmutzung und/oder eines mikrobiellen Bewuchses an alten Rissflanken im Vergleich mit dem Zustand frischer Bruchflächen). Für das „geschulte" Auge kann auch die Risskante, die aufgrund der Verwitterung mit der Zeit ein anderes Erscheinungsbild zeigt als eine frische Risskante, ein Indiz für das Alter eines Risses sein.

Neben diesen Untersuchungen kann auch die Analyse und Diagnostik der Mauerwerksgefüge, wie z. B. das Freilegen der Mauerwerksverbände und/oder die Untersuchung des Mauerwerksquerschnittes mit einem Endoskop (Abb. 5.32), wichtige Hinweise auf mögliche untergrundbedingte Risse liefern.

Aber auch die *Schichtdickenmessung* (Abb. 5.33, 5.34) kann zu wertvollen Erkenntnissen führen, wenn z. B. Risse nach einer Risssanierung aufgetreten sind und vermutet wird, dass das den Riss überbrückende Beschichtungssystem nicht in den vorgeschriebenen Schichtdicken aufgetragen wurde. Derartige Untersuchungen können mittlerweile mit einem elektronischen

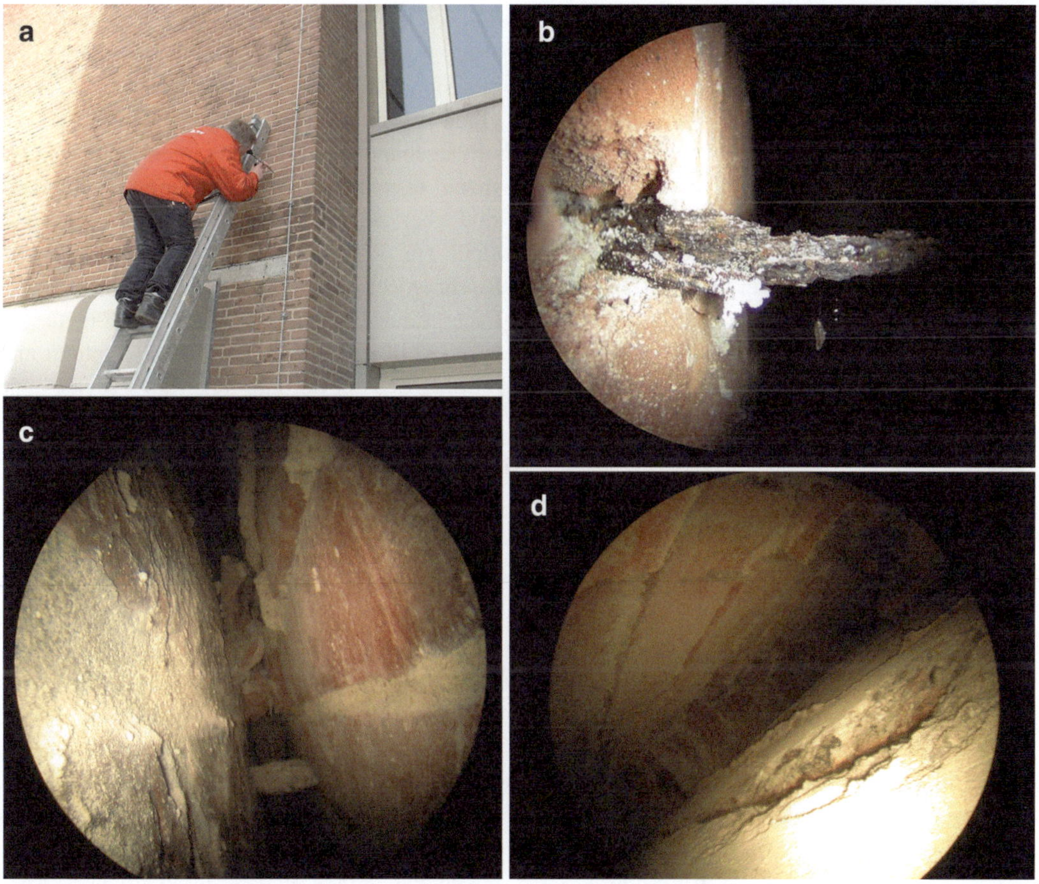

Abb. 5.32 (a–d) Endoskopie zur Untersuchungen von Hohlräumen z. B. in der Gebäudehülle

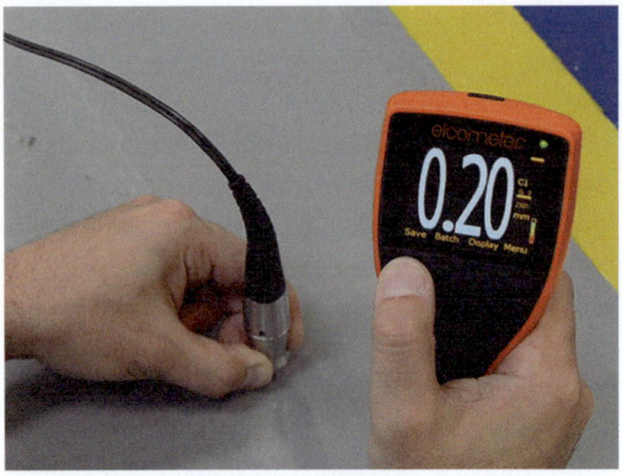

Abb. 5.33 schematische Darstellung und reale Anwendung einer Schichtdickenmessung

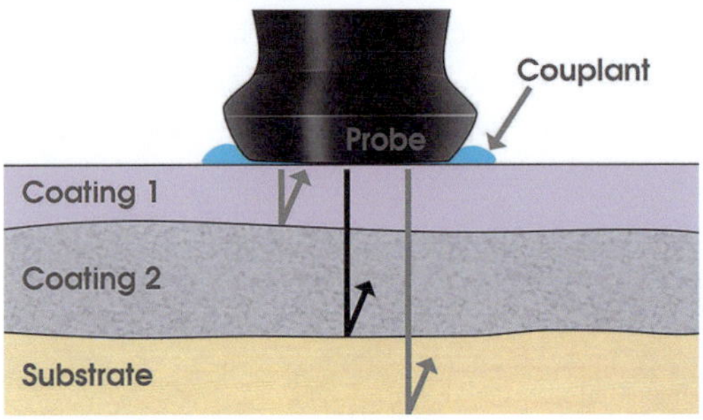

Abb. 5.34 schematische Darstellung und reale Anwendung einer Schichtdickenmessung

Schichtdickenmessgerät durchgeführt werden, bei der die Schichtdicke zerstörungsfrei mittels Ultraschall gemessen wird (Reflexion der hochfrequenten Schallimpulse in Abhängigkeit von der Dichte). Alternativ kann die Schichtdicke auch im Labor ermittelt werden. Laboranalysen haben darüber hinaus den Vorteil, dass nicht nur die Schichtdicke, sondern auch der Aufbau und/oder die Zusammensetzung der einzelnen Schichten (IR-Spektrum) bestimmt werden können.

Hinzu kommt – und dies wird in der Praxis in der Regel nicht berücksichtigt – dass Untersuchungen über die Rissbildung und -ausbreitung, die Rissart und die Rissursache(n) oder über die Auswirkungen der Rissbildung sich nicht nur auf die Oberfläche beschränken dürfen. Diese Untersuchungen müssen durch die Analyse und Diagnostik der Bauwerkskonstruktion ergänzt werden, insbesondere dann, wenn statisch-konstruktive Ursachen für die Rissbildung eindeutig sind oder vermutet werden. Neben der Analyse des Baugrundes werden Untersuchungen am Baukörper und an einzelnen Bauteilen durchgeführt. Hierbei geht es primär um Setzungen, um den Bauteilverbund sowie um Deformationen der tragenden Wände.

5.3.4 Untergrundprüfungen

Zur Rissdiagnostik gehören auch einfache Untergrundprüfungen. Hierbei reicht es in der Regel nicht aus, nur den Untergrund zu prüfen. In vielen Fällen muss die Gesamtsituation des Gebäudes, im Bedarfsfall auch mit Hilfe einer bauphysikalischen Berechnung der Gebäudehülle, betrachtet werden.

Die Untergrundprüfungen bilden die Grundlage für die Auswahl eines geeigneten Instandsetzungssystems. So können z. B. eine hoch elastische Dispersionsfarbe hervorragende Riss überbrückende Eigenschaften haben, gleichzeitig aber aufgrund ihrer geringen Wasserdampfdiffusionsfähigkeit für den vorgesehenen Untergrund nicht geeignet sein. Mineralische und silikatgebundene Beschichtungen hingegen besitzen eine hohe Wasserdampfdurchlässigkeit, sind aber nicht elastisch. Sie können deshalb nicht zur Rissüberbrückung, sondern nur zur Rissüberdeckung und zum Füllen gerissener Untergründe, eingesetzt werden. Infolgedessen müssen objektabhängig bei der Untergrundprüfung und -bewertung auch der Feuchte- und Salzgehalt, die Verschmutzung, die Oberflächenkreidung, die Art des Untergrundes sowie die Materialverträglichkeiten untereinander u. a. m. berücksichtigt werden.

Die Untergrundprüfung beinhaltet zunächst die Prüfung der *Festigkeit* des Untergrundes (in der Regel des alten Putzes). Die Putzfestigkeit kann durch Ritzen z. B. mit einem scharfen Messer beurteilt werden. Bei ausreichender Erfahrung des Sachverständigen ist damit eine grobe Einschätzung möglich. Bevor der Ritztest durchgeführt wird, muss eine evtl. vorhandene Beschichtung im Testbereich entfernt werden. Der Ritztest ist auf einer trockenen und einer angefeuchteten Putzoberfläche durchzuführen. Auch durch Bürsten mit einer Stahl- oder Messingbürste über die Querschnittfläche der Putzlagen können Festigkeitsunterschiede erkannt werden. Wird die Oberfläche beim Kratzen bereits bei mäßigem Druck beschädigt und treten Aus- oder Abplatzungen auf, dann ist die Oberfläche zu „weich“. Diese Beurteilung muss natürlich in Abhängigkeit von der Mörtelgruppe vorgenommen werden. Wenn nach diesen Untersuchungsmethoden noch Zweifel vorhanden sind, können weitergehende Untersuchungen wie z. B. mit einem Rückprallhammer (Druckfestigkeit) oder durch Aufkleben und Abreißen eines Prüfstempels (Haftzugfestigkeit) sinnvoll sein.

Darüber hinaus muss das *Saugverhalten* des Untergrundes ermittelt werden. Hierfür wird die so genannte Benetzungsprobe (Abb. 5.35) durchgeführt, mit der das kurzzeitige Verhalten der Bauteiloberfläche gegenüber Wasser beurteilt werden kann. Nach dem Entfernen einer evtl. vorhandenen, nicht tragfähigen Beschichtung werden mit der Spritzflasche oder Pipette einige Tropfen destilliertes Wasser auf die Oberfläche des Untergrundes gespritzt. Perlen die Wassertropfen ab, ist keine oder nur eine geringe Benetzbarkeit gegeben. Die Oberfläche ist wasserabweisend oder hydrophob. Bei einer hohen Wasserabweisung der Oberfläche einer gerissenen Putzfassade muss ggf. geprüft werden,

Abb. 5.35 einfaches Benetzen der Bauteiloberfläche

ob vor dem Auftrag des Risssanierungssystems evtl. noch eine Haftbrücke oder ein Haftputz aufgetragen werden muss. Dringen dagegen die Wassertropfen in die Putzfläche ein, liegt eine hohe Benetzbarkeit (Hydrophilie) vor.

Bei der Ausführung der Benetzungsprobe sollte beachtet werden, dass sich eine evtl. vorhandene Hydrophobie bereits abgebaut hat, obwohl diese noch unmittelbar unter der Oberfläche nachweisbar ist. Infolgedessen empfiehlt sich, diese Prüfung sowohl an der Putzoberfläche als auch im Putzquerschnitt (Bruchfläche) bei trockenen Umgebungsbedingungen und Temperaturen über 5 °C vorzunehmen. Die Saugfähigkeit des Putzes kann durch intensives Nässen der zu beurteilenden Putzfläche nach ca. 5 min Wartezeit abgeschätzt werden. Benetzungsversuche an entnommenen Proben liefern zusätzlich Hinweise auf unterschiedliches Saugverhalten der Putzlagen und deren Grenzflächen. Weiterhin muss besonders bei alten verwitterten Untergründen (oder je nach Betrachtungsweise alten verwitterten Oberflächen) berücksichtigt werden, dass nicht nur Anstriche oder Imprägnierungen hydrophobe Eigenschaften aufweisen, sondern auch Schmutz. Im Gegensatz dazu hat ein mikrobieller Bewuchs hydrophile Eigenschaften. Deshalb sollte eine Benetzungsprobe immer auf einer gereinigten Fläche stattfinden.

Zur Prüfung der Wasseraufnahme von Bauteiloberflächen wird in der Praxis häufig auch das so genannte „Karstensche Prüfröhrchen“ (Abb. 5.36) verwendet. Hierbei wird ein Prüfrohr am Untergrund mit einem Kitt fixiert und mit einer definierten Menge Wasser gefüllt. Anschließend wird die Wasseraufnahme des Untergrundes in Abhängigkeit von der Zeit gemessen. Diese Messmethode steht inzwischen etwas in der Kritik, da die Mechanismen von Wasseraufnahme und Saugfähigkeit nicht gleichzusetzen sind. So kann es durchaus vorkommen, dass sich das zugegebene Wasser sehr gut über die Oberfläche verteilt hat, aber nicht in den Untergrund eingedrungen ist. Die Anwendung dieser Methode am Gebäude verlangt deshalb ausreichende Erfahrung, um zu vermeiden, dass z. B. ein ansonsten hydrophiler Untergrund durch Anhaftungen von Schmutz und dessen hydro-

Abb. 5.36 Karsten´sches Prüfrohr

Abb. 5.37 einfache Hammerprobe zur Überprüfung der Untergrundfestigkeit

phobierende Eigenschaften als Wasser abweisend eingestuft wird. Als Konsequenz könnte daraus eine fehlerhafte Beurteilung des Untergrundes im Hinblick auf die nachfolgende Beschichtung resultieren.

Eine wichtige Aufgabe der Untergrundprüfung ist das Aufspüren von Hohlstellen und die Prüfung des notwendigen Haftverbundes. In beiden Fällen geht es darum, einen tragfähigen Untergrund für die nachfolgende Risssanierung sicher zu stellen. Die Untergrundprüfung auf *Hohlstellen* erfolgt akustisch durch das Abklopfen mit einem Hammer (Abb. 5.37) bzw. durch Überstreichen der zu beurteilenden Fläche z. B. mit einem Drahtbügel oder einer Metallkugel (die an einem dünnen Metallstab befestigt ist). Aus dem Klangunterschied (hell/dunkel) erkennt man die Lage und in der Regel auch die Größe der Hohlstelle. Sollte der Vorgang einige Tage oder Wochen später noch einmal wiederholt werden, ist es sinnvoll, wenn man für das Abklopfen der Fläche ein Raster festlegt und dokumentiert.

Sind Hinweise auf Hohlstellen vorhanden, sollte unbedingt eine Überprüfung des *Haftverbundes* der einzelnen Schichten untereinander sowie zum Untergrund erfolgen. Hierzu wird mit einer Trennscheibe oder einem Kernbohrgerät eine Putzprobe möglichst mit einem Teil des Untergrundes herausgeschnitten. Ein unzureichender Verbund ist daran zu erkennen, dass sich die Putzlagen bei geringer mechanischer Einwirkung trennen oder vom Untergrund ablösen. Bei entsprechender Erfahrung des Sachverständigen kann nach Öffnen der Hohlstelle im Untergrund festgestellt werden, in welcher Schicht oder an welcher Grenzfläche im Wandaufbau die Spannung, die zum Überschreiten der Haftzugfestigkeit geführt hat, am größten gewesen ist. Die Prüfung der Haftung auf dem Untergrund kann je nach Beschichtungssystem aber auch mit Hilfe der nachfolgenden Methoden (Abreißversuch oder Gitterschnitt) erfolgen.

Soll eine Überarbeitung mit Putzen erfolgen, so wird in einem Vorversuch die Abreißfestigkeit des Untergrundes geprüft. Dazu wird auf eine Probefläche mit einer Zahntraufel ein hydraulisch gebundener Haftmörtel oder ein Armierungsputz mit geeigneter Gewebeeinlage in Schichtdicken von ca. 3 bis 5 mm dick aufgezogen. Für die Prüfung muss das später vorgesehene Material verwendet werden, wobei das Armierungsgewebe an der Unterseite mindestens 40 cm herausragt. Anschließend wird erneut Haftmörtel aufgetragen und glattgestrichen. Nach einer Wartezeit von ca. sieben Tagen wird das freie Ende des Armierungsgewebes von unten nach oben abgezogen (Abb. 5.38). Löst sich dabei der Altputz mit ab, ist seine Haftzugfestigkeit für eine Überarbeitung unzureichend (siehe Abb. 5.39). Trennen sich dagegen beide Schichten des Haftmörtels, so ist die Haftzugfestigkeit des zu sanierenden Putzes ausreichend (Abb. 5.40).

Im Gegensatz dazu wird der Haftverbund bei einem Altanstrich mit dem Klebebandtest (Abb. 5.41) geprüft. Hierzu wird ein geeigneter Klebestreifen blasenfrei auf den Untergrund gedrückt und anschließend ruckartig abgezogen. Wenn beim Abziehen Teile des Untergrundes abblättern und am Klebeband haften bleiben, sollte die alte Beschichtung vom Untergrund entfernt werden.

Der Klebebandtest kann durch die so genannte *Gitterschnittprüfung* (Abb. 5.42, 5.43) in Anlehnung an die DIN EN ISO 2409 und/oder an das BFS-Merkblatt Nr. 19 durchgeführt werden. Im Gegensatz zum einfachen Klebebandtest wird bei der Gitterschnittprüfung vorab der Untergrund „präpariert". Hierzu wird der Untergrund mit einem scharfen Messer oder Cutter eingeschnitten, sodass sechs parallel verlaufende Schnitte entstehen, die um 90° versetzt wiederholt werden. Infolgedessen entsteht

Abb. 5.38 Auftragen und Einbetten des Armierungsmörtels

Abb. 5.40 Abreißprobe nicht bestanden, Untergrund nicht tragfähig

Abb. 5.39 Abreißprobe bestanden, Untergrund tragfähig

Abb. 5.41 Klebebandtest

Abb. 5.42 Gitterschnittprüfung

Abb. 5.43 Gitterschnittprüfung

ein Raster von Einschnitten (Gitter mit 25 Quadraten). Die weitere Vorgehensweise ist identisch zum Klebebandtest. Ein geeigneter Klebestreifen (z. B. *Tesa* oder *Scotch*) wird blasenfrei auf den Untergrund gedrückt und anschließend ruckartig abgezogen.

Anschließend erfolgt eine Bewertung einerseits des Untergrundes (Raster) sowie des Klebebandrückstandes. Hierzu gibt es ein Bewertungsschema (Abb. 5.44). Der Untergrund gilt als geeignet, wenn innerhalb des Schnittrasters keine oder nur sehr geringe Ausbrüche oder Abplatzungen auftreten. Wenn sich entlang der Schnittränder und/oder an den Schnittstellen Ausbrüche oder Abplatzungen zeigen, die etwa 15 bis 20 % der Gesamtfläche ausmachen, gilt der Untergrund als „grenzwertig". Eine verfestigende Grundierung kann ggf. eine Verbesserung bewirken. Betragen die Ausbrüche oder Abplatzungen entlang der Schnittränder und/oder an den Schnittstellen mehr als 35 bis 40 % gilt der Untergrund als ungeeignet. Völlig indiskutabel sind Untergründe, bei denen nach der Gitterschnittprüfung mehr als 65 % der Fläche ausgebrochen oder abgeplatzt sind.

Nicht immer ist einer alten Beschichtung anzusehen, um welche Art (welches Bindemittel) es sich handelt. Für die Überarbeitung mit einem neuen Risssanierungssystem kann es aber unter Umständen wichtig sein, das Bindemittel vorab festzustellen. Kann auf Rechnungen oder Lieferscheine nicht zurückgegriffen werden, müssen ggf. einfache Untersuchungen wie Flammprobe (Abb. 5.45, 5.46) oder Lösemitteltest durchgeführt werden.

Hintergrund der Flammprobe ist, dass bestimmte Bindemittel unbrennbar sind und andere beim Abflammen eine verschieden starke Ruß- oder Geruchsbildung entwickeln. Mineralfarben und -putze sowie Silikatfarben und -putze (je nach Menge des organischen Anteils) sind unbrennbar. Der organische Anteil lässt sich durch Glühprobe bei 450 °C ermitteln. Dispersionsfarben sowie Kunstharzputze können wegen ihrer Brennbarkeit durch die Flammprobe ermittelt werden.

Dass sich organisch gebundene Beschichtungen in einigen Lösemitteln mindestens teilweise lösen lassen, was für mineralische Beschichtungen nicht zutrifft, wird bei der Durchführung des Lösemitteltests (Abb. 5.47) ausgenutzt. Auch Abbeizer können zum Anlösen von organisch gebundenen Beschichtungen eingesetzt werden. Im Zweifelsfall bzw. wenn diese Methoden keine eindeutigen Hinweise liefern, muss eine chemische Untersuchung im Labor erfolgen. Eine einfache Methode ist das Beträufeln mit Salzsäure (Aufschäumen). Letzten Endes geht es bei der Durchführung von Flammprobe und Lösemittel-

0	1	2	3	4	5
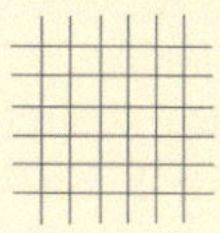	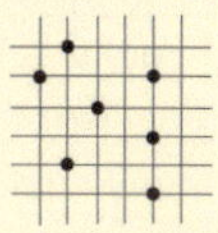	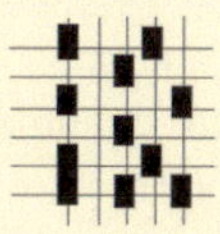			
keine Ausbrüche an den Schnittkreuzen	**ca. 5% Ausbruch an den Schnittkreuzen**	**ca. 15% Ausbruch an den Schnittkreuzen**	**ca. 35% Ausbruch an den Schnittkreuzen**	**ca. 65% Ausbruch an den Schnittkreuzen**	**≥ 65% Ausbruch an den Schnittkreuzen**

Abb. 5.44 Bewertungsschema für die Gitterschnittprüfung nach BFS-Merkblatt

Abb. 5.45 Feststellung des Bindemittels einer Altbeschichtung durch Wärmeentwicklung und/oder direkter Flamme

Abb. 5.46 Feststellung des Bindemittels einer Altbeschichtung durch Wärmeentwicklung und/oder direkter Flamme

test darum, eine evtl. Unverträglichkeit des Untergrundes mit dem ausgewählten Risssanierungssystem auszuschließen.

Abb. 5.47 Feststellung des Bindemittels einer Altbeschichtung durch Lösemitteltest

Liegt ein begründeter Verdacht auf *Alkalität* vor, wird der Untergrund mit destilliertem Wasser befeuchtet und ein angefeuchteter Streifen Indikatorpapier aufgelegt (Abb. 5.48). Im neutralen Bereich (pH-Wert 7) ist die Farbe gelb-olivgrün. Ist der Untergrund alkalisch, verfärbt sich der Streifen blau und der pH-Wert ist > 8. Durch Säuren (pH-Wert < 6) verfärbt sich der Streifen rot.

Kreidende Beschichtungen bzw. Oberflächen sind ebenfalls kein geeigneter Untergrund für nachfolgende Risssanierungssysteme. Am einfachsten kann ein Kreiden durch das Überreiben (Wischen) mit der Handfläche festgestellt werden (Abb. 5.49). Es ist zu prüfen, ob mit geeigneten Grundierungen ein ausreichender Haftverbund für die anschließende Risssanierung erreicht werden kann. Nach der Grundierung muss deshalb der Untergrund noch einmal auf Kreidung überprüft werden. Kann die Oberflächenkreidung nicht beseitigt werden, muss die Alt-

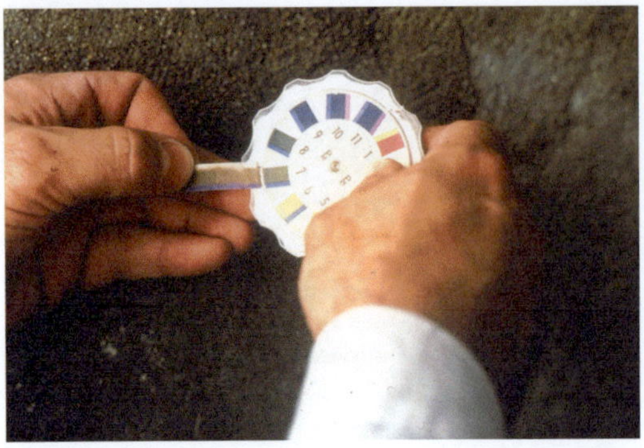

Abb. 5.48 Bestimmung des pH-Wertes

Abb. 5.49 einfache Wischprobe

beschichtung entfernt bzw. durch geeignete Reinigungsverfahren ein tragfähiger Untergrund hergestellt werden.

Ergänzend soll auf die Hinweise der VDPM „Leitlinie für das Verputzen von Mauerwerk und Beton“ sowie das BFS-Merkblatt 20.1 „Prüfung des Putzgrundes für Putzarbeiten“ verwiesen werden. Flucht und Ebenheit des Untergrundes gemäß DIN 18202 „Toleranzen im Hochbau – Bauwerke“ (2019) sollten ebenfalls überprüft werden, um festzustellen, ob ein anschließender Putz in einer gleichmäßigen Schichtdicke aufgetragen werden kann oder ob zusätzliche Ausgleichsschichten notwendig sind.

Darüber hinaus können Untergrundprüfungen im Zusammenhang mit einer putz- oder anstrichtechnischen Risssanierung auch die Bestimmung von Materialfeuchte und/oder Salzbelastung beinhalten. Aufgrund der verschiedenen Messprinzipien und -methoden unterscheidet man bei den *Feuchtemessverfahren* zwischen den direkten und den indirekten Verfahren. Bei den direkten Verfahren wird der Feuchtegehalt direkt gemessen und quantitativ angegeben. Bei den indirekten Verfahren werden feuchtetechnische Kennwerte ermittelt, durch die auf den Feuchtegehalt im Baustoff geschlossen werden kann. Je nach Messprinzip werden folgende Verfahren unterschieden:

- *elektrische* Widerstandsmessung
- *kapazitive* Messung
- *Mikrowellenmessung*
- Messung der *Sorptionsfeuchte*
- *CM-Methode*
- *Gravimetrische* Messung (Darrprobe)
- *Neutronenmessung*

Aus den gemessenen Feuchtewerten können die verschiedenen Durchfeuchtungsgrade wie folgt berechnet werden:

$$\text{Durchfeuchtungsgrad}\left(\text{DFG}_{\text{ges}}\right) = \frac{\text{Feuchtegehalt}}{\text{Sättigungsfeuchte}} \cdot 100 = \text{M}\ \%$$

$$\text{Durchfeuchtungsgrad}\left(\text{DFG}_{\text{kap}}\right) = \frac{\text{Feuchtegehalt}}{\text{Kapillare Sättigungsfeuchte}} \cdot 100 = \text{M}\ \%$$

$$\text{Durchfeuchtungsgrad}\left(\text{DFG}_{\text{hyg}}\right) = \frac{\text{Hygroskopischer Feuchtegehalt}}{\text{Kapillare Sättigungsfeuchte}} \cdot 100 = \text{M}\ \%$$

Bei den direkten Verfahren – zu denen die Darr- und die CM-Methode gehören – wird der Feuchtegehalt direkt gemessen und quantitativ angegeben. Die Darr-Methode gilt als das genaueste Verfahren, hat aber den Nachteil, dass die Messungen nicht vor Ort ausgeführt werden können und mehrere Tage vergehen, bevor die Messergebnisse vorliegen. Außerdem kann eine Messung an der gleichen Stelle nicht wiederholt werden. Aus diesem Grund wird häufig auf die CM-Messung (Abb. 5.50, 5.51) zurückgegriffen.

Die CM-Messung (Calciumcarbid-Methode) ist ein chemisches Feuchtemessverfahren. Die Methode gilt seit 2016 als allgemein anerkannte

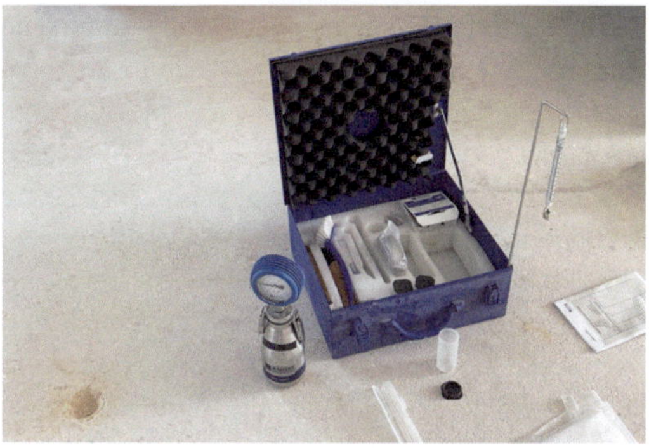

Abb. 5.50 CM-Messung

Abb. 5.51 CM-Messung

Regel der Technik und ist als einziges Verfahren gerichtlich zugelassen. Für diese Methode wird ein spezielles CM-Gerät (Druckflasche mit einem Manometer) eingesetzt, mit dem der Wassergehalt mithilfe einer chemischen Reaktion bestimmt wird. Die Materialproben von 50 bis 100 g werden entnommen, zerkleinert, eingewogen und in ein metallisches Druckgefäß gefüllt. Anschließend gibt man Stahlkugeln und eine Glasampulle mit Calciumcarbid dazu. Das Gefäß wird mit einem Manometer verschlossen und geschüttelt. Dadurch zerstören die Stahlkugeln die Glasampulle, sodass das Calciumcarbid mit der feuchten Materialprobe in Kontakt kommt und nach folgender Gleichung in Acetylen umgesetzt wird:

$$CaC_2 + 2H_2O \rightarrow Ca(OH)_2 + C_2H_2$$

Das Wasser der Materialprobe verbindet sich mit dem Calciumcarbid, sodass gasförmiges Acetylen entsteht. Hierbei ist die Menge des entstehenden Acetylens ein Maß für das in der Probe enthaltene Wasser, da das Gas einen Druck verursacht, der am Manometer abgelesen werden kann. Aus einer Eichkurve kann direkt aus dem Gasdruck der Feuchtegehalt der Materialprobe abgeleitet werden. Die Bestimmung des Feuchtegehalts erfolgt hierbei mit Bezug auf die Probenmasse. Die gemessenen Werte liegen in der Regel etwas unter der tatsächlichen Feuchtigkeit, wobei diese Abweichungen von 1 bis 2 % vernachlässigt werden können. Die CM-Messung ist gut geeignet, um gleich vor Ort einfache oder vororientierende Messungen durchzuführen.

Dennoch ist die CM-Messung nicht unumstritten, da Anwendungsfehler wie z. B. das Wiegen von zu kleinen Probemengen oder auch eine unzureichende Reaktion der Probe mit dem Calciumcarbid zu fehlerhaften Messergebnissen führen kann. Hinzu kommt, dass bereits beim Zerkleinern der Materialprobe je nach klimatischen Bedingungen Feuchtigkeit aus der Umgebungsluft aufgenommen werden kann oder verdunstet.

Große Beliebtheit hat die CM-Messung bei der Restfeuchtebestimmung von dampfdichten Belägen. Nach den Regelwerken dürfen z. B. Estriche nur eine bestimmte Restfeuchte aufweisen, um eine Belegreife zu haben. Erst dann dürfen Fußbodenbeläge wie z. B. Fliesen aufgebracht werden. Allerdings kursieren im Markt noch empfohlene Grenzwerte für die Belegreife, die bei den heute verwendeten Estrichmischungen (CEM II-Zement statt CEM I-Zement, verändertes Wasser-/Zement-Verhältnis) nicht mehr zutreffen.

Einen ähnlichen Mechanismus nutzt man bei dem so genannten Karl-Fischer-Verfahren. Hierbei handelt es sich ebenfalls um ein chemisches Feuchtemessverfahren, bei dem eine chemische Reaktion von Stoffen mit Wasser herbeigeführt und analysiert wird. Diese Messmethode basiert darauf, dass bei der Titration der zerkleinerten Probe mit der Karl-Fischer-Tinktur folgende Reaktion abläuft:

$$2H_2O + SO_2 + J_2 \rightarrow SO_4 + 2J + 4H$$
$$(\text{in Abwesenheit von Alkoholen})$$

Jod, Schwefeldioxid und Wasser verbinden sich zu Schwefelsäure und Jodwasserstoff, wobei die braune Färbung des Jods verloren geht. Ist das Ende der Titration erreicht, verfärbt sich die Probe bräunlich, sodass der Zeitpunkt visuell bestimmt werden kann. Die bis zum Ende der Titration zugegebene Menge der Karl-Fischer-Lösung ist ein Maß für den Feuchtegehalt der Probe. Mit dieser Messmethode lassen sich bereits Spuren von Wasser nachweisen. Bei Anwendung des Verfahrens bei Festkörpern ist eine Pulverisierung der Probe unbedingt erforderlich.

Die Anwendung der CM-Messung und des Karl-Fischer-Verfahrens bedarf einiger Erfahrung, da die benötigte Menge der Materialprobe vom Feuchtegehalt der Probe abhängt. Bei der Zerkleinerung der Materialprobe entweicht, insbesondere bei harten Baustoffen, sehr leicht Materialfeuchte, wodurch Messfehler entstehen können.

Bei den indirekten Verfahren – zu denen im Wesentlichen die hygrometrische Methode zählt – werden feuchtetechnische Kennwerte ermittelt, durch die auf den Feuchtegehalt im Baustoff geschlossen werden kann.

Darüber hinaus gibt es auch ganz einfache Messmethoden, die vor Ort angewendet werden können, wenn nur die Anwesenheit von Feuchtigkeit nachgewiesen werden soll, ohne dass eine Mengenbestimmung relevant ist. Hierzu gehört z. B. der so genannte Folientest (Abb. 5.52, 5.53). Hierzu wird über den Untergrund eine ca. 1 × 1 m große Folie gespannt, die wasserdampfdicht und transparent sein muss. Nach spätestens zwei Tagen wird überprüft, ob sich auf der Unterseite der Folie Wasserdampf angesammelt hat.

Bei der Durchfeuchtung von Bauteilen und/oder Baustoffen muss auch die Hygroskopizität beachtet werden, weil auch Salze die Ursache für zu hohe Feuchtigkeit im Untergrund sein können. Für die Untersuchung werden Proben von Bohrkernen oder -mehl, Putz- oder Steinproben entnommen. Wichtig ist, dass *Salzanalysen* nicht nur in den Wandbereichen durchgeführt werden, in denen aufgrund einer starken Versalzung Salzkristalle festgestellt wurden. Sollen nur die wasserlöslichen Salze analysiert werden, muss die Baustoffprobe nach dem Zerkleinern mit Wasser extrahiert werden. Muss allerdings die Gesamtmenge der Salzbelastung bestimmt werden, ist es notwendig, einen Sodaauszug zu nehmen. Das entsprechende Filtrat der Extraktion oder des Sodaauszugs wird dann weiter analysiert. Das Vorhandensein von Karbonaten in Putz- und Fugenmörteln wird durch die Reaktion mit verdünnter Salzsäure nachgewiesen. Fügt man einem Teil des vorher erwähnten Wasserauszuges vorsichtig verdünnte Salzsäure hinzu, schäumt diese bei Anwesenheit von löslichem Karbonat auf. Diese Gasentwicklung wird durch die frei werdende Kohlensäure verursacht und ist ein Hinweis auf die Anwesenheit von Soda oder Pottasche.

Lösliche Sulfate können als Natrium-, Kalium- oder auch als Magnesiumsulfat vorliegen. Zur Durchführung des Sulfattests wird im

Abb. 5.52 Folientest

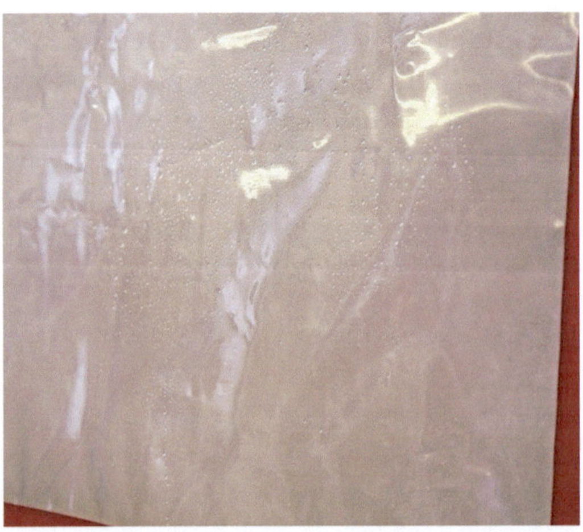

Abb. 5.53 Folientest

Reagenzglas eine Baustoffprobe mit verdünnter Salzsäure aufgelöst. Anschließend wird sie filtriert. Um die Löslichkeit zu erhöhen, kann die Probe auch mit dem Brenner erhitzt werden. Weiterhin wird eine Messerspitze Bariumchlorid in destilliertem Wasser gelöst. Die beiden Flüssigkeiten werden dann vorsichtig zusammengeschüttet. Der Sulfatgehalt wird durch einen sehr feinkristallinen weißen Niederschlag angezeigt. Die früher sehr aufwendige Bestimmungsmethode, durch geeignete Fällungsreaktionen Sulfat nachzuweisen, kann mittlerweile durch einfache Bestimmungsmethoden mittels Teststäbchen ersetzt werden. Die Teststäbchen sind in vier Zonen eingeteilt und enthalten unterschiedliche Mengen des rot gefärbten Thorium-Barium-Komplexes, der bei Anwesenheit der entsprechenden Mengen Sulfationen in das gelb gefärbte Thorium umschlägt.

Beim Chloridtest soll der pH-Wert der zu prüfenden Lösung bei 4 bis 8 liegen. Alkalische Lösungen (pH-Wert > 8) müssen durch Zugabe von organischen Säuren eingestellt werden. Lösliche Chloride können als Natrium-, Kalium- oder als Kalziumchlorid vorliegen. Der Nachweis erfolgt in einem Reagenzglas mit verdünnter Schwefelsäure unter Verwendung eines Brenners, mit dem die Baustoffprobe erhitzt wird. Salzsäure darf zum Lösen nicht verwendet werden, da diese sonst mit ihren Chlorid-Anionen das Ergebnis beeinflussen würde. Nach dem Filtrieren wird langsam Silbernitrat hinein getröpfelt, um die gewünschte Reaktion in Gang zu setzen. Das Chlorid zeigt sich durch einen voluminösen weißen, flockigen Niederschlag.

Die Salze der Salpetersäure liegen meist als Natrium-, Kalium- oder Kalziumnitrat vor. Die Baustoffprobe wird im Reagenzglas mit verdünnter Salzsäure gelöst und filtriert. Dieser Vorgang kann ebenfalls durch Erhitzen beschleunigt werden. Anschließend werden einige Kristalle Eisen(II)-sulfat sowie einige Tropfen verdünnter Schwefelsäure zugegeben. Nach dem Abkühlen wird das Reagenzglas leicht geneigt, um sehr vorsichtig mit der Pipette konzentrierte Schwefelsäure unterzuschichten. Nitrat zeigt sich durch einen an der Grenzschicht zwischen konzentrierter Schwefelsäure und Baustofflösung entstehenden braunen bis violettbraunen Ring. Auch hier steht mittlerweile ein einfach zu handhabendes Nitrat-Teststäbchen zur Verfügung.

Neben bauschädigenden Salzen wie Chloriden, Sulfaten, Nitraten und Karbonaten können sich natürlich weitere Substanzen wie z. B. Farbpigmente, Ruß, Lignin, Teer oder Bitumen, Öle oder sonstige Verunreinigungen im Untergrund befinden, die nach einer Überarbeitung wieder an der Oberfläche sichtbar werden können. Weiterhin muss der Untergrund auf Substanzen geprüft werden, die entweder durch oder mit Alkalität reagieren oder bei Anwesenheit von Feuchtigkeit ein starkes Quellen und Schwinden aufweisen.

Im Einzelfall kann es notwendig werden, die *Materialtemperatur* sowohl an der Oberfläche als auch in der Konstruktion zu messen. Das Messprinzip ist relativ einfach: Gemessen wird die Temperatur des Gerätesensors. Deshalb ist wichtig, dass der Fühler den Untergrund möglichst komplett kontaktiert und vollständig auf dem Medium aufliegt. Dies erfordert einerseits einen möglichst großen und flachen Fühler. Auf der anderen Seite muss der Fühler möglichst schnell die Temperatur des Mediums annehmen, was für eine möglichst geringe Masse des Fühlers spricht. Am besten erfüllen diese Anforderungen so genannte Teller- oder Federbandfühler. Tellerfühler werden bevorzugt bei glatten Oberflächen eingesetzt. Bei rauen Untergründen wie z. B. strukturierten Putzoberflächen werden dagegen Federbandfühler eingesetzt. Bei der Auswertung der Messergebnisse muss immer berücksichtigt werden, dass eine Messung der reinen Materialtemperatur technisch nicht möglich ist, da der Einfluss der Lufttemperatur nicht ausgeschaltet werden kann. Das Messgerät muss im rechten Winkel aufgesetzt werden, um einen größtmöglichen Kontakt zwischen Fühler und Untergrund herzustellen. Auch bei Temperaturmessgeräten muss mit einer gewissen Angleichzeit gerechnet werden. Diese liegt je nach Hersteller und Gerät zwischen 30 s und 2 min. Die Messgenauigkeit liegt je nach Gerät bei ± 0,5 bis 2 °C. Sind also genaue Messungen z. B. im Bereich von Wärmebrücken notwendig, muss im Vorfeld die Eignung des Messgerätes geprüft werden. Darüber hinaus stehen auch berührungslose Messgeräte (so genannte Laser-Pyrometer) zur Verfügung, bei denen die Eigenschaft der Infrarotstrahlung ausgenutzt wird. Die Intensität der Strahlung ist ein Maß für die Temperatur der abstrahlenden Oberfläche. Bei dieser Messmethode muss darauf geachtet werden, ob die Strahlungstemperatur ausschließlich vom zu messenden Körper abgegeben wird oder ob auch die Wärmestrahlung von der Umgebung reflektiert und infolgedessen miterfasst wird.

Eine Alternative zu diesen herkömmlichen Messmethoden stellt die *Thermografie* (Abb. 5.54) dar. Kaum ein anderes Messverfahren hat in den letzten Jahren derart auf sich aufmerksam gemacht. In der Regel kennt man dieses Verfahren von der wärmetechnischen Untersuchung von Gebäuden in Bezug auf Wärmebrücken. Mittlerweile wird die Thermografie für zahlreiche Anwendungsgebiete eingesetzt, u. a. zur Leckageortung oder zur Überprüfung der Wasserdichtigkeit von Abdichtungen oder der Luftdichtigkeit der Gebäudehülle. Einer der großen Vorteile der Thermografie ist, dass es sich um ein kontaktloses und zerstörungsfreies Messverfahren handelt. In der Rissdiagnostik hat eine Thermografiekamera den Vorteil, dass sie Gebäudekonstruktionen und die unterschiedliche Wärmeleitfähigkeit verschiedener Baustoffe „sichtbar" machen können.

Abb. 5.54 Thermografie wird auch im Rahmen der Riss-Diagnostik eingesetzt, um z. B. überputzte Bewegungsfugen und/oder thermisch bedingte Ursachen festzustellen

Thermografie ist ein bildgebendes Verfahren, um Oberflächentemperaturen anzuzeigen und über Farbspektren zu visualisieren (Abb. 5.55). Man bedient sich hierbei einer intuitiven Darstellung: rot steht für warme Oberflächen oder Energieverlust, während Blau für kalte Oberflächen steht. Die dazwischenliegenden Farbspektren gelb und grün dienen der Visualisierung der Übergangsbereiche. Dabei wird die Intensität der Infrarotstrahlung, die von einem Punkt ausgeht, als Maß für dessen Temperatur gedeutet. Die hierfür eingesetzte Thermografiekamera wandelt die Infrarotstrahlung, die für Menschen nicht sichtbar ist, in elektrische Signale um und erzeugt ein Bild, das in so genannten Falschfarben (selten in Graustufen) dargestellt wird (Abb. 5.56). Auch wenn es Parallelen gibt, darf eine Thermografiekamera nicht mit einer Wärmebildkamera verwechselt werden. Denn eine Thermografiekamera kann mit ihrer Kalibrierung aus der Intensität der vorgefundenen Infrarotstrahlung auf die Oberflächentemperatur eines zu bewertenden Objek-

Abb. 5.55 schematische Darstellung über die Funktion einer Thermografiekamera: im praktischen Einsatz, im Aufbau sowie der Messmethode

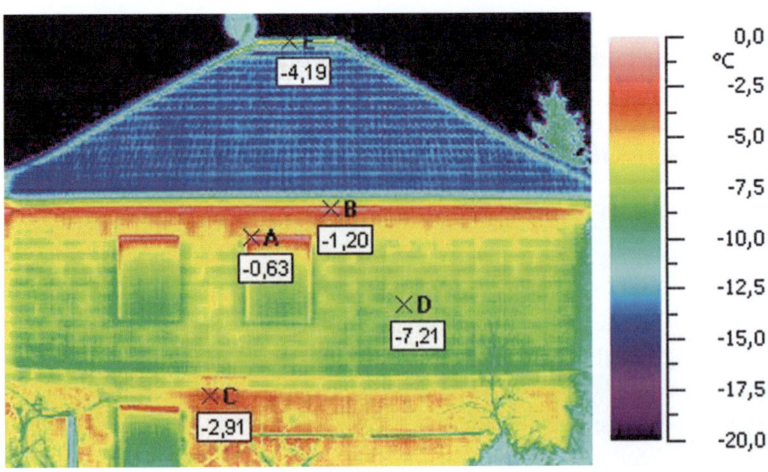

tes schließen. Die Thermografie wird in passive und aktive Verfahren unterschieden. Bei der passiven Thermografie werden Temperaturunterschiede einer Bauteiloberfläche wie z. B. an Wärmebrücken umgebungsbedingt gemessen, während bei der aktiven Thermografie das zu messende Bauteil thermisch angeregt wird (so genannte Impulsthermografie).

Die Thermografie beruht auf dem Messprinzip, dass jeder temperierte Körper oberhalb des absoluten Nullpunkts (null Kelvin = minus 273,15 °C) Wärme ausstrahlt – auch Emissionsgrad genannt. Bekanntlich handelt es sich bei dem für das menschliche Auge sichtbare Licht um den Bereich der elektromagnetischen Strahlung, der eine Wellenlänge von 380 bis 780 nm besitzt. Das Licht ist hierbei eine Mischung unterschiedlicher Wellenlängen. Wird es durch ein Prisma gebrochen, werden die polychromatischen (mehrfarbigen) Lichtstrahlen in seine monochromatischen (einfarbigen) Bestandteile zerlegt. Die elektromagnetische Strahlung unterhalb der für den Menschen sichtbaren Frequenzen bzw. niedrigeren Wellenlängen werden als Ultraviolettstrahlung (UV-Licht) bezeichnet – die mit höheren Wellenlängen (oberhalb rot) als Infrarotstrahlung (IR-Strahlung). Hierbei handelt es sich um elektromagnetische Wellen im Spektralbereich zwischen sichtbarem Licht und der langwelligeren Mikrowellenstrahlung. Der Wellenbereich der für eine Thermografiekamera geeigneten Infrarotstrahlung liegt zwischen 0,7 bis 1000 µm. Der Vorteil liegt darin, dass in diesem Wellenbereich der Einfluss von Sonneneinstrahlung und Licht geringer ist als im kurzwelligeren Bereich (Abb. 5.57). Die in Bauwerksdiagnostik eingesetzten Kameras haben in der Regel einen Wellenlängenbereich von 5 bis 25 µm und können Temperaturen von −20 °C bis über 250 °C erfassen mit einer Kalibrierung, mit der Temperaturunterschiede von weniger als 0,1 °C messbar sind.

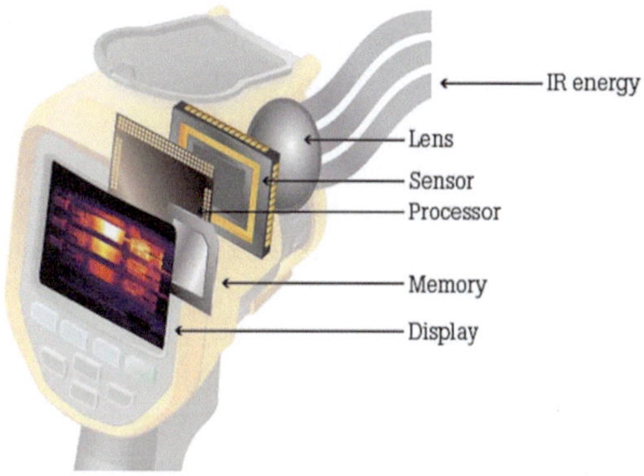

Abb. 5.56 schematische Darstellung über die Funktion einer Thermografiekamera: im praktischen Einsatz, im Aufbau sowie der Messmethode

Mittlerweile hat die Auflösung einer Thermografiekamera die Bildqualität einer Digitalka-

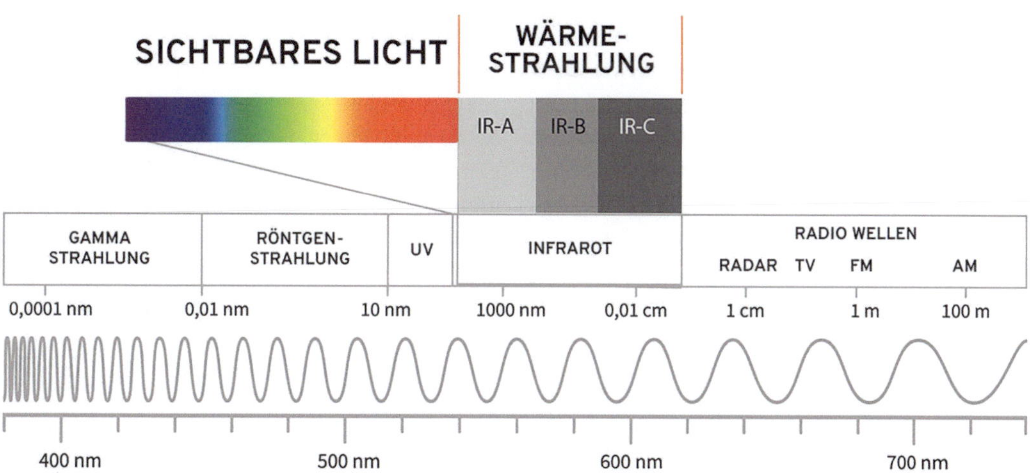

Abb. 5.57 schematische Darstellung über die Funktion einer Thermografiekamera: im praktischen Einsatz, im Aufbau sowie der Messmethode

mera erreicht. Dies vereinfacht die nachträgliche Zuordnung von Thermografieaufnahmen zum realen Bild. Außerdem werden Kameras angeboten, in denen eine Videokamera eingebaut ist und die sehr langsame Strömungen nachweisen können, sodass auch bewegte Bilder aufgenommen werden können. Somit können z. B. konvektive Luftströmungen nachgewiesen werden. Einige Geräte besitzen eine Taupunktberechnung in Echtzeit und können somit taupunkttypische Bauteilbereiche anzeigen.

Grundvoraussetzung für den Einsatz einer Thermografiekamera z. B. einer Gebäudehülle ist, dass ein durch Temperaturunterschiede erzwungener, zeitlich konstanter Wärmestrom fließt. Dieser erzeugt durch die unterschiedlichen Wärmewiderstände der durchströmten Bauteile lokal unterschiedliche Oberflächentemperaturen, die von der Thermografiekamera erfasst werden. Um dies sicherzustellen, müssen einige Rahmenbedingungen wie z. B. große Temperaturunterschiede zwischen innen und außen gegeben sein. Daher sind für das thermografieren besonders kalte Tage ideal. Grundsätzlich kann das Thermografieren zu jeder Tageszeit erfolgen, solange es nicht zu hell ist. Deshalb sind die frühen Morgen- sowie Abendstunden für Thermografieaufnahmen ideal. Ideal ist ebenfalls die Durchführung bei einem völlig bewölkten Himmel, da Abstrahlungs- sowie Abschattungseffekte vernachlässigt werden können. Wesentliche Voraussetzungen für das thermografieren sind eine Temperaturdifferenz von mindestens 15 °C (z. B. innen 20 °C und außen 5 °C). Außerdem dürfen die Temperaturen in den letzten 12 h vor dem Messzeitpunkt keine größeren Schwankungen aufweisen, um quasi stationäre Bedingungen vorzufinden. Weitere Empfehlungen finden sich z. B. in den Richtlinien des Bundesverbandes für Angewandte Thermografie e. V. sowie den Normen DIN 54190 „Zerstörungsfreie Prüfung – Thermografische Prüfung - Teil 1: Allgemeine Grundlagen" (2004) (Anmerkung: die Norm wurde zurückgezogen) und DIN EN 13187 „Wärmetechnisches Verhalten von Gebäuden – Nachweis von Wärmebrücken in Gebäudehüllen – Infrarot-Verfahren" (1998) (Anmerkung: die Norm wurde zurückgezogen).

Für ordnungsgemäße Thermografieaufnahmen spielen der kalibrierte Emissionsgrad eine wesentliche Rolle. Dieser hat als das Maß für das Abstrahlungsvermögen von Materialien einen entscheidenden Einfluss auf die Messgenauigkeit. Je größer die Differenz der Messobjekttemperatur zur Umgebungstemperatur (Störstrahlung) und je kleiner der Emissionsgrad ist, desto größer werden die Fehler, wenn keine Korrektur vorgenommen wird. Für eine ordnungsgemäße Auswertung der Messergebnisse ist zudem eine Dokumentation der Durchführung unumgänglich, da die zum Zeitpunkt der Messung vorherrschenden Rahmenbedingungen nachvollziehbar und ggf. zu einem späteren Zeitpunkt reproduzierbar sein müssen. Schließlich sind die Umgebungsbedingungen zum Zeitpunkt des thermografierens immer nur eine Momentaufnahme. Deshalb sollten die abgebildeten Temperaturunterschiede im Thermogramm dokumentiert werden.

Auch wenn Feuchtigkeits- und Temperaturmessungen durchgeführt werden, muss die weitergehende Laboranalytik z. B. für Materialanalysen benutzt werden. Hierzu gehören z. B. die Prüfung der Druckfestigkeit, der Rohdichte, der Biegezugfestigkeit, der Spaltzugfestigkeit, der Zugfestigkeit, des E-Moduls (statisch und dynamisch), der thermischen und hygrischen Dehnung, der Frostbeständigkeit, der Baustoffzusammensetzung, der Mörtelanalyse, der Porosität sowie der Wasseraufnahme und Wasserdampfdurchlässigkeit sowie der quantitativen und qualitativen Feuchte- und Salzgehalte.

Abschließend soll erwähnt werden, dass Laboruntersuchungen von Materialproben nur in seltenen Fällen einen Hinweis auf die eigentliche Rissursache geben. Dies ist Aufgabe der nachfolgenden Bewertung, sodass im Vorfeld genau definiert werden muss, was Inhalt, Umfang und Zielsetzung einer Bauwerksdiagnostik sein soll. Auch wenn dies in der Praxis bisher kaum so praktiziert wird, sollten Aufgabenstellung und Zielsetzung in einer Untersuchungsplanung festgehalten werden. Hierbei darf allerdings die Zielsetzung nicht dadurch beeinflusst werden, dass das Ergebnis der nachfolgenden Analyse und Diagnostik als bereits bekannt betrachtet wird. In der Praxis trifft man leider oft auf Sachverständige, die mit einer vorgefertigten Meinung in die

Bauwerksdiagnostik hineingehen und versuchen, Beweise für ihre Vermutungen zu liefern.

5.3.5 Bau- oder Schadensforensik

Ergänzend zu den etablierten und bewährten Untersuchungsmethoden wird seit einigen Jahren auch in der Rissdiagnostik eine neue Methode angeboten, die in Anlehnung an die Kriminaltechnik als Bau- oder auch Schadensforensik bezeichnet wird. Hierbei nutzt man die seit vielen Jahren bekannte Technologie, Spuren von Körperflüssigkeiten durch Beleuchtung mit kurzwelligem Licht mittels Fluoreszenz sichtbar zu machen. Man kennt dies aus zahlreichen Kriminalfilmen, wenn der Tatort verdunkelt und anschließend mit Speziallampen ausgeleuchtet wird, bis Spuren in Neonfarben erkennbar werden. Mithilfe dieser „Tatort-Lampen" werden Spuren sichtbar, die bei normalem Tageslicht und mit dem menschlichen Auge ohne weitere Hilfsmittel nicht entdeckt worden wären. Das gleiche Prinzip nutzt man in der optischen Bau- oder Schadensforensik – ein noch relativ junges Fachgebiet in der Bauwerksdiagnostik, das vor ca. zehn Jahren durch *Andreas Rapp* gegründet wurde. Er gilt als Pionier auf diesem neuen Forschungsgebiet, mit dem systematisch Baustoffe hinsichtlich ihrer Fluoreszenz sowie ihres Absorptionsverhaltens im nahen ultravioletten und nahen infraroten Wellenlängenbereich untersucht werden können. Hierzu werden multispektrale Lichtquellen, Filterbrillen und spezielle Kameras eingesetzt.

Das menschliche Auge nimmt Licht in einem Wellenspektrum zwischen 400 nm bis 750 nm wahr. Das eingesetzte Lichtspektrum, das von den Tatort-Lampen und Filterbrillen eingesetzt wird, liegt unterhalb von 400 nm (Ultraviolettbereich) und oberhalb von 750 nm (Infrarotbereich). Dem entsprechend wird die Fluoreszenzanalyse in die IR-Adsorptionsbildanalyse und in die UV-Adsorptionsbildanalyse unterschieden. Mithilfe der UV-Absorptionsbildanalyse können z. B. nicht sichtbare Ausbesserungen oder Reparaturstellen z. B. von alten Risssanierungen auf Bauteiloberflächen erkannt werden. Allerdings erfordert die Methode eine gewisse Erfahrung in der Anwendung. Ausreichende Erfahrungswerte liegen bisher nicht vor.

5.3.6 Bewertende Diagnostik

Die Untersuchungen (Analyse und Diagnose) zur Rissbildung und -ausbreitung, zu Rissart und ihren Ursache(n) und den Auswirkungen der Rissbildung sowie die Untergrundprüfung liefern zwar wichtige und notwendige Informationen. Die Auswahl der geeigneten Instandsetzungsmethode oder eines nachhaltigen Risssanierungssystems ist damit allerdings noch nicht möglich. Hierfür muss eine Beurteilung oder Bewertung der vorgefundenen Risse in Abhängigkeit vom Gebäude/Untergrund vorgenommen werden.

Problematisch hierbei ist, dass eine Beurteilung oder Bewertung von Rissen nach verschiedenen Kriterien erfolgen kann – bzw. je nach Interessenlage sogar erfolgen muss. So muss einerseits, wie bereits erwähnt, unterschieden werden, ob die Risse innerhalb oder außerhalb der Gewährleistungszeit aufgetreten sind. Da sich daraus rechtliche Ansprüche ableiten können, muss in diesem Fall eine Bewertung neben technischen Aspekten auch ggf. rechtliche Belange einschließen. Nicht immer, wenn ein Mangel im rechtlichen Sinn vorliegt, muss auch ein technischer oder funktioneller Schaden vorhanden sein. So kann ein Riss technisch als „unkritisch" bewertet werden und dennoch ein Mangel vorliegen. Ausschlaggebend hierfür kann z. B. sein, dass die zugesicherten Eigenschaften nicht erfüllt wurden und/oder dass der Riss eine optische Beeinträchtigung der Fläche darstellt. Während die rechtlichen Betrachtungen noch relativ einfach (da gesetzlich geregelt) sind, stellt sich eine optische Bewertung äußerst schwierig dar, weil es hierzu keine objektiven und allgemein anerkannten Regelwerke gibt und ein Riss je nach Standpunkt als mehr oder weniger gravierend wahrgenommen wird. Aber auch eine technische Bewertung ist nicht so einfach, wie dies oft dargestellt wird. Es müssen häufig verschiedene Aspekte berücksichtigt werden, durch die sich die Auswirkungen eines Risses erheblich verändern können. So kann ein Riss in einem Fall als technischer oder funktionaler Mangel bewertet werden, während er in einem anderen Fall als nicht funktionsgefährdend betrachtet wird. Deshalb soll die nachfolgende Bewertung von Rissen und ihren Auswirkungen unter verschiedenen Gesichtspunkten erfolgen: unter technischen, optischen und rechtlichen Aspekten.

Vorab soll aber noch darauf hingewiesen werden, dass die Anamnese von Rissen in Gebäuden immer eine Art „Zeitreise“ ist. Dies wird in der Diagnostik und Bewertung von Rissen zu häufig vernachlässigt. Untersuchungen fokussieren sich zu oft auf den Ist-Zustand und/oder nur auf das Bauteil, in dem der Riss aufgetreten bzw. an der Oberfläche als Makroriss sichtbar geworden ist. Schließlich ist der Riss das zeitlich versetzte Sichtbarwerden eines vorausgegangenen Schadensmechanismus – dieser kann mehrere Wochen, aber auch mehrere Monate und im Extremfall auch mehrere Jahre zurückliegen. Daher ist die Anamnese, Diagnostik und Bewertung von Rissen in erster Linie eine Retrospektive. Hinzu kommt, dass Risse in den seltensten Fällen die Ursache für einen Bauschaden sind, sondern in der Regel nur die optischen Symptome für einen komplexen Schadensmechanismus sind. Diesen zu identifizieren und objektiv zu analysieren sowie ein darauf abgestimmtes Instandsetzungskonzept zu entwickeln, ist die Kernaufgabe einer nachhaltigen Risssanierung.

5.4 Bewertung von Rissen

5.4.1 Einleitung

In der Praxis eines Sachverständigen stellt sich oft die Frage, ob ein festgestellter Riss einen Mangel darstellt. Bei der Beantwortung müssen mehrere Aspekte berücksichtigt werden. Risse können

- unterschiedlich breit und/oder tief sein,
- Ursache für weitere Schadensmechanismen sein,
- ab einer bestimmten Breite optisch wahrgenommen werden,
- eine mangelhafte Leistung des Handwerkers oder mangelhaftes Material darstellen,
- innerhalb oder außerhalb der Gewährleistung auftreten,
- bauart- oder baustofftypisch sein,
- temporär auftreten usw.

Diese kurze Auflistung – die nicht den Anspruch auf Vollständigkeit erhebt – zeigt, dass es nicht ***den Riss*** gibt und infolgedessen auch nicht ***die Bewertung*** geben kann. Eine Bewertung muss immer die objektiven Ergebnisse aus der Bauwerksdiagnostik in Abhängigkeit vom Gebäude sowie von den vertraglich vereinbarten Leistungen berücksichtigen. Nur dann wird es möglich sein, die Frage objektiv zu beantworten, ob ein Riss einen Mangel darstellt oder nicht. Deshalb wird auch die anschließende Bewertung diese unterschiedlichen Perspektiven berücksichtigen. Zumal es durchaus vorkommen kann, dass die technische Bewertung eines Risses zu dem Schluss kommt, dass kein (technischer) Mangel vorliegt, während die juristische Bewertung des gleichen Risses ergibt, dass ein Mangel (im rechtlichen Sinne) vorliegt. Hinzu kommt, dass der Begriff „Mangel“ ein Rechtsbegriff ist und häufig bei der technischen Bewertung missbräuchlich verwendet wird.

Dieser Betrachtung schließt sich gleich die nächste Fragestellung an, die mindestens genauso interessant ist – muss ein Riss in jedem Fall saniert werden? Diese Frage kann wieder technisch betrachtet und anschließend in gleicher Weise beantwortet werden. Zu erwähnen ist darüber hinaus eine technikferne Betrachtungsweise, in der die Option Risssanierung nicht vorkommt. Zum einen, weil sich Risse nicht gänzlich vermeiden lassen wie z. B. beim Fachwerk und zum anderen, weil man den Rissen ihre bauschädigenden Auswirkungen nehmen kann, ohne die Risse zu verschließen (z. B. Hydrophobierung). Dieser Betrachtungsweise befleißigen sich gewöhnlich auch Baudenkmalpfleger, die einen Riss als sichtbares Zeichen der Alterung eines Baustoffes oder Bauwerkes sehen und dies als Ästhetik verstehen. Letztgenannte Betrachtung kann von Bedeutung sein, wird aber in den weiteren Ausführungen vernachlässigt. Im Folgenden werden die Risse an Neu- und Altbauten behandelt, die einer Sanierung unterzogen werden sollen.

5.4.2 Technische Bewertung

Wenn im Rahmen einer Bauwerksdiagnose Rissbreite und -tiefe, Rissverteilung und -verlauf sowie der ein-, zwei- oder dreidimensionale Rissflankenversatz ermittelt wurden, kann der Riss dimensioniert werden. Dies ist die erste Grundlage für eine technische Bewertung. Die zweite und ganz wesentliche Voraussetzung für eine technische Bewertung und eine Konzeption zur Instandsetzung sind die künftig zu erwartenden Risse bzw. künftige Bewegungen an den Rissflanken – oder anders ausgedrückt: Die Feststellung, ob ein Riss noch „arbeitet" oder nicht entscheidet primär über die erforderliche funktionale Beschaffenheit einer anschließenden Risssanierung. Deshalb sollte zur Qualifizierung der technischen Rissbewertung im Vorfeld geklärt werden, ob die vorhandenen Risse auf physikalische und/oder chemische Vorgänge bzw. auf den Trocknungs- bzw. Härtungsprozess zurückzuführen sind und ob das vorhandene Rissbild einen Endzustand darstellt oder in Zukunft mit einer Zunahme der Rissbildung bzw. der Rissbreite gerechnet werden muss.

Handelt es sich um einen beruhigten Riss, kann eine anschließende Risssanierung auch eine mehr oder weniger starre Lösung darstellen. Es ist hinreichend bekannt, dass trocknungsbedingte Risse z. B. bei Putzen nach einigen Wochen zum Stillstand gekommen sind. Eine Rissbildung und -ausbreitung durch Schwinden, Kriechen oder dgl. ist in Abhängigkeit vom Baustoff und/oder vom Bauteil dagegen erst nach ein bis zwei Jahren, in Ausnahmen nach drei Jahren abgeschlossen. In diesem Fall liegt ein Riss mit definierter Rissbreite vor, die Rissbreitenänderung liegt bei Null. Dies ist die wichtigste Erkenntnis. Der Riss kann dann verschlossen oder überdeckt werden. Aus technischer Sicht ist der Riss unkritisch.

Viel kritischer ist der Sachverhalt zu sehen, wenn der Riss noch „arbeitet", also die Bewegung der Rissflanken noch nicht abgeschlossen ist. Es liegt hier ein Riss mit mehr oder weniger definierter Rissbreite vor, die Rissbreitenänderung ist größer Null. Dies ist grundsätzlich bei lastbedingten Verformungen wie statisch-konstruktiven Rissen der Fall. Weitere Rissbewegungen können nicht nur, sondern müssen definitiv mit größerer Wahrscheinlichkeit angenommen werden. Hinzu kommen thermisch und/oder hygrisch bedingte Verformungen (Quellen und Schwinden), die zu einer Bewegung der Rissflanken führen. Bekannt ist auch, dass thermisch bedingte Längenänderungen die größten Spannungen in Baustoffen und/oder Bauteilen verursachen. Weiterhin ist unstrittig, dass Bewegungen der Rissflanken durch Rissbreitenänderungen größer sind als durch Scherung oder Versatz.

Hinsichtlich der auftretenden Rissbreitenänderungen muss berücksichtigt werden, dass eine Änderung der Breite eines Haarrisses von z. B. 0,1 auf 0,2 mm dennoch eine Veränderung der Rissbreite um 100 % darstellt (Abb. 5.58). Dies muss nicht nur bei der Bewertung des Risses selbst, sondern auch bei der anschließenden Risssanierung beachtet werden. Eine über diesen Riss aufgetragene Beschichtung wird aufgrund ihrer Verbindung mit dem Untergrund ebenfalls um diesen Wert gedehnt. Ein Putz oder Armierungsmörtel (mit oder ohne Gewebe) sowie eine Farbe (mit oder ohne Vlieseinlage) müsste bei diesem Beispiel eine Dehnfähigkeit von 100 % aufweisen.

In der Praxis wird oft begrifflich verwechselt oder gleichgesetzt, ob ein Riss überdeckt oder überbrückt wird. Dabei gelten beide Begriffe für zwei verschiedene Anforderungen an eine Beschichtung in der Risssanierung. Wird ein Riss überdeckt, handelt es sich lediglich um eine Beschichtung (Abdeckung) des vorhandenen Risses, dessen Rissbreitenänderung bei Null liegt. Handelt es sich dagegen um eine Rissüberbrückung, muss ein vorhandener Riss überbrückt werden, dessen Rissbreitenänderung größer als Null ist. Dem entsprechend handelt es sich bei der Rissüberdeckung um einen beruhigten Riss, sodass die Risssanierung auch mit einem starren System erfolgen kann. Bei der Rissüberbrückung dagegen liegt ein dynamischer bzw. nicht be-

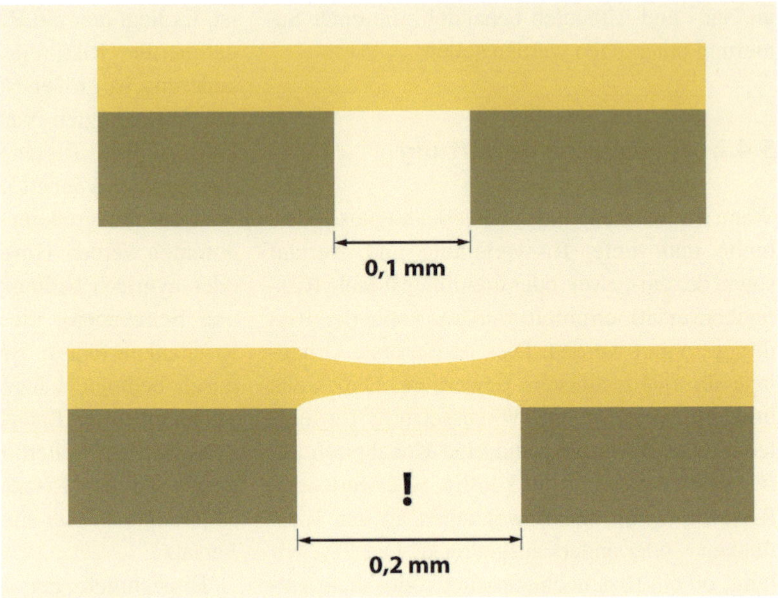

Abb. 5.58 schematische Darstellung über die Dehnfähigkeit einer Beschichtung

ruhigter Riss vor, sodass die anschließende Risssanierung ein elastisches System erfordert.

Das Messen von Rissbreiten ergibt eigentlich nur einen Sinn, wenn man die gemessenen Werte (Ist-Zustand) mit den zulässigen Rissbreiten (Soll-Zustand) vergleicht. Dies ist relativ schwierig, da hierzu in den Normen und Regelwerken keine absoluten Werte zu finden sind. **Hinzu kommt, dass es keine genormten und/oder allgemein anerkannten Verfahren zur Rissbreitenmessung gibt.** Demzufolge kann die Frage nach Vorliegen eines technischen Mangels nicht oder nur bedingt mit den Regelwerken beantwortet werden.

In der DIN EN 1996-1 (2013) Eurocode 6: „Bemessung und Konstruktion von Mauerwerksbauten - Teil 1: Allgemeine Regeln für bewehrtes und unbewehrtes Mauerwerk" gibt es keinen Hinweis auf zulässige Rissbreiten von Mauerwerksbauten, dafür aber Verformungskennwerte für Kriechen, Schwinden, Temperaturänderung und Elastizitätsmodule. Im Gegensatz zum Stahlbeton befindet sich im Mauerwerk in der Regel keine Bewehrung. Ein Unterschied zwischen beiden Baustoffen besteht auch darin, dass für Mauerwerk konstruktive Maßnahmen zur Verfügung stehen. So können Bauwerks- und/oder Bauteilbewegungen – und damit Rissbreiten – über den Mauerwerksverband und über Konstruktionsregeln beeinflusst werden.

In allen dem Verfasser bekannten Veröffentlichungen zum Thema [6, 10, 11, 12, 13, 14, 21, 22, 44, 48] werden keine verbindlichen, allgemein anerkannten oder zulässigen Rissbreiten für Mauerwerk angegeben. *Pfefferkorn* geht in seinen Ausführungen am weitesten bzw. legt sich auf zulässige Rissbreiten unter 0,3 mm für Mauerwerk fest. In [10] heißt es hierzu: „*Grobe Risse über 1 mm Breite lassen sich damit in der Regel vermeiden, mittlere Risse von 0,3 bis 1,0 mm Breite in vielen Fällen. Schwierig ist die Situation bei Rissbreiten unter 0,3 mm. Hier muss zunächst eindeutig klargestellt werden, dass sowohl von den Baustoffeigenschaften als auch von ihrer Verarbeitung her unter der Einwirkung der Witterung Mauerwerksrisse bis zu 0,3 mm Breite selbst durch völlig einwandfreie Bauplanung und Bauausführung nicht verhindert werden können. Da etwas Unmögliches nicht Vertragsgrundlage sein kann, können Risse bis zu 0,3 mm Breite auch nicht generell einen Mangel darstellen. Aus dieser Feststellung folgt jedoch so wenig wie bei Holz und Beton, dass Risse bis 0,3 mm grundsätzlich keinen Mangel darstellen würden bzw. nicht auf Mängel zurückzuführen wären.*" Den Ausführungen ist zu entnehmen, dass Rissbreiten über 0,3 mm nur in Ausnahmen zu akzeptieren sind. Im Gegenzug können die Ausführungen so ausgelegt werden, dass Rissbreiten unter 0,3 mm für Mauerwerksbauten als „normal“ angesehen werden können und keine technische Beeinträchtigung darstellen.

Abschließend soll hierzu noch einmal *Pfefferkorn* [10] zitiert werden: *„Betrachtet man Risse an ausgeführten Mauerwerksbauten, so lassen sich vor allem einzelne, nicht systematisch auftretende Risse mit Breiten bis zu 0,3 mm oftmals hinsichtlich ihrer Ursache nicht eindeutig beurteilen. Gerade solche Risse aus dem komplizierten Zusammenspiel von Konstruktionsverformungen, variierenden Baustoffeigenschaften und Witterungseinwirkungen insbesondere während der Bauzeit lassen sich nicht verhindern und müssen in Kauf genommen werden. Sie stellen für sich allein keine Mängel dar und haben in der Regel auch keine Schäden zur Folge.“* Für Mauerwerk kann infolgedessen zusammen gefasst werden, dass Risse unterhalb von 0,3 mm allgemein nicht als Mangel angesehen werden, da sie einerseits bautechnisch bedingt sind und andererseits den Gebrauchswert und die Dauerhaftigkeit nicht beeinflussen.

In der Stahlbetonnorm werden ebenfalls Hinweise auf zulässige Rissbreiten von 0,3 mm angegeben. Allerdings wird in der DIN 1045-1 darauf hingewiesen, dass es sich um Rechenwerte handelt und ein Vergleich von Messwerten mit den in der Norm enthaltenen zulässigen Rechenwerten nur bedingt möglich ist. Dort heißt es: *„Die in diesem Abschnitt angegebenen Verfahren erlauben keine exakte Vorhersage und Begrenzung der Rissbreite. Die Rechenwerte der Rissbreite sind daher als Anhaltswerte zu sehen, deren gelegentliche geringfügige Überschreitung im Bauwerk nicht ausgeschlossen werden kann. Dies ist jedoch bei Beachtung der Regeln dieses Abschnittes im Allgemeinen unbedenklich.“* In der Tragwerksplanung ist bekannt, dass Beton reißt und die Stahlbetonbewehrung erst dann ihre Funktion erhält. Diese verhindert infolgedessen das Reißen des Betons zwar auch nicht, aber mit ihr kann die Rissbreite gesteuert werden.

In der DIN 18550-2 (Putz) wird ausgeführt, dass Haarrisse in begrenztem Umfang nicht zu bemängeln sind. Hierbei ist zu beachten, dass der Mangelbegriff eine juristische Bedeutung hat. Besser wäre eine Formulierung, dass Haarrisse in begrenztem Umfang technisch unkritisch sind. Als Haarrisse werden hierbei Risse mit einer Breite bis zu 0,2 mm bezeichnet. Dieser Empfehlung folgt auch die DIN EN 13914 Teil 1, in der ausgeführt wird, dass Haarrissbreiten bis 0,2 mm bei wasserabweisenden und wasserhemmenden Putzen die Funktionstüchtigkeit nicht beeinträchtigen. In Anlehnung daran werden in der DIN EN 13499 „Wärmedämmstoffe für Gebäude – Außenseitige Wärmedämm-Verbundsysteme (WDVS) aus expandiertem Polystyrol – Spezifikation“ (2003) und DIN EN 13500 „Wärmedämmstoffe für Gebäude – Außenseitige Wärmedämm-Verbundsysteme (WDVS) aus Mineralwolle – Spezifikation“ (2003) für Putzbeschichtungen auf Polystyroldämmung 0,3 mm und 0,2 mm für Putzbeschichtungen auf Mineralfaserdämmung als zulässige Rissbreiten angegeben.

In der Praxis wird dies in der Regel so ausgelegt, dass die Regelwerke je nach Baustoff eine Rissbildung von max. 0,2 bis 0,3 mm „legalisieren“ und damit Risse nicht reklamiert werden können. Infolgedessen stellt sich im Umkehrschluss die Frage, ob die DIN-Normen (oder andere Regelwerke) bei Auftreten von Rissen in dieser Größenordnung herangezogen werden können.

Zur Beantwortung der Frage muss die Verbindlichkeit von Normen hinterfragt werden. Im Allgemeinen wird den DIN-Normen ein hoher Stellenwert eingeräumt. Dabei – und dies ist in der Praxis zu wenig bekannt – sind DIN-Normen keine Rechtsnormen, sondern private technische Regelungen mit Empfehlungscharakter. Auch wenn eine rechtliche Bewertung der Thematik noch erfolgen wird, soll vorab an dieser Stelle erwähnt werden, dass DIN-Normen in der Regel die anerkannten Regeln der Technik wiedergeben, aber auch hinter diesen zurückbleiben können. Nach Rechtssprechung (BGH) kommt es nicht auf die Anwendung/Umsetzung von DIN-Normen an, sondern ausschließlich auf die Einhaltung der anerkannten Regeln der Technik. Diese werden in der Praxis häufig mit den DIN-Normen gleichgesetzt. Dazu sind Fälle aus der Rechtssprechung bekannt, die einen deutlichen Unterschied zwischen einer DIN-Norm und den anerkannten Regeln der Technik dokumentieren. Außerdem kann auch bei einer DIN-Norm nicht ohne weiteres von einer Mangelfreiheit ausgegangen werden. Die vielen überalterten und/oder von Sachverständigen abgelehnten DIN-Normen sind ein Beleg dafür. Maßgebend ist ohnehin nicht, welche DIN-Norm gilt, sondern ob die Bauausführung zur Zeit der Abnahme den anerkannten Regeln der Technik entsprochen hat. Die alles entscheidende Antwort auf die Frage liefert allerdings das DIN (Deutsche Institut für Normung) selbst. So steht in der DIN 820-1 „Normungsarbeit - Teil 1: Grundsätze" (2022) – der so genannten „Mutter aller DIN-Normen" – dass „*es sich hierbei nicht um die einzige, sondern eine Erkenntnisquelle für technisch ordnungsgemäßes Verhalten im Regelfall handelt.*" Weiterhin wird unter Pkt. 8.6 der Norm ausgeführt, dass „*sich durch das Anwenden von Normen Niemand der Verantwortung für eigenes Handeln entzieht*". Noch mehr Klarheit bringt die Aussage der DIN 820, dass „*insofern Jeder auf eigene Gefahr handelt.*" Dies bedeutet für die praktische Anwendung/Umsetzung, dass die Angaben der DIN-Normen nur als Orientierung dienen und nur eine Empfehlung darstellen!

Des Weiteren stellt sich die Frage, ob eine Empfehlung in einer technischen Norm tragbar ist und/oder ob Risse > 0,3 mm in Mauerwerken oder Stahlbeton sowie > 0,2 mm in Putzen zwangsläufig einen Mangel aus technischer Sicht darstellen. Zumal die Angaben in der Mauerwerks- und Stahlbetonnorm nur Empfehlungen darstellen und in der DIN 18550 noch ergänzt wird, dass breitere Risse keinen Mangel darstellen, wenn sie unter gebrauchsüblichen Bedingungen nicht sichtbar sind und der technische Wert des Putzes nicht beeinträchtigt wird. Daraus ergibt sich die spannende Frage: Bei welchen Rissbreiten ist der technische Wert eines Putzes beeinträchtigt? Oder anders ausgedrückt: Wie lange ist die Funktionalität eines gerissenen Putzes oder Mauerwerkes gegeben?

Die wichtigste (technische) Funktion einer Putzbeschichtung besteht im Schutz der Fassade und des darunter befindlichen Mauerwerkes vor Witterungseinflüssen. Eine Beeinträchtigung der technischen Funktion und damit der Gebrauchstauglichkeit ist demnach vorhanden, wenn Schäden (wie z. B. Risse) am Außenputz dazu führen, dass der Putz oder der Untergrund durchfeuchtet werden. Durchfeuchtungen wiederum können Abplatzungen durch Frost-Tau-Wechsel verursachen. Bei permanenter Durchfeuchtung des Untergrundes schließlich verringert sich der Wärmedurchlasswiderstand des Mauerwerkes bis hin zur Bildung einer örtlich begrenzten Wärmebrücke. Wenn Wasser in poröse Materialien, Hohlräume und sonstige Öffnungen eingedrungen ist, kann es sich dort relativ schnell ausbreiten. Durch einen kleinen Riss von z. B. nur 0,2 mm können bei einem Schlagregen innerhalb von einer Stunde bis zu 20 L (!) Wasser in den Untergrund eindringen. Dies ist allgemein nicht bekannt und der Riss wird in seinen „kleinen" Dimensionen in der Regel unterschätzt.

Deshalb sollte die Bewertung eines Risses sich nicht nur an der Rissbreite und -tiefe orientieren, sondern auch gebäudespezifische Einflüsse mit einbeziehen. Hierzu gehören die Schlagregenbeanspruchung des Gebäudes in Abhängigkeit von der örtlichen Lage und von der Gebäudeart sowie die überdurchschnittliche Beanspruchung durch Spritzwasser. In der DIN 4108 Teil 3 werden in Abhängigkeit von der mittleren Jahresniederschlagsmenge verschiedene Beanspruchungsgruppen definiert. Nach einer Empfehlung des Deutschen Wetterdienstes können die jährlichen Niederschlagsmengen in drei Bereiche eingeteilt werden. Aus dieser Einteilung sind in der Norm die folgenden Beanspruchungsgruppen abgeleitet worden (lokale Abweichungen sind möglich und müssen im Einzelfall berücksichtigt werden):

- geringe Schlagregenbeanspruchung liegt für Gebiete mit Jahresniederschlagsmengen unter 600 mm vor (Beanspruchungsgruppe I),
- mittlere Schlagregenbeanspruchung gilt für Gebiete mit Jahresniederschlagsmengen von 600 bis 800 mm (Beanspruchungsgruppe II),

- starke Schlagregenbeanspruchung liegt für Gebiete mit Jahresniederschlagsmengen über 800 mm und für windreiche Regionen auch mit geringeren Niederschlagsmengen vor (Beanspruchungsgruppe III).

Die Zuordnung der Gebiete zu einer Beanspruchungsgruppe erfolgt allerdings nicht nur in Abhängigkeit von der lokalen Jahresniederschlagsmenge, sondern auch von gebäudespezifischen Einflüssen wie z. B. Windbelastung, Gebäudehöhe und örtliche Lage. Die Schlagregenbeanspruchung steigt überproportional mit zunehmender Gebäudehöhe. So kann die Schlagregenbeanspruchung in 15 m Höhe bis zu 20-mal höher sein als in 2 m Höhe.[63]

In der Praxis wird davon ausgegangen, dass stark wasserabweisende Putzbeschichtungen, wie z. B. Kunstharzputz, mit einem Wasseraufnahmekoeffizienten $\leq 0{,}5$ kg/(m² • $h^{0,5}$) und einer wasserdampfdiffusionsäquivalenten Luftschichtdicke ≤ 4 m (die Nennung des Wertes ≤ 4 m ist unkonkret, weil z. B. $s_d = 0{,}5$ m auch ≤ 4 m ist) aber eine sehr gute Trocknung durch Diffusion ermöglicht! Deshalb ist es korrekter zu schreiben: ca. 3 bis 4 m, um den besten Schlagregenschutz darzustellen. Diese Zuordnung entspricht der Realität – bis zu dem Zeitpunkt, an dem Risse auftreten! Dann ergibt sich das Problem, dass die über den Riss aufgenommene Feuchtigkeit aufgrund des hohen Wasserdampfdiffusionswiderstandes nur stark verzögert abgegeben werden und sich folglich zwischen Oberputz und Untergrund anreichern kann. Deshalb fordert die alte DIN 18558, dass ein Kunstharzputz rissfrei auftrocknen muss, auch wenn bei Kunstharz- und Siliconharzputzen aufgrund ihrer Hydrophobie an den Rissflanken eine Wasseraufnahme bei Rissbreiten < 0,1 mm auszuschließen ist.

Die Alternative zu Kunstharzputzen sind wasserhemmende Putze mit einem Wasseraufnahmekoeffizienten ≤ 2 kg/ (m² • $h^{0,5}$) und einer wasserdampfdiffusionsäquivalenten Luftschichtdicke ≤ 2 m. Hierbei handelt es sich in der Regel um mineralische Putze, die zwar eine höhere Wasseraufnahme, dafür aber auch eine höhere Wasserdampfdiffusionsfähigkeit und eine ausgeprägte Kapillarität besitzen. Das Kapillarleitvermögen des Putzes führt dazu, dass punktuelle Feuchtigkeitsspitzen im Bereich der Risse gleichmäßig auf die gesamte Putzfläche verteilt werden. Damit ist sichergestellt, dass die aufgenommene Feuchtigkeit in der Trocknungsphase ohne Verzögerung abgegeben werden kann. Dies zeigt, dass eine generelle Aussage über den Regenschutz von gerissenen Putzen nicht möglich ist und dass neben Rissbreite und -tiefe auch die bauphysikalischen Kenndaten der Putzbeschichtungen in die Bewertung einbezogen werden müssen. Deshalb können für Putze und Putzbeschichtungen keine allgemeingültigen Grenzwerte für den Regenschutz angegeben werden. Selbst gleiche Rissbreiten und/oder -tiefen müssen hinsichtlich der Zusammensetzung unterschiedlicher Putze auch unterschiedlich bewertet werden.

Aufgrund ihrer zunehmenden Bedeutung an der Fassade sind die nachfolgenden Ausführungen den Wärmedämm-Verbundsystemen gewidmet. In Auswertung diverser Testobjekte und Freilandversuche, die durch Laboruntersuchungen unterstützt wurden, beurteilt *Erich Cziesielski* in [23] die Rissbreite von Wärmedämm-Verbundsystemen und kommt zu folgendem Ergebnis:

- *„Die Wassereindringmenge in das WDVS ist abhängig von den Eigenschaften und dem Alterungszustand der Wärmedämmung bzw. des Putzes. Die klimatische Vorbelastung („Belastungsgeschichte") des WDVS wirkt sich auf die Wasserverteilung in unmittelbarer Rissnähe aus.*
- *Für Risse mit sich nicht ändernden Rissbreiten und mit einer Rissbreite von ca. 0,1 mm wurden nur sehr kleine Wassereindringmengen festgestellt. Mehrfach nahm der Wassereindrang im Laufe des Versuchs so stark ab, dass kein Wasserzutritt mehr vorlag. An Freilandversuchen unter realen Verhältnissen, die durch Laborversuche bestätigt wurden, wurde der Einfluss der Rissbreite auf die Wasseraufnahme von gerissenem WDVS nachgewiesen.*
- *In WDVS mit Putzen auf Polystyroldämmung tritt weniger Wasser ein als in vergleichbaren Systemen mit Putz auf Mineralfaserdämmung.*

- *Die Haftzugfestigkeit des WDVS ist in der Verteilung des eingedrungenen Wassers in der Wärmedämmung abhängig. Dringt die Feuchtigkeit tief in den Dämmstoff ein (z. B. durch Diffusionsvorgänge), so wird die Haftzugfestigkeit stärker herabgesetzt als bei einer Anlagerung der Feuchte zwischen Putz und Wärmedämmung. Auch hier ist der Einfluss der Rissbreite signifikant. Insbesondere ist auf den sprunghaften Abfall der Haftzugfestigkeit ab 0,4 mm hinzuweisen (Tab. 5.3)*
- *Die Haftzugfestigkeit zwischen Putz und Wärmedämmung wird durch den Wassereinfluss irreversibel herabgesetzt. Auch nach einer Rücktrocknung wird nicht wieder die Ausgangsfestigkeit erreicht.*
- *Der Feuchtehaushalt beregneter WDVS mit Mineral- bzw. Polystyroldämmstoff wurde rechnerisch untersucht. Zwischen Wärmedämmung und Putz liegt bei WDVS aus Mineralfasern eine höhere Feuchtebelastung vor. In beiden Fällen findet aber keine stetige Feuchteanreicherung statt; die WDVS trocknen über das Jahr gesehen wieder aus."*

Diese Aussagen werden auch durch *Helmut Künzel* in [24,25] bestätigt, der sich auf umfangreiche Versuche an zwölf verschiedenen Wärmedämm-Verbundsystemen mit mineralischen Putzsystemen Ende der 1980-er Jahre bezieht. Hierbei wurden über drei Jahre die Temperaturverhältnisse dokumentiert und anschließend die Feuchteverhältnisse untersucht und analysiert. Das Fazit lautet:

- Die Feuchtegehalte der Dämmstoffe, ermittelt an Proben aus schlagregenbeanspruchten Westwänden, weisen über einen Zeitraum von einem Jahr keine signifikanten Veränderungen auf.
- Die Feuchtegehalte der Dämmstoffe (Hartschaum, Mineralfaser und mineralisch gebundene Holzwolle) lagen im Allgemeinen an Westwänden im Mittel etwas höher als an Ostwänden.
- Die an einigen Wänden aufgetretenen Risse – durchgehend durch Ober und Unterputz – hatten praktisch keine Auswirkung auf die Feuchteverhältnisse in den Wärmedämmschichten.
- Bei den geprüften Systemen lag der Feuchtegehalt in Hartschaum- und Mineralfaserplatten um m_v = 0,1 Vol.- % (Mittelwert aller Messungen). Bei mineralisch gebundener Holzwolle betrug der entsprechende Wert m_v = 6 Vol.- %. Dies dürfte der Sorptionsfeuchte bei einer Luftfeuchte von 70 – 80 % rel. LF. entsprechen. [79]
- Die beobachtete Rissbildung begann bei einigen Systemen schon wenige Tage nach dem Anbringen und war nach der ersten Winterperiode nahezu abgeschlossen. Die Rissbreiten lagen im Mittel bei 0,1 bis 0,2 mm, im Allgemeinen traten an den Westseiten mehr Risse auf als an den Ostseiten.

Tab. 5.3 Relativer Abfall der Haftzugfestigkeit (%) im Rissbereich frei bewitterter Proben [23]

Rissbreite in mm	Relativer Abfall der Haftzugfestigkeit in %
ungerissen	0
0,1	32,8
0,2	33,3
0,4	50,4
1,0	52,4

In [26] stellt *Künzel* neuere Versuchsergebnisse zur Rissschädlichkeit bei Wärmedämm-Verbundsystemen vor. An den Wetterseiten von drei Gebäuden mit WDVS aus Mineralwolle-Dämmplatten wurden die Feuchtegehalte der Dämmstoffe an rissfreien Stellen und unter Rissen ermittelt. An einem Bauwerk lag bei einem Horizontalriss mit einer Rissbreite von 0,3 mm ein Feuchtegehalt der Mineralwolle von 0,8 M.- % vor. Der Putz war stark verschmutzt; im Riss waren bis zu einer Tiefe von 3 mm Schmutzablagerungen nachweisbar. *Künzel* folgert, dass sich in nicht hygroskopischen und nicht saugfähigen Dämmstoffen unter Regeneinwirkung im Allgemeinen kein erhöhter Feuchtegehalt einstellt, auch wenn sich Risse im Außenputz befinden. Ferner sind Folgeschäden im Zusammenhang mit Putzrissen selten.

Diese Ausführungen gelten im Wesentlichen für mineralische (wenn auch organisch vergütete)

Putzsysteme. Kunstharzputze mit einem vergleichsweise hohen Dampfdiffusionswiderstand lassen nur eine langsamere Austrocknung zu. Eine vergleichsweise geringfügig erhöhte Wasseraufnahme kann bei Kunstharzputzen in der Umgebung von Rissen einen Anstieg des Feuchtegehaltes zwischen Armierung/ Unterputz und dem Oberputz verursachen, was zu Blasenbildung und Putzablösungen führen kann. Für organisch gebundene Oberputze (Kunstharzputz, in der Regel Siliconharzputz und je nach Hersteller auch Silikatputz) gelten infolgedessen andere Anforderungen. Die Angaben zur Anzahl und Breite sowie Tiefe der Risse können deshalb für diese Putzarten nicht ohne weiteres übernommen werden.

Abschließend soll hierzu *Rainer Oswald* erwähnt werden, der sich in [27] kritisch mit dem Thema Wärmedämm-Verbundsysteme auseinandersetzt und auf diese Problematik kurz eingeht. Er weist darauf hin, dass nach Untersuchungen von *Lutz Franke* bei Rissweiten über 0,1 mm mit dem Eindringen des Regenwassers in die Risse aufgrund von Staudruck gerechnet werden muss. Risse bis zu dieser Rissbreite sind seiner Ansicht nach unbedenklich; breitere Risse können sich im Hinblick auf die Dauerhaftigkeit nachteilig auswirken: So ist *„z. B. bei Kunstharzbeschichtungen an über längere Zeit bewitterten Rissen offensichtlich mit Quellerscheinungen und Wulstbildungen zu rechnen, die schließlich zu Ablösungen zumindest der Deckschichten im Rissverlauf führen."* Bei mineralischen Putzen muss damit gerechnet werden, dass sich in Folge einer verstärkten Erosion Zuschlagkörner entlang der Rissflanken ablösen, wodurch nach und nach ein V-förmiger Rissverlauf entstehen könnte, der sich zunehmend deutlich abzeichnet.

5.4.3 Optische Bewertung

Die optische Bewertung von Rissen ist die gleichzeitig einfachste wie auch schwierigste Art der Bewertung. Dies liegt daran, dass diese Bewertung nicht auf objektiven Parametern wie z. B. Messergebnissen beruht. Für eine optische Bewertung sind weder spezielle noch aufwändige Hilfsmittel erforderlich, sodass sie auf der einen Seite relativ einfach erscheint. Andererseits ist jede optische Bewertung subjektiv und damit angreifbar. So kann sich z. B. das optische Erscheinungsbild einer fertig gestellten Putzoberfläche für den Maler oder Stuckateur als normal oder üblich darstellen, während der Bauherr die gleiche Putzfläche als mangelhaft ablehnt. Häufig wird dann diskutiert, ob die aufgetretenen Risse noch im Toleranzbereich liegen, marktüblich und akzeptabel sind oder sich vielleicht so gar hätten vermeiden lassen. Hier geht es letztendlich um die Verhältnismäßigkeit der Risserkennung und -bewertung!

Allerdings steht bei der optischen Bewertung von Rissen in der Regel nicht nur das Aussehen der Rissverläufe allein im Mittelpunkt, sondern auch andere Faktoren können eine wesentliche Rolle spielen, zum Beispiel

- mikrobieller Befall und/oder Verschmutzungen,
- Ausblühungen und Kristallisation (Abb. 5.59),
- Farbtöne und Oberflächenstruktur,
- Lage und Wahrnehmung der gerissenen Fläche und
- zeitliche Relevanz des Auftretens.

In vielen Veröffentlichungen wird ausgeführt, dass Risse noch als akzeptabel gelten und nicht zu bemängeln sind, wenn sie in einer Breite auftreten bis

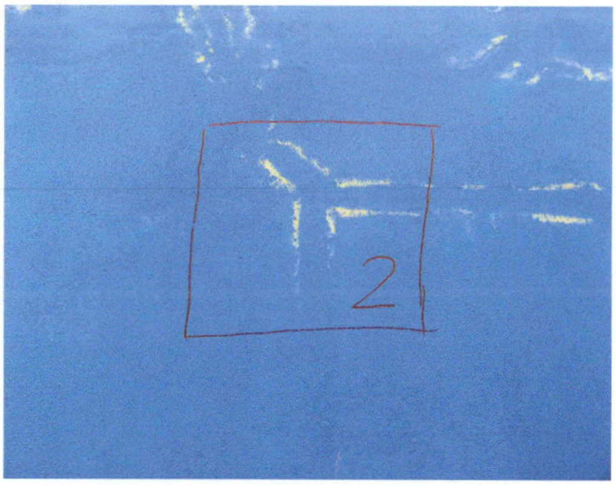

Abb. 5.59 vermeintlich „harmlose" Haarrisse können durch Ausblühungen vor allem auf farbigen Putzoberflächen stärker sichtbar werden

- 0,1 mm z. B. auf geglätteten bzw. glatten Oberflächen (gefilzt, verwaschen, geglättet) oder
- 0,2 mm bei einem Strukturputz mit einem Größtkorn > 3 mm (Kratzputz/ Rillenputz, Reibeputz/ Scheibenputz und dgl.).

Diese Aussage kann nur bedingt übernommen werden. Wenn das Gebäude einem starken mikrobiellen Befall (z. B. Algen, Pilze) ausgesetzt ist und in exponierter Lage (z. B. Niederschlagsmenge) steht, werden auch diese Risse nach einer relativ kurzen Zeit gut sichtbar sein und subjektiv größer erscheinen. Durch den mikrobiellen Befall wirken die Risse dunkler und an den Rissflanken breiter, als sie tatsächlich sind (Abb. 5.60).

Bei Putzen mit hydrophilen Eigenschaften kommt hinzu, dass im Rissbereich die Wasseraufnahme noch größer ist (Abb. 5.61, 5.62). Durch Putzstrukturen, in denen sich Wasser nach Niederschlägen ansammeln kann (z. B. horizontal verriebene Rillenputze), wird dieses Verhalten zusätzlich gefördert. Infolgedessen spielt bei der optischen Bewertung auch die Putzoberfläche und deren Struktur eine wichtige Rolle. Glatte Putzoberflächen sind hinsichtlich einer Rissbildung und deren Wahrnehmung viel anfälliger als raue und stark strukturierte Putzoberflächen, auf denen sich Risse kaum abzeichnen und unauffällig um das Strukturkorn herum verlaufen. Auch der Farbton der Putzoberfläche spielt eine Rolle. Bei weißen und hellen Oberflächen werden die Risse immer schneller und deutlich zu sehen sein als bei erdigen und dunklen Farbtönen.

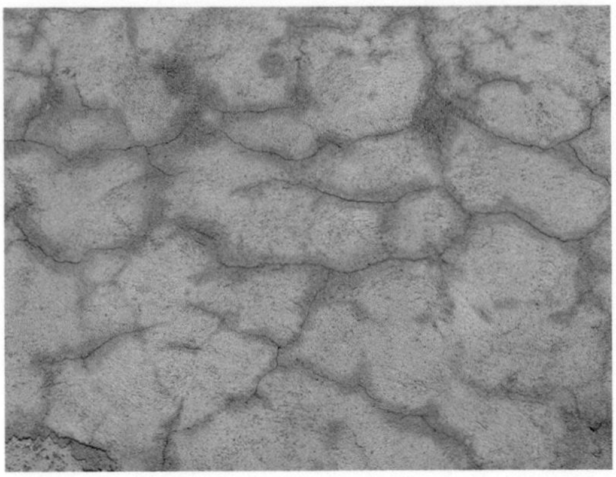

Abb. 5.61 vermeintlich „harmlose" Haarrisse können durch Feuchtigkeitsaufnahme vor allem hydrophiler Oberflächen stärker sichtbar werden

Abb. 5.62 vermeintlich „harmlose" Haarrisse können durch mikrobiellen Befall z. B. durch Algen und/oder Pilze stärker sichtbar werden

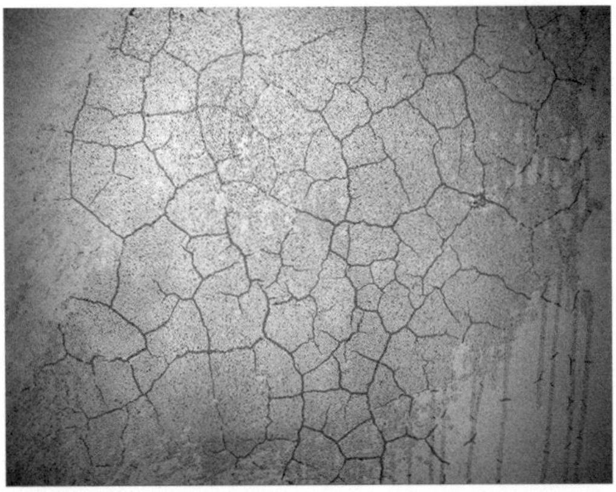

Abb. 5.60 vermeintlich „harmlose" Haarrisse können durch Feuchtigkeitsaufnahme vor allem hydrophiler Oberflächen stärker sichtbar werden

Im Mittelpunkt der optischen Bewertung von Rissen stehen in der Regel zum einen die Verhältnismäßigkeit der Risserkennung und -bewertung und zum anderen die so genannten gebrauchsüblichen Bedingungen. Beide Bewertungsziele werden ganz wesentlich davon beeinflusst,

- wo sich die Risse befinden,
- wie viel Risse aufgetreten sind,
- wie groß der Anteil der mit Rissen behafteten Fläche an der Gesamtfläche ist,

- ob die Risse sofort und gut erkennbar sind,
- ob die gerissene Fläche eine besondere gestalterische und/oder repräsentative Bedeutung hat,
- wann die Risse das erste Mal aufgetreten sind bzw.
- ob die Risse ggf. nur temporär auftreten und wenn ja, unter welchen Umständen.

Diese Auflistung erhebt nicht den Anspruch der Vollständigkeit und soll nur verdeutlichen, welche individuellen und subjektiven Einflüsse in der optischen Bewertung relevant sein können. In jedem Fall müssen die vertraglichen Vereinbarungen hinzugezogen werden.

Einen ganz wesentlichen Einfluss auf die optische Bewertung haben u. a.

- der Abstand des Betrachters,
- die Blickposition,
- die Lichtverhältnisse oder Beleuchtung
- ggf. die Witterung sowie
- ggf. notwendige Hilfsmittel und/oder Messmethoden.

In der Praxis ist die allgemeine Aussage üblich, dass Risse eine unwesentliche optische und/oder ästhetische Beeinträchtigung der Oberfläche darstellen, wenn sie aus ca. 3 Metern kaum oder nicht mehr sichtbar sind. Diese Aussage gilt als unverbindlich und stellt eine reine Empfehlung dar, weil die bereits erwähnten Einflüsse wie z. B. die Oberflächenstruktur, Farbgebung, Materialart, Lage und Beanspruchung der Oberfläche berücksichtigt werden müssen. Risse sollten immer nur aus *der* Position optisch bewertet werden, aus welcher sie auch erkennbar sind (gebrauchsübliche Verwendung/ Nutzung). Deshalb gilt es als unangemessen, dass ein Riss z. B. im Anschlussbereich Fassade/ Dach durch Aufstellen eines Gerüstes sichtbar wird, während der Riss bei gebrauchsüblicher Betrachtung nicht erkennbar gewesen wäre. Als ebenso unangemessen gilt, dass benachbarte Dachflächen und/oder Grundstücke betreten oder eine Hebebühne, eine Leiter oder Hilfsmittel wie Fernglas oder Vergrößerungsglas (Lupe) benutzt werden müssen, um einen Riss ausfindig zu machen. Unverhältnismäßig ist auch, dass zum Sichtbarmachen eines Risses die Putzoberfläche mit Wasser benetzt werden muss. Dagegen gilt als grenzwertig, wenn der oder die Risse nur wenige Stunden am Tag (z. B. im Streiflicht) oder wenige Monate im Jahr (z. B. in Folge jahreszeitlich bedingter Witterungsschwankungen) zu sehen sind.

Ein häufiger Streitpunkt ist die Lage des Gebäudes bzw. der Fassadenfläche mit Rissen. So müssen repräsentative Fassaden öffentlicher Gebäude anders bewertet werden als Hinterhofflächen im sozialen Mietwohnungsbau. Auch historische Altbau- oder denkmalgeschützte Fassaden sollten einer anderen Bewertung unterzogen werden als Neubauflächen. Hinzu kommen die Bauwerkskonstruktion, Bauteile und/oder Baustoffe, bei denen (einige) Risse systemimmanent sind. Das bedeutet, dass einige Bauweisen (z. B. Fachwerk) und Baustoffe (alle nicht-metallisch-anorganischen Baustoffe wie z. B. Beton, Mauerstein, Mörtel, Natur- und Kunststein) feinste, visuell kaum oder nicht erkennbare Risse in der Mikrostruktur aufweisen, die unvermeidliche physikalische Ursachen haben und infolgedessen nicht verhindert werden können. Erst durch Einwirkung meist äußerer mechanischer Spannungen sowie von Eigenspannungen, die sich z. B. in Folge einer Volumenzunahme einzelner Strukturbestandteile bilden, können daraus makroskopische Risse entstehen. Bei den Wandsystemen handelt es sich in der Regel um Verbundsysteme, bei denen die Risse hauptsächlich durch das Adhäsionsversagen in der Verbundebene zwischen Mauerstein und Mörtel oder zwischen Mauerwerk und Putz entstehen.

Abschließend soll noch auf zwei wichtige Grundsätze hingewiesen werden.

1. Putzrisse müssen nicht zwangsläufig die Funktion und bauphysikalischen Gebrauchseigenschaften der Außenhaut eines Gebäudes beeinträchtigen. Besonders dann, wenn Risse in der technischen Bewertung als unkritisch eingestuft und „nur“ optisch wahrgenommen werden, sollte die Verhältnismäßigkeit der Gesamtleistung, der Grad der Beeinträchtigung durch Risse sowie der Aufwand einer möglichen Rissinstandsetzung nicht aus den

Augen verloren werden. Ob eine optische Beeinträchtigung den Aufwand einer Rissinstandsetzung rechtfertigt oder im Hinblick auf den erzielbaren Erfolg der Aufwand als unverhältnismäßig hoch angesehen werden muss, hängt vom Grad der Beeinträchtigung und von der Bedeutung des optischen Erscheinungsbildes der rissbetroffenen Fläche ab – in jedem Fall muss diese Entscheidung im Einzelfall getroffen werden. Eine generelle Empfehlung hierzu kann es nicht geben.

2. Außerdem sollte bei der Beurteilung einer Putzoberfläche beachtet werden, dass es sich bei ihr um eine handwerkliche Leistung handelt. Eine Putzoberfläche kann nicht die Gleichmäßigkeit von industriell hergestellten Produkten aufweisen, die unter gleichmäßigen und idealen Raumbedingungen hergestellt werden. Auch die gelegentlich zum Vergleich herangezogenen kleinen Putzmuster, die von der Baustoffindustrie zur Verfügung gestellt werden, haben nur einen orientierenden Charakter und sind in den seltensten Fällen mit den großflächigen Putzstrukturen an der Fassade vergleichbar.

In der Praxis der Sachverständigen hat sich bewährt, die in [28] aufgeführte Matrix (siehe Tab. 5.4 und Tab. 5.5) zu verwenden, um die Hinnehmbarkeit einer eingeschränkten Funktion wie z. B. von optischen Mängeln bewerten zu können.

Die geschuldeten Oberflächenqualitäten ergeben sich – technisch betrachtet – zum einen durch die Anforderungen nach DIN 18202 (Abmaße in der Ebenheit und Winkligkeit) und zum anderen durch die üblichen Ausführungsqualitäten der Oberfläche. Hierbei wird in Fachkreisen in der Regel von einem Mangel ausgegangen, wenn die in der DIN 18202 beschriebenen Toleranzen der „flächenfertigen" Oberfläche überschritten wer-

Tab. 5.4 Beurteilung der Hinnehmbarkeit einer eingeschränkten Funktion [28]

		Bedeutung des Merkmals für die Gebrauchstauglichkeit			
		sehr wichtig	wichtig	eher unbedeutend	unwichtig
Grad der Beeinträchtigung der Funktion	sehr stark	Nachbesserung			
	deutlich				
	mäßig		Minderwert		
	geringfügig				Bagatelle

Tab. 5.5 Beurteilung der Hinnehmbarkeit von optischen Mängeln [28]

		Gewicht des optischen Erscheinungsbildes			
		sehr wichtig	wichtig	eher unbedeutend	unwichtig
Grad der optischen Beeinträchtigung	auffällig	nicht hinnehmbar			
	gut sichtbar				
	sichtbar			hinnehmbar	
	kaum erkennbar				Bagatelle

Tab. 5.6 Bestimmung des Geltungswertes in Anlehnung an [28] für Fassaden (Beiwert f1)

Funktion der betroffenen Fläche:	Geltungswert	Nutzwert
gut einsehbarer Bereich eines Repräsentationsgebäudes	80 %	20 %
durchschnittliches Wohngebäude		
Straßenfassade	60 %	40 %
sonstige einsehbare Fläche	40 %	60 %
Gebäude ohne Repräsentationszwecke		
einsehbar	20–40 %	60–80 %
nicht einsehbar	5–30 %	70–95 %

Tab. 5.7 Bestimmung des Grades der Beeinträchtigung nach [28] (Beiwert f2):

Für Betrachter mit gebrauchsüblichem Abstand:	Grad der Beeinträchtigung
auffällige Beeinträchtigung des Gesamtbildes	80–100 %
gut sichtbar, aber nicht auffällig	40–70 %
nur bei genauem Hinsehen bzw. kurzfristig bemerkbar	15–30 %
so gut wie nicht erkennbar	0–10 %

den. Es ist im Einzelfall festzulegen, ob ein Minderwert angemessen ist oder eine Nachbesserung erfolgen muss. Dieser Minderwert ist nach dem Vorschlag von *Oswald* in [28] durch Skalierung gemäß Tab. 5.6 und 5.7 zu ermitteln. Es ist im Einzelfall festzulegen, ob es sich um eine „Bagatelle" handelt, ein Minderwert angemessen ist oder eine Nachbesserung erfolgen muss.

Ein Minderwert kann nur geltend gemacht werden, wenn

- der Mangel nicht als Bagatelle anzusehen ist oder
- eine Nachbesserung „unverhältnismäßig aufwändig" ist.

Der Minderwert errechnet sich aus der Gleichung:

$$\text{Minderwert} = \text{Herstellungspreis} \cdot (\text{Geltungswert}/100) \cdot (\text{Grad der Beeinträchtigung}/100)$$

Für die Bildung des Herstellungspreises ist im jeweiligen Fall das betroffene Bauteil zu Grunde zu legen. Es kann auch angemessen sein, eine Nachbesserung zu fordern bzw. vorzunehmen und zusätzlich einen Minderwert zu gewähren. Dieser Fall tritt dann ein, wenn durch eine Nachbesserung die geschuldete bzw. übliche Qualität nicht erreicht wurde oder nicht erreicht werden kann.

5.4.4 Rechtliche Bewertung

Nach § 434 BGB und § 633 BGB ist ein Werk frei von Mängeln, wenn es die vereinbarte Beschaffenheit hat. Ein Werk ist mangelhaft, wenn Abweichungen von den vertraglich vereinbarten Anforderungen vorliegen. Sind diese nicht vereinbart, gelten die allgemein anerkannten Regeln der Technik. Eine Abweichung von den Vereinbarungen kann auch dann mangelfrei sein, wenn das Werk sich für die vertraglich vorausgesetzte Verwendung eignet oder sich für eine übliche Verwendung eignet und so beschaffen ist, wie es bei anderen Werken gleicher Art üblich ist und wie es der Auftraggeber erwarten kann. Das Vorliegen eines Mangels (Riss) setzt nicht zwangsläufig einen Schaden voraus. Umgekehrt muss ein aufgetretener Schaden (Riss) nicht zwangsläufig einen Mangel darstellen. *Soergel* führt hierzu in [49] aus: *„An einem Bauwerk können mehrfache Beeinträchtigungen festgestellt werden, ohne dass von einer Mangelhaftigkeit gesprochen werden kann. Ein Mangel ist das Ergebnis einer vertragswidrigen Werkserrichtung. Ist eine Bauwerksbeeinträchtigung aber weder auf ein Fehlverhalten des Bauunternehmers noch auf ein solches des planenden oder bauleitenden Architekten zurückzuführen, sondern vielmehr auf andere Umstände, ist für die Annahme eines Bauwerksmangels kein Raum."*

Einen Mangel (rechtlich) oder Schaden (technisch) festzustellen und zu dokumentieren, ist relativ einfach. Das Erkennen und Belegen der Ursache ist bereits deutlich schwieriger und in den meisten Fällen ein komplexer Vorgang. Besonders schwierig sind allerdings die Beurteilung und Bewertung eines Schadens und die Ableitung der daraus folgenden Instandsetzungsschritte. Die besondere Schwierigkeit besteht darin, dass es für Mängel und Schäden keinen Katalog gibt, in dem Ursache und Wirkung abgebildet sind und für jeden Mangel oder Schaden eine geeignete Instandsetzung angeboten wird. Hier sind der Sachverstand und die Fachkompetenz des Sachverständigen gefragt. Die fachliche Beurteilung des Sachverständigen darf jedoch nicht nur auf einer subjektiven Meinung beruhen, sondern sollte objektiv vollzogen und durch Messungen untermauert werden. Neben der visuellen Betrachtung werden deshalb instrumentelle Messungen vor Ort notwendig sein, die in Einzelfällen durch labortechnische Untersuchungen ergänzt werden müssen. Erst nach Vorliegen der Mess- und Prüfergebnisse kann eine objektive Bewertung der Schadensmechanismen erfolgen und ein Instandsetzungskonzept erstellt werden.

Weisen (z. B. im Rahmen eines Werkvertrages) erbrachte Leistungen signifikante bautechnische Mängel – im Sinne von Nichterfüllen der Funktion durch das entsprechende Bauteil – auf, ist eine Nachbesserung notwendig. Solche Mängel können grundsätzlich nicht als Bagatelle angesehen bzw. durch Minderwert ausgeglichen werden. Ist die Funktionstüchtigkeit des betrachteten Bauteils bzw. der Werkleistung weitestgehend gegeben, aber gemessen an der vertraglich vereinbarten Leistung bzw. am Stand der Technik beeinträchtigt (sind die Arbeiten also trotz Erzielens einer weitestgehend vorhandenen Funktionstüchtigkeit nur eingeschränkt sach- und fachgerecht ausgeführt) muss die Sachlage differenzierter bewertet werden: In die Beurteilung müssen

- *„die Bedeutung des betrachteten Merkmals für die Gebrauchstauglichkeit“* und
- *„der Grad der Beeinträchtigung der Funktion“*

einfließen. Es bedarf z. B. eines Abwägens zwischen Aufwand der Nachbesserung und erzielbarem Erfolg (Verhältnismäßigkeit). Bei zu großem Aufwand der Nachbesserung kann stattdessen ein Minderwert in Frage kommen. Es kann aber auch zusätzlich zur Nachbesserung ein Minderwert geltend gemacht werden, wenn mit der Nachbesserung nur eine eingeschränkte Ausführungsqualität erzielt wurde oder erzielbar ist. Häufiger Streitpunkt ist die optische Wirkung der fertig gestellten Oberfläche der Fassade.

In [28] wird hierzu erwähnt, dass es bei optischen Beeinträchtigungen um die Frage geht, ob und in welchem Umfang Störungen auf den Betrachter durch Farbabweichungen, Verschmutzungen, Unebenheiten, kleinere Beschädigungen usw. wirken. Es gilt als Grundsatz, dass derartige Beeinträchtigungen unter gebrauchsüblichen Bedingungen zu beurteilen sind. Das heißt, die Beurteilung muss aus einem Betrachtungsabstand und unter Beleuchtungsbedingungen erfolgen, die bei der späteren Nutzung üblich sind. Das bedeutet zum Beispiel, dass die Ebenheit einer Fassade nicht mit Hilfe technischer Hilfsmittel, z. B. durch das Ableuchten mit einer Lichtquelle, beurteilt werden sollte, sondern unter Tageslicht bzw. unter den üblichen natürlichen Einflüssen. Die Beurteilung der Ebenheit unter Sonneneinwirkung (Streiflicht) gilt hierbei als besonders strittig, da es sich bei Streiflicht durch Sonneneinwirkung um natürliche Einflüsse handelt, die zufällig, keinesfalls jeden Tag, und, wenn die Sonne tatsächlich scheint, nur eine begrenzte Zeit am Tag auftreten. Eine Ausnahme kann z. B. ein runder Baukörper sein, bei dem wanderndes Streiflicht vorliegt.

Ein Mangel einer Werkleistung liegt (im Sinne des § 633 Abs. 1 BGB) vor, wenn das Werk im Zeitpunkt seiner Abnahme (§ 640 BGB) entweder nicht die zugesicherten Eigenschaften hat oder mit einem Fehler behaftet ist, der den Wert oder die Tauglichkeit zu dem gewöhnlichen oder nach dem Vertrag vorausgesetzten Gebrauch aufhebt oder mindert. Ein solcher Mangel liegt insbesondere dann vor, wenn das Werk zum Zeitpunkt seiner Abnahme nicht den anerkannten Regeln der Technik entspricht.

Hierzu wird in [29] ausgeführt: *„Ob ein Mangel wesentlich ist, hängt von seiner Art, seinem*

Umfang und vor allem seinen Auswirkungen ab. Dies lässt sich nur unter Berücksichtigung der Umstände des jeweiligen Einzelfalls beurteilen. Für die Wesentlichkeit eines Mangels kommt es entscheidend auf die Auswirkungen des Mangels im Hinblick auf die Gebrauchstauglichkeit des Werkes im Rahmen seiner Zweckbestimmung an." Nach § 635 Abs. 3 BGB (§ 633 Abs. 2 Satz 3 in der alten Fassung des Gesetzes) steht jedem Werkunternehmer das Recht zu, eine Mängelbeseitigung zu verweigern, wenn diese mit einem unverhältnismäßigen Aufwand verbunden ist. Es bedarf eines Abwägens zwischen Aufwand der Nachbesserung und erzielbarem Erfolg. Hinsichtlich der Rechtsauffassung in dieser Frage soll aus einem Urteil des Landgerichts Braunschweig vom 05.09.2001 (Akz. 1 O 285/01), zitiert werden. „*Nach dieser Vorschrift* (Anmerkung: § 633 Abs. 2 Satz 3 BGB alte Fassung) *ist der Unternehmer berechtigt, die Beseitigung (eines Mangels) zu verweigern, wenn sie einen unverhältnismäßigen Aufwand erfordert. Dies ist nach ständiger Rechtsprechung des BGH nur dann anzunehmen, wenn mit der Nachbesserung der in Richtung auf die Beseitigung des Mangels erzielbare Erfolg bei Abwägung aller Umstände des Einzelfalles in keinem vernünftigen Verhältnis zur Höhe des dafür erforderlichen Aufwandes steht. Unverhältnismäßigkeit ist danach in aller Regel nur anzunehmen, wenn einem objektiv geringen Interesse des Bestellers an einer völlig ordnungsgemäßen vertraglichen Leistung ein ganz erheblicher und vergleichsweise unangemessener Aufwand gegenübersteht, z. B. bei so genannten Schönheitsmängeln. Hat der Besteller dagegen objektiv ein berechtigtes Interesse an einer ordnungsgemäßen Erfüllung, kann ihm regelmäßig nicht wegen hoher Kosten die Nachbesserung verweigert werden (vgl. BGH NJW-RR 1997, 1106). Nicht entscheidend ist der absolute Betrag der Mängelbeseitigungskosten im Verhältnis zum vereinbarten Werklohn) (OLG Düsseldorf NJW-RR 1997, 1450, 1451).* Diese Auffassung wird seitens der Juristen regelmäßig, auch in Veröffentlichungen [30], vertreten.

Zur Frage des „Erfolgssoll" führt *Gerd Motzke* in [31] aus: „*Wird die Beschaffenheit […] mittels einzelner Merkmale genau beschrieben und entsteht ein Mangel, dann liegt trotz Erreichung sämtlicher Beschaffenheitsmerkmale ein Sachmangel vor. Denn der Unternehmer oder Planer schuldet einen Erfolg und nicht nur eine bestimmte Beschaffenheit.* (Anmerkung: funktioneller Mangelbegriff) *Hat der Unternehmer die Funktionstauglichkeit für den vertraglich vorausgesetzten oder den gewöhnlichen Gebrauch versprochen, und ist dieser Erfolg mit der vertraglich vereinbarten Ausführungsart nicht zu erreichen, schuldet der Auftragnehmer dennoch die vereinbarte Funktionstauglichkeit*".

Abschließend soll noch auf folgendes Urteil des BGH vom 7.3.2002 (Akz. VIIZR1/00) zum Baumängelrecht hingewiesen werden: „*Ein Mangel eines Bauwerkes liegt vor, wenn die Bauausführung von dem geschuldeten Werkerfolg abweicht, und durch diesen Fehler der nach dem Vertrag vorausgesetzte Gebrauch gemindert wird. Für die Frage, ob ein Mangel vorliegt, ist es unerheblich, dass die Bauausführung möglicherweise wirtschaftlich und technisch besser ist als die vereinbarte.*" Einem Nicht-Juristen fällt es sicherlich schwer, die Logik dieser Rechtsprechung nachzuvollziehen.

Für eine ausführliche rechtliche Bewertung von Rissen wird auf Kap. 8 verwiesen.

5.5 Untersuchungen von Rissen im rechtlichen Kontext

5.5.1 Einleitung

Untersuchungen haben im Rahmen der Rissdiagnostik, -bewertung und -sanierung einen hohen Stellenwert. Sie entscheiden nicht nur über die Ursache und das Ausmaß der Rissbildung und -ausbreitung, sondern geben Handlungsoptionen oder konkrete Hinweise zur Art und dem Umfang von Instandsetzungsmaßnahmen. Somit beeinflussen Untersuchungen auch Kosten sowie Wirtschaftlichkeit von Maßnahmen. Außerdem klären sie das Verursacher-Prinzip und haben somit erheblichen Einfluss auf finanzielle und/oder rechtliche Ansprüche. Sachverständige sind als Auftragnehmer in erster Linie Dienstleister und fachkundiger Berater für ihren Auftraggeber.

In Gerichtsprozessen nehmen Sachverständige als Gerichtsgutachter eine zentrale Rolle ein, da sich in den meisten Fällen die Richter den Ausführungen der Sachverständigen anschließen. Sachverständige sollten sich daher immer ihrer Rolle bewusst sein und ihre Aufgaben nach den Grundsätzen und Pflichten erbringen. Eine zentrale Bedeutung hat das Gutachten. Dieses sollte nicht nur die fachliche Expertise des Sachverständigen wiederspiegeln und Ausdruck einer hohen Qualität sein, sondern sorgfältig und gewissenhaft erstellt sein. Anderenfalls kann die Leistung des Sachverständigen ein hohes Haftungsrisiko darstellen, gerade, wenn z. B. bei der Probenahme und Bauteilöffnung wichtige Aspekte nicht berücksichtigt werden. Untersuchungen können fachlich richtig und Gutachten inhaltlich von hoher Qualität und dennoch unbrauchbar sein, weil gegen formaljuristische Vorgaben verstoßen wurde.

Sachverständige sollten daher nicht nur über eine hohe Fachkompetenz und Erfahrung in einem Fachgebiet verfügen, sondern auch ein solides Grundwissen in Rechtsfragen mitbringen, aber gleichzeitig keine Bewertung zu rechtlichen Aspekten vornehmen. Dies ist den zuständigen Juristen zu überlassen.

5.5.2 Der Sachverständige

Qualifizierte Untersuchungen und die Bewertung von Messergebnissen sowie die Interpretation in Bezug auf den Einzelfall ist der Schlüssel für eine nachhaltige Rissdiagnostik und -sanierung. Der Sachverständige (oder synonym Gutachter) nimmt hierbei eine gewichtige Rolle ein. Er ist das Bindeglied zwischen dem Riss als Ausgangssituation (Ist-Zustand) und der erfolgreichen Beseitigung (Soll-Zustand). Somit definiert der Sachverständige seine Arbeit nicht nur über eine qualifizierte und sachgerechte Analyse und Bewertung, sondern auch über eine nachhaltige Sanierung und/oder Vorbeugung. Hinzu kommt ein Augenmaß über einen angemessenen Umfang und somit der Kosten. Der Sachverständige trägt somit eine hohe Verantwortung, die weit über die bloße Feststellung eines Risses und seiner Ursachen hinausgehen.

Sachverständige geben im Auftrag von Privatpersonen (z. B. Bauherren oder Eigentümer), Unternehmen (z. B. Versicherung oder Baufirma) oder Gerichten (z. B. in einem Rechtsstreit) fachlich qualifizierte Aussagen zu einem bestimmten Sachverhalt. Dies kann mündlich genauso erfolgen wie schriftlich. Die höchste Schriftform stellt das Gutachten dar.

Grundsätzlich darf sich Jeder in Deutschland Sachverständiger oder Gutachter nennen. Der Begriff ist weder geschützt, noch gibt es eine gesetzliche Definition und auch ein bundesweit geltendes Sachverständigengesetz gibt es in Deutschland nicht. Allerdings muss ein Sachverständiger als Mindestvoraussetzung eine gewisse Sachkunde aufweisen (vgl. § 36 GewO). Aus den gesetzlichen Berufszulassungs- und Berufsausübungsregelungen für öffentlich bestellt und vereidigte Sachverständige kann man Definition eines Sachverständigen ableiten, die für jede Art von Sachverständigen gelten sollte.

> „Ein Sachverständiger ist persönlich integer und verfügt über überdurchschnittliches Fachwissen und Expertise sowie Erfahrung auf einem Fachgebiet, der seine Leistung und insbesondere seine gutachterlichen Leistungen persönlich, gewissenhaft, objektiv, unabhängig, unparteiisch und weisungsfrei erbringt.“

Wer ohne diese im Auftrag anderer Sachverhalte bewertet, könnte gegen Wettbewerbsregeln verstoßen. Ein unlauterer Wettbewerb kann ebenfalls vorliegen, wenn ein Sachverständiger vorgibt, eine höhere oder anerkannte Qualifikation zu besitzen wie z. B. als öffentlich bestellt und vereidigter Sachverständiger. In diesen Fällen drohen rechtliche Konsequenzen. Deshalb ist es wichtig, die Unterschiede in Bezug auf die Qualifikation, der Kompetenzen und der Abgrenzungen von Sachverständigen zu kennen. Unabhängig ihrer Ausbildung und Zusatzqualifikation, ihrer Kompetenzen und Erfahrungen oder ihrer Bezeichnung und dem Tätigkeitsgebiet: Sachverständige haben einige Rechte und vor allem eine Menge Pflichten und sollten die ethischen Grundsätze beachten, die für alle Sachverständige gelten.

Eine besondere Stellung hat der Sachverständige in einem Gerichtsprozess. Seine vordergründige Aufgabe besteht darin, dem Richter als technischen Laien einen Sachverhalt so zu erklären, damit er auf Grundlage dessen die Ansprüche der Parteien bewerten und ein angemessenes Urteil sprechen kann. Handelt es sich hierbei um interdisziplinäre Sachverhalte, muss der Sachverständige diese nachweislich beherrschen oder gegenüber dem Gericht erklären, dass ihm für diesen Sachverhalt die nötige Expertise fehlt.

5.5.3 Abgrenzung und Aufgaben

Da der Begriff des Sachverständigen (oder Gutachters) in Deutschland nicht geschützt ist, gibt es große Unterschiede in Bezug auf Qualität, Qualifikation, Kompetenzen und Zuständigkeiten sowie Bezeichnungen. Ein genauer Blick auf die Unterschiede ist daher ratsam, da diese erhebliche Auswirkungen haben können. In Deutschland wird zwischen folgenden Sachverständigen unterschieden:

- *öffentlich bestellt und vereidigte Sachverständige* werden von einer öffentlich-rechtlichen Institution wie z. B. der IHK oder HWK (Handwerkskammer) ernannt und vereidigt. Mit ihrem Eid verpflichten sich die Sachverständigen zu einer objektiven, und unabhängigen Arbeitsweise, ohne persönliche oder wirtschaftliche Interessen zu verfolgen. Sie unterliegen strengen gesetzlichen Berufszulassungs- und Berufsausübungsregelungen.
- *staatlich anerkannte Sachverständige* werden von einer Institution wie z. B. der Architekten- oder Ingenieurskammer ernannt und unterstehen der Aufsicht der Behörden (Bund oder Länder). Sie unterstützen die Behörden z. B. bei der Überprüfung gesetzlicher Vorgaben wie z. B. dem Wärme- oder Brandschutz. Sie unterliegen gesetzlichen Berufszulassungs- und Berufsausübungsregelungen.
- *amtlich anerkannte Sachverständige* werden durch den Bund oder die Länder sowie amtlichen Prüforganisationen (z. B. TÜV oder DEKRA) für technische Überprüfungen eingesetzt und unterliegen Berufszulassungs- und Berufsausübungsregelungen.
- *zertifizierte Sachverständige* haben an einer Qualifizierung eines privatwirtschaftlichen Anbieters zu einem bestimmten Fachgebiet erfolgreich teilgenommen. Die Gültigkeit der Zertifizierung läuft nach einem bestimmten Zeitraum aus und muss erneuert werden. Sie unterliegen einer Reihe von Pflichten.
- *privatrechtlich anerkannte Sachverständige* müssen in einer privatrechtlichen Organisation ein Aufnahme- oder Prüfverfahren erfolgreich durchlaufen haben. Sie unterliegen kaum oder nur geringfügigen Pflichten.
- *Freie* (und sonstige) *Sachverständige* erstellen ihre Gutachten auf Grundlage ihrer beruflichen und fachlichen Qualifikation, ohne hierfür durch Dritte ernannt worden zu sein oder eine Prüfung abgelegt zu haben. Sie ernennen sich selbst zum Sachverständigen, weil sie sich berufen fühlen.

Aufgrund der besonderen Stellung, die vor allem öffentlich bestellt und vereidigte Sachverständige genießen, werden diese in der Regel von den Gerichten zur Feststellung und Bewertung von Sachverhalten hinzugezogen. Verantwortlich hierfür sind neben der überdurchschnittlich hohen Expertise und Erfahrung in einem bestimmten Fachgebiet die persönliche Eignung des Sachverständigen sowie die Einhaltung von Grundsätzen und eines umfangreichen Pflichtenkatalogs. Die öffentlich bestellt und vereidigten Sachverständigen werden darauf vereidigt, dass sie ihre Leistungen als Sachverständige persönlich, gewissenhaft, unabhängig, weisungsfrei und unparteiisch erbringen. Unabhängigkeit und Weisungsfreiheit bedeuten, dass der Sachverständige von außen nicht beeinflusst werden darf und/oder vertraglichen Verpflichtungen unterliegt, mit denen die Glaubwürdigkeit der Aussagen angezweifelt werden können. Außerdem sind sie zur Verschwiegenheit verpflichtet. Diese Pflichten werden von den ausstellenden Institutionen nach strengen Kriterien überprüft und können bei Verstößen auch zum Verlust der Bestellung führen. Somit soll sichergestellt werden, dass Gerichten, Behörden und der Öffentlichkeit besonders sachkundige und persönlich geeignete Sachverständige zur Verfügung gestellt werden. Andere Sachverständige sollen in Gerichtsverfahren nur dann mit der Bewertung eines Sachverhaltes und/oder der Erstellung eines Gutachtens beauftragt werden, wenn besondere Umstände dies erfordern (vgl. §§ 404 Abs. 2 ZPO, 73 Abs. 2 StPO).

5.5.4 Grundsätze und Pflichten

Sachverständige sollen ihre Leistung persönlich, gewissenhaft, unabhängig, weisungsfrei und unparteiisch erbringen und sind zur Verschwiegenheit verpflichtet. Dieser Grundsatz gilt in erster Linie für öffentlich bestellt und vereidigte Sachverständige. Dennoch sollten sich auch andere Sachverständige an diese berufsethischen Grundsätze der Sachverständigenordnung halten.

Der wesentliche Unterschied zwischen öffentlich bestellt und vereidigten sowie anderen Sachverständigen besteht in der Pflicht zur Erstellung eines Gutachten. In den gerichtlichen Verfahrensordnungen ist diese Pflicht im § 407 ZPO ausdrücklich geregelt. Bei Vorliegen von wichtigen Hinderungsgründen wie z. B. Krankheit oder fehlende Ressourcen sowie der Befangenheit zu einer der Parteien kann der Sachverständige einen Antrag stellen, ihn von dem Auftrag zu entbinden. Dies unterscheidet den öffentlich bestellt und vereidigten Sachverständigen von seinen Berufskollegen.

Die Sachverständigenordnung regelt darüber hinaus einen umfangreichen Pflichtenkatalog. Der Sachverständige sollte vor einer Beauftragung überprüfen, ob der ihm angetragene Sachverhalt in sein Tätigkeitsgebiet fällt, er zur fachlichen Bewertung die nötige Expertise und Erfahrung sowie Ausstattung aufweist und ob er ohne Hinzuziehung weiterer Experten eine Stellungnahme oder ein Gutachten erstellen kann.

Der Sachverständige hat die beauftragte Leistung vor allem die Erstellung einer Stellungnahme oder eines Gutachtens selbst, also persönlich, zu erbringen. Im Gegensatz zu den öffentlich bestellt und vereidigten Sachverständigen, dürfen andere Sachverständige den Auftrag an andere Sachverständige übertragen, wenn dies mit dem Auftraggeber im Vorfeld abgestimmt wurde und dem zugestimmt wurde. Soweit andere Sachverständige an der beauftragten Leistung mitwirken, müssen diese mit Namen und Umfang ihrer Tätigkeit angegeben werden, solange sich die Mitwirkung durch Dritte auf Hilfsdienste von untergeordneter Bedeutung beziehen. Diese müssen auf demselben Sachgebiet tätig und den fachlichen Weisungen des Sachverständigen unterworfen sein. Die persönliche Leistung und Eigenverantwortlichkeit des beauftragten Sachverständigen darf durch diese Unterbeauftragung nicht beeinflusst werden. Erstellen mehrere Sachverständige „gleichen Ranges" ein Gemeinschaftsgutachten muss eindeutig zu erkennen sein, welcher Sachverständige für welche Teile, Feststellungen oder Bewertungen und Schlussfolgerungen verantwortlich ist.

Eingesetzte Messgeräte müssen geeicht bzw. kalibriert und Untersuchungsmethoden den allgemein anerkannten Regeln der Technik oder mindestens dem Stand der Technik entsprechen. Soweit diese davon abweichen, muss begründet werden, weshalb ihre Anwendung alternativlos ist und wie die Messergebnisse in diesem Kontext zu bewerten sind.

Der Sachverständige hat seine Leistung nach bestem Wissen und Gewissen zu erbringen. Hierfür hält er sich auf dem neuesten Stand und kennt den Unterschied zwischen den allgemein anerkannten Regeln der Technik, den Stand der Technik, den Stand der Forschung und Wissenschaft und seine besondere Hinweispflicht bei alternativen Methoden, die in der Praxis angewendet werden, aber nicht anerkannt sind.

Die Grundlagen für das Gutachten sind sorgfältig zu ermitteln und die erforderlichen Besichtigungen sowie Untersuchungen persönlich vorzunehmen. Die Gutachten sind systematisch aufzubauen, übersichtlich zu gliedern und nachvollziehbar zu begründen. Kann der beauftragte Sachverhalt über verschiedene Ansätze erklärt werden bzw. kommen für die gestellten Fragen mehrere Lösungen und Antworten in Betracht, so hat der Sachverständige diese darzulegen und zu begründen und eine Bewertung vorzunehmen. Bei der Bewertung geht es nicht um sein subjektives Empfinden, sondern um eine objektive Einschätzung der Vor- und Nachteile sowie der Risiken und deren Wahrscheinlichkeit.

Für eine objektive und unabhängige Leistung sowie Erstellung seines Gutachten darf der Sachverständige keiner Weisung Dritter unterliegen, die dazu führen kann, dass seine tatsächlichen Feststellungen, Bewertungen oder Schlussfolgerungen von außen beeinflusst werden. Somit wäre die erforderliche Objektivität und Glaubwürdigkeit seiner Aussagen nicht mehr sichergestellt. Insbesondere gilt für den Sachverständigen, dass seine Leistung und insbesondere sein Gutachten ohne Rücksicht auf das Auftragsvolumen und/oder auf die geschäftlichen Beziehungen zu einem Auftraggeber erbracht werden (wirtschaftliche Unabhängigkeit). Auch auf evtl. Änderungswünsche des Auftraggebers darf sich der Sachverständige nicht einlassen (persönliche Unabhängigkeit). Dies gilt auch, wenn der Sachverständige seine Leistungen im Angestelltenverhältnis erbringt.

Bei seinen Leistungen und insbesondere in Vorbereitung auf das Gutachten hat der Sachverständige strikte Neutralität zu wahren, um sich nicht dem Vorwurf der Befangenheit auszusetzen. Gründe, die ein Misstrauen gegen seine Unparteilichkeit rechtfertigen, muss der Sachverständige seinem Auftraggeber unverzüglich mitteilen, auch wenn er selbst diese als unbegründet zurückweist. Denn zur Ablehnung eines Sachverständigen genügt bereits ein erster Anschein der Parteilichkeit. Dem entsprechend darf der Sachverständige einer der Parteien weder freundschaftlich verbunden noch in feindlicher Haltung gegenüberstehen.

Unter bestimmten Voraussetzungen wird versucht, die Befangenheit eines Sachverständigen mit dessen Inkompetenz und mangelhafter Sachkunde sowie Unzulänglichkeiten oder Fehler in seinen Gutachten zu begründen. Dem haben mehrere Landgerichte und Oberlandesgerichte bereits widersprochen. Für die Besorgnis der Befangenheit kommt es nur auf die Frage der Unparteilichkeit des Sachverständigen an. Ein Mangel an Sachkunde oder die Unfähigkeit und dgl. für sich allein rechtfertigt keine Ablehnung des Sachverständigen wegen Befangenheit, denn derartige Mängel, so ärgerlich dies für eine der beiden Parteien ist, betrifft grundsätzlich nicht die Unabhängigkeit des Sachverständigen. Wenn z. B. in einem Gerichtsprozess ein Gutachten für ungenügend erachtet wird, kann ein neues Gutachten ggf. durch einen anderen Sachverständigen beantragt werden.

Ähnlich verhält es sich mit der Streitverkündung gegenüber einem Sachverständigen. Grundsätzlich kann jede Partei, die annimmt, dass sie für den Fall eines für sie ungünstigen Ausgang eines Rechtsstreits einen Anspruch auf Schadensersatz gegen einen Dritten erheben kann, bis zur rechtskräftigen Entscheidung des Gerichts einem Dritten nach § 72 Abs. 1 ZPO gerichtlich den Streit verkünden. Dies war bis 2006 eine durchaus beliebte Praxis, um aus prozesstaktischen Gründen auf den Sachverständigen Einfluss zu nehmen. Neben dem Druck, dem der Sachverständige ausgesetzt war, musste er zudem entscheiden, ob er dem Prozess nach § 74 Abs. 1 ZPO beitreten sollte, um einem evtl. folgenden Regressprozess entgegenzuwirken. Gleichzeitig würde der Sachverständige damit seine Pflicht zur Neutralität verletzen und somit den Vorwand für einen Befangenheitsantrag selbst liefern. Diesem Treiben setzte der BGH bereits 2006 ein Ende (vgl. BGH-Urteil vom 27.07.2006, VII ZB 16/06), um die Unabhängigkeit und Unparteilichkeit des Sachverständigen sicherzustellen. Der BGH entschied, dass die Streitverkündung gegenüber einem gerichtlichen Sachverständigen zur Vorbereitung von Haftungsansprüchen gegen diesen aus angeblich fehlerhafter, im selben Rechtsstreit erbrachter Gutachterleistungen unzulässig ist.

Der Sachverständige unterliegt einer Schweigepflicht. Kenntnisse, die er in Ausübung seiner Tätigkeit erlangt, darf er weder Dritten unbefugt mitteilen noch zum Schaden anderer oder zu seinem oder zum Nutzen anderer unbefugt verwerten. Die Betonung liegt auf „unbefugt“. Denn, wenn der Sachverständige z. B. in einer öffentlichen Gerichtsverhandlung seine Leistung vorträgt, lässt sich dies nicht verhindern. Gleiches gilt z. B. für den Sachverständigen vor Gericht, der nur zu Sachverhalten ausführen darf, zu denen er beauftragt wurde. Ungefragt darf er keine Sachverhalte vortragen, die eine der Parteien bevorteilt oder benachteiligt.

Der Sachverständige haftet für seine Leistung und insbesondere für die Feststellungen, Bewertungen und Schlussfolgerungen sowie Empfehlungen in seinem Gutachten, soweit daraus Schäden entstehen, die auf vorsätzliche oder grob fahrlässige Fehler in seinem Gutachten zurückzuführen sind (siehe § 839a BGB, eingeführt durch das zweite Gesetz zur Änderung schadenersatzrechtlicher Vorschriften vom 19.07.2002; BGBl. Teil I S. 2674). Der Sachverständige darf deshalb seine Haftung für Vorsatz und grobe Fahrlässigkeit weder ausschließen noch der Höhe nach beschränken. Gleichzeitig ergibt sich daraus die Pflicht, dass der Sachverständige eine Haftpflichtversicherung in angemessener Höhe abschließen muss.

Schlussendlich hat der Sachverständige die Wirtschaftlichkeit seiner Leistung aus Sicht seines Auftraggebers im Auge zu behalten. Sobald sich Hinweise ergeben, die darauf schließen lassen, dass Inhalt und Umfang seiner Beauftragung nicht im Verhältnis zum Wert des Streitgegenstandes (z. B. vor Gericht) oder der ursprünglich veranschlagten Kosten stehen, muss er seinen Auftraggeber unverzüglich darauf hinweisen.

5.5.5 Gutachten

Der Begriff „Gutachten“ ist keine geschützte Bezeichnung. Ein Gutachten ist die Verschriftlichung der Expertise eines Sachverständigen zu einem bestimmten Sachverhalt. Hierbei geht es zunächst um die Feststellung von Tatsachen sowie deren Bewertung in einem bestimmten Kontext. An den Aufbau oder Umfang eines Gutachtens gibt es keine gesetzlichen Anforderungen. Allerdings hat sich in der Praxis eine gewisse Struktur bewährt, die sich in erster Linie durch die Aufgabenstellung ergibt:

- Deckblatt mit Pflichtangaben zum Absender (Name, Anschrift, Kontaktmöglichkeiten und Qualifikation des Sachverständigen)
- Titel „Gutachten“ und Gegenstand des Gutachtens
- Angaben zum Auftraggeber (und je nachdem zum Gericht, Aktenzeichen sowie den Verfahrensbeteiligten)
- lfd. Nummer und Datum
- Inhaltsverzeichnis
- Auftragsbeschreibung (bei Gerichtsgutachten: wortwörtlicher Beweisbeschluss)
- Beschreibung des Sachverhaltes
- Beschreibung der Rahmenbedingungen, die zur Beurteilung herangezogen werden
- Dokumentation, welche Informationen vom Auftraggeber zur Verfügung gestellt wurden und welche auf eigene Erkenntnisse z. B. aufgrund der Vor-Ort-Besichtigung oder Feststellungen z. B. aufgrund von Messungen basieren
- Dokumentation über mögliche Vor-Ort-Besichtigung in Anwesenheit Dritter sowie ggf. Protokollierung von Aussagen durch diese
- Beschreibung der angewandten Untersuchungsmethoden oder -verfahren sowie Messstrategien (wenn im Rahmen des Gutachtens eigene Messungen durchgeführt wurden)
- Dokumentation der Untersuchungsergebnisse
- Dokumentation, ob Dritte an der Erstellung des Gutachtens beteiligt waren und in welchem Umfang oder welche Aussagen konkret von diesen eingeflossen sind
- Beurteilung des durch den Auftrag vorgegebenen Sachverhaltes
- Fazit und Zusammenfassung
- Anhang mit Fotos, Skizzen, Grafiken, Tabellen, Diagrammen mit entsprechenden Bildunterschriften (soweit diese nicht sinnvollerweise an den relevanten Stellen im Gutachten bereits eingefügt wurden), ggf. Protokolle und Laborberichte sowie ggf. einem kleinen Glossar über verwendete Fachbegriffe
- Quellennachweis über verwendete Literatur
- Unterschrift und ggf. Stempel

Wie bereits erwähnt, werden Gutachten im Auftrag von Privatpersonen, Unternehmen oder Behörden sowie Gerichten erstellt. Dem entsprechend spricht man auch von einem Privatgutachten oder Gerichtsgutachten. Gutachten werden zu Sach- oder Rechtsfragen erstellt und daher auch als Sachgutachten oder Rechtsgutachten bezeichnet. Entweder geht es um eine gutachterliche Beurteilung von Rechtsfragen oder -folgen eines bestimmten Sachverhaltes oder um die Feststellung des anwendbaren Rechts hinsichtlich eines spezifischen Sachverhaltes. Das Gutachten ist von der gutachterlichen Stellungnahme abzugrenzen, auch wenn in der Praxis beide Begrifflichkeiten häufig synonym verwendet werden. Denn, an eine Stellungnahme (oft auch als „Kurzgutachten" bezeichnet) werden weniger formale Anforderungen gestellt. Der Sachverständige darf sich auf einzelne Punkte konzentrieren und/oder auf die Ergebnisse eingehen, ohne Untersuchungen dokumentieren oder das Zustandekommen von Ergebnissen detailliert herleiten zu müssen. Gutachten mit einer subjektiven Bewertung oder basierend auf fragwürdigen Methoden werden als Gefälligkeitsgutachten bezeichnet. Diese beinhalten meist vorweggenommene Ergebnisse, die den Interessen oder Ansichten des Auftraggebers entgegenkommen. Im Rahmen eines Beweissicherungsverfahren werden Beweisgutachten erstellt. Diese sind immer dann notwendig, wenn Gefahr droht, dass sich ein Zustand verändert und dieser gerichtsfest dokumentiert werden muss, um Ansprüche gegenüber Dritten nicht zu gefährden. Eine besondere Form ist das Schiedsgutachten, das von beiden Parteien beauftragt wird. Bei dem Schiedsgutachten verpflichten sich beide Parteien im Vorfeld, das Ergebnis zu akzeptieren und auch gerichtlich nicht anzufechten. Auf der Grundlage entscheidet der Sachverständige rechtsverbindlich über den Streitpunkt.

Die Grundsätze und Pflichten eines Sachverständigen gelten auch für die Erstellung eines Gutachtens. Ein Gutachten kann auf Grundlage der Aktenlage (z. B. Gerichtsprozess) oder durch eigene Feststellungen (z. B. durch Vor-Ort-Besichtigungen, Bauzustandsanalysen) erstellt werden. Dies ist abhängig von der Sachlage und vorliegenden Informationen, dem zu klärenden Sachverhalt sowie Art und Umfang der Beauftragung. Wenn für die Erstellung des Gutachtens eigene Untersuchungen und in diesem Rahmen eine Bauteilöffnung oder die Entnahme von Materialproben notwendig, müssen im Vorfeld einige rechtliche Aspekte geklärt werden.

Wird ein Sachverhalt in der Gegenwart bewertet, der in der Vergangenheit seine Ursachen hat (z. B. Wärmebrückenproblematik bei einem Gebäude aus den 1970- oder 1980-iger Jahre), muss das Gutachten Angaben beinhalten, auf welchen Zeitpunkt sich die Beurteilung nach dem Stand der Technik bezieht. Beim Zitieren von Gesetzen oder Normen sind das Erscheinungsdatum und der Gültigkeitszeitraum anzugeben.

Gutachten müssen logisch aufgebaut, übersichtlich gegliedert und auf das Wesentliche reduziert sein, ohne das Verständnis für den Sachverhalt zu gefährden. Schachtelsätze sind zu vermeiden. Formulierungen müssen sprachlich eindeutig und fachlich schlüssig sein. Wenn sich Fachbegriffe nicht vermeiden lassen, sollten diese erklärt werden. „Fachchinesisch" hat in einem Gutachten genauso wenig verloren wie fachliche Eitelkeit – Beides ist keine Tugend eines Sachverständigen, sondern eher ein Hindernis für alle Beteiligten. Fakten und Tatsachen sind von Schlussfolgerungen und Bewertungen klar zu trennen. Vermutungen und Annahmen haben in einem Gutachten nichts verloren. Ein Gutachten darf niemals eine nachträgliche Argumentation für ein vorweggenommenes Ergebnis liefern. Bei einem Gerichtsgutachten dürfen nur Fragen aus dem Beweisbeschluss beantwortet werden. Auch wenn der Sachverständige dies aus seiner Sicht für sinnvoll oder sogar notwendig erachtet, darf er niemals ohne Auftrag Sachverhalte aufdecken, die eine der beiden Parteien bevor- oder benachteiligt.

Aussagen aus anderen Gutachten z. B. aus vorgerichtlichen Privatgutachten sind kritisch zu hinterfragen, bevor diese übernommen werden und müssen dann deutlich gekennzeichnet werden. Bei der Auseinandersetzung mit anderen Gutachten hat der Sachverständige seine Neutralität zu wahren, auch wenn z. B. Feststellungen von anderen Sachverständigen z. B. in einem Privat- oder Parteigutachten die Grenzen der Neutralität bereits überschritten haben. Aussagen z. B. während des Vor-Ort-Termins können nur übernommen werden, wenn dies von der Gegenseite ausdrücklich zugestanden wird. Hiervon ausgenommen ist, wenn die Äußerungen dem fachlichen Standpunkt des Sachverständigen widersprechen. Feststellungen von Dritten in dem Gutachten dürfen nicht als eigene Feststellungen hingestellt und müssen kenntlich gemacht werden. Bei einem Gemeinschaftsgutachten muss zweifelsfrei erkennbar sein, wer das Gutachten oder Teile davon erstellt hat.

Der Sachverständige haftet für die Richtigkeit und Vollständigkeit seines Gutachtens. Dies bedeutet, dass sich im Gutachten keine falschen Tatsachen befinden dürfen und dass alle für die Beurteilung entscheidungswesentlichen Feststellungen enthalten sein müssen. Alle Textseiten im Gutachten müssen fortlaufend nummeriert und gebunden, geklebt oder geklammert werden. Ein Gutachten ist

- *vollständig*, wenn alle vom Auftraggeber beauftragten Sachverhalte geklärt und alle gestellten Fragen beantwortet wurden.
- *schlüssig und nachvollziehbar*, wenn der Auftraggeber und/oder alle Beteiligten die Ausführungen verstanden haben und die Gedankengänge des Sachverständigen soweit nachvollziehen können, dass der Befund und die Schlussfolgerungen daraus überprüft und beurteilt werden können.
- *erfüllt*, wenn das Gutachten dem Auftraggeber zugestellt und von diesem als mangelfrei abgenommen wurde.

Rechtliche Würdigungen sind bei einem Gerichtsgutachten zu unterlassen. Bei einem Privatgutachten sind diese zwar als Nebenleistung nicht unzulässig, haben aber in einem Gutachten dennoch nichts zu suchen und sind den Juristen zu überlassen.

Während es bei einer gerichtlichen Beauftragung zur Erstellung eines Gutachtens keine Verträge gibt, kommt zwischen dem privaten oder gewerblichen Auftraggeber und dem Sachverständigen je nach Art, Inhalt und Umfang der Beauftragung ein Werkvertrag oder Dienstvertrag zustande. Der Unterschied liegt im Vertragsgegenstand. In einem Dienstvertrag verpflichtet sich der Sachverständige zur Leistung von bestimmten Diensten, in dem Fall zur Erstellung eines Gutachtens. Der Dienstvertrag ist gesetzlich in den §§ 611 ff. BGB geregelt. Wesentlicher Unterschied zum Werkvertrag ist, dass der Sachverständige als Auftragnehmer nur zu einer Leistung verpflichtet ist und dem Auftraggeber keinen Erfolg schuldet – beide Parteien vereinbaren nur die Erbringung einer Leistung. In einem Werkvertrag verpflichtet sich der Sachverständige zur Herstellung eines individuellen Werkes, ebenfalls zur Erstellung eines Gutachtens. Wesentlicher Unterschied zum Dienstvertrag ist allerdings, dass der Sachverständige als Auftragnehmer in einem Werkvertrag dem Auftraggeber nicht nur eine bestimmte Tätigkeit, sondern ein bestimmtes Arbeitsergebnis, schuldet – also die Herbeiführung eines bestimmten Erfolges. Der Werkvertrag ist in den §§ 631 ff. BGB geregelt. Da sich beide Vertragsarten gravierend unterscheiden, sollte der Sachverständige Art, Leistung und Umfang des Gutachtens vertraglich regeln – erst recht, wenn es sich bei dem privaten Auftraggeber um einen Verbraucher handelt. Des Weiteren empfiehlt sich, einen Individualvertrag und keinen Formularvertrag zu vereinbaren und die Grenzen zwischen Gutachten und Beratung festzulegen. Weitere Ausführungen zum Sachverständigenvertrag würden den Rahmen an dieser Stelle sprengen.

Gutachten unterliegen dem Urheberrecht und gehören demnach lt. § 2 Urheberrechtsgesetz (UrhG) zu den geschützten Werken. Dies bedeutet, dass die Urheberrechte, auch dann, wenn der Sachverständige sein Gutachten an den Auftraggeber übergeben und dieser den Sachverständigen für die Erstellung des Gutachtens vergütet hat, beim Sachverständigen als Urheber verbleiben. Denn Urheberrechte können nicht veräußert werden. Der Auftraggeber erwirbt mit der Bezahlung des Gutachtens nur die Nutzungsrechte und darf dem entsprechend das Gutachten nur in dem Rahmen verwerten, wie dies zwischen den Parteien vereinbart wurde. Fehlt diese Vereinbarung, darf der Auftraggeber das Gutachten nur in dem Rahmen verwenden, für den er dieses auch in Auftrag gegeben hat. Kopien darf der Auftraggeber von dem Gutachten nur für eigene Zwecke anfertigen. Das Gutachten darf von dem Auftraggeber ohne Zustimmung des Sachverständigen als Urheber auch nicht veröffentlicht und/oder gekürzt oder auch nur auszugsweise an Dritte weitergegeben werden. Grundvoraussetzung für einen Urheberrechtsschutz ist allerdings, dass die Ausführungen in dem Gutachten überhaupt urheberrechtsfähig sind. Dies bedeutet, dass die erforderliche Schöpfungshöhe erreicht werden muss und vor allem, dass der Sachverständige überhaupt die Rechte an den Texten hat. Denn nicht selten werden in Gutachten Normen und Regelwerke zitiert oder Passagen aus Fachbüchern übernommen. Für derartige Teile in einem Gutachten kann der Sachverständige kein Urheberrecht anmelden.

5.5.6 Haftung des Sachverständigen

Sachverständige haben eine sehr hohe Verantwortung und beeinflussen durch ihre fachliche Einschätzung zu einem bestimmten Sachverhalt wesentlich einen Entscheidungsträger wie z. B. einen Richter in einem Rechtsstreit. Hierzu sollen Sachverständige persönlich integer sein und über hohes Fachwissen und Expertise sowie Erfahrung auf einem Fachgebiet verfügen. Sie sollen ihre Leistungen und insbesondere ihr Gutachten persönlich, gewissenhaft, objektiv, unabhängig, unparteiisch und weisungsfrei erbringen. Gerade die letztgenannten drei Punkte sollten Sachverständige noch einmal kritisch hinterfragen, die z. B. einen Handwerksbetrieb führen und „nebenbei" als Sachverständiger tätig sind. Denn nicht selten dient diese Tätigkeit im weiteren Sinn dazu, nachgelagerte Aufträge zu akquirieren. Mit den bereits erwähnten Grundsätzen und Pflichten eines Sachverständigen lässt sich dies in der Regel nicht vereinbaren.

Solange sie sich an die Grundsätze und Pflichten halten und ihr Gutachten nach bestem Wissen und Gewissen erstellen und sich auch bei der Probenahme und Bauteilöffnung rechtlich korrekt verhalten, müssen sie in der Regel keine Haftungsrisiken befürchten. Bei fehlerhaften Gutachten, die auf grobe Fahrlässigkeit zurückzuführen sind und durch die der Auftraggeber oder ein Dritter geschädigt werden, haftet der Sachverständige grundsätzlich für seine Leistung. Rechtsgrundlage ist § 839a BGB (Bürgerliches Gesetzbuch). Hierfür muss der Geschädigte (im Sinne des Anspruchsstellers) dem Sachverständigen zum einen nachweisen, dass sein Gutachten falsch bzw. unrichtig ist und zum anderen, dass Vorsatz oder grobe Fahrlässigkeit vorliegt. Außerdem muss der Anspruchsteller bei einem Gerichtsgutachten zunächst alle prozessualen Möglichkeiten ausgeschöpft haben, bevor der Sachverständige in Haftung genommen werden kann. Hierzu gehört z. B. die Ladung und Befragung des Sachverständigen zu den aus Sicht des Geschädigten falschen oder unrichtigen Ausführungen. In der Regel ist es hierzu unumgänglich, einen Privatgutachter einzuschalten (vgl. OLG Celle Urteil vom 10.11.11, 13 U 84/11). In den letzten Jahren kommen immer mehr Gerichte zu der Auffassung, dass Sachverständige bei grobfahrlässigen Fehlern die Haftung hierfür zu übernehmen haben (vgl. BGH-Urteil vom 14.11.2000, Az. X ZR 203/98).

Sachverständige sind hierbei nicht besser oder schlechter gestellt als andere Marktteilnehmer. Ein Produkthersteller kennt diese Schadensersatzpflicht unter dem Begriff Produkthaftung, der Kaufmann unter Mängelhaftung und der Freiberufler unter Berufshaftpflicht. Derartige Ansprüche zur Mangelbeseitigung oder Ersatzlieferung nennt man Gewährleistungs-, Erfüllungs- oder Garantieansprüche. Die Rechtsgrundlage und der Haftungsumfang unterscheidet sich erheblich, je nachdem, ob es sich um ein Privatgutachten oder Gerichtsgutachten handelt. Während Sachverständige bei einer gerichtlichen Beauftragung „so gut wie unantastbar" sind (Ausnahmen bestätigen die Regel), stellt sich die Situation bei einer privaten Beauftragung völlig anders dar. Dann können Sachverständige einem erheblichen Haftungsrisiko ausgesetzt sein, je nachdem, ob sie mit ihrem Auftraggeber einen Sachverständigenvertrag vereinbart haben und je nachdem, was wie geregelt wurde.

Haftung ist hierbei nicht gleich Haftung. Im Wesentlichen gibt es zwei unterschiedliche Arten von Haftung: die gesetzliche und die vertragliche Haftung. Bei der gesetzlichen Haftung ergeben sich mögliche Ansprüche daraus, wenn Jemand gesetzlich geregelte Pflichten verletzt und aus per Gesetz verpflichtet ist, für einen Schaden zu haften. Auf eine separate Vereinbarung mit dem Geschädigten, in der Rechte und Pflichten geregelt sind, kommt es hierbei nicht an. Die vertragliche Haftung dagegen beruht auf einer vorangegangenen Vereinbarung. Hierzu gehören vorrangig die schriftlichen Vereinbarungen, soweit sie sich auf haftungsrelevante Punkte beziehen. Hinzu kommen aber auch „ungeschriebene" vertragliche Haftungsfolgen. Diese können dadurch entstehen, dass zu jedem Vertragsverhältnis auch vertragliche Nebenpflichten gehören, die bei Verletzung Haftungsfolgen auslösen können. Eine Haftung tritt ein, wenn gegen vertragliche Vereinbarungen verletzt wurde. Eine gesetzliche Grundlage ist nicht erforderlich. Sachverständige wie auch Unternehmer versuchen immer wieder, in ihren AGB (Allgemeine Geschäftsbedingungen) die Haftung gegenüber den gesetzlichen Regelungen für sich besser zu gestalten. Dies führt allerdings oft zur Unwirksamkeit dieser Klauseln. Der Gesetzgeber hat den zulässigen Inhalt von AGBs in den §§ 305 ff. BGB gesetzlich geregelt. Der wesentliche Unterschied beider Haftungsarten besteht darin, dass bei der vertraglichen Haftung die Voraussetzungen und Folgen für das Eintreten der Haftung weitgehend frei vereinbart werden können, was bei der gesetzlichen Haftung nicht der Fall ist.

Das deutsche Haftungsrecht kennt die Verschuldenshaftung, Gefährdungshaftung und Vertragshaftung. Zu einer Verschuldenshaftung (auch als deliktische Haftung oder Unrechtshaftung bezeichnet) kommt es, wenn Jemand durch sein rechtswidriges, schuldhaftes Verhalten im Zivilrecht gegenüber einem geschädigten Dritten eine Schadensersatzpflicht auslöst. Dies bedeutet: wer einem Dritten Schaden zufügt, ist zur Zahlung von Schadenersatz und/oder Schmerzensgeld verpflichtet. Die Verschuldenshaftung ist somit die gesetzliche Verantwortlichkeit für die rechtswidrige und schuldhafte Verletzung von Rechtgütern oder Rechten Dritter. Konkret heißt es hierzu im § 823 BGB (1): „Wer vorsätzlich oder fahrlässig das Leben, den Körper, die Gesundheit, die Freiheit, das Eigentum oder ein sonstiges Recht eines anderen widerrechtlich verletzt, ist dem anderen zum Ersatz des daraus entstehenden Schadens verpflichtet." Im § 823 BGB (2) heißt es hierzu weiter: „Die gleiche Verpflichtung trifft denjenigen, welcher gegen ein den Schutz eines anderen bezweckendes Gesetz verstößt. Ist nach dem Inhalt des Gesetzes ein Verstoß gegen dieses auch ohne Verschulden möglich, so tritt die Ersatzpflicht nur im Falle des Verschuldens ein." Dies bedeutet: bei einem schuldhaften Verstoß tritt wie bei Punkt (1) eine Schadensersatzpflicht ein. Liegt dagegen kein schuldhafter Verstoß vor, ergibt sich daraus keine Schadensersatzpflicht.

In der Regel macht sich ein Sachverständiger schadensersatzpflichtig, wenn er für den Schaden vorsätzlich oder zumindest grob fahrlässig verantwortlich ist. Die Gefährdungshaftung stellt zu diesem Grundsatz allerdings eine Ausnahme dar. Bei dieser geht es um die Haftung für Schäden, die auch ohne persönliches Verschulden eintreten. Eine Gefährdungshaftung entsteht z. B., wenn Jemand ein Produkt in den Umlauf gebracht hat, mit dem andere unvermeidlich gefährdet werden. Im Produkthaftungsgesetz ist die Haftung des Herstellers in § 1 ff. geregelt. Dort heißt es: „Wird durch den Fehler eines Produkts Jemand getötet, sein Körper oder seine Gesundheit verletzt oder eine Sache beschädigt, so ist der Hersteller des Produkts verpflichtet, dem Geschädigten den daraus entstehenden Schaden zu ersetzen". Um die Verhältnismäßigkeit bei der Gefährdungshaftung zu wahren, hat der Gesetzgeber Einschränkungen festgelegt wie z. B. bei Vorliegen höherer Gewalt (u. a. § 1 Haftpflichtgesetz, § 7 Abs. 2 StVG).

Die Vertragshaftung basiert auf dem Verstoß von vertraglichen Vereinbarungen und Leistungszusagen zwischen dem Auftraggeber und dem Sachverständigen als Auftragnehmer. Im § 280 BGB wird diese Haftung unter der Überschrift „Schadensersatz wegen Pflichtverletzung" geregelt. Danach kann der Auftraggeber vom Sachverständigen Schadensersatz verlangen, wenn dieser schuldhaft eine Pflicht aus dem Vertrag verletzt. Ein Schadensersatzanspruch entsteht, wenn die vereinbarte Leistung nicht erfüllt oder schuldhaft verzögert wird sowie eine so genannte

Schlechterfüllung oder Schlechtleistung vorliegt. Letzteres bedeutet, dass der Sachverständige die vereinbarte Leistung (z. B. ein Gutachten) zwar erbringt, dieses aber nicht so beschaffen ist, wie es im Vertrag vereinbart wurde. Die Rechtsgrundlage ergibt sich zum einen aus § 633 (1) BGB, da der Sachverständige dem Auftraggeber ein Gutachten abzuliefern hat, das frei von Sach- und Rechtsmängeln ist. Nach § 633 (2) BGB ist das Gutachten dann frei von Sachmängeln, wenn es die vereinbarte Beschaffenheit hat. Soweit es eine solche Vereinbarung nicht gibt, muss das Gutachten die für die nach dem Vertrag vorausgesetzte oder für die gewöhnliche Verwendung erforderliche Eignung besitzen und eine Beschaffenheit aufweisen, die bei Gutachten der gleichen Art üblich ist und die der Auftraggeber erwarten kann.

Gegenstand ist also nicht der Fehler im Gutachten selbst, sondern eine Pflichtverletzung. Diese ergeben sich entweder aus dem Vertrag oder ohne Vertrag aus den Grundsätzen und Pflichten für Sachverständige. Für öffentlich bestellt und vereidigte Sachverständige regelt dies der Pflichtenkatalog der Sachverständigenordnung. Für die übrigen Sachverständigen gelten diese Pflichten ebenfalls. Somit versteht man unter der Vertragshaftung die Pflicht des Sachverständigen, für ein schuldhaft verursachtes, pflichtwidriges Verhalten und dessen Folgen einstehen zu müssen. Dies bedeutet im Übrigen, dass gegen den Sachverständigen selbst dann ein Schadensersatzanspruch entstehen kann, wenn das Gutachten zwar sachlich richtig ist, aber z. B. gegen die Pflicht zur Unparteilichkeit oder zur persönlichen Gutachtenerstellung verstoßen wurde und infolgedessen nicht verwendet werden kann. Trotz richtigem Gutachten kann dadurch dennoch dem Auftraggeber ein Schaden entstehen.

In einigen Verträgen wird für den Eintritt dieses Falls eine Vertragsstrafe (auch Konventionalstrafe oder Pönale bezeichnet) vereinbart. Diese ist u. a. im § 339 BGB und § 348 HGB geregelt. Hierbei ist zu beachten, dass der Auftraggeber bei Inanspruchnahme der Vertragsstrafe nicht in der Pflicht ist, einen entstandenen Schaden nachzuweisen. Werden zudem über die gesetzlichen Bestimmungen hinausgehende Zusagen getroffen, übernimmt der Sachverständige nicht nur die gesetzliche Gewährleistung, sondern gibt ein Garantieversprechen. Daraus ergibt sich für den Sachverständigen ein zusätzliches Haftungsrisiko, da die meisten Haftpflichtversicherer „im Kleingedruckten“ die vertragliche Haftung in ihren Verträgen ausschließen.

Des Weiteren gibt es die Haftung aus der unerlaubten Handlung. Eine unerlaubte Handlung liegt vor, wenn drei Voraussetzungen gegeben sind: ein verletztes Rechtsgut oder ein verletztes Recht einer Person, die Rechtswidrigkeit des Handelns und ein Verschulden. Liegen alle Voraussetzungen vor, hat die geschädigte Person einen Anspruch auf Schadensersatz. Als Rechtsgrundlage dienen die §§ 823 ff. des BGB. Werden Haftungsansprüche nach § 826 BGB (Verstoß gegen die guten Sitten) geltend gemacht, muss der Verschuldensgrad des bedingten Vorsatzes nachgewiesen werden. Im Unterschied zur Vertragshaftung, die nur zwischen den jeweiligen Vertragspartnern besteht, können die Ansprüche aus unerlaubter Handlung von Jedermann geltend gemacht werden; deshalb nennt man diese auch die „Jedermann-Haftung“. Hierzu zählt auch die Dritthaftung. Denn der Sachverständige haftet nicht nur gegenüber seinem Auftraggeber, sondern auch gegenüber Dritten, wenn z. B. sein Gutachten mit Zustimmung des Sachverständigen (als Urheber) an diese weiter gegeben wurde und diese im Vertrauen auf die Richtigkeit des Gutachtens Handlungen vornehmen, die zu ihrem Nachteil sind.

Entscheidend für die Haftung eines Sachverständigen ist, dass er seine Pflichtverletzung zu vertreten hat (§ 276 BGB). Dies bedeutet, dass dem Sachverständigen ein Verschulden nachgewiesen werden muss. Hierbei wird zwischen Vorsatz (§ 826 BGB), bedingten Vorsatz, grobe Fahrlässigkeit (§ 839a BGB) und einfache Fahrlässigkeit (§ 280 BGB) unterschieden.

Erstellt ein Sachverständiger z. B. wissentlich und mit Absicht ein falsches Gutachten, handelt er mit Vorsatz. Die wissentliche und willentliche Verletzung einer dem Sachverständigen obliegenden Pflicht reicht hierfür aus. Es kommt gar nicht auf den durch die Pflichtverletzung verursachten Schaden an. Der Sachverständige kann sich bei seiner Inanspruchnahme somit nicht damit herausreden, dass er den dadurch eingetretenen Schaden weder gewollt noch beabsichtigt hätte. Wenn ein Sachverständiger einen Fehler erkennt und billigend in Kauf nimmt, handelt er mit bedingtem Vorsatz. Der Sachverständige handelt leichtfertig bis gewissenlos. Fahrlässig handelt dagegen ein Sachverständiger, der für seine Tätigkeit die erforderliche Sorgfalt außer Acht lässt. Diese Sorgfalt misst man daran, wie sich ein Sachverständiger in der betreffenden Situation korrekt verhalten würde. Weicht er von dieser üblichen Vorgehensweise ab, handelt er fahrlässig. Von einer groben Fahrlässigkeit spricht man, wenn der Sachverständige die übliche Sorgfalt in seiner Tätigkeit in besonders schwerem Maß verletzt. Dies liegt vor, wenn der Sachverständige nahe liegende Überlegungen nicht anstellt oder übliche Handlungen nicht vornimmt, die jeder andere Sachverständige in gleicher Situation angestellt oder vorgenommen hätte. Die Grenzen zwischen Fahrlässigkeit und grober Fahrlässigkeit sind fließend.

Wenn ein geschädigter Auftraggeber einen Schadensersatzanspruch gegen den Sachverständigen z. B. durch ein fehlerhaftes Gutachten durchsetzen möchte, liegt die Beweislast bei dem Vorwurf des Vorsatzes und bedingten Vorsatzes sowie grober Fahrlässigkeit beim Auftraggeber. Wird der Schadensersatz aus dem Vorwurf der einfachen Fahrlässigkeit geltend gemacht, dreht sich die Beweislast. Ein Verschulden wird vermutet, sodass sich der Sachverständige entlasten muss. Unabhängig von einem Verschulden des Sachverständigen bleibt eine evtl. Haftung des Sachverständigen bei einem arglistigen Verschweigen eines Mangels oder aus der Übernahme eines Garantieversprechens oder nach dem Produkthaftungsgesetz unberührt.

Die regelmäßige Verjährungsfrist für Schadensersatzansprüche nach § 280 BGB liegt bei 3 Jahren (§ 195 BGB) und beginnt nicht mit der Übergabe oder Abnahme des Gutachtens, sondern in der Regel mit Ende des Jahres, in dem der Anspruch entstanden ist und der Geschädigte Kenntnis von seinen Ansprüchen erlangt. Die Verjährungsfrist für einen Schadensersatzanspruch ohne Rücksicht auf die Kenntnis oder grob fahrlässige Unkenntnis liegt bei 10 Jahren ab ihrer Entstehung (§ 199 Abs. 3 Nr. 1 BGB) sowie bei 30 Jahren für Schadensersatzansprüche, die auf der Verletzung des Lebens, des Körpers, der Gesundheit oder der Freiheit beruhen, ohne Rücksicht auf ihre Entstehung und die Kenntnis oder grob fahrlässige Unkenntnis von der Begehung der Handlung, der Pflichtverletzung oder dem sonstigen, den Schaden auslösenden Ereignis an (§ 199 Abs. 3 Nr. 2 BGB).

Für die Haftung eines Sachverständigen ist von zentraler Bedeutung, welche Leistungen in welchem Umfang vertraglich vereinbart wurden oder üblicherweise geschuldet sind. Daher sollte der Sachverständige mit dem Auftraggeber einen Vertrag schließen, in dem die Zielsetzung, Art und Umfang des Gutachtenauftrags geregelt ist. Die Beschreibung des Vertragsgegenstandes sollte hierbei nicht nur positiv festlegen, was zu leisten ist, sondern auch negativ formulieren, was nicht Gegenstand des Gutachtens bzw. der Beauftragung des Sachverständigen ist. Außerdem sollte geregelt werden, an wen ggf. das Gutachten weiter gegeben werden darf, da dies z. B. im Rahmen der Dritthaftung Auswirkungen hat.

5.5.7 Ortsbesichtigung

Die Ortsbesichtigung, nicht zu verwechseln mit der Vor-Ort-Besichtigung, stellt im Rahmen der Rissdiagnostik und -bewertung eine Besonderheit dar. Anders als bei der Vor-Ort-Besichtigung, bei der sich der Sachverständige einen ersten (technischen) Überblick über den Ist-Zustand verschafft und Entscheidungen über weiterführende Untersuchungen trifft, findet die Ortsbesichtigung in der Regel im Rahmen eines laufenden Bauprozesses statt. Der wichtigste Unterschied zur Vor-Ort-Besichtigung ist, dass bei der Ortsbesichtigung fast immer Juristen wie z. B. die Rechtsanwälte der Parteien, aber in Ausnahmen auch der zuständige Richter, anwesend sind. Die Praxis sieht allerdings so aus, dass sich zuständige Richter in den seltensten Fällen selbst ein Bild vor Ort machen und der Ortsbesichtigung keine Beachtung schenken. In der Regel wird dies mit einem Zeitmangel begründet und darauf verwiesen, dass dies Aufgabe des Sachverständigen ist, ohne den wahren Wert einer Ortsbesichtigung zu kennen. Zur Klarstellung: Die Aufgabe des Sachverständigen besteht u. a. darin, das fehlende technische Verständnis des Richters zu ersetzen bzw. ihn in die Lage zu versetzen, auch als technisch nicht versierter Laie einen Sachverhalt zu verstehen, über den er im Endeffekt ein Urteil zu fällen hat. Daher wäre es zu begrüßen, wenn mehr Richter die Möglichkeit einer Ortbesichtigung wahrnehmen würden. Denn ein Richter, der sich vor Ort über einen komplexen Sachverhalt selbst ein Bild gemacht hat – und Risse sind in der Regel komplexe Sachverhalte – und die Möglichkeit wahrnimmt, vor Ort den Sachverständigen zu befragen, ist vielmehr in der Lage, ein Gutachten zu „lesen“ und zu würdigen als ein Richter, der die Vor-Ort-Situation lediglich nach Aktenlage beurteilen muss. Zumal es bei Rissen häufig auch um eine optische Bewertung geht und kein Foto einen persönlichen Eindruck ersetzen kann. Darüber hinaus gibt es einige verfahrensrelevante Punkte, die für eine Teilnahme des Richters an einer Ortsbesichtigung sprechen. Nicht selten behaupten Parteien, dass der Sachverständige bei der Ortsbesichtigung andere Aussagen getroffen hat als sich in seinem Gutachten wiederfinden. Durch die Anwesenheit des Richters können derartige „Spielchen“ sofort unterbunden werden. Eine Ortsbesichtigung schafft Klarheit über die örtlichen Verhältnisse, sodass allen Parteien sowie dem Richter ggf. bewusst wird, dass ein Beweisbeschluss fehlerhaft erlassen wurde oder auch, warum es zu diesem Wortlaut gekommen ist. Gleiches gilt für die Notwendigkeit über Art und Umfang von Untersuchungen. Werden diese Fragen vor Ort zwischen den Parteien, dem Richter und dem Sachverständigen erörtert, können bessere Entscheidungen getroffen werden. Jeder Richter, der bisher an einer Ortsbesichtigung teilgenommen hat, wird bestätigen, dass er dadurch eher Zeit gewonnen und weniger Zeit verloren hat. Zumal unverständlich ist, warum ein Richter den Rechtsanwälten durch seine Abwesenheit einen Wissensvorsprung verschafft. Es gibt einen weiteren Aspekt: Erfahrungen zeigen, dass sich evtl. Vergleichsverhandlungen vor Ort einfacher führen lassen als in einem „förmlichen“ Gerichtssaal.

Im Vorfeld einer Ortsbesichtigung gibt es einiges zu beachten. Der Sachverständige hat die Parteien rechtzeitig schriftlich einzuladen (die Frist beträgt mindestens 14 Tage). Aus gegebenem Anlass z. B. bei Gefahr im Verzug kann diese Frist bei Zustimmung aller Parteien auch unterschritten werden. Mit dieser Einladung sind gewisse Vorgaben an den Inhalt verbunden. Neben allgemeingültigen Angaben wie z. B. Treffpunkt und Uhrzeit des Termins sowie das Aktenzeichen muss ein Hinweis an die Rechtsanwälte (als Parteienvertreter) ergehen, dass die Parteien rechtzeitig zu informieren sind. Stellt daraufhin eine der Parteien einen begründeten Antrag auf Terminverlegung, ist der Termin aufzuheben, alle Beteiligten schriftlich zu informieren und ein neuer Termin zu bestimmen. Dies gilt nur, wenn durch die Terminverlegung keiner der Parteien erhebliche Vorteile respektive erhebliche Nachzeile entstehen. Um sich nicht dem Vorwurf der Befangenheit zugunsten einer der Parteien auszusetzen, sollte der Sachverständige umgehend das Gericht einschalten. Die Einladung zur Ortsbesichtigung muss zudem Hinweise enthalten, welche Folgen das Ausbleiben einer Partei haben kann und/oder dass die Ortsbesichtigung auch bei Nichterscheinen einer Partei durchgeführt werden kann. Müssen im Vorfeld wichtige Unterlagen für die Durchführung der Ortsbesichtigung wie z. B. Baupläne oder Fotos von Schäden aus der Vergangenheit bereitgestellt werden, hat der Sachverständige darauf rechtzeitig hinzuweisen.

Zu den Selbstverständlichkeiten gehört, dass der Sachverständige vor der Ortsbesichtigung keinen Kontakt mit den Parteien aufnimmt (ausgenommen ist eine telefonische Kontaktaufnahme zur Terminabstimmung) oder mit einer der Parteien gemeinsam zur Ortsbesichtigung erscheint (Vorwurf der Befangenheit). Ohne die Anwesenheit der Parteien sollte die Ortsbesichtigung nicht durchgeführt werden, da die Rechtsanwälte in vielen Fällen nicht über die Kenntnisse der Parteien verfügen. Eine Ausnahme ist möglich, wenn die Anwesenheit einer Partei zeitlich und/oder finanziell unzumutbar ist und der Parteienvertreter in die Lage versetzt wird, alle Fragen vor Ort beantworten zu können.

Bei der Ortsbesichtigung kann es notwendig werden, dass ggf. das Grundstück eines Dritten – also Prozessunbeteiligten – betreten werden muss. Der Sachverständige hat in Vorbereitung auf die Ortsbesichtigung sicherzustellen, dass dieser dem Betreten seines Grundstücks für die Dauer der Ortsbesichtigung zustimmt. Verweigert der Dritte (z. B. der Nachbar) aus irgendwelchen Gründen dieses Recht, ist der Sachverständige nicht berechtigt, das Grundstück zu betreten und von dort aus Feststellungen zu treffen. Das Gericht muss in diesen Fällen prüfen, welche Möglichkeiten zur Verfügung stehen und ob z. B. eine einstweilige Verfügung gegen den Dritten (z. B. Nachbar) angemessen ist. Wenn z. B. in einem selbstständigen Beweisverfahren überprüft werden soll, ob die Rissbildung an der Fassade z. B. durch vom Nachbarn vorgenommene Abgrabungen im Fundamentbereich verursacht worden sein können, kann sich ein Anspruch aus § 809 BGB ergeben (vgl. OLG Karlsruhe BauR 2002, 1437).

Auch wenn dies eine Selbstverständlichkeit darstellen sollte, soll darauf hingewiesen werden, dass die Partei, die über das Hausrecht verfügt, der anderen Partei und deren Rechtsanwalt die Teilnahme an der Ortsbesichtigung nicht verwehren darf. Anderenfalls muss der Sachverständige die Partei auf das Anwesenheitsrecht der gegnerischen Partei und ihres Rechtsanwalts hinweisen. Bleibt es bei der Weigerung, muss die Ortsbesichtigung beendet werden. Ausnahme: wenn die Partei, die nicht über das Hausrecht verfügt, eine Person zur Ortsbesichtigung mitbringt, die sich unanständig verhält, darf dieser Person der Zutritt verweigert werden. Ausnahme von der Ausnahme: Hierbei darf es sich aber nicht um die Partei selbst und/oder ihren Anwalt handeln, da durch deren Abwesenheit keine sachgerechten Erklärungen abgegeben werden können. In diesen Fällen muss die Partei mit dem Hausrecht auch diesen Personen die Teilnahme an der Ortsbesichtigung gewähren.

Auch wenn an einer Ortsbesichtigung mehrere Personen teilnehmen, ist diese grundsätzlich nicht öffentlich. Zugelassen sind nur die Parteien und ihre Rechtsanwälte sowie in einigen Fällen auch andere Prozessbeteiligte wie z. B. Streithelfer oder Personen, die für eine Partei so genannte Hilfsdienste erbringen. Hierzu gehören z. B. auch Privatgutachter einer Partei. Die Anwesenheit dieser Personen ist allerdings im Vorfeld dem Sachverständigen mitzuteilen, damit dieser deren Anwesenheit in einem vorbereiteten Protokoll vermerken kann und diese durch ihre Unterschrift bestätigen können.

Wenn alle Formalitäten erfüllt wurden, kann die eigentliche Ortsbesichtigung beginnen. Der Sachverständige ist gut beraten, wenn er den Beweisbeschluss Punkt für Punkt abarbeitet und den Anwesenden im Vorfeld den von ihm beabsichtigten Ablauf der Ortsbesichtigung erklärt. Wichtig ist, dass sich der Sachverständige bei seiner Tätigkeit nicht durch die Parteien oder ihre Rechtsanwälte beeinflussen oder gar manipulieren lässt. Schließlich treffen unterschiedliche Interessen aufeinander und die Ergebnisse der Ortsbesichtigung entscheiden sehr häufig den Rechtstreit bzw. haben einen erheblichen Einfluss auf den Ausgang des Verfahrens. Weiterhin sollte sich der Sachverständige bei der Ortsbesichtigung nicht zu irgendwelchen Aussagen, ersten Einschätzungen oder Bewertungen hinreißen lassen, die von den Parteien unterschiedlich interpretiert werden können.

Erklärungen der Parteien während der Ortsbesichtigung sollte der Sachverständige protokollieren. Nicht selten handelt es sich hierbei um Ergänzungen oder auch Korrekturen des bisherigen Sachvortrages, sodass diese Erklärungen prozessrelevant sein können. Wenn eine der Parteien während der Ortsbesichtigung einen Mangel vorträgt, der nicht Gegenstand des bisherigen Beweisbeschlusses ist, kann der Sachverständige diesen Hinweis in das Protokoll aufnehmen, wenn die andere Partei einer Aufnahme in dieses zustimmt. Immerhin können diese Hinweise dann verwendet werden, wenn das Gericht nachträglich einen Ergänzungsbeweisbeschluss erlässt. Nicht selten stellt eine der Parteien durch die Ausführungen des Sachverständigen während der Ortsbesichtigung fest, dass ein Sachverhalt, den das Gericht bisher nicht für relevant hielt und daher nicht in den Beweisbeschluss aufgenommen hat, für den Ausgang des Bauprozesses von hoher Bedeutung sein kann. In diesen Fällen müssen die Parteien über ihre Rechtsanwälte einen Ergänzungsbeweisbeschluss nachträglich beantragen, damit diesem Sachverhalt nachgegangen werden kann. Auf keinen Fall sollte der Sachverständige eigenmächtig eine Wertung hierzu in der Ortsbesichtigung abgeben.

Deutlich komplizierter wird es, wenn der Sachverständige bei der Ortsbesichtigung zusätzliche Mängel feststellt, die bisher weder Gegenstand des Beweisbeschlusses noch Gegenstand der bisherigen Vorträge der Parteien im Prozess waren. Wenn der Sachverständige „eigenmächtig" diese Mängel anzeigt, greift dieser nach Auffassung einiger Richter in den Rechtsstreit ein und kann sich dem Vorwurf der Befangenheit aussetzen. Allerdings muss unterschieden werden, um welche Art von Mängel es sich handelt bzw. wie die äußeren Umstände hierzu sind. Stellt der Sachverständige bei der Ortsbesichtigung kleinere Mängel fest, die von den Parteien hätten festgestellt werden können und die für die Funktionsfähigkeit des Gebäudes oder einzelner Bauteile keine Bedeutung haben, muss er auf diese nicht hinweisen. Die allgemeine Rechtsprechung geht in diesen Fällen davon aus, dass die Parteien über diesen Mangel offensichtlich nicht streiten wollen. Bei anderen Mängeln dagegen ist der Sachverständige sogar verpflichtet, diese selbstständig anzuzeigen – ein Spagat für Sachverständige und deren Grundsätze und Pflichten.

Ein typisches Beispiel sind Mängel, die den Parteien bisher gar nicht bekannt waren, weil bis zum Termin der Ortsbesichtigung noch kein Sachverständiger hinzugezogen wurde. Denn häufig sind vorgetragene Äußerungen zu Schadensbildern und deren Ursachen durch eine Partei und den darauffolgenden Schlussfolgerungen der Parteienvertreter falsch. Besonders häufig beobachtet man dies bei Bauprozessen über Risse in Gebäuden, wenn sich multikausale Ursachen überlagern. Ebenfalls typisch für Risse in Gebäuden ist, dass sich Schadensbilder „entwickeln". Dies bedeutet, dass sich ein Rissbild zwischen dem Zeitpunkt, an dem eine Klage eingereicht wurde und an dem die Ortsbesichtigung stattfindet, zum Teil deutlich verändern kann (dynamische Risse). Schließlich können in der Zwischenzeit mehrere Monate vergehen (Abb. 5.63). Veränderungen am Rissbild in diesem Zeitraum sind nicht nur auf den Riss selbst zu reduzieren, sondern auch auf die äußeren Umstände und das Umfeld, die z. B. neue Risse verursacht haben können, die zum Zeitpunkt der Klageerhebung noch nicht aufgetreten sind, aber im unmittelbaren Zusammenhang stehen können.

Abb. 5.63 gerade bei Rissen empfiehlt sich der zeitliche Verlauf der Rissdehnung zu dokumentieren, vor allem wenn zwischen Rissentstehung und Ortsbesichtigung einige Zeit vergeht

Darüber hinaus gibt es Mängel, auf die der Sachverständige hinzuweisen hat, auch dann, wenn diese nicht Gegenstand des Beweisbeschlusses und der bisherigen Parteienvorträge im Bauprozess sind. Hierzu gehören z. B. Mängel,

- die eine Gefahr für die öffentliche Sicherheit und Ordnung darstellen (z. B. fehlende Standsicherheit einer Mauer),
- durch die die Funktionsfähigkeit (z. B. die Statik) des Gebäudes gefährdet ist oder
- die meldepflichtig sind (z. B. der Echte Hausschwamm).

Im Einzelfall kann eine zusätzliche und eigenständige Mangelanzeige des Sachverständigen bei der Ortsbesichtigung aus prozessökonomischen Gründen sogar im Interesse der Parteien sein, wenn dadurch der neu festgestellte Mangel ggf. in den laufenden Prozess integriert werden kann und somit ein neuer Prozess um diesen Mangel vermieden werden kann.

Immer wieder kommt es vor, dass Sachverständige die Gelegenheit einer Ortsbesichtigung nutzen, um Vergleichsgespräche zwischen den Parteien zu initiieren. Dies sollte ein Sachverständiger unter allen Umständen vermeiden, denn seine technische Einschätzung zu einem Sachverhalt ist in einem Bauprozess nur ein Aspekt, wenn auch ein gewichtiger. Im Einzelfall weicht die juristische Einschätzung von dieser ab. Außerdem können auch Zeugenaussagen oder schriftliche Dokumente für den Ausgang des Rechtsstreits relevant sein. Es gibt wenige Ausnahmen, bei denen Vergleichsgespräche im Einzelfall angezeigt sein können, z. B. wenn ein wesentlicher Streitpunkt zwischen den Parteien im Rahmen der Ortsbesichtigung geklärt werden konnte und zur Klärung der restlichen Streitpunkte zusätzlicher Aufwand z. B. durch eine weitere Ortsbesichtigung, der Hinzuziehung eines weiteren Gutachters und/oder von weitergehenden Laboruntersuchungen entsteht, der gemessen am Ergebnis unverhältnismäßig ist.

Bevor die Ortsbesichtigung beendet werden kann, muss der Sachverständige die Parteien darüber informieren, ob er seine Feststellungen zum Beweisbeschluss des Gerichts abschließen konnte oder ob ggf. ein Ergänzungsbeweisbeschluss sowie ggf. eine weitere Ortsbesichtigung notwendig werden.

Rissarten und ihre Klassifizierung

6

Inhaltsverzeichnis

F. Frössel, *Risse in Gebäuden*, https://doi.org/10.1007/978-3-658-47096-8_6

6.1 Einleitung

Wie bereits erwähnt, kann weder hinsichtlich der Klassifikation noch der Diagnostik und Instandsetzung von Rissen auf eine Norm oder allgemein anerkannte Regelwerke zurückgegriffen werden. Zur Anwendung kommen zwei Merkblätter, das

- BFS-Merkblatt 19 *„Risse in Außenputzen, Beschichtung und Armierung“* (1997) und
- WTA-Merkblatt 2-4-14 *„Beurteilung und Instandsetzung gerissener Putze an Fassaden“* (2014),

die unter Fachleuten einen hohen Bekanntheitsgrad haben. Bei Nachfrage stellt man allerdings häufig fest, dass in der Regel nur eines der beiden Merkblätter bekannt ist. Nachteilig ist bei beiden Merkblättern die Verwendung verschiedener Begriffe für den gleichen Riss oder -mechanismus. Dies hat u. a. dazu beigetragen, dass sich am Markt die Definition und die Bezeichnung von Rissen quasi „verselbstständigt“ hat. So werden neben den Fachbegriffen aus beiden Merkblättern und anderen Regelwerken zusätzlich noch umgangssprachliche Bezeichnungen verwendet. Zu diesen gehören u. a.

- schädliche und nicht schädliche Risse,
- vermeidbare und nicht vermeidbare Risse,
- normale und nicht normale Risse,
- typische und untypische Risse,
- starre und arbeitende Risse sowie
- breite, schmale und tiefe Risse.

Mit der Verwendung dieser Bezeichnungen können verständlicherweise keine qualifizierten Aussagen über die Ursachen und quantitative Aussagen über die Auswirkungen von Rissen getroffen werden. Nach dem Erscheinungsbild werden Begriffe wie

- Oberflächenrisse,
- Haarrisse und Netzrisse,
- Schollenrisse und Putzschalenrisse,
- Putzrisse,
- Stein-Putz-Risse und Treppenrisse,
- Mauerwerks- oder Fugenrisse,
- Fett-, Schwind-, Schwund-, Schrumpf- und Sackrisse,
- Stern-, Krakele- und Y-Risse
- Kerbrisse, Kerbspannungsrisse,
- Schubrisse oder Deckenschubrisse,
- Diagonalrisse,
- Planungs- und ausführungsbedingte Risse,
- Einzelrisse, temporäre und dauerhafte Risse etc.

verwendet, die ebenfalls mehrheitlich nicht zu einer qualitativen Klassifizierung führen. Deshalb ist es sinnvoll, neben dem Erscheinungsbild auch eine Einteilung nach den betroffenen Bauteilen und/oder Rissmechanismen vorzunehmen. Aus dieser Einteilung sind folgende Bezeichnungen abgeleitet:

- bautechnische und putztechnische Risse,
- Spannungsrisse und Trocknungsrisse,
- putzgrund- und untergrundbedingte Risse,
- statisch-konstruktive und baugrundbedingte Risse,
- konstruktivbedingte oder bauwerksbedingte Risse,
- baudynamische und Setzungsrisse,
- beruhigte und dynamische Risse,
- bedingt beruhigte Risse und bedingt beruhigbare Risse,
- thermisch und hygrisch bedingte Risse,
- Wärmebrückenrisse sowie
- Dehnungsrisse und Stauchungsrisse.

Angesichts des Durcheinanders von Begriffen und Bezeichnungen für die Bewertung (z. B. durch Gutachter, Sachverständige), die Ausschreibung (z. B. durch Planer und Architekten) sowie die Ausführung (z. B. durch Maler, Stuckateure, Maurer) wäre es hilfreich, wenn auch ohne DIN-Norm oder andere Regelwerke eine einheitliche Klassifizierung von Rissen existieren würde. Um Systematik in das weite Feld der Rissproblematik an Gebäuden zu bringen, wird in den nachfolgenden Ausführungen von folgender Klassifizierung ausgegangen:

- **Baugrundbedingte Risse**
- **Konstruktivbedingte Risse**

- **Untergrundbedingte Risse**
- **Putzbedingte Risse**

Wichtig hierbei ist, dass alle vorher genannten Rissbezeichnungen in eine der vier Rissklassen eingruppiert werden können, sodass diese Einteilung absolut ausreichend ist. Schwierig erscheint eine Eingruppierung allerdings bei Rissarten, bei denen sich die Rissursache und das Erscheinungsbild sowie der Rissmechanismus überlagern, wie z. B. Stein-Putz-Risse, die sowohl zu den konstruktivbedingten Rissen zählen als auch den untergrundbedingten Rissen, sodass eine klare Zuordnung in eine der vier Rissklassen nicht immer möglich ist.

6.2 Baugrundbedingte Risse

6.2.1 Einleitung

In der Praxis kann oft festgestellt werden, dass der Baugrund in der Regel als fest und tragfähig vorausgesetzt und dass darüber hinaus unterstellt wird, dass das Gebäude auf einer soliden Gründung steht. Diese Voraussetzungen sind nicht in jedem Fall gegeben, da der Baugrund in der Regel um ein Vielfaches verformungsfähiger ist als alle sonstigen Baustoffe und Bauteile einer Gebäudekonstruktion. Eine problemlose Gründung ist nur auf einem gleichmäßigen, harten und feuchtigkeitsunempfindlichen Baugrund möglich. *Pfefferkorn/Klaas* weist in [10] darauf hin, dass ein solch idealer Baugrund in den seltensten Fällen zur Verfügung steht. Weiter heißt es: *„Schon ein zwar gleichmäßiger, aber nicht so fester und deshalb mehr setzungsfähiger Baugrund erfordert bei der Planung der Gründung besondere Beachtung. Dabei sind die anfänglichen Setzungen weniger bedeutungsvoll als die nachträglichen, da sich eine junge Tragkonstruktion leichter verformen kann als eine bereits vollständig erhärtete. Die praktische Erfahrung zeigt, dass über den Unterschied zwischen Fundamenten mit gleichmäßiger Bodenpressung und solchen mit gleichmäßiger Setzung – gleichmäßigen Baugrund vorausgesetzt – nicht immer ausreichende Klarheit herrscht. Erst recht gilt dies für den noch bedeutungsvolleren Unterschied zwischen gleichmäßiger Bodenpressung und gleichmäßiger Standsicherheit bei verschieden großen Fundamenten. Nicht wenige Rissschäden in Tragkonstruktionen finden hierin ihre Ursache.“*

Baugrundbedingte Risse können im Wesentlichen auf

- eine fehlerhafte Baugrundbeurteilung und infolgedessen unzureichende Planung und Ausführung der Gründung oder
- statische Veränderungen im unmittelbaren Umfeld eines Gebäudes

zurückgeführt werden (Abb. 6.1, Abb. 6.2, Abb. 6.3, Abb. 6.4, Abb. 6.5, Abb. 6.6).

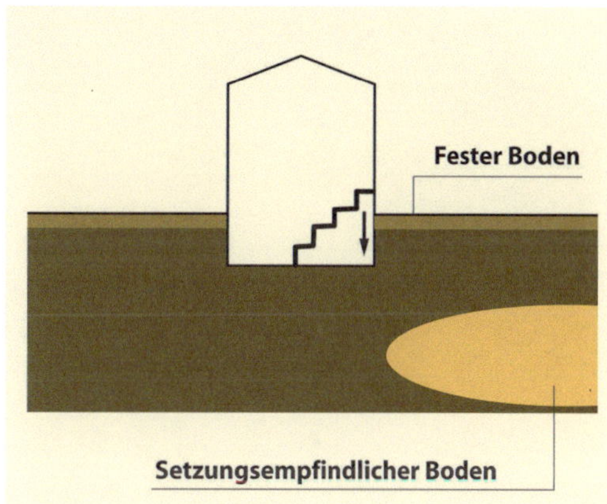

Abb. 6.1 schematische Darstellung von Auswirkungen setzungsempfindlicher Böden

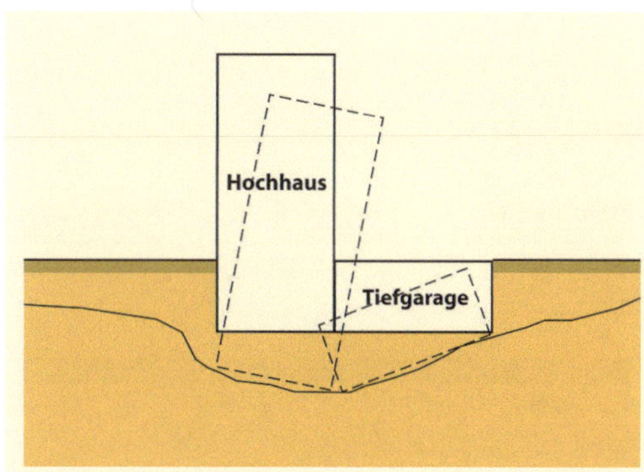

Abb. 6.2 schematische Darstellung von Auswirkungen setzungsempfindlicher Böden

Abb. 6.3 Beispiele für Auswirkungen setzungsempfindlicher Böden

Abb. 6.4 Beispiele für Auswirkungen setzungsempfindlicher Böden

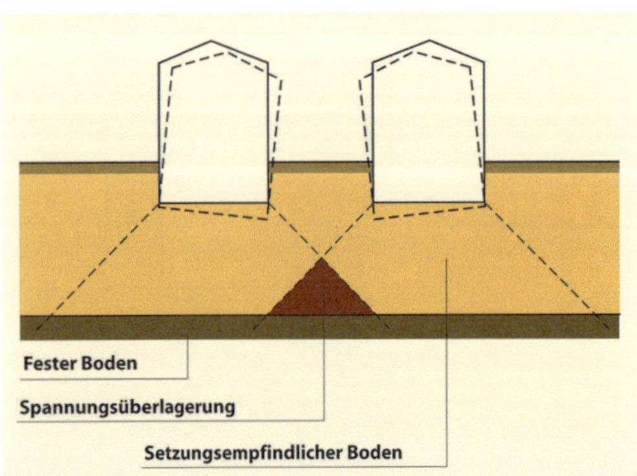

Abb. 6.5 schematische Darstellung von Auswirkungen setzungsempfindlicher Böden

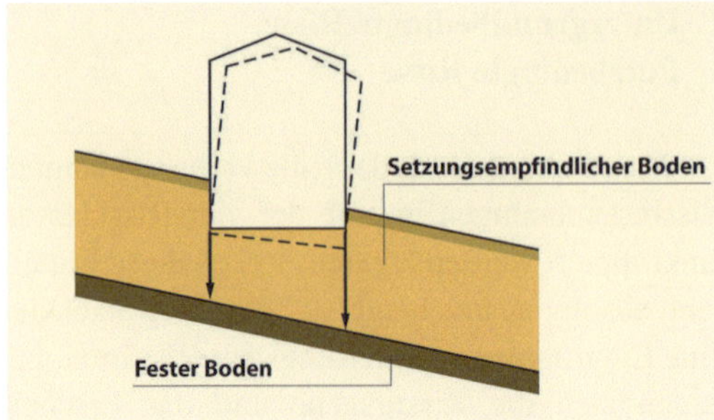

Abb. 6.6 schematische Darstellung und Beispiele für Auswirkungen setzungsempfindlicher Böden

6.2.2 Fehlerhafte Baugrundbeurteilung

Folgendes Beispiel (Abb. 6.7, Abb. 6.8) soll die Auswirkungen gründungstechnischer Fehlplanung verdeutlichen. Angenommen werden eine einfache Tragkonstruktion mit gemauerten Wänden sowie ein gleichmäßiger, leicht bindiger Boden. Aufgrund der Statik ist die Streifenlast der Mittelwand mehr als doppelt so groß wie jede der beiden Lasten der äußeren Wände. Dies kann drei verschiedene Auswirkungen haben:

- *„Die drei Streifenfundamente des Gebäudes werden so dimensioniert, dass sie die gleiche Standsicherheit aufweisen. Da ein breiteres Streifenfundament bei sonst gleichen Gegebenheiten eine größere Standsicherheit (gegen Grundbruch) besitzt als ein schmales, kann die Bodenpressung unter dem mittleren Fundament höher gewählt werden als die Bodenpressung unter den beiden Außenfundamenten. Dabei setzt sich aber das Mittelfundament erheblich mehr als die Außenfundamente mit der möglichen Folge von Rissbildungen in den gemauerten Querwänden.*
- *Die drei Streifenfundamente des Gebäudes werden so dimensioniert, dass sie gleiche Bodenpressung in ihrer Sohle erzeugen. Das bedeutet eine Verbreiterung des Mittelfundamentes, womit sich bei unveränderter Bauwerkslast die Setzung des Mittelfundamentes verringert. Sie liegt jedoch noch immer über derjenigen der Randfundamente.*
- *Die drei Streifenfundamente des Gebäudes werden so dimensioniert, dass sie die gleiche*

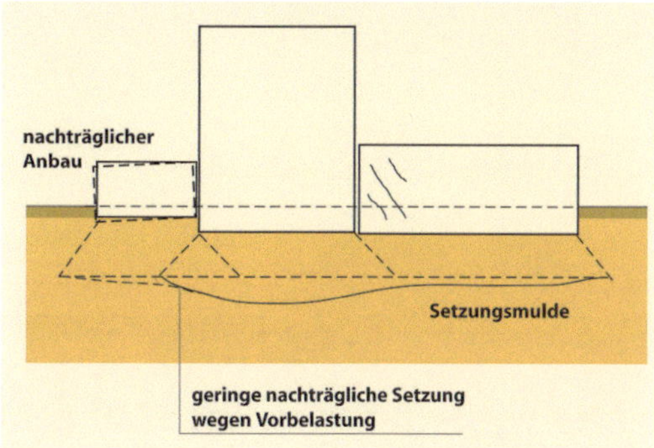

Abb. 6.7 schematische Darstellung einer fehlerhaften Baugrundbeurteilung

Abb. 6.8 gegenseitige Beeinflussung unterschiedlicher Gebäude und daraus resultierende Setzungsrisse bei Muldenlage

Setzung erleiden. Um dies zu erreichen, muss das Mittelfundament nochmals verbreitert werden. Seine Bodenpressung ist nun kleiner als die der Außenfundamente. Die Bodendruckverteilung im Untergrund … und die Standsicherheit des Mittelfundamentes kann dabei dreimal so groß sein wie diejenige der Außenfundamente.“ [10]

Die absoluten Setzungsunterschiede der einzelnen Fundamente untereinander sind entscheidend für die Höhe der im Mauerwerk auftretenden Spannungen. Erst beim Überschreiten der zulässigen Setzungsunterschiede entstehen Risse. Hier stellt sich die Frage, wie zulässige Setzungsunterschiede definiert sind. In [41] wird hierzu ausgeführt, dass bei ungleichen Setzungen in Muldenlage mit einer Winkelverdrehung von < als 1/500 und bei einer Sattellage mit einer Winkelverdrehung von < 1/400 nahezu keine Rissbildungen entstehen. Nach Erfahrungen in [50] gelten Setzungsbewegungen als unschädlich, wenn $\Delta s/l < 1/500$ ist (Δs ist hierbei der Setzungsunterschied zwischen zwei Punkten, l der Abstand zwischen den beiden Punkten). In den weiteren Ausführungen wird ein Erfahrungswert von > 1/300 für das Auftreten von architektonischen Schäden (Risse) und > 1/150 für die Möglichkeit konstruktiver Schäden (Statik) angeführt. In [10] wird ergänzt, dass eine muldenförmige Einsenkung bis zu 1/1000 der Wandlänge in der Regel noch nicht zu Rissen führt. Bei einer Hausbreite von z. B. 15 m kann sich infolgedessen das Mittelfundament bis zu 1,5 cm mehr setzen als die Außenfundamente, ohne dass es zu einer Rissbildung in der Querwand kommen muss. Werden diese Setzungsdifferenzen überschritten, muss mit hoher Wahrscheinlichkeit mit Diagonalrissen im Mauerwerk gerechnet werden. Dieser so genannte Setzungswert hat sich in der Praxis bewährt und stellt die Grenze der Rissfreiheit belasteter Mauerwerkskonstruktionen dar (Setzungsmulde). Das Gegenteil stellen die so genannten Setzungssattel dar (Abb. 6.9, Abb. 6.10, Abb. 6.11), die eine höhere Rissempfindlichkeit des Mauerwerkes verursachen.

Neben den vertikalen Beanspruchungen, die zu einer Verformung der Tragkonstruktion führen, können in Einzelfällen auch horizontale Bewegungen (z. B. Pressungen und Zerrungen im

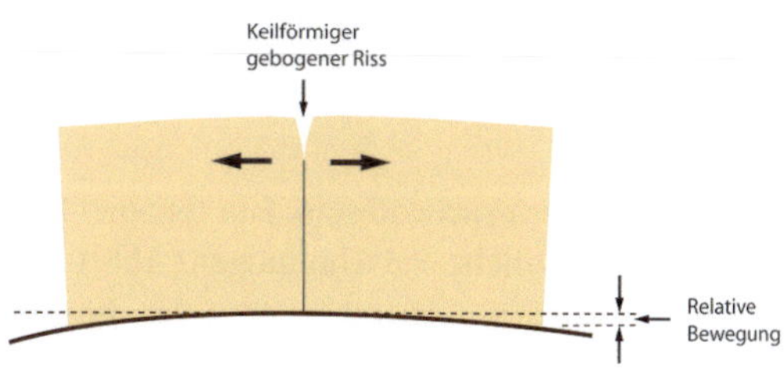

Abb. 6.9 schematische Darstellung eines Setzungssattels

Abb. 6.10 typisches Rissbild bei einem Setzungssattel

Abb. 6.11 typisches Rissbild bei einem Setzungssattel

Boden) Riss verursachend sein. Ein Beispiel hierfür sind nachträgliche Aufschüttungen (Abb. 6.12).

Die bisherigen Ausführungen beschreiben ausschließlich Gründungen mit gleich tiefen Fundamenten. Deutlich häufiger kommt es zur Rissbildung in teilunterkellerten Gebäuden, bei denen die Fundamente unterschiedlich tief in den Baugrund eingebunden sind.

Abb. 6.12 schematische Darstellung von nachträglichen Aufschüttungen und deren Auswirkungen

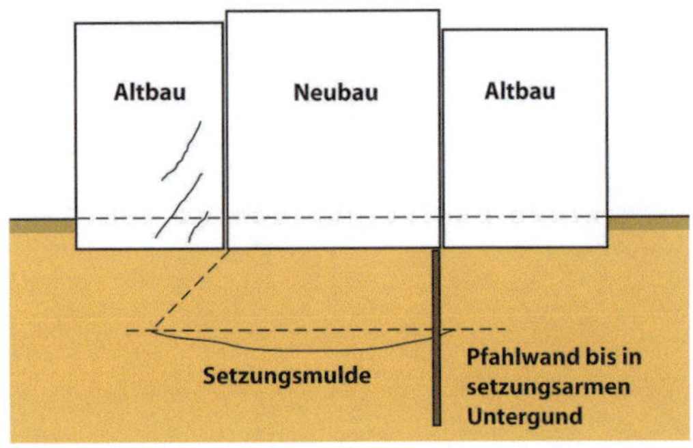

Abb. 6.13 nachträgliche Lückenbebauung und deren Auswirkung bei Muldenlage

Während Fundamente, die miteinander verbunden sind, anfallende Setzungsdifferenzen durch Lastumlagerung verteilen und damit abfedern können, zeigen sich in der Praxis erhebliche Rissbildungen bei voneinander abgetrennten Einzelfundamenten. Dies gilt nicht nur für die Betrachtung an einem Gebäude, sondern auch bei Fundamentgründungen in benachbarten Gebäuden wie z. B. einer Lückenbebauung (Abb. 6.13). Kommen dann problemverschärfende Bodenverhältnisse hinzu, wie z. B. tonige Bodenarten, können die Auswirkungen sehr schnell existenzielle Ausmaße annehmen. Denn tonige Bodenarten wie z. B. fetter Lehm verändern ihr Volumen zum Teil erheblich in Abhängigkeit von der Feuchtigkeit durch Quellen (Niederschläge) und Schrumpfen (Trocknung).

Ähnlich verhält es sich bei nachträglichen Erdaufschüttungen. Neben den vertikalen Setzungen aufgrund der schweren Auflast, die zu Diagonalrissen im Mauerwerk führen können, kommen ggf. noch horizontale Kräfte aufgrund einer möglichen Hangverschiebung hinzu. Wird ein Gebäude sowohl auf einem gut gegründeten Fundament als auch auf einer Aufschüttung errichtet, sind Rissbildungen vorprogrammiert. Die Risse sind in der Regel auffällig breit, „verspringen" zwischen den Öffnungen und sind unten breiter als oben. Die Rissbreiten sind hierbei abhängig von der Absenkung. Der Rissverlauf ist in der Regel unregelmäßig und hängt von der Größe der Setzung ab. Mauerwerksbauten reagieren auf unterschiedliche Setzungen insgesamt empfindlicher als z. B. Stahl-, Stahlbeton- oder Fachwerkbauten. Auch unterschiedliche Bauwerksgewichte bei Langbauten oder nachträgliche Baulücken und deren Bebauung sind häufig Ursache für baugrundbedingte Risse (Abb. 6.14).

Wesentlichen Einfluss haben die Bodenverhältnisse. Bei nicht oder nur gering bindigen Böden klingen die Setzungen relativ schnell ab. Der Boden weist ein so genanntes Lastsetzungsverhalten auf. Dies bedeutet, dass ein Großteil der zu erwartenden Setzungen bereits in der Rohbauphase abgeklungen ist. Nachträgliche Setzungsunterschiede sind in der Regel so gering, dass sie vernachlässigt werden können. Stark sandige, locker gelagerte Böden sind erschütterungsempfindlich.

Dagegen weisen feinkörnige bzw. stark bindige Böden neben dem Lastsetzungsverhalten auch ein so genanntes Zeitsetzungsverhalten auf. Dies bedeutet, dass sich z. B. flach gegründete Bauwerke auf diesen Böden (z. B. plastische Tone, organische Tone oder Schluffe) über Jahre bis hin zu Jahrzehnten noch setzen können (Abb. 6.15). Bei feinkörnigen Böden spielen auch die Wasserverhältnisse (Porenwasser bei Erschütterungen oder Schwankungen beim Grundwasser) eine Rolle. Durch das Schwinden in der Austrocknungsphase kann es zu Setzungen

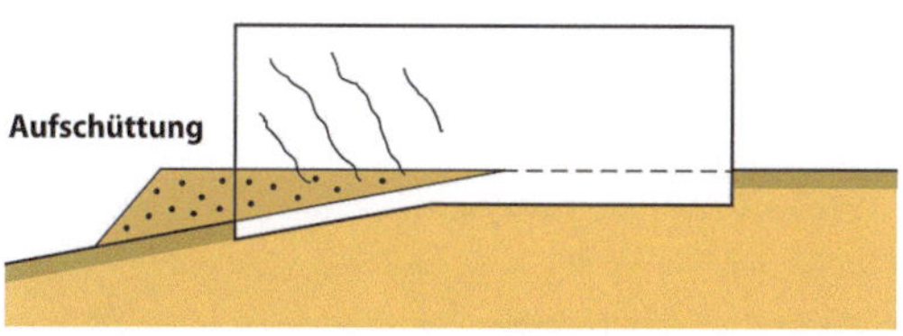

Abb. 6.14 schematische Darstellung der Auswirkungen von nachträglichen Aufschüttungen

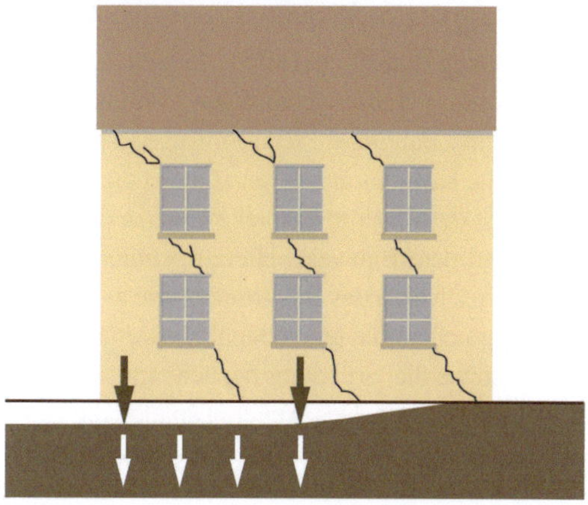

Abb. 6.15 schematische Darstellung der Auswirkungen eines ungeeigneten Baugrundes infolge der Bodenzusammensetzung

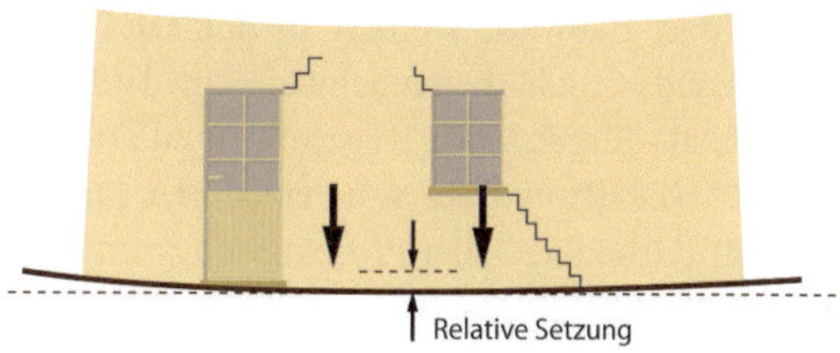

Abb. 6.16 schematische Darstellung einer Setzungsmulde

Abb. 6.17 typisches Erscheinungsbild einer Setzungsmulde

kommen. Infolgedessen sind Neubauten genauso betroffen wie Altbauten und/oder Denkmäler.

Baugrundsetzungen sind nicht immer bauschädigend und müssen auch nicht zwangsläufig Risse hervorrufen (Abb. 6.16, Abb. 6.17). Bei gleichmäßiger Setzung und/oder Verdrehung des

Baukörpers entstehen in der Regel keine Risse, da keine Zwang- oder Zugkräfte vorliegen. Die Tragwerksplanung auf schwierigem und/oder unbekanntem Baugrund setzt infolgedessen eine gründliche Kenntnis auf diesem Gebiet voraus. Elementar ist das Zusammenspiel zwischen dem Baugrund und dem Bauwerk. Hierzu gehören Aufbau und Eigenschaften des Baugrundes wie z. B. Topografie, Schichtaufbauten, Bodenkennwerte, Grundwasser sowie die Gründung benachbarter Gebäude und deren Einfluss. Des Weiteren spielen die Konstruktion und das Verhalten des Bauwerkes wie z. B. die Abmessungen, Gründungstiefe, Belastungen, zulässige Setzungen und die Wasserdichtigkeit eine entscheidende Rolle.

Für die ingenieurtechnische Bemessung dieser wechselseitigen Abhängigkeit zwischen Baugrund und Bauwerk werden in der DIN 1054 „Baugrund – Sicherheitsnachweise im Erd- und Grundbau – Ergänzende Regelungen zu DIN EN 1997-1“ (2010) und der schweizer SIA 260/SN 505260 „Grundlagen der Projektierung von Tragwerken“ (2013) folgende Zustände definiert:

- **Grenzzustand der Tragfähigkeit** (= Versagen des Baugrundes einschließlich der ggf. auf ihm befindlichen Gebäude) und der
- **Grenzzustand der Gebrauchstauglichkeit** (= Zustand, bei dem das Gebäude unbrauchbar wird, obwohl die Tragfähigkeit noch gegeben ist).

6.2.3 Statische Veränderungen

Das größte Problem für nachträgliche Veränderungen im Baugrund, wie z. B. durch Baumaßnahmen im Umfeld, eine Baugrubensicherung (so genannte Bodeneinschnitte) oder stark frequentierten Straßenverkehr (Schwerlastverkehr) besteht darin, dass das Gebäude den Auswirkungen komplett ausgesetzt ist, ohne dass diesen Einflüssen entgegen gewirkt werden kann. Grundwasserabsenkungen stellen für gemauerte Gebäude immer eine Gefahr dar. Die mit der Absenkung des Grundwassers verbundene Entspannung führt in einem setzungsempfindlichen Boden zu erheblichen Verformungen, die zu Spannungen und im Weiteren zu Rissen führen. Auch Bodeneinschnitte (Ausschachtungen) können für Gebäude ein Risiko darstellen; bergen sie doch die Gefahr von Bodenbewegungen in sich. Bei Ausschachtungen kann in der Praxis oft beobachtet werden, dass die Baugrubenaussteifung und -sicherung bei größeren Bauvorhaben eine Selbstverständlichkeit darstellt, aber besonders bei kleineren Maßnahmen vernachlässigt wird. Dabei können die Folgen genauso gravierend sein. Nicht fachgerecht geplante und ausgeführte Ausschachtungen können die Standsicherheit des Gebäudes beeinträchtigen (Abb. 6.18, Abb. 6.19, Abb. 6.20, Abb. 6.21).

Einflüsse durch den Baugrund müssen der Vollständigkeit halber noch durch folgende Faktoren ergänzt werden:

- Einwirkungen durch Erdbeben,
- starke Unterspülungen bei Hochwasser (Abb. 6.22, Abb. 6.23),
- Unterfangungen,

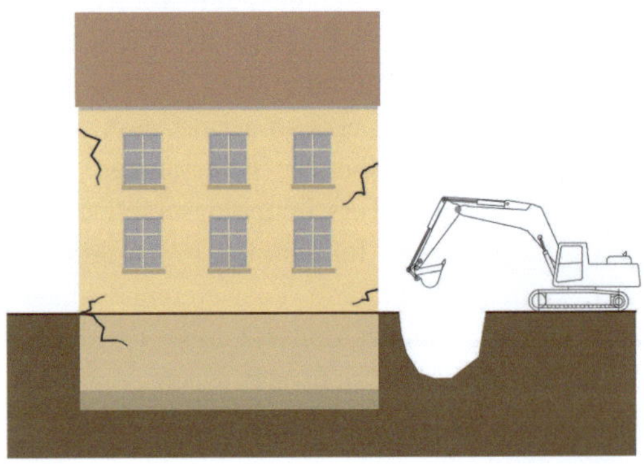

Abb. 6.18 schematische Darstellung von statischen Veränderungen im Baugrund bzw. Fundamentbereich

Abb. 6.19 schematische Darstellung von statischen Veränderungen im Baugrund bzw. Fundamentbereich

Abb. 6.20 statischer Riss nach durchgeführten Baumaßnahmen (außen)

Abb. 6.21 statischer Riss nach durchgeführten Baumaßnahmen (innen)

- Defekte Wasserleitungen oder das Absenken des Grundwasserspiegels (Abb. 6.24) sowie
- der Baumbestand im Umfeld eines Gebäudes (Abb. 6.25).

Bzgl. der Gefährdung durch Hochwasser gibt es in Deutschland Gefahrenklassen, die das statistische Hochwasserrisiko in Klassen von 1 (sehr geringe Gefährdung) bis 4 (hohe Gefährdung) unterteilt – und zwar für jedes einzelne Gebäude entlang einer Straße. Die vier Gefährdungsklassen (GK) für Gebäude in Deutschland lauten:

- GK 4: Statistisch ein Hochwasser innerhalb von 10 Jahren
- GK 3: Statistisch ein Hochwasser innerhalb von 10–100 Jahren

Abb. 6.22 der Baumbestand im Umfeld eines Gebäudes kann zu Hohlräumen und Absenkungen durch Wasserentzug und/oder zu einem Anheben durch Wurzelwachstum führen. Die Folge sind Rissbildungen durch die gesamte Konstruktion

Abb. 6.23 defekte Wasserleitungen oder das Absenken des Grundwasserspiegels können ebenfalls Ursache baugrundbedingter Risse sein

Abb. 6.24 Überschwemmungen und Unterspülungen als Folge extrem starker Niederschläge oder von Hochwasser können die Statik eines Gebäudes erheblich schädigen

Abb. 6.25 Überschwemmungen und Unterspülungen als Folge extrem starker Niederschläge oder von Hochwasser können die Statik eines Gebäudes erheblich schädigen

Abb. 6.26 Beispiel für lastabhängige Rissschäden

- GK 2: Statistisch ein Hochwasser seltener als einmal in 100 Jahren
- GK 1: Nach gegenwärtiger Datenlage nicht von Hochwasser größerer Gewässer betroffen.

Neben den Einwirkungen durch Hochwasser durch starke Unwetter geht die größte Gefahr für gemauerte Gebäude von unsachgemäß ausgeführten Ausschachtungen bis unter die Gründungssohle im Umfeld des Gebäudes (Nachbarschaft) aus. Hinweise für die fach- und sachgerechte Gebäudesicherung bei Ausschachtungen, Gründungen und Unterfangungen etc. können der DIN 4123 „Ausschachtungen, Gründungen und Unterfangungen im Bereich bestehender Gebäude“ (2013) entnommen werden.

6.2.4 Ursache und Wirkung baugrundbedingter Risse

Man unterscheidet zwischen lastabhängigen und lastunabhängigen Rissschäden. Risse durch Lastbeanspruchungen können aufgrund von einwirkenden äußeren Lasten auf ein Bauteil entstehen (Abb. 6.26, Abb. 6.27, Abb. 6.28, Abb. 6.29, Abb. 6.30). Kommt es hierbei an dem der Kraft ausgesetzten Bauteil zu einer Behinderung der Verformung oder einem Überschreiten der aufnehmbaren Spannungen innerhalb des Bauteils, treten Risse quasi als Kompensation („der Entspannung“) auf. Zu den lastabhängigen Ursachen

Abb. 6.27 Beispiel für lastabhängige Rissschäden

Abb. 6.28 Beispiel für lastabhängige Rissschäden

Abb. 6.29 Beispiel für lastabhängige Rissschäden

Abb. 6.30 Beispiele für lastabhängige Rissschäden

gehören in erster Linie Veränderungen im Baugrund wie z. B. Setzungen, Sohlpressungen oder Grundwassereinwirkungen sowie mechanische Belastungen wie z. B. Eigenlasten, Schnee-, Eis- oder Windlasten, Verkehrslasten oder Stoßlasten.

Ob der Baugrund durch nachträgliche Einflüsse instabil wurde oder das Gelände von vornherein instabil war: baugrundbedingte Risse haben in der Regel schwerwiegende Folgen. Die Tragsicherheit und Gebrauchstauglichkeit der Gebäude sind stark beeinträchtigt, nicht selten droht der Verlust des gesamten Gebäudes. Infolgedessen sind die anstehenden Instandsetzungen sehr aufwändig und damit kostenintensiv. In Grenzfällen können sogar der Abriss und Neubau eines Gebäudes technisch und wirtschaftlich sinnvoller sein als die nachträgliche Beseitigung der Ursachen für das Entstehen baugrundbedingter Risse.

Baugrundbedingte Risse sind also keine Bagatellschäden und müssen in der Regel in einem Beweissicherungsverfahren untersucht werden. Die Kernfrage einer jeden Untersuchung ist die Ermittlung der Schadensursache, da diese neben der Nennung der Verantwortlichkeiten auch Aussagen über Art und Aufwand einer Instandsetzung ermöglicht. Für den Bausachverständigen und Gutachter ergeben sich häufig Schadensbilder (Rissverläufe), die eindeutig einer konkreten Ursache zugeordnet werden können. In der Tab. 6.1 sind Beispiele aufgeführt, welcher Rissverlauf auf welche Ursache zurückzuführen ist.

In [42] werden einige Ursachen für Setzungsunterschiede bzw. baugrundbedingte Risse wie folgt zusammengefasst:

• Abhängig vom Untergrund:	- ungleiche Gründungstiefe (unterschiedliche Vorbelastung des Baugrundes) - Gründung auf unterschiedlich steifen Bodenschichten
• Abhängig von der Bodenpressung, abhängig von der Fundamentgröße:	- Unterschiedliche Bodenpressung bei Fundamenten - Unterschiedliche Fundamentgrößen
• Drucküberschneidungen im Untergrund, langgestreckte Bauwerke:	- Ausbildung einer Setzungsmulde - Neubau neben bestehendem Gebäude
• Grundwasser, Hangwasser:	- Schwankungen des Grundwasserspiegels, Verringerung des Auftriebes - Erosion bei Hangwasseraustritten, Erosion bei Filterschichten
• Frostschäden:	- Frostschäden unterhalb der Gründung - Frostwirkung hinter eingeschütteten Mauern
• Bei Baugruben und Unterfangungen:	- Setzungen im Zusammenhang mit herkömmlichen Betonunterfangungen - Setzungen bei Wahl eines weichen Baugrubenverbaus
• Erschütterungen/Schwerlastverkehr:	- Besonders bei locker gelagerten Sanden, Kiesen und sandigen Kiesen sind Setzungen möglich - Bei feinkörnigen Böden kann es durch Quellen und Schwinden (Porenwasser) zu Setzungen kommen
• Wasserverhältnisse:	- Absenkung des Grundwasserspiegels, Verminderung des Auftriebs - Erosion bei Grundwasserbrunnen - Permanente Grundwasserspiegelabsenkung durch Drainagen und Kanäle

Tab. 6.1 Ursache und Wirkung baugrundbedingter Risse

Ursache	Wirkung (Rissbild)
Ungleichmäßige Komprimierung des Baugrundes (z. B. torfige Schluffschichten)	Abb. 6.31
Lokale Grundwasserabsenkungen und Folgen des Bergbaus (z. B. in Folge von Kanalarbeiten in Gebäudenähe)	Abb. 6.32
Neu entstandene Hohlräume (z. B. durch Unterspülung)	Abb. 6.33
Bodenschrumpfung bindiger Böden durch Austrocknung an der Gebäudeaußenseite oder Baumbestand in Gebäudenähe	Abb. 6.34
Nicht frostsichere Gründung auf frostempfindlichen Böden (zunächst Hebung, dann Setzung)	Abb. 6.35

Abb. 6.31 Ungleichmäßige Komprimierung des Baugrundes

Abb. 6.33 Neu entstandene Hohlräume

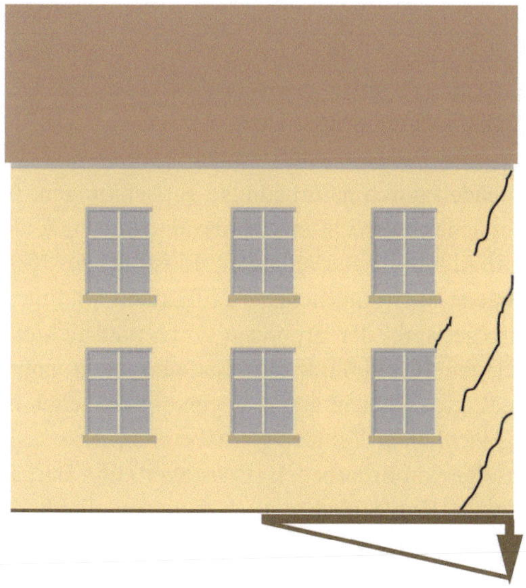

Abb. 6.32 Lokale Grundwasserabsenkungen und Folgen des Bergbaus

Abb. 6.34 Bodenschrumpfung bindiger Böden durch Austrocknung an der Gebäudeaußenseite oder Baumbestand in Gebäudenähe

Abb. 6.35 Nicht frostsichere Gründung auf frostempfindlichen Böden

Auf weitergehende Literatur [10, 12, 47, 48] wird verwiesen.

6.2.5 Versicherungstechnische Aspekte bei baugrundbedingten Rissen

Wie bereits ausgeführt, werden baugrundbedingte Risse in einigen Fällen als Folge von so genannten Elementarschäden verursacht. Im Sinne der Versicherungswirtschaft handelt es sich hierbei um Schäden, die durch das Wirken der Natur – häufig auch als „höhere (Natur)Gewalt" bezeichnet – verursacht werden. Hierzu zählen z. B. Schäden durch Sturm, Hagel, Überschwemmung durch Hochwasser und eben auch Naturgewalten, die im Baugrund stattfinden wie z. B. Erdbeben, Erdsenkungen (auch als Erdfall bezeichnet), Erdrutsch bzw. Lawinen. Viele Immobilieneigentümer gehen davon aus, dass derartige Schäden über die typische Wohngebäudeversicherung mit abgedeckt sind – dem ist aber in fast allen Fällen nicht so! Denn die Wohngebäudeversicherung deckt alle mit dem Gebäude fest verbundenen Gebäudeteile wie z. B. Türen, Fenster und Treppen ab, so wie die Hausratversicherung nur die Schäden an der Einrichtung wie Möbel und Geräte absichert.

Um Elementarschäden abzusichern, muss explizit eine Elementarschadensversicherung abgeschlossen werden. Während 95 % der Wohngebäude in Deutschland gegen Sturm und Hagel abgesichert sind, sind lt. dem statistischen Bundesamt nur etwas mehr als die Hälfte gegen Elementarschäden versichert. Einer der Gründe ist, dass Naturkatastrophen bisher in Deutschland eher selten aufgetreten sind – ein Umstand, der sich in den nächsten Jahren verändert wird. Ein anderer Grund ist, dass es bisher in Deutschland (wie auch in Österreich) keine Versicherungspflicht für Elementarschäden gibt wie z. B. in der Schweiz. Dennoch sind z. B. in Baden-Württemberg über 90 % der Gebäude gegen Elementarschäden versichert.

Selbst wenn eine Elementarschadensversicherung abgeschlossen wurde, gibt es häufig Streit darüber, ob z. B. Elementarschäden, die durch so genannte Erdsenkungen zu baugrundbedingten Rissen geführt haben, mit abgedeckt sind. Denn Erdsenkungen, nicht zu verwechseln mit einem Erdrutsch, können entweder **naturbedingte** oder **nicht naturbedingte** Ursachen haben. Und Elementarschadensversicherungen greifen nur bei Schäden durch naturbedingte Erdsenkungen. Im Versicherungsrecht sind Erdsenkungen bzw. der Erdfall als „naturbedingter Einsturz des Erdbodens über natürlichen Hohlräumen" definiert. Hierbei sinkt der Erdboden durch natürlich entstandene Hohlräume ab. Bei den nicht naturbedingten Erdsenkungen liegen die Ursachen im menschlichen Zuständigkeitsbereich, also z. B. infolge von Erdarbeiten (Baustellen) und Bergarbeiten (Kohleabbau). Auch Schäden durch die Absenkung des Grundwasserspiegels sowie den daraus resultierenden ausgetrockneten Böden und eingestürzten Hohlräumen gelten nicht als naturbedingte Erdsenkungen und werden daher von der Versicherung nicht übernommen. In diesen Fällen bleibt dem Geschädigten nur, seine Schadensersatzansprüche gegenüber dem Verursacher geltend zu machen. Rechtsgrundlage hierfür ist § 823 BGB (Schadensersatzpflicht). Resultiert eine Erdsenkung auf menschliches Handeln (Planung oder Ausführung) und kommt es dadurch zu Schäden, ist derjenige in der Verantwortung. Bekannteste Beispiele sind Rissbildungen an Gebäuden, die entweder durch den Bergbau oder Tunnelbau entstehen. In beiden Fällen haftet der Betreiber für die entstandenen Schäden (für weiterführende Ausführungen wird auf Kap. 8 verwiesen).

In der Rechtsprechung gibt es einige Beispiele dafür, dass Gerichte Ansprüche gegen beklagte Versicherungen abgelehnt haben, obwohl auf den ersten Blick Versicherungsschutz gegeben war. Das Landgericht Deggendorf (23 O 445/19) lehnte die Forderung eines Immobilienbesitzers gegenüber seiner Versicherung ab und begründete dies damit, dass die aufgetretenen Risse an seiner Immobilie nicht auf eine tektonisch bedingte Absenkung des Erdreichs zurückzuführen ist, sondern auf eine unzureichende Bodenverdichtung bei der Erstellung des Gebäudes. Der gerichtliche Sachverständige kam in seinem Gutachten zu dem Ergebnis, dass zum Auffüllen des Baugrundes toniges Material verwendet wurde, was sich aufgrund seiner weichen Beschaffenheit nicht verdichten lässt, und zu den Setzungen des Gebäudes geführt hat.

Das Landgericht Köln (24 O 563/03) wies ebenfalls die Klage eines Immobilienbesitzers gegenüber seiner Versicherung ab und begründete dies damit, dass die aufgetretenen Risse an seiner Immobilie nicht auf eine tektonisch bedingte Absenkung des Erdreichs zurückzuführen ist, sondern auf einen Wasserentzug im Boden aufgrund der nachträglichen Bepflanzung mit Bäumen und Sträuchern. Der gerichtliche Sachverständige kam in seinem Gutachten zu dem Ergebnis, dass die Risse an dem Gebäude auf ein ungleichmäßiges Schrumpfen der Bodenschichten zurückzuführen sind, das durch die Wasseraufnahme der Wurzeln verursacht wird. Da der Tonboden infolge des Wurzelwachstums der Bäume und Sträucher nicht überall in gleicher Weise geschrumpft ist, sind unterschiedliche Setzungen entstanden, die letztendlich die baugrundbedingten Risse verursacht haben. Ähnlich entschieden das Oberlandesgericht Nürnberg (8 U 2837/06) sowie das Landgericht Bonn (10 O 422/19) und Landgericht Darmstadt (4 OH 1/21). Eine versicherte naturbedingte Erdsenkung verneinten die gerichtlichen Sachverständigen in ihren Gutachten.

Die Erdsenkung, ein durch natürliche geologische Veränderungen im Erdreich entstehender Hohlraum, darf nicht mit einem Erdrutsch verwechselt werden. Bei einem Erdrutsch handelt es sich um einen naturbedingten Absturz von Gesteins- oder Erdmassen. Starke Niederschläge wie Stark- oder Dauerregen lassen Gesteins- oder Erdmassen abrutschen. Dem entsprechend sind Gebäude in Hanglage oder an Berghängen besonders gefährdet. Bisher wurde der Begriff „Erdrutsch" als abruptes Abgleiten oder Abstürzen von Gesteins- oder Erdmassen definiert. Aufgrund einer Klage hat der Bundesgerichtshof den Begriff neu ausgelegt (IV ZR 62/22). In seinem Urteil vom 9. November 2022 hat der BGH das bisherige Verständnis des Begriffes auf „Schäden am Versicherungsobjekt, die durch allmähliche, nicht augenscheinliche naturbedingte Bewegungen von Gesteins- oder Erdmassen verursacht werden" erweitert. Die beiden Vorinstanzen – das LG Bamberg und OLG Bamberg – hatten der beklagten Versicherung noch Recht gegeben, die sich auf eine Klausel in ihren Versicherungsbedingungen beriefen. Demnach ist ein Erdrutsch ein „dynamischer und visuell wahrnehmbarer Vorgang", wenn die Gesteins- oder Erdmassen abrupt abgleiten oder abstürzen. Die Versicherungen sahen in „langsam über Jahre hinweg vollziehenden Erdbewegungen" einen „kriechenden Vorgang" und somit keinen Versicherungsschutz. Darauf stützte sich die Entscheidung des Berufungsgerichtes und bezog sich auf eine geologische Terminologie. Geologen unterscheiden „langfristig und langsam verlaufende Bewegungen von Erdmassen ohne ausgeprägte Gleitflächen (so genanntes Erdkriechen) von solchen, die eine Bewegung von Gleitflächen voraussetzen (Erdrutsch)". Dem widersprach der IV. Zivilsenat des BGH und stellte klar, dass einem Verbraucher als durchschnittlichen Versicherungsnehmer eine bestimmte Terminologie, die in bestimmten Fachkreisen bekannt ist, nicht bekannt sein muss und daher in der Bewertung der Rechtslage nicht maßgebend ist. Denn auf diese Differenzierung wird laut BGH in den Versicherungsklauseln nicht hingewiesen, sodass ein Verbraucher diesen Unterschied nicht kennen kann und folgerichtig davon ausgehen muss, dass beide Vorgänge in einer Elementarversicherung abgedeckt sind. In dem Urteil heißt es wörtlich, dass Versicherungen, die Erdrutsche mit abdecken und „allmähliche Erdbewegungen" nicht ausdrücklich ausschließen, daher verpflichtet sind, auch in solchen Fällen den entstandenen Schaden zu regulieren (IV ZR 62/22).

Eine Möglichkeit, um versicherungstechnischen und/oder rechtlichen Risiken vorzubeugen, sind Bodengutachten. Seit 2014 muss jeder Bauherr vor dem Bauantrag und Baubeginn ein Bodengutachten erstellen lassen. Dieses gibt u. a. Auskunft über topografische Bedingungen und geologische Beschaffenheit (Bodenarten und Bodenklassen), Tragfähigkeit und mögliche Belastungen im Baugrund sowie den Bemessungswasserstand (höchstmöglicher Grundwasserspiegel).

Abb. 6.36 schematische Darstellung typischer Rissbilder bei konstruktivbedingten Ursachen

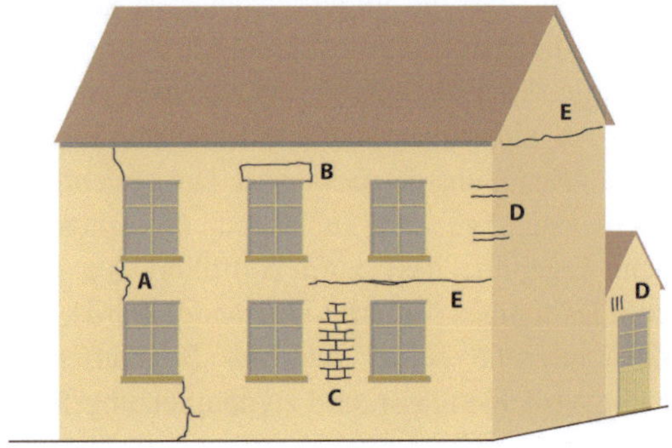

Abb. 6.37 schematische Darstellung typischer Rissbilder bei konstruktivbedingten Ursachen

6.3 Konstruktivbedingte Risse

Die Unterscheidung zwischen konstruktiv- und untergrundbedingten Rissen ist schwierig, da sich die Ursachen in den meisten Fällen überlagern. Hinzu kommt, dass neben den komplexen Rissmechanismen häufig auch die Möglichkeiten fehlen, den zeitlichen Ablauf (z. B. klimatische Bedingungen und Veränderungen, Feuchte- und Austrocknungsverläufe) sowie die baustofflichen und/oder konstruktiven Gegebenheiten nachzuvollziehen. Ursächlich hierfür ist, dass Bauteile nach dem Beschichten noch Lage-, Form- und/oder Volumenänderungen unterliegen, die Rissbildungen in der Konstruktion und damit auch in der Schlussbeschichtung zur Folge haben können. Eine klare Zuordnung der Ursache(n) ist nur in seltenen Fällen möglich.

Konstruktiv bedingte Risse werden durch äußere Lasteinwirkungen und lastunabhängige Verformungen verursacht, zum Beispiel durch Lageänderung bei Setzungen, Formänderungen aufgrund von Durchbiegung, Volumenänderung durch Feuchteabgabe (Schwinden) oder Belastung (Kriechen) sowie durch Temperaturänderungen (Abb. 6.36, Abb. 6.37). Auch so genannte Zwängungsspannungen können zu Verformungen der Tragkonstruktion führen. Verformungen dieser Art sind u. a.

- das Durchbiegen von Decken und Unterzügen,
- Deckenrandverdrehungen sowie Deckenabhebungen,
- Horizontale Längenänderungen von Betonbauteilen (wie z. B. Ringanker oder Decken) sowie zwischen Mauerwerk und Beton,
- Vertikale Längenänderungsdifferenzen (z. B. Schwind-, Kriech- und Temperaturverformungen tragender Wände und Stützen),
- unterschiedliche Lastabtragung,
- Einwirkungen aus dem Dachstuhl (Verformung von „Pfetten") sowie
- ggf. Schwächung des Mauerwerksquerschnittes, z. B. durch nachträgliche Horizontalabdichtungen mit mechanischen Verfahren.

In Bauteilen aus Stahlbeton können diese Risse auch durch die Stahlbewehrung hervorgerufen werden. Ursache dieser Risse ist eine zu geringe Betonüberdeckung des Stahls, da Spannungen im Beton durch den Stahl in Folge von hygrischen und/oder thermischen Beanspruchungen hervorgerufen werden. Darüber hinaus hat Eisenoxid (Rost) gegenüber Stahl ein deutlich größeres Volumen, sodass durch Sprengwirkung ein Schaden entstehen kann.

Konstruktiv bedingte Risse sind auch unter Beachtung der allgemein anerkannten Regeln der Technik nicht immer mit Sicherheit zu vermeiden. Durch putztechnische Maßnahmen können konstruktiv bedingte Risse weder verhindert und auch nicht „saniert“ werden. Des Weiteren muss erwähnt werden, dass die Risiken für das Entstehen dieser Risse vom Putzausführenden auch bei Durchführung einer gewerbeüblichen Untergrundprüfung nach VOB in der Regel nicht erkannt werden können.

Konstruktiv bedingte Risse sind durch statische Veränderungen am oder im Umfeld des Gebäudes begründet. Eine dauerhafte Instandsetzung ist deshalb nur mit bautechnischen Maßnahmen (z. B. Anordnen von Fugen oder kraftbündiges Verschließen der Risse durch Injektionen) möglich.

Zu den konstruktiv bedingten Rissen gehören u. a.

- Einzelrisse mit auffällig geradlinigem Verlauf,
- Risse, die den Fugenverlauf nachzeichnen (so genannte Stein-Putz-Risse),
- Risse mit weitgehend senkrechter oder waagerechter Ausrichtung, z. B. Deckenauflager (so genannte Deckenschubrisse),
- Senkrecht verlaufende Risse im Eckbereich von Mauerwerken im Abstand der Wanddicke,
- Risse, die Mauerwerksöffnungen miteinander verbinden und/oder in gegliederten Mauerwerksflächen in Folge hygro-thermischer Einwirkungen,
- Rissbildungen als Folge eines Mischmauerwerks,
- Risse bei miteinander verbundenen Außen- und Innenquerwände, die sich in vertikaler Richtung sehr unterschiedlich verformen,
- Rissbildungen durch die Längenänderung und Drehung von „Pfetten“, die auf das Auflager und infolgedessen auf die Wandkonstruktion übertragen werden,
- Schwindrisse im Beton,
- Setzungsrisse (innerhalb der Konstruktion, keine baugrundbedingten Setzungen!),
- Schubrisse sowie
- Relativ geradlinig verlaufende Einzelrisse wie z. B. diagonal verlaufende Risse im Eckbereich von Öffnungen (so genannte Kerbrisse).

Das Rissbild ist in der Regel durch mehrere Meter lange, geradlinig und/oder auch abgetreppt verlaufende Einzelriss gekennzeichnet. Vertikal verzahnt oder gerade verlaufende Risse werden in der Regel durch Schwinden und/oder Abkühlen des Mauerwerks verursacht. Horizontal verlaufende Risse dagegen entstehen durch Schwinden in vertikaler Richtung sowie ggf. durch Formänderung von Nachbarbauteilen. Schräge, abgestufte Risse sind in der Regel auf Schubspannungen zurückzuführen, die durch zu große Formänderungsunterschiede in vertikaler Richtung zwischen den benachbarten Bauteilen, horizontalen Formänderungen von Dachdecken bzw. oberen Geschossdecken, aber auch aus Durchbiegungen von Geschossdecken unter Mauerwerkswänden entstehen.[36]

Die Entstehung von Schrägrissen kann besonders gut am Beispiel der so genannten „Rot-Weiß-Bauweise“ erklärt werden (Abb. 6.38, Abb. 6.39).

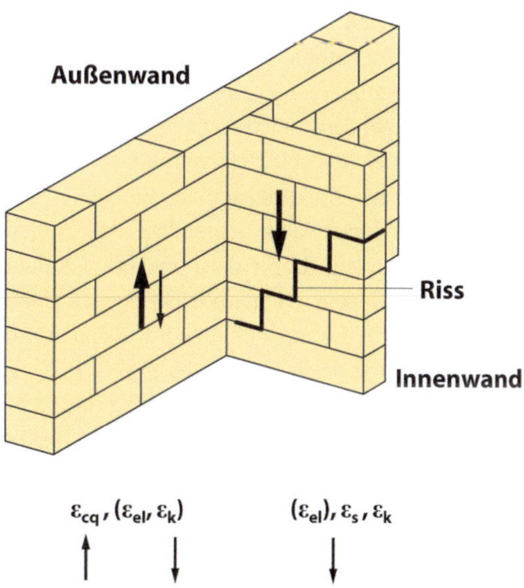

Abb. 6.38 schematische Darstellung konstruktivbedingter Risse z. B. bei Mauerwerken in Mischbauweise („Radieschen-Bauweise“)

Abb. 6.39 Mauerwerk in Mischbauweise („Radieschen-Bauweise“)

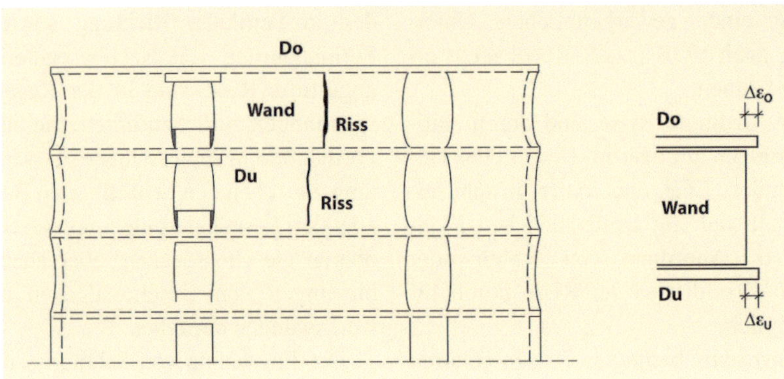

Abb. 6.40 schematische Darstellung von Vertikalrissen in Folge von Verformungsunterschieden zwischen einer Stahlbetondecke und Mauerwerkswänden

Bei dieser auch als Radieschen-Bauweise bezeichneten Konstruktion besteht das Mauerwerk aus unterschiedlichen Steinen, außen rot und innen weiß. Die tragenden Außenwände werden aus hoch porosierten Leichthochlochziegeln erstellt und die Innenwände aus Kalksandsteinen. Einerseits können sich die Innenwände gegenüber den Außenwänden verkürzen, da für die porosierten Leichthochlochziegel ein Schwindwert gegen Null angesetzt werden kann und beim Kalksandsteinmauerwerk mit Schwindwerten von 0,2 bis 0,3 mm/m bei Vollsteinen und 0,1 bis 0,2 mm/m bei Lochsteinen gerechnet werden muss. Aus diesem Sachverhalt erklären sich die unterschiedlichen Schubrissbildungen, die sich als Schrägrisse in der Innenwand zeigen. Diese beginnen am unteren Rand der Außenwand und steigen nach innen an.

Andererseits verkürzen sich Außenwände bzw. Außenbauteile gegenüber der Innenwand. In diesem Fall verlaufen die Risse horizontal in der Außenwand, meistens in den Lagerfugen. Ähnlich verhält es sich bei der Bauweise, bei der die Außenwände aus hoch porosierten Leichthochlochziegeln erstellt und für die Innenwände aufgrund der Schalldämmung ausbetonierte Schalungssteine verwendet werden. Aufgrund der unterschiedlichen vertikalen Längenänderungen entstehen im Anschlussbereich zu den Leichthochlochziegeln in der Regel horizontale Risse (Abb. 6.40, Abb. 6.41).

Die Tab. 6.2 zeigt die verschiedenen Rissbilder in Abhängigkeit von der Konstruktion und den verwendeten Mauersteinen.

Diesen Rissen kann durch Auswahl geeigneter Baustoffe (kleineres Schwindmaß) entgegen gewirkt werden. Beispielhaft sollen zementgebundene Hohlblocksteine genannt werden, die sich in ihrem Schwindverhalten kaum von der Stahl-

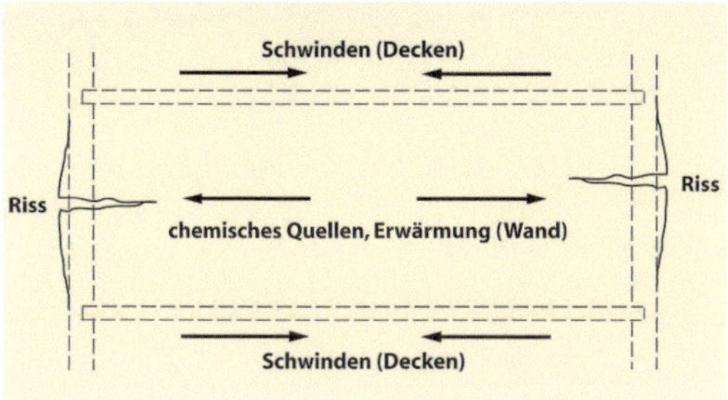

Abb. 6.41 schematische Darstellung von Horizontalrissen in Folge von Verformungsunterschieden zwischen einer Stahlbetondecke und Mauerwerkswänden

Tab. 6.2 verschiedene Rissbilder in Mauerwerken in Abhängigkeit der Konstruktion und den verwendeten Baustoffen

Außenwand	Innenwand	Rissbild
Ziegelmauerwerk	Mauerwerk aus anderen Mauersteinen	Schrägrisse an der Innenwand
Mauerwerk aus Poren- oder Leichtbetonsteinen	Ziegelmauerwerk	Horizontalrisse an der Außenwand

betondecke unterscheiden. Außerdem kann auch mit einem günstigen Steifigkeitsverhältnis zwischen der Innen- und Außenwand sowie mit der so genannten Stumpfstoßtechnik einer Rissbildung vorgebeugt werden. Des Weiteren können die Lagerfugen (in oberster Innenwand nahe der Außenwand) bewehrt werden. In jedem Fall sollten günstige Ausführungsbedingungen (Baustoffe/Mauerwerk trocken halten, Nachbehandlung) vorliegen. *Pfefferkorn/Klaas* weisen in [10] darauf hin: *„Werden für alle Wände eines Geschosses verformungsverträgliche Baustoffe gewählt, die nur geringe, unter 0,2 mm/m liegende lotrechte Längenänderungsdifferenzen aufweisen, so braucht in der Regel diesbezüglich nicht mit Mauerwerksrissen gerechnet werden.“*

Ein weiteres Beispiel für vertikale Längenänderungsdifferenzen sind mehrgeschossige Gebäude mit außen-/freistehenden Aufzugsschächten. Hier kommen gleich mehrere Aspekte zusammen, die zu einer Rissbildung führen können. Zum einen sind die vertikalen Pressungen der Tragwände im Gebäude deutlich größer als die der freistehenden Schachtwände. Hinzu kommt, dass die inneren Tragwände des Gebäudes nach der Rohbauphase und/oder nach Niederschlägen deutlich schneller austrocknen können als die der Witterung ausgesetzten freistehenden Außenwände des Aufzugsschachtes. Und letztendlich haben die Tragwände des Gebäudes eine mehr oder weniger konstante Temperatur (im Sommer durch die Außenwärme, im Winter durch Heizen). Dem gegenüber sind die Außenwände des Aufzugsschachtes ständig den tages- oder jahreszeitlich bedingten Temperaturschwankungen ausgesetzt. Dieses Beanspruchungsprinzip kann mit geringen Modifikationen auch für außenstehende Schornsteine und gemauerte Balkone übernommen werden.

Nichttragende Trennwände auf sich durchbiegenden Geschossdecken sind generell rissgefährdet. Wenn die Durchbiegung zu groß wird, liegt die Trennwand über weite Bereiche hohl und nicht mehr auf der Geschossdecke auf. Dieses „Durchbiegen“ der Trennwand kann wiederum auf die aufliegende Geschossdecke Riss verstärkend wirken. Bei längeren Trennwänden (Länge über 6 m) können Risse zusätzlich durch horizontales Schwinden auftreten (Abb. 6.42, Abb. 6.43).[12]

Durch Öffnen der Fassade kann festgestellt werden, ob sich konstruktiv bedingte Risse über

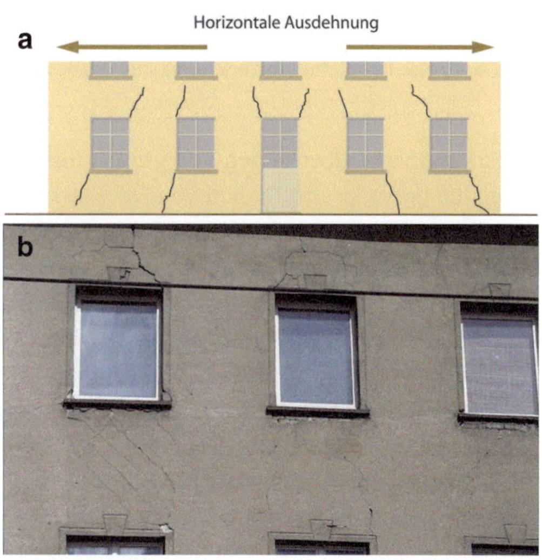

Abb. 6.42 (**a**, **b**) Rissbildung bei horizontaler Ausdehnung

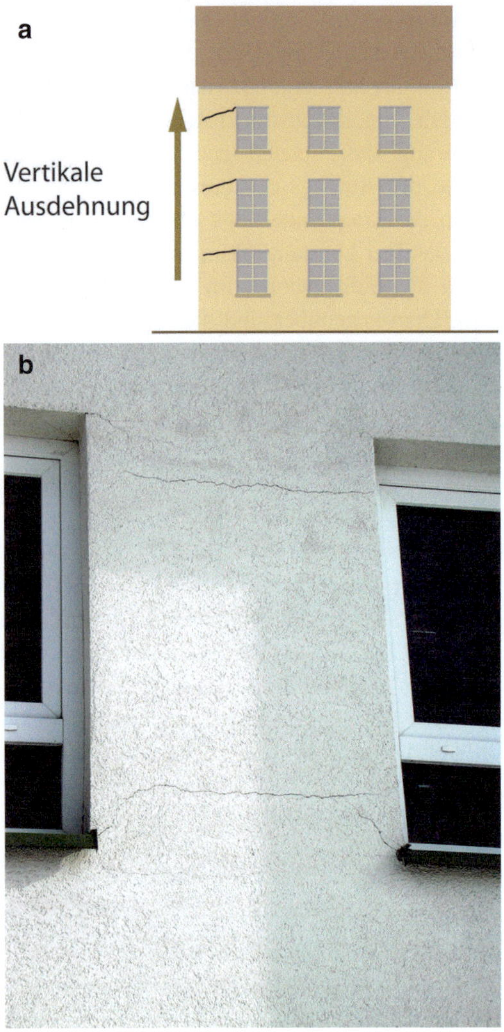

Abb. 6.43 (**a**, **b**) Rissbildung bei vertikaler Ausdehnung

Abb. 6.44 Rissbildung aufgrund unterschiedlicher Materialeigenschaften von verschiedenen Baustoffen

Materialwechsel, über Fugen von großformatigen Bauteilen und/oder im Bereich von Decken befinden. Diese Risse treten in einem Zeitraum von 2 bis 5 Jahren nach Beendigung der Bauarbeiten auf. Verantwortlich hierfür sind unterschiedliche Materialeigenschaften (Wärme- und Feuchtedehnung sowie die Erwärmungs- und Abkühlungsgeschwindigkeit), Schwinden, Kriechen und Setzungen, Fehler bei der Deckeneinbindung sowie Qualitätsmängel des Mauerwerks (Abb. 6.44).

Die genannten Stein-Putz-Risse sowie Kerbrisse werden unter den untergrundbedingten Rissen beschrieben, da sie sich überlagernde Ursachen haben und sowohl den konstruktiv bedingten als auch den untergrundbedingten Rissen zugeordnet werden können.

Die häufigste Ursache für konstruktiv bedingte Risse bei Bauwerken mit gemauerten Tragwänden und betonierten Decken besteht in horizontalen Längenänderungsdifferenzen (Schubrisse). Dabei müssen im Wesentlichen zwei Mechanismen unterschieden werden:

- in Folge der horizontalen Längenänderungsdifferenz zwischen Mauerwerk und Stahlbeton wird die Dehnfähigkeit des Mauerwerkes überschritten
- die Beanspruchbarkeit des Mauerwerkes als schubfeste Verbindung unterschiedlicher horizontaler Längenänderungen im Stahlbeton wird unterhalb und oberhalb der Wand überschritten.

Beide Mechanismen können auch in Kombination auftreten. Ursache, Dimension und Verlauf eines Schubrisses hängen von den angreifenden Kräften sowie dem Wandaufbau, dem Mauerwerksverbund und der Mörtelfestigkeit und dgl. ab. Einfachstes Beispiel für die Rissbildung aufgrund unterschiedlicher Längenänderungsdifferenz beider Bauteile ist eine Verkürzung des Mauerwerks um mehr als etwa 0,2 mm/m gegenüber den Betondecken. Die Folge sind vertikal verlaufende Risse, die in der Geschossmitte ihre größte Rissbreite aufweisen und zu den Geschossdecken (unten und oben) gegen Null auslaufen.

Einen Gegensatz hierzu bilden Betondecken, die sich gegenüber dem Mauerwerk verkürzen. Der am meisten rissgefährdete Bereich liegt dann nicht im mittleren, sondern im äußeren Bereich. Meistens treten in der oberen Wandhälfte horizontal verlaufende Risse auf, die von den äußeren Wandbereichen nach innen reichen (Abb. 6.45, Abb. 6.46, Abb. 6.47, Abb. 6.48).

Zu den Ursachen für die Bildung von konstruktiv bedingten Rissen gehören auch Längenänderungsdifferenzen, die in entgegen gesetzter Richtung verlaufen. In [10] werden hierfür Reihenhäuser in Hanglage und/oder mit versetzten Geschossen als Beispiele genannt. Hinzu kommen Dehnfugen, bei denen entgegengesetzt verlaufende Längenänderungen der Regelfall sind.

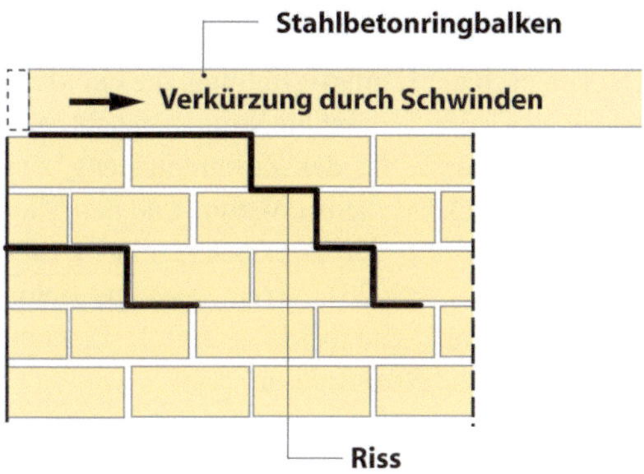

Abb. 6.45 schematische Darstellung für ein schwindbedingtes Verkürzen einer Decke

Abb. 6.46 schematische Darstellung für ein schwindbedingtes Verkürzen einer Decke BU: Konstruktivbedingte Risse aufgrund einer Längenänderung einer Decke

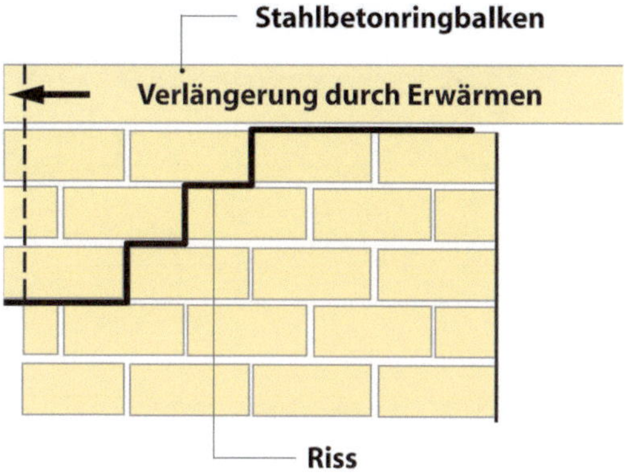

Abb. 6.47 schematische Darstellung für eine thermisch bedingte Verlängerung einer Decke

Abb. 6.48 schematische Darstellung für eine thermisch bedingte Verlängerung einer Decke BU: Konstruktivbedingte Risse aufgrund einer Längenänderung einer Decke

Durch die Schwindverkürzung der beiden angrenzenden Bauteile vergrößern sich die Dehnfugen. Nicht selten kann beobachtet werden, dass sich neben der eigentlichen Dehnfuge ein (neuer) Riss bildet. Hierbei ist wichtig zu wissen, dass die temperaturbedingten Gebäudeausdehnungen in der Regel unter den Schwindverkürzungen liegen. Auch sehr hohe Temperaturen reichen nicht aus, um die auftretenden Schwindverkürzungen auszugleichen oder diesen entgegenzuwirken.

Decken spielen bei konstruktivbedingten Rissen eine elementare Rolle (Abb. 6.49, Abb. 6.50, Abb. 6.51). *Pfefferkorn/Klaas* widmen ihnen deshalb in [10] ein eigenes Kapitel, in denen unterschieden wird in:

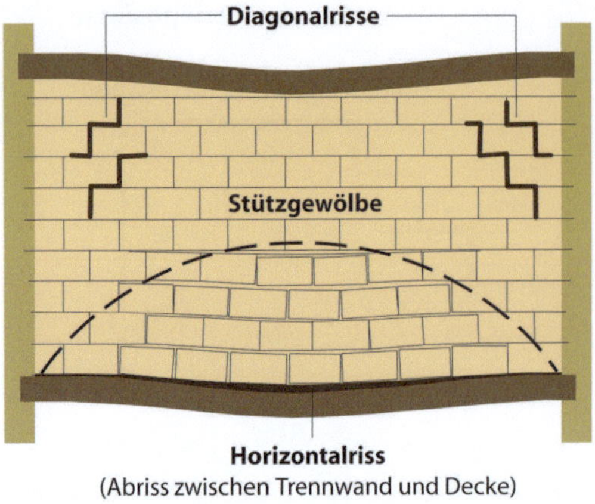

Abb. 6.49 Risse in nicht tragender Trennwand in Folge einer Deckendurchbiegung (verformbare Zwischenschicht – obere Decke belastet Trennwand nicht)

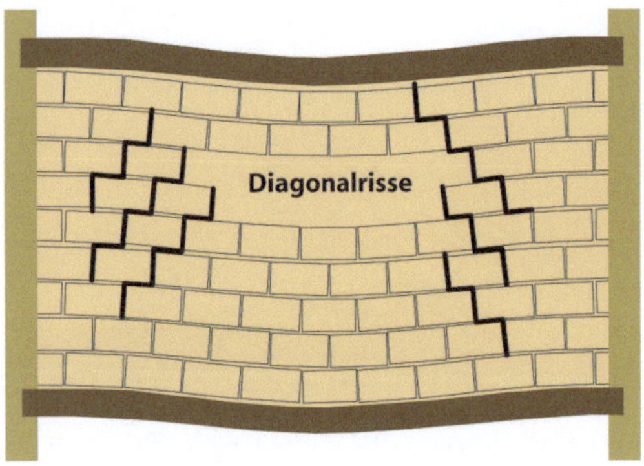

Abb. 6.50 Risse in nicht tragender Trennwand in Folge einer Deckendurchbiegung (keine verformbare Zwischenschicht – obere Decke belastet Trennwand)

Abb. 6.51 Beispiel für Risse in einer nichttragenden Innenwand aufgrund einer Deckendurchbiegung

- Rissbildungen in Folge von Deckendurchbiegungen
- Deckenrandverdrehungen auf Mauerwerk sowie
- Deckenabhebungen vom Mauerwerk.

Tragende Mauerwerkswände werden relativ selten über Decken abgefangen. Diese führen zwar einerseits zur Verwendung von viel steiferen Traggliedern, auf der anderen Seite aber auch zu deutlich höheren Beanspruchungen in den freitragenden Konstruktionen. Die meisten Risse aufgrund von Durchbiegungen von Decken treten bei nicht tragenden Mauerwerkswänden auf freitragenden Decken auf. Jedes freitragende Bauteil unterliegt Durchbiegungen, deren absolute Größe mit der Spannweite überproportional zunimmt. Hierbei haben die kurzzeitigen, elastischen Durchbiegungen aufgrund der Nutzung keine Bedeutung. Es geht um die Durchbiegung der Decken nach der Baufertigstellung, die ein Mehrfaches der Anfangsdurchbiegung ausmacht. Entscheidend hierfür ist der Zusammenhang zwischen der Deckendimensionierung und den Mauerwerksrissen. Zu der Deckenschlankheit führt die DIN 1045-1 (2023): „Tragwerke aus Beton, Stahlbeton und Spannbeton – Teil 1: Planung, Bemessung und Konstruktion" aus:

> „Wenn durch zu große Durchbiegungen Schäden an Bauteilen entstehen können oder ihre Gebrauchsfähigkeit beeinträchtigt wird, so ist die Größe dieser Durchbiegungen entsprechend zu beschränken, soweit nicht andere bauliche Vorkehrungen zur Vermeidung derartiger Schäden getroffen werden. Der Nachweis der Beschränkung der Durchbiegung kann durch eine Begrenzung der Biegeschlankheit nach folgenden Ausführungen geführt werden."

Die beiden nachfolgenden Sätze sind für die Rissbildung in Mauerwerken von großer Bedeutung. Treten Rissschäden im Mauerwerk auf, wird in der Regel nur die Forderung im Satz (1) umgesetzt, die besagt:

(1) *„Die Schlankheit l_i/h von biegebeanspruchten Bauteilen, die mit ausreichender* Überhöhung *der Schalung hergestellt sind, darf nicht größer als 35 sein."*

Werden dagegen die Forderungen aus dem Satz (2) im gleichen Absatz berücksichtigt, sind Rissschäden in der Regel nicht zu erwarten.

(2) *„Bei Bauteilen, die Trennwände zu tragen haben, soll die Schlankheit $l_i/h \leq 150/\ l_i$ (l_i und h in m) sein, sofern störende Risse in den Trennwänden nicht durch andere Maßnahmen vermieden werden."*

Hierzu unterscheiden sich die Aussagen der alten DIN 18530 (Anmerkung: im November 2014 ersatzlos zurückgezogen) ganz wesentlich. Während in der DIN 1045 definiert wurde, wie steif eine Decke ausgeführt werden muss, damit Risse in den nicht tragenden Trennwänden vermieden werden, tolerierte die DIN 18530 dagegen Risse in Folge der Verdrehung von Dachdeckenränder und beschrieb, wie sie in unschädliche horizontale Fugen umgewandelt werden können. Hierzu hieß es in der Norm: *„Zur Vermeidung von Rissen in Wänden infolge Biegeverformungen der Dachdecke (…) soll bei unverschiebbarer Dachdeckenauflagerung zwischen Dachdecke und unbewehrter Wand im Allgemeinen eine Trennschicht (z. B. Bitumen- oder Kunststoffbahn) eingelegt werden. Hierauf kann erfahrungsgemäß nur verzichtet werden, wenn die Biegeschlankheit der Dachdecke auf 30 cm dickem Außenmauerwerk bei bindemittelgebundenen Steinen ²/₃ des Wertes nach DIN 1045 (…) bzw. bei gebrannten Steinen (Ziegel) ½ dieses Wertes nicht überschreitet."* Werden diese Aspekte bei der Planung und Ausführung des Dachdeckenrandes beim Mauerwerk nicht berücksichtigt, kommt es zwangsläufig zur Rissbildung. Diese zeigt sich in der Regel als Horizontalriss im oberen Drittel der Wand, von der Wandecke ausgehend. Parallel wirkt die horizontale Längenänderung (Schwindverkürzung) der Stahlbetondecke gegenüber dem Mauerwerk (Abb. 6.52).

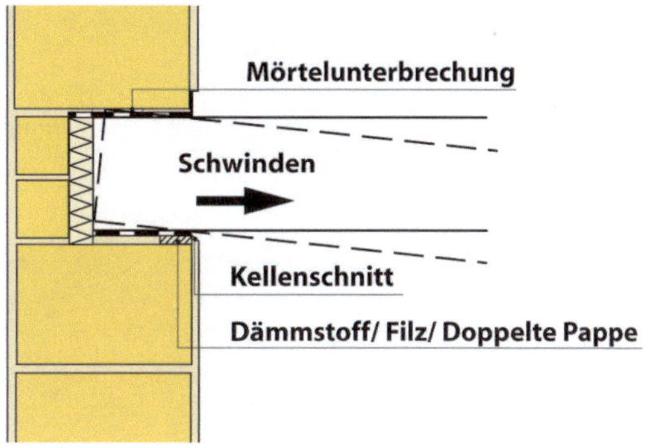

Abb. 6.52 schematische Darstellung der Deckenverformung am Auflager

Neben der Dimensionierung der Decken (Schlankheit) muss auch die Verformungsfähigkeit des Mauerwerkes berücksichtigt werden. Die Rissgefahr ist umso geringer, je verformungsfähiger eine Wand ist. Außerdem ist das Tragsystem von Bedeutung, das sich in der Trennwand ausbilden kann. In der Regel stellt die muldenförmige Durchbiegung einer Mauerwerksscheibe den günstigsten Verformungsfall dar. Die sattelförmige Durchbiegung dagegen ist die ungünstige Verformung. Theoretisch könnte man der Deckendurchbiegung durch eine nachträgliche Verstärkung der Konstruktion entgegenwirken. Insbesondere bei Decken mit großer Spannweite ist dies allerdings nicht so einfach, da die baurechtlich relevante Gebäudehöhe und die darin zur Verfügung stehenden lichten Raumhöhen eine solche nachträgliche Konstruktionsverstärkung in der Regel nicht zulassen.

Aufgrund der Deckendurchbiegung bildet sich in der Regel auch eine Deckenrandverformung heraus, die wiederum eine Verformung der Wand nach sich zieht. Sobald am Knotenpunkt eine Verdrehungsdifferenz zwischen Mauerwerk und Decke auftritt, entsteht ein Riss, der in der Regel als Horizontalriss in der Wand erscheint. Auch wenn das Verhältnis zwischen Ursache und Wirkung bei verschiedenen Decken im Allgemeinen gleich ist, sind die Auswirkungen bei Dach- bzw. obersten Geschossdecken deutlich größer. Dies liegt daran, dass sich über diesen Decken keine Lasten befinden. Hinzu kommt, dass das Mauerwerk in den oberen Geschossen ein deutlich höheres Schwindverhalten (Verformbarkeit) aufweist (Abb. 6.53, Abb. 6.54).

Je nach den Steifigkeitsverhältnissen von Decken und Wänden unterscheidet *Pfefferkorn* in [10] drei Möglichkeiten der Spannungsverteilung. *„Ist die Decke sehr steif im Verhältnis zur Wand, so ergibt sich eine trapezförmige Spannungsverteilung über den Wandquerschnitt, bei der außen immer noch Druck entsteht und somit kein*

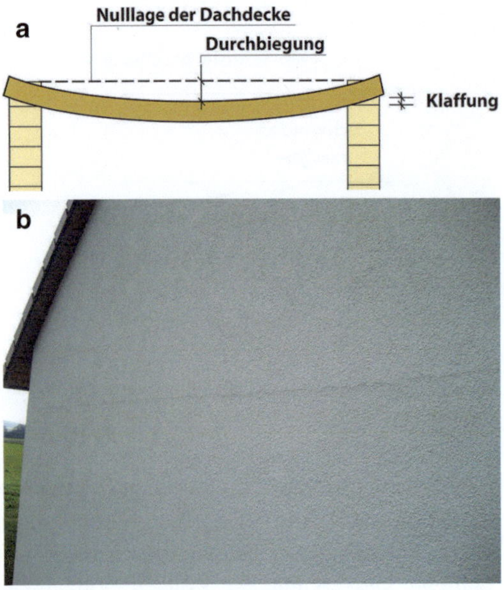

Abb. 6.53 (**a**, **b**) Horizontalrisse durch Abheben der Stahlbetondecke im Auflagerbereich

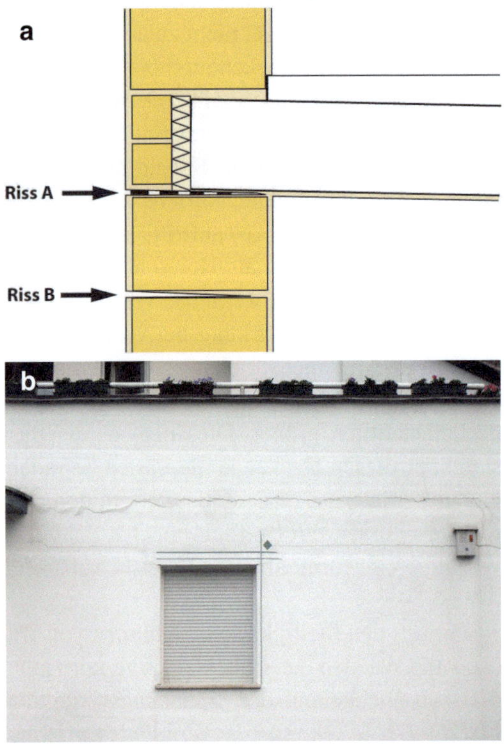

Abb. 6.54 (**a**, **b**) Horizontalrisse durch Abheben der Stahlbetondecke im Auflagerbereich sowie in der parallel verlaufenden Steinschicht

Horizontalriss auftreten kann. Ist umgekehrt die Wand im Verhältnis zur Decke sehr steif, so erfolgt die Lastabtragung nur in einem kleinen Wandbereich, in dem sich eine etwa parabolische Spannungsverteilung einstellt. In diesem Falle hebt sich die Decke außen von der Wand ab, wenn keine Zugverbindung zwischen beiden besteht. Den Grenzfall schließlich stellt die dreieckförmige Spannungsverteilung über die gesamte Wandbreite ohne Riss an der Außenseite dar. In jedem Fall führt die exzentrische Auflagerung der Decke auch zu einer Krümmung in der gesamten Wand, die zu einer Erhöhung ihres Drehwinkels am oberen und unteren Rand beiträgt.“

Bei der Auswahl möglicher Maßnahmen zur Vermeidung oder Abschwächung von Deckenrandverdrehungen muss beachtet werden, dass Lagerfugen im Mauerwerk nicht nur vertikale, sondern auch horizontale Kräfte übertragen müssen. Infolgedessen muss die Standfestigkeit der Wand gegenüber einer Beanspruchung rechtwinklig zur Wandebene erhöht werden. Diese hängt überwiegend von der Wanddicke und dem -gewicht ab. Eine Erhöhung der Standfestigkeit kann entweder durch eine Wandaussteifung oder durch die Verbindung der Wände zu „kastenförmigen“ Tragwerken erreicht werden. Somit wird die schubfeste Verbindung der Wände untereinander sowie mit den Decken zur fundamentalen Stabilitätsgrundlage. Dies gilt natürlich auch für die Auflager von Geschossdecken und in der Regel auch für Dachdecken (Abb. 6.55, Abb. 6.56, Abb. 6.57).[10]

Deckenrandverdrehungen können im Eckbereich des Mauerwerkes zu einem Abheben der Decke führen. Diese Deckenabhebungen treten in der Regel im Bereich der tragenden Außenwände auf, können aber auch an anderen vorspringenden Gebäudeteilen oder im Gebäudeinneren stattfinden. Das Risiko einer vollständigen Abhebung wird hierbei durch die Entfernung der vorhandenen Deckenunterstützung vom Deckenrand sowie durch die Belastung des Deckenrandes bestimmt. Die vertikale Belastung des Deckenrandes sowie die Einsenkung der Auflagerfläche unter Last verursachen eine gewisse „Rückbiegung“ der Decke, wobei die Verformungsfähigkeit des Mauerwerkes maßgebend ist.[10]

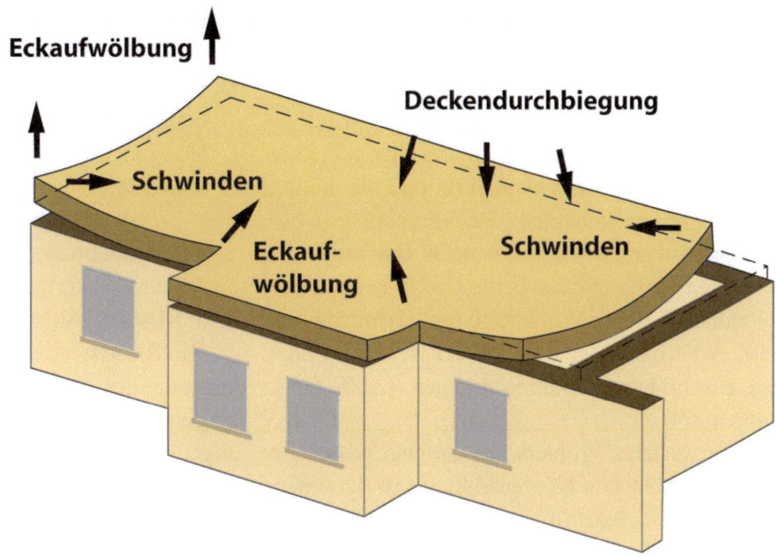

Abb. 6.55 schematische Darstellung der Deckenverformung

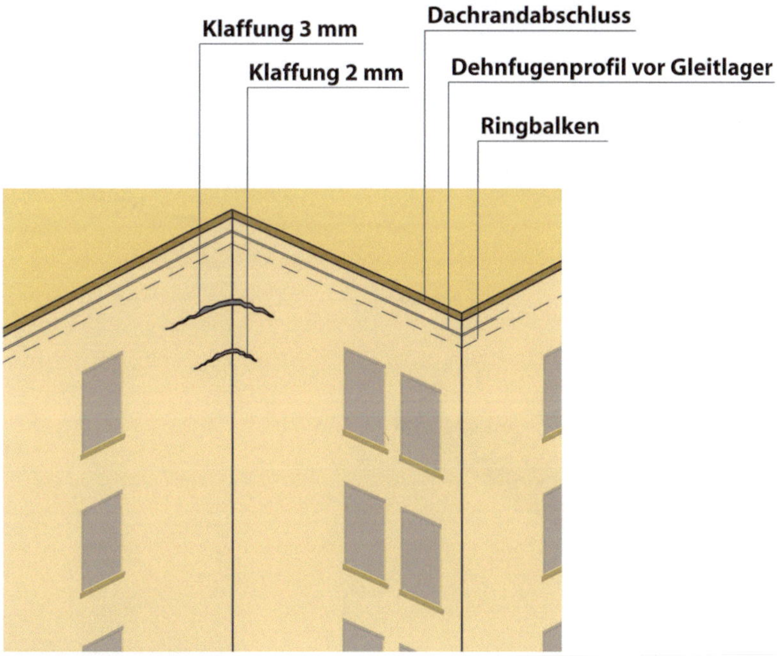

Abb. 6.56 schematische Darstellung der Deckenverformung

Abb. 6.57 Darstellung einer Deckenrandverdrehung

Abschließend soll noch auf Giebel und Attika eingegangen werden, bei denen oft die gleichen Schadensbilder und Rissschäden beobachtet werden können. Die Besonderheit bei diesen Bauteilen besteht darin, dass vertikale und horizontale Längenänderungsdifferenzen in Kombination auftreten. Diese zeigen sich z. B. in Form von horizontal durchgehenden Deckenschubrissen, die nicht selten an beiden Giebeln eines

Gebäudes parallel auftreten und/oder sowohl an der Außen- als auch an der Innenseite zu sehen sind. Diese Horizontalrisse können in einer Lage oder auch parallel in mehreren Steinlagen auftreten. Die Hauptursache liegt in der mangelhaften Aussteifung der Dachkonstruktion, die häufig bei nicht ausgebauten Dachgeschossen beobachtet werden kann. Je nach Gebäudehöhe wirken alternierend auf beide Giebel beachtliche Windlasten durch Winddruck bzw. Windsog ein, die zu Verformungen und in der weiteren Folge zu Rissbildungen führen können (Abb. 6.58, Abb. 6.59).

Ein weiteres Problem bei Giebeln besteht in den verschiedenen Längenänderungen der unterschiedlichen Baustoffe und Bauteile. Hierbei handelt es sich um lastunabhängige Baustoffverformungen, die sich in Form der drei nachfolgenden Rissbilder zeigen können:

- Horizontalriss unterhalb des Gurtendes, von den Außenecken nach innen verlaufend
- Abgetreppter Horizontalriss über der Stahlbetondecke, von den Außenecken ausgehend
- Horizontalriss in der Giebelmitte, mittig aufklaffend.

Ein Giebelmauerwerk aus Ziegelsteinen mit einem unverankerten Gurt ist ein Beispiel für das erste Rissbild (Abb. 6.60).

Die Risse werden aufgrund der Schwindverkürzung des Stahlbetongurtes verursacht und zeigen sich unterhalb der Gurtenden. Bei gleicher Konstruktion, aber ohne Stahlbetongurt, verlaufen die Risse ähnlich, aber in abgetreppter Form (Abb. 6.61).

Wird der Stahlbetongurt oberhalb der Dachkonstruktion ausgebildet, zeigen sich Horizontalrisse in der Giebelmitte. Häufig kann man ein Auf-

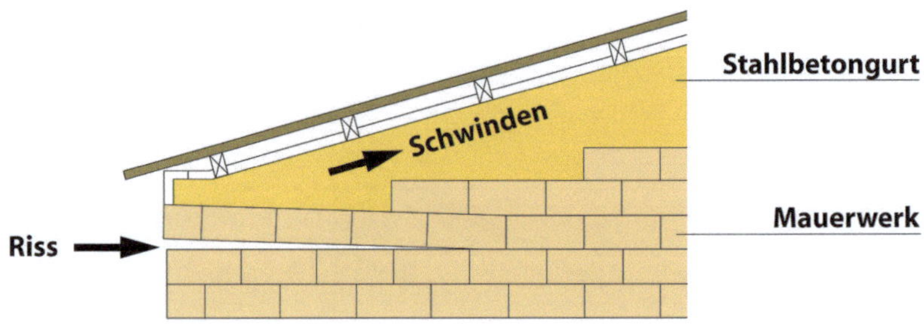

Abb. 6.58 schematische Darstellung einer Schwindverkürzung des Stahlbetongurtes

Abb. 6.59 Rissbildung in Folge einer Schwindverkürzung des Stahlbetongurtes

Abb. 6.60 schematische Darstellung eines Giebelmauerwerks aus Ziegelsteinen mit einem unverankerten Gurt

Abb. 6.61 schematische Darstellung ohne Stahlbetongurt

Abb. 6.62 schematische Darstellung eines Stahlbetongurt oberhalb der Dachkonstruktion

klaffen des Risses in der Mitte beobachten – die Rissbreite nimmt also nach innen zu (Abb. 6.62).

Giebelmauerwerke aus zementgebundenen Mauersteinen sind in der Regel weniger rissanfällig, da sich die Formänderungen der Steine und der Stahlbetonteile ähnlich verhalten.

Abschließend sollen noch einige Beispiele für konstruktivbedingte Risse in Altbauten und/oder denkmalgeschützten Gebäuden gezeigt werden (Abb. 6.63, Abb. 6.64, Abb. 6.65, Abb. 6.66). Die

Abb. 6.63 … verschiedene konstruktivbedingte Risse in Baudenkmälern

Abb. 6.64 … verschiedene konstruktivbedingte Risse in Baudenkmälern

Abb. 6.65 … verschiedene konstruktivbedingte Risse in Baudenkmälern

Abb. 6.66 verschiedene konstruktivbedingte Risse in Baudenkmälern

Ursachen überlagern sich häufig mit baugrundbedingten Einflüssen. Nicht selten treten derartige Risse nach oder noch während der Umbau- oder Modernisierungsmaßnahmen auf. Beispielhaft sind nachträgliche Abdichtungen mit mechanischen Verfahren (massiver Eingriff in die Bausubstanz) oder Veränderungen der Wandquerschnitte zu nennen.

6.4 Untergrundbedingte Risse

6.4.1 Definition

Bevor eine Beschreibung der untergrundbedingten Risse vorgenommen werden kann, soll zunächst der Begriff „Untergrund" als tragende Schicht für nachfolgende Beschichtungen definiert werden. Marktüblich sind auch alternative Begriffe wie Wandbildner oder Putzträger, um den Untergrund zu beschreiben. Zu beachten ist, dass mit Untergrund nicht immer das Mauerwerk gemeint sein muss. Allein die Vielzahl der im Innen- und Außenbereich vorkommenden Untergründe zeigt, wie vielfältig und komplex dieser Bereich ist. Neben Naturstein, Kalkstein, Sandstein und dgl. können Mauerziegel, Leichthochziegel, Kalksandsteine, Hüttensteine, Betonsteine, Leichtbetonsteine, Porenbetonsteine und -elementbauplatten sowie Polystyrol-Hartschaumsteine, Asbestzementplatten, Fachwerk und sonst. Holzkonstruktionen, Holzspanschalungssteine, Holzwolle- und andere Leichtbauplatten, Gipskarton- und Gipsbauplatten, Faserzementplatten, Polystyrolhartschaum- und sonstige Dämmplatten, Schaumglas, Fliesen und Steingut, metallische Untergründe etc. beschichtet werden, um nur die wichtigsten Untergründe zu nennen.

Werden neben diesen Untergründen die darauf ausgeführten Putze und Beschichtungen wie Zementputz, Kalkputz, Kalkzementputz, Leichtputz, Wärmedämmputz, Lehmputz und -steine, Sanierputz, Gipsputz, Dispersions-, Silikat-, Siliconharz- oder Mineralanstriche, Kunstharz-, Silikat-, Siliconharz- oder Mineralputz, Leim- oder Ölanstriche, Kunststoffe aller Art etc. auch als „Untergrund" definiert, ergeben sich weitere

Untergründe sowie deren Untergrundprüfung, -bewertung und -vorbehandlung. Dabei wird bei diesen Untergründen zunächst davon ausgegangen, dass deren Oberflächen schadensfrei und frei von durchschlagenden (z. B. Lignin, Nikotin) und/oder haftungsvermindernden Substanzen (z. B. Salzbelastung, kreidende Untergründe) sind.

Am Beispiel der Stein-Putz-Risse kann das wechselseitige Verhältnis zwischen Untergrund und der darauf folgenden Bauteilschicht besonders gut dargestellt werden. So kann das Mauerwerk einerseits Untergrund für den Leichtputz sein, der Leichtputz wiederum in seiner Eigenschaft als Unterputz Untergrund für den nachfolgenden Oberputz. Der Oberputz ist seinerseits Untergrund für einen möglichen (ersten) Anstrich. Der (erste) Anstrich kann am (vorläufigen) Ende der Kette Untergrund für den zweiten Anstrich sein usw. Diese feinen Unterschiede müssen besonders bei den untergrundbedingten Rissen beachtet werden, da das Auftreten der Risse in den jeweiligen Bauteilschichten sowie die Risstiefe bereits ein wichtiger Hinweis auf die Rissursache sein können. Deshalb wird in der nachfolgenden Betrachtung unterschieden zwischen:

- Rissen mit Ursachen aus dem unmittelbaren Untergrund (z. B. Mauerwerk),
- Rissen mit sich überlagernden Ursachen (Kerbrisse/Fugenrisse),
- sonstigen untergrundbedingten (Putzträger/Putzprofile und dgl.) Rissen.

6.4.2 Risse mit Ursachen aus dem unmittelbaren Untergrund

Wie bereits ausgeführt ist nicht nur eine große Anzahl von Untergründen zu beachten, sondern darüber hinaus, dass diese sich in ihren bauphysikalischen Eigenschaften zum Teil erheblich unterscheiden. Zum Beispiel zeichnen sich hoch porosierte Leichthochlochziegel, Porenbetonsteine und -elemente, Leichtbeton, Holzwolle-Leichtbauplatten, Holzwerkstoffplatten sowie Putzoberflächen durch eine hohe Saugfähigkeit aus. Beton, Naturstein, extrudiertes Polystyrol, Metall, Keramik sowie Faserzementplatten haben dagegen eine geringe oder vernachlässigbare Saugfähigkeit.

Alte (verwitterte) Putzbeschichtungen und Anstriche können je nach Bindemittel und Additiven eine geringe bis hohe Saugfähigkeit aufweisen. Weiterhin muss beachtet werden, dass die „normale" Saugfähigkeit (Wasseraufnahme) z. B. bei alten Untergründen durch Verschmutzung reduziert werden kann. Der Untergrund hat in diesem Fall hydrophobe (wasserabweisende) Eigenschaften, obwohl ein sauberer Untergrund evtl. hydrophile (wasseranziehende) Eigenschaften aufweisen würde. Bei neuen Untergründen (nicht nur Neubau, sondern auch neu verbaute Baustoffe im Rahmen der Modernisierung oder Sanierung) ist nicht nur die kapillare Wasseraufnahme, sondern auch der Feuchte- bzw. Wassergehalt während der Einbauphase zu berücksichtigen. Der Vergleich zwischen einem Porenbetonstein und einem hoch porosierten Leichthochlochziegel zeigt die Unterschiede (Tab. 6.3).

Neben Unterschieden in der Saugfähigkeit und im Wassergehalt unterscheiden sich Untergründe auch in Bezug auf ihre Wärmeleitfähigkeit. Baustoffe wie Polystyrol, Mineralwolle, Schaumglas, Mineralschaum sowie porosierte Leichthochlochziegel, Porenbeton, Leichtbeton und dgl. haben eine geringe Wärmeleitfähigkeit. Dies bedeutet, dass diese Baustoffe/ Untergründe

Tab. 6.3 Wassergehalt bei Mauerwerken[37]

	Feuchtegehalt (Vol.-%)	Wassergehalt (m^3)	Wassergehalt (Liter)
Ausgleichsfeuchte			
- Porenbeton	3,50	2,43	2430
- porosierte HLZ	1,50	1,04	1040
Feuchtegehalt beim Einbau			
- Porenbeton	20,00	13,88	13880
- porosierte HLZ	1,50	1,04	1041

hoch Wärme dämmend ($\lambda \leq 0{,}1$ W/(m K)) sind. Eine geringe Wärmedämmung (hohe Wärmeleitfähigkeit) haben dagegen Beton, Naturstein, Vollziegel sowie Kalksandstein ($\lambda > 0{,}1$ W/(m K)).

Auch die Festigkeit bzw. Steifigkeit ist ein wichtiges Unterscheidungsmerkmal der Untergründe. Beton, Vollziegel, Naturstein und Leichtbeton sind z. B. schubstarr bzw. dehnsteif. Dem gegenüber sind Polystyrol, Mineralwolle, Holzfaserplatten und Holzwolle-Leichtbauplatten und dgl. schubweiche bzw. dehnweiche Baustoffe/ Untergründe.

Die erwähnten Untergrundeigenschaften Saugfähigkeit/Wasseraufnahme, Wärmeleitfähigkeit sowie Festigkeit/Steifigkeit sind wesentliche Parameter für das hygrothermische Quellen und Schwinden der Untergründe sowie für die Zug- und Scherfestigkeit, die bei der Rissbildung berücksichtigt werden müssen.

Ursachen für Risse aus dem unmittelbaren Untergrund können sein

- **hygrisch bedingte Volumenänderungen** (Quellen und Schwinden) von feuchten Baustoffen im Untergrund (z. B. durchfeuchtete Holzwolle-Leichtbauplatten oder stark durchnässte Porenbetonsteine),
- **thermisch bedingte Volumenänderungen** (Ausdehnen und Zusammenziehen) durch Aufheizung und/oder Abkühlung der Baustoffe im Untergrund (auch geringe Hellbezugswerte der Schlussbeschichtung können zu thermisch bedingten Volumenänderungen im Putz und Untergrund führen),
- ein **Materialwechsel im Untergrund** und damit unterschiedliche Baustoffe (z. B. Ziegel, bindemittelgebundene Steine, Beton usw.), die ein unterschiedliches Saug-, Quell- und Schwindverhalten sowie unterschiedliche thermische Eigenschaften aufweisen können,
- **handwerkliche Mängel im Untergrund**, zu denen z. B. Unebenheiten und Versätze im Untergrund (z. B. nicht fachgerechte Mauerwerksfugen, offene Mörteltaschen oder Fehlstellen, so genannte Überzähne des Wandbildners, unzureichend ausgebildete Fugenanschlüsse) gehören, die zu sprunghaften Putzdickenänderungen führen können. Diese Versätze können wie ein Kerbriss wirken. Außerdem kann auch ein zu geringes Überbindemaß zu Rissen führen.
- **handwerkliche Mängel bei der Ausführung** von Wärmedämm-Verbundsystemen wie z. B. nicht ausreichend verklebte Polystyrol-Dämmplatten (Verwölbung, Schüsselung) sowie Höhenversprünge und/oder offene Fugen zwischen benachbarten Dämmplatten. Hinzu kommen eine zu geringe Dicke des Armierungsmörtels, falsche Lage des Gewebes (vor allem bei den so genannten Dickschichtsystemen) sowie keine bzw. eine unzureichende Gewebeüberlappung und/oder eine fehlende Diagonalbewehrung. Hierbei ist häufig nicht bekannt, dass eine unzureichende Gewebeeinbettung oder falsche Lage wie eine Trennschicht wirkt und zum Abscheren der Armierungsschicht führen kann.

Unebenheiten im Untergrund sind die Ursache für unterschiedliche Putzschichtdicken und einen sprunghaften Versatz. Dieser kann im Altbau mehrere Zentimeter betragen und damit das Abbinde-/Härtungsverhalten der Putzbeschichtung maßgeblich beeinflussen. Aber auch im Neubau kann beobachtet werden, dass sich die Qualität der Bauausführung zunehmend verschlechtert. Einen großen Anteil daran haben die Maßtoleranzen der Steine, die keine korrekte Fugenausbildung mehr zulassen. Auch das Nicht-Einhalten des Überbindemaßes wird in der Praxis oft falsch eingeschätzt. Das vorgeschriebene Überbindemaß (Distanz zwischen den Stoßfugen) beträgt mindestens 4,5 cm. Hinzu kommen Nachlässigkeiten, wenn das Mauerwerk nicht vor Feuchtigkeit (Abdecken der Mauerwerkskrone) oder Niederschlägen (Schutz der Fassade) geschützt wird. Findet eine intensive Durchfeuchtung des Mauerwerks statt, sind Risse aufgrund der kurzen Bauzeiten und damit unzureichenden Trocknungsphasen kaum zu verhindern.

Aufgrund der ständig zunehmenden Bedeutung von Wärmedämm-Verbundsystemen an der Fassade soll kurz auf den Einfluss der Temperatur auf die einzelnen Komponenten hingewiesen werden. Dabei muss der Temperatureinfluss auf den Ablauf physikalischer und chemischer Reaktionen bei der Trocknung bzw. Härtung der Unterputze/Armierungsmassen sowie der Schlussbeschichtungen genauso beachtet werden wie auf die Längenänderung der Wärmedämmplatten.

Bzgl. der Putz- und Armierungsmörtel wird die Reaktionschemie herangezogen. Diese besagt, dass sich die Geschwindigkeit einer chemischen Reaktion bei jeder Temperaturerhöhung um 10 K verdoppelt. Vergleicht man also die Reaktionsgeschwindigkeit im gleichen Baustoff bei 10 °C und 20 °C, wird man eine Verdopplung feststellen. Bei 30 °C läuft die Bindemittelreaktion viermal (!) so schnell ab. Neben dem schnelleren Abbinden/ Härten findet bei Temperaturerhöhung auch eine erhöhte Austrocknung (Wasserentzug) statt. Begünstigt durch den Wasserentzug kann sich zusätzlich an der Oberfläche eine Haut bilden. Das kann z. B. beim Kleben der Dämmplatten eine große Rolle spielen, da durch die Hautbildung der Haftverbund verschlechtert wird. [35]

In diesem Zusammenhang wird häufig die Punkt-Wulst-Verklebung bei hohen Temperaturen in Frage gestellt. Das geschieht in der Regel dann, wenn die Wärmedämmplatten z. B. am Nachmittag bei hoher Sonneneinstrahlung und damit hohen Temperaturen geklebt werden und in der folgenden Nacht die Temperaturen absinken. In Folge der nächtlichen Temperaturabnahme ziehen sich die Dämmplatten zusammen (verformen sich), wodurch Spannungen am Materialübergang Dämmplatte – Kleber erzeugt werden. Da zu diesem Zeitpunkt der Kleber noch nicht ausreichend erhärtet ist und infolgedessen keine ausreichende Zug- und Scherfestigkeit aufgebaut hat, kann es zum Ablösen der Wärmedämmplatten kommen. [35]

Am Beispiel der Längenänderung von EPS-Dämmplatten soll gezeigt werden, dass der Temperatureinfluss auf die Dimensionsstabilität von Baustoffen in der Praxis noch zu wenig beachtet wird. Die Wärmedehnzahl von EPS beträgt ca. 0,06 bis 0,10 mm/(m K). Dies bedeutet, dass sich in dem Dämmstoff bei einer Temperaturdifferenz von 20 K eine Temperatur bedingte Längenänderung von 1,2 bis 2,0 mm/m einstellt. Bezogen auf die üblichen Plattenmaße von 1 x 0,5 m ergibt sich daraus, dass auch bei mit absolut dichter Stoßfuge verlegten EPS-Hartschaumplatten (insbesondere bei dunkelgrauen Wärmedämmplatten) bei einer nächtlichen Temperaturabnahme um 20 K gegenüber der Verlegungstemperatur am Tag eine temperaturbedingte Verkürzung von 1,2 bis 2,0 mm pro m stattfindet. Dies ist gleichbedeutend mit der Bildung von ebenso breiten Stoßfugen und etwa halb so breiten Lagerfugen zwischen den Platten. Um Rissbildungen in der nachfolgenden Putzbeschichtung zu vermeiden, sind insbesondere die Stoßfugen vor der Beschichtung z. B. mit PUR-Schaum zu verschließen. Anderenfalls kann es zur Rissbildung in Folge einer aufklaffenden Fuge zwischen zwei Dämmplatten kommen. [35]

Diese Bedingungen können zu hohen Beanspruchungen des Untergrundes und zu unterschiedlichen Eigenschaften innerhalb der Putzoberflächen führen. Unterschiede im Saugvermögen des Untergrundes können zu unterschiedlichen Festigkeiten des aufzubringenden Putzes führen. Infolgedessen muss der Verarbeiter den Untergrund prüfen, um die ggf. daraus resultierenden Zusatzmaßnahmen festlegen und vereinbaren zu können. Allerdings lassen sich nicht in allen Fällen die unterschiedlichen Materialeigenschaften und die dadurch möglicherweise auftretenden Verformungen an Ort und Stelle mit den üblichen Prüf- und Untersuchungsmethoden erkennen. Es wird auf Normen und Merkblätter hingewiesen, in denen verschiedene Maßnahmen der Untergrundvorbehandlung und -vorbereitung beschrieben werden wie z. B.

- Austrocknungszeiten vorsehen,
- Untergrundvorbehandlung wie Spritzbewurf,
- Putzbewehrung, Armierungsputz mit Gewebeeinlage,
- Putzträger mit partieller Entkopplung vom Untergrund,
- Bewegungsfugen im Putz usw.

6.4.3 Risse mit sich überlagernden Ursachen

6.4.3.1 Einleitung

Untergrundbedingte Risse entstehen durch Verformung des Untergrundes bei der Überschreitung der maximalen Spannungsaufnahmefähigkeit. Diese kann entweder innerhalb des Putzsystems oder bereits im Mauerwerk auftreten. Die Spannungen aus der untergrundrelevanten Verformung können die Eigenspannungen des Putzes überlagern und infolgedessen Umfang, Form und Lage der Risse beeinflussen (vgl. WTA-Merkblatt 2-4-14/D „Beurteilung und Instandsetzung gerissener Putze an Fassaden"). Aus diesem Grund können diese Rissarten in der Regel auch keiner konkreten Ursache zugeordnet werden. Zu den Rissen mit sich überlagernden Ursachen gehören im Wesentlichen

- Kerbrisse (oder Brüstungsrisse) und
- Fugenrisse (inklusive Stein-Putz-Risse).

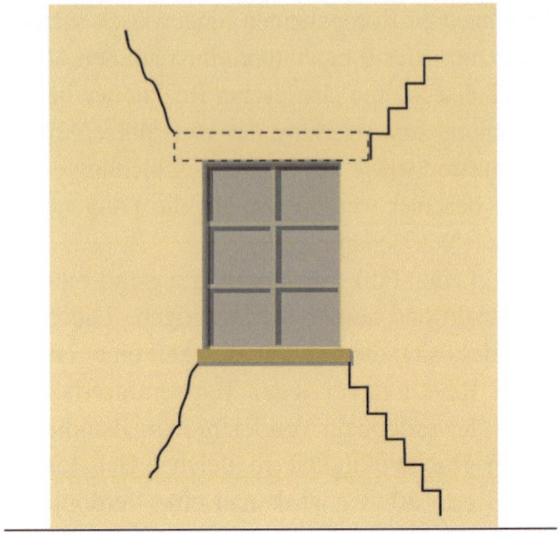

Abb. 6.67 schematische Darstellung der Kerbrissbildung an Öffnungen wie Fenstern

Abb. 6.68 Kerbrisse (oder Brüstungsrisse) an Fensteröffnungen

6.4.3.2 Kerbrisse (oder Brüstungsrisse)

Bei den Kerbrissen handelt es sich meist um diagonale, von eckigen Putz- und Maueröffnungen ausgehende Risse (Abb. 6.67, Abb. 6.68, Abb. 6.69). Diese treten im Bereich der Rollladenanschlüsse sowie der Anschlüsse zwischen der Fensterbrüstung bzw. den Heizkörpernischen und den Wandflächen auf. Sie haben in der Regel eine Rissbreite von 0,1 bis 0,5 mm (selten auch darüber hinaus). Typisch sind lange Einzelrisse, die in der Regel auffällig geradlinig sind. Meistens werden in diesem Bereich auch Hohlstellen festgestellt. Kerbrisse treten in der Regel ein bis zwei Monate nach dem Putzauftrag auf. Treten diese Risse deutlich später auf (z. B. erst nach ein oder zwei Jahren), sind Wärme- und/oder Feuchtedehnungsprozesse für die Rissbildung verantwortlich.

Ausgangspunkt für die Bildung von Kerbrissen ist, dass in den genannten Bauteilbereichen eine Unterbrechung des Mauerwerks (z. B. Fenster, Türen) stattfindet. Bei thermischen und/oder hygrischen Längenänderungen der gesamten Bauwerkskonstruktion werden im Bereich der durchgehenden Auflasten andere Spannungen und Verformungen (Scherspannungen) aufgebaut als in den unterbrochenen Bereichen, wobei sich die vertikal verlaufenden Druckspannungen und die horizontal verlaufenden Zugspannungen überlagern. In Folge entstehen in diesem Bereich Spannungsspitzen, die im Bereich der Ecke (Kerbe) am größten sind. Der Riss entsteht am schwächsten Punkt des Mauerwerks und verläuft

Abb. 6.69 Kerbrisse (oder Brüstungsrisse) an Fensteröffnungen

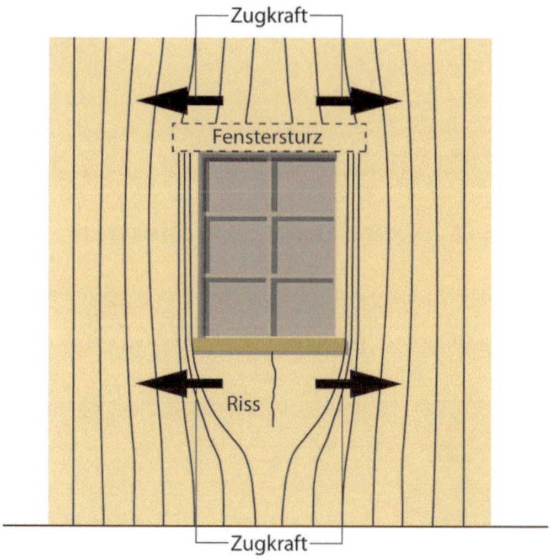

Abb. 6.70 schematische Darstellung der Lastumlenkung am Fenster. Diese bewirkt diagonal verlaufende und/oder abgetreppte Risse im Eckbereich

dann meistens in diagonaler Richtung. In seltenen Fällen verläuft der Riss auch mehr oder weniger senkrecht oder abgetreppt. Je größer das Steinformat und/oder die Verformbarkeit des Mauermörtels sind, umso größer sind die Rissgefahr und in der Regel auch der Rissverlauf (Abb. 6.70, Abb. 6.71).

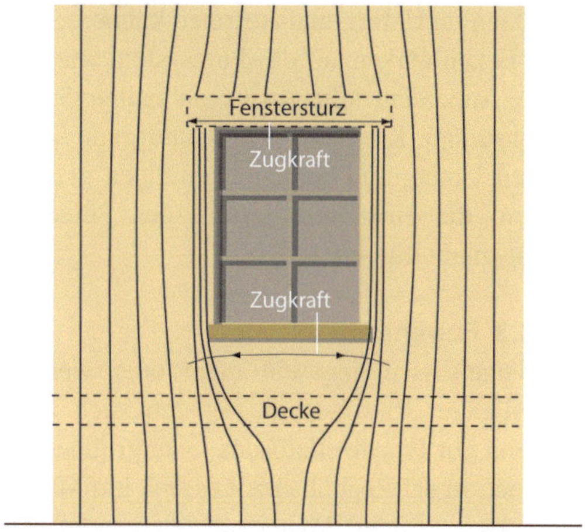

Abb. 6.71 schematische Darstellung der Lastumlenkung am Fenster. Diese bewirkt diagonal verlaufende und/oder abgetreppte Risse im Eckbereich

Zur Bildung von Kerbrissen trägt auch die Schwindverkürzung des Mauerwerks bei. Diese Rissursache wird hauptsächlich bei hoch wärmedämmenden Mauerwerken, wie porosierten Leichthochlochziegeln, Porenbeton-, Blähton-, Bimshohlblocksteinen und dgl., beobachtet. Außerdem muss die Verformung des Mauerwerkes aufgrund seines Kriechverhaltens betrachtet werden. Bei mehrgeschossigen Gebäuden werden die Lasten in den unteren Geschossen immer größer. Dadurch verkürzt sich in den unteren Geschossen das Mauerwerk stärker als in den oberen Geschossen.

Bei Putzmörteln mit hohem Schwindmaß oder bei schneller Putzaustrocknung kann die als Kerbe wirkende Ecke wiederum Auslöser eines neuen und dann eines reinen putzbedingten Risses sein. Diese Risse sind in den meisten Fällen dann zu beobachten, wenn sehr harte Putzsysteme verwendet oder bei der Ausführung eines Putz- oder Wärmedämm-Verbundsystems die Diagonalarmierung als Putzbewehrung im Fenstereckbereich vergessen oder nicht fachgerecht verlegt wurden. Folglich können derartige Rissbildungen im Vorfeld bereits vermieden werden, wenn dem unterschiedlichen Ausdehnungsverhalten der Baustoffe z. B. durch eine Gewebearmierung Rechnung getragen wird. Erwähnt werden müssen auch noch sprunghaft unterschiedliche Putzdicken, die z. B. bei kantigen

Versätzen im Untergrund auftreten können. Auch diese Ecken wirken auf das Putzsystem wie eine Kerbe. Außerdem sollen nicht maßhaltige Steine (Bruchsteine), Kreuzfugen im Untergrund sowie auf den Untergrund verlegte Leitungen genannt werden, die eine Reduzierung des Putzquerschnitts herbeiführen.

6.4.3.3 Fugenrisse

Bei Fugenrissen liegt ein mehr oder weniger regelmäßiges Rissbild vor, bei dem sich überwiegend der Fugenverlauf des Untergrundes abzeichnet. In der Regel handelt es sich um Mauerwerk, aber auch auf Mauerwerkselementen oder Dämm- und Bauplatten können sich die Fugen abzeichnen. Besonders schwierig ist die Zuordnung der Ursache(n), wenn sich das Rissbild unscharf abzeichnet oder wenn sich neben den vertikal und/oder horizontal verlaufenden Rissen im Fugenbereich auch Risse in den dazwischen liegenden Flächen befinden. Dann überlagert sich das Erscheinungsbild der Fugenrisse mit dem typischen Erscheinungsbild der Schwindrisse. In diesen Fällen bestimmen die Fugen teilweise durch ihren Einfluss auf die Putzdicke und evtl. auf die Festigkeitsentwicklung des Putzmörtels die Lage und den Verlauf der Schwindrisse (Abb. 6.72, Abb. 6.73, Abb. 6.74).

Das Erscheinungsbild der Fugenrisse kann sich auch mit dem Rissbild bei konstruktiv bedingten Ursachen überlagern. Dies kann vor allem bei Einzelrissen beobachtet werden, die geradlinig verlaufen (z. B. im Bereich der Deckenauflager) und sich abgetreppt in den darunter- oder darüber liegenden Bereichen fortsetzen (Abb. 6.75, Abb. 6.76).

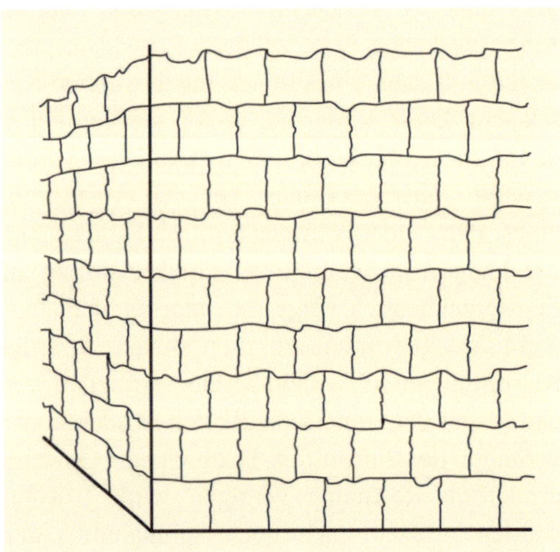

Abb. 6.72 schematische Darstellung von Fugenrissen

Abb. 6.73 Fugenrisse im verputzten Mauerwerk

Abb. 6.74 Fugenrisse im verputzten Mauerwerk

Abb. 6.75 abgetreppte Fugenrisse im verputzten Mauerwerk

Infolgedessen wurde bei der Überarbeitung des WTA-Merkblattes 2-4-14 „Beurteilung und Instandsetzung gerissener Putze an Fassaden“ darauf Wert gelegt, Fugenrisse zu unterscheiden nach ihren

Abb. 6.76 abgetreppte Fugenrisse im verputzten Mauerwerk

- untergrundbedingten Ursachen und
- putzbedingten Ursachen.

Zu den untergrundbedingten Ursachen gehören

- nicht vollfugig vermörtelte Lagerfugen,
- nicht vollfugig vermörtelte Stoßfugen über 5 mm Dicke,
- ein unzureichendes Überbindemaß,
- thermisch und/oder hygrisch bedingte Verformungen sowie
- ggf. feuchtes Mauerwerk.

Putzbedingte Ursachen für Fugenrisse können eine zu geringe Putzdicke, ein zu harter Putz, ein ungeeigneter Putzaufbau, sprunghaft wechselnde Putzdicken in Folge von Versätzen im Untergrund sowie unter gewissen Bedingungen auch eine unzureichende Nachbehandlung der Putzoberfläche sein (Abb. 6.77, Abb. 6.78, Abb. 6.79).

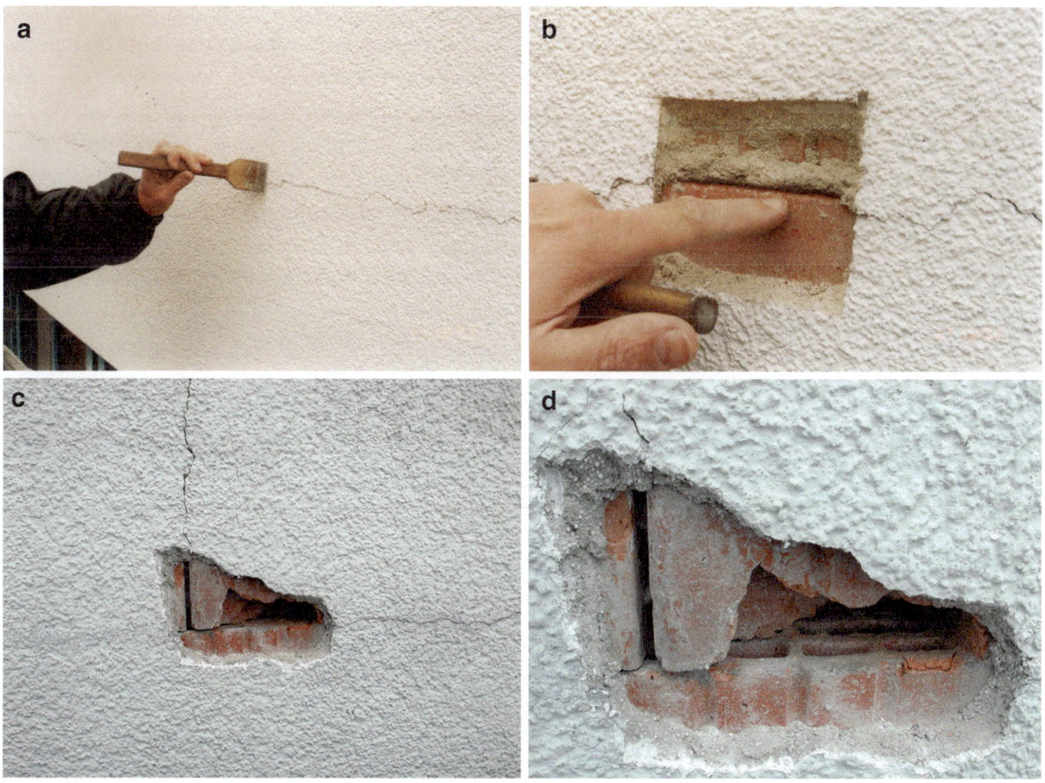

Abb. 6.77 (**a–d**) beim Öffnen von Fugenrissen im verputzten Mauerwerk zeigen sich in der Regel offene oder nicht vollfugig vermörtelte Stoß- und/oder Lagerfugen

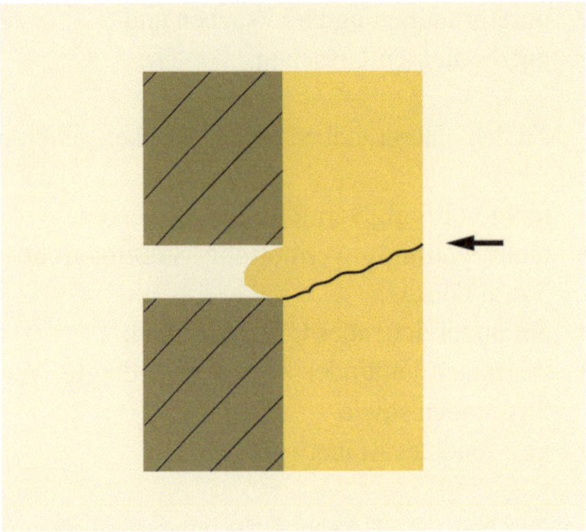

Abb. 6.78 schematische Darstellung der Ursachen bei Fugenrissen

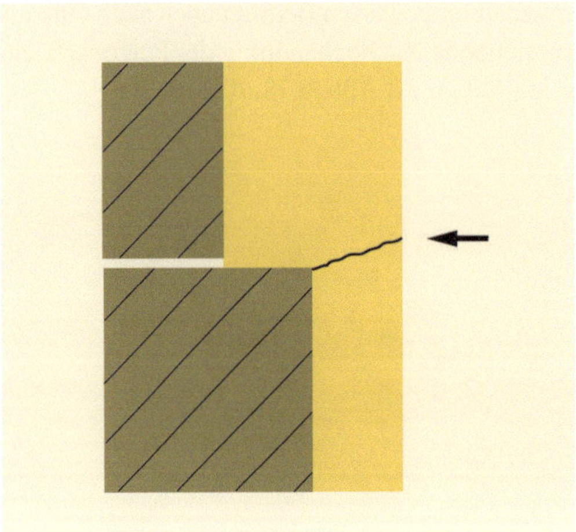

Abb. 6.79 schematische Darstellung der Ursachen bei Fugenrissen

In [12] werden die verschiedenen Risse nach der Mauerwerksart unterschieden. So werden für Leichtziegelmauerwerk mit Leichtputz

- Risse im Stoß- und Lagerfugenbereich,
- schmale, einzelne Risse durch Steinscherben,
- netzartige, schmale Risse im Bereich der Putzoberfläche sowie
- durchhängende Risse (Sackrisse)

aufgeführt. Bei Dünnbettmauerwerk mit Dünnlagenputz dagegen unterscheidet *Schubert* zwischen Stoß- **oder** Lagerfugenrissen sowie zwischen Stoß- **und** Lagerfugenrissen, also ob Risse entweder in der senkrechten Stoßfuge oder der waagerechten Lagerfuge auftreten oder gleichzeitig.

Fugenrisse treten in der Regel in den ersten beiden Jahren (in Ausnahmen auch innerhalb der ersten drei Jahre) nach Fertigstellung der Bauarbeiten auf. Die Rissbreiten im Mauerwerk beginnen bereits bei etwa 0,05 bis 0,15 mm (nach Freilegen der Putzbeschichtung). Die Fugenrisse, die sich in der Putzbeschichtung abzeichnen, haben in der Regel eine größere Rissbreite, die sich zwischen 0,1 bis 0,3 mm bewegt. Bei höheren Rissbreiten kann davon ausgegangen werden, dass zusätzlich konstruktive Ursachen wirken. Die Länge der Fugenrisse ist ganz unterschiedlich und beginnt bei 5 bis 10 cm und kann bis zu mehrere Meter betragen. Fast immer befindet sich die Spannungsspitze direkt über einer der beiden nicht vermörtelten Fugenkanten.

6.4.3.4 Stein-Putz-Risse

Treten Fugenrisse bei hoch wärmedämmenden Mauerwerken auf, spricht man von den Stein-Putz-Rissen. Aufgrund der erhöhten Anforderungen an den Wärmeschutz wurden Porenanteil und Hohlraum der Ziegel durch die Ziegelindustrie kontinuierlich gesteigert. Gleichzeitig wurden die Maße der putznahen Außenstege reduziert, sodass eine extreme Dünnwandigkeit entstanden ist und sich die innere Statik des Ziegels extrem verändert hat. Bei witterungsbedingten Temperaturänderungen (Abkühlen oder Aufheizen) kann sich die vordere, relativ dünne Ziegelschicht des Mauerwerkes in Folge der konstruktiven Änderungen ungehinderter ausdehnen oder zusammenziehen. Wenn dann aufgrund der großen Stein-Maß-Toleranzen die nicht oder kaum vermörtelten Stoßfugen freiliegen, verlaufen die Spannungen innerhalb des Steins. Der vordere Bereich liegt frei und kann sich aufgrund der witterungsbedingten Temperaturänderungen ausdehnen und zusammenziehen, der hintere Bereich ist aufgrund eines gleichmäßigen Raumklimas relativ unbeweglich.

Des Weiteren werden Mauerwerke heute überwiegend ohne vermörtelte Stoßfuge ausgeführt. Die Steine werden „knirsch" gestoßen, sodass praktisch keine Zwischenräume zwischen den Steinen verbleiben. Zu dem Streitpunkt, ob diese Öffnungen mit geringem Ausmaß zum Verputzen geeignet sind, herrschen unterschiedliche Meinungen unter den Fachleuten vor. Unstrittig ist, dass unvermörtelte Zwischenräume von mehr als 5 mm Breite vor dem Verputzen verschlossen werden müssen. Früher (leider auch heute noch) wurde diesem Problem mit einem Spritzbewurf entgegengetreten. Dieser sollte einen tragfähigen Untergrund sicherstellen. Dabei besteht die einzige „echte" Lösung darin, die offenen Fugen und Fehlstellen vor dem Putzauftrag zu schließen bzw. zu verfugen. Dies würde auch eine unterschiedliche Putzschichtdicke und einen Versatz innerhalb der Putzschicht ausschließen.

Zu den zahlreichen Einflussfaktoren auf die Entstehung von Stein-Putz-Rissen gehören:

- Oberflächenhärte/-festigkeit und/oder -struktur der Ziegelsteine und des Putzsystems
- Haftscherfestigkeit (Querdehnung) zwischen dem Stein und dem Putzsystem
- Feuchtigkeitsgehalt im Wandquerschnitt (speziell im Bereich der Fuge)
- Langzeitschwinden (Austrocknung) der Steine und des Putzsystems
- Ungeeigneter Systemaufbau (Unterputz zum Mauerwerk, Oberputz zum Unterputz, evtl. Anstrich zum Oberputz)
- Anisotropie des Ziegels (Steinart, -querschnitt, -geometrie) im Vergleich mit dem Fugenmörtel.

Mauerwerke aus hoch wärmedämmenden Hochlochziegeln und einem „normalen" Mauermörtel sowie ein homogenes Mauerwerk mit schlecht oder nicht vermörtelten Stoß- und Lagerfugen stellen keine optimalen Untergründe dar. Aufgrund der unterschiedlichen Materialeigenschaften des Fugenmörtels und der Leichthochlochziegel treffen im Fugenbereich die unterschiedlichen Ausdehnungs- und Schwindverhalten der beiden Materialien aufeinander, sodass eine Rissbildung im Fugenbereich unvermeidbar ist. Die Abmaße der Mauersteine bestimmen dabei den Umfang der Bewegungen und das Rissbild. Je größer die Abmessungen der Mauersteine sind, desto größer sind die Schwindbewegungen bzw. -spannungen im Fugenbereich, die von einem mineralischen Putzsystem in der Regel nicht aufgenommen werden können (Abb. 6.80, Abb. 6.81, Abb. 6.82, Abb. 6.83).

Die un- oder schlecht vermörtelten Fugenbereiche sind die Kerbstellen für die Bildung dieser Fugenrisse. Wie bereits erwähnt, baut sich direkt über einer der beiden nicht vermörtelten Fugenkanten die größte Spannung auf.

Außerdem haben Untersuchungen ergeben, dass Stein-Putz-Risse nie in der Mitte einer Lagerfuge, sondern stets an der Ober- oder Unterkante der Fuge auftreten. Weitere Untersuchungen an verschiedenen Porenbeton- und Leichthochlochziegeln haben gezeigt, dass mit Wasser benetzte Ziegel nach 28 Tagen eine Quellung von 2 bis 3 mm/m (!) aufweisen können. Auf eine durchschnittliche Mauerwerkslänge

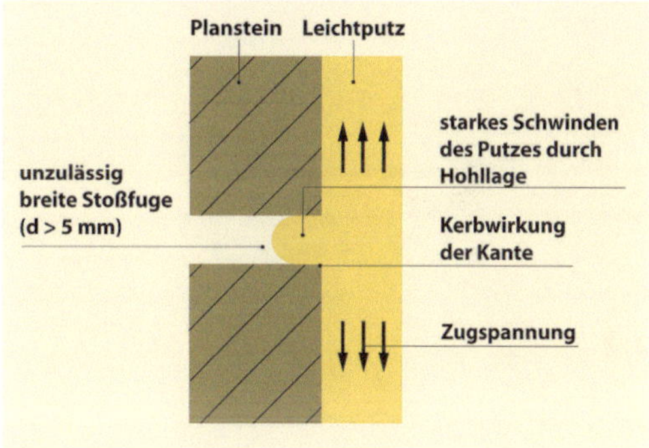

Abb. 6.80 schematische Darstellung von Stein-Putz-Rissen

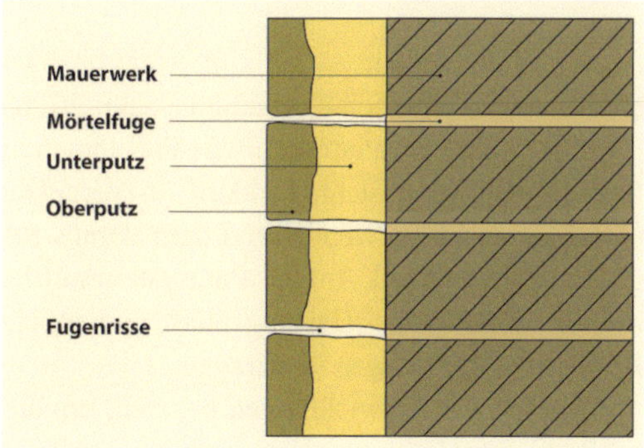

Abb. 6.81 schematische Darstellung von Stein-Putz-Rissen

Abb. 6.82 so genannte Stein-Putz-Risse zeichnen sich wie ein Negativ des Fugenbildes des darunter liegenden Mauerwerks auf der Putzoberfläche ab

Abb. 6.83 so genannte Stein-Putz-Risse zeichnen sich wie ein Negativ des Fugenbildes des darunter liegenden Mauerwerks auf der Putzoberfläche ab

eines Einfamilienhauses von z. B. 10 m bezogen ergibt sich daraus eine Quellung von 20 bis 30 mm! Wobei das hauptsächliche Problem nicht in der Quellung besteht, sondern im Verputzen eines nassen Mauerwerkes und dem daraus folgenden Schwindmaß. Auf das Putzsystem werden in der Trocknungs-/Härtungsphase erhebliche Bewegungsspannungen übertragen.

Es sind zwei Entwicklungen bekannt, um dieses Problem zu lösen: das Verputzen dieser Mauerwerke mit einem Leichtputz (Typ II nach Merkblatt[43]) und/oder das Vermauern mit einem Leichtmauermörtel bzw. dünnschichtiges Verkleben. Aufgrund von verschiedenen Untersuchungen wurde deutlich, dass mit der Variante Leichtmauermörtel zwar das eine Problem gelöst, dafür ein anderes Problem geschaffen wurde. Leichtmörtel weisen eine hohe Porosität und damit eine große innere Oberfläche auf. Infolgedessen wird mehr Feuchtigkeit eingelagert als bei anderen Mörtelarten. Leichtmörtel sind aufgrund der höheren Wasseraufnahme damit anfälliger für Quell- und Schwindbewegungen (siehe Abschn. 7.4).

6.4.4 Sonstige Risse aus dem Untergrund

Sonstige Risse aus dem Untergrund resultieren häufig aus Ursachen in Verbindung mit An- und Abschlüssen (z. B. Putzprofile, Fensterbänke, Türschwellen und dgl.), Durchdringungen sowie Putzbewehrungen und Putzträgern. Hierbei handelt es sich zwar um keine klassischen Untergründe, aber um Zubehör, das im Wechselspiel mit Bewegungen im Untergrund zu Spannungen und letztendlich Rissen und/oder Abplatzungen führen. Da diese Risse genauso wenig den putzbedingten Rissen zugeordnet werden können, wurde bei der Überarbeitung des WTA-Merkblattes 2-4-14 eine eigene Rubrik unter den untergrundbedingten Rissen eingeführt. Diese nennt sich „Risse im Zusammenhang mit Putzbewehrungen, Putzträgern und Profilen" (Abb. 6.84, Abb. 6.85, Abb. 6.86, Abb. 6.87, Abb. 6.88, Abb. 6.89).

Abb. 6.84 verschiedene Risse an Bauteilan- und/ oder -abschlüssen

Abb. 6.85 verschiedene Risse an Bauteilan- und/ oder -abschlüssen

Abb. 6.86 verschiedene Risse an Bauteilan- und/ oder -abschlüssen

Abb. 6.87 verschiedene Risse an Bauteilan- und/ oder -abschlüssen

Abb. 6.88 verschiedene Risse an Bauteilan- und/ oder -abschlüssen

Abb. 6.89 verschiedene Risse an Bauteilan- und/ oder -abschlüssen

Putzanschlüsse werden in **sichtbare Putzanschlüsse**, bei denen der Putz sichtbar an andere Materialien wie z. B. Zinkblech, Holz, Stahl usw. anschließt, und **nicht sichtbare Putzanschlüsse** unterschieden. Neben Holz (z. B. im Anschluss an Türen und Fenstern, Deckenbalken und Dachsparren, Treppen und Geländern) müssen Putzanschlüsse an Stahl genannt werden. Betroffen sind alle Bauteile, in die Stahl eingebaut wurde (vor allem bei Balkonen, Erkern, Stürzen und Gesimsköpfen) sowie Stahlteile zur zusätzlichen Befestigung von vorgemauerten Gesimsen sowie Stahleinbauten bei Fenstern, Türen und Toren.

Durch hygro-thermische Einwirkungen entstehen häufig im Bereich der Putzanschlüsse Risse und

Abplatzungen. Unter bestimmten Voraussetzungen, zum Beispiel wenn das anfallende Niederschlagswasser nicht abgeführt, sondern in die Konstruktion geleitet wird, kann auch eine starke Durch- und/ oder Hinterfeuchtung der Putzschicht auftreten. Fehlender Korrosionsschutz der Stahlbauteile kann zusätzlich Korrosion verursachen.

Ein besonderes Problem besteht darin, dass für die sach- und fachgerechte Ausführung von Putzanschlüssen und Details mehrere Gewerke wie z. B. Maler, Putzer/Stuckateur, Klempner, Tischler, Zimmermann, Fensterbauer, Steinmetz verantwortlich sein können. Das erschwert eine klare Zuordnung der Zuständigkeiten bei Mängeln und Abweichungen.

Für den Kantenschutz verputzter Flächen werden so genannte Eckschutzschienen verwendet, die auch als Putzprofil bezeichnet werden. Angeboten werden diese in Edelstahl, aus verzinktem Stahlblech mit oder ohne PVC-Überzug sowie aus Aluminium. Risse im Zusammenhang mit Profilen können

- durch Profilstöße,
- an Putzübergängen entlang von Profilen,
- bei An- und Abschlussprofilen von Einbauteilen (z. B. falsch abgelängte Abschlussprofile von Einbaurollladenkasten),
- durch falsche Profilauswahl oder falschen Profileinbau

verursacht werden. Der Nachteil von Putzprofilen gegenüber der verputzten Ecke (also ohne zusätzlichen Kantenschutz) besteht darin, dass bei einer Beschädigung die gesamte Eckschutzschiene ausgebaut und durch eine neue ersetzt werden muss. Außerdem sollte beim Zuschnitt der Putzprofile darauf geachtet werden, dass sich diese in Abhängigkeit von ihrer Materialart unterschiedlich ausdehnen können Um den Aufbau unzulässig hoher Spannungen aufgrund temperaturbedingter Längenänderung zu vermeiden, muss infolgedessen der Zuschnitt immer kürzer als die tatsächliche Länge ausfallen.

Ein Dauerthema unter Sachverständigen ist die Frage, ob Bordprofile an Metallfensterbänken vollständig vom Putz in der Fensterlaibung überdeckt werden müssen. In [46] wird dazu ausgeführt, dass in diesem Fall ein Abriss entsteht, wodurch in der weiteren Folge die Schlagregendichtigkeit nicht mehr gegeben ist. Außerdem widersprechen sich zu diesem Thema die gewerbeübergreifenden Normen und Richtlinien. In der Putznorm wird ein Mindestüberstand von 40 mm auf die darunter liegende Wandoberfläche gefordert. In der VOB/C DIN 18 339 „Klempnerarbeiten" werden dagegen nur 20 mm gefordert. In anderen Richtlinien wird der Bereich mit 20 bis 50 mm recht großzügig dimensioniert.

Risse im Zusammenhang mit dem Einbau von Putzträgern können u. a. durch eine unzureichende Überdeckung des Putzträgers, eine unzureichende oder falsche Befestigung des Putzträgers und/oder ein ungeeignetes Produkt verursacht werden.

Als Ursache für das Auftreten von Rissen im Zusammenhang mit Putzbewehrungen können in Betracht kommen:

- mangelnde Überlappung der Putzbewehrung (Gewebe),
- falsche Lage der Putzbewehrung (Gewebe),
- falsche Produktauswahl (Eignung und Verträglichkeit von Putz/Gewebe),
- fehlende Putzbewehrung.

6.5 Putzbedingte Risse

6.5.1 Einleitung

Putzbedingte Risse treten im Putz bzw. Putzsystem auf und haben ihre Ursachen in der Verarbeitung und/oder im Putz bzw. Putzsystem. Deshalb werden diese Risse seit der Überarbeitung des WTA-Merkblattes [32] auch als putz- oder ausführungsbedingte Risse bezeichnet. Zu den Rissursachen können u. a. die Zusammensetzung der einzelnen Putzschichten, die Verarbeitung des Putzmörtels sowie der Schlussbeschichtung sowie die Einflüsse während der Härtung und/ oder Trocknung gehören. Diese Aufzählung ermöglicht eine Unterscheidung der Rissursachen nach ihrem zeitlichen Verlauf. Zu den einmaligen Einwirkungen zählen z. B. Schwind- und Kriechvorgänge sowie Verformungen. Zu den wiederkehrenden Vorgängen gehören z. B. Temperatur- und Feuchtigkeitsschwankungen.

Aufgrund ungünstiger Spannungsverhältnisse treten diese Risse ausschließlich in der Putzschicht auf, wobei entweder die gesamte Putzschichtdicke gerissen ist oder sich der Riss nur in der Putzoberfläche befindet. In der Praxis wird häufig davon ausgegangen, dass von diesen Rissen keine besondere Dynamik ausgeht. Infolgedessen werden diese Risse in der Regel als beruhigte Risse eingestuft und auf Beprobung für weitere Untersuchungen verzichtet. Im Gegensatz zu den untergrund- oder konstruktiv bedingten Rissen, die in einem Zeitraum von sechs Monaten bis zu fünf Jahren nach Beendigung der Putzarbeiten auftreten können, werden putzbedingte Risse in der Regel in den ersten Tagen bis max. nach 6 Monaten sichtbar. Der Zeitpunkt seines Auftretens ist folglich auch bei der Rissbestimmung ein wichtiges Kriterium.

6.5.2 Sackrisse

Bei den Sackrissen handelt es sich um überwiegend horizontal durchhängend verlaufene Risse mit einer Länge von ca. 10 bis 20 cm. Die Rissbreiten sind unterschiedlich und können bis 3 mm betragen. Typisches Erscheinungsbild ist ein Aufklaffen des Risses im Mittelpunkt (v-förmig). Hohlstellen sind im Bereich der unteren Rissflanke möglich. Die Sackrisse entstehen im noch plastischen Mörtel, wenn der frisch aufgebrachte Mörtel keine oder eine unzureichende Haftung zum Untergrund hat und durch sein Eigengewicht absackt. Mögliche Ursachen für die Bildung von Sackrissen sind

- eine zu weiche Konsistenz des Putzmörtels und/oder ein zu dicker Putzauftrag in einer Lage,
- ein zu langes oder starkes Verreiben der Putzoberfläche bzw. an einer Stelle,
- schlechte Haftung des Mörtels auf dem (glatten) Untergrund sowie
- der Auftrag des Putzmörtels auf ungeeignete oder nicht vorbereitete (nicht tragfähige) Untergründe.

Zur Bildung von Sackrissen können auch gefrorene oder stark durchnässte Untergründe (Wasserfilm) sowie nicht fachgerecht aufgebrachte Grundierungen (Glanzstellen/Film auf dem Untergrund) beitragen. Da diese Risse innerhalb der ersten beiden Stunden nach dem Putzauftrag entstehen, können sie relativ einfach saniert werden. In der Regel werden die Flächen kurz nach dem Auftreten der Sackrisse einfach mit einer Kelle, einem Richtscheit oder dgl. scharf abgezogen und der noch plastische Mörtel verrieben oder es wird eine neue Putzauflage dünn aufgebracht und anschließend verrieben (Abb. 6.90, Abb. 6.91, Abb. 6.92).

6.5.3 Schrumpfrisse (Schwindrisse im frühen Zustand)

In den Merkblättern [32, 33] wurde zwischen Schwind- und Schwundrissen unterschieden, da Erscheinungsbild und Auftreten beider Rissarten nicht völlig identisch sind. Im überarbeiteten WTA-Merkblatt werden nur noch Schwindrisse aufgeführt, die im Weiteren in

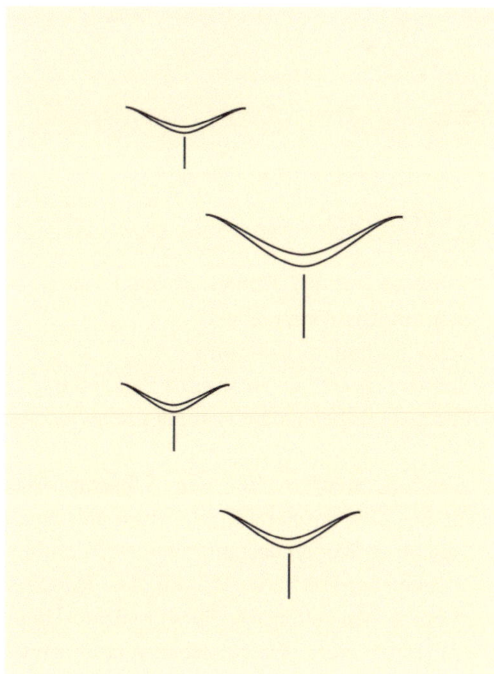

Abb. 6.90 schematische Darstellung von Sackrissen (in der Ansicht und im Querschnitt) sowie deren Ursache

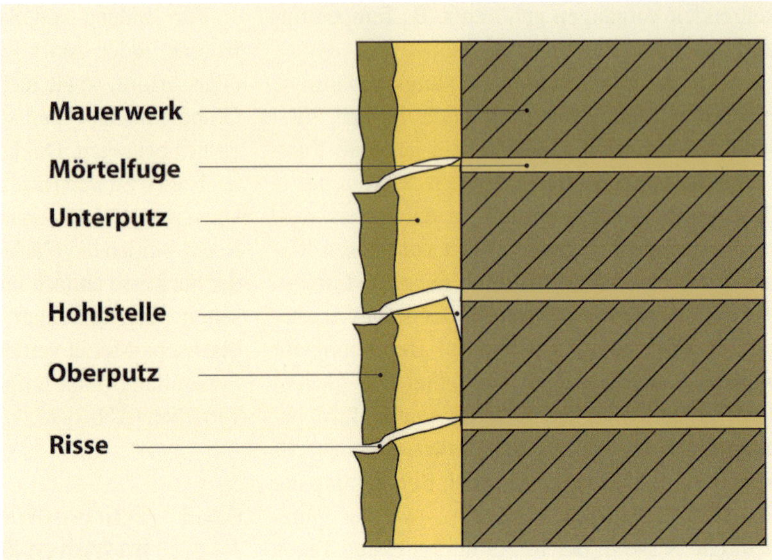

Abb. 6.91 schematische Darstellung von Sackrissen (in der Ansicht und im Querschnitt) sowie deren Ursache

Abb. 6.92 Sackrisse

- Schwindrisse im frühen Zustand (auch als Schrumpfrisse bezeichnet)
- Schwindrisse im Unterputz
- Schwindrisse in der gesamten Putzdicke
- Fettrisse als besondere Form der Schwindrisse

unterteilt werden. Bei den Schrumpfrissen handelt es sich um netzförmige Risse mit einem so genannten Knotenabstand von ca. 20 cm und Rissbreiten von 0,1 bis ca. 0,5 mm. Die Risse reichen nur in den seltensten Fällen bis zum Untergrund (Putzträger). Sie entstehen relativ schnell in der Regel ein bis zwei Stunden, in Ausnahmen bis fünf Stunden, nach dem Aufbringen des Putzmörtels. In Folge der Verdunstung des Anmachwassers verkleinert sich hierbei das Volumen des Mörtels. Dabei ist ein Ablösen der Rissflanken vom Untergrund möglich (Abb. 6.93, Abb. 6.94, Abb. 6.95, Abb. 6.96).

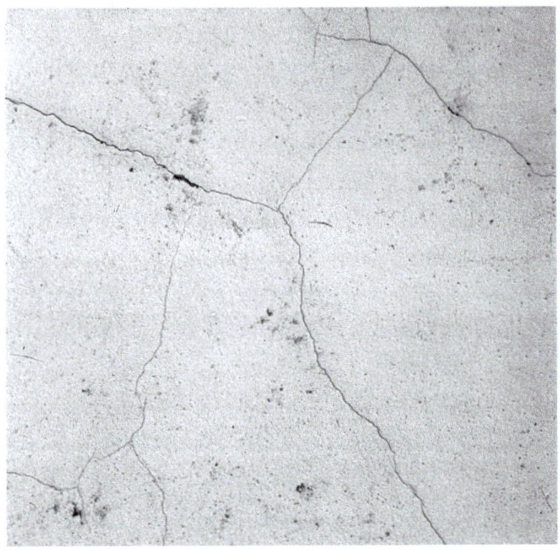

Abb. 6.93 Schrumpfrisse (Schwindrisse im frühen Zustand)

Die nachfolgende Grafik verdeutlicht symbolisch die Entstehung von Schrumpfrissen aufgrund einer fehlenden oder mangelhaften Nachbehandlung der Putzoberflächen. Durch Maßnahmen wie den Schutz der Putzfläche vor intensiver Sonneneinstrahlung und/oder vor starker Windbeanspruchung, Feuchthalten des Putzes durch Gerüstplanen sowie Befeuchten soll sichergestellt werden, dass die Schrumpf-

Abb. 6.94 Schrumpfrisse (Schwindrisse im frühen Zustand)

Abb. 6.95 Schrumpfrisse (Schwindrisse im frühen Zustand)

Abb. 6.96 Schrumpfrisse (Schwindrisse im frühen Zustand)

spannung geringer ist als die Zugfestigkeit des Putzes. Ist diese Anforderung nicht erfüllt, führen die Schrumpfdehnungen zum Überschreiten der Reißdehnung und damit zum Schrumpfriss. Das Rissrisiko lässt sich vermeiden, wenn „vor der Sonne“ und nicht „mit der Sonne“ geputzt wird. Mit dieser „Technologie“ wird vermieden, dass dem Putz zu schnell das Anmachwasser entzogen wird (Abb. 6.97).

Ansonsten trocknet der Putz an der Oberfläche zu schnell aus. Dies führt zum einen zu hohen Zugspannungen auf der Oberfläche (Verkürzung) und in der weiteren Folge zu Rissen. Zum anderen wird dem Putzmörtel das für die chemische Reaktion (Härtung) benötigte Wasser entzogen. Infolgedessen baut der Mörtel nicht die erforderliche Festigkeit auf, um z. B. dieser Verformung entgegen wirken zu können. Dies zeigt sich u. a. durch ein Absanden oder Kreiden der Oberfläche. Hierzu gibt es Hinweise in den Regelwerken, z. B. in der DIN V 18 550: *„Um einen zu schnellen Wasserentzug aus dem frischen Putz durch starken Sonnenschein (hohe Oberflächentemperatur) und/oder Wind zu verhindern (Gefahr der Rissbildung, Festigkeitsabfall) sind vorzugsweise für Außenputz besondere Schutzmaßnahmen/Nachbehandlung (z. B. Abhängen, Feuchthalten) erforderlich.“*

In einigen Publikationen wird berichtet, dass das Abhängen einer Fassade auch Nachteile bringen kann. Wenn die Plane an den Stirnseiten offen ist, kann der Wind an einer Seite eindringen und an der Oberfläche vorbeiströmen. Dadurch entsteht eine Art Sogwirkung, die zu einer beschleunigten Austrocknung der Wandoberfläche führt. Somit kann eine Putzoberfläche auch austrocknen, wenn eine Fassade abgehangen wurde! Neben der Betrachtung der Temperatur und Feuchtigkeit muss infolgedessen auch stets der Wind beachtet werden. Eine wichtige Kenngröße hierbei ist die Verdunstungsrate der Oberfläche, die durch den Wind wesentlich beeinflusst wird. So verdoppelt sich z. B. gegenüber Windstille die Verdunstung der Feuchtigkeit an der Oberfläche bei einem Wind von 5 m/s, bei einem Wind von 25 m/s ist die Verdunstungsrate so gar 8-mal höher. Bei einer Oberflächentemperatur von 30 °C und einer Windgeschwindigkeit von

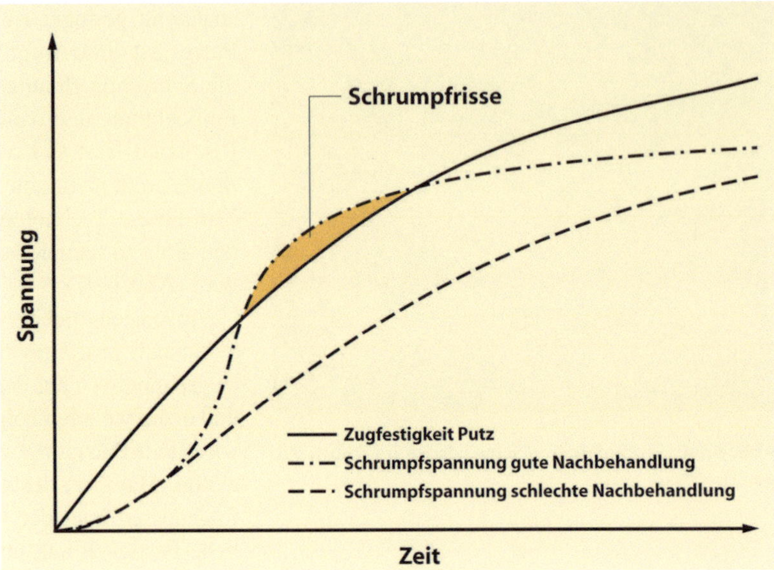

Abb. 6.97 schematische Darstellung der Schrumpfrissbildung infolge mangelhafter Nachbehandlung der Putzoberfläche

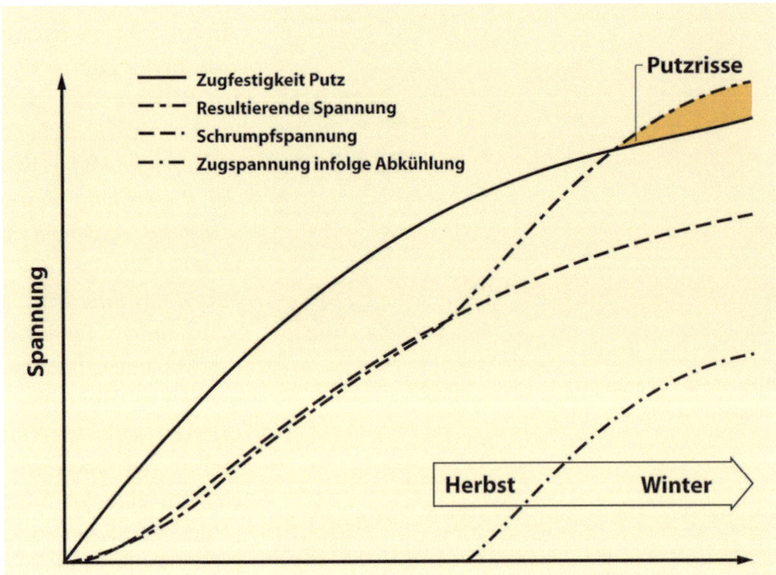

Abb. 6.98 schematische Darstellung der Schrumpfrissbildung infolge des falschen Ausführungszeitraumes

40 km/h = 11,1 m/s liegt die Verdunstungsrate z. B. bei 2 bis 3 l/(m^2 d). Dies zeigt, dass der Wind sich deutlich stärker auf die Beschleunigung der Trocknung und/oder Härtung auswirkt als eine intensive Sonneneinwirkung!

In der nächsten Grafik werden die Auswirkungen einer falschen Putzauswahl oder – was in der Planung und Ausführung kaum bekannt ist und komplett vernachlässigt wird – der falschen Wahl des Ausführungszeitraumes verdeutlicht. Entweder es ist ein Putz mit schneller Festigkeitsentwicklung zu wählen, damit die zulässige Reißdehnung nicht überschritten wird und auch eine ausreichende Frostbeständigkeit gegeben ist. Oder es muss die alte Putzregel „Putz im Frühjahr!" berücksichtigt werden. Infolgedessen wirkt der Schrumpfspannung die Zugspannung aus der langsamen Wärmedehnung des Untergrundes entgegen und das Mörtelgerüst entwickelt seine Festigkeit im Zustand relativer Längendehnung. Eine spätere Kontraktion aus der Abkühlung führt dann nicht mehr zu kritischen Druckspannungen (Abb. 6.98).

Für das Entstehen von Schrumpfrissen sind in der Regel hohe Wasser-Bindemittel-Werte in Kombination mit ungünstigen Verarbeitungsbedingungen (Klima) die Ursache. Hierzu gehören z. B. ein zu feiner gleichkörniger Sand in der letzten Putzlage, ein zu schneller Entzug des Anmachwassers, ein zu langes oder starkes Verreiben der Putzoberfläche sowie ein zu hoher Bindemittelanteil im Oberputz.

Durch entsprechende Standzeiten (mindestens ein Tag pro mm Putzdicke) kann in Abhängigkeit von der Witterung sichergestellt werden, dass die Schwindrisse nur im Unterputz und nicht im Oberputz auftreten. Unter diesen Bedingungen wird das gesamte Putzsystem nicht durch Schrumpfrisse beeinträchtigt.

6.5.4 Schwindrisse (in der gesamten Putzschicht)

Schwindrisse treten ebenfalls netzförmig oder einfach verzweigt (y-förmig) auf. Sie werden deshalb auch als Y-Risse oder Krakelee-Risse bezeichnet. Die Y-Form resultiert daraus, dass sich unter Spannung stehende Flächen durch einen sechseckigen Bruchverlauf entspannen können. Im Allgemeinen kommt es aber nicht zu einer geschlossenen sechseckigen Netzrissbildung, da bereits der Y-förmige Riss soweit Entspannung bringt, dass sich der Riss nicht weiter fortsetzt. Die Schwindrisse reichen in der Regel bis zum Untergrund (Putzträger). Der Knotenabstand ist größer als bei Schwindrissen im frühen Zustand (Schrumpfrisse).

Schwindrisse entstehen etwa ein bis zwei Monate, in manchen Fällen auch bis zu drei Monate nach Abschluss der Putzarbeiten. In seltenen Fällen (ungünstige Trocknungsbedingungen und sich überlagernde Rissmechanismen) wurden Schwindrisse auch noch nach ca. einem Jahr festgestellt. Im Bereich der Rissflanken kann in Abhängigkeit von den Haftungseigenschaften ein Ablösen des Putzes vom Untergrund auftreten (Abb. 6.99, Abb. 6.100, Abb. 6.101, Abb. 6.102).

Auch wenn mineralische Putze in den ersten Tagen nach ihrer Verarbeitung am stärksten schwinden (Frühschwinden), so finden auch nach ihrer Erhärtung in Folge einer witterungsbedingten Feuchtigkeitsaufnahme und -abgabe Quell- und Schwindvorgänge statt, wenn auch in einem deutlich geringeren Maß! Problematisch ist vor allem das so genannte Trocknungsschwinden, das bei zu schneller Austrocknung zu Rissen an der Oberfläche des Außenputzes führt. Dieser Anteil an der Schwinddehnung hängt u. a. vom Wassergehalt, der Korngrößenverteilung, dem Bindemittelgehalt sowie von der Wasseraufnahme des Untergrundes ab. Auch die Witterungsbedingungen während der Verarbeitung können

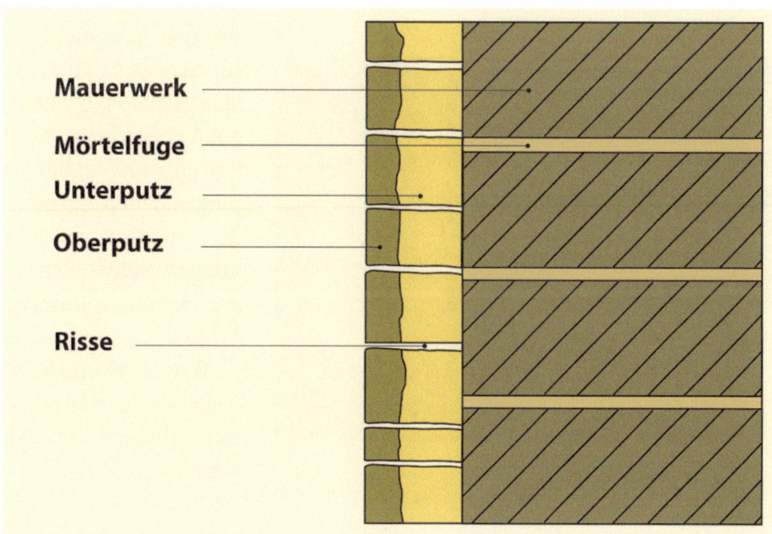

Abb. 6.99 schematische Darstellung der Schwindrissbildung

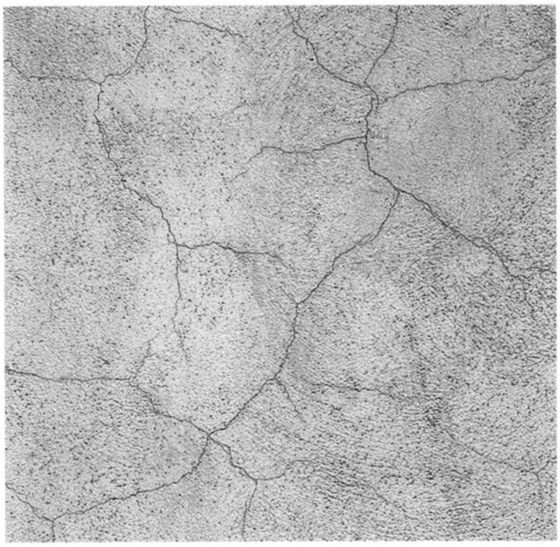

Abb. 6.100 Schwindrisse

Abb. 6.101 Schwindrisse

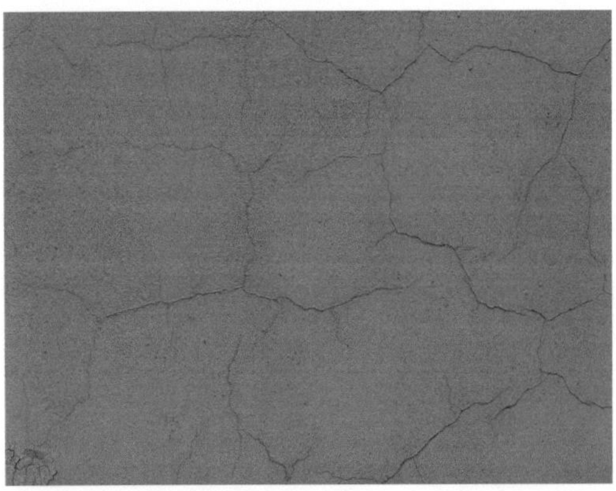

Abb. 6.102 Schwindrisse

von entscheidender Bedeutung sein. Die beim Schwinden entstehenden Rissbreiten und Risstiefen sind von den mechanischen Eigenschaften des Mörtels im Härtungsverlauf bzw. in der Abbindephase abhängig. Im Allgemeinen nimmt die Rissbreite und -tiefe mit zunehmender Größe der Rissabstände zu, da die Risstiefe in Folge der materialspezifischen Kerbspannung von der Rissbreite abhängig ist.

Als mögliche Ursache für die Schwindrissbildung kommen mehrere Aspekte in Betracht. Zum einen können der Untergrund und das Putzsystem nicht richtig aufeinander abgestimmt sein, wie es beispielsweise bei zu großen Festigkeitsunterschieden und/oder zu hohe Putzdicken der Fall ist. Demzufolge können Schwindrisse entstehen, wenn das Putzsystem eine höhere Festigkeit aufweist als der Untergrund (zu hohe Dehnsteifigkeit der Putzschicht). Eine weitere Ursache können zum anderen haftungsmindernde oder -störende Schichten auf dem Untergrund sein wie z. B. Altputze, Staub- und Zementschleier oder evtl. auch Ausblühungen (in diesem Fall sind zusätzliche Hohllagen vorhanden). Schwindrisse können auch entstehen, wenn die Lagen eines Putzsystems nicht aufeinander abgestimmt sind. Das ist z. B. der Fall, wenn, wie bei der Applikation eines Kunstharzputzes auf einen Leichtunterputz, der Oberputz eine höhere Festigkeit oder eine höhere Eigenspannung als der Unterputz aufweist. Um Risse zu vermeiden, ist es notwendig, dass die Standzeiten für den Härtungsprozess der Putze eingehalten werden. Beispielsweise bei einem zweilagigen Putz müssen zur Vermeidung von Rissen demzufolge die Erhärtung und damit das Schwinden des Unterputzes vollkommen abgeschlossen sein, bevor der Oberputz aufgebracht wird. Des Weiteren können Schwindrisse verursacht werden, wenn die einzelnen Putzlagen durch Sonne und/oder Wind zu schnell austrocknen.

Bei Schwindrissen handelt es sich in der Regel um beruhigte Risse, die deshalb mit relativ einfachen Methoden instandgesetzt werden können.

6.5.5 Fettrisse

Als Fettrisse werden sehr kurze Risse bezeichnet, die nur an der Putzoberfläche auftreten und ihre Ursachen in einer Bindemittelanreicherung („Überfettung") haben. Sie stellen damit eine besondere Form der Schwindrisse dar. In der Regel treten Fettrisse bevorzugt an Oberflächen mit einer besonders feinen und/oder geglätteten Struktur auf. Durch das Strukturieren bzw. Glätten der oberen Putzschicht mit einem Holzbrett bzw. einer Stahltraufel werden die Feinanteile des Putzgefüges an der Oberfläche angereichert, wodurch der Porenraum verdichtet bzw. verkleinert wird. Infolgedessen werden Oberflächenspannungen aufgebaut, die zu einer Vielzahl von feinen Rissen führen (Abb. 6.103).

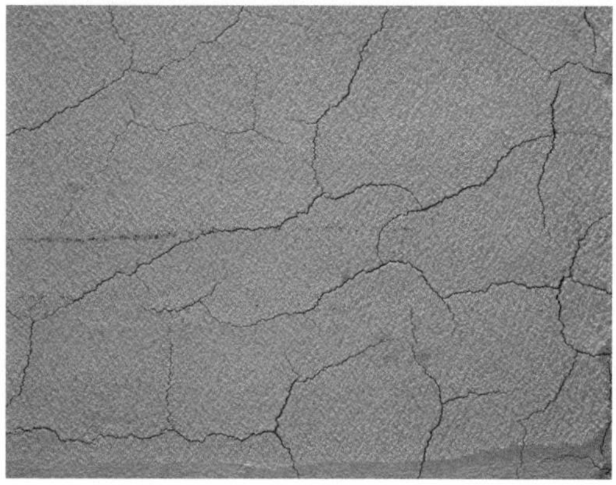

Abb. 6.103 Fettrisse

Fettrisse treten in der Regel innerhalb der ersten beiden Tage nach dem Putzauftrag auf. Die Rissursache liegt in fast allen Fällen in der Verarbeitung, da zu hohe Bindemittelanteile aufgrund der zunehmend systemgeprüften Werktrockenmörtel fast sicher ausgeschlossen werden können. Bei der Instandsetzung dieser Risse muss die obere, bindemittelreiche Oberfläche abgetragen werden.

7 Instandsetzungsmethoden und -verfahren

Inhaltsverzeichnis

F. Frössel, *Risse in Gebäuden*, https://doi.org/10.1007/978-3-658-47096-8_7

Bei der Instandsetzung von Rissen in Gebäuden werden zwei grundsätzlich verschiedene Methoden unterschieden:

- Bei der Instandsetzung von baugrund- und/oder konstruktivbedingten Rissen geht es um die **Beseitigung der primären Ursachen**, die zu Rissen geführt haben.
- Bei der Instandsetzung von untergrund- und/oder putzbedingten Rissen geht es in den meisten Fällen um das oberflächige **Kaschieren der Symptome**.

Instandsetzungsverfahren wie z. B. die nachträgliche Verfüllung und/oder Verfestigung des Baugrundes oder die kraftschlüssige Injektion des Tragwerkes sind daher mit den Instandsetzungsverfahren wie z. B. die anstrich- oder putztechnische Risssanierung nicht vergleichbar. Dies gilt nicht nur für die Technologie und Materialien, sondern insbesondere für die Konzeption und Planung, Ausschreibung und Ausführung und letztendlich für den Aufwand und den damit anfallenden Kosten.

7.1 Instandsetzung baugrundbedingter Risse

7.1.1 Einleitung

Wie bereits im vergangenen Kapitel ausgeführt wurde, gibt es zahlreiche Ursachen, die zu einem Absacken und Setzen des Baugrundes führen können. Ein Gebäude ist bis zu einem gewissen Punkt „elastisch“ und kann infolgedessen geringfügige Setzungen der Fundamente „abfedern“, ohne dass Risse oder sonstige Schäden auftreten müssen. Werden diese Setzungen zu groß, kann die Konstruktion die Spannungen und die von diesen verursachten Verformungen nicht mehr aufnehmen, sodass sich Risse bilden. Eine biegesteife Konstruktion dagegen kann starke Senkungen auffangen, ohne dass es zu einer Rissbildung kommen muss. Sind die ersten Risse dagegen aufgetreten, ändert sich die Situation schlagartig. Der Riss verhält sich wie eine Dehnfuge. Jede noch so kleine Senkung des Fundaments wirkt sich unmittelbar aus und wird später durch Ausdehnung, Vertiefung oder Verlängerung des Risses sichtbar. Die Rissbildung ist in diesem Fall in der Regel auf eine ungleichmäßige Senkung zurückzuführen. In [52] werden hierfür fünf Ursachen genannt:

- Gründungstiefe der Fundamente
- Wasserschäden
- Schwingungen im Boden
- Bodenverhältnisse
- Ausschachtungen

Sind die Gründungstiefen der Fundamente ungleich, z. B. bei einer Teilunterkellerung, können sowohl die ungleiche Bodenpressung (Komprimierbarkeit) als auch die Zusammensetzung des Untergrundes zu Senkungen führen. Außerdem kann auch das Austrocknen des Untergrundes, z. B. durch Bewuchs (Baumwurzeln), Ursache für Setzungen sein. Infolgedessen findet ein Schrumpfen des Baugrundes statt, sodass Hohlräume (Klüfte und Spalten) durch Schollenbildung entstehen. Bindige Böden, wie z. B. Schluff oder Ton, reagieren sehr träge bei auftretenden Spannungen. Der Setzungsprozess kann dadurch über Jahre andauern, sodass auch Jahre vergehen können, bevor ein neuer Gleichgewichtszustand erreicht wird. Dies muss bei der Planung und Konzeption berücksichtigt werden.

Eine sehr häufige Ursache für das Absacken ist die Unterspülung des Fundamentes. Die Fundamentunterspülung kann auf Undichtigkeiten (Leckagen) der Wasserzu- und -ableitungen (Wasserrohre), aber auch auf starke Unwetter und Hochwasser, zurückgeführt werden. Auch ein unregelmäßiges Versickern des Oberflächenwassers sowie starkes Schichtenwasser in Hanglage können Ursache sein. Hierbei werden die Feinanteile im Boden ausgewaschen, sodass Hohlräume entstehen können. Diese Hohlräume sind im Boden nicht gleichmäßig verteilt, sodass ein heterogener und in sich instabiler Baugrund vorliegt. Der Vollständigkeit halber sei zusätzlich auf Schwankungen im Grundwasserspiegel (höchstmöglicher Bemessungswasserstand) als Ursache verwiesen werden.

Schwingungen im Boden können durch Erschütterungen z. B. durch den Schwerlastverkehr, durch Tunnel- oder Bergbau, aber auch durch Rammarbeiten und/oder das Einbringen und Ziehen von Spundwänden entstehen. Bodenschwingungen verursachen Setzungen und andere Veränderungen und können durch andere Baumaßnahmen im Untergrund, wie z. B. Grundwasserabsenkungen und/oder Ausschachtungen, noch verstärkt werden. Je nach geografischen Bedingungen können sich Baugrundveränderungen durch Schwingungen auch über eine größere Entfernung bemerkbar machen.

Nicht gleichmäßig durchgeführte Bodenverbesserungen, schlecht verdichtete Aufschüttungen oder nachträgliche Aufstockungen von Geschossen können ebenfalls zu Setzungen führen. Diese werden in der Regel relativ schnell sichtbar, wenn unmittelbar darauf gebaut wird. Liegen diese Aufschüttungen allerdings schon einige Jahre zurück, bevor ein Gebäude oder ein Teil des Fundamentes darauf errichtet wird, gestaltet sich das Erkennen des Problems schwierig. Dann muss eine bodentechnische Untersuchung durchgeführt werden. Ähnlich verhält sich das Problem beim Auffüllen von Bombenkratern oder Verfüllen von Sickergruben. Der Vollständigkeit halber sollen außerdem Schäden durch Alterung (Holzpfähle/Holzrost) und Korrosionserscheinungen genannt werden.

Nicht selten sind Setzungen auf Ausschachtungen in Gebäudenähe und dgl. zurückzuführen. Daher bergen nachträgliche Baumaßnahmen im innerstädtischen Bereich („Lückenbebauung") immer ein besonderes Risiko. Ein besonderes Problem stellen hier nicht bindige Böden, z. B. eine Kombination aus Kies und Sand, dar. Einige Baufirmen bieten hierfür präventive Injektionen an, um den Boden zu verdichten und in ein zusammenhängendes Konglomerat umzuwandeln. Das Rissrisiko kann durch derartige Bodeninjektionen kann nicht ganz ausgeschlossen werden, es reduziert sich aber erheblich.

7.1.2 Baugrunduntersuchung

Grundvoraussetzung für die Planung und Ausführung von Instandsetzungsmaßnahmen sind Kenntnisse über den Baugrund. Hierzu werden Baugrunduntersuchungen durchgeführt. Art und Umfang der Untersuchungen sind von der Komplexität des Bauwerks und den vorgefundenen Schadensbildern sowie von den zu erwartenden Baugrundverhältnissen abhängig. Nach der DIN 4020 Ausgabe 2003-09 „Geotechnische Untersuchungen für bautechnische Zwecke – Ergänzende Regelungen zu DIN EN 1997-2“ (2010) wird zwischen drei geotechnischen Kategorien unterschieden:

Zur geotechnischen Kategorie I gehören einfache Bauwerke auf ebenem und tragfähigem Untergrund, die weder die Umgebung oder das Grundwasser beeinflussen. Der Kategorie II werden Bauvorhaben zugeordnet, die weder zur Kategorie I noch zur Kategorie III zählen. Kategorie III schließlich umfasst Bauvorhaben mit schwierigen Konstruktionen und Baugrundverhältnissen, die erweiterte geotechnische Untersuchungen erfordern. Gegenstand erweiterter Baugrunduntersuchungen sind u. a. Bodenpressungen und Bodenkennwerte sowie die Wasserverhältnisse. Informationen über den Grundwasserstand und seine Schwankungen (Bemessungswasserstand) sind für jeden Baugrundgutachter von elementarem Interesse. Baugrunduntersuchungen (Bodengutachten) können ggf. auch Aufschluss über evtl. vorhandene Schadstoff-Altlasten geben.

Einfache Untersuchungen des Baugrunds vor Ort sind natürliche Aufschlüsse sowie Informationen aus geologischen Karten und Befragungen der Bewohner und/oder Eigentümer. Somit lassen sich auch ohne großen Aufwand Informationen über die Baugrundverhältnisse bekommen. Zusätzliche Informationen gewinnt man über so genannte Schürfungen, Bohrungen oder Sondierungen. Durch diese können die einzelnen Bodenschichten erkannt und analysiert werden (Abb. 7.1). Hierzu werden ungestörte Bodenproben und wenn möglich Bodenproben unterhalb der Gründung entnommen und im Labor untersucht. Schürfungen (oder Schürfgruben) werden in der Regel bis max. 3 oder 4 m ausgeführt. Hierbei ist auf eine ausreichende Sicherung der Böschungswand zu achten. Für tiefere Baugrunduntersuchungen werden in der Regel Bohrungen durchgeführt, sodass ebenfalls Bodenproben entnommen werden können. Mit Sondierungen kann die Lagerungsdichte und/oder die Konsistenz nicht bindiger Böden ermittelt werden. Aus der Summe der Ergebnisse und unter Berücksichtigung der geologischen Bedingungen vor Ort kann der Baugrundgutachter die zulässigen Belastungen des Baugrundes berechnen und ggf. die Ursachen für nachträgliche Setzungen ableiten. Die Aus- und Bewertung der Baugrunduntersuchungen erfolgt in Anlehnung an die DIN 1054 „Baugrund – Sicherheitsnachweise im Erd- und Grundbau – Ergänzende Regelungen zu DIN EN 1997-1“ (2010), in der typische Bodenkennwerte angegeben sind (Anmerkung: die Norm wurde zurückgezogen). [51]

Die Einteilung der so genannten Bodenklassen erfolgt dagegen in der DIN 18300: „VOB Vergabe- und Vertragsordnung für Bauleistungen – Teil C: Allgemeine Technische Vertragsbedingungen für Bauleistungen (ATV) – Erdarbeiten“ (2019) und richtet sich nach der Lösbarkeit und den erdbautechnischen Eigenschaften.

- Die **Bodenklasse 1** (Oberboden oder Mutterboden) ist die oberste Bodenschicht, die neben den anorganischen Stoffen auch Humus und Bodenlebewesen enthält.
- In der **Bodenklasse 2** werden fließende Bodenarten beschrieben. Das sind Böden, die von flüssiger bis zähflüssiger Beschaffenheit sind und das Wasser schwer abgeben.
- Die **Bodenklasse 3** dagegen definiert leicht lösbare Bodenarten. Zu ihnen gehören nicht bindige bis schwach bindige Sande, Kiese und Sand-Kies-Gemische mit bis zu 15 Gew.-% Beimengungen an Schluff und Ton. Außerdem dürfen dieser Bodenklasse höchstens 30 Gew.-% Steine über 63 mm Korngröße und bis zu 0,01 m^3 Rauminhalt angehören.
- Die **Bodenklasse 4** beschreibt mittelschwer lösbare Bodenarten. Hierzu gehören Ge-

Abb. 7.1 Beispiel für ein Bodenprofil

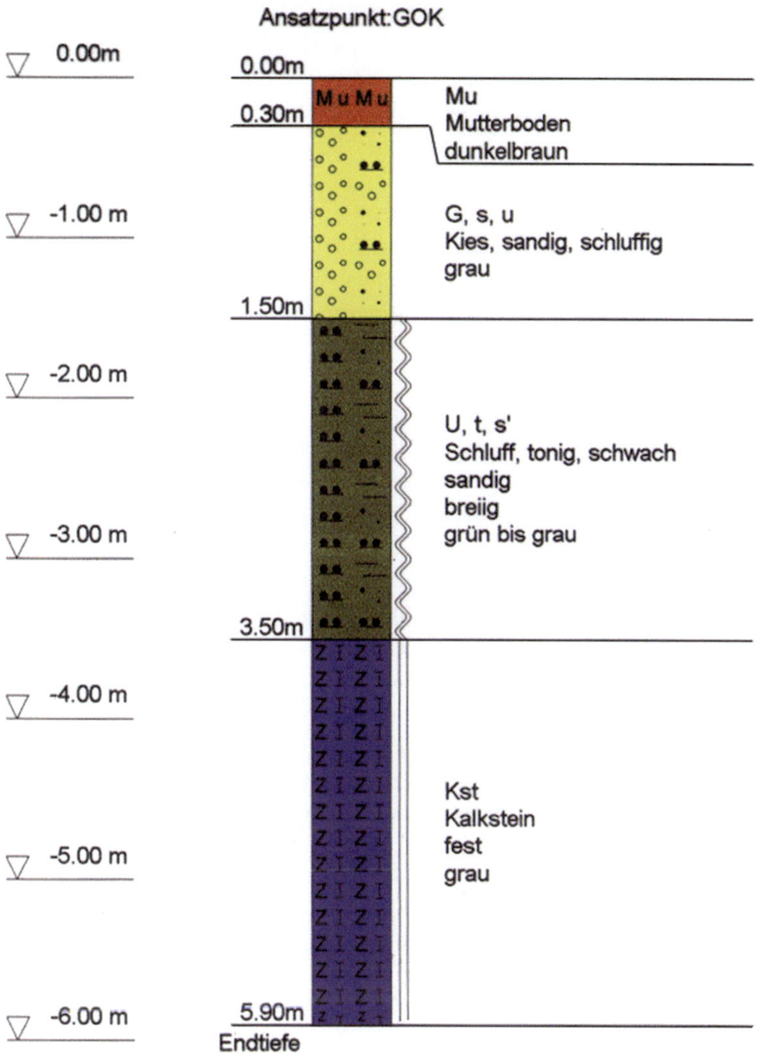

mische von Sand, Kies, Schluff und Ton mit einem Anteil von mehr als 15 Gew.-%, sowie bindige Bodenarten von leichter bis mittlerer Plastizität und mit höchstens 30 Gew.-% Steinen von über 63 mm Korngröße bis zu 0,01 m^3 Rauminhalt.

- In der **Bodenklasse 5** werden schwer lösbare Bodenarten zusammengefasst. Hierbei handelt es sich um Bodenarten nach den Bodenklassen 3 und 4, jedoch mit mehr als 30 Gew.-% Steinen von über 63 mm Korngröße bis zu 0,01 ^{3} Rauminhalt. Außerdem gehören in diese Bodenklasse auch nicht bindige und bindige Bodenarten mit höchstens 30 Gew.-% Steinen von über 0,01 m^3 bis 0,1 m^3 Rauminhalt sowie ausgeprägt plastische Tone, die je nach Wassergehalt weich bis fest sind.
- In der **Bodenklasse 6** werden der leicht lösbare Fels und vergleichbare Bodenarten beschrieben. Darunter fallen Felsarten, die einen hohen inneren, mineralisch gebundenen Zusammenhalt haben, jedoch stark klüftig, brüchig, bröckelig, schiefrig, weich oder verwittert sind. Außerdem gehören vergleichbare verfestigte nicht bindige Bodenarten in diese Klasse. **Bodenklasse 7** definiert den schwer lösbaren Fels. Zu diesem gehören Felsarten, die einen starken inneren, mineralisch ge-

bundenen Zusammenhalt und eine hohe Gefügefestigkeit haben. Diese Felsarten sind nur wenig klüftig oder verwittert. Zu dieser Bodenklasse gehören der felsgelagerte, unverwitterte Tonschiefer, Schlackenhalden der Hüttenwerke und dgl.

Von der Bodenklasse hängt u. a. auch ab, welchen Winkel eine Böschung maximal haben darf und ab wann eine Sicherung der Baugrube notwendig wird. Ist der geplante Böschungswinkel steiler, als es die Bodenklasse zulässt, sind Verbaumaßnahmen (Sicherungen) notwendig. Bei Baugruben (Aushub) mit beengten Platzverhältnissen kann dadurch verhindert werden, dass die vorhandene Böschung während der Bauzeit abrutscht oder einstürzt. Bei Böden, deren Festigkeit sich durch Frost, Austrocknen, Eindringen von Wasser oder durch Bildung von Gleitflächen verschlechtern kann, muss beachtet werden, dass die Böschungen flacher auszuführen sind, als dies in den Bodenklassen 3 bis 7 angegeben wird. Alternativ werden abgestufte Böschungen ausgeführt. Die sieben Bodenklassen (eigentlich Boden- und Felsklassen) werden durch Sachverständige der Geotechnik bzw. der Ingenieurgeologie ermittelt. [51]

Die Geotechnik ist eine interdisziplinäre Ingenieurwissenschaft, die sich im Wesentlichen aus dem Bauingenieurwesen entwickelt hat und zusätzliche Elemente der Geowissenschaften (vor allem der Geologie) beinhaltet. Unter dem Begriff „Geotechnik" werden verschiedene Ingenieurleistungen und -disziplinen zusammengefasst, die sich mit dem Baugrund befassen. Hierzu gehören z. B. der Erd- und Grundbau, die Boden- und Felsmechanik, der Fels-, Tunnel- und Bergbau sowie der Wasserbau. In Bezug auf Bauwerke befasst sich die Geotechnik mit der Gründung. Hierzu gehören z. B. die Einleitung von Kräften aus dem Bauwerk in den Untergrund, die Wechselwirkung von Kräften und Verformungen sowie die Ermittlung und Verbesserung der Tragfähigkeit des Untergrunds. Zu den wichtigsten Aufgaben des Ingenieurgeologen und Baugrundgutachters gehört die Untersuchung und Beurteilung des Untergrunds (Bodengutachten) und der Grundwasserverhältnisse (Abb. 7.2).

In der Geotechnik ist der so genannte Erddruck bedeutungsvoll und spielt insbesondere bei

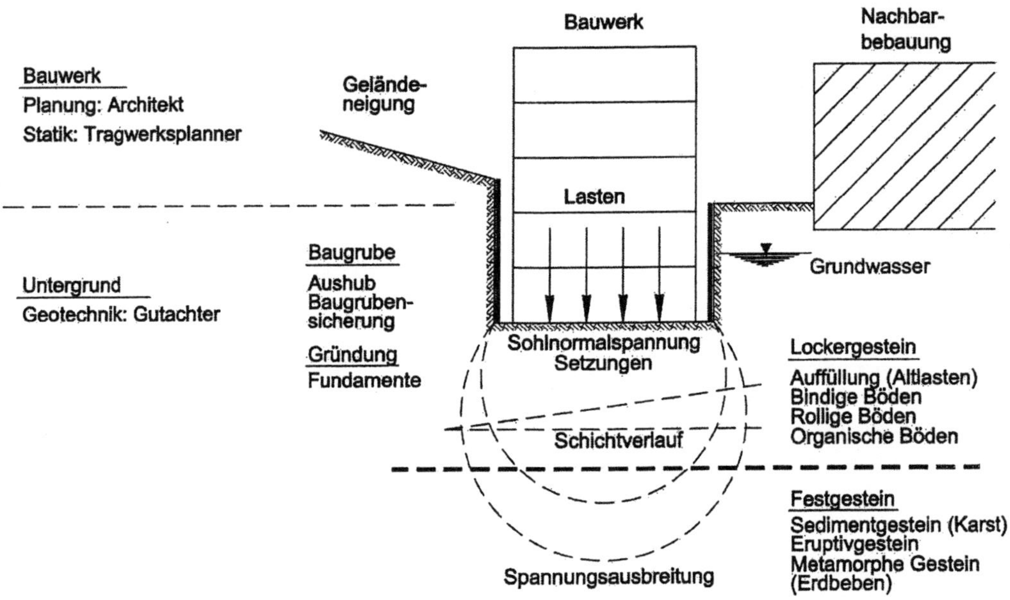

Abb. 7.2 Anforderungen aus der Geotechnik

der Gründung (Fundament) eine wichtige Rolle. Hierbei werden zwei Arten unterschieden: der aktive und passive Erddruck. Der aktive Erddruck ist der kleinste Druck, den ein Boden auf ein Bauwerk ausüben kann. Dieses Minimum wird nur erreicht, wenn das Bauwerk dem Druck in gewissen Grenzen nachgeben kann. Anderenfalls sind die Belastungen höher. Dann spricht man vom erhöhten aktiven Erddruck. Der passive Erddruck ist der größte Erddruck, mit dem ein Boden eine Bauwerkswand stützen kann. Dieses Maximum tritt im Allgemeinen erst bei einer Bewegung des Bauwerkes im Zentimeter- bzw. Dezimeterbereich auf. Aktiver und passiver Erddruck hängen u. a. von der Dichte, dem inneren Reibungswinkel des Bodens, dem Abstand von der Oberfläche und Neigung des Geländes, Auflasten, Neigung der Bauwerkswand und vom so genannten Reibungsbeiwert zwischen Boden und Wand ab. Bei sonst gleichen Bedingungen ist der passive Erddruck wesentlich größer als der aktive. Von Bedeutung ist weiterhin der so genannte Erdruhedruck, der u. a. für starre Bauwerke gilt, die von beiden Seiten verfüllt werden.[51]

Letztendlich ermitteln der Ingenieurgeologe und Baugrundgutachter wesentliche Informationen über das Baugrundverhalten. Hierbei spielt die Belastbarkeit (Komprimierbarkeit) und Scherfestigkeit eine wesentliche Rolle, da diese auf die Verformung des Baugrundes unmittelbar Einfluss nimmt. Wird der Baugrund vertikal belastet, treten zunächst Setzungen auf, da die Bodenschichten stärker zusammengedrückt werden. Dieser Vorgang ist in der Regel unkritisch und kann ohnehin nicht vermieden werden. In Abhängigkeit von den Bodenverhältnissen und deren Beschaffenheit sowie vom Zeitfaktor treten allerdings unterschiedliche Setzungen auf. Bindige Böden setzen sich langsam und ausgeprägt, da das Porenwasser langsam aus dem Boden gedrückt wird. Nicht bindige Böden dagegen setzen sich schneller und weniger, da Porenwasser nicht vorhanden ist. Außerdem stehen die Sande, Kiese etc. im direkten Kontakt zueinander. Problematisch sind Setzungen im Baugrund, wenn sie an der Gründungssohle ungleichmäßig auftreten. In diesem Fall gerät das Bauwerk in Schieflage, wodurch Spannungen am Tragwerk erzeugt werden. Gleichmäßige Setzungen schaden dem Bauwerk dagegen in der Regel nicht.[51]

Wird die Last auf den Baugrund erhöht und die kritische Bruchlast erreicht, findet eine schlagartige seitliche Verdrängung des Bodens statt. Das Fundament versinkt infolgedessen nach unten oder zur Seite, sodass ein Grundbruch eintritt. Die Gefahr eines Grundbruchs wird zunehmend größer, je kleiner die Breite und Einbindetiefe des Fundaments und je geringer die Scherfestigkeit des Bodens sind. Weiterhin erhöhen Neigung und Exzentrizität der Last das Risiko für einen Grundbruch. Die Begriffserläuterung für das Baugrundrisiko findet sich in der DIN 4020 „Geotechnische Untersuchungen für bautechnische Zwecke – Ergänzende Regelungen zu DIN EN 1997-2“ (2010) im Abschn. 3.5 wie folgt:

> „…ein in der Natur der Sache liegendes unvermeidbares Restrisiko, das bei Inanspruchnahme des Baugrunds zu unvorhersehbaren Wirkungen bzw. Erschwernissen, z. B. Bauschäden oder Bauverzögerungen führen kann, obwohl derjenige, der den Baugrund zur Verfügung stellt, seiner Verpflichtung zur Untersuchung und Beschreibung der Baugrund- und Grundwasserverhältnisse nach den Regeln der Technik zuvor vollständig nachgekommen ist und obwohl der Bauausführende seiner eigenen Prüfungs- und Hinweispflicht Genüge getan hat …“

Diese Definition wurde in der neuen DIN EN 1997-2 „Eurocode 7: Entwurf, Berechnung und Bemessung in der Geotechnik – Teil 2: Erkundung und Untersuchung des Baugrunds“ (2007) als Nachfolger der DIN 4020 im Anhang aufgeführt (Anmerkung: die DIN EN 1997 wurde zurückgezogen). Das Baugrundrisiko darf nicht mit dem so genannten Systemrisiko verwechselt werden. Dieses liegt vor, wenn trotz einer entsprechenden Baugrunduntersuchung und -beschreibung sowie einer Übereinstimmung zwischen dem angetroffenen mit dem beschriebenen Baugrund und fachlich richtiger Ausführung trotzdem ein Schaden und/oder ein Mangel eintritt, weil systembedingt kein mangelfreies Bauwerk entstehen kann.[51]

Vor der Sanierung (Verbesserung) des Baugrundes müssen auch Untersuchungen am Tragwerk (Mauerwerk oder Betonbauteil) durchgeführt werden. Beide Maßnahmen, Baugrundverbesserung und Untersuchungen am Tragwerk, stehen in unmittelbarem Zusammenhang.

7.1.3 Nachgründungen

Die Sanierung einer mangelhaften Bauwerksgründung kann entweder durch eine Nachgründung des Bestandsgebäudes oder durch eine Ertüchtigung des unterhalb der Gründungsebene vorhandenen Baugrundes erfolgen.

Bei der Nachgründung wird die Fundamentlast eines flach gegründeten Bauwerks von der bisherigen Gründungsebene auf eine neue und tiefere Gründungsebene umgesetzt. Problematisch hierbei ist, dass es aufgrund des Eintrags der Lasten in tiefere Schichten zwangsläufig zu Verformungen am Gebäudekörper kommt. Welche Art der Tieferführung der Fundamentlasten im jeweiligen Einzelfall sinnvoll sind, muss am Objekt individuell festgelegt werden. Grundsätzlich werden zwei Verfahrenstypen unterschieden:

- Herkömmliche Unterfangung (z. B. aus Mauerwerk, bewehrtem Beton oder unbewehrtem Beton) sowie
- Verfahren aus dem Spezialtiefbau (z. B. mit dem Düsenstrahlverfahren, Verpresspfahlgründungen, Injektionen, Bodenvernadelungen oder Unterfangungen mit Presspfählen).

Elementar bei der Planung und Bemessung von Nachgründungen sind die zu ermittelnden geotechnischen Daten zum Baugrundaufbau und der geometrischen Daten der zu unterfangenden Bauwerksteile. Außerdem muss eine Einschätzung/Ermittlung der Last und des Kraftflusses innerhalb der zu unterfangenden Bauteile erfolgen. Selbstverständlich sollte sein, dass hierbei ein besonderes Augenmerk auf evtl. das Tragwerk bestimmenden, im Bauwerk ggf. verdeckt vorhandenen Stützen, Pfeiler, Gewölbe und dgl. liegen muss.

Neben diesen Ausschachtungsgrenzen senkrecht zum zu unterfangenden Bauwerk ist bei allen Unterfangungsarbeiten von elementarer Bedeutung, dass die zu unterfangenden Wände jeweils nur abschnittsweise mit einer Breite von ≤ 1,25 m unterfangen werden dürfen. Die Reihenfolge der aufeinander folgenden Arbeiten ist in einer Fachplanung festzulegen. Auf weiterführende Informationen in der DIN 4123 „Ausschachtungen, Gründungen und Unterfangungen im Bereich bestehender Gebäude“ (2013) wird ausdrücklich verwiesen. Die Baustellenüberwachung, Qualitätssicherung und Dokumentation sind wesentliche Bestandteile der Fachbauleitung.

7.1.4 Baugrundverbesserungen

Erfüllt der Baugrund nicht die geforderten Eigenschaften, sind entsprechende technische Maßnahmen zur Baugrundverbesserung (auch Bodenverbesserung) auszuführen. Diese Maßnahmen verbessern die Standsicherheit und vermindern das Ausmaß von Setzungen. Bei einem Neubau, also vor dem Errichten eines Gebäudes, kann zwischen den folgenden Maßnahmen unterschieden werden:

- Bodenaustausch,
- Bodenverfestigung und
- Bodenvereisung (unter bestimmten Voraussetzungen).

Beim Bodenaustausch wird der nicht tragfähige Boden ganz oder teilweise durch geeignete Bodenarten ausgetauscht. Dieses Verfahren ist wirtschaftlich, wenn Bodenschichten mit relativ geringem Volumen ausgetauscht werden müssen und geeigneter Ersatzboden günstig verfügbar ist. Beim Einbau des Ersatzbodens ist auf eine ausreichende Verdichtung zu achten. Bei der Bodenverfestigung wird durch die Zugabe von Bindemitteln (z. B. Kalk oder Zement) die Stabilität nicht tragfähiger Böden verbessert. Bei der Bodenvereisung wird mit Hilfe eines Kühlmittels das Porenwasser im Boden vereist und damit eine ausreichende Stabilität erzeugt. Das Verfahren ist sehr kostenintensiv und wird daher nur zur temporären Sicherung oder Abdichtung von Baugruben verwendet.[51]

Soll oder kann am bestehenden Baugrund keine Veränderung vorgenommen werden, besteht alternativ die Möglichkeit, anstelle einer Flachgründung eine Tiefgründung auszuführen und somit eine tragfähige Grundlage für die Fundamente zu schaffen. Das bekannteste Beispiel hierfür ist eine Pfahlgründung.

7.1.5 Nachträgliche Baugrundverfestigung

Der Bodenaustausch und die Bodenvereisung können als Maßnahmen für die Baugrundverbesserung nachträglich nicht angewendet werden. Somit verbleibt für die Instandsetzung baugrundbedingter Risse an Gebäuden im Bestand als mögliche Maßnahme nur die Bodenverfestigung, die mit Hilfe verschiedener Injektionstechniken durchgeführt werden kann. Es werden folgende Injektionsverfahren eingesetzt:

- Poreninjektionsverfahren (Niederdruck),
- Verdrängungsinjektionsverfahren (Druck) und das
- Düsenstrahlverfahren (Hochdruck).

Abb. 7.3 nachträgliche Verfestigung des Baugrundes durch spezielle Bodeninjektionen

Das Ziel der **Poreninjektion** (Abb. 7.3) besteht darin, die Tragfähigkeit des Baugrundes zu verbessern. Hierfür werden mineralische Bindemittel, z. B. Zement, eingesetzt, mit denen bestehende Hohlräume, Spalten und Klüfte verfüllt sowie lose Bodenkörner gebunden werden. Vor dem Einbringen (Injektion, Einpressen) der Zementsuspension werden die Injektionslanzen in einem Abstand von mehr als 2 m auf die erforderliche Tiefe in den Baugrund abgesenkt. Während der Injektion im Niederdruckverfahren werden die Injektionslanzen sukzessive herausgezogen, um eine gleichmäßige Verteilung der Zementsuspension im Injektionskanal sicher zu stellen. Eingesetzte Zemente haben eine Partikelgröße von 20 bis 50 µm. Während der Injektion soll die Zementsuspension ständig in Bewegung gehalten werden, um eine evtl. Sedimentierung zu vermeiden. Außerdem muss die eingepresste Zementsuspension während der Abbindung gegen einströmendes Wasser geschützt werden. Der Materialverbrauch beim Injizieren in sandigen und kiesigen Böden liegt bei 100 bis 300 kg/m^3 behandeltem Boden.

Im Gegensatz hierzu wird bei der so genannten **Verdrängungsinjektion** ein steifes Injektionsmaterial in den Boden gepresst und verdichtet. Hierzu werden mineralische Mörtel oder Kunstharze eingesetzt und über Injektionslanzen in verschiedenen Tiefen in den Baugrund gepresst. Ziel der Verdrängungsinjektion ist die Bodenverdrängung und damit die Verdichtung des umgebenden Bodens. In Folge der Verdichtung des Bodens, der Erhöhung der Horizontalspannungen sowie des Einbringens des Injektionsmaterials selbst wird die Tragfähigkeit des Baugrundes erhöht. Durch überlappende Injektionsbereiche wird ein homogener, verfestigter Baugrund hergestellt.

Das aufwändigste Injektionsverfahren für die Bodenverfestigung ist das Düsenstrahlverfahren. Das Grundprinzip besteht darin, dass der Boden mit einem Hochdruckdüsenstrahl in seinem

Gefüge gelöst und aufgelockert wird, bevor anschließend der Boden mit einem Injektionsmaterial vermischt wird. Genau genommen wird mit diesem Verfahren versucht, eine Unabhängigkeit des Baugrunds vom vorhandenen Boden zu erreichen und quasi einen „Erdbeton" herzustellen. Dies erfolgt, in dem zunächst ein Spezialbohrer bis auf die vorgesehene Tiefe eingeführt und anschließend langsam zurückgezogen wird. Hierbei wird das Injektionsmaterial mit einem Druck von mehreren 100 bar über Düsen am unteren Bohrer herausgepresst. Infolgedessen wird der Boden (Baugrund) aufgeschnitten, durchgemischt und mit dem Injektionsmaterial vermischt. Durch die Rotation und die Aufwärtsbewegung des Spezialbohrers entsteht so ein homogener zylindrischer Körper als Baugrund aus einem Gemisch von Boden und eingebrachtem Injektionsmaterial.

Die Auswahl der eingesetzten Bindemittel richtet sich u. a. nach der Festigkeit und Dichte des Bodens. Eingesetzt werden klassische Zementmörtel, Zementsuspensionen, Mikro- und Ultrafeinstzemente, Silikatgele und Kunststofflösungen. Ideal sind expandierende Spezialharze, da sich diese vor allem in Bereichen mit geringstem Widerstand ausdehnen, wo eine Verdichtung am notwendigsten ist. Sobald der Untergrund in seitlicher und Abwärtsrichtung einen ausreichend großen Widerstand entwickelt hat, kann das Spezialharz nur noch nach oben ausweichen. Dieses Expandieren kann über einen Laser registriert und dokumentiert werden. Zunächst werden Bohrlöcher mit einem Durchmesser von 12 bis 16 mm und einem Abstand von 60 bis max. 100 cm schräg durch die Fundamentsohle gebohrt. Bei Bodenschichten bis ca. 3 m Tiefe werden die Bohrungen entlang der Fundamentgründung ausgeführt. Nachdem die Injektionslanzen eingeführt wurden, wird das 2-komponentige Spezialharz unter Druck gleichmäßig injiziert. Bereits nach 5 bis 10 s fängt dieses Expansionsharz an, sich auszudehnen. Hierbei bilden sich zunächst vertikale, fein verästelte Harzlamellen aus, die zunächst eine horizontale Verspannung und Verdichtung im Baugrund bewirken. Bereits nach 20 bis 30 s hat das Spezialharz ein Vielfaches seines ursprünglichen Volumens erreicht.[52]

7.2 Instandsetzung konstruktivbedingter Risse

7.2.1 Instandsetzungsziel und -planung

Eine zuverlässige und nachhaltige Instandsetzung von Bauteilen mit konstruktivbedingten Rissen ist nur mit einem umfassenden bauwerksbezogenen Instandsetzungskonzept möglich. Voraussetzung für dessen Erstellung ist eine Rissanalyse, in der sämtliche Merkmale und Ursachen der Rissbildung genau erfasst und dokumentiert werden. Die Abschätzung der künftigen Rissbreitenänderungen oder Rissflankenverschiebungen auf der Grundlage der Diagnostik und Bewertung der vorhandenen Risse ist demzufolge eine ganz wesentliche Voraussetzung für das Instandsetzungsziel sowie für die Auswahl geeigneter Instandsetzungsverfahren und -systeme.

Das Instandsetzungsziel kann in der Regel nur die Herstellung des Bauwerkszustandes (Soll-Zustand) beinhalten, der die Gebrauchstauglichkeit, die Dauerhaftigkeit und die Standsicherheit sicherstellt. Zusätzlich können in Abhängigkeit von der Art und Nutzung des Bauwerkes optische Anforderungen vorliegen oder ästhetische und/oder denkmalpflegerische Auflagen zu erfüllen sein. In der Regel diktiert auch die Wirtschaftlichkeit das Instandsetzungsziel sowie die daraus abzuleitenden Maßnahmen. Infolgedessen kann das o. g. Instandsetzungsziel eines nutzbaren, dauerhaften und standsicheren Bauwerkes in ausreichender oder vorgegebener Optik durch verschiedene Methoden erreicht werden:

- Rück- und Neubau (als sicherste, aber auch aufwändigste Methode)
- Tolerieren der Risse (wenn dadurch keine Beeinträchtigungen auftreten werden)
- Beschichten der Risse (wenn keine wesentliche Rissbreitenänderung zu erwarten ist)
- Füllen der Risse (durch Tränken oder Injizieren)
- Herstellen von Fugen (wenn die zu erwartende Rissbewegung größer ist als die Dehnfähigkeit des Füllgutes)
- Herstellen einer Entkopplungsschicht (z. B. durch Wärmedämm-Verbundsysteme)

Ein Schwerpunkt der nachfolgenden Ausführungen liegt auf dem Füllen der Risse und Hohlräume. Hierbei wird unterschieden zwischen dem Füllen der Risse ohne Druck (Tränkung) und mit Druck (Injektion). Durch das **Füllen** können unterschiedliche Zielsetzungen verfolgt werden. Hierzu gehören das Schließen oder Abdichten der Risse sowie das dehnfähige oder kraftschlüssige Verbinden der Rissflanken. Durch das **Schließen** der Risse wird das Eindringen von korrosionsfördernden Stoffen in die Bauteile verzögert oder verhindert. Durch das Abdichten werden riss- oder hohlraumbedingte Undichtigkeiten des Bauteils beseitigt. Das dehnfähige Verbinden stellt eine begrenzt dehnbare, dichtende Verbindung zwischen zwei Rissflanken her. Das kraftschlüssige Verbinden dient zum Herstellen einer zug- und druckfesten, tragfähigen Verbindung der Rissflanken. Sowohl das dehnfähige und als auch das kraftschlüssige Verbinden der Rissflanken tragen zur Beseitigung der riss- und hohlraumbedingten Undichtigkeit des Bauteils bei.

Neben den Verfahren (Füllarten) ist auch zwischen verschiedenen Materialien (Rissfüllstoffe) zu unterscheiden, deren Auswahl und Eignung u. a. abhängig sind von der Beurteilung:

- der Rissart (oberflächige Risse, Trennrisse, Hohlräume)
- des Rissverlaufs (Biegerisse, Schubrisse),
- der Rissbreite,
- der Rissursache,
- der Rissbreitenänderung während des Füllens und im gefüllten Zustand,
- der lastbedingten oder thermisch bedingten Rissbreitenänderung,
- des Feuchtezustandes der Risse und
- des Zustands der Rissflanken.

Nach Beurteilung dieser Kriterien sind Aussagen über die Notwendigkeit, die Ziele und Art des Füllens sowie über das Risiko einer erneuten Rissbildung und eventueller Undichtigkeiten möglich. Das Füllen von Rissen und Hohlräumen darf nur unter Einhaltung bestimmter, materialspezifischer Anwendungsbedingungen erfolgen. Die Einhaltung ist, falls erforderlich, durch Messungen am Bauwerk während der Ausführung zu dokumentieren.

Die Instandsetzungsmethode richtet sich ganz wesentlich nach der Rissbreite und/oder nach der Rissbreitenänderung. Diese können hervorgerufen werden durch

- kurzzeitig (z. B. in Folge von Verkehrsbelastungen),
- täglich (durch witterungsbedingte Temperaturschwankungen) oder
- langfristig (durch jahreszeitlich bedingte Temperaturschwankungen).

Rissbreiten von < 0,2 mm können durch eine rissüberbrückende Beschichtung überbrückt werden. Rissbreiten > 0,2 mm dagegen müssen durch Füllen oder Injizieren geschlossen werden. Des Weiteren werden die Rissbreiten nach ihrer Umgebung bewertet. In aggressiver Umgebung, im Wasser und bei Spannbewehrung müssen Risse < 0,1 mm geschlossen werden. In feuchten Innenräumen und im Freien gelten hierfür Rissbreiten < 0,2 mm und in trockenen Innenräumen < 0,3 mm.

Sofern eine bestimmte Rissbreite nicht überschritten wird, ist für einen dauerhaften Korrosionsschutz der Bewehrung nicht die Rissbreite allein relevant, sondern auch die Tiefe und vor allem die Dicke der Betonüberdeckung in der Umgebung des Risses. Hierbei sind die Anforderungen der DIN 1045 „Tragwerke aus Beton, Stahlbeton und Spannbeton" (2023) und DIN EN 206-1 „Beton – Teil 1: Festlegung, Eigenschaften, Herstellung und Konformität" (Anmerkung: diese Norm wurde zurückgezogen) zu beachten.

Eine nachhaltige Instandsetzung hängt ganz wesentlich davon ab, dass keine beton- oder das Füllgut schädigenden oder die Haftfestigkeit mindernden Ein- und Ablagerungen sowie Verschmutzungen im Riss vorhanden sind. Ablagerungen und Verkrustungen oder Verunreinigungen durch Öle und Fette an den Rissufern und -flanken sowie lose Teile führen zu einer Verminderung des Haftverbundes innerhalb des Risses und bei der Verdämmung. Carbonatisierte Rissflanken und/oder -ufer können z. B.

versprödend reagieren und zu Sekundärrissen führen. Vor weiteren Maßnahmen sollte stets eine Reinigung der Risszone erfolgen.

7.2.2 Injektion bei gerissenen Betonbauteilen

7.2.2.1 Regelwerke

In den technischen Regelwerken, insbesondere der ZTV-ING, werden Anforderungen an die Instandsetzung gerissener Bauteile definiert. Diese beziehen sich auf die am häufigsten auftretenden Standardfälle. Bei Abweichungen von diesen wie z. B. bei sehr großen Bauteildicken, schwer zugänglichen Rissbereichen, stark wasserführenden Rissen, sehr feinen Rissbreiten, die trotzdem saniert werden müssen, sowie bei zu erwartenden Rissbewegungen, die die Anwendungsgrenzen der Füllgüter überschreiten, muss der Instandsetzungsplaner zweckmäßige Lösungen suchen, mit denen das ursprünglich definierte Instandsetzungsziel erreicht werden kann.

Für Injektionen an Ingenieurbauwerken nach DIN 1076 „Ingenieurbauwerke im Zuge von Straßen und Wegen – Überwachung und Prüfung" (1999) (außer an so genannten Wasserbauwerken) gelten die Technischen Lieferbedingungen (TL) und Technische Prüfbedingungen (TP) der in der ZTV-ING integrierten ZTV-RISS. Für die übrigen Betonbauwerke sind Regelungen in der Rili SIB des DafStb angegeben. Mit der Überarbeitung der Rili SIB wurden die Liefer- und Prüfbedingungen aus der überarbeiteten früheren ZTV-RISS übernommen.

Die Instandsetzung gerissener Bauteile (Abb. 7.4) erfolgt entweder durch eine Tränkung (nur oberflächennahe Rissfüllung ohne Druck) oder durch eine Injektion (Rissfüllung unter Druck) (Tab. 7.1). Nach der Zielstellung werden unterschieden:

- Kraftschlüssiges oder dehnfähiges Verbinden der Rissflanken sowie
- Abdichtende oder kraftschlüssige Injektionen.

Kraftschlüssiges und dehnfähiges Verbinden von Rissflanken schließen sich hierbei gegenseitig aus. Sind aus statischen Gründen zug- und druckfeste Verbindungen der Rissflanken notwendig, werden entweder Zementleim, Zementsuspension oder Epoxidharz injiziert (kraftschlüssiges Verbinden). Da in Folge der im Beton enthaltenen groben Zuschläge die Rissflanken in der Regel gezackt und unregelmäßig ausgebildet sind, wird bei der Verfüllung auch die Fähigkeit des Betons wieder hergestellt, Kräfte aufzunehmen, die nicht rechtwinklig, sondern auch schräg oder gar parallel zu den Rissflanken verlaufen.

Abb. 7.4 Riss im Betonbauteil

Tab. 7.1 Maßnahmen des Füllens von Rissen bzw. Hohlräumen nach ZTV-ING und Rili SIB und deren Kurzbezeichnung

Bezeichnung	Maßnahmen	Abk.
EP-T	Tränkung mit Epoxidharz	EP
ZL-T	Tränkung mit Zementleim	ZL
ZS-T	Tränkung mit Zementsuspension	ZS
EP-I	Injektion mit Epoxidharz	EP
PUR-I	Injektion mit Polyurethanharz	PUR
ZL-I	Injektion mit Zementleim	ZL
ZS-I	Injektion mit Zementsuspension	ZS

Tab. 7.2 Feuchtezustand des Füllbereiches je nach Injektionsstoff

	Feuchtezustand* des Füllbereiches			
Ziel	Trocken	Feucht	Drucklos wasserführend	Unter Druck wasserführend
Schließen durch Tränkung	EP, ZL, ZS			
Schließen und Abdichten durch Injektion	EP, PUR, ZL, ZS	PUR, ZL, ZS	PUR, ZL, ZS	PUR, ZL, ZS
Dehnfähiges Verbinden	PUR	PUR	PUR	PUR
Kraftschlüssiges Verbinden	EP, ZL, ZS	ZL, ZS	ZL, ZS	ZL, ZS

* feucht (= Farbtonveränderung), drucklos wasserführend (= Wasser in feinen Tropfen), unter Druck wasserführend (= zusammenhängender Wasserfilm)

Zur Abdichtung von gerissenen Bauteilen und bei sich bewegenden Fugenflanken werden dagegen zweikomponentige Polyurethanharze injiziert. Diese weisen nach der Aushärtung eine hohe bis gute Elastizität auf und behalten durch ihre gute Haftung an den Rissflanken – auch bei leichten Verformungen des Bauteils – ihre abdichtende Funktion (dehnfähiges Verbinden). Bei der Instandsetzung wasserführender Risse werden schnell schäumende Polyurethane (SPUR) an der Wassereintrittsstelle im hinteren Drittel oder hinter dem Riss eingesetzt. Diese SPUR haben nur eine temporäre abdichtende Funktion, die den nachfolgenden Einsatz der „regulären" Injektionsstoffe ermöglicht. Auswahl und Eignung der Injektionsstoffe sind u. a. vom Feuchtezustand des Füllbereiches abhängig. Für die richtige Auswahl muss festgestellt werden, ob der Riss trocken, feucht oder wasserführend ist, da Feuchtigkeit bei einigen Injektionsstoffen zu unerwünschten Reaktionen führen kann (Tab. 7.2). Gemäß ZTV-ING (RISS) werden diese Feuchtezustände (Abb. 7.5, Abb. 7.6, Abb. 7.7) wie folgt unterschieden:

Abb. 7.5 Anordnung der Injektionspacker

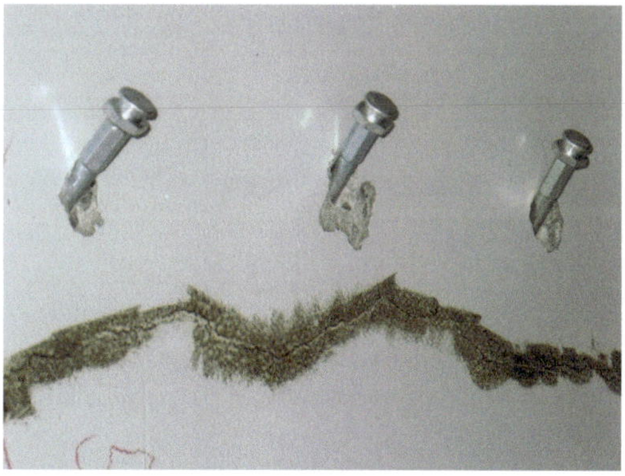

Abb. 7.6 Anordnung der Injektionspacker

- **Trocken**
  - Wasserzutritt nicht möglich,
  - Beeinflussung des Rissbereiches durch Wasser nicht feststellbar,
  - Wasserzutritt möglich, aber seit längerer Zeit auszuschließen,
  - Rissufer und -flanken optisch trocken (Beurteilung an Trockenbohrkernen)
- **Feucht**
  - Farbtonveränderung im Rissbereich durch Wasser erkennbar, allerdings kein Wasseraustritt

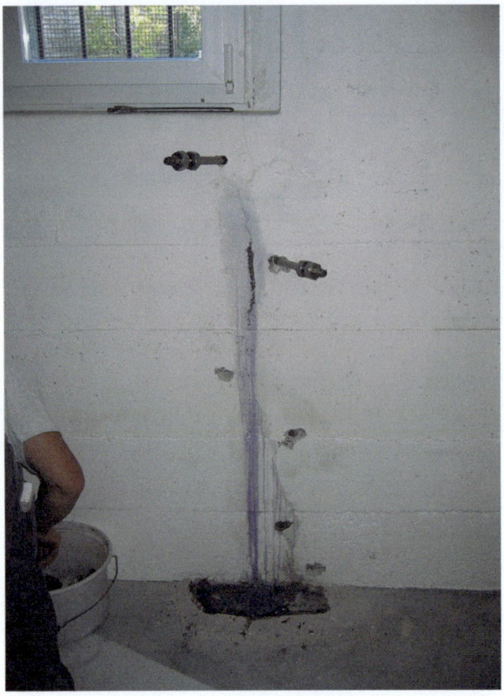

Abb. 7.7 Anordnung der Injektionspacker

  - Anzeichen für Wasseraustritt in der jüngeren Vergangenheit erkennbar
  - Rissufer und -flanken optisch feststellbar feucht oder matt-feucht (Beurteilung an Trockenbohrkernen)
- **Drucklos wasserführend**
  - Wasser in feinen Tröpfchen im Rissbereich erkennbar
  - Wasser perlt aus dem Rissbereich
- **Unter Druck wasserführend**
  - Zusammenhängender Wasserfilm tritt aus dem Riss aus

Im Zuge der europaweiten Harmonisierung der Normen wurde die DIN EN 1504 „Produkte und Systeme für den Schutz und die Instandsetzung von Betontragwerken" (2005) erstellt. Diese gliedert sich in zehn Teile (Hauptnormen), in denen auf ca. 100 zugehörige Prüfnormen verwiesen wird (Tab. 7.3). Bei den Teilen 2 bis 7 handelt es sich um so genannte mandatierte, harmonisierte Produktnormen. Dies bedeutet, dass sie für alle europäischen Mitgliedsstaaten gelten und das

Tab. 7.3 Normenreihe DIN EN 1504 und nationale Regelungen

Teil von DIN EN 1504	Produkt/Gegenstand	nationale Regelung
Teil 1	Definitionen	(keine Produktnorm)
Teil 2	Oberflächenschutzsysteme für Beton	Restnorm[1)]
Teil 3	Statisch und nicht statisch relevante Instandsetzung (Schutz-/Instandsetzungs-mörtel, -beton)	Erstellung eines Anpassungsdokuments ist gescheitert
Teil 4	Kleber für Bauzwecke - für Ankleben von Laschen - für Ankleben von Mörtel/Beton	abZ abZ
Teil 5	Injektion von Betonbauteilen - Rissfüllstoffe für kraftschlüssiges Verbinden - Rissfüllstoffe für dehnfähiges Verbinden - Gele	Restnorm[1)] Restnorm[1)] Ausschließen[2)]
Teil 6	Mörtel zur Verankerung der Bewehrung	abZ
Teil 7	Vermeidung von Korrosion der Bewehrung (Beschichtungsstoffe für Betonstahlbewehrung)	Erstellung eines Anpassungsdokuments ist gescheitert
Teil 8	Qualitätsüberwachung und Beurteilung der Konformität	(keine Produktnormen) Es gilt die Instandsetzungs-Richtlinie des DafStb
Teil 9	Allgemeine Prinzipien für die Anwendung von Produkten und Systemen	
Teil 10	Anwendung von Produkten und Systemen auf der Baustelle, Qualitätsüberwachung der Ausführung	

[1)] zur Anpassung an die SIB-Richtlinie des DafStb
[2)] von der Verwendung in bewehrten, tragenden Bauteilen wegen Korrosionsgefahr ausgeschlossen

In-Verkehr-Bringen der Instandsetzungsprodukte regeln.

Im Teil 5 „Injektionen von Betonbauteilen" werden die Instandsetzung gerissener Bauteile und die Rissfüllstoffe behandelt. Aus deutscher Sicht weist dieser Teil (wie auch die Teile 2 bis 4) inhaltliche Schwächen (Lücken) auf, sodass für deren Einsatz im standsicherheitsrelevanten Bereich jeweils eine Restnorm erarbeitet wurde. Hierbei handelt es sich um die DIN V 18028 „Rissfüllstoffe nach DIN EN 1504-5 mit besonderen Eigenschaften" (Anmerkung: Diese Produktnorm wurde in der Zwischenzeit zurückgezogen). Die Ausführung wird weiterhin über die Instandsetzungsrichtlinie des DafStb geregelt. Die Rissfüllstoffe werden nach den Anwendungsbereichen in drei Klassen eingeteilt.

- zum kraftschlüssigen Füllen (F) von Rissen und Hohlräumen,
- zum dehnfähigen Füllen (D) von Rissen und Hohlräumen
- zum Schließen und Abdichten.

Somit wurden im Vergleich zu den nationalen Regelungen die quellfähigen Injektionsstoffe hinzugefügt. Die DIN V 18028 definierte Anforderungen an die Rissfüllstoffe und forderte zusätzlich zu den europäischen Anforderungen die Prüfung der Injizierbarkeit (Injektionsbalken). Somit enthielt diese Restnorm zusätzliche Festlegungen für Rissfüllstoffe nach DIN EN 1504-5, um diese bei Instandsetzungen und Schutzmaßnahmen nach der Instandsetzungs-Richtlinie anwenden zu können. Ergänzend wurden Festlegungen für Polyurethanschaum (SPUR) getroffen. Diese Vornorm enthielt keine zusätzlichen Festlegungen für quellfähige Stoffe nach DIN EN 1504-5, da diese Stoffe im Anwendungsbereich der Instandsetzungs-Richtlinie ausgeschlossen waren.

Für Rissfüllstoffe nach DIN EN 1504 Teil 5 zum kraftschlüssigen Füllen nach der Instandsetzungsrichtlinie sind die Anforderungen der Tab. 1 DIN V 18028 Teil 6, zum dehnfähigen Füllen die Anforderungen der Tab. 2, nachzuweisen. Hierbei sind die Anforderungen in Zeile 1 bis 8 in Tab. 2 Bestandteil der nach DIN EN 1504 Teil 5 durchzuführenden Erstprüfung.

7.2.2.2 Drucklose Injektionen

Zunächst soll die drucklose Injektion (Tränken) beschrieben werden (Abb. 7.8). Bei diesem Verfahren wird der Füllstoff über die kapillare Saugwirkung in den Riss eingebracht, bis eine Sättigung einsetzt und kein weiteres Material aufgenommen werden kann. Das Ziel gilt in der Regel als erreicht, wenn die Risse mindestens bis zu einer Tiefe von 5 mm bzw. der 15-fachen Rissbreite gefüllt sind, wobei der höhere Wert angesetzt werden muss. Dies kann über so genannte Schwalbennester oder durch Aufpinseln des Füllstoffes erfolgen, weshalb man auch von der „Pinselinjektion" spricht (Abb. 7.9, Abb. 7.10). Selbstverständlich können auch Materialschläuche oder trichterartige Vorrichtungen verwendet werden. Eingesetzt werden 2-komponentige, ungefüllte Epoxidharze (EP-T) sowie Zementleime (ZL) und Zementsuspensionen (ZS). Die Mindestbreite der Risse ist von der Füllstoffart abhängig. Bei dem Einsatz von Epoxidharz muss diese mindestens 0,2 mm betragen. Bei Zement-

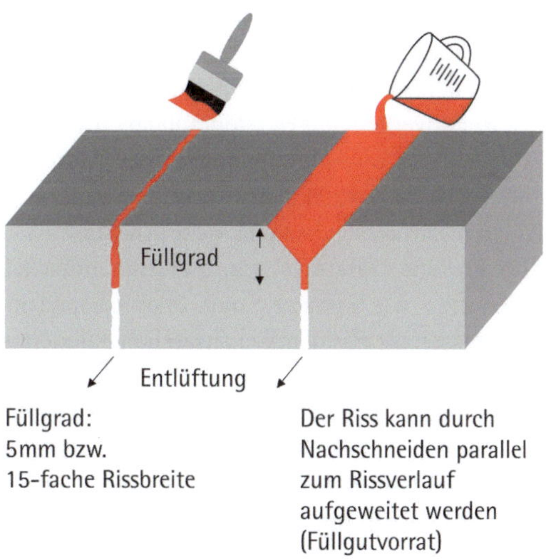

Abb. 7.8 schematische Darstellung für das drucklose Befüllen von Rissen

Abb. 7.9 druckloses Befüllen von Rissen

Abb. 7.10 druckloses Befüllen von Rissen

suspension beträgt sie 0,4 mm und bei Zementleim 0,8 mm.

Von den zu verschießenden Rissen sind gemäß den Regelwerken und Herstellerangaben vor dem Tränken lose und haftungsmindernde Stoffe zu entfernen. Dies kann z. B. durch Absaugen mit einem Industriestaubsauger oder Ausblasen mit ölfreier Druckluft erfolgen. Bei mineralischen Füllstoffen wie Zementleimen oder -suspensionen müssen die Rissflanken zusätzlich befeuchtet werden.

Bei diesem Verfahren muss beachtet werden, dass nur der oberflächige oder obere Bereich des Risses gefüllt wird. Infolgedessen ist dieses Verfahren auch nur zum Verschließen von Rissen geeignet. Schon bei geringen Rissbreitenänderungen ist mit einem Abriss an den Rissflanken zu rechnen, sodass der Riss wieder offen ist. Das Tränken ist deshalb nur bei Bauteilen mit beruhigten Rissen geeignet.[53]

Abb. 7.11 Druckinjektion

7.2.2.3 Druckinjektionen

Im Gegensatz zur drucklosen Injektion werden für die Druckinjektion (Abb. 7.11) ein Injektionsgerät (bzw. die Injektionspumpe), eine evtl. notwendige Mischpumpe zum Herstellen des Füllstoffes als Stoffgemisch, Einfüllstutzen bzw. Packer oder Injektionslanzen, ggf. ein Injektionsschlauch sowie eine Verdämmung und Injektions- oder Füllstoffe benötigt. Die Druckinjektion stellt demzufolge ein komplexes Injektionssystem bzw. eine Injektionstechnologie dar. Folglich müssen bei der Ausführung die Regelwerke, Zulassungen sowie Herstellerangaben beachtet werden. Für die Ausführung der Druckinjektion werden insbesondere benötigt:

- Klebe- und Bohrpacker (Schlag- oder Schraubpacker) (Abb. 7.12, Abb. 7.13),
- Reaktionsfüllstoffe Epoxidharz (EP) und Polyurethan (PU)
- sowie mineralische Füllstoffe Zementleim (ZL) und Zementsuspension (ZS).

Bei **Epoxidharzen** handelt es sich um eine Gruppe von reaktiven organischen Verbindungen, die im ausreagierten (gehärteten) Zustand einen duroplastischen Kunststoff von hoher Festigkeit und chemischer Beständigkeit darstellen. Zur Herstellung werden das eigentliche Epoxidharz und der Härter gründlich vermischt. Je nach Zusammensetzung und Temperatur erfolgt innerhalb von wenigen Minuten bis mehreren Wochen die Aushärtung der ursprünglich flüssigen

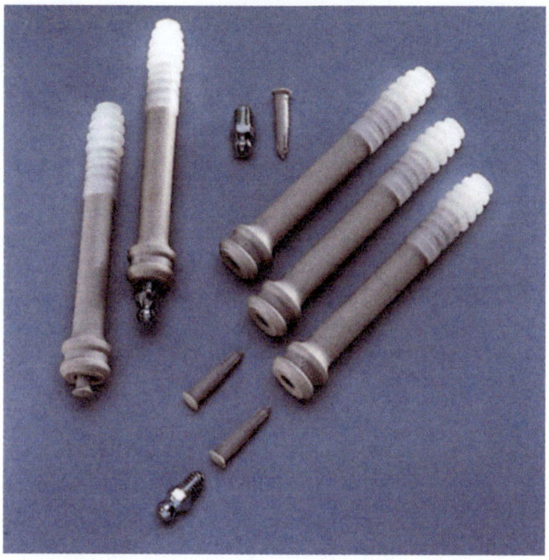

Abb. 7.12 Darstellung verschiedener Schlagpacker

Abb. 7.13 Darstellung verschiedener Schraubpacker

Komponente in Folge der Polymerisation durch Polyaddition. Epoxidharze können lösemittel- oder wasserverdünnbar sein, nach dem Abbinden sind sie vollständig vernetzt. Dies bedeutet, dass sie ein hohes Haftvermögen auf den verschiedensten Untergründen besitzen, wasserbeständig sind, ein geringes Schwindmaß und eine hohe Zähigkeit aufweisen. Infolgedessen eignen sie sich besonders gut für die kraftschlüssige Verbindung (Injektion) von Rissen.

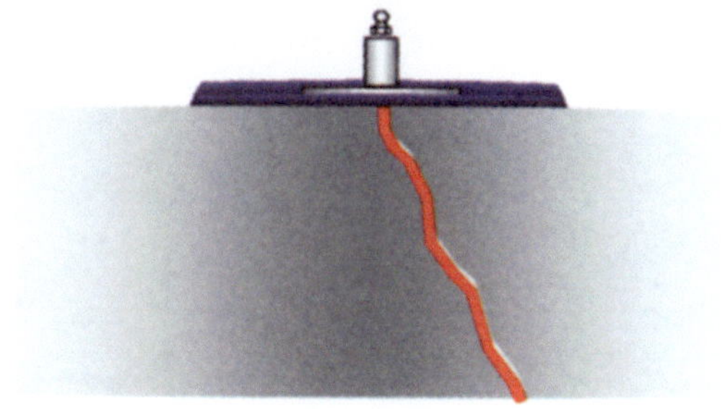

Abb. 7.14 schematische Darstellung von Klebepackern

Beim Anmischen von Epoxidharz muss das Harz-Härter-Verhältnis genau eingehalten werden, sonst verbleiben Teile vom Epoxidharz oder Härter ohne Reaktionspartner. Dies hätte klebrige Oberflächen und reduzierte Festigkeiten des Endprodukts zur Folge. Ein nicht gründliches und homogenes Durchmischen der Komponenten hat ähnlich negative Effekte.

Die Injektion von Epoxidharzen (EP-I) wird vor allem eingesetzt, um die Tragfähigkeit eines Bauteils zu erhöhen. Der injizierte Füllstoff verbindet aufgrund der starren Eigenschaften die Rissflanken kraftschlüssig. Zugkräfte in der Größenordnung der Eigenfestigkeit des Baustoffes (Beton), aus dem das Bauteil hergestellt wurde, können übertragen werden, ohne dass sich erneut Risse bilden. Diese Injektion ist ausschließlich geeignet für trockene Risse (Ausgleichsfeuchte) von mindestens 0,1 mm Breite, bei der kein Wasser in den Riss eindringen darf. Die Rissflanken müssen zum Zeitpunkt des Verfüllens trocken sein, da sonst der Verbund zwischen Untergrund und Injektionsstoff (Epoxidharz) nicht sichergestellt ist. Infolgedessen können bereits abgedichtete und zwischenzeitlich undichte Risse mit dieser Technologie nicht instandgesetzt werden.[53]

Eingesetzt werden in der Regel Klebepacker, die aus Kunststoff oder Metall bestehen können (Abb. 7.14, Abb. 7.15, Abb. 7.16). Diese werden bevorzugt dann eingesetzt, wenn das Herstellen von Bohrkanälen aus konstruktiven Gründen, wegen einer eng liegenden Bewehrung oder zu schlanken Bauteilen nicht möglich ist. Wichtig bei der Injektion mit Klebepackern ist die Reinigung und Vorbehandlung des Untergrundes und

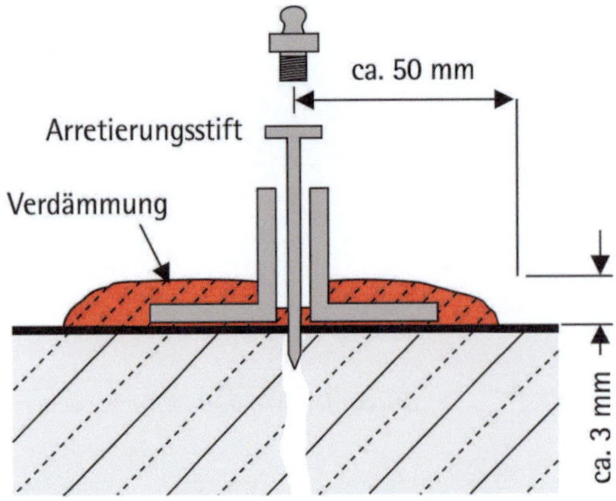

Abb. 7.15 schematische Darstellung von Klebepackern

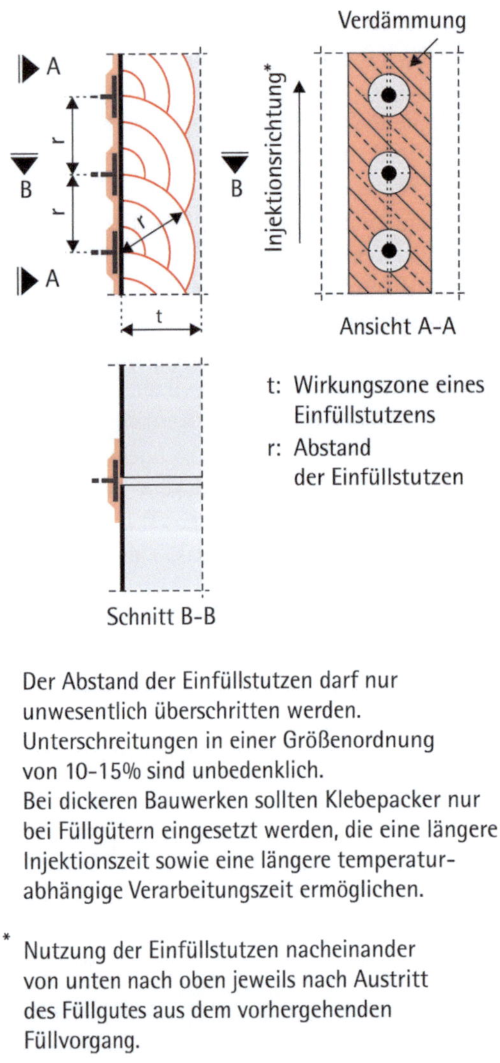

Abb. 7.16 schematische Darstellung von Klebepackern

hier speziell direkt links und rechts vom Riss, damit eine ausreichende Haftung gegeben ist. Dies erfolgt durch Druckluftstrahlen oder Schleifen (je nach Größe). Anschließend wird der Klebepacker mit speziellen Kunstharzklebern direkt über dem Riss auf den Untergrund aufgeklebt. Hierbei wird in den Packer ein Stift mit eingeführt, um zu verhindern, dass Klebstoff in den Riss eindringt. Der Abstand zwischen den Packern ist abhängig von den Bauteildicken zu wählen.

Beim Füllen von einer Seite des Bauteils sollten die Packerabstände maximal der Bauteildicke entsprechen, bei der Injektion von beiden Seiten des Bauteils ist ca. die halbe Bauteildicke üblich (Abb. 7.17, Abb. 7.18). Nach der Härtung des Klebers und vor der eigentlichen Verpressung wird in der Regel der Klebepacker (Abb. 7.19) noch einmal mit einer Rissverdämmung (Abb. 7.20) überspachtelt, damit bei der anschließenden Injektion das niedrigviskose Epoxidharz nicht austreten kann. Hierfür werden in der Regel

Abb. 7.17 Druckinjektion mithilfe von Klebepackern

Abb. 7.18 Druckinjektion mithilfe von Klebepackern

Abb. 7.19 Darstellung verschiedener Klebepacker

spezielle EP-, PUR- oder PMMA-Spachtel verwendet und ca. 10 cm breit aufgebracht. Die Verdämmung muss dem Injektionsdruck von bis zu 6 Mpa widerstehen, damit während der Injektion kein Injektionsstoff austreten kann. Die Rissenden bleiben auf eine Länge von ca. 3 cm unverdämmt, um das Entweichen der verdrängten Luft und eine Füllkontrolle des Risses zu ermöglichen. Nach Aushärtung des Injektionsstoffes kann die Rissverdämmung entfernt und die Packer abgeschlagen werden. Nach dem Abfräsen der restlichen Verdämmung und dem Schließen der Bohrlöcher mit einem Reparaturmörtel kann ggf. mit dem Aufbringen eines Oberflächenschutz-Systems begonnen werden.

Abb. 7.20 Ausführung der Verdämmung

Die Injektion erfolgt entweder im Niederdruckverfahren (Injektionsdruck < 10 bar) oder im Hochdruckverfahren (Injektionsdruck > 20 bar). Der maximale Injektionsdruck beträgt 60 bar. Damit sich der Injektionsstoff gut verteilen kann, sollte er niedrigviskos eingestellt werden. In [53] wird erwähnt, dass einige Injektionsharze auf eine entsprechend eingestellte Temperatur heruntergekühlt werden können, um die Reaktion der Harze zu verzögern und infolgedessen den Zeitpunkt für das Gelieren zu beeinflussen. Diese Verfahrensweise muss aber ausdrücklich vom Hersteller empfohlen oder freigegeben werden.

Die Injektion erfolgt bei einem vertikalen Rissverlauf von unten nach oben. Bei einem horizontalen Verlauf wird die Injektion einseitig durchgeführt (Abb. 7.21). Nachdem der unterste Nippel eingedreht wurde, kann die Injektion beginnen. Rückschlagventile verhindern ein Zurückfließen des Injektionsstoffes in den Schlauch.

Der Zeitpunkt der Injektion sollte so gewählt werden, dass mögliche Rissbreitenänderungen während der Injektion nur kurzfristig und höchstens bis ± 0,05 mm auftreten. Dies gilt nicht für Injektionsstoffe, die innerhalb von 10 h eine

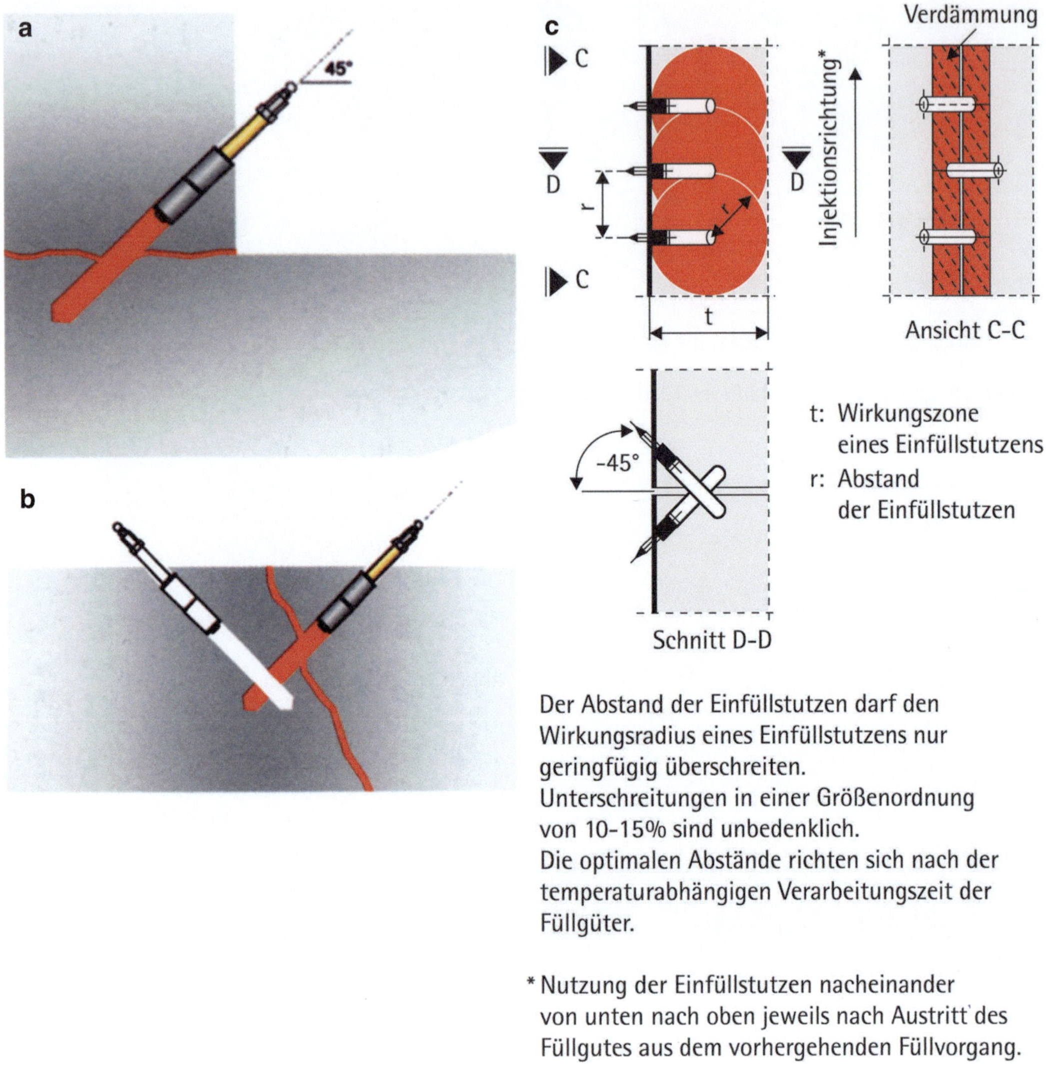

Abb. 7.21 (**a-c**) der Bohrlochwinkel und die Bohrlochtiefe sowie Anordnung im Riss oder parallel an den Rissflanken (wechselseitig) richtet sich nach dem Untergrund, der Rissart und der Zielsetzung der Rissinjektion

Festigkeit von $\geq$ 3 N/mm^2 entwickeln und mit denen die Nachinjektion während der maximalen Rissöffnung erfolgt. Risse und Hohlräume sind zu mehr als 80 % zu verfüllen, Risse mit einer Rissbreite über 0,05 mm müssen komplett mit dem Injektionsstoff gefüllt sein. Dies kann bei dieser Injektionstechnologie nur durch ein Nachinjizieren an allen Klebepackern erreicht werden. Hierfür ist der richtige Zeitpunkt zu wählen. Ideal ist die Phase kurz bevor das Harz anfängt, zu gelieren.[53]

Die Injektion mit Epoxidharzen (EP-I) ist nicht für ein dehnfähiges Verbinden geeignet und dient sowohl dem Schließen und Abdichten von Rissen als auch der kraftschlüssigen Verbindung. Die Rissursache muss vor der kraftschlüssigen Verbindung beseitigt worden sein, da ansonsten neue Risse auftreten würden. Die Verarbeitungstemperatur sollte nicht unter 8 °C liegen. Nach Abschluss der Injektionen und Aushärtung des Injektionsstoffes werden die Packer (Klebepacker) und die Verdämmung entfernt und die Oberfläche reprofiliert.

Polyurethanharze werden aus einem Harz und einem Härter zu einem niedrig-viskosen Injektionsstoff angemischt, der auch ohne den Zusatz von organischen Lösungsmitteln Viskositäten um ca. 40 mPa · s erreicht. Damit verfügen sie über ein hervorragendes Penetrationsvermögen und können auch in sehr kleine Risse eindringen. Harz und Härter reagieren miteinander zu einem dreidimensionalen elastischen Netzwerk. Interessant ist ihre Fähigkeit, mit Wassermolekülen zu reagieren, sodass sie in feuchten bis feuchtegesättigten Rissen eingesetzt werden können. Hierbei kann diese chemische Reaktion, die für Polyurethane typisch ist, durch die Rezeptur gesteuert und je nach Anforderung eingestellt werden. Infolgedessen ist das Einsatzgebiet für Polyurethanharze das dehnfähige Verbinden von trockenen und feuchten (bis nassen) Rissen. Sie sind je nach Vernetzungsgrad von elastisch bis hart einstellbar und kommen als ein- oder zweikomponentige Produkte zum Einsatz.

Injektionen mit dehnfähigen Polyurethanharzen (PUR-I) sind ausschließlich für die Instandsetzung von so genannten Trennrissen geeignet. Sie werden insbesondere dann eingesetzt, wenn die Ursache(n) der Rissbildung nicht eindeutig sind und die Rissflanken nicht kraftschlüssig verbunden werden müssen. Im Gegensatz zu den Epoxidharzen können Polyurethane auch bei Feuchtigkeit im Untergrund bzw. an den Rissflanken injiziert werden. Selbst bei fließendem Wasser im Riss kann dies erfolgen. Hierfür werden die bereits erwähnten schnell schäumenden und nicht dehnfähigen Polyurethane (SPUR) eingesetzt, die im hinteren Drittel des wasserführenden Risses oder hinter dem Riss positioniert werden. Allerdings muss deutlich darauf hingewiesen werden, dass diese SPUR nur eine temporär abdichtende Funktion haben. Nach ihrer Anwendung muss dauerhaft abdichtendes Polyurethan über weitere Bohrungen in den Riss injiziert werden. Deshalb ist wichtig, dass die SPUR nur im hinteren Drittel eingebracht werden dürfen, damit noch genügend Raum ist, in dem sich das dehnfähige PUR ausbreiten und verteilen kann.

Polyurethanharze haben den großen Vorteil, dass sie eine hohe Dehnfähigkeit besitzen, die allerdings oftmals überschätzt wird. Die Dehnfähigkeit kommt ihnen bei thermischen Einflüssen und daraus resultierenden Rissbreitenänderungen zugute. Allerdings ist das quasi gummielastische Verhalten der Polyurethane nur bei relativ hohen Temperaturen (Normklima) vorhanden. Die hohe Verformungsfähigkeit der polymeren Injektionsstoffe lässt bei niedrigen Temperaturen schnell nach, sodass bei großen Rissbreitenänderungen in Bauteilen, die der Witterung ausgesetzt sind, ggf. auch auf andere Materialien zurückgegriffen werden muss. Außerdem beträgt die Dehnfähigkeit nur ca. 5 bis 10 % der Rissbreite. Dies bedeutet, dass, bei einem Riss von z. B. 0,2 mm Breite, die Rissbreitenänderung nach der Injektion nicht größer als ± 0,01 bis ± 0,02 mm (!) sein darf. Dem entspricht, dass sich die Rissbreite eines zwangbedingten Risses nicht von Null auf 100 % verändert. *Meichsner* geht hierauf in [48] ein und erläutert: „*Alle Zwangrisse haben einen Anteil aus der Schwindverkürzung und einen temperaturbedingten Anteil. Der Anteil aus der Schwindverkürzung ist bei mehreren Jahre alten Rissen größer, als der Temperaturanteil und verändert sich wenig oder gar nicht mehr. Deshalb beträgt die Rissbreitenänderung älterer Zwangrisse in der Phase der Einzelrissbildung nur etwa 20 bis 50 % der Rissbreite.*“

Die Verarbeitungstemperatur für Polyurethanharze sollte nicht unter 6 °C liegen. Die Injektion erfolgt mit Drücken von 50 bis max. 100 bar, abhängig von der Betongüte (Festigkeit). Hier gilt die Formel: Betongüte/3 · 10 (bar). Für die Injektion von Polyurethanen werden Schraub- oder Schlagpacker eingesetzt. Bevor injiziert wird, muss der Staub aus den Bohrlöchern gesaugt werden. Die Injektion wird, wenn nicht anders gefordert, in der Regel ohne Verdämmung ausgeführt. Anschließend werden die Bohrlöcher und Packer gemäß den Regelwerken und Herstellerangaben korrekt gesetzt. Die Injektion erfolgt wie bei Epoxidharzen bei einem vertikal verlaufenden Rissverlauf von unten nach oben.

Bei einem horizontalen Verlauf wird die Injektion einseitig durchgeführt. Eine optimale Verteilung des Injektionsstoffes erfolgt, wenn dadurch die Standsicherheit nicht beeinträchtigt wird, mit Hilfe einer so genannten Rasterinjektion.

Der Bohrlochabstand ist in Abhängigkeit von der Rissweite, der Bauteildicke und der temperaturabhängigen Verarbeitungszeit sowie von der Viskosität des Materials festzulegen. Als Orientierungswert hat sich hierbei die Hälfte der Bauteildicke bewährt. Abschließend werden die Bohrpacker in den Bohrlöchern verspannt (Schraubpacker). Nachdem der unterste Nippel eingedreht wurde, kann die Injektion beginnen. Durch den Einsatz von 2K-Injektionspumpen wird das vorgeschriebene Mischungsverhältnis zwischen Harz- und Härterkomponenten sichergestellt. Die dosierten und temperierten Komponenten werden über Hochdruckschläuche getrennt zum Mischkopf und Mischer gefördert und erst dann im gemischten Zustand über ein kurzes Zwischenstück in den Packer gepumpt. Rückschlagventile verhindern das Zurückfließen des Injektionsstoffes in den Schlauch.

Die Injektion von Polyurethanen sollte zum Zeitpunkt der größten Rissbreitenänderung durchgeführt werden. Aufgrund der materialtypischen Eigenschaften müssen während der Injektion unbedingt klimatische Rahmenbedingungen wie z. B. die Mindesttemperatur (Elastizität) eingehalten werden. Eine Nachinjektion von Rissen mit PUR kann so lange erfolgen, wie sich der Injektionsstoff noch in der Gelphase befindet und infolgedessen noch nicht vollständig ausreagiert hat. Dadurch wird ein vollständiges Verfüllen der Risse und Hohlräume sichergestellt und ein gewisser Vorspanneffekt des Injektionsstoffes erzielt. Diese Verfahrensweise hat den Vorteil, dass auftretende Risse und Hohlräume jederzeit nachinjiziert werden können. Hierzu müssen allerdings neue Packer gesetzt werden.[53]

Nach Abschluss der Injektionen und Aushärtung des Injektionsstoffes werden die Packer (Schraubpacker) entfernt und die Bohrlöcher verschlossen. Ausgehärtete Harzrückstände sind zu entfernen und die Oberfläche muss reprofiliert werden.

Die Injektion mit **mineralischen Injektionsstoffen** wie Zementleime (ZL) oder -suspensionen (ZS) hat gegenüber einer Injektion mit polymergebundenen Füllstoffen (EP, PUR) den Vorteil, dass die Materialeigenschaften des Injektionsstoffes und des Untergrundes nahezu gleich sind. Zementleime und Zementsuspensionen haben zu Beton eine hohe Affinität. Außerdem können mit diesen Füllstoffen bei feuchten und drucklos wasserführenden Rissen kraftschlüssige Verfüllungen erzielt werden. Die Materialeigenschaften der Zementleime und -suspensionen stellen sicher, dass in der Regel die Festigkeit der Füllstoffe maßgeblich die Festigkeit des Verbundes der Rissflanken bestimmt. Dies unterscheidet sie z. B. von den EP-Harzen, bei deren kraftschlüssiger Injektion eine derartige Festigkeit nicht erreicht wird. Zementleim und -suspension unterscheiden sich im so genannten Blainwert. Der Blainwert beschreibt die spezifische Oberfläche des Zementes in cm^2 pro Gramm. Zementleime werden aus Portlandzementen mit einem Blainwert von 3500 bis 4500 cm^2/g hergestellt. Dem gegenüber liegt der Blainwert bei Zementsuspensionen aus Mikrozementen bei 12.000 bis 15.000 cm^2/g.

Nachteilig sind dagegen die Einsatzgrenzen der Zementleime und -suspensionen in Bezug auf die Rissbreiten. Aufgrund der gröberen Zuschläge können Zementleime nur bei Rissen > 0,8 mm eingesetzt werden, Zementsuspensionen bei Rissen > 0,25 mm. Einige Hersteller geben für ihre Zementsuspensionen auch Mindestrissbreiten von > 0,2 mm an. Zementleime sind deshalb ausschließlich bei Trennrissen geeignet, während Zementsuspensionen sowohl bei Trennrissen als auch bei oberflächennahen Rissen eingesetzt werden können. In den Regelwerken wie den ZTV-ING Teil 3 Abschnitt 5 „Füllen von Rissen und Hohlräumen in Betonbauteilen“ sowie in der DafStb-Richtlinie „Schutz und Instandsetzung von Betonbauteilen“ (Instandsetzungsrichtlinie, kurz Rili SIB) wird gefordert, dass Risse bei der Injektion mit Zementleimen am Rissursprung ab der Rissbreite von 0,2 mm und bei der Injektion mit einer Zementsuspension ab 0,05 mm Rissbreite gefüllt sein müssen.

Mineralische Füllstoffe können sowohl mit Klebepackern als auch mit Schraub- und Schlagpacker injiziert werden. Welche Packer verwendet werden, hängt u. a. von dem Feuchtezustand der Bauteiloberfläche sowie von den Bauteilabmessungen ab. Bei feuchten Untergründen kommen in der Regel keine Klebepacker zum Einsatz, hier werden Schraub- oder Schlagpacker eingesetzt. Wie bei der Injektion mit Epoxidharzen und Polyurethanen werden die Bohrlöcher wechselseitig zum Riss mit einer Neigung zur Ebene der Rissflanken von ca. 45° gesetzt. Bei einer Rissbreite unter 1 mm sind Klebepacker den Schraub- und Schlagpackern vorzuziehen. Auch bei dieser Injektionstechnologie empfiehlt sich aufgrund der im Vergleich zu den polymeren Injektionsstoffen längeren Aushärtungszeit der Zementleime und -suspensionen eine zusätzliche Verdämmung der Injektionsebene.

Bei der Injektion ist darauf zu achten, dass sich die Zementleime und -suspensionen „am Packer“ nicht entmischen. Dies kann durch Packer ohne Querschnittsschwächung sichergestellt werden. Der Injektionsdruck beträgt in der Regel zwischen 1 und 10 bar. Analog zu den bisher beschriebenen Injektionsverfahren dürfen auch mineralische Injektionsstoffe nicht in den Injektionsschlauch zurückfließen, was durch Anordnung von Rückschlagventilen erreicht wird. Zementleime und -suspensionen eignen sich hervorragend zur Nachinjektion. Hierbei ist zu beachten, dass mineralische Injektionsstoffe in bereits mit Epoxidharzen oder Polyurethanen instandgesetzten Rissen nicht verwendet werden dürfen, da ein Verbund zwischen dem ausreagierten Polymer und dem zementären Injektionsstoff nicht zustande kommt.

Aufgrund der starren Materialeigenschaften sowie der im Vergleich zu polymeren Injektionsstoffen langen Erhärtungsdauer sind Rissbreitenänderungen während der Injektion mit Zementleimen und -suspensionen technologisch ungünstig. Es wird die Verfestigung gestört und zwischen Injektionsstoff und Untergrund entsteht ein Flankenabriss. Infolgedessen muss der Zeitpunkt der Injektion bewusst ausgewählt werden. Die Verarbeitungstemperatur sollte dabei nicht unter °C liegen.[53]

Spätestens mit dem Erscheinen der DIN EN 1504-Teil 5 müssen auch **Acrylatgele** zu den Injektionsstoffen gezählt werden, wobei bei diesen Reaktionsharzen auf Acrylat- und Methacrylatbasis noch nicht alle offenen Fragen geklärt sind. Deshalb ist derzeit die Verwendung von Acrylatgelen zum Schutz und zur Instandsetzung von Betonbauteilen in Deutschland nicht endgültig geregelt. Quellfähige Acrylatgele nach DIN EN 1504-Teil 5 dürfen nicht bei standsicherheitsrelevanten Maßnahmen im Sinne der Instandsetzungsrichtlinie (Rili SIB) ohne Zulassung oder Zustimmung im Einzelfall verwendet werden. Außerdem wird ihr Einsatz in Stahlbetonbauteilen zum Teil kontrovers diskutiert. Die Reaktivität wird in der Regel durch so genannte Startersalze initiiert und beschleunigt. Die Zugabemenge der Salze und die Art der chemischen Abläufe sind entscheidend für die Auswirkungen auf das Korrosionsverhalten von Beton- und Spannstahlbewehrung beim Kontakt mit Acrylatgelen.

Acrylatgele werden chemisch der Gruppe der so genannten Hydrogele zugeordnet. Sie bestehen aus zwei Phasen – den hydrophilen Acrylmonomeren und Wasser. In Folge der Polymerisation werden langkettige, makromolekulare Verbindungen gebildet. Diese Polymere sind untereinander wieder vernetzt, sodass dreidimensionale Molekülstrukturen entstehen. Diese haben an den Außenflächen hydrophile Eigenschaften, sodass sie Wasser aufnehmen und infolgedessen quellen (Volumen- und Massenzunahme). Volumen und Eigenschaften der Acrylatgele werden erheblich durch die Einwirkung von Feuchtigkeit beeinflusst. Dies bedeutet, dass Acrylatgele in trockenem Medium schrumpfen und bei Feuchtigkeitszufuhr quellen und an Volumen zunehmen. Dieses Verhalten muss bei der Injektion mit Acrylatgelen berücksichtigt werden.

Acrylatgele sind mehrkomponentig und werden vor der Verarbeitung angemischt. Sie bestehen in der Regel aus einer Gelflüssigkeit, einem Aktivator und Katalysator sowie einem Härter. Bei dem Härter handelt es sich in der Regel um Natriumperoxid oder Ammoniumperoxidsulfat. Ein sorgloser Umgang bei der Zugabemenge der Startersalze kann dabei zu beschleunigt ablaufender, abtragender Korrosion führen. Die Materialeigenschaften der Acrylatgele werden durch die verschiedenen Komponenten sowie deren Mischungsverhältnis ganz wesentlich beeinflusst. Wichtige Einflussgrößen für die Verarbeitung bilden die Viskosität und die Gelierzeit. Die Viskosität ist wasserähnlich und hängt sehr stark vom Mischungsverhältnis mit Wasser ab. Die Gelierzeit wird durch die Katalysatormenge bestimmt und kann auf wenige Sekunden bis zu mehrere Stunden eingestellt werden. Nach der Gelbildung liegt ein stabiles, elastisch verformbares Kunststoff-Wasser-System vor. Acrylatgele werden aus mehreren Komponenten hergestellt und in der Regel mit 2K-Pumpen verarbeitet. Die Wasserzugabe beträgt etwa die Hälfte des Injektionsstoffes. Die Viskosität liegt bei etwa 3 bis 10 mPas, weshalb sie sich besonders gut als Injektionsstoff eignen.

Acrylatgele werden zur Abdichtung und Rissverpressung eingesetzt, wobei in beiden Fällen der Vorteil des Quellvermögens genutzt wird. Im Gegensatz zu anderen Injektionsstoffen erfolgt bei Acrylatgelen die Abdichtung nicht durch Flankenhaftung, sondern durch eine Verzahnung in den Rissflanken. Außerdem können Acrylatgele bereits knapp oberhalb des Gefrierpunktes verwendet werden. Für die Injektion ist vorteilhaft, wenn sich in den Rissen noch Wasser befindet. Dieses Restwasser wird während des Geliervorganges im Rahmen der Polymerisation mit eingebunden. Die Konsistenz ausgehärteter Gele kann von weich-plastisch über elastisch-spröde sein. Eine Austrocknung des Gels kann zu einer Volumenreduzierung (Schrumpfen) führen, wodurch die abdichtende Wirkung verschlechtert werden kann. Bei erneuter Wasserzugabe quillt das Gel auf und dichtet wieder ab. Dies bedeutet, dass Gele bei Wasserentzug schrumpfen und bei Wasserzufuhr entsprechend quellen (Volumenzunahme).

Abschließend soll darauf hingewiesen werden, dass die kraftschlüssige Verbindung der Rissflanken nicht überschätzt werden darf. Die Übertragung von Zugkräften über den verpressten Riss muss nicht zwangsläufig größer sein als im restlichen Bauteil, da sich sonst bei gleicher Beanspruchung neben dem verpressten Riss ein neuer Riss bildet.

7.2.3 Oberflächenschutzsysteme bei Betonbauteilen

7.2.3.1 Regelwerke

Die Instandsetzungsmethode wird wesentlich von der Rissbreite bestimmt. Bei Rissbreiten unter 0,2 mm können unter bestimmten Voraussetzungen auch rissüberbrückende Beschichtungen eingesetzt werden. Rissüberbrückende, polymerhaltige Beschichtungen sind spezielle Oberflächenschutzsysteme, die in der Regel auf Oberflächen von Stahlbetonkonstruktionen aufgetragen werden, um sie vor äußeren Schadensmechanismen zu schützen. Die Schadensmechanismen orientieren sich einerseits an den Expositionsklassen der DIN 1045-2 „Tragwerke aus Beton, Stahlbeton und Spannbeton – Teil 2: Beton" (2023) sowie andererseits an den speziellen Alterungsmechanismen der polymeren Beschichtungen.

- **Chemischer Angriff** (XA): Die Widerstandsfähigkeit gegen einen chemischen Angriff wird über das polymere Bindemittel sichergestellt. Da die einzelnen Polymere individuelle Beständigkeiten gegenüber verschiedenen chemischen Stoffen aufweisen, muss die Auswahl des Bindemittels in Abhängigkeit von den zu erwartenden Belastungen festgelegt werden. Zu diesen gehören Angriffe durch Säuren, Laugen, Lösungsmittel und treibende Einflüsse.
- **Mechanischer Verschleiß** (XM): Um einen hohen mechanischen Widerstand eines Oberflächenschutzsystems zu erhalten, müssen eine ausreichende Schichtdicke, genügend Dehnungsfähigkeit der Beschichtung (niedriger E-Modul) und eine sehr gute Untergrundvorbehandlung vorliegen. Als polymere Bindemittel dienen Epoxidharze und Polyurethane sowie die Zugabe von Quarzsand.
- **Carbonatisierung** (XC): Da durch die fortschreitende Carbonatisierung des Betons die Bewehrung geschädigt wird, ist es Aufgabe des Oberflächenschutzsystems, das Eindringen (die Diffusion) von CO_2 in den Beton zu

hemmen. Dies wird dadurch erreicht, dass die Gasdurchlässigkeit (Permeabilität) der Betonoberfläche auf ein niedriges Niveau reduziert wird. Der Diffusionswiderstand eines Oberflächenschutzsystems gegenüber CO_2 wird durch die äquivalente Luftschichtdicke ausgedrückt.

- **Chloridangriff** (XS uns XD): In Analogie zur Carbonatisierung gelten dieselben Zusammenhänge. [51]

Oberflächenschutzsysteme sind im Teil 2 der bereits erwähnten DIN EN 1504 „Produkte und Systeme für den Schutz und die Instandsetzung von Betonbauteilen" geregelt. Aufgrund der gleichen Problematik, wie sie bereits bei den Füllstoffen (Injektionen) beschrieben wurde, existierte auch für den Teil 2 der DIN EN 1504 eine deutsche Restnorm für den standsicherheitsrelevanten Bereich. Es ist die DIN V 18026 „Oberflächenschutzsysteme für Beton aus Produkten nach DIN EN 1504-2" (Anmerkung: die Norm wurde zurückgezogen). Die Ausführung wird über die Instandsetzungsrichtlinie des DafStb (kurz Rili SIB) geregelt. Die DIN V 18026 legte Anforderungen an die Produktsysteme fest und ordnete die Produkte der EN 1504-2 den bekannten Verwendungsbereichen (OS-Klassen) der Instandsetzungs-Richtlinie zu. Darüber ist in der DIN auch die produktbezogene Fremdüberwachung der Oberflächenschutzsysteme geregelt.

Weitere Regelwerke für den Oberflächenschutz von Betonbauteilen sind:

- DIN EN 1504-9 „Produkte und Systeme für den Schutz und die Instandsetzung von Betontragwerken" (2006),
- „Zusätzliche technische Vertragsbedingungen und Richtlinien für Ingenieurbauwerke", kurz ZTV-ING sowie die
- DIN EN 1062 „Beschichtungsstoffe – Beschichtungsstoffe und Beschichtungssysteme für mineralische Substrate und Beton im Außenbereich".

7.2.3.2 Klassifizierungen

Bei den Oberflächenschutzsystemen bzw- maßnahmen kann grundsätzlich zwischen drei Varianten unterschieden werden:

- Hydrophobierung
- Versiegelung
- Beschichtung.

Das einfachste Oberflächenschutzsystem ist die **hydrophobierende** Imprägnierung. Hierbei handelt es sich um eine wasserabweisende Beschichtung, die gering in die Oberfläche bzw. den Untergrund eindringt und den so genannten Benetzungswinkel verändert (< 90° = hydrophil, wasseranziehend, > 90° = hydrophob, wasserabweisend). Durch eine Hydrophobierung wird eine Reduzierung der Wasseraufnahmefähigkeit der Oberfläche erzielt, die zu einer Verbesserung des Frost- und Frosttausalzwiderstandes führt. Des Weiteren wird die Aufnahme von in Wasser gelösten Schadstoffen wie z. B. Chloriden oder anderen Salzen minimiert. Nahezu unverändert bleibt die Wasserdampfdiffusionsfähigkeit, die CO_2-Diffusion wird geringfügig reduziert.

Eingesetzt werden hierfür Silane, Siloxane und Siliconmikroemulsionen. Diese werden in wässriger Form oder als Creme-Technologie appliziert. Hydrophobierungen besitzen eine gute Einringtiefe, sodass sich dieses Oberflächenschutzsystem vor allem für hoch poröse Baustoffe eignet. Sie bilden keinen geschlossenen Film, sondern nur eine Beschichtung der Poren- und Kapillarwände unter Beibehaltung der Offenporigkeit. Das optische Erscheinungsbild der behandelten Bauteiloberfläche bleibt deshalb grundsätzlich erhalten, von einem evtl. Verdunkeln des Farbtons abgesehen.

Eine **versiegelnde** Imprägnierung dagegen bildet einen geschlossenen, dünnen Oberflächenfilm. Sie hat die Aufgabe, das Eindringen flüssiger und/oder gasförmiger Stoffe in den Beton weitestgehend zu verhindern. In Folge der Reduzierung der Wasseraufnahmefähigkeit der Oberfläche bewirkt auch eine Versiegelung eine

Verbesserung des Frost- und Frosttausalzwiderstandes. Ebenso wird die Aufnahme von in Wasser gelösten Schadstoffen, wie z. B. Chloriden, verhindert. Durch die Erhöhung des CO_2-Diffusionswiderstandes und das Dimensionieren der „Carbonatisierungsfront" wird die Bewehrung im Stahlbeton vor Korrosion geschützt.

Durch Auftragen einer Versiegelung entsteht eine filmbildende Schicht mit einer maximalen Schichtdicke von 300 µm. Eingesetzt werden niedermolekulare Stoffe auf der Basis von Epoxidharz, Polyurethan oder Acrylat. Neben deckenden Versiegelungen in uneingeschränkter Farbtonvielfalt sind auch Versiegelungen mit transparenten oder lasierenden Oberflächeneffekten möglich.

Beschichtungen haben die Aufgabe, das Eindringen flüssiger und/oder gasförmiger Stoffe in den Beton zu verhindern. Außerdem wird mit der filmbildenden Beschichtung ein Schutz gegen mechanische und/oder chemische Angriffe sowie Witterungseinflüsse aufgebaut und sichergestellt. Je nach Bindemittel und Schichtdicke können Diffusionswiderstand und Elastizität in einem weiten Bereich variiert werden, sodass Beschichtungen auch für die Rissüberbrückung eingesetzt werden können.

Beschichtungen werden in Dünn- und Dickbeschichtungen unterteilt. Während mit Dünnbeschichtungen geschlossene, gleichmäßige und porenfreie Filme mit Schichtdicken von 0,3 bis 1,0 mm (Gesamtsystem) erzielt werden, können mit Dickschichtsystemen bei Schichtdicken von > 1,0 bis 5,0 mm auch Untergrundunebenheiten ausgeglichen werden. Beschichtungen sind aus mehreren Schichten aufgebaut und werden deshalb als Beschichtungssysteme bezeichnet.

Für die Instandsetzung gerissener Betonbauteile sind vor allem die Oberflächenschutzsysteme OS 5, 9, 10, 11 und 13 relevant. Das OS-5-System erfordert Beschichtungen mit **geringer** Rissüberbrückungsfähigkeit für freibewitterte Betonbauteile mit oberflächennahen Rissen. Für das OS-9-System werden Beschichtungen mit **erhöhter** Rissüberbrückungsfähigkeit benötigt. Es wird bei freibewitterten Betonbauteilen mit oberflächennahen Rissen und/oder Trennrissen eingesetzt. Beschichtungen mit einer **hohen** Rissüberbrückungsfähigkeit als Dichtungsschicht sind für die Ausführung des OS-10-Systems notwendig. Sie dienen zur Abdichtung von Betonbauteilen mit Trennrissen. Das OS-11-System wird für freibewitterte Betonbauteile mit oberflächennahen Rissen und/oder Trennrissen eingesetzt und erfordert Beschichtungen mit einer **erhöhten dynamischen** Rissüberbrückungsfähigkeit. Für das OS-13-System werden Beschichtungen mit **nicht dynamischer** Rissüberbrückungsfähigkeit benötigt. Sie werden für mechanisch und chemisch beanspruchte (überdachte) Betonbauteile mit oberflächennahen Rissen verwendet.

Aufgrund der Produktvielfalt, der unterschiedlichen Eigenschaften und Verarbeitungsbedingungen sowie der Anwendungsgrenzen in Bezug auf Rissbreiten, Temperatur, Untergründe und deren Vorbereitung etc. wird auf weiterführende Literatur und/oder die Herstellerangaben verwiesen.

7.2.3.3 „Selbstheilender" Beton

Seit Jahren forschen Wissenschaftler intensiv an der Möglichkeit, dass sich Risse im Beton selbst reparieren und schließen, bevor weiterführende Bauschäden entstehen. Die unterschiedlichen Ansätze werden als „selbstheilender Beton" oder „Bakterieller Beton" bezeichnet und sollen mithilfe von Bakterien möglich sein. Ein positiver Nebeneffekt ist, dass Bakterien Sauerstoff verbrauchen, wodurch die Korrosion von Stahlbeton in den Bauteilquerschnitt verhindert wird.

Bekanntestes Beispiel kommt von der Hochschule München. Die Wissenschaftler um *Frédéric Lapierre* haben ein effizientes Kultivierungsverfahren entwickelt. Hierbei wurden verschiedene Bedingungen identifiziert, unter denen sich Bakterien besonders gut vermehren können. Mithilfe einer so genannten Hochdurchsatz-Kultivierungsplattform mit einem speziellen Online-Monitoring konnten parallel 48 Bakterienkulturen in unterschiedlichen Nährmedien analysiert und die „erfolgreichsten" Kulturen äußerst effizient identifiziert werden (Abb. 7.22, Abb. 7.23). Anschließend wurde ein Verfahren entwickelt, mit dem diese Mikroorganismen di-

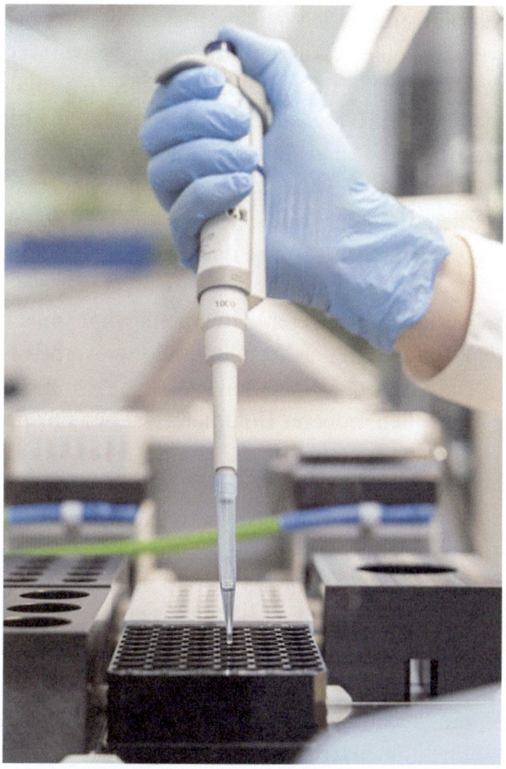

Abb. 7.22 mithilfe der Hochdurchsatz-Kultivierungsplattform können bis zu 48 Bakterienkulturen parallel vermehrt werden

Abb. 7.23 Versuchsaufbau zur Messung der „Selbstheilung“ von Rissen

rekt dem Mörtel zugegeben werden können. Gesucht wurde ein Bakterium, das durch seinen Stoffwechsel in der Lage ist, Calciumcarbonat (Kalk) auf Oberflächen abzulagern. In der Natur vermehren sich die meisten Bakterien ziemlich träge, sodass die Wissenschaftler nachhelfen mussten: mit einer Lösung, die genau die richtige Nährstoffkombination aus Kalzium und Harnstoff enthält. In dem Bakterium *Sporosarcina pasteurii* fand *Lapierre* letztendlich die Lösung. Mischt man dieses in den Beton, können Risse durch Ausscheidungen verschlossen und das Eindringen von Wasser und schädlichen Gasen verhindert werden.

Der Mechanismus ist so einfach wie genial. Solange der Beton im geschlossenen Zustand ist, verharren die Bakterien in einem Ruhezustand. Sobald Risse in dem Beton entstehen und Wasser eindringen kann, fahren die Mikroorganismen ihren Stoffwechsel hoch und produzieren Calciumcarbonat, einen der Hauptbestandteile von Beton, der die Risse wieder füllt (verstopft) und somit die Oberfläche verschließt. Die anionische Oberfläche der Bakterien wirkt auf die Mineralien anziehend, sodass die Zellen mit der Zeit auf natürliche Weise versteinern. Die Herausforderung in der Entwicklung bestand darin, dass die Bakterien in Pulverform in einem hoch alkalischen Milieu überleben und die Verträglichkeit der Mikroorganismen mit anderen Additiven gegeben ist und keine negativen Auswirkungen auf die üblichen Eigenschaften des Betons haben.

Die Bakterien können allerdings nicht einfach in den Frischmörtel eingerührt werden, sondern benötigen ein Trägermaterial wie z. B. Tonpellets oder Lehmkügelchen. Sobald ein Riss und somit Zugkräfte entstehen, platzen diese Trägermaterialien auf und geben die verkapselten Sporen der Bakterien frei. Den Trägermaterialien werden separat Stickstoff, Phosphor und ein Nährstoff auf Kalziumlaktat-Basis beigemischt, durch den die Bakterien theoretisch bis zu 200 Jahre überdauern können, wenn in der Zwischenzeit keine Risse auftreten und Wasser in den Beton eindringen kann. Nach Angaben der Wissenschaftler an Technischen Universität Delft können selbst spannungsbedingte Risse bis 0,8 mm verschlossen werden. Für die Forschung verwendete der Mikrobiologe *Hendrik Marius Jonkers* die Bakteriengattungen *Bacillus pseudofirmus* und *Bacillus cohnii*. Auf dieser Basis entwickelten *Jonkers* und sein Team drei verschiedene Arten bakterienhaltiger Mörtelmischungen: einen selbstheilenden Beton, der bereits mit den Bakterien verbaut wird, sowie einen Reparaturmörtel und eine flüssige Reparaturlösung, die erst bei akuter Beschädigung auf die Betonstellen aufgetragen wird.

Einen ähnlichen Ansatz verfolgten auch die Wissenschaftler um *Will Srubar* von der University of Colorado Boulder sowie Wissenschaftler der Far Eastern Federal University (FEFU) in Wladiwostok. Das Bakterium *Bacillus cohnii* wird einem Gemisch aus Sand und Hydrogel zugegeben. Letzteres liefert Feuchtigkeit und die Nährstoffe für die Bakterien, um Kalk zu produzieren. Risse von 0,2 bis 0,6 mm können nach Angaben der Wissenschaftler innerhalb von 28 Tagen verschlossen werden. Die Heilung der Risse bzw. die Veränderung der chemischen Struktur wurde mit Hilfe der Elektronenmikroskopie und Röntgentechniken analysiert. Weiterhin stellte man fest, dass durch den Einsatz der Mikroorganismen die Steifigkeit und Festigkeit des Betons positiv beeinflusst werden kann. EDX-Aufnahmen und Messreihen mit dem Rasterelektronenmikroskop zeigten, dass die Bildung zahlreicher Kalzitkristalle auf die eingesetzten Bakterien zurückzuführen waren, mit denen die Festigkeitswerte deutlich verbessert wurden. Problematisch gegenüber dem vorher genannten Ansatz ist, dass das Bakterium eine feuchte Umgebung braucht, sodass die Mikroorganismen in einem trockenen Beton nicht überleben. Dagegen stellt der hohe pH-Wert von 12 bis 14 für dieses Bakterium kein Problem dar. Einen etwas anderen Ansatz verfolgt die Firma *Evonik*, die einem Stamm des Bakteriums *Bacillus subtilis* verwendet und diesem eine spezielle Nährstofflösung zugibt. „*Neben dem Bakterienstamm, den wir zum Patent angemeldet haben, ist die Nährstoffformulierung unser wichtigstes Betriebsgeheimnis*“, führt Projektleiter *Lukas Falke* aus.

7.2.4 Injektionen bei Mauerwerk

7.2.4.1 Einleitung

Bevor die verschiedenen Möglichkeiten, Verfahren und Produkte zur Injektion von Mauerwerk mit konstruktiv bedingten Rissen beschrieben werden, soll eine kurze Einführung gegeben werden. Grund hierfür ist, dass die Begriffe oftmals nicht korrekt verwendet und unter dem Begriff der Injektion und Injektionsmörtel sehr viele unterschiedliche Maßnahmen zusammengefasst werden. In der Praxis ist es üblich, Instandsetzungsmaßnahmen wie das

- Verfüllen größerer Hohlräume mit einem Dammbau- oder Verfüllmörtel (zur Verbesserung der Standsicherheit),
- Verfüllen größerer Hohlräume, Risse und Öffnungen innerhalb des Mauerwerkes (kraftschlüssiger Verbund),
- Verfugen mit einem Anker- oder Fugenmörtel,
- Verankern entsprechender Anker mit einem Injektionsankermörtel,
- Verankern und Vernadeln des Mauerwerkes,
- Abdichten des Mauerwerkes durch Schleierabdichtungen (Vergelungen) sowie
- die nachträgliche Horizontalabdichtung mit Injektionen (früher und/oder ugs. auch als „Injektage“ bezeichnet)

unter dem Begriff der Mauerwerksinjektion zusammen zu fassen. Alle diese Maßnahmen können entweder der **Abdichtung, Verfüllung** oder der **Verfestigung** zugeordnet werden, wobei einige Verfahren auch in Kombination auftreten. Injektionen zur nachträglichen Horizontal- und/oder Vertikalabdichtung von Mauerwerken sind ein eigenständiges Thema, das in diesem Buch nicht behandelt wird. Deshalb wird auf weiterführende Literatur verwiesen.[54, 55]

Neben den genormten Mauerwerken nach DIN 1053 „Mauerwerk – Teil 1: Berechnung und Ausführung“ (Anmerkung: die Norm wurde zurückgezogen) wird in den nachfolgenden Ausführungen vor allem auf die Injektion von historischem Mauerwerk sowie Misch- und Natursteinmauerwerk eingegangen, wie es im Rahmen der Altbausanierung und Baudenkmalpflege angetroffen wird. Hierbei handelt es sich häufig um Mauerwerke, bei denen die homogene Verbindung zwischen der äußeren Schale und dem Querschnitt und/oder zwischen den beiden äußeren Steinschalen nicht mehr gegeben ist. Hierbei muss unterschieden werden zwischen zweischaligen Mauerwerken

- mit Luftschicht (unregelmäßige Verstrebung im Querschnitt),
- mit Füllmaterial (aus Resten des behauenen Steines, Schutt, Sand und Erde) sowie
- grob zugehauenen Steinen (und den sich zwangsläufig ergebenen großen Hohl- und Zwischenräumen).

Die Art der inneren Füllung bei Mauerwerken spielt nicht nur bei der Diagnostik und Bewertung von Schäden eine wichtige Rolle, sondern auch bei der Mauerwerksinstandsetzung. Mauerwerke mit Hohlraum nehmen sehr große Mengen an Injektionsstoff auf, sodass sich ein hoher innerer Druck auf das alte Mauerwerk aufbauen kann. Auch bei Mauerwerken mit Füllmaterial kann ein ähnlicher Mechanismus vorliegen. Dieser tritt nicht nur während und in Folge der Injektion auf, sondern kann bereits über Jahrzehnte bis Jahrhunderte gewirkt haben. Durch Feuchtigkeit, Erschütterungen sowie andere Bewegungen und Setzungen hat sich die Füllung im Mauerwerksquerschnitt über diese Zeit gesetzt und verdichtet. Daraus folgend hat sich aufgrund fehlender Querzugfestigkeit der beiden äußeren Mauerwerksschalen eine extrem hohe Belastung des Mauerwerksfußes herausgebildet. Aus diesem Grund kann es vor der Verfüllung des Mauerwerksquerschnittes notwendig sein, eine zusätzliche Vernadelung vorzunehmen. Diese hat die Funktion einer Querbewehrung und wird mit (Nadel-)Ankern ausgeführt, die noch ausführlich beschrieben werden.

Die Dicke der äußeren Schalen ist der Mauerwerksdicke im Gesamtquerschnitt direkt proportional. Das bedeutet: je dicker der Wandquerschnitt, desto dicker sind auch die beiden äußeren Schalen. Um einen homogenen Verbund zwischen den beiden äußeren Schalen bzw. die Tragfähigkeit des vorhandenen Mauerwerkes wieder herzustellen, muss das Mauerwerk mit geeigneten Injektionsstoffen verfüllt (verpresst, injiziert) werden.

7.2.4.2 Verfüllende Injektionen

Verfüll-, Verpress- und Injektionsmörtel haben ähnliche bis deckungsgleiche Anwendungsbereiche. Sie werden zum Verfüllen und Verschließen von Hohlräumen und Rissen, für Hinterfüll- und Verpressarbeiten sowie zur Verfestigung und/oder Versiegelung von Mauerwerk verwendet, das sowohl aus Ziegel- als auch aus Natursteinen bestehen kann. Für die verfüllende Injektion werden im Markt auch Begriffe wie Spaltinjektion oder Hohlrauminjektion verwendet. Der Verbund zwischen zwei Schalen oder Schichten im Mauerwerksquerschnitt kann allerdings nur hergestellt werden, wenn die Oberflächen kohäsive Eigenschaften aufweisen. Liegt eine Kohäsion nicht vor, sind Hinterfüll-, Verfüll- oder Spaltinjektionen wirkungslos.

Weiterhin weist *Sylvia Stürmer* in [57] darauf hin, dass vor der Injektion die Eigenschaften des Injektionsstoffes bekannt sein müssen: „*Entsprechen die mechanischen Eigenschaften des Injektionsgutes annähernd denen des vorhandenen Mauermörtels, besteht die Wirkung der Injektion unabhängig von der Geometrie der injizierten Hohlräume in der Vergrößerung des Mörtelvolumenanteils. Entsprechen sie hingegen eher denen des Steins, ist die Wirkung der Injektion von der Geometrie abhängig. Werden durch die Injektion überwiegend verästelte Spalten und Klüfte erschlossen, führt die Injektion zu einer Vergütung der Mörtelmatrix. Da hierdurch in der Regel kein zusätzliches Traggerüst entsteht, entspricht das Werkstoffmodell demjenigen von Injektionsgut geringerer Festigkeit. Besteht das Hohlraumvolumen überwiegend aus wenigen Hohlräumen größeren Volumens, entstehen durch die Injektion künstliche Starrkörper in der Mörtelmatrix. Das Injektionsvolumen ist dann im Werkstoffmodell dem Steinvolumen zuzuordnen.*“

Die Eigenschaften der eingesetzten Mörtel sind niederviskos, pumpfähig und schrumpffrei erhärtend. Die Korngröße/Sieblinie ist auf den jeweiligen Anwendungsfall abgestimmt und liegt in der Regel bei max. 4 mm. Für die Herstellung der Mörtel werden in der Regel anorganische/mineralische Bindemittel wie Zement, Kalk-Zement,

Weißkalkhydrat, Trasszement oder Trasskalk verwendet. Einige Injektionsmörtel bestehen aus oder sind mit Kaliwasserglas und Kunstharzen vergütet.

Bei der Injektion in historischen Mauerwerken muss beachtet werden, dass bei deren Erstellung auch gipshaltige Mörtel ($CaSO_4$) oder kalkhaltige Mörtel mit Sulfatanteilen verwendet wurden. Die Sulfate reagieren mit dem in den meisten Zementen enthaltenen Tricalciumaluminat (C_3A) zu Ettringit. Dieses kristallisiert dabei in feinen seidenglänzenden Nadeln aus und entsteht dadurch, dass sich Calciumsulfat (Gips) an das Tricalciumaluminat des Zementes anlagert.

$3CaO \cdot Al_2O_3 + 3CaSO_4 \cdot 2H_2O + 26H_2O$	→	$3CaO \cdot Al_2O_3 + 3CaSO_4 \cdot 32H_2O$
Tricalciumaluminat Wasser Gips		Tricalciumaluminat-Sulfat-Hydrat (Ettringit)

Das entstehende kristalline Tricalciumaluminat nimmt durch die Anlagerung einer erheblichen Menge Kristallwasser ein wesentlich größeres Volumen ein als die festen Ausgangsstoffe. Infolgedessen entsteht ein hoher Kristallisationsdruck, der zu einer mechanischen Gefügezerstörung führt. Dieser Vorgang wird umgangssprachlich auch als Gipstreiben, Sulfatexpansion oder Zementbazillus bezeichnet.

Bei anderen Reaktionen ist neben Gips auch Portlandit beteiligt, der z. B. in Bindemitteln wie den Baukalken enthalten ist. Diese Bindemittel reagieren mit dem Calciumaluminat, Calciumaluminathydrat oder dem Aluminiumhydroxid zu Ettringit. Der Thaumasitbildung, die häufig unterschätzt wird, geht in der Regel eine Ettringitbildung voraus. Sie setzt die Anwesenheit von Portlandit, Sulfat, Calciumcarbonat und reaktionsfähiger Kieselsäure voraus. Der an der Reaktion beteiligte Calcit kann aus carbonatisiertem Bindemittel bzw. aus dem Zuschlag stammen. Als reaktionsfähige Silikate stehen weiterhin Calciumsilikate und Silikathydrate zur Verfügung. In Gegenwart von reaktionsfähigen Aluminatverbindungen kann die Thaumasitbildung auch über Ettringit als Zwischenprodukt erfolgen. Die Folge ist eine Zermürbung des Gefüges. Die Rissbildung aufgrund evtl. Kristallisationsdrücke kann vernachlässigt werden. Begünstigt wird die Ettringit- und Thaumasitbildung durch Feuchtigkeit (z. B. durch Niederschläge oder kapillar aufsteigende Feuchte) und niedrige Temperaturen.

Infolgedessen muss bei der Injektion von historischem Mauerwerk der Gipsgehalt des alten Fugenmörtels vorab bestimmt werden oder bekannt sein. Schon bei geringstem Verdacht, dass Gips im Mörtel enthalten sein könnte, sollten Injektionsstoffe auf der Basis von HS-Zementen oder anderen gipsverträglichen Bindemitteln eingesetzt werden, um Treibschäden durch Ettringit- und/oder Thaumasitbildung vorzubeugen. Das Risiko kann nicht 100 %-ig ausgeschlossen, aber auf ein vertretbares Risiko reduziert werden. Als Alternative wird von Denkmalpflegern häufig ein traditioneller Mörtel zur Injektion von historischen Mauerwerken gefordert. Der dann zum Einsatz kommende Kalkmörtel auf der Basis hoch hydraulischer Kalke als Bindemittel kann aufgrund seines hohen Aluminatanteils ebenfalls bei Kontakt mit Gips zum Treiben führen. Außerdem ist die Festigkeit der Kalkmörtel deutlich geringer als bei vergleichbaren Injektionsstoffen auf Zementbasis. Zusätzlich sind Kalkmörtel deutlich feuchtigkeits- und frostanfälliger als zementgebundene Injektionsstoffe.

Bei den verfüllenden Injektionen wird zwischen drucklosen (< 1 N/mm^2) sowie Druckinjektionen unterschieden (Abb. 7.24, Abb. 7.25, Abb. 7.26). Letztere wiederum werden unterteilt in Anwendung unter

- geringem Druck (< 10 N/mm^2),
- Druck (ca. 10 bis 50 N/mm^2) und
- Hochdruck (> 50 N/mm^2).

Injektionspumpen und Packer entsprechen im Wesentlichen denen, die bereits bei der Injektion von Betonbauteilen beschrieben wurden.

Der Durchmesser der Packer ist abhängig vom max. Injektionsdruck, dem Mauerwerksquerschnitt, dem Injektionsstoff (Fließverhalten) sowie vom Mauerwerkszustand (vorhandene Risse und/oder Hohlräume) und beträgt in der Regel zwischen 30 und 50 mm. Der Bohrloch- oder Packerabstand richtet sich nach der Art und Anzahl der Hohlräume im Mauerwerksquer-

Abb. 7.24 schematische Darstellung verschiedener Packer zur Injektion im Mauerwerk

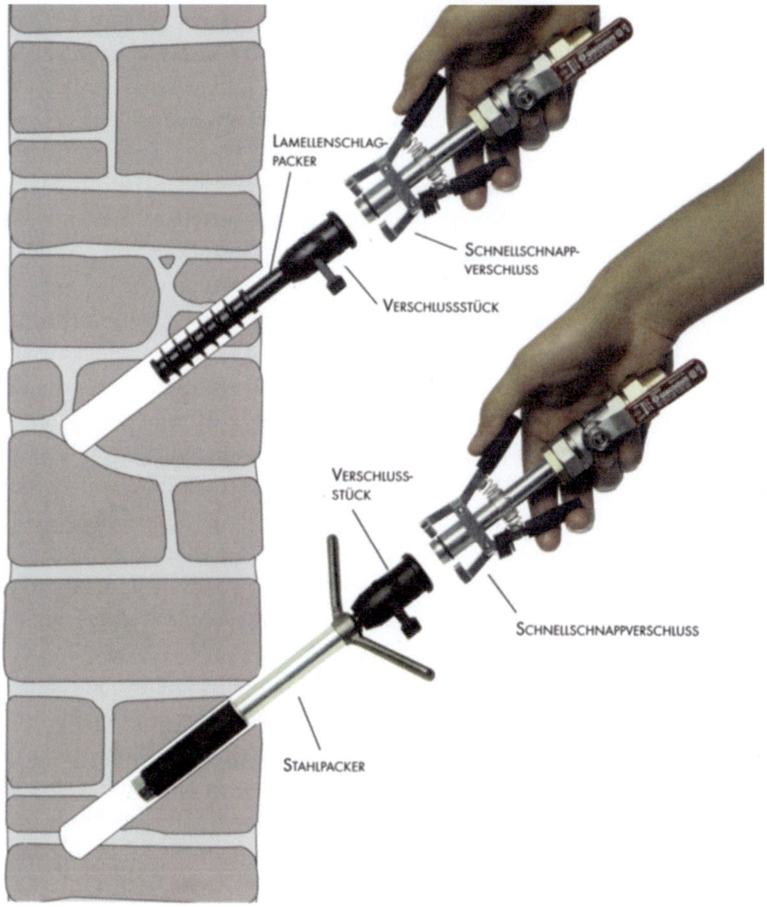

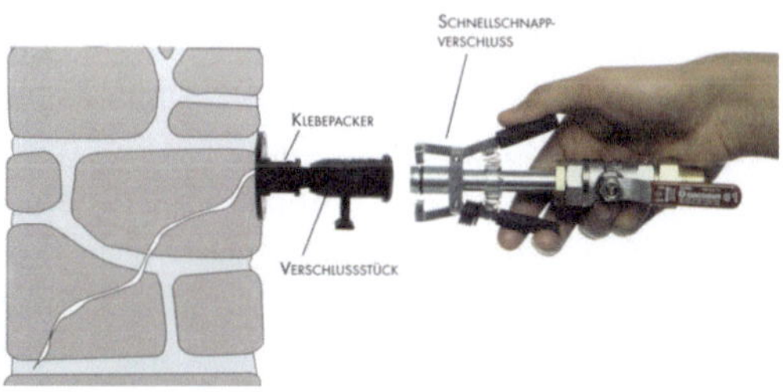

Abb. 7.25 schematische Darstellung verschiedener Packer zur Injektion im Mauerwerk

Abb. 7.26 Injektion im Mauerwerk

schnitt und liegt in der Regel zwischen ca. 30 bis 50 cm. Die Bohrlochlänge ist von den Mauerwerksdicken abhängig und sollte 5 bis 10 cm kürzer als diese sein. In Abhängigkeit von den Vor-Ort-Gegebenheiten wird entweder von einer Seite oder beidseitig gebohrt und injiziert. Die Injektion erfolgt in der Regel von unten nach oben. Dies sichert eine vollständige Füllung der Hohlräume und Risse und eine gleichmäßige Verteilung des Injektionsstoffes im Mauerwerksquerschnitt. Die Sättigung der Hohlräume und Risse kann in der Regel durch ein Austreten des Injektionsstoffes aus Bohrlöchern oberhalb der Injektionsebene und/oder anderen Öffnungen beobachtet werden. In der Regel setzt simultan mit der Sättigung ein Druckanstieg in den Injektionsschläuchen ein.

Die Konsistenz des Injektionsmörtels ist für den Erfolg der Injektion von entscheidender Bedeutung. Aufgrund des Absackens der Zementsuspension (Eigengewicht) wird in der Regel eine Nachinjektion notwendig. Vor der Injektion sollten die Bohrlöcher intensiv befeuchtet werden, damit dem Injektionsmörtel nicht zu viel Wasser entzogen wird. Ein zu hoher Wasserentzug würde die Fließfähigkeit des Injektionsmörtels reduzieren und damit dessen optimale Verteilung im Mauerwerksquerschnitt verhindern.

Mauerwerksinjektionen mit klassischen Injektionsmörteln haben bei Mauerwerken mit großen Querschnitten den Nachteil, dass beträchtliche Mengen an Injektionsmörtel und Wasser in das Bauwerk eingebracht werden müssen und die Injektionsmörtel ggf. eine zu hohe Festigkeit aufweisen. Hierbei ist von Festigkeiten von bis zu 80 N/mm^2 und einem E-Modul von über 30.000 N/mm^2 die Rede. Um diese Nachteile vor allem bei der Anwendung von historischem Mauerwerk zu vermeiden, wurden so genannte Schaummörtel entwickelt. Bei diesen Mörteln handelt es sich um Zementleime mit einem sehr hohen Porenanteil. Schaummörtel zeichnen sich dadurch aus, dass größere Anteile der Zuschläge oder der gesamte Zuschlagsanteil durch Luftporen oder Leichtfüllstoffe ersetzt werden. Dadurch unterliegen die Festmörteleigenschaften anderen Gesetzmäßigkeiten als z. B. klassische Injektionsmörtel. Diese Art der Luftporentechnologie ist auch von Porenbeton oder Sanierputzen bekannt.

Schaummörtel entstehen durch das Untermischen von Luft in Form eines Luftporenschaums oder durch Luftporenbildung während des Mischens von Bindemittel, Zuschlägen und Wasser. Voraussetzung für die Bildung und Stabilität der Luftporen sind grenzflächenaktive Stoffe (z. B. Tenside), wobei mit Schaumbildnern gröbere Poren erzeugt werden können als mit Luftporenbildnern.[57] Der hohe Porenanteil führt dazu, dass Schaummörtel eine geringe Dichte haben, einen sehr günstigen E-Modul aufweisen (sehr „elastisch“ sind), wenig Feuchtigkeit in das Bauwerk eintragen und über ein hohes Wasserrückhaltevermögen verfügen. In das große Porenvolumen können so gar bauschädigende Salze eingelagert werden – Voraussetzungen, die besonders bei der Mauerwerkssanierung von historischen und/oder denkmalgeschützten Bauwerken von Vorteil sind. Vorteilhaft ist ihre geringe Dichte speziell bei der Anwendung in Gewölben, da hierdurch das Gewicht der Konstruktion nicht zusätzlich erhöht wird. Aufgrund seiner Porenstruktur ist der Schaummörtel diffusionsoffen und frostbeständig. Neben Anwendungsbereichen wie der Erhöhung der Stabilität von aufgehendem Mauerwerk sowie der Wiederherstellung der Tragfähigkeit von Fundamenten empfehlen *Mielke/Stark* in [58] den Einsatz eines Injektionsschaummörtels bei der Mauerwerksvergütung vor einer Vernadelung oder Verankerung von Mauerwerken. Ein weiterer Anwendungsbereich sind Hohlraumverfüllungen in klüftigen, hohlräumigen und/oder mehrschaligen Mauerwerken vor der Injektion gegen kapillar aufsteigende Feuchtigkeit.

Die Injektion des Schaummörtels erfolgt in der Regel im Niederdruckverfahren. Für Mauerwerk werden hierzu Packer verwendet, die auch für Zementleime geeignet sind. Auch bei den Injektionspumpen handelt es sich um herkömmliche Fabrikate, wobei die Art der Pumpe einen großen Einfluss auf die Qualität und Eigenschaften des Schaummörtels hat. Bewährt haben sich spezielle Schneckenpumpen (Nennleistung ≥ 2 m^3 pro Stunde), bei deren Einsatz im Vergleich zu Kolbenpumpen nur ein geringer Anteil der Schaumporen zerstört wird. Deshalb sollte vor der Anwendung herkömmlicher Injektionspumpen ihre Eignung für Injektionsschaummörtel geprüft werden. Als Kriterium kann die Differenz zwischen der Frischmörteldichte vor und nach dem Pumpen herangezogen werden. Diese sollte nicht größer als 0,3 kg/dm^3 sein, da sonst die speziellen Festmörteleigenschaften des Injektionsschaummörtels nicht sichergestellt werden können.[57]

Den Verfüllmörteln sehr ähnlich sind Vergussmörtel, die für das drucklose Verfüllen und Verschließen von Hohlräumen und Rissen verwendet werden. Aufgrund ihrer sehr guten Fließfähigkeit können auch feinste Hohlräume und Öffnungen geschlossen werden. Im Bereich der Natursteinsanierung werden Vergussmörtel auch zum Vergießen von gesetzten Natursteinen verwendet. Ein weiteres Anwendungsgebiet ist das Untergießen von Maschinen, Schienen, Brückenlager, Fundamenten sowie Befestigungsbolzen und Stahleinbauteilen in Beton. Letztgenanntes ist in der Richtlinie „Herstellung und Verwendung von zementgebundenem Vergussbeton und Vergussmörtel" des DafStb geregelt.[56]

Die Vergussmörtel sind niederviskos, sehr gut fließfähig und erhärten schrumpffrei. In der Regel sind Vergussmörtel beschleunigte Mörtel, sodass in kurzer Zeit eine sehr hohe Festigkeit erreicht wird und die Mörtel früh belastbar sind. Die Druckfestigkeit ist deshalb deutlich höher und kann je nach Bindemittelanteil und Anwendung bis zu 100 N/mm^2 betragen. Die Korngröße/Sieblinie ist auf den jeweiligen Anwendungsfall abgestimmt und bis 8 mm abgestuft. Als Bindemittel kommt ausschließlich Zement zum Einsatz.

7.2.4.3 Kraftschlüssige Injektionen

Gerissene Mauerwerke verhalten sich anders als gerissene Bauteile aus Stahlbeton. Ältere Mauerwerke haben keine Bewehrung, durch die die Zwangkraft aus der Bauteildehnung aufgenommen und ein Riss überbrückt werden kann. Infolgedessen treten bei Mauerwerken in der Regel deutlich weniger Risse auf als bei Stahlbetonbauteilen, andererseits sind die Risse häufig deutlich größer. Finden im Mauerwerk Dehnungen statt, z. B. aufgrund von temperaturbedingten Bauteilverformungen oder in Folge von Setzungen, entsteht in der Regel ein Riss. Weitere Bewegungen wirken nun vor allem auf diesen (Einzel)Riss ein, sodass größere Rissbreiten entstehen. Im Gegensatz zu Stahlbetonbauteilen treten bei Mauerwerken weniger Risse mit größerer Rissbreite oder ein massiver Einzelriss auf, der bis zu mehrere Zentimeter Rissbreite aufweisen kann.

Um die Druck-, Biege- oder Haftzugfestigkeit von Mauerwerken zu erhöhen und einen kraftschlüssigen Verbund herzustellen, werden kraftschlüssige Injektionen durchgeführt. Die genannten Zielstellungen der kraftschlüssigen Injektion werden durch den Aufbau einer zugfesten Verbindung zwischen beiden Rissflanken und durch eine gleichmäßige Verfüllung der Hohlräume, Risse und sonstigen Öffnungen erreicht. Für die Durchführung der Mauerwerksinjektion werden die bereits bei der Injektion von Betonbauteilen erwähnten Epoxidharze, Polyurethane, Zementleime und Zementsuspensionen empfohlen. Im Gegensatz zu ihrer Anwendung bei Betonbauteilen (homogenes Gefüge, hohe Festigkeit, gute Flankenhaftung etc.) ist die kraftschlüssige Injektion bei Mauerwerken wenig sinnvoll und führt in der Regel nicht zu einer Verbesserung (statische Ertüchtigung) der Konstruktion. Um dies zu erreichen, muss ein kraftschlüssiges Verfüllen von Rissen und Hohlräumen im Mauerwerk in Verbindung mit Verankerungen bzw. Vernadelungen durchgeführt werden.

7.2.4.4 Verankerung (oder Vernadelung) von Mauerwerk

Mit Verankerung (oder Vernadelung) wird ein Instandsetzungsverfahren bezeichnet, mit welchem gerissene Mauerwerke miteinander verklammert werden können oder eine abgelöste äußere Schale wieder mit dem Hintermauerwerk verbunden werden kann. Mit einer Verankerung können folgende Ziele verfolgt werden:

- Stabilisierung des Mauerwerks,
- Herstellung der ursprünglichen Tragfähigkeit,
- nachträgliche Erhöhung der Tragfähigkeit.

Die am häufigsten eingesetzten Anker (auch als Nadelanker oder kurz Nadeln bezeichnet) sind die so genannten Spiral- oder Gewindeanker aus Edelstahl, im Folgenden nur noch Spiralanker genannt (Abb. 7.27, Abb. 7.28). Diese haben in der Regel eine Länge von bis zu 4 Metern und werden rechtwinklig zum Riss gesetzt, wobei die Lagerfugen mit eingeschlossen werden (Abb. 7.29). Die Spiralanker werden mittig mit Hilfe von Abstandhaltern in die Bohrungen des Mauerwerkes eingelegt (Abb. 7.30). Anschließend wird der vorhandene Hohlraum mit einem geeigneten Injektionsstoff verfüllt,

Abb. 7.27 Vernadelung von Mauerwerk

Abb. 7.28 Vernadelung von Mauerwerk

Abb. 7.29 Darstellung eines Spiralankers

Abb. 7.30 Einlegen eines Spiralankers

wofür spezielle Zementsuspensionen verwendet werden. Mit der Verwendung der Abstandhalter soll sichergestellt werden, dass eine ausreichende und gleichmäßige Überdeckung des Spiralankers zustande kommt. *Stürmer* gibt für das Setzen der Spiralanker in [57] einen Mindestabstand von 20 mm an.

Die Spiralanker haben die Aufgabe, die Horizontalkräfte aufzunehmen, die vor allem bei Mauerwerksgefügen mit nicht kohäsiver Innenschale sowie bei kohäsiven Mauerwerksgefügen im Lasteintragungsbereich auftreten. Die Lastübertragung zwischen der äußeren Schale des Mauerwerks und dem Spiralanker erfolgt über die Verbundwirkung des Injektionsmörtels mit dem Anker und dem Mauerwerk. Maßgebend für die Wirksamkeit der Mauerwerksvernadelung sind die maximal aufnehmbare Ausziehkraft und die Federsteifigkeit der Anker. Ausziehkraft und Federsteifigkeit wiederum hängen von der Stahlgüte und der Profilierung der Anker, von den mechanischen Eigenschaften des Injektionsmörtels, von der Verbundlänge und von der Querzugfestigkeit des umgebenden Mauerwerks ab.[57]

In diesem Zusammenhang ist es wichtig zu erwähnen, dass Spiralanker keine klassische Bewehrung im Mauerwerk darstellen oder ersetzen können, sondern nur zur Rissbreitenbegrenzung eingesetzt werden. Deshalb wird in [59] von *Meichsner* erläutert: *„Mit Spiralankern kann man nur solche Risse überbauen, die durch Zwangzugkräfte entstanden sind. Zwangzugkräfte entstehen durch behinderte Temperatur- und Schwindverkürzungen. Für lastbedingte Risse kommen Bewehrungsstäbe mit erhöhtem Korrosionswiderstand in Frage, die eine Zulassung des Deutschen Instituts für Bautechnik benötigen. Auch setzungsbedingte Risse, so genannter äußerer Zwang, sind wie lastbedingte Risse zu behandeln, wenn die Setzung noch nicht abgeklungen ist. Anderenfalls können erhebliche Kräfte in den Spiralankern entstehen, die Schäden im Mauerwerk verursachen können."* Da Schwindverkürzungen innerhalb der ersten 5 bis 10 Jahre abklingen, spielen diese bei alten Mauerwerken keine Rolle mehr, sodass sie vernachlässigt werden können. Infolgedessen liegt der Anwendungsbereich von Spiralankern in der

Vermeidung bzw. Instandsetzung von Rissen in Folge von temperaturbedingten Bauteilverformungen. Diese wirken, im Gegensatz zu den Schwindverkürzungen, über die gesamte Haltbarkeit eines Gebäudes. Hierbei sind nicht die Temperaturen an der Oberfläche (Außentemperatur), sondern im Bauteil (Mauerwerksquerschnitt), entscheidend.

Eingebaut werden die dehnweichen Spiralanker in der Regel spannungslos. Findet z. B. aufgrund der Abkühlung der Bauteiltemperatur ein Schrumpfen des Mauerwerkes bzw. eine Zunahme der Rissbreite statt, werden die Spiralanker etwas gedehnt, wodurch sie einer Rissaufweitung entgegenwirken. Dieser Vorgang läuft auch in entgegen gesetzter Richtung ab und führt zu einem Zusammenziehen der Spiralanker, wenn sich das Mauerwerk aufgrund der Bauteilerwärmung dehnt und der Riss sich infolgedessen wieder schließt, wodurch die Spiralanker entlastet werden. Im übertragenen Sinn wirken die Spiralanker wie eine Feder. Natürlich darf dieser Prozess nur in einem definierten Bereich stattfinden. Sobald die Mauerwerksdehnung größer ist als die Bruchdehnung, werden neue Risse gebildet. Spiralanker können sich nur dehnen, wenn die hierfür notwendige freie Dehnlänge zur Verfügung steht. Die abzudeckende Zugkraft der Anker liegt in der Regel bei max. 20 kN, selten darüber hinaus. Des Weiteren müssen die Spiralanker im eingebauten Zustand folgende Bedingungen erfüllen:

- Die Verankerungstiefe der Spiralanker muss auf beiden Seiten des Risses so lang sein, dass die volle Tragfähigkeit der Anker auf Zug in das Mauerwerk eingeleitet werden kann. Bei Spiralankern ist dies etwa das 30- bis 40-fache des so genannten Nenndurchmessers, der bei 6 bis 10 mm liegt.
- Der Abstand der Spiralanker darf nicht zu groß sein, damit eine gleichmäßige Lastübertragung sichergestellt ist. Er sollte etwa der Größe der Verankerungslänge entsprechen.

Diese Bedingungen müssen bei der Planung und Ausführung berücksichtigt werden. Außerdem ist unbedingt ein Tragwerksplaner hinzuzuziehen. Aufgrund der Besonderheiten dieses Verfahrens wird auf weiterführende Literatur und/oder Herstellerangaben verwiesen.[48, 59]

Neben den zuvor beschriebenen Nadel- oder Spiralankern werden für die Mauerwerksverankerung (oder -vernadelung) auch so genannte Spannanker eingesetzt, die nach ihrer Einbauart in Verpress-, Klebe- und Spreizanker unterteilt werden können.

Nadelanker bestehen aus Stahlstangen, die in Bohrlöcher eingeführt werden und durch einen geeigneten Zementmörtel mit dem Mauerwerk oder Beton verbunden werden. Hierbei muss auf eine ausreichende Haftung (Adhäsion) zwischen der Stahlstange und dem Zementmörtel geachtet werden, da von einem Nadelanker nur so viel Zugkraft aufgenommen werden kann, wie über den Zementmörtel auf die Stahlstange übertragen werden kann. Infolgedessen werden in der Regel Profilstähle als Nadelanker eingesetzt. Alternativ werden so genannte **Spannanker** eingesetzt. Das sind Anker, die bereits vorgespannt wurden, sodass die Mauerwerke (oder nur Teile davon) unter Druck (Spannung) gesetzt werden. Die Vorspannung erfolgt mit geeigneten Vorrichtungen wie Drehmomentschlüssel oder speziellen hydraulischen Spannpressen. Treten am Mauerwerk oder der Konstruktion aus Beton Spannungen aus Zugkräften auf, müssen die vordimensionierten Druckkräfte zunächst abgebaut werden, bevor evtl. Risse auftreten können.

Zum Setzen der zu den Spannankern gehörenden Verpressankern werden in das gerissene Mauerwerk Bohrlöcher gebohrt und der Bohrlochgröße entsprechende dünne, gerippte Stahlstangen eingeführt, damit ein ausreichender Abstand zwischen Verpressanker und Mauerwerk vorhanden ist. In diesen Abstand zwischen Anker und Mauerwerk wird anschließend der Zementmörtel bzw. die -suspension eingebracht und verpresst. Besonders gut geeignet sind hohlräumige Konstruktionen, da durch den Zementmörtel oder die -suspension nicht nur die Hohlräume verfüllt und damit verfestigt werden, sondern auch eine ausreichende Verkrallung und Haftung zwischen dem Verpressanker und dem Mauerwerk hergestellt wird.

Im Gegensatz zu den Verpressankern werden Klebeanker im Bohrloch verklebt. Die Verklebung mit einem Kunstharzmörtel erfolgt nach einem speziellen Verfahren, bei dem erst beim Eindrehen des Ankerstahls die Materialkomponenten gemischt werden und reagieren. Für eine kraftschlüssige Verklebung sind nur homogene Mauerwerke bzw. Konstruktionen und kompakte Bohrlöcher geeignet. Alternativ können auch Spreizanker eingesetzt werden. Wie der Name besagt, besitzen diese Anker eine konisch geformte Spreizhülse, die sich beim Anschrauben spreizt. Infolgedessen wird der Querschnitt des Spreizankers vergrößert, was zu einer Verankerung im Baukörper führt. Anschließend wird der vorhandene Hohlraum verpresst.[6]

7.2.4.5 Verpressen von Mauerwerksfugen

Bei der Instandsetzung von offenen, klüftigen oder gerissenen Fugen im Mauerwerk wird wie folgt verfahren: Der Fugenbereich der verwitterten und/oder gerissenen Fugen wird vollständig freigelegt, gereinigt und anschließend wieder verfüllt. Dabei muss die Festigkeit des Fugenmörtels auf den jeweiligen Untergrund abgestimmt werden, insbesondere bei Natursteinmauerwerk. Leider ist es in der Praxis üblich, auch die bereits erwähnten Ankermörtel zum Verfugen von Mauerwerk zu verwenden. Ankermörtel weisen in der Regel eine sehr hohe Festigkeit von bis zu 80 N/mm^2 auf und sind deshalb für viele ältere, historische Mauerwerke und speziell für Natursteinmauerwerke nicht geeignet. Ist das Festigkeitsgefälle zwischen Mauerwerk und Ankermörtel nicht miteinander abgestimmt, können Abplatzungen und (neue) Risse entstehen.

Schwieriger gestaltet sich die Instandsetzung von Lagerfugen im Mauerwerksquerschnitt. Wenn z. B. über Endoskopie herausgefunden wurde, dass die Lagerfugen z. B. in Folge von innerer Zersetzung nicht mehr vollständig vorhanden sind, muss die Tragfähigkeit nachträglich wieder hergestellt werden. Schadhafte und/oder fehlende Lagerfugen im Mauerwerksquerschnitt können Lastumlagerungen, Spaltzugkräfte und Spannungsspitzen hervorrufen. Die Wiederherstellung der Tragfähigkeit wird durch eine nachträgliche Verfestigung bzw. Verfüllung der entstandenen Poren und Hohlräume erreicht und über eine Spezialinjektion umgesetzt. Hierbei wird eine Tricalciumaluminatfreie Zementsuspension (aus Mikrofeinzement) über Spezialpacker injiziert, wodurch die Poren und Hohlräume aufgefüllt werden. Die Zementsuspension umschließt des Weiteren freiliegende Zuschläge, sodass diese in der Suspension eingebettet werden. Somit entsteht nachträglich ein homogener Fugenmörtel bis in den Mauerwerksquerschnitt. Außerdem können über diese Spezialinjektion auch weiche Mörtelbestandteile nachträglich verfestigt werden.

7.2.5 Umwandlung in eine Dehnungsfuge

Horizontal verlaufende Risse über die gesamte Fassade, die auf Konstruktivbedingte Ursachen wie z. B. das Durchbiegen und/oder das Verschieben der Decke zurückzuführen sind, lassen sich langfristig und technisch sinnvoll nur durch den Einbau einer Dehnungsfuge sanieren, sodass sich der Riss frei bewegen kann. Diese Sanierungsvariante kann auch bei senkrecht verlaufenden Rissen zwischen Brüstungen und Außenwänden, Gebäudeanschlusskanten oder Rissen zwischen unterschiedlichen Bauteilen angewendet werden (Abb. 7.31, Abb. 7.32). Voraussetzung für die Anwendung ist, dass die Risse geradlinig verlaufen und nur einer geringen Rissbreitenänderung unterliegen.

Zur Umwandlung in eine Dehnungsfuge wird der vorhandene Riss über die gesamte Putzdicke zu einer Fuge aufgeweitet, deren Breite das 4-fache der zu erwartenden Rissbreitenänderung, allerdings mindestens 8 mm, beträgt. Nach entsprechender Reinigung werden die Fugenflanken mit einer den Untergrund verfestigenden Grundierung (z. B. auf Silikatbasis) versehen und die Fuge mit einer Schaumstoffschnur hinterfüllt. Abschließend wird dieser Bereich mit einem Fugendichtstoff verfüllt. Hierfür stehen unterschiedliche Abdichtungsmaterialien zur Verfügung. Das am weitesten verbreitete Material stellen mehr oder weniger elastische Dichtstoffe dar. Die Planung und Ausführung ist über die DIN

Abb. 7.31 Beispiel für einen senkrechten Rissverlauf, der in eine Dehnungsfuge umgewandelt wird

Abb. 7.32 Beispiel für einen senkrechten Rissverlauf, der in eine Dehnungsfuge umgewandelt wird

EN ISO 11600 „Hochbau – Fugendichtstoffe – Einteilung und Anforderungen von Dichtungsmassen" sowie DIN EN 15651-1 „Fugendichtstoffe für nicht tragende Anwendungen in Gebäuden und Fußgängerwegen – Teil 1: Fugendichtstoffe für Fassadenelemente" sowie Teil 2 „Fugendichtstoffe für Verglasungen" der gleichnamigen Norm geregelt. In Deutschland gilt für die Anwendung im Hochbau zusätzlich die DIN 18540 „Abdichten von Außenwandfugen im Hochbau mit Fugendichtstoffen". Außerdem müssen das IVD-Merkblatt Nr. 27 „Außenwandfugen im Hochbau", IVD-Merkblatt Nr. 23 „Anschlussfugen an Natursteinen bei Einsatz an der Fassade", IVD-Merkblatt Nr. 9 „Spritzbare Dichtstoffe in der Anschlussfuge für Fenster und Außentüren" sowie das IVD-Merkblatt Nr. 10 „Glasabdichtung am Holzfenster mit Dichtstoffen" genannt werden.

Gemäß dieser technischen Regelwerke sind regional auftretende klimatische Bedingungen (Bewitterung) genauso zu berücksichtigen wie die objektspezifischen Temperaturdifferenzen (Sommer/Winter und Tag/Nacht). Letztere haben unmittelbare Auswirkungen auf die zu erwartenden Bauteillängenänderungen und notwendige Breite für Bewegungsfugen. In der Praxis stellt man häufig fest, dass in der Regel aus optischen Gründen die Fugenbreite kleiner dimensioniert und ausgeführt wird als diese rechnerisch ermittelt wurde. Diese Parameter müssen in der Berechnung der Fugenbreite mit einfließen und bei der Auswahl eines geeigneten Dichtstoffs berücksichtigt werden, insbesondere die Bauteilbewegung in Korrelation zur zulässigen Gesamtverformung des Dichtstoffs und somit in Abhängigkeit der jeweiligen Ausdehnungskoeffizienten. Denn das Wechselspiel aus Quellen und Schwinden unterschiedlicher Baustoffe und Bauteile beeinflusst wesentlich die Bauteillängenänderung und das Dehnungsverhalten und kann zu einer zusätzlichen Zugbelastung des Dichtstoffs führen.

Für die richtige Planung und Dimensionierung der Fuge ist der Architekt oder Fachplaner verantwortlich. Hierzu gehören z. B. die Bemessung von Fugenbewegungen, das Erstellen eines Bewegungsfugenplans im Rahmen einer Fugenkonstruktion nach den geltenden Regelwerken (Normen und Richtlinien), die Dimensionierung der erforderlichen Fugenbreite in Abhängigkeit der zu erwartenden hygrothermischen Formveränderungen sowie die Auswahl eines geeigneten Abdichtungssystems sowie Dichtstoffs. Ein wesentlicher Kennwert hierbei ist die zulässige Gesamtverformung von Dichtstoffen von 20 bis 25 %, die bei der Planung von Bewegungsfugen sehr häufig vernachlässigt wird. Im Ergebnis daraus kommt es zu einer Überbeanspruchung des Dichtstoffs und in der weiteren Folge zu einer Rissbildung.

Aufgrund der Bewegungen in einer Fuge muss ein Fugendichtstoff elastische Eigenschaften haben, wenn er die Fuge dauerhaft abdichten soll. Prinzipiell gilt: je höher das Rückstellvermögen des Fugendichtstoffes, desto höher der elastische Anteil und die zulässige Gesamtverformung in Prozent. Um die Bewegungen auffangen zu können, muss der eingebrachte Dichtstoff sowohl an der Oberfläche als auch am Fugengrund frei beweglich sein. Er darf nur an den beiden seitlichen Flanken haften, was auch als Zweiflankenhaftung bezeichnet wird. Kann eine Fuge aufgrund zu geringer Tiefe nicht mit einer Rundschnur hinterfüllt werden, muss ein Klebeband oder eine Folie verwendet werden, um den Dichtstoff vom Untergrund zu trennen.

In der Praxis ist es im Allgemeinen üblich, Breite und Tiefe einer Fuge zwischen Bauteilen hauptsächlich nach optischen Gesichtspunkten zu dimensionieren. Es setzt sich jedoch zunehmend die Erkenntnis durch, dass bei der Planung, Anordnung und Ausführung einer Fuge die zu erwartenden Verformungen der Bauteile und die zulässige Gesamtverformung des Dichtstoffes berücksichtigt werden müssen. Hierbei hat die Wärmedehnzahl der angrenzenden Bauteile einen entscheidenden Einfluss, da sich die Abmessungen der Baustoffe mit der Temperatur ändern (thermische Verformung). Bei Erwärmung dehnt sich der Baustoff aus, sodass die Fuge schmaler wird. Bei Kälte zieht sich der Baustoff zusammen, sodass die Fuge breiter wird. Diese thermischen Verformungen sind auf den Tagesgang bezogen relativ klein, bezogen auf die jahreszeitlichen Temperaturschwankungen können sie jedoch erheblich sein.

Mit Fugendimensionierung (Abb. 7.33) wird ein bestimmtes, vorgeschriebenes Verhältnis zwischen Fugenbreite und Dicke des eingebrachten Dichtstoffes bezeichnet. In der Praxis hat sich dabei folgende Faustregel bewährt: Bis zu 10 mm Fugenbreite ist das Verhältnis eins zu eins, bei Fugenbreiten größer als 10 mm zwei zu eins. Häufig wird in der Planung und Ausführung von Fugen nicht berücksichtigt, dass erst die Einhaltung dieser Fugendimensionierung die wesentlichen Eigenschaften des Dichtstoffes wie z. B. den Dehn-/Spannungswert sicherstellt. Der Dehn-/Spannungswert ist die Kenngröße die festlegt, für welchen Untergrund bzw. Untergrundfestigkeit der Dichtstoff geeignet ist. Hierfür gilt die Faustregel: Je geringer die Eigenfestigkeit eines Untergrundbaustoffes, desto niedriger muss der Dehn-/Spannungswert eines Dichtstoffes gewählt werden.

Bei der Umwandlung eines Risses in eine Dehnungsfuge ist zu beachten, dass dieses Instandsetzungsverfahren optisch auffällig ist. Deshalb kann es nur dort eingesetzt werden, wo eine Umwandlung in eine sichtbare Dehnungsfuge optisch akzeptabel ist. Dies sollte unbedingt im Vorfeld mit dem Bauherrn/Auftraggeber abgeklärt werden. Wird aus optischen Gründen eine Beschichtung (Überstreichen) der Verfugung gewünscht, ist ein überstreichbarer Fugendichtstoff zu wählen und der Bauherr zu informieren, dass in der Anstrichschicht feine Risse auftreten können. Dehnungsfugen müssen in Abhängigkeit von der klimatischen Exposition der Fassade regelmäßig gewartet werden. Der daraus resultierende Wartungsaufwand wird in der Regel vom Bauherrn/Auftraggeber abgelehnt, da sich sichtbare Putzansätze in der Regel nicht vermeiden lassen.

Nach der Art der Abdichtungssysteme werden

- spritzbare Dichtstoffe,
- Elastomer-Fugenbänder (unter Verwendung von systemgebundenen Klebstoffen)
- vorkomprimierte, imprägnierte Fugendichtbänder (aus Schaumkunststoff)

unterschieden. In der bereits erwähnten DIN EN 15651 werden Dichtstoffe in den Teilen 1 bis 4 der Norm klassifiziert in Dichtstoffe für Fassadenelemente (F), Dichtstoffe für Verglasungen (G), Dichtstoffe für den Sanitärbereich (S/XS) sowie

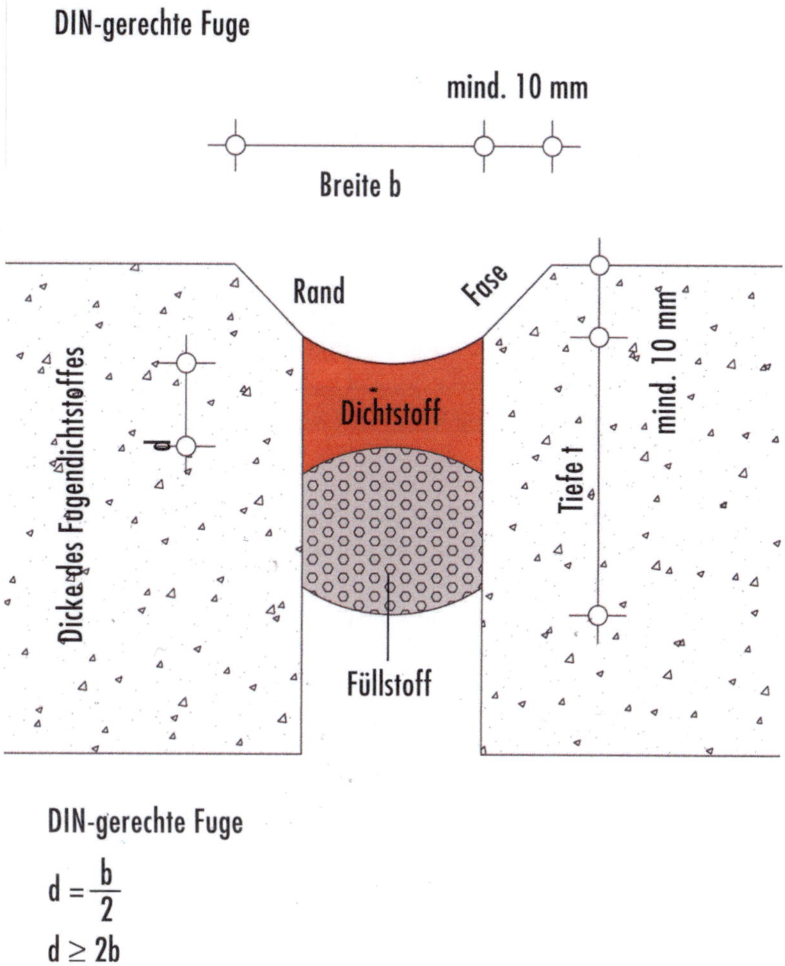

Abb. 7.33 schematische Darstellung der Fugendimensionierung

Dichtstoffe für Bodenfugen (PW). Nach dem primären Bindemittel bzw. der Zusammensetzung werden diese in einkomponentige Produkte auf Basis von Polyurethanen, Hybrid-Polymere oder Silikone unterschieden. Zweikomponentige Dichtstoffe auf Basis von Polysulfide werden in der Regel nur bei Spezialanwendungen wie z. B. Fugenabdichtung beim Umgang mit wassergefährdenden Stoffen eingesetzt.

Nicht alle Fugenarten können mit jedem dieser Abdichtungsstoffe abgedichtet werden. Deshalb sind bei der Auswahl geeigneter Abdichtungsstoffe die Empfehlungen der Hersteller zu beachten. Diese enthalten u. a. auch Empfehlungen zur Festigkeit von Baustoffen als Untergrund. Für Untergründe mit einer hohen Festigkeit wie z. B. Beton, Metalle oder Klinker sind hochmodulige Dichtstoffe der Klasse HM einzusetzen. Bei Untergründen mit einer geringeren Festigkeit wie z. B. Putze, Porenbeton oder Wärmedämmplatten (WDVS) sind dagegen niedermodulige Dichtstoffe der Klasse LM einzusetzen.

Ein Abdichtungssystem besteht nicht nur aus dem Dichtstoff, sondern auch aus einer darauf abgestimmten Grundierung (auch Primer oder Haftvermittler genannt). Daher sollte diese im System des jeweiligen Herstellers und nur für vorgesehene Anwendungen und/oder Untergründe verwendet werden. Anderenfalls kann es z. B. zu optischen Veränderungen auf der Oberfläche von empfindlichen Baustoffen wie z. B. Marmor oder weißen Klinkern führen. Neben Verfärbungen können dies auch Veränderungen im Glanz oder der Mattigkeit sein. Eine Grundierung verbessert die Untergrundhaftung des Dichtstoffes, ersetzt allerdings nicht die vorherige Reinigung der Fugenflanken und Haftflächen!

Zum System gehört außerdem ein Hinterfüllmaterial. Dieses dient zur Begrenzung der korrekten Fugentiefe des Dichtstoffs, um die jeweils vorgeschriebene Fugendimensionierung sicherzustellen. Außerdem wird dadurch eine Dreiflankenhaftung des Dichtstoffs verhindert. Das Hinterfüllmaterial darf hierbei die Formänderung des Dichtstoffs nicht behindern und keine Stoffe wie z. B. Bitumen, Teer oder Öle enthalten, mit der die Untergrundhaftung des Dichtstoffs an den Fugenflanken beeinträchtigt werden kann. In den meisten Fällen besteht das Hinterfüllmaterial aus einem geschlossenzelligen Rundprofil aus geschäumtem Polyethylen, das beim Einbau z. B. durch scharfkantige Werkzeuge nicht beschädigt werden darf. Das Hinterfüllmaterial muss im komprimierten Zustand eingebaut werden, um einen ausreichenden Widerstand beim Einbringen und Glätten des Dichtstoffs sicherzustellen. Aus diesem Grund hat sich bewährt, dass der Durchmesser des Hinterfüllmaterials etwa 25 bis 30 % größer ist als die vorhandene Fugenbreite. Das Hinterfüllmaterial muss ebenfalls mit dem Dichtstoff verträglich sein. Die Wasseraufnahme sollte lt. DIN 52459 „Prüfung von Dichtstoffen für das Bauwesen – Bestimmung der Wasseraufnahme von Hinterfüllmaterial – Rückhaltevermögen“ unter 1 g pro 100 cm^3 liegen.

Nachdem der Dichtstoff blasenfrei und umlaufend eingebracht wurde, erfolgt das Andrücken und Glätten des Dichtstoffs. Die hierfür eingesetzten Glättmittel gehören ebenfalls zum System, müssen auf den Dichtstoff abgestimmt sein und dürfen keine Verfärbungen verursachen oder Unverträglichkeiten mit dem Dichtstoff aufweisen. Außerdem dürfen Glättmittel keinen Film auf der Oberfläche hinterlassen, durch den die Vernetzung (chemische Reaktion) des Dichtstoffs gestört werden kann. Bei bestimmten Anwendungen ist der Einsatz eines Glättmittels nicht gestattet (Structural Glazing). Generell gilt, dass bei der Ausführung der Fugensanierung und -abdichtung unbedingt die Vorgaben der Hersteller wie z. B. die Untergrundtemperatur und -feuchtigkeit zu beachten sind.

Bei einigen Anwendungen sind spritzbare Dichtstoffe ungeeignet und/oder nicht zugelassen. Hierzu gehören z. B. Fugen, die nicht dem Geltungsbereich der DIN 18540 entsprechen (z. B. Gebäudetrennfugen), eine ungeeignete Fugendimensionierung wie z. B. zu schmale oder zu breite Fugen (> 35 mm), zu geringe Fugentiefen oder stark schwankende Fugenbreiten bzw. ein hoher Fugenversatz. Weitere Gründe können z. B. eine nicht ausreichende Festigkeit der Haftungsflächen (Untergründe) oder Verunreinigungen sein, die sich nicht entfernen lassen. In diesen Fällen kann eine Fugensanierung und -abdichtung mit Elastomer-Fugenbändern oder mit vorkomprimierten, imprägnierten Fugendichtbändern eine Alternative darstellen.

Vorkomprimierte, imprägnierte Fugendichtbänder sind in der DIN 18542 „Imprägnierte Fugendichtungsbänder aus Schaumkunststoff zur Abdichtung von Außenwandfugen – Anforderungen und Prüfung“ geregelt. Je nach Materialqualität und einer Komprimierung zwischen 1:3 und 1:5 (je nach Hersteller) sind die Fugendichtbänder regen- und winddicht. Außerdem punkten diese mit guten wärme- und schallschutztechnischen Eigenschaften. Durch die Vorkomprimierung ist sichergestellt, dass genügend Zeit für das Einbringen der Fugendichtbänder in die Fugen zur Verfügung steht. Durch die Rückstellkraft des expandierten Fugendichtbandes wird eine ausreichende Haftung an den Fugenflanken sichergestellt. Dies hat gegenüber Dichtstoffen oder aufgeklebten Fugenbändern den Vorteil, dass keine Untergrundvorbehandlung notwendig ist. Außerdem kann die Fugensanierung und -abdichtung witterungsunabhängig erfolgen. Allerdings brauchen die Fugen hierfür eine ausreichende Fugentiefe und nahezu parallel verlaufende Fugenflanken.

Alternativ kann zur Durchführung dieses Instandsetzungsverfahrens auch ein Dehnfugenprofil verwendet werden. Nachdem der gesamte Putz beidseitig des Risses auf ca. 10 cm Breite (abhängig von der Profilauswahl) bis zum Untergrund entfernt wurde, wird anschließend beidseitig der Oberputz ca. 5 cm breit entfernt. Nach dem Reinigen der Fuge und dem Einbauen eines Dehnfugenprofils wird der Putz in zwei Lagen aufgebracht, wobei mit der zweiten Lage eine Anpassung an die vorhandene Putzstruktur an der Fassade erreicht werden soll. Trotz aller Bemühungen sind in der Regel bei der nachträglichen Ausbildung einer Dehnungsfuge Strukturunterschiede zum bestehenden Oberputz nicht zu vermeiden.

Abschließend soll darauf hingewiesen werden, dass Dehnungsfugen in Abhängigkeit von der klimatischen Beanspruchung der Fassade regelmäßig gewartet werden müssen und selbst zum Sanierungsfall werden können. Müssen Dehungsfugen instandgesetzt werden, ist eine Bauzustandsanalyse zur Klärung der Schadensursache, aber auch der Feststellung des alten, vorhandenen Dichtstofftyps (Abdichtungsmaterial) notwendig. Die meisten Schäden an Außenwandfugen mit elastischen Dichtstoffen können in Adhäsionsrisse (Abriss des Dichtstoffs von den Fugenflanken) und Kohäsionsrisse (Risse im Dichtstoff) unterteilt werden. Die wesentlichen Ursachen für Adhäsionsrisse sind entweder materialspezifisch wie z. B. eine Überforderung des Dichtstoffs durch zu große Fugenbewegungen, unzureichende Festigkeit und/oder Tragfähigkeit der Fugenflanken, ein ungeeignetes Hinterfüllmaterial oder eine Unverträglichkeit mit anderen Baustoffen wie z. B. Beschichtungen an den Fugenflanken (mangelnde Haftung, Weichmacherwanderung etc.). Hinzu kommen verarbeitungsspezifische Ursachen wie z. B. zu hohe Untergrundfeuchtigkeit, mangelhafte Reinigung und/oder Vorbehandlung der Fugenflanken (Grundierung) und/oder mangelhaft entfernte Reste alter Dichtstoffe. Die Ursachen für Kohäsionsrisse sind eher planungsspezifisch. Hierzu zählen z. B. zu geringe und/oder stark schwankende und/oder nicht parallele Fugenbreiten, eine mangelhafte Fugendimensionierung, ungleichmäßige Fugentiefe und somit ungleichmäßige Dichtstoffmenge, ein falsch ausgewählter Dichtstoff (zu geringe Bewegungsaufnahme), eine fehlende Dreiflankenhaftung, ungeeignete Fugenform (Dreiecksfase) sowie eine fehlende oder falsche Hinterfüllung. Außerdem muss die Zerstörung durch äußere Einflüsse wie z. B. Feuchtigkeit oder mechanische Einwirkungen genannt werden. Aus den Schadensursachen kann in der Regel eine Empfehlung für ein geeignetes Abdichtungssystem abgeleitet werden.

Tab. 7.4 Prüfmethoden zur Bestimmung alter Dichtstoffe

Dichtstoff	Brennbarkeit (in ausgehärtetem Zustand)	Geruch
Acrylat-Dispersion	relativ schwer brennbar, kleine gelbe Flamme	Leicht süßlich, unspezifisch
Polysulfid	Gelbe Flamme	Typisch, stark schwefelartig
Polyurethan	Stark rußend, gelbe Flamme	Stechend, unspezifisch
Hybrid-Polymer	Leicht brennbar, knisternde gelbe Flamme, leicht rußend	Süßlich, unspezifisch
Silikon	Relativ schwer brennbar, glimmend, weiße Flamme	Gering, unspezifisch

Da es nicht immer möglich ist, den alten Dichtstoff aus der zu sanierenden Fuge vollständig zu entfernen, muss die Materialverträglichkeit zum neuen Dichtstoff gegeben sein. Um herauszufinden, um welchen alten Dichtstoff es sich handelt, stehen verschiedene Prüfmethoden zur Verfügung (Tab. 7.4). Die gängigste Variante ist die Flammprobe, da die meisten Dichtstoffe einen typischen Geruch und ein typisches Erscheinungsbild aufzeigen.

Wenn die Art des alten Dichtstoffs ermittelt werden konnte, sollte die Fugensanierung und -abdichtung mit dem gleichen Dichtstoff durchgeführt werden, soweit technisch oder aus anderen Gründen nichts dagegen spricht. Denn nicht alle Dichtstoffe können miteinander kombiniert werden (siehe Tab. 7.5). Einige neue Dichtstoffe zeigen Probleme in der Haftung (im technischen Sinne) mit alten Dichtstoffen.

7.2.6 Wärmedämm-Verbundsysteme

Nach dem WTA-Merkblatt 2-4-14 „Beurteilung und Instandsetzung gerissener Putze an Fassaden“

Tab. 7.5 Kompatibilität verschiedener Dichtstoffe

	alter				
neuer	Acrylat-Dispersion	Polysulfid	Polyurethan	Hybrid- Polymer	Silikon
Acrylat-Dispersion	+++	Hersteller*	Hersteller*	Hersteller*	Hersteller*
Polysulfid	-	+	Hersteller*	+	Hersteller*
Polyurethan	Hersteller*	++	Hersteller*	-	Hersteller*
Hybrid-Polymer	Hersteller*	+	Hersteller*	++	Hersteller*
Silikon	Hersteller*	Hersteller*	Hersteller*	Hersteller*	+

* die individuelle Freigabe muss durch den Hersteller bestätigt werden

Abb. 7.34 schematischer Systemaufbau eines Wärmedämm-Verbundsystems

Abb. 7.35 schematischer Systemaufbau eines Reno-Systems

können konstruktiv und untergrundbedingte Risse mit Rissbreitenänderungen ± 0,5 mm auch mit Wärmedämm-Verbundsystemen instandgesetzt werden. Die Eignung der WDVS für die Risssanierung ist auf die entkoppelnde Wirkung der Dämmschicht zwischen dem Putzsystem des WDVS und dem gerissenen Untergrund zurückzuführen. Aus Kostengründen werden diese Systeme in der Regel nur dann zur Anwendung kommen, wenn gleichzeitig mit der Risssanierung eine Verbesserung des Wärmeschutzes erreicht werden soll und/oder wenn die jeweiligen nationalen Anforderungen für den Wärmeschutz von bestehenden Gebäuden erfüllt werden müssen.

Zur Instandsetzung der o. g. Risse eignen sich sowohl Wärmedämm-Verbundsysteme aus Polystyrol-Hartschaumplatten mit organisch oder mineralisch gebundenen Unter- und Oberputzen als auch aus Mineralwolle mit mineralischen Beschichtungen (Abb. 7.34, Abb. 7.35). Nach dem Auftrag eines Wärmedämm-Verbundsystems bleibt die Temperatur des Untergrundes (z. B. verputztes Mauerwerk) in Folge der Wärmedämmung auf einem relativ gleichmäßigen Niveau. Dadurch wird die Rissbreitenänderung von vorhandenen Rissen deutlich reduziert. Außerdem ist ein Wärmedämm-Verbundsystem in der Lage, dynamische Risse im Untergrund, auch bei Rissbewegungen bis zu ± 0,8 mm, dauerhaft zu überbrücken. Hierbei muss beachtet werden, dass die Mindestschichtdicke der Wärmedämmplatten ca. 50 mm betragen sollte, um eine ausreichende Rissüberbrückung sicher zu stellen.

Temperaturbedingte Rissbewegungen werden durch den Einfluss der Wärmedämmschicht deutlich reduziert. Sind an konstruktiv bedingten Rissen noch Bewegungen zu erwarten, sollten die Wärmedämmplatten im Rissbereich nicht verklebt, sondern zusätzlich gedübelt werden. Bei sehr ungünstigen Untergrundbedingungen, z. B. Setzrissen, sollte für die Befestigung das so genannte Schienensystem gewählt werden. Hierbei erfolgt die mechanische Befestigung mit horizontalen Halteschienen, die mit bauaufsichtlich zugelassenen Fassadendübeln mit aufliegendem Kragen des Durchmessers 16 mm am Untergrund fixiert werden. Hierbei ist zu beachten, dass die Schienen verwindungsfrei zu montieren sind und der Dübelabstand 30 cm nicht überschreiten darf.[3]

Die Dämmplatten werden für das Schienensystem mit umlaufender Nut und Hinterfräsung hergestellt und mit der Nut auf die Schienen aufgesteckt. Zur weiteren Stabilisierung der Dämmplatten werden die vertikalen Plattenstöße mit T-förmigen Verbindungsschienen miteinander verbunden. Zusätzlich zur Befestigung der Halteschienen und der Verklebung der Dämmplatten werden die Platten mit bauaufsichtlich zugelassenen Dübeln mit einem Tellerdurchmesser von 60 mm im Untergrund verankert. Die Dübel werden unter dem Gewebe gesetzt.

Insbesondere bei Mischuntergründen und/oder Unebenheiten von mehr als 3 cm pro Meter sowie nicht tragfähigen Untergründen (z. B. kreidende oder abblätternde Anstriche sowie sandende oder abplatzende Putze) bietet sich eine neuartige Befestigungslösung für Polystyrol- und Mineralwolle-Dämmplatten an, die komplett ohne Vorbehandlung des Untergrundes und ohne Verklebung auskommt. Diese spezielle Befestigung besteht aus einem Rahmendübel, einer Senkkopf-Spezialschraube und einer Dämmstoff-Wendel. Diese erlaubt einen exakt justierbaren Wandabstand von 10 bis 70 mm. Der Kunststoffdübel ist für alle gängigen Untergründe zugelassen und darf für EPS- und MW-Dämmplatten verwendet werden. Bei der Anwendung der mechanischen Befestigung müssen die EPS-Hartschaumplatten mit Nut und Feder ausgebildet sein und eine Zugfestigkeit von mindestens 80 kPa aufweisen. Dämmplatten mit Mineralfasern, hauptsächlich in Plattenebene ausgerichtet, müssen dagegen eine Zugfestigkeit von mindestens 14 kPa haben. Lamellenplatten sind für dieses Befestigungssystem nicht geeignet, da durch die stehende Faser die Platte beim Eindrehen der Wendel zerschnitten werden würde.

Wichtig bei der Befestigungslösung ist, dass durch Einkleben von Mineralwolle-Dämmstreifen der entstehende Luftraum bei allen Geschossen und an allen An- und Abschlüssen abgeschlossen und so eine Hinterlüftung der Dämmung vermieden wird. Die erforderlichen Dübelmengen je m^2 liegen bei EPS-Dämmplatten etwa in der gleichen Größenordnung wie bei geklebten und gedübelten EPS-Systemen. Bei MW-Dämmplatten sind wegen der stumpfen Kantenausbildung erheblich mehr Dübel im Vergleich mit dem geklebten und gedübelten MW-System erforderlich. Der Anwendungsbereich für beide Dämmstoffe ist auf Plattenstärken von 80 mm bis 200 mm beschränkt.[3]

Bei der Ausführung von Wärmedämm-Verbundsystemen zur Instandsetzung gerissener Fassaden muss darauf geachtet werden, dass beim Wärmedämm-Verbundsystem selbst keine Risse auftreten. Um dies zu vermeiden, müssen die im Abschn. 4.3.7 bereits genannten Ursachen vermieden werden. Hierzu gehört

- eine fachgerechte Punkt- und Randverklebung, um Bewegungen im Bereich der Plattenränder zu vermeiden,
- eine Verklebung der Wärmedämmplatten mit ausreichendem Versatz und „knirsch" (pressgestoßen), um offene Fugen zu vermeiden,
- die Verwendung von ausreichend abgelagerten Wärmedämmplatten, um ein Nachschwinden (Fugen und/oder Abscheren) zu vermeiden,
- die fach- und sachgerechte Ausführung der Putzbewehrung im Hinblick auf Lage und/oder Gewebeüberlappung, damit die auftretenden Zugspannungen in die Fläche übertragen werden können,
- Ausführung der Diagonalarmierung bei Ecken, Öffnungen und dgl., um Kerbspannungen in die Fläche zu übertragen,
- die zulassungskonforme Ausführung von Schichtdicken wie der Armierungsschicht bzw. dem Unterputz,
- ausreichende Härtung/Trocknung der Unter- und/oder Oberputzschicht, um Spannungsrisse während der Trocknung/Härtung zu vermeiden.

So müssen zunächst vor dem Aufbringen der vollflächigen Systemarmierung alle erforderlichen Zusatzarmierungen ausgeführt werden. Diagonal- und Eckarmierungen sowie die Armierung der Innenecken sind auf die so genannte Panzerarmierung aufzubringen und nicht darunter. Zur Vermeidung von Kerbspannungen an Ecken und Kanten wie z. B. beim Fenster, an Türen oder Rollladenkästen und dgl. werden so genannte Armierungspfeile angeboten. Hierbei handelt es sich um eine Zusatzbewehrung (Diagonalarmierung) im Winkel von 45°.

7.3 Instandsetzung untergrund- und putzbedingter Risse

7.3.1 Einleitung

Für die Konzeption, Zielsetzung und Ausschreibung nachfolgender Risssanierungssysteme für untergrund- und/oder putzbedingte Risse ist von entscheidender Bedeutung, ob noch Rissbreitenänderungen bzw. Rissflankenbewegungen auftreten (dynamischer Riss: $\Delta w > 0$) oder ob es sich um ruhende Risse (statischer Riss: $\Delta w = 0$) handelt. Weiterhin muss geklärt sein, ob mit der Sanierung die Ursachen der Rissbildung beseitigt werden („echte" Sanierung) oder ob lediglich die Symptome kaschiert werden sollen (Kosmetik). Diese Entscheidung hat unmittelbar Auswirkungen auf die Auswahl der Produkte sowie auf deren Gewährleistung. Die Rissüberbrückung einer Beschichtung und die Dauer ihrer Funktionsfähigkeit werden durch Einflussfaktoren wie z. B. das Spannungs-Dehnungsverhalten der Baustoffe, die Haftung zum Untergrund sowie die Schichtdicke beeinflusst. Ein ungeklärter Sachverhalt führt in fast allen Fällen zur Auswahl eines ungeeigneten Risssanierungssystems. Erneute Rissweitenänderungen sind in diesem Fall Ausgangspunkt für neue Risse in der Risswurzel bzw. können auch zu flankenparallelen Rissen in der Nähe der alten Risse führen. So kann die Rissweite z. B. noch zunehmen, wenn die Rissursache (z. B. das Schwinden des Putzes oder des Untergrundes, Verformungen der Konstruktion etc.) noch nicht abgeklungen ist. Außerdem kann sich die Rissweite auch zyklisch ändern, wenn der Putz oder der Untergrund wechselnden Durchfeuchtungen (Quellen/Schwinden) oder Temperaturänderungen ausgesetzt ist. Sind konstruktivbedingte Risse ausschließlich oder überwiegend auf Temperaturverformungen des Bauteils zurückzuführen, nehmen Rissweite und Risslänge erfahrungsgemäß weiter zu.

Neben einer möglichst hohen Elastizität der Beschichtung, die durch einen hohen Bindemittelanteil erzielt wird, muss eine Untergrundverträglichkeit gegeben sein. Der hohe Bindemittelanteil kann allerdings zu einer Oberflächenspannung auf dem Untergrund führen, sodass der Untergrund tragfähig und über eine ausreichende Festigkeit verfügen muss. Zum anderen ist ein hoher Bindemittelanteil Ursache für eine geringe Wasserdampfdiffusionsfähigkeit der Beschichtung. Infolgedessen können elastische Anstrich- und Beschichtungsstoffe nicht auf feuchten und/oder feuchtebelasteten Untergründen eingesetzt werden oder wenn mit einer Hinterfeuchtung (z. B. im Bereich der Anschlüsse) gerechnet werden muss. Müssen gerissene Untergründe dieser Art beschichtet werden, können nur silikat- oder siliconharzgebundene Anstrich- und Beschichtungsstoffe eingesetzt werden. Diese sind allerdings aufgrund ihrer Bindemittel-Matrix nicht elastisch und deshalb nicht in der Lage, Verformungen zu überbrücken. Mit silikat- oder siliconharzgebundenen Anstrich- und Beschichtungsstoffe können deshalb die Risse lediglich zugeschlämmt werden. Die Formulierung elastischer und gleichzeitig wasserdampfdiffusionsoffener Anstrich- und Beschichtungsstoffe ist deshalb technisch nicht möglich. Werden sie dennoch ausgelobt, handelt es sich um Etikettenschwindel.

Neben technischen Aspekten spielen bei der Konzeption und Ausschreibung einer Risssanierung auch die Kosten eine wichtige Rolle. Hierbei muss berücksichtigt werden, dass die Risssanierungskosten im Einzelfall das Mehrfache der ursprünglichen Leistung betragen können. Insbesondere bei Nachbesserungen im Gewährleistungsfall ist eine kostengünstige und dennoch sichere Sanierungsmethode anzustreben. Aus diesem Grund werden sinnvolle, aber sehr aufwändige Methoden, wie z. B. ein Wärmedämm-Verbundsystem, in den meisten Fällen nur dann in die engere Wahl gezogen, wenn gleichzeitig auch der Wärmeschutz der Außenwand verbessert werden soll. Je nach Abschätzung der nach der Instandsetzungsmaßnahme noch zu erwartenden Rissbewegungen sowie der Untergrundqualität wird man in diesem Fall unter primär wirtschaftlichen Gesichtspunkten ein Wärmedämm-Verbundsystem wählen und die Risse „nebenbei" mit sanieren. Für die Auswahl des Instandsetzungsverfahrens kann auch entscheidend sein, ob eine Risssanierung im Gewährleistungsfall vorzunehmen ist oder ob z. B. ein älteres Renditeobjekt möglichst kostengünstig und dauerhaft instandgesetzt werden soll. Während im ersten Fall der Auftraggeber grundsätzlich den Anspruch auf Erfüllung der vertraglich zugesicherten bzw. vereinbarten Leistung erheben und dabei u. a. auch die Optik eine wichtige Rolle spielen kann, ist die Frage des optischen Erscheinungsbildes im zweiten Fall meistens zu vernachlässigen.

Bei der Auswahl eines geeigneten Instandsetzungsverfahrens sollte immer von den größten zu erwartenden Untergrundbewegungen ausgegangen werden. Im Bereich von Rissen überfordern die Zug- und Druckkräfte sowie thermische Veränderungen die elastischen Eigenschaften praxisüblicher Beschichtungssysteme zum Teil erheblich.

Für die Instandsetzung von untergrund- und/oder putzbedingten Rissen können

- flächige und punktuelle,
- putz- und anstrichtechnische,
- dünn- und dickschichtige,
- mineralische und organisch gebundene

Sanierungsmaßnahmen angewendet werden. Wie bereits erwähnt muss unterschieden werden, ob die Ursache der Rissbildung beseitigt wird (Sanierung) oder ob der Riss bzw. die Symptome nur kaschiert werden (Kosmetik). Dies hat bei der Wahl der nachfolgenden Risssanierungssysteme einen erheblichen Einfluss. Grundsätzlich werden an ein Risssanierungssystem folgende Anforderungen gestellt:

- Rissüberdeckung bei konstanten Rissbreiten (statischer Riss: $\Delta w = 0$)
- Rissüberbrückung bei Rissbreitenänderungen (dynamischer Riss: $\Delta w > 0$)

Diese Anforderungen müssen in einem an der Fassade – auf das gesamte Jahr betrachtet – üblichen Temperaturbereich (ca. – 20°C bis + 70°C) sichergestellt werden. Eine evtl. auftretende Rissbreitenänderung im Untergrund muss durch die Verformbarkeit (Elastizität) der Beschichtung überbrückt werden können, wobei die Elastizität der Beschichtung über den Beanspruchungszeitraum durch Alterung (spröde) oder Witterung (UV-Einstrahlung) nicht negativ beeinflusst werden darf. Bei niedrigen Temperaturen nehmen die Rissbreiten der Bauteile in der Regel zu, während sich gleichzeitig mit abnehmender Temperatur die Verformungsfähigkeit der organisch gebundenen Beschichtungen verringert. Infolgedessen ist die so genannte Kälteelastizität für Beschichtungen zur Risssanierung eine ganz wesentliche Anforderung. Bevor auf praxisbewährte Instandsetzungssysteme und Verfahren (siehe [32, 33, 34]) eingegangen wird, sollen nachfolgend einige alternative Verfahren vorgestellt werden.

7.3.2 Anerkannte und/oder bewährte Instandsetzungsverfahren

7.3.2.1 Einleitung

Zur Untersuchung rissüberbrückender Beschichtungssysteme liegen bisher keine genormten Prüfverfahren vor. Vielmehr ist es üblich, die Eignung von Systemaufbauten durch die in üblichen Materialprüfungen ermittelten Materialkennwerte wie den Elastizitätsmodul oder die Reißdehnung abzuschätzen. Auf verschiedenen Untergründen applizierte Beschichtungsaufbauten kann das Verhalten des Beschichtungssystems geprüft werden, in dem ein

Riss im Untergrund erzeugt und dieser im Kurzzeit-Zugversuch einmal geöffnet oder in Langzeit-Schwingversuchen periodisch innerhalb festgelegter Rissbreiten geöffnet und geschlossen wird. Mit dem Kurzzeit-Zugversuch lässt sich die Rissbreite ermitteln, bei der das Risssanierungs- und Beschichtungssystem einreißt. Mit Hilfe von Langzeit-Schwingversuchen werden die so genannten Lastwechsel ermittelt, die ohne Versagen der Rissüberbrückung erreicht werden. Bei diesem Versuchsaufbau stellen die Geschwindigkeit der Rissflankenbewegung bzw. die Frequenz der Lastwechsel bedeutende Größen dar. Aber auch weitere Randbedingungen wie z. B. die Temperatur während der Prüfung und die Abmessungen der Prüfprobekörper beeinflussen das Materialverhalten wesentlich.

Ergebnisse aus umfangreichen Untersuchungen mit periodischer Rissbreitenänderung an einschichtigen Proben zeigen analog den Ergebnissen aus den Kurzzeit-Zugversuchen, dass mit zunehmender Schichtdicke eines Anstrichsystems die Rissüberbrückungsfähigkeit steigt, da die Zahl der Lastwechsel bis zum Versagen zunimmt. Versuche mit periodischer Rissbreitenänderung ergaben wesentlich kleinere überbrückbare Rissbreiten als Versuche mit zügiger Rissaufweitung. Die Ergebnisse der Langzeitversuche streuen zudem im Gegensatz zu Kurzzeitversuchen erheblich, da Inhomogenitäten, Dickenschwankungen und andere, kaum erfassbare Faktoren das Verhalten der Beschichtung beeinflussen können.

Die nachfolgenden Instandsetzungsverfahren haben sich in der Praxis bewährt, wobei unterschiedliche Erfahrungen vorliegen. Bei allen Verfahren, die nur eine geringe Rissüberbrückung aufweisen, kann eine nachhaltige Rissfreiheit nicht sichergestellt werden, da die tatsächliche Rissflankenbewegung in vielen Fällen nur sehr ungenau abschätzbar ist. Eine entsprechende Sorgfalt bei der Ermittlung der Rissursachen und bei der bereits beschriebenen Untergrundprüfung, -bewertung und -vorbereitung ist deshalb eine grundlegende Voraussetzung für die richtige Auswahl und Anwendung der notwendigen Instandsetzungsverfahren und des dazu gehörigen Risssanierungssystems.

Bei der Instandsetzung von Rissen kann grundlegend zwischen

- der punktuellen oder örtlich begrenzten **Instandsetzung von Einzelrissen** sowie
- der **flächigen Instandsetzung** von Fassadenflächen mit einer größerer Rissanzahl

unterschieden werden. Es können auch beide Verfahren in Kombination zum Einsatz kommen, da auch bei einer Nachbesserung von Einzelrissen in der Regel empfohlen wird, zusammenhängende Flächen anschließend noch einmal komplett zu beschichten. In jedem Fall muss die Wirtschaftlichkeit beider Verfahren überprüft werden, damit z. B. keine großflächige Überarbeitung der Fassade stattfindet, obwohl ggf. auch eine Einzelrisssanierung ausreichend gewesen wäre. Darüber hinaus muss der Auftraggeber bei einer Einzelrisssanierung vor der Instandsetzung informiert werden, dass die Ausbesserungsstellen je nach Putzstruktur in unterschiedlichem Ausmaß erkennbar sein können (Abb. 7.36,

Abb. 7.36 eine Einzelrisssanierung ist deutlich zu erkennen und sollte im Vorfeld vom Auftraggeber freigegeben werden

Abb. 7.37 eine Einzelrisssanierung ist deutlich zu erkennen und sollte im Vorfeld vom Auftraggeber freigegeben werden

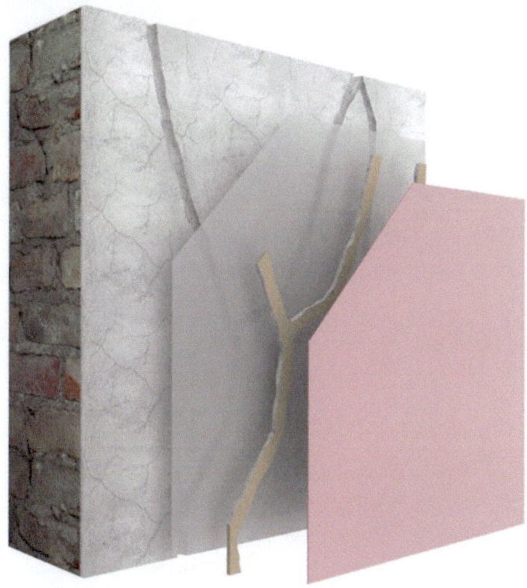

Abb. 7.38 schematische Darstellung eines Rissverschlusses mit gefüllter Beschichtung

Abb. 7.37) und dass in Folge feuchte- und temperaturbedingter Verformungen des Untergrundes nach der Sanierung wieder vereinzelt Risse auftreten können.

Die Instandsetzung von Einzelrissen ist ein einfaches Verfahren und hat in der Praxis durchaus seine Berechtigung, wenn z. B. für untergeordnete Flächen (wie z. B. ohne Publikumsverkehr, überbaute Giebelbereiche und dgl.) eine ästhetisch vertretbare Oberfläche mit kostengünstigem Aufwand hergestellt werden soll. Wichtig ist, dass vorab darauf hingewiesen wird, dass die rissumgebende Oberflächenstruktur in unterschiedlichem Ausmaß, z. B. durch das Verspachteln, verändert wird und die veränderte Putzoberfläche je nach Putzstruktur und Korngröße auch nach dem flächigen Beschichten mit einem Anstrich noch erkennbar sein wird. Darauf wird bei den nachfolgenden Instandsetzungsverfahren bei Einzelrissen nicht mehr gesondert hingewiesen.

Nach dem WTA-Merkblatt „Beurteilung und Instandsetzung gerissener Putze an Fassaden" werden für die Instandsetzung von Einzelrissen drei Verfahren empfohlen:

- **Rissverschluss** mit gefüllter Beschichtung, starrer Rissverschluss mit Mörtel sowie flexibler Rissverschluss mit Fugendichtstoff,
- **Rissüberbrückung** mit Putzträger und -beschichtung
- Umwandlung in eine **Dehnungsfuge** mit Fugendichtstoff oder mit Fugenprofil.

7.3.2.2 Rissverschluss mit gefüllter Beschichtung (Verfahren E1 nach WTA)

Der Rissverschluss mit gefüllter Beschichtung (Abb. 7.38) kann bei Rissbreiten bis 0,10 mm für ruhende Einzelrisse eingesetzt werden, die kurz nach Fertigstellung der Putzfassade aufgetreten sind. Nach dem Reinigen des Untergrundes wird der Riss mit einer gefüllten Farbe verschlämmt. Für das Verschlämmen der Risse sind sowohl Farben auf Dispersionsbasis als auch siliconharz- oder silikatgebundene Fassadenfarben geeignet. Wichtig hierbei ist, dass eine Verträglichkeit der Farbe sowohl mit dem Untergrund als auch mit einer anschließenden Beschichtung bei einer evtl. erforderlichen vollflächigen Überarbeitung der Fläche gegeben ist (Abb. 7.39).

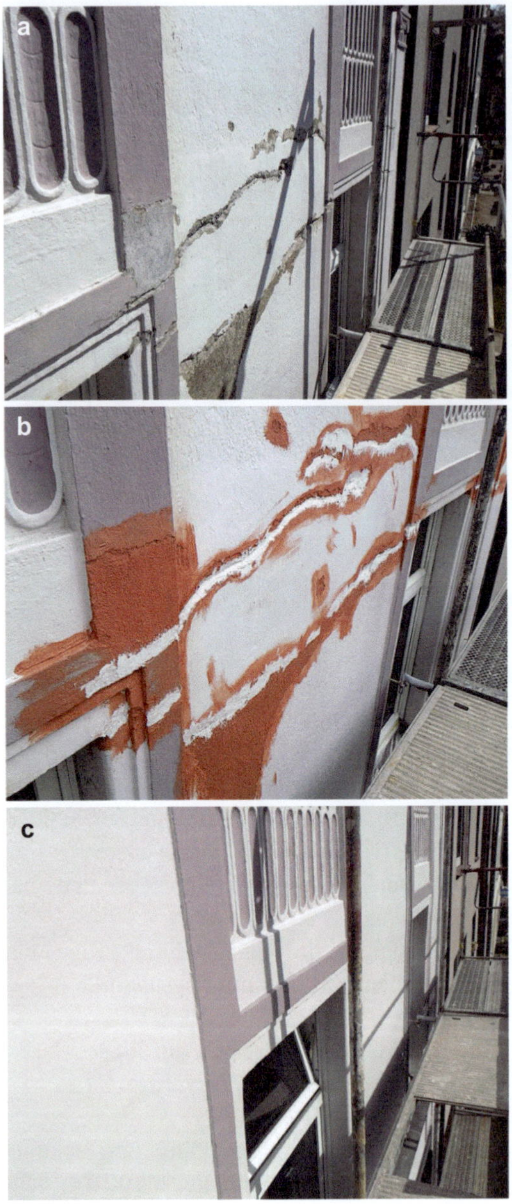

Abb. 7.39 Arbeitsablauf einer Risssanierung. (Verfahren E1 nach WTA)

7.3.2.3 Starrer Rissverschluss mit Mörtel (Verfahren E2 nach WTA)

Der starre Rissverschluss kann eingesetzt werden, wenn geringe Anforderungen an das optische Erscheinungsbild bestehen und eine erneute geringe Rissbildung akzeptabel ist. Dieses Verfahren kann für einzelne Putzrisse eingesetzt werden sowie in Ausnahmefällen zur Sanierung von konstruktions- und untergrundbedingten Rissen, wenn deren Rissbreitenänderungen abgeklungen sind. Die vorhandenen Risse werden ausreichend breit und tief geöffnet, wobei eine schwalbenschwanzförmige Aufweitung angestrebt werden sollte. Nach entsprechender Reinigung wird der Untergrund mit einer verfestigenden Grundierung (z. B. auf Silikatbasis) versehen. Ideal ist eine Grundierung mit verfestigenden und hydrophobierenden Eigenschaften, um einem schnellen Wasserentzug und damit möglicherweise der Bildung neuer Schwindrisse vorzubeugen. Anschließend ist der Riss mit einem dehnfähigen Mörtel (z. B. mit einem kunstharzmodifizierten, mineralischen Feinmörtel oder einem organisch gebundenen Feinmörtel) auszufüllen. Die Beschichtung der instandgesetzten Risse ist anschließend wieder möglichst gut an die vorhandene Oberputzstruktur anzugleichen. In vielen Fällen ist auch die Sanierung der Putzbereiche entlang der Rissufer erforderlich. Der Oberputz ist in jedem Fall durch Abklopfen auf mögliche Hohlstellen zu untersuchen, weil sich bei Anwesenheit eines Risses im Putz an den Rissflanken so genannte Schälspannungen ausbilden können, die in dem rissnahen Putzbereich häufig zu Adhäsionsstörungen führen.

Dieses Instandsetzungsverfahren ist in der Praxis sehr umstritten und gilt als „Augenwischerei“, da mineralische Mörtel weder plastisch noch ausgeprägt elastisch sind, sodass sie Zugspannungen nur sehr begrenzt aufnehmen können. Es wird immer wieder die Grundsatzdiskussion geführt, ob es beruhigte oder ruhende Risse de facto geben kann. Selbst in den Fällen, in denen Setzungen im Untergrund und/oder das Schwindverhalten der Putzschicht abgeschlossen sind, werden aufgrund tages- und jahreszeitlich wechselnder hygro-thermischer Einflüsse Spannungen und nachfolgend Verformungen in der Bauteiloberfläche erzeugt. Diese können von einem starren mineralischen Mörtel nicht aufgenommen werden, sodass bei diesem Instandsetzungsverfahren eine Neubildung von Rissen prinzipiell nicht ausgeschlossen werden kann.

7.3.2.4 Flexibler Rissverschluss mit Fugendichtstoff (Verfahren E3 nach WTA)

Der flexible Rissverschluss kann eingesetzt werden, wenn geringe oder keine optischen Anforderungen bestehen und Rissbreitenänderungen nicht auszuschließen sind. Die vorhandenen Risse werden 5 bis 10 mm breit und bis zur gesamten Tiefe V-förmig aufgeweitet. Nach sorgfältiger Reinigung werden die Rissflanken mit einer untergrundverfestigenden Grundierung (z. B. auf Silikatbasis) gestrichen und anschließend die Risse mit einem überstreichbaren Fugendichtstoff verfüllt. Ein Abstreuen des frischen Fugendichtstoffes mit Sand wird empfohlen. Ist aus optischen Gründen die Beschichtung der Verfugung gewünscht, ist zu beachten, dass in der Anstrichschicht feine Risse auftreten können.

7.3.2.5 Rissüberbrückung mit Trennlage und Putzträger (Verfahren E4 nach WTA)

Dieses Verfahren ist für Einzelrisse mit zu erwartenden Rissbreitenänderungen bis ca. ± 0,1 mm geeignet. Dazu zählen z. B. konstruktionsbedingte Risse aus weitgehend abgeschlossenen Verformungen (z. B. Stein-Putz-Risse) oder Risse an Materialwechseln im Untergrund (z. B. Kerbrisse).

Diese Art der Rissüberbrückung beruht auf dem Prinzip der Entkopplung. Der vorhandene Ober- und Unterputz wird beidseitig des Risses auf ca. 20 cm Breite bis zum Untergrund und anschließend der Oberputz noch zusätzlich 5 cm breit entfernt. Nach der Reinigung wird auf den Riss eine Trennlage (z. B. ein mehrlagiges Glasvlies) mindestens 20 cm breit aufgebracht, bevor anschließend ein Putzträger (z. B. ein punktverschweißtes Drahtgitter mit einer Maschenweite von ca. 12 mm und einer Drahtdicke von mindestens 1 mm oder ein Rabitzgewebe) aufgebracht wird. Die punktverschweißten Drahtgitter sollen einen Abstand vom Untergrund von ca. 5 mm haben und an den Rändern im Abstand von ca. 25 cm befestigt werden. Bei hoher Witterungsbeanspruchung ist als Material für die Putzträger Edelstahl vorzuziehen. Abschließend wird der Rissbereich in zwei Lagen verputzt, wobei die letzte Putzlage an die vorhandene Putzstruktur angepasst wird.

Bei der dünnschichtigen Alternative dieses Instandsetzungsverfahrens wird der Oberputz beidseitig des Risses auf ca. 20 cm Breite entfernt und anschließend der Unterputz ca. 15 cm breit und 4 bis 5 mm tief abgestemmt oder ausgefräst. In der weiteren technologischen Folge

- wird der vorhandene Riss auf ca. 1 cm Breite aufgeweitet,
- werden die Rissflanken mit einer untergrundverfestigenden Grundierung (z. B. auf Silikatbasis) gestrichen,
- wird der Riss mit einer Fugendichtungsmasse ausgefüllt.

Bei der nachfolgenden Gewebespachtelung wird ein alkalibeständiges und hochreißfestes Glasfasergewebe in den Unterputzmörtel (oder Unterputz) eingebettet, bevor der neue Oberputz aufgebracht und an die vorhandene Putzstruktur angepasst wird. Bei diesem Verfahren muss der Unterputz eine ausreichende Eigenstabilität (Festigkeit) aufweisen, da ansonsten mit streifenförmigen (aber rissfreien) Aufwölbungen im Oberputz zu rechnen ist.

Auch bei diesem Verfahren soll auf die begrenzte Funktionalität der Gewebearmierung hingewiesen werden. Eine starke Abkühlung des Mauerwerkes im Winter bewirkt eine Verkürzung der Mauerwerksoberfläche. Bei konstruktiv- oder untergrundbedingten Rissen ergeben sich daraus Änderungen in der Rissbreite bzw. treten Rissversätze auf. Im Extremfall können dreidimensionale Rissbreitenänderungen von bis zu 0,5 mm entstehen. Bei dieser Technologie ist zu berücksichtigen, dass die Putzschicht nicht wie eine Gleitschicht wirkt, die die auftretenden Spannungen aufnehmen könnte, sondern fest am Untergrund haftet. Die auftretende Rissbildung kann folglich durch die Putzschicht nicht verhindert werden. Erst die Übertragung und flächige Verteilung der Spannungen und Kräfte in das Gewebe kann aus einem möglichen Makroriss viele kleine Mikrorisse entstehen lassen, die entweder nicht zu sehen sind oder durch die Schlussbeschichtung abgedeckt werden. Infolgedessen wird bei diesem Verfahren neben der Gewebearmierung eine zusätzliche Entkopplung empfohlen.

7.3.2.6 Umwandlung in eine Dehnungsfuge mit Fugendichtstoff (Verfahren E5 nach WTA)

Horizontal verlaufende Risse über die gesamte Fassade, die auf konstruktiv bedingte Ursachen wie z. B. das Durchbiegen und/oder das Verschieben der Decke zurückzuführen sind, lassen sich langfristig und technisch sinnvoll nur durch den Einbau einer Dehnungsfuge sanieren, sodass sich der Riss frei bewegen kann. Diese Sanierungsvariante kann auch bei senkrecht verlaufenden Rissen zwischen Brüstungen und Außenwänden, Gebäudeanschlusskanten oder Rissen zwischen unterschiedlichen Bauteilen angewendet werden. Voraussetzung für die Anwendung ist, dass die Risse geradlinig verlaufen und nur einer geringen Rissbreitenänderung unterliegen.

Zur Umwandlung in eine Dehnungsfuge wird der vorhandene Riss über die gesamte Putzdicke zu einer Fuge aufgeweitet, deren Breite das Vierfache der zu erwartenden Rissbreitenänderung, allerdings mindestens 8 mm, beträgt. Nach entsprechender Reinigung werden die Fugenflanken mit einer den Untergrund verfestigenden Grundierung (z. B. auf Silikatbasis) versehen und die Fuge mit einer Schaumstoffschnur hinterfüllt. Abschließend wird dieser Bereich mit einem plasto-elastischen Fugendichtstoff (DIN 18 540) verfugt. Kurz zur Erklärung: Fugendichtstoffe gelten als elastisch, wenn ihr Rückstellvermögen größer als 70 % der Fugenbreite ist. Liegt das Rückstellvermögen des durch vernetzten Fugendichtstoffes zwischen 40 bis 70 % der Fugenbreite wird der Dichtstoff als plasto-elastisch deklariert. Fugendichtstoffe mit einem geringeren Rückstellvermögen von 20 bis 40 % der Fugenbreite gelten als elasto-plastisch. Die Verformbarkeit von < als 20 % werden als plastisch bezeichnet. Fugendichtstoffe können auf Zug, Druck, Scherung und auf Biegezug oder Biegedruck beansprucht werden. Alternativ kann ein Dehnfugenprofil eingesetzt werden.

Bei der Umwandlung eines Risses in eine Dehnungsfuge ist zu beachten, dass dieses Instandsetzungsverfahren optisch auffällig ist. Deshalb kann es nur dort eingesetzt werden, wo eine Umwandlung in eine sichtbare Dehnungsfuge optisch akzeptabel ist. Dies sollte unbedingt im Vorfeld mit dem Auftraggeber abgeklärt werden. Wird aus optischen Gründen eine Beschichtung (Überstreichen) der Verfugung gewünscht, ist ein überstreichbarer Fugendichtstoff zu wählen und der Auftraggeber zu informieren, dass in der Anstrichschicht feine Risse auftreten können. Dehnungsfugen müssen in Abhängigkeit von der klimatischen Exposition der Fassade regelmäßig gewartet werden. Der daraus resultierende Wartungsaufwand wird in der Regel vom Auftraggeber abgelehnt, da sich sichtbare Putzansätze in der Regel nicht vermeiden lassen.

7.3.2.7 Umwandlung in eine Dehnungsfuge mit Profil (Verfahren E6 nach WTA)

Dieses Verfahren stellt eine Alternative zu Verfahren E5 nach WTA dar und erfüllt ebenfalls nur geringe optische Ansprüche. Es kann für zwischen unterschiedlichen Bauteilen geradlinig verlaufende Risse mit geringer Rissbreitenänderung eingesetzt werden, bei denen die Umwandlung in eine sichtbare Dehnungsfuge optisch akzeptabel ist, z. B. senkrechte Risse zwischen Brüstungen und Außenwänden. Nachdem der gesamte Putz beidseitig des Risses auf ca. 10 cm Breite (abhängig von der Profilauswahl) bis zum Untergrund abgeschlagen wurde, wird anschließend der Oberputz beidseitig ca. 5 cm breit entfernt. Nach dem Reinigen der Fuge und dem Einbauen eines Dehnfugenprofils wird der Putz in zwei Lagen aufgebracht, wobei die zweite Lage an die Struktur des vorhandenen Oberputzes angepasst wird. Bei der nachträglichen Ausbildung einer Dehnungsfuge sind, wie schon mehrfach erwähnt, Strukturunterschiede zum bestehenden Oberputz nicht zu vermeiden. An dieser Stelle soll erneut auch darauf hingewiesen werden, dass Dehnungsfugen in Abhängigkeit von der klimatischen Exposition der Fassade regelmäßig gewartet werden müssen.

7.3.3 Flächige Instandsetzungen

7.3.3.1 Einleitung

Die flächige Instandsetzung gerissener Fassaden kann großflächig (z. B. nur eine Fassadenseite) oder vollflächig (gesamte Fassade) erfolgen. Sie ist vorzugsweise anzuwenden, wenn an die Fassade hohe technische und/oder optische Anforderungen gestellt werden und/oder eine hohe Witterungsbeanspruchung vorliegt. Für dieses Verfahren kommen auch Fassaden in Betracht, die in allen Teilen mit Rissen behaftet sind und bei denen eine Einzelrisssanierung aus technischer, optischer und wirtschaftlicher Sicht ausscheidet. Außerdem kommen flächige Instandsetzungen zur Anwendung, wenn nach einer ersten Sanierung weiterhin Rissbreitenänderungen stattfinden oder weitere Rissbildungen nicht ausgeschlossen werden können.

Sind im Rahmen einer Komplett-Sanierung von bestehenden Gebäuden diverse Anforderungen an den Wärmeschutz zu erfüllen, werden nicht selten Wärmedämm-Verbundsysteme zur flächigen Risssanierung eingesetzt. Mit dem Aufbringen eines WDVS wird zwar die aufwändigste, aber auch die wirkungsvollste Art der Sanierung von Rissen gewählt. Denn Wärmedämm-Verbundsysteme haben den Vorteil, dass der vorhandene Altputz in der Regel nicht entfernt und entsorgt werden muss, fast alle Rissarten und -breiten saniert werden können und zusätzlich der Wärme-, Feuchte-, Brand- und Schallschutz verbessert und auf den neuesten Stand gebracht werden kann. Infolgedessen sind die nachfolgenden Instandsetzungsverfahren kaum miteinander vergleichbar, weil sie ganz unterschiedliche Anforderungen erfüllen (müssen).

Nach dem WTA-Merkblatt „Beurteilung und Instandsetzung gerissener Putze an Fassaden“ werden für die flächige Instandsetzung von Rissen drei verschiedene Verfahren aufgeführt, wobei im Gegensatz zur Einzelrisssanierung eine Unterscheidung nach Bindemitteln erfolgt. Je nach Rissart und Untergrund werden

- anstrich- oder putztechnische Systeme eingesetzt, die
- dünn- oder dickschichtig,
- bewehrt oder unbewehrt ausgeführt werden können und
- mineralisch oder organisch gebunden

sein können. Infolgedessen kommt der Untergrundprüfung ein besonderer Stellenwert zu. Unstrittig ist, dass die organisch gebundenen Beschichtungssysteme die höchste Elastizität aufweisen und deutlich größere Rissbreiten überbrücken können als z. B. mineralische Aufbauten. Andererseits verfügen mineralische Systeme über ein deutlich höheres Wasserdampfdiffusionsvermögen. Der s_d-Wert der Risssanierungssysteme ist folglich auf den Untergrund abzustimmen. Bei organisch gebundenen Beschichtungssystemen mit einem hohem s_d-Wert ist weiterhin auf Rissfreiheit zu achten und/oder eine Hinterfeuchtung zu vermeiden.

7.3.3.2 Untergrundprüfung und -vorbehandlung

Die Untergrundprüfung und -bewertung stellt eine der schwierigsten Problemstellungen in der Fassadenbeschichtung und -sanierung dar. Das liegt zum einen an der Vielfalt möglicher Untergründe und neuer Baustoffe und -materialien. Zum anderen werden häufig unbekannte Untergründe oder Untergründe angetroffen, die durch natürliche Verwitterung oder durch Bauschäden belastet sind. Des Weiteren können Oberflächen verschiedene Materialien nebeneinander enthalten, die unterschiedliche Eigenschaften aufweisen und deshalb nicht ohne weiteres überarbeitet werden können. Auch die Untergrundvorbehandlung ist elementar wichtig, da z. B. auf verschmutzten Untergründen eine ausreichende Haftung der nachfolgenden Beschichtung nicht gegeben ist.

Des Weiteren kann der Begriff „Untergrund“ sehr vielfältig und komplex ausgelegt werden. Zu den klassischen Untergründen gehören z. B. Mauerwerke. Ein Mauerwerk ohne nähere Beschreibung kann aber nicht als ein definierter Untergrund betrachtet werden, da es allein im Bereich der Ziegelsteinmauerwerke viele Varianten gibt. Neben Ziegelsteinmauerwerken werden auch Mauerwerke aus Kalksandstein, Porenbeton, Leichtbeton, Bimssteinen oder Blähtonsteinen ausgeführt, um nur einige der wichtigsten Mauersteine im Neubau zu nennen. Hinzu kommen Bruchstein- und Mischmauerwerke von Altbauten, die feuchte- und/oder salzbelastet sein oder auch Risse aufweisen können. Risse können natürlich auch auf neuem Mauerwerk auftreten, wie z. B. die Stein-Putz-Risse auf hoch wärmedämmendem Mauerwerk. Mit dieser Aufzählung sind aber erst die „normalen" Mauerwerke beschrieben, die entweder mit klassischen Unterputzen, speziellen Leicht- oder Faserputzen oder je nach Anforderungen und Untergrundbeanspruchung mit Wärmedämm- oder Sanierputzen beschichtet werden können.

Für die Altbausanierung gilt die Besonderheit, dass nicht immer der gesamte Putz entfernt und ein neuer Putzaufbau aufgebracht werden muss. Werden nur Teilflächen ausgebessert, können neben Putzmörteln auch Spachtel- oder Armierungsmassen verwendet werden. Insbesondere der Einsatz von Spachtel- oder Armierungsmassen und dgl. muss differenziert betrachtet werden, da mineralische und organisch gebundene Materialien auf dem Markt sind, die mit oder ohne Fasern angeboten werden und mit oder ohne Armierungsgewebe verarbeitet werden können. Infolgedessen hängt die Materialauswahl für Unterputze und Spachtelmassen nicht nur von der Art und Beschaffenheit des Untergrundes ab, sondern auch von der weiteren Beschichtung.

Daran wird deutlich, dass Unterputze und Spachtelmassen auf der einen Seite Beschichtungen eines Untergrundes sein können, aber auf der anderen Seite selbst einen Untergrund darstellen, wenn diese Flächen anschließend schlussbeschichtet werden. Somit kann dem Unterputz und/oder der Spachtelmasse sowohl die Funktion einer Beschichtung als auch die eines Putzträgers (Untergrundes) zukommen. Genau genommen können auch Oberputze nicht nur eine Schlussbeschichtung darstellen, sondern auch einen Untergrund, wenn z. B. ein Anstrich aufgebracht werden muss. Hinzu kommt, dass natürlich auch alte Mineral-, Silikat-, Siliconharz- oder Kunstharzputze einen Untergrund darstellen, wenn diese Oberflächen im Rahmen einer Sanierung/Renovierung überarbeitet werden müssen. Infolgedessen macht es Sinn, sich mit der Untergrundvielfalt auseinandersetzen, da hinreichende Kenntnisse über die Untergrundbeschaffenheit eine elementare Voraussetzung für nachfolgende Beschichtungen ist (Tab. 7.6).

Die Untergrundprüfung muss gemäß VOB/C, DIN 18350 durchgeführt werden, wobei der Prüfungsaufwand dem gewerbeüblichen Maß entsprechen kann. Gegenstand der Prüfung ist einerseits die Beurteilung der Oberfläche sowie andererseits die Feststellung erkennbarer Mängel. Von der visuellen Betrachtung bis zur Schichtdickenmessung – als objektübliche Prüfmethoden gelten u. a.

- Inaugenscheinnahme,
- Benetzungsprobe,
- Lösemittelprobe,
- Abrieb-, Wisch-, Kratzprobe bzw. Gitterschnitt,
- pH-Wert-Messung,
- Abklopfen,
- Temperaturmessung,
- Feuchtigkeitsmessung und ggf.
- Schichtdickenmessung.

Festigkeitsprüfungen im Sinne einer Materialprüfung oder Prüfungen des Untergrundes auf Haftzugfestigkeiten gehören nicht zum Umfang einer Untergrundprüfung. Wichtig ist, dass Unterschiede bestehen zwischen Untergrundvorbereitungen, die eine Nebenleistung darstellen und Vorbereitungen, die zu den besonderen Maßnahmen gehören. Werden aufgrund der Beschaffenheit des Untergrundes zusätzliche Leistungen notwendig, wie z. B. das Entfernen einer Sinterschicht, gehören diese nicht zu den Nebenleistungen im Sinne der VOB/C, DIN 18350

Tab. 7.6 Einfache Bindemittelanalysen für häufig vorkommende Beschichtungen

Untergrund	Erkennung
Kalkfarben/-putze	- sind unbrennbar - schäumen beim Beträufeln mit Salzsäure stark auf (Achtung: auch Silikatfarben schäumen bei diesem Test wegen der als Füllstoffe enthaltenen Kalziumkarbonate schwach auf)
Mineralfarben/-putze	- sind unbrennbar - sind unempfindlich gegen organische Lösemittel und Abbeizfluide
Silikatfarben	- sind unbrennbar - schäumen beim Beträufeln mit Salzsäure schwach auf (Achtung: auch Kalkfarben/-putze schäumen bei diesem Test stark auf)
Dispersions-Silikatfarben/-putze	- werden von Dispersionsabbeizern schwach gelöst - schäumen beim Beträufeln mit Salzsäure schwach auf - der organische Anteil lässt sich durch Glühprobe bei 450°C ermitteln
Dispersionsfarben/ Kunstharzputze	- verbrennen durch Hitze - werden von Nitroverdünnung angelöst - können mit Abbeizfluiden abgebeizt werden
Lösemittelhaltige Fassadenfarben/-putze	- verbrennen durch Hitze - werden von Spiritus schwach angelöst - werden von Testbenzin angelöst
Siliconharzfarben/-putze	- haben eine stark wasserabweisende Wirkung - können mit Abbeizfluiden abgebeizt werden

„VOB Vergabe- und Vertragsordnung für Bauleistungen – Teil C: Allgemeine Technische Vertragsbedingungen für Bauleistungen (ATV) – Putz- und Stuckarbeiten“ (2019), sondern sind besondere Leistungen, die entsprechend zu vergüten sind.

Der Untergrund muss (mindestens) so fest sein, dass er den Putz oder die Beschichtung auf seiner gesamten Fläche tragen kann. Bei besonders groben/unregelmäßigen Oberflächenstrukturen (z. B. Münchener Rauputz) ist bei der nachfolgenden Beschichtung sicher zu stellen, dass der Auftrag gleichmäßig erfolgt. Ist das nicht der Fall, kann sich in den Vertiefungen mehr Material ansammeln, als auf den Kornspitzen aufgetragen wird. Infolgedessen weist die Beschichtung eine ungleichmäßige Schichtdicke auf, was zu Spannungen innerhalb der Beschichtung führen kann.

Lose Teile, Staub oder Schmutz sowie allgemein haftungsmindernde Schichten oder Reste müssen vollständig entfernt werden. Weiche und/oder nicht tragfähige Untergründe sind vor dem Beschichten zu verfestigen. Der Untergrund sollte in einem bestimmten Umfang kapillar saugfähig sein, sodass Teile des Anmachwassers und die Wirkstoffe eindringen können. Andererseits darf die Wasseraufnahme des Untergrundes nicht so groß sein, dass die Gefahr eines „Verdurstens“ des Putzes besteht. Je nach Untergrund- und Umgebungsbedingungen ist der Untergrund gut vorzunässen (bei mineralischen Putzen) oder mit einer Aufbrennsperre oder Grundierung (bei mineralischen und organisch gebundenen Putzen) zu versehen.

Konstruktionselemente und/oder Bauteile, die mit dem Verputz nicht in Berührung kommen dürfen (z. B. Holz, Fachwerkkonstruktionen, Stahlträger und dgl.) müssen vor dem Verputzen/Beschichten fachgerecht abgedeckt und mit einem geeigneten Putzträger überspannt werden. Über Dehnungs- und Bewegungsfugen des Bauwerks darf der Putz nicht aufgezogen werden, sondern ist durch geeignete Putzprofile zu trennen. Auch ungeschützte Rohrleitungen und dgl. dürfen nicht überputzt werden.

Der Ausführende muss prüfen, ob der Untergrund für die vorgesehene Beschichtung geeignet ist. Bedenken sind dem Auftraggeber unverzüglich und schriftlich (Beweis) mitzuteilen. Bedenken können, je nach Anforderungen und verwendeter Beschichtung, z. B.

- größere Unebenheiten,
- Salzausblühungen,
- Spannungs- oder Setzrisse,
- zu glatte Oberflächen,
- zu starke Restfeuchte,
- gefrorene Flächen,
- mikrobielle Belastungen,
- Verunreinigungen durch Schalöl und dgl.

betreffen. Die weitere Vorgehensweise vor allem in Bezug auf Gewährleistung ist anschließend mit dem Auftraggeber abzuklären und schriftlich fest zuhalten. Gleiches gilt auch für Bedenken gegenüber dem Untergrund, die gemäß VOB/C, DIN 18350 schriftlich anzumelden sind.

Prüfmethoden zur Untergrundprüfung und -bewertung wurden bereits beschrieben (siehe Abschn. 5.3.4).

Eine einfache Regel besagt, dass jede Beschichtung nur so gut sein kann wie der Untergrund bzw. seine Vorbereitung. Infolgedessen müssen Untergründe gründlich vorbereitet (z. B. gereinigt und ggf. grundiert) werden, um dem Untergrund/Baustoff Eigenschaften verleihen, die er nicht besitzt und/oder die für nachfolgende Beschichtungen benötigt werden. Hierbei muss die Wechselwirkung zwischen Untergrund und nachfolgender Beschichtung berücksichtigt werden und darf durch die Grundierung (auch Grundanstrich, Primer oder Tiefengrund) nicht negativ beeinflusst werden (Abb. 7.40). Grundierung ist hierbei der Sammelbegriff für verschiedene Grundbeschichtungen, die pigmentiert oder unpigmentiert, lösemittelhaltig oder wässrig sein können und einmal oder in mehreren Arbeitsschritten aufgetragen werden.

Die Hauptaufgabe von Grundierungen besteht darin, einen tragfähigen Untergrund für nachfolgende Beschichtungen zu schaffen und/oder eine Verbindung herzustellen bzw. die Haftung zu verbessern (untergrundverfestigend). Eine der wichtigsten Eigenschaften von Grundierungen ist infolgedessen das Penetrationsvermögen, das durch die Grundierung sowie die Porosität und Porengröße des Untergrundes maßgebend beeinflusst wird. Aus diesem Grund werden niedrigviskose Grundierungen verwendet, die in der Regel keine Pigmente und nur wenig Füllstoffe enthalten, um gut in poröse Untergründe penetrieren zu können. Hochleistungspolymere mit einer Teilchengröße von 30 bis 60 nm haben

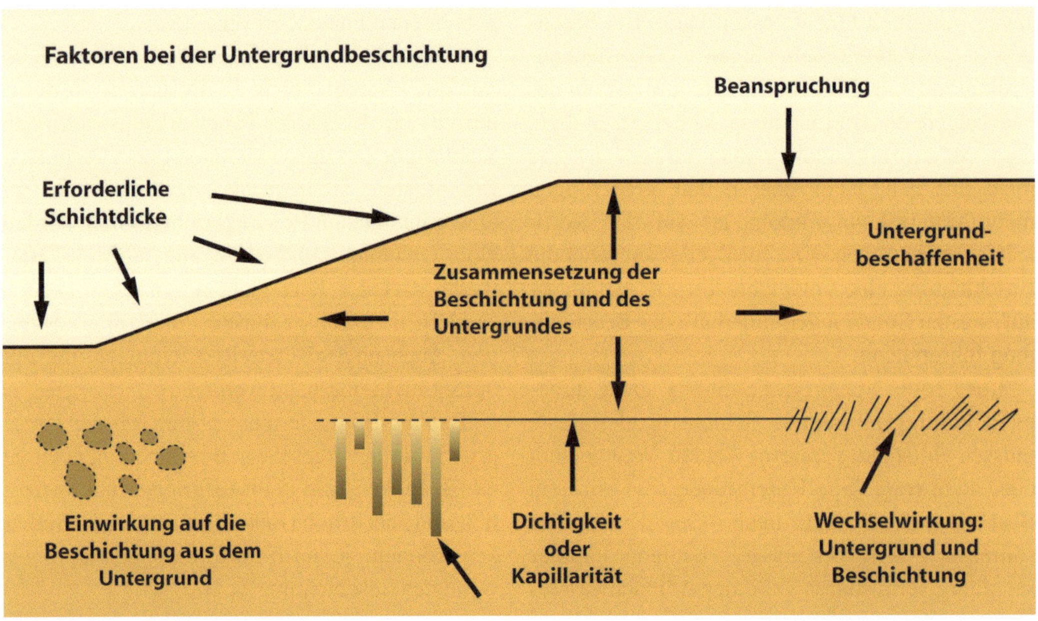

Abb. 7.40 Wechselwirkungen und Einflüsse zwischen Untergrund, Grundierung und Beschichtung

dabei vergleichbare Eindringtiefen wie z. B. gelöste Polymere. Dabei nutzt man in der Produktentwicklung von Grundierungen die Erkenntnis, dass für das Erzielen eines guten Penetrationsvermögens die Teilchengröße der Polymerpartikel um den Faktor 10 kleiner sein sollte als der Porendurchmesser des Baustoffs bzw. des Untergrundes. Mit zunehmender Teilchengröße reduziert sich infolgedessen die Eindringtiefe (Abb. 7.41).

Daneben gibt es spezielle Anforderungen an eine Grundierung wie z. B. die Neutralisierung von alkalischen Untergründen, das Absperren von Stoffen, die aus dem Untergrund durchschlagen und zu Verfärbungen führen können, die Verhinderung von Rostbildung, die Reduzierung starker Saugfähigkeit oder die farbliche Anpassung, um einen Untergrund in einem anderen Farbton sicher abzudecken. Zur Erfüllung dieser Anforderungen können Grundierungen z. B. mit bioziden (tierische und pflanzliche Schädlinge abtötenden), hydrophoben (wasserabweisenden), oleophoben (ölabweisenden) oder auch oberflächenverdichtenden (isolierenden) Eigenschaften ausgestattet werden.

Aus der nachfolgenden Aufzählung der sehr unterschiedlichen Anforderungen an Grundierungen ist abzuleiten, dass es keine „Universalgrundierung“ geben kann, sondern dass eine Grundierung sehr sorgfältig auf den jeweiligen Untergrund, die Auftragsart und das gesamte Beschichtungssystem abgestimmt sein muss (Tab. 7.7, Tab. 7.8). Unterschieden werden Grundierungen nach ihrer Eigenschaft:

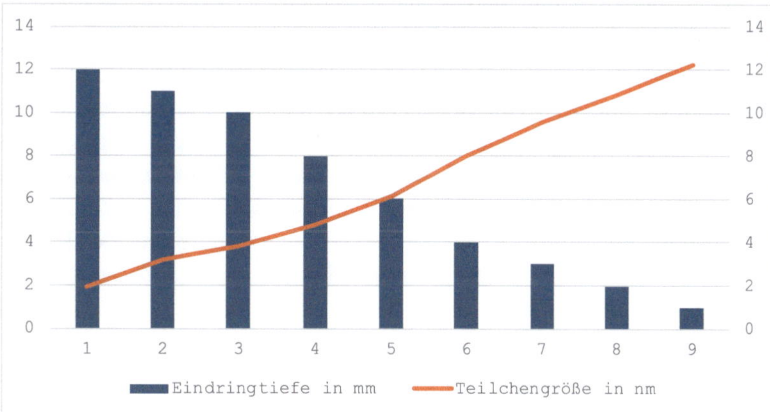

Abb. 7.41 (a-c) Eindringtiefe von Grundierungen in mm

Tab. 7.7 Eigenschaften der wichtigsten Grundierungen

	Acrylate	Polymerisatharz	Microemulsion	Kaliwasserglas
tiefenverfestigend	-	+++	++	+++
Saugfähigkeit regulierend	++	++	+++	+
für mineralische Untergründe	++	++	+++	+++
für alte Beschichtungen	+++	-	+	+
hydrophobierend	+	-	+++	-
einfache Verarbeitung	+++	+	++	+
typische Anwendung	alte kreidende Untergründe	alte mineralische Untergründe	alte und neue mineralische Untergründe	mineralische Untergründe und/oder untergrund-verfestigend

- nicht geeignet; + bedingt geeignet; ++ geeignet; +++ besonders geeignet

Tab. 7.8 Untergrundeignung von Grundierungen

	Acrylate	Polymerisatharz	Microemulsion	Kaliwasserglas
Gipsputz,	+	++	-	-
Beton	+	+	++	-
Kalkzementputz	+	++	+++	++
Ziegelstein/Kalksandstein	+	++	+++	++
Asbestzement	+	+++	-	-
Kreidende Altbeschichtungen	+++	-	+	+
Mauerwerk	++	+	+	-
Porenbeton	++	+	+	-

- nicht geeignet; + bedingt geeignet; ++ geeignet; +++ besonders geeignet

- **Haftvermittlung:** Grundierungen sind auf die Beschichtung abgestimmt. Bei einigen Untergründen, z. B. Glasalplatten, Klinker, sind spezielle Haftvermittler erforderlich, die aufgrund ihres chemischen und physikalischen Haftpotenzials geeignet sind.
- **Untergrundverfestigung:** Diese Grundierungen benötigen ein feinteiliges bzw. gelöstes Bindemittel, damit sie tief in den Untergrund penetrieren können.
- **Bindung von Oberflächenkreidung:** Für diese Anwendung eignen sich am besten Grundierungen auf Dispersionsbasis, da durch ihre Klebekraft die Pigmente und Füllstoffe gebunden werden.
- **Reduzierung der Untergrundsaugfähigkeit:** Auf stark saugenden Untergründen dringt das Bindemittel in den Untergrund ein, sodass die Härtung/Trocknung der Beschichtung gestört ist. Durch die Grundierung wird das Saugvermögen des Untergrundes reguliert/reduziert. Besonders stark saugende Untergründe sind ggf. mehrmals nass-in-nass zu grundieren. Diese Grundierungen werden auch für unterschiedlich saugende Untergründe empfohlen, um ein gleichmäßiges Saugverhalten sicher zu stellen.
- **Hydrophobierend:** Die Poren und Kapillaren des Untergrundes werden hydrophob/wasserabweisend ausgekleidet. Wasser kann nicht hinter die Beschichtung eindringen.
- **Isolierend** gegen wasserlösliche Substanzen wie z. B. Ruß, Nikotin: Das sind spezielle Grundierungen, die die färbenden Substanzen in den Anstrichfilm einbinden bzw. eine Sperrschicht aufbauen, sodass der Transport von wasserlöslichen Substanzen in die Schlussbeschichtung verhindert wird.
- **Korrosionsinhibierend:** Eisenmetalle korrodieren im Kontakt mit wässrigen Anstrichstoffen. Es werden lösemittelhaltige Grundierungen, meistens Epoxydharzsysteme eingesetzt, die mit speziellen korrosionsinhibierenden Pigmenten ausgerüstet sind.
- **Biozid:** schützend gegen Bläue, Insekten und Pilze. Grundierungen werden mit bioziden Wirkstoffen ausgerüstet, die in den Untergrund eindringen und dort Mikroorganismen abtöten bzw. den Untergrund desinfizieren.

Abschließend sollen noch einige Hinweise zum „richtigen" Grundieren gegeben werden. Zum einen muss geprüft werden, ob eine Grundierung unbedingt notwendig ist. Letztendlich muss der Untergrund saugen und offenporig sein, damit eine ausreichende Haftung/Verbindung sichergestellt werden kann. Das übliche Vorgehen, einen alten Untergrund grundsätzlich zu grundieren, kann im Einzelfall auch schadensverursachend sein (Glanzstellen, „Speckschicht", die zu einer Störung der Oberflächenhaftung führen können). Untergründe, die nicht kreiden und auch nach einer Dampfstrahlreinigung gut haften, müssen nicht grundiert werden. Des Weiteren muss unbedingt auf eine ausreichende Trocknung der Fassade nach der Reinigung geachtet werden, bevor sie grundiert werden kann. Oberflächige Austrocknung genügt nicht. Wasser in den Poren bzw. Kapillaren kann das Eindringen der Grundierung verhindern. Im Zweifelsfall sollte eine Probefläche angelegt werden. Hierbei kann die Grundierung durch Verdünnen so ein-

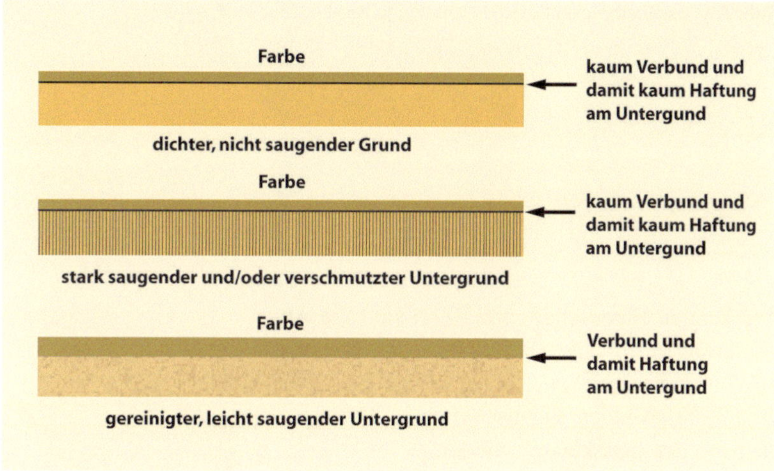

Abb. 7.42 die Tragfähigkeit des Untergrundes ist die Schlüsselfunktion für nachfolgende Beschichtungen

gestellt werden, dass sie in den Untergrund „wegschlägt“, also nicht als Film auf der Oberfläche stehen bleibt (Abb. 7.42).

7.3.3.3 Organisch gebundene Beschichtungssysteme (Verfahren F1 nach WTA, Gruppe II nach BFS)

Um möglichen Missverständnissen gleich vorzubeugen: Mit organischen Beschichtungssystemen werden nach dem bereits erwähnten WTA-Merkblatt nicht die organisch gebundenen Armierungsputze, sondern die Dispersionsfarben und hier insbesondere die so genannten Lastic-Systeme bezeichnet. Letztere sind kälteelastische Dispersionsfarben, die früher umgangssprachlich auch als „Gummihaut“ bezeichnet wurden (Abb. 7.43, Abb. 7.44). Diese rissüberbrückenden Anstrichsysteme können ohne zusätzliche Armierung Rissbreiten bis zu 2,5 mm und in Verbindung mit einer Vlieseinlage Rissbreiten bis zu 5 mm überbrücken. Die Rissüberbrückungsfähigkeit dieser Beschichtungssysteme hängt einerseits von der Dispersionsart und andererseits von der Menge des Dispersionsbindemittels ab.

In der DIN EN 1062-7 „Beschichtungsstoffe – Beschichtungsstoffe und Beschichtungssysteme für mineralische Substrate und Beton im Außenbereich, Teil 7: Bestimmung der rissüber-

Abb. 7.43 typisches Erscheinungsbild hoch elastischer Anstriche. („Gummihaut“)

Abb. 7.44 typisches Erscheinungsbild hoch elastischer Anstriche. („Gummihaut“)

Tab. 7.9 rissüberbrückende Eigenschaften je Rissklasse

Klasse	Breite des überbrückten Risses
A1	> 100 µm
A2	> 250 µm
A3	> 500 µm
A4	> 1250 µm
A5	> 2500 µm

brückenden Eigenschaften“ (2004) sind die Anforderungen an diese Beschichtungsstoffe ausführlich beschrieben. Tab. 7.9 gibt die rissüberbrückenden Eigenschaften in Abhängigkeit von der „Rissklasse“ wieder.

Beim Verfahren A erfolgt eine einmalige Rissöffnung bei unterschiedlichen Temperaturen und je nach überbrückbarer Rissaufweitung die Einordnung des Beschichtungsstoffes in die Klassen A1 bis A5. Die Prüftemperatur für die Klasse A1 ist 23 °C (Raumtemperatur). Für die Einordung des Beschichtungsstoffes in die Klassen 2 bis 5 müssen die rissüberbrückenden Eigenschaften auch bei −10 °C nachgewiesen werden, da die Rissüberbrückung bei Minustemperaturen (maximale Rissbreitenänderung im Untergrund) von großer Bedeutung ist. Hierbei muss in Kauf genommen werden, dass die Rissüberbrückung von elastischen Dispersionsfarben bei −10 °C geringer ist (aufgrund der so genannten Glasübergangstemperatur) als bei Raumtemperatur (hohe Elastizität). „Normale“ rissüberbrückende Fassadenfarben erreichen deshalb in der Regel bei Raumtemperatur z. B. eine Rissüberbrückung nach Klasse A3, bei −10 °C aber nur nach Klasse A1. Darauf sollte bei Ausschreibungen geachtet werden (Abb. 7.45).

Die Prüfung der Rissüberbrückungsfähigkeit wird beim Auftreten des ersten Risses bzw. der ersten blasenförmigen Öffnung abgebrochen und die Dehnung dokumentiert. Nach der Prüfung wird zusätzlich die Haftung der Beschichtung auf dem Untergrund im Bereich des Risses untersucht. Beim Alternativverfahren B erfolgt ebenfalls bei unterschiedlichen Temperaturen eine dynamische Rissbreitenänderung, nach welcher die Beschichtungsstoffe in Abhängigkeit von der erreichten Rissüberbrückung in Klassen eingeteilt werden.

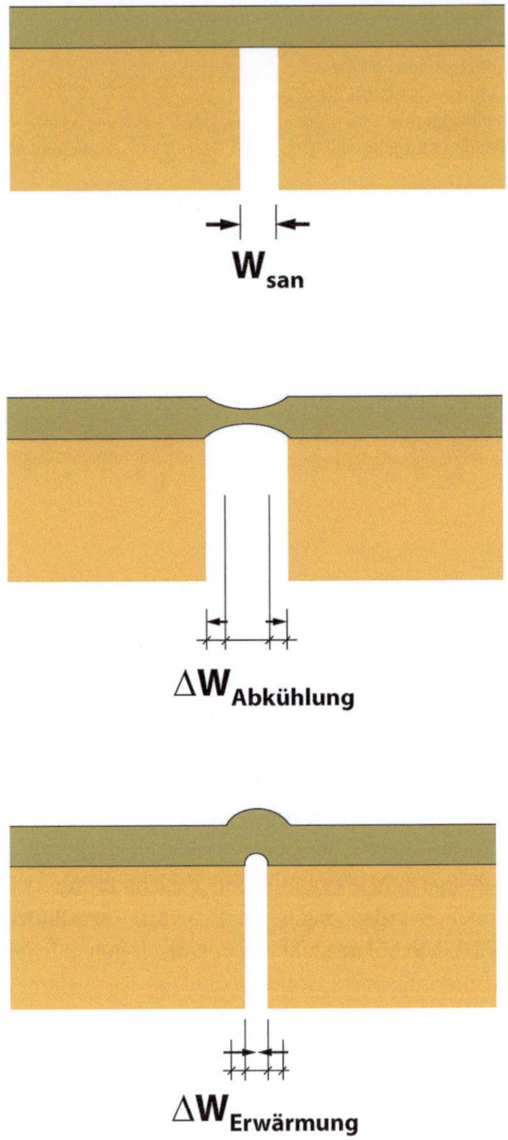

Abb. 7.45 die elastische Rissüberbrückung muss sowohl bei der Erwärmung/Befeuchtung (Expansion) als auch Abkühlung/Trocknung (Kontraktion) gegeben sein

Laut Anforderungen nach DIN EN 1062, Teil 7 können rissüberbrückende Beschichtungen für alle Risse mit einer Rissbreitenänderung bis 2,5 mm eingesetzt werden. Bei höheren Rissbreitenänderungen sind besondere Systemaufbauten (z. B. Vlieseinbettung oder ein organisch gebundener Armierungsputz mit Gewebe) notwendig – bzw. wird ein Wärmedämm-Verbundsystem zur Risssanierung eingesetzt.

Abb. 7.46 schematischer Beschichtungsaufbau einer Risssanierung. (Verfahren F1 nach WTA)

Neben den ein- oder zweilagigen Beschichtungssystemen, mit oder ohne Vlieseinlage (Abb. 7.46), werden in Ausnahmen auch drei- oder vierlagige Varianten angewendet. Die Trockenschichtdicke liegt deshalb in der Regel zwischen 0,1 bis 0,5 mm, in Ausnahmen und bei Vlieseinbettung bei > 1 mm. Einschränkend ist darauf hinzuweisen, dass nicht jede Dispersionsfarbe die Anforderungen der DIN EN 1062, Teil 7 erfüllt. Die Rissüberbrückungsfähigkeit von klassischen Dispersionsfarben liegt unter 100 µm, sodass Klasse A1 nicht erreicht wird. Erst elastische Dispersionsfarben erreichen in Abhängigkeit von der Bindemittelart, von der Schichtdicke sowie von einer Vlieseinbettung die Klassen A1 und höher.

So vorteilhaft die hohe Elastizität und Rissüberbrückung kälteelastischer Dispersionsfarben auch ist, so nachteilig sind das Verschmutzungsverhalten aufgrund der Thermoplastizität des Bindemittels sowie der hohe Diffusionswiderstand gegenüber Wasserdampf. Für kalkreiche Putze (Druckfestigkeitsklasse CS I, CS II) sind sie nicht geeignet, da sie auch gegenüber Kohlendioxid (CO_2) einen hohen Diffusionswiderstand haben. Die Untergründe müssen auch hinsichtlich der Haftung dieser Beschichtungen ausreichend fest sein, um ein Abscheren des Anstriches zu verhindern. Bei der Gitterschnittprüfung (siehe Abschn. 5.3.4) sollte die Schnitttiefe 1 mm möglichst nicht überschreiten. Geeignete Untergründe sind Beton, Mauerwerk sowie zementreiche Putze (Druckfestigkeitsklasse ab CS III) mit festhaftender oder ohne Beschichtung.

Nach der Untergrundprüfung muss der Untergrund gründlich gereinigt werden. Bei der Rissinstandsetzung durch organisch gebundene Beschichtungssysteme muss sichergestellt werden, dass der Untergrund fest und tragfähig ist, um eine optimale Haftung der Beschichtung auf dem Untergrund zu erreichen. Anschließend wird der Untergrund grundiert, wobei die meisten Hersteller eine hydrophobierende Grundierung empfehlen. Diese soll eine Wasseraufnahme im Rissbereich, auch bei einer möglichen Rissbreitenänderung, verhindern. Anschließend werden die Risse über 0,2 mm mit einem so genannten Rissfüller verschlämmt, bevor die Zwischenbeschichtung aufgetragen wird. In Abhängigkeit vom Untergrund, von der Rissart und -breite sowie vom Beschichtungssystem des Herstellers wird in die Zwischenbeschichtung ein Vlies eingelegt, bevor die Schlussbeschichtung aufgebracht wird.

Bei den organisch gebundenen Beschichtungen muss besonders darauf geachtet werden, dass eine Hinterfeuchtung ausgeschlossen ist (z. B. an Anschlüssen von Fensterbänken und sonstigen Anschlüssen). Um eine Blasenbildung zu vermeiden, müssen sie deshalb rissfrei bleiben.

7.3.3.4 Rissfüllende Beschichtungssysteme (Verfahren F2 nach WTA, Gruppe I nach BFS)

Rissfüllende Beschichtungen ohne rissüberbrückende Eigenschaften werden bei putzbedingten Rissen mit Rissbreiten < 0,2 mm eingesetzt. Zu diesen Beschichtungen gehören Dispersions-, Siliconharz- und Dispersions-Silikatfarben, aber auch gefüllte Farben und die so genannten Streichputze. Nach DIN EN 1062 müssen rissfüllende Beschichtungssysteme folgende Anforderungen erfüllen:

- s_d-Wert < 0,14 m
- w-Wert < 0,1 kg/(m^2 · h^{0,5})

Die Einhaltung dieser Kennwerte führt nicht in jedem Fall zu einem ausgewogenen Feuchtehaushalt (Wasseraufnahme/Trocknung). Niedrigere s_d-Werte sind anzustreben.

Nach der Untergrundprüfung und -reinigung der Putzfassade werden die Risse mit einer hydrophobierenden Grundierung versehen, bevor die gesamte Fläche erneut grundiert wird. Die Hydrophobierung der Rissflanken verhindert den Wassereintritt in die Risse, auch bei einer möglichen Rissbreitenänderung. Anschließend wird die Zwischen- und Schlussbeschichtung aufgebracht, wobei die Zwischenbeschichtung auch eine rissfüllende Beschichtung sein kann. Einige Hersteller geben der Zwischenbeschichtung auch einen so genannten Streichfüller zu. Die Formulierung der Zwischen- und Schlussbeschichtung hängt vom Untergrund und seinen bauphysikalischen Eigenschaften, von der Materialverträglichkeit sowie ggf. von der gewünschten Farbgebung ab, da die Farbtonauswahl bei Siliconharz- und Dispersions-Silikatfarben eingeschränkt ist.

7.3.3.5 Rissfüllende Beschichtungssysteme für kalkreiche Putze (Verfahren F3 nach WTA)

Rissfüllende Beschichtungssysteme für kalkreiche Putze (CS I/P I, CS II/P I, CS II/P II) müssen einen geringen Diffusionswiderstand gegenüber Wasserdampf und Kohlendioxid aufweisen. Bei einem kalkreichen Putz ist eine ausreichende CO_2-Durchlässigkeit nur bei s_d-Werten < 0,05 m sichergestellt. Geeignet sind Dispersions-Silikatfarben und Siliconharzfarben, die auch in Form von Füllfarben oder Streichputzen eingesetzt werden können.

Auch das Verfahren F3 nach WTA kann zum Füllen putzbedingter Risse mit Rissbreiten < 0,2 mm verwendet werden. Da es analog zu F2 keine rissüberbrückende Wirkung hat, können mit diesem Verfahren vorhandene Risse lediglich verfüllt bzw. verschlämmt werden. Nach der Untergrundprüfung und -reinigung der Fassade werden die Risse mit einer hydrophobierenden Grundierung versehen, bevor die gesamte Fläche ein zweites Mal grundiert wird. Die Hydrophobierung der Rissflanken verhindert eine Wasseraufnahme im Bereich der Rissflanken, auch wenn sich diese später noch einmal geringfügig öffnen. Anschließend werden die Risse über 0,2 mm mit einem Rissfüller verschlämmt, bevor die Zwischen- und anschließend die Schlussbeschichtung aufgetragen werden.

7.3.3.6 Grundsätzliches zu Anstrichsystemen

Bei der Beschreibung der Risssanierungs-Verfahren F1 bis F3 nach WTA-Merkblatt „Beurteilung und Instandsetzung gerissener Putze an Fassaden“ wurden verschiedene Anstrichstoffe und -systeme erwähnt, die zur besseren Abgrenzung sowie hinsichtlich ihrer bauphysikalischen Eigenschaften einer Erläuterung bedürfen.

Nach DIN 55 945 „Beschichtungsstoffe und Beschichtungen – Ergänzende Begriffe zu DIN EN ISO 4618“ (2016) handelt es sich bei einem Anstrich um eine aus Anstrichstoffen hergestellte Beschichtung. Da ein Anstrich je nach Art und Qualität des Untergrundes in der Regel aus Grundierung, Vor- und Schlussanstrich besteht, hat sich in der Fachwelt der Begriff „Anstrichsysteme“ durchgesetzt. Darüber hinaus sind Bezeichnungen wie Beschichtungsstoffe, Beschichtungssysteme oder Fassadenfarben durchaus marktüblich und gebräuchlich.

Jeder Anstrich- oder Beschichtungsstoff hat seine Berechtigung und Eigenschaften, aufgrund derer er für einen bestimmten Anwendungsbereich geeignet oder nicht geeignet ist. Aus diesem Grund soll die Planung und Ausschreibung sowie die Auswahl und Verarbeitung von Anstrichstoffen immer in Abhängigkeit vom Untergrund sowie unter Berücksichtigung einer möglichen Erfüllung der technischen und optischen Anforderungen erfolgen. Grundsätzlich besteht jeder Anstrich- oder Beschichtungsstoff aus einem oder mehreren Bindemitteln, Pigmenten, Füllstoffen, Additiven und Hilfsstoffen. Auch in

Fachkreisen kaum bekannt ist, dass die Gebrauchseigenschaften der Beschichtung im Wesentlichen durch die Additive – und damit durch den mengenmäßig geringsten Anteil im Anstrich- oder Beschichtungsstoff – zustande kommen.

Zur anstrichtechnischen Risssanierung werden Dispersions-, Siliconharz-, oder Dispersions-Silikatfarben eingesetzt. Auf Mineral- oder auch Reinsilikatfarben wird deshalb im Folgenden nicht weiter eingegangen, da sie keinerlei rissüberbrückenden Eigenschaften aufweisen. Die Ermittlung der bauphysikalischen Eigenschaften von Fassadenfarben erfolgt nach unterschiedlichen Prüfnormen, z. B. Wasseraufnahme nach DIN EN 1062, Teil 3 und Wasserdampfdiffusionsfähigkeit nach DIN EN ISO 7783-2 „Lacke und Anstrichstoffe – Beschichtungsstoffe und Beschichtungssysteme für mineralische Untergründe und Beton im Außenbereich – Teil 2: Bestimmung und Einteilung der Wasserdampf-Diffusionsstromdichte (Permeabilität)" (Anmerkung: die Norm wurde zurückgezogen). Hierbei ist zu beachten, dass eine bauphysikalische Bewertung sich nicht nur an einem Kennwert orientieren darf, sondern einer ganzheitlichen Betrachtung bedarf. So sollte eine Fassadenfarbe mit einer hohen Wasseraufnahme nicht als „ungünstig" eingestuft werden, wenn sie gleichzeitig eine (für eine schnelle Trocknung günstige) hohe Wasserdampfdiffusionsfähigkeit besitzt. Umgekehrt können Fassadenfarben mit einer niedrigen Wasseraufnahme nicht als „ideal" bezeichnet werden, wenn sie andererseits eine hohe Eigenspannung besitzen und deshalb für den Untergrund ungeeignet sind (Abb. 7.47).

Zur Bewertung der Wasseraufnahme bzw. -abweisung wird der w-Wert (Wasseraufnahme) herangezogen. Die Diffusionsfähigkeit wiederum wird über den s_d-Wert definiert. Beide Kenngrößen werden einerseits in Klassen eingeteilt, andererseits in das Verhältnis zueinander gesetzt (Tab. 7.10, Tab. 7.11).

In der Fassadenschutztheorie nach *Künzel* werden die Obergrenzen für den w-Wert mit max. 0,5 $kg/(m^2 \cdot h^{0,5})$ und für den s_d-Wert mit max. 2,0 m genannt. Außerdem muss das Produkt aus $w \cdot s_d \leq 0{,}1\ kg/(m^2 \cdot h^{0,5})$ sein, um ein bauphysikalisches Gleichgewicht der Fassade (Regenschutz) sicher zu stellen. Bei dieser Bewertung muss in Bezug auf die anstrichtechnische Risssanierung beachtet werden, dass Anstrich- oder Beschichtungsstoffe in der Regel auf einen Oberputz aufgebracht werden. Infolgedessen muss die Bewertung immer den Oberputz und den dazu gehörigen Anstrich berücksichtigen. Diese grundsätzlichen Ausführungen vorangestellt, sollen im Folgenden die wichtigsten Fassadenfarben beschrieben und bewertet werden.

Abb. 7.47 so genannte Lastic-Systeme haben eine hohe Elastizität und Eigenspannung. Man kann daher häufig ein Abschälen vom Untergrund beobachten

Tab. 7.10 Wasserdurchlässigkeitsrate nach DIN 1062, Teil 3

Klasse	$[w] = kg/(m^2 \cdot h^{0,5})$
1 (hoch)	> 0,5
2 (mittel)	0,1 bis 0,5
3 (niedrig)	< 0,1

Tab. 7.11 Wasserdampfdurchlässigkeit nach DIN EN 7783, Teil 2

Klasse	$[s_d]$ = m (Meter)
1 (hoch)	< 0,14
2 (mittel)	0,14 bis 1,4
3 (niedrig)	> 1,4

Die chemische Zusammensetzung spielt bei Dispersionsfarben eine wichtige Rolle, vor allem hinsichtlich der Filmeigenschaften nach der Erhärtung. Reinacrylate z. B. sind in der Licht- und Wetterbeständigkeit unübertroffen, allerdings relativ teuer und in der Wasserfestigkeit ungünstiger als Styrolacrylate. Polyvinylacetat-Dispersionen sind gut wetterbeständig, jedoch wenig lichtbeständig und (je nach Zusammensetzung) verseifbar. Dies kann auf alkalischen Untergründen ein wesentlicher Nachteil sein. Styrol-Acrylat-Dispersionen weisen aufgrund des Styrolanteils eine sehr gute Wasserfestigkeit, jedoch eine verminderte Lichtbeständigkeit auf.

Modifizierte Kunststoff-Dispersionsfarben – so genannte Lastic-Systeme – werden für die anstrichtechnische Risssanierung (Verfahren F1 nach WTA) eingesetzt. Eine hohe Elastizität der Anstrich- und Beschichtungsstoffe kann nur mit einem hohen Bindemittelanteil erreicht werden. Andererseits ist ein hoher Bindemittelanteil in der Regel mit einer höheren Verschmutzungsneigung und einer geringen Wasserdampfdiffusionsfähigkeit der Beschichtung verbunden. Infolgedessen können elastische Anstrich- und Beschichtungsstoffe nicht auf feuchten Untergründen eingesetzt werden und auch nicht, wenn mit einer Hinterfeuchtung der Beschichtung (z. B. im Bereich der Anschlüsse) gerechnet werden muss. Müssen gerissene Untergründe dieser Art beschichtet werden, können nur silikat- oder siliconharzgebundene Anstrich- und Beschichtungsstoffe (Verfahren F2 nach WTA) verwendet werden. Diese Stoffe sind allerdings aufgrund ihrer Bindemittel-Matrix nicht elastisch und deshalb nicht in der Lage, Verformungen zu überbrücken. Ihre Aufgabe besteht deshalb darin, die Risse zu zuschlämmen. Elastische und gleichzeitig wasserdampfdiffusionsoffene Anstrich- und Beschichtungsstoffe sind deshalb technisch nicht darstellbar. Werden sie dennoch von Herstellern angeboten, handelt es sich offensichtlich um Etikettenschwindel (Abb. 7.48).

Siliconharzfarben stellen, bauphysikalisch betrachtet, die optimalen Anstrich- und Beschichtungsstoffe dar. Ähnlich wie Dispersions-Silikatfarben zeigen sie unter dem Rasterelektronenmikroskop eine ausgeprägte Porosität, welche Ursache für die hohe Wasserdampfdiffusion ist. In Folge des mikroporösen Gefüges ist auch eine hohe CO_2-Durchlässigkeit vorhanden, sodass Siliconharzfarben auch für carbonatisch gebundene Mörtel geeignet sind. Das spannungsarme bis -freie Auftrocknen der

Abb. 7.48 Darstellung unterschiedlicher Anstrichstoffe und deren Elastizität: Kalkfarbe, Silikatfarbe, Siliconharzfarbe, Dispersionsfarbe, Lasticfarbe

Siliconharzfarben ist eine weitere Eigenschaft, die Siliconharzfarben als geeignet für nahezu alle Untergründe erscheinen lässt.

Da sie sowohl aus einer Siliconharzemulsion als auch aus einer Kunststoffdispersion bestehen, erfolgt die Trocknung bzw. Filmbildung bei Siliconharzfarben ähnlich wie bei den Dispersionsfarben. Die Filmbildung von Kunststoffdispersionen erfolgt rein physikalisch durch Wasserverdunstung. Auch Siliconharzemulsionen trocknen zunächst physikalisch auf. Parallel dazu finden aber auch verschiedene chemische Vernetzungsreaktionen ab. Durch die Herstellung bedingt sind in den Makromolekülen der Siliconharze auch Hydroxy-Gruppen vorhanden. Diese sind verantwortlich dafür, dass das Siliconharz zum einen auf den Pigment- und Füllstoffpartikeln haftet und sich zum anderen mit dem mineralischen Untergrund verbindet.

In beiden Fällen liegt neben der rein physikalischen Adhäsion auch eine chemische Reaktion vor, durch die eine Haftung innerhalb der Matrix sowie auf dem Untergrund sichergestellt wird. Sowohl auf der Oberfläche der Pigment- und Füllstoffpartikel als auch auf mineralischen Untergründen (Oberfläche) befinden sich Hydroxy-Gruppen. Die so genannten Silanol-Gruppen (Si-OH) reagieren mit den Hydroxy-Gruppen sowohl auf der Baustoffoberfläche als auch auf den im System befindlichen Pigment- und Füllstoffen und mit sich selbst (Molekülvergrößerung). Infolgedessen haften jeweils die beiden Komponenten – Füllstoff und Pigment mit dem Siliconharz sowie der Baustoff mit dem Siliconharz – fest miteinander. Gleichzeitig reagieren die noch in den Makromolekülen des Siliconharzes vorhandenen Hydroxy-Gruppen mit Wasser-Molekülen. Durch diese Reaktion werden die Makromoleküle des Harzes an mehreren Stellen mit- und untereinander verknüpft, sodass das für Siliconharze typische Netzwerk (Siliconharzgerüst) entsteht.[38]

Die Eigenschaften der Siliconharzfarben resultieren aus ihrer Zusammensetzung. Als Bindemittel wird ein Netzwerk bildendes, trifunktionelles Siliconharz in wässriger Emulsion eingesetzt. Hinzu kommen eine Polymerdispersion sowie Pigmente, Füllstoffe und Hilfsstoffe. Die Menge der eingesetzten Polymerdispersion ist deutlich geringer als bei den Kunststoff-Dispersionsfarben. Bei einem Vergleich der marktüblichen Siliconharzfarben sind große Unterschiede in Bezug auf den Siliconharzgehalt auffällig. So wurde vor einigen Jahren die Diskussion um so genannte „echte“ Siliconharzfarben begonnen. Diese zeichnen sich durch einen Siliconharzanteil von mindestens 50 % (bezogen auf den gesamten Bindemittelgehalt) aus.

Im Gegensatz zu Kunststoff-Dispersionsfarben liegt bei Siliconharzfarben nach der Trocknung kein geschlossener Film vor. Der Anteil der eingesetzten Polymerdispersion bei Siliconharzfarben stellt nur sicher, dass sich die Füllstoff- und Pigmentpartikel mit- und untereinander verbinden („verkleben“). Dadurch entsteht ein offenporiges Gefüge (und kein geschlossener Film), das für die hohe Wasserdampf- und CO_2-Durchlässigkeit verantwortlich ist. Der Feuchtigkeitsschutz dieses hochporösen Anstrichfilms kommt durch die Siliconharzkomponente zustande. Das Siliconharz überzieht die einzelnen festen Partikel mit einer sehr dünnen, geschlossenen, hoch hydrophoben Schicht. Dadurch weisen Siliconharzfarben sowohl eine hohe Wasserdampfdiffusionsfähigkeit als auch eine hohe Wasserabweisung auf.

Ein Blick auf die molekulare Ebene der Pigment- und Füllstoffoberfläche verdeutlicht dies. Der anorganische Teil des Siliconharzes ist jeweils über drei Silizium-Sauerstoff-Brücken an die Oberfläche des Partikels gebunden. Gleichzeitig ist jeder organische Rest des Siliconharzes über diese drei Silizium-Sauerstoff-Brücken so mit der Partikeloberfläche verbunden, dass die organischen Reste quasi wie ein Regenschirm nach außen ragen, sodass die Oberfläche wasserabweisend ist. In dieser starken Hydrophobie der Oberfläche bei gleichzeitig hoher Wasserdampfdiffusion aufgrund der Porosität des Siliconharzgerüstes liegt das eigentliche Erfolgsrezept der Siliconharzfarben. Die hohe Härte des Netzwerkes und dessen fehlende Hygro- und Thermoplastizität bestimmen die besondere Verwitterungs- und Verschmutzungsresistenz der Siliconharzfarben.

Dispersions-Silikatfarben werden häufig auch als Mineralfarbe bezeichnet, da sie eine vergleichbar gute Wasserdampfdiffusionsfähigkeit, eine hohe Affinität zu mineralischen Untergründen aufweisen und aufgrund der Zusammensetzung einen „mineralischen“ Charakter besitzen. Dispersions-Silikatfarben sind kaliwasserglasgebundene Beschichtungen, denen nach DIN 18363 „VOB Vergabe- und Vertragsordnung für Bauleistungen – Teil C: Allgemeine Technische Vertragsbedingungen für Bauleistungen (ATV) – Maler- und Lackierarbeiten – Beschichtungen“ (2019) maximal 5 % organische Anteile zugegeben werden dürfen. Die Gebrauchseigenschaften der Dispersions-Silikatfarbe wie z. B. Wasseraufnahme, Wasserdampfdiffusion, Farbtonstabilität, Untergrundhaftung und dgl. werden wesentlich von der Art der Polymerdispersion bestimmt.

Das wasserlösliche Wasserglas als Hauptbindemittel der Silikatfarben bindet nicht nur durch das Verdunsten des Wassers (physikalisch), sondern auch durch einen chemischen Vorgang ab. In der Luft enthaltenes Kohlendioxid wird dabei aufgenommen und es entsteht ein wasserunlösliches, polymeres Silikatgerüst sowie Pottasche. Dieser Vorgang wird mit dem Begriff der Verkieselung umschrieben. Besonders zu beachten ist, dass die bei dem Vorgang der Verkieselung entstehende Pottasche wasserlöslich ist. Bei farbigen Silikatfarben kann die Pottasche zu weißen Ausblühungen führen, die im Laufe der Zeit zwar verschwinden, da sie durch Regen ausgewaschen werden, aber in der Regel bemängelt werden. Die Verkieselung wird im Wesentlichen durch Temperatur, Luftfeuchtigkeit und Art des Untergrundes beeinflusst. Schäden entstehen bei Temperaturen unter 5 °C, da der Verkieselungsvorgang gestört wird und das Wasserglas zum Teil wasserlöslich bleibt. Bei Temperaturen um den Gefrierpunkt kommt der Verkieselungsvorgang zum Stillstand. Auch bei langanhaltender hoher Luftfeuchtigkeit wird die Verkieselung des Wasserglases behindert. Durch Taubildung, Nebel oder Regen bildet sich Oberflächenwasser, das in diesem Fall noch nicht verkieseltes Wasserglas an die Oberfläche transportiert.

Silikatfarben weisen eine hohe Wasserdampf- und CO_2-Diffusionsfähigkeit auf und eignen sich besonders gut für die anstrichtechnische Risssanierung von kalkreichen Untergründen (Verfahren F3 nach WTA). Bei einer Bewertung von Anstrich- oder Beschichtungsstoffen müssen folglich immer alle bauphysikalischen Aspekte berücksichtigt werden (Tab. 7.12 und Tab. 7.13).

Bei der Bewertung muss beachtet werden, dass aufgrund der großen Schwankungen innerhalb der Bindemittel-Kategorien sowie der starken Abhängigkeit vom Untergrund eine Pauschalisierung kaum möglich ist. So besitzen z. B. die Kunststoff-Dispersionsfarben eine sehr unterschiedliche Elastizität und Verformbarkeit, Wasserdampfdiffusionsfähigkeit, CO_2-Durchlässigkeit oder auch Filmspannung. Die obige Tabelle soll deshalb nur einen groben Überblick

Tab. 7.12 bauphysikalische Werte unterschiedlicher Beschichtungsstoffe

	w-Wert in kg/(m² · h^0,5^)	µ-Wert	Schicht-dicke	s_d-Wert in m
Kalkfarbe	> 1	~200	150 µm	0,03
Silikatfarbe	> 1	~200	150 µm	0,03
Dispersions-Silikatfarben	0,1–0,5	~260	150 µm	0,04
Siliconharzfarben	< 0,1	~330	150 µm	0,05
Dispersionsfarben	0,05–0,3	< 1000	150 µm	0,15–0,5
Reinacrylatfarben	< 0,1	~ 3000	150 µm	0,5

Tab. 7.13 bauphysikalische Eigenschaften unterschiedlicher Beschichtungsstoffe

Eigenschaft	Dispersions-Silikatfarbe	Sil-Farbe	Siliconharz-farbe	Kunststoff-Dispersionsfarbe
Bindemittel	Polymer-dispersion Kaliwasserglas	Silicon, Dispersion	Siliconharz-emulsion, Dispersion	Polymerdispersion
Elastizität/Verformbarkeit	–	+	+	++
Wasserabweisung	+	+	++	+++
Wasserdampf-diffusionsfähigkeit	+++	+++	++	+
Farbvielfalt	+	+	++	+++
Farbtonstabilität/ Fleckenbildung	+	+	++	+++
Überarbeitbarkeit	+	++	++	+
Widerstand gegen Mikroorganismen	–	+	++	++
Kreidungsresistenz	–	+	++	++
Überstreichbarkeit/ Renovierbarkeit	++	+++	+	+
Filmspannung	++	++	++	+

– nicht geeignet, + bedingt geeignet, ++ geeignet, +++ besonders geeignet geben, da die Unterschiede in Bezug auf die verschiedenen Bindemittel und deren Eigenschaften bei Planern und Ausführenden bei Weitem nicht so bekannt sind, wie dies die Farbenhersteller annehmen.

Nach diesem Exkurs in die Welt der Anstrichstoffe und Beschichtungssysteme werden anschließend die Verfahren der putztechnischen Risssanierung beschrieben. Nach dem WTA-Merkblatt „Beurteilung und Instandsetzung gerissener Putze an Fassaden“ kann zwischen den Varianten

- nur Oberputz
- dünnschichtige Armierungsschicht und Oberputz
- dickschichtige Armierungsschicht bzw. Unterputz und Oberputz

unterschieden werden. Von der Schichtdicke, dem Aufbau und der Bindemittelart der zum Einsatz kommenden Materialien hängt ab, ob die Risse nur überdeckt (statischer Riss: $\Delta w = 0$) oder überbrückt (dynamischer Riss: $\Delta w > 0$) werden können.

7.3.3.7 Mineralische Oberputze (Verfahren F4 nach WTA, Gruppe VI nach BFS)

Mit dem Verfahren F4 können Risse auf tragfähigen Altputzen mit oder ohne Beschichtung überdeckt werden. Es kann zur Überdeckung putzbedingter Risse mit Rissbreiten < 0,2 mm verwendet werden und hat keine rissüberbrückende Wirkung. Für das Verfahren können mineralische Oberputze, auch in modifizierter Form, eingesetzt werden (Abb. 7.49). Spezielle Oberputze auf Bindemittelbasis Kalk und Zement werden mit Kunststoffzusätzen modifiziert, um die Haftung zu verbessern und den E-Modul zu verringern. Die Druckfestigkeit derartiger Putze darf 5 N/mm^2 nicht überschreiten. Nicht tragfähige Putze oder die Haftung behindernde Beschichtungen müssen entfernt werden. Modifizierte mineralische Oberputze können, wenn dies der Hersteller ausdrücklich zulässt, auch für die Überarbeitung ausreichend tragfähiger organischer Putze oder Beschichtungen (Kunstharzputze, Anstriche) eingesetzt werden.

Abb. 7.49 schematische Darstellung der Risssanierung. (Verfahren F4 nach WTA/Gruppe VI nach BFS)

Nach der Untergrundprüfung und -reinigung werden die Risse mit einer Grundierung versehen, bevor die gesamte Fläche erneut grundiert wird. Die nochmalige Grundierung vor dem Aufbringen des neuen Putzsystems kann notwendig sein, um zu verhindern, dass die hohe Alkalität des frisch aufgebrachten Putzmörtels eine Schädigung der vorhandenen Beschichtung (Verseifung) bewirkt. Anschließend wird der Oberputz aufgetragen und je nach Putzstruktur und Farbgebung ein zweimaliger Anstrich ausgeführt.

7.3.3.8 Mineralischer Unter- und Oberputz (Verfahren F5 nach WTA, Gruppe VI nach BFS)

Das Verfahren dient zur Rissüberbrückung (Rissbreitenänderungen ca. ± 0,2 mm) und Rissüberdeckung tragfähiger, auch kalkreicher (CS II) Altputze. Bei ausreichend tragfähigem Untergrund (mind. CS III) können anstelle des mineralischen Oberputzes auch organisch gebundene Oberputze eingesetzt werden. Nach erfolgter Einzelrissbehandlung (Verfahren E4 nach WTA) können auch konstruktiv bedingte Risse überarbeitet werden. Auch zur Überarbeitung von Fassaden mit Stein-Putz-Rissen hat sich dieses Verfahren bewährt, wobei bei Untergründen aus hoch wärmedämmendem Mauerwerk der Hellbezugswert der Schlussbeschichtung den Wert 30 nicht unterschreiten sollte.

Das Verfahren F5 (Abb. 7.50) wird auch häufig zur Risssanierung alter Wärmedämm-Verbundsysteme eingesetzt, bei denen Verarbeitungsfehler bei der Gewebeüberlappung oder bei der Diagonalarmierung im Eckbereich festgestellt wurden. Es ist auch für WDVS anwendbar, deren Rissbildung nachweislich auf eine zu geringe Dicke des Unterputzes und/oder falsche Lage des Gewebes im Unterputz (insbesondere bei so genannten Dickschichtsystemen) zurückzuführen ist. Sind keine offenen Stöße des Dämmstoffes vorhanden, ist in der Regel eine Rissinstandsetzung durch Überarbeitung der Fläche mit einer neuen Armierungs- und Schlussbeschichtung ausreichend.

Abb. 7.50 schematische Darstellung der Risssanierung, optional mit Gewebeeinbettung. (Verfahren F5 nach WTA/Gruppe VI nach BFS)

Nicht tragfähige Putze oder haftungsmindernde Beschichtungen müssen entfernt werden. Nach der Untergrundprüfung und -reinigung werden die Risse mit einer Grundierung versehen, bevor die gesamte Fläche erneut grundiert wird. Die nochmalige Grundierung vor dem Aufbringen des neuen Putzsystems kann notwendig sein, um zu verhindern, dass die hohe Alkalität des frisch aufgebrachten Putzmörtels eine Schädigung der vorhandenen Beschichtung (Verseifung) bewirkt. Anschließend wird der Unterputz aufgebracht und ein alkalibeständiges Glasfasergewebe (Zugfestigkeit in Kette und Schluss mind. 1500 N/5cm, Maschenweite 4 × 4 mm bis 8 × 8 mm) nass in nass eingebettet. Es ist darauf zu achten, dass eine gleichmäßige Schichtdicke erzielt, das Gewebe mittig eingebettet und mindestens 10 cm breit überlappt wird (Abb. 7.51).

Weiterhin sollte der Unterputz eine Dicke von mindestens 4 mm aufweisen und so aufgetragen

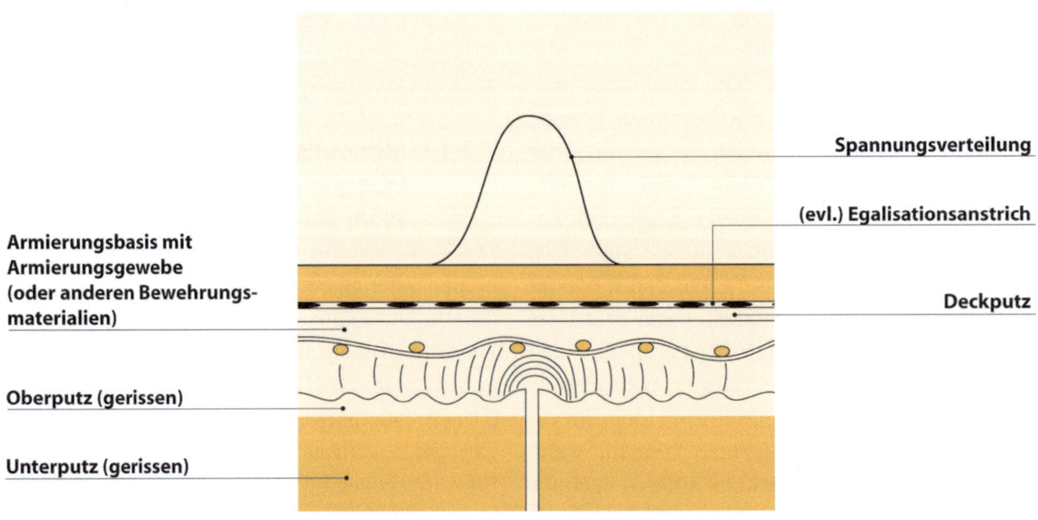

Abb. 7.51 schematische Darstellung der Spannungsverteilung über einem Riss durch eine Gewebearmierung

werden, dass eine Überdeckung des Gewebes von mindestens 1 mm zustande kommt. Anschließend wird der Oberputz aufgetragen und je nach Putzstruktur und Farbgebung ein zweimaliger Anstrich ausgeführt.

7.3.3.9 Organisch gebundener Unter- und Oberputz (Verfahren F6 nach WTA, Gruppe V nach BFS)

Dieses Verfahren wurde in die Überarbeitung des WTA-Merkblattes neu aufgenommen, da es sich seit über 20 Jahren in der Praxis bewährt hat und sich gegenüber der mineralischen Variante durch ein deutlich besseres Dehnungsverhalten auszeichnet. Es wird zur Rissüberbrückung (Rissbreitenänderungen ca. ± 0,5 mm) und Rissüberdeckung tragfähiger Altputze angewendet. Nach erfolgter Einzelrissbehandlung (Verfahren E4 nach WTA) können auch konstruktiv bedingte Risse überarbeitet werden. Bei Mauerwerk mit niedrigem Diffusionswiderstand ist die Eignung durch eine bauphysikalische Berechnung nachzuweisen.

Aufgrund seiner hohen Elastizität (Abb. 7.52) eignet sich dieses Verfahren besonders gut zur Sanierung gerissener Wärmedämm-Verbundsysteme mit den bereits beim Verfahren F5 beschriebenen Gewebe-Verarbeitungsfehlern und für Systeme analog zu F5, deren Rissbildung auf eine zu geringe Dicke des Unterputzes und/oder eine falsche Gewebelage zurückzuführen ist.

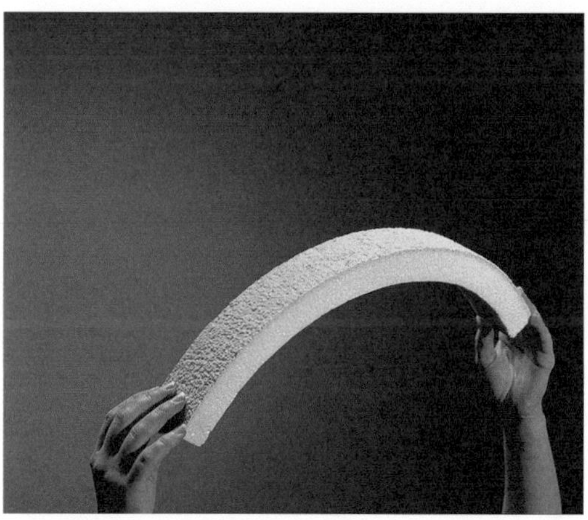

Abb. 7.52 Dehnfähigkeit organisch gebundener Armierungsmassen

Im Gegensatz zur mineralischen Alternative eignet sich eine organisch gebundene (dünne) Armierungsschicht (Unterputz + Gewebe) nicht für die Risssanierung der Dickschichtsysteme. Sind bei den dünnschichtigen Systemen keine offenen Stöße erkennbar, ist in der Regel eine Rissinstandsetzung durch Überarbeitung der Fläche mit einer neuen Armierungs- und Schlussbeschichtung ausreichend.

Wie bei der mineralischen Alternative müssen auch bei diesem Verfahren die nicht tragfähigen Putze oder haftungsmindernden Beschichtungen entfernt werden. Nach der Untergrundprüfung und -reinigung werden die Risse mit einer Grundierung versehen, bevor die Gesamtfläche noch einmal grundiert oder mit einer organisch gebundenen Zwischenbeschichtung versehen wird (herstellerabhängig). Anschließend wird der organisch gebundene Unterputz aufgebracht und ein alkalibeständiges Glasfasergewebe (Zugfestigkeit in Kette und Schluss mind. 1500 N/5cm, Maschenweite 4 × 4 mm bis 8 × 8 mm) eingebettet. Dabei ist darauf zu achten, dass eine gleichmäßige Schichtdicke erzielt, das Gewebe mittig eingebettet und mindestens 10 cm breit überlappt wird.

Weiterhin sollte der Unterputz in Schichtdicken von mindestens 3 mm Dicke so aufgetragen werden, dass eine Überdeckung des Gewebes von mindestens 1 mm erreicht wird. Anschließend wird der organisch gebundene Oberputz (in der Regel Kunstharzputz) aufgetragen. Ein zweimaliger Anstrich des Oberputzes kann bei diesem Systemaufbau entfallen. Einige Hersteller organisch gebundener Unter- und Oberputze bieten dieses Verfahren aufgrund der hohen Elastizität der Putze auch ohne Gewebeeinbettung an.

Der wesentliche Unterschied zwischen den Verfahren F5 (mineralisch) und F6 (organisch) besteht in der Rissüberbrückung. Hierzu wurden verschiedene Versuche durchgeführt, auf die im Abschn. 7.4 ausführlich eingegangen wird.

7.3.3.10 Grundsätzliches zu Gewebearmierungen

Da den Gewebearmierungen zum Teil sogar bei der Entstehung, aber vor allem bei der Instandsetzung, von Rissen ein erheblicher Stellenwert eingeräumt wird, soll auf dieses Thema im Detail eingegangen werden. Bewährt hat sich als Putzbewehrung oder Gewebearmierung das Textilglas-Gittergewebe in verschiedenen Maschenweiten. Hierbei ist wichtig, dass das Gewebe in der Beanspruchungszone möglichst oberflächennah und faltenfrei eingebettet wird. Die Ränder der Armierungsgewebe müssen im Normalfall etwa 10 cm breit überlappen sowie etwa 20 cm, wenn Materialwechsel im Untergrund überbrückt werden sollen. Außerdem ist eine feste Verbindung zwischen dem Putz- oder Armierungsmörtel und den Gewebefäden wichtig, damit die Spannungen aufgenommen und übertragen werden können.

In der Regel konzentriert sich die Beanspruchung der Armierungsgewebe auf Zugspannungen, aber auch Druck- und/oder Scherspannungen können auftreten. Im Hinblick auf die Zugspannungen haben Armierungsgewebe die größte Wirksamkeit bei einem Angriff, der parallel zu den Kett- oder Schuss-Fäden (Gewebe) stattfindet (Abb. 7.53).

In der Praxis liegen die Zugspannungen allerdings nicht immer in dieser idealen Ausrichtung vor, sondern können auch schräg angreifen. Beispielhaft soll eine Flächenarmierung im Fenster- oder Türsturzbereich genannt werden, in dem keine zusätzliche Diagonalarmierung eingebettet wurde. Die Zugspannung liegt dann in Richtung der Maschendiagonalen vor (Abb. 7.54).

Das Problem hierbei ist, dass die Zugspannungen vom Armierungsgewebe bei einem diagonalen Angriff der Zugkräfte nur noch bedingt aufgenommen und in der Fläche verteilt werden können. Infolgedessen ist die rissvermeidende oder -mindernde Wirkung geringer als bei einem fadenparallelen Zug. Daher können häufig putzbedingte und Kerbrisse im Bereich von Fenster- und Türstürzen (Rollladenkästen) beobachtet werden, wenn die Diagonalarmierung nicht oder nicht richtig ausgeführt wurde.

Hinzu kommt, dass durch den Formschluss der Mörtelstege (Putzgefüge) in den Gewebemaschen Zugspannungen auf das Armierungsgewebe übertragen werden (Abb. 7.55). Infolgedessen sind Armierungsmörtel mit ihrem festeren Mörtelgefüge gegenüber den „weicheren" Leichtputzen besser geeignet, da die Kraftübertragung bei einem festen Verbund gegeben ist.[61]

Neben den Zugspannungen müssen auch Druck- und Scherspannungen genannt werden, da die Rissflankenverschiebung auch zwei- und im Extremfall dreidimensional stattfinden kann. Da den Armierungsgeweben die Steifigkeit fehlt, können keine Druckspannungen aufgenommen werden. Allerdings ist dieser Nachteil bei gewebearmierten Putzschichten weniger ein Problem, da evtl. auftretende Druckspannungen vom Putz selbst aufgenommen werden. Hinzu kommt, dass durch Druckspannungen in der Regel keine

Abb. 7.53 In Richtung der Gewebefäden angreifende Zugspannungen

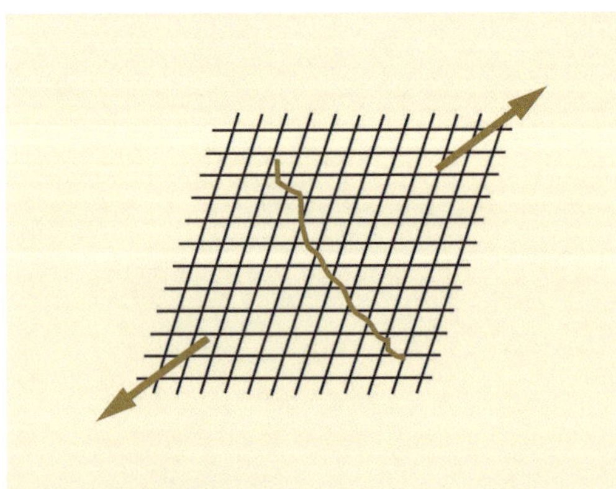

Abb. 7.54 In Richtung der Gewebediagonalen angreifende Zugspannungen

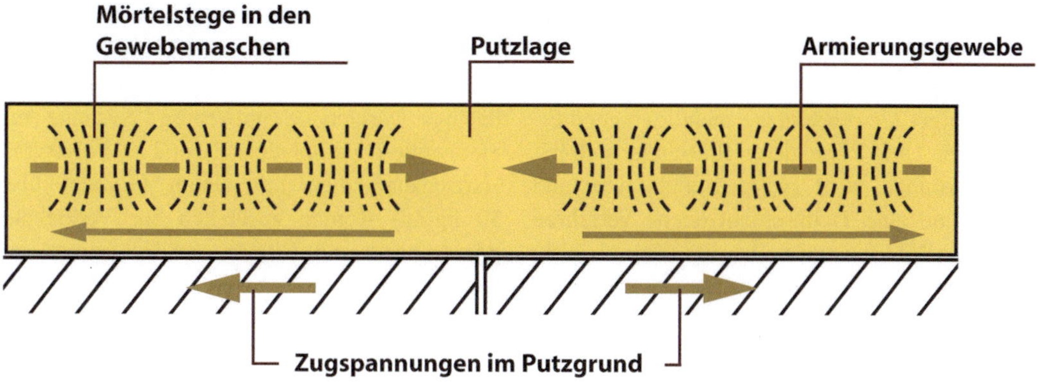

Abb. 7.55 Kräfteverteilung in einer armierten Putzschicht

Risse verursacht werden. Befinden sich allerdings zwischen zwei auf Druck belasteten Bauteilen offene Fugen oder breite Risse, die eine Lageänderung zueinander ermöglichen, kann es durch die Gewebearmierung evtl. zu Aufwölbungen bzw. ein Überwerfen der Putzlagen kommen.

Bei den Scherspannungen muss unterschieden werden, ob diese parallel und/oder senkrecht zur Putzfläche auftreten. Typische Risse aus parallel auftretenden Scherspannungen sind z. B. die bereits erwähnten Deckenschubrisse, Anschlüsse bei Rollladenkästen sowie bei Materialwechseln. Risse aus senkrecht zur Putzfläche auftretenden Scherspannungen weisen oft einen Versatz der Rissufer senkrecht zur Putzfläche auf. Armierungsgewebe können diesen beiden Formen der Scherspannung kaum etwas entgegensetzen. Bei parallel zur Gewebefläche wirkenden Scherspannungen kann das Armierungsgewebe verformt werden. In diesen Fällen setzen nur die Mörtelstege in den Gewebemaschen den Scherspannungen einen Widerstand entgegen. Dieser ist vom Gefüge und der Mörtelfestigkeit abhängig. [61]

Bei senkrecht zur gewebearmierten Putzschicht wirkenden Scherspannungen kann es beim Versatz der Rissufer (Rissflankenverschiebung) auch zu einem Versagen (Bruch, Reißen) des Armierungsgewebes kommen. Abschließend soll und muss darauf hingewiesen werden, dass auch gewebearmierte Putzschichten eine Belastungsgrenze (Grenzspannung) haben. Wird diese überschritten, kommt es zur Rissbildung. Gewebearmierungen können den Zeitpunkt der Rissbildung hinauszögern, können eine Rissbildung vermeiden, können aus einzelnen großen Rissen viele kleine Risse verursachen – können aber keine Rissfreiheit bei Putzfassaden garantieren!

7.3.3.11 Wärmedämm-Putzsysteme (Verfahren F7 nach WTA)

Die Risssanierung mit einem Wärmedämm-Putzsystem stellt eine absolute Ausnahme dar und ist mit den bisher beschriebenen Verfahren nicht unmittelbar vergleichbar. Mit diesem Verfahren ist eine entkoppelnde Wirkung zwischen Untergrund und Oberputz möglich. Gleichzeitig können unebene Untergründe ausgeglichen werden. Die Entkopplungsschicht soll mindestens 50 mm Dicke betragen. Dieses Verfahren ist vorzugsweise bei thermisch bedingten Rissen mit Rissbreitenänderungen bis ± 0,5 mm sowie bei allen putzbedingten Rissen und den so genannten Stein-Putz-Rissen anzuwenden. Temperaturbedingte Rissbewegungen können durch die Wärmedämmputzlage reduziert werden.

Werden bei nicht tragfähigen Untergründen spezielle wellenförmige oder ebene Putzträger aus geschweißtem Drahtnetz verwendet, ist ein Abschlagen und Entsorgen des Altputzes oder der Beschichtung nicht erforderlich. Das System besteht aus Wärmedämmputz, Ausgleichsschicht mit vollflächiger Gewebeeinlage und geeignetem wasserabweisenden Oberputz. Die zur Verwendung kommenden Wärmedämm-Putzsysteme müssen der DIN V 18550 entsprechen oder allgemein bauaufsichtlich zugelassen sein. Bei Verwendung von klassischem (dickschichtigen) Edelkratzputz ist eine Ausgleichsschicht mit vollflächiger Gewebeeinlage nicht zwingend erforderlich. Über Risse, deren Rissränder sich bewegen können, wird zwischen Putzträger und Untergrund eine Trennschicht (siehe Verfahren E4 nach WTA) eingebracht. Die Trennschicht verhindert, dass sich der Wärmedämmputz mit dem Altputz verbindet und untergrundbedingten Verformungen ausgesetzt wird, die zur Neubildung von Rissen führen können.

7.3.3.12 Wärmedämm-Verbundsysteme (Verfahren F8 nach WTA, Gruppe VII nach BFS)

Bei Rissbreiten > 0,5 mm und/oder dynamischen Rissen im Untergrund ist die Anwendung der putz- oder anstrichtechnischen Risssanierung nicht mehr sinnvoll. Zur Instandsetzung dieser Rissarten werden zunehmend Wärmedämm-Verbundsysteme eingesetzt, mit denen neben der Aufgabe der notwendigen Riss-Instandsetzung auch regionale oder nationale Anforderungen an den Wärmeschutz von bestehenden Gebäuden erfüllt werden können. Wärmedämm-Verbundsysteme werden nicht ausschließlich zur Risssanierung eingesetzt, da hierbei Aufwand und Nutzen in keinem Verhältnis stehen. Die nachträgliche Fassadendämmung mit einem WDVS kommt in der Regel zum Einsatz, wenn gerissene Putzfassaden überarbeitet werden sollen und eine energetische Sanierung des Gebäudes ohnehin vorgesehen ist und/oder sich empfiehlt.

Temperaturbedingte Rissbewegungen werden durch die Wärmedämmschicht deutlich reduziert. Die Dämmstoffplatten bewirken eine Entkoppelung des neuen Putzsystems vom (gerissenen) Untergrund. Hierfür muss die Dicke der Dämmstoffplatte allerdings mindestens 50 mm betragen. Bei diesem Verfahren werden Wärmedämmplatten (wie z. B. Polystyrolplatten, Mineralwolleplatten und -lamellen usw.) auf dem vorhandenen Untergrund mit einer vollflächigen Verklebung oder mit der Wulst-Punkt-Methode (mit mind. 40 % Klebefläche) befestigt. Bei Steinwolle-Lamellen ist in der Regel eine vollflächige Verklebung notwendig. Systeme mit Steinwolle-Dämmplatten (und Polystyrol-Hartschaumplatten mit einem Gewicht über 30 kg/m^2) werden zusätzlich zur Verklebung grundsätzlich mit Dübeln am Untergrund befestigt.

Wie bereits bei den Instandsetzungsverfahren für konstruktiv bedingte Risse beschrieben, können Wärmedämm-Verbundsysteme als Schienensystem besonders vorteilhaft auf unebenen oder unzureichend tragfähigen Untergründen sowie speziell bei konstruktiven Rissursachen eingesetzt werden. Bei dem Schienensystem werden die Dämmplatten in Halte- und Verbindungsleisten (Schienen) eingesetzt, die mit Fassadendübeln am Untergrund befestigt werden. Zusätzlich erfolgt in der Regel eine Verklebung und Verdübelung der Dämmplatten. Systeme mit Polystyrol-Hartschaumplatten oder mit Steinwolle-Lamellen können ausschließlich durch Verklebung am Untergrund befestigt werden, da die Abreißfestigkeit der Dämmplatten $\geq$ 80 kN/m^2 ist.

Für die Verklebung der Dämmplatten am Untergrund werden modifizierte mineralische oder dispersionsgebundene Kleber verwendet, die eine gute Haftung auf dem Untergrund und auf der Dämmplatte besitzen, wasserabweisend sein und eine ausreichende innere Festigkeit (Kohäsion) aufweisen müssen. Nach ihrer Befestigung werden die Dämmplatten mit einer Beschichtung versehen, die aus einem Unterputz mit Gewebeeinlage und einer Schlussbeschichtung besteht. Als Schlussbeschichtung können mineralische, silikatgebundene, siliconharzgebundene oder kunstharzgebundene Oberputze, aber auch keramische Bekleidungen, eingesetzt werden.

7.3.3.13 Zusammenfassung

In Tab. 7.14 sind alle Instandsetzungsmethoden und Anwendungsbereiche in Abhängigkeit der vorhandenen Risse und ihrer Dynamik und Oberflächenbeschaffenheit zusammengefasst.

Tab. 7.14 Übersicht über alle Methoden in Anlehnung an das WTA-Merkblatt 2-4-14 „Beurteilung und Instandsetzung gerissener Putze an Fassaden“

	Rissbreite in mm[1)]	Rissbreiten-änderung	Beruhigte Risse	Dynamische Risse	Untergrund		
		in mm			unbeschichtet	mineralisch	organisch
E1 – Rissverschluss mit gefüllter Beschichtung[2)]	< 0,1	< 0,1	x	-	x[3)]	x	-
E2 – starrer Rissverschluss mit Mörtel	< 0,1	-	x	-	x	x	x
E3 – flexibler Rissverschluss mit Fugendichtstoff	< 0,5	< 0,2	-	x	x	x	x
E4 – Rissüberbrückung mit Trennlage und Putzträger	< 0,2	< 0,1	x	x[4)]	x	x	x
E5 – Dehnfuge mit Fugendichtstoff	< 0,5	< 0,2	-	x	x	x	x
E6 – Dehnfuge mit Fugenprofil	< 0,5	< 0,2	-	x	x	x	x
F1 – elastische Anstrichsysteme*	< 0,5	< 0,5	< 0,3	x	x[5)]	x[5)]	x[5)]
F2 – rissfüllende Beschichtungssysteme	< 0,2	< 0,1	x	-	x	x	x
F3 – rissfüllende Beschichtungssysteme für kalkreiche Putze	< 0,1	< 0,1	x	-	x	x	-
F4 – Überarbeitung nur mit mineralischem Oberputz**	< 0,1	-	x	-	x	x	-
F5 – Überarbeitung mit mineralischem Armierungsputz*** und mineralischem Oberputz	< 0,1	< 0,1	x	-	x	x	
F6 – Überarbeitung mit organischem Armierungsputz und organischem Oberputz****	< 0,5	< 0,3	x	x	x[5)]	x[5)]	x[5)]
F7 – Wärmedämm-Putzysteme	< 0,2	< 0,1	x	-	x	x	x
F8 – Wärmedämm-Verbundsysteme	< 1,0	< 0,5	x	x	x	x	x

E = Einzelrisssanierung
F = Flächeninstandsetzung
1) absolute Rissbreite zum Zeitpunkt der Instandsetzung
2) für Einzelrisse, die kurz nach Fertigstellung der Beschichtung auftreten
3) aus optischen Gründen nur in Verbindung mit einer flächigen Beschichtung
4) Rissbreitenänderungen bis ca. 0,1mm
5) Untergrund Beton, Putz mindestens C III
6) einmalige Rissaufweitung bis 2,0 mm
x geeignet
- nicht geeignet
* in der Regel inkl. Vliesarmierung
** Kalk-, Kalkzement- oder Silikatputz
*** in der Regel inkl. Gewebearmierung
**** Kunstharzputz (Siliconharzputz bei Freigabe durch Hersteller)

7.4 Vorbeugende Maßnahmen zur Rissvermeidung von Oberputzen auf hoch wärmedämmenden Untergründen

Neben der fach- und sachgerechten Diagnostik und Bewertung von Rissen sowie deren anschließende Instandsetzung sollten präventive Maßnahmen nicht ganz aus den Augen verloren werden. Während Risse in einigen Bauteilen und/oder Bauweisen wie z. B. Betonbauteile oder Fachwerk systemimmanent sind und sich infolgedessen nicht immer und/oder komplett vermeiden lassen, können andere Risse durchaus vermieden werden. Hierzu gehören z. B. Risse in Wärmedämm-Verbundsystemen. Auf dieses Thema soll allerdings nicht weiter eingegangen werden, da es hierzu in den letzten Jahren ausreichende Veröffentlichungen gegeben hat und Kenntnisse zur Vermeidung von Rissen vorausgesetzt werden. Beispielhaft sollen *Cziesielski* in [23], *Künzel* in [24, 25, 26], *Oswald* in [27, 28], *Meinz* in [45] sowie *Riedel* in [3] genannt werden. In Kenntnis darüber soll(t)en heute nur noch

- ausreichend abgelagerte Wärmedämmplatten eingesetzt,
- die Wärmedämmplatten nach der Punkt-Wulst-Methode verklebt,
- eine ausreichende Gewebeüberlappung im Unterputz (Armierungsschicht) sichergestellt und
- zusätzliche Diagonalarmierungen im Bereich einspringender Ecken ausgeführt

werden. Dem gegenüber gibt es Risse in Bauteilen und/oder Bauweisen, die über viele Jahre als unvermeidbar galten und deshalb auch als systemimmanent bezeichnet wurden. Hierzu gehören die bereits erwähnten Stein-Putz-Risse, also untergrund- und/oder putzbedingte Risse auf hoch wärmedämmenden Mauerwerken. Aufgrund diverser Untersuchungen [61, 62] weiß man aber mittlerweile, dass man Risse auch auf diesen schwierigen Untergründen nicht mehr automatisch hinnehmen muss. Neben den ausführungsbedingten Regeln kommen neue Erkenntnisse aus dem Bereich der Produktentwicklung hinzu, sodass die Systemaufbauten der Putzschichten modifiziert wurden. Diese haben auch in den einschlägigen Regelwerken wie z. B. der DIN EN 13914-1 „Planung, Zubereitung und Ausführung von Innen- und Außenputzen – Teil 1: Außenputz" (Anmerkung: die Norm wurde zurückgezogen) und diversen Merkblättern wie z. B. dem Merkblatt[43] Einzug gehalten.

Um den steigenden Anforderungen an die Wärmedämmung von Außenwänden (EnEV) gerecht zu werden, sind hoch wärmedämmende Mauerwerke aus Leichtziegel, Porenbeton, Leichtbeton und dgl. in den letzten Jahren immer leichter und dadurch immer „weicher" geworden. Diese Entwicklung hatte unmittelbare Auswirkungen aufgrund der statischen Belastung dieser Wandbaustoffe. Hinzu kommt der zunehmende Zeit- und Preisdruck, der keine Zeit mehr für die Austrocknung des Bauwerks zulässt. Es fehlt die Austrocknungszeit für das Schwinden und Kriechen der Verbundbaustoffe. Infolgedessen finden diese Vorgänge erst statt, wenn hoch wärmedämmende Mauerwerke verputzt wurden. Rissbildungen in Innen- und/oder Außenputzen sind die zwangsläufige Folge. Erschwerend kommt hinzu, dass diese Rissbildungen durch die moderne und kostenorientierte Bauweise mit ihrer Mischung von schweren (z. B. Betondecken) und leichten Baustoffen (Dämmstoffstreifen, Leichtziegel usw.) noch zusätzlich gefördert wird. Besonders ärgerlich für die Putzindustrie und das ausführende Handwerk (Stuckateur, Putzer) ist, dass die Ursachen zu weit über 90 % nicht im Putz selbst, sondern im Untergrund wie z. B. Materialwechsel und/oder mangelhafte Ausführung des Mauerwerkes, zu suchen sind.[62]

Die Auswirkungen hieraus zeigen sich allerdings erst in der Putzschicht, entweder nur an der Putzoberfläche oder als durchgehender Riss. Ausführende Handwerker und/oder Putzindustrie müssen deshalb zunehmend nachweisen, dass die Ursachen der Rissbildung außerhalb ihres Zuständigkeitsbereiches liegen. Deshalb stellt sich die Frage nach der Risssicherheit von Putzsystemen mehr denn je. Die Zugfestigkeit der üblichen Unterputze liegt im Bereich von 0,5 bis

2,0 N/mm^2. Um diese geringen Zugfestigkeiten und damit die Risssicherheit der Putze zu verbessern, wurden unterschiedliche Armierungsansätze verwendet.

- Einbetten eines Armierungsgewebes im oberen Drittel der Putzschicht
- Zugabe von Fasern in den Putzmörteln
- Zusätzliches Aufbringen einer Armierungsschicht auf dem Unterputz

Auf hoch wärmedämmenden Mauerwerken aus Leichtziegel, Porenbeton, Leichtbeton und dgl. werden verschiedene Leicht-Unterputze mit mineralischen oder organischen Leichtzuschlägen eingesetzt, die mit oder ohne zusätzliche Gewebearmierung oder mineralische oder organisch gebundene Gewebespachtelung ausgeführt werden. Als Schlussbeschichtungen kommen je nach Unterputz mineralische und organisch gebundene Oberputze zum Einsatz. Diese verschiedenen Möglichkeiten und deren Kombinationen haben in den letzten Jahren stark zugenommen und zeigen die Verunsicherung beim Umgang mit diesem Untergrund. Bis zu neun (!) verschiedene Putzsysteme werden am Markt angeboten und sollen nachfolgend kurz aufgeführt werden:

1. Leicht-Unterputz mit **mineralischen** Leichtzuschlägen mit mineralischen oder organisch gebundenen Oberputzen,
2. Leicht-Unterputz mit **organischen** Leichtzuschlägen mit mineralischen oder organisch gebundenen Oberputzen,
3. Leicht-Unterputz mit **mineralischen** Leichtzuschlägen und **Armierungsgewebe** im oberen Putzdrittel mit mineralischen oder organisch gebundenen Oberputzen,
4. Leicht-Unterputz mit **organischen** Leichtzuschlägen und **Armierungsgewebe** im oberen Putzdrittel mit mineralischen oder organisch gebundenen Oberputzen,
5. Leicht-Unterputz mit **mineralischen** Leichtzuschlägen und **zusätzlicher Armierungsschicht** (mineralische Gewebespachtelung) mit mineralischen oder organisch gebundenen Oberputzen,
6. Leicht-Unterputz mit **organischen** Leichtzuschlägen und **zusätzlicher Armierungsschicht** (mineralische Gewebespachtelung) mit mineralischen oder organisch gebundenen Oberputzen,
7. Leicht-Unterputz mit **mineralischen** Leichtzuschlägen und zusätzlicher Armierungsschicht (**organisch** gebundene Gewebespachtelung) mit **organisch** gebundenen Oberputzen,
8. Leicht-Unterputz mit **organischen** Leichtzuschlägen und **zusätzlicher Armierungsschicht** (organisch gebundene Gewebespachtelung) mit organisch gebundenen Oberputzen,
9. Faser-Leichtputz ohne zusätzliche Gewebespachtelung und in der Regel mineralischen Oberputzen.

Anmerkung: Nr. 1 bis 8 entspricht einem Leichtputz Typ I nach VDPM-Merkblatt „Leitlinien für das Verputzen von Mauerwerk und Beton", Nr. 9 entspricht einem Leichtputz Typ II nach gleichem Merkblatt[43]

Tendenziell und nach den Erfahrungen der letzten Jahre werden die verschiedenen Putzsysteme in Bezug auf ihre Risssicherheit in dieser Reihenfolge eingeordnet. Für Planer und Ausschreibende ist natürlich immer die Frage von Interesse, wie groß die Unterschiede tatsächlich sind, da diese Putzaufbauten unterschiedlich aufwändig und damit zeit- und kostenintensiv sind. Außerdem ist für die Kalkulation und Wirtschaftlichkeit interessant, ob diese Verbesserungen der Putzsysteme tatsächlich eine Rissbildung vermeiden oder diese nur verzögern und wann diese auftreten. So wird über den Zusatz von Fasern im Unterputz und deren rissüberbrückende Wirkung in einem starren Putzgefüge schon lange spekuliert. Auch die Frage nach dem Unterschied in der Wirkung zwischen der Gewebeeinbettung im oberen Drittel des Unterputzes oder der alternativen zusätzlichen Gewebespachtelung auf dem Unterputz wird häufig gestellt.

Mittlerweile unumstritten ist die Aussage, dass eine Faserzugabe allein keine deutliche Verbesserung der Zugfestigkeit bringt. Auch in den *„Leitlinien für das Verputzen von Mauerwerk und Beton"*[43] wird die stark eingeschränkte

Tauglichkeit von Fasern zur Vermeidung von konstruktiv und/oder untergrundbedingten Rissen herausgestellt: *„Die Zugabe von Fasern in Leichtputzen verbessert vor allem die Anwendungssicherheit in der frühen Phase der Putzerstellung. Das Auftreten von Frühschwindrissen wird minimiert. Größere Zugkräfte können jedoch auf diese Weise nicht aufgenommen werden.“*

Zur Beantwortung dieser Fragen und/oder als Grundlagenforschung für zukünftige Produktentwicklungen oder -modifizierungen wurden u. a. *„Zugversuche zur Beurteilung der Risssicherheit von Putzsystemen“* [62] durchgeführt. Versuchsaufbau (Abb. 7.56, Abb. 7.57) und Ergebnisse (Abb. 7.58, Abb. 7.59, Abb. 7.60, Abb. 7.61, Abb. 7.62, Abb. 7.63, Abb. 7.64, Abb. 7.65) sollen im Folgenden vorgestellt werden.

> „Hierzu wurden zwei auf Stoß miteinander durch Zugstangen verschraubte (unvermörtelte) Hochlochziegel beidseitig mit dem zu untersuchenden Putzsystem beschichtet. Diese Probekörper wurden in einer Zugmaschine eingehängt und unter gleichmäßiger Laststeigerung auf Zug be-

Abb. 7.56 Zugvorrichtung mit Wegaufnehmer

Abb. 7.57 Probekörper mit Spannvorrichtung nach Versuchende

Abb. 7.58 Rissbild bei maximaler Dehnung

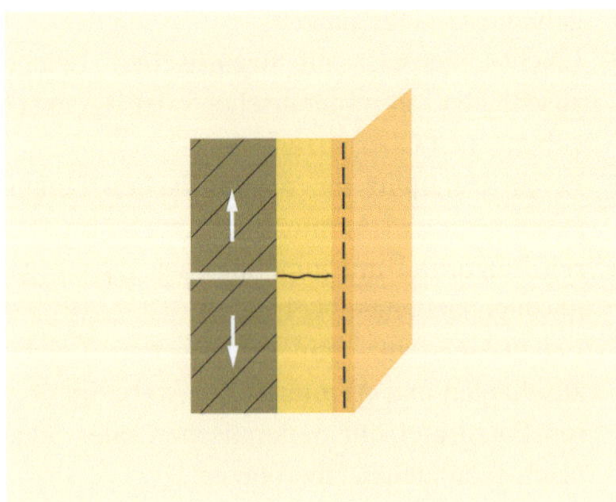

Abb. 7.59 Phase 1 der Rissentwicklung – trotz Riss im Unterputz ist an der Oberfläche noch keine Rissbildung zu erkennen. (Schematische Darstellung)

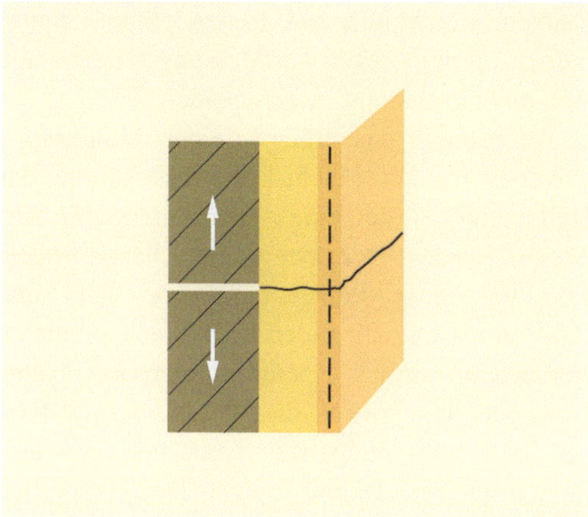

Abb. 7.60 Phase 2 der Rissentwicklung – an der Oberfläche zeichnen sich erste Haarrisse ab. (Schematische Darstellung)

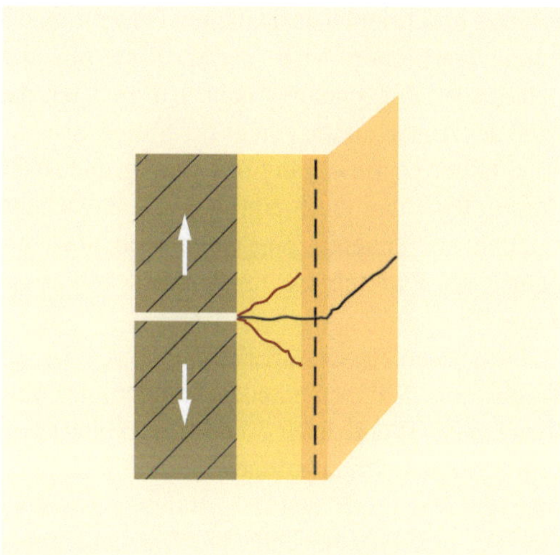

Abb. 7.61 Phase 3 der Rissentwicklung – an der Oberfläche zeigt sich ein durchgehender Lagerfugenriss. (Schematische Darstellung)

ansprucht. Die an den Ziegeln angreifende Klemmvorrichtung versucht beide Ziegel auseinander zu ziehen, sodass alle Zugspannungen auf die beidseitigen Putzsysteme übertragen werden. Die bei den Versuchen auftretenden Rissbildungen wurden per Videoaufzeichnung dokumentiert. Diese Videoaufzeichnungen und die aufgezeichneten Spannungs-Dehnungs-Kurven wurden ausgewertet. Für die Risssicherheit eines Putzsystem ist entscheidend, wie viel sich das Putzsystem dehnen kann, ohne einen an der Putzoberfläche sichtbaren Riss zu verursachen.“

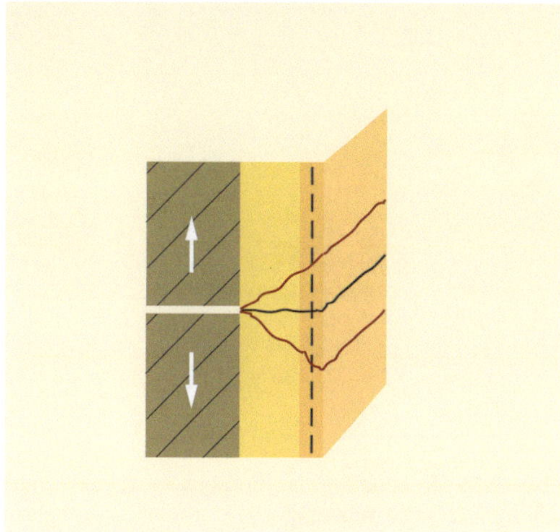

Abb. 7.62 Phase 4 der Rissentwicklung – die Risse zeichnen sich parallel an der Oberfläche ab. (Schematische Darstellung)

Abb. 7.63 Rissbildung im Putzsystem (Querschnitt), ohne Risse an der Oberfläche

Abb. 7.64 Rissbildung im Putzsystem (Querschnitt), ohne Gewebearmierung

Abb. 7.65 Rissbildung im Putzsystem (Querschnitt), selbst mit Gewebearmierung

Tab. 7.15 Beginnende Rissbildung an der Putzoberfläche in Abhängigkeit des Putzaufbaus

Putzsystem	Zugspannung in N/mm^2	Dehnung in mm
Kalkzement-Leicht-Unterputz vom Typ I nach VDPM-Merkblatt [43]	0,173	0,015
Faserleichtputz vom Typ II nach VDPM-Merkblatt [43]	0,196	0,020
Kalkzement-Leicht-Unterputz vom Typ I mit Armierungsgewebe im oberen Drittel des Unterputzes	0,294	0,034
Kalkzement-Leicht-Unterputz vom Typ I mit zusätzlicher Gewebespachtelung auf dem Unterputz	0,754	0,281

In Tab. 7.15 wurden die Ergebnisse zusammengefasst. Bei den einlagigen Unterputzen bestand die Rissbildung aus einem einfachen Durchriss beider Putzlagen direkt über der Steinfuge. Das Dehnvermögen des Putzes bis zum Durchriss betrug gerade einmal 0,015 bzw. 0,02 mm. Die Ursache für diese geringen Dehnmaße wird darin gesehen, dass sich nur der über der Fuge liegende Putz verformen kann, während der Putz über dem Stein durch seine Haftung „festgelegt" ist. Diese Tatsache erklärt das häufige Vorkommen von Rissen über Mauerwerksfugen und Materialwechsel. Weiterhin wurde festgestellt, dass die Unterschiede zwischen klassischem Leichtputz und Faserleichtputz innerhalb des Streubereichs der Messungen liegen und sich nicht gravierend unterscheiden. [62]

Auch durch das Einlegen eines Armierungsgewebes in den Leicht-Unterputz konnte das Dehnvermögen des Putzes nicht übermäßig verbessert werden. Der erste Oberflächeriss bildete sich bei einer Putzdehnung von nur rund 0,03 mm. Gegenüber den beiden erstgenannten Versuchen mit einem Unterputz ohne Gewebeeinlage waren dies gerade einmal 0,01 bis 0,015 mm mehr. Bei derart geringen Verbesserungen an Dehnvermögen muss sicherlich der Mehraufwand an Zeit und Material für das Einbetten des Armierungsgewebes in Frage gestellt werden. Auch mit Gewebeeinbettung bildet sich der erste Riss direkt über der Steinfuge. Im Unterschied zur Versuchsreihe mit der nachfolgend beschrieben zusätzlichen Gewebespachtelung verbreitert sich dieser Riss mit zunehmender Zugspannung nahezu 1 zu 1 um das Maß des Auseinanderziehens der Steine, also der so simulierten Bewegung des Untergrundes. Zu diesem Riss über der Steinfuge bildeten sich zusätzlich bei höheren Zugspannungen noch ein oder zwei Parallelrisse im Abstand von 3 bis 4 cm. [62]

Ursächlich für diese Erkenntnis ist, dass ein klassischer Kalkzementputz (Leichtputz vom Typ I oder Typ II nach VDPM-Merkblatt) aufgrund seines Porengefüges und Bindemittelmatrix keine ausreichende Verbindung zwischen Gewebe und Putz herstellt. Die Versuche haben damit bestätigt, dass auch durch eine Gewebeeinbettung im oberen Drittel der Putzschicht keine hohe Risssicherheit erzielt werden kann. Werden Zugspannungen aus dem Untergrund in die Putzschicht und damit auf das Gewebe übertragen, wird im Gewebe eine Gegenspannung erzeugt. Diese Übertragung kann nur über die Mörtelmatrix erfolgen, die in den Maschen das Gewebe durchdringt und hängt ganz wesentlich von deren Festigkeit ab. Diese beeinflusst, wie viel von dieser Zugspannung auf das Gewebe übertragen wird und wie sehr der Mörtel in den Maschen unter dieser Spannung nachgibt. Je weicher der Putzmörtel ist, um so

- mehr gibt dieser nach,
- weniger Spannung wird auf das Gewebe übertragen,
- weniger effektiv kann das Gewebe wirken und
- leichter entstehen Risse.

Deshalb sind Gewebeeinbettungen in Leicht-Unterputzen kaum noch effektiv. Die einzige Alternative ist das Aufbringen einer zusätzlichen Armierungsschicht auf dem Leicht-Unterputz.

Während sich bei den Unterputzen, bei denen das Armierungsgewebe eingelegt wurde, der erste Riss von der Steinfuge durch den gesamten Unterputz hindurch bis zur Putzoberfläche in einem Zug ausbildete, konnte bei den Versuchen mit Gewebespachtelung auf dem Unterputz eine interessante Beobachtung gemacht werden. Die Rissentwicklung fand in mehreren Etappen statt. Diese abgestufte verlaufende Rissentwicklung wird als Ursache dafür gesehen, dass dieses Putzsystem ein deutlich höheres Dehnvermögen hat und infolgedessen eine höhere Risssicherheit aufweist. In der ersten Phase entwickelt sich ein Riss ausgehend von der Steinfuge durch die Unterputzlage hindurch bis an die Gewebespachtelung, teilweise bis zum Gewebe. An der Oberfläche ist zu diesem Zeitpunkt noch kein Riss zu erkennen. Mit zunehmender Zugspannung verbreitert sich dieser Riss V-förmig in Richtung Fuge. Auch zu diesem Zeitpunkt ist an der Putzoberfläche noch kein Riss zu erkennen.

Nach weiterer Zunahme der Zugspannung dringt dieser Riss in der zweiten Phase bis an die Oberfläche durch und zeichnet sich dort als feiner Haarriss ab. In diesem Moment ist die Aufweitung der Fuge zwischen den beiden Ziegeln bereits erheblich größer als die Breite des an der Oberfläche sichtbaren Risses. Hier liegt der erste wesentliche Unterschied zwischen dem Putzsystem mit Gewebespachtelung und dem Unterputz mit eingelegtem Armierungsgewebe.

Bei letzterem verbreiterte sich der Riss in gleichem Maße, wie die Steine auseinandergezogen wurden. Nicht so beim Putzsystem mit Gewebespachtelung. Auch bei weiteren Steigerungen der Zugspannung blieben die an der Oberfläche sichtbaren Rissbreiten weit hinter der Verbreiterung der Fuge zurück. Die Ursache für dieses günstige Verhalten liegt in der Ausbildung weiterer Risse im Unterputz, die sich fächerartig von der Steinfuge ausgehend in Richtung Gewebespachtelung ausbilden, ohne diese zunächst zu durchdringen. Diese Risse im Unterputz lassen eine weitere Dehnung bzw. Vergrößerung des Fugenabstandes zu, ohne dass parallel dazu eine Verbreiterung des an der Oberfläche sichtbaren Erstrisses eintritt. Erst in dieser dritten Phase wurden die Risse auch der Putzoberfläche sichtbar.[62]

Die Untersuchungen und vor allem die Dokumentation in Bild und Film haben eindrucksvoll die Unterschiede zwischen einer Gewebeeinbettung im oberen Drittel des Unterputzes zu einer zusätzlichen Gewebearmierung auf dem Unterputz aufgezeigt. Die Gewebespachtelung ist in erheblich größerem Maß in der Lage, Zugspannungen aufzunehmen. Dies geht sogar so weit, dass sich in der dritten Phase eher der Unterputz vom Untergrund (Ziegel) gelöst hat, als dass weitere Risse bis zur Putzoberfläche entstehen.

In der vierten und letzten Phase der Rissentwicklung durchdringen einige der Fächerrisse die Gewebespachtelung bis zur Putzoberfläche. In der Regel blieben die Versuchskörper soweit intakt, dass die Gewebespachtelung die gebildeten Risse nach Zugentlastung wieder geschlossen hat. Wesentlich für das Verhalten dieses Putzsystems ist auch, dass die Summe aller an der Putzoberfläche gebildeten Risse im Zustand maximaler Zugbelastung weit geringer war als die Verbreiterung der Steinfuge. Außerdem konnten die Risse an der Putzoberfläche immer noch als Haarrisse bezeichnet werden.[62]

Als Fazit kann man damit ziehen, dass sich in der Summe nur die zusätzliche Gewebespachtelung auf dem Unterputz als echte putztechnische Lösung auf den hoch wärmedämmenden Mauerwerken aus Leichtziegel, Porenbeton, Leichtbeton und dgl. erwiesen hat. Nur durch diesen zusätzlichen Aufwand einer „Zwischenarmierung" zwischen Unterputz und Oberputz kann eine wirksame und nachhaltige Reduzierung der Rissrisiken erreicht werden – ganz vermeiden kann man Stein-Putz-Risse nicht. Dies liegt u. a. auch an den vielen praxisbedingten

Einflüssen, die in den Versuchen nicht nachgestellt werden konnten. So muss z. B. die Adhäsion zwischen den verschiedenen Putzschichten gegeben sein, damit die auftretende Zugspannung in die Fläche verteilt werden kann.

Werden die Ergebnisse der Versuchsreihe in Beziehung zueinander gestellt, ergeben sich die in der folgenden Tabelle dargestellten Verhältnisse zwischen den einzelnen Putzsystemen. Hierbei kann das Dehnmaß ohne Rissbildung an der Oberfläche als „vorsichtiges" Maß für die Risssicherheit eines Putzsystems angesetzt werden.

	Verhältnis der Risssicherheit
Leichtunterputz : Faserleichtputz	~ 1:1,5
Leichtunterputz : Gewebe im Unterputz	~ 1:2,5
Leichtunterputz : Gewebespachtelung auf dem Unterputz	~ 1:20

Aufbauend und/oder ergänzend zu diesen Versuchen wurden weitere Untersuchungen durchgeführt, um einen Unterschied zwischen einer mineralischen und organischen Gewebespachtelung festzustellen. Im Gegensatz zu der anstrichtechnischen Risssanierung, deren Anforderungen in der DIN EN 1062 geregelt sind, gibt es für die putztechnische Risssanierung auf Dispersionsbasis bisher keine Prüfungen und/oder Anforderungen. Infolgedessen wurden hierzu Versuche definiert. Besonders interessant war die Frage, wie gut eine Rissüberbrückung der mineralischen Armierungsmassen im Vergleich zu organisch gebundenen Armierungsputzen ist. Hierbei sollte untersucht werden, bis zu welcher Rissbreite mineralische und organisch gebundene Armierungsschichten in der Lage sind, diese zu überbrücken. In einer zusätzlichen Versuchsreihe sollte dann noch der Frage nachgegangen werden, wie sich die Rissüberbrückung mit und ohne Gewebearmierung verhält.[61]

Da die Rissbreitenänderung die am meisten vorkommende Rissflankenverschiebung ist, wurden die o. g. Beschichtungsaufbauten auf Zugspannung belastet. Über eine spezielle Messvorrichtung wurde ermittelt, bei welcher Zugspannung und Putzdehnung der erste Riss in der Armierung auftritt und wann dieser tatsächlich an der Oberfläche sichtbar wird. Die Ergebnisse sollen in Tab. 7.16 kurz zusammengefasst werden.

Tab. 7.16 Zugspannung und Dehnung verschiedener Putzsysteme. (Versuchsaufbauten)

Beschichtungsaufbau	Spannung in N/mm^2	Dehnung in mm
Mineralische Armierung ohne Gewebe und Mineralputz	700	0,02
Mineralische Armierung mit Gewebe und Mineralputz	1100	0,04
Mineralische Armierung ohne Gewebe und Kunstharzputz	1000	0,09
Mineralische Armierung mit Gewebe und Kunstharzputz	1600	0,18
Organisch geb. Armierung ohne Gewebe und Kunstharzputz	1800	0,35
Organisch geb. Armierung mit Gewebe und Kunstharzputz	3000	0,80

Zusammenfassend lässt sich festhalten, dass mit mineralisch gebundenen Putz- und Armierungsmörteln ohne Gewebeeinbettung keine Rissüberbrückung stattfindet und selbst bei einer zusätzlichen Gewebeeinbettung nur bedingt erfolgt (Bruchdehnung < 0,1 mm) bzw. vernachlässigt werden kann. Dies haben beide Untersuchungen eindrucksvoll bewiesen, sodass auch in den *„Leitlinien für das Verputzen von Mauerwerk und Beton"*[43] des VDPM (Verband für Dämmsysteme, Putz und Mörtel e. V.) nur noch eine zusätzliche Gewebearmierung (Armierungsputz mit Gewebeeinlage auf dem erhärteten Unterputz) empfohlen wird.

Eine deutliche Verbesserung der Rissüberbrückung findet erst statt, wenn ein organisch gebundener Oberputz (Kunstharzputz) als Schlussbeschichtung verwendet wird. Besonders auffallend war, dass die mineralische Armierungsschicht ohne Gewebe, aber mit einem Kunstharzputz endbeschichtet, eine bessere Rissüberbrückung aufweist als ein „rein mineralisches" System mit Gewebeeinbettung. Die mit Abstand höchste Rissüberbrückung wiesen die beiden organisch gebundenen Systeme auf, bei der selbst der Aufbau ohne Gewebe eine doppelt so hohe Elastizität und Rissüberbrückung als der Aufbau mit mineralischer Armierungsschicht und einem Kunstharzputz besaß. Gegenüber dem rein mineralischen Aufbau besitzt dieser Systemaufbau eine 20-fach (!) bessere Rissüberbrückung. Allein nur in Bezug auf die Elastizität und Rissüberbrückung haben damit organisch gebundene Armierungs- und Oberputze die besten Eigenschaften.

Allerdings muss in den Zusammenhang auf den relativ hohen Diffusionswiderstand gegenüber Wasserdampf und Kohlendioxid hingewiesen werden. Infolgedessen hat dieses Instandsetzungssystem gerade in der Altbausanierung (z. B. Kalkputz) seine Einschränkung. Außerdem muss bei der Anwendung von organisch gebundenen Beschichtungssystemen mit hohem s_d-Wert unbedingt auf die Rissfreiheit geachtet und eine Hinterfeuchtung in jedem Fall vermieden werden.

Abschließend sollen noch Empfehlungen gegeben werden, um auch durch die richtige Farbtonauswahl – konkret dem Hellbezugswert (HBW) – der Rissbildung in Putzsystemen vorzubeugen. Bekanntlich ist die thermische Belastung einer Putzoberfläche umso stärker, je dunkler der Farbton des eingetönten Oberputzes ist bzw. wenn dieser anschließend mit einer Farbbeschichtung versehen wird. Bei intensiver Sonneneinstrahlung erwärmt sich eine dunkle Bauteiloberfläche stärker als eine hellere. Die hierbei entstehende Wärme kann aufgrund der geringeren Wärmeleitfähigkeit des Untergrundes nicht schnell genug von diesem aufgenommen werden. Um thermisch bedingten Spannungen in der Bauteiloberfläche vorzubeugen, sollten daher farbige Oberputze bzw. auf diesen aufgebrachte Farbbeschichtungen mit einem HBW < 30 nur in Ausnahmefällen auf hoch wärmegedämmten Untergründen ausgeführt werden. Der Hellbezugswert von 30 ist hierbei als Orientierung zu verstehen. Schließlich verändert sich dieser im Laufe der Zeit z. B. durch Verschmutzung. Sollen dunklere Farbtöne mit einem HBW < 20 eingesetzt werden, wird trotz vollflächiger Gewebeeinlage zusätzlich ein TSR-Wert ≥ 25 der Oberflächenbeschichtung empfohlen. Denn Untersuchungen haben ergeben, dass ein TSR-Wert ≥ 25 hinsichtlich möglicher Verformungen aufgrund zu hoher Oberflächentemperaturen für die Funktionalität eines Wärmedämm-Verbundsystems als sicher einzustufen ist. Deshalb wurde dieser Grenzwert bereits 2017 in die DIN 55699 „Anwendung und Verarbeitung von außenseitigen Wärmedämm-Verbundsystemen (WDVS) mit Dämmstoffen aus expandiertem Polystyrol-Hartschaum (EPS) oder Mineralwolle (MW)“ übernommen.

Handelt es sich hierbei um einen Schreibfehler? Nein, denn wie bereits im Abschn. 4.3.2 beschrieben, darf der Hellbezugswert (HBW) nicht mit dem TSR-Wert (Total Solar Reflectance) verwechselt werden. Dieser beschreibt das solare Reflexionsvermögen einer farbigen Bauteiloberfläche und somit den Anteil der Sonnenstrahlungsenergie, der von einer Bauteiloberfläche zurückgestrahlt wird. Je höher dieser Wert ist, umso stärker wird die solare Strahlung reflektiert. Infolgedessen ist der Temperaturanstieg umso geringer gegenüber der Umgebungstemperatur, der auf einer Baustoffoberfläche eines Oberputzes oder eine Farbbeschichtung nach Sonneneinstrahlung gemessen werden kann. Während der Hellbezugswert nur den Farbeindruck im sichtbaren Spektrum widerspiegelt und infolgedessen nur knapp 40 % des Energieeintrags des Sonnenlichts beeinflussen kann, bezieht sich der TSR-Wert auf die Energieeinstrahlung über das gesamte Spektrum des Sonnenlichts vom ultravioletten bis zum infraroten Bereich. Der TSR-Wert ist somit für die Beurteilung thermischer Oberflächenspannungen genauer als der Hellbezugswert.[66] Für die praktische Anwendung empfiehlt sich folgende Vorgehensweise: Wenn der Hellbezugswert einer Schlussbeschichtung ≥ 20 % ist, muss nichts Weiteres beachtet werden, da die thermische Belastung bei einem üblichen WDVS als unkritisch gilt. Bei einem Hellbezugswert < 20 % muss ein TSR-Wert ≥ 25 vorliegen. Den TSR-Wert einer Putz- oder Farbbeschichtung erhält man beim Hersteller. Einige Hersteller bieten unter definierten Bedingungen auch farbige Schlussbeschichtungen mit einem HBW < 20 % bzw. einem TSR-Wert < 25 an.

Die letztgenannten Ausführungen haben noch einmal deutlich gemacht, dass sich die Auswahl eines geeigneten Putzsystems zur Risssanierung immer an der Summe seiner Eigenschaften orientieren muss. Die Flexibilität, Elastizität und Rissüberbrückung stellen natürlich im Rahmen der Risssanierung die wichtigsten Kriterien dar – im Rahmen der Fassadenbeschichtung und -sanierung müssen aber weitere Parameter beachtet werden.

7.5 Rissklassen in der Bauwerksabdichtung

Die Planung und Ausführung von Abdichtungen erdberührter Bauteile wie z. B. Keller wird in Deutschland seit 2017 über die DIN 18533 geregelt. Besonders wichtig für die Planung der Abdichtung sind die **Wassereinwirkungsklassen**, die **Rissklassen** und **Raumnutzungsklassen**. Die DIN 18533 „Abdichtung von erdberührten Bauteilen" gliedert sich in drei Teile. Teil 1 regelt die Anforderungen sowie Planungs- und Ausführungsgrundsätze. Teil 2 enthält bauartspezifische Regeln für die Abdichtung mit bahnenförmigen Abdichtungsstoffen und Teil 3 für die Abdichtung mit flüssig zu verarbeitenden Abdichtungsstoffen.

Die Norm gilt für die Abdichtung gegen

- Bodenfeuchte,
- nicht drückendes Wasser,
- von außen drückendes Wasser,
- nicht drückendes Wasser auf erdüberschütteten Decken sowie
- Spritzwasser am Wandsockel und Kapillarwasser in und unter Wänden (Querschnittsabdichtung).

Die Norm gilt nicht für

- die Abdichtung von Bauwerken im Umgang mit wassergefährdeten Stoffen nach dem Wasserhaushaltsgesetz (WHG),
- die nachträgliche Abdichtung in der Bauwerksinstandsetzung sowie
- die Abdichtung wasserundurchlässiger Bauteile (WU-Beton).

Für die Planung und Ausführung von Abdichtungsmaßnahmen müssen die Eigenschaften des abzudichtenden Untergrundes bekannt sein und insbesondere die Wahrscheinlichkeit möglicher Rissbildungen berücksichtigt werden. Diese hat unmittelbare Auswirkung auf die Auswahl der geeigneten Abdichtungsstoffe. Schließlich dürfen Baustoffe ihre abdichtende Funktion auch dann nicht verlieren, wenn es im Untergrund zu Bewegungen und infolgedessen zu Rissbildungen kommt. Daher sind Rissbildungen von Bedeutung, die erst nach dem Aufbringen der Abdichtung entstehen sowie nachträgliche Rissbreitenänderungen bereits bestehender Risse. Diese muss die Abdichtung überbrücken können. Für die Auswahl der richtigen Abdichtungssysteme unterscheidet die DIN 18533 folgende Risseinwirkungsklassen:

- R1-E (gering) ≤ 0,2 mm Rissbreitenänderung (in der Regel unvermeidbare Rissbildungen/Rissbreitenänderungen in üblichen Untergründen wie Mauerwerk, Bodenplatten unter Querschnittsabdichtungen, Stahlbeton ohne nennenswerte Zwang- und Biegebeanspruchung)
- R2-E (mäßig) ≤ 0,5 mm Rissbreitenänderung (z. B. in geschlossenen Fugen von Fertigbauteilen, Materialübergängen, Mauerwerk oder Stahlbeton mit nennenswerter Zwang-, Zug- und Biegebeanspruchung)
- R3-E (hoch) ≤ 1,0 mm Rissbreitenänderung und/oder einem Rissversatz ≤ 0,5 mm (z. B. Aufstandsfugen von erddruckbelastetem Mauerwerk auf Bodenplatten oder Rissbildungen an tragenden Bauteilen durch sporadische Erschütterungen)
- R4-E (sehr hoch) ≤ 5,0 mm Rissbreitenänderung und/oder einem Rissversatz ≤ 2,0 mm (z. B. durch starke Erschütterungen durch Baugrundsetzungen oder Erdbeben).

Diesen Risseinwirkungsklassen stehen wiederum vier Rissüberbrückungsklassen gegenüber, in denen die rissüberbrückenden Eigenschaften der Abdichtungsstoffe definiert sind:

- RÜ1-E (gering) bis zu ≤ 0,2 mm Rissüberbrückung
- RÜ2-E (mäßig) bis zu 0,5 mm Rissüberbrückung
- RÜ3-E (hoch) bis zu ≤ 1,0 mm Rissüberbrückung bei einem maximalen Rissversatz von 0,5 mm
- RÜ4-E (sehr hoch) bis zu 5,0 mm Rissüberbrückung bei einem maximalen Rissversatz von 2,0 mm.

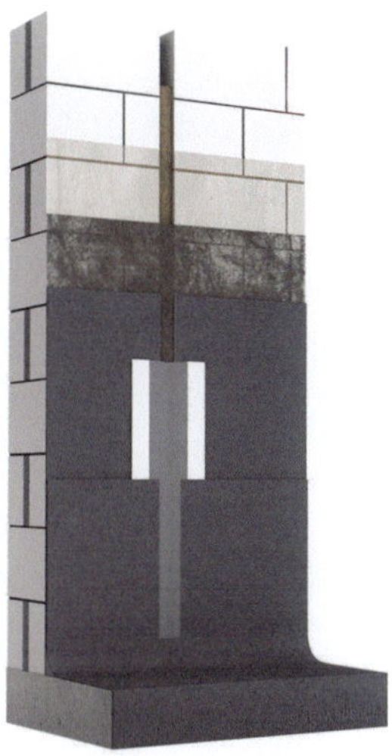

Abb. 7.66 schematische Darstellung der Abdichtungen im Bereich von Bewegungsfugen in der Bauwerksabdichtung nach DIN 18533

Die Abdichtungsstoffe sind in den Teilen 2 und 3 der DIN 18533 jeweils bestimmten Rissüberbrückungsklassen zugeordnet, die wiederum mit den Rissklassen korrelieren. Dies bedeutet, dass z. B. ein Bauteil mit einer Rissklasse R3-E nur mit einem Abdichtungsstoff abgedichtet werden darf, der die Anforderungen an die Rissüberbrückungsklasse RÜ3-E erfüllt.

Bei der Planung und Ausführung von Abdichtungen im Bereich von Bewegungsfugen (Abb. 7.66, Abb. 7.67) müssen die unterschiedlichen Einwirkungen aus dem Flankenversatz berücksichtigt werden. Diese können ein-, zwei- und dreidimensional (senkrecht zur Abdichtungsebene durch Scherung sowie längs in Abdichtungsebene durch Dehnung oder Stauchung sowie durch Verzerrung) auftreten. Nach der Art der Bewegung werden unterschieden:

- Fugen-Typ I für langsame, einmalige oder selten wiederholte Bewegungen
- Fugen-Typ II für schnelle, häufig wiederholende Bewegungen (Verkehr, Temperatur)

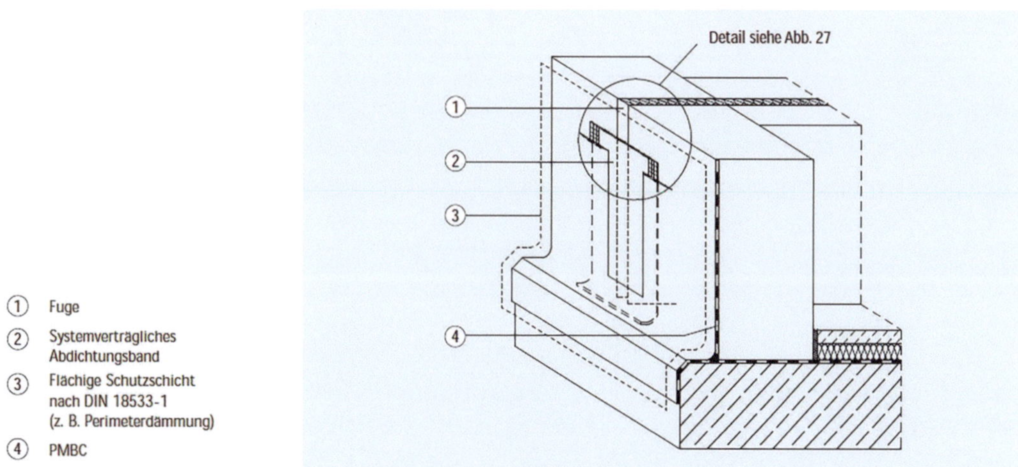

Abb. 7.67 schematische Darstellung der Abdichtungen im Bereich von Bewegungsfugen in der Bauwerksabdichtung nach DIN 18533

Tab. 7.17 Verformungsklassen für Bewegungsfugen nach DIN 18533-1

Verformungsklasse	resultierende Verformung	max. Einzelverformung in x-Richtung	max. Einzelverformung in y-Richtung
VK1-E	≤ 5 mm	-	-
VK2-E	≤ 10 mm	10 mm	10 mm
VK3-E	≤ 15 mm	20 mm	20 mm
VK4-E	≤ 20 mm	30 mm	30 mm
VK5-E	≤ 25 mm	40 mm	–

Hierzu wurden in der DIN 18533 Teil 1 fünf Verformungsklassen für Bewegungsfugen definiert (Tab. 7.17). Aus den in alle drei Richtungen maximal zu erwartenden Bewegungen ist die resultierende Verformung zu ermitteln.

Risse in Gebäuden – Eine rechtliche Betrachtung

8

Frederik Neyheusel

Inhaltsverzeichnis

F. Neyheusel (✉)
Zeughausgasse Ulm,
E-Mail: Neyheusel@sgp-legal.de

F. Frössel, *Risse in Gebäuden*, https://doi.org/10.1007/978-3-658-47096-8_8

8.1 Einführung

8.1.1 Der Bauvertrag

Bauverträge stellen in rechtlicher Hinsicht in aller Regel „Werkverträge“ dar und regeln die rechtlichen Beziehungen und den Umfang der jeweiligen Leistungspflichten zwischen dem Auftraggeber und dem Unternehmer als Auftragnehmer,[1] insbesondere die vom Unternehmer geschuldete Leistung und die hierfür vom Auftraggeber zu zahlende Vergütung.

Die rechtliche Beurteilung dieser Verträge richtet sich nach den gesetzlichen Vorschriften des Bau-/Werkvertragsrechts im Bürgerlichen Gesetzbuch (BGB), sofern die Vertragsparteien keine Modifizierungen vereinbart haben; etwa die Geltung der VOB/B.

Das Bau-/Werkvertragsrecht verpflichtet den Unternehmer nach § 631 Abs. 1 BGB zur – erfolgreichen – Herstellung des versprochenen Werkes. Jedem Bauvertrag liegt demnach eine Erfolgskomponente inne.

8.1.2 Gegenstand der Ausführungen

Weist das Bauwerk etwa Risse auf, die als Mangel zu qualifizieren sind, so schließen sich hieran insbesondere folgende Fragen an:

- Wer hat den Mangel zu verantworten und zu beseitigen?
- Wer haftet für den entstandenen Schaden?

Die nachfolgenden Ausführungen beschäftigen sich im Wesentlichen mit der Frage, wer in rechtlicher Hinsicht für Rissbildungen und den sich daraus ergebenen Rechtsfragen verantwortlich sein kann.

8.2 Mangel nach Maßgabe des BGB und der VOB/B

8.2.1 Der Mangelbegriff nach dem Werkvertragsrecht des BGB und der VOB/B

8.2.1.1 Die Mangelsystematik des BGB

Der Unternehmer hat das Werk nach § 633 Abs. 1 BGB „frei von Sach- und Rechtsmängeln“[2] herzustellen.

Diese Sachmängelfreiheit ist im BGB dreistufig aufgebaut: Sie liegt 1) jedenfalls vor, wenn das Werk die „vereinbarte Beschaffenheit“ aufweist, § 633 Abs. 2 Satz 1 BGB.

[1] Der Auftraggeber wird nachfolgend einheitlich als „Auftraggeber“, der Auftragnehmer als „Unternehmer“ bezeichnet.

[2] Ein Rechtsmangel ist hinsichtlich einer Rissbildung von untergeordneter Bedeutung und bleibt deshalb im Rahmen der nachfolgenden Darstellung außer Betracht. Ein solcher Rechtsmangel liegt etwa vor, wenn der Unternehmer nicht in der Lage wäre, dem Auftraggeber das Eigentum z. B. an Baustoffen zu verschaffen.

Ist eine Beschaffenheit nicht – ausdrücklich oder im Wege der Auslegung des Vertrages – vereinbart, so ist das Werk mangelfrei, wenn es sich 2) „für die nach dem Vertrag vorausgesetzte Verwendung" (§ 633 Abs. 2 Satz 2 Nr. 1 BGB), sonst 3) für die „gewöhnliche Verwendung eignet und eine Beschaffenheit aufweist, die bei Werken der gleichen Art üblich ist und die der Besteller nach der Art des Werkes erwarten kann" (§ 633 Abs. 2 Satz 2 Nr. 2 BGB). Daraus folgt, dass das im Vertrag von den Parteien Vereinbarte die höchste Bedeutung aufweist.[3]

Weicht der Unternehmer von den vertraglichen Vorgaben eigenmächtig ab, z. B. durch die Wahl eines anderen Materials als vertraglich bestimmt, so stellt er das Werk in rechtlicher Hinsicht mangelhaft her,[4] ohne dass es darauf ankommt, ob die Abweichung den Erfolg/die Funktion des Werkes negativ beeinträchtigt.[5] Ein solches Abweichen der IST- von der vertraglich vereinbarten SOLL-Beschaffenheit ist deshalb aus Sicht des Unternehmers zu vermeiden. Dies ist ohne weiteres dadurch möglich, dass er die (Material-)Vorgaben oder technischen Vereinbarungen beachtet und sich bei Abweichung die Zustimmung des Auftraggebers einholt.[6]

Erst wenn eine Vereinbarung über die konkrete Beschaffenheit nicht getroffen wurde, so ist anhand der Absprachen der Parteien oder der „Umstände", z. B. anhand der Baupläne, der Baubeschreibung oder der sonstigen Gesprächsinhalte zu untersuchen, welchen „Verwendungszweck" der Vertrag haben soll. Nach der Bestimmung dieses Verwendungszweckes kann ermittelt werden, welcher Qualitätsstandard einzuhalten ist. So macht es einen Unterschied, ob die Parteien den Bau eines Einfamilienhauses „gehobener Ausstattung und Güte" oder lediglich eine „Containerburg" oder die Erstellung eines „4 Sterne-Hotels" oder eines „Hostels" vereinbart haben.

Neben der Einhaltung der so ermittelten Qualität der Leistung muss das Werk zudem funktionstüchtig sein. Obwohl diese Funktionstüchtigkeit im Rahmen der gesetzlichen Vorschrift des § 633 BGB nicht ausdrücklich aufgeführt ist, verspricht der Unternehmer zumindest „stillschweigend" bei Vertragsschluss, die allgemein anerkannten Regeln der Technik einzuhalten und das Funktionieren des Werkes sicherzustellen.[7]

Zusammenfassend ist ein Werk unter Zugrundelegung der geschilderten Kriterien und des BGB dann nicht mangelhaft, wenn es funktionsfähig ist *und* den vertraglichen Vereinbarungen oder – nachgelagert – dem Verwendungszweck oder der Üblichkeit entspricht.

8.2.1.2 Der Mangelbegriff der VOB/B und die allgemein anerkannten Regeln der Technik

Die Geltung der VOB/B ändert am Mangelbegriff wenig.

Voraussetzung für die Anwendung der VOB/B ist deren Einbeziehung in den Vertrag der Parteien. Diese Einbeziehung stellt kein „Gewohnheitsrecht" in der Baubranche dar, sondern hat durch eine ausdrückliche Vereinbarung der Vertragsparteien zu erfolgen.[8]

Sofern die VOB/B wirksam in den Vertrag einbezogen worden ist, gilt Folgendes: Die VOB/B hat den Sachmangelbegriff des BGB in § 13 Abs. 1 Satz 3 VOB/B übernommen und in

[3] Grundlegend: BGH NZBau 2009, 648; BGH BauR 2013, 624.

[4] BGH IBR 2007, 791; OLG Stuttgart, BauR 2007, 713, 714, OLG Celle, OLGR 2003, 117.

[5] Diese Frage spielt allenfalls auf der Rechtsfolgenseite eine Rolle, nämlich ob eine Nacherfüllung verweigert werden kann, weil sie mit einem „unverhältnismäßigem" Aufwand verbunden ist. Die Rechtsprechung bejaht diese Unverhältnismäßigkeit aber nur in Ausnahmefällen und nur dann, wenn „das Bestehen auf ordnungsgemäßer Vertragserfüllung im Verhältnis zu dem dafür erforderlichen Aufwand unter Abwägung aller Umstände ein Verstoß gegen Treu und Glauben ist.", BGH BauR 2002, 613, 616; OLG Koblenz, Urteil vom 24.06.2021, 2 U 391/19.

[6] Am besten durch eine vorherige Zustimmung Einwilligung des Auftraggebers.

[7] BGH BauR 2013, 952. Beispiel: Ein Dach, das zwar nach den Vorgaben des Vertrages errichtet wurde, aber dennoch undicht ist, ist mangelhaft; OLG Köln, Urteil vom 15.06.2023, 7 U 5/23 (BGH VII ZE 139/23); BGH IBR 2006, 131.

[8] Die Vereinbarung bedarf keiner bestimmten Form. Ein allgemeiner Hinweis oder Bezug auf die Geltung ist unter „Profis" grundsätzlich ausreichend; vgl. Werner/ Pastor, a. a. O., Randnummer 1240. Soll die VOB/B gegenüber einer Privatperson verwendet und vom Unternehmer gestellt werden, so ist die Aushändigung des gesamten Textes der VOB/B bei Vertragsschluss empfehlenswert.

§ 13 Abs. 1 Satz 2 VOB/B lediglich um das (ausgeschriebene) Erfordernis erweitert, dass die Leistung zudem den allgemein anerkannten Regeln der Technik zu entsprechen hat.

Diese allgemein anerkannten Regeln der Technik müssen in der Wissenschaft anerkannt und damit theoretisch richtig sein. Sie stellen die Summe der im Bauwesen anerkannten, wissenschaftlichen, technischen und handwerklichen Erfahrungen dar, die durchweg bekannt und als richtig und notwendig anerkannt sind.[9] Sie müssen sich also auch in der Praxis bewährt haben. Dabei reicht es aus, wenn eine große Mehrheit der maßgebenden Fachkreise von ihrer Richtigkeit und von der Anwendbarkeit in der Praxis ausgeht.[10]

8.2.2 Rechtliche Bedeutung der DIN-Normen, Technischen Merkblätter und der Allgemeinen bauaufsichtlichen Zulassung

8.2.2.1 DIN-Normen

DIN-Normen stellen keine Rechtsnormen/Gesetze dar, sondern sind „private technische Regelungen mit Empfehlungscharakter".[11] Sie entsprechen dann den allgemein anerkannten Regeln der Technik, wenn sie den unter Ziff. II, 1 b dargestellten Voraussetzungen entsprechen.[12]

Nach Maßgabe der Rechtsprechung haben DIN-Normen die Vermutung für sich, die allgemein anerkannten Regeln der Technik wiederzugeben.[13] Diese Vermutung führt in juristischer Hinsicht zu einer besonderen und praxisrelevanten Beweislastverteilung: Werden die Vorgaben der DIN-Norm eingehalten, so hat der Auftraggeber zu beweisen, dass das Werk trotz der Einhaltung mangelhaft ist. Verstößt der Unternehmer indes gegen die DIN-Norm, so hat der Unternehmen zu beweisen, dass das Werk trotz der Nichteinhaltung mangelfrei ist.[14]

Hat der Unternehmer die DIN-Normen eingehalten, so spricht wird vermutet, dass der Unternehmer mangelfrei ausgeführt hat. Es ist dann Sache des Auftraggebers, diesen Beweis zu erschüttern und nachzuweisen, dass es von den DIN-Vorschriften abweichende allgemein anerkannte Regeln der Technik gibt oder, dass das Werk trotz der Einhaltung der Normen mangelhaft ist.

Bezüglich der Rissbildung an Fassaden gilt deshalb folgendes: Vielfach wird die technische Auffassung vertreten, dass Risse in baulichen Anlagen unvermeidbar seien. Nach *Oswald/Abel*[28] sind Mauerwerkswände grundsätzlich so zu bemessen, konstruktiv zu gestalten und auszuführen, dass keine Risse entstehen. Weiter steht die magische Zahl von 0,3 mm Rissbreite in der Weise im Raum, dass größere Rissbreiten als 0,3 mm nur im Ausnahmefall zu akzeptieren seien (vgl. *Meichsner/Rohr-Suchalla*[48]), *Oswald* und *Abel* führen in [28] auf Seite 66 aus: „*Sofern das Schadensbild aus einem gebrauchsüblichen Abstand in optischer Hinsicht unauffällig ist und die Rissweiten unter technischen Gesichtspunkten (Schlagregensicherheit, Fassade, Frostbeständigkeit ...) unbedenklich sind, sollten insbesondere nur dem Fugenverlauf des Sichtmauerwerks folgende, feinere (~ 0,2/0,3 mm Breite) Risse als hinnehmbar gelten, da sie die technischen und optischen Eigenschaften nicht nennenswert beinträchtigen. Voraussetzung ist, dass der Riss verursachende Vorgang abgeschlossen ist und daher davon auszugehen ist, dass sich die Rissweiten nicht vergrößern werden.*" Sie schlagen eine Bewertungsmatrix für optische Beeinträchtigungen einer Werkleistung und eine Bewertungsmatrix für Beeinträchtigungen der Funktion einer Werkleistung vor (siehe auch Abschn. 5.4.3).

Diese Methode hat den Vorteil, dass sie die Bewertung der Beeinträchtigung der Optik bzw. der Funktion für Dritte nachvollziehbar macht.

[9] Seibel, NJW 2013, 2000.

[10] OLG Brandenburg, BauR 2001, 283, 284.

[11] BGH NJW 1998 2814.

[12] BauR NZBau 2009, 648.

[13] BGH BauR 2013, 1443; OLG Stuttgart, BauR 1977, 129; im Übrigen allgemeine Meinung.

[14] OLG Stuttgart, BauR 1977, 129; OLG Celle, BauR 2012, 517, 519; Thüringer OLG, BauR 2006, 1902, 1903.

Auch deshalb ist diese Matrix besonders unter Sachverständigen beliebt. Es muss aber ausdrücklich darauf hingewiesen werden, dass diese Methode nicht dem gesetzlichen Werkvertragsrecht und dem Mängelrecht entspricht.

Auch Risse im Mauerwerk und/oder Putz mit einer Breite von < 0,3 mm können einen Mangel darstellen. Die Frage, ob eine Architekten-, Ingenieur-, oder Bauleistung mangelhaft ist, ist unabhängig davon zu beantworten,

- ob der Mangel unwesentlich oder wesentlich ist,
- ob der Mangel durch den Architekten/Ingenieur oder das ausführende Unternehmen verschuldet ist.

Maßgeblich sind die konkreten Umstände des Einzelfalles, u. a. ob die konkrete, bauliche Anlage durch die Rissbildung im Mauerwerk und/ oder Putz in ihrer Funktion und/oder in ihrer Optik beeinträchtigt ist und von welchem Gewicht diese Beeinträchtigung ist.

Eine Aufteilung von Beeinträchtigungen in

- nicht hinnehmbar,
- hinnehmbar,
- Bagatelle

entspricht nicht dem Sachmangelbegriff der Bestimmungen des BGB oder der VOB/B, weshalb Vorsicht bei der Anwendung dieser Methode geboten ist.

Das Gesetz unterscheidet nur zwischen „mangelfrei" und „mangelhaft". Die Differenzierung des Gesetzes zwischen wesentlichen und unwesentlichen Beeinträchtigungen der Funktion oder der Optik der Werkleistungen erfolgt nicht auf der Ebene des Sachmangelbegriffs, sondern auf der Rechtsfolgenseite. Der Auftraggeber kann wegen unerheblicher Pflichtverletzung, also unerheblichen Mängeln des Unternehmers nicht vom Vertrag zurücktreten, §§ 323 V 2, 634 Nr. 3 BGB; der Unternehmer ist berechtigt, eine Beseitigung der Mängel unter den Voraussetzungen der §§ 275 II, II; 635 II BGB zu verweigern.

Auch dann, wenn der Auftraggeber wegen der Unerheblichkeit des Mangels vom Vertrag nicht zurücktreten und vom Unternehmer keine Mängelbeseitigung verlangen kann und ihm, dem Auftraggeber, deshalb auch nicht das Selbstvornahmerecht gem. § 637 BGB zusteht, bleibt der Auftraggeber doch berechtigt, wegen des unerheblichen Mangels vom Unternehmer eine Minderung der ihm zustehenden Vergütung gem. § 638 BGB zu verlangen.

Im Übrigen kommt es im Rahmen des § 635 III BGB Verweigerung der Nacherfüllung seitens des Unternehmers, wenn sie nur mit unverhältnismäßigen Kosten möglich ist, entgegen der Methode *Oswald* und *Abel* nicht lediglich auf die Bedeutung des Merkmals für die Gebrauchstauglichkeit/Verwendungseignung im Verhältnis zum Grad der Beeinträchtigung bzw. das Gewicht des optischen Erscheinungsbildes im Verhältnis zum Grad der optischen Beeinträchtigung an, sondern auch darauf, ob und ggf. in welchem Masse der Unternehmer den Mangel auch verschuldet hat.

Die vorstehenden Ausführungen gelten entsprechend für die Sachmangelvariante fehlende Eignung des Werks für die gewöhnliche Verwendung und fehlende Beschaffenheit, die bei Werken der gleichen Art üblich ist und die der Besteller nach der Art des Werkes erwarten kann gem. § 633 11, 2 Nr. 2 BGB.

Dabei ist von Bedeutung, dass der Unternehmer mangels einer abweichenden vertraglichen Regelung diejenige DIN-Norm einzuhalten hat, welche zum Zeitpunkt der Abnahme oder der Mängelbeseitigung maßgeblich und aktuell ist. Ist für den Unternehmer abzusehen, etwa durch einen Änderungsentwurf (Gelbdruck) oder durch ein langfristiges Großprojekt, dass sich DIN-Normen während der Bauausführung ändern könnten, empfiehlt sich eine vertragliche Regelung dergestalt, die Geltung einer bestimmten DIN-Norm vertraglich festzuschreiben und spätere Änderungen außer Betracht zu lassen.

Nicht nur aus diesem Grunde empfiehlt sich die Einhaltung der für das Werk anwendbaren DIN-Norm: Die Praxiserfahrung zeigt, dass der gerichtlich bestellte Sachverständige, der die

Frage zu klären hat, ob die Nichteinhaltung einer DIN-Norm einen Mangel darstellt, mit der Bewertung, die Leistung sei trotz der Nichteinhaltung mangelfrei, restriktiv umgeht. Dies liegt sicher auch daran, dass die DIN-Norm auf Grundlage eines langwierigen Prozesses eines mit Fachleuten besetzten Gremiums entstanden ist und sich ein Sachverständiger bei seiner Bewertung, eine handwerkliche Leistung sei trotz eines Abweichens von der Norm mangelfrei, immer auch einem Haftungsrisiko aussetzt.

8.2.2.2 Technische Merkblätter und/oder Verarbeitungsrichtlinien

Technische Merkblätter und/oder Vorschriften des Herstellers oder Verarbeitungsrichtlinien von Verbänden stellen aus juristischer Sicht eine Art „Montageanleitung“ dar, die der Unternehmer grundsätzlich einzuhalten hat.

So urteilte etwa das OLG Düsseldorf, dass eine Herstellungsart – im entschiedenen Fall: Eine Verklebung – schon deshalb mangelhaft sei, weil sie nicht dem technischen Merkblatt des Herstellers entsprochen habe.[15]

Ein Mangel liegt bei einem Verstoß gegen Herstellervorschriften jedenfalls dann vor, wenn die Abweichung von den Herstellervorschriften zumindest das Risiko erhöht, dass der geschuldete Erfolg nicht erreicht wird.[16] Auch insoweit gilt: Gerichtlich bestellte Sachverständige werden – mit einigem Recht – bei der Abfassung von Gutachten eher dazu neigen, eine derartige Risikoerhöhung zu attestieren: Wieso sollten sich Sachverständige bei eigenem Haftungsrisiko im Zweifel gegen die Herstellerangaben wenden, die in der Regel von Spezialisten auf diesem Gebiet – den Herstellern – erstellt worden sind?

Nach Auffassung des Verfassers ist der Einhaltung der Vorgaben in den technischen Merkblättern des Herstellers bei etwaigen Widersprüchen gegenüber einer einschlägigen DIN-Norm der Vorzug zu geben, weil es sich bei den technischen Merkblättern um die speziellere technische Vorgabe handelt.

[15] OLG Düsseldorf, NJW-RR 1997, 275.

[16] OLG Köln, IBR 2005, 530; OLG Schleswig, IBR 2010, 321.

8.2.2.3 Allgemeine bauaufsichtliche Zulassung

Bauprodukte und Bauarten dürfen nur verwendet werden, wenn sie den Anforderungen der jeweiligen Landesbauordnungen gerecht werden. Sind Bauprodukte nicht in Bauregellisten aufgeführt, so ist nach derzeitiger Rechtslage vom Deutschen Institut für Bautechnik eine sogenannte „Allgemeine bauaufsichtliche Zulassung“ für diese nicht geregelten Bauprodukte zu erteilen, wenn die Verwendbarkeit nachgewiesen ist. Existiert keine Zulassung oder wird gegen eine solche verstoßen, liegt grundsätzlich ein Mangel der Leistung vor.[17]

Das OLG Stuttgart hat etwa entschieden, dass „alleine, dass bei Errichtung eines WDVS Bauprodukte verwendet werden, für eine Allgemeine bauaufsichtliche Zulassung nicht feststellbar ist und deren Verwendbarkeit für einen [...] angemessenen Zeitraum [...] nicht nachgewiesen ist, das Werk mangelhaft“ macht.

Das Landgericht Stuttgart urteilte in diesem Zusammenhang etwa auch, dass es gegen die allgemein anerkannten Regeln der Technik verstoße, ein Wärmedämmverbundsystem durch Verklebung zweier Dämmplatten herzustellen, bei dem eine Dämmplatte eine Stärke von lediglich 20 mm aufweise, da dies in der Zulassung anders beschrieben sei.[18]

An dieser Beurteilung ändert – derzeit – auch das Urteil des EuGH vom 16.10.2014 nichts. Danach sind Bestimmungen „[...] mit zusätzlichen Anforderungen für europäisch harmonisierte Bauprodukte, die die CE-Kennzeichnung tragen, mit der Bauproduktenrichtlinie 89/106/EWG unvereinbar“.[19]

Zwar ist davon auszugehen, dass das Erfordernis einer Allgemeinen bauaufsichtlichen Zulassung im Verhältnis zur „bloßen“ CE-Kennzeichnung

[17] Für Wärmedämmverbundsysteme etwa: OLG Stuttgart, Urteil vom 31.03.2015, 10 U 46/14.

[18] Landgericht Stuttgart, Urteil vom 12.06.2015, 24 O 521/13. Anmerkung: In der allgemeinen bauaufsichtlichen Zulassung war vorgesehen, dass die Mindestdicke jeder einzelnen Schicht 60 mm aufweisen muss. Demnach verstoße die Ausführungsweise gegen die allgemeine bauaufsichtliche Zulassung.

[19] EuGH, Urteil vom 16.10.2014, RS.C-100/13.

eine zusätzliche Anforderung für Bauprodukte darstellt. Das Urteil ist aber nicht allgemein „gesetzesähnlich" gültig, sondern betrifft derzeit lediglich drei Bauprodukte.[20]

Es ist zu empfehlen, die Vorgaben einer allgemeinen bauaufsichtlichen Zulassung vor einzuhalten: Dies gilt umso mehr und auf jeden Fall, sofern die Einhaltung einer Zulassung vertraglich vereinbart wurde. In diesen Fällen ergibt sich die Verpflichtung zur Herstellung eines zulassungskonformen Werkes ohne weiteres aus der rechtlichen Pflicht, vertragliche Beschaffenheiten einzuhalten.

8.3 Haftung und Verantwortungsbereiche

8.3.1 Rissursachen, Mangel

Wie bereits in der Erstauflage dieses Fachbuches im rechtlichen Teil zutreffend dargestellt, können Risse in Gebäuden vielfältige Ursachen haben, etwa

- Erschütterungen, ausgelöst durch nicht in dem Verantwortungsbereich des Unternehmers liegende Naturereignisse (z. B. Erdbeben) oder Gewalteinwirkungen (z. B. Sprengungen), Verbauarbeiten, Absenkung des Grundstückes etwa durch unzureichende Gründung o. ä.
- Verarbeitungsfehler
- Materialfehler
- Planungsfehler
- Bauüberwachungsfehler.

Die Ermittlung der Ursachen der Risse ist allein deshalb von hoher rechtlicher Relevanz, weil eine Haftung für Mängel stets zweierlei voraussetzt:

1. Das *Vorliegen eines Mangels* und
2. dass der Unternehmer eine *Verantwortung* für diesen Mangel und dessen Ursache und damit für das Rissbild trägt.

Ist der Mangel entstanden, ohne dass ein Verantwortungsbeitrag des Unternehmers vorliegt[21], so scheidet eine Haftung in aller Regel jedenfalls dann aus, wenn das Schadensbild nach der Abnahme der Werkleistung auftritt.

Daneben ist vorrangig zu prüfen, ob ein Rissbild überhaupt einen „Mangel" darstellt. Ein solcher Mangel liegt sicher immer dann vor, wenn der Riss technische Auswirkungen haben kann. Dies wird immer dann der Fall sein, wenn das Bestehen des Risses – etwa durch den Eintrag von Wasser – zu Folgeschäden oder Verschlechterungen des Rissbildes führen kann oder die Optik des Objektes erheblich beeinträchtigt.

Die insoweit von unterschiedlichen Sachverständigen dargestellten Bewertungsparameter, wonach etwa Wände grundsätzlich so zu gestalten und auszuführen sind, dass keine Risse entstehen und größere Rissbreiten als 0,3 mm nur im Ausnahmefall zu akzeptieren seien, sind in rechtlicher Hinsicht mit Vorsicht zu genießen. Die Bedeutung der Rissbreiten (>/< 0,3 mm) liegt in rechtlicher Sicht darin, dass ein gerichtlich bestellter und damit zur technischen Entscheidung berufener Sachverständiger diese Rissbreiten jedenfalls als Maßstab seiner Entscheidung bei der Frage des Vorliegens eines Mangels zugrunde legen wird. Darüber hinaus kann auch eine Vielzahl von kleineren Rissen (so genannte „Haarrisse"), die das optische Erscheinungsbild erheblich stören, einen Mangel darstellen.

Im Ergebnis bergen Risse an Gebäuden/Fassaden demnach die rechtliche Gefahr des Vorliegens eines Mangels.

[20] „Elastomer-Dichtungen – Werkstoff-Anforderungen für Rohrleitungs-Dichtungen für Anwendungen in der Wasserversorgung und Entwässerung – Teil 2: Thermoplastische Elastomere", EN 13162:2008, „Wärmedämmstoffe für Gebäude – Werkmäßig hergestellte Produkte aus Mineralwolle [MW] – Spezifikation", und EN 13241-1 „Tore – Produktnorm – Teil 1: Produkte ohne Feuer- und Rauchschutzeigenschaften".

[21] Die „Verantwortung" ist nicht zu verwechseln mit dem „Verschulden". Die Verantwortung für den Mangel fehlt etwa, wenn er nicht aus der „Sphäre" des Unternehmers stammt. Z. B. haftet der Unternehmer nicht für Risse, die nach der Abnahme durch eine unvermeidbare Setzung des Gebäudes – im Extremfall: durch ein Erdbeben – entstanden sind.

8.3.2 Mängelrechte und Haftung

Ist das Werk mangelhaft, weist es also z. B. Risse auf, die als Mangel anzusehen sind, oder hält sich der Unternehmer nicht an die vertraglichen Vereinbarungen oder den vertraglich vorausgesetzten Verwendungszweck, so stehen dem Auftraggeber Mängelrechte zu. Dabei ist zu beachten, dass die Mängelrechte des Auftraggebers – mit Ausnahme des Schadensersatzes und des Ersatzes vergeblicher Aufwendungen – kein „Verschulden" des Unternehmers voraussetzen.

8.3.2.1 Die Mängelrechte des Auftraggebers nach dem BGB

8.3.2.1.1 Die Nacherfüllung (§§ 634 Nr. 1, 635 BGB)

Maßgeblicher Zeitpunkt für die Geltendmachung etwaiger Rechte aufgrund von Mängeln am Objekt ist die Abnahme. Vor der Abnahme befindet sich die Baustelle im so genannten „Erfüllungsstadium", der Unternehmer ist bis zur Abnahme – von wenigen Ausnahmen abgesehen – berechtigt, Veränderungen ohne „rechtlichen Zwang" vorzunehmen und muss zur Abnahme ein im Wesentlichen mangelfreies Werk fertiggestellt haben.

Bei Vorliegen eines Mangels nach erfolgter Abnahme ist der Auftraggeber zunächst auf seinen Nacherfüllungsanspruch zu verweisen. Der Unternehmer erhält also eine zweite Chance, das Werk mangelfrei herzustellen. Dabei ist der Unternehmer bei Vorliegen eines Mangels grundsätzlich berechtigt, frei zu wählen, auf welche Art und Weise er den Mangel fachgerecht so beseitigt, dass er nach der Mangelbeseitigung ein vertragsgemäßes und funktionsfähiges Werk herstellt. Hierzu ist ihm vom Auftraggeber eine angemessene Frist zu setzen. Die Angemessenheit der Frist bestimmt sich dabei in erster Linie nach den technischen Anforderungen an eine erfolgreiche Mängelbeseitigung. Es macht einen Unterschied für die Länge der zu bemessenden angemessenen Frist, ob etwa eine Wand nachzubearbeiten, oder aber ein komplettes Wärmedämmverbundsystem zurückzubauen ist.

Von Bedeutung ist dabei, dass eine etwa unangemessen kurz gesetzte Frist nicht wirkungslos ist, sondern automatisch eine angemessene Frist in Gang setzt. Entscheidend für die Wirksamkeit der nach Fristablauf möglichen rechtlichen Instrumente (siehe gleich) ist demnach nicht die Fristsetzung, sondern die nach Fristablauf eingeleiteten Schritte: Ist etwa die Frist mit einer Woche objektiv zu kurz bemessen und kündigt der Auftraggeber bereits nach dieser einen Woche den Vertrag, so stehen ihm weitere Mängelrechte grundsätzlich nicht zu. Wartet er indes mit dieser Kündigung eine weitere Woche und beträgt deshalb die addierte Frist zwei Wochen, so ist die Kündigung dann wirksam, wenn die zweiwöchige Frist als solche angemessen wäre.

Eine Fristsetzung zur Durchführung der Nacherfüllung ist in Ausnahmefällen – dies folgt aus §§ 635 Abs. 3, 636, 323 Abs. 2 Nr. 1–3 BGB – entbehrlich, wenn der Schaden bereits eingetreten und durch eine Nacherfüllung nicht mehr beseitigt werden kann,[22] oder wenn der Unternehmer die Nacherfüllung ernsthaft und endgültig verweigert. Eine Fristsetzung wäre in diesen Fällen eine bloße Förmelei.[23] An die ernsthafte und endgültige Leistungsverweigerung werden jedoch strenge Anforderungen gestellt. Jedwede „Gesprächsbereitschaft" führt im Zweifel nicht zu einer solchen Verweigerungshaltung.[24]

Die Kosten der Nacherfüllung trägt der Unternehmer, und zwar neben den Transport-, Wege-, Arbeits- und Materialkosten auch die „Nebenkosten", also diejenigen, die zur Erreichung der Erfolges notwendig sind. Solche Nebenkosten können etwa durch einen notwendigen Ausbau von Türen oder Fenstern entstehen.[25]

8.3.2.1.2 Weitere Mängelrechte des Auftraggebers

Sofern der Unternehmer die angemessene Fristsetzung nicht beachtet oder eine solche Fristsetzung entbehrlich ist, stehen dem Auftraggeber folgende Mängelrechte zu:

---

[22] BGH BauR 2012, 494, 495.

[23] KG, IBR 2009, 20.

[24] OLG Düsseldorf, NZBau 2014, 165, 166.

[25] BGH NJW-RR 99, 813.

(1) Die Selbstvornahme (§§ 634 Nr. 2, 637 BGB)
Nach der fruchtlosen Fristsetzung zur Nacherfüllung kann der Auftraggeber den Mangel selbst beseitigen lassen und den Ersatz der hierfür erforderlichen Aufwendungen verlangen. Ihm steht insoweit nach § 637 Abs. 3 BGB ein Anspruch auf Bezahlung eines Vorschusses in Höhe der zur Beseitigung des Mangels voraussichtlich erforderlichen Kosten zu. Dies bedeutet in der Praxis, dass der Auftraggeber auf die Bezahlung dieses Vorschusses klagen kann. Im Erfolgsfalle erhält er dann den ihm vor Gericht zugesprochenen Vorschuss, über den er nach Durchführung der Mängelbeseitigungsarbeiten abzurechnen hat. Ein etwaiges Guthaben ist zurückzuzahlen, ein etwaiger Mehraufwand kann darüber hinaus gesondert geltend gemacht werden.

(2) Der Rücktritt (§§ 634 Nr. 3, 323 BGB)
Der Auftraggeber hat grundsätzlich das Recht, vom Vertrag zurückzutreten. Übt er das Rücktrittsrecht aus, so sind die jeweils gewährten Leistungen zurückzugewähren. Daneben bleibt ein Schadensersatzanspruch des Auftraggebers bestehen. Dieses Rücktrittsrecht stellt aus Sicht des Unternehmers ein erhebliches „Drohpotential" dar, wenn man bedenkt, dass grundsätzlich etwa auch eine bereits fast fertig gestellte Wohnung oder ein Haus „zurückgegeben" werden kann.[26] Der Rücktritt ist aber ausgeschlossen, wenn bei einer erbrachten Leistung die Pflichtverletzung lediglich unerheblich ist.

(3) Die Minderung (§ 634 Nr. 3, 638 BGB)
Alternativ zum Rücktritt kann der Auftraggeber die Vergütung herabsetzen. Eine solche Herabsetzung ist auch bei unerheblichen Mängeln zulässig. Hinsichtlich der Höhe der Minderung ist aufgrund des Umstandes, dass bei dieser auf den Zeitpunkt des Vertragsschlusses abzustellen ist, in der Regel eine Schätzung vorzunehmen, die nach § 638 Abs. 3 Satz 2 BGB auch im Gesetz vorgesehen ist. Die in der Praxis vorherrschende Schwierigkeit bei der Ausübung der Minderung der Vergütung besteht in dem einer Schätzung immanenten Prognoserisiko.

(4) Schadensersatz, Aufwendungsersatz (§§ 634 Nr. 4, 636, 280, 281; 284 BGB)
Im Unterschied zu den Mängelrechten der Nacherfüllung, der Minderung und des Vertragsrücktrittes, bedarf es bei der Geltendmachung eines darüberhinausgehenden oder parallel geltend gemachten Schadens- oder Aufwendungsersatzanspruches stets eines Verschuldens des Unternehmers. Dieses Verschulden setzt voraus, dass der Unternehmer mindestens fahrlässig gehandelt hat.[27] Die Fahrlässigkeit selbst wird in § 276 Abs. 2 BGB weit gefasst. Danach handelt fahrlässig, wer „die im Verkehr erforderliche Sorgfalt außer Acht lässt". Für den Unternehmer ist eine Exkulpation hinsichtlich des Verschuldens indes schwer zu beweisen: Zum einen wird das Verschulden nach § 280 Abs. 1 BGB zunächst vermutet. Zum andern liegt in aller Regel bei einer Missachtung von vertraglichen Vereinbarungen, bei einem Verstoß gegen „übliche" Arbeitsweisen oder einer Missachtung der allgemein anerkannten Regeln der Technik ein Verschuldensvorwurf. Dieser wird darin gesehen, dass die erforderliche „Sorgfalt" gerade darin besteht, vereinbarte oder „übliche" Standards einzuhalten. Auch wird dem Unternehmer das Verschulden etwa eingesetzter Subunternehmer zugerechnet. Beispiele für Schadenspositionen sind etwa „entgangene Miete" bei einem zu spät fertiggestellten Bauvorhaben.

8.3.2.1.3 Die Mängelrechte nach der VOB/B

Das System der Mängelrechte innerhalb der VOB/B unterscheidet sich von denen des BGB. Als Mängelrechte kommen beim VOB/B-Bauvertrag lediglich der Anspruch auf Mängelbeseitigung (Nacherfüllung nach § 13 Abs. 5 Satz 1 VOB/B, Ersatzvornahme nach § 13 Abs. 5 Nr. 2

[26] Etwa OLG Oldenburg, BauR 2004, 1950.

[27] Darüber hinaus besteht ein Verschulden auch bei grober Fahrlässigkeit oder Vorsatz.

VOB/B, Minderung nach § 13 Abs. 6 VOB/B) sowie der Anspruch auf Schadensersatz nach (§ 13 Abs. 7, 4 Abs. 7 Satz 2 VOB/B) in Betracht.

Ein Rücktrittsrecht ist in der VOB/B nicht vorgesehen, sondern lediglich die Möglichkeit, den Vertrag beim Vorliegen unterschiedlicher Voraussetzungen zu kündigen.[28]

Im Unterschied zum „BGB-Vertrag" ist der Auftraggeber bereits vor der Abnahme berechtigt, eine Mängelbeseitigung für erkannte Mängel zu verlangen.[29] Nach der Reform des Baurechts im Jahre 2018 steht die entsprechende Norm (§ 4 Abs. 7 VOB/B) jedoch im Widerspruch zu den Wertungen des BGB und dürfte als AGB unwirksam sein.

Im Gegensatz zum BGB-Bauvertragsrecht ist im Übrigen eine „Reihenfolge" der Gewährleistungsrechte zu beachten. So stellt das Gewährleistungsregime der VOB/B den Mangelbeseitigungsanspruch deutlich heraus. Erst dann, wenn die Beseitigung des Mangels unmöglich oder unzumutbar ist oder einen unverhältnismäßig hohen Kostenaufwand erfordert, steht dem Auftraggeber alternativ das Recht zur Minderung zu. Daneben kann der Auftraggeber außerdem Schadensersatz verlangen, wenn sein Schaden durch die Nacherfüllung oder die Minderung nicht abgedeckt ist.

8.3.2.2 Verantwortung für die Bauausführung

Der Unternehmer hat – selbstverständlich – für eine mangelfreie Ausführung im engen Sinne einzustehen.[30] Handwerkliche Ausführungsfehler sind in der Regel dadurch bedingt, dass der Unternehmer gegen übliche Standards der Verarbeitung, die etwa in den technischen Merkblättern der Hersteller, Verarbeitungsrichtlinien der Verbände oder den einschlägigen DIN-Vorgaben niedergelegt sind. In aller Regel wird den Verarbeiter zugleich ein Verschulden treffen, sodass Schadensersatz zu leisten ist.

8.3.2.3 Verantwortung für das „Werk als solches"; Bedenkenhinweis

Neben der Pflicht, sein Werk mangelfrei herzustellen, trifft den Unternehmer eine Prüfungs- und Anzeigepflicht für Umstände, die die Mangelfreiheit des Werkes ebenfalls beeinträchtigen können.[31]

Der Unternehmer hat demnach Bedenken gegen die vorgesehene Art der Ausführung, gegen die Güte und Brauchbarkeit der vom Auftraggeber gelieferten Stoffe oder Bauteile oder gegen die Leistung anderer Unternehmer unverzüglich und – zumindest nach Maßgabe der VOB/B schriftlich – mitzuteilen. Dies hat grundsätzlich gegenüber dem Auftraggeber als Vertragspartner des Unternehmers zu erfolgen. Es ist zu zwingend, dass jeder Bedenkenhinweis deshalb nicht nur an einen Architekten, sondern an den Auftraggeber kommuniziert wird.

Generell gilt, dass der Unternehmer verpflichtet ist, jedwede Gefahr für die erfolgreiche Herstellung seines Werkes gegenüber dem Auftraggeber zu kommunizieren. Dieser Hinweis hat aber immer so konkret zu erfolgen, dass die Tragweite der Nichtbefolgung für den Auftraggeber eindeutig erkennbar wird.[32]

Ein Beispiel für diese Prüfungspflichten, die auch etwa die Bearbeitbarkeit des Untergrundes betreffen, enthält die DIN 18350 (Putz- und Stuckarbeiten) unter 3.1.1: *„Vor der Ausführung*

[28] Der Unterschied zwischen Rücktritt und Kündigung liegt im Wesentlichen darin, dass ein Rücktritt den Vertrag „von Anfang an" rückabwickelt, empfangene Leistungen mithin im Grundsatz jeweils zurückzugewähren sind, während die Kündigung den Vertrag nur „für die Zukunft" beendet und die jeweils empfangenen Leistungen in der Regel zu behalten sind. Auch im BGB-Vertrag ist eine Kündigung insbesondere durch den Auftraggeber möglich: Ohne wichtigen Grund jederzeit, er muss dann jedoch die Vergütung abzüglich ersparter Aufwendungen bezahlen. Bei Vorliegen eines wichtigen Grundes, wobei der Vertrag danach „wie er steht" abgerechnet wird und in der Regel vom Auftraggeber Schadensersatz verlangt werden kann.

[29] Dies ist im BGB-Vertrag nur in seltenen Ausnahmefällen möglich.

[30] Daneben bleibt seine Verantwortlichkeit für die Prüfung des Untergrundes im Sinne einer Bedenkenanmeldung unberührt.

[31] Im VOB-Vertrag ergibt sich dies aus § 4 Abs. 3, beim BGB-Vertrag aus § 242; etwa OLG Bremen, BauR 2001, 1599.

[32] OLG Frankfurt 2009, 656, 658.

der Putz- und Stuckarbeiten ist es unerlässlich, zunächst das Augenmerk auf die Beschaffenheit und Eignung des Untergrundes zu richten. Die Prüfung des zu verputzenden Untergrundes ist von großer Bedeutung. Sie beschränkt sich auf die Beurteilung der Oberfläche sowie sichtbarer und erkennbarer Mängel. Sind Ausblühungen, zu glatte, ungleich saugende oder gefrorene Flächen sichtbar oder unzureichende Bauteiltemperaturen vorhanden, so sind Bedenken anzumelden. Die Prüfung auf Feuchtigkeit erfolgt durch Augenschein, gegebenenfalls durch Kratzprobe, die Prüfung auf Oberflächenfestigkeit wird durch Kratzprobe mit einem kantigen Gegenstand, durch Abreiben mit der Hand oder Annässen bis zur Sättigung mit Wasser durchgeführt. Die Prüfung der Saugfähigkeit erfolgt mit der Benetzungsprobe mit Wasser. Die Prüfung nach Bewuchs (Algen, Moos, usw.) erfolgt durch Augenschein, ebenfalls die Prüfung auf Risse".[33]

Kommt der Unternehmer dieser Prüfungs- und Hinweispflicht nicht (am besten: schriftlich) nach, so haftet er für etwa auftretende Mängel unabhängig davon, ob seine eigene handwerkliche Leistung mangelfrei war.

Die Hinweis- und Prüfungspflicht ist im Übrigen grundsätzlich unabhängig von der Frage, ob auch der Auftraggeber von einem fachkundigen Dritten (z. B. Architekten oder Fachingenieur) vertreten wird. Bei Vorliegen einer solchen Vertretung mindert sich unter Umständen die Pflicht zur Überprüfung, eine Befreiung tritt aber in der Regel nicht ein.[34]

Kommt der Unternehmer jedoch seinen Prüfungs- und Hinweispflichten ordnungsgemäß nach, so ist seine Gewährleistung grundsätzlich ausgeschlossen. Dies ergibt sich unter Geltung der VOB/B aus § 13 Abs. 3, unter der Geltung des BGB gilt insoweit das Gleiche.[35]

Eine wirksame Bedenkenanmeldung entbindet allenfalls dann nicht von einer möglichen Haftung, wenn der Mangel mit an Sicherheit grenzender Wahrscheinlichkeit eintreten wird oder Gefahr für Leib und Leben droht.

Die Ordnungsgemäßheit der Bedenkenanmeldung setzt weiter voraus, dass diese einen Hinweis auf die nachteiligen Folgen und die sich daraus ergebenden Gefahren darlegt, damit dem Auftraggeber die Tragweite der Nichtbefolgung hinreichend verdeutlicht wird und angenommen werden kann, dass der hinreichend aufgeklärte Auftraggeber bewusst das Risiko von Mängeln eingeht und übernimmt.[36]

Deshalb reicht auch der Hinweis des Unternehmers, „dass bei der Ausführung von Putzarbeiten Risse entstehen können, weil zu viel Material drauf kommt" nicht aus, um eine wirksame Bedenkenanmeldung abzugeben.

Die Prüfungspflicht und die sich daraus ergebende Hinweispflicht sind anhand etwaiger üblicher Vorgaben oder DIN-Vorschriften vorzunehmen. Insofern hat der Unternehmer für ihn erkennbare Fehler von Vorleistung aufzudecken und die sich daraus ergebenden Bedenken mitzuteilen. Von dieser Mängelhaftung wird er auch dann befreit, wenn er trotz dieser gebotenen und durchgeführten Prüfung die Fehlerhaftigkeit der verbindlichen Vorgaben des Auftraggebers oder der Vorleistung anderer Unternehmer, nicht erkennen konnte.[37]

8.3.3 Verantwortung Mehrerer, Gesamtschuld und quotale Haftung

Es ist in Baurechtsstreitigkeiten weitgehend üblich, dass mehrere Verantwortlichkeiten für die Mangelhaftigkeit des Werkes gegeben sein können. In diesen Fällen der Verantwortlichkeit mehrerer, sind im Rahmen eines Gesamtschuldverhältnisses Verursachungsbeiträge haftungsrechtlich gegeneinander abzuwägen.[38]

[33] Zur Bedeutung der DIN-Norm für die Mangelhaftigkeit der Ausführung siehe unter II. 2. a.

[34] BGH NZBau 2001, 200.

[35] OLG Naumburg, IBR 2014, 609.

[36] OLG München, Urteil vom 17.03.2015, 9 U 2856/11 Bau; BGH, Beschluss vom 09.12.2015, VII ZR 211/15 (Nichtzulassungsbeschwerde zurückgenommen).

[37] OLGA Düsseldorf, Urteil vom 26.03.2013, 23 U 87/12.

[38] BGH, Urteil vom 20.03.2013, VIII ZR 339/11.

Was kompliziert klingt, ist kompliziert: Die Konstellationen der Mitverantwortlichkeit der Baubeteiligten – z. B. der Bauunternehmer, Architekt, Sonderfachmann, Bauleiter, Vorgewerk – sind vielfältig. So sind etwa folgende Fallgestaltungen denkbar:

- Mehrere Unternehmer haben einen Schaden am Bauwerk verursacht.[39]
- Sowohl der Planer als auch der Unternehmer haben denselben Baumangel zu verantworten. Dies ist etwa dann der Fall, wenn der Architekt mangelhaft geplant hat, der Unternehmer trotz der eindeutigen Erkennbarkeit des Planungsfehlers jedoch nicht rügte.
- Der Objektüberwacher übersieht einen Ausführungsfehler des Unternehmers.

In diesen Fällen steht dem Auftraggeber zunächst frei, an wen er sich wegen des eingetretenen Schadens wendet. Dabei gilt in der Regel folgende Verteilung:

Der planende Architekt ist der Erfüllungsgehilfe des Auftraggebers gegenüber dem Unternehmer.[40]

Nimmt der Auftraggeber deshalb den Unternehmer in Anspruch, so reduziert sich dessen Haftung um den Verschuldensanteil des planenden Architekten.

Hingegen sind der objektüberwachende Architekt und der Unternehmer bei jeweiligem Fehlverhalten „klassische Gesamtschuldner", d. h. jeder haftet gegenüber dem Auftraggeber vollständig und muss im Innenverhältnis Regress, den so genannten Gesamtschuldnerausgleich, verlangen.

Für die Quotierung, also das Innenverhältnis zwischen den Gesamtschuldnern, gilt grundsätzlich folgende Überlegung: Die Rechtsprechung gibt in diesen Konstellationen lediglich als Orientierungshilfe vor, dass Planungsfehler grundsätzlich in den Aufgabenbereich des Architekten und Ausführungsfehler in den Aufgabenbereich des Unternehmers fallen. Sodann verschiebt sich die quotale Haftung danach, ob jeweils „Erkennbarkeit" der Fehler des jeweils anderen vorlag. Dies ist z. B. dann der Fall, wenn der Unternehmer bei unzulässigen Temperaturen Außenputzarbeiten durchführt und der Bauleiter dies nicht unterbindet.

Die Überprüfungspflicht des Objektüberwachers ist insoweit grundsätzlich weit gefasst. Er ist lediglich dann von der Mithaftung befreit, wenn er keine stichprobenartige Kontrolle bei Tätigkeiten aufnimmt, bei denen es sich um „handwerkliche Selbstverständlichkeiten" handelt.[41] Gerade im Hinblick auf z. B. eine Wärmedämmung ist seine Bauleitungsfunktion jedoch von hoher Bedeutung. So hat etwa das OLG Hamm entschieden, dass eine ordnungsgemäß funktionierende Wärmedämmung wirtschaftlich und in zunehmendem Maße auch für die Werthaltigkeit von Wohnraum von ausschlaggebender Bedeutung sei. Der Architekt müsse daher auf ihre Ausführung sein besonderes Augenmerk richten und mehr als eine stichprobenartige Kontrolle sicherstellen.[42]

In die gleiche Richtung geht die Entscheidung des OLG Nürnberg, wonach ein Wärmedämm-Verbundsystem ein technisch anspruchsvolles, kompliziertes und sensibles Gewerk sei. Der Architekt müsse die Ausführung eines solchen Systems deshalb besonders intensiv überwachen bzw. überprüfen.[43]

8.3.4 Haftung Dritter gegenüber dem Eigentümer einer geschädigten baulichen Anlage

8.3.4.1 Ursachen außerhalb des Grundstücks

8.3.4.1.1 Regelfall – keine Vertragsbeziehungen

Sofern eine bauliche Anlage durch Baumaßnahmen auf einem in der Nachbarschaft gelegenen

[39] Etwa BGH BauR 1975, 130.

[40] Ständige Rechtsprechung des BGH, etwa BauR 2009, 515.

[41] BGH, Urteil vom 22.07.2010 – VII ZR 77/08.

[42] OLG Hamm, Urteil vom 06.03.2013, 12 U 122/12.

[43] OLG Nürnberg, 6 U 1643/09.

Grundstück beschädigt wird, fehlt es in der Regel an unmittelbaren, vertraglichen Beziehungen zwischen dem Eigentümer der dadurch geschädigten, baulichen Anlage und den an der Baumaßnahme auf dem in der Nachbarschaft gelegenen Grundstück Beteiligten. Es gibt deshalb von wenigen Ausnahmen abgesehen keine unmittelbaren, vertraglichen Schadensersatzansprüche des Eigentümers der geschädigten, baulichen Anlage gegenüber dem vorgenannten Personenkreis.

8.3.4.1.2 Vertrag zugunsten Dritter

Unter bestimmten Voraussetzungen kann ein zwischen einem Auftraggeber und einem Architekten abgeschlossener Architektenvertrag einen Vertrag zugunsten Dritter gem. § 328 BGB darstellen mit der Folge, dass dem Dritten bei Schlechtleistungen des Architekten diesem gegenüber eigene Schadensersatzansprüche zustehen, vgl. OLG Köln, Urteil vom 04.06.1997 – 13 U 143/96, BauR 1998, 585.

8.3.4.1.3 Vertrag mit Schutzwirkung zugunsten Dritter

Kennzeichnend für den Vertrag mit Schutzwirkung zugunsten Dritter ist, dass ein am Vertragsschluss beteiligter Dritter in den Schutzbereich des Vertrages mit einbezogen wird, sodass der Schuldner Sorgfalts- u. Obhutspflichten nicht nur gegenüber seinem Vertragspartner zu erfüllen hat, sondern auch gegenüber dem Dritten. Verstößt der Schuldner gegen seine diesbezügliche Verpflichtung, so kann dies zur Schadensersatzverpflichtung des Schuldners gegenüber dem Dritten führen.

Einem Architektenvertrag kann Schutzwirkung zugunsten Dritter zukommen, vgl. OLG Hamm Urt. v. 07.02.2002 – 21 U 77/00, BauR 2004, 528.

Auch einem Bauvertrag kann Schutzwirkung zugunsten der Grundstücksnachbarn zukommen, vgl. KG Urt. v. 21.08.2003 – 27 U 338/02, IBR 2003, 533.

Ein solcher Vertrag mit Schutzwirkung zugunsten Dritter wird im Allgemeinen angenommen, wenn der Dritte bestimmungsgemäß mit der Hauptleistung in Berührung gekommen ist und die Ausführung der Leistung sich auch auf den Dritten auswirken kann (OLG Koblenz - 8 U 1010/98 NJW-RR 2000, 544).

Die Haftung aus unerlaubter Handlung, §§ 823 ff BGB.

§ 823 Abs. 1 BGB lautet: „*Wer vorsätzlich oder fahrlässig das Leben, den Körper, die Gesundheit, die Freiheit, das Eigentum oder ein sonstiges Recht eines anderen widerrechtlich verletzt, ist dem anderen zum Ersatz des daraus entstehenden Schadens verpflichtet.*" Geschützte Rechtsgüter sind entsprechend der gesetzlichen Aufzählung das Leben, der Körper, die Freiheit, das Eigentum oder ein sonstiges Recht (z. B. Persönlichkeitsrechte). Nicht geschützt im Rahmen des § 823 Abs. 1 BGB ist das Vermögen.

Eine unerlaubte Handlung kann begangen werden durch „Tun" oder „Unterlassen". Durch „positives" Tun kann ein durch § 823 I BGB geschütztes Rechtsgut bzw. sonstiges Recht verletzt werden z. B. durch

- unsachgemäße Sprengung mit der Folge, dass abgesprengte Steine weiter als geplant geschleudert werden und Personen/Sachen beschädigen;
- bei Abbrucharbeiten einer baulichen Anlage so unsachgemäß vorgegangen wird, dass durch dabei verursachte Erschütterungen eine andere bauliche Anlage beschädigt wird;
- durch Verbauarbeiten, insbesondere Ramm-/Rüttelarbeiten eine andere bauliche Anlage beschädigt wird;
- durch unsachgemäße Verdichtungsarbeiten, z. B. Einsatz einer zu starke Erschütterungen verursachenden Walze eine andere bauliche Anlage beschädigt wird.

Eine Verletzung durch Unterlassen setzt voraus, dass

- entweder eine Pflicht des Schädigers zum Handeln aufgrund seines vorangegangenen, gefährdenden Verhaltens bestand (Garantenstellung) oder
- der Schädiger durch sein Unterlassen gegen eine ihm gegenüber dem geschädigten Dritten obliegende Verkehrssicherungspflicht verstoßen hat.

8.3.4.1.4 Verkehrssicherung

Bei Baumaßnahmen ist zunächst der Auftraggeber verkehrssicherungspflichtig. Beauftragt der Auftraggeber einen Architekten, geht die Verkehrssicherungspflicht vom Auftraggeber auf den Architekten über. Die Verkehrssicherungspflicht des Auftraggebers wandelt sich um in eine Überwachungspflicht. Beauftragt der Auftraggeber Baufirmen mit Bauarbeiten und beginnen die Baufirmen jeweils mit ihren Bauarbeiten, so geht die Verkehrssicherungspflicht des Architekten auf die Baufirmen über und die Verkehrssicherungspflicht des Architekten wandelt sich um in eine Überwachungspflicht.

Erhalten der Auftraggeber bzw. der Architekt Kenntnis davon oder hätten sie bei gehöriger Sorgfalt davon Kenntnis erlangen müssen, dass eine Baufirma ihrer Verkehrssicherungspflicht nicht nachkommt, so verwandelt sich die jeweilige Überwachungspflicht des Auftraggebers sowie des Architekten wiederum in eine Verkehrssicherungspflicht mit der Folge, dass der Auftraggeber bzw. der Architekt verpflichtet ist, ihre jeweilige Verkehrssicherungspflicht zu erfüllen. Nach der Rechtsprechung modifiziert sich in diesem Fall die Verkehrssicherungspflicht des Auftraggebers lediglich zu einer Organisations-, Anweisungs- und Überwachungspflicht. Der Auftraggeber ist zu eigenem Eingreifen aber dann verpflichtet, wenn er Gefahren sieht oder hätte sehen müssen, wenn er Anlass zu Zweifeln hat, ob der von ihm Beauftragte den Gefahren und Sicherungserfordernissen in der gebührenden Weise Rechnung trägt, oder wenn dessen Tätigkeit mit besonderen Gefahren verbunden ist, die auch von ihm, dem Auftraggeber, erkannt und durch eigene Anweisungen abgestellt werden können (BGH DB 1976, S. 2300; OLG Hamm NJW-RR 1996, S. 1362; OLG Rostock BauR 2004, 1026).

Zu den Verkehrssicherungspflichten des Auftraggebers, des Objektplaners, des Tragwerksplaners sowie der Bau ausführenden Firmen gehört es, eine Schädigung der in der Nachbarschaft des Baugrundstückes befindlichen, baulichen Anlagen Dritter zu vermeiden. Dazu gehört die Erkundung der in der Nachbarschaft befindlichen, baulichen Anlagen, die diesbezügliche Beweissicherung sowie Gebäudesicherung gem. DIN 4123.

Soll z. B. eine Spundwand an einer Grundstücksgrenze errichtet werden, so reicht es nicht aus, wenn der Tragwerksplaner lediglich funktional die Baumaßnahme dahingehend beschreibt, dass Spundbohlen zur Herstellung einer Spundwandwand eingebracht werden sollen, sondern zum Schutz der auf dem Nachbargrundstück befindlichen baulichen Anlage ist es vielmehr erforderlich, dass der Tragwerksplaner konkret vorgibt, ob die Spundbohlen eingerammt, eingerüttelt oder eingepresst werden sollen. Dabei hat der Tragwerksplaner dasjenige Verfahren zu wählen, durch das etwaige Schäden an der benachbarten baulichen Anlage mit größtmöglicher Sicherheit vermieden werden. Maßgeblich ist also nicht das Interesse des Auftraggebers an möglichst geringen Baukosten, sondern das Integritätsinteresse der Nachbarn an der Unversehrtheit ihres Eigentums.

8.3.4.1.5 Haftung wegen Schutzgesetzverletzung § 823 Abs. 2 BGB

§ 823 Abs. 2 BGB lautet: „*Die gleiche Verpflichtung trifft denjenigen, welcher gegen ein den Schutz eines anderen bezweckendes Gesetz verstößt. Ist nach dem Inhalt des Gesetzes ein Verstoß gegen dieses auch ohne Verschulden möglich, so tritt die Ersatzpflicht nur im Falle des Verschuldens ein.*“ Anders als im Falle des Abs. 1 ist hier auch das Vermögen geschütztes Rechtsgut. Allerdings ist hier eine vorsätzliche oder zumindest fahrlässige „Schutzgesetzverletzung“ erforderlich. Das Gesetz hat hier einen in System und Umfang anderen Güterschutz als in Abs. 1 aufgebaut. Ein Gesetz im Sinne des BGB ist jede Rechtsnorm, also neben den förmlichen Gesetzen auch Rechtsverordnungen, öffentlich-rechtliche Satzungen, Anstaltsordnungen, nicht aber die von Verbänden aufgestellten technischen Regeln und Standardnormen wie z. B. die DIN-Normen, VDE-Vorschriften und auch die VOB/B.

8.3.4.1.6 Schutzgesetz

Ein Schutzgesetz liegt nur vor, wenn der Schutz (des Gesetzes) zumindest auch auf bestimmte Rechtsgüter oder Interessen des Einzelnen zielt. So sind z. B. Schutzgesetz i. S. d. §§ 823 II BGB u. a. die §§ 906, 907, 909 und 1004 BGB. § 906 I, 1 BGB erfasst u. a. Erschütterungen.

Unter einer Vertiefung i. S. d. § 909 BGB ist jede Senkung der Oberfläche, selbst auf kleinstem Raum (z. B. Bohrloch) oder nur vorübergehend zu verstehen. Die Vertiefung einer Vertiefung genügt. Ein Bodenaushub ist nicht notwendig. Es genügt z. B. Abgraben eines Hangfußes, Abbruch eines Kellers oder Oberflächensenkung/ Stützverlust infolge Drucksondierung. Eine Vertiefung erfordert Mitverursachung durch Handlung oder pflichtwidriges Unterlassen, nicht bloße Wirkung von Naturkräften. Schutzbereich des Vertiefungsverbots gern. § 909 BGB ist die Stütze des Nachbargrundstücks in der Waagerechten und Senkrechten.

Schadensersatzpflichtig wegen Verstoßes gegen das Vertiefungsverbot gem. §§ 823 11, 909 BGB können sein:

- der Eigentümer/Besitzer, der die Vertiefung veranlasste oder fortdauern ließ;
- der Architekt;
- der Bauunternehmer;
- der bauüberwachende Architekt/Ingenieur;
- der Tragwerksplaner.

Ein Mitverschulden des geschädigten Nachbarn wegen des schlechten Zustandes seiner baulichen Anlage kommt nur in Betracht, wenn den Nachbarn ein Verschulden trifft, z. B. aufgrund mangelhafter Erstellung oder Unterhaltung seiner baulichen Anlage, im Übrigen nicht.

Verschuldensunabhängiger, nachbarrechtlicher Ausgleichsanspruch analog § 906 II, 2 BGB: Aus dem Rechtsgedanken der §§ 904 S. 2, 906 11, 2 BGB, § 14 S. 2 Bundesimissionsschutzgesetz hat die Rechtsprechung einen verschuldensunabhängigen, nachbarrechtlichen Ausgleichsanspruch abgeleitet. Dieser Anspruch setzt voraus, dass der geschädigte Grundstückseigentümer

- durch von einem anderen Grundstück ausgehende Einwirkungen i. S. v. § 906 BGB infolge nichthoheitlicher Nutzung einen Schaden erleidet und
- diese Einwirkungen grundsätzlich nach §§ 862, 907 ff., 1004 BGB hätte abwehren dürfen, an dieser Abwehr allerdings aus besonderem Grund gehindert war, sei es aus rechtlichen und/oder tatsächlichen Gründen.

Ausgleichsberechtigt sind Eigentümer und Besitzer des betroffenen Grundstücks. Ausgleichspflichtig ist der Nutzer des störenden Grundstücks.

8.3.4.2 Ursachen sowohl aus dem Baugrundstück als auch aus der baulichen Anlage

Insoweit bestehen werkvertragliche Beziehungen zwischen dem Eigentümer und den übrigen am Bau Beteiligten (Architekt, Tragwerksplaner, Bodengutachter, Bau ausführende Unternehmer). Daher richten sich die Ansprüche gegen die für auftretenden Risse verantwortlichen Beteiligten nach den Bestimmungen des Werkvertragsrechtes des BGB, §§ 631 – 650 und, soweit wirksam vereinbart, nach den Bestimmungen der Vergabe- und Vertragsordnung für Bauleistungen, Teil B: Allgemeine Vertragsbedingungen für die Ausführung von Bauleistungen – VOB/B.

Diese VOB/B ist allerdings weder ein Gesetz noch eine Rechtsverordnung, sondern Vertragsrecht (BGH, Urteil vom 08.07.1999 – VII ZR 237/98; NJW 1999, 3261). Sie wird nur Vertragsinhalt, wenn dies zwischen den Vertragsparteien ausdrücklich vereinbart wird. Es handelt sich um Allgemeine Geschäftsbedingungen (AGB).

Außerdem regelt die VOB nur die Rechtsbeziehungen zwischen dem Besteller, der in der VOB „Auftraggeber“ heißt und dem Unternehmer, den die VOB „Auftragnehmer“ nennt.

8.3.5 Verjährung von Mangelrechten des Auftraggebers

8.3.5.1 Geltung des BGB

Die Verjährungsfrist für Gewährleistungsansprüche des Auftraggebers beginnt grundsätzlich mit der Abnahme des Werkes (§ 640 BGB), also die Entgegennahme des Werkes als „fertiggestellt" und (weitgehend) mangelfrei. Dabei ist eine Abnahme „unter Vorbehalt" der im Abnahmeprotokoll gerügten Mängel dennoch als Abnahme mit dem entsprechenden Beginn der Verjährungsfrist zu werten.[44]

Die Verjährungsfrist bei einem Bauwerk beträgt fünf Jahre für Nacherfüllungsansprüche, den Anspruch auf Selbstvornahme und auf Ersatz erforderlicher Aufwendungen sowie für den Schadensersatzansprüche und den Anspruch auf Ersatz vergebliche Aufwendungen.[45]

Als „Bauwerk" gelten alle Arbeiten, die nicht bloß einfache „Anstricharbeiten zum Zwecke einer Verschönerung einer Fassade" oder Arbeiten an einem Grundstück ohne jeden Bezug zu einer Bauwerkserrichtung betreffen. Für diese gilt eine Zweijahres-Verjährungsfrist, etwa für den Neuanstrich von Fenstern eines bestehenden Hauses[46], Erdarbeiten ohne Bauwerkserrichtung[47], Lieferung und Montage einer an die Räumlichkeiten nicht besonders angepassten Einbauküche[48] oder Hausanstrich zum Zwecke der Verschönerung der Fassade[49].

Im Übrigen unterfallen Bauleistungen in der Regel der fünfjährigen Verjährungsfrist; insbesondere das Anbringen eines Wärmedämm-Verbundsystems, die Erstellung eines Rohbaus, umfangreiche Malerarbeiten[50] sowie Fassadenschutzbehandlungen.[51]

Die fünfjährige Verjährungsfrist ab Abnahme der Leistung gilt grundsätzlich auch für so genannte „verdeckte" Mängel. Es ist in der Baupraxis häufig festzustellen, dass Auftraggeber davon ausgehen, „verdeckte Mängel", also solche, die nicht erkennbar waren oder später auftreten, auch noch nach 10 oder 30 Jahren erfolgreich rügen und geltend machen zu können. Dies ist nicht korrekt. Allein wenn der Unternehmer einen Mangel arglistig verschweigt, gilt die regelmäßige Verjährungsfrist von drei Jahren ab Kenntnis dieses Verhaltens.[52]

Diese Verjährung ist allerdings auch dann auf zehn Jahre ab der Abnahme gemäß § 199 Abs. 3 BGB „gedeckelt".[53]

8.3.5.2 Geltung des VOB/B

Unter Geltung der VOB/B gilt hinsichtlich der Verjährung Folgendes:

Nach § 13 Abs. 4 Nr. 1 VOB/B verjähren Gewährleistungsansprüche grundsätzlich in vier Jahren, soweit es sich um Mängel an Bauwerken handelt.[54]

---

[44] OLG Hamm, IBR 2014, 72.

[45] Obwohl für die Minderung und das Rücktrittsrecht als Gestaltungsrecht eine Verjährung grundsätzlich nicht in Betracht kommt, ist ein Berufen hierauf ausgeschlossen, wenn der Erfüllungsanspruch oder der Nacherfüllungsanspruch verjährt ist. Dies entspricht grundsätzlich der fünfjährigen Verjährungsfrist.

[46] BGH, Schäfer/Finnern, Z 2.414 BL 106.

[47] LG München, NJW 1970, 942.

[48] AG München, NJW-RR 2013, 856.

[49] OLG Köln, NJW-RR 1989, 1181.

[50] BGH NJW 1993, 3195.

[51] BGH BauR 1970, 47.

[52] BGH ZFBR 2012, 444, Werner Pastor, Randnummer 2852 m.w.N.

[53] Der BGH hat in einer Entscheidung von 12.03.1992 (BGH BauR 1992, 500) zudem das sogenannte „Organisationsverschulden" entwickelt. Danach haftet ein Unternehmer, wenn er seiner vertraglichen Offenbarungspflicht bei Ablieferung des fertigen Werkes nicht nachkommt und bestehende Mängel nicht offenbart. Nach diesem Urteil muss also der Unternehmer dafür sorgen, dass sachgerecht überprüft werden kann, ob das Bauwerk bei der Ablieferung mangelfrei ist. Im Kern soll der Unternehmer deshalb eine Art „Qualitätssicherungssystem" nachweisen, um bei einem fertiggestellten Bauwerk auch im Nachhinein zu sichten, inwieweit die einzelnen Baustufen mangelfrei erfolgten. Wäre also der Mangel bei richtiger Organisation entdeckt worden, so haftet der Bauunternehmer für dieses sogenannte Organisationsverschulden. OLG München, BauR 2011, 1177. Die Literatur geht davon aus, dass auch für das Organisationsverschulden aufgrund der Nähe zum „arglistigen Verhalten" die sogenannte regelmäßige Verjährungsfrist (drei Jahre ab Kenntnis), begrenzt auf maximal zehn Jahre, Geltung beansprucht.

[54] Die Praxis verfährt mit dieser Regelung in der Regel dergestalt, dass eine mindestens fünfjährige Gewährleistungsfrist vereinbart wird.

Diese Frist ist häufig als Allgemeine Geschäftsbedingung juristisch angreifbar und unwirksam. Dies insbesondere dann, wenn die VOB/B vom Unternehmer in den Vertrag einbezogen werden soll. § 13 VOB/B ist bei Verwendung durch den Unternehmer nach überwiegender Meinung insgesamt unwirksam. Zum einen kann bei der gebotenen, kundenfeindlichsten Auslegung ein *Ausschluss des gesetzlichen Rücktrittsrechts* gesehen werden. Insofern werden die Mängelrechte des Auftraggebers entgegen §§ 309 Nr. 8, 307 BGB eingeschränkt. Darüber hinaus enthält § 13 VOB/B mehrere Details für die Abwicklung der Mängelansprüche, die vom gesetzlichen Leitbild abweichen, also gerade die Verkürzung der Verjährung von fünf auf vier Jahre, die Beschränkung der Mängelansprüche unter Einschränkung des Rechts auf Minderung und unter Ausschluss des Rücktrittsrechts sowie eine Einschränkung des Anspruchs auf Schadensersatz. Insbesondere die Verkürzung der gesetzlichen Verjährungsfrist des § 634 Abs. 1 Nr. 2 von fünf auf vier Jahre gemäß § 13 Abs. 4 VOB/B ist deswegen regelmäßig nicht wirksam.

Der Unternehmer sollte demnach jedenfalls intern mit einer fünfjährigen Frist kalkulieren.

8.4 Gerichtsverfahren

8.4.1 Beweisgrundsätze

Der Ausgang von Gerichtsverfahren entscheidet sich häufig danach, welcher Partei die bessere Beweisführung gelingt. Wichtig ist dabei, dass die Beweislast für das Vorliegen von Mängeln ab dem Zeitpunkt der Abnahme beim Auftraggeber und bis zur Abnahme beim Unternehmer liegt.

Diese Beweislastverteilung darf anhand eines einfachen Beispiels erläutert werden: Die Ausgangsnorm des Werksvertragsrechts – § 631 BGB – bestimmt, dass der Unternehmer Anspruch auf die „*vereinbarte Vergütung*" hat. Bestreitet nun der Auftraggeber eine bestimmte Vergütungshöhe oder eine solche Vereinbarung, so muss der Auftragnehmer, also der Unternehmer, zunächst beweisen, auf welcher Grundlage die Vereinbarung getroffen ist.

Die Zivilprozessordnung als Verfahrensordnung in sämtlichen Zivilprozessen kennt folgende Beweismöglichkeiten[55]:

- *Der Sachverständigenbeweis*: Ein Sachverständiger wird in der Regel vom Gericht beauftragt, dem Gericht bei technischen Fragestellungen zu assistieren und demnach technische Sachverhalte aufzuklären. Dieses Sachverständigengutachten ist zur Vorbereitung eines Verfahrens für den Unternehmer in der Regel ungeeignet.
- *Zeugenbeweis:* Der Zeugenbeweis ist allein deshalb problematisch, weil ein Zeuge über Sachverhalte aufklären muss, die möglicherweise mehrere Monate oder Jahre zurück liegen. Zudem haben Zeugen neben Erinnerungslücken auch eine subjektive Sicht auf die Aufgaben- und Fragestellungen. Die Gerichte neigen nach Erfahrungswerten zudem dazu, bei zwei jeweils glaubwürdigen Zeugen, die Gegenteiliges aussagen, ein sogenanntes „non liquet" anzunehmen. Damit verliert diejenige Partei, die ihre Tatsache zu beweisen hat.
- Dies führt zu einem weiteren Grundsatz: Für die Frage, wer einen Sachverhalt zu beweisen hat, kommt es nicht darauf an, wer Kläger und wer Beklagter ist. Vielmehr hat jede Partei, die den Eintritt einer Rechtsfolge geltend macht, die Voraussetzungen des ihr günstigen Rechtssatzes zu beweisen.[56] Ein Beispiel: Macht der Unternehmer einen Nachtrag nach § 2 Abs. 6 VOB/B geltend, so muss er beweisen, dass er den Anspruch angekündigt hat, bevor er mit der Ausführung begann. Denn diese Ankündigung ist für ihn günstig, ebnet sie erst den Weg zur besonderen Vergütung.
- *Der Beweis durch Urkunden:* Der Beweis durch Urkunden ist nach den Regeln der Zivilprozessordnung durch eine schriftliche, d. h.

[55] Neben den aufgeführten Beweismitteln spielen die „Augenscheinnahme" und die Parteieinvernahme in der Praxis eine untergeordnete Rolle.

[56] Z. B. BGH NJW-RR 2010, 1378.

von beiden Parteien unterzeichnete Urkunde zu führen und gilt demnach aufgrund der relativen Objektivierbarkeit als das beste Beweismittel.

8.4.2 Dokumentation

Die Praxiserfahrung zeigt indes, dass jede Form der „Urkunde" im weiten Sinne ein gutes Beweismittel darstellt. Zwar ist die heute gängige E-Mail heute als solches dann kein tauglicher Beweis, wenn ihr Zugang bestritten wird und keine Zugangsnachweise vorliegen. Die Literatur unterstellt aber einen Anscheinsbeweis dann, wenn der E-Mail-Empfänger eine Lesebestätigung versandt hat.

Dem Unternehmer ist eine Dokumentation der Baustelle dringend empfohlen. Die Schwierigkeit juristischer Auseinandersetzungen liegt in der Regel nicht in der Rechtsanwendung, sondern in der Frage, ob man einen bestimmten Sachverhalt beweisen kann. Diese Dokumentation sollte „schriftlich" erfolgen, wobei nach Ansicht des Verfassers eine E-Mail bei aller juristischer Diskussion in der Vielzahl der Fälle ausreicht; zumal dann, wenn der Empfänger eine Lesebestätigung versendet oder auf die E-Mail antwortet.

Baurechtsstreitigkeiten sind teuer, zeitaufwändig und im Ausgang häufig schwer prognostizierbar. Dies liegt daran, dass ein probates Verteidigungsmittel des Auftraggebers in der Behauptung von Mängeln liegt und die Gerichte gehalten sind, technische Sachverhalte durch Sachverständigengutachten klären zu lassen. Die nachfolgenden Ausführungen sollen eine Hilfestellung im Vorfeld einer juristischen Auseinandersetzung geben und aufzeigen, welche Verhaltensweisen in Betracht kommen, falls ein Rechtsstreit dennoch nicht zu vermeiden ist.

8.4.3 Dauer eines Rechtsstreits

Die Dauer eines durch Urteil entschiedenen Gerichtsverfahrens beträgt vor den Landgerichten, die ab einem Streitwert von mehr als 5000,00 € zuständig sind, im Durchschnitt 14,2 Monate. Geht der Streit in die zweite Instanz, verlängert sich die Gesamtdauer durchschnittlich um ein weiteres Jahr[57].

Die Erfahrung in Bausachen zeigt, dass selbst diese Zeit- und Verfahrensabläufe allenfalls dann realistisch sind, falls das Gericht kein Sachverständigengutachten über technische Fragestellungen einholen muss. Gerade die technischen Implikationen dieser Sachverhalte zwingen die Gerichte regelmäßig aber, ein solches Sachverständigengutachten einzuholen. Gerichtsverfahren, die sich über mehrere Jahre ziehen, sind dann leider keine Seltenheit, sondern eher der Regelfall.

8.4.4 Der Rechtsstreit: Eine kritische Betrachtung der zur Verfügung stehenden Instrumente

8.4.4.1 Vorbemerkung

Die deutschen Landgerichte erledigen pro Jahr ca. 30.000 „Bausachen". Nimmt man die kleineren Streitwerte, die vor den Amtsgerichten verhandelt werden, dazu, so entscheiden die Gerichte pro Jahr über 50.000 baurechtliche Verfahren oder haben an einer gerichtlichen Einigung mitgewirkt.[58]

Dabei gibt es durchaus Alternativen zu den „klassischen" Gerichtsverfahren, die nachfolgend vorgestellt werden.

8.4.4.2 Das Schiedsgutachten

Die Parteien eines (beginnenden) Streites können vereinbaren, dass ein Schiedsgutachter die im Streit stehende Frage verbindlich beantwortet. Staatliche Gerichte überprüfen die Feststellungen des Schiedsgutachters nur noch sehr eingeschränkt und erlauben allenfalls dann weitere Verfahren, wenn die Ergebnisse „offenbar unbil-

[57] Quelle: Statistisches Bundesamt, https://www.destatis.de/DE/Publikationen/Thematisch/Rechtspflege/GerichtePersonal/Zivilgerichte2100210137004.pdf?__blob=publicationFile.

[58] https://www.destatis.de/DE/Publikationen/Thematisch/Rechtspflege/GerichtePersonal/Zivilgerichte2100210137004.pdf?__blob=publicationFile.

lig" (§ 319 BGB) sind. An das Vorliegen einer solchen Unbilligkeit werden hohe Anforderungen gestellt.

Derartige Schiedsgutachten können zu empfehlen sein, wenn sich die Parteien nur über eine oder wenige Positionen und Fragen des Bauvertrages uneinig sind, insbesondere hinsichtlich des Vorliegens eines Mangels.

Die Vorteile dieser Alternative liegen auf der Hand: Ein Schiedsgutachten ist in der Regel deutlich schneller und effizienter als das Gerichtsverfahren, v. a. wenn man dem Gutachter die Aufgabenstellung konkret und eindeutig beschreibt.

Nachteilig ist, dass man Dritte, die bei einem baurechtlichen Streit häufig für einen Mangel zumindest mitverantwortlich sind (z. B. der Bauüberwacher), nicht im Wege einer „Streitverkündung" in das Verfahren einbeziehen kann, sondern deren Zustimmung benötigt. Das Schiedsgutachten ist jedenfalls dann eine taugliche Alternative zum Gerichtsverfahren, wenn wenige Punkte in einem überschaubaren Bereich streitig sind und zu erwarten ist, dass beide Parteien den Ausgang des Gutachtens akzeptieren.

8.4.4.3 Die Schiedsvereinbarung, das Schiedsgericht

Die Schiedsvereinbarung, die die Parteien vereinbaren und die den Streit von einem Schiedsgericht entscheiden lässt, unterscheidet sich von dem zuvor beschriebenen Schiedsgutachten dadurch, dass das Schiedsgericht unter Ausschluss der Gerichte endgültig urteilt und nicht lediglich einzelne Punkte – so das Schiedsgutachten – verbindlich klärt. Die Anrufung staatlicher Gerichte wird unzulässig.

Diese Schiedsgerichte sind bei höheren Streitwerten regelmäßig mit drei Mitgliedern besetzt und allein aus diesem Grunde in der Regel nicht billiger als ein staatliches Gericht. Je nach Schiedsordnung müssen diese Mitglieder nicht zwingend oder sämtlich „Juristen" sein, sondern können technische Expertise und Sachkunde mitbringen. Dies führt dazu, dass die Schiedsgerichte schneller und mit hoher Qualität entscheiden oder – bedingt durch den Sachverstand in den vom Streit betroffenen Gebieten – eine Einigung der Parteien überzeugender vorschlagen können.

In der Praxis haben sich Schiedsgerichtsverfahren externer Organisationen entwickelt und bewährt, für den Baubereich etwa die sog. „SOBau"[59] oder das Deutsche Institut für Schiedsgerichtsbarkeit.[60]

Leider können Dritte auch im Rahmen einer Schiedsvereinbarung nicht per se ohne ihre Zustimmung am Verfahren beteiligt werden, sodass ein solcher Weg bei mehreren Schadensverantwortlichen und der Weigerung einzelner allein deshalb nachteilig ist, weil man gegen den Dritten Folgeprozesse anstrengen muss, die man durch ein Schiedsverfahren eigentlich vermeiden wollte.

8.4.4.4 Verfahren vor den ordentlichen Gerichten

Die nach wie vor mit weitem Abstand gängigste Methode der Streitführung ist die Anrufung staatlicher Gerichte, sei es im Wege eines „Selbständigen Beweisverfahrens", bei dem in der Regel technische Fragen durch einen Sachverständigen verbindlich beantwortet werden, sei es im Wege eines „Hauptsacheverfahrens".

Die Vorteile scheinen die Nachteile zu überwiegen: Die Verfahren sind den Parteien einschließlich deren Anwälten am geläufigsten, sie sind planbar und ein Ergebnis – sei es ein Urteil oder ein Vergleich – ist vollstreckbar. Zudem können Dritte, die etwa Mängel mitverursacht haben könnten, auch ohne deren freiwillige Mitwirkung verbindlich in das Verfahren einbezogen werden.

[59] http://arge-baurecht.com/fileadmin/user_upload/inhaltsseiten/service-fuer-mandanten/schlichterordnung/Schlichtungs-und-Schiedsordnung.pdf.

[60] www.dis-arb.de.

9 Glossar

Inhaltsverzeichnis

F. Frössel, *Risse in Gebäuden*, https://doi.org/10.1007/978-3-658-47096-8_9

Der große Sanierungsbedarf im Altbau, aber auch das zunehmende Problem im Neubau zum einen sowie die Komplexität bei der Erkennung unterschiedlicher Risse und deren Ursachen, der Diagnostik und Bewertung sowie der Instandsetzung und Vorbeugung von Rissen hat die Rissologie zu einem eigenen Fachgebiet werden lassen.

Das nachfolgende Glossar komplettiert das vorliegende Fachbuch und erläutert über 990 Fach-, Sach-, Grund- und Rechtsbegriffe, die für die Thematik wichtig sind. So wird dieses Glossar zu einem unverzichtbaren Arbeitsmittel, gerade bei der Erstellung von Gutachten, um sich über relevante Begrifflichkeiten einen schnellen und kompakten Überblick und/oder Klarheit zu verschaffen.

Gleichzeitig dient das Glossar dazu, zwischen unterschiedlichen Beteiligten ein gemeinsames Verständnis über Begrifflichkeiten und deren Inhalt zu schaffen.

Abweichungen von Begriffen in bestehenden Regelwerken können marktbedingt bzw. branchenüblich sein. Außerdem gibt es Begriffe, die in keinem Regelwerk beschrieben sind oder die in verschiedenen Regelwerken unterschiedlich erläutert sind.

9.1 A

Abbinden
Mit „Abbinden" wird der Übergang vom flüssigen oder pastösen Zustand z. B. einer Dispersionsfarbe oder eines Kunstharzputzes in den festen Zustand beschrieben. Dies kann physikalisch (z. B. durch Verdunsten von Lösemitteln oder Wasser), chemisch (z. B. durch Oxidation oder →Polymerisation) oder auf kolloidchemischem Weg (z. B. durch Ausfällen einer Dispersion) erfolgen. Das Abbindeverhalten kann z. B. durch Zugabe von Additiven beeinflusst und somit je nach Anforderungen gezielt gesteuert werden. Das Abbinden bzw. Festwerden von anorganischen Bindemitteln oder mineralischen Mörteln wird dagegen als Erstarren oder auch Erhärtung bezeichnet.

Abdichtende Injektionen
Unter dem Begriff „abdichtende Injektionen" werden verschiedene →Injektionsverfahren zusammengefasst, mit denen eine Abdichtungsebene erzielt werden soll. Hierzu gehören Injektionen gegen kapillar aufsteigende Feuchtigkeit, abdichtende Injektionen im Rahmen einer nachträglichen Innenabdichtung z. B. im Baukörper durch Vergelungen oder vor dem Baukörper durch so genannte Schleierabdichtungen.

Abdichtung/abdichten
Abdichtung bzw. abdichten ist eine umgangssprachliche und fachlich unspezifische Bezeichnung für eine →Bauwerksabdichtung. Diese kann an erdberührten Bauteilen erfolgen z. B. durch eine Vertikalabdichtung von außen oder unter bestimmten Voraussetzungen auch von innen als so genannte →Negativabdichtung. Außerdem gehört zur Bauwerksabdichtung auch die Flachdachabdichtung oder die Abdichtung von Feucht- und Nassräumen.

Abglätten
Abglätten beschreibt eine Methode, um einen →Fugendichtstoff nach der Verarbeitung in die Fuge zu pressen, damit die Haftung zwischen Dichtstoff und Fugenflanken sichergestellt wird. Außerdem soll durch das Abglätten das Aussehen der Fugenoberfläche verbessert werden.

ABI-Merkblatt
ABI ist ein Akronym und steht für „Abdichten von Bauwerken durch Injektion". Das Merkblatt wird von der →STUVA herausgegeben und spiegelt den aktuellen Stand bei der Planung, Durchführung und Überwachung der nachträglichen →Bauwerksabdichtung durch Injektionen wider. Behandelt werden vor allem Methoden, Verfahren und Stoffe zur Instandsetzung von gerissenen Bauwerken wie z. B. durch Schleierabdichtungen im Baugrund, flächige Injektionen in Bauteilen sowie Riss- und Hohlrauminjektionen. Das ABI-Merkblatt gliedert sich in drei Teile: Teil 1 liefert Informationen zu Regelungen und Planungsgrundsätze, Teil 2 über

Injektionsstoffe und Teil 3 zur Ausführung, Überwachung und Qualitätssicherung.

Ablüftzeit
Die Ablüftzeit beschreibt die Mindestwartezeit nach dem Aufbringen eines Primers bis zum Einbringen des Fugendichtstoffes.

Abmehlen
→Kreiden/Kreidung

Abnahme
Die Abnahme ist ein Rechtsbegriff und beschreibt eine rechtsverbindliche Handlung, bei der ein Auftraggeber (bzw. im rechtlichen Sinne der Gläubiger) eine Leistung durch den Auftragnehmer (bzw. im rechtlichen Sinne der Schuldner) entgegen nimmt. Außerdem umfasst diese Rechtshandlung die Erklärung, dass die vereinbarte Werkleistung im Wesentlichen vertragsgemäß erstellt wurde. Der Auftraggeber ist beim Werkvertrag gemäß § 640 Abs. 1 BGB verpflichtet, das vertragsmäßig hergestellte Werk abzunehmen, sofern nicht nach der Beschaffenheit des Werkes die Abnahme ausgeschlossen ist. Wegen unwesentlicher Mängel kann die Abnahme nicht verweigert werden. Ob ein wesentlicher Mangel vorliegt, bestimmt sich danach, ob es dem Auftraggeber zumutbar ist, die Werkleistung abzunehmen und die hierdurch eintretenden Rechtsfolgen hinzunehmen. Ein wesentlicher Mangel kann vorliegen, wenn entweder die Gebrauchs- oder Funktionsfähigkeit des Werkes wesentlich beeinträchtigt ist oder der Mangel ein erhebliches finanzielles Gewicht hat. Dies bedeutet, dass die Beseitigung erhebliche finanzielle Aufwendungen nach sich ziehen würden. Die Abnahme eines Bauwerkes durch den Auftraggeber darf nicht mit der Bauabnahme durch die zuständige Bauaufsichtsbehörde verwechselt werden. Darüber hinaus gibt es Besonderheiten, wenn die Vertragsparteien in einem Bauvertrag die Geltung der „Allgemeinen Vertragsbedingungen für die Ausführung von Bauleistungen" (→VOB), insbesondere Teil B, vereinbart haben. Die Abnahme kann in unterschiedlichen Formen durchgeführt werden: als förmliche oder stillschweigende Abnahme. In Ausnahmen wird eine technische Abnahme durchgeführt (üblich während der Bauphase auf Leistungen und/oder Bauteile, die zum Zeitpunkt der Abnahme nicht mehr überprüfbar sind). Eine Abnahme hat weitreichende Konsequenzen für beide Vertragspartner. Neben der o. g. Erklärung wird die vereinbarte Vergütung fällig, die →Verjährungsfrist für Gewährleistungsansprüche beginnt und die →Beweislast für Mängel an der Werkleistung geht auf den Auftraggeber über.

Abperl-Effekt
→Benetzungswinkel

Abreißfestigkeit
Abreißfestigkeit ist ein unspezifischer Oberbegriff für →Haftzugfestigkeit. Der Wert in N/mm^2 gibt Aufschluss über den inneren Zusammenhalt (→Kohäsion) von Untergründen sowie den Zusammenhalt zweier Schichten (→Adhäsion). Beide Werte werden nach dem gleichen Prüfverfahren ermittelt.

Abrieb (auf Dichtstoffen)
Unter Abrieb (auf Dichtstoffen) wird die Veränderung der Dichtstoffoberfläche durch mechanischen Materialabrieb verstanden. Dies wird optisch sichtbar durch den Verlust des Oberflächenglanzes oder durch Masseverlust.

Abrisse
Abrisse entstehen zwischen zwei (oder mehr) Bauteilen bzw. Baustoffen wie z. B. zwischen Wand und Decke in ausgebauten Dachräumen im Trockenbau oder zwischen einer Putzfläche und Putzprofilen. Risse dagegen entstehen innerhalb eines Bauteils bzw. Baustoffs.

absolute Luftfeuchtigkeit
Unter der absoluten Luftfeuchtigkeit versteht man den Wassergehalt in einem gegebenen Luftvolumen. Diese wird in Gramm Wasser pro Kubikmeter Luft angegeben. Die absolute Luftfeuchtigkeit darf nicht mit der relativen Luftfeuchte verwechselt werden.

Absorption

Als Absorption bezeichnet man einen Prozess, bei dem eine Substanz im flüssigen oder gasförmigen Aggregatzustand von einer anderen Substanz aufgenommen wird und sich darin gleichmäßig verteilt. Die Absorption spielt im Zusammenhang mit dem Feuchtehaushalt von Baustoffen, dem so genannten →Sorptionsvermögen, eine wichtige Rolle. Die Absorption darf nicht mit der →Adsorption verwechselt werden.

Acrylate

Acrylate gehören zur Gruppe der so genannten Carbonsäure-Ester und bestehen aus langkettigen Molekülen mit chemischen Acrylgruppen, die auch die Grundlage für die chemische Vernetzung darstellen. Aufgrund ihrer besonderen Eigenschaften werden Acrylate z. B. als Bindemittel in Farben und Lacken, als Klebstoffe und →Dichtstoffe oder in Gel-Form für die Abdichtung und Rissverpressung eingesetzt.

Acrylatgele

Acrylatgele werden chemisch der Gruppe der so genannten →Hydrogele zugeordnet und bestehen aus zwei Phasen: hydrophilen Acrylmonomeren und Wasser. In Folge der →Polymerisation werden langkettige, makromolekulare Verbindungen gebildet, die wiederum untereinander vernetzt sind, so dass dreidimensionale Molekülstrukturen entstehen. Diese haben an den Außenflächen hydrophile Eigenschaften, so dass diese Wasser aufnehmen und infolgedessen quellen (Volumen- und Massenzunahme). Im trockenem Medium schrumpfen Acrylatgele, so dass Volumen und Eigenschaften der Acrylatgele durch die Wasseraufnahme und -abgabe erheblich beeinflusst werden. Dieses Eigenschaften müssen bei der →Injektion mit Acrylatgelen berücksichtigt werden, wobei die Vorteile des Quellverhaltens für die Abdichtung und zur →Rissverpressung genutzt werden. Im Gegensatz zu anderen Injektionsstoffen erfolgt bei Acrylatgelen die Abdichtung nicht durch die →Flankenhaftung, sondern durch eine Verzahnung in den Rissflanken. Außerdem können Acrylatgele bereits knapp oberhalb des Gefrierpunktes verwendet werden. Für die Injektion ist vorteilhaft, wenn sich in den Rissen noch Wasser befindet. Dieses Restwasser wird während des Geliervorganges im Rahmen der Polymerisation mit eingebunden. Die Konsistenz ausgehärteter Gele kann von weich-plastisch über elastisch-spröde beschrieben werden. Die bereits erwähnte Austrocknung der Acrylatgele kann zu einem Schrumpfen (Volumenreduzierung) führen, wodurch sich die abdichtende Wirkung verschlechtern kann. Bei erneuter Wasserzugabe quillt das Acrylatgel auf und dichtet wieder ab. Acrylatgele sind mehrkomponentig und werden vor der Verarbeitung angemischt. Sie bestehen in der Regel aus einer Gelflüssigkeit, einem Aktivator und Katalysator sowie einem Härter. Die Materialeigenschaften der Acrylatgele werden durch die verschiedenen Komponenten sowie deren Mischungsverhältnis ganz wesentlich beeinflusst. Bei dem Härter handelt es sich in der Regel um Natriumperoxid oder Ammoniumperoxidsulfat. Eine willkürliche Zugabe der Startersalze kann zu einer beschleunigt ablaufenden, abtragenden Korrosion führen. Wichtige Einflussgrößen für die Verarbeitung bilden die Viskosität und die Gelierzeit. Die →Viskosität ist wasserähnlich und hängt stark vom Mischungsverhältnis mit Wasser ab. Die Wasserzugabe beträgt etwa der halben Menge des Injektionsstoffes. Die Gelierzeit wird durch die Katalysatormenge bestimmt und kann auf wenige Sekunden bis zu mehrere Stunden eingestellt werden. Nach der Gelbildung liegt ein stabiles, elastisch verformbares Kunststoff-Wasser-System vor. Acrylatgele werden in der Regel mit 2K-Pumpen verarbeitet. Die Viskosität liegt bei etwa 3 bis 10 mPas, weshalb sie sich besonders gut als Injektionsstoff eignen. Acrylatgele werden zur nachträglichen Abdichtung von Mauerwerken und Betonbauteilen z. B. durch Schleierabdichtung, von Fugen und Rissen, Hohlräumen und zur nachträglichen Horizontalabdichtung eingesetzt.

Additive

Additive sind Substanzen, die einem Bau- oder Beschichtungsstoff in kleinen Mengen zugesetzt werden, um diesem gezielt spezifische Eigenschaften zu geben. In der Regel enthält ein Bau- oder Beschichtungsstoff mehrere Additive, um verschiedene Eigenschaften zu erzielen. Zu Additiven zählen z. B. Netz- und Dispergiermittel, Entschäumer, Verdicker, Hydrophobierungsmittel, rheologische Modifizierungsmittel, Filmbildehilfsmittel, Biozide, haftungsverbessernde Zusätze, Benetzungshilfsmittel.

Adhäsion

Adhäsion bezeichnet die Haftung bzw. Verbindung verschiedener Stoffe an ihren Berührungsflächen durch zwischenmolekulare Anziehungskräfte. Die Adhäsionskraft kann als Kraft pro Fläche über Haftzugversuche ermittelt werden.

Adhäsionsbruch (Bestimmung der Haftzugfestigkeit)

Ein Adhäsionsbruch ist ein Bruch in der Grenzfläche verschiedener, durch →Adhäsion aneinander haftender Stoffe, z. B. zwischen einem Untergrund und dem Klebemörtel.

Adhäsionsrisse (im Dichtstoff)

Bei Adhäsionsrissen handelt es sich um einen Abriss des Dichtstoffs von den Fugenflanken. Die wesentlichen Ursachen hierfür sind entweder materialspezifisch wie z. B. eine Überforderung des Dichtstoffs durch zu große Fugenbewegungen, unzureichende Festigkeit und/oder Tragfähigkeit der Fugenflanken, ein ungeeignetes Hinterfüllmaterial oder eine Unverträglichkeit mit anderen Baustoffen wie z. B. Beschichtungen an den Fugenflanken (mangelnde Haftung, Weichmacherwanderung etc.). Hinzu kommen verarbeitungsspezifische Ursachen wie z. B. zu hohe Untergrundfeuchtigkeit, mangelhafte Reinigung und/oder Vorbehandlung der Fugenflanken (Grundierung) und/oder mangelhaft entfernte Reste alter Dichtstoffe.

Adsorption

Als Adsorption bezeichnet man die Anreicherung einer Substanz im flüssigen oder gasförmigen Aggregatzustand an der Grenzfläche zu einer weiteren Substanz im flüssigen oder gasförmigen Aggregatzustand. Im Gegensatz zur →Absorption dringt die Substanz nicht in die andere Substanz ein, sondern haftet an ihrer Oberfläche.

äquivalente Luftschichtdicke

Die wasserdampfdiffusionsäquivalente Luftschichtdicke (so genannter sd-Wert) ist eine bauphysikalische Kenngröße für den Wasserdampfdiffusionswiderstand eines Bauteils oder einer Bauteilschicht. Diese errechnet sich aus der Schichtdicke des Baustoffs bzw. der Bauteilschicht und den Wasserdampfdiffusionswiderstandskoeffizienten, dem so genannten →μ-Wert. Die äquivalente Luftschichtdicke normiert die Wasserdampfdurchlässigkeit von Baustoffen auf eine material- und schichtdickenunabhängige Größe. Sie gibt die Dicke an, die eine ruhende Luftschicht haben muss, damit sie im stationären Zustand und unter denselben Randbedingungen von demselben Diffusionsstrom durchflossen wird, wie das betrachtete Bauteil.

Äußere Kräfte

Der Begriff „äußere Kräfte“ wird gelegentlich im Zusammenhang mit lastbedingten Verformungen verwendet. Hierzu zählen das Dehnungsverhalten (→Elastizitätsmodul), die Scherbeanspruchung (→Schubmodul) sowie die temperatur- und zeitabhängige Verformung unter Einwirkung einer mechanischen Belastung (→Kriechzahl). Ein grundlegender Unterschied zwischen äußeren und inneren Kräften besteht darin, dass die durch äußere Kräfte induzierten Lastspannungen von den durch innere Kräfte verursachten geringfügigen Verformungen nicht beeinflusst werden.

Aktiver Erddruck

→ Erddruck

Alkalibeständigkeit

Alkalibeständigkeit ist die Widerstandsfähigkeit von Stoffen gegenüber alkalisch (basisch) reagierenden Chemikalien. Hierzu zählen die wässrigen Lösungen von Alkalien, wie z. B. Natronlauge, Kalilauge, Ammoniak, aber auch Calciumhydroxid (Ätzkalk), Wasserglas oder eine Aufschlämmung von Zement. Alle diese Stoffe reagieren alkalisch mit einem pH-Wert, der je nach Stärke zwischen > 7 und 14 am Endpunkt der pH-Wert-Skala liegen kann.

Alkalien
Als Alkalien werden Stoffe bezeichnet, die in Wasser gelöst alkalische Lösungen (Laugen) bilden.

Alkaliempfindlichkeitsklasse (Betonbauwerke)
In der Alkali-Richtlinie des Deutschen Ausschusses für Stahlbeton (DAfStb) „Vorbeugende Maßnahmen gegen schädigende Alkalireaktion im Beton“ (2013) werden Maßnahmen und Zuständigkeiten zur Vermeidung dieser bauschädigenden Reaktion geregelt. Hierfür müssen die Umgebungsbedingungen des Betons in Form der Feuchtigkeitsklasse und die Alkaliempfindlichkeit der Gesteinskörnung nach DIN EN 12620, die in Deutschland für Beton nach EN 206-1/DIN 1045-2 verwendet werden soll, definiert sein. Letztere werden durch eine Zertifizierungsstelle in sieben Alkaliempfindlichkeitsklassen eingestuft und hinsichtlich einer möglichen AKR (→Alkali-Kieselsäure-Reaktion) bewertet. Die Gesteinskörnungen der Klassen E I, E I-O und E I-OF werden hinsichtlich einer möglichen AKR als unbedenklich eingestuft. Die Klassen E II-O und E II-OF sind dies bzgl. bedingt brauchbar und die Klassen E III-O und E III-OF werden als bedenklich eingestuft. Wird für eine Gesteinskörnung keine Klasse angegeben, soll immer von E III ausgegangen werden.

Alkali-Kieselsäure-Reaktion
Gesteinskörnungen mit alkalilöslicher Kieselsäure (z. B. Opal) können in feuchter Umgebung mit den →Alkalien des Zementsteins im Beton reagieren. Diese chemische Reaktion kann zu einer Volumenvergrößerung im Beton sowie zu Schäden in Form von Rissen, Abplatzungen oder der Kristallisation bauschädigender Salze führen. Man bezeichnet diesen „treibenden“ Angriff auch als Alkalireaktion oder Alkalitreiben. Der Fachterminus lautet Alkali-Kieselsäure-Reaktion (kurz AKR). Umgangssprachlich wird diese chemische Reaktion auch als „Betonkrebs“ bezeichnet, da diese Schäden an Betonbauwerken verursachen kann. In Deutschland regelt die Alkali-Richtlinie des Deutschen Ausschusses für Stahlbeton e. V. (DAfStb) „Vorbeugende Maßnahmen gegen schädigende Alkalireaktion im Beton“ (2013) die Maßnahmen und Zuständigkeiten zur Vermeidung dieser bauschädigenden Reaktion. Um diese festlegen zu können, müssen die Umgebungsbedingungen des Betons in Form der Feuchtigkeitsklasse und die Alkaliempfindlichkeit der Gesteinskörnung nach DIN EN 12620, die in Deutschland für Beton nach EN 206-1/DIN 1045-2 verwendet werden soll, in Form der →Alkaliempfindlichkeitsklasse definiert sein. Eine schädigende Alkali-Kieselsäure-Reaktion kann vor allem durch einen Austausch der alkaliempfindlichen Gesteinskörnung und eine Reduzierung des Alkaligehaltes der Porenlösung des Betons vermieden werden, z. B. durch die Verwendung spezieller Zemente mit niedrigem wirksamen Alkaligehalt. Derartige Zemente sind in Deutschland durch das Kürzel (na) gekennzeichnet.

Alkalität
Alkalität ist die (alkalische) Reaktion von chemischen Verbindungen, Stoffen und Substanzen im Beisein von Wasser im pH-Bereich oberhalb des Neutralpunktes 7. Bei Werten von nur wenig über 7 spricht man von schwacher, bei Werten in der Nähe des messbaren Endpunktes 14 von starker, Alkalität.

Alkalitreiben
→Alkali-Kieselsäure-Reaktion

Alkalireserve
Unter einer Alkalireserve versteht man den Gehalt an freiem Calciumhydroxid aus der Zementhydratation im Porengefüge von Beton bzw. zementgebundenen Mörteln.

Alkalisch
Alkalisch ist ein Stoff oder Stoffgemisch, das in wässriger Lösung einen →pH-Wert größer als 7 aufweist.

Alkalisierung
Unter einer Alkalisierung versteht man die Erhöhung des pH-Wertes eines Baustoffs durch z. B.

einer →Imprägnierung oder →Injektion mit alkalischen Flüssigkeiten, um den Korrosionsschutz z. B. von Bewehrungsstahl zu verbessern.

Alkalisiliconate
Alkalisiliconate sind wasserlösliche Polymere auf Siliziumbasis mit einer stark hydrophobierenden Wirkung, die zur →Imprägnierung oder als →Injektionsstoff zur nachträglichen Horizontalabdichtung eingesetzt werden.

Allgemein anerkannte Regel der Baukunst
ursprüngliche Bezeichnung für →allgemein anerkannte Regeln der Technik

Allgemein anerkannte Regeln der Technik
Den unbestimmten Rechtsbegriffs der allgemein anerkannten Regeln der Technik (aaRdT) gibt es seit dem Jahr 1910. Das damalige Reichsgericht hatte in einem Gerichtsverfahren zum Straftatbestand der Baugefährdung diesen Begriff erstmals erwähnt und ausgelegt. Seitdem wird dieser Rechtsbegriff im gesamten öffentlichen Recht verwendet. Auch die beiden höchsten Instanzen – der Bundesgerichtshof und das Bundesverfassungsgericht – haben bereits in mehreren Urteilsbegründungen zur Auslegung der allgemein anerkannten Regeln der Technik auf die Begriffsbestimmung des damaligen Reichsgerichts zurückgegriffen. Hiernach gilt: „Als allgemein anerkannte Regeln der Technik sind die Regeln der Technik zu verstehen, die auf wissenschaftlicher Grundlage und/oder fachlichen Erkenntnissen (Erfahrungen) beruhen, in der Praxis erprobt und bewährt sind, Gedankengut der auf dem betreffenden Fachgebiet tätigen Personen geworden sind und deren Mehrheit als richtig anerkannt und angewandt werden. Die Grundlage der allgemein anerkannten Regeln der (Bau) Technik bilden u. a. die →DIN-Normen des Deutschen Institutes für Normung e. V., die Einheitlichen Technischen Baubestimmungen (ETB), die Bestimmungen des Deutschen Ausschusses für Stahlbeton, die Bestimmungen des Verbandes Deutscher Elektrotechniker (VDE), die Unfallverhütungsvorschriften der Bauberufsgenossenschaften, die Bestimmungen vom Deutschen Verein des Gas- und Wasserfach (DVGW) und von den Bauaufsichtsbehörden eingeführte technische Bestimmungen des Deutschen Instituts für Normung. Neben dem Terminus der allgemein anerkannten Regeln der Technik gibt es zudem den →Stand der Technik und den →Stand der Wissenschaft und Technik.

Allgemein bauaufsichtliches Prüfzeugnis
Allgemeine bauaufsichtliche Prüfzeugnisse (abP) werden für ungeregelte Bauprodukte und Bauarten erteilt, deren Verwendung nicht der Erfüllung erheblicher Anforderungen an die Sicherheit baulicher Anlagen dient. Die Erteilung eines abP erfolgt durch anerkannte Prüfstellen.

Allgemein bauaufsichtliche Zulassung
Allgemeine bauaufsichtliche Zulassungen (abZ) weisen die Verwendbarkeit einer Bauart, eines Bauproduktes oder eines Bausystems im Sinne der Landesbauordnung nach. Die abZ werden vom Deutschen Institut für Bautechnik (→DIBt) erteilt, soweit für diese noch keine europäischen harmonisierten Spezifikationen vorliegen und sie darüber hinaus auch nicht durch deutsche Normen oder Vorschriften geregelt sind.

Alterung
Alterung bezeichnet die irreversible Veränderung spezifischer Stoffeigenschaften über einen Zeitraum. Diese Veränderung erfolgt u. a. durch die Einwirkung von Licht energiereicher Strahlung, Wärme oder Hitze, Sauerstoff, Feuchtigkeit oder chemischen und/oder biologischen Einflüssen. Somit wird die Alterung vorwiegend durch Witterungseinflüsse verursacht und ist insbesondere bei Baustoffen und Materialien im Außenbereich relevant. Die Alterung hängt z. B. von der Art und Menge des jeweiligen Bindemittels, der Schichtdicke und/oder den an der Gebäudehülle vorherrschenden Belastungen (Exposition) ab. Darüber hinaus spielen auch Belastungen aus dem Untergrund wie z. B. Feuchtigkeit und/oder Salze und/oder Bewegungen (Verformungen) eine Rolle.

Alterungsbeständigkeit
Die Alterungsbeständigkeit beschreibt das Gegenteil der →Alterung, also das Beibehalten der

ursprünglichen Materialeigenschaft trotz einer Langzeiteinwirkung durch äußere Einflüsse wie z. B. Witterung und/oder jahreszeitlich bedingte Temperaturwechsel und dgl.

Analyse
Die Analyse ist ein umgangssprachlicher und fachlich unspezifischer Trivialname für die →Bauzustandsanalyse, die wiederum Teil der →Bauwerksdiagnostik ist.

Ankermörtel
Ein Ankermörtel ist ein hochthixotroper Mörtel mit einer hohen Früh- und Endfestigkeit, der u. a. zur →Verankerung von Nadelankern im Rahmen der →Mauerwerkssanierung eingesetzt wird. Ankermörtel können sowohl zum Vergießen als auch zum →Verpressen verwendet werden.

Anorganische Bindemittel
Anorganische Bindemittel werden auch als mineralisch bezeichnet und haben im Wesentlichen die Aufgabe, Zuschlagsstoffe miteinander zu verbinden. Im Gegensatz zu organischen Bindemitteln, bei denen eine physikalische Trocknung und Filmbildung stattfindet, läuft bei anorganischen Bindemitteln eine chemische Reaktion statt. Anorganische Bindemittel werden in hydraulische und nichthydraulische Bindemittel unterschieden. Hydraulische Bindemittel sind Bindemittel, die an der Luft und unter Wasser erhärten und nach der Härtung in Wasser unlöslich sind. Zu ihnen gehören hydraulische Kalke, Zemente, Putz- und Mauerbinder. Nichthydraulische Bindemittel sind in Wasser lösliche Bindemittel wie Weißkalk, Dolomitkalk, Gips und Anhydrit, die nur an der Luft erhärten.

Anschlussfuge
Unter einer Anschlussfuge wird eine Fuge zwischen mindestens zwei Bauteilen verstanden, die sich vom Material oder ihrer Funktion unterscheidet. Diese führen in der Regel zu besonderen Anforderungen an den Dichtstoff wie z. B. einer guten Haftung zum Untergrund. Ein Dichtstoff darf z. B. Bewegungen angrenzender Bauteile z. B. im Fensteranschlussbereich nicht unterbinden, damit auftretende Spannungen nicht auf den Untergrund übertragen werden und zu Spannungsrissen oder Ablösungen führen können.

Anstrichsysteme
Nach DIN 55945 „Beschichtungsstoffe und Beschichtungen – Ergänzende Begriffe zu DIN EN ISO 4618“ (2016) handelt es sich bei Anstrichsystemen um ein aus mehreren Komponenten bestehendes Beschichtungssystem. Hierzu gehören je nach Art und Qualität des Untergrundes und/oder der Anforderungen an das Beschichtungssystem in der Regel eine →Grundierung, ein Voranstrich und ein Schlussanstrich.

Anstrichtechnische Risssanierung
Zur anstrichtechnischen Risssanierung werden elastische Fassadenfarben eingesetzt. Hierbei handelt es sich in der Regel um Dispersionsfarben, die aufgrund ihrer Zusammensetzung in der Lage sind, unterschiedliche Rissbreiten zu überbrücken. Die Prüfung dieser Anstrichsysteme erfolgt über die DIN EN 1062, in der auch unterschiedliche →Rissklassen definiert sind. Auch wenn gelegentlich durch die Hersteller von Fassadenfarben ein anderer Eindruck erweckt wird: Echte Siliconharzfarben sind genauso wie Dispersions-Silikatfarben oder so genannte Reinsilikatfarben für die anstrichtechnische Risssanierung ungeeignet, da diese keine rissüberbrückenden Eigenschaften aufweisen, sondern lediglich rissfüllende. Aufgrund ihrer hohen →Elastizität weisen rissüberbrückende Farben häufig eine hohe Eigenspannung zum Untergrund sowie ein geringeres Wasserdampfdiffusionsvermögen auf als Siliconharz- oder Dispersions-Silikatfarben. Hinzu kommt eine geringe CO_2-Durchlässigkeit, so dass diese Anstriche auf kalkgebundenen Putzen nicht eingesetzt werden können.

Anstrichverträglichkeit
Der Begriff der Anstrichverträglichkeit wird häufig im Zusammenhang mit dem Überstreichen eines Fugendichtstoffes mit einer Farbe verwendet. Daher muss die Verträglichkeit eines Anstriches auf dem Fugendichtstoff geprüft werden, damit die bauphysikalischen Eigenschaften des Fugendichtstoffes nicht beeinträchtigt wer-

den. Darüber hinaus wird der Begriff auch verwendet, wenn alte Fassaden mit einer Farbe überarbeitet werden. Hierbei kann es zu einem „Verseifen“ oder auch zu Problemen der Untergrundhaftung oder des Wasserdampfdiffusionsverhaltens kommen. Daher muss die Verträglichkeit einer neuen Farbe auf einem bestehenden Untergrund überprüft werden.

Anstrichvlies
Bei einem Anstrichvlies handelt es sich um ein feines Gewebe, das zur Armierung von Anstrichsystemen bei Putzbedingten Rissen verwendet wird.

Arbeitende Risse
Arbeitende Risse ist ein umgangssprachlicher und fachlich unspezifischer Trivialname für →dynamische Risse.

Arbeitsfuge
Unter einer Arbeitsfuge versteht man den Kontaktbereich zwischen mindestens zwei unterschiedlichen Bauabschnitten. Diese sind grundsätzlich nicht als →Bewegungsfugen anzusehen, auch wenn diese aufgrund einer nicht ausreichenden Haftung der einzelnen Bauabschnitte untereinander Bewegungen ausgesetzt sind, die zu Undichtigkeiten führen können. Infolgedessen setzt z. B. die WU-Richtlinie des Deutschen Ausschusses für Stahlbeton (DAfStb) die zusätzliche Abdichtung von Arbeitsfugen mit bauaufsichtlich zugelassenen Abdichtungssystemen voraus.

Architektenvertrag
Bei einem Architektenvertrag handelt es sich in der Regel um einen Werkvertrag gemäß § 631 BGB zwischen dem Bauherren als Auftraggeber (oder Gläubiger im rechtlichen Sinn) und dem Architekten als Auftragnehmer (oder Schuldner im rechtlichen Sinn), in dem Art und Umfang der Leistungserbringung durch den Architekten als Planer detailliert festgehalten wird. Dies bedeutet, dass der Architekt sich dazu verpflichtet, gegen eine vereinbarte Vergütung ein bestimmtes Werk zu erstellen. In bestimmten Fällen, wenn der Architekt lediglich technische oder wirtschaftliche Betreuungsleistungen erbringt, kann der Architektenvertrag auch in Form eines Dienstvertrages nach § 611 BGB geschlossen werden. Hierbei ist der Architektenvertrag grundsätzlich frei verhandelbar. Auch wenn die Schriftform für einen Architektenvertrag gesetzlich nicht vorgeschrieben ist, empfiehlt sich diese, um Rechts- und Gewährleistungsansprüche durchsetzen zu können und im Falle von Unstimmigkeiten schriftliche Beweise vorlegen zu können. Mit Einführung des § 650p BGB hat sich der Gesetzgeber dazu entschlossen, erstmals den Architekten- und Ingenieurvertrag als eigenständigen Vertragstyp im BGB zu regeln.

Arglistiges Verschweigen
Von einem arglistigen Verschweigen eines Mangels spricht man, wenn der Auftragnehmer (oder Schuldner im rechtlichen Sinn) die mangelhafte Ausführung seiner Leistung im Rahmen eines Werkvertrages kannte oder diese wissentlich abweichend von den allgemein anerkannten Regeln der Technik ausgeführt hat und dies dem Auftraggeber (oder Schuldner im rechtlichen Sinn) bewusst verschweigt. In diesen Fällen kann sich die Frist für Mängelansprüche des Auftraggebers, ohne Rücksicht auf die Kenntniserlangung dieser Mängel, auf bis zu zehn Jahre verlängern (Arglisthaftung). Spätestens nach zehn Jahren nach der →Abnahme verjähren diese Ansprüche. Allerdings beginnt die Verjährung erst dann zu laufen, sobald der Auftraggeber Kenntnis von diesen Mängeln erhält. Dies gilt auch für Mängel, die auf ein so genanntes Organisationsverschulden des Auftragnehmers zurückzuführen sind, also bei einer richtigen Organisation der Bauleistungen hätten entdeckt und vermieden werden können. Arglistiges Verschweigen liegt allerdings nicht vor, wenn dem Auftragnehmer der Mangel lediglich aus Fahrlässigkeit unbekannt geblieben ist oder dieser gutgläubig falsche Angaben macht.

Armierungsecke
Eine Armierungsecke ist ein aus →Glasfasergewebe zugeschnittenes Zubehör zur Ausbildung einer Innenecke z. B. an Fensterlaibungen.

Armierungsgewebe
Ein Armierungsgewebe besteht aus Kunststoff- oder Glasfaser und dient zur Einbettung in Beschichtungen, um punktuelle Zugkräfte z. B. über einem Riss auf die Fläche zu verteilen. Infolgedessen sollen punktuelle Spannungen abgebaut und Risse vermieden werden. Armierungsgewebe werden in unterschiedlichen Qualitäten eingesetzt z. B. im Rahmen der putztechnischen Risssanierung, zur Vorbeugung von z. B. Kerbrissen in Putz- oder Wärmedämm-Verbundsystemen an Bauteilöffnungen wie z. B. Fenstern, oder auch in Bitumendickbeschichtungen zur Abdichtung erdberührter Bauteile. In der feineren Variante, meist als →Vlies, werden Armierungsgewebe auch zur anstrichtechnischen Risssanierung eingesetzt.

Armierungsmörtel
→Armierungsputz

Armierungspfeil
Ein Armierungspfeil ist ein aus →Glasfasergewebe zugeschnittenes Zubehör zur Herstellung einer →Diagonalarmierung an Fassadenöffnungen wie z. B. Fensterecken zur Vermeidung von z. B. Kerbrissen in Putzsystemen oder Wärmedämm-Verbundsystemen.

Armierungsputz
Ein Armierungsputz (oder auch Armierungsmörtel) ist ein dünnschichtiger Unterputz, der in der Regel mit einem →Glasfasergewebe bewehrt wird und Bewegungen (Verformungen) im Untergrund z. B. durch hygro-thermische Beanspruchungen ausgleichen soll. Mithilfe dieser Armierungsschicht sollen →Risse in der nachfolgenden Schlussbeschichtung vermieden werden, da punktuelle Zugspannungen über die Fläche des Armierungsputzes verteilt werden.

Armierungstechnik
Armierungstechnik ist eine umgangssprachliche und fachlich unspezifische Bezeichnung für verschiedene bewehrte Beschichtungssysteme, also Putzsysteme mit einer grobmaschigen →Gewebearmierung oder →Anstrichsysteme mit einer feinmaschigen Vlieseinbettung.

Atmungsaktivität
Atmungsaktivität oder atmende Wände ist ein umgangssprachlicher Trivialname für die Wasserdampfdiffusionsfähigkeit von Baustoffen.

Aufbrennen
Aufbrennen bezeichnet eine Störung der physikalischen Trocknung bei organisch gebundenen Beschichtungen (Putz, Farbe) oder der chemischen Reaktion bei anorganischen Baustoffen (Putz, Mörtel). In der Regel ist mit Aufbrennen der Wasserentzug in dieser Phase gemeint z. B. durch eine starke Sonneneinstrahlung oder durch Wind. In den meisten Fällen führt ein Aufbrennen zu einer Veränderung der Baustoffeigenschaften, in der Regel zu einem Festigkeitsverlust an der Baustoffoberfläche. Grund hierfür ist meistens, dass die sich im Baustoff befindlichen Bindemittel und/oder →Additive nicht vollständig eingebettet werden und somit ihre Eigenschaften verlieren. Um ein Aufbrennen zu verhindern, gibt es verschiedene Möglichkeiten: ein Vornässen oder Grundieren der Untergründe, eine Nachbehandlung (z. B. bewässern) der Oberfläche oder Schutzmaßnahmen gegen die Einwirkungen durch Sonne und/oder Wind.

Aufdämmen/Aufdoppeln
Aufdämmen oder Aufdoppeln ist ein Verfahren zur Instandsetzung bestehender Wärmedämm-Verbundsysteme (WDVS), die in der Regel nicht mehr den Anforderungen der heutigen Energieeinsparverordnung entsprechen und zudem Schäden z. B. durch →Risse aufweisen. Im Gegensatz zur putz- oder anstrichtechnischen Risssanierung wird beim Aufdämmen/Aufdoppeln ein neues Wärmedämm-Verbundsystem auf das bestehende WDVS aufgebracht.

Auflockerungszone
→Übergangszone

aufstauendes Sickerwasser
Aufstauendes Sickerwasser liegt vor, wenn erdberührte Bauteile wie Bodenplatte und Kelleraußenwand mit einer Gründungstiefe bis 3 m unter Geländeoberkante in wenig durchlässigen Böden und ohne Drainung ausgeführt sind. Die

Unterkante der Kellersohle muss mindestens 30 cm über dem →Bemessungswasserstand liegen. Oberflächen- und Sickerwasser z. B. durch Niederschläge werden in bindigen Bodenschichten am freien Abfluss gehindert und stauen sich vor den erdberührten Bauteilen auf, so dass zeitweise ein hydrostatischer Wasserdruck ausgeübt wird. In den Regelwerken ist nicht definiert, was unter dem Begriff „zweitweise" verstanden wird.

aufsteigende Feuchtigkeit
Aufsteigende Feuchtigkeit ist ein umgangssprachlicher und fachlich unspezifischer Trivialname für →kapillar aufsteigende Feuchtigkeit in Mauerwerken, verursacht durch Kapillarkräfte entgegen der Schwerkraft in porösen Baustoffen.

Ausblühungen
Ausblühungen ist ein umgangssprachlicher und fachlich unspezifischer Trivialname für die Kristallisation gelöster wasserlöslicher Stoffe z. B. von freiem Kalk (→Carbonate) an der Baustoffoberfläche oder der Auskristallisation wasserlöslicher bauschädigender Salze wie z. B. →Chloride, →Sulfate oder →Nitrate.

Ausblutungen
Ausblutungen ist ein umgangssprachlicher und fachlich unspezifischer Trivialname für das Sichtbarwerden von (löslichen) Bestandteilen aus dem Untergrund, aus einer vorhergehenden Beschichtung oder von färbenden Bestandteilen. Beispiele hierfür sind Rost, Lignin, Teer, Bitumen, Öl oder Nikotin. Ausblutungen können verhindert werden durch das Aufbringen einer geeigneten →Grundierung, die über eine isolierende oder absperrende Wirkung verfügt. Dennoch ist wichtig, dass ein porenfreier Film gebildet wird. Ausblutungen dürfen nicht mit →Ausblühungen verwechselt werden.

Ausdehnung
Ausdehnung ist ein umgangssprachlicher und fachlich unspezifischer Trivialname für das Dehnvermögen z. B. eines Dichtstoffes insbesondere bei sinkenden Temperaturen, um Bewegungen in Richtung der sich voneinander entfernenden Fugenflanken aufnehmen zu können.

Ausdehnungskoeffizient
Der Ausdehnungskoeffizient ist der Kennwert der thermischen Ausdehnung.

Ausführungsbedingte Risse
Ausführungsbedingte Risse ist ein unspezifischer Begriff für →Risse, die während der Verarbeitung von Baustoffen entstehen und/oder im unmittelbaren Zusammenhang damit nachträglich entstehen. In der Regel handelt es sich um Risse, die durch Nichteinhaltung von Verarbeitungsvorschriften wie z. B. vorgegebene Schichtdicken, die Ausführung einer Diagonalarmierung, die erforderliche Nachbehandlung von Oberflächen oder das Einhalten von Standzeiten etc.

Ausgleichsfeuchte
Mit der Ausgleichsfeuchte wird der Feuchtegehalt eines Baustoffs beschrieben, der sich bei einer Umgebungsatmosphäre mit einer relativen Luftfeuchte von 65 % bei 20 °C einstellt. Daher wird die Ausgleichsfeuchte ausschließlich durch das Absorptionsverhalten von Baustoffen beeinflusst.

9.2 B

Barenblatt'sche Rissmodell
Das Rissmodell von *Barenblatt* wurde entwickelt, um die Elastizitätstheorie der Spannungsverhältnisse an einer →Risswurzel zu beschreiben. Das Modell basiert auf der Annahme, dass sich die Abstände der Atome und Moleküle im Rissbereich kontinuierlich vergrößern und dabei eine Wechselwirkung in Form von Kohäsionskräften wirkt. Diese atomaren bzw. molekularen Kohäsionskräfte beeinflussen lt. *Barenblatt* den Rissverlauf sowie die Oberflächen der →Rissflanken.

Baualtersklassen
Baualtersklassen wurden im Rahmen des Bauschadensberichtes der Bundesregierung sowie

weiterer und/oder darauf aufbauender Forschungsberichte eingeführt. Da die vorhandene Bausubstanz in Bezug auf Alter, Konstruktion und verwendeten Materialien sowie regionalen Einflüssen sehr unterschiedlich gewertet werden muss und unterschiedlich stark geschädigt ist, wurde die Bausubstanz nach dem Baualter eingruppiert. Die Eingruppierung erfolgt für Gebäude, die bis 1918 errichtet wurden, sowie für den Zeitraum 1919 bis 1948, 1949 bis 1970, 1971 bis 1990 sowie für Gebäude, die nach 1990 errichtet wurden. Nach der Bauschadensanalyse weisen Gebäude der ältesten Baualtersklasse (bis 1918) mit knapp 38 % den höchsten Anteil an Bauschäden auf. Diese Aussage verwundert sicherlich nicht, steigt doch mit zunehmendem Gebäudealter zwangsläufig auch der Instandsetzungs- und Modernisierungsbedarf. Bei diesen Gebäuden handelt es sich in der Regel um Mauerwerksbauten mit Gewölbedecken im Keller und Holzbalkendecken über den aufgehenden Geschossen. Hinzu kommt der überdurchschnittlich hohe Gebäudebestand mit bis zu 100 Jahren in den neuen Bundesländern und der unzureichenden Bauwerksunterhaltung in der DDR, die zu Materialverschleiß bis hin zum Verfall ganzer Bauteile und Bauwerke geführt hat. Besonders auffallend ist, dass auch die Baualtersklasse von 1971 bis 1990 einen deutlich höheren Anteil an Bauschäden aufweist als die beiden älteren Klassen von 1919 bis 1948 und 1949 bis 1970. Dies wird im Bauschadensbericht mit dem hohen Anteil an Bauten mit Flachdächern in den alten Bundesländern und dem hohen Anteil an Plattenbauten in den neuen Bundesländern begründet, die seit Anfang/Mitte der 1990er-Jahre zur Sanierung anstanden.

Bauaufsichtsbehörden

Bauaufsichtsbehörden sind Verwaltungsbehörden, die das öffentliche Baurecht vollziehen. Zu ihren Aufgaben gehören die Erteilung von Baugenehmigungen sowie die Gefahrenabwehr im Bereich des öffentlichen Baurechts.

Baudynamische Risse

Baudynamische Risse ist ein fachlich unspezifischer Begriff für →Baugrundbedingte Risse, →Konstruktivbedingte Risse oder Risse infolge hygro-thermischer Bewegungen. Bei diesen Rissen treten Rissbreitenänderungen bzw. Rissflankenbewegungen ($\Delta w > 0$) auf. Das Gegenteil sind ruhende oder →beruhigte Risse ($\Delta w = 0$).

Bauen im Bestand

Bauen im Bestand ist der Oberbegriff für Baumaßnahmen im Gebäudebestand, früher als Altbausanierung bezeichnet. Heute umfasst dieser Begriff verschiedene Maßnahmen in der Bauwerksinstandsetzung wie z. B. →Sanierung, →Renovierung oder →Modernisierung sowie in der Bauwerkserhaltung, aber auch Umbaumaßnahmen und im Einzelfall den Rückbau und Wiederaufbau. Bei historisch wertvollen und/ oder denkmalgeschützten Gebäuden kommen Maßnahmen im Rahmen der Restaurierung, Konservierung und Rekonstruktion zum Einsatz.

Baufeuchte

Baufeuchte (oder auch Restfeuchte) ist ein umgangssprachlicher und fachlich unspezifischer Trivialname und bezeichnet die in den Wandbaustoffen aufgrund von Niederschlägen oder der technologisch bedingten Zugabe von Wasser enthaltene Feuchtigkeit, die nach der Fertigstellung von Baumaßnahmen langsam austrocknet und z. B. die relative Luftfeuchte in Innenräumen erhöht und/oder bei starkem →Schwinden auch zu Rissen führen kann. Man spricht deshalb auch von der so genannten Rohbaufeuchte.

Bauforensik

Der Begriff der Bauforensik ist noch relativ jung und lehnt sich an der Kriminaltechnik an. Bei dieser Methode nutzt man die seit vielen Jahren bekannte Technologie, Spuren von Körperflüssigkeiten durch Beleuchtung mit kurzwelligem Licht mittels Fluoreszenz sichtbar zu machen. Eingesetzt werden hierzu multispektrale Lichtquellen, Filterbrillen und spezielle Kameras. Das menschliche Auge nimmt Licht in einem Wellenspektrum zwischen 400 nm bis 750 nm wahr. Das eingesetzte Lichtspektrum in den so genannten Tatort-Lampen und Filterbrillen liegt unterhalb von 400 nm (Ultraviolettbereich) und oberhalb von 750 nm (Infrarotbereich). Dem entsprechend wird die Fluoreszenzanalyse unterschieden in die IR-Adsorptionsbildanalyse und UV-Adsorptionsbildanalyse. Mithilfe dieser Analyse können z. B. nicht sichtbare Ausbesserungen oder Reparaturstellen z. B. von alten Risssanierungen auf Bauteiloberflächen erkannt werden.

Baugefährdung
Die Baugefährdung ist ein Straftatbestand und wird im § 319 StGB (Strafgesetzbuch) geregelt. Danach wird mit Freiheitsstrafe bis zu fünf Jahren oder mit Geldstrafe bestraft, wer bei der Bauplanung, Bauleitung, Bauüberwachung oder Bauausführung gegen →allgemein anerkannte Regeln der Technik verstößt und dadurch Leib oder Leben eines anderen Menschen gefährdet. Aufgrund dieser Strafandrohung handelt es sich bei dem Delikt um ein Vergehen. Eine Gefährdung kann bereits vorliegen, wenn bislang noch Niemand zu Schaden gekommen ist. Eine rechtzeitige Erkennung und Bewertung von möglichen Risiken und Gefahren sowie eine konsequente Umsetzung von Sicherheitsmaßnahmen sind daher unabdingbar, um Unfälle und Schäden zu vermeiden und eine sichere Arbeitsumgebung für alle Beteiligten sicherzustellen.

Baugesetzbuch
Das deutsche Baugesetzbuch (BauGB) ist Nachfolger des Bundesbaugesetzes (BBauG) und regelt das Bauplanungsrecht in Deutschland. Im § 242 sind u. a. die Regelungen für eine Bedenkenanzeige festgelegt.

Baugrund
Ein Baugrund bezeichnet die Fläche eines Grundstücks, auf dem ein Bauwerk errichtet werden soll bzw. dass die erdberührten Bauteile eines Gebäudes umfasst. Bei den →Baugrunduntersuchungen werden nicht nur die sichtbare Oberfläche, sondern auch die darunter befindlichen tieferen Bodenschichten betrachtet.

Baugrundbedingte Risse
Baugrundbedingte Risse können auf eine fehlerhafte Baugrundbeurteilung und infolgedessen unzureichende Planung und Ausführung der Gründung oder auf statische Veränderungen im unmittelbaren Umfeld eines Gebäudes zurückgeführt werden.

Baugrundgutachten
→Baugrunduntersuchungen

Baugrundinjektion
→Baugrundverfestigung

Baugrundrisiko
Ein Baugrundrisiko ist lt. DIN 4020 „Geotechnische Untersuchungen für bautechnische Zwecke" „… ein in der Natur der Sache liegendes unvermeidbares Restrisiko, das bei Inanspruchnahme des Baugrunds zu unvorhersehbaren Wirkungen bzw. Erschwernissen, z. B. Bauschäden oder Bauverzögerungen führen kann, obwohl derjenige, der den Baugrund zur Verfügung stellt, seiner Verpflichtung zur Untersuchung und Beschreibung der Baugrund- und Grundwasserverhältnisse nach den Regeln der Technik zuvor vollständig nachgekommen ist und obwohl der Bauausführende seiner eigenen Prüfungs- und Hinweispflicht Genüge getan hat …". Diese Definition wurde in der neuen DIN EN 1997-2 „Eurocode 7: Entwurf, Berechnung und Bemessung in der Geotechnik – Teil 2: Erkundung und Untersuchung des Baugrunds" (2007) als Nachfolger der DIN 4020 im Anhang aufgeführt.

Baugrundsetzungen
Baugrundsetzungen werden in der DIN 1054 „Baugrund – Sicherheitsnachweise im Erd- und Grundbau – Ergänzende Regelungen zu DIN EN 1997-1" zwischen einem Grenzzustand der Tragfähigkeit (dies bedeutet ein Versagen des Baugrundes einschließlich der ggf. auf ihm befindlichen Gebäude) und als Grenzzustand der Gebrauchstauglichkeit (dies bedeutet ein Zustand, bei dem das Gebäude unbrauchbar wird, obwohl die Tragfähigkeit noch gegeben ist) unterschieden. Die meisten Baugrundsetzungen sind nicht bauschädigend und rufen in der Regel auch keine Risse hervor z. B. bei gleichmäßiger Setzung und/oder Verdrehung des Baukörpers, da infolgedessen keine Zwang- oder Zugkräfte vor-

liegen. Für die Entstehung von Baugrundsetzungen ist das Zusammenspiel zwischen Baugrund und Bauwerk essenziell. Hierzu gehören Aufbau und Eigenschaften des Baugrundes wie z. B. Topografie, Schichtaufbauten, Bodenkennwerte, Grundwasser sowie die Gründung benachbarter Gebäude und deren Einfluss. Des Weiteren spielen die Konstruktion und das Verhalten des Bauwerkes wie z. B. die Abmessungen, Gründungstiefe, Belastungen, zulässige Setzungen und die Wasserdichtigkeit eine entscheidende Rolle.

Baugrunduntersuchungen
Art und Umfang von Baugrunduntersuchungen sind von der Komplexität des Bauwerks, den vorgefundenen Schadensbildern (Rissen) und den zu erwartenden Baugrundverhältnissen abhängig. Nach der DIN 4020 „Geotechnische Untersuchungen für bautechnische Zwecke – Ergänzende Regelungen zu DIN EN 1997-2" wird zwischen drei geotechnischen Kategorien unterschieden: Zur geotechnischen Kategorie I gehören einfache Bauwerke auf ebenem und tragfähigem Untergrund, die weder die Umgebung oder das Grundwasser beeinflussen. Der Kategorie II werden Bauvorhaben zugeordnet, die weder zur Kategorie I noch zur Kategorie III zählen. Kategorie III schließlich umfasst Bauvorhaben mit schwierigen Konstruktionen und Baugrundverhältnissen, die erweiterte geotechnische Untersuchungen erfordern. Gegenstand erweiterter Baugrunduntersuchungen sind u. a. Bodenpressungen und Bodenkennwerte sowie die Wasserverhältnisse. Hierzu gehören Informationen über den Grundwasserstand und seine Schwankungen (→Bemessungswasserstand). Einfache Baugrunduntersuchungen ergeben sich aus geologischen Karten und Befragungen der Immobilienbesitzer. Zusätzliche Informationen gewinnt man über so genannte Schürfungen, Bohrungen oder Sondierungen. Durch diese können die einzelnen Bodenschichten erkannt und analysiert werden. Hierzu werden Bodenproben und wenn möglich Bodenproben unterhalb der Gründung entnommen und im Labor untersucht. Schürfungen werden in der Regel bis max. 3 oder 4 m ausgeführt. Für Baugrunduntersuchungen in noch tieferen Schichten werden Sondierungen durchgeführt und Bodenproben entnommen, mit denen die Lagerungsdichte und/oder die Konsistenz nicht bindiger Böden ermittelt werden kann. Aus der Summe der Ergebnisse und unter Berücksichtigung der geologischen Bedingungen vor Ort kann der Baugrundgutachter die zulässigen Belastungen des Baugrundes berechnen und ggf. die Ursachen für nachträgliche Setzungen ableiten. Die Aus- und Bewertung der Baugrunduntersuchungen erfolgt in Anlehnung an die DIN 1054 „Baugrund – Sicherheitsnachweise im Erd- und Grundbau – Ergänzende Regelungen zu DIN EN 1997-1", in der typische Bodenkennwerte angegeben sind (Anmerkung: die Norm wurde zurückgezogen). Durch Baugrunduntersuchungen werden essenzielle Informationen über das Baugrundverhalten ermittelt. Hierzu gehören die Belastbarkeit (Komprimierbarkeit) und Scherfestigkeit, da beide Kenngrößen auf die Verformung des Baugrundes unmittelbar Einfluss nehmen.

Baugrundverbesserungen
Verbesserungen am Baugrund werden durchgeführt, wenn dieser die geforderten Baugrundeigenschaften nicht aufweist. In erster Linie geht es um die Verbesserung der Standsicherheit und um das Minimieren der Auswirkungen möglicher Setzungen. Bei einem Neubau können Baugrundverbesserungen entweder im Bodenaustausch oder in der Bodenverfestigung bestehen. Beim Bodenaustausch wird der nicht tragfähige Boden ganz oder teilweise durch geeignete Bodenarten ausgetauscht. Dieses Verfahren ist wirtschaftlich, wenn Bodenschichten mit relativ geringem Volumen ausgetauscht werden können und geeigneter Ersatzboden günstig verfügbar ist. Beim Einbau des Ersatzbodens ist auf eine ausreichende Verdichtung zu achten. Bei der Bodenverfestigung wird durch die Zugabe von Bindemitteln (z. B. Kalk oder Zement) die Stabilität nicht tragfähiger Böden verbessert. Bei der Bodenvereisung wird mit Hilfe eines Kühlmittels das Porenwasser im Boden vereist und damit eine ausreichende Stabilität erzeugt. Das Verfahren ist sehr kostenintensiv und wird daher nur zur tem-

porären Sicherung oder Abdichtung von Baugruben verwendet. Soll oder kann am bestehenden Baugrund keine Veränderung vorgenommen werden, besteht alternativ die Möglichkeit, anstelle einer Flachgründung eine Tiefgründung auszuführen und somit eine tragfähige Grundlage für die Fundamente zu schaffen. Das bekannteste Beispiel hierfür ist eine Pfahlgründung.

Baugrundverfestigung
Die Baugrundverfestigung ist eine Maßnahme zur Verbesserung des Baugrunds bei Gebäuden im Bestand. Vor allem im Rahmen der Instandsetzung baugrundbedingter Risse werden Maßnahmen zur Baugrundverfestigung mithilfe verschiedener Injektionstechniken wie das Poreninjektionsverfahren (Niederdruck), Verdrängungsinjektionsverfahren (Druck) und das →Düsenstrahlverfahren (Hochdruck) durchgeführt.

Baugrundvergelung
Schleierabdichtung

Baumangel
→Mangel

Bauphysik
Bauphysik ist eine Anwendung der Physik und ihrer Gesetzmäßigkeiten auf Bauwerke und setzt sich mit ihren physikalischen Phänomenen auseinander. Schwerpunktmäßig sind dies Wärme (Wärmeleitung, Wärmestrahlung, Wärmedämmung, Wärmeschutz und dgl.), Feuchtigkeit (Wasserdampfgehalt, Feuchtetransporte, Kondensation und dgl.), Schall- und Brandschutz. Die Materialbeschaffenheit und die Eigenschaften von Baustoffen wird in der Baustoffkunde und Bauchemie behandelt. Aus der Bauphysik ist u. a. die →Bauwerksdiagnostik hervorgegangen, in der diese Zusammenhänge untersucht und mögliche Ursachen für multikausale Schadensmechanismen abgeleitet werden.

Bauproduktegesetz
Das Bauproduktegesetz ist ein Instrument zur Harmonisierung technischer Regeln und zur Angleichung der Rechts- und Verwaltungsvorschriften der Mitgliedstaaten der EU über Bauprodukte. In Deutschland wird dies durch die Bauprodukten-Verordnung umgesetzt.

Bauproduktenverordnung
Die Bauproduktenverordnung (BauPVO) wurde von der Europäischen Kommission verabschiedet und ersetzte 2013 die bisherige Bauproduktenrichtlinie. Für Produkte, die in den Geltungsbereich der Verordnung fallen, ist eine →CE-Kennzeichnung erforderlich. Diese ermöglicht, dass ein Bauprodukt innerhalb der EU in Verkehr gebracht und anschließend auf dem EU-Binnenmarkt gehandelt werden kann. Nach der europäischen BauPVO muss für ein Bauprodukt entweder eine harmonisierte Norm vorliegen oder eine Europäische Technische Bewertung auf Antrag des Herstellers für dieses Produkt ausgestellt sein. Als Bauprodukt zählt jeder Baustoff, der dauerhaft in Bauwerke im Hoch- oder Tiefbau eingebaut wird und auf die Funktion und Haltbarkeit des Bauwerks Einfluss nimmt. Als Bauprodukt gilt auch ein Bausatz, also die Kombination aus mindestens zwei oder mehreren Bauprodukten, allgemein auch als Bausystem oder Verbundbaustoffe bezeichnet.

Bau-Radar
→Radar-Messung (Radar-Verfahren)

Baurecht
Das Baurecht umfasst in Deutschland die Gesamtheit der Rechtsnormen, die das Bauen betreffen. Hierbei wird unterschieden in privates und öffentliches Baurecht. Privates Baurecht umfasst privatrechtliche Normen wie z. B. Werkverträge wie z. B. der →Architektenvertrag oder den Bauvertrag. Das öffentliche Baurecht dagegen umfasst die Teile des öffentlichen Rechts, die (auch) Bauvorhaben betreffen, wobei unterschieden wird zwischen dem Bauplanungsrecht (Normen, in denen die Bebaubarkeit von Grundstücken geregelt wird) und dem Bauordnungsrecht (Normen, in denen nähere Vorschriften für einzelne Bauvorhaben geregelt sind wie z. B. Sicherheitsvorschriften).

Bauregelliste
Die Bauregellisten waren bauordnungsrechtlich relevante Veröffentlichungen des Deutschen Instituts für Bautechnik (→DIBt) und enthielten die durch die obersten Bauaufsichtsbehörden der Länder bauaufsichtlich eingeführten geregelten und nicht geregelten Bauprodukte und Bauarten sowie die technischen Regeln für Bauprodukte und Bauarten. Diese setzten sich aus den Teilen A (Teil 1, Teil 2 und Teil 3), B (Teil 1 und Teil 2) und C zusammen. Im Teil 1 der Bauregelliste A waren Bauprodukte und Bauarten nach den Landesbauordnungen klassifiziert, also Bauprodukte, für die es technische Regeln gibt. Der Teil 2 und 3 widmete sich Allgemein bauaufsichtlichen Prüfzeugnissen sowie den Übereinstimmungsnachweisen und Übereinstimmungserklärungen. Im Teil 1 und 2 der Bauregelliste B, in der Bauprodukte gemäß den Richtlinien der EU definiert waren, wurden die zusätzlichen Verwendbarkeits- oder Übereinstimmungsnachweise geregelt. Die Bauregelliste C regelte Bauprodukte von untergeordneter baurechtlicher Bedeutung. Im Jahr 2018 wurden die Teile A, B und C der Bauregellisten aufgehoben und durch die Muster-Verwaltungsvorschrift der Technischen Baubestimmungen ersetzt.

Bausatz
Ein Bausatz ist eine Kombination aus mehreren Bauprodukten eines Herstellers, die vor dem Einfügen in ein Bauwerk zusammengesetzt werden. Darüber hinaus wird der Begriff auch für Bausysteme verwendet, die erst auf der Baustelle zusammengefügt werden, aber ihre Kompatibilität nachgewiesen haben z. B. über eine bauaufsichtliche Zulassung oder ein →allgemein bauaufsichtliches Prüfzeugnis.

Bauschaden
→Schaden

Bauschädigende Salze
Bauschädigende Salze ist eine umgangssprachliche und fachlich unspezifische Bezeichnung für Salze, durch die Bauschäden wie Abplatzungen verursacht werden. Hierbei handelt es sich meistens um Verbindungen der →Chloride, →Sulfate, →Nitrate und Ammoniumsalze. Häufig werden auch Carbonate hinzugezählt, die im engeren Sinn keine bauschädlichen Salze darstellen und z. B. in der Reaktion von Kalk mit Kohlendioxid der Luft entstehen.

Baustoffklassen
→Brandverhalten

Bausystem
Ein Bausystem ist die Kombination aus mindestens zwei oder mehreren Baustoffen. Im Gegensatz zu Verbundbaustoffen handelt es sich bei Bausystemen um unterschiedliche Baustoffe eines Herstellers, durch die eine definierte Funktionalität sichergestellt werden soll. Ein bekanntes Beispiel sind →Wärmedämm-Verbundsysteme, bei denen die Eigenschaften und Vorteile unterschiedlicher Baustoffe genutzt und die Nachteile der Komponenten kompensiert werden. Ein weiteres Merkmal von Bausystemen ist, dass diese geprüft sind und einer Norm entsprechen oder eine →allgemein bauaufsichtliche Zulassung haben.

Bautechnische Risse
→Konstruktivbedingte Risse

Bauteilfuge
Eine Bauteilfuge ist eine Fuge zwischen mindestens zwei Bauteilen von gleichem Material oder gleichartiger Funktion.

Bauteilinjektion
Bei einer Bauteilinjektion erfolgt die abdichtende Injektion oder die →Rissinjektion innerhalb der Baukonstruktion, so dass die Abdichtungsebene oder Verfestigungsebene im Gegensatz zur →Schleierinjektion innerhalb des betroffenen Bauteils liegt.

Bauteilöffnung
Eine Bauteilöffnung kann im Rahmen der →Bauwerksdiagnostik notwendig werden und einen unterschiedlich starken Zerstörungsgrad haben. Neben einer Materialentnahme z. B. einer Putzprobe an der Bauteiloberfläche gehört zu einer Bauteilöffnung auch die Entnahme eines Bohr-

kerns über den gesamten Bauteilquerschnitt. Daneben gibt es Möglichkeiten der Bauteilöffnung mit geringen invasiven Eingriffen wie z. B. die →Endoskopie.

Bauteiltemperatur

Je nach Bauteil kann die gleichnamige Temperatur durch die Außen- und/oder Innentemperatur beeinflusst werden. Bei Beschichtungen z. B. mit Farben, Putzen oder Abdichtungsstoffen spielt die Bauteiltemperatur eine Rolle, wenn die Oberfläche eines Bauteils eine gewisse Temperatur nicht unterschreiten darf z. B. im Winter oder nicht überschreiten darf z. B. im Sommer. Die Bauteiltemperatur spielt auch im Zusammenhang mit einigen bauphysikalischen Berechnungen eine wesentliche Rolle, z. B. bei der Bestimmung von taupunktbedingtem Kondenswasser im Zusammenhang mit Schimmelpilzen in Innenräumen (z. B. an Wärmebrücken) oder bei mikrobiellem Befall durch Algen, Pilze und Bakterien auf Fassaden (z. B. auf Wärmedämm-Verbundsystemen).

Bauteilverkürzung

Bei einer Bauteilverkürzung handelt es sich um eine lastunabhängige Bauteilverformung, verursacht durch hygro-thermisches Schwinden z. B. von Decken oder Gurtgesimsen.

Bauverträge

Bauverträge stellen in rechtlicher Hinsicht Werkverträge dar. Diese regeln die rechtlichen Beziehungen und den Umfang der jeweiligen Leistungspflichten zwischen dem Bauherrn als Auftraggeber und dem Unternehmer als Auftragnehmer, insbesondere die vom Unternehmer geschuldete Leistung und die hierfür vom Bauherrn zu zahlende Vergütung. Die rechtliche Beurteilung dieser Verträge richtet sich nach den gesetzlichen Vorschriften des Werkvertragsrechts im Bürgerlichen Gesetzbuch (BGB), sofern die Vertragsparteien nichts anderes vereinbart haben; etwa die Geltung der VOB/B. Das Werkvertragsrecht verpflichtet den Unternehmer nach § 631 Abs. 1 BGB zur erfolgreichen Herstellung des versprochenen Werkes. Dies bedeutet, dass der Auftragnehmer dem Auftraggeber einen Erfolg schuldet.

Bauwerksabdichtung

Unter einer Bauwerksabdichtung werden in der Regel Abdichtungsmaßnahmen erdberührter Bauteile (Keller) verstanden. In Abhängigkeit zur Wassereinwirkungsklasse, der Rissklasse und der Raumnutzungsklasse werden diese im Neubau von außen ausgeführt. Die Planung und Ausführung wird über die DIN 18533 geregelt, die in drei Teile gegliedert ist (Teil 1: Anforderungen sowie Planungs- und Ausführungsgrundsätze, Teil 2: bauartspezifische Regeln für die Abdichtung mit bahnenförmigen Abdichtungsstoffen und Teil 3: Abdichtung mit flüssig zu verarbeitenden Abdichtungsstoffen). Die Norm gilt für die Abdichtung gegen Bodenfeuchte, nicht drückendes Wasser, von außen drückendes Wasser, nicht drückendes Wasser auf erdüberschütteten Decken sowie Spritzwasser am Wandsockel und Kapillarwasser in und unter Wänden (Querschnittsabdichtung). Die Norm gilt nicht für die Abdichtung von Bauwerken im Umgang mit wassergefährdeten Stoffen nach dem Wasserhaushaltsgesetz (WHG), nachträgliche Abdichtung erdberührter Bauteile im Altbau sowie Abdichtung wasserundurchlässiger Bauteile (WU-Beton), die durch die DAfStb-Richtlinie „Wasserundurchlässige Bauwerke aus Beton“ (WU-Richtlinie) geregelt ist. Für die Planung und Ausführung einer normgerechten oder alternativen Bauwerksabdichtung stehen verschiedene Abdichtungsmethoden zur Verfügung. Man unterscheidet zwischen der so genannten schwarzen Wanne (Bitumen), der weißen Wanne (Beton) und der braunen Wanne (Bentonit). Die farbige Bezeichnung resultiert aus dem vorherrschenden Farbton des zugrunde liegenden Baustoffs. Der Begriff Wanne beschreibt eine U-förmige Abdichtung der erdberührten Bauteile, bestehend aus den beiden Vertikalabdichtungen (links und rechts) sowie der Horizontalabdichtung (der Bodenplatte). Das Ziel einer Bauwerksabdichtung ist die wasserdichte Ausführung einer Wanne. Hierzu stehen verschiedene Abdichtungsmaterialien wie bahnenförmige Abdichtungsstoffe (z. B. Bitumenbahnen, Polymerbitumenbahnen, Kunststoffbahnen oder Elastomerbahnen) oder spachtelbare Abdichtungsstoffe (z. B. kunststoffmodifizierte Bitumen-Dickbeschichtungen, mineralische Dichtungsschlämmen, Flüssigkunststoffe sowie Gussasphalt oder Asphaltmastix) zur Verfügung. Für die nachträgliche Abdichtung erdberührter Bauteile können die gleichen Abdichtungsmethoden verwendet werden wie im Neubau, wenn die objektspezifischen Voraussetzungen hierfür vorliegen. Anderenfalls werden alternative Abdichtungen durchgeführt wie z. B. die Innenabdichtung (→Negativabdichtung) oder eine nachträgliche Horizontalabdichtung gegen →kapillar aufsteigende Feuchtigkeit. Außerdem können auch →abdichtende Injektionen wie z. B. Vergelungen oder Schleierinjektionen durchgeführt werden.

Bauwerksbedingte Risse
Bauwerksbedingte Risse werden auch als konstruktions- oder →Konstruktivbedingte Risse bezeichnet und haben ihre Ursachen in der Baukonstruktion bzw. im Wandbildner wie z. B. dem Mauerwerk. Daher ist im Markt auch der Begriff der statisch-konstruktiven Risse geläufig. Die Ursachen der Risse liegen in der Baukonstruktion selbst. Hierzu gehören z. B. Volumenänderungen (→Quellen, →Schwinden, thermische Längenänderungen) sowie Verformungsunterschiede bei Verwendung unterschiedlicher Baustoffe mit verschiedenen physikalischen Eigenschaften (Schwindverformung, →Wärmeleitfähigkeit, Saugvermögen usw.). Daher werden bauwerksbedingte Risse nach den Rissursachen aus der Konstruktion eingestuft. Hierzu gehören Lage-, Form- oder Volumenänderungen der Tragkonstruktion oder des verputzten Bauteils wie z. B. Lageänderung durch Setzungen, Formänderungen aufgrund von Durchbiegung z. B. von Decken oder Unterzügen, Volumenänderung durch Feuchteaufnahme (Quellen) und Feuchteabgabe (Schwinden) oder durch Belastung (→Kriechen) sowie durch Temperaturänderungen. Neben diesen Schwind-, Kriech- und Temperaturverformungen tragender Wände und Stützen können auch so genannte Zwängungsspannungen zu diesen Rissen führen.

Bauwerksdiagnostik
Die Bauwerksdiagnostik ist eine Teildisziplin der Bauphysik. Ihre wesentliche Aufgabe besteht darin, den aktuellen Qualitätszustand von Bauteilen und Baustoffen sowie deren Funktionen und Eigenschaften zu erfassen. Im Gegensatz zur früheren Bauzustandsanalyse beinhaltet die Bauwerksdiagnostik auch die Bewertung und Klassifizierung des Bauzustandes und bildet somit die Grundlage für die Auswahl der geeigneten Instandsetzungsverfahren. In Abhängigkeit von der Schadensart und dem -umfang, von der Schadensursache und den Auswirkungen auf andere Schadensmechanismen sowie objektspezifischen Anforderungen des Gebäudes und der Rechtslage werden in der Bauwerksdiagnostik folgende Methoden angewendet: Untersuchungen und Messungen, Berechnungen und Simulationen. Methodisch werden folgende Stufen in der Bauwerksdiagnostik unterschieden: visuelle Diagnostik (optisch-visuelle Analyse nach äußeren Merkmalen), instrumentelle Diagnostik (Messung und/oder Prüfung mit Mess- oder Diagnosegeräten) und bewertende Diagnostik (Analyse und Bewertung der Summe aller diagnostischen Ergebnisse). In Bezug auf Risse in Gebäuden muss die Bauwerksdiagnostik folgende Ergebnisse liefern: →Rissbreite und -tiefe, →Rissverteilung und -verlauf, →Rissflankenversatz (dreidimensionale Verschiebung der Rissflanken zueinander), Alter der Risse bzw. Zeitpunkt des Entstehens und/oder Erkennens, zukünftig zu erwartende Risse bzw. zukünftige Bewegungen an den Rissflanken und die verwendeten Materialien.

Bauwerksfuge
→Gebäudetrennfugen

Bauwerksrisse
Bauwerksrisse ist ein umgangssprachlicher und fachlich unspezifischer Trivialname für →Risse in Gebäuden. In der Regel werden darunter bauwerks- bzw. →Konstruktivbedingte Risse verstanden.

Bauwerkstrockenlegung
Bauwerkstrockenlegung (auch Mauerwerkstrockenlegung) ist ein fachlich unspezifischer Begriff für Maßnahmen zur Entfeuchtung von feuchte- und/oder salzgeschädigten Mauerwerken, z. B. durch eine nachträgliche Horizontal-

abdichtung mittels Bohrlochinjektion oder durch →abdichtende Injektionen im Rahmen der nachträglichen Vertikalabdichtung. Der Begriff wird gelegentlich auch für die Technische Bautrocknung verwendet.

Bauzustandsanalyse
Bauzustandsanalyse ist ein älterer Begriff der →Bauwerksdiagnostik, bei der vor allem der Ist-Zustand wie z. B. der Feuchte- und/oder Salzgehalt in Baustoffen ermittelt wurde. Im Gegensatz zur heutigen Bauwerksdiagnostik beinhaltete die Bauzustandsanalyse keine Empfehlung und Bewertung von Instandsetzungsverfahren.

Beanspruchungsgruppe
→Schlagregenbeanspruchung

Bedenkenanmeldung
Eine Bedenkenanmeldung, auch als Bedenkenanzeige bekannt, ist ein Begriff aus dem →Baurecht. Hierbei handelt es sich um eine Mitteilung des Auftragnehmers (oder Schuldners im rechtlichen Sinn) gegenüber dem Auftraggeber (oder Gläubigers im rechtlichen Sinn), dass die vereinbarte Ausführung einer Leistung aufgrund von Bedenken nicht sichergestellt werden kann. Diese können z. B. in der fehlenden Qualität vorausgegangener Gewerke liegen und/oder von Baustoffen, wenn diese durch den Bauherrn gestellt wurden. Auch mögliche Gefahren, die dem Erfolg der vereinbarten Bauleistung im Weg stehen und zur Gefahr für Leib und Leben der Beteiligten werden können, können Gegenstand dieser Anzeige sein. Eine ordnungsgemäße Bedenkenanmeldung gemäß § 4 Abs. 3 der →VOB Teil B hat in solchen Fällen eine haftungsbefreiende Wirkung. Hierbei ist zu beachten, dass diese Pflichten nicht gelten, wenn ein VOB/B-Vertrag vereinbart wurde, sondern auch bei Werkverträgen. Zudem sind Bedenkenanmeldungen im § 242 →Baugesetzbuch festgelegt.

Begrenzt dehnfähige Füllung/Verbindung
Eine begrenzt dehnfähige Füllung bzw. Verbindung ist eine dehnfähige Verbindung von Rissen und Hohlräumen in statisch und dynamisch beanspruchten Betonbauteilen, deren Verformungseigenschaften vom Rissfüllstoff bestimmt werden. Daher sind auch die eingesetzten Rissfüllstoffe nur begrenzt in der Lage, Rissbreitenänderungen aufzunehmen. Geeignet sind Polyurethane sowie modifizierte Epoxidharze, wenn diese ein ausreichendes Dehnvermögen aufweisen.

Bemessungswasserstand
Der Bemessungswasserstand beschreibt den höchsten Grundwasserstand in der Vergangenheit sowie den höchstmöglichen, in der Zukunft zu erwartenden, Grundwasserstand. Daraus wird abgeleitet, ob der erdberührte Bereich eines Gebäudes oberhalb oder unterhalb des Grundwassers liegt und wie eine →Bauwerksabdichtung geplant und ausgeführt werden muss.

Benetzung
Unter Benetzung wird die Ausbreitung von Flüssigkeiten (in der Regel Wasser) auf einer Baustoffoberfläche verstanden. Ursächlich hierfür ist die →Adhäsion und ihre zwischenmolekularen Adhäsionskräfte zwischen zwei verschiedenen Stoffen. Im Zusammenhang mit der Benetzung werden auch Begriffe wie →Benetzungswinkel, Randwinkel, Abperl-Effekt, →hydrophob oder →hydrophil sowie Oberflächenspannungen verwendet.

Benetzungsmittel
Benetzungsmittel werden eingesetzt, um die →Benetzung oder Benetzbarkeit von Oberflächen zu erhöhen. Bei wasserabweisenden Oberflächen z. B. werden Benetzungsmittel eingesetzt, damit ein Kontakt zwischen Baustoffen (feste Phase) und Wasser (flüssige Phase) besteht. Dies wird durch eine Reduzierung der so genannten →Oberflächenspannung erzielt. Im Gegensatz dazu werden z. B. →Hydrophobierungsmittel eingesetzt, um die Oberflächenspannung zu erhöhen und infolgedessen die Oberflächen wasserabweisend auszubilden.

Benetzungsprobe
→Untergrundprüfung

Benetzungswinkel
Der Kapillartransport von Flüssigkeiten wird durch die →Oberflächenspannung verursacht. Dies führt u. a. dazu, dass ein Wassertropfen in Schwerelosigkeit die Form einer Kugel annimmt. Wenn nun ein Wassertropfen auf die Oberfläche eines Baustoffes trifft, findet eine Wechselwirkung von Kräften zwischen den beiden Oberflächen statt und es stellt sich eine spezifische Form des Tropfens auf der Baustoffoberfläche ein. Diese Form kann durch einen Winkel beschrieben werden, der sich zwischen der Oberfläche des Tropfens und dem Baustoff bildet und als Benetzungswinkel bezeichnet wird. Kann kein Benetzungswinkel nachgewiesen werden (Null) liegt eine komplette Benetzung vor. Bei einem Benetzungswinkel von $\leq 90°$ spricht man von hydrophilen (wasseranziehenden) Oberflächen, bei $\geq 90°$ liegen hydrophobe (wasserabweisende) Oberflächen vor.

Bentonit-Quellfugenbänder
→ Quellfugenband

Bergbauschäden
Bergbauschäden an Gebäuden zeigen sich vor allem in Form baugrundbedingter Risse und entstehen in Folge von gegenwärtigen oder in der Vergangenheit erfolgten Aktivitäten im Bergbau. Ursachen sind z. B. bergbaulich bedingte Bewegungen, aber auch Veränderungen des Grundwasserspiegels, durch die sich die Tragfähigkeit des Baugrundes verändert und Setzungen oder Hebungen ausgelöst werden.

Beruhigte Risse
Beruhigte Risse ist ein fachlich unspezifischer Begriff für →Risse in Gebäuden, bei denen keine Rissbreitenänderungen bzw. Rissflankenbewegungen mehr auftreten. ($\Delta w = 0$). Das Gegenteil sind →dynamische Risse.

Beschaffenheitsvereinbarung
Eine Beschaffenheitsvereinbarung beschreibt die Übereinkunft zwischen einem Auftraggeber (in der Regel der Bauherr, im rechtlichen Sinn der Gläubiger) und einem Auftragnehmer (in der Regel ein Bauunternehmen oder Handwerksbetrieb, im rechtlichen Sinn der Schuldner) über die Beschaffenheit der vereinbarten Leistungen im Rahmen eines Werkvertrages. Beide Parteien vereinbaren explizit, wie die Beschaffenheit geschuldet wird. Daher hat die Beschaffenheitsvereinbarung einen hohen Stellenwert im Rahmen der →Abnahme und der Geltendmachung möglicher Mängelansprüche und sollte wegen der Beweispflicht immer schriftlich und eindeutig formuliert sein.

Beste verfügbare Technik
Der Begriff „Beste verfügbare Technik" ist keine Floskel, sondern ein Terminus im Zusammenhang mit dem →Stand der Technik. Im Gegensatz zu diesem bezieht sich die „Beste verfügbare Technik" (BVT) auf die effektivsten und effizientesten Technologien, Prozesse oder Maßnahmen, die derzeit verfügbar sind. Diese sind zwischen dem Stand der Technik und dem →Stand der Wissenschaft und Technik angesiedelt.

Betonbluten
Unter Betonbluten wird das Absondern von Wasser eines fertig gemischten, eingebrachten und verdichteten Betons oder Mörtels bezeichnet. Dieser Vorgang tritt während oder nach der Verarbeitung auf und dauert bis zum Beginn des Erstarrungs- bzw. Erhärtungsprozesses. Zement, der eine dreimal größere Dichte als Wasser hat, neigt dazu, sich im Zementleim zu setzen, also zu separieren. Betonbluten kann vermieden werden, in dem z. B. der Wasser-Zementgehalt minimiert, die Sieblinie optimiert, eine dichte Kornzusammensetzung gewählt oder feingemahlene Zemente verwendet werden.

Betonkrebs
→Alkali-Kieselsäure-Reaktion (AKR)

Betrachtungsabstand
Der Betrachtungsabstand spielt bei der optischen Bewertung von Rissen und deren Verhältnismäßigkeit eine wichtige Rolle. Hiermit ist nicht nur die einfache Entfernung bei der visuellen →Rissdiagnostik gemeint, sondern auch der Abstand eines wahrnehmbaren Risses im Gesamteindruck eines Bauteils.

Bewegungsaufnahme
Die Bewegungsaufnahme beschreibt die zulässige Gesamtverformung z. B. von Dichtstoffen.

Bewegungsfugen
Bewegungsfugen dienen zur Aufnahme von Bewegungen unterschiedlicher Bauteile, die durch innere oder äußere Einflussfaktoren hervorgerufen werden. Bewegungsfugen müssen in der Regel durch elastische Dichtstoffe verschlossen werden, um ein Eindringen von Wasser oder anderen Flüssigkeiten auszuschließen und gleichzeitig die Bewegungsfähigkeit der verbundenen Bauteile nicht einzuschränken. Fugen mit einer größeren Dehnung müssen je Beanspruchung durch Feuchtigkeit mit Dehnfugenbändern oder Dehnfugenprofilen abgedichtet werden.

Bewehrung (auch Armierung)
Zur Bewehrung z. B. eines Unterputzes oder Armierungsputzes werden alkaliresistente →Glasfasergewebe eingesetzt mit der Aufgabe, die punktuellen Zugkräfte z. B. oberhalb eines Risses aufzunehmen und über die Fläche der Armierungsschicht zu verteilen. Somit sollen anstatt eines großen Risses viele kleine Risse verursacht werden, die in der Schlussbeschichtung keinen Schaden anrichten. Eine besondere Bedeutung kommt hierbei der →Elastizität, →Rissdehnung oder auch →Rissbreitenänderung zu.

Beweislast
Die Beweislast (oder auch Beweisführungslast) ist ein Rechtsbegriff aus dem →Baurecht, der eine zentrale Bedeutung im zivilrechtlichen Gerichtsprozess hat. Darunter versteht man die Notwendigkeit einer Partei, die für den Erfolg ihrer eigenen Ansprüche oder zur Verteidigung entscheidenden Tatsachen nachzuweisen. Die →Beweislastumkehr, eine Abweichung vom klassischen Beweislastprinzip, verschiebt diese Verpflichtung auf die Gegenseite. Im zivilrechtlichen Prozessrecht gilt, dass jede Partei die Beweislast für die von ihr vorgetragenen Sachverhalte trägt, die für die Begründung ihrer Ansprüche oder für die Abwehr gegen Ansprüche des Gegners erforderlich sind. Dies bedeutet, dass der Kläger die Tatsachen, mit denen er seine Ansprüche begründet, beweisen muss. Im Gegenzug muss der Beklagte die Tatsachen, mit denen er die Ansprüche des Klägers verhindern möchte, ebenfalls beweisen. Der Rechtsgrundsatz hierfür ist, dass derjenige, der aus vorgetragenen Sachverhalten rechtliche Vorteile ziehen möchte, auch die Verantwortung für den Nachweis hierfür zu erbringen hat (so genannte Rosenbergsche Formel). Zur Beweislast im zivilrechtlichen Gerichtsprozess gibt es einige gesetzliche Regelungen. Hierzu gehören z. B. die Zivilprozessordnung und insbesondere die § 286 und § 287 ZPO, das Bürgerliche Gesetzbuch und insbesondere § 363 BGB bei der Leistung zur Erfüllung, § 280 Absatz 1 Satz 2 BGB im Rahmen der Schadensersatzpflicht wegen Pflichtverletzung, das Handelsgesetzbuch und insbesondere § 377 HGB, der indirekt die Beweislast für Mängel der Ware betrifft sowie auch das Produkthaftungsgesetz und insbesondere § 1 Absatz 4 ProdHaftG, in dem sich Bestimmungen zur Beweislast finden.

Beweislastumkehr
Die →Beweislast ist ein Rechtsbegriff aus dem →Baurecht, der eine zentrale Bedeutung im zivilrechtlichen Gerichtsprozess hat. Die Beweislast und insbesondere die Umkehrung dieser Beweislast können den Ausgang eines Gerichtsverfahrens maßgeblich beeinflussen. Hierbei bedeutet eine Beweislastumkehr, dass von dem Grundsatz, dass diejenige Partei, die aus einem vorgetragenen Sachverhalt rechtliche Vorteile ziehen möchte, eben nicht den hierfür notwendigen Nachweis zu erbringen hat, sondern die Beweisführungslast auf die Gegenpartei übergeht. Diese Ausnahme findet in bestimmten Konstellationen seine Anwendung, wenn z. B. die Beweisführung für eine Partei mit unzumutbaren Schwierigkeiten verbunden und/oder diese sonst unzumutbar benachteiligt wäre. Außerdem wird die Umkehr der Beweislast auch angewendet, wenn einem strukturellen Informationsungleichgewicht entgegengewirkt werden soll. Gesetzliche Regelungen zur Beweislastumkehr finden sich z. B. im § 280 Absatz 1 Satz 2 BGB, der im Rahmen der Schadensersatzpflicht wegen Pflicht-

verletzung eine Beweislastumkehr vorsieht, indem der Schuldner beweisen muss, dass er die Pflichtverletzung nicht zu vertreten hat.

Beweissicherungsverfahren
Das Beweissicherungsverfahren ist eine frühere Bezeichnung für ein selbständiges Beweisverfahren, das in den §§ 485 bis § 494 ZPO (Zivilprozessordnung) geregelt ist. Hierbei handelt es sich um ein gerichtliches Verfahren, das dem eigentlichen Zivilprozess, auch als Hauptsacheverfahren bezeichnet, vorgeschaltet werden kann. Das Ziel besteht darin, in Fällen mit einer gewissen Eilbedürftigkeit die Beweise für einen bestimmten Sachverhalt – in der Regel handelt es sich um Baumängel – zu sichern bzw. eine Beweissicherung für einen späteren Zivilprozess zu gewährleisten. Es geht also in erster Linie um die Verhinderung von Beweisverlusten. Alternativ kann dieses Verfahren auch einer gerichtlichen Feststellung, der Hemmung von Verjährungsfristen oder der Vermeidung eines Rechtsstreits z. B. im Rahmen eines Vergleiches dienen. Damit ein selbständiges Beweisverfahren durchgeführt wird, müssen bestimmte Voraussetzungen vorliegen. So muss der Antragsteller zunächst belegen, dass eine „tatsächliche Besorgnis der Beweisvereitelung oder -erschwerung" vorliegt. Weiterhin muss die Beweisbedürftigkeit (Relevanz für einen zukünftigen Prozess) und die Eignung der Beweismittel (zur Klärung strittiger Sachverhalte) nachgewiesen werden. Das selbständige Beweisverfahren besteht aus mehreren Phasen (Antragstellung, Vorprüfung, Beweisbeschluss, Beweiserhebung, Protokollierung und Entscheidung). Das selbständige Beweisverfahren endet mit einem →Gutachten eines Sachverständigen und kein Urteil.

Bewetterung
Unter der Bewetterung wird die Freibewitterung von Baustoffen verstanden. Dies bedeutet, dass Baustoffe im Freien den natürlichen Klimabedingungen ausgesetzt werden, um ihre Resistenz gegenüber unterschiedlichen Einflüssen zu testen. Hierzu gehören z. B. in Meeresnähe das Seeklima mit Salzbelastung, im Industriegebiet die „saure" Atmosphäre oder im Hochgebirge einen hohen UV-Anteil sowie große Temperaturwechsel. Eine besondere Form der Freibewitterung ist die so genannte „Florida-Bewitterung", die vor Ort unter tropischen Bedingungen stattfindet, also unter hohen Temperaturen und hoher Luftfeuchtigkeit, und wegen der starken Beanspruchung im Vergleich zu mitteleuropäischen Klimaverhältnissen sehr zeitraffend wirksam ist.

BFS
BFS ist die Abkürzung für Bundesausschuss Farbe und Sachwertschutz.

BFS-Merkblätter
Der technische Ausschuss im →BFS (Bundesverband Farbe Gestaltung Bautenschutz) erstellt branchenweit anerkannte Regeln der Technik für das Malergewerbe. Einen hohen Bekanntheitsgrad haben z. B. die BFS-Merkblätter 19 „Risse in Außenputzen – Beschichtung und Armierung" sowie Nr. 19.1 „Risse in unverputztem und verputztem Mauerwerk, in Gipskartonplatten und ähnlichen Stoffen auf Unterkonstruktionen – Ursachen und Bearbeitungsmöglichkeiten".

Biegemoment
Ein Biegemoment ist eine Kraft, die in einem bestimmten Abstand von einem Bezugspunkt ausgeübt wird, so dass sich ein Bauteil biegt.

Biegerisse
Risse, die aus der Biegebeanspruchung eines Bauteils resultieren, werden als Biegeriss bezeichnet. Biegerisse entstehen bei auftretenden Biegemomenten und verlaufen in der Regel rechtwinklig zur Biegezugbewehrung. Sie beginnen am Zugrand und enden im Bereich der Nulllinie.

Biegezugfestigkeit/Biegezugspannung
Biegezug ist eine Beanspruchung durch Zugspannungen, die durch Biegemomente verursacht wird. Die Biegebeanspruchung unterscheidet sich von der reinen →Zugbeanspruchung dadurch, dass z. B. im Betonquerschnitt eine Druck- und eine Zugzone entstehen. Die Biegezugfestigkeit ist daher die Festigkeit des Bauteils in der Zugzone bei Biegung.

Biofouling

Biofouling ist auf einen physikalisch-chemischen Vorgang zurückzuführen und beschreibt die unerwünschte Vermehrung von Mikroorganismen wie z. B. Pilze und/oder Bakterien auf Baustoffoberflächen. Diese leben häufig in so genannten Biofilmen. Hierbei handelt es sich um eine gelartige bis schleimige Schicht. Anders als bei der so genannten →Biokorrosion wird durch das Biofouling die Baustoffoberfläche nicht angegriffen. Allerdings weist der Biofilm eine stark hydrophile Eigenschaft auf und bindet Feuchtigkeit. Dies führt dazu, dass auch ursprünglich hydrophobe (wasserabweisende) Baustoffoberflächen zunehmend →hydrophil (wasseranziehend) werden. Außerdem führt die Klebrigkeit dieser gelartigen Oberfläche häufig zu Partikelansammlungen aus der Umgebungsluft, was wiederum die Wasseraufnahme erhöht. Mit zunehmender Zeit verdichtet sich der Biofilm, wodurch auch die Wasserdampfdiffusionseigenschaften des Baustoffes verändert werden und infolgedessen Einfluss auf den Feuchtehaushalt und somit auch auf das hygro-thermische Verhalten nimmt.

Biokorrosion

Die Biokorrosion ist im Gegensatz zum physikalisch-chemischen →Biofouling ein rein chemischer Vorgang. Hierbei verursachen Mikroorganismen wie z. B. Pilze und/oder Bakterien Veränderungen an der Struktur und Stabilität der Baustoffoberfläche. Der Begriff beschreibt die korrosive Wirkung der organischen und anorganischen Säuren auf die Bindemittelstruktur von Baustoffen, die beim Stoffwechselprozess von Mikroorganismen ausgeschieden werden. Vor allem organische Bau- und Dämmstoffe wie Holz, Papier oder Kork, aber auch polymere Kunststoffe und Schäume, unterliegen überwiegend einem direkten enzymatischen Angriff. Hierbei kommt es insbesondere durch Pilze zu nachhaltigen Strukturveränderungen. Diese konnten an speziellen Werkstoffen wie Verbundmaterialien, Dichtungs- und Isoliermassen, Korrosionsinhibitoren und Beschichtungen beobachtet werden. Der Biokorrosion geht häufig die Bildung eines Biofilms und daraus resultierend das Biofouling voraus.

Biologische Angriffe

Unter einem biologischen Angriff sind Einwirkungen durch Mikroorganismen wie z. B. Pilze oder Bakterien zu verstehen, durch die sich die Eigenschaften eines Bauteils und/oder Baustoffs verschlechtern. Bekanntestes Beispiel ist die →Biokorrosion.

Blaine-Wert

Der so genannte Blaine-Wert beschreibt die spezifische Oberfläche des Zementes in cm^2 pro Gramm und ist ein standardisiertes Maß für den Grad der Feinvermahlung. Der Blaine-Wert hat Einfluss auf die Frühfestigkeit, die mit dem Zement erreicht werden kann, und auf den Wasserbedarf. Je feiner der Zement gemahlen ist, desto höher ist sein Wasserbedarf und desto höher darf der Zement nach kurzer Zeit belastet werden. Der Blaine-Wert spielt eine Rolle bei der →Injektion von Rissen in Betonbauteilen mithilfe von Zementleimen. Diese werden aus Portlandzementen mit einem Blaine-Wert von 3500 bis 4500 cm^2/g hergestellt. Dem gegenüber liegt der Blaine-Wert bei Zementsuspensionen aus Mikrozementen bei 12.000 bis 15.000 cm^2/g.

Blasenbildung

Blasenbildung z. B. in organisch gebundenen Beschichtungsstoffen wie z. B. einer Dispersionsfarbe oder einem →Kunstharzputz ist in der Regel auf eine ungenügende Wasserdampfdiffusionsfähigkeit zurückzuführen, die zu einem punktuellen Ablösen der Beschichtung vom Untergrund führt und sich in Form einer Blase äußert, die mit kondensiertem Wasser gefüllt ist. Der Begriff der Blasenbildung beschreibt aber auch eine unerwünschte örtliche Aufwölbung auf einer Dichtstoffoberfläche bzw. Hohlstellen oder Fehlstellen im Dichtstoff. Diese werden z. B. durch Ausgasungen aus der Fuge oder dem beschädigtem Hinterfüllmaterial hervorgerufen.

Bodenaustausch

Der Bodenaustausch ist eine Methode im Rahmen der →Baugrundverbesserungen im Neubau. Im Rahmen der Instandsetzung baugrundbedingter Risse ist diese Methode nicht anwendbar.

Bodenfeuchtigkeit
Bodenfeuchte ist Wasser, das im Porenraum des Baugrunds durch Kapillarkräfte gebunden und faktisch immer vorhanden ist. Bei dieser Wasserbeanspruchungsart wirkt kein →hydrostatischer Druck auf die →Bauwerksabdichtung. Nach DIN 18533 Teil 1 handelt es sich bei Bodenfeuchtigkeit um die →Wassereinwirkungsklasse W1-E.

Bodenklassen
Bodenklassen haben ihre Bedeutung im Zusammenhang mit →Baugrunduntersuchungen und/ oder baugrundbedingten Rissen. Die Einteilung erfolgt in der DIN 18300 „VOB Vergabe- und Vertragsordnung für Bauleistungen – Teil C: Allgemeine Technische Vertragsbedingungen für Bauleistungen (ATV) – Erdarbeiten" (2019) und richtet sich nach der Lösbarkeit und den erdbautechnischen Eigenschaften. Die Bodenklasse 1 (Oberboden oder Mutterboden) ist die oberste Bodenschicht, die neben den anorganischen Stoffen auch Humus und Bodenlebewesen enthält. In der Bodenklasse 2 werden fließende Bodenarten beschrieben. Das sind Böden, die von flüssiger bis zähflüssiger Beschaffenheit sind und das Wasser schwer abgeben. Die Bodenklasse 3 dagegen definiert leicht lösbare Bodenarten. Zu ihnen gehören nicht bindige bis schwach bindige Sande, Kiese und Sand-Kies-Gemische mit bis zu 15 Gew.-% Beimengungen an Schluff und Ton. Außerdem dürfen dieser Bodenklasse höchstens 30 Gew.-% Steine über 63 mm Korngröße und bis zu 0,01 m^3 Rauminhalt angehören. Die Bodenklasse 4 beschreibt mittelschwer lösbare Bodenarten. Hierzu gehören Gemische von Sand, Kies, Schluff und Ton mit einem Anteil von mehr als 15 Gew.-%, sowie bindige Bodenarten von leichter bis mittlerer Plastizität und mit höchstens 30 Gew.-% Steinen von über 63 mm Korngröße bis zu 0,01 m^3 Rauminhalt. In der Bodenklasse 5 werden schwer lösbare Bodenarten zusammengefasst. Hierbei handelt es sich um Bodenarten nach den Bodenklassen 3 und 4, jedoch mit mehr als 30 Gew.-% Steinen von über 63 mm Korngröße bis zu 0,01 m^3 Rauminhalt. Außerdem gehören in diese Bodenklasse auch nicht bindige und bindige Bodenarten mit höchstens 30 Gew.-% Steinen von über 0,01 m^3 bis 0,1 m^3 Rauminhalt sowie ausgeprägt plastische Tone, die je nach Wassergehalt weich bis fest sind. In der Bodenklasse 6 werden der leicht lösbare Fels und vergleichbare Bodenarten beschrieben. Darunter fallen Felsarten, die einen hohen inneren, mineralisch gebundenen Zusammenhalt haben, jedoch stark klüftig, brüchig, bröckelig, schiefrig, weich oder verwittert sind. Außerdem gehören vergleichbare verfestigte nicht bindige Bodenarten in diese Klasse. Bodenklasse 7 definiert den schwer lösbaren Fels. Zu diesem gehören Felsarten, die einen starken inneren, mineralisch gebundenen Zusammenhalt und eine hohe Gefügefestigkeit haben. Diese Felsarten sind nur wenig klüftig oder verwittert. Zu dieser Bodenklasse gehören der felsgelagerte, unverwitterte Tonschiefer, Schlackenhalden der Hüttenwerke und dgl. Von der Bodenklasse hängt u. a. ab, welchen Winkel eine Böschung maximal haben darf und ab wann eine Sicherung der Baugrube notwendig wird. Ist der geplante Böschungswinkel steiler, als es die Bodenklasse zulässt, sind so genannte Verbaumaßnahmen (Sicherungen) notwendig. Bei Baugruben (Aushub) mit beengten Platzverhältnissen kann dadurch verhindert werden, dass die vorhandene Böschung während der Bauzeit abrutscht oder einstürzt. Bei Böden, deren Festigkeit sich durch Frost, Austrocknen, Eindringen von Wasser oder durch Bildung von Gleitflächen verschlechtern kann, muss beachtet werden, dass die Böschungen flacher auszuführen sind, als dies in den Bodenklassen 3 bis 7 angegeben wird. Alternativ werden abgestufte Böschungen ausgeführt. Die sieben Bodenklassen (eigentlich Boden- und Felsklassen) werden durch Sachverständige der →Geotechnik bzw. der Ingenieurgeologie ermittelt.

Bodenvereisung
→Baugrundverbesserungen

Bodenverfestigung
Die Bodenverfestigung ist eine Methode zur Baugrundverbesserung im Neubau sowie im Rahmen der Instandsetzung baugrundbedingter Risse.

Bohrkernentnahme
Eine Bohrkernentnahme ist eine →Bauteilöffnung, mit der tiefere Bauteilschichten für eine Analyse im Rahmen der →Bauwerksdiagnostik entnommen werden. Hierbei kann es sich um eine Materialprobe aus Putz und Mauerwerk handeln, um labortechnische Untersuchungen durchzuführen, z. B. um den Feuchte- und/oder Salzgehalt von Baustoffen zu analysieren. Bohrkerne werden auch zur Analyse der Festigkeit im Mauerwerksquerschnitt entnommen oder nach einer →Injektion, um die Verteilung eines Injektionsstoffes zu dokumentieren.

Bohrlochinjektion
→abdichtende Injektionen

Bohrlochschlämme
Bei einer Bohrlochschlämme handelt es sich um einen dünnflüssigen Injektionsmörtel zur drucklosen Verfüllung von Bohrlöchern und Hohlräumen als vorbereitende Maßnahme bei der Injektion gegen kapillar aufsteigende Feuchtigkeit.

Bohrpacker
Bohrpacker sind zylinderförmige →Injektionspacker, die in Bohrlöcher verwendet werden. Man unterscheidet zum einen →Schraubpacker (aus Metall), die durch Verschrauben im Bohrloch verankert werden (hierzu muss das Bohrloch 1 mm größer gebohrt werden als der Durchmesser des Packers) und zum anderen →Schlagpacker (aus Kunststoff), die in das Bohrloch eingeschlagen werden und sich durch ringförmig angeordnete Lamellen im Bohrloch verankern (hierzu muss das Bauteil eine ausreichende Festigkeit aufweisen). Bei Schlagpackern entspricht die empfohlene Bohrlochgröße dem Durchmesser des Packers.

Boreskop
Endoskop

Boxprinzip
→Schachtelprinzip

Brandverhalten
Abdichtungs-, Beschichtungs- oder Dichtstoffe werden als Baustoffe nach DIN 4102 Teil 1 geprüft und den Baustoffklassen zugeordnet. Nichtbrennbare Baustoffe ohne Anteile von brennbaren Baustoffen gelten als A1, nicht brennbare Baustoffe mit Anteilen von brennbaren Baustoffen als A2, schwer entflammbare Baustoffe als B1, normal entflammbare Baustoffe als B2 und leicht entflammbare Baustoffe gelten als Baustoffklasse B3.

Bruch
Als Bruch wird die Fläche in einem Bauteil und/oder Baustoff bezeichnet, an der ein Verlust der →Kohäsion stattgefunden hat und kein Zusammenhalt mehr existiert. Hierbei können sich die gegenüber liegenden Bruchflächen entweder berühren oder eine Öffnung aufweisen. Dann spricht man von einem Riss.

Bruchausbreitung
Die Bruchausbreitung beschreibt, wie sich die Bruchflächen während der Bruchentstehung relativ zueinander bewegen. Hierbei unterscheidet man den →Zugbruch und →Scherbruch.

Bruchdehnung
Die Bruchdehnung ist ein Maß in Prozent für die Dehnung eines Baustoffs bis zum Zeitpunkt seines Bruchs. Sie gibt die bleibende Verlängerung der Zugprobe nach einem Bruch, bezogen auf die Anfangslänge, an. Mit der Bruchdehnung wird die Verformungsfähigkeit und Zugfestigkeit eines Baustoffes charakterisiert. Diese wird durch den Materialtyp, Temperatur und die Verarbeitung sowie Behandlung beeinflusst.

Bruchmechanik
Die Bruchmechanik untersucht das Entstehen, die Ausbreitung und das Wachstum von Rissen sowie den Widerstand im Bauteil oder Baustoff. Durch die Berechnung oder Simulation der Haltbarkeit und Nutzungsdauer rissbehafteter Bauteile können Intervalle für Inspektionen, Wartungen oder Renovierungszyklen festgelegt werden.

Bruchspannung
Die Bruchspannung beschreibt die höchste erreichbare →Spannung eines Baustoffes, bevor

dieser bricht. Als Materialkenngröße hat die Bruchspannung, im Gegensatz zur →Bruchdehnung, keine Bedeutung.

Bruchzähigkeit
→Spannungsintensitätsfaktor

9.3 C

Calciumchlorid
Bei Calciumchlorid handelt es sich um das Calciumsalz der Salzsäure. Dieses entsteht z. B. bei der Reaktion von Kalk mit Salzsäure.

Calciumhydroxid
Calciumhydroxid ist ein Reaktionsprodukt bei der Zementhydratation, ist alkalisch in wässriger Lösung und bewirkt eine alkalische Reaktion im frischen Zementmörtel, so dass somit die Passivierungsschicht von in Beton eingebautem Stahl stabilisiert wird, was auch als passiver Korrosionsschutz bezeichnet wird.

Carbonate
Carbonate ist eine Sammelbezeichnung für Salze, die durch Reaktion wässriger Lösungen von Kohlendioxid (Kohlensäure) mit Basen wie z. B. →Calciumhydroxid entstehen.

CE-Kennzeichnung
Mit der CE-Kennzeichnung wird der Nachweis der Konformität von Bauprodukten mit einer europäischen Norm bzw. einer europäischen technischen Richtlinie (→ETAG) gekennzeichnet. CE steht für „Conformité Européene“. Durch das Anbringen des CE-Zeichens erklärt der Hersteller bzw. Inverkehrbringer, dass das Produkt den geltenden Anforderungen der harmonisierten europäischen Bauproduktnormen (hEN) entspricht.

CFK-Lamellen
CFK ist die Abkürzung für Carbonfaserverstärkte Kunststoffe. So genannte CFK-Lamellen sind Kohlefasern, die unter hoher Temperatureinwirkung mit Epoxidkleber miteinander verbunden und in Form gebracht werden. In der Regel weisen CFK-Lamellen Dicken von ca. 1 mm und Breiten von 50 bis 150 mm auf. Aufgrund ihrer hohen Zugfestigkeit und Korrosionsbeständigkeit werden CFK-Lamellen zur nachträglichen Ertüchtigung von Betonbauteilen im Rahmen der Betoninstandsetzung eingesetzt. Die Bemessung der CFK Lamellen sowie die →Lamellenverklebung ist in der DAfStb-Richtlinie „Verstärken von Betonbauteilen mit geklebter Bewehrung“ bzw. den allgemein bauaufsichtlichen Zulassungen nach DIN 1045-1 „Tragwerke aus Beton, Stahlbeton und Spannbeton – Teil 1: Planung, Bemessung und Konstruktion“ (2023) bzw. Eurocode 2 „DIN EN 1992-1-1 Bemessung und Konstruktion von Stahlbeton- und Spannbetontragwerken – Teil 1-1: Allgemeine Bemessungsregeln und Regeln für den Hochbau mit Nationalem Anhang“ geregelt. CFK-Verstärkungen werden seit über 20 Jahren angewandt und entsprechen den allgemein anerkannten Regeln der Technik.

Chemikalienbeständigkeit
Die Chemikalienbeständigkeit von Abdichtungs-, Beschichtungs- oder Dichtstoffen ist von der Art, Konzentration, Dauer und Temperatur der Einwirkung durch Chemikalien abhängig. Diese wird vom Hersteller geprüft und im Technischen Produktdatenblatt angegeben.

Chemischer Angriff
Ein chemischer Angriff sind Einwirkungen durch chemische Substanzen in flüssiger, fester, gasförmiger oder gelöster Form, durch die sich die Eigenschaften eines Bauteils und/oder Baustoffs verschlechtern. Nach dem Angriffsgrad wird zwischen schwachem, starkem und sehr starkem Angriff unterschieden; auf Grund der Wirkungsweise der Zerstörung wird zwischen einem lösendem und treibendem Angriff unterschieden. Der Widerstand gegen chemische Angriffe hängt im Wesentlichen von den Eigenschaften des Bauteils oder seiner →Oberflächenschutzsysteme ab.

Chemisches Quellen
Unter chemischem Quellen wird die Volumenzunahme eines Baustoffs aufgrund chemischer Umwandlung verstanden.

Chemisch gebundenes Wasser
Unter chemisch gebundenem Wasser, auch als Kristallwasser bezeichnet, wird das Wasser verstanden, das während der Härtung mit einem anorganischen Bindemittel (z. B. Zement oder Gips) reagiert und hierbei in die Struktur des Baustoffes eingebunden wird.

Chloride
Chloride sind Salze der Salzsäure und gehören zu den bauschädigenden Salzen. Zu den wasserlöslichen Chloriden gehören Natriumchlorid (Kochsalz), Kaliumchlorid, Calciumchlorid. Lösungen dieser Salze können die so genannte Passivierungsschicht von Bewehrungsstahl zerstören und zu Lochfraßkorrosion führen. Darüber hinaus können Chloride zur mechanischen Zerstörung von Baustoffen durch Kristallisation und Abplatzungen führen.

Chromstahlblechverfahren
Das Chromstahlblechverfahren ist ein mechanisches Verfahren zur nachträglichen Horizontalabdichtung in Altbauten bei kapillar aufsteigender Feuchtigkeit. Hierbei werden gewellte Chromstahlbleche durch leichtes Vibrieren in die durchgehende Lagerfuge eines Mauerwerkes eingebracht und somit die Kapillarität im Mauerwerk unterbunden. Durch die Vibrationen kann es bei diesem Rammverfahren zu Rissen in Gebäuden kommen, vor allem bei der Anwendung in tragenden Wänden und/oder bei einem unregelmäßigen Fugenverlauf. Das Verfahren wird nach seinen Erfindern – *Haböck* und *Weinzierl* – auch als H/W-System bezeichnet.

CM-Methode/CM-Verfahren
Die Abkürzung steht für Calciumcarbid-Messung. Die CM-Methode (synonym CM-Verfahren) gehört zu den zerstörenden Messverfahren zur Bestimmung des Feuchtegehalts mineralischer Baustoffe und kann vor Ort eingesetzt werden. Das Messprinzip beruht auf der chemischen Reaktion der im Baustoff vorhandenen Feuchtigkeit (Wasser) mit Calciumcarbid zu Acetylen (Gas) und Calciumhydroxid (Feststoff) in einem Gefäß. Der durch die Gasmenge erzeugte Druck (Manometer) ist abhängig vom Restfeuchtegehalt im Baustoff.

COD-Test
Der COD-Test (Crack-Opening-Displacement-Test) ist ein Verfahren zur Bestimmung der →Risszähigkeit.

CTOD-Prüfung
Die CTOD-Prüfung (Crack Tip Opening Displacement) bestimmt den Widerstand eines Baustoffes gegen das →Risswachstum. Diese Prüfung wird bei Baustoffen durchgeführt, bei denen vor dem Riss eine plastische Verformung stattfindet, die eine Ausbreitung von Mikrorissen verursacht. Hierzu wird in der Mitte der Baustoffprobe ein Ermüdungsriss provoziert und diese anschließend auf zwei Auflagen positioniert und in der Mitte mit einem Prüfstempel belastet (Drei-Punkt-Biege). Die →Rissausbreitung an der →Risswurzel kann mithilfe von Dehnungssensoren präzise gemessen werden. Dabei wird als Kenngröße die kritische Rissöffnung angegeben, die ein Maß für die Ausbreitung oder Aufweitung eines Risses darstellt.

9.4 D

DAfStb
DAfStb ist die Abkürzung für Deutscher Ausschuss für Stahlbeton. Der technische Ausschuss befasst sich mit der Forschung von Betonbauwerken und erstellt eine Reihe von technischen Regelwerken und Richtlinien, die ergänzend zu den entsprechenden Normen zu den allgemein anerkannten Regeln der Technik gehören.

Darcy-Gesetz
Das Darcy-Gesetz findet Anwendung im Zusammenhang mit →Baugrunduntersuchungen und der Wasserdurchlässigkeit von porösen Böden. Hierbei handelt es sich um eine durch *Henry Darcy* im Jahr 1856 entwickelte Gesetzmäßigkeit, nach der die durch eine bestimmte Fläche hindurchfließende Wassermenge dem Druckhöhenunterschied und einem gesteinsspezifischen Koeffizienten, dem so genannten

→Durchlässigkeitsbeiwert, direkt proportional und umgekehrt proportional der Fließlänge ist. Man bezeichnet diese auch als hydraulische Leitfähigkeit.

Darr-Methode
Die Darr-Methode ist ein zerstörendes und sehr genaues Messverfahren zur gravimetrischen Feuchtebestimmung in mineralischen Baustoffen. Hierzu wird eine Baustoffprobe vor Ort aus einem Bauteil entnommen und vor der Trocknung gewogen. Anschließend wird diese bei max. 105 °C in einem Trockenschrank getrocknet, bis sich eine Gewichtskonstanz einstellt. Die Probe muss vor dem Wiegen in einem Exsikkator abkühlen. Das Messprinzip beruht auf der Differenzbildung aus (max.) Sättigungsfeuchte und (min.) Ausgleichsfeuchte. Bei höheren Temperaturen würde nicht nur das freie Wasser, sondern auch das chemisch gebundene Wasser, freigesetzt.

Dauerlast
Dauerlast bezeichnet die langzeitig einwirkenden Belastungen auf ein Bauteil, auch als Eigenlast bezeichnet.

Dauerhaftigkeit
Die Dauerhaftigkeit ist eine andere Bezeichnung für →Alterungsbeständigkeit und beschreibt die Eigenschaft eines Bauwerks, Bauteils oder Baustoffs, seine wesentlichen Eigenschaften trotz äußerer Einflüsse wie physikalische oder mechanische, chemische oder biologische Angriffe beizubehalten. Als dauerhaft gilt demnach ein Bauwerk, Bauteil oder Baustoff, wenn seine Funktionalität und Gebrauchstauglichkeit trotz der Expositionen (Beanspruchungen) während des Nutzungszeitraums gegeben sind.

Deckenrandverdrehung
→Deckenrandverformung

Deckenrandverformung
Eine Deckenrandverformung ist eine Torsion der Deckenkonstruktion im Randbereich infolge einer Durchbiegung der Decke. Sobald am Knotenpunkt eine Verdrehungsdifferenz zwischen Mauerwerk und Decke auftritt, entsteht ein konstruktivbedingter Riss, der sich in der Regel als Horizontalriss in der Wand oder im Eckbereich des Mauerwerks zeigt. Die Auswirkungen einer Deckenrandverformung zeigen sich besonders deutlich bei Dach- bzw. obersten Geschossdecken, da sich oberhalb dieser Decken keine Lasten befinden, die einer Verformung entgegenwirken.

Deckenschubriss
Ein Deckenschubriss ist ein konstruktivbedingter Riss im Bereich der Deckenkonstruktion, verursacht durch Lage-, Form- und/oder Volumenveränderungen der Tragkonstruktion. Hierzu gehören z. B. Formveränderungen, Setzungen durch Biegung, Schwinden, Kriechen sowie hygro-thermische Belastungen.

Deformationsanalyse
Die Deformationsanalyse ist ein besonders genaues Messverfahren im Rahmen der →Rissdiagnostik, bei dem die Verformung von Bauteilen sowie daraus resultierende Rissbildungen und -bewegungen mit Hilfe einer →Photogrammmetrie erfolgt. Hierbei werden hoch aufgelöste Digitalfotos verschiedener Kameras und anschließend dreidimensionale Koordinaten von Baustoffoberflächen ausgewertet. Durch diese Auswertung können Risszustände zum Zeitpunkt ihrer Aufnahmen sowie anschließende zeitliche Veränderungen an Rissstrukturen wie z. B. Rissverläufe, Rissbreitenänderungen usw. dokumentiert werden. Gleiches gilt für das Entstehen evtl. neuer Risse.

Dehnbares Füllen
Dehnbares Füllen beschreibt begrenzt dehnbare →Dichtstoffe bei der drucklosen Injektion von Rissen, die bei geringer →Dehnung und Stauchung nicht reißen. Beispielsweise sollen →Polyurethanharze genannt werden. Diese bilden bei der chemischen Reaktion feine Bläschen, die in der Lage sind, kleine Volumenänderungen bei der Dehnung oder Stauchung in flächig ausgedehnten Rissen aufzunehmen.

Dehnbarkeit

Dehnbarkeit (auch →Flexibilität oder →Elastizität genannt) ist das physikalische Vermögen eines Baustoffes, sich ohne Veränderungen seiner Eigenschaften den Längenänderungen eines Bauteils anpassen zu können. Hierbei ist zu beachten, dass mineralische Baustoffe einer Kältekontraktion unterliegen, d. h. vorhandene →Oberflächenrisse weiten sich bei tiefen Temperaturen weiter aus und übertragen diese →Rissbreitenänderung auf den darüber befindlichen Baustoff. Gleichzeitig muss man wissen, dass Beschichtungsstoffe mit einem Bindemittelfilm aus wässrigen Polymerdispersionen thermoplastische Eigenschaften haben, d. h. diese verlieren bei Temperaturen unter 0 °C relativ schnell ihre Dehnbarkeit. Infolgedessen können im Rahmen der anstrichtechnischen Risssanierung nur Polymerdispersionen mit Glasübergangstemperaturen im Minusbereich als Bindemittel eingesetzt werden. Man spricht in diesen Fällen von kälteelastischen Anstrichsystemen.

Dehnfähigkeit

→Dehnbarkeit

Dehnfuge/Dehnungsfuge

Eine Dehn- oder Dehnungsfuge ist eine Fuge zwischen mindestens zwei Bauteilen, mit der Bewegungen ausgeglichen wird, um Spannungsrissen vorzubeugen. Diese Risse entstehen durch unterschiedliche Bewegungen der angrenzenden Bauteile z. B. durch hygro-thermische Dehnung oder lastbedingte Längenänderungen (so genanntes →Kriechen). Bei einer Dehnungsfuge handelt es sich um eine so genannte →Wartungsfuge. Schäden an Dehnungsfugen sind meistens auf →Adhäsionsrisse (Abriss des Dichtstoffs von den Fugenflanken) oder →Kohäsionsrisse (Risse im Dichtstoff) zurückzuführen.

Dehnfugenprofil

Dehnfugenprofile werden überall dort eingesetzt, wo dauerelastische →Bewegungsfugen notwendig sind. Diese werden z. B. bei der →Einzelrisssanierung eingesetzt z. B. bei der Umwandlung eines konstruktivbedingten Risses in eine →Dehnfuge.

Dehnratensensitivität

Die Dehnratensensitivität gibt an, wie stark die kritische Schubspannung von der so genannten Dehnrate eines Baustoffes abhängig ist.

Dehnsteifigkeit

→Zugsteifigkeit

Dehnung

Unter einer Dehnung versteht man die relative Längenänderung eines Bauteils. Diese kann lastbedingt oder lastunabhängig hervorgerufen werden und beschreibt das Verhältnis der Längenänderung zur Ausgangslänge in mm/m. Wenn sich ein Bauteil verlängert bzw. vergrößert, spricht man von einer positiven Dehnung oder auch Streckung. Wenn sich ein Bauteil verkürzt bzw. schrumpft, spricht man dagegen von einer negativen Dehnung oder auch Kontraktion bzw. →Stauchung. Die Dehnung kann auch als prozentuale Veränderung einer Länge angegeben werden.

Dehnungsrisse

Dehnungsrisse ist eine umgangssprachliche und fachlich unspezifische Bezeichnung für diverse →Risse, die infolge einer →Dehnung entstehen. Hierbei kann es sich um →Konstruktivbedingte Risse genauso handeln wie um →untergrundbedingte Risse oder →Putzbedingte Risse. Die Dehnung kann ihre Ursachen in einer lastabhängigen Verformung haben genauso wie in einer lastunabhängigen Verformung z. B. aufgrund einer hygro-thermischen Volumenvergrößerung.

DHBV

DHBV ist die Abkürzung für Deutscher Holz- und Bautenschutzverband. Einige der dort organisierten Mitgliedsunternehmen sind in der Analyse und Bewertung sowie Instandsetzung von Rissen in Gebäuden tätig.

Diagonalarmierung/-bewehrung

Eine Diagonalarmierung oder -bewehrung ist eine zusätzliche Einbettung von speziell zugeschnittenen Armierungsgeweben in Form eines Armierungspfeils oder von Streifen z. B.

20 × 40 cm in den Unterputz oder →Armierungsputz an den Öffnungsecken wie z. B. an Türen und Fenstern in Putzsystemen oder Wärmedämm-Verbundsystemen zur Vermeidung von Diagonalrissen oder Kerbrissen.

Diagonalrisse
Diagonalrisse ist eine umgangssprachliche und fachlich unspezifische Bezeichnung für Risse, die infolge einer Durchbiegung von Geschossdecken an nichttragenden Trennwänden entstehen.

DIBt
Das DIBt (Deutsche Institut für Bautechnik) ist eine durch das Abkommen zwischen Bund und Ländern im Jahre 1993 geschaffene Behörde mit der Aufgabe, nationale und europäische allgemeine bauaufsichtliche Zulassungen (abZ) zu erteilen.

Dichtstoffe
In der DIN EN 15651 werden Dichtstoffe in den Teilen 1 bis 4 klassifiziert in Dichtstoffe für Fassadenelemente (F), Dichtstoffe für Verglasungen (G), Dichtstoffe für den Sanitärbereich (S/XS) sowie Dichtstoffe für Bodenfugen (PW). Nach dem primären Bindemittel bzw. der Zusammensetzung werden diese in einkomponentige Produkte auf Basis von Polyurethanen, Hybrid-Polymere oder Silikone unterschieden. Zweikomponentige Dichtstoffe auf Basis von Polysulfide werden in der Regel nur bei Spezialanwendungen wie z. B. Fugenabdichtung beim Umgang mit wassergefährdenden Stoffen eingesetzt. Nach der Art der Dichtstoffsysteme werden spritzbare Dichtstoffe, Elastomer-Fugenbänder (unter Verwendung von systemgebundenen Klebstoffen) und vorkomprimierte, imprägnierte Fugendichtbänder (aus Schaumkunststoff) unterschieden. Dichtstoffe aus Polyurethan weisen eine hohe Weiterreißfestigkeit und hohe Reißdehnung auf. Das Rückstellvermögen beim Abbau von Spannungen beträgt in der Regel > 70 %. Darüber hinaus verfügen PUR-Dichtstoffe über eine gute Haftung zu einem breiten Spektrum von Untergründen. Silikon-Dichtstoffe weisen dagegen eine hohe UV-Beständigkeit, eine gute Glashaftung und eine geringe Weiterreißfestigkeit auf. Das Rückstellvermögen ohne Spannungsabbau beträgt fast 100 %. Allerdings besteht bei diesen Dichtstoffen die Gefahr einer Randzonenverschmutzung durch Silikonöle. Essigsäuren vernetzende Silikone, besser bekannt als „Sanitärsilikone“ haften nicht auf alkalischen Untergründen wie z. B. Beton oder zementgebundenen Putzen. Darüber hinaus gibt es neutral vernetzende Silikone, auch als „Verglasungsdichtstoffe“ bekannt. Diese weisen eine gute Haftung auf Kunststoffen und Lacken auf. Bei Dichtstoffen auf Acrylbasis handelt es sich um wässrige, plasto-elastische Acryl-Dispersionen mit geringer Bewegungsaufnahme, mit hohem Schwund und schlechten Hafteigenschaften.

Dichtstoffsystem
Ein Dichtstoffsystem besteht nicht nur aus dem Dichtstoff, sondern auch aus einer darauf abgestimmten →Grundierung (auch Primer oder Haftvermittler genannt). Daher sollten beide Komponenten im System des jeweiligen Herstellers (→Bausatz) und nur für vorgesehene Anwendungen und/oder Untergründe verwendet werden. Zum System gehört außerdem ein Hinterfüllmaterial. Dieses dient zur Begrenzung der korrekten Fugentiefe des Dichtstoffs. Außerdem wird dadurch eine →Dreiflankenhaftung des Dichtstoffs verhindert. In den meisten Fällen besteht das Hinterfüllmaterial aus einem geschlossenzelligen Rundprofil aus geschäumtem Polyethylen. Das Hinterfüllmaterial muss im komprimierten Zustand eingebaut werden, um einen ausreichenden Widerstand beim Einbringen und Glätten des Dichtstoffs sicherzustellen. Die für das Glätten des Dichtstoffs eingesetzten Glättmittel gehören ebenfalls zum System, müssen auf den Dichtstoff abgestimmt sein und dürfen keine Verfärbungen verursachen oder Unverträglichkeiten mit dem Dichtstoff aufweisen. Außerdem dürfen Glättmittel keinen Film auf der Oberfläche hinterlassen, durch den die Vernetzung (chemische Reaktion) des Dichtstoffs gestört werden kann.

Dickschichtige Anstricharmierung
Unter einer dickschichtigen Anstricharmierung werden gefüllte, rissüberbrückende Anstrichsysteme verstanden, in die eine feinmaschige →Gewebearmierung z. B. mit einem →Vlies eingebettet werden.

Diffusion
Diffusion ist die Vermischung von Stoffen unter dem Einfluss von Konzentrations-, Temperatur- oder Druckunterschieden, die ohne äußere Einwirkung vor sich geht. Dies bedeutet, dass bei der Diffusion verschiedene Konzentrationen z. B. bei Gasen oder Flüssigkeiten ausgeglichen werden, also z. B. von hoher Konzentration von Feuchtigkeit (nass) zu einer geringen Konzentration (trocken). Aber auch das Eindringen von Weichmachern in Festkörper oder von Farbstoffen in Fasern wird als Diffusion bezeichnet.

DIN
Das DIN (Deutsche Institut für Normung e. V.) ist die nationale Normungsorganisation in Deutschland und wurde im Jahre 1917 unter dem damaligen Namen „Normenausschuss der deutschen Industrie" gegründet. Der heutige Name „Deutsches Institut für Normung" wurde 1975 im Zusammenhang mit dem zwischen der Organisation und der Bundesrepublik Deutschland abgeschlossenen Normenvertrag gewählt. Eine unter der Leitung von Arbeitsausschüssen dieser Normungsorganisation erarbeitete Norm wird als DIN-Norm bezeichnet. Diese Normen werden in der Regel im Konsensverfahren zusammen mit den so genannten „interessierten Kreisen" wie z. B. Industrie und Handel, Forschung und Wissenschaft sowie Prüfinstitute und Behörden erarbeitet.

DIN-Normen
DIN-Normen sind die vom →DIN (Deutsches Institut für Normung) herausgegebenen Normen, die als Ergebnis von Normungsarbeit in Arbeitsausschüssen für unterschiedliche Gebiete zusammengestellt werden. Diese werden dann als, dem jeweiligen →Stand der Technik, entsprechende anerkannte Regel in der Praxis eingeführt und angewendet, wobei Weiterentwicklungen zu überarbeiteten Normen unter gleicher Bezeichnung oder neuen Normen führen. Im Zuge der europäischen Harmonisierung werden nationale Normen in Zukunft an Bedeutung verlieren und entweder in europäische Normen (CEN-Normen) oder internationale Normen (ISO-Normen) überführt. Dies bedeutet, dass auch neue Normen zukünftig nicht mehr als nationale, sondern nur noch als CEN- oder DIN-ISO-Normen erarbeitet werden. Eine Übersicht über relevante Normen im Kontext von Rissen in Gebäuden befindet sich im Anhang dieses Buches.

Dilatationsfuge
Dehnungsfuge

Dispersion
Unter einer Dispersion versteht man die feinste Verteilung eines Stoffes in einem anderen, wobei beide Stoffe schwer- oder unlöslich sind und voneinander verschiedene Zustandsformen (fest, flüssig, gasförmig) aufweisen können. Dabei wird zwischen disperser Komponente (zerteilt vorliegender Stoff) und Dispersionsmittel (Dispersionsmedium, in welchem die dispersen Teilchen vorliegen) unterschieden. Meistens besteht die disperse Komponente aus kleinsten Polymerteilchen und das Dispersionsmittel aus Wasser.

Dispersionsfarben
Dispersionsfarben basieren, wie der Name vermuten lässt, auf einer →Dispersion. Dies bedeutet, dass das organische Bindemittel (Kunstharz) in Wasser dispergiert ist. Außerdem befinden sich in diesen zäh- bis dünnflüssigen Anstrichstoffen Pigmente wie z. B. Titandioxid, →Additive wie z. B. Entschäumer und Verdickungsmittel sowie Füllstoffe. Dispersionsfarben für die Anwendung im Außenbereich sind in der DIN EN 1062 „Beschichtungsstoffe und Beschichtungssysteme für mineralische Substrate und Beton im Außenbereich" (2004) geregelt. Dispersionsfarben zeichnen sich durch eine hohe →Elastizität und Rissüberbrückung sowie hohe Wasserabweisung und Farbtonstabili-

tät aus. Allerdings weisen Dispersionsfarben gegenüber Siliconharzfarben oder Dispersions-Silikatfarben eine deutlich schlechtere Wasserdampfdiffusion auf. Diese Farben trocknen rein physikalisch (→kalter Fluss). In der Regel sind Dispersionsfarben mit bioziden verkapselten Wirkstoffen gegen Algen- und/oder Pilzbefall ausgestattet.

Dispersionsputz
→Kunstharzputz

Dispersions-Silikatfarbe
Dispersions-Silikatfarben werden häufig nur als Silikatfarbe bezeichnet und aufgrund ihrer Zusammensetzung den mineralischen Farben zugeordnet. Beides ist nicht ganz korrekt, denn neben den Dispersions-Silikatfarben gibt es auch zweikomponentige Rein-Silikatfarben, die vor allem in der Denkmalpflege zum Einsatz kommen und kein organisches Bindemittel enthalten. Das Bindemittel einer Dispersions-Silikatfarbe ist Kaliwasserglas. Nach DIN 18363 „VOB Vergabe- und Vertragsordnung für Bauleistungen – Teil C: Allgemeine Technische Vertragsbedingungen für Bauleistungen (ATV) für Maler- und Lackierarbeiten – Beschichtungen“ (2019) dürfen Dispersions-Silikatfarben einen maximalen Anteil von 5 % organischer Bestandteile enthalten. Aufgrund der mineralischen Zusammensetzung und Porosität weisen Dispersions-Silikatfarben eine sehr hohe Wasserdampfdiffusionsfähigkeit auf. Ein weiterer Vorteil ist die hohe Alkalität, durch die das Wachstum von Algen und Pilze auf natürliche Art ohne die Zugabe von bioziden Wirkstoffen verhindert wird. Nachteilig ist vor allem die höhere Wasseraufnahme z. B. im Vergleich zu Dispersionsfarben und die Gefahr von →Ausblühungen. Außerdem können Dispersions-Silikatfarben nur mit mineralischen Pigmenten eingetönt werden, was die Farbtonauswahl einschränkt. Eine Besonderheit von Dispersions-Silikatfarben ist die Verkieselung. Hierbei reagiert das Kaliwasserglas mit dem mineralischen Untergrund und „verkrallt“ oder „verkieselt“ sich mit diesem, wodurch eine außergewöhnlich gute Haftung zum Untergrund entsteht. Im Gegenzug bedeutet dies, dass Dispersions-Silikatfarben einen relativ starren, festen Bindemittelfilm aufbauen, so dass sie für die →anstrichtechnische Risssanierung nicht geeignet sind, wenn eine rissüberbrückende Eigenschaft verlangt wird. Dispersions-Silikatfarben kommen daher nur zum Einsatz, wenn Risse verschlämmt werden sollen und eine gute Wasserdampfdiffusion erforderlich ist z. B. auf Kalkputze im Rahmen der Denkmalpflege.

Dreiflankenhaftung
Bei einer Dreiflankenhaftung hat der Dichtstoff auch eine Haftung zum Fugengrund mit der Folge, dass die Verformung des Dichtstoffes zum Bewegungsausgleich behindert wird. Infolgedessen kann diese abreißen.

Druckfestigkeit
Druckfestigkeit beschreibt das Verhältnis zwischen Bruchlast bzw. Höchstlast bei zentrischer Druckbeanspruchung und der rechtwinklig zur Belastungsrichtung vorhandenen Querschnittsfläche eines Probekörpers.

Druckinjektion (Betonbauteile)
Bei einer Druckinjektion in Betonbauteilen geht es vor allem um das →Verpressen von Rissen sowie dem kraftschlüssigen Füllen von Hohlräumen unter Druck. Hierzu werden →Rissfüllstoffe mit einem →Injektionsgerät (oder Injektionspumpe) unter geregeltem Druck über verschiedene Arten von Injektionspackern mit oder ohne →Verdämmung injiziert. Die Auswahl des Rissfüllstoffes hängt u. a. von der Rissbreite sowie den zu erwartenden Rissbreitenänderungen ab. Die Randbedingungen entscheiden über die Verwendung von Bohr- oder Klebepackern, die es als Schlag- oder →Schraubpacker gibt. Risse werden von unten nach oben so lange injiziert, bis aus den oberen Packern überschüssiges Injektionsmaterial austritt. Zur Druckinjektion werden entweder Reaktionsfüllstoffe wie z. B. →Epoxidharze oder →Polyurethanharze verwendet oder mineralische Füllstoffe wie z. B. Zementleime oder Zementsuspensionen. Druck-

injektionen werden entweder im Niederdruckverfahren (Injektionsdruck < 10 bar) oder Hochdruckverfahren (Injektionsdruck > 20 bar) ausgeführt. Der maximale Injektionsdruck beträgt 60 bar. Damit sich der Injektionsstoff gut verteilen kann, sollte dieser niedrigviskos sein.

Druckinjektion (Mauerwerke)
Druckinjektionen werden in kompakten Mauerwerken für zwei Anwendungen ausgeführt: als abdichtende Injektion z. B. zur nachträglichen Horizontalabdichtung gegen →kapillar aufsteigende Feuchtigkeit oder z. B. zur nachträglichen Vertikalabdichtung z. B. bei einer →Vergelung sowie als →Rissinjektion bei konstruktivbedingten Rissen oder zum Verfüllen bei Hohlräumen in mehrschaligen Mauerwerksquerschnitten. Der Injektionsdruck muss auf die Festigkeit des Mauerwerkes angepasst werden und liegt erfahrungsgemäß unter den Drücken, die z. B. bei der →Druckinjektion in Betonbauteilen angewendet werden. In der Regel werden Druckinjektionen im Mauerwerk im Niederdruckverfahren (Injektionsdruck 0,5 bis 5 bar) oder bei kompakten Mauerwerken im Hochdruckverfahren (Injektionsdruck > 5 bis 20 bar) ausgeführt.

Drucklose Injektion (Betonbauteile)
Unter einer drucklosen Injektion (in Betonbauteilen) versteht man das Tränken oder Vergießen von Rissen und Hohlräumen. Dies erfolgt mit Rissfüllstoffen wie z. B. →Epoxidharze oder →Zementsuspension und ist vor allem für Risse im oberflächennahen Bereich in waagerechten oder wenig geneigten Flächen geeignet. Die drucklose Injektion ist abgeschlossen, wenn die Risse mindestens bis zu einer Tiefe von 5 mm bzw. der 15-fachen Rissbreite gefüllt sind. Dies kann über so genannte Schwalbennester oder durch Aufpinseln des Füllstoffes erfolgen, weshalb man auch von der „Pinselinjektion" spricht. Die Mindestbreite der Risse ist von der Füllstoffart abhängig. Bei dem Einsatz von Epoxidharz muss diese mindestens 0,2 mm betragen. Bei Zementsuspension beträgt diese 0,4 mm und bei Zementleimen muss die Rissbreite mindestens 0,8 mm betragen. Drucklose Injektionen sind nur in Betonbauteilen mit beruhigten Rissen geeignet.

Drucklose Injektion (Mauerwerke)
Drucklose Injektionen in Mauerwerken gibt es für zwei Anwendungen: als abdichtende Injektion z. B. zur nachträglichen Horizontalabdichtung gegen →kapillar aufsteigende Feuchtigkeit (z. B. in Form von Flascheninjektionen) oder zum Verfüllen bei Hohlräumen in mehrschaligen Mauerwerksquerschnitten vor allem in historischen oder denkmalgeschützten Gebäuden. Die Verteilung des Injektionsstoffes erfolgt hierbei ausschließlich durch →Kapillarität. Daher spielen Kenngrößen wie z. B. der →Durchfeuchtungsgrad oder die →Porosität des Baustoffes eine große Rolle. Injektionsstoffe haben bei der drucklosen Injektion eine deutlich geringere Penetration in das Baustoffgefüge als Druckinjektionen.

Druckspannung
Druckspannungen entstehen in einem Bauteil bei Druckbelastung.

Drucksteifigkeit
Als Drucksteifigkeit wird die Steifigkeit bei Druckbeanspruchung bezeichnet. Diese berechnet sich analog zur Zugbeanspruchung. In Abhängigkeit von der Bauteillänge und dem Bauteilquerschnitt kann es gerade bei dünnen Bauteilgeometrien zu einem seitlichen Ausknicken (Biegeknicken) kommen, das unter Statikern auch als *Eulersches* Knicken bezeichnet wird und ein Instabilitätsproblem darstellt.

Druckzone
Eine Druckzone ist der Bereich in einem beanspruchten Bauteil, der durch Druckspannungen beansprucht wird. Bei biegebeanspruchten Bauteilen befindet sich diese an einer Querschnittsseite, gegenüber der →Zugzone.

Drückendes Wasser
Unter drückendem Wasser versteht man eine dauerhafte Einwirkung durch Grundwasser auf die →Bauwerksabdichtung. Nach der DIN 18533

Teil 1 liegt eine →Wassereinwirkungsklasse W3-E vor, bei der auf die Abdichtung ein permanenter hydrostatischer Wasserdruck ausgeübt wird.

Düsenstrahlverfahren

Das Düsenstrahlverfahren ist eine Methode zur →Baugrundverfestigung im Rahmen der Instandsetzung baugrundbedingter Risse. Es handelt sich hierbei um das aufwändigste Injektionsverfahren zur Bodenverfestigung. Das Grundprinzip besteht darin, dass der Boden mit einem Hochdruckdüsenstrahl in seinem Gefüge gelöst, aufgelockert und anschließend mit einem Druck von mehreren Hundert bar ein Bindemittel untergemischt wird. Hierzu werden je nach Festigkeit und Dichte des Bodens Zementmörtel, Zementsuspensionen, Mikro- und Ultrafeinstzemente, Silikatgele oder Kunststofflösungen eingesetzt. Ideal sind expandierende Spezialharze, da sich diese vor allem in Bereichen mit geringstem Widerstand ausdehnen, wo eine Verdichtung notwendig ist.

Dugdale'sches Rissmodell

Das Rissmodell nach *Dugdale* gilt als Grundlage für die →CTOD-Prüfung und stellt eine wesentliche Grundlage der Fließbruchmechanik dar. Es beruht auf der Annahme, dass bei einem duktilen Werkstoffverhalten der Bruchvorgang von einer kritischen plastischen Deformation, der Rissspitzenöffnungsverschiebung oder Rissöffnung kontrolliert wird. Die Ausbildung der plastischen Zone ist von der Mikrostruktur abhängig und kann deshalb in den allgemeinen Rissmodellen nicht dargestellt werden. Deshalb werden bei dem Dugdale'schen Rissmodell materialspezifische, plastische Zonen experimentell nachgewiesen.

Duktilität

Duktilität ist die Eigenschaft eines Werkstoffes, sich unter Scherbelastung vor einem →Bruch dauerhaft plastisch zu verformen. Grundsätzlich werden zwei mögliche Mechanismen der plastischen Verformung unterschieden: Werkstoffe verformen sich duktil (biegsam) oder spröde und brüchig. Das Verhalten wird im →Spannungs-Dehnungs-Diagramm dargestellt.

Durchfeuchtungsgrad

Der Durchfeuchtungsgrad (DFG) ist der Quotient aus dem tatsächlichen Feuchtegehalt eines Baustoffs und seiner maximalen Wasseraufnahme bei freier Sättigung (Sättigungsfeuchte). Der Durchfeuchtungsgrad wird in Prozent angegeben. Aus den gemessenen Feuchtewerten können verschiedene Durchfeuchtungsgrade wie folgt berechnet werden:

$$\text{Durchfeuchtungsgrad}\left(\text{DFG}_{\text{ges}}\right) = \frac{\text{Feuchtegehalt}}{\text{Sättigungsfeuchte}} \bullet 100 = \text{M}\llcorner\%$$

$$\text{Durchfeuchtungsgrad}\left(\text{DFG}_{\text{kap}}\right) = \frac{\text{Feuchtegehalt}}{\text{Kapillare Sättigungsfeuchte}} \bullet 100 = \text{M}\llcorner\%$$

$$\text{Durchfeuchtungsgrad}\left(\text{DFG}_{\text{hyg}}\right) = \frac{\text{Hygroskopischer Feuchtegehalt}}{\text{Kapillare Sättigungsfeuchte}} \bullet 100 = \text{M}\llcorner\%$$

Durchlässigkeitsbeiwert

Der Durchlässigkeitsbeiwert nach DIN 18130-1 „Baugrund, Untersuchung von Bodenproben; Bestimmung des Wasserdurchlässigkeitsbeiwerts – Teil 1: Laborversuche" (1998) (Anm.: die Norm wurde zurückgezogen) beschreibt den Grad der Wasserdurchlässigkeit von Böden. Je größer der k_f-Wert ist, umso besser ist die Versickerungsfähigkeit. Hierbei werden folgende Werte unterschieden: sehr stark durchlässig > 10^{-2} m/s, stark durchlässig 10^{-2} bis 10^{-4} m/s, durchlässig 10^{-4} bis 10^{-6} m/s, schwach durchlässig 10^{-6} bis 10^{-8} m/s und sehr schwach durchlässig < 10^{-8} m/s. Hierbei setzt der Durchlässigkeitsbeiwert die Durchflussmenge des Wassers durch einen porösen Stoff in Relation zur anliegenden Wassersäule (hydrostatischer Druck), der Dicke des Materials und der mit dem hydrostatischen Druck beaufschlagten Fläche (siehe auch →Darcy-Gesetz).

Duroplaste
Duroplaste, auch als Duromere bezeichnet, gehören neben den Elastomeren und Thermoplasten zu einer der drei großen Kunststoffgruppen. Diese reagieren in einer Polykondensation und vernetzen sich zu einem räumlich engmaschigen Gitter aus Makromolekülen, denen Duroplaste ihre hohe mechanische Festigkeit, Härte und Steifigkeit auch bei hohen Temperaturen verdanken. Der geringe Ausdehnungskoeffizient bringt eine hohe Maßhaltigkeit. Die Strukturveränderung der Moleküle bei der chemischen Reaktion (Härtung) ist nicht umkehrbar. Zu Duroplasten gehören z. B. Phenolharze, Melaminharze und →Polyurethane, die z. B. bei der Injektion von Rissen in Bauteilen eingesetzt werden.

dynamische Bruchinstabilität
→„rasende Risse"

Dynamischer Elastizitätsmodul
Das →Elastizitätsmodul (kurz E-Modul genannt) ist eine physikalische Kenngröße, die den Zusammenhang zwischen der →Spannung und der →Dehnung eines Baustoffes bei mechanischer Beanspruchung (reversible Verformung) beschreibt. Je größer der Zahlenwert des E-Moduls ist, umso mehr Widerstand setzt der Baustoff seiner Verformung entgegen. Ein Baustoff mit hohem E-Modul ist also steif, ein Baustoff mit niedrigem E-Modul ist weich. Bei einer dynamischen Beanspruchung des Baustoffes wird das dynamische E-Modul ermittelt. Dieses ergibt sich aus der Materialdichte und der Geschwindigkeit.

Dynamische Risse
Dynamische Risse ist ein fachlich unspezifischer Begriff für →Risse in Gebäuden, bei denen weiterhin Rissbreitenänderungen bzw. Rissflankenbewegungen auftreten ($\Delta w > 0$). Somit sind dynamische Risse das Gegenteil von beruhigten Rissen.

Dynamische Steifigkeit
Die dynamische Steifigkeit beschreibt das Federungsvermögen einer elastischen Stoffschicht wie z. B. einer Dämmschicht bei beidseitiger Aufbringung von Massen. Die Maßeinheit wird in MN/m^3 angegeben.

9.5 E

Ebenheitstoleranzen
Ebenheitstoleranzen haben eine Bedeutung im Zusammenhang mit Maßabweichungen im Rahmen der →Abnahme und können darüber entscheiden, ob eine Werkleistung mangelfrei oder mangelbehaftet ist. Hierbei wird zwischen Abweichungen der absoluten Abmessungen wie z. B. Bauteilabmessungen (Grenzabmaße), Abweichungen innerhalb der horizontalen und vertikalen Achse (Winkeltoleranzen) und Ebenheitstoleranzen (Abweichungen innerhalb einer Fläche) unterschieden. Ebenheitstoleranzen gelten für Flächen von Decken, Böden und Wänden und sind in der DIN 18202 „Toleranzen im Hochbau" (2019) geregelt. Es ist zu beachten, dass zulässige Abweichungen für die Abmessung von Baustoffen nicht in der DIN-Norm enthalten und daher zusätzlich zu berücksichtigen sind. Hierzu gehören z. B. lastunabhängige Verformungen durch hygro-thermische Einflüsse sowie lastabhängige Verformungen durch →Kriechen und →Schwinden. In der Praxis werden Unebenheiten in der Fläche in geringfügigem Ausmaß häufig als →optische Mängel oder hinzunehmende Abweichungen bezeichnet, obwohl die DIN 18202 nicht für die Beurteilung von optischen Eigenschaften erstellt worden ist.

Eigenlasten
Als Eigenlasten werden alle Lasten eines Gebäudes verstanden, also die Summe aller Bauteile.

Eigenspannungen
Von Eigenspannungen spricht man, wenn über die Bauteildicke nicht linear verteilte Spannungen infolge thermischer Bewegungen (Schwinden oder Quellen) vorliegen.

Einkomponentig
Unter dem Begriff einkomponentig werden Baustoffe verstanden, die vom Hersteller direkt ver-

arbeitungsfertig geliefert werden (ausgenommen z. B. die Wasserzugabe vor Ort). Gemeint ist, dass keine zusätzlichen Komponenten wie z. B. ein Härter zugegeben werden müssen. Dies unterscheidet einkomponentige Baustoffe von zwei- oder mehrkomponentigen Baustoffen. Einkomponentige Baustoffe erhärten entweder durch physikalische Trocknung oder durch chemische Reaktion.

Einzelrisssanierung
Bei der Instandsetzung von Rissen wird unterschieden zwischen einer Einzelrisssanierung und einer flächigen Risssanierung. In der Einzelrisssanierung werden drei Verfahren unterschieden: der →Rissverschluss, die Rissüberbrückung oder die →Umwandlung in eine Dehnungsfuge. Beim Rissverschluss gibt es die Variante mit einer gefüllten Beschichtung, die starre Variante mit einem mineralischen Mörtel sowie eine flexible Variante mit einem →Fugendichtstoff. Die Rissüberbrückung besteht aus einem Putzträger und einer Putzbeschichtung. Bei der Umwandlung in eine Dehnungsfuge wird unterschieden zwischen der Variante mit einem →Fugendichtstoff oder mit einem Fugenprofil.

Elastischer Dichtstoff
Ein elastischer Dichtstoff ist ein →Fugendichtstoff, der nach der Verarbeitung vorwiegend elastische Eigenschaften aufweist. Dies unterscheidet diesen von einem plastischen Dichtstoff. Die durch Fugenbewegungen verursachten Spannungen im Dichtstoff sind annähernd proportional der Beanspruchung. Man erkennt dies an der Rückstellung des Dichtstoffs in seine Ausgangslage nach der Dehnung oder Stauchung.

Elastische Verformung
Unter elastische Verformung werden unmittelbar eintretende Verformungen eines Bauteils bei Beanspruchung verstanden. Bei einer Entlastung gehen diese Verformungen zurück. Ein elastisches Verhalten ist ein Zeichen für ein einwandfreies Tragverhalten des Bauwerks.

Elastizität
Im Gegensatz zur →Plastizität beschreibt die Elastizität die Eigenschaft eines verformbaren Stoffes, auf eine von außen einwirkende Kraft reagieren zu können. Elastische Stoffe formen sich bei Wegfall der äußeren Krafteinwirkung wieder in ihre ursprüngliche Form zurück. Ursächlich für diesen reversiblen Vorgang sind z. B. Dehnungen von Molekülketten bei Kunststoffen oder Änderungen des mittleren Atomabstandes bei Flüssigkeiten und Gasen. Im Kraft-Dehnungsversuch verhalten sich diese Stoffe nur in einem bestimmten Teil des Verformungsbereiches elastisch: bis zur Elastizitätsgrenze, bis zu dieser das Hooke'sche Gesetz wirkt.

Elastizitätstheorie
Die Elastizitätstheorie ist das Fundament der Werkstoffkunde. Als Teilgebiet der Mechanik setzt sie sich mit der Deformation von Werkstoffen unter Einwirkung von äußeren Kräften auseinander beschreibt die Bedingungen, unter denen Werkstoffe nach dem Wegfall dieser Kräfte wieder ihre ursprüngliche Form einnehmen. Eines der wichtigsten Grundprinzipien der Elastizitätstheorie ist das Hooke'sche Gesetz. Dies besagt, dass die Deformation eines elastischen Körpers proportional zur darauf wirkenden Kraft ist, solange die Materialgrenze nicht überschritten wird. Wichtige Kenngrößen der Elastizitätstheorie sind die →Spannung, die →Dehnung, das →Elastizitätsmodul und die Poisson-Zahl. Die Elastizitätstheorie steht im Gegensatz zur Plastizitätstheorie.

Elastizitätsmodul
Das Elastizitätsmodul (kurz E-Modul) ist ein Materialkennwert aus der Baustoffkunde und Werkstofftechnik, der das Dehnungsverhalten eines festen Körpers charakterisiert. Damit wird der Zusammenhang zwischen Spannung und Dehnung bei einer mechanischen Beanspruchung beschrieben. D. h., dass das E-Modul das Verhältnis der Zugspannung (= Kraft pro Querschnittsfläche) zur Längsdehnung (= Längendehnung zur Gesamtlänge) darstellt und infolgedessen in Kraft pro Fläche angegeben wird. Der Zahlenwert des Elastizitätsmoduls ist umso größer, je mehr Widerstand ein Material seiner Verformung entgegensetzt. Ein Material mit hohem E-Modul ist also steif, ein Material mit niedrigem

E-Modul ist weich bzw. besitzt eine höhere Dehnbarkeit. Die Ermittlung erfolgt nach genormten Prüfverfahren. Häufig wird das Elastizitätsmodul als Materialkonstante bezeichnet, obwohl es eigentlich nicht konstant ist, sondern von verschiedenen Umgebungsbedingungen wie z. B. dem Druck oder der Temperatur beeinflusst wird, mit denen die Materialeigenschaften verändert werden können.

Elastomere
Elastomere gehören, neben Thermoplaste und →Duroplaste, zu einer Kunststoffgruppe. Diese können sich bei Druck- und Zugeinwirkung elastisch verformen und nehmen anschließend wieder ihre ursprüngliche Form an; sie sind also elastisch und formfest. Elastomere verlieren bei tiefen Temperaturen mit der Zeit ihre hohe →Elastizität. Gerade in Anwendung z. B. rissüberbrückender Beschichtungen ist dieses Verhalten wichtig. Schließlich sollen sich diese Kunststoffe bei thermisch bedingten Rissbreitenänderungen dehnen und wieder zusammenziehen, ohne bei Minustemperaturen zu reißen bzw. bei höheren Temperaturen zu stauchen. Daher ist Kälteelastizität und Rückstellverhalten eine wichtige Eigenschaft für diese Beschichtungen. Entscheidend hierfür ist die so genannte →Glasübergangstemperatur.

Elementarschäden
Unter Elementarschäden werden Schäden verstanden, die durch das Wirken der Natur verursacht werden, weshalb diese häufig auch als „höhere (Natur)Gewalt" bezeichnet werden. Hierzu zählen z. B. Schäden durch Sturm, Hagel, Überschwemmung durch Hochwasser und Naturgewalten, die im Baugrund stattfinden wie z. B. Erdbeben, Erdsenkungen, Erdrutsch bzw. Lawinen und →baugrundbedingte Risse oder →Konstruktivbedingte Risse verursachen können.

Empfehlungswert
In technischen Regelwerken wie Normen, Richtlinien oder Merkblätter werden häufig technische Werte empfohlen oder etwas Bestimmtes zu tun oder zu unterlassen. Diese Empfehlungen haben sich in der Regel in der Praxis bewährt und werden von Experten als richtig angesehen, können aber aus diversen Gründen nicht als verbindliche Vorgabe in Regelwerken festgeschrieben werden. Für Empfehlungen und/oder Empfehlungswerte ist man nach § 675 Abs. 2 BGB grundsätzlich nicht haftbar, da diese im Gegensatz zu Grenzwerten in der Regel unverbindlich sind. Allerdings kann sich im Einzelfall eine Haftung aus einer vertraglichen Vereinbarung, unerlaubten Handlung oder einem anderen Rechtsverhältnis ergeben. Eine Haftung aus einer Empfehlung kann sich auch ergeben, wenn man sich vertraglich zur Beratung verpflichtet hat und Empfehlungen/Empfehlungswerte mögliche Schadensersatzansprüche auslösen können (z. B. durch einen Fachanwalt).

Endoskopie
Ein Endoskop (gelegentlich auch als Boroskop bezeichnet) ist ein zerstörungsarmes Untersuchungsinstrument zur visuellen Diagnostik von Hohlräumen und schwer zugänglichen Zwischenräumen. Es besteht aus einer starren oder flexiblen Röhre mit einem Okular oder Display an einem Ende und einem Objektiv oder einer Kamera am anderen Ende, die durch ein optisches oder elektrisches System miteinander verbunden sind. Bei einigen Geräten wird das optische System durch eine Lichtquelle zur Verbesserung von Helligkeit und Kontrast unterstützt. Das Objektiv erzeugt ein Bild des beleuchteten Raumes, das durch das Okular vergrößert und somit sichtbar wird. Für den Zugang wird nur ein kleines Bohrloch benötigt, so dass aufwändige Rückbaumaßnahmen vermieden werden können.

Endschwindmaß
Das Endschwindmaß stellt einen Grenzwert dar, der sich einstellt, wenn sich ein Bauteil durch einen Schwindprozess allmählich verkürzt. Die Maßeinheit dieser →Dehnung ist mm/m.

Entartung (von Rissen)
Der Begriff Entartung wird für Unregelmäßigkeiten im →Rissverlauf verwendet, die für die ursprüngliche Rissbildung und -ausweitung nicht ursächlich sind.

Entkopplungsschicht
Wenn durch thermisch und/oder hygrisch bedingtes Quellen und Schwinden Bewegungen und Formveränderungen im Untergrund entstehen, kann die Zugspannung größer als die Zugfestigkeit sein, so dass es aufgrund der unterschiedlichen Kräfteverhältnisse zu Rissen kommen kann. Die Zugspannung kann allerdings auch größer als die Haftscherfestigkeit sein (im Regelfall bildet sich dann eine Hohlstelle) und führt zu einem Ablösen der Oberfläche. Dies tritt häufig bei Verbundbaustoffen wie z. B. mehrlagigen Putzsystemen auf, die sich dann im Putzquerschnitt teilen – neben der Rissbildung kommt es dann häufig zu einer Hohlstelle, die zu Ablösungen und Abplatzungen führt. Aus diesem Grund werden die einzelnen Schichten untereinander entkoppelt. Beispielhaft soll die Dämmstoffplatte bei einem Wärmedämm-Verbundsystem mit geringer Festigkeit genannt werden. Diese Entkopplungsschicht kann einerseits Bewegungen aus dem Untergrund ausgleichen, so dass in der Oberfläche des Putzsystems keine Risse auftreten sowie andererseits hygro-thermische Belastungen an der Oberfläche ausgleichen, um diese Spannungen nicht auf den Untergrund zu übertragen. Der Umfang dieser Bewegung hängt vom Entkopplungsmaß ab.

Entschäumer
Entschäumer sind thixotropierende →Additive, mit denen das Raumgewicht eines Bindemittels erhöht werden kann. Hierbei handelt es sich um „entlüftende" Zusätze, mit denen z. B. der Luftporengehalt reduziert wird.

EOTA
Die EOTA (European Organisation for Technical Approvals) ist eine europäische Organisation für die technische Bewertung von Bauprodukten, die den Rahmen für die Europäische Technische Bewertung (→ETA) von Bauprodukten bildet. Grundlage hierfür sind die in der EOTA entwickelten Europäischen Bewertungsdokumente (EADs).

EOTA-Wand
Eine EOTA-Wand ist eine nach den technischen Vorgaben der European Organisation for Technical Approvals (EOTA) entwickelte Prüfmethode. Hierzu wird ein Wandaufbau mit den zu prüfenden Bauprodukten oder Bausystemen in einer Klimakammer nach den EOTA-Leitlinien unter definierten Rahmenbedingungen getestet. Der Vorteil dieser Methode liegt darin, dass in der Klimakammer verschiedenste Wetterbedingungen simuliert werden können. Ein tropisch feuchtes Klima (hohe Luftfeuchtigkeit) kann genauso simuliert werden wie Dauerregen oder Dauerfrost. Dadurch lassen sich Alterungs- und Witterungsprozesse z. B. an einem Wärmedämm-Verbundsystem (ETAG 004) stark beschleunigen, so dass innerhalb einer vierwöchigen Testphase die gleichen Ergebnisse erzielt werden, die in einer Freibewitterung mehrere Jahre benötigt hätten. Der Effekt kann dadurch verstärkt werden, in dem hygrothermische Zyklen und Frost-Tau-Zyklen intensiviert werden.

EP-I
EP-I ist die Abkürzung für Injektionen mit Epoxidharz. Hierbei handelt es sich um ein Injektionsverfahren nach Teil 3 der ZTV-Ing sowie den DAfStb-Richtlinien zum kraftschlüssigen Verbinden von Rissflanken sowie dem Füllen von Hohlräumen in Betonbauteilen mit kalthärtenden, zweikomponentigen und lösemittelfreien Epoxidharzen. Das Verfahren ist bei Trennrissen und bei oberflächennahen Rissen geeignet. Hierbei gelten folgende Anforderungen, die unabhängig voneinander einzuhalten sind: Die Mindest-Rissbreite beträgt 0,10 mm und für kurzzeitige Rissbreitenänderungen sind ≤ 0,10 * w bzw. ≤ 0,03 mm einzuhalten (der kleinere Wert ist maßgebend). Außerdem müssen bei der Injektion mit Epoxidharzen alle Risse ab einer Rissbreite von 0,05 mm komplett gefüllt sein.

Epoxidharze
Bei Epoxidharzen handelt es sich um eine Gruppe von reaktiven organischen Verbindungen, die im ausreagierten (gehärteten) Zustand einen duroplastischen Kunststoff von hoher Festigkeit und chemischer Beständigkeit darstellen. Zur Herstellung werden das Epoxidharz und ein so genannter →Härter miteinander

vermischt. Hierbei muss das Harz-Härter-Verhältnis genau eingehalten werden, da anderenfalls Teile vom Epoxidharz oder Härter ohne Reaktionspartner bleiben, was u. a. klebrige Oberflächen und reduzierte Festigkeiten des Endprodukts zur Folge hätte. Gleiches gilt für eine nicht homogene Vermischung der Komponenten. Die Aushärtung erfolgt infolge der →Polymerisation durch Polyaddition. Nach dem Abbinden sind sie vollständig vernetzt. Dies bedeutet, dass sie ein hohes Haftvermögen auf verschiedenen Untergründen, ein geringes →Schwindmaß und eine hohe Zähigkeit aufweisen. Zudem sind sie wasserbeständig. Daher sind Epoxidharze besonders gut geeignet für die kraftschlüssige Verbindung von Rissen. Epoxidharze können lösemittel- oder wasserverdünnbar sein. Epoxidharze werden zur Injektion von Rissen in Betonbauteilen (→EP-I) vor allem eingesetzt, um die Tragfähigkeit eines Bauteils zu erhöhen. Der injizierte Füllstoff verbindet aufgrund der starren Eigenschaften die Rissflanken kraftschlüssig. Zugkräfte in der Größenordnung der Eigenfestigkeit des Betons, aus dem das Bauteil hergestellt wurde, können übertragen werden, ohne dass sich erneut Risse bilden. Diese Injektion ist ausschließlich geeignet für trockene Risse (→Ausgleichsfeuchte) von mindestens 0,1 mm Breite, bei der kein Wasser in den Riss eindringen darf. Die Rissflanken müssen zum Zeitpunkt des Verfüllens trocken sein, da sonst der Verbund zwischen Untergrund und dem Epoxidharz als Injektionsstoff nicht gegeben ist. Dies bedeutet, dass bereits abgedichtete Risse, die zwischenzeitlich wieder undicht geworden sind, mit dieser Methode nicht instandgesetzt werden können.

EP-T
EP-T ist die Abkürzung für das →Tränken von Rissen mit Epoxidharz. Hierbei handelt es sich um ein druckloses Verfahren nach Teil 3 der ZTV-Ing sowie den DAfStb-Richtlinien zum Füllen von Rissen.

Erddruck
Der Erddruck spielt in der →Geotechnik eine wichtige Rolle, insbesondere bei der Gründung (Fundament) eines Bauwerks. Hierbei werden zwei Arten unterschieden: der aktive und passive Erddruck. Der aktive Erddruck ist der kleinste Druck, den ein Baugrund (Boden) auf ein Bauwerk ausüben kann und wird nur erreicht, wenn das Bauwerk dem Druck in gewissen Grenzen nachgeben kann. Der passive Erddruck ist der größte Erddruck, mit dem ein Baugrund (Boden) ein erdberührtes Bauteil stützen kann. Dieses Maximum tritt in der Regel erst bei einer Bewegung des Bauwerkes im Zentimeter- bzw. Dezimeterbereich auf. Der Erddruck hängt u. a. von der Dichte, dem inneren Reibungswinkel des Baugrunds, dem Abstand von der Oberfläche und Neigung des Geländes, Auflasten, Neigung der erdberührten Bauteile und vom so genannten Reibungsbeiwert ab. Darüber hinaus ist der so genannte Erdruhedruck von Bedeutung, der für Bauwerke gilt, die von beiden Seiten – also von innen und außen – verfüllt werden.

ETA
→ Europäische technische Zulassung

ETAG
ETAG ist die Abkürzung für European Technical Approval Guidelines, in denen die →Europäische technische Zulassung geregelt ist. Hierbei handelt es sich um Zulassungsverfahren für Bauprodukte und Bausysteme, für die keine Stoffnormen vorliegen.

Ettringitbildung
→Sulfattreiben

Europäische technische Zulassung
Europäische technische Zulassungen, so genannte ETAs (für European Technical Assessment) werden von den in der Europäischen Organisation für Technische Zulassungen (EOTA = European Organisation for Technical Assessment, Organisation Européenne pour l'Evaluation) zusammengeschlossenen nationalen Zulassungsstellen erlassen. In Deutschland ist das Deutsche Institut für Bautechnik (→DIBt) für die Erteilung europäischer Zulassungen zuständig. Europäische Technische Zulassungen sind ein allgemein anerkannter Nachweis zur technischen

Brauchbarkeit eines Bauproduktes im Sinne der →Bauproduktenverordnung in den Mitgliedsstaaten der EU. Eine ETA kann für jedes Bauprodukt beantragt werden, das nicht oder nicht vollständig von einer harmonisierten Norm erfasst ist. Gegenüber einer harmonisierten Norm lässt sich die ETA individuell auf ein Bauprodukt anpassen. Dies bedeutet, dass z. B. Leistungsmerkmale in die ETA aufgenommen werden können, die in bestehenden harmonisierten Normen fehlen.

Exposition
Unter Exposition werden alle Einwirkungen verstanden, denen ein Bauwerk bzw. seine Bauteile ausgesetzt sind. Dies können mechanische und physikalische Beanspruchungen wie z. B. →hygro-thermische Einwirkungen oder lastbedingte Verformungen genauso sein wie chemische oder →biologische Angriffe.

Expositionsklassen
Expositionsklassen haben im Zusammenhang mit Oberflächenschutzsystemen im Rahmen der Erhaltung und Instandsetzung von Betonbauwerken eine hohe Bedeutung. In der DIN 1045 „Tragwerke aus Beton, Stahlbeton und Spannbeton“ werden die unterschiedlichen Expositionen unterschieden in chemischer Angriff (XA), mechanischer Verschleiß (XM), Carbonatisierung (XC) und Chloridangriff (XS und XD). Der chemische Angriff definiert die Widerstandsfähigkeit des polymeren Bindemittels gegen einen chemischen Angriff, zu denen Säuren, Laugen, Lösungsmittel und treibende Einflüsse zählen. Um einen hohen Widerstand eines Oberflächenschutzsystems gegen einen mechanischen Verschleiß sicherzustellen, muss eine ausreichende Schichtdicke, genügend Dehnungsfähigkeit der Beschichtung (niedriger E-Modul) und eine sehr gute Untergrundvorbehandlung vorliegen. Als polymere Bindemittel dienen →Epoxidharze und →Polyurethane sowie die Zugabe von Quarzsand. Da durch die fortschreitende Carbonatisierung des Betons die Bewehrung geschädigt wird, ist Aufgabe des Oberflächenschutzsystems, das Eindringen von CO_2 in den Beton zu hemmen. Dies wird erreicht, in dem die Gasdurchlässigkeit (Permeabilität) der Betonoberfläche auf ein niedriges Niveau reduziert wird. Der hierfür relevante Diffusionswiderstand gegenüber CO_2 wird durch die →äquivalente Luftschichtdicke ausgedrückt. In Analogie hierzu gelten bei einem Chloridangriff die gleichen Zusammenhänge wie bei der Carbonatisierung.

Extensometer
Zur →Bauwerksdiagnostik von baugrundbedingten Rissen werden so genannte Extensometer eingesetzt, die auch als Setzdehnungsmesser bezeichnet werden. Dieses Dehnungsmessgerät dient der Erfassung von Verschiebungen des Baugrunds längs der Messachse.

9.6 F

Fachplaner
Der Begriff des Fachplaners wird im Bauwesen zur Abgrenzung der klassischen Architektenleistung zu einer übergreifenden Planung oder für eine spezialisierte Planung verwendet, bei denen Fachplaner/-ingenieure mit speziellen Fachkenntnissen herangezogen werden. Fachplaner sind z. B. Tragwerksplaner.

Faserputz
Ein Faserputz ist eine unspezifische Trivialbezeichnung für einen mineralischen Putzmörtel, der faserarmiert und in der Regel organisch vergütet ist. Die Fasern sollen →Elastizität und somit eine Resistenz gegenüber Rissen suggerieren, die mit einem starren Putzgefüge nicht erzielt werden können. Die bessere Alternative wäre, eine zusätzliche Armierungsschicht aufzubringen.

Fassadenfuge
Fassadenfuge ist ein umgangssprachlicher und fachlich unspezifischer Trivialname für unterschiedliche Fugen im Hochbau, die nach der DIN 18540 abgedichtet werden. Hierbei müssen die Fugendichtstoffe Bewegungen der unterschiedlichen Bauteile aufnehmen und einen Witterungsschutz sicherstellen.

Fassadenschutz-Theorie

Ende der 1960er-Jahre wurde durch *Helmut Künzel* vom Fraunhofer Institut für Bauphysik eine viel beachtete Theorie aufgestellt, die sich dem Fassadenschutz widmete. Diese Fassadenschutz-Theorie basierte auf der Erkenntnis, dass ein wirksamer Feuchteschutz immer dann gegeben ist, wenn die Wasserabgabe einer Fassade in der Trocknungsperiode wesentlich größer ist als deren Wasseraufnahme in der Niederschlagsphase. Daraus entstanden folgende Kennwerte: $w \leq 0{,}5\ kg/m^2 \cdot h^{0{,}5}$, $sd \leq 2{,}0\ m$ und $w \cdot sd \leq 0{,}1\ kg/m^{0{,}5}$. Entsprechend ihrer Bedeutung für den modernen Fassadenschutz sowie der Anforderungen für sämtliche Bau- und Beschichtungsstoffe, die an der Fassade zum Einsatz kommen, spricht man auch von der *Künzel'schen Fassadenschutz-Theorie*. Diese wurde bereits Ende der 1970er-Jahre Bestandteil der DIN 4108. Auch die Einstufung von wasserabweisenden oder wasserhemmenden Putzen in den Putz- und WDVS-Normen erfolgt nach dieser Theorie.

Fassadentapete

Mitte der 2000er-Jahre kam eine spezielle Fassadentapete auf den Markt, die zur Sanierung von gerissenen Putzen an Fassaden angeboten wurde. Nach Herstellerangaben bestand diese aus synthetischen Fasern und sollte eine hohe →Elastizität und →Rissüberbrückung bis max. 5 mm haben. Zur Herstellung von Anschlüssen z. B. an Außenecken, Laibungen, Sockeln usw. wurden spezielle Abschlussprofile angeboten, die verklebt und anschließend verspachtelt werden mussten. Ansonsten unterschied sich diese Fassadentapete nicht von üblichen Tapeten, die man aus dem Innenbereich kennt. Aufgrund der hohen hygro-thermischen Beanspruchungen im Fassadenbereich sowie der hohen mechanischen Beanspruchungen im Sockelbereich gab es von Skeptikern von Anfang an große Bedenken vor allem im Bereich der Anschlüsse und Nähte hinsichtlich einer möglichen Hinterfeuchtung. Die Fassadentapete ist nach kurzer Zeit wieder vom Markt verschwunden.

Feinstzement

Unter Feinstzement werden Zemente verstanden, die mit 95 % Korngrößenanteilen $\leq 16\ \mu m$ hergestellt werden.

Fettrisse

Als Fettrisse werden kurze, nur an der Putzoberfläche vorhandene, Haarrisse bezeichnet. Diese können an Oberputzen mit besonders feiner Struktur oder auf geglätteten Oberflächen auftreten. Durch das Strukturieren bzw. Glätten der oberen Putzschicht mit einem Holzbrett oder Stahltraufel werden Feinanteile des Putzgefüges wie Bindemittel an der Oberfläche angereichert und der Porenraum verdichtet. Durch diese Bindemittelanreicherung kommt es zur „Überfettung" an der Putzoberfläche, so dass Oberflächenspannungen entstehen, die zu einer Vielzahl von feinen Rissen führen. Fettrisse stellen daher eine besondere Form der →Schwindrisse dar. Fettrisse treten in der Regel innerhalb der ersten beiden Tage nach dem Putzauftrag auf. Bei Sanierung von Fettrissen muss die obere, bindemittelreiche Oberfläche abgetragen werden.

Feuchtebilanz

Eine Feuchtebilanz wird im Rahmen der →Bauwerksdiagnostik erstellt. Hierbei werden alle Einflussfaktoren, die zu einer Durchfeuchtung von Bauteilen/Baustoffen führen, erfasst und alle Einflussfaktoren, die eine Austrocknung begünstigen, gegengerechnet. Somit erhält man entweder eine positive Feuchtebilanz (Wasseraufnahme < Wasserabgabe) oder eine negative Feuchtebilanz (Wasseraufnahme < Wasserabgabe).

Feuchtemessung

Feuchtemessungen werden in die Messung der Luftfeuchtigkeit und Materialfeuchtigkeit (Baustofffeuchte) unterschieden. Bei der Messung der Baustofffeuchte gibt es direkte und indirekte Verfahren. Bei den direkten Verfahren wird der Feuchtegehalt direkt gemessen und quantitativ angegeben. Bei den indirekten Verfahren werden feuchtetechnische Kennwerte ermittelt, durch die auf den Feuchtegehalt im Baustoff geschlossen werden kann. Je nach Messprinzip werden folgende Verfahren unterschieden: elektrische Widerstandsmessung, kapazitive Messung, Mikrowellenmessung, Messung der Sorptionsfeuchte, →CM-Methode, Gravimetrische Messung (Darrprobe) und Neutronenmessung.

Feuchte-Tomogramm

Um den Feuchtegehalt bzw. →Durchfeuchtungsgrad eines dreidimensionalen Bauteils wie z. B. ein Mauerwerk zu dokumentieren, werden repräsentative Messachsen ausgewählt, die senkrecht übereinander liegen. Für ein Mauerwerk lassen sich hinter einer derartigen Messachse Mauerwerksschnitte in der Tiefe anlegen. Die Schnittfläche kann als Feuchte-Tomogramm bezeichnet werden, wenn jedem Punkt in der Tiefe ein konkreter Feuchtigkeitsgehalt bzw. Durchfeuchtungsgrad zugeordnet wird. Man kann daher ein Feuchte-Tomogramm auch als dreidimensionales Feuchteprofil bezeichnen. Die Messwerte der Feuchte können entweder konventionell durch Bohrkernentnahme und anschließende Laboranalyse oder auf elektrische Weise durch Bestimmungen des scheinbaren spezifischen elektrischen Widerstandes gewonnen werden.

Feuchtigkeitsklassen

Nach DIN 1045-2 „Tragwerke aus Beton, Stahlbeton und Spannbeton – Teil 2: Beton“ (2023) sind Betonbauteile in Abhängigkeit von den zu erwartenden Einflüssen Feuchtigkeitsklassen zuzuordnen. Hierbei wird unterschieden in die Feuchtigkeitsklassen:

- Feucht (WF) für ungeschützte Bauteile im Außenbereich, die Oberflächenwasser oder Bodenfeuchtigkeit ausgesetzt sind. Außerdem zählen Bauteile im Innenbereich hierzu, die ständig einer relativen Luftfeuchte >80 % ausgesetzt sind wie z. B. in Feucht- und Nassräumen oder auf denen häufig taupunktbedingtes Kondenswasser entsteht.
- Feucht plus Alkalizufuhr von außen (WA) für Bauteile mit Einwirkung durch Meerwasser sowie Bauteile mit Tausalzeinwirkung ohne zusätzliche hohe dynamische Beanspruchung oder Bauteile von Industriebauten oder von Gebäuden mit landwirtschaftlicher Nutzung mit Einwirkung durch →Alkalien.
- Feucht plus Alkalizufuhr von außen plus dynamische Beanspruchung (WS) für Bauteile unter Tausalzeinwirkung mit zusätzlicher hoher dynamischer Beanspruchung.

Feuchtezustand von Rissen (Injektion in Betonbauteilen)

Für die →Injektion in Betonbauteilen wird nach ZTV-Ing sowie den DAfStb-Richtlinien der Feuchtezustand von Rissen, Rissufern und →Rissflanken in trocken, feucht, nass bzw. drucklos wasserführend und fließend bzw. unter Druck wasserführend unterschieden. Dies bedeutet im Einzelnen:

- *Trocken*: Rissufer und Bauteiloberfläche sind optisch trocken (Beurteilung an Trockenbohrkernen), ein Wasserzutritt ist nicht möglich, eine Beeinflussung des Rissbereiches durch Wasser ist nicht feststellbar. Ein Wasserzutritt ist theoretisch möglich, aber seit ausreichender Zeit ausschließbar
- *Feucht*: im Rissbereich zeigen sich Farbtonveränderungen durch Wasser (kapillare Wasseraufnahme), jedoch kein Wasseraustritt, Anzeichen von Wasseraustritt in der unmittelbar zurückliegenden Zeit, Riss, Rissufer und Rissflanken optisch erkennbar feucht oder mattfeucht, auch an Trockenbohrkernen
- *Nass bzw. drucklos wasserführend*: stehendes Wasser im Riss bzw. in feinen Tröpfchen im Rissbereich erkennbar, Wasser perlt aus dem Rissbereich
- Fließendes Wasser bzw. unter Druck wasserführend: Wasser fließt in flüssiger Form (als zusammenhängender Wasserstrom) durch den Riss.

Fiberskop

Ein Fiberskop ist die flexible Ausführung eines Endoskops.

Film

Ein Film ist nach DIN EN 971-1 „Lacke und Anstrichstoffe – Fachausdrücke und Definitionen für Beschichtungsstoffe – Teil 1: Allgemeine Begriffe“ (1996) (Anmerkung: die Norm wurde zurückgezogen) eine Sammelbezeichnung für jede zusammenhängende Beschichtung, die durch Auftragen einer oder mehrerer Schicht(en) auf einen Untergrund entsteht. Dabei kann die betreffende Beschichtung sowohl ein dichter, geschlossener, porenfreier Film sein, als auch eine mehr oder minder poröse Schicht, je nach den vorliegenden Anforderungen und der Art des Beschichtungsstoffes.

Filmbildehilfsmittel
Filmbildehilfsmittel sind Lösemittel oder Weichmacher, die als →Additive in geringen Mengen (1 bis 5 %) einer Beschichtung zugesetzt werden, um die Mindest-Filmbildetemperatur einer Polymerdispersion im gewünschten Maß herabzusetzen, so dass auch bei niedriger Temperatur ein geschlossener Film gebildet wird. Dabei wirken hoch siedende Lösemittel aufgrund ihrer geringen Verdunstungsgeschwindigkeit quasi als temporäre Weichmacher.

Filmbildung
Filmbildung beschreibt einen Vorgang, bei dem ein flüssiger Bindemittelfilm in einem Anstrich- oder Beschichtungsstoff physikalisch trocknet. Dabei dringt der Wasseranteil partiell in einen saugfähigen Untergrund oder verdunstet. Infolgedessen fließen die einzelnen Bindemittel-Partikel der Polymerdispersion zusammen, bis sie zu einem Film verschmolzen sind. Erst dann weist ein Anstrich- oder Beschichtungsstoff die ausgewiesenen Eigenschaften auf. Diese Art der Filmbildung wird auch als →Koaleszenz oder →Kalter Fluss bezeichnet, da sie ohne zusätzliche Wärmezufuhr erfolgt.

Filmkonservierung
Eine Filmkonservierung beschreibt die Zugabe von bioziden Wirkstoffen, um einen wässrigen Beschichtungsstoff im getrockneten Zustand an der Fassade möglichst lange vor einer Besiedlung durch Mikroorganismen wie z. B. Algen, Pilze und Bakterien zu schützen. Heute werden biozide Wirkstoffe vor allem verkapselt eingesetzt, damit diese über einen möglichst langen Zeitraum in geringsten Mengen an der Bauteiloberfläche freigesetzt und gleichzeitig nicht durch Niederschläge schnell ausgewaschen werden. Aufgrund der Mischexposition an einer Fassade werden zudem heute so genannte Breitbandbiozide eingesetzt, also eine Mischung aus verschiedenen Algizide, Fungizide und Bakterizide. Eine Filmkonservierung darf nicht mit der Topfkonservierung verwechselt werden.

Fissurometer
Ein Fissurometer ist ein Dehnungsmessgerät zur permanenten Überwachung von Rissen und Dehnungsfugen. Diese werden in mechanischer oder elektrischer Ausführung angeboten. Mit einem Fissurometer sind Bewegungsmessungen quer und/oder parallel sowie dreidimensional möglich. Dem entsprechend werden ein-, zwei- und dreidimensionale Fissurometer unterschieden. Die Messgenauigkeit liegt mittlerweile bei ± 0,002 mm. Darüber hinaus werden auch Dehnungsmessstreifen und induktive Wegaufnehmer eingesetzt. Bei Dehnungsmessstreifen handelt es sich um auf Folien aufgebrachte Metallbeschichtungen, die auf den Baukörper geklebt werden. Der, zur →Dehnung proportionale, elektrische Widerstand wird elektronisch erfasst. Dagegen wird mit induktiven Wegaufnehmern mittels Induktion die Differenzverschiebung zwischen zwei Messpunkten gemessen, auf denen die Widerlager aufgebracht worden sind. Über elektronische Wegaufnehmer sind auch Online-Messungen möglich. Hierzu sind diese Messgeräte zusätzlich mit einem elektronischen Temperatursensor ausgestattet, so dass simultan der Temperaturverlauf erfasst wird.

Flächeninjektion
Eine Flächeninjektion unterscheidet sich von der →Bohrlochinjektion darin, dass eine flächige Abdichtungsebene erzeugt wird. Dies kann innerhalb eines Bauteils erfolgen wie bei der →Vergelung oder vor einem Bauteil wie bei der →Schleierinjektion. Für diese abdichtende Injektion eignen sich niedrigviskose Gele oder Harze. Die Planung und Überwachung dieser Arbeiten sind Aufgabe eines Fachplaners. Dieser legt die Ausführung (z. B. Durchmesser, Winkel, Tiefe) und Anordnung (z. B. Abstände) der Bohrungen fest, wählt den →Injektionsstoff sowie die geeigneten →Injektionspacker und das Zubehör aus und bestimmt die erforderlichen Injektionsparameter (z. B. →Injektionsdruck,

Menge/pro Packer), so dass der ausreagierte Injektionsstoff eine homogene Flächenabdichtung bildet.

Flammprobe
Eine Flammprobe dient der Bestimmung des Bindemittels oder der Zusammensetzung eines Baustoffs und findet seine Anwendung entweder im Rahmen der →Untergrundprüfung vor einer neuen Beschichtung oder im Rahmen der →Fugensanierung zur Bestimmung eines alten Fugendichtstoffes.

Flankenhaftung
Eine Flankenhaftung beschreibt entweder eine gute Haftung eines Injektionsstoffes an den Innenseiten eines Risses oder eine gute Haftung eines Dichtstoffes an den Seitenflächen eines Bauteils – den so genannten Flanken. Die Flankenhaftung ist entscheidend für einen guten Haftverbund zur Sicherstellung der erforderlichen Eigenschaften. Im Rahmen der →Fugenabdichtung ist deshalb sicherzustellen, dass eine →Dreiflankenhaftung vermieden wird.

Flexibilität
Flexibilität ist die Eigenschaft eines Baustoffes, auf eine äußere Krafteinwirkung durch eigene Verformung zu reagieren.

flexibler Rissverschluss
Ein flexibler Rissverschluss ist eine Instandsetzungsmethode in der →Einzelrisssanierung. Hierfür stehen verschiedene Verfahren zur Verfügung. Ein flexibler Rissverschluss mit einer gefüllten Beschichtung kann für Rissbreiten bis 0,1 mm und beruhigten Rissen eingesetzt werden. Hierfür werden →Rissfüller oder →Rissspachtel eingesetzt sowie →rissfüllende Beschichtungen wie z. B. Siliconharz- oder Dispersions-Silikatfarben. Alternativ wird ein flexibler Rissverschluss mit einem →Fugendichtstoff ausgeführt. Dieses Verfahren kommt in der Regel zur Ausführung bei konstruktivbedingten Rissen wie z. B. Deckenschubrissen, bei denen sich ein sehr langer und horizontaler Riss für die Ausbildung einer Dehnungsfuge anbietet. Ein flexibler Rissverschluss wird ausgeführt, wenn keine oder nur geringe Anforderungen an das optische Erscheinungsbild bestehen und Rissbreitenänderungen nicht auszuschließen sind.

Florida-Bewitterung
→Bewetterung

Formschluss
Formschluss ist eine Methode der →Verankerung. Dieser entsteht durch die Verzahnung des Befestigungsmittels mit dem Bauteil. Unterschieden werden Schraubanker und Spreizanker. Die Methode eignet sich für Bauteile mit entsprechender Festigkeit wie z. B. Beton oder so genannte Vollbaustoffe wie Ziegel- oder Naturstein nach erfolgter Eignungsprüfung.

Fraktographie
Unter der Fraktographie wird die visuelle, mikroskopische und makroskopische Analyse von Bruchflächen und Rissen verstanden. Diese Untersuchungsmethode nutzt den Einsatz von Rasterelektronenmikroskopen, um die Entstehung, Struktur und Ausbreitung von Rissen auf unterschiedlichen Ebenen zu analysieren. Ein Schwerpunkt der Fraktographie liegt in der Definition der Ursachen und somit in der Schadensanalyse und Bewertung, der zeitlichen Schadenskinetik sowie dem Ausgangspunkt der Rissentstehung. Für die Fraktographie hat daher die →Risswurzel sowie die stabile und instabile →Rissausbreitung eine elementare Bedeutung.

Freibewetterung
→Bewetterung

Frisch-in-frisch
Unter frisch-in-frisch wird das Auftragen einer neuen Schicht unmittelbar auf eine vorhergehende Schicht verstanden, bevor die vorhergehende Schicht abgebunden hat oder erhärtet ist. Die vorhergehende Schicht ist demzufolge noch plastisch und darf noch keine Haut gebildet haben.

Frost-Tau-Wechsel

Eine Beanspruchung durch Frost-Tau-Wechsel hat negative Auswirkungen vor allem auf poröse Baustoffe sowie Bauteile mit Rissen. Infolgedessen kann Wasser in Poren und Risse und somit in tiefere Bauteilschichten eindringen. Bei Minustemperaturen friert dieses Wasser, so dass es zu einer Volumenvergrößerung (Eis hat gegenüber Wasser ein bis zu 10 % größeres Volumen) und infolgedessen zu Spannungen und Mikrorissen innerhalb des Bauteils kommt. Diese verursachen eine →Rissbreitenänderung, so dass →Makrorisse entstehen und Feuchtigkeit in der Tauperiode in noch tiefere Bauteilschichten eindringen kann. Der Schadensmechanismus wiederholt sich bei jedem Frost-Tau-Wechsel, so dass neben einer Zunahme an Rissbreite und vor allem Risstiefe auch Abplatzungen entstehen. Vor allem, wenn in der Phase der Wasseraufnahme zusätzlich gelöste Salze wie z. B. →Chloride in diese Poren und Risse eindringen, kann es zur Korrosion kommen und infolge der Kristallisationsdrücke zu einer Zerstörung des Baustoffgefüges. Daher müssen Bauteile, die einer Tausalzbelastung ausgesetzt sind, einen ausreichenden →Frost-Tausalz-Widerstand aufweisen.

Frost-Tausalz-Widerstand

Eine Beanspruchung durch Frost-Tausalz-Wechsel hat vor allem negative Auswirkungen auf poröse Baustoffe sowie Bauteile mit Rissen. Infolgedessen dringt nicht nur Wasser, sondern auch darin gelöste Salze wie z. B. →Chloride, in Poren und Risse ein und somit in tiefere Bauteilschichten. Bei Minustemperaturen friert dieses Wasser, so dass es zu einer Volumenvergrößerung von ca. 10 % und infolgedessen zu Spannungen und Mikrorissen kommt. Diese verursachen eine →Rissbreitenänderung, so dass →Makrorisse entstehen und salzbelastete Feuchtigkeit in der Tauperiode in tiefere Bauteilschichten eindringen kann. Der Schadensmechanismus wiederholt sich bei jedem Frost-Tau-Wechsel, so dass es neben einer Korrosion und Zunahme an Rissbreite und -tiefe auch Kristallisationsdrücke entstehen und in der weiteren Folge Abplatzungen bis hin zu einer kompletten Zerstörung des Baustoffgefüges verursacht werden. Daher müssen Bauteile, die einer Tausalzbelastung ausgesetzt sind, einen ausreichenden Frost-Tausalz-Widerstand aufweisen. Die Regelwerke wie z. B. DIN 1045-2 „Tragwerke aus Beton, Stahlbeton und Spannbeton – Teil 2: Beton“ (2023) definieren Einwirkungen durch Frost und/oder Tausalz in den so genannten →Expositionsklassen. Hierbei wird unterschieden in eine Frost-Tausalzeinwirkung bei hoher Wassersättigung und bei mäßiger Wassersättigung. Die Definition einer mäßigen oder hohen Wassersättigung ergibt sich aus Langzeiterfahrung mit unterschiedlich exponierten Bauteilen.

Einwirkungen durch Frost mit oder ohne Tausalz wird den Expositionsklassen XF zugeordnet. Für Betonbauteile, die einer mäßigen oder hohen Wassersättigung und/oder einer Tausalzbelastung ausgesetzt sind, ergeben sich folgende Expositionsklassen: XF1 für eine mäßige Wassersättigung ohne Tausalzbelastung, XF2 für eine mäßige Wassersättigung mit Tausalzbelastung, XF3 für eine hohe Wassersättigung ohne Tausalzbelastung und XF4 für eine hohe Wassersättigung mit Tausalzbelastung.

Frühregenfestigkeit

Wässrige Beschichtungsstoffe wie z. B. Dispersionsfarben oder pastöse Beschichtungsstoffe wie z. B. Kunstharzputze trocknen rein physikalisch. Das Trocknungsverhalten für Beschichtungsstoffe an der Fassade ist im Wesentlichen von drei Bedingungen abhängig: Temperatur, Luftfeuchtigkeit und Schichtdicke. Dies bedeutet: Je niedriger die Temperatur, je höher die Luftfeuchtigkeit und je größer die aufgetragene Schichtdicke, desto länger dauert die →physikalische Trocknung. Dies kann an Tagen im Herbst unter Umständen dazu führen, dass z. B. ein noch nicht durchgetrockneter Kunstharzputz auf einer Fassade durch Niederschläge wie Regen abgewaschen wird. Mit dem Begriff „Frühregenfestigkeit“ wird das Trocknungsverhalten von Beschichtungsstoffen bezeichnet, die trotz ungünstiger Witterungsbedingungen deutlich schneller regenfest werden (z. B. nach 4 bis 8 h anstatt der, unter gleichen Bedingungen, üblichen ca. 24 h). Man kennt diese Beschichtungsstoffe auch unter der Bezeichnung QS-Technologie oder „Winterqualitäten".

Frühschwinden
→Schwinden

Frühschwindrisse
Risse durch Frühschwinden, auch als plastisches Schwinden bezeichnet, entstehen vor allem auf freiliegenden Bauteiloberflächen z. B. eines frischen Betons oder einer frischen Putzschicht durch zu schnelles Austrocknen. Diese Risse werden auch als →Schrumpfrisse bezeichnet. Frühschwindrisse sind Oberflächenrisse, die in der Regel keine ausgeprägte Richtung aufweisen und deren Rissbreiten meist 1 mm oder größer sind. Dafür weisen diese Risse in der Regel eine geringe Risstiefe auf.

Füllart
Eine Füllart ist die Methode, wie →Risse in Betonbauteilen verschlossen werden. Je nach Druck wird unterschieden zwischen Tränkung (T) und →Injektion (I). Eine Tränkung kann z. B. erfolgen durch das Gießen eines Injektionsstoffes, während eine Injektion mit geringem Druck oder höheren Drücken erfolgen kann. Für letztgenannte Anwendungen ist auch der Begriff →verpressen üblich.

Füllgut/Füllstoff
Das Füllgut, auch als Füllstoff oder Rissfüllstoff bezeichnet, ist ein Stoffgemisch zum Füllen von Rissen und Hohlräumen in Bauteilen. Dieses ein- oder mehrkomponentige Material kann aus Acrylatgelen, →Polyurethanharze, Polyurethanschäume, →Epoxidharze oder Zementsuspensionen bestehen und zum drucklosen →Tränken bzw. Vergießen oder für Druckinjektionen eingesetzt werden.

Fugen
Fugen sind konstruktionsbedingte Zwischenräume von Bauteilen zum Ausgleichen von Bewegungen, um Spannungen und →Risse zu vermeiden. Je nach Bauteilart und -größe muss der Fugenabstand dimensioniert werden. Fugenarten sind die →Anschlussfuge, →Arbeitsfuge, Bewegungsfuge, auch als Dehnungsfuge bezeichnet, und die Gebäudetrennfuge. Neben diesen flexiblen Fugen gibt es starre Fugen. Hierzu gehören z. B. Mauerwerksfugen, die in Stoß- und Lagerfugen unterschieden werden. Der Fugenverlauf ergibt sich aus der Mauerwerksart und dem -verband.

Fugenabdichtung
Die Fugenabdichtung richtet sich nach Art und Funktion der jeweiligen →Fugen sowie den äußeren Einflüssen und somit der Beanspruchungsart. Demnach werden Fugen, die nur eine dichtende Funktion haben und nur einer geringen Zug- und Druckbeanspruchung ausgesetzt sind von Fugen unterschieden, die neben einer dichtenden Funktion auch einer größeren Zug- und Druckbeanspruchung unterliegen. Um diese Funktionalität sicherzustellen, gibt es verschiedene Abdichtungsmethoden, -verfahren und -materialien. Starre Fugen werden mit einem mineralischen Fugenmörtel verschlossen, wobei dies keine →Abdichtung im eigentlichen Sinn darstellt. Zur Abdichtung von Fugen werden mehr oder weniger elastische Fugendichtstoffe oder Fugenbänder angeboten. Hierzu gehören spritzbare Dichtstoffe, Elastomer-Fugenbänder (unter Verwendung von systemgebundenen Klebstoffen) sowie vorkomprimierte, imprägnierte Fugendichtbänder (aus Schaumkunststoff).

Für die Planung der Fugenabdichtung ist der Architekt oder →Fachplaner verantwortlich. Hierzu gehören z. B. die Bemessung von Fugenbewegungen, die Erstellung eines Bewegungsfugenplans, die Dimensionierung der erforderlichen Fugenbreite in Abhängigkeit der zu erwartenden hygro-thermischen Formveränderungen sowie die Auswahl eines geeigneten Abdichtungssystems inkl. der Konkretisierung des Dichtstoffs. Ein wesentlicher Kennwert hierbei ist die zulässige Gesamtverformung von Dichtstoffen von 20 bis 25 %, die bei der Planung von Bewegungsfugen sehr häufig vernachlässigt wird. Im Ergebnis daraus kommt es zu einer Überbeanspruchung des Dichtstoffs und in der weiteren Folge zu einem Abriss von den Fugenflanken.

Bei einigen Anwendungen sind spritzbare Dichtstoffe ungeeignet und/oder nicht zugelassen. Hierzu gehören z. B. Fugen, die nicht dem Geltungsbereich der DIN 18540 entsprechen (z. B. Gebäudetrennfugen), eine ungeeignete Fugendimensionierung wie z. B. zu schmale oder zu breite Fugen (>35 mm), zu geringe Fugentiefen oder stark schwankende Fugenbreiten bzw. ein hoher Fugenversatz. Weitere Gründe können z. B. eine nicht ausreichende Festigkeit der Haftungsflächen (Untergründe) oder Verunreinigungen sein, die sich nicht entfernen lassen. In diesen Fällen kann eine Fugenabdichtung mit Elastomer-Fugenbändern oder vorkomprimierten, imprägnierten Fugendichtbändern eine Alternative darstellen.

Fugenbleche sind nicht elastisch und werden vor allem zur Abdichtung von Arbeitsfugen eingesetzt. Zur Abdichtung von Bewegungsfugen werden so genannte Injektionsschläuche eingesetzt. Diese stellen den sicheren Verbund mit den Fugenflanken trotz der Beweglichkeit der umgebenden Bauteile sicher. Injizierbare Fugendichtstoffe erfüllen beide Aufgaben.

Fugenband/Fugendichtband
Bei einem Fugenband (oder auch Fugendichtbänder) handelt es sich um vorgefertigte, elastische und quellfähige Kunststoffbänder. Diese können innen- und nachträglich auch außenliegend eingesetzt werden. Elastische Fugenbänder werden hauptsächlich zur Sanierung von Fugenabdichtungen eingesetzt, wenn der alte →Fugendichtstoff eine abdichtende Funktion nicht mehr aufweist und Bauteilbewegungen nicht mehr aufnehmen kann, wenn sich dieser schwer entfernen lässt oder die Fugenbreite zu gering ist. Fugenbänder werden außerdem bei Fugen, die im Winkel zweier Bauteile entstehen, eingesetzt. Die Abdichtung mit elastischen Fugenbänder ist im IVD-Merkblatt Nr. 4 geregelt.

Fugenbleche
Fugenbleche sind Abdichtungselemente, die für die Abdichtung von Wand-Sohlen-Anschlüssen aus Beton eingesetzt werden. Diese können aus einem verzinktem und mit Bitumen beschichteten Weißblech bestehen oder aus Kunststoff.

Fugendichtstoff
Fugendichtstoffe sind spritzbare Dichtstoffe, Elastomer-Fugenbänder (unter Verwendung von systemgebundenen Klebstoffen) oder vorkomprimierte, imprägnierte Fugendichtbänder (aus Schaumkunststoff). Die Planung und Ausführung ist über die DIN EN ISO 11600 „Hochbau – Fugendichtstoffe – Einteilung und Anforderungen von Dichtungsmassen“ sowie DIN EN 15651-1 „Fugendichtstoffe für nicht tragende Anwendungen in Gebäuden und Fußgängerwegen – Teil 1: Fugendichtstoffe für Fassadenelemente“ sowie Teil 2 „Fugendichtstoffe für Verglasungen“ der gleichnamigen Norm geregelt. In Deutschland gilt zusätzlich die DIN 18540 „Abdichten von Außenwandfugen im Hochbau mit Fugendichtstoffen“ sowie die IVD-Merkblätter Nr. 27 „Außenwandfugen im Hochbau“, Nr. 23 „Anschlussfugen an Natursteinen bei Einsatz an der Fassade“, Nr. 9 „Spritzbare Dichtstoffe in der Anschlussfuge für Fenster und Außentüren“ sowie das IVD-Merkblatt Nr. 10 „Glasabdichtung am Holzfenster mit Dichtstoffen“. Gemäß dieser technischen Regelwerke sind regional auftretende klimatische Bedingungen (Bewitterung) genauso zu berücksichtigen wie die objektspezifischen Temperaturdifferenzen (Sommer/Winter und Tag/Nacht). Letztere haben unmittelbare Auswirkungen auf die zu erwartenden Bauteillängenänderungen und notwendige Breite für →Bewegungsfugen.

In der DIN EN 15651 werden Dichtstoffe in den Teilen 1 bis 4 der Norm klassifiziert in Dichtstoffe für Fassadenelemente (F), Dichtstoffe für Verglasungen (G), Dichtstoffe für den Sanitärbereich (S/XS) sowie Dichtstoffe für Bodenfugen (PW). Nach dem primären Bindemittel bzw. der Zusammensetzung werden diese in einkomponentige Produkte auf Basis von Polyurethanen, Hybrid-Polymere und Silikone unterschieden. Zweikomponentige Dichtstoffe auf Basis von Polysulfide werden in der Regel nur bei Spezialanwendungen wie z. B. Fugenabdichtung beim Umgang mit wassergefährdenden Stoffen eingesetzt. Nicht alle Fugenarten können mit jedem dieser Abdichtungsstoffe abgedichtet werden. Deshalb sind bei der Auswahl geeigneter Abdichtungsstoffe die Empfehlungen der Hersteller zu beachten. Diese enthalten u. a. auch Empfehlungen zur Festigkeit von Baustoffen als Untergrund. Für Untergründe mit einer hohen Festigkeit wie z. B. Beton, Metalle oder Klinker sind hochmodulige Dichtstoffe der Klasse HM einzusetzen. Bei Untergründen mit einer geringeren Festigkeit wie z. B. Putze, Porenbeton oder Wärmedämmplatten (WDVS) sind dagegen niedermodulige Dichtstoffe der Klasse LM einzusetzen. Zu einer Fugenabdichtung gehört nicht nur der Dichtstoff, sondern auch eine darauf abgestimmte →Grundierung (auch Primer oder Haftvermittler genannt) sowie ein Hinterfüllmaterial. Dieses dient zur Begrenzung der korrekten Fugentiefe des Dichtstoffs, um die jeweils vorgeschriebene Fugendimensionierung sicherzustellen. Außerdem wird dadurch eine →Dreiflankenhaftung des Dichtstoffs verhindert. Das Hinterfüllmaterial darf hierbei die Formänderung des Dichtstoffs nicht behindern und keine Stoffe wie z. B. Bitumen, Teer oder Öle enthalten, mit der die Untergrundhaftung des Dichtstoffs an den Fugenflanken beeinträchtigt werden kann. In den meisten Fällen besteht das Hinterfüllmaterial aus einem geschlossenzelligen Rundprofil aus geschäumtem Polyethylen. Das Hinterfüllmaterial muss im komprimierten Zustand eingebaut werden, um einen ausreichenden Widerstand beim Einbringen und Glätten des Dichtstoffs sicherzustellen. Hierbei hat sich bewährt, dass der Durchmesser des Hinterfüllmaterials etwa 25 bis 30 % größer ist als die vorhandene Fugenbreite. Das Hinterfüllmaterial muss ebenfalls mit dem Dichtstoff verträglich sein. Die Wasseraufnahme sollte lt. DIN 52459 „Prüfung von Dichtstoffen für das Bauwesen – Bestimmung der Wasseraufnahme von Hinterfüllmaterial – Rückhaltevermögen" unter 1 g pro 100 cm^3 liegen.

Fugendimensionierung
Unter einer Fugendimensionierung wird das vorgeschriebene Verhältnis zwischen der Fugenbreite und der einzubringenden Dicke des Dichtstoffes verstanden.

Fugenflanke
Eine Fugenflanke ist die seitliche Begrenzung der Fugenbreite.

Fugenriss
Fugenriss ist ein fachlich unspezifischer Begriff für optische →Risse in Fugen, ohne auf die eigentliche Rissursache einzugehen. In der Regel handelt es sich um →Konstruktivbedingte Risse oder um →untergrundbedingte Risse, die sich mehr oder weniger regelmäßig über den Fugenverlauf zeigen. Hierbei überlagern sich häufig verschiedene Rissursachen. Außerdem treten parallel zu den Fugenrissen andere Rissarten wie z. B. →Schwindrisse auf. Im Neubau in monolithischer Bauweise zeigen sich diese Risse vor allem als so genannte →Stein-Putz-Risse. Fugenrisse treten innerhalb der ersten beiden Jahre nach Fertigstellung auf. Die Rissbreiten im Mauerwerk beginnen bereits bei etwa 0,05 bis 0,15 mm (nach Freilegen der Putzbeschichtung). Die Fugenrisse, die sich in der Putzbeschichtung abzeichnen, haben in der Regel größere Rissbreiten, die sich zwischen 0,1 bis 0,3 mm bewegen. Die Länge der Fugenrisse ist sehr unterschiedlich und beginnt bei 5 bis 10 cm und kann bis zu mehrere Meter betragen. Fast immer befindet sich der Fugenriss direkt über einer nicht vermörtelten Stoß- oder Lagerfuge und somit über einer Fugenkante, die zu einer Spannungsspitze führt.

Der Begriff Fugenriss wird darüber hinaus auch für einen Abriss von Fugendichtstoffen von einer Fugenflanke verwendet (→Fugensanierung).

Fugensanierung
Bei der Fugensanierung werden grundsätzlich zwei Kategorien unterschieden: die Sanierung von starren Fugen z. B. aus zementgebundenen Fugenmörteln in einem Sichtmauerwerk sowie die Sanierung von elastischen Fugen z. B. aus Fugendichtstoffen. Die meisten Schäden an Außenwandfugen mit elastischen Dichtstoffen können in →Adhäsionsrisse (Abriss des Dichtstoffs von den Fugenflanken) und →Kohäsions-

risse (Risse im Dichtstoff) unterteilt werden. Da alte Dichtstoffe aus der zu sanierenden Fuge nicht immer vollständig entfernt werden können, muss die Materialzusammensetzung bekannt und -verträglichkeit zum neuen Dichtstoff gegeben sein. Hierzu gibt es verschiedene Prüfmethoden wie z. B. die →Flammprobe, da die meisten Dichtstoffe bei Hitzeeinwirkung einen typischen Geruch und ein typisches Erscheinungsbild zeigen. Nicht alle Dichtstoffe können miteinander kombiniert werden, da einige neue Dichtstoffe Probleme in der Haftung mit alten Dichtstoffen aufweisen. Daher muss die Kompatibilität vom Hersteller bestätigt werden.

Fungizide
Fungizide sind biozide Wirkstoffe oder Wirkstoffkombinationen (Breitbandbiozide), mit denen Pilze an der Fassade abgetötet werden bzw. das Wachstum gehemmt wird. Ein dauerhaftes Ausbleiben durch mikrobiellen Befall kann mit diesen Zusätzen, die mit der Zeit ausgewaschen werden, nicht erreicht werden. Fungizide werden in Beschichtungen wie Putze oder Farben als auch in Fugendichtstoffen eingesetzt.

funktionaler Mangel
Der funktionale Mangel ist ein Rechtsbegriff und bezieht sich darauf, dass Bauleistungen, unabhängig davon, ob diese den allgemein anerkannten Regeln der Technik entspricht und/oder was zwischen Auftraggeber (im rechtlichen Sinn der Gläubiger) und Auftragnehmer (im rechtlichen Sinn der Schuldner) vertraglich vereinbart wurde, auch funktionieren müssen.

9.7 G

Gebäudetrennfugen
Gebäudetrennfugen (auch als Bauwerksfugen bezeichnet) sind →Bewegungsfugen, die sich zwischen zwei unabhängig voneinander errichteten Gebäuden (Bauwerken) befinden und Bewegungen zwischen diesen beiden aufnehmen und ausgleichen. Diese verlaufen vertikal durchgängig, aber nicht zwangsläufig auch durch das Fundament. Davon abhängig müssen ggf. Setzungsfugen geplant und ausgeführt werden. Gebäudetrennfugen verringern vor allem Zwangsspannungen z. B. aus Kriechen, Schwinden und hygro-thermischen Einflüssen.

Gefahrenklassen
Gefahrenklassen spielen im Zusammenhang mit so genannten →Elementarschäden eine Rolle. Diese klassifizieren die Gefährdung von Gebäuden durch Hochwasser. Hierzu werden in Deutschland vier Gefahrenklassen unterschieden, von einer sehr geringen bis hohen Gefährdung – und zwar für jedes einzelne Gebäude entlang einer Straße. Die vier Gefährdungsklassen (GK) für Gebäude in Deutschland lauten: GK 4 „statistisch ein Hochwasser innerhalb von 10 Jahren", GK 3 „statistisch ein Hochwasser innerhalb von 10 bis 100 Jahren", GK 2 „statistisch ein Hochwasser seltener als einmal in 100 Jahren" und GK 1 „nach gegenwärtiger Datenlage nicht von Hochwasser größerer Gewässer betroffen". Gefahrenklassen sind für die Beurteilung des Baugrundrisikos relevant, um z. B. →baugrundbedingte Risse zu vermeiden.

Gefügerisse
→Mikrorisse

Gelbdruck
Der so genannte Gelbdruck stellt eine Entwicklungsstufe bzw. einen Status bei der Erstellung von Regelwerken wie Normen, Richtlinien oder Merkblätter dar. Hierbei handelt es sich um einen Entwurf, der anschließend der Öffentlichkeit oder einer Gruppe von Experten zur Prüfung und Stellungnahme vorgelegt wird. In den meisten Fällen gibt es für diese Phase, die auch als Einspruchsfrist bezeichnet wird, einen limitierten Zeitraum. Infolgedessen sind Regelwerke im Gelbdruck noch nicht verabschiedet im Sinne von freigegeben.

Gelinjektion/Gelschleierinjektion
→abdichtende Injektionen, →Schleierinjektion

Gelporen
Gelporen, auch als Mikroporen bezeichnet, haben einen relativ kleinen Kapillarradius von

10^{-9} bis 10^{-8} m. In diesen Poren findet ein kapillarer Wassertransport nicht mehr statt. Diese Poren füllen sich mit Wasser nur noch durch Kapillarkondensation.

Gel-Zeit
→Topfzeit

Geometrische Wärmebrücken
Als geometrische Wärmebrücken werden Bauteilbereiche bezeichnet, die in der Gebäudehülle einen größeren Wärmedurchlass ermöglichen als sonstige Bauteile, so dass geometriebedingte Temperaturunterschiede an der Oberfläche auftreten. Typisches Beispiel dieser Art sind Innenkanten von Außenwänden: die kleinere wärmeaufnehmende Fläche der Innenseite (Innenecke im Innenraum) steht in Relation zur größeren wärmeabgebenden (abkühlenden) Außenfläche (Außenecke der Fassade). Man spricht vom so genannten „Kühlrippeneffekt", da die raumseitige Oberflächentemperatur der Kante deutlich niedriger ist als an der übrigen Wandoberfläche. Gleiches gilt z. B. für Erker, Gauben oder ähnliche Bauteile. In diesen Bereichen führt ein energetisch ungünstiges Verhältnis zwischen Innen- und Außenoberfläche zur erhöhten Ableitung von Wärme. Geometrische Wärmebrücken treten häufig in Kombination mit konstruktiven Wärmebrücken auf.

Geotechnik
Geotechnik ist eine interdisziplinäre Ingenieurwissenschaft, die sich vor allem aus dem Bauingenieurwesen entwickelt hat und zusätzliche Elemente der Geowissenschaften wie z. B. die Geologie beinhaltet. In der Praxis werden unter diesem Begriff Ingenieurleistungen und -disziplinen zusammengefasst, die sich mit dem Baugrund auseinandersetzen. Neben Erd- und Grundbau sowie Fels-, Tunnel- und Bergbau gehören hierzu auch der Wasserbau. Im Kontext zu Rissen in Gebäuden befasst sich die Geotechnik mit der Bauwerksgründung, also z. B. der Einleitung von Kräften aus dem Bauwerk in den Baugrund, die Wechselwirkung von Kräften und Verformungen sowie die Ermittlung und Verbesserung der Tragfähigkeit des Untergrunds. Dem entsprechend gehören zu den wichtigsten Aufgaben die Untersuchung und Beurteilung des Baugrunds und der Grundwasserverhältnisse sowie eine Bewertung eines möglichen Baugrundrisikos.

Gerichtete oberflächennahe Risse
Gerichtete oberflächennahe Risse können auf der Oberseite von Wänden oder dickeren Fundamenten infolge des Setzens von Frischbeton entstehen. Dabei gibt die Rissanordnung die Lage der obersten Bewehrung wieder.

Gewährleistung
Die Gewährleistung wird auch als Mängelhaftung bezeichnet und bedeutet, dass der Auftragnehmer als Leistungserbringer – im rechtlichen Sinne der Schuldner – für seine mangelhafte Leistung einstehen muss, also gesetzlich verpflichtet ist, die Mangelfreiheit seiner Leistung sicherzustellen. Hierbei wird zwischen Sachmängeln und Rechtsmängeln unterschieden. Ein Sachmangel liegt vor, wenn die Leistung zum Zeitpunkt des Gefahrübergangs – in der Regel die Bauabnahme – nicht die vereinbarte Beschaffenheit aufweist, das so genannte Vertragssoll im Werkvertragsrecht. Dies bedeutet, dass eine negative Abweichung zwischen der tatsächlichen und der vereinbarten Beschaffenheit vorliegt. Ein Rechtsmangel bedeutet, dass ein Dritter keine Rechte bezüglich der vereinbarten Leistung haben darf. Von der gesetzlichen Gewährleistung ist die Übernahme einer Garantie zu unterscheiden. Hierbei handelt es sich um eine freiwillige Zusicherung des Auftragnehmers, die über die gesetzliche Gewährleistung hinausgeht.

Gewährleistungsfristen
Für die Durchsetzung von Gewährleistungsansprüchen ist die →Abnahme essenziell. Mit dieser Rechtshandlung nimmt der Auftraggeber (bzw. Gläubiger im rechtlichen Sinn) eine Leistung durch den Auftragnehmer (bzw. Schuldner im rechtlichen Sinn) entgegen und erklärt rechtsverbindlich, dass die vereinbarte Werkleistung im Wesentlichen vertragsgemäß erstellt wurde. Infolgedessen wird die vereinbarte Vergütung fällig, die Verjährungsfrist für Gewährleistungs-

ansprüche beginnt und die →Beweislast für →Mängel an der Werkleistung geht auf den Auftraggeber über. Denn bis zur Abnahme liegt diese beim Auftragnehmer. Daher müssen evtl. festgestellte Mängel bei der Abnahme dokumentiert werden. Mit der Abnahme beginnt die Gewährleistungsfrist. Erst ab diesem Zeitpunkt kann der Auftraggeber Mängel im Rahmen der gesetzlichen oder vertraglich vereinbarten Gewährleistungsfrist geltend machen. Diese beträgt in Deutschland fünf Jahre ab dem Tag der Abnahme.

Gewebearmierung
Eine Gewebearmierung besteht aus einer dünn- oder dickschichtigen Armierungsschicht, in die zur Vermeidung von Rissen ein →Armierungsgewebe eingebettet wird. Hierbei kann es sich um ein →Glasfasergewebe z. B. in einer Putzschicht oder um ein →Vlies in einem Anstrichsystem handeln.

Gipsmarke
Gipsmarken sind die einfachste Form der →Rissdiagnostik, um die Dynamik eines Risses, also eine aktive →Rissflankenverschiebung, sichtbar zu machen. Hierzu wird ein dünner Gipsstreifen quer zum Rissverlauf angelegt. Bei einer Zunahme der Rissbreite (Schwinden des Untergrundes), reißt die Gipsmarke. Bei einer Reduzierung der Rissbreite (Dehnung des Untergrundes) löst sich die Gipsmarke vom Untergrund ab. Gleiches gilt bei einer dreidimensionalen Rissflankenverschiebung. Eine Gipsmarke dient vor allem zur Erkennung, ob sich ein Riss bewegt oder umgangssprachlich noch „arbeitet". Man bezeichnet diese Bewegung auch als →dynamische Risse im Gegensatz zu beruhigten Rissen, wenn keine Bewegung stattfindet. Gipsmarken müssen eine 100 %ige Haftung zum Untergrund aufweisen und dürfen bei Bewegungen nicht unentdeckt abscheren. Deshalb werden Gipsmarken in der Regel mit einer Querschnittsreduzierung ausgeführt, damit diese an der dünnsten Stelle brechen kann. Gipsmarken zeigen bereits bei einer Rissbreitenänderung von 0,01 bis 0,02 mm erste Risse. Für eine reproduzierbare Dokumentation werden Gipsmarken nummeriert und die einzelnen Kontrollen mit Datum, Uhrzeit, Messwerte und Klimadaten protokolliert. Außerdem sollten qualifizierte Fotos gemacht werden. Gipsmarken sind schnell, einfach und kostengünstig auszuführen, haben aber einen wesentlichen Nachteil: sie dokumentieren nur einmalig eine Dynamik des Untergrundes. Ist die Gipsmarke gerissen oder vom Untergrund abgelöst, ist diese für weitere Erkenntnisse wertlos. Hierfür bieten sich Rissmonitore an.

Gitterschnitt-Prüfung
Eine Gitterschnitt-Prüfung ist eine Methode der →Untergrundprüfung, bei der die →Haftzugfestigkeit von Beschichtungen auf einem vorhandenen Untergrund überprüft wird. Hierzu werden mit einer scharfen Klinge mindestens 6 Schnitte parallel durch eine Beschichtung hindurch bis zum Untergrund ausgeführt und anschließend im rechten Winkel noch einmal wiederholt. Der Abstand der parallelen Schnitte hängt hierbei u. a. von den Schichtdicken der jeweiligen Beschichtung ab, sollte allerdings mindestens 1 mm betragen. Anschließend wird ein Klebeband auf dieses Raster aufgeklebt und ruckartig abgezogen. Für die Bewertung der Haftzugfestigkeit dient das „Negativ", wenn sich auf der Rückseite des Klebebandes Rückstände der Beschichtung befinden. Hierfür wird eine Bewertungsskala von 0 = sehr gut bis 5 = sehr schlecht verwendet.

Glasfasergewebe
Ein Glasfasergewebe ist ein textiles Gewebe aus kontinuierlichen Glasfasern in Kett- und Schussrichtung. Dieses ist mit einer alkalibeständigen Beschichtung versehen, um in alkalischen Bau- oder Beschichtungsstoffen wie z. B. einem mineralischen Unterputz oder einem mineralischen →Armierungsputz als →Gewebearmierung eingesetzt zu werden.

Glasübergangstemperatur
Die Glasübergangstemperatur beschreibt die Temperatur, bei der ein amorpher Feststoff wie z. B. ein amorphes Polymer von einem starren, glasartigen Zustand in einen weichen, gummiartigen Zustand übergeht. Diese Phase geht mit

einer Veränderung der physikalischen Eigenschaften des Materials wie z. B. der →Viskosität, der →Elastizität und des thermischen Ausdehnungskoeffizienten einher. Bei der Sanierung von Rissen spielt diese Eigenschaft eine wesentliche Rolle z. B. bei Injektionsstoffen oder kälteelastischen Anstrichsystemen zur anstrichtechnischen Risssanierung. Auch diese Materialien werden beim Erreichen bzw. unterhalb ihrer Glasübergangstemperatur hart und spröde wie Glas, so dass die Gefahr besteht, dass diese Kunststoffe ihre Materialeigenschaften wie z. B. Elastizität verlieren.

Glasvlies
Ein Glasvlies ist eine Trägereinlage und dient zur Verbesserung der thermischen Stabilität von Beschichtungen oder Abdichtungsstoffen wie z. B. Abdichtungsbahnen. Ein Glasvlies darf daher nicht mit einem →Glasfasergewebe verwechselt werden.

Gleit- und Trennschichten
Gleit- und Trennschichten dienen dazu, so genannte Zwangbeanspruchungen infolge lastunabhängiger Formänderungen zu vermindern. Hierzu gehören z. B. Gleitfolien oder auch Bitumenschichten und dgl.

Gravimetrische Feuchtemessung
Die gravimetrische Feuchtemessung ist eine Methode zur Bestimmung des Wassergehalts eines Materials. Hierzu wird aus dem zu untersuchenden Bauteil eine Baustoffprobe mittels Bohrkern oder Bohrmehl entnommen, anschließend im Labor gewogen, bei 105 °C bis zur Gewichtskonstanz getrocknet und abschließend wieder gewogen. Die Gewichtsdifferenz drückt den Wassergehalt der Probe aus. Bei Temperaturen über 105 °C besteht die Gefahr, dass auch das chemisch gebundene Wasser (Kristallwasser) aus dem Material ausgetrieben wird, wodurch die Messung verfälscht wird. Mit Hilfe dieser Feuchtemessmethode kann der Feuchtegehalt und hygroskopische Feuchtegehalt, die Sättigungsfeuchte und der Durchfeuchtungsgrad bestimmt werden.

Green'sche Elastizität
→Hyperelastizität

Grenzflächenschicht
Unter einer Grenzflächenschicht versteht man die Wechselwirkung adhäsiver Kräfte an der Grenze der beteiligten Stoffphasen.

Grenzflächenspannung
Unter Grenzflächenspannung wird die →Oberflächenspannung von Materialien bezeichnet. Hierbei werden nicht nur die Grenzflächen zwischen flüssigen und gasförmigen Stoffen betrachtet, sondern auch zwischen gasförmigem Stoffen und Feststoffen sowie flüssigen Stoffen und Feststoffen. Die Oberflächenspannung spielt im Zusammenhang mit dem →Benetzungswinkel und der →Hydrophobierung eine wichtige Rolle.

Grenzwert
Im Gegensatz zu einem →Empfehlungswert oder →Orientierungswert stellt ein Grenzwert den mit einer Maßeinheit angegebenen Messwert einer technischen Größe dar, der nicht überschritten werden darf. Häufig sind diese als verbindlich festgelegte Höchstwerte in Regelwerken, Verordnungen oder Gesetzen definiert und sollen in erster Linie dem Gesundheits- und Arbeitsschutz sowie der Arbeitssicherheit dienen.

Griffith'sche Rissmodell
Das Rissmodell von *Griffith* geht in der Analyse und Bewertung des mechanischen Verhaltens von Einzelrissen von einem linear elastischen, homogenen und isotropen Kontinuum aus, also einem kontinuierlichen und ununterbrochenen Mechanismus. Das Kontinuumsmechanische Rissmodell bildet die Grundlage für die Beschreibung des linear-elastischen Werkstoffverhaltens auf Grundlage einer Energiebilanz der instabilen Rissausbreitung. Hierbei geht das Rissmodell von einem langen und schmalen Riss in einer unter Zugspannung stehenden Scheibe unendlicher Ausdehnung aus, auch als so genannter „pfennigförmiger Riss“ bezeichnet.

Gründung
Unter Gründung wird die konstruktive Verbindung eines Gebäudes mit dem →Baugrund verstanden. Hierzu muss der Baugrund in der Lage sein, die Gesamtlast eines Gebäudes aufzunehmen. Eine Gründung ist mangelfrei, wenn über die Nutzungsdauer eines Gebäudes im Baugrund keine Bewegungen oder Verformungen auftreten, die zu Schäden am Gebäude z. B. in Form von baugrundbedingten Rissen führen. Eine Gründung erfolgt entweder als Flach- oder Tiefgründung. Flachgründungen wie z. B. Bodenplatten oder Streifenfundamente übertragen die Lasten nur in die oberen Bodenschichten, während Tiefgründungen die oberen Bodenschichten durchstoßen und die Lasten eines Gebäudes mit Hilfe z. B. von Pfählen auf die tieferen Bodenschichten übertragen.

Gründungssanierung
Unter einer Gründungssanierung werden verschiedene Korrekturmaßnahmen an der →Gründung eines Gebäudes verstanden. Hierbei sollen die Lasten eines Gebäudes wieder so in den →Baugrund abgeleitet werden, dass keine Bauschäden am Gebäude wie z. B. →baugrundbedingte Risse entstehen bzw. diese behoben werden. Hierzu muss die Last des Gebäudes wieder auf den tragfähigen Baugrund übertragen werden. Ursachen einer Gründungssanierung können z. B. Setzungen aus Grundwasserabsenkungen oder →Bergbauschäden sein.

Gründungsschaden
Von einem Gründungsschaden wird gesprochen, wenn die sichere und setzungsfreie Übertragung von Bauwerkslasten in den →Baugrund über die vorhandene →Gründung nicht mehr gegeben ist und die Gefahr besteht, dass die Standsicherheit nicht mehr gewährleistet ist oder gravierende Bauschäden z. B. in Form von baugrundbedingten Rissen auftreten können. Um Gründungsschäden zu beheben, muss eine →Gründungssanierung durchgeführt werden.

Gründungssicherheit
Von einer Gründungssicherheit wird gesprochen, wenn sowohl die Standsicherheit als auch die Lagesicherheit eines Gebäudes gewährleistet ist und die Lasten eines Gebäudes auf den Baugrund übertragen werden. Da →Gründungsschäden zu gravierenden Bauschäden wie z. B. →baugrundbedingte Risse und im Extremfall bis zum Totalverlust eines Bauwerks führen können, muss die Gründungssicherheit mit Baubeginn nachgewiesen werden.

Gründungssohle
Die Gründungssohle bezeichnet die Fläche eines Baugrunds, auf dem die Fundamente eines Bauwerks aufgesetzt werden. Die Gründungssohle muss ausreichend tragfähig und frostfrei sein.

Gründungsverstärkung
Eine Gründungsverstärkung ist eine vorbeugende Maßnahme, um die →Gründung eines Bauwerks zu verbessern. Diese wird durchgeführt, um zukünftig größere Belastungen aus dem Bauwerk aufnehmen und sicher auf den →Baugrund übertragen zu können. Eine Gründungsverstärkung darf nicht mit einer Baugrundverbesserung verwechselt werden. Eine Gründungsverstärkung kann notwendig sein, wenn z. B. durch die Aufstockung eines Gebäudes größere Lasten über die Gründung auf den Baugrund übertragen werden müssen, das Gebäude unter die bestehenden Fundamente hinaus unterkellert werden soll oder wenn sich Verkehrslasten oder Bodenverhältnisse verändern.

Grundbruch
Bei einem Grundbruch übersteigt die Last durch ein Gebäude die →Druckfestigkeit des Bodens unter dem Fundament. Wird zusätzlich noch die Reibung und Haftfestigkeit des Baugrunds in diesem Bereich überschritten, kann das Fundament zur Seite wegbrechen. Infolgedessen verdreht sich das Fundament über die so genannte Gleitline im Baugrund. Dieser Vorgang wird als Grundbruch bezeichnet. Diese Gefahr besteht besonders dann, wenn das Fundament eine verhältnismäßig geringe Gründungstiefe und Konstruktionsbreite hat, gleichzeitig jedoch hohen Belastungen ausgesetzt ist. Ein Grundbruch verändert die Tragfähigkeit des Baugrunds und kann gravierende Auswirkungen auf die Standsicher-

heit und Lagesicherheit eines Gebäudes haben. Die Folgen wären Bauschäden in Form von baugrundbedingten Rissen. Veränderungen des Bemessungswasserstandes können die Grundbruchgefahr erhöhen.

Grundierung
Eine Grundierung, oft auch als Primer oder Tiefengrund bezeichnet, ist ein unspezifischer Begriff für eine Vielzahl unterschiedlicher Hilfsstoffe, die auf einen Untergrund aufgetragen werden, um diesem spezifische Eigenschaften zu geben. Eine der wichtigsten Eigenschaften von Grundierungen ist deren Penetrationsvermögen in unterschiedliche Untergründe. Für eine besonders gute Eindringtiefe eignen sich niedrigviskose Grundierungen. Hierbei ist wichtig, dass die Teilchengröße der Polymerpartikel um den Faktor 10 kleiner sind als der Porendurchmesser des Baustoffs im Untergrund. Infolgedessen eignet sich nicht jeder Untergrund für jede Grundierung. Anderenfalls kann eine Grundierung genau das Gegenteil bewirken – z. B. eine trennende Glanzschicht. Nach den Eigenschaften und deren Anwendung werden Grundierungen unterschieden z. B. zur Reduzierung der Saugfähigkeit des Untergrundes, Bindung einer Oberflächenkreidung, Verfestigung des Untergrundes, haftvermittelnd für nachfolgende Beschichtungen (z. B. auf glatten Betonflächen), Neutralisierung von alkalischen Untergründen, Isolierung des Untergrundes gegen wasserlösliche Substanzen (z. B. Ruß, Lignin, Nikotin), korrosionsinhibierend sowie biozid wirkend gegen Algen und Pilze oder sonstige Mikroorganismen (z. B. Mauerspinne). Aus dieser Aufzählung wird deutlich, dass es keine „Universalgrundierung" geben kann. Darüber hinaus gibt es Hilfsstoffe, die synonym als Grundierung bezeichnet werden, aber einer Oberfläche bestimmte Eigenschaften geben wie z. B. ölabweisend (oleophob) oder wasserabweisend (hydrophob). Für diese Hilfsstoffe ist der Begriff Imprägnierung geläufig. Außerdem gibt es Haftbrücken, die fälschlicherweise als Grundierung bezeichnet werden.

Grundwasser
Wasser im Boden oder in Erdschichten, das sich in unterirdischen Hohlräumen befindet, wird als Grundwasser bezeichnet. Dieses gelangt durch das Versickern des Oberflächenwassers z. B. durch Niederschläge oder durch Infiltration aus Seen und Flüssen dorthin. Dabei ist der Grundwasserspiegel keine waagerechte Fläche. Auch z. B. Schichtenwasser über nicht durchlässigen Bodenschichten zählt zum Grundwasser. Dieses füllt die Hohlräume bis zur Wassersättigung aus. Auf eintauchende Bauwerke übt Grundwasser einen hydrostatischen Druck aus. Infolgedessen muss für die Planung und Ausführung einer →Bauwerksabdichtung der →Bemessungswasserstand bekannt sein. Bodenfeuchte sowie Sickerwasser gehören nicht zum Grundwasser.

Gummihaut
Als Gummihaut bezeichnete man früher hochelastische Farben, die aufgrund ihrer hohen Elastizität an eine Gummihaut erinnerten. Diese Farben hatten eine ausgesprochen hohe Dehnfähigkeit, allerdings auch eine sehr geringe Wasserdampf- und CO_2-Durchlässigkeit, so dass viele Bauschäden entstanden. Außerdem hatten diese Farben aufgrund einer hohen Oberflächenklebrigkeit eine hohe Verschmutzungsneigung, so dass hiermit gestrichene Fassaden innerhalb von wenigen Jahren einen grauen Schleier aufwiesen.

Gutachten
Der Begriff „Gutachten" ist keine geschützte Bezeichnung. Ein Gutachten ist die Verschriftlichung der Expertise eines Sachverständigen zu einem bestimmten Sachverhalt. Hierbei geht es zunächst um die Feststellung von Tatsachen sowie deren Bewertung in einem bestimmten Kontext. An den Aufbau oder Umfang eines Gutachtens gibt es keine gesetzlichen Anforderungen, aber Empfehlungen und Vorgaben von IHK, Architekten- und Ingenieurkammern sowie Sachverständigenverbände, die sich seit vielen Jahren in der Praxis bewährt haben.

Gutachter
→Sachverständiger

9.8 H

Haarrisse
Haarrisse ist ein Trivialname für einen ganz feinen Riss und beschreibt in der Regel Risse mit einer Breite bis maximal 0,1 mm. In den einschlägigen Regelwerken wird erwähnt, dass Haarrisse in begrenztem Umfang nicht zu bemängeln sind, da sie den technischen Wert der Beschichtung nicht beeinträchtigen. Haarrisse sind beruhigte Risse und können mit wenig Aufwand einfach saniert werden.

Härter
Ein Härter ist ein wesentlicher Bestandteil von zwei- oder mehrkomponentigen Materialien, die erst unmittelbar vor der Anwendung miteinander vermischt werden. Der Härter ist eine dieser Komponenten. Durch das Vermischen mit anderen Komponenten kommt es zu einer chemischen Reaktion, auch als Vernetzung bezeichnet.

Härtung
Im Gegensatz zur physikalischen Trocknung von organisch gebundenen Baustoffen kommt es bei anorganischen Baustoffen zur chemischen Reaktion, auch als mineralische Härtung bezeichnet. Man kennt diese von der Karbonatisierung kalkgebundener Baustoffe sowie von der Hydratisierung zement- oder gipsgebundener Baustoffe. Daher spricht man bei der Zementhärtung auch von der hydraulischen Härtung.

Haftbrücke
Der Begriff Haftbrücke wird für zwei unterschiedliche Baustoffe und Anwendungen verwendet. Im Kontext organisch gebundener Putze beschreibt eine Haftbrücke eine mit Quarz gefüllte Grundbeschichtung, die vor dem Auftrag eines organisch gebundenen Oberputzes (z. B. Kunstharzputz) auf einen mineralischen Untergrund aufgetragen wird, um ein gleichmäßiges Saugverhalten sicherzustellen.

Im Kontext mineralischer Putze beschreibt eine Haftbrücke einen organisch vergüteten Haftputz oder Haftmörtel, der insbesondere auf glatten Untergründen (z. B. schalglatten Beton) aufgetragen wird, um die Untergrundhaftung (Adhäsion) einer nachfolgenden Beschichtung zu verbessern. Dem entsprechend spricht man auch von einer organischen oder mineralischen Haftbrücke.

Haftfestigkeit
→Haftzugfestigkeit

Haftputz/Haftmörtel
→Haftbrücke

Haftscherfestigkeit
Die Haftscherfestigkeit (auch als Anfangsscherfestigkeit bezeichnet) beschreibt die Verbundfestigkeit zwischen Mörtel und Stein in einem Mauerwerk bei einer einachsigen Scherbeanspruchung parallel zur Mörtelfuge ohne vertikale Auflast. Ist dagegen eine Auflast vorhanden, spricht man von der →Scherfestigkeit. Diese bezeichnet die maximale Schubbelastung, mit der das Mauerwerk vor dem Abscheren belastet werden kann. Wird die Haftscherfestigkeit erreicht, versagt der Verbund zwischen Mörtel und Stein. Wesentlichen Einfluss auf die Haftscherfestigkeit hat neben der Zusammensetzung des Mauermörtels, die Fugendicke und Sauberkeit der Lagerfuge, die Oberflächenstruktur und →kapillare Wasseraufnahme der Mauersteine sowie die Umgebungsbedingungen beim Erhärten des Mauerwerks.

Haftung (im rechtlichen Sinn)
Die Haftung im rechtlichen Sinn bedeutet, dass ein Auftragnehmer (oder Schuldner im rechtlichen Sinn) für seine mangelhafte Leistung einstehen bzw. die Mangelfreiheit seiner Leistung sicherstellen muss.

Haftung (im technischen Sinn)
Die Haftung im technischen Sinn beschreibt die →Adhäsion zwischen mindestens zwei Materialien wie z. B. einer Beschichtung auf einem Untergrund oder einem →Fugendichtstoff an den Fugenflanken oder einem →Injektionsstoff an den →Rissflanken.

Haftzugfestigkeit
Die Haftzugfestigkeit (auch als Abreißfestigkeit bezeichnet) ist eine senkrecht zur Haftfläche wir-

kende Kraft je Flächeneinheit (N/mm^2), die aufgewendet werden muss, um die →Adhäsion bzw. den Verbund zwischen zwei Materialien wie z. B. einer Beschichtung und dem Untergrund durch Zugbelastung zu zerstören. Dieser Kennwert wird mit Hilfe der →Haftzugprüfung (auch als Abreißversuch bezeichnet) ermittelt.

Haftzugprüfung
Für die Prüfung der →Haftzugfestigkeit (→Adhäsion) müssen je nach Material (z. B. Beton, Putz, Mörtel, Anstriche) verschiedene Regelwerke beachtet werden. Hierzu wird ein auf den Untergrund aufgeklebter biegesteifer, zylindrischer Prüfstempel mit definierter Laststeigerungs-Geschwindigkeit abgezogen. Aus der hierzu aufzubringenden Kraft und der Fläche des Prüfstempels ergibt sich die Haftzugfestigkeit. Die dabei erzielten Bruchbilder können Aufschluss über die Güte der geprüften Oberfläche geben. Auch wenn Prüfgerät und Prüfablauf identisch sind, darf die Haftzugprüfung (auch als Abreißprüfung bezeichnet) nicht mit der →Oberflächenzugfestigkeitsprüfung verwechselt werden, bei der die maximale Zugkraft ermittelt wird, um einen Kohäsionsbruch in der Randzone eines Baustoffes zu erzeugen.

Hellbezugswert
Der Hellbezugswert (HBW) ist ein Maß für die Helligkeit einer Oberfläche. Ein HBW = 100 entspricht der Helligkeit einer absolut weißen Oberfläche; ein HBW = 0 gilt für eine absolut schwarze Oberfläche. Der HBW stellt somit einen Reflexionsgrad eines bestimmten Farbtons zwischen dem Schwarzpunkt = 0 und dem Weißpunkt = 100 dar und gibt an, wie weit der betreffende Farbton vom Schwarz- oder Weißpunkt entfernt ist. Kleinere Werte sind dabei dunklere Farbtöne, hellere Farbtöne dagegen werden durch größere Werte ausgedrückt. Entscheidend für den Hellbezugswert sind weder der Glanzgrad noch das verwendete Bindemittel, sondern allein Art und Höhe der farbigen Pigmentierung. Dunklere Farbtöne für Fassadenbeschichtungen unterliegen in Folge der permanenten Temperaturschwankungen zwischen warm und kalt (Sommer und Winter bzw. Tag und Nacht) einer stärkeren thermischen Spannung und somit einer höheren Gefahr der Rissbildung.

Hinnehmbare Abweichungen (hinnehmbare Mängel)
In der Bewertung von Rissen wird durch Sachverständige häufig von hinzunehmenden Unregelmäßigkeiten oder hinnehmbaren Abweichungen (oder hinnehmbaren Mängeln) gesprochen, insbesondere wenn es sich um →optische Mängel oder kleinere Abweichungen handelt, durch die die technische Funktionalität eines Bauteils oder Baustoffs nicht beeinträchtigt wird. In der Rechtsprechung gibt es diese Relativierung nicht. Im § 633 BGB wird nur zwischen einer mangelfreien und mangelbehafteten Leistung unterschieden. Daher kann eine vertraglich vereinbarte und/oder zugesicherte Eigenschaft einer Leistung, die zum Zeitpunkt der →Abnahme mangelhaft ist, nicht einfach als hinnehmbarer Mangel hingestellt werden, nur weil die Mangelbeseitigung unverhältnismäßig wäre. Zumal die Würdigung eines Mangels eine Rechtsfrage ist und nicht allein durch technischen Sachverstand bewertet werden kann. Sachverständige argumentieren allerdings, dass eine Abnahme nur bei wesentlichen Mängeln verweigert werden darf und verweisen auf die Schwierigkeit, wenn ein Mangel nur theoretischer Natur ist und eine Beeinträchtigung der Gebrauchstauglichkeit eben gerade nicht gegeben ist. Hinzu kommt die Unverhältnismäßigkeit, wenn auch nach einer Mangelbeseitigung ggf. wieder die gleichen Mängel auftreten, da Risse in einigen Bauteilen und/oder Baustoffen eben nicht grundsätzlich vermieden werden können.

Hinterfüllmaterial
Ein Hinterfüllmaterial dient zur Begrenzung der Dicke eines Dichtstoffes in der Fuge sowie zur Vermeidung einer →Dreiflankenhaftung.

Hinzunehmende Unregelmäßigkeiten
In der Bewertung von Rissen wird durch Sachverständige von hinzunehmenden Unregelmäßigkeiten gesprochen, wenn es sich um Abweichungen handelt, die nach Einschätzung von

technischen Experten als unvermeidbar anzusehen und infolgedessen hinzunehmen sind. Bekanntlich gibt es auch unter Experten unterschiedliche Meinungen, so dass eine hinzunehmende Unregelmäßigkeit zunächst einmal eine subjektive Einzelmeinung und zum anderen entscheidend ist, was Auftraggeber (im rechtlichen Sinn der Gläubiger) und der Auftragnehmer (im rechtlichen Sinn der Schuldner) vertraglich vereinbart haben. Denn auch wenn kleinere Abweichungen vom Vertrags-Soll die technische Funktionalität eines Bauteils oder Baustoffs ggf. nicht beeinträchtigen, so kennt die Rechtsprechung diese Relativierung nicht. Im § 633 BGB wird nur zwischen der mangelfreien und mangelbehafteten Leistung unterschieden. Daher kann weder ein Sachverständiger noch ein Auftragnehmer entscheiden, was ein Auftraggeber hinzunehmen hat oder nicht.

HOAI

Die HOAI ist die Abkürzung für Honorarordnung für Architekten und Ingenieure, in der die Honorare für die meisten Architekten- und Ingenieurleistungen in Deutschland geregelt werden. In der seit 2021 geltenden Fassung ist die Vergütung der Leistungen von Ingenieuren, die z. B. in den Bereichen Bauphysik, Bodenmechanik und Vermessungswesen tätig sind, ausgenommen. Hierbei handelt es sich in der Regel um so genannte →Fachplaner.

Hochbaufuge

Hochbaufugen sind eine Sonderform der Fassadenfugen. Der Anwendungsbereich dieser Außenwandfugen liegt zwischen Bauteilen aus Ortbeton, Betonfertigteilen sowie aus unverputztem Mauerwerk oder Natursteinen. An die Fugendichtstoffe für Hochbaufugen werden zusätzlich zu den Vorgaben aus der DIN EN 15651-1 „Fugendichtstoffe für nicht tragende Anwendungen in Gebäuden und Fußgängerwegen – Teil 1: Fugendichtstoffe für Fassadenelemente" (2017) weitere Anforderungen gemäß der DIN 18540 „Abdichten von Außenwandfugen im Hochbau mit Fugendichtstoffen" (2014) gestellt.

Hohlrauminjektion

Bei der Hohlrauminjektion werden Hohlräume mittels →Injektion verfüllt. Hierbei werden zwei Methoden unterschieden: →abdichtende Injektionen von Hohlräumen oder verfüllende Injektion zur Stabilisierung von Bauteilen z. B. mittels →Schaummörtel.

Hohlraumverfüllung

Ein Hohlraum ist ein mit einem anderen Medium gefüllter Raum in einem Bauteil. Hierbei kann es sich um kleinere Hohlräume wie z. B. →Poren oder →Risse in Baustoffen handeln oder um größere Hohlräume zwischen Baustoffen wie z. B. eine Luftschicht in mehrschaligen Mauerwerken oder Klüften und Spalten z. B. im →Baugrund. Außerdem sind auch →Fugen Hohlräume zwischen zwei Bauteilen. Dem entsprechend gibt es sehr unterschiedliche Methoden, Verfahren und Materialien zur Hohlraumverfüllung, je nachdem, ob dieser Hohlraum mit oder ohne Druck verfüllt wird und/oder ob mit dieser Verfüllung nur der Hohlraum verschlossen oder z. B. eine →Abdichtung oder eine kraftschlüssige Verbindung hergestellt werden soll.

Hooke'sches Gesetz

Als Hooke'sches Gesetz wird das Proportionalitätsgesetz bezeichnet, nach dem die →Dehnung eines Körpers, der an ihn angelegten Spannung, proportional ist. Die materialspezifische Proportionalitätskonstante wird als →Elastizitätsmodul bezeichnet. Das Hookesche Gesetz gilt nur für kleine Dehnungen.

Horizontalabdichtung

Eine Horizontalabdichtung ist die horizontale Abdichtungsschicht auf Fundamenten oder Bodenplatten im Rahmen der →Bauwerksabdichtung, um aufgehende Bauteile wie z. B. Wände vor aufsteigender Feuchtigkeit zu schützen. Horizontalabdichtungen können im Neubau (müssen aber nicht) druckwasserhaltend ausgebildet werden. Für nachträgliche Horizontalabdichtungen in der Bauwerksinstandsetzung werden →abdichtende Injektionen oder Injektionen gegen kapillar aufsteigende Feuchtigkeit sowie →mechanische Verfahren wie das

→Chromstahlblechverfahren oder das →Mauersägeverfahren angeboten, die grundsätzlich nicht druckwasserhaltend sind.

Horizontalrisse
Horizontalrisse ist ein fachlich unspezifischer Begriff für →Risse mit einem horizontalen →Rissverlauf. Hierbei handelt es sich in der Regel um →Konstruktivbedingte Risse wie z. B. Deckenschubrisse oder Fugenrisse.

Horizontalsperre
Unter einer Horizontalsperre werden Horizontalabdichtungen im Neubau z. B. mittels Abdichtungsbahnen oder nachträgliche Horizontalabdichtungen z. B. gegen →kapillar aufsteigende Feuchtigkeit im Altbau z. B. mittels Injektionen oder mechanischen Verfahren verstanden.

Hydratation
Unter der Hydratation (oder auch Hydratisierung) versteht man die Anlagerung von Wassermolekülen z. B. bei der chemischen →Härtung von hydraulischen Bindemitteln wie Zement. Die Reaktionsprodukte werden als Hydrate oder Hydratphasen bezeichnet. Diese „verfilzen" miteinander und bestimmen somit die Härte und Widerstandsfähigkeit zementgebundener Baustoffe. Die Hydratation ist temperaturabhängig und wird von höheren Temperaturen beschleunigt. In den ersten Stunden und Tagen läuft die Hydratation schneller ab und verliert im Laufe der Zeit an Geschwindigkeit und bricht ab, wenn nicht genügend Wasser zur Verfügung steht. Daher ist je nach Umgebungsbedingungen eine →Nachbehandlung dieser Baustoffe notwendig. Eine Rolle bei der Hydratation spielt auch der so genannte →Wasser-Zement-Wert.

Hydratationswärme
Die bei der chemischen Reaktion von zementgebundenen Baustoffen entstehende Wärme wird als Hydratationswärme bezeichnet. Diese kann zu einer weiteren Beschleunigung der Reaktion führen. Unter bestimmten Umständen kann diese Hydratationswärme auch Spannungen und →Spannungsrisse verursachen.

Hydratisierung
→Hydratation

Hydraulische Erhärtung
Unter hydraulischer Erhärtung wird die chemische Reaktion von hydraulischen Bindemitteln verstanden, die durch Einlagerung von Wassermolekülen stattfindet.

Hydraulisches Bindemittel
Ein hydraulisches Bindemittel ist ein anorganischer, nicht metallischer, fein gemahlener Stoff, der nach Zugabe von Wasser infolge einer chemischen Reaktion – der hydraulischen Erhärtung – mit diesem sowohl an der Luft als auch unter Wasser selbständig erhärtet und anschließend fest und raumbeständig bleibt. Hydraulische Bindemittel bestehen aus Verbindungen zwischen einer nicht hydraulischen Base (Kalk, seltener Magnesia) und so genannten Hydraulefaktoren wie Calciumoxid (CaO), Magnesiumoxid (MgO), Siliciumdioxid (SiO_2), Aluminiumoxid (Al_2O_3) und Eisenoxid (Fe_2O_3). Zu den hydraulischen Bindemitteln gehören z. B. alle Zementarten und hydraulischer Kalk. Hydraulische Bindemittel werden von latent-hydraulischen Stoffen und Puzzolane unterschieden.

hydraulische Permeabilität
→Wasserdurchlässigkeit (Boden)

Hydraulizität
Hydraulizität beschreibt das Wasserbindevermögen. Damit ist die Eigenschaft eines Bindemittels gemeint, hydraulisch – also mit Wasser – sowohl an der Luft als auch unter Wasser zu reagieren, zu erhärten und fest zu bleiben.

Hydrogele
Hydrogele sind Gele aus einem Polymer, die Wassermoleküle binden können. Diese sind entweder chemisch z. B. durch ionische Bindungen oder physikalisch z. B. durch eine Verbindung der Polymerketten zu einem dreidimensionalen Netzwerk verknüpft. Durch eingebaute hydrophile Polymerkomponenten quellen diese in Wasser unter einer beträchtlichen Volumenzunahme, ohne hierbei ihren stofflichen Zusam-

menhalt zu verlieren. Dies bedeutet, dass Hydrogele ein wasserenthaltendes und gleichzeitig wasserunlösliches Polymer besitzen. Hydrogele werden z. B. zur →Injektion von Rissen oder →abdichtende Injektionen verwendet.

Hydrolyse

Unter einer Hydrolyse wird die Auflösung einer chemischen Verbindung unter Einfluss von Wasser verstanden. Baustoffe, die dauerhaft Feuchtigkeit ausgesetzt sind wie z. B. Abdichtungsstoffe oder Injektionsstoffe in wasserführenden Rissen müssen daher hydrolysestabil sein.

hydrophil

Hydrophile Baustoffe oder Oberflächen haben eine hohe Affinität zu Wasser und können leicht benetzt werden. Das Gegenteil ist →hydrophob. Hydrophilie bezieht sich nur auf die Wechselwirkung mit Wasser und weder auf die Löslichkeit noch auf die Hygroskopizität. Darüber hinaus sind hydrophile Stoffe häufig auch lipophob; können sich also schlecht in Fetten oder Ölen lösen.

hydrophob

Der Begriff hydrophob stammt aus dem Altgriechischen und bedeutet wassermeidend. Dies bedeutet, dass hydrophobe Baustoffe oder Oberflächen keine Affinität zu Wasser haben und nicht benetzt werden können. Neben hydrophoben Oberflächen sind aber z. B. auch Pigmente und Füllstoffe hydrophob. Dies macht die Zugabe grenzflächenaktiver Stoffe (z. B. Tenside) notwendig, um diese Substanzen z. B. in wässrigen Polymerdispersionen dauerhaft stabil einarbeiten zu können. Hydrophob sind weiterhin z. B. Kohlenwasserstoffe, Fettsäuren, Paraffine, Wachse, Polyethylen, Silicone u. a. Hydrophobe Baustoffe sind nicht zwangsläufig wasserdicht oder wasserundurchlässig, da durch eine →Hydrophobierung lediglich eine starke Wasserabweisung erzielt wird, aber kein Porenverschluss.

Hydrophobierung

Eine Hydrophobierung (auch Imprägnierung genannt) ist die Oberflächenbehandlung eines Baustoffes, um den →Benetzungswinkel > 90° auszubilden. Unter Oberfläche ist hierbei nicht nur die Baustoffoberfläche im Sinne einer Bauteiloberfläche gemeint, sondern z. B. auch die Oberfläche von Poren im Baustoffgefüge, bekannt z. B. aus der Porenhydrophobie von →Makroporen in Sanierputzen. Deshalb unterscheidet man die „äußere" Hydrophobierung (Baustoffoberfläche) von der „inneren" Hydrophobierung (Baustoffgefüge). Durch eine Hydrophobierung wird die →kapillare Wasseraufnahme reduziert, ohne filmbildend zu wirken. Dies bedeutet, dass Baustoffporen und -kapillaren durch hydrophobierende Substanzen wie z. B. →Silane, →Siloxane, Siliconate und Silikone wasserabweisend ausgebildet werden, ohne diese zu verschließen. Infolgedessen bleibt die Wasserdampfdiffusionsfähigkeit erhalten. Wird durch Hydrophobierungsmittel der Benetzungswinkel > 120° ausgebildet, spricht man von einer so genannten Superhydrophobie.

Hydrophobierungsmittel

Hydrophobierungsmittel sind chemische Substanzen, mit denen Baustoffe hydrophobiert werden. Hierbei handelt es sich um hydrophobierende Wirkstoffe oder um Mischungen, von denen eine hydrophobierende Wirkung ausgeht. Zu den bekanntesten gehören Alkoxysilane (vereinfacht als →Silane bezeichnet), Alkoxysiloxane (vereinfacht als →Siloxane bezeichnet) sowie Mischungen aus Silane und Siloxane, Alkylpolysiloxane (vereinfacht als Siliconharze bezeichnet) und Alkalisiliconate (vereinfacht als Siliconate bezeichnet).

Hydrostatischer Druck

Unter hydrostatischem Druck wird ein Gewichtsdruck verstanden, den eine Flüssigkeitssäule auf eine Fläche wie z. B. eine Abdichtungsschicht ausübt.

hygrischer Längenausdehnungskoeffizient

→Längenausdehnungskoeffizient

Hygroskopisch/Hygroskopizität

Hygroskopisch bzw. Hygroskopizität beschreibt die Eigenschaft von Baustoffen, Feuchtigkeit aus der Umgebung aktiv aufzunehmen und zu binden. Deshalb spielt bei der Feuchtigkeit von Baustoffen nicht nur die hygroskopische Feuchteaufnahme eine Rolle, sondern auch die →hygroskopische Ausgleichsfeuchte. Die Menge der Wasseraufnahme hängt u. a. von den spezifischen Materialeigenschaften wie z. B. dem Sorptionsverhalten der Baustoffe sowie der relativen Luftfeuchte ab. Außerdem hat die Hygroskopizität der Baustoffe einen wesentlichen Einfluss, denn viele Baustoffe enthalten Salze, die stark hygroskopisch sind. Infolgedessen weisen z. B. salzgeschädigte Mauerwerke eine hohe hygroskopische Feuchte auf, die über der normalen →Ausgleichsfeuchte liegt. Die Einlagerung von Wassermolekülen kann zu einer Gewichts- und/oder Volumenzunahme führen, durch die sich die Eigenschaften von Baustoffen ändern und einen Hydratations- oder →Kristallisationsdruck aufbauen können. Außerdem kann sich durch die Wasseraufnahme und der damit verursachten chemischen Reaktion die Materialstruktur verändern. Auch wenn hygroskopische Baustoffe in der Regel immer auch →hydrophil sind, dürfen beide Mechanismen nicht verwechselt oder gleichgesetzt werden. Gleiches gilt für das Sorptionsverhalten von Baustoffen, denn nach einer Wasseraufnahme (Adsorption) findet auch wieder eine Abgabe (Desorption) statt. Dies ist bei hygroskopischen Baustoffen nicht der Fall.

Hygroskopische Ausgleichsfeuchte
Die hygroskopische Ausgleichsfeuchte beschreibt die tatsächliche →Ausgleichsfeuchte eines Baustoffes, da mineralische Baustoffe in der Regel hygroskopisch sind. Dies bedeutet, dass diese neben der normalen Gleichgewichtsfeuchte im trockenen Zustand immer einen höheren Feuchtezustand aufweisen, der sich durch die Hygroskopizität ergibt. Deshalb wird im Rahmen der →Bauwerksdiagnostik z. B. bei der Untersuchung von feuchte- und/oder salzgeschädigten Mauerwerken neben dem →Durchfeuchtungsgrad immer auch der hygroskopische Durchfeuchtungsgrad ermittelt.

Hygroskopische Feuchtigkeitsaufnahme
Die hygroskopische Feuchtigkeitsaufnahme beschreibt die Wasseraufnahme von Baustoffen aus der Umgebung aufgrund der Hygroskopizität. Diese wird in der Regel durch Salze in Baustoffen verursacht, die stark hygroskopisch sind. Da viele mineralische Baustoffe auch →hydrophil sind, dürfen beide Wasseraufnahmemechanismen nicht verwechselt werden. Gleiches gilt für das Sorptionsverhalten von Baustoffen. Denn im Gegensatz zur Adsorption (Wasseraufnahme) und Desorption (Wasserabgabe) findet bei hygroskopischen Baustoffen nur eine Wasseraufnahme statt und erhöht die →hygroskopische Ausgleichsfeuchte.

Hygro-thermische Einwirkungen
Hygro-thermische Einwirkungen bedeutet, dass sowohl die Auswirkungen verschiedener Feuchtetransporte auf den Wärmetransport als auch die Auswirkungen verschiedener Wärmetransporte auf den Feuchtetransport in Baustoffen bzw. Bauteilen berücksichtigt werden.

Hyperelastizität
Hyperelastizität (auch als Green'sche Elastizität bezeichnet) ist aus dem Griechischen abgeleitet und beschreibt ein Materialmodell der →Elastizität. Hierbei handelt es sich um die Eigenschaft eines Stoffes, unter Einwirkung einer äußeren Kraft seine Form zu verändern und bei Wegfall dieser seine ursprüngliche Form wieder anzunehmen. Hyperelastizität beschreibt das Verhalten von stark elastischen Stoffen wie z. B. Elastomeren. Im Unterschied zu anderen Materialmodellen werden bei der Hyperelastizität allerdings keine Parameter für den linear elastischen Anteil berücksichtigt. Dies bedeutet, dass die Dehnung proportional zur Spannung verläuft und reversibel ist.

HW-System
→Chromstahlblechverfahren

9.9 I

Imprägnierung

Eine Imprägnierung dient dazu, porösen oder offenporigen Oberflächen von Baustoffen oder Bauteilen spezifische Eigenschaften zu geben, die diese vorher nicht hatten. In den meisten Fällen dient das Auftragen von Imprägnierungsmitteln der Verringerung der Wasseraufnahme oder dem Schutz der Oberfläche gegen Verschmutzung. Einige Imprägnierungen sind auch in der Lage, die oberflächennahen Schichten zu verfestigen. Imprägnierungen dürfen nicht mit Grundierungen verwechselt werden, die primär einen Untergrund vorbehandeln, während Imprägnierungen primär Oberflächen behandeln. Außerdem dürfen diese nicht mit Versiegelungen verwechselt werden, da Imprägnierungen nur auf Oberflächen von Poren und Kapillaren aufgetragen werden und das Wasserdampfdiffusionsverhalten nicht verändern, während die Versiegelung eine filmbildende Schicht hinterlässt. Imprägnierungen werden häufig als Hydrophobierung bezeichnet, was nicht korrekt ist, da Imprägnierungen nicht nur hydrophobierende Eigenschaften haben, sondern auch porenverschließende, oleophobierende oder eben verfestigende. Damit Imprägnierungen gut eindringen können, brauchen diese Stoffe eine niedrige Viskosität.

Infrarotthermografie

Die Infrarotthermografie ist ein Verfahren zur berührungslosen Messung von Wärmeströmen und Oberflächentemperaturen. Das mit einer Infrarotkamera aufgenommene Wärmebild gibt die Temperaturverteilung der untersuchten Bauteilflächen wieder. Haupteinsatzgebiete sind das Erkennung von Wärmeverlusten sowie die Ortung thermischer Schwachstellen wie z. B. Wärmebrücken.

Ingenieurbauwerke

Ingenieurbauwerke sind z. B. Brücken und Brückenbauwerke, Tunnel und Tunnelbauwerke, Wasserbauwerke und Abwasserkanäle, Schachtbauwerke und Regenrückhaltebecken, Silos und Trogbauwerke, Talsperren und Kühltürme sowie U-Bahnhöfe und größere Tiefgaragen und Kläranlagen.

initialer Riss

Mikroriss

Injektage

Injektage ist ein älterer und umgangssprachlicher sowie fachlich unspezifischer Trivialname für →Injektionsverfahren.

Injektion

Injektion ist ein unspezifischer Gattungsbegriff für verschiedene Tätigkeiten in der Bauwerksinstandsetzung. In der Regel wird damit das Einbringen von niedrig viskosen Injektionsstoffen in Hohlräume wie →Risse und/oder →Poren beschrieben. Dies kann im Rahmen der Baugrundverbesserung genauso erfolgen wie bei abdichtenden Injektionen oder →Rissverpressung zur Herstellung kraftschlüssiger Verbindungen. Injektionen mit Druck werden mit einem →Injektionssystem durchgeführt, zu dem neben dem Injektionsstoff auch eine →Injektionspumpe, →Injektionspacker und ggf. Injektionsschläuche gehören.

Injektion gegen kapillar aufsteigende Feuchtigkeit

Injektionen gegen →kapillar aufsteigende Feuchtigkeit werden entweder drucklos z. B. über Flascheninjektionen oder mit Druck mittels Injektionspumpen und →Injektionspacker durchgeführt. Je nachdem, welcher →Injektionsstoff zur Anwendung kommt, werden die Poren und Kapillaren eines Mauerwerkes entweder verstopft, verengt oder hydrophobiert, wobei diese Wirkprinzipien auch kombiniert werden können. Injektionen gegen kapillar aufsteigende Feuchtigkeit sind keine Bauwerksabdichtung im Sinne der DIN-Norm, da mit ihnen der erhöhte Durchfeuchtungsgrad in Abhängigkeit zur Salzbelastung nur auf eine übliche Gleichgewichtsfeuchte gebracht werden kann.

Injektionsdruck

Der Injektionsdruck beschreibt den Nennwert des Förderdrucks, mit dem ein Injektionsstoff zum Injektionspacker gefördert wird.

Injektionsgerät

Ein Injektionsgerät (oder auch Injektionspumpe) gehört zu einem →Injektionssystem und dient dem Einbringen eines Injektionsstoffes in Hohlräume wie →Risse und/oder →Poren mit Druck. Die Art der Injektionsgeräte unterscheidet sich u. a. danach, ob Injektionen im Rahmen der Abdichtung oder der →Rissverpressung eingesetzt werden, ob Injektionsstoffe →einkomponentig oder →zweikomponentig sind und mit welchem →Injektionsdruck diese eingebracht werden.

Injektionslanzen

Injektionslanzen sind Verlängerungen mit oder ohne Löcher und haben unterschiedliche Funktionen. So werden Injektionslanzen z. B. im Rahmen der →Baugrundverfestigung

eingesetzt oder bei Injektionen gegen kapillar aufsteigende Feuchtigkeit in mehrschaligen und klüftigen Mauerwerken, um eine gleichmäßige Verteilung des Injektionsstoffes im Mauerwerksquerschnitt sicherzustellen.

Injektionsleim

Injektionsleim ist eine unspezifische Bezeichnung für einen →Injektionsstoff und beschreibt in der Regel einen →Zementleim.

Injektionsmittel

Mit Injektionsmittel werden in der Regel nur Injektionsstoffe zur →Injektion gegen kapillar aufsteigende Feuchtigkeit bezeichnet. Je nach Wirkprinzip der eingesetzten Injektionsmittel wirken diese Kapillarverstopfend, -verengend oder hydrophobierend, wobei diese Wirkprinzipien auch miteinander kombiniert werden können. Bekannte Injektionsmittel sind →Silane, →Siloxane, Mischungen aus Silane und Siloxane, Siliconate, Silicon-Mikroemulsionen und Paraffine.

Injektionsmörtel

Injektionsmörtel ist ein mineralischer →Injektionsstoff, der zur Verfestigung von Mauerwerken (z. B. als →Schaummörtel), zum Auffüllen von Hohlräumen (z. B. als →Vergussmörtel) oder zur →Rissverpressung (z. B. als →Zementleim) eingesetzt werden kann.

Injektionspacker

Injektionspacker (umgangssprachlich auch nur als Packer bezeichnet) sind Dübel förmige Zubehörteile eines Injektionssystems, mit denen sichergestellt wird, dass der →Injektionsstoff über die Zuleitung gezielt in das Bohrloch oder den Riss transportiert wird. Injektionspacker gibt es aufgrund der vielfältigen Anwendungsgebiete als →Bohrpacker, →Schraubpacker, →Schlagpacker, →Klebepacker oder Nagelpacker. Diese können aus Stahl oder Kunststoff bestehen und entweder einmalig oder mehrfach verwendet werden. Injektionspacker besitzen in der Regel ein Ventil, um Rückströme des Injektionsstoffes zu verhindern.

Injektionspumpe

→Injektionsgerät

Injektionsschlauch

Injektionsschläuche sind Bestandteil eines Injektionssystems und dienen dem Transport von Injektionsstoffen oder Rissfüllstoffen. Aufgrund der hohen Flexibilität sind Injektionsschläuche auch für schwer zugängliche Bereiche gut geeignet. Injektionsschläuche werden auch zur Abdichtung von Fugen verwendet. Hierzu sind diese mit Austrittsöffnungen versehen, so dass sich der Abdichtungsstoff durchgängig in den Fugen verteilen kann.

Injektionsstoff

Injektionsstoffe sind niedrig viskose Baustoffe, die sich zur →Injektion in größeren oder kleineren Hohlräumen, Rissen, Poren und Kapillaren eignen. Je nach Anwendung werden diese unterschieden für →abdichtende Injektionen, →Rissverpressung, zur Stabilisierung von Bauteilen oder für Baugrundverfestigungen. Je nach Wirkprinzip können Injektionsstoffe abdichtende, verfestigende, verfüllende, hydrophobierende oder verstopfende Eigenschaften haben. Je nach Zusammensetzung werden ein-, zwei- oder mehrkomponentige Stoffe unterschieden. Injektionsmittel zur nachträglichen Horizontalabdichtung werden ebenfalls als Injektionsstoffe bezeichnet. Zu ihnen gehören →Silane, →Siloxane, Siliconate, Silicon-Mikroemulsionen und Paraffine. Injektionsstoffe zur Rissverpressung werden entweder zum kraftschlüssigen oder dehnbaren oder quellfähigen Füllen eingesetzt. Daher werden diese auch als Füllstoffe bezeichnet. Zu ihnen gehören →Acrylatgele, →Epoxidharze, →Polyurethane, Zementleime oder Zementsuspensionen.

Injektionssystem
Ein Injektionssystem besteht aus einem →Injektionsgerät, →Injektionspacker, ggf. Injektionsschläuche oder Injektionsstangen sowie dem →Injektionsstoff.

Injektionsverfahren
Ein Injektionsverfahren besteht aus einem →Injektionssystem sowie dem Zubehör und allen notwendigen Maßnahmen, damit die Funktionalität der Injektionsmaßnahme erreicht werden kann. Dies können je nach Injektionssystem vorbereitende, flankierende oder nachgelagerte Maßnahmen sein. Vorbereitende Maßnahmen können z. B. das Aufheizen des Mauerwerkes bei der Paraffininjektion sein. Die technische Bautrocknung kann eine flankierende Maßnahme bei physikalisch trocknenden Injektionsmitteln sein. Und das Aktivieren des Injektionsstoffes bei hohen Durchfeuchtungsgraden kann eine nachgelagerte Maßnahme sein.

Injektion wasserführender Risse
Bei Bauteilen, die einer ständigen Wasserbelastung ausgesetzt sind wie z. B. →drückendes Wasser im erdberührten Kellerbereich, kann es durch Bewegungen und infolgedessen Verformungen zur Rissbildung und somit zu Fehlstellen kommen. In diesen Fällen kommen häufig nur punktuelle Injektionen in Frage. Dies betrifft insbesondere Arbeitsfugen an den Wand-/Sohlenanschlüssen von Kellern, Behältern und Schwimmbecken, da der Einbau von Arbeitsfugenbändern an diesen Bauteilen häufig Probleme bereiten. Durchdringungen (wie Rohrdurchführungen, Bodeneinläufe und Abstandshalter von Schalungen) sind ebenfalls Bauteilbereiche, die zu Undichtigkeiten führen können. Zur Injektion dieser wasserführenden Risse empfehlen sich Injektionsschaumharze auf Polyurethanbasis (SPUR), da sich diese offenzelligen Injektionsstoffe durch eine starke Volumenvergrößerung auszeichnen und wasserführende Risse schnell, aber nur temporär, abdichten. Die Volumenvergrößerung kann hierbei abhängig von der Temperatur und der Wassermenge bis zum 20-fachen des ursprünglichen Volumens betragen. Da temporäre Injektionsschaumharze auf Polyurethan keine Abdichtung darstellen, muss innerhalb von ein bis zwei Stunden eine abdichtende Nachinjektion mit nichtschäumenden Polyurethanen oder Epoxidharzen erfolgen.

Inklinometer
Inklinometer werden zur →Bauwerksdiagnostik von baugrundbedingten Rissen eingesetzt. Hierbei handelt es sich um ein Messgerät, um Verschiebungen an Gleitflächen wie z. B. Hänge und Böschungen zu messen.

Innere Kräfte
Innere Kräfte werden auch als →Zwang bezeichnet und verursachen Zwangsspannungen. Zu diesen gehören lastunabhängige Formänderungen wie z. B. Kriech- und Schwindprozesse, die durch hygro-thermische Einflüsse verursacht werden. Auch die Phase der Entspannung eines Baustoffes, die →Relaxation, nach aufgezwungener Verformung wird den inneren Kräften zugerechnet.

Inspektion
Die Inspektion ist Teil der Bauwerkserhaltung und umfasst verschiedene Maßnahmen zur Feststellung und Beurteilung des Bauzustandes.

Hierzu werden Daten und Informationen über die wichtigsten Bauteile und deren Funktion erfasst und in der Form bereitgestellt, dass rechtzeitig mögliche →Schäden erkannt und durch vorbeugende Maßnahmen vermieden werden können. Die Inspektion ist Grundlage für eine regelmäßige Wartung oder für den Zeitpunkt notwendiger Instandsetzungen, um ein funktionstüchtiges Bauwerk über den gesamten Zeitraum der geplanten Nutzungsdauer zu erhalten. Sie liefert darüber hinaus ein Datenmodell für Sanierungs-, Renovierungs- oder Modernisierungsintervalle. Für einige Bauwerke und/oder Bauteile ergibt sich die rechtliche Notwendigkeit einer Inspektion durch die so genannte Verkehrssicherungspflicht nach dem Bundesgesetzbuch (BGB) und/oder der allgemeinen Sorgfaltspflicht des Eigentümers oder Betreibers.

Instabile Rissausbreitung
In der →Bruchmechanik wird die Charakterisierung der Rissentstehung und -ausbreitung durch den Begriff des elastischen Spannungsfeldes beschrieben. Wird der kritische Wert dieses Spannungsintensitätsfaktors erreicht, wird der Riss instabil, breitet sich plötzlich und mit hoher Geschwindigkeit und unter Freisetzung von Energie aus und führt in Form von Makrorissen zu einem Materialversagen.

Instandsetzungsplanung
Die Instandsetzungsplanung ermittelt auf Grundlage der →Bauzustandsanalyse im Rahmen der →Bauwerksdiagnostik (Ist-Zustand) Art und Umfang von Instandsetzungsmaßnahmen (Soll-Zustand) und schafft die Basis für die Konzeption, Kalkulation und Ausschreibung. Eine Instandsetzungsplanung sollte immer im Einklang mit technischen, ökonomischen und ökologischen Aspekten erfolgen sowie unter Einhaltung von gesetzlichen oder rechtlichen Vorgaben.

Isocyanate
Isocyanate sind sehr reaktionsstarke organische Verbindungen. Diese Reaktivkomponente wird u. a. als →Härter für →Polyurethanharze eingesetzt.

Ist-Maß
Das Ist-Maß ist ein Begriff aus der DIN 18202 „Toleranzen im Hochbau – Bauwerke“ (2019) und beschreibt das vor Ort an einem hergestellten Bauteil durch Messung ermittelte Maß.

IVD
IVD ist die Abkürzung für Industrieverband Dichtstoffe e. V.

IVD-Merkblätter
IVD-Merkblätter sind technische Informationen des Industrieverbandes Dichtstoffe und regeln die Einsatzgebiete und Anwendung von Dichtstoffen, für die keine Norm vorliegt.

9.10 J

Joosten-Verfahren
Das Joosten-Verfahren kommt bei der →Baugrundverfestigung zum Einsatz. Beim Aushub von Bodenschichten insbesondere in nichtbindigen Böden besteht die Gefahr, dass Erdschichten nachrutschen. Eine mögliche Schutzmaßnahme, um dies zu vermeiden, ist das zweistufige Joosten-Verfahren. Hierbei werden die nichtbindigen Bodenschichten in der ersten Stufe mit Wasserglas und in der zweiten Stufe mit einer Salzlösung (Calciumchlorid) injiziert. Diese Kombination löst eine chemische Reaktion aus, die zur →Härtung eines Calciumsilikatgels führt, so dass der Boden verfestigt wird.

9.11 K

Kältebrücke
→Wärmebrücke

Kälteelastisch
Unter kälteelastisch werden die Eigenschaften von formfesten, aber elastisch verformbaren Kunststoffen wie z. B. Elastomeren bezeichnet, die auch bei Minustemperaturen ihre →Elastizität nicht verlieren. Ursächlich hierfür ist die →Glasübergangstemperatur. Im Rahmen der an-

strichtechnischen Risssanierung haben →kälteelastische Beschichtungen (Anstrichsysteme) eine hohe Bedeutung, da sich →Risse bekanntlich bei Minustemperaturen infolge des Schwindens der Bauteile und somit der Entfernung der →Rissflanken ausdehnen und dennoch rissüberbrückend bleiben müssen (= hohe Elastizität) und bei Erwärmung und somit dem Schrumpfen der Bauteile und dem Schließen der Rissflanken keine Stauchungen bzw. Schlaufen bilden dürfen.

Kälteelastische Beschichtungen
Bei kälteelastischen Beschichtungen handelt es sich um hoch elastische Anstrichsysteme nach DIN EN 1062-7 „Beschichtungsstoffe – Beschichtungsstoffe und Beschichtungssysteme für mineralische Substrate und Beton im Außenbereich, Teil 7: Bestimmung der rissüberbrückenden Eigenschaften" (2004). In der Norm sind die Anforderungen an diese Beschichtungsstoffe definiert und die rissüberbrückenden Eigenschaften in Form von →Rissklassen geregelt. Die Prüfung dieser Rissklassen erfolgt bei Raumtemperatur (23 °C) und bei – 10 °C, da normale Dispersionsfarben aufgrund der →Glasübergangstemperatur ihre Elastizität bei Minustemperaturen verlieren. Kälteelastische Anstrichsysteme erreichen auch bei Minustemperaturen eine Rissüberbrückung von > 2,5 mm (Klasse A5), > 1,25 mm (Klasse A4) oder > 500 µm (Klasse A3). Einfache Dispersionsfarben erreichen in der Regel nur die Klasse A1 (Rissüberbrückung > 100 µm) oder in Ausnahmen die Klasse A2 > 250 µm).

Kälteflexibilität
Kälteflexibilität beschreibt die Prüfungen u. a. von Abdichtungsstoffen z. B. auf Bitumenbasis zum Verformungsvermögen bei Minustemperaturen.

Kaltbiegeverhalten
→Kälteflexibilität

Kalter Fluss
→Filmbildung, →Koaleszenz

Kapillaraktiv
Kapillaraktiv ist die Bezeichnung für poröse Baustoffe, die durch Wasser benetzt werden können (→hydrophil sind). Derartige Baustoffe können durch kapillaren Wassertransport durchfeuchtet werden.

Kapillar aufsteigende Feuchtigkeit
Kapillar aufsteigende Feuchtigkeit ist der Wassertransport in kapillaraktiven, porösen Baustoffen, bei dem Wasser ohne Einwirkung eines hydrostatischen Drucks ausschließlich durch Kapillarkräfte entgegen der Schwerkraft ansteigt. Der Begriff findet häufig Anwendung bei älteren Mauerwerken, in denen eine →Horizontalsperre fehlt und Feuchtigkeit über die erdberührten Flächen kapillar über den Mauerwerksquerschnitt verteilt wird und nach oben steigt. Die Höhe kann über die →kapillare Steighöhe berechnet werden. Zur Instandsetzung gibt es verschiedene Verfahren zur nachträglichen Horizontalabdichtung wie z. B. →Injektionsverfahren.

Kapillarbrechend
Kapillarbrechend beschreibt ein spezifisches Porengefüge in Baustoffen, das entweder so dimensioniert ist oder chemisch modifiziert wurde z. B. durch eine →Hydrophobierung, dass ein kapillarer Feuchtetransport nicht stattfinden kann. Das Gegenteil von kapillarbrechend ist →kapillaraktiv.

Kapillarität
Unter dem Begriff der Kapillarität, auch als Kapillareffekt oder Kapillarwirkung bezeichnet, wird ein Phänomen in der Bauphysik beschrieben. Dieses tritt an der Grenzfläche einer Flüssigkeit zur Oberfläche einer Kapillare auf und wird durch deren Oberflächenspannung (→Kohäsion) sowie der Grenzflächenspannung zwischen Flüssigkeit und festen Oberfläche (→Adhäsion) bzw. deren Benetzbarkeit bestimmt. Die Oberfläche in diesen Kapillaren hat eine konkave Form, da die Flüssigkeiten von ihrem Mittelpunkt hin zur Oberfläche streben. Durch diese Wechselwirkung an der Kapillaroberfläche steigt die Flüssigkeit. Da das Gewicht von Flüssigkeiten in engen Hohlräumen gering ist, überwiegt

die Kapillarkraft gegenüber der Schwerkraft. Man kennt dieses Phänomen z. B. von Bäumen, in denen Wasser über die Wurzeln und dem Stamm bis in die Äste und Blätter steigen kann. Bis zu einem gewissen Mindestdurchmesser gilt: je kleiner der Durchmesser von Kapillaren ist, desto größer sind Kapillardruck und →kapillare Steighöhe, die man berechnen kann. Kapillarität hat für Bauteile und Baustoffe eine elementare Bedeutung: sie führt zu Schäden und gleichermaßen kann sie diese vermeiden. Bei porösen und offenporigen Bauteilen und Baustoffen führt diese zu einer Durchfeuchtung und in der weiteren Folge zu Bauschäden. Infolgedessen werden z. B. erdberührte Bauteile mit einer →Bauwerksabdichtung versehen oder eine Fassade mit einer wasserabweisenden Beschichtung. Gleichzeitig ist Kapillarität in Bauteilen und Baustoffen verantwortlich, dass punktuelle Durchfeuchtungen großflächig verteilt werden, so dass die Austrocknung beschleunigt werden kann. Dieser Effekt wird in der Fassadenschutztheorie genutzt.

Kapillare Steighöhe
Die →Kapillarität bzw. kapillare Wasseraufnahme von porösen oder offenporigen Baustoffen wird im Wesentlichen durch den Kapillarradius der Poren bestimmt. Diese entsteht durch das Zusammenwirken der Kohäsion an der Oberfläche von Flüssigkeiten (Oberflächenspannung) und der Adhäsion an der Grenzfläche zwischen Kapillare und Flüssigkeit (Haftspannung) sowie der Schwerkraft. In Kapillaren steigt die Flüssigkeit so lange an, bis sich ein Gleichgewicht zwischen dem hydrostatischen Druck der Flüssigkeit ($h \cdot \rho_W \cdot g$) und dem Kapillardruck p_K einstellt. Daraus kann die maximale Steighöhe abgeleitet werden:

$$h_{max} = \frac{2 \cdot \gamma_W \cdot \cos\Theta}{\rho_W \cdot g \cdot r}$$

h_{max}	maximale Steighöhe
Θ	Randwinkel
γ_W	Oberflächenspannung des Wassers
ρ_W	Dichte des Wassers
r	Kapillarradius
g	Erdbeschleunigung ($g = 9{,}81\ m/s^2$)

Angesichts mehrerer in der Gleichung vorkommenden Konstanten wird deutlich, dass die kapillare Steighöhe im Wesentlichen dem Kapillarradius umgekehrt proportional ist. Als Näherungswert ergibt sich eine maximale Steighöhe aus ~ 0,0015/Kapillarradius.

Kapillare Wasseraufnahme
→Kapillarität

Kapillarkondensation
→Adsorption

Kapillarporen
Als Kapillarporen bezeichnet man Poren mit einem Porengrößenbereich zwischen 10^{-4} und 10^{-7} m. In diesen Poren ist die Kapillarität am besten ausgeprägt, was namensgebend für diese Poren ist.

Kapillarschwinden
→Schwinden

Karbonatisierung
Als Karbonatisierung wird eine chemische Reaktion bezeichnet, die in zementgebundenen Baustoffen bei Anwesenheit von Kohlendioxid und Feuchtigkeit stattfindet. Bei der Hydratation des Zements entsteht Kalziumhydroxid, das für die hohe Alkalität des Zementsteins mit einem pH-Wert ≥ 12 verantwortlich ist. Dieses Kalziumhydroxid reagiert mit dem Kohlendioxid aus der Luft und wird in Kalziumkarbonat umgewandelt.

Karbonatisierungsschwinden
Unter Karbonatisierungsschwinden wird die Volumenreduzierung bei der →Karbonatisierung zementgebundener Baustoffe durch Umkristallisation und Verdunstung des Wassers verstanden. Hierbei können →Schwindrisse auftreten.

Karsten'sches Prüfrohr
Mit dem Karsten'schen Prüfrohr wird die →kapillare Wasseraufnahme und das Saugverhalten einer Bauteiloberfläche geprüft. Hierzu wird das Prüfrohr am Untergrund wasserdicht fixiert und mit einer definierten Menge Wasser gefüllt. Anschließend wird die Wasseraufnahme in zeitlicher Abhängigkeit gemessen. Die Prüfung von Kapillarität und Saugfähigkeit mit dem Karsten'schen Prüfröhrchen verlangt Erfahrung, da eine

generelle Aussage über die wasserabweisenden Eigenschaften einer Bauteiloberfläche nicht gemacht werden kann. Schließlich kann auch organischer und/oder anorganischer Schmutz hydrophobe Eigenschaften besitzen und somit die gemessenen Werte beeinflussen.

Katalysator
Ein Katalysator kann chemische Reaktionen (Hin- und Rückreaktionen) beschleunigen, ohne selbst zu reagieren. Dies bedeutet, dass der Katalysator an der chemischen Reaktion mit den so genannten Reaktanten teilnimmt und nach Abschluss der Reaktion wieder unverändert freigesetzt wird. Hierbei wird die Reaktionsgeschwindigkeit durch das Absenken der Aktivierungsenergie erhöht.

Kerbrisse
Kerbrisse sind diagonal verlaufende oder diagonal abgetreppte →Risse an Öffnungen wie z. B. Fensterstürzen, Rollladenkästen und dgl. Kerbrisse haben häufig sich überlagernde Ursachen und können sowohl den konstruktivbedingten Rissen als auch den untergrundbedingten Rissen zugeordnet werden. Ausgangspunkt für diese Risse ist, dass in den genannten Bauteilbereichen eine Unterbrechung des Mauerwerks (z. B. Fenster, Türen) stattfindet, so dass in diesen Bauteilbereichen insbesondere bei hygrothermischen Längenänderungen andere Spannungen und Verformungen (Scherspannungen) aufgebaut werden als in den homogenen, durchgehenden Bauteilbereichen, wobei sich die vertikal verlaufenden Druckspannungen und die horizontal verlaufenden Zugspannungen überlagern. Infolgedessen entstehen in diesen Bereichen Spannungsspitzen, die im Bereich der Ecke (Kerbe) am größten sind. Kerbrisse haben eine Rissbreite von 0,1 bis 0,5 mm (selten auch darüber hinaus). Typisch sind lange Einzelrisse, die in der Regel auffällig geradlinig sind. Meistens werden in diesem Bereich auch Hohlstellen festgestellt. Kerbrisse treten in der Regel ein bis zwei Monate nach dem Putzauftrag auf. Treten diese Risse deutlich später auf (z. B. erst nach ein oder zwei Jahren), sind hygro-thermische Einflüsse in Form von Wärme- und/oder Feuchtedehnungsprozesse verantwortlich. Zur Bildung von Kerbrissen trägt auch die Schwindverkürzung des Mauerwerks bei, insbesondere bei hoch wärmedämmenden Mauerwerken.

Kleben (Klebeverbindung)
Unter Kleben versteht man das kraftschlüssige Verbinden von mindestens zwei oder mehr Materialien, in der Regel um mindestens einen Baustoff und einen Untergrund. Eingesetzt werden organische Klebstoffe oder anorganische Klebemörtel mit einer organischen Vergütung. Die kraftübertragende Wirkung eines Klebers beruht auf dem Zusammenspiel von →Adhäsion und →Kohäsion in einem zweistufigen Prozess. Nach dem Verbinden baut der Kleber zum Untergrund eine Haftzugfestigkeit auf (Adhäsion). Deshalb ist wichtig, dass der Untergrund trocken, sauber und frei von haftungstrennenden Substanzen ist, damit der Kleber eine gute Untergrundhaftung aufbauen kann. Mit zunehmender Verfestigung des Klebers baut dieser eine innere Festigkeit auf (Kohäsion). Für die Festigkeitsprüfung von Klebern gibt es verschiedene Prüfverfahren, bei denen Adhäsions- und/oder Kohäsionskräfte geprüft werden und infolgedessen Adhäsionsbrüche oder Kohäsionsbrüche auftreten können. Im Gegensatz zu anderen Verbindungstechniken haben die miteinander zu verbindenden Materialien einen großen Einfluss auf die Klebeverbindung. Schließlich sind sie Kontaktfläche zum Kleber und müssen eine Affinität aufbauen. Daher empfiehlt sich unter bestimmten Umständen eine →Probefläche anzulegen.

Klebepacker
Klebepacker kommen in der Regel bei der →Rissverpressung von Betonbauteilen zum Einsatz. Hierzu werden diese auf der Bauteiloberfläche direkt über den Riss geklebt, ohne dass hierzu Bohrungen erforderlich werden. Daher kommen Klebepacker häufig auch zum Einsatz, wenn im dem zu injizierenden Bauteil keine Bohrungen vorgenommen werden können wie z. B. Bauteile mit geringen Querschnitten oder Bauteile, bei denen aus konstruktiven Gründen zusätzliche Bohrungen nicht möglich sind. Klebepacker können aus Kunststoff oder Metall

bestehen. Um eine höchstmögliche Untergrundhaftung sicherzustellen, müssen die Untergründe vor dem Setzen der Klebepacker gründlich gereinigt werden. Anschließend wird der Klebepacker mit speziellen Kunstharzklebern direkt über dem Riss auf den Untergrund aufgeklebt. Hierbei wird in den Packer ein Stift mit eingeführt, um zu verhindern, dass Klebstoff in den Riss eindringt. Der Abstand zwischen den Packern ist abhängig von den Bauteildicken.

Koaleszenz
Als Koaleszenz (oder auch →kalter Fluss) wird der Vorgang bezeichnet, wenn eine wässrige Polymerdispersion durch physikalische Trocknung und somit Verdunstung von Wasser einen zusammenhängenden Film bildet. Hierbei verschmelzen die einzelnen, in der wässrigen Phase dispergierten und voneinander getrennten, Partikel miteinander. Je härter das dispergierte Polymer ist, desto schwieriger gestaltet sich die Koaleszenz bei Temperaturen zwischen 5 °C und 20 °C. In diesen Fällen gibt man eine geringe Menge eines Filmbildehilfsmittels hinzu. Besonders wichtig bei der Auswahl eines Koaleszenzmittels ist, dass es nicht oder nur begrenzt wassermischbar sein darf, da es sich sonst mit der wässrigen äußeren Phase der Dispersion mischt und dadurch als Filmbildehilfsmittel nicht wirksam ist. Bei Lösemitteln, die Estergruppen enthalten, ist zu beachten, dass diese während längerer Lagerung eines alkalischen Beschichtungsstoffes verseifen können.

Kohäsion
Unter Kohäsion werden die Zusammenhangskräfte zwischen den Atomen bzw. Molekülen eines Stoffes und innerhalb der Moleküle bezeichnet.

Kohäsionsbruch
Unter einem Kohäsionsbruch wird ein Bruch im Mörtel auf einem Untergrund (Festigkeit des Mörtels ist kleiner als die des Untergrundes) oder Bruch im Untergrund (Mörtelfestigkeit größer als die Festigkeit des Untergrundes) verstanden. Ein Kohäsionsbruch kann auch bei Klebstoffen auftreten.

Kohäsionsrisse (Risse im Dichtstoff)
Kohäsionsrisse haben in der Regel planungsspezifische Ursachen. Hierzu zählen z. B. zu geringe und/oder stark schwankende und/oder nicht parallele Fugenbreiten, eine mangelhafte Fugendimensionierung, ungleichmäßige Fugentiefe und somit ungleichmäßige Dichtstoffmenge, ein falsch ausgewählter Dichtstoff (zu geringe Bewegungsaufnahme), eine fehlende →Dreiflankenhaftung, ungeeignete Fugenform (Dreiecksfase) sowie eine fehlende oder falsche Hinterfüllung.

Komponenten
Eine Komponente ist ein Teil eines Systems, wobei jede Komponente ebenfalls aus einzelnen Unterkomponenten bestehen kann. Der Begriff wird häufig in Verbindung mit ein-, zwei- oder mehrkomponentigen Baustoffen wie z. B. Injektionsstoffen verwendet.

Konsistenz
Unter Konsistenz versteht man allgemein die rheologischen Eigenschaften eines Bau- oder Beschichtungsstoffes. Hierzu gehören Aspekte wie →Viskosität, Thixotropie, Fließgrenze oder →Oberflächenspannung. Der Begriff wird umgangssprachlich auch für die subjektive Charakterisierung einer durchgängigen und/oder homogenen Beschaffenheit einer Substanz verwendet.

Konstruktionsbedingte Wärmebrücke
Unter einer konstruktionsbedingten Wärmebrücke werden die Bauteilbereiche verstanden, die durch eine Querschnittsveränderung gekennzeichnet sind. Diese treten immer dann auf, wenn die wärmedämmende Gebäudehülle an bestimmten Bauteilen „geschwächt“ wird, also die Bauteildicke z. B. eines Mauerwerks an bestimmten Stellen wie z. B. Schlitzen zur Aufnahme von Installationsleitungen, Heizkörpernischen oder Fensterlaibungen geringer ist als bei einem homogenem Mauerwerk. Aufgrund der geringeren Bauteildicke reduziert sich der →Wärmedurchlasswiderstand, so dass an diesen Stellen der Gebäudehülle ein größerer Wärmedurchlass stattfindet und konstruktionsbedingte Temperaturunterschiede an der Oberfläche auf-

treten. Konstruktionsbedingte Wärmebrücken treten häufig in Kombination mit geometrischen Wärmebrücken auf.

Konstruktionsvergelung
→Vergelung

Konstruktivbedingte Risse
Konstruktivbedingte Risse haben kein einheitliches Erscheinungsbild und können entweder durch mehrere Meter lange, geradlinig und/oder abgetreppt verlaufende oder auch als vertikal verzahnte Einzelrisse auftreten. Hierzu gehören z. B. Fugenrisse wie z. B. →Stein-Putz-Risse, Deckenschubrisse oder auch →Kerbrisse. Konstruktivbedingte Risse werden durch äußere Lasteinwirkungen und lastunabhängige Verformungen verursacht. Hierzu gehören z. B. Lageänderungen bei Setzungen des Baugrunds sowie innerhalb der Konstruktion, Formänderungen aufgrund von Durchbiegung z. B. von Decken und Unterzügen oder Deckenrandverdrehungen, horizontale Längenänderungen von Bauteilen wie z. B. Ringanker, vertikale Längenänderungen durch Feuchteabgabe (→Schwinden) oder Belastung (→Kriechen) tragender Wände und Stützen sowie durch Temperaturänderungen. Auch Einwirkungen aus dem Dachstuhl (z. B. Verformung von „Pfetten") oder so genannte Zwängungsspannungen können zu Verformungen und konstruktivbedingten Rissen führen. Eine Abgrenzung konstruktivbedingter Risse zu untergrundbedingten Rissen ist schwierig, da sich die Ursachen häufig überlagern. Bei konstruktivbedingten Rissen handelt es sich um →dynamische Risse ($\Delta w > 0$). Eine Instandsetzung ist nur mit konstruktiven Maßnahmen wie z. B. der Umwandlung von Rissen in Dehnungsfugen oder einem kraftschlüssigen Verschließen der Risse z. B. durch Rissinjektionen möglich.

Kontaktwinkel
→Benetzungswinkel

Kontinuumsmechanik
Die Kontinuumsmechanik ist ein Teilgebiet der Mechanik, die sich mit der Bewegung von deformierbaren Baustoffen als Antwort auf äußere Belastungen auseinandersetzt. Der Begriff der Deformation wird hierbei so weit gefasst, dass auch das Fließen einer Flüssigkeit (Festkörpermechanik) oder das Strömen eines Gases (Strömungsmechanik) darunter fällt.

Kontraktion
Unter Kontraktion versteht man eine Verkleinerung des Raumvolumens bei gleichbleibender Masse. In der Regel erfolgt diese durch die Erhöhung des physikalischen Drucks oder durch das Absinken der Temperatur. Das Schwinden z. B. von mineralischen Mörteln ist eine Volumenkontraktion während der mineralischen →Härtung.

Kraftschlüssige Injektion
Eine kraftschlüssige Injektion wird durchgeführt, um die Druck-, Biege- oder Haftzugfestigkeit von Bauteilen zu erhöhen. Diese wird durch eine zugfeste Verbindung zwischen Bauteilen oder →Rissflanken durch das gezielte Einbringen von niedrig viskosen Injektionsstoffen wie z. B. →Epoxidharze, →Polyurethane, Zementleime oder Zementsuspensionen erreicht. Einige Injektionsstoffe sind aufgrund ihres rheologischen Verhaltens in der Lage, auch in Risse von 0,1 mm und kleiner eindringen und sich homogen verteilen zu können. Aufgrund des homogenen Gefüges, der hohen Festigkeit und der guten →Flankenhaftung empfehlen sich kraftschlüssige Injektionen vor allem bei Betonbauteilen und sind bei den meisten Mauerwerken eher nicht geeignet. Eine statische Ertüchtigung von insbesondere älteren Mauerwerken kann z. B. durch eine →Verankerung bzw. →Vernadelung durchgeführt werden.

Kraftschlüssiges Füllen
Das kraftschlüssige Füllen von Rissen und Hohlräumen dient dem Schließen, Abdichten und kraftschlüssigen Verbinden von statisch und dynamisch beanspruchten Betonbauteilen. Hierzu werden organische oder anorganische →Rissfüllstoffe eingesetzt, die einen Verbund mit der Rissflanke bilden und Zug-, Druck- und Schubkräfte in Abhängigkeit von den Festigkeitseigenschaften des Rissfüllstoffs übertragen können. Geeignet

sind →Epoxidharze und modifizierte →Polyurethane sowie Zementleime und Zementsuspensionen.

Kraftschlüssiges Verbinden
→kraftschlüssige Injektion

Kraft-Verlängerungs-Diagramm
→Spannungs-Dehnungs-Diagramm

Krakelee-Risse
Krakelee-Risse (aus dem Französischen craquelé) sind feine, netzartige →Risse, die nur auf der Bauteiloberfläche auftreten und in der Regel geringe Risstiefen aufweisen.

Kreiden (Kreidung)
Kreiden ist ein unspezifischer Begriff für verschiedene Zersetzungserscheinungen auf einer Bauteiloberfläche. In der Regel ist der Abbau der oberflächennahen Bindemittelschicht z. B. einer Farbe oder eines Oberputzes gemeint. In Abhängigkeit des Bindemittels, Art und Menge der Pigmentierung sowie Intensität und Dauer von Witterungseinflüssen können sich mit der Zeit auf der Bauteiloberfläche Pigment- und/oder feine Füllstoffpartikel lösen und den Eindruck einer „kreidenden" Oberfläche hinterlassen. Ursache für diese Art von Kreidung können z. B. ungeeignete Pigmente, eine mögliche Überpigmentierung bzw. ein zu geringer Bindemittelanteil für die Anwendung im Außenbereich z. B. auf einer stark exponierten Fassade sein. Eine unzureichende UV-Beständigkeit des Bindemittels kann ebenfalls eine Kreidung verursachen. Diese Art von Kreidung wird in der Regel als →Mangel verstanden. Darüber hinaus gibt es zwei Mechanismen, bei denen die Kreidung der Oberfläche ausdrücklich gewollt ist: Zum einen beim dickschichtigen Edelkratzputz, der aufgrund seiner spezifischen Oberflächenbearbeitung (aufkratzen der Putzschicht mit einem Nagelbrett) zu einer Edelkreidung neigt und dies als besondere Eigenschaft einer selbstreinigen Putzoberfläche gesehen wird sowie zum anderen bei fotokatalytischen Farbbeschichtungen, bei denen durch Zugabe von nanoskaliertem Titandioxid funktionale Oberflächen geschaffen werden. Diese sollen durch Fotokatalyse die Anhaftung von organischen und anorganischen Schmutzpartikeln verhindern.

Kriechen
Kriechen beschreibt die temperatur- und zeitabhängige →Verformung eines Baustoffes unter Einwirkung einer konstanten Last. Kennzahlen für das Kriechen (auch Retardation bezeichnet) sind →Kriechzahl oder →Kriechmodul. Diese hängen vom →Elastizitätsmodul, den Spannungen und elastischen Dehnungen ab.

Kriechgrenze
Die Kriechgrenze beschreibt die →Spannung, bei welcher unter konstanter Last noch keine messbaren Verformungen im Zeitverlauf auftreten.

Kriechmodul
Der Kriechmodul ist ein Materialkennwert für das →Kriechen und beschreibt die momentane Steifigkeit eines Baustoffes. Dieser ist für eine zeitabhängige Belastung definiert als das Verhältnis zwischen →Spannung und der zeitabhängigen sich einstellenden →Verformung. Die Kriechdehnung ist abhängig von der Temperatur, Zeit und Spannung.

Kriechzahl
Die Kriechzahl ist ein Kennwert zur Ermittlung der durch das →Kriechen ausgelösten Verformung. Sie gibt das Verhältnis der Kriechverformung eines Baustoffes in Abhängigkeit der Zeit im Vergleich zu einem gleichartigen Baustoff ohne Verformung wieder.

Kristallisationsdruck
Kristallisationsdruck entsteht im Zusammenhang mit bauschädigenden Salzen. Das Schadenspotenzial ist darauf zurückzuführen, dass die Auskristallisation der Salze, dies bedeutet der Übergang von der gelösten in die feste Phase, mit einer Volumenvergrößerung verbunden ist. Werden Salzkristalle am Wachstum innerhalb der →Poren und sonstigen Hohlräume in einem Baustoffgefüge behindert, kommt es zum Kristallisationsdruck, der auf die Poren ausgeübt

wird. Hierbei gilt, dass der Kristallisationsdruck linear zur Aufnahme von Kristallwasser zunimmt. Der Kristallisationsdruck wirkt treibend und übersteigt um ein Vielfaches die Festigkeitseigenschaften mineralischer Baustoffe. Durch die Wiederholung der Lösungs- und Kristallisationsprozesse kommt es zur Zerstörung des Baustoffgefüges. Neben dem hydrostatischen Kristallisationsdruck oder Kristallisationsdruck aus übersättigten Lösungen muss auch der lineare Wachstumsdruck und der Hydratationsdruck genannt werden, wenn es um Schadensmechanismen im Zusammenhang mit kristallisierenden Salzen geht. Die Höhe des Kristallisationsdrucks wird durch die Porenradienverteilung beeinflusst. Der höchste Kristallisationsdruck tritt immer in Baustoffen mit einem hohen Anteil an Feinporen auf. Als gesichert gilt, dass die meisten Baustoffe einmalige Belastungen durch Kristallisationen schadlos überstehen und erst wiederkehrende Zyklen ein zerstörendes Potenzial aufbauen.

Kristallisationsschäden
Kristallisationsschäden sind →Schäden, die durch das Auskristallisieren bauschädigender Salze in porösen oder offenporigen Baustoffen entstehen. Diese werden im Wesentlichen durch den →Kristallisationsdruck verursacht, der sich durch wechselseitige Lösungs- und Kristallisationsprozesse im Baustoffgefüge aufbaut. Infolgedessen kommt es zu Rissen, Abplatzungen oder sonstigen Bauschäden.

kritischer Spannungsintensitätsfaktor
Der kritische Spannungsintensitätsfaktor beschreibt den Widerstand eines Baustoffes gegen das Wachstum von Rissen. Der Spannungsintensitätsfaktor wird auch als Risszähigkeit oder Bruchzähigkeit bezeichnet.

Kühlrippeneffekt
geometrische Wärmebrücke

Kunstharzputz
Kunstharzputze sind organisch gebundene Oberputze, bei denen als Bindemittel eine Kunststoff-Dispersion zum Einsatz kommen. Diese Putzbeschichtungen sind in der DIN EN 15824 „Festlegungen für Außen- und Innenputze mit organischen Bindemitteln“ (2017) geregelt. Kunstharzputze zeichnen sich durch eine hohe →Elastizität und Rissüberbrückung sowie hohe Wasserabweisung und Farbtonstabilität aus. Außerdem weisen Kunstharzputze eine hohe mechanische Widerstandsfähigkeit und insbesondere hohe Stoßfestigkeit auf. Allerdings weisen Kunstharzputze gegenüber mineralischen Putzen eine deutlich schlechtere Wasserdampfdiffusion auf. Diese Putze härten nicht durch chemische Reaktion, sondern trocknen rein physikalisch. In der Regel sind Kunstharzputze mit bioziden verkapselten Wirkstoffen gegen Algen- und/oder Pilzbefall ausgestattet. Für die Oberflächengestaltung stehen die üblichen Putzstrukturen wie z. B. Kratz-, Scheiben-, Rillen-, Roll-, Modellier-, Filz- oder Spritzputzstruktur zur Verfügung. Der Buntsteinputz ist ebenfalls ein Kunstharzputz.

Kurzbewitterung
Um eine repräsentative Einschätzung über die Witterungsbeständigkeit von Baustoffen im Langzeitverhalten abgeben zu können, werden diese einer Freibewitterung unterzogen. Nachteilig hierbei ist der verhältnismäßig lange Zeitraum von 2 bis 3 Jahren, bevor eine belastbare Aussage hierzu getroffen werden kann. Aus diesem Grund werden immer öfter so genannte Kurzbewitterungen in Klimakammern durchgeführt, bei denen unter extremen Bedingungen die gleiche Situation der Freibewitterung simuliert wird. Unter Einwirkung von UV-Strahlen und einem permanenten Zyklus aus Besprühen mit Wasser mit anschließender Trocknung werden auch Temperaturwechsel aus 50 °C und – 10 °C in kurzen Zeitabständen durchgeführt, um bereits nach 1000 h – dies entspricht etwa 6 Wochen – die gleichen Klimabedingungen zu simulieren, die in 2 bis 3 Jahren aufgetreten wären. Der Vorteil der Kurzbewitterung liegt nicht nur in der Zeitersparnis, sondern auch in der individuellen Konfektionierung der Klimabedingungen und der Wechselzyklen.

9.12 L

Längenänderung
Mineralische Baustoffe dehnen sich bei thermischer Einwirkung in der Regel gleichmäßig in alle Richtungen aus. Als Kenngröße hierfür dient der →Längenausdehnungskoeffizient. Dieser dient synonym für die Volumenänderung von Baustoffen bei Temperaturänderung.

Längenausdehnungskoeffizient
Der Längenausdehnungskoeffizient wird unterschieden in den thermischen und hygrischen Längenausdehnungskoeffizient. Der thermische Längenausdehnungskoeffizient definiert das Verhalten eines Baustoffes bzgl. seiner Längen- oder Volumenveränderung bei thermischen Einwirkungen, also um welchen Wert sich ein fester Baustoff bei einer Temperaturänderung im Verhältnis zur gesamten Länge vergrößert oder verkleinert. Bei der Ermittlung des thermischen Längenausdehnungskoeffizienten muss sichergestellt werden, dass die hygrischen Einflüsse auf das Quellen und Schwinden ausgeschlossen werden. Der hygrische Längenausdehnungskoeffizient definiert dagegen das Verhalten eines Baustoffes bzgl. seiner Längen- oder Volumenveränderung bei hygrischen Einwirkungen, also um welchen Wert sich ein fester Baustoff bei einer Feuchteaufnahme und -abgabe im Verhältnis zur gesamten Länge vergrößert oder verkleinert. Auch bei dieser Messung muss sichergestellt werden, dass die thermischen Einflüsse ausgeschlossen werden, um die Messergebnisse nicht zu verfälschen.

Längsriss
Ein Längsriss ist ein unspezifischer Begriff für Risse mit einem waagerechten Rissverlauf über mehrere Meter. Hierbei handelt es sich in der Regel um →Konstruktivbedingte Risse wie z. B. Deckenschubrisse.

Lagesicherheit
Die Sicherheit eines Bauwerkes gegen ungeplante Veränderungen seiner Lage und Position auf dem →Baugrund wird als Lagesicherheit bezeichnet. Diese ist nicht mehr gegeben, wenn das Bauwerk z. B. durch Setzungen in eine Schieflage gerät und somit die Standsicherheit eines Bauwerks gefährdet ist.

Lamellenverklebung
Unter einer Lamellenverklebung wird die nachträgliche Ertüchtigung von Bauteilen durch das Verkleben von Karbonfaserkunststoffen, so genannten →CFK-Lamellen, verstanden. Hierbei wird die Tragfähigkeit und/oder →Zugfestigkeit erhöht oder wieder hergestellt, die z. B. durch →Risse geschwächt wurden. Die Verklebung erfolgt in der Regel durch zweikomponentige Kleber auf Epoxidharzbasis.

Lastabhängige Verformung
Lastabhängige Verformungen von Bauteilen werden z. B. durch Baugrundveränderungen wie z. B. →Baugrundsetzungen verursacht oder durch mechanische Belastungen, zu denen z. B. →Eigenlasten, Schnee-, Eis- und Windlasten, Verkehrslasten sowie Explosionslasten gehören. Diese führen zu Baugrundbedingten Rissen wie z. B. Deckenschubrisse oder untergrundbedingten Rissen wie z. B. →Kerbrisse. Lastabhängige Verformungen werden über den Begriff →Kriechen definiert; im Gegensatz zu lastunabhängigen Verformungen wie z. B. dem →Schwinden.

Lasteinwirkung
Die von außen auf Bauwerke oder einzelne Bauteile einwirkenden Kräfte und Zwängungen werden als Lasteinwirkungen bezeichnet. Hierbei wird zwischen den ständigen →Eigenlasten und nicht ständigen Nutz- und Sonderlasten wie z. B. Schneelasten unterschieden, für die verschiedene Lastfälle definiert werden. Der jeweils ungünstigste Lastfall ergibt die Bemessungsgrundlage für das Bauwerk oder Bauteil.

Lasten
Die von außen auf Bauwerke oder einzelne Bauteile einwirkenden Kräfte und Zwängungen verursachen lastbedingte Spannungen und Formänderungen. Zu diesen Lasten wird das Dehnungsverhalten (→Elastizitätsmodul), die Scherbeanspruchung (→Schubmodul) sowie die temperatur- und zeitabhängige Verformung unter Einwirkung einer mechanischen Belastung

(→Kriechzahl) gezählt. Ein grundlegender Unterschied zwischen den äußeren und inneren Kräften besteht darin, dass die durch äußere Kräfte ausgelösten Lasten von den durch innere Kräfte verursachten geringfügigen Verformungen nicht beeinflusst werden. Außerdem befinden sich innere Kräfte untereinander immer im Gleichgewicht.

Lastfall (Bauwerksabdichtung)
→Wassereinwirkungsklasse

Lastfall (Statik)
Lastfall ist ein Begriff aus der Baustatik, um die verschiedenen Einflussfaktoren zu benennen, die auf ein Bauwerk oder einzelne Bauteile einwirken und die bei statischen Berechnungen wie z. B. dem Standsicherheitsnachweis berücksichtigt werden müssen. Hierzu gehören z. B. die Eigenlast, Nutzlast wie Verkehrslast, Schneelast, Windlast, aber auch Lastfälle durch Wasserbeanspruchung an erdberührten Bauteilen wie z. B. drückendes Wasser. Im Teil 100 der DIN 1055 „Einwirkungen auf Tragwerke: Grundlagen der Tragwerksplanung" (2001, zurückgezogen und durch die DIN EN 1990 „Eurocode: Grundlagen der Tragwerksplanung" ersetzt) wird ein Lastfall als Angabe von Lastanordnungen, Verformungen und Imperfektionen definiert, die gleichzeitig auf ein Tragwerk einwirken können.

Lastic-Systeme
Als Lastic-Systeme werden kälteelastische →Dispersionsfarben bezeichnet, die eine sehr hohe →Elastizität und →Rissüberbrückung aufweisen. Daher sind diese besonders gut für die →anstrichtechnische Risssanierung geeignet. Die hoch elastischen Anstrichsysteme können ohne zusätzliche Vliesarmierung bereits Rissbreiten bis zu 2,5 mm überbrücken und mit einer zusätzlichen Vliesarmierung sogar bis 5 mm. Diese hohe Rissüberbrückungsfähigkeit wird durch einen hohen Bindemittelanteil spezieller Kunststoff-Dispersionen erreicht, die auch unterhalb der →Glasübergangstemperatur ihre hohe Elastizität behalten. Dieser hohe Bindemittelanteil bringt in der Regel auch Nachteile mit sich. So weisen Lastic-Systeme in eine höhere Verschmutzungsneigung und eine sehr geringe Wasserdampfdiffusionsfähigkeit und CO_2-Durchlässigkeit auf. Deshalb können diese Anstrichstoffe nicht auf feuchten und/oder kalkhaltigen Untergründen eingesetzt werden. Außerdem sind Lastic-Systeme besonders problematisch bei Hinterfeuchtung z. B. im Bereich von Bauteilanschlüssen.

Lastunabhängige Verformung
Bauwerke oder einzelne Bauteile können auch ohne äußere →Lasteinwirkung bestimmten Verformungen unterliegen z. B. durch einen →Zwang, dem das Bauteil oder das Bauwerk unterliegt. So kommt es z. B. zu Bauteilverkürzungen durch →Schwinden von Mauerwerk oder Beton sowie durch →hygro-thermische Einwirkungen z. B. durch die Aufnahme von Feuchtigkeit (Durchfeuchtung) und Abgabe (Austrocknung) oder Temperaturänderungen. Kommt es zu einer Bauteilverkürzung spricht man vom Trocknungsschwinden und bei einer Bauteilverlängerung vom Quellen oder auch der Quelldehnung.

Leichtputz
Als Leichtputz wird nach DIN EN 998 „Festlegungen für Mörtel im Mauerwerksbau – Teil 1: Putzmörtel" (2017) ein kalk- oder kalkzementgebundener Mörtel mit besonders leichten mineralischen Gesteinskörnungen wie z. B. Bims, Blähglas, Blähton und Perlite oder alternativ mit organischen Leichtzuschlagstoffen wie z. B. Polystyrol bezeichnet. Dadurch beträgt die Trockenrohdichte des Mörtels $\leq$ 1300 kg/m^3. Leichtputze werden in Typ I (Trockenrohdichte zwischen 1000 und 1300 kg/m^3) und Typ II (Trockenrohdichte zwischen 600 und 1100 kg/m^3) unterschieden. Leichtputze vom Typ II enthalten oft Faserzusätze, die den mineralischen Mörtel „elastischer" machen sollen, was nach der mineralischen Härtung dieser Putzmörtel ein relativer Begriff ist. Außerdem sollen derartige Zusätze das schwindbedingte Rissrisiko minimieren. Aufgrund der geringen Rohdichte, der begrenzten Festigkeit (Festigkeitsklasse CS I und CS II) und dem günstigen E-Modul sind Leichtputze insbesondere vom Typ II für das Verputzen hoch wärmedämmender Mauerwerke geeignet.

linearer Ausdehnungskoeffizient
Der lineare Ausdehnungskoeffizient gibt an, wie stark sich ein Baustoff unter Einwirkung einer Temperaturerhöhung ausdehnt.

Linearer Wachstumsdruck
Die Abgrenzung zwischen dem →Kristallisationsdruck und linearem Wachstumsdruck ist nicht immer eindeutig. Wie alle Kristalle wachsen auch die aus einer Lösung ausscheidenden Salzkristalle nur in Richtung der sich ausbildenden Kristallflächen weiter. Im Porenraum von mineralischen Baustoffen kann das freie Wachstum der Salzkristalle behindert werden, wenn der wachsende Kristall an die gegenüber liegende Porenwandung stößt oder sich beide gegenseitig behindern. Vor allem bei Salzkristallen in Form einer Nadel oder Säule, bei denen eine Wachstumsrichtung außerordentlich bevorzugt wird, kann dies häufig beobachtet werden.

lösender Angriff
Unter einem lösenden Angriff wird die chemische Reaktion zwischen einem Baustoff und einer chemischen Substanz verstanden, die zu einer Umwandlung schwer löslicher Bestandteile eines Baustoffs zu leicht wasserlöslichen Verbindungen führt. Ein bekanntes Beispiel ist die Reaktion von Salzsäure mit Kalk (Calciumhydroxid), die zu leicht löslichem Calciumchlorid führt, dass sich durch Kristallisation auf der Bauteiloberfläche abzeichnet.

Luftporen
→Makroporen

Lunker
Als Lunker werden unerwünschte Lufteinschlüsse während des Anmischens von Baustoffen bezeichnet.

9.13 M

Makroporen
Kugelförmige Poren mit einer Porengröße über 10^{-4} m werden als Makroporen (oder auch Luftporen) bezeichnet. In diesen Poren findet ein kapillarer Wassertransport nicht mehr statt. Aufgrund ihrer kapillarbrechenden Wirkung werden diese Poren mithilfe von Porenbildnern gezielt in Baustoffe wie z. B. Sanierputzen eingebracht. Dort verursachen diese in Kombination mit einer Porenhydrophobie das Auskristallisieren gelöster Salze in einer Putzschicht, um Schäden an der Oberfläche zu vermeiden.

Makrorisse
Makrorisse sind Risse, die ohne technische Hilfsmittel zu erkennen sind.

Mangel
Nach § 434 BGB und § 633 BGB ist ein Werk frei von Mängeln, wenn es die vereinbarte Beschaffenheit hat. Ein Werk ist mangelhaft, wenn Abweichungen von den vertraglich vereinbarten Anforderungen vorliegen. Sind diese nicht vereinbart, gelten die allgemein anerkannten Regeln der Technik. Eine Abweichung von den Vereinbarungen kann auch dann mangelfrei sein, wenn das Werk sich für die vertraglich vorausgesetzte Verwendung eignet oder sich für eine übliche Verwendung eignet und so beschaffen ist, wie es bei anderen Werken gleicher Art üblich ist und wie es der Auftraggeber erwarten kann. Das Vorliegen eines Mangels, z. B. eines Risses, setzt nicht zwangsläufig einen Schaden voraus. Umgekehrt muss ein aufgetretener Schaden, z. B. ein Riss, nicht zwangsläufig einen Mangel darstellen. Ein Mangel einer Werkleistung liegt (im Sinne des § 633 Abs. 1 BGB) vor, wenn das Werk im Zeitpunkt seiner Abnahme (§ 640 BGB) entweder nicht die zugesicherten Eigenschaften hat oder mit einem Fehler behaftet ist, der den Wert oder die Tauglichkeit zu dem gewöhnlichen oder nach dem Vertrag vorausgesetzten Gebrauch aufhebt oder mindert. Ein solcher Mangel liegt insbesondere dann vor, wenn das Werk zum Zeitpunkt seiner Abnahme nicht den anerkannten Regeln der Technik entspricht.

Maßabweichung
Maßabweichung ist ein Begriff aus der DIN 18202 „Toleranzen im Hochbau – Bauwerke“ (2019) und beschreibt die Differenz zwischen einem festgelegten →Nennmaß (Sollmaß) und

einem festgestellten →Ist-Maß. Somit liegt eine Maßabweichung vor, unabhängig von einer nachfolgenden Bewertung zu deren Zulässigkeit oder Unzulässigkeit.

Maßtoleranz
Maßtoleranz ist ein Begriff aus der DIN 18202 „Toleranzen im Hochbau – Bauwerke" (2019) und beschreibt die Differenz zwischen einem zulässigen kleinsten Maß (Mindestmaß) und einem zulässigen größten Maß (Höchstmaß) eines Bauteils.

Materialbedingte Wärmebrücken
Material- oder stoffbedingte Wärmebrücken entstehen durch einen Wechsel der →Wärmeleitfähigkeit verschiedener Baustoffe innerhalb eines oder mehrerer Bauteile. Typische Wärmebrücken dieser Art sind z. B. Betonstürze über Türen und Fenstern in hoch wärmedämmenden Mauerwerken, Skelettbauweise aus Stahlbetonstützen und ausgemauerten Leichthochlochziegeln, Fachwerk mit Lehmsteinen oder Geschossdecken und auskragende Balkone. Zu dieser Art von Wärmebrücken gehört auch, wenn Baustoffe mit einer höheren Wärmeleitfähigkeit wie z. B. Stahl andere Baustoffe mit einer niedrigeren Wärmeleitfähigkeit wie z. B. Wärmedämmstoffe durchdringen, wie dies z. B. bei Befestigungen wie Dübel oder Durchdringungen (Halterungen) in einem Wärmedämm-Verbundsystem der Fall ist. Da diese Baustoffe eine unterschiedliche Rohdichte und Wärmeleitfähigkeit besitzen, ist auch der Wärmestrom nicht homogen. Infolgedessen kommt es zu abweichenden Wärmeströmen und Oberflächentemperaturen. Besonders gut kann man dies an dem Beispiel der Dübel zur Befestigung der Wärmedämmplatten in einem WDVS erklären: durch die schlechtere Wärmeleitfähigkeit des Befestigungsdübels aus Kunststoff treten höhere Wärmeströme auf, die dazu führen, dass die Fläche oberhalb des Dübels wärmer ist als die angrenzenden gedämmten Flächen und schneller abtrocknet. In der Praxis zeigt sich dies durch ein Abzeichnen des Befestigungsdübels, vor allem an Fassaden, die durch Algen und Pilzen besiedelt sind.

Mauerrammverfahren
→Chromstahlblechverfahren

Mauersägeverfahren
Das Mauersägeverfahren ist eine Methode, um eine nachträgliche Horizontalabdichtung in Mauerwerke mit kapillar aufsteigender Feuchtigkeit einzubringen. Hierzu wird das Mauerwerk mit einer Seilzugsäge oder Schwertsäge horizontal durchtrennt. Anschließend werden Abdichtungsstoffe wie z. B. Abdichtungsbahnen in die Fuge überlappend eingeführt. Im Gegensatz zum →Chromstahlblechverfahren kann das Mauersägeverfahren auch bei Mischmauerwerken und/oder einer unregelmäßigen Horizontalfuge ausgeführt werden. Wie bei allen mechanischen Verfahren muss mit leichten Erschütterungen und/oder Setzungen gerechnet werden, die zu Rissen führen können.

Mauerwerksdiagnostik
→Bauwerksdiagnostik

Mauerwerksinjektion
Mauerwerksinjektion ist ein unspezifischer Begriff für Injektionen im Mauerwerk. Hierbei kann es sich um →abdichtende Injektionen z. B. gegen →kapillar aufsteigende Feuchtigkeit oder um Vergelungen im Rahmen der nachträglichen Vertikalabdichtung handeln, aber auch um eine →Rissverpressung in Mauerwerken oder um verfüllende Injektionen im Rahmen einer nachträglichen Ertüchtigung älterer Mauerwerke.

Mauerwerksrisse
Mauerwerksrisse ist ein unspezifischer Begriff für →Risse im Mauerwerk. Hierbei kann es sich um →Konstruktivbedingte Risse wie z. B. →Kerbrisse oder um →untergrundbedingte Risse wie z. B. Fugenrisse oder →Stein-Putz-Risse handeln.

Mauerwerkssanierung
Mauerwerkssanierung ist ein unspezifischer Oberbegriff für verschiedene Maßnahmen zur Sanierung von Mauerwerken. Hierzu zählen z. B. Fugensanierung, Sockelsanierung, die Sanierung

gerissener Mauerwerke, nachträgliche Horizontal- und/oder Vertikalabdichtung oder auch Maßnahmen zur nachträglichen Ertüchtigung. Auch Maßnahmen zur Reduzierung der Wasseraufnahme z. B. durch Hydrophobierung können zur Mauerwerkssanierung gezählt werden.

Mauerwerkssperre
→Horizontalabdichtung

Mechanische Beanspruchung (Belastung)
Mechanische Beanspruchungen liegen vor, wenn äußere Kräfte auf ein Bauwerk oder deren Bauteile einwirken. Diese können durch Zug, Druck, Schub, Scheren, Biegen, Verdrehen (Torsion) ausgelöst werden und Spannungen verursachen. Mechanische Beanspruchungen können hierbei punktuell, verteilt (Strecke/Linie, Fläche, Volumen), kombiniert (Zug/Druck), statisch (konstant) und dynamisch (stoß-/schlagartig) auftreten.

Mechanische Verfahren
Mechanische Verfahren ist ein unspezifischer Oberbegriff für nachträgliche Abdichtungen gegen →kapillar aufsteigende Feuchtigkeit, bei denen das Mauerwerk mechanisch durchtrennt und anschließend mit Abdichtungsstoffen abgedichtet wird. Hierbei werden zwei Verfahren unterschieden: das einstufige Verfahren wie z. B. das Chromstahlblechverfahren, bei dem das Durchtrennen und Abdichten des Mauerwerks in einem Arbeitsgang erfolgt und das zweistufige Verfahren wie z. B. das Mauersägeverfahren, bei dem das Mauerwerk erst durch spezielle Sägen horizontal durchtrennt und anschließend durch verschiedene Abdichtungsstoffe abgedichtet werden. Während einstufige Verfahren eine durchgängige Lagerfuge benötigen und nur in einem Ziegelmauerwerk eingesetzt werden können, sind zweistufige Verfahren auch bei Mischmauerwerken oder Mauerwerken mit einem unregelmäßigen Fugenverlauf geeignet.

Mehrkomponentig
Unter dem Begriff mehrkomponentig werden Baustoffe verstanden, die mindestens aus zwei oder mehr Komponenten bestehen. In der Regel handelt es sich um einen →Härter oder eine Substanz, mit der eine chemische Reaktion aktiviert oder beschleunigt wird. Mehrkomponentige Baustoffe erhärten durch chemische Reaktion.

Mehrstufeninjektion
Eine Mehrstufeninjektion ist ein spezielles Verfahren zur Herstellung einer nachträglichen Horizontalabdichtung gegen →kapillar aufsteigende Feuchtigkeit im Mauerwerk. Die Besonderheit bei diesem →Injektionsverfahren besteht darin, dass je nach Mauerwerk drei verschiedene Stufen angewendet werden können. Bei klüftigen und/oder hohlräumigem Mauerwerk besteht die erste Stufe in der Vorinjektion von niedrigviskosen Mörteln, um die Hohlräume zu schließen und eine gleichmäßige Verteilung des Injektionsmittels über den gesamten Mauerwerksquerschnitt sicherzustellen. In der zweiten Stufe erfolgt die Injektion des Injektionsmittels mit Druck. Bei Mauerwerken mit einem hohen →Durchfeuchtungsgrad und/oder physikalisch trocknenden Injektionsmitteln wie z. B. Silicon-Mikroemulsionen wird anschließend ein alkalischer Aktivator injiziert, um aus der physikalischen Trocknung eine chemische Reaktion anzuregen.

Merkantiler Minderwert
Der merkantile Minderwert liegt lt. Bundesgerichtshof (BGH) „in der Minderung des Verkaufswerts einer Sache, die trotz völliger und ordnungsgemäßer Instandsetzung deshalb verbleibt, weil bei einem großen Teil des Publikums […] eine den Preis beeinflussende Abneigung gegen den Erwerb besteht." (Urteil des BGH vom 20.06.1968, Az.: III ZR 32 66). Diese Definition veranschaulicht den Grundgedanken, warum die Rechtsprechung den merkantilen Minderwert als Schadensposition anerkannt. Dieser beschreibt den Wertverlust z. B. eines Gebäudes, der trotz einer sach- und fachgerechten Instandsetzung z. B. von Rissen verbleibt, das auf dem Markt als weniger wertvoll wahrgenommen wird. Der merkantile Minderwert geht also über die reine Mangelbeseitigung hinaus. Hierbei ist wichtig, den merkantilen Minderwert von anderen Formen der Wertminderung, insbesondere dem tech-

nischen Minderwert, abzugrenzen. Während sich dieser auf den tatsächlichen und verbleibenden Schaden bezieht, z. B. dass Risse auch nach einer Instandsetzung nicht vollständig behoben werden können, bezieht sich der merkantile Minderwert ausschließlich auf die wirtschaftliche Wertminderung aufgrund des „Rufschadens" der Immobilie. Der merkantile Minderwert bleibt selbst dann bestehen, wenn das Gebäude technisch wieder in einem einwandfreien Zustand ist. In der Praxis wird ein merkantiler Minderwert deshalb wie ein Preisabschlag verstanden, der bei einem (fiktiv unterstellten) Verkauf der Immobilie hingenommen werden muss, weil bei maßgeblichen Verkehrskreisen eine Abneigung gegen den Erwerb dieser Immobilie bestehen bleibt. Der Grund hierfür ist, dass ein subjektives Misstrauen in die Qualität der Bausubstanz besteht und befürchtet wird, dass verborgene →Mängel noch vorhanden sein und/oder Folgeschäden auch zukünftig eintreten könnten. Der merkantile Minderwert beschreibt daher einen abstrakten bzw. immateriellen Wertverlust einer Immobilie. Der BGH bestätigt nach ständiger Rechtsprechung diesen Grundsatz (Urteil vom 08.12. 1977 – VII ZR 60/76 sowie 23.11.2004 – VI ZR 357/03). Der merkantile Minderwert wurde auch im § 194 BauGB (Baugesetzbuch) verankert. Des Weiteren hat der BGH klargestellt, dass der merkantile Minderwert nicht durch einen Bausachverständigen zu ermitteln ist, sondern durch einen Sachverständigen für Immobilienbewertung (Urteil des BGH vom 25.02.1953 – AZ II ZR 172/52 sowie vom 02.04.1981 – III ZR 186/79). Wichtige Beurteilungskriterien für den merkantilen Minderwert von Immobilien sind z. B. Art, Alter und Zustand des Gebäudes, Art der Schadensbeseitigung, Marktlage bzw. Verkäuflichkeit für die betreffende Immobilie, Relation von Instandsetzungsaufwand und Immobilienwert sowie Art, Umfang und Auswirkungen evtl. Folgeschäden (Urteil des OLG Düsseldorf vom 04.02.2000 – 7 U 67/98). Für die Bestimmung des merkantilen Minderwertes ist ein selbständiges gerichtliches Beweisverfahren zulässig (Beschluss des OLG Schleswig vom 07.10.1999 – 16 W 190/99). Hierfür müssen ausreichende Anknüpfungspunkte in Form dokumentierter Mängel oder Symptome für diese vorliegen (Urteil des OLG Brandenburg vom 28.08.2008 – 5 U 28/07). Abschließend soll darauf hingewiesen werden, dass der merkantile Minderwert in der Regel in den Wohngebäudeversicherungen nicht berücksichtigt wird.

Mikroporen
Mikroporen, auch als Gelporen bezeichnet, haben einen Porenradius von 10^{-9} bis 10^{-8} m. In diesen Poren findet keine Wasseraufnahme über →Kapillarität statt, sondern nur über den Mechanismus der Kapillarkondensation.

Mikrorisse
Als Mikrorisse (oder Gefügerisse) werden kleine Risse unter 1 µm bezeichnet, die ohne technische Hilfsmittel wie z. B. →REM-Aufnahmen (Rasterelektronenmikroskop) nicht zu erkennen sind. Mikrorisse entstehen durch →innere Kräfte wie z. B. →Hydratationswärme oder äußere Kräfte wie z. B. hygro-thermische Einwirkungen und sind in der Regel die Vorstufe für →Makrorisse.

Minderung
Die Minderung ist ein Rechtsbegriff und stellt nach § 634 Nr. 3 BGB in Verbindung mit § 638 BGB ein sekundäres Mängelrecht eines Auftraggebers (oder Gläubigers im rechtlichen Sinn) im Rahmen der →Gewährleistung z. B. eines Werkvertrages dar.

Mindestfilmbildetemperatur
Die Mindestfilmbildetemperatur (MFT) beschreibt lt. DIN 53787 „Prüfung von wässrigen Kunststoff-Dispersionen: Bestimmung der Mindest-Filmbildetemperatur" (Anm.: die Norm wurde zurückgezogen) den untersten Temperaturbereich, in dem Beschichtungen wie z. B. Anstrichstoffe noch in der Lage sind, einen festen Bindemittelfilm (z. B. einer Kunststoff-Dispersion) zu bilden. Die Mindestfilmbildetemperatur muss bei wässrigen Beschichtungen über 0 °C liegen aufgrund der Verwendung von Wasser. Wird die MFT unterschritten, kann es zur Rissbildung im Film kommen. Durch →Filmbildehilfsmittel und Koaleszenzmittel kann die

Mindestfilmbildetemperatur von Baustoffen gezielt für die individuelle Anwendung eingestellt werden.

Mischungsverhältnis
Das Mischungsverhältnis gibt das Verhältnis der unterschiedlichen Komponenten von zwei- oder mehrkomponentigen Baustoffen wie z. B. Injektionsstoffen zur →Rissverpressung an. Das Mischungsverhältnis kann sowohl in Volumenteilen (VT) als auch in Gewichtsteilen (GT) angegeben werden. Außerdem wird oft die Reihenfolge angegeben, in der Komponente A, Komponente B und ggf. Komponente C oder D miteinander vermischt werden.

Mischzeit
Die Mischzeit gibt den Zeitraum an, in dem z. B. ein Trockenbaustoff durch Zugabe von Wasser zu einem homogenen Frischmörtel vermischt und auf seine spezifische Viskosität eingestellt wird. Die Mischzeit darf nicht mit der →Topfzeit verwechselt werden.

Modernisierung
Die Modernisierung ist ein Teilgebiet der Bauwerksinstandsetzung, auch als →Bauen im Bestand bezeichnet. Im Gegensatz zur →Sanierung oder →Renovierung geht es bei der Modernisierung von Gebäuden um die Anpassung der Gebrauchseigenschaften an einen zeitgemäßen Standard. Hierbei handelt es sich um Maßnahmen, mit denen der Wohn- und Nutzwert eines älteren Gebäudes verbessert wird. Hierzu gehören z. B. der Wärmeschutz, Brandschutz oder Schallschutz. Einige Modernisierungsmaßnahmen sind sogar gesetzlich vorgeschrieben. Eine einfache Formel der Modernisierung ist: erneuern und verbessern.

Monomere
Monomere sind niedrigmolekulare, ungesättigte, reaktionsfähige Verbindungen, die den Grundbaustein für →Polymere bilden.

Musterfläche
→Probefläche

μ-Wert
→Wasserdampf-Diffusionswiderstandszahl

9.14 N

Nachbehandlung
Unter einer Nachbehandlung werden vor allem Maßnahmen im Zusammenhang mit der hydraulischen Härtung zementgebundener Baustoffe verstanden. Hierbei wird Wasser sowohl physikalisch gebunden als auch durch chemische Reaktion. Wenn zur hydraulischen Härtung nicht genügend Wasser zu Verfügung steht, wird die chemische Reaktion behindert. Durch einen trockenen Untergrund sowie intensive Sonneneinstrahlung und/ oder Wind an der Bauteiloberfläche kann der Wasserentzug noch verstärkt werden. Man bezeichnet dieses schnelle Verdunsten von Feuchtigkeit umgangssprachlich als →„Aufbrennen". In der Folge entstehen zwei Schadensmechanismen: an der Oberfläche kommt es zu einer Störung der Bindemittelhärtung, so dass es zur Kreidung kommen kann und innerhalb des Baustoffes können Schwindspannungen infolge eines Feuchtigkeits- und Festigkeitsgefälles und →Mikrorisse sowie später →Schwindrisse entstehen. Um beides zu vermeiden, werden zementgebundene Baustoffe in der Härtungsphase nachbehandelt, in dem die Oberflächen mit Wasser benetzt werden. Diese Nachbewässerung kann je Witterungsbedingungen mehrmals notwendig sein.

Nacherfüllung
Die Nacherfüllung ist ein Rechtsbegriff und stellt nach § 634 und § 635 BGB ein primäres Mängelrecht eines Auftraggebers (oder Gläubigers im rechtlichen Sinn) im Rahmen der →Gewährleistung z. B. eines Werkvertrages dar.

Nachgründungen
Nachgründungen umfassen verschiedene Maßnahmen der →Gründungssanierung. Diese können bei der Instandsetzung baugrundbedingter Risse anfallen. Hierzu gehören z. B. herkömmliche Unterfangungen oder spezielle Verfahren wie das →Düsenstrahlverfahren.

Nachinjektion
Nachinjektion ist ein unspezifischer Begriff für verschiedene Tätigkeiten bei der →Injektion von Bauteilen. Zum einen ist damit die erneute Injektion eines Rissfüllstoffes gemeint, um evtl. Fehlstellen im Riss zu verfüllen. Zum anderen ist damit die erneute Injektion eines Injektionsstoffes gemeint, wenn z. B. im Rahmen der nachträglichen Vertikalabdichtung immer noch Wasser aus Rissen, offenen Fugen oder sonstigen Hohlräumen austritt. Bei einigen →Injektionsverfahren ist eine Nachinjektion systemimmanent, wie z. B. bei Vergelungen, bei denen Injektionsstoffe so lange nachinjiziert werden, bis diese an anderen Bohrlöchern wieder austreten und eine Sättigung dokumentieren.

Nadelanker
Nadelanker, auch als Verpressanker bezeichnet, sind Stahlarmierungen und bestehen aus gerippten Stahlstangen. Diese Armierungen werden im Rahmen der →Mauerwerkssanierung z. B. zur Verankerungen oder Vernadelung von gerissenen Mauerwerken eingesetzt. Hierzu werden Nadelanker in das Mauerwerk eingeführt und mit geeigneten Zementmörteln, so genannten →Ankermörtel, mit dem Mauerwerk verbunden. Hierbei muss auf eine ausreichende Haftung (Adhäsion) zwischen dem Nadelanker und dem Ankermörtel geachtet werden, da von einem Nadelanker nur so viel Zugkraft aufgenommen werden kann, wie über den Zementmörtel auf den Nadelanker übertragen wird. Nadelanker dienen dazu, die Tragfähigkeit eines Mauerwerkes zu erhöhen.

Nagelpacker
Nagelpacker werden auch als Schalungspacker bezeichnet und dienen der Montage von Injektionsschläuchen zur Abdichtung von Arbeitsfugen.

nass-in-nass
Der Begriff „nass-in-nass“ beschreibt eine Technik, bei der eine weitere →Grundierung auf einen Untergrund aufgetragen wird, bevor die vorherige Grundierung durchgetrocknet ist. Damit soll die Eindringtiefe einer Grundierung verbessert werden.

Nassschichtdicke
Die Nassschichtdicke ist ein Maß für die Schichtdicke eines frisch aufgebrachten Baustoffes und spielt insbesondere bei Beschichtungen wie z. B. Anstrichstoffen, spachtelbaren Abdichtungen wie z. B. Bitumen-Dickbeschichtungen sowie Armierungsmörteln eine große Rolle, wenn an die Funktionalität dieser Baustoffe eine Mindestschichtdicke verbunden wird. In diesen Fällen wird von den Baustoffherstellern eine Nassschichtdicke angegeben sowie das Schwindmaß in Prozent, um nach der physikalischen Trocknung und Verdunstung von Wasser die erforderliche Trockenschichtdicke sicherzustellen.

Negativabdichtung
Negativabdichtung ist eine alternative Bezeichnung für nachträgliche Innenabdichtungen, da die Abdichtungsschicht auf der Innenseite von Kellerwänden aufgebracht wird und somit auf der wasserabgewandten Rückseite des hydrostatischen Drucks, der sich bei erdberührten Bauteilen auf der Außenseite befindet. Um die Funktionalität einer Negativabdichtung sicherzustellen, müssen die Abdichtungsstoffe eine hohe Haftzugfestigkeit zum Untergrund aufweisen und dürfen bei Bewegungen des Untergrundes keine →Risse oder sonstige Fehlstellen verursachen. Außerdem benötigen Abdichtungsstoffe für die Negativabdichtung eine hohe Resistenz gegenüber →bauschädigende Salze und einem →Kristallisationsdruck.

negativ drückendes Wasser
Als negativ drückendes Wasser wird hydrostatischer Wasserdruck bezeichnet, der auf der Rückseite einer Abdichtung, insbesondere an der Kontaktfläche zwischen Abdichtung und Untergrund, angreift. Die Abdichtung befindet sich daher auf der wasserabgewandten Seite. An Abdichtungen gegen negativ drückendes Wasser werden besondere Anforderungen insbesondere bei Durchdringungen oder sonstige Unterbrechungen der Abdichtungsebene gestellt.

Nennmaß

Nennmaß ist ein Begriff aus der DIN 18202 „Toleranzen im Hochbau – Bauwerke" (2019) und stellt ein Sollmaß dar. Es dient zur Beschreibung der Größe (Länge, Breite, Höhe), Gestalt und Lage eines Bauteils und wird in Zeichnungen wie Baupläne angegeben.

Netzrisse

Netzrisse sind ein unspezifischer Begriff für sehr feine →Risse, die sich netzartig auf der Oberfläche eines Bauteils oder Baustoffs zeigen. In der Regel handelt es sich um →Putzbedingte Risse aufgrund einer zu schnellen Trocknung mineralischer Putze.

Nicht drückendes Wasser

Nicht drückendes Wasser liegt vor, wenn das Wasser bei stark durchlässigem Baugrund frei durch den Boden sickern kann und sich auch zeitweise nicht vor den erdberührten Bauteilen aufstauen kann. Nach DIN 18533 Teil 1 liegt eine →Wassereinwirkungsklasse W1-E vor, bei der das Wasser nur einen geringen hydrostatischen Wasserdruck auf die →Bauwerksabdichtung ausübt. Nach der alten DIN 18195 wurde dieser Lastfall (alte Bezeichnung) differenziert in nichtdrückendes Wasser mit mäßiger Beanspruchung der Abdichtung (z. B. Nassräume, Balkone etc.) und nicht drückendes Wasser mit hoher Beanspruchung (z. B. Nassräume im gewerblichen Bereich, intensivbegrünte Dächer etc.).

Nichtstauendes Sickerwasser

Nichtstauendes Sickerwasser ist eine ältere und nicht mehr gültige Bezeichnung eines Lastfalls der DIN 18195-4 „Bauwerksabdichtung – Teil 4: Abdichtungen gegen Bodenfeuchte (Kapillarwasser, Haftwasser) und nichtstauendes Sickerwasser an Bodenplatten und Wänden, Bemessung und Ausführung", die seit 2017 nicht mehr gültig ist und durch die neue Normenreihe DIN 18531 bis 18535 ersetzt wurde. Nichtstauendes Sickerwasser liegt vor, wenn der Boden und Verfüllmaterial bis mindestens 30 cm unter der Gründungssohle stark durchlässig sind und wenn gleichzeitig →drückendes Wasser ausgeschlossen werden kann. Dies ist bei stark durchlässigen Böden gegeben, die einen Durchlässigkeitsbeiwert von > 10^{-4} m/s gemäß DIN 18130-1 „Baugrund – Untersuchung von Bodenproben; Bestimmung des Wasserdurchlässigkeitsbeiwerts" (1998) besitzen. Hierzu gehören z. B. Sand oder Kies. Anfallendes Niederschlags-, Oberflächen- oder Brauchwasser kann ungehindert abfließen und übt grundsätzlich keinen hydrostatischen Druck auf erdberührte Bauteile oder deren Abdichtung aus. Je nach Bodenbeschaffenheit kann nichtstauendes Sickerwasser bis zum Grundwasser durchdringen. Stößt dieses auf eine wasserundurchlässige Schicht, z. B. Lehm, kommt es zum Schichtenwasser.

nicht zerstörende Messverfahren

Nicht zerstörende oder zerstörungsfreie Messverfahren sind Untersuchungsmethoden, bei denen die zu untersuchenden Bauteile bzw. Baustoffe nicht entnommen werden müssen und somit die Bausubstanz nicht beschädigt wird (z. B. die →Thermografie). Im Gegensatz dazu müssen bei zerstörenden Messverfahren wie z. B. der gravimetrischen Feuchtemessung Proben aus der Bausubstanz entnommen werden z. B. mittels Bohrkern.

Niederdruckinjektion

Von einer Niederdruckinjektion spricht man, wenn ein →Injektionsstoff oder Rissfüllstoff nur mit einem begrenzten Druck (max. Injektionsdruck < 10 bar) in ein Bauteil eingebracht wird. Niederdruckverfahren werden in der Regel angewendet, wenn der Injektions- oder Rissfüllstoff langsam und gleichmäßig in das Bauteil eingebracht und/oder wenn mögliche Entmischungen vermieden werden sollen. Außerdem gibt es Gründe im Bauteilquerschnitt, bei denen Niederdruckverfahren gegenüber Injektionen mit Druck Vorteile aufweisen z. B. bei klüftigem oder stark hohlräumigem Mauerwerk.

Niedermolekular

Als niedermolekular bezeichnet man Moleküle mit relativ wenigen Atomen und damit einer geringen Molekülmasse. Aufgrund dessen weisen diese ein gutes Penetrationsvermögen auf, so dass niedermolekular aufgebaute Grundierungen, Imprägnierungen, Injektionsstoffe oder →Rissfüllstoffe besonders gut in poröse Baustoffe eindringen bzw. sich innerhalb eines Baustoffes gut verteilen.

Nitrate
Nitrate, umgangssprachlich auch Salpeter genannt, ohne die chemische Zusammensetzung zu berücksichtigen, sind sehr leicht wasserlöslich und gehören zu den bauschädigenden Salzen. Außerdem werden auch die Ester der Salpetersäure (HNO_3) als Nitrate bezeichnet. Diese Salze bilden sich durch den biochemischen Abbau von stickstoffhaltigen organischen Verbindungen, meistens Abfallstoffe wie z. B. Fäkalien, Urin, Gülle oder Tierkadaver (Eiweiße und deren Abbauprodukte), die zu Nitraten oxidieren. Daher trifft man Nitrate häufig in tierischen Stallungen an. In mehreren Schritten wird der organisch gebundene Stickstoff zu Salpetersäure oxidiert, die sich aufgrund der hohen Reaktivität sofort einen Reaktionspartner zur Salzbildung sucht. In kalkhaltigen Baustoffen bildet sich der „echte Mauersalpeter". Hierbei handelt es sich um ein Doppelsalz, bestehend aus Kalzium- und Ammoniumnitrat.

Norm
Der Begriff Norm wird in der Praxis sehr verallgemeinert und steht synonym für Regelwerke, Standards sowie DIN-Normen. Im Interesse der Vereinheitlichung sollten nur die technischen Regeln, die von nationalen, europäischen und internationalen Normungsorganisationen herausgegeben werden, als Norm bezeichnet werden. Hinzu kommen technische Regeln von anderen Organisationen, wenn diese wie Normen im Markt anerkannt sind und angewendet werden (z. B. VDI-Richtlinien). Die nationale Normungsorganisation in Deutschland ist das →DIN (Deutsches Institut für Normung e. V.). Dies ist Herausgeber der →DIN-Normen. In Europa werden diese Aufgaben von der europäischen Normenorganisationen CEN (Europäisches Komitee für Normung) wahrgenommen. Das CEN ist Herausgeber der europäischen Normen (EN-Normen). Die Normungsorganisation für internationale Normen für den globalen Markt ist ISO (Internationale Organisation für Normung). Diese gibt die ISO-Normen heraus.

Null-Linie
Bei Belastung eines Bauteils durch Biegung gibt es sowohl eine Druck- als auch Zugzone. Beide Bereiche liegen in einem Bauteilquerschnitt gegenüber. Die Grenze zwischen diesen beiden Zonen wird als Null-Linie bezeichnet.

Nutzlast
Unter dem Begriff Nutzlast, früher als Verkehrslast bezeichnet, werden alle Lasten eines Gebäudes verstanden, die bei der Nutzung anfallen. Neben der Eigenlast (Summe aller Bauteile) gehören hierzu auch bewegliche und somit veränderliche Lasten, die sich aus der Nutzung von Gebäuden ergeben (Menschen, Einrichtungen etc.) sowie aus äußeren Einflüssen (z. B. Schnee- und/oder Windlasten).

Nutzungsfeuchte
Nutzungsfeuchte oder auch nutzungsbedingte Feuchtigkeit umfasst die Feuchtigkeit, die bei der Nutzung eines Gebäudes in Innenräumen entsteht. Hierzu zählen neben der Feuchtigkeit, die durch den Mensch selbst verursacht wird, z. B. durch Atmen oder Schwitzen, auch Tätigkeiten durch den Menschen wie z. B. Kochen, Duschen, Baden oder Wäsche trocknen. Außerdem müssen Einrichtungsgegenstände wie z. B. Aquarien, Zimmerbrunnen sowie Pflanzen und Tiere gezählt werden.

Nutzungsklassen von Bauwerken
In der DAfStb-Richtlinie für wasserundurchlässige Bauwerke aus Beton (WU-Richtlinie) werden zwei Nutzungsklassen aufgeführt, in denen Feuchtstellen auf Bauteiloberflächen wie folgt klassifiziert werden: In der Nutzungsklasse A sind Feuchtstellen auf Bauteiloberflächen infolge von Wasserdurchtritt nicht zulässig (Wohnungsbau). In der Nutzungsklasse B dagegen sind Feuchtstellen auf Bauteiloberflächen begrenzt zulässig (kein Wasserdurchtritt).

9.15 O

Oberflächenrisse

Oberflächenrisse ist ein unspezifischer Begriff für verschiedene →Risse auf Oberflächen von Bauteilen oder Baustoffen oder für oberflächennahe Risse, ohne auf deren Ursachen näher einzugehen. In der Regel handelt es sich um →Schwindrisse wie z. B. →Putzbedingte Risse mit einer →Rissbreite von < 0,1 mm. Diese können aber auch durch treibende Angriffe verursacht werden.

Oberflächenschutzsysteme

Oberflächenschutzsysteme sind polymerhaltige Beschichtungssysteme, die vor allem auf Oberflächen von Betonbauteilen aufgetragen werden, um diese vor äußeren mechanischen und physikalischen sowie chemischen und biologischen Angriffen zu schützen. Diese Systeme sind über die DAfStb-Richtlinie „Schutz und Instandsetzung von Betonbauteilen“ (2021), DIN EN 1062 „Beschichtungsstoffe und Beschichtungssysteme für mineralische Substrate und Beton im Außenbereich“ (2004), DIN EN 1504 „Produkte und Systeme für den Schutz und die Instandsetzung von Betontragwerken“ (2004), DIN 50035 „Begriffe auf dem Gebiet der Alterung von Materialien – Polymere Werkstoffe“ (2012) und ZTV-ING „Zusätzliche technische Vertragsbedingungen und Richtlinien für Ingenieurbauwerke“ geregelt. Darüber hinaus ist „Technische Regel Instandhaltung von Betonbauwerken“ maßgebend, die 2021 eingeführt wurde und weite Teile der DAfStb-Richtlinie ersetzt. Daher sind in der Nomenklatur einige Lücken entstanden. Zudem werden in den Regelwerken unterschiedliche Bezeichnungen für die OS-Systeme verwendet (DAfStb-Richtlinie und Technische Regel: Abkürzung OS mit Zahlen von 1 bis 14, ZTV-ING: Abkürzung OS mit Buchstaben A bis F). Nachfolgend sind die Oberflächenschutzsysteme aufgeführt:

- für nicht begeh- und befahrbare Flächen:
  - *OS 1 (OS A) Hydrophobierung*: Anwendung zur Reduzierung der Wasseraufnahme bei vertikalen und geneigten, freibewitterten Betonbauteilen z. B. Stützwänden, nicht wirksam bei drückendem Wasser.
  - *OS 2 (OS B) Beschichtung ohne Kratz- bzw. Ausgleichsspachtelung*: Anwendung zur Erhöhung des Karbonatisierungswiderstands an freibewitterten Betonbauteilen mit ausreichendem Wasserabfluss, bedingt auch im Sprühbereich von Auftausalzen.
  - *OS 4 (OS C) Beschichtung mit erhöhter Dichtheit mit Kratz- bzw. Ausgleichsspachtelung*: Anwendung an freibewitterten Betonbauteilen auch im Sprühbereich (mit entsprechendem Nachweis auch im Spritzwasserbereich) von Auftausalzen.
  - *OS 5a (OS DII) Beschichtung mit geringer Rissüberbrückungsfähigkeit (Polymerdispersion)*: Anwendung an freibewitterten Betonbauteilen mit oberflächennahen Rissen (mit entsprechendem Nachweis auch für Bauwerke mit Trennrissen), auch im Sprühbereich (mit entsprechendem Nachweis auch im Spritzwasserbereich) von Auftausalzen verwendet werden.
  - *OS 5b (OS DI) Beschichtung mit geringer Rissüberbrückungsfähigkeit (Polymer/Zement-Gemisch mit hoher Schichtdicke)*: Anwendung an freibewitterten Betonbauteilen mit oberflächennahen Rissen (mit entsprechendem Nachweis auch für Bauwerke mit Trennrissen), auch im Sprühbereich (mit entsprechendem Nachweis auch im Spritzwasserbereich) von Auftausalzen verwendet werden.
- befahrbare Flächen:
  - *OS 8 Grundierung/Deckversiegelung*
  - *OS 11a (OS Fa) zweischichtige Beschichtung mit erhöhter dynamischer Rissüberbrückungsfähigkeit*: Anwendung an freibewitterten Betonbauteilen mit oberflächennahen Rissen und/oder Trennrissen und planmäßiger mechanischer Beanspruchung auch im Sprüh- oder Spritzbereich von Auftausalzen z. B. Brückenkappen.
  - OS 11b (OS Fb) einschichtige Beschichtung mit erhöhter dynamischer Rissüberbrückungsfähigkeit: Anwendung an freibewitterten Betonbauteilen mit oberflächen-

nahen Rissen und/oder Trennrissen und planmäßiger mechanischer Beanspruchung auch im Sprüh- oder Spritzbereich von Auftausalzen z. B. Brückenkappen.
- OS 14: wie OS 11a, aber dicker und mit höherer Rissüberbrückungsfähigkeit

Die Auswahl der Oberflächenschutzsysteme orientiert sich an den →Expositionsklassen der DIN 1045 „Tragwerke aus Beton, Stahlbeton und Spannbeton“ (2023) sowie an den speziellen Alterungsmechanismen für polymere Beschichtungen. Die Beschichtungen werden in Dünn- und Dickbeschichtungen unterteilt. Während mit Dünnbeschichtungen geschlossene, gleichmäßige und porenfreie Filme mit Schichtdicken von 0,3 bis 1,0 mm (Gesamtsystem) erzielt werden, können mit Dickschichtsystemen bei Schichtdicken von > 1,0 bis 5,0 mm auch Untergrundunebenheiten ausgeglichen werden. Beschichtungen sind aus mehreren Schichten aufgebaut und werden deshalb als Beschichtungssysteme bezeichnet.

Oberflächenspannung
Auf Moleküle im Inneren einer Flüssigkeit wirken sowohl abstoßende wie auch anziehende Kräfte der benachbarten Moleküle ein (→Kohäsion). Im Inneren einer Flüssigkeit ist die resultierende dieses Kräftesystems im Gleichgewichtszustand Null. Dies bedeutet, dass aus allen Richtungen eine gleich hohe abstoßende wie auch anziehende Kraft einwirkt. Sobald die Oberfläche einer Flüssigkeit vergrößert wird, muss Energie aufgewendet werden, um den Energiegewinn der an die Oberfläche transportierten Moleküle, die nun nicht mehr von gleichartigen Molekülen und gleichen Kräften umgeben sind, zu kompensieren. Der Quotient aus Zunahme dieser Energie, verursacht durch die Oberflächenvergrößerung, und der Zunahme der Oberflächen wird spezifische Oberflächenenergie genannt und ist identisch mit der Oberflächenspannung.

Oberflächenzugfestigkeitsprüfung
Die Prüfung der →Zugfestigkeit von Oberflächen ist ein genormtes Prüfverfahren, mit dem die Zugfestigkeit von Oberflächen oder oberflächennahen Schichten von Bauteilen bzw. Baustoffen beurteilt werden kann. Die Oberflächenzugfestigkeit (auch als →Abreißfestigkeit bezeichnet) beschreibt die auf eine definierte Prüffläche eines biegesteifen, zylindrischen Prüfstempels bezogene, rechtwinklig zur Ebene des vorbereiteten Untergrundes wirkende maximale Zugkraft, die bei definierter Laststeigerungsgeschwindigkeit erforderlich ist, um einen →Kohäsionsbruch der Randzone zu erzeugen. Die erzielten Bruchbilder geben Aufschluss über die Güte der geprüften Oberfläche. Die Oberflächenzugfestigkeitsprüfung darf nicht mit der →Haftzugprüfung verwechselt werden, bei der die →Haftzugfestigkeit (→Adhäsion) von Beschichtungen wie z. B. Putz oder Anstrichstoffen auf Oberflächen (Untergründe) geprüft wird.

Objektiver Mangel
Der objektive Mangel ist ein Rechtsbegriff und bezieht sich auf eine bestimmte Beschaffenheit, die zwischen dem Auftraggeber (im rechtlichen Sinn der Gläubiger) und dem Auftragnehmer (im rechtlichen Sinn der Schuldner) nicht explizit vertraglich vereinbart werden muss, da diese als üblich angesehen wird. Bei einem objektiven Mangel geht es häufig um die Abweichung von den allgemein anerkannten Regeln der Technik.

OIS-Systeme
So genannte OIS-Systeme stehen für Oberflächen-Instandsetzungs-Systeme und sind eine ältere Bezeichnung für →Oberflächenschutzsysteme (RiliSib), die im Rahmen der Betoninstandsetzung eingesetzt werden, um Oberflächen von Betonbauteilen vor aggressiven Einflüssen zu schützen.

oleophob
Oleophob steht für öl- oder auch fettabweisend. Baustoffe oder auch Bauteiloberflächen mit einer öl- oder fettabweisenden Wirkung sind nicht zwangsläufig auch →hydrophob. Häufig anzutreffende oleophobe Wirkstoffe sind z. B. fluorierte →Acrylate.

Optische Mängel
Den Begriff des optischen Mangels kennt § 633 BGB nicht. In diesem so genannten Mangel-Paragraf wird nur zwischen einer mangelfreien und mangelbehafteten Leistung sowie einem Rechtsmangel und →Sachmangel unterschieden. In der Praxis werden →Mängel, die nur das äußere, visuelle Erscheinungsbild einer Leistung im Rahmen eines Werkvertrages betreffen und durch die keine Beeinträchtigung der Funktionalität verbunden ist, als optische Mängel bezeichnet. Der Begriff hat eine besondere Bedeutung im Zusammenhang mit dem Einwand der Unverhältnismäßigkeit nach § 635 Abs. 3 BGB. Hiernach ist in Abwägung aller Aspekte darauf abzustellen, ob der Auftraggeber (Gläubiger im rechtlichen Sinn) ein nachvollziehbares und nicht nur unbedeutendes Interesse an einer auch optisch einwandfreien Herstellung des Werkes durch den Auftragnehmer (Schuldner im rechtlichen Sinn) hat. Je höher dieses Interesse des Auftraggebers ist und glaubwürdig vorgebracht wird, desto weniger kann sich der Auftragnehmer auf eine Unverhältnismäßigkeit der Mängelbeseitigung beziehen. Gerichte differenzieren bei der Bewertung optischer Mängel wie z. B. Farbabweichungen, Verschmutzungen, feine Haarrisse oder Unebenheiten danach, wie stark sich diese auf den Gesamteindruck der Werkleistung auswirken. Hierbei gilt als Grundsatz, dass derartige Beeinträchtigungen unter gebrauchsüblichen Bedingungen zu beurteilen sind. Konkret bedeutet dies, dass die Beurteilung z. B. im Betrachtungsabstand und/oder unter Beleuchtungsbedingungen stattfinden muss, die auch bei späterer Nutzung üblich sind. Nachdem optische Mängel auch als negative Abweichung von den visuellen Soll-Eigenschaften eingestuft werden können, kommt es auf die vertraglichen Vereinbarungen und/oder ggf. zugesicherte Eigenschaften z. B. in Form einer Musterfläche an. Fehlt es an derartigen Vereinbarungen – dies ist der Regelfall – kommt es bei der Beurteilung auf die Zumutbarkeitsgrenze aus objektiver Sicht im Verhältnis zwischen dem Vertragszweck und dem erbrachten Erfolg an. In den technischen Regelwerken für das Bauen werden selten ästhetische Anforderungen an die Ausführung definiert. Lediglich in der DIN 18202 „Maßtoleranzen im Hochbau" finden sich einige Hinweise, die aber auf die meisten optischen Mängel nicht einfach übernommen werden können. Zumal optische Mängel fast immer auf handwerkliche Verarbeitungsfehler zurückzuführen sind. Die in der Praxis übliche Methode, optische Mängel aus technischer Sicht als →hinzunehmende Unregelmäßigkeiten oder →hinnehmbare Abweichungen einzustufen, ist unter Juristen höchst umstritten. Gleiches gilt für den merkantilen Minderwert.

Orientierungswert
Während Grenzwerte durch Regelwerke, Gesetze oder Rechtsverordnungen verbindlich festgelegte Höchstwerte darstellen, dienen Orientierungswerte als empfehlender Standard. Diese Orientierungswerte haben sich in der Regel in der Praxis bewährt und werden von einer Gruppe von Experten als richtig angesehen, können aber aus diversen Gründen nicht als verbindlicher Grenzwert in den Regelwerken festgeschrieben werden. In der Regel dient ein Orientierungswert zur Erkennung, Einschätzung und Bewertung eines Sachverhaltes. Je nach Fachgebiet gibt es unterschiedliche Orientierungswerte: Hintergrundwerte, Richtwerte, Prüfwerte und Toleranzwerte.

Ortsbesichtigung
Eine Ortsbesichtigung, nicht zu verwechseln mit der Vor-Ort-Besichtigung, hat im Rahmen der →Rissdiagnostik und -bewertung einen hohen Stellenwert. Anders als bei der Vor-Ort-Besichtigung, bei der sich der Sachverständige einen ersten (technischen) Überblick über den Ist-Zustand verschafft und Entscheidungen über weiterführende Untersuchungen trifft, findet die Ortsbesichtigung in der Regel im Rahmen eines laufenden Bauprozesses und in Anwesenheit von Juristen wie z. B. Rechtsanwälte der Parteien und in Ausnahmen dem zuständigen Richter, statt.

osmotische Blasenbildung
Eine osmotische →Blasenbildung tritt in der Regel auf feuchten Betonbauteilen unter einer organisch gebundenen Beschichtung wie z. B. Epoxidharzbasis auf. Daher spricht man auch

von einer so genannten Epoxidblase. Ursache ist in der Regel eine mangelhafte Untergrundvorbereitung, insbesondere ein unzureichendes Oberflächenprofil (= Rauheit und Porosität des Untergrundes). Feuchtigkeit, die durch das Bauteil drückt, staut sich unter der Beschichtung und baut einen Druck auf, der zu Blasen führt, in denen sich die Feuchtigkeit ansammelt.

9.16 P

Packer
→Injektionspacker

Passiver Erddruck
→ Erddruck

Penetration/Penetrationsfähigkeit
Die Penetration oder Penetrationsfähigkeit beschreibt die Fähigkeit von Baustoffen wie z. B. Grundierungen, Imprägnierungen oder Injektionsstoffen in offenporige oder poröse Baustoffe eindringen zu können. Je kleiner die Moleküle (niedermolekular) dieser Baustoffe ist, desto tiefer können diese in den Untergrund eindringen.

Permeation
Unter Permeation versteht man das Eindringen von Wasser in das Porengefüge eines Baustoffes oder Bodens unter Druck.

Pfusch am Bau
Im Gegensatz zum Begriff →Mangel oder auch →Sachmangel ist der Begriff „Pfusch am Bau" kein Rechtsbegriff. Allgemein wird dieser Begriff verwendet, wenn eine Bauleistung gravierende Mängel und/oder Schäden aufweist, die durch Vorsatz oder zumindest grobe Fahrlässigkeit verursacht wurden. Man kann „Pfusch am Bau" auch als „Dummheit am Bau" bezeichnen, denn in den meisten Fällen werden Mängel und/oder Schäden durch schlechte, nachlässig oder bewusst mangelhaft ausgeführte Leistungen billigend in Kauf genommen. Typisch für Baupfusch ist zudem, dass die erbrachte Leistung auch nachträglich kaum in den ursprünglich vereinbarten Zustand versetzt werden kann, sondern in den meisten Fällen völlig unbrauchbar sind. Dies unterscheidet Pfusch am Bau von einem Baumangel oder Bauschaden, die in der Regel nicht auf Vorsatz oder grobe Fahrlässigkeit zurückzuführen sind.

Phenolphthalein-Indikatortest
Ein Phenolphthalein-Indikatortest dient zur Bestimmung des pH-Werts. Der Indikator Phenolphthalein, ein Triphenylmethan-Farbstoff, ist in Wasser nicht löslich und wird in der Regel in einer 0,1 %-igen alkoholischen Lösung verwendet. Es ist selbst eine schwache Säure. Bei Kontakt mit alkalischen Baustoffen wechselt der Indikator seine Farbe von farblos transparent nach rot. Bis zum pH-Wert von 8,2 ist gelöstes Phenolphthalein farblos. Ab einem pH-Wert von 10,2 färbt sich die Lösung in rötlich-lila und im stark alkalischen Bereich zwischen einem pH-Wert von 13 bis 13,5 wird diese wieder farblos. Phenolphtalein-Lösungen werden außerdem zur Ermittlung der Karbonatisierungstiefe von Beton verwendet. Hierzu wird eine Phenolphthaleinlösung auf eine Querschnittsprobe (z. B. Bohrkern) gesprüht. Bereiche mit einer deutlichen Abreaktion des Kalziumhydroxids bleiben farblos, während sich alkalische Bereiche, in denen Kalziumhydroxid noch vorhanden ist, rot färben.

Photogrammmetrie
Die Photogrammmetrie ist eine berührungslose Bildmessung, bei der verschiedene digitale Fotos eines Gebäudes ausgewertet und in 2D- und 3D-Daten umgewandelt werden. Dadurch können Lage, Form und Dimension indirekt bestimmt werden. Im Ergebnis entsteht eine exakte dreidimensionale geometrische Rekonstruktion eines Gebäudes, ein so genanntes digitales Gebäudemodell.

pH-Wert
Chemisch betrachtet ist der pH-Wert der negative dekadische Logarithmus der Wasserstoffionenkonzentration in der wässrigen Lösung eines Stoffes. In einer Skala werden Stoffe mit einem pH-Wert < 7 als sauer, Stoffe mit einem pH-Wert

> 7 als basisch oder alkalisch und Stoffe mit einem pH-Wert von 7 als neutral bezeichnet.

Physikalischer Angriff (Betonbauwerke)
Ein physikalischer Angriff auf Betonbauwerke sind äußere Einwirkungen durch hygrothermische Einflüsse sowie →Frost-Tau-Wechsel und Frost-Tausalz-Wechsel. Neben dem physikalischen Angriff unterliegen Betonbauwerke auch mechanischen Beanspruchungen sowie einem chemischen Angriff und/oder biologischen Angriff.

physikalische Trocknung
Unter einer physikalischen Trocknung wird ein Trocknungsvorgang verstanden, bei dem der Übergang vom flüssigen in den festen Zustand eines organischen Bindemittels lediglich durch Abgabe flüchtiger Bestandteile wie z. B. Wasser erfolgt, ohne dass sonstige Veränderungen des Bindemittels z. B. durch eine chemische Reaktion stattfinden. Bei der physikalischen Trocknung verschmelzen die im Wasser befindlichen Dispersionsteilchen (Bindemittel) und bilden einen Film, auch als →Kalter Fluss oder →Koaleszenz bezeichnet.

Pinselinjektion
Drucklose Injektionen (Betonbauteile)

Plastifizierungsmittel
Plastifizierungsmittel, auch als Verflüssigungsmittel bezeichnet, gehören zu den Additiven und werden hauptsächlich bei mineralischen Mörteln eingesetzt. Durch die Zugabe dieser Additive werden die plastischen Eigenschaften des Frischmörtels verbessert, in dem die Wasserretention, also das so genannte →Wasserrückhaltevermögen, erhöht wird. Neben der Veränderung der Konsistenz, wird auch eine mögliche Rissbildung verringert.

Plastischer Dichtstoff
Ein plastischer Dichtstoff ist ein →Fugendichtstoff, der nach der Verarbeitung vorwiegend plastische Eigenschaften aufweist. Dies unterscheidet diesen von einem elastischen Dichtstoff. Die durch Fugenbewegungen verursachten Spannungen im Dichtstoff werden sehr schnell wieder abgebaut. Man erkennt dies daran, dass der Dichtstoff kaum in seine Ausgangslage nach der Dehnung oder Stauchung wieder zurückkehrt.

Plastische Verformung
Eine plastische Verformung, auch als Plastizität oder plastische Deformation bezeichnet, ist im Gegensatz zu einer elastischen Verformung irreversibel. Dies bedeutet, dass sich ein fester Baustoff unter einer äußeren Krafteinwirkung verformt und diese Verformung beibehält, wenn die äußere Krafteinwirkung wegfällt. Eine plastische Verformung ist immer auch mit einer elastischen Verformung verbunden. Konkret bedeutet dies, dass nach dem plastischen Verformen eines Bauteils oder Baustoffs bei der Entlastung nur der elastische Anteil zurückgeht und der plastische Anteil erhalten bleibt. Infolgedessen wird bei der Untersuchung von Verformungen von Bauteilen oder Baustoffen zwischen dem elastischen und plastischen Anteil differenziert. Bei plastischen Verformungen gibt es eine zeitabhängige und zeitunabhängige Form. Während die Plastizität die zeitunabhängige Form meint, wird die zeitabhängige Form als Viskoplastizität oder →Kriechen bezeichnet. Das plastische Verformungsverhalten hängt u. a. vom Spannungszustand, der Belastungsart und -geschwindigkeit sowie Temperatur ab.

Plastizität
→ plastische Verformung

Poisson-Zahl
Die Poisson-Zahl beschreibt das Verhältnis der Querkontraktion zur Längsdehnung bei der Deformation von Werkstoffen.

Polyamine
Polyamine sind organische Verbindungen, die mehrere Aminogruppen enthalten. Diese werden z. B. als →Härter bei Epoxidharzen eingesetzt.

Polymere
Polymere sind eine chemische Verbindung, die aus Makromolekülen besteht. Diese werden gebildet, wenn sich viele gleiche oder gleichartige

Monomere miteinander verbinden. Dieser Vorgang wird als →Polymerisation bezeichnet. Durch den Zusammenschluss von vielen kleinen Monomeren besitzen Polymere ein hohes Molekulargewicht. Diese werden in natürliche und synthetische Polymere unterteilt. Die gängigen Injektions- oder →Rissfüllstoffe wie →Polyurethane, →Epoxidharze oder →Acrylatgele bestehen aus flüssigen Monomeren, die nach der chemischen Reaktion miteinander einen polymeren Festkörper bilden.

Polymerisation

Von einer Polymerisation spricht man, wenn sich viele gleiche oder gleichartige Monomere miteinander zu Makromolekülen, den so genannten Polymeren, verbinden. Die chemische Reaktion findet exotherm statt, also unter Abgabe von Wärme.

Polyurethane

Polyurethane sind →Polymere, die bei der Polyaddition aus Isocyanat (aromatisch oder aliphatisch) mit einem mehrwertigen Alkohol (Polyol) oder einem Amin entstehen. Je nach Vernetzungsgrad und Struktur des Polyols sind Polyurethane hart und spröde bis weich und elastisch einstellbar, schnell reagierend oder auch stark schäumend. Diese Stoffe werden als Polyurethangel zur →Vergelung bei der nachträglichen →Bauwerksabdichtung eingesetzt oder als Polyurethanharz zur →Rissverpressung und/oder zur →Negativabdichtung.

Polyurethangele

Bei einem Polyurethangel handelt es sich um ein Polyurethan-Präpolymer mit hydrophilen Eigenschaften. Im Gegensatz zu Polyurethanschäumen bindet ein Polyurethangel ein Vielfaches seiner Masse an Wasser im Polymergerüst und bildet einen sehr elastischen, wasserundurchlässigen Festkörper. Daher werden Polyurethangele zur →Vergelung im Rahmen der nachträglichen →Bauwerksabdichtung eingesetzt sowie zur Abdichtung von wasserführenden Dehnungsfugen.

Polyurethanharze

Polyurethanharze sind synthetische →Polymere, die durch Polyaddition aus aromatischen oder aliphatischen Isocyanaten und einem mehrwertigen Alkohol oder Amin hergestellt werden. Durch diese chemische Reaktion entsteht ein elastisches Material, das aufgrund seiner hohen →Dehnfähigkeit und niedrigen →Viskosität vor allem zur →Injektion von gerissenen Bauteilen eingesetzt wird. Die hohe Dehnfähigkeit ist vor allem bei thermischen Einflüssen und den daraus resultierenden Rissbreitenänderungen ein Vorteil. Allerdings beträgt diese nur 5 bis 10 % der Rissbreite. Dies bedeutet, dass, bei einem Riss von z. B. 0,2 mm Breite, die Rissbreitenänderung nach der Injektion nicht größer als ± 0,01 bis ± 0,02 mm (!) sein darf. Hinzu kommt, dass die hohe Dehnfähigkeit der Polyurethanharze bei niedrigen Temperaturen schnell nachlassen. Daher sollte die Verarbeitungstemperatur nicht unter 6 °C liegen (besser nicht unter 10 °C). Die Injektion erfolgt mit Drücken von 50 bis max. 100 bar, abhängig von der Bauteilfestigkeit und sollte zum Zeitpunkt der größten Rissbreitenänderung durchgeführt werden. Polyurethanharze verfügen über ein sehr gutes Penetrationsvermögen, so dass diese auch in kleinste Risse < 0,1 mm eingebracht werden können und sich verteilen. Einer der Vorteile ist ihre Fähigkeit, mit Wassermolekülen zu reagieren, so dass Polyurethanharze in feuchten, nassen bis wasserführenden Rissen eingesetzt werden können.

Polyurethanschaum

Polyurethanschäume sind synthetische →Polymere, die durch Polyaddition aus aromatischen oder aliphatischen Isocyanaten und einem mehrwertigen Alkohol hergestellt werden. Wird der chemischen Reaktion Wasser zugefügt, reagiert dieses mit den Isocyanaten zur instabilen Carbamidsäure, die unter Abspaltung von Kohlendioxid zum Amin zerfällt. Durch dieses Kohlendioxid wird die Reaktionsmasse aufgeschäumt. Die Menge der Wasserzugabe steuert das Raumgewicht des entstehenden Polyurethanschaumes. Dieser wird u. a. zur temporären Abdichtung wasserführender Risse verwendet. Hierbei ist wichtig zu beachten, dass die schnellschäumenden Polyurethanharzen (SPUR nach DIN EN 1504-5) nur eine temporäre Wirkung haben, so dass diese nur im hinteren Drittel des Risses eingebracht werden dürfen und unbedingt noch eine →Nachinjektion mit einem dauerhaft abdichtenden Polyurethanharz erfolgen muss.

Poren
Poren sind sehr kleine Öffnungen oder Hohlräume. Diese treten auf der Bauteiloberfläche und/oder im Baustoffgefüge auf. Dem entsprechend wird die →Porenform zwischen offenen, geschlossenen und durchgehenden Poren unterschieden. Nach der →Porengröße wird zwischen →Mikroporen (auch →Gelporen), Mesoporen (auch →Kapillarporen) und →Makroporen (auch Luftporen) unterschieden, die zwischen einigen Millimetern und wenigen Nanometern liegen können. Werden Poren in ihrer Eigenschaft beschrieben, spricht man auch von der →Porosität. Diese beschreibt das Verhältnis des Porenvolumens zum Gesamtvolumen und wird in Prozent angegeben. Poren können natürlicher Bestandteil von mineralischen Baustoffen sein, gezielt eingebracht werden, um spezifische Eigenschaften wie z. B. eine bessere Wärmedämmung zu erzielen oder ungewollte Nebenerscheinungen sein z. B. beim Auftrocknen von Beschichtungen, auch als Nadelstiche bezeichnet.

Porenbildung
Der Begriff Porenbildung hat verschiedene Bedeutungen. Am geläufigsten ist die gewollte Porenbildung bei der Herstellung von Baustoffen wie z. B. Porenbeton, Schaummörtel oder Sanierputzen. Durch die gezielte Zugabe von Porenbildnern wie z. B. Tensiden werden diesen Baustoffen spezifische Eigenschaften gegeben. Darüber hinaus spricht man auch von einer Porenbildung, wenn sich auf der Oberfläche z. B. eines Beschichtungsstoffes bei der physikalischen Trocknung ungewollt Poren bilden. Ursächlich hierfür ist das Entweichen von Luft aus dem Untergrund an die Oberfläche des noch flüssigen Beschichtungsstoffes. Beim Austreten dieser Luft an der Oberfläche platzen diese Bläschen auf, so dass kleine Poren zurückbleiben.

Porendurchmesser
→Porengröße

Porenform
Poren in mineralischen Baustoffen werden nach ihrer Form in offene Poren, geschlossene Poren, durchgehende Poren und Sackporen unterschieden. Diese können kugelförmig, zylinderförmig, keilförmig oder spaltförmig sein. In den meisten Baustoffen liegt eine Kombination verschiedener Porenformen vor.

Porengeometrie
Die Porengeometrie in mineralischen Baustoffen ist das Zusammenspiel aus →Porenform, →Porengröße und Porengrößenverteilung. Durch diese werden wesentliche Eigenschaften wie z. B. die →kapillare Wasseraufnahme oder das Wasserdampfdiffusionsverhalten eines Baustoffes bestimmt.

Porengröße
Poren in mineralischen Baustoffen werden nach ihrer Größe unterschieden in →Mikroporen (oder →Gelporen), Mesoporen (oder →Kapillarporen) und →Makroporen (auch →Luftporen).

Poreninjektion
Die Poreninjektion ist eine Methode im Rahmen der Baugrundverfestigung

, um die Tragfähigkeit des Baugrundes zu verbessern. Hierzu werden mineralische Bindemittel eingesetzt, um bestehende Hohlräume, Spalten und Klüfte zu verfüllen und/oder um lose Bestandteile zu binden.

Porenhydrophobierend
Im Gegensatz zur →Hydrophobierung von Oberflächen (äußere Hydrophobierung), werden bei der Porenhydrophobierung die inneren Oberflächen der Baustoffporen hydrophobiert, also das innere Baustoffgefüge (innere Hydrophobierung). Man kennt die Porenhydrophobie vor allem von Sanierputzen, bei denen die Ober-

flächen der →Makroporen wasserabweisend ausgebildet werden, um in Kombination mit der →Porengröße eine kapillarbrechende Putzschicht zu erzielen.

Porenverengend
Der Begriff porenverengend beschreibt u. a. ein Wirkprinzip von Injektionsmitteln, die zur →Injektion gegen kapillar aufsteigende Feuchtigkeit eingesetzt werden. Hierbei werden die →Poren eines Baustoffes durch das Ausscheiden eines Silikatgels verengt, also der Durchmesser der Poren verkleinert. Infolgedessen reduziert sich die Menge der kapillar aufsteigenden Feuchtigkeit, so dass die Gleichgewichtsfeuchte erreicht wird. Die Porenverengung stellt keine →Abdichtung im klassischen Sinn dar.

Porenverstopfend
Der Begriff porenverstopfend beschreibt u. a. ein Wirkprinzip von Injektionsmitteln, die zur →Injektion gegen kapillar aufsteigende Feuchtigkeit eingesetzt werden. Hierbei werden die →Poren eines Baustoffes durch das Einpressen eines Injektionsstoffes wie z. B. Paraffine verstopf, also der Durchmesser der Poren geschlossen. Infolgedessen reduziert sich die Menge der kapillar aufsteigenden Feuchtigkeit, so dass die Gleichgewichtsfeuchte erreicht wird. Die Porenverstopfung stellt keine →Abdichtung im klassischen Sinn dar.

Porenvolumen
Der Begriff Porenvolumen hat verschiedene Bedeutungen. Zum einen handelt es sich um einen Begriff aus der Geotechnik und beschreibt das gesamte, mit Luft oder Wasser gefüllte, Hohlraumvolumen im Baugrund. In mineralischen Baustoffen wird der Begriff verwendet, um die Gesamtheit aller Poren, natürliche und künstlich erzeugte, zu beschreiben.

Porosität
Unter Porosität in Prozent versteht man das Verhältnis zwischen dem →Porenvolumen und dem Gesamtvolumen eines Baustoffes. Im Allgemeinen wird der Begriff auch verwendet, um die Eigenschaften von Poren in mineralischen Baustoffen zu beschreiben.

Präpolymer
Präpolymere sind flüssig vernetzbare Polymere, die sich bei der chemischen Reaktion eines polymeren Festkörpers wie z. B. Polyurethane mit nicht ausreagierten Isocyanatgruppen und Feuchtigkeit bilden.

Primer
→Grundierung

Primärrisse
Unter Primärrissen werden →Risse verstanden, die im Gegensatz zu Sekundärrissen unmittelbare Auswirkungen auf die Funktionalität eines Bauteils und/oder Baustoffs haben und z. B. Katalysator für dadurch verursachte Bauschäden sind.

Probefläche
Eine Probefläche ist die Herstellung einer Musterfläche zur Beprobung unterschiedlicher Aspekte. In den meisten Fällen wird eine Probefläche angelegt, um einem potenziellen Auftraggeber verschiedene Leistungen zu demonstrieren. Hierbei kann es sich z. B. um Muster über Farbtöne, Putzstrukturen oder das Zusammenspiel eines Fugenmörtels mit einem Stein handeln, auf deren Grundlage eine Beauftragung erfolgt. In diesen Fällen kann die Abnahme einer derartigen Referenzfläche zu einer →Beschaffenheitsvereinbarung im Sinne des § 633 Abs. 2 Satz 1 BGB im Rahmen eines Werkvertrages werden und eine hohe Bedeutung für den Auftraggeber haben (Urteil des BGH vom 26. April 2007 – VII ZR 210/05, bestätigt durch Urteil des BGH vom 31.08.2017 – Aktenzeichen VII ZR 5/17). Probeflächen werden aber auch angelegt, um z. B. die Verträglichkeit von Reinigungsmitteln auf Oberflächen zu testen oder um z. B. die Kompatibilität verschiedener Baustoffe im Verbund zu prüfen.

Proportionalitätskonstante
→Elastizitätsmodul, →Hooke'sches Gesetz

PUR-I

PUR-I ist die Abkürzung für Injektionen mit Polyurethanen im Rahmen der Injektion von Rissen und Hohlräumen in Betonbauteilen nach ZTV-ING, Teil 3. Diese werden eingesetzt zum begrenzt dehnfähigen Verbinden von Rissflanken und zum abdichtenden Füllen von Hohlräumen. PUR-I ist bei Trennrissen geeignet, wobei der →Rissverlauf beliebig sein kann. Die objektspezifischen Bedingungen beim Füllen von Rissen mit Polyurethanen sind während der Ausführung sicherzustellen. Die Dehnfähigkeit des im Riss ausgehärteten Polyurethans muss bei einer mittleren Bauteiltemperatur von ca. 15 °C bei Rissbreiten zwischen 0,3 mm und 0,5 mm mindestens 5 % und bei Rissbreiten über 0,5 mm mindestens 10 % betragen. Eine →Nachinjektion der Risse mit PUR ist grundsätzlich möglich. Zum temporären Unterbinden einer unter Druck stehenden Wasserzufuhr aus Rissen und Hohlräumen können schnellschäumende Polyurethane, so genannte Polyurethanschäume (SPUR), erforderlich sein. Diese haben aber keine dauerhaft abdichtende Wirkung.

PUR-T

PUR-T ist die Abkürzung für →Tränken von Rissen mit Polyurethanen in Betonbauteilen nach ZTV-ING, Teil 3. In der Regel stellt das Tränken kein vollständiges Füllen der Risse dar, so dass bereits geringe Beanspruchungen erneut zur Rissbildung führen können.

Putzbedingte Risse

Putzbedingte Risse ist ein Oberbegriff für verschiedene Rissarten, die auf der Oberfläche von Putzen oder in den oberflächennahen Bereichen auftreten. Hierzu gehören →Sackrisse, →Schwindrisse, →Schrumpfrisse und →Fettrisse. Die Ursachen liegen in der Verarbeitung und/oder im Putz bzw. Putzsystem. Putzbedingte Risse werden durch einmalige Vorgänge wie Schwind- und Kriechmechanismen oder durch wiederkehrende Vorgänge wie →hygro-thermische Einwirkungen verursacht. In der Regel handelt es sich um beruhigte Risse. Je nach Rissart treten Putzbedingte Risse innerhalb der ersten Stunden nach dem Auftrag der Putzschicht auf oder innerhalb von wenigen Tagen, wenigen Wochen oder wenigen Monaten. Der Zeitpunkt ihres Auftretens ist daher ein wichtiges Kriterium bei der Rissbestimmung.

Putzbewehrung (Putzarmierung)

Eine Putzbewehrung (oder Putzarmierung) ist eine Armierungsschicht, bei der eine Gewebeeinlage (oder →Armierungsgewebe) im Putz zur Vermeidung oder Reduzierung von Putzbedingten Rissen eingebettet wird. Hierbei übernimmt die Putzbewehrung die Funktion, Zugkräfte, die bei Schwind- und Kriechvorgängen oder durch →hygro-thermische Einwirkungen im Putz verursacht werden, aufzunehmen und in die Fläche zu verteilen. Am häufigsten werden →Glasfasergewebe eingesetzt, die zur Erreichung der Festigkeit und →Alkalibeständigkeit mit einer Kunststoffbeschichtung ausgerüstet sind. Konstruktivbedingte Risse können mit Putzbewehrungen nicht vermieden werden; →untergrundbedingte Risse nur bedingt.

Putzgrund

Als Putzgrund wird der Untergrund oder auch der Wandbildner oder das Bauteil bezeichnet, das mit einem Putz oder Putzsystem beschichtet wird.

Putzgrundbedingte Risse

→Untergrundbedingte Risse

Putzlage

Eine Putzlage ist eine →Putzschicht, bestehend aus dem gleichen Material, das in einem oder in mehreren Arbeitsgängen aufgetragen wird (z. B. ein Unterputz, der in zwei Lagen zu jeweils 10 oder 15 mm Schichtdicke aufgebracht wird). Typisch für eine Putzlage ist, dass diese oft schon vor der →Härtung oder Trocknung der vorherigen Putzlage aufgetragen wird (frisch-in-frisch).

Putzmörtel

Ein Putzmörtel ist ein Gemisch aus einem oder mehreren anorganischen Bindemitteln (wie z. B. Kalk und/oder Zement), Zuschlagsstoffen (Gesteinskörnungen), Wasser sowie Zusatzstoffe und/oder Zusatzmittel. Der Begriff wird verwendet für mineralische Putze, während organisch gebundene Putze als Putzbeschichtung bezeichnet werden. Putzmörtel werden als Außen- oder Innenputz verwendet. Putzmörtel als Unterputze werden in der Regel nach ihrer Eigenschaft, Funktion oder Anwendung bezeichnet wie z. B. Leichtputze, Sockelputze, Sanierputze oder Wärmedämmputze. Putzmörtel als Oberputze werden in der Regel als Edelputze bezeichnet und nach ihrem Bindemittel oder ihrer Putzstruktur unterschieden. Dem entsprechend gibt es gravierende Unterschiede bei Putzmörteln in Bezug auf deren Wasseraufnahme, Wasserdampfdiffusionsvermögen, E-Modul, Druckfestigkeit, Porosität und andere bauphysikalische Eigenschaften.

Putzoberflächenrisse

Putzoberflächenrisse ist eine umgangssprachliche und fachlich unspezifische Bezeichnung für Risse, die auf einer Putzoberfläche auftreten. Der Fachterminus lautet →Putzbedingte Risse.

Putzrisse

Putzrisse ist eine umgangssprachliche und fachlich unspezifische Bezeichnung für Risse, die auf der Oberfläche oder im oberflächennahen Bereich von Putzen auftreten. Der Fachterminus lautet →Putzbedingte Risse, zu denen →Sackrisse, →Schrumpfrisse, →Schwindrisse und →Fettrisse gehören. Auch wenn →Kerbrisse oder Fugenrisse an der Putzoberfläche sichtbar werden, handelt es sich bei diesen Rissen um →untergrundbedingte Risse.

Putzschalenrisse

Putzoberflächenrisse ist ein umgangssprachlicher und fachlich unspezifischer Trivialname für Risse in einer Putzschale, also der Putzschicht. Der Fachterminus lautet →Putzbedingte Risse. Je nach Risstiefe und Rissbreite, Zeitpunkt der Rissentstehung und Ursachen unterscheidet man →Sackrisse, →Schrumpfrisse, →Schwindrisse und →Fettrisse gehören.

Putzschicht

Eine Putzschicht besteht im Gegensatz zu einer →Putzlage nicht aus dem gleichen Material (z. B. ist ein Unterputz eine Putzschicht, ein Oberputz ist eine andere Putzschicht). Typisch für eine Putzschicht ist, dass diese erst nach Härtung oder Trocknung der vorherigen Putzschicht aufgetragen wird.

Putzsystem

Ein Putzsystem besteht aus mindestens zwei oder mehr Putzschichten. Je nach Eigenschaft und Anwendung kann zu einem Putzsystem auch eine →Putzbewehrung gehören, die entweder in den Unterputz eingebettet wird oder Bestandteil einer zusätzlichen Armierungsschicht ist. Ein Oberputz gehört immer zu einem Putzsystem, ein darauf aufgebrachter Anstrichstoff (Farbbeschichtung) in der Regel nicht – außer, wenn dieser spezifische Eigenschaften des Putzsystems sicherstellen muss.

Putztechnische Risssanierung

Eine putztechnische Risssanierung beschreibt verschiedene Varianten, wie →Putzbedingte Risse mit dünn- oder dickschichtigen, mineralischen oder organischen Putzsystemen instand gesetzt werden können. Einige von diesen Systemen werden ein- oder mehrlagig aufgebracht und haben in der Regel eine Putzbewehrung. Die verschiedenen Systeme sind u. a. im →BFS-Merkblatt sowie →WTA-Merkblatt klassifiziert. Ein wichtiges Kriterium bei der Auswahl geeigneter Systeme sind die zu erwartenden Rissbreitenänderungen, denn einige Systeme sind nur für →beruhigte Risse geeignet und haben nur rissfüllende Eigenschaften, während andere Systeme geringe bis hohe rissüberbrückende Eigenschaften aufweisen und somit auch für bedingt dynamische Risse eingesetzt werden können.

Putzträger

Ein Putzträger ist ein Hilfsstoff und dient zur Tragfähigkeit eines Putzmörtels oder sonstiger Beschichtungen auf einem nicht tragfähigen Untergrund. Planung und Ausführung sind in der DIN 4121 „Hängende Drahtputzdecken – Putzdecken mit Metallputzträgern, Rabitzdecken“ (2017) geregelt. Gemäß DIN EN 13658-2 „Putzträger und Putzprofile aus Metall – Begriffe, Anforderungen und Prüfverfahren – Teil 2:

Außenputze“ (2005) können metallische Putzträger (z. B. Drahtgeflecht, Streckmetall) oder spezielle Putzträgerplatten verwendet werden. Die Mindestdicke eines Putzmörtels über dem Putzträger sollte lt. DIN EN 13914-1 „Planung, Zubereitung und Ausführung von Außen- und Innenputzen – Teil 1: Außenputze“ (2016) 15 mm betragen. Putzträger dürfen nicht mit einer →Putzbewehrung verwechselt werden.

Putzweise
Putzweise beschreibt verschiedene Tätigkeiten in der Ausführung von Putzmörteln oder Putzbeschichtungen. Zum einen wird damit die Ausführung der verschiedenen Putzlagen oder Putzschichten und zum anderen die Ausführung von einlagigen oder mehrlagigen Putzschichten beschrieben. Außerdem beschreibt der Begriff die unterschiedlichen Arten der Oberflächengestaltung mit verschiedenen Putzstrukturen.

9.17 Q

Quelldehnung
→Quellen

Quellen
Unter Quellen (oder Quelldehnung) wird die zeitabhängige Volumenveränderung eines Baustoffes durch hygrische Einflüsse verstanden. Hierzu gehören eine hohe Luftfeuchtigkeit oder eine direkte Durchfeuchtung durch kapillare Wasseraufnahme oder auch durch hydrostatischen Druck. Zu den Baustoffen, die zum Quellen neigen, gehören z. B. →Polymere wie →Hydrogele, Holz, ungebrannte Tone, Bentonit sowie Verbundbaustoffe, die aus Zellulose oder aus natürlichen Fasern hergestellt sind. Bei Quellprozessen wird Wasser nur physikalisch gebunden, so dass dieses durch Verdunstung leicht entfernt werden kann. Quellvorgänge sind meist endotherm (Energieaufnahme von außen). Das Gegenteil von Quellen ist →Schwinden. Quellen ist eine lastunabhängige Formänderung.

Quellfähiges Füllen
Quellfähiges Füllen von Rissen und Hohlräumen dient dem Abdichten von Betonbauteilen. Hierbei nehmen geeignete →Rissfüllstoffe wie z. B. →Acrylatgele beim →Quellen reversibel Wasser auf und geben dieses in der Trocknungsphase wieder ab. Infolgedessen sind diese nur in dauerhaft feuchter Umgebung geeignet.

Quellfugenband
Ein Quellfugenband ist ein →Fugendichtstoff, der unter Aufnahme von Wasser sein Volumen vergrößert. Quellfugenbänder werden unterschieden in eine Variante aus Bentonit sowie eines wasserreaktiven Quellgummi. Das Bentonit-Quellfugenband besteht aus einem Natrium-Bentonit, das in eine Matrix aus hoch molekularem Polyisobutylen-Kautschuk sowie speziellen Füllstoffen und Zusätzen eingebettet ist. Es zeichnet sich durch ein starkes und schnelles Quellverhalten aus und wird daher zur Abdichtung von Bauwerksfugen verwendet, die ständig oder zeitweise einer Belastung durch Wasser ausgesetzt sind. Zudem haben Bentonit-Quellfugenbänder den Vorteil, dass auch feine →Risse infolge des Quellprozesses mit abgedichtet werden können. Ein wasserreaktives Quellgummi ist ein unter Wassereinwirkung formstabil quellender Fugendichtstoff, der für die Abdichtung von Fugen im Segmentbau (Betonfertigteile) bis zu Wasserdrücken von 5 bar entwickelt wurde. Quellfugenbänder müssen ein allgemeines bauaufsichtliches Prüfzeugnis vorweisen.

Quellmaß
Das Quellmaß (wie auch das Schwindmaß) ist ein Kennwert für die Volumenveränderung von Baustoffen, die durch deren hygroskopische Eigenschaften verursacht werden. Das Quellmaß erfasst hierbei die Volumenzunahme von Feuchtigkeit, allgemein als →Quellen bezeichnet und wird in mm pro m angegeben.

Querdehnung
Die Querdehnung ist die Durchbiegung eines Baustoffes in der Mitte einer Baustoffprobe bei einem Drei-Punkt-Biegeversuch.

Querdehnzahl
Die Querdehnzahl ist eine Kenngröße der →Spannung. Wird ein Baustoff auf Spannung beansprucht, ergibt sich nicht nur eine Längsdehnung in Richtung der Spannung, sondern auch eine →Querdehnung. Diese wird durch die Querdehnzahl ausgedrückt und definiert das Verhältnis von Quer- zu Längsdehnung.

Querkontraktion
Die Querkontraktion beschreibt das Verhältnis eines Baustoffs unter dem Einfluss einer Zug- bzw. Druckkraft.

9.18 R

Radar-Messung (Radar-Verfahren)
Die Radarmessung (bzw. das Radar-Verfahren) ist eine Methode zur zerstörungsfreien Prüfung von Bauteilen, die auf dem Senden von elektromagnetischen Wellen sowie der Reflexion dieser auf derselben Seite des Bauteils basiert und anhand eines so genannten Radargramms dokumentiert wird. Die Radarmessung eignet sich besonders gut zur Ortung von Hohlräumen, Rissen, Bewehrungsstahl sowie Leitungsverläufen, der Überprüfung der Schichtdicke z. B. einer Betondeckung oder zur Qualitätskontrolle nach durchgeführten Beschichtungen.

Radieschen-Bauweise
Die Radieschen-Bauweise ist eine umgangssprachliche Bezeichnung für eine Mischbauweise aus rotem Leichthochlochziegel der Außenwände sowie aus weißen Kalksandsteinen der Innenwände. Diese Mischbauweise findet zunehmend Anwendung im Neubau in der monolithischen Bauweise, um die Vorteile beider Steinarten effizient auszunutzen. Durch ein unterschiedliches hygro-thermisches Verhalten führt diese Bauweise zunehmend zu konstruktivbedingten Rissen.

Rammverfahren
→Chromstahlblechverfahren

Randwinkel
→Benetzungswinkel

Randzonenverfärbung
Eine Randzonenverfärbung ist ein Begriff aus der Fugentechnik und beschreibt die Abwanderung von Substanzen wie z. B. Weichmacher in angrenzende Bauteile. Diese führt zu Verfärbungen der Fugenrandbereiche. Typisches Beispiel ist der Einsatz von nicht geeigneten Dichtstoffen in Natursteinen, insbesondere Marmor.

„rasende Risse"
Der Begriff der „rasenden Risse" wird in der Grundlagenforschung verwendet, wenn die Entstehung, Ausbreitung und das Wachstum von Rissen auf atomarer Ebene untersucht werden. Bekannt ist, dass sich Atome beim Auftreten von Mikrorissen voneinander trennen und neue Oberflächen an den Bruchstellen entstehen. Bei einer sehr langsamen und stabilen →Rissdynamik sind diese spiegelglatt. Bei einer sehr schnellen und instabilen Rissdynamik breitet sich der Riss dagegen nicht mehr geradlinig aus, was zu unregelmäßigen und rauen Oberflächen führt, bis sich der Riss schließlich verzweigt. Dieses Verhalten wird als dynamische Bruchinstabilität bezeichnet und kann vor allem an spröden Baustoffen wie z. B. →Polymere beobachtet werden. Untersucht man die nicht lineare Elastizität, auch als so genannte →Hyperelastizität bezeichnet, an der Spitze dieser Risse, spielen aufgrund der großen Spannungen auf engstem Raum quantenmechanische und atomare Eigenschaften von Materialien plötzlich eine essenzielle Rolle. Untersuchungen konnten belegen, dass sich Risse an der Spitze dieser Hyperelastizität in Überschallgeschwindigkeit ausbreiten.[83]

Rasterelektronenmikroskopie
Die Rasterelektronenmikroskopie ist ein Verfahren zur Untersuchung organischer und anorganischer Baustoffproben. Mit Hilfe eines Rasterelektronenmikroskops wird ein gebündelter Elektronenstrahl über ein konditioniertes Präparat in einem bestimmten Muster geführt (ge-

rastert). Anschließend werden die am Detektor ankommenden Elektronen als Grauwertstufen, so genannte REM-Aufnahmen, dargestellt. Dieses Verfahren ermöglicht nicht nur wesentlich höhere Auflösungen als die klassische Lichtmikroskopie, sondern die Herstellung dreidimensionaler Abbildungen (Profile). Dies ermöglicht eine exakte Abbildung von Oberflächen, Bruchflächen oder Querschliffen verschiedener Baustoffe mit einer hohen Auflösung (2 bis 5 nm) und hohen Tiefenschärfe. Innerhalb von Sekunden kann der Vergrößerungsbereich um ein 20- bis 200.000-faches verändert werden. Mittels Bedampfung können auch nichtleitfähige Oberflächen erfasst werden.

REACH-Verordnung
REACH (Abkürzung für Registration, Evaluation, Authorisation and restriction of Chemicals) ist die gleichnamige Bezeichnung für die Europäische Chemikalienverordnung zur Registrierung, Bewertung, Zulassung und Beschränkung von Chemikalien, die 2007 in Kraft getreten ist. Danach müssen alle chemischen Produkte, die innerhalb Europas hergestellt, gehandelt (auch Importe) und verwendet werden, registriert werden.

Reaktionsbedingtes Volumenschwinden
→Reaktionsschwindung

Reaktionsharz
Reaktionsharz ist ein Oberbegriff für flüssige organische Baustoffe, die durch chemische Reaktion mehrerer Komponenten ein Polymer bilden. Typische Reaktionsharze sind z. B. →Epoxidharze (Reaktion einer Epoxidkomponente mit Aminen) und →Polyurethanharze (Reaktion eines Polyols mit einem Polyisocyanat oder Reaktion eines Polyurethan-Präpolymers mit Wasser).

Reaktionsharzmörtel
Ein Reaktionsharzmörtel ist eine Baustoffmischung, basierend auf einem →Reaktionsharz wie →Epoxidharze oder →Polyurethanharze. Werden diese für →abdichtende Injektionen eingesetzt, werden diese auch als Injektionsstoffe bezeichnet. Werden diese zur →Injektion von Rissen in Bauteilen eingesetzt, spricht man auch von Rissfüllstoffen. Eine Sonderform der Reaktionsharzmörtel sind Polyurethanschäume.

Reaktionsschwindung
Eine Reaktionsschwindung (oder auch Reaktionsschrumpfung) ist ein Vorgang, bei dem →Epoxidharze, →Polyurethanharze oder andere reaktive Systeme durch die chemische Vernetzung während der Härtungsphase ihr Volumen verringern. Man spricht auch von der reaktionsbedingten Volumenschwindung.

Reaktionszeit
Die Reaktionszeit (auch als →Topfzeit bekannt) beschreibt die Zeitspanne, die ein reaktives System wie →Epoxidharze oder →Polyurethanharze benötigt, um vollständig auszuhärten. Über die Rezeptur kann die Zeitspanne gezielt eingestellt werden. Die Reaktionszeit darf nicht verwechselt werden mit der Misch- und/oder Verarbeitungszeit.

Rechenwert der Rissbreite (Stahlbeton)
Der Rechenwert der →Rissbreite ist ein theoretisch berechneter Kennwert und als Berechnungsverfahren z. B. für Stahlbeton in der DIN EN 1992-1-1 „Eurocode 2: Bemessung und Konstruktion von Stahlbeton- und Spannbetontragwerken – Teil 1-1: Allgemeine Bemessungsregeln und Regeln für den Hochbau" (2011) mit einer rechnerischen Rissbreite von 0,3 mm bzw. 0,4 mm als Nachweisgrenze geregelt. Dieser stellt einen fiktiven, oberen →Grenzwert für →Risse gleicher Art dar und ist fester Bestandteil der Tragwerksplanung. Hierzu ist wichtig zu wissen, dass es sich um einen theoretischen, formalisierten und idealisierten Wert eines künstlichen Risses handelt – ein Rechenmodell – der so an einem realen Bauwerk nicht nachgemessen werden kann. Im Unterschied zu einer statischen Berechnung, in der die Standsicherheit mit einem gewissen Sicherheitsabstand rechnerisch nachzuweisen ist, findet dieser beim rechnerischen Nachweis der Rissbreiten nicht statt.

Reflexionsgrad
Der Reflexionsgrad bezeichnet das Verhältnis zwischen einer einfallenden und reflektierten Lichtstrahlung. Wird diese unter einem bestimmten Einfallswinkel auf eine das Licht reflektierende Fläche gerichtet, so wird ein Teil der Lichtstrahlung diffus zurückgeworfen. Mit Hilfe der daraus resultierenden, photometrisch bestimmbaren Verhältniszahl kann eine Aussage über den Glanz der gemessenen Fläche getroffen werden. Diese darf nicht mit dem →Hellbezugswert verwechselt werden.

Regelverjährung
Das Baurecht sieht eine Regelverjährung von fünf Jahren (regelmäßige →Verjährungsfrist) ab dem Zeitpunkt der →Abnahme vor. In diesem Zeitraum kann ein Auftraggeber (oder Gläubiger im rechtlichen Sinn) eine Beseitigung der →Mängel im Rahmen einer →Nacherfüllung oder →Selbstvornahme gegenüber dem Auftragnehmer (oder Schuldner im rechtlichen Sinn) geltend machen oder in Form von →Schadensersatz. In dieser Verjährungsfrist ist bei Vorliegen der hierfür notwendigen Voraussetzungen auch ein →Rücktritt vom Vertrag oder eine Minderung der Vergütung möglich. Die fünfjährige Regelverjährung gilt allerdings nicht bei arglistigem Verschweigen eines Mangels.

Regelwerke, technische
Zu den technischen Regelwerken gehören z. B. europäische (EN) und deutsche (DIN) Normen, VDE-Bestimmungen, VDI-Richtlinien, Technische Regeln für Gefahrstoffe (TRGS) sowie Merkblätter von Fachverbänden und dgl., mit denen der →Stand der Technik beschrieben wird. Auch die von den Berufsgenossenschaften herausgegebenen Regeln, Grundsätze und Informationen oder Schriften der Unfallversicherungsträger werden in der Regel den technischen Regelwerken zugeordnet. Technische Regelwerke beinhalten verbindliche oder unverbindliche Vorgaben und Empfehlungen, Handlungsanleitungen oder Vorschläge, um Gesetze, Verordnungen, Vorschriften oder Richtlinien einhalten oder um einen technischen Sachverhalt mangelfrei umsetzen zu können. Die meisten Regelwerke haben zwar keine formale und unmittelbare Rechtswirksamkeit. Allerdings wird in vielen Gesetzen, Verordnungen und Vorschriften auf diese allgemein Bezug genommen, so dass diese zur Einhaltung der allgemein anerkannten Regeln der Technik zu berücksichtigen sind. Technische Regelwerke dienen häufig auch dazu, die vom Gesetzgeber eher allgemein gehaltenen Vorgaben, die auch als →unbestimmte Rechtsbegriffe bezeichnet werden, zu konkretisieren.

Reibschluss
Reibschluss ist eine Methode der →Verankerung. Das Spreizen einzelner Komponenten innerhalb des Bohrlochs erzeugt Reibung, durch die das Befestigungsmittel im Bauteil fixiert wird. Die Methode eignet sich nur für Bauteile mit entsprechender Festigkeit wie z. B. Beton oder so genannte Vollbaustoffe wie Ziegel- oder Naturstein nach erfolgter Eignungsprüfung. Verankerungen mit einer starken Spreizung erfordern höhere Mindestabstände, sowohl zueinander als auch zu Bauteiloberflächen. Spreizanker sind nicht demontierbar.

Reifezeit
Nach der Zugabe von Wasser und dem An- und Durchmischen mineralischer Baustoffe sollte der Frischmörtel eine bestimmte Zeit ruhen, bevor dieser evtl. noch einmal durchgemischt und anschließend verarbeitet wird. Diese Zeitspanne wird Reifezeit genannt und wird vom Materialhersteller vorgegeben. Die Reifezeit anorganischer Baustoffe entspricht in etwa der →Topfzeit bei organischen Baustoffen.

Reißdehnung
Die Reißdehnung gibt die Längenzunahme eines Baustoffes unter einer →Zugspannung in Prozent der ursprünglichen Länge an. Dabei wird ein Prüfkörper nach entsprechender Konditionierung in ein Prüfgerät fest eingespannt und mit gleichbleibender Geschwindigkeit entlang der Längsachse auseinander gezogen, bis der Prüfkörper reißt oder dessen Längenänderung einen vorbestimmten Wert erreicht hat. Reißdehnung und

→Reißfestigkeit stehen in unmittelbaren Zusammenhang: hohe Werte für die Reißdehnung korrespondieren mit niedrigen Werten für die Reißfestigkeit und umgekehrt.

Reißfestigkeit
Die Reißfestigkeit eines Baustoffes gibt die Widerstandsfähigkeit in N/mm^2 unter einer →Zugspannung bis zum Zeitpunkt des Reißens an. Dabei wird ein Prüfkörper nach entsprechender Konditionierung in ein Prüfgerät fest eingespannt und mit gleichbleibender Geschwindigkeit entlang der Längsachse so lange auseinander gezogen, bis der Prüfkörper reißt. Die Prüfung der Reißfestigkeit z. B. von hoch elastischen Anstrichstoffen ist in der DIN EN 1062-7 „Beschichtungsstoffe und Beschichtungssysteme für mineralische Substrate und Beton im Außenbereich – Teil 7: Bestimmung der rissüberbrückenden Eigenschaften" (2004) geregelt. Daraus ergeben sich u. a. die so genannten →Rissklassen. Die Reißfestigkeit ist von verschiedenen Parametern wie z. B. Schichtdicke, Geschwindigkeit der Zugbeanspruchung sowie Prüftemperatur abhängig. Reißfestigkeit und →Reißdehnung stehen in unmittelbaren Zusammenhang: niedrige Werte für die Reißfestigkeit korrespondieren mit hohen Werten für die Reißdehnung und umgekehrt.

Relative Luftfeuchtigkeit (Relative Luftfeuchte)
Die relative Luftfeuchtigkeit gibt das Verhältnis zwischen dem tatsächlich gemessenen Wassergehalt (angegeben über den aktuellen Wasserdampfdruck) in der Luft und dem bei der gemessenen Temperatur maximal möglichen Wassergehalt (dem Sättigungsdampfdruck) in Prozent an. Der Sättigungsdampfdruck nimmt mit steigender Temperatur zu. Daher muss bei Vergleichsmessungen immer die Temperatur zum Zeitpunkt der Messung berücksichtigt werden.

Relaxation
Die Relaxation besitzt vor allem bei mineralischen Baustoffen eine Bedeutung und wird für die Bewertung von Rissen in Putzen und verputzten Mauerwerken herangezogen. Infolge der natürlichen Kriechprozesse bei langzeitbedingten Lasteinwirkungen verlieren Baustoffe mit der Zeit ihre elastische Dehnung, d. h. der Baustoff relaxiert. Während das Kriechverhalten eines Baustoffes die zeitabhängige Zunahme der →Verformung unter andauernder →Spannung beschreibt, wird mit der Relaxation die zeitabhängige Abnahme der Spannung beschrieben. Hierbei gibt die Relaxationszahl das Verhältnis von Spannungsabfall unter einer Last auf einen bestimmten Endwert zur Anfangsspannung an.

REM-Aufnahmen
→Rasterelektronenmikroskopie

Renovierung
Die Renovierung ist ein Teilgebiet der Bauwerksinstandsetzung, auch als →Bauen im Bestand bezeichnet. Im Gegensatz zur →Sanierung geht es bei der Renovierung nicht um die Beseitigung von Bauschäden wie z. B. Rissen. Es geht auch nicht um die Verbesserung der Gebrauchseigenschaften der Immobilie und Anpassung an gesetzliche Vorgaben wie z. B. den Wärmeschutz bei der →Modernisierung. Bei der Renovierung geht es in erster Linie um optische Verbesserungen und der Erfüllung ästhetischer Ansprüche. Die Überarbeitung einer alten Fassade, die z. B. aus einem grobkörnigen Strukturputz der 1980er-Jahre besteht und eine feine Putzstruktur erhalten soll, fällt unter Renovierungsarbeiten. Gleiches gilt für einen neuen Farbanstrich, entweder weil der alte Farbton nicht mehr zeitgemäß ist oder weil dieser verschmutzt und/oder durch Algen und Pilze befallen ist. Eine Renovierung umfasst daher vor allem Schönheitsreparaturen, die nicht zwingend notwendig sind, aber das optische Erscheinungsbild verbessern. Eine einfache Formel der Renovierung ist: reparieren und verschönern.

Restaurierung
Die Restaurierung ist ein Spezialgebiet der Baudenkmalpflege. Anders als beim →Bauen im Bestand geht es bei der Restaurierung um die Wiederherstellung eines alten, im Idealzustand eines originalen, Zustands an einem historisch wertvollen und/oder denkmalgeschützten Ge-

bäude. Unterschieden wird die akademische und handwerkliche Restaurierung. Die Restaurierung umfasst allerdings nicht nur materialspezifisches Wissen über historische Baustoffe sowie deren handwerkliche Techniken, sondern auch ideelle Werte, da das Arbeiten an bebauten Kulturgütern eine hohe Verantwortung vor der Zeitgeschichte des Bauens darstellt und die Wertschätzung und das Verständnis für das Denkmal im Kontext seiner Entstehung zum Ausdruck bringen soll. Daher gelten bei der Restaurierung die Grundsätze des Respekts für das Original und seine Geschichte sowie der Reversibilität. Im Kontext der Risssanierung ergeben sich daraus gleich mehrere Herausforderungen.

Retardation
→Kriechen

Rheologie
Die Rheologie (oder Fließkunde) ist die Wissenschaft, die sich mit dem Verformungs- und Fließverhalten von Baustoffen auseinandersetzt. Zu ihr gehören die Teilgebiete der Elastizitäts- und Plastizitätstheorie sowie der Strömungsmechanik. Das interdisziplinäre Fachgebiet setzt sich zusammen mit rheologischen oder die Rheologie betreffende Fragen in der Physik, der physikalischen Chemie sowie den Ingenieur- und Werkstoffwissenschaften. Hierzu gehören z. B. verschiedene Materialgesetze aus der Mikro- bis Nanostruktur von verschiedenen Baustoffen wie z. B. Suspensionen bis zu makromolekularen Systemen. Außerdem beschäftigt sich die Rheologie mit Messverfahren zur Bestimmung rheologischer Eigenschaften. Dieser Bereich wird als Rheometrie bezeichnet.

Rissabstand
Der Rissabstand ist die Entfernung der →Risse zueinander und darf nicht mit der →Rissbreite verwechselt werden.

Rissart
Rissarten werden in Abhängigkeit ihres Entstehungsortes in →baugrundbedingte Risse, in →Konstruktivbedingte Risse, in →untergrundbedingte Risse und in →Putzbedingte Risse unterschieden. Jeder dieser Obergriffe wird durch spezifische Rissarten ergänzt wie z. B. die →Sackrisse, →Schwindrisse, →Schrumpfrisse oder →Fettrisse als Konkretisierung der Putzbedingten Risse.

Rissausbreitung
Die Rissausbreitung beschreibt die Veränderung eines Risses in Abhängigkeit der Zeit und in Bezug auf seine Dimension wie Risslänge und →Rissbreite.

Rissbildung
Die Rissbildung beschreibt das erstmalige Entstehen eines Mikrorisses, aus dem sich durch lastunabhängige und/oder lastabhängige Einwirkungen →Makrorisse bilden können.

Rissbreite
Die Rissbreite ist der gemessene Abstand zwischen den Rissufern oder →Rissflanken. Um diese zu messen, werden z. B. →Rissbreitenmesser, Risslupen oder Rissmonitore eingesetzt. Bei der optischen Bewertung muss beachtet werden, dass die Rissbreite an der Bauteiloberfläche größer sein kann als an der →Risswurzel. Ursächlich hierfür kann entweder eine konische Rissform, eine mechanisch bearbeitete Bauteiloberfläche z. B. im Rahmen der →Untergrundvorbehandlung (z. B. durch Sandstrahlen) oder eine Verschmutzung der Rissflanken sein, durch die die Rissbreite größer wirken kann.

Rissbreitenänderung
Rissbreiten können sich nach ihrer Entstehung und Ausbreitung über die Zeit verändern. Ursächlich können lastunabhängige Einwirkungen wie hygro-thermische Einflüsse oder lastabhängige Einwirkungen wie →Kriechen und →Schwinden sein. Neben einmaligen Einwirkungen müssen vor allem wiederkehrende Einwirkungen genannt werden wie z. B. Verkehrs-, Wind- und/oder Schneelasten sowie jahreszeitlich bedingte Temperaturwechsel (Sommer/Winter) oder innerhalb weniger Stunden (Tag/Nacht). Rissbreitenänderungen spielen allerdings nicht nur bei der Entstehung und Ursachen von Rissen eine wesentliche Rolle,

sondern auch bei der Planung und Ausführung sowie Auswahl geeigneter Systeme zur Instandsetzung. Denn auch Instandsetzungssysteme müssen in der Lage sein, nachträgliche Rissbreitenänderungen aufzunehmen und schadensfrei zu überbrücken. Man spricht hierbei von dynamischen Rissen ($\Delta w > 0$). Sind die Rissbreitenänderungen dagegen abgeklungen, spricht man von einem statischen Riss ($\Delta w = 0$).

Rissbreitenlineal
→Rissbreitenmesser

Rissbreitenmesser
Ein Rissbreitenmesser (auch Rissbreitenlineal) ist ein einfaches Hilfsmittel für die objektive Beurteilung von Rissbreiten. Hierbei sind die üblichen Rissbreiten bereits abgebildet, um das Ablesen zu vereinfachen.

Rissbrücke
Eine Rissbrücke ist ein schmaler Vliesstreifen (meist aus Polyester), der zur Armierung von Anstrichsystemen im Rahmen der →Einzelrisssanierung oder zur Überbrückung von Bauteilfugen verwendet wird.

Rissdehnung
→Bruchdehnung

Rissdiagnostik
Die Rissdiagnostik ist ein Teilgebiet der →Bauwerksdiagnostik. Zu ihren wesentlichen Aufgaben gehört die Untersuchung und Bewertung von Rissen und deren Ursachen. Hierbei wird unterschieden in die visuelle Diagnostik (optisch-visuelle Analyse nach äußeren Merkmalen), instrumentelle Diagnostik (Messung und/oder Prüfung mit Mess- oder Diagnosegeräten) und bewertende Diagnostik (Analyse und Bewertung der Summe aller diagnostischen Ergebnisse). Die verschiedenen Untersuchungsmethoden werden, je nach Aufgabenstellung und/oder Zielsetzung, nach räumlichen oder zeitlichen Gesichtspunkten angewendet. Schließlich kann sich ein Riss entweder nur an einer Stelle und/oder nur auf einer Bauteiloberfläche befinden oder über ein gesamtes Bauteil sowie seinem Querschnitt erstrecken. Rissbreiten können mikroskopische oder makroskopische Dimensionen haben. Bei der zeitlichen Betrachtung von Rissen werden zwei Vorgänge unterschieden: die erstmalige Rissentstehung von Mikrorissen, für die spezielle High-Speed-Digital-Kameras eingesetzt werden, um die nanoskalierten Vorgänge an der →Risswurzel bei der stabilen oder instabilen →Rissausbreitung erfassen zu können. Hinzu kommt die zeitliche Erfassung der →Makrorisse und ihrer →Rissbreitenänderung, die über Wochen oder Monate gemessen wird. Einfache Untersuchungsmethoden stellen z. B. Gipsmarken, →Rissbreitenmesser, Risslupe oder Rissmonitor dar. Etwas aufwändigere Methoden stellen Setz-Dehnungsmesser, Dehnungsmessstreifen oder auch Wegaufnehmer dar. Für spezielle Aufgabenstellungen werden Röntgenanalysen oder →Rasterelektronenmikroskopie eingesetzt. Somit ermittelt die Rissdiagnostik ermittelt Fakten zur →Rissart, →Rissbreite und -tiefe, →Rissverteilung und -verlauf, →Rissbreitenänderung und →Rissflankenversatz, Rissalter bzw. Zeitpunkt ihres Entstehens und/oder erstmaligem Erkennen, zukünftig zu erwartende Risse bzw. zukünftige Bewegungen an den Rissflanken. Die Rissdiagnostik liefert somit wertvolle Informationen als Grundlage für die Auswahl der Instandsetzungsverfahren.

Rissdynamik
Unter der Rissdynamik versteht man die räumliche und/oder zeitliche →Rissbreitenänderung von dynamischen Rissen ($\Delta w > 0$). Sind die Rissbreitenänderungen dagegen abgeklungen, spricht man von einem statischen Riss ($\Delta w = 0$).

Risse
Risse sind senkrecht zur Oberfläche verlaufende Brüche oder Spalten in Bauteilen und/oder Baustoffen. Durch diese physische Trennung kann keine Kraftübertragung mehr stattfinden. Risse stellen daher strukturelle Brüche der Bindemittelmatrix dar. Dies bedeutet, dass durch den Riss die der mechanischen Festigkeit des Baustoffs zugrundeliegenden Kohäsions- und/oder Adhäsionskräfte zerstört wurden. Risse entstehen grundsätzlich dort und immer dann, wenn die

Bruchfestigkeit eines Baustoffes überschritten wird. Dies kann durch innere und/oder äußere Kräfte verursacht werden. Diese werden durch lastabhängige oder lastunabhängige Spannungen verursacht, ausgelöst durch mechanische Belastungen wie z. B. →Kriechen oder →Schwinden, durch →hygro-thermische Einwirkungen oder Materialermüdung. **Den einen** Riss gibt es nicht, da jede Rissart unterschiedliche Merkmale aufweist. Aufgabe der →Rissologie ist es, diese Unterschiede zu qualifizieren und zu quantifizieren.

Risseinwirkungsklassen (nach DIN 18533)
Risseinwirkungsklassen sind Anforderungen der DIN 18533-1 „Abdichtung von erdberührten Bauteilen – Teil 1: Anforderungen, Planungs- und Ausführungsgrundsätze" (2017). In dieser Norm werden folgende Risseinwirkungsklassen unterschieden:

- R1-E (gering) ≤ 0,2 mm Rissbreitenänderung (in der Regel unvermeidbare Rissbildungen/Rissbreitenänderungen in üblichen Untergründen wie Mauerwerk, Bodenplatten unter Querschnittsabdichtungen, Stahlbeton ohne nennenswerte Zwang- und Biegebeanspruchung)
- R2-E (mäßig) ≤ 0,5 mm Rissbreitenänderung (z. B. in geschlossenen Fugen von Fertigbauteilen, Materialübergängen, Mauerwerk oder Stahlbeton mit nennenswerter Zwang-, Zug- und Biegebeanspruchung)
- R3-E (hoch) ≤ 1,0 mm Rissbreitenänderung und/oder einem Rissversatz ≤ 0,5 mm (z. B. Aufstandsfugen von erddruckbelastetem Mauerwerk auf Bodenplatten oder Rissbildungen an tragenden Bauteilen durch sporadische Erschütterungen)
- R4-E (sehr hoch) ≤ 5,0 mm Rissbreitenänderung und/oder einem Rissversatz ≤ 2,0 mm (z. B. durch starke Erschütterungen durch Baugrundsetzungen oder Erdbeben).

Die Risseinwirkungsklassen haben somit einen großen Einfluss auf die Auswahl der geeigneten Abdichtungssysteme sowie deren Rissüberbrückungsfähigkeit.

Rissflanken
Als Rissflanken werden die Begrenzungsflächen eines Risses bezeichnet.

Rissflankenversatz
Unter einem Rissflankenversatz wird die zwei- oder dreidimensionale →Rissbreitenänderung verstanden. Rissflanken können sich in der Rissbreite verändern oder parallel auch noch als Scherung zur Längsachse und/oder als Höhenversatz. Der Rissflankenversatz spielt nicht nur in der →Rissdiagnostik eine große Rolle, sondern auch in der Auswahl eines geeigneten Instandsetzungsverfahrens. Schließlich muss dieses Risssanierungssystem in der Lage sein, zwei- oder dreidimensionale Verformungen schadensfrei aufnehmen zu können.

Rissflankenverschiebung
→Rissbreitenänderung

Rissform
Unter einer Rissform versteht man die Stellung der →Rissflanken zueinander. Es gibt parallel verlaufende →Risse und →V-förmige Risse. V-förmige Risse haben durch den Winkel der Rissflanken eine bestimmte →Risstiefe und sind in der Regel nur wenige mm tief, während parallel verlaufende Risse oft bis tief in den Bauteilquerschnitt reichen können und in der Regel mehrere cm tief sind. Rissform sowie →Rissbreite und Risstiefe sind somit wichtige Parameter für die Wasseraufnahme von Rissen.

Rissfortschritt
Der Rissfortschritt bezeichnet die geometrische und zeitliche Ausbreitung eines Risses.

Rissfüllende Beschichtungen
Rissfüllende Beschichtungen haben im Gegensatz zu rissüberbrückenden Beschichtungen keine elastischen Eigenschaften. Diese können nur bei statischen Rissen, auch →beruhigte Risse ($\Delta w = 0$) genannt, eingesetzt werden. Rissfüllende Beschichtungssysteme müssen lt. DIN EN 1062 „Beschichtungsstoffe und Beschichtungssysteme für mineralische Substrate und Beton im Außenbereich" (2004) folgende

Anforderungen erfüllen: s_d-Wert < 0,14 m und w-Wert < 0,1 kg/(m^2 · h^{0,5}). Rissfüllende Beschichtungen ohne rissüberbrückende Eigenschaften werden bei putzbedingten Rissen mit Rissbreiten < 0,1 mm eingesetzt. Zu diesen Beschichtungen gehören Siliconharzfarben und Dispersions-Silikatfarben.

Rissfüller
Ein Rissfüller ist ein unspezifischer Begriff für ein Füllmaterial auf Dispersionsbasis, mit dem →Risse vor der eigentlichen Risssanierung verschlämmt werden.

Rissfüllstoffe
Rissfüllstoffe werden entweder zum kraftschlüssigen, dehnbaren oder quellfähigen Füllen von Rissen und Hohlräumen in Bauteilen eingesetzt. Zur Unterscheidung erhalten die ein- oder mehrkomponentigen Rissfüllstoffe entsprechende Abkürzungen. Die Abkürzung „F" steht für Rissfüllstoffe, die in der Lage sind, einen Verbund mit der Rissflanke zu bilden und Zug-, Druck- und Schubkräfte mit rissfüllstoffabhängigen Festigkeitseigenschaften zu übertragen. „D" steht für dehnbare Rissfüllstoffe, die nach dem Füllen in der Lage sind, einen Verbund mit der Bauteilflanke zu bilden und (begrenzt) Rissbreitenänderungen aufzunehmen. Die Abkürzung „I" steht für Rissfüllstoffe, die mit Hilfe eines Injektionsgerätes unter geregeltem Druck über →Packer mit oder ohne →Verdämmung injiziert werden. Rissfüllstoffe, die drucklos durch kapillares Saugen in Risse vergossen werden, haben die Abkürzung „V". Weitere stoffbezogene Abkürzungen sind „P" für Rissfüllstoffe, die mit reaktiven Bindemitteln hergestellt sind wie →Epoxidharze (EP), →Polyurethanharze (PUR), schnellschäumende Polyurethanharze (SPUR) oder „H", die mit hydraulischem Bindemittel hergestellt wurden wie z. B. Zementleime (ZL) oder Zementsuspensionen (ZS). Rissfüllstoffe werden in der DIN EN 1504-5 „Produkte und Systeme für den Schutz und die Instandsetzung von Betontragwerken – Definitionen, Anforderungen, Qualitätsüberwachung und Beurteilung der Konformität – Teil 5: Injektion von Betonbauteilen" definierten Leistungsanforderungen zugeordnet. Diese enthalten wesentliche Angaben für potenzielle Anwendungsmöglichkeiten. So beschreibt die →CE-Kennzeichnung der Rissfüllstoffe folgende Leistungsmerkmale: U (Usage) für eine bestimmungsgemäße Anwendung und W (Workability) für Merkmale zur Verarbeitbarkeit.

Rissgeometrie
Die Rissgeometrie umfasst alle räumlichen Parameter bei der Entstehung und Ausbreitung eines Risses wie die →Rissbreite, →Risstiefe, →Rissform, →Rissflankenverschiebung und →Rissflankenversatz.

Rissinjektion
Unter Rissinjektion (auch als Rissverpressung bezeichnet) wird das kraftschlüssige Füllen bzw. Verschließen eines Risses im Bauteil unter Druck verstanden. Hierbei wird das Füllgut (auch als Rissfüllstoff bezeichnet) über druckfeste Anschlüsse im Bauteil, so genannte →Packer, in den Riss eingebracht. Hierbei wird zwischen dem Niederdruckverfahren (< 10 bar) und Hochdruckverfahren (> 10 bar) unterschieden.

Risskartierung
Bei der Risskartierung wird der zeitliche Verlauf der →Rissbreitenänderung in die technische Zeichnung eines Gebäudes (z. B. CAD) wie ein Spiegelbild eingetragen. Eine Risskartierung kommt häufig bei dynamischen Rissen und/oder mehreren Risszentren zum Einsatz.

Rissklasse (Bauwerksabdichtung)
→Risseinwirkungsklassen

Rissklasse (Beschichtungen)
In der DIN EN 1062-7 „Beschichtungsstoffe und Beschichtungssysteme für mineralische Substrate und Beton im Außenbereich, Teil 7: Bestimmung der rissüberbrückenden Eigenschaften" (2004) sind Anforderungen bzgl. der rissüberbrückenden Eigenschaften in Rissklassen ange-

geben. Beschichtungen in der Klasse A1 müssen →Risse > 100 µm überbrücken können. Hierzu gehören die meisten Dispersions-Silikatfarben sowie Siliconharzfarben. In der Klasse A2 müssen Beschichtungen in der Lage sein, Risse > 250 µm überbrücken zu können. In der Regel erreichen diese Anforderungen die normalen →Dispersionsfarben. Um die Klasse A3 erreichen zu können, müssen Beschichtungen bereits Risse > 0,5 mm überbrücken können. Dies erreichen in der Regel Dispersionsfarben mit einer Vlieseinbettung. Um die Klasse A4 (Rissüberbrückung > 1,25 mm) zu erreichen, müssen in der Regel hoch elastische, kälteelastische Anstrichstoffe verwendet werden. Diese können, in Kombination mit einer Vlieseinbettung, die höchste Rissklasse A5 erreichen, wenn diese eine Rissbreite > 2,5 mm überbrücken können. Die Prüfung der Rissklassen erfolgt bei Normklima (20 °C und 50 % relative Luftfeuchte). Da →rissüberbrückende Beschichtungen an der Fassade auch bei Minustemperaturen ihre Elastizität beibehalten müssen, werden die Prüfungen der Klassen A2 bis A5 zusätzlich bei Temperaturen von – 10 °C durchgeführt. Einige der elastischen Anstrichstoffe haben in diesem Temperaturbereich eine geringere Elastizität aufgrund der →Glasübergangstemperatur.

Rissklassen (BFS)
Im BFS-Merkblatt 19 „Risse in Außenputzen, Beschichtung und Armierung" werden drei Rissklassen unterschieden. In der Rissklasse A werden →Risse beschrieben, die nicht vom →Putzträger (Untergrund) ausgehen. Hierzu gehören so genannte →Putzoberflächenrisse (Klasse A1) sowie Risse, die sich durch die gesamte →Putzschicht hindurchziehen (Klasse A2). In der Rissklasse B werden Risse beschrieben, die vom Putzträger ausgehen. Hierzu gehören Risse an Stoß- und Lagerfugen (Klasse B1) und Risse durch Formveränderung unterschiedlicher Bauteile (Klasse B2). In der Rissklasse C werden →baudynamische Risse beschrieben. Hierzu gehören so genannte bautechnische, konstruktionsabhängige Risse (Klasse C1) sowie →baugrundbedingte Risse (Klasse C2).

Rissknoten
Als Rissknoten wird der Punkt bezeichnet, an dem zwei oder mehr →Risse zusammentreffen.

Risslast
Als Risslast wird die Zugkraft bezeichnet, die für die Entstehung eines Risses notwendig ist. Diese hängt vom Bauteilquerschnitt und der →Zugfestigkeit des Baustoffes ab.

Risslupe
Eine Risslupe ist die Kombination aus einem herkömmlichen Vergrößerungsglas und einem →Rissbreitenmesser. Risslupen sind für →Risse < 0,1 mm geeignet. Einige Ausführungen sind zusätzlich beleuchtet.

Rissmechanismus
Der Rissmechanismus erklärt unabhängig von einem spezifischen Bauteil und/oder Baustoff, wie eine Formänderung oder →Verformung zu einem Riss führt und sich dieser ausbreitet. Grundlage für einen Rissmechanismus sind Lage und Neigung, Drehpunkt und Versatz der Bauteilebene sowie, ob der Riss dazu neigt, auseinander zu klaffen. Auf dieser Grundlage können dann Rissmechanismen für spezifische Bauteile und/oder Baustoffe abgeleitet werden.

Rissmodelle
Rissmodelle dienen der Veranschaulichung verschiedener Rissmechanismen und stellen wichtige Grundlagen der Bruchmechanik und der darauf aufbauenden Werkstoffprüfungen dar. Die bekanntesten Rissmodelle sind die nach *Barenblatt*, *Dugdale*, *Griffith* und *Irwin & Mc Clintock*.

Rissmonitor
Ein Rissmonitor kann im Gegensatz zu einer →Gipsmarke die →Rissdynamik qualitativ und quantitativ anzeigen. Dies bedeutet, dass der Rissmonitor nicht nur einmal, sondern jedes Mal anzeigt, wenn sich ein Riss bewegt. Hierzu besteht der Rissmonitor aus zwei überlappenden und frei gegeneinander verschiebbaren Komponenten, von denen die untere eine kalibrierte Messskala, vergleichbar mit einem herkömm-

lichen →Rissbreitenmesser, und die obere ein Fadenkreuz besitzt. Sobald sich der Riss öffnet oder schließt, bewegen sich die Plättchen relativ zueinander, so dass die Verschiebung abgelesen werden kann. Die Messskala beträgt in der Regel 0,1 mm. Neben der Standardausführung werden Adapter angeboten, mit denen zwei- oder dreidimensionale Bewegungen gemessen werden können (z. B. bei Setzungen und Verformungen an Bauwerksecken oder im Bereich der Bodenplatte zur aufgehenden Wand). Außerdem gibt es auch Winkeladapter, die stufenlos einstellbar sind und damit auch an Bauwerksecken unter oder über 90° eingesetzt werden können.

Rissöffnung
Als Rissöffnung werden die unterschiedlichen Rissausbreitungen an der →Risswurzel bezeichnet. Hierbei spielt der so genannte →Spannungsintensitätsfaktor als kritischer Wert zur Rissausbreitung eine wesentliche Rolle. Unterschieden werden die Rissöffnung senkrecht zur Rissfläche (Opening Mode) sowie die Längsscherung (Sliding Mode) bzw. Querscherung (Tearing Mode).

Rissologie
Die Rissologie ist die Wissenschaft der →Risse und setzt sich mit der Entstehung von Mikrorissen und der Ausbreitung von Makrorissen auseinander. Außerdem analysiert und bewertet die Rissologie die Ursachen nach qualitativen und quantitativen Parametern. Die Bewertung umfasst hierbei nicht nur technische, sondern auch optische, wirtschaftliche und rechtliche, Aspekte.

Rissspachtel
Ein Rissspachtel ist eine faserarmierte und hoch vergütete Spachtelmasse zum Überarbeiten von Rissen z. B. im Rahmen der →Einzelrisssanierung.

Rissspannung
→Bruchspannung, →Spannungsrisse

Risstiefe
Die Risstiefe beschreibt den Abstand von der →Risswurzel bis zur Bauteil- und/oder Baustoffoberfläche. Diese ist u. a. von der Rissform abhängig.

Rissüberbrückende Beschichtungen
Rissüberbrückende Beschichtungen haben im Gegensatz zu rissfüllenden Beschichtungen elastische Eigenschaften und können daher bei statischen Rissen, auch →beruhigte Risse ($\Delta w = 0$) genannt, und dynamischen Rissen ($\Delta w > 0$) eingesetzt werden. In der DIN EN 1062-7 „Beschichtungsstoffe und Beschichtungssysteme für mineralische Substrate und Beton im Außenbereich, Teil 7: Bestimmung der rissüberbrückenden Eigenschaften" (2004) sind Anforderungen bzgl. rissüberbrückender Eigenschaften in →Rissklassen angegeben. Zu den rissüberbrückenden Beschichtungen zählen vor allem →Dispersionsfarben und hoch elastische Dispersionsfarben, mit oder ohne Vlieseinbettung, je nachdem, welche →Rissbreite mit dem Beschichtungssystem überbrückt werden muss. Neben der anstrichtechnischen Risssanierung gibt es auch die Möglichkeit, rissüberbrückende Beschichtungen im Rahmen der putztechnischen Risssanierung auszuführen. In den einschlägigen Merkblättern wie dem WTA-Merkblatt 2-4 „Beurteilung und Instandsetzung gerissener Putze an Fassaden" (2014) wird eine →Rissüberbrückung mit Trennlage und Putzträger empfohlen. Dieses Verfahren ist für Einzelrisse mit Rissbreitenänderungen bis 0,1 mm geeignet.

Rissüberbrückung
Die Rissüberbrückung beruht auf dem Prinzip der Entkopplung, so dass Bewegungen aus dem Untergrund aufgenommen und schadensfrei überbrückt werden. Zur Rissüberbrückung sind elastische Anstrichstoffe sowie Dichtstoffe und Fugenbänder geeignet.

Rissüberbrückungsklassen (nach DIN 18533)
Rissüberbrückungsklassen sind Anforderungen, die in der DIN 18533-1 „Abdichtung von

erdberührten Bauteilen – Teil 1: Anforderungen, Planungs- und Ausführungsgrundsätze" (2017) gestellt werden. Diese stehen im Zusammenhang mit den →Risseinwirkungsklassen und definieren die rissüberbrückenden Eigenschaften der Abdichtungsstoffe. Unterschieden werden die Rissüberbrückungsklasse RÜ1-E (gering) bis zu ≤ 0,2 mm, RÜ2-E (mäßig) bis zu 0,5 mm, RÜ3-E (hoch) bis zu ≤ 1,0 mm →Rissüberbrückung bei einem maximalen Rissversatz von 0,5 mm und RÜ4-E (sehr hoch) bis zu 5,0 mm Rissüberbrückung bei einem maximalen Rissversatz von 2,0 mm. Die Abdichtungsstoffe sind in Teil 2 und Teil 3 der DIN 18533 jeweils bestimmten Rissüberbrückungsklassen zugeordnet und korrelieren mit den →Rissklassen. Dies bedeutet, dass ein Bauteil z. B. mit einer Rissklasse R3-E nur mit einem Abdichtungsstoff abgedichtet werden darf, der die Rissüberbrückungsklasse RÜ3-E erfüllt.

Rissüberdeckung
→Rissüberbrückung

Rissufer
Als Rissufer wird die Schnittlinie der Bauteiloberfläche und der Rissflanke bezeichnet.

Rissuferverschiebung
→Rissbreitenänderung

Rissursachen
Risse werden durch lastabhängige Verformungen wie z. B. →Schwinden oder →Kriechen verursacht oder durch lastunabhängige Verformungen wie z. B. durch hygro-thermische Einflüsse. Rissen geht immer ein Bruch voraus, da die der mechanischen Festigkeit des Baustoffs zugrundeliegenden Kohäsions- und/oder Adhäsionskräfte zerstört wurden. Aus einem Mikroriss entwickelt sich unter Einwirkung äußerer und/oder innerer Kräfte ein Makroriss. Risse unterliegen einem spezifischen →Rissmechanismus.

Rissverdämmung
Rissverdämmung ist ein Begriff der Injektionstechnologie und dient dazu, das unkontrollierte Austreten eines Injektionsstoffes zu verhindern. Hierzu wird im Bereich links und rechts der Injektionsebene (Bohrlöcher) ein spezieller Spachtel mit hoher Haftzugfestigkeit aufgetragen. Die Verdämmung muss dem jeweiligen Injektionsdruck standhalten.

Rissverlauf
→Rissfortschritt

Rissverpressung
→Rissinjektion

Rissverschluss
Ein Rissverschluss ist ein Instandsetzungsverfahren im Rahmen der →Einzelrisssanierung. Unterschieden werden der starre Rissverschluss und der Rissverschluss. Bei einem Rissverschluss ist auch nach der Instandsetzung in der Regel noch der ursprüngliche →Rissverlauf zu erkennen, da meist nur der Einzelriss verschlossen wird und keine weitere Überarbeitung der Bauteiloberflächen. Daher sollte dieses optische Ergebnis im Vorfeld mit dem Auftraggeber geklärt werden.

Rissverteilung
Die Rissverteilung ist eine Dokumentation über Art und Anzahl sowie Verlauf verschiedener →Risse über die gesamte Bauteiloberfläche. Neben der räumlichen Verteilung kann auch eine zeitliche Verteilung relevant sein, wenn unterschiedliche Risse zu unterschiedlichen Zeiten entstanden sind und/oder sich ausbreiten. Häufig wird die Rissverteilung in einer →Risskartierung dokumentiert.

Risswachstum
→Rissausbreitung, Rissfortschritt

Risswachstumskurve
Das →Risswachstum eines Baustoffes wird über die gleichnamige Kurve beschrieben. Diese ist in drei Bereiche unterteilt: Im Bereich A wird die niedrige Risswachstumsgeschwindigkeit sowie der Schwellwert, bei dem das Risswachstum gerade beginnt, dargestellt. Im Bereich B wird die konstante Risswachstumsgeschwindigkeit bis zum Ermüdungsrisswachstum und im Bereich C eine hohe Risswachstumsgeschwindigkeit dar-

gestellt, die mit dem →Bruch des Baustoffes endet. In dem Fall ist der kritische Spannungsintensitätsfaktor erreicht.

Risswurzel
Unter einer Risswurzel versteht man den Ursprung einer Rissentstehung. An dieser Stelle haben sich aus unterschiedlichen Gründen →Mikrorisse gebildet und durch innere und/oder äußere Kräfte ausgebreitet, bis →Makrorisse sichtbar wurden.

Risszähigkeit
→Spannungsintensitätsfaktor

Risszähigkeitsversuch
Durch einen Risszähigkeitsversuch lässt sich der Widerstand eines Baustoffes gegen eine →instabile Rissausbreitung ermitteln. Dieser wird über den Spannungsintensitätsfaktor ausgedrückt. Dies ist der Punkt, an dem der instabile →Rissfortschritt einsetzt.

Röntgenanalyse
→Rasterelektronenmikroskopie

Röntgenspektroskopie
→Rasterelektronenmikroskopie

Rot-Weiß-Bauweise
→Radieschen-Bauweise

Rücktritt
Der Rücktritt ist ein Rechtsbegriff und stellt nach § 634 Nr. 3 BGB in Verbindung mit § 323 BGB ein sekundäres Mängelrecht eines Auftraggebers (oder Gläubigers im rechtlichen Sinn) im Rahmen der →Gewährleistung z. B. eines Werkvertrages dar, wenn der Auftragnehmer (oder Schuldner im rechtlichen Sinn) eine fällige Leistung nicht oder nicht vertragsgemäß erbringt oder eine sonstige Pflicht verletzt.

9.19 S

Sachmangel
Nach § 633 BGB liegt ein Sachmangel vor, wenn eine Werkleistung zum Zeitpunkt der →Abnahme (der so genannte Gefahrübergang) nicht die vereinbarte Beschaffenheit aufweist. Man bezeichnet dies als das so genannte Vertragssoll im Werkvertragsrecht. Ein Riss stellt fast immer einen Sachmangel dar, auch wenn von ihm nicht zwangsläufig ein →Schaden ausgehen muss. Ein Sachmangel darf nicht mit einem Rechtsmangel verwechselt oder gleichgestellt werden.

Sachverständiger
Grundsätzlich darf sich Jeder als Sachverständiger (oder synonym Gutachter) bezeichnen, der von einer Sache etwas versteht. Der Begriff ist weder geschützt, noch gibt es eine gesetzliche Definition und auch ein bundesweit geltendes Sachverständigengesetz gibt es in Deutschland nicht. Allerdings muss ein Sachverständiger als Mindestvoraussetzung eine gewisse Sachkunde aufweisen (vgl. § 36 GewO). Aus den gesetzlichen Berufszulassungs- und Berufsausübungsregelungen für öffentlich bestellt und vereidigte Sachverständige kann man ableiten, dass ein Sachverständiger persönlich integer sein und über ein überdurchschnittliches Fachwissen und Expertise sowie Erfahrung auf einem Fachgebiet verfügen soll. Darüber hinaus soll ein Sachverständiger seine Leistung und insbesondere seine Gutachten persönlich und gewissenhaft, objektiv und unparteiisch sowie unabhängig und weisungsfrei erbringen.

Sackrisse
Sackrisse ist ein Begriff für →Putzbedingte Risse. Hierbei handelt es sich um überwiegend horizontal durchhängend verlaufene Risse mit einer Länge von ca. 10 bis 20 cm. Die Rissbreiten sind unterschiedlich und können bis 3 mm betragen. Typisches Erscheinungsbild ist ein Aufklaffen des Risses im Mittelpunkt (v-förmig). Hohlstellen sind im Bereich der unteren Rissflanke möglich. Sackrisse entstehen im noch plastischen Mörtel, wenn der frisch aufgebrachte Mörtel keine oder eine unzureichende Haftung zum Untergrund hat und durch sein Eigengewicht absackt. Mögliche Ursachen für Sackrisse sind eine zu weiche Konsistenz des Putzmörtels und/oder ein zu dicker Putzauftrag in einer Lage, ein zu langes oder intensives Verreiben der Putzober-

fläche, schlechte Haftung des Mörtels auf einem (glatten) Untergrund sowie der Auftrag des Putzmörtels auf ungeeignete oder nicht vorbereitete (nicht tragfähige) Untergründe. Zur Bildung von Sackrissen können auch gefrorene oder stark durchnässte Untergründe (Wasserfilm) sowie nicht fachgerecht aufgebrachte Grundierungen (Glanzstellen/Film auf dem Untergrund) beitragen. Da diese Risse innerhalb der ersten beiden Stunden nach dem Putzauftrag entstehen, können sie relativ einfach saniert werden. In der Regel werden die Flächen kurz nach dem Auftreten der Sackrisse einfach mit einer Kelle, einem Richtscheit oder dgl. scharf abgezogen und der noch plastische Mörtel verrieben oder es wird eine neue Putzauflage dünn aufgebracht und anschließend verrieben.

Salpeter
Salpeter ist der unspezifische Trivialname für →bauschädigende Salze oder einiger →Nitrate. Am geläufigsten ist der so genannte Mauersalpeter (Kalziumnitrat).

Salzkristallisation
Salzkristallisation ist ein unspezifischer Begriff für die Kristallisation von bauschädigenden Salzen. Diese findet entweder auf einer Bauteiloberfläche statt – umgangssprachlich als Ausblühung bezeichnet – oder innerhalb eines Baustoffgefüges. In den Poren eines mineralischen Baustoffes verursachen diese einen →Kristallisationsdruck, da die kristallinen Gebilde durch den Wechsel aus Wasseraufnahme und -abgabe wachsen und durch diese Ausdehnung mit der Zeit an die Innenseite der Porenwände stoßen und einen Druck auf das Porengefüge ausüben. Wenn die Festigkeit des Baustoffes überschritten wird, kommt es zu →Kristallisationsschäden. Durch Salzkristallisation erhöht sich zudem die hygroskopische Feuchte eines Baustoffes.

Salz-Tomogramm
Um den Salzgehalt bzw. den Versalzungsgrad eines dreidimensionalen Bauteils wie z. B. ein Mauerwerk darzustellen, werden repräsentative Messachsen ausgewählt, die senkrecht übereinander liegen. Für ein Mauerwerk lassen sich hinter dieser Messachse Tiefenprofile über den Mauerwerksquerschnitt anlegen. Die Schnittfläche wird als Salz-Tomogramm bezeichnet, wenn jedem Punkt in der Tiefe ein konkreter Salzgehalt zugeordnet wird. Man kann ein Salz-Tomogramm als dreidimensionales Salzprofil eines Bauteils bezeichnen. Die Salzwerte werden durch Bohrkern- oder Bohrmehlentnahme sowie eine anschließende Laboranalyse bestimmt.

Sanierputz
Der Begriff „Sanierputz" ist nicht geschützt und darf für unterschiedliche Putzmörtel, die in der →Sanierung eingesetzt werden, verwendet werden. Allgemein wird unter einem Sanierputz ein Putzsystem verstanden, das sich aus verschiedenen Komponenten zusammensetzt. Hierzu gehören in Abhängigkeit zur Beschaffenheit des Untergrundes (z. B. Unebenheiten, Salzbelastung) ein Spritzbewurf (oder Vorspritzmörtel), ein Porengrundputz, der eigentliche Sanierputz sowie eine Schlussbeschichtung (Putz oder Farbe), die auf die hohe Wasserdampfdiffusionsfähigkeit des Putzsystems abgestimmt ist. Der Sanierputz wurde speziell zur Sanierung von feuchte- und/oder salzgeschädigten Mauerwerken entwickelt. Hierfür bringt der Sanierputz vier wesentliche Eigenschaften mit: eine geringe →kapillare Wasseraufnahme, die zudem gesteuert wird, eine sehr hohe Wasserdampfdiffusion, eine spezielle Porengeometrie und -verteilung sowie einzigartige Porenhydrophobie. Durch diese Kombination werden gelöste Salze, die in den Putzquerschnitt einwandern, im Porengefüge eingelagert, damit die Putzoberflächen möglichst lange schadensfrei bleiben. Die Haltbarkeit eines Sanierputzes – bis zur Sättigung der Poren mit Salzen – kann über die Schichtdicke gesteuert werden.

Sanierung
Die Sanierung ist ein Teilgebiet der Bauwerksinstandsetzung, auch als →Bauen im Bestand bezeichnet. Im Gegensatz zur →Renovierung oder →Modernisierung geht es in der Sanierung ausschließlich um das Beseitigen von Bauschäden. Hierzu gehören z. B. →Risse in Gebäuden,

Abplatzungen sowie Feuchte- und/oder Salzschäden. Eine einfache Formel der Sanierung ist: Schäden beseitigen.

Schachtelprinzip
Das Schachtelprinzip (auch als Boxprinzip bezeichnet) ist ein Begriff aus der DIN 18202 „Toleranzen im Hochbau – Bauwerke" (2019). Demnach müssen sich alle Punkte, die auf einer Bauteiloberfläche liegen, innerhalb eines Hüllkörpers befinden, der durch die Nennmaße einschließlich der zulässigen Abweichungen in jeder Richtung definiert ist.

Schaden
Schaden ist ein sehr vieldeutiger Begriff und kann unter technischen, wirtschaftlichen, steuerlichen, rechtlichen und auch gesundheitlichen Gesichtspunkten (Sachschaden oder Personenschaden) definiert werden. Schäden durch höhere Gewalt wie Naturkatastrophen werden als Elementarschaden bezeichnet. Im Kontext von Rissen in Gebäuden spricht man eher von einem Bauschaden und versteht darunter in der Regel die Abweichung von technischen Eigenschaften im Sinne von Soll-Vorgaben, wenn sich dadurch der Zustand und die Funktionalität eines Bauteils und/oder Baustoffes verschlechtern bzw. diese ihre Fähigkeit verlieren, die ihnen zugeordneten Aufgaben zu erfüllen und die Nutzung des Gebäudes oder Teile davon eingeschränkt ist (Defekt). Beispiele sind z. B. Gründungsschäden, Risse, Abplatzungen, Korrosion, Salz- und/oder Feuchteschäden sowie Hausschwamm und dgl. Je nach Zeitpunkt und Ursache, wann und wodurch ein Bauschaden eintritt sowie den vertraglichen Vereinbarungen, handelt es sich entweder um einen →Mangel (z. B. vor der →Abnahme) oder löst Schadensersatzansprüche aus (innerhalb der →Gewährleistung) oder kann im Materialverschleiß begründet sein. Schäden können durch äußere Einflüsse aktiv oder durch fehlende Bauwerksunterhaltung ausgelöst werden. Eine Besonderheit stellt der Schaden aus einem merkantilen Minderwert dar. Begriffe wie Schädigung und Beschädigung stehen hierbei synonym für den Schaden.

Schadensersatz
Der Schadensersatz ist ein Rechtsbegriff und stellt nach § 634 Nr. 4 BGB in Verbindung mit § 281 BGB ein sekundäres Mängelrecht eines Auftraggebers (oder Gläubigers im rechtlichen Sinn) im Rahmen der →Gewährleistung z. B. eines Werkvertrages dar.

Schadensforensik
→Bauforensik

Schadensmechanismus
Schadensmechanismen an Bauteilen und/oder Baustoffen können in sechs große Kategorien unterteilt werden. Neben treibenden Angriffen (z. B. durch Frostschäden, Salzschäden in Folge von Hydratation und Kristallisation, Bindemittelumwandlung) und lösenden Angriffen (z. B. durch Auflösung oder Umwandlung der Bindemittel- und Zuschlagsstoffe durch den Einfluss saurer Schadstoffe) gehören hierzu Schäden durch Quell- und Schwindvorgänge (z. B. hygrische und/oder thermische Einwirkungen), Schäden durch hygroskopische Effekte sowie mikrobiologische Schäden (z. B. durch Pilze, Bakterien) und äußere Einwirkungen wie z. B. lastbedingte Verformungen. Die Ursachen können in drei Kategorien unterschieden werden: physikalische, chemische und biologische Einflüsse.

Schalenrisse
Schalenrisse ist ein unspezifischer Trivialname für →Risse in äußeren Schichten (auch als Schalen bezeichnet) wie z. B. →Putzbedingte Risse.

Schaummörtel
Schaummörtel entstehen durch das Untermischen von Luft in Form von Schaumbildner oder Luftporenbildnern. Voraussetzung hierfür sind grenzflächenaktive Substanzen (z. B. Tenside), wobei mit Schaumbildnern gröbere →Poren erzeugt werden können als mit Luftporenbildnern. Der hohe Porenanteil führt dazu, dass Schaummörtel eine geringe Dichte haben, einen sehr günstigen E-Modul aufweisen, wenig Feuchtigkeit in das Bauwerk eintragen und über ein hohes Wasserrückhaltevermögen verfügen. Einige Schaummörtel sind in der Lage, →bauschädigende Salze

in ihrem Porenvolumen einzulagern. Aufgrund seiner Porenstruktur ist ein Schaummörtel wasserdampfdiffusionsoffen und frostbeständig. Schaummörtel werden vor allem bei der Instandsetzung von historischen Mauerwerken eingesetzt, insbesondere zur Hohlraumverfüllung in klüftigen, hohlräumigen und/oder mehrschaligen Mauerwerken. Hierbei dienen die Mörtel der Erhöhung der Stabilität von aufgehendem Mauerwerk oder der Wiederherstellung der Tragfähigkeit von Fundamenten. Modifizierte Rezepturen können auch als Injektionsschaummörtel bei der →Vernadelung oder Verankerung von Mauerwerken eingesetzt werden, die im Niederdruckverfahren ausgeführt werden.

Scheinfuge
Sollbruchstellen

Scherbruch
Bei einem Scherbruch bewegen sich die Bruchflächen eines Bauteils und/oder Baustoffs relativ parallel zueinander. Die Bewegung findet entweder entlang oder senkrecht zur Bruchebene statt.

Scherfestigkeit
Scherfestigkeit (oder Schubfestigkeit) definiert den Widerstand (→Haftscherfestigkeit), den Baustoffe den tangentialen Scherkräften entgegenwirken. Diese gibt die maximale Schubspannung an, mit der Baustoffe vor dem Abscheren belastet werden können, dies bedeutet die auf eine Bruchfläche bezogene Tangentialkraft. Die Scherfestigkeit wird als Kraft pro Fläche in N/mm^2 oder MN/m^2 angegeben und in einem standardisierten Messverfahren, dem →Scherversuch, ermittelt.

Schermodul
→Schubmodul

Scherspannung
Die Scherspannung (oder Schubspannung) beschreibt die Scher- oder Schubkräfte, die an einer Fläche eine Scherbewegung (Verschiebung) bewirken. Dies bedeutet eine Trennung durch tangentiale Scherkräfte, die zwei aneinander liegende Flächen längs zu verschieben suchen. Dabei wirken zwei äußere Kräfte senkrecht (quer) zur Längsachse eines Bauteils. Die Scherkraft ist abhängig von der →Scherfestigkeit des Baustoffs und der Scherfläche, die Scherspannung ist abhängig von der Scherkraft und der Scherfläche. Beim Abscheren wird ein Baustoff mehrfach belastet, so dass gleichzeitig Zug-, Druck- und Biegespannung auftreten können.

Scherungsrisse
Scherungsrisse treten auf, wenn Baustoffe einer Scher- oder Schubspannung ausgesetzt sind. Diese treten in der Regel diagonal zur Lasteinwirkung auf. Scherungsrisse treten an besonders belasteten Auflagepunkten wie z. B. Stützen und Unterzüge auf.

Scherversuch
Der Scherversuch ist ein standardisiertes Messverfahren, mit dem die →Scherfestigkeit von Baustoffen ermittelt werden kann. Hierzu wird ein kreiszylindrischer Probestab in eine U-förmige Schervorrichtung eingelegt und mit einem genau in die Aussparung passenden Scherstempel senkrecht zur Längsachse so lange belastet, bis er abschert.

Schichtdickenmessung
Mit der Schichtdickenmessung wird die Schichtdicke von Bau- und Beschichtungsstoffen auf Bauteilen bestimmt. Derartige Untersuchungen können mittlerweile mit einem elektronischen Schichtdickenmessgerät durchgeführt werden, bei der die Schichtdicke zerstörungsfrei mittels Ultraschall gemessen wird (Reflexion der hochfrequenten Schallimpulse in Abhängigkeit von der Dichte). Alternativ kann die Schichtdicke auch mittels Laboranalysen ermittelt werden. Diese bieten zusätzlich den Vorteil, nicht nur die Schichtdicke, sondern auch den Schichtaufbau und/oder die Zusammensetzung der einzelnen Schichten mittels IR-Spektrum bestimmen zu können.

Schlagpacker
Schlagpacker sind →Injektionspacker aus Hartkunststoff, die in Bohrlöcher von Bauteilen eingeschlagen werden, um anschließend Injektionsstoffe oder →Rissfüllstoffe in das Bauteil

mittels Druck zu injizieren (verpressen). Die Verankerung in den Bohrlöchern oder Rissen erfolgt über die ringförmig angeordneten Lamellen. Die empfohlene Bohrlochgröße entspricht dem Durchmesser des Packers. Schlagpacker sind nur für den einmaligen Gebrauch vorgesehen.

Schlagregen
Ein Schlagregen ergibt sich aus der gleichzeitigen Einwirkung von Regen und Wind.

Schlagregenbeanspruchung
In der DIN 4108-3 „Wärmeschutz und Energieeinsparung in Gebäuden – Teil 3: Klimabedingter Feuchteschutz – Anforderungen, Berechnungsverfahren und Hinweise für Planung und Ausführung" (2018) wurden für die Beanspruchung durch →Schlagregen unterschiedliche Beanspruchungsgruppen abgeleitet. Die Beanspruchungsgruppe I gilt für eine geringe Schlagregenbeanspruchung in Regionen mit einer Niederschlagsmenge < 600 mm pro Jahr und in besonders windgeschützten Lagen. Die Beanspruchungsgruppe II gilt für eine mittlere Schlagregenbeanspruchung in Regionen mit einer Niederschlagsmenge von 600 bis 800 mm pro Jahr und windgeschützten Lagen in Regionen mit größeren Niederschlagsmengen und für Hochhäuser in exponierter Lage in Regionen mit wenig Niederschlag. Die Beanspruchungsgruppe III gilt für eine starke Schlagregenbeanspruchung in Regionen mit einer Niederschlagsmenge > 800 mm pro Jahr sowie für windreiche Regionen auch mit geringeren Niederschlagsmengen und Hochhäuser in exponierter Lage in Regionen mit mittlerer Schlagregenbeanspruchung. Hierbei gilt, dass lokale Abweichungen möglich und im Einzelfall zu berücksichtigen sind. Außerdem steigt die Beanspruchung durch Schlagregen überproportional mit zunehmender Gebäudehöhe. So kann diese z. B. in 15 m Höhe bis zu 20-mal höher sein als in 2 m Höhe.

Schlauchinjektion
Eine Schlauchinjektion ist ein spezielles Injektionsverfahren, bei dem ein →Injektionsstoff über eine →Druckinjektion in mit Öffnungen versehene Schläuche in oder zwischen Bauteile gebracht wird. Schlauchinjektionen werden z. B. zur Abdichtung von Arbeitsfugen z. B. bei wasserundurchlässigen Betonbauteilen eingesetzt.

Schleierinjektion
Eine Schleierinjektion ist ein spezielles Abdichtungsverfahren bei der nachträglichen →Bauwerksabdichtung erdberührter Bauteile. Im Gegensatz zur →Vergelung, bei der die abdichtende Injektion innerhalb der Baukonstruktion stattfindet, werden die Injektionsstoffe bei der Schleierabdichtung durch die Baukonstruktion hindurch an die Außenseite des erdberührten Bauteils gebracht. Durch den →Injektionsdruck verteilt sich der Injektionsstoff wie ein Schleier zwischen dem Bauteil und anstehendem Erdreich bzw. im Porengefüge des anstehenden Bodens. Da bei Schleierinjektionen vorwiegend Polyurethan- oder Acrylatgele als Injektionsstoff eingesetzt werden, bezeichnet man dieses Verfahren auch als Gelschleierinjektion. Planung und Überwachung der Ausführung durch einen Fachbetrieb für Abdichtung sind Aufgabe eines Fachplaners. Er legt die Ausführung (z. B. Durchmesser, Winkel) und Anordnung (z. B. Abstände) der Bohrlöcher fest, wählt den geeigneten Injektionsstoff sowie die erforderlichen →Injektionspacker und das Zubehör aus und bestimmt die notwendigen Parameter (Anmerkung: Injektionen ins Erdreich können anzeigepflichtig, ggf. sogar genehmigungspflichtig sein).

Schrägriss
Schrägrisse treten bei der so genannten →„Radieschen-Bauweise" auf. Bei dieser auch als „Rot-Weiß-Bauweise" bezeichneten Konstruktion können sich die Innenwände gegenüber den Außenwänden verkürzen, da für die porosierten Leichthochlochziegel ein Schwindwert gegen Null angesetzt werden kann und beim Kalksandsteinmauerwerk mit Schwindwerten von 0,2 bis 0,3 mm/m bei Vollsteinen und 0,1 bis 0,2 mm/m bei Lochsteinen gerechnet werden muss. Infolgedessen kommt es zu unterschiedlichen Schubrissbildungen, die sich als Schrägrisse in der Innenwand zeigen. Diese beginnen am unteren Rand der Außenwand und steigen nach innen an.

Außerdem können sich auch Außenwandbauteile gegenüber der Innenwand verkürzen. In diesen Fällen verlaufen die Risse horizontal in der Außenwand, meistens in den Lagerfugen.

Schraubpacker
Schraubpacker sind →Injektionspacker aus Edelstahl, die in Bohrlöcher von Bauteilen eingeschraubt werden, um anschließend Injektionsstoffe oder →Rissfüllstoffe in das Bauteil mittels Druck zu injizieren (verpressen). Die Verankerung bzw. Verspannung in den Bohrlöchern oder Rissen erfolgt über verformbare Gummimanschetten. Schraubpacker sind nur für den mehrmaligen Gebrauch vorgesehen.

Schrumpfen
Unter dem Schrumpfen versteht man die Verkleinerung (zusammenziehen) eines Baustoffes bei konstantem Volumen. Dagegen spricht man von →Schwinden (oder auch →Kontraktion), wenn sich das Volumen beim Schrumpfen ändert.

Schrumpfrisse
Schrumpfrisse sind →Putzbedingte Risse. Hierbei handelt es sich um →Schwindrisse im frühen Zustand, die sich durch ein netzartiges Erscheinungsbild mit einem Knotenabstand von etwa 20 cm und Rissbreiten von 0,1 bis 0,5 mm darstellen. Schrumpfrisse reichen nur in den seltensten Fällen bis zum Untergrund. Diese entstehen relativ früh, in der Regel 1 bis 2 h nach dem Aufbringen eines Putzmörtels. Ein Ablösen der →Rissflanken vom Untergrund ist möglich. Ursachen können ein zu feiner gleichkörniger Zuschlagstoff in der letzten →Putzlage, ein zu schneller Entzug des Anmachwassers, ein zu langes oder starkes Verreiben der Putzoberfläche sowie ein zu hoher Bindemittelanteil an der Oberfläche sein.

Schubfestigkeit
→Scherfestigkeit

Schubmodul
Der Schubmodul, auch Scher- oder Torsionsmodul bezeichnet, ist eine Materialkonstante und wird zur Berechnung der Scherbeanspruchung herangezogen. Diese gibt Auskunft über die linear-elastische Verformung eines Bauteils, z. B. wenn auf den oberen Bereich einer unter Last stehenden Wand eine horizontal wirkende Kraft (Scherkraft) wirkt. Im Ergebnis dieser Krafteinwirkung entsteht eine horizontale Verformung (Schubspannung). Bekanntes Beispiel für diesen Vorgang sind z. B. Deckenschubrisse. Die Einheit für den Schubmodul ist N/mm^2.

Schubrisse
Unter Einwirkung von Scherkräften, die zusätzlich zur Biegebelastung auftreten, werden Beanspruchungen durch Schubspannungen erzeugt. Übersteigt diese Belastung die Schubfestigkeit von Bauteilen und/oder Baustoffen, kommt es zu Schubrissen.

Schubsteifigkeit
Bei der Beanspruchung durch Scher- oder Schubkräfte treten in einem Bauteil spezifische Spannungsverteilungen auf. Die Schubsteifigkeit, auch als →Scherfestigkeit bezeichnet, beschreibt den Widerstand, der diesen Kräften entgegenwirkt. Diese setzt sich zusammen aus dem →Schubmodul und der wirksamen Querschnittsfläche. Die Maßeinheit der Schubsteifigkeit wird in Newton angegeben.

Schwerer Korrosionsschutz
Unter einem schweren Korrosionsschutz werden konstruktive und chemische Maßnahmen zum Schutz von Metallen und zementgebundenen Baustoffen gegenüber stark korrosiv wirkenden Chemikalien verstanden. Die Auswahl der erforderlichen Schutzmaßnahmen sind abhängig von der den Baustoff angreifenden Flüssigkeit. Maßnahmen des schweren Korrosionsschutzes sind vor allem im Bereich der Abwasseranlagen sowie in bestimmten Industrieanlagen erforderlich.

Schwinddehnung
Schwinddehnung besteht lt. DIN 1045-1 „Tragwerke aus Beton, Stahlbeton und Spannbeton – Teil 1: Planung, Bemessung und Konstruktion" (2023) aus der Schrumpfdehnung beim chemischen Schwinden und der Trocknungsschwind-

dehnung und kann zu Schwindrissen im Beton- und Stahlbetonbauteilen führen. Wenn die Verformungen in den Betonbauteilen behindert werden, treten Zugspannungen auf und, sobald die Bauteilfestigkeit überschritten wurde, Risse.

Schwinden
Unter dem Schwinden (auch als Kontraktion bezeichnet) versteht man die Verkleinerung (zusammenziehen) eines Baustoffes, wenn sich das Volumen verändert. Dagegen spricht man von →Schrumpfen, wenn das Volumen bei diesem Prozess konstant bleibt. Das Schwinden kann durch Trocknung, Abkühlung oder durch chemische bzw. physikalische Reaktion im Baustoff verursacht werden. Schwinden ist eine lastunabhängige Formänderung. Der Vorgang durch Trocknung ist in der Regel ein reversibler Vorgang. Dies bedeutet, dass der Baustoff auch →quellen kann. In Abhängigkeit der Baustoffstruktur kann das Schwinden auch anisotrop stattfinden, also in verschiedenen Richtungen unterschiedlich groß sein. Dies verursacht in der Regel Spannungen, so dass →Schwindrisse entstehen können, wenn die im Baustoff entstehenden Zugspannungen dessen Zugfestigkeit übersteigen. Bei zementgebundenen Baustoffen ist auch der Begriff des Früh- oder Trocknungsschwindens gebräuchlich, da der Vorgang des Schwindens in der plastischen Phase sofort nach der Wasserzugabe einsetzt und vom →Wasser-Zement-Wert sowie der Art und Dauer der →Nachbehandlung abhängig ist.

Schwindfuge
Sollbruchstellen

Schwindmaß
Das Schwindmaß (wie auch das →Quellmaß) ist ein Kennwert für die Volumenveränderung von Baustoffen, die durch deren hygroskopischen Eigenschaften verursacht werden. Das Schwindmaß erfasst hierbei die Veränderung durch die Reduzierung der enthaltenen Feuchtigkeit, allgemein als Schwinden bezeichnet, und wird in mm pro m angegeben. Im Gegensatz zur →Kriechzahl beschreibt das Schwindmaß die natürliche Austrocknung, ohne dass gleichzeitig eine Last einwirken muss.

Schwindrisse
Schwindrisse sind →Putzbedingte Risse. Hierbei handelt es sich um →Risse mit einem netzartigen Erscheinungsbild, die in der Regel einfach verzweigt sind und eine Y-Form haben. Deshalb werden diese Risse häufig auch als Y-Risse oder Krakelee-Risse bezeichnet. Diese Y-Form resultiert daraus, dass sich unter →Spannung stehende Flächen durch einen sechseckigen Bruchverlauf entspannen. In der Regel kommt es nicht zu einer geschlossenen sechseckigen Netzrissbildung, da bereits der Y-förmige Riss soweit Entspannung bringt, dass sich der Riss nicht weiter fortsetzt. Schwindrisse reichen in der Regel bis zum Untergrund. Diese entstehen überwiegend im Zeitraum von 1 bis 2 Monaten nach Abschluss der Putzarbeiten. Im Bereich der Rissflanken kann sich der Putz vom Untergrund ablösen. Der Knotenabstand ist größer als bei Schrumpfrissen. Ursachen sind zu große Unterschiede in der Festigkeit der verschiedenen Putzschichten und/oder zu hohe Schichtdicken der Putzschichten. Schwindrisse können entstehen, wenn das Putzsystem eine höhere Festigkeit aufweist als der Untergrund (zu hohe Dehnsteifigkeit der Putzschicht). Bei Schwindrissen handelt es sich meist um →beruhigte Risse, die mit einfachen Methoden instandgesetzt werden können.

Schwindspannung
Schwindspannungen entstehen an der Oberfläche von Bauteilen und/oder Baustoffen in Folge des Schwindens und können zu Schwindrissen führen.

Schwindverkürzung
Schwindverkürzung ist ein unspezifischer Begriff für die Volumenreduzierung von Bauteilen und/oder Baustoffen in Folge des Schwindens.

sd-Wert
wasserdampfdiffusionsäquivalente Luftschichtdicke

Sekundärrisse
Unter Sekundärrissen werden →Risse verstanden, die im Gegensatz zu Primärrissen keine unmittelbaren Auswirkungen auf die Funktionalität eines Bauteils und/oder Baustoffs haben. In der Regel handelt es sich bei diesen Rissen nur um →optische Mängel.

Selbstheilender Beton
Als selbstheilender Beton werden verschiedene Ansätze bezeichnet, bei denen sich offenporige und/oder gerissene Betonbauteile durch mechanische, physikalische oder chemische Prozesse selbst reparieren. Die bekanntesten Beispiele sind eine Quellung des Zementsteins durch Wasserkontakt, durch die eine Neubildung von Kalzit-Kristallen durch die Reaktion von freiem Kalziumhydroxid mit Kohlendioxid bewirkt wird sowie mit Hilfe spezieller Bakterien. Ein positiver Nebeneffekt des „bakteriellen Betons" ist, dass diese Bakterien Sauerstoff verbrauchen, wodurch die Korrosion von Stahlbeton in den Bauteilquerschnitt verhindert wird.

Selbstvornahme
Die Selbstvornahme ist ein Rechtsbegriff und stellt nach § 637 Abs. 1 BGB ein sekundäres Mängelrecht eines Auftraggebers (oder Gläubigers im rechtlichen Sinn) im Rahmen der →Gewährleistung z. B. eines Werkvertrages dar.

Setz-Dehnungsmesser
Ein Setz-Dehnungsmesser wird im Rahmen der Riss-Diagnostik eingesetzt und dient der Beurteilung von Rissen. Im Gegensatz zum →Rissbreitenmesser oder Risslupen weisen Setz-Dehnungsmesser eine Messgenauigkeit von 0,01 mm auf. Der Dehnungsmesser besteht aus einer festen und einer beweglichen Achse, die durch einen Winkelhebel mit einer hochsensiblen Messuhr verbunden ist. Diese misst den Abstand, der durch zwei Markierungen definiert ist. Der Dehnungsmesser wird zunächst mit der beweglichen Achse auf eine der beiden Markierungen aufgesetzt und dann auf die andere „gekippt". Der nun über den Winkelhebel von der Uhr gemessene Winkel wird auf einer skalierten Anzeige als Strecke dargestellt und kann dort abgelesen werden.

Setzrisse/Setzungsriss
Setzrisse (oder auch Setzungsrisse) ist ein umgangssprachlicher und fachlich unspezifischer Trivialname für →baugrundbedingte Risse. Diese entstehen durch ungleichmäßige Setzungen und Umlagerungen im Baugrund.

Setzung
Als Setzung wird eine langsame Absenkung eines Bauwerkes bezeichnet. Die Ursachen hierfür liegen meistens darin, dass sich der Baugrund unter einem neu errichteten Gebäude durch die Last des Bauwerkes verdichtet. Solange die Setzung gleichmäßig stattfindet, treten in der Regel keine Setzungsschäden z. B. durch →baugrundbedingte Risse auf. Finden die Setzungen dagegen ungleichmäßig statt, sind Bauschäden in der Regel unausweichlich. Setzungen treten häufig in Bergbaugebieten, bei Grundwasserabsenkungen, bei anhaltenden starken Bodenerschütterungen z. B. durch Schwerlastverkehr und bei unsachgemäßen Erdbauarbeiten auf dem Nachbargrundstück auf.

Setzungsfugen
Als Setzungsfugen bezeichnet man senkrecht durch ein Gebäude verlaufende, planmäßig angelegte →Bewegungsfugen, durch die Zwangsspannungen, die aus der vertikalen →Verformung zwischen Gebäudeteilen bestehen und →Risse verursachen können, vermieden oder wenigstens reduziert werden. Setzungsfugen müssen auch durch die Fundamente hindurchgehen, damit sich die setzungsbedingten Verformungen zwangsfrei einstellen können.

Setzungsschaden
Als Setzungsschäden werden Bauschäden an Gebäuden bezeichnet, die durch Setzungen verursacht werden. Diese können Spannungen und infolgedessen zu Rissen in Bauteilen führen. Meistens handelt es sich um →Baugrundbedingte Risse oder →Konstruktivbedingte Risse.

Shore-Härte

Die Härte beschreibt den Widerstand eines weichen Baustoffes wie z. B. →Elastomere gegen das Eindringen eines anderen härteren Baustoffes. Für die Prüfung dieses Widerstandes wird das Prüfverfahren nach *Albert L. Shore* angewendet. Hierbei wird ein federbelasteter gehärteter Stahlstift mit einer definierten Form und mit einer definierten Kraft in den zu prüfenden Baustoff gedrückt und der Kennwert von der Messskala abgelesen. Die Shore-Härteskala basiert auf der Eindringtiefe von maximal 2,5 mm und reicht von Null (maximale Eindringtiefe 2,5 mm = kein Widerstand) bis zum Wert 100 (0 mm Eindringtiefe = höchster Widerstand) bei einer Referenztemperatur von 23 °C. Je geringer der Wert, desto geringer die Härte.

Sicherheitsdatenblatt

Das Sicherheitsdatenblatt (SDB) eines Baustoffes hat in der Produktdeklaration mit den höchsten Stellenwert, denn es beinhaltet sicherheitsbezogene Informationen über die Zusammensetzung von sowie den Umgang mit Stoffen, Gemischen und Substanzen, um die für den Arbeits-, Gesundheits- und Umweltschutz erforderlichen Maßnahmen treffen zu können. Der Inhalt eines Sicherheitsdatenblattes ist im Anhang II der →REACH-Verordnung detailliert geregelt.

Sickerwasser

→nichtstauendes Sickerwasser

Silane

Silane sind eine Gruppe chemischer Verbindungen, die aus einem Grundgerüst aus Silizium und Wasserstoff bestehen. Daher werden Silane auch als Siliziumwasserstoffe bezeichnet. Als Silane bezeichnet man auch deren Substitutionsprodukte, in denen ein oder mehrere Wasserstoffatome durch organische Gruppen (siliziumorganische Verbindungen) oder Halogene (Trichlorsilan) ersetzt werden. Diese Organosilane sind hybride Verbindungen, mit denen eine molekulare Brücke zwischen organischen und anorganischen Baustoffen gebildet werden kann. Auf alkalischen Baustoffoberflächen reagieren Silane zu einer hydrophoben Schicht. Hierbei spielt die Hydrolyse (Reaktion mit Wasser) eine entscheidende Rolle, bei der sich die Moleküle der Silane chemisch mit der mineralischen Oberfläche verbinden. Die Hydrophobierung wird im Vergleich zu Siloxanen aufgrund der Molekülgröße der Silane nicht nur auf der Baustoffoberfläche ausgebildet, sondern auch in den oberflächennahen Poren. Silane sind trotz ihrer hohen Wasserabweisung wasserdampfdiffusionsoffen.

Aus dem Bereich der Nanotechnologie stammen auch die winzig kleinen Silane. Silane haben eine so geringe Molekülgröße, dass sie durch jede noch so kleine Öffnung passen und somit tief in den Untergrund penetrieren können.

Siliconharzfarbe

Eine Siliconharzfarbe, auch als Siloxanfarbe bezeichnet, ist ein Anstrichstoff und besteht aus einer Kunststoffdispersion (in der Regel Styrol- oder Reinacrylate), einer unterschiedlichen Menge an Siliconharz, Wasser, Zusatz- und Füllstoffe sowie Additiven und Farbpigmenten. Siliconharzfarben sind bisher in keiner Norm geregelt, was u. a. dazu führt, dass es große Unterschiede in Bezug auf die Zusammensetzung sowie bauphysikalischen Eigenschaften gibt. Siliconharzfarben haben eine hohe Wasserabweisung und aufgrund einer mikroporösen Struktur ein hohes Wasserdampfdiffusionsvermögen sowie eine gute CO_2-Durchlässigkeit. Diese Kombination ist idealtypisch für eine Fassadenbeschichtung, auch auf kalkhaltigen Untergründen im Altbau. Aufgrund ihrer siliziumartigen Struktur haben Siliconharzfarben eine hohe Affinität zu mineralischen Untergründen und eine sehr gute Untergrundhaftung. Die meisten Siliconharzfarben sind pH-neutral und nicht filmbildend, je nachdem wie hoch der Anteil der Polymerdispersion ist. Aufgrund ihrer Quarzgitterstruktur haben Siliconharzfarben einen starren Bindemittelfilm, so dass diese keine elastischen und somit keine rissüberbrückenden Eigenschaften aufweisen. Im Rahmen der anstrichtechnischen Risssanierung sind Siliconharzfarben daher eher als rissfüllende Beschichtung geeignet. Die Trocknung und Filmbildung findet ausschließlich physikalisch statt (→Koaleszenz).

Siliconharzputz
Ein Siliconharzputz, auch als Siloxanputz bezeichnet, ist ein organisch gebundener Oberputz und besteht aus einer Polymerdispersion, einer unterschiedlichen Menge an Siliconharz, Wasser, Zusatz- und Zuschlagsstoffen sowie Additiven und Farbpigmenten. Siliconharzputze sind in der DIN EN 15824 „Festlegungen für Außen- und Innenputze mit organischen Bindemitteln" (2017) geregelt. Siliconharzputze haben eine hohe Wasserabweisung und aufgrund einer mikroporösen Struktur ein hohes Wasserdampfdiffusionsvermögen sowie eine gute CO_2-Durchlässigkeit. Diese Kombination ist idealtypisch für eine Fassadenbeschichtung. Aufgrund ihrer siliziumartigen Struktur haben Siliconharzputze eine hohe Affinität zu mineralischen Untergründen und eine gute Untergrundhaftung. Siliconharzputze sind in der Regel leicht alkalisch und filmbildend. Dies unterscheidet sie von Siliconharzfarben. Aufgrund der Quarzgitterstruktur sind Siliconharzputze weniger elastisch als Kunstharzputze, so dass diese keine elastischen und keine rissüberbrückenden Eigenschaften aufweisen. Im Rahmen der putztechnischen Risssanierung sind sie daher nur zur Überarbeitung von beruhigten Rissen geeignet. Siliconharzputze härten nicht durch chemische Reaktion, sondern durch physikalische Trocknung.

Silikatfarbe
→Dispersions-Silikatfarbe

Silikatmörtel
Silikatmörtel sind anorganische, zementfreie Mörtel auf Basis von Wasserglas. Anders als bei zementgebundenen Mörteln bildet sich in der erhärteten Bindemittelmatrix ein amorphes Silikat-Gel ($SiO_2 \cdot nH_2O$). Chemisch betrachtet handelt es sich um Siliziumdioxid mit einem variablen Anteil an Kristallwasser. Silikatmörtel sind im Gegensatz zu zementgebundenen Mörteln gegen alle anorganischen und organischen Säuren, außer Flusssäure, beständig und werden vor allem im schweren Korrosionsschutz für Bereiche mit hoher Konzentration an Schwefelwasserstoff, abwassertechnischen Anlagen und industrielle Bereiche mit einem pH-Wert < 4 eingesetzt. Gegen Laugen sind Silikatmörtel dagegen nur eingeschränkt beständig. Die zweikomponentigen Mörtel bestehen aus einer modifizierten, hochalkalischen Silikatlösung (Flüssigkomponente) sowie Additiven und latent hydraulischen und/oder kristallinen Zuschlagsstoffen (Pulverkomponente). Die Druckfestigkeit liegt bei 60 N/mm^2 und die Biegezugfestigkeit bei 12 bis 15 N/mm^2 (28 Tage).

Silikatputz
Ein Silikatputz, genau genommen ein Dispersions-Silikatputz, ist ein organisch gebundener Oberputz nach DIN EN 15824 „Festlegungen für Außen- und Innenputze mit organischen Bindemitteln" (2017), obwohl dieser aufgrund seiner anorganischen Zusammensetzung häufig den mineralischen Oberputzen zugeordnet wird. Der Silikatputz besteht aus dem Bindemittel Kaliumsilikat (Wasserglas), maximal 5 % Polymerdispersion, Wasser, Zusatz- und Zuschlagsstoffe sowie Additive und Farbpigmente. Aufgrund der offenporigen Struktur weisen Silikatputze eine sehr hohe Wasserdampfdiffusionsfähigkeit auf. Ein weiterer Vorteil ist die hohe Alkalität, durch die das Wachstum von Algen und Pilze auf natürliche Weise ohne die Zugabe von bioziden Wirkstoffen verhindert wird. Nachteilig ist vor allem die höhere Wasseraufnahme z. B. im Vergleich zu Kunstharz- oder Siliconharzputze und die Gefahr von →Ausblühungen. Außerdem können Silikatputze nur mit mineralischen Pigmenten eingetönt werden, was die Farbtonauswahl einschränkt. Eine Besonderheit von Silikatputzen ist die Verkieselung. Hierbei reagiert das Kaliwasserglas mit dem mineralischen Untergrund und „verkrallt" oder „verkieselt" sich mit diesem, wodurch eine außergewöhnlich gute Haftung zum Untergrund entsteht. Im Gegenzug bedeutet dies, dass Silikatputze einen relativ starren, festen Bindemittelfilm aufbauen, so dass sie für die →putztechnische Risssanierung nur geeignet sind, wenn keine rissüberbrückenden Eigenschaften gefordert sind. Silikatputze kommen daher nur zum Einsatz bei

beruhigten Rissen, die verschlämmt werden sollen und eine gute Wasserdampfdiffusion erforderlich ist z. B. auf Kalkputzen im Rahmen der Denkmalpflege. Silikatputze härten durch chemische Reaktion mit dem Kohlendioxid der Luft und durch physikalische Trocknung.

Silicone
Oligomere oder polymere Organo-Siloxane werden als Silicone bezeichnet.

Siliconmikroemulsion
Bei einer Siliconmikroemulsion besteht die disperse Phase aus monomeren und oligomeren Siliziumverbindungen (→Silane und →Siloxane) sowie Emulgatoren. Die Teilchengröße dieser Mikroemulsionen liegt mit 10^{-9} bis 10^{-10} m um einige Zehnerpotenzen unter denen üblicher Emulsionen. Daher sind Siliconmikroemulsionen besonders gut geeignet für Baustoffe, bei denen eine gute Eindringtiefe benötigt wird wie z. B. Grundierungen, Hydrophobierungen oder auch Injektionsstoffe. Bei der physikalischen Trocknung kondensieren diese unter Abspaltung von Alkohol zu einem nicht mehr reemulgierbaren Polysiloxan. Alkalität beschleunigt die Vernetzungsreaktion. Die chemische Struktur befähigt sie zum einen, eine chemische Verbindung mit mineralischen Untergründen einzugehen und zum anderen eine Hydrophobie an der Bauteiloberfläche und in den oberflächennahen Poren aufzubauen, ohne jedoch die Wasserdampfdiffusionsfähigkeit des Baustoffes zu beeinträchtigen.

Siliconöle
Siliconöle sind die flüssige Variante von Siloxanen und werden u. a. in Siliconharzfarben eingesetzt.

Siloxane
Siloxane sind chemische Verbindungen für in organischen Lösungsmitteln lösliche polymere Siliziumsauerstoffverbindungen. Im Gegensatz zu den Silanen sind die Siliziumatome nicht untereinander verknüpft, sondern durch genau ein Sauerstoffatom mit ihrem benachbarten Siliziumatom. Je nach Zusammensetzung sind diese zähflüssig oder dauerelastisch. Siloxane werden als nicht-reaktive →Hydrophobierungsmittel eingesetzt. Allerdings bilden sie auf der Baustoffoberfläche eine hohe Wasserabweisung aus, ohne mit dem Untergrund chemisch zu reagieren. Im Gegensatz zu Silanen dringen Siloxane auch nicht in die Baustoffporen an der Bauteiloberfläche ein. Dafür benötigen Siloxane keine alkalische Umgebung, was wiederum Silane benötigen, um eine hydrophobierende Wirkung zu entfalten.

Siloxanfarbe
→Siliconharzfarbe

Sinterschicht
Eine Sinterschicht (auch Sinterhaut genannt) ist eine dünne und harte bis glasartige Schicht aus reinem Kalkstein ($CaCO_3$), die vor allem auf der Oberfläche von mineralischen Putzen auftreten kann. Ursachen, insbesondere auf gefilzten oder geglätteten Oberflächen, sind eine zu lange oder zu intensive Oberflächenbehandlung, so dass es zu einer Anreicherung von Bindemittel und Feinanteilen an der Oberfläche kommt. Dadurch können sich Spannungen aufbauen und →Risse bilden. Eine Sinterschicht erkennt man in der Regel am Glanz der Oberfläche („speckig“) sowie dem Abperlen von Wasser. Eine Sinterschicht wirkt wie eine Trennschicht und stellt somit keinen idealen Untergrund für nachfolgende Beschichtungen dar (Haftungsprobleme). In der Regel hilft bei einer Sinterschicht nur ein Abschleifen.

SIVV-Schein
Für die Instandsetzung geschädigter Betonbauteile beauftragen öffentliche Auftraggeber nur Firmen mit entsprechendem Fachpersonal und nachgewiesener Qualifikation. Als Nachweis hierfür dient der so genannte SIVV-Schein. SIVV ist eine Abkürzung und steht für Schützen, Instandsetzen, Verbinden und Verstärken von Betonbauteilen. Die Ausbildungs- und Prüfungsordnung wurde vom Ausbildungsbeirat „Schutz und Instandsetzung im Betonbau beim Deutschen Beton- und Bautechnik-Verein e. V.“ er-

arbeitet. Der Befähigungsnachweis ist alle 3 Jahre zu erneuern.

SMK-Technologie
→Siliconmikroemulsion

Sollbruchstelle
Eine Sollbruchstelle (oder auch Sollrissstelle) ist ein konstruktives Element, das bewusst geplant und ausgeführt wird, um ein vorhersehbares Versagen eines Baustoffs bzw. Bauteils z. B. aufgrund von Zugspannungen beim Verkürzen des Bauteils infolge des Schwindens an einer bestimmten Stelle zu provozieren. Hierfür weist die Bruchstelle in der Regel eine Kerbe oder Einritzung auf, um das Bauteil an dieser Stelle zu schwächen. Das Ziel einer Sollbruchstelle besteht darin, unkontrollierbare Schäden zu vermeiden. Sollbruchstellen werden auch als Scheinfuge bezeichnet.

Sollrissfuge
→Sollbruchstelle

Sollrissstellen
→Sollbruchstelle

Sonstige Risse (aus dem Untergrund)
Sonstige Risse aus dem Untergrund haben ihre Ursache in der Verbindung mit sichtbaren oder nicht sichtbaren Putzanschlüssen (z. B. Putzprofile, Fensterbänke, Türschwellen und dgl.), Durchdringungen sowie Putzbewehrungen und Putzträgern. Diese Risse entstehen durch ein unterschiedliches Verformungsverhalten bei hygro-thermischen Einwirkungen zwischen den Untergründen und dem damit verbundenen Zubehör (z. B. Putzprofile) oder mit Einbauteilen (z. B. Fensterbänke). In den Regelwerken wie z. B. dem WTA-Merkblatt zur putz- und anstrichtechnischen Risssanierung wurde hierfür eine eigene Rubrik unter den untergrundbedingten Rissen eingeführt. Diese nennt sich „Risse im Zusammenhang mit Putzbewehrungen, Putzträgern und Profilen“. Häufig kann bei diesen Rissen auch eine Hinterläufigkeit festgestellt werden, die zu einer Durchfeuchtung der dahinterliegenden Konstruktion führen kann.

Sorption
Sorption ist der übergeordnete Begriff für die Wechselwirkung zwischen zwei Stoffen, von denen der eine Stoff (z. B. Wasserdampf) an der Oberfläche eines zweiten Stoffes (z. B. eines kapillarporösen Baustoffs) aus der Umgebungsluft aufgenommen (absorbiert) oder, abhängig von den Umgebungsbedingungen, wieder abgegeben (desorbiert) wird. Eine Adsorption liegt vor, wenn die Bindung eines flüssigen oder gasförmigen Stoffes ausschließlich an der Oberfläche eines Feststoffes erfolgt. Da mineralische Baustoffe hygroskopisch sind, nehmen diese Luftfeuchtigkeit auf (Absorption) oder geben sie ab (Desorption). Dieser Vorgang entspricht dem Bestreben nach der Herstellung eines Gleichgewichtszustandes.

Sorptionsvermögen
Das Grundprinzip der →Sorption basiert auf einem Gleichgewichtsprozess zwischen der Aufnahme und Abgabe eines Stoffes, konkret der Anlagerung von Wassermolekülen in angrenzenden Materialien. Dieser Prozess wird durch physikalische Wechselwirkungen ausgelöst: verändert sich der Feuchtegehalt der umgebenden Raumluft, verändert sich mit zeitlicher Verzögerung auch der Feuchtegehalt von Baustoffen. Hierbei wird die Eigenschaft der Feuchteaufnahme verschiedener Baustoffe genutzt, da jeder poröse Baustoff in der Lage ist, Wasserdampf aus der Raumluft aufzunehmen (Adsorption), zwischenzuspeichern (Absorption) und wieder abzugeben (Desorption). Großen Einfluss auf die Wassereinlagerung und den Transport der Wasserdampfmoleküle haben das Porenvolumen und die →Porengeometrie sowie deren Verteilung innerhalb des Baustoffgefüges. Der bauphysikalisch relevante Bereich der Porendurchmesser liegt zwischen 10^{-9} m bis 10^{-3} m.

Spaltinjektion
→verfüllende Injektionen

Spaltrisse
→Trennrisse

Spaltzugfestigkeit
Die Spaltzugfestigkeit ist eine experimentell ermittelte Kennzahl, die zur Bewertung der

Zugfestigkeit von Beton verwendet wird. Nach einer →Injektion von Rissen in Betonbauteilen mit speziellen Rissfüllstoffen wie z. B. Epoxidharzen kann diese zur Kontrolle herangezogen werden. Hierzu wird ein Probekörper entnommen und versucht, den verpressten Riss mit einem Keil zu spalten. Dabei treten quer zur Belastungsebene überall gleich große Zugspannungen auf. Die Injektion gilt als erfolgreich, wenn der Rissfüllstoff länger widersteht als der Beton. Aus der Höchstlast und den Abmessungen des Probekörpers lässt sich die Spaltzugfestigkeit in N/mm^2 errechnen.

Spannanker
Spannanker werden zur →Verankerung bei der Instandsetzung von Konstruktivbedingten Rissen in Mauerwerken eingesetzt. Die geriffelten Stahlstangen dienen der Verklammerung von gerissenen Bauteilen bzw. zur Verankerung rissgefährdeter Bauteile an der standfesten Baukonstruktion. Spannanker sind bereits vorgespannt, so dass die Mauerwerke unter →Druckspannung gesetzt werden. Treten am Mauerwerk Spannungen aus Zugkräften auf, müssen die vordimensionierten Druckspannungen zunächst abgebaut werden, bevor evtl. Risse auftreten können. Beim Einbau der Spannanker ist darauf zu achten, dass die Kräfte so in das Mauerwerk eingeleitet werden, dass keine Knickbeanspruchungen aus außermittiger Kräfteverteilung entstehen können.

Spannung
Die Spannung beschreibt die innere Kraftverteilung in einem Werkstoff, die durch äußere Kräfte verursacht wird.

Spannungs-Dehnungs-Diagramm
Im Rahmen der →Rissdiagnostik werden die Eigenschaften der verwendeten Baustoffe hinsichtlich ihrer Festigkeit, →Plastizität bzw. →Sprödigkeit sowie →Elastizität und anderer Eigenschaften überprüft. Zu diesem Zweck werden Zugversuche an Baustoffproben durchgeführt, in dem diese in eine Zugprüfmaschine eingespannt und mit einer →Zugspannung belastet werden. Unter Erhöhung dieser Zugspannung wird die dadurch verursachte Längenänderung grafisch dargestellt. Diese Kurve bezeichnetmanalsSpannungs-Dehnungs-Diagramm oder auch Kraft-Verlängerungs-Diagramm.

Spannungsintensitätsfaktor
Der Spannungsintensitätsfaktor, auch Risszähigkeit oder Bruchzähigkeit genannt, ist ein Kennwert für die Intensität des Spannungsfeldes in der Nähe der →Risswurzel. Dieser wird von der →Rissgeometrie, den inneren und äußeren Kräften sowie der Bauteilgeometrie beeinflusst. Von seiner Stärke hängt die →Rissausbreitung ab. Somit beschreibt der Spannungsintensitätsfaktor den Widerstand eines Baustoffs gegen die Ausbreitung von Rissen. Damit sich Risse nicht ausbreiten können, darf infolgedessen der kritische Wert des Spannungsintensitätsfaktors nicht überschritten werden.

Spannungsrisse
Spannungsrisse ist ein unspezifischer Trivialname für → Risse, die durch Spannungen im Baustoff selbst verursacht werden, also nicht durch äußere Krafteinwirkung. Diese Risse treten vor allem auf, wenn im Baustoff z. B. Zugspannungen entstehen, die größer sind als die →Zugfestigkeit des Baustoffes. Häufige Ursache für lastunabhängige Verformungen sind z. B. →hygro-thermische Einwirkungen.

Spannungsverteilung
Die Spannungsverteilung gibt an, wie sich lastabhängige und/oder lastunabhängige Verformungen in einem Bauteil und/oder Baustoff verteilen und wie diese innerhalb eines Gebäudes abgefangen werden. Die Spannungsverteilung dient in erster Linie dazu, Spannungen zu vermeiden, um Rissen vorzubeugen.

spezifische Oberflächenenergie
→Oberflächenspannung

Spiralanker
Spiralanker sind Rundstäbe aus Edelstahl und werden im Rahmen der Instandsetzung von Konstruktivbedingten Rissen in Mauerwerken eingesetzt. Außerdem eignen diese sich für die

nachträgliche Bewehrung (horizontale Verlegung), Stabilisierung und →Vernadelung von Mauerwerken und zur →Verankerung mehrschaliger Wandkonstruktionen. Durch die spiralförmige Oberfläche vergrößert sich die Verbundwirkung zwischen dem Spiralanker und →Ankermörtel, so dass auftretende Zugspannungen gleichmäßig auf das Mauerwerk übertragen werden. Spiralanker besitzen eine hohe →Zugfestigkeit bei relativ großer →Elastizität.

Sprödigkeit
Sprödigkeit beschreibt das Bruchverhalten von Baustoffen und wird durch den Zugversuch oder Druckversuch ermittelt. Die Ergebnisse werden im →Spannungs-Dehnungs-Diagramm dokumentiert. Die Sprödigkeit der meisten Baustoffe nimmt bei sinkenden Temperaturen zu. Verantwortlich hierfür ist die Übergangstemperatur, bei der die Elastizitätsgrenze die Bruchspannung übersteigt.

Stabile Rissausbreitung
Die stabile Rissausbreitung ist eine von zwei Varianten der →Rissausbreitung. Hierbei breitet sich der Mikroriss langsam und stabil aus. Wesentlichen Einfluss auf die Rissausbreitung hat das elastische Spannungsfeld, auch als →Spannungsintensitätsfaktor bezeichnet. Sobald der kritische Wert erreicht wird, ändert sich die stabile Rissausbreitung in eine →instabile Rissausbreitung von Makrorissen, die an der Bauteil- und/oder Baustoffoberfläche sichtbar werden.

Stahlpacker
Stahlpacker sind →Injektionspacker aus Edelstahl, die in Bohrlöcher oder Risse von Bauteilen eingeschraubt und verspannt werden, um anschließend Injektionsstoffe oder →Rissfüllstoffe in das Bauteil mittels Druck zu injizieren (verpressen). Die Verspannung in den Bohrlöchern oder Rissen erfolgt über verformbare Gummimanschetten. Schlagpacker sind für den mehrmaligen Gebrauch vorgesehen.

Stand der Technik
Der Stand der Technik bezieht sich auf den aktuellen Entwicklungsstand bei Technologien und Techniken, Methoden und Verfahren sowie Materialien innerhalb eines bestimmten technischen Bereiches. Weiterhin umfasst der Stand der Technik das Wissen und Knowhow zu den vorgenannten. Der Stand der Technik wird durch verschiedene Faktoren beeinflusst. Hierzu gehören wissenschaftliche Erkenntnisse, technologische Innovationen, industrielle und/oder handwerkliche Praktiken sowie gesetzliche Anforderungen. Der Stand der Technik dient darüber hinaus dazu, Innovationen zu bewerten und/oder um Standards festzulegen und Vorschriften einzuhalten. Als Referenz für den Stand der Technik zu einem bestimmten Zeitpunkt dienen z. B. nationale oder internationale Normen sowie sonstige Regelwerke. Im Unterschied z. B. zu den allgemein anerkannten Regeln der Technik wird mit dem Stand der Technik das technisch maximal Machbare definiert, ohne dass sich dies in der Praxis bereits durchgesetzt und bewährt haben muss. Kommen noch wissenschaftliche Theorien und Erkenntnisse hinzu, wird vom →Stand der Wissenschaft (und Technik) gesprochen. Der Stand der Technik steht zwischen diesen beiden. Der Stand der Technik beschreibt, was technisch notwendig, geeignet, angemessen und vermeidbar ist.

Stand der Wissenschaft
Der Stand der Wissenschaft, manchmal auch als Stand der Wissenschaft und Technik bezeichnet, beschreibt den aktuellen Stand des theoretischen Wissens innerhalb eines bestimmten Fachgebiets. Hierzu gehören aktuelle Forschungsergebnisse, wissenschaftliche Erkenntnisse, anerkannte Theorien, Experimente und Entdeckungen, die zu einem bestimmten Zeitpunkt akzeptiert und anerkannt sind. Im Gegensatz zum →Stand der Technik konzentriert sich der Stand der Wissenschaft weniger auf die praktische Anwendung von Wissen und Technologie, sondern auf die Erforschung und Erklärung von Phänomenen.

Standfestigkeit
Unter Standfestigkeit wird allgemein verstanden, dass ein Gegenstand in der Lage ist, über einen definierten Zeitraum die ihm zugewiesenen Eigenschaften beizubehalten.

Standsicherheit
Die Standsicherheit eines Bauwerks oder seiner Bauteile ist die Voraussetzung für seine Nutzbarkeit. Diese ist gegeben, wenn von dem Bauwerk oder seiner Bauteile keine Gefahren für die Nutzung ausgehen. Diese Anforderung gilt für die gesamte Nutzungsdauer eines Bauwerks oder seiner Bauteile. Die Standsicherheit wird, als unbestimmter Rechtsbegriff, über die jeweilige Landesbauordnung vom Gesetzgeber gegenüber dem Eigentümer des Gebäudes eingefordert und über einen →Standsicherheitsnachweis (statische Berechnung) nachgewiesen.

Standsicherheitsnachweis
Ein Standsicherheitsnachweis ist der rechnerische Nachweis für die →Standfestigkeit und Stabilität eines Gebäudes, basierend auf statischen Berechnungen. Darüber hinaus können Daten aus der →Geotechnik mit einfließen. Abhängig von der Größe des Gebäudes wird dieser Nachweis von einem Statiker bzw. Tragwerksplaner erstellt. Andere Begriffe sind Standfestigkeits-, Tragfähigkeits- oder Tragsicherheitsnachweis. Bei der Berechnung und Dimensionierung eines Tragwerkes müssen alle Belastungen berücksichtigt werden, die auf ein Gebäude einwirken können wie z. B. die Eigenlast, aber auch Schnee-, Wind- und Verkehrslasten. Bei einem Standsicherheitsnachweis wird der so genannte Grenzzustand der Tragfähigkeit sowie bei Bedarf auch der Grenzzustand der Gebrauchstauglichkeit ermittelt. Hierbei werden bestimmte Sicherheitsfaktoren mit eingerechnet. Standsicherheitsnachweise sind in den Regelwerken definiert, z. B. in der DIN EN 1992 (Stahlbetonbauwerk), DIN EN 1993 (Stahlbau), DIN EN 1995 (Holzbauwerk) und DIN EN 1996 (Mauerwerk).

starrer Rissverschluss
Ein starrer Rissverschluss ist eine Instandsetzungsmethode in der →Einzelrisssanierung und nur für →beruhigte Risse < 0,1 mm geeignet. Hierfür wird der Riss mit einem organisch vergüteten, mineralischen Mörtel ausgefüllt. Bereits bei geringsten Rissbreitenänderungen z. B. durch →hygro-thermische Einwirkungen zeigen sich in der Regel neue Risse, da mineralische Mörtel nicht in der Lage sind, Spannungen aufnehmen und ausgleichen zu können. Diese Instandsetzung wird ausgeführt, wenn keine oder nur geringe Anforderungen an das optische Erscheinungsbild bestehen.

Statisch-konstruktive Risse
→Konstruktivbedingte Risse

Stauchung
Unter Stauchung wird die Verkürzung eines Baustoffes bei gleichzeitiger Querausdehnung verstanden. Diese wird verursacht von Druckkräften, die senkrecht auf die Querschnittsfläche des Baustoffes wirken. Somit ist die Stauchung das Gegenteil von →Dehnung. Das Volumen bleibt dabei unverändert.

Stauchungsrisse
Stauchungsrisse sind →Risse, die aufgrund der →Stauchung von Baustoffen entstanden sind.

Stauwasser
Stauwasser ist ein unspezifischer Begriff für Schichtenwasser, das aufgrund der Bodenbeschaffenheit (z. B. bindiger Boden wie Lehm, Gestein) nicht versickern kann.

Steifigkeit
Unter der Steifigkeit eines Baustoffes wird in der Regel der →Elastizitätsmodul oder →Schubmodul (Schermodul) für linear-elastische oder linear-viskoelastische (Kunststoffe) Beanspruchungen verstanden. Für den Zug-, Druck- und Biegeversuch ist dies der E-Modul, während im Torsions- oder Scherversuch der Gleit- oder Schubmodul zur Anwendung kommt. Bei größeren Deformationen wird zur Beschreibung der Steifigkeit bei einer vorgegebenen Verformung z. B. die Spannungs-Dehnungs-Kurve benutzt. Die Steifigkeit einer Baukonstruktion setzt sich aus der Steifigkeit des Bauteils und des Baustoffes zusammen. Infolgedessen beschreibt diese Kenngröße den gemeinsamen Widerstand von Bauteil und Baustoff gegenüber einer elastischen Verformung aufgrund einer äußeren Kraft. Für Kunststoffe wird anstatt des Begriffes Steifigkeit in der Regel der Begriff Nachgiebigkeit verwendet, der als Kehrwert der Steifigkeit definiert ist.

Stein-Putz-Risse
Stein-Putz-Risse sind eine Kombination aus untergrundbedingten Rissen (Fugenrisse) und putzbedingten Rissen, die auf hoch wärmedämmenden Mauerwerken aus Porenbeton, Leichthochlochziegeln und dgl. auftreten. Aufgrund der gestiegenen Anforderungen an die Energieeffizienz einer Gebäudehülle hat sich die Statik hoch wärmedämmender Steine in den letzten 20 Jahren deutlich verändert. Bei hygro-thermischen Einwirkungen kommt es zum →Quellen und →Schwinden des Untergrundes (Mauerwerk), so dass Spannungen auf das Putzsystem übertragen werden. Diese zeigen sich in Form von Rissen, die wie ein Negativ den Verlauf der Stoß- und Lagerfugen abbilden. Sind neben den Steinmaß-Toleranzen auch noch die Stoß- und Lagerfugen nicht vollfugig vermörtelt, entsteht zusätzlich eine Kerbspannung. Stein-Putz-Risse haben eine Rissbreite von 0,1 bis 0,3 mm und reichen in der Regel bis zum Untergrund. Dies bedeutet, dass sie das gesamte Putzsystem durchziehen. Zu den Ursachen der Rissbildung gehören z. B. eine unterschiedliche Oberflächenfestigkeit der Steine und des Putzsystems, eine ungenügende Haftscherfestigkeit (Querdehnung) zwischen dem Stein und dem Putzsystem, unterschiedlich hohe Restfeuchte der Steine und des Putzsystems und dadurch bedingt ein unterschiedliches Langzeitschwinden sowie eine Anisotropie des Steins (Art, Querschnitt, Geometrie) im Vergleich mit dem Mauermörtel.

Stellmittel
Stellmittel oder auch Thixotropiermittel sind Zusatzstoffe einer Baustoffrezeptur und dienen zur Erhöhung der →Viskosität.

Stichmaß
Stichmaß ist ein Begriff aus der DIN 18202 „Toleranzen im Hochbau – Bauwerke“ (2019) und beschreibt den Abstand eines bestimmten Punktes eines zu prüfenden Bauteils zu einer Bezugslinie. Dies wird für das Ermitteln von Unebenheiten in der Fläche von Baustoffen z. B. im Rahmen der →Abnahme notwendig.

Stoffschluss
Stoffschluss ist eine Methode der →Verankerung. Hierbei werden mindestens zwei oder mehr Bauteile irreversibel miteinander verbunden. Dies kann durch chemische Reaktion oder physikalische Wirkung erzielt werden. Hierbei muss eine ausreichende Härtungs- und/oder Trocknungszeit beachtet werden, da die Befestigungsmittel nicht sofort belastbar sind. Bei mehrkomponentigen Baustoffen muss die Misch- und Topfzeit beachtet werden. Gleiches gilt für die Untergrund- und/oder Verarbeitungstemperatur. Die Methode eignet sich nur für Bauteile mit entsprechender Oberflächen- und Haftzugfestigkeit.

Stopfmörtel
Stopfmörtel sind sehr schnell abbindende zementgebundene Mörtel zur temporären Abdichtung von Undichtigkeiten wie z. B. offenen Fugen, Rissen und Anschlüssen in Beton- und Mauerwerkskonstruktionen, die unter Wasserdruck stehen. Daher werden diese auch bei sporadischen Wasserschäden wie z. B. Wassereinbrüchen eingesetzt oder zur Abdichtung von Rohrdurchführungen. Einige Stopfmörtel sind auch zum Verdämmen von Rissen geeignet. Allerdings stellen Stopfmörtel keine dauerhafte Abdichtung dar, so dass nach deren Einsatz entsprechende Abdichtungsmaßnahmen folgen müssen.

Streckung
Unter Streckung, auch als →Dehnung bezeichnet, wird die Verlängerung eines Baustoffes bei gleichzeitiger Querkontraktion verstanden. Diese wird durch Zugkräfte verursacht, die senkrecht zur Querschnittsfläche des Baustoffes wirken. Das Volumen bleibt hierbei unverändert.

Streifenarmierung
Als Streifenarmierung wird ein schmaler Armierungsstreifen von ca. 10 cm verstanden, der wie eine Rissbrücke im Rahmen der →Einzelrisssanierung eingesetzt wird.

Strukturrisse
Strukturrisse sind ein unspezifischer Trivialname für Risse unterschiedlicher Art, die eine Veränderung der Baustoffstruktur verursachen.

STUVA
Die Abkürzung steht für Studiengesellschaft für Tunnel und unterirdische Verkehrsanlagen. Das von der STUVA herausgegebene →ABI-Merkblatt hat bei abdichtenden Injektionen von Betonbauwerken eine hohe Bedeutung.

Subjektiver Mangel
Der subjektive Mangel ist ein Rechtsbegriff und bezieht sich auf eine bestimmte Beschaffenheit, die der Auftraggeber (im rechtlichen Sinn der Gläubiger) und der Auftragnehmer (im rechtlichen Sinn der Schuldner) vertraglich vereinbart haben. Bei einem subjektiven Mangel geht es um die Nichterfüllung dieser Beschaffenheit, unabhängig davon, ob dadurch die Funktionalität des Bauteils beeinträchtigt wird.

Sulfate
Sulfate sind die Salze oder Ester der Schwefelsäure. Sie zählen zu den bauschädigenden Salzen. Die meisten Sulfate sind in Wasser löslich und kommen als natürliche Stoffe im Baugrund (Boden) oder gelöst im Regen (auch als „saurer Regen" bekannt) und somit im →Sickerwasser und Grundwasser vor. Zu den bekanntesten Sulfaten gehören das Kalziumsulfat ($CaSO_4$), Natriumsulfat (Na_2SO_4) und das Magnesiumsulfat ($MgSO_4$). Kalziumsulfat tritt auch in Form von Gips ($CaSO_4 \cdot 2H_2O$) auf. Sulfate sind Auslöser für treibende Angriffe wie z. B. dem →Sulfattreiben.

Sulfattreiben
Unter einem Sulfattreiben wird eine chemische Reaktion unter Mitwirkung von Sulfaten verstanden, durch die zementgebundene Baustoffe zerstört werden. Hierbei kommt es zu einer Reaktion des im Zement enthaltenen Kalziumaluminats und Kalziumaluminathydrats mit Sulfationen. Die entstehenden Sulfatkristalle binden große Mengen an Wassermolekülen, so dass es zur Volumenvergrößerung kommt. Diese wiederum verursacht Spannungen im zementgebundenen Baustoff, die zu Abplatzungen und Rissen führen können. Man kennt diesen Vorgang auch unter dem Begriff Ettringitbildung. Die Sulfationen führen unter Bildung von sekundärem Ettringit aus den Trikalziumsilikatphasen des erhärteten Zements zu voluminösen Reaktionsprodukten, die eine hohe Sprengwirkung entfalten können. Ettringit entwickelt ein um den Faktor 8 größeres Volumen im Vergleich zu seinen Ausgangsstoffen und baut dadurch einen →Kristallisationsdruck auf. Kommt es zur Rissbildung, wird dieser Vorgang noch beschleunigt, da die Sulfationen aufgrund der gestörten Bauteiloberfläche einfacher und tiefer in den Zementstein eindringen können.

Superhydrophobie
→Hydrophobierung

9.20 T

Taupunkt/Taupunkttemperatur
Taupunkt beschreibt die Temperatur in °C, bei der in Abhängigkeit vom Wassergehalt der Luft (Wasserdampfdruck) die relative Luftfeuchtigkeit von 100 % (Sättigungsdampfdruck) erreicht wird. Im Ergebnis kondensiert die Feuchtigkeit auf einem Gegenstand, deren Temperatur unterhalb des Taupunktes der umgebenden Luft liegt. In Gebäuden sind dies die kältesten Bauteile, auch als Wärmebrücken bezeichnet.

Technischer Minderwert
Im Gegensatz zum merkantilen Minderwert beschreibt der technische Minderwert den tatsächlichen, verbleibenden Schaden, der auch nach einer Instandsetzung nicht vollständig behoben werden konnte.

Temperaturbeständigkeit
Die Temperaturbeständigkeit spielt gerade bei der Instandsetzung von Rissen eine große Rolle, da z. B. →Dichtstoffe, →Rissfüllstoffe oder auch Anstrichstoffe auf Polymerbasis im unteren Temperaturbereich ihre elastischen Eigenschaften verlieren oder zumindest stark eingeschränkt werden. Für z. B. die Versprödung ist die →Glasübergangstemperatur verantwortlich.

Temperaturrisse
Temperaturrisse ist ein unspezifischer Trivialname für Risse, die durch thermische Einflüsse verursacht werden. Durch Temperaturunterschiede (z. B. Tag/Nacht oder Sommer/Winter) kann es zu thermischen Spannungen und infolgedessen zu Rissen kommen.

Thermische Ausdehnung
Unter thermischer Ausdehnung wird die Volumenänderung eines Baustoffes verstanden, die durch thermische Einflüsse hervorgerufen wird. Konkret geht es um das Verhalten von Baustoffen, wie sich diese bei Erwärmung ausdehnen, ausgedrückt über den spezifischen →Wärmeausdehnungskoeffizient. Die thermische Ausdehnung kann berechnet werden aus der Multiplikation der Ausgangslänge, den linearen Wärmeausdehnungskoeffizienten und der Temperaturdifferenz. Bei Unterschieden in der thermischen Ausdehnung innerhalb eines Bauteils und/oder Baustoffes können mechanische Spannungen entstehen, durch die →Risse verursacht werden können. Sind diese nicht zu vermeiden und objektspezifisch möglich, stellen Dehnungsfugen evtl. eine Möglichkeit dar, um diese Spannungen auszugleichen. Die Umkehr der thermischen Ausdehnung wird als →thermische Kontraktion bezeichnet. Der Kennwert der thermischen Ausdehnung ist der Ausdehnungskoeffizient.

Thermische Expansion
→Thermische Ausdehnung

Thermische Kontraktion
Unter thermischer Kontraktion wird die Volumenreduzierung eines Baustoffes verstanden, die durch Abkühlung hervorgerufen wird. Die thermische Kontraktion, auch Wärmeschrumpfung genannt, ist die Umkehr der thermischen Ausdehnung.

Thermischer Längenausdehnungskoeffizient
→Längenausdehnungskoeffizient

Thermische Spannung
Die thermische Spannung ist das Resultat der thermischen Ausdehnung. Diese entsteht, wenn unterschiedliche Baustoffe mit unterschiedlichen Wärmeausdehnungskoeffizienten miteinander verbunden sind und sich bei thermischen Einwirkungen unterschiedlich ausdehnen. Grundsätzlich dehnen sich Baustoffe bei Erwärmung in alle Richtungen aus. Bei Bauteilen mit unterschiedlichen Dimensionen (Länge, Breite, Höhe) erfolgt die thermisch bedingte Verformung in Richtung der größten Abmessungen. Werden Bauteile in der thermischen Ausdehnung behindert, entstehen Spannungen, die häufig zu Rissen und anderen Bauschäden führen.

Thermisches Quellen
→thermische Ausdehnung

Thermisches Schwinden
→thermische Kontraktion

Thermografie
Thermografie ist ein kontaktloses und zerstörungsfreies bildgebendes Messverfahren, mit dem die unterschiedliche →Wärmeleitfähigkeit verschiedener Baustoffe visualisiert werden kann. Die unterschiedlichen Oberflächentemperaturen werden über Farbspektren dargestellt. Hierbei bedient man sich einer intuitiven Darstellung: rot steht für warme Oberflächen oder Energieverlust, während Blau für kalte Oberflächen steht. Die dazwischenliegenden Farbspektren gelb und grün dienen der Visualisierung der Übergangsbereiche. Dabei wird die Intensität der Infrarotstrahlung, die von einem Punkt ausgeht, als Maß für dessen Temperatur gedeutet. Die hierfür eingesetzte Thermografiekamera wandelt Infrarotstrahlung, die für Menschen nicht sichtbar ist, in elektrische Signale um und erzeugt ein Bild, das in so genannten Falschfarben (selten in Graustufen) dargestellt wird. Die Thermografie beruht auf dem Messprinzip, dass jeder temperierte Körper oberhalb des absoluten Nullpunkts (null Kelvin = minus 273,15 °C) Wärme ausstrahlt – auch Emissionsgrad genannt. Die in der →Bauwerksdiagnostik eingesetzten Kameras haben in der Regel einen Wellenlängenbereich von 5 bis 25 µm und können Temperaturen von – 20 °C bis über 250 °C erfassen mit einer Kalibrierung, mit der Temperaturunterschiede von weni-

ger als 0,1 °C messbar sind. Die Anwendung wird z. B. in den Richtlinien des Bundesverbandes für Angewandte Thermografie e. V. geregelt. Die DIN 54190 „Zerstörungsfreie Prüfung – Thermografische Prüfung – Teil 1: Allgemeine Grundlagen" (2004) sowie DIN EN 13187 „Wärmetechnisches Verhalten von Gebäuden – Nachweis von Wärmebrücken in Gebäudehüllen – Infrarot-Verfahren" (1998) wurden zwischenzeitlich zurückgezogen.

Thermomer
→Thermoplast

Thermoplast
Thermoplaste sind neben →Elastomere und →Duroplaste eine der drei Kunststoffgruppen. Diese bestehen aus Polymerketten ohne chemische Quervernetzung. Daher sind die einzelnen Polymerketten leicht verschiebbar. Zu den bekanntesten Thermoplaste gehören z. B. Polyamid (PA), Polyethylen (PE), Polypropylen (PP) und Polyvinylchlorid (PVC). Thermoplastische Baustoffe lassen sich durch Wärmezufuhr leicht verformen und behalten diese Form nach der Abkühlung bei. Es werden harte und weiche thermoplastische Baustoffe unterschieden. Um harte thermoplastische Baustoffe verformbar zu machen, werden so genannte Weichmacher eingesetzt.

Thixotropiermittel
Thixotropiermittel sind Bestandteile einer Baustoffrezeptur und dienen zur Erhöhung der →Viskosität.

Tiefengrund
Ein Tiefengrund ist ein umgangssprachlicher Begriff für eine →Grundierung und suggeriert ein besonders gutes Eindringvermögen in den Untergrund.

Toleranzen im Hochbau
Spätestens bei der →Abnahme gibt es häufig Diskussionen, wenn Flächen uneben, Ecken schief oder Fugen unterschiedlich breit sind, ob diese Maßabweichungen noch im Bereich der Toleranzen liegen oder einen →Mangel darstellen. Das Einhalten von ebenen Flächen, geraden Winkeln oder Maßen dient hierbei nicht nur dazu, die Funktion der entsprechenden Bauteile und/oder eine passgenaue Montage dieser untereinander sicherzustellen, sondern ist auch eine vertragliche Grundlage z. B. im Rahmen eines Werkvertrages. Allerdings unterliegen handwerkliche Dienstleistungen, anders als industriell hergestellte Produkte, einer Reihe von individuellen Einflüssen wie z. B. wechselnder Witterung, inhomogene Untergründe und dgl., so dass geringfügige Abweichungen eben nicht zwangsläufig einen Mangel darstellen müssen, insbesondere wenn die Funktion dadurch nicht beeinträchtigt wird. Um diesem subjektiven Empfinden beider Vertragsparteien – dem Auftraggeber (und Gläubiger im rechtlichen Sinn) und dem Auftragnehmer (und Schuldner im rechtlichen Sinn) eine objektive Bewertung entgegenzusetzen, gibt es technische Regelwerke. Die DIN 18202 „Toleranzen im Hochbau" regelt Grenzabmaße, Winkel- und Ebenheitstoleranzen für die Bauausführung von Gebäuden. Die dort geregelten Toleranzen gelten für Wand, Decke und Boden für Bauleistungen im Hochbau, sowohl im Neubau wie auch im →Bauen im Bestand. Für andere Bauwerke, wie z. B. Ingenieurbauwerke, gilt die DIN 18202 nicht. Zu beachten ist, dass die zulässigen Abweichungen für die Abmessung von Baustoffen nicht in der DIN 18202 enthalten sind und zusätzlich zu berücksichtigen sind. Hierzu gehören lastunabhängige Formveränderungen z. B. aufgrund hygro-thermischer Einflüsse sowie lastabhängige Verformungen wie z. B. →Kriechen und →Schwinden.

Topfzeit
Die Topfzeit gibt den Zeitraum an, wie lange reaktive Baustoffe wie z. B. →Epoxidharze nach dem Anmischen verarbeitbar sind – dies bedeutet, wann die Verarbeitungsgrenze erreicht wird. Die Bestimmung der Topfzeit von Reaktionsharzen erfolgt nach der DIN ISO 9514 „Beschichtungsstoffe – Bestimmung der Verarbeitungszeit von Mehrkomponenten-Beschichtungssystemen" (2019). Diese Zeitspanne wird wesentlich durch die Temperatur und der Menge des angemischten Materials beeinflusst. Je höher die Temperatur

und je größer die Materialmenge, desto geringer ist die Topfzeit. Bei Reaktionsharzen wird diese auch als Gel-Zeit bezeichnet und bezieht sich auf den Zeitpunkt der Anfangserhärtung, an dem das flüssige Material beginnt, steif zu werden und zu gelieren. Die Topfzeit darf nicht mit der →Mischzeit und auch nicht Verarbeitungszeit verwechselt oder gleichgesetzt werden.

Torsionsmodul
→Schubmodul

Tränken
Tränken im Kontext von Rissen in Gebäuden beschreibt ein druckloses Verfahren nach Teil 3 der ZTV-Ing sowie den DAfStb-Richtlinien zum Füllen von Rissen ohne Druck.

Tragfähigkeit
Die Tragfähigkeit gibt die maximale Belastbarkeit einer Baukonstruktion und deren Bauteile an.

Tragwerk
Das Tragwerk umfasst alle tragenden und lastabtragenden Teile einer Bauwerkskonstruktion und somit alle Bauteile, die für die →Standsicherheit eines Bauwerks verantwortlich sind. Es besteht in der Regel aus der Gründung (Fundament), Wänden und Stützen, sowie Decken und Balken. In der Baustatik werden zwei Kategorien von Tragwerken unterschieden: die Stabtragwerke (oder Linientragwerke) und Flächentragwerke.

Tragwerksbedingte Risse
→Konstruktivbedingte Risse

Tragwerksplanung
Die Tragwerksplanung umfasst vor allem die mit dem →Tragwerk eines Gebäudes, allgemein als Statik bezeichnet, einhergehenden Leistungen, Nachweise und Berechnungen. Der in der Tragwerksplanung Ausführende ist der Tragwerksplaner, oft auch nur als Statiker bezeichnet. In der Tragwerksplanung wird die →Standsicherheit des Gebäudes nachgewiesen. Hierbei unterscheidet der Tragwerksplaner zwei Kategorien von Nachweisen für die Grenzzustände der Tragfähigkeit und der Gebrauchstauglichkeit.

Trajektorien
Trajektorien werden in der →Tragwerksplanung eingesetzt. Diese Linien visualisieren die Spannung (Druck- und Zugspannung) in einem Bauteil. Diese verlaufen gekrümmt und in der Regel als Normal- und Schubspannungen abbildbar.

Treiben/treibender Angriff
Treiben oder auch treibender Angriff ist ein umgangssprachlicher und unspezifischer Begriff für die Zerstörung von Bauteilen und/oder Baustoffen durch extreme Volumenvergrößerung. Der Fachterminus lautet je nach Reaktionspartner →Sulfattreiben oder →Alkali-Kieselsäure-Reaktion.

Trennrisse/Trennungsrisse
Trennrisse verlaufen durch das gesamte Bauteil und trennen es in zwei oder mehrere Teile. In der Regel führen diese →Risse nicht zu einer Reduzierung der →Standsicherheit eines Gebäudes. Trennrisse werden aufgrund der niedrigen →Zugfestigkeit z. B. bei der Abkühlung (Abgabe der Hydratationswärme) von Betonbauteilen und Schwindverformungen (während der Erhärtung) und den dadurch entstehenden Zwangsspannungen verursacht.

Trockenfilmdicke
Die Trockenfilmdicke bezieht sich auf sehr dünne Schichtdicken eines Bindemittelfilms im trockenen Zustand.

Trockenmörtel
→Werktrockenmörtel

Trockenschichtdicke
Die Trockenschichtdicke ist die Schichtdicke eines Abdichtungs- oder Beschichtungsstoffes nach vollständiger physikalischer Trocknung und/oder chemischer Reaktion. In der Regel ist diese kleiner als die Nassschichtdicke. Deshalb muss die Differenz im technischen Merkblatt eines Herstellers in Prozent ausgewiesen werden, damit bei Planung und Ausführung sichergestellt

wird, dass die für die Nassschichtdicke notwendige Materialmenge berücksichtigt wird.

Trocknungsrisse
Trocknungsrisse ist ein umgangssprachlicher und fachlich unspezifischer Begriff für →Risse, die bei der physikalischen Trocknung von Baustoffen auftreten. Diese Risse werden auch als Schwindrisse bezeichnet.

TSR-Wert
Der TSR-Wert (Total Solar Reflectance) beschreibt das solare Reflexionsvermögen einer farbigen Bauteiloberfläche und somit den Anteil der Sonnenstrahlungsenergie, der von einer Bauteiloberfläche zurückgestrahlt wird. Je höher dieser Wert ist, umso stärker wird die solare Strahlung reflektiert. Dadurch ist der Temperaturanstieg umso geringer gegenüber der Temperatur, die auf einer pigmentierten Bauteil- und/oder Baustoffoberfläche nach einer Sonneneinstrahlung gemessen werden kann. Im Gegensatz zum →Hellbezugswert bezieht sich der TSR-Wert auf die Energieeinstrahlung über das gesamte Spektrum des Sonnenlichts vom ultravioletten bis zum infraroten Bereich und ist somit für die Beurteilung thermischer Spannungen auf Oberflächen genauer.

9.21 U

Übergangszone
Bei einem Riss besteht die Übergangszone zwischen einem intakten Bauteil und/oder Baustoff zum Riss aus einer beginnenden Auflockerung bzw. anfänglichen Störung des Baustoffgefüges. Diese Übergangszone hat sich während des Zugbruchs gebildet und bleibt nach der Ausbildung der →Makrorisse erhalten. Diese muss bei der Bestimmung der →Rissbreite und der →Rissbreitenänderung berücksichtigt werden.

Ultraschallprüfung
Die Ultraschallprüfung ist ein kontaktloses und zerstörungsfreies Messverfahren in der →Bauwerksdiagnostik. Durch das Senden und Ausbreiten von Ultraschallwellen und dem Empfangen der Reflexion kann der Zustand im Inneren eines Bauteils und/oder Baustoffs ermittelt werden. Hierbei nutzt man, dass Grenzflächen oder Materialfehler reflektiert werden, so dass Einsatzmöglichkeiten für die Ultraschallprüfung z. B. in der Ortung von Hohlräumen, Leckagen, Rissen, Bewehrungsstahl und Wasserleitungen liegen. Die hierfür genutzten Ultraschallwellen haben eine Frequenz oberhalb des für den Menschen hörbaren Bereich. Die Frequenz liegt üblicherweise zwischen 20 kHz und 10 MHz.

Umtopfen
Das Umtopfen bezeichnet den Vorgang, wenn insbesondere mehrkomponentige Baustoffe wie z. B. Reaktionsharze nach dem gründlichen Anmischen und Durchmischen in ein neues, sauberes Gefäß umgetopft und erneut durchgemischt werden. Damit soll vermieden werden, dass Materialmengen, die möglicherweise noch nicht vollständig durchgemischt wurden und/oder sich am Boden oder Rand abgesetzt haben, verarbeitet werden und die chemische Reaktion beeinflussen.

Umwandlung in eine Dehnungsfuge
Die Umwandlung in eine Dehnungsfuge ist eine Methode zur Instandsetzung im Rahmen der →Einzelrisssanierung. Hierbei werden grundsätzlich zwei Verfahren unterschieden: die Umwandlung in eine Dehnungsfuge mit einem →Fugendichtstoff und die Umwandlung in eine Dehnungsfuge mit einem →Dehnfugenprofil. Beide Verfahren kommen vor allem bei Konstruktivbedingten Rissen mit einem horizontalen Rissverlauf über die gesamte Fassade oder bei vertikal verlaufenden Gebäuderissen zur Anwendung. Voraussetzung ist, dass die Risse geradlinig verlaufen und nur einer geringen →Rissbreitenänderung unterliegen. Zunächst muss der Riss zu einer Fuge aufgeweitet werden, deren Breite das Vierfache der zu erwartenden Rissbreitenänderung, allerdings mindestens 8 mm, beträgt. Nachdem eine Schaumstoffschnur als Hinterfüllung zur Vermeidung einer →Dreiflankenhaftung eingebracht wurde, wird der plasto-elastische Fugendichtstoff eingebracht. Bei der alternativen Variante wird der Riss auf

die Breite des Dehnfugenprofils aufgeweitet und das Dehnfugenprofil eingebaut. Soll die Dehnungsfuge überstrichen werden, muss eine Verträglichkeit zwischen dem Fugendichtstoff oder dem Dehnfugenprofil und dem Anstrichstoff gegeben sein. Beide Varianten können nur eingesetzt werden, wenn die Umwandlung in eine sichtbare Dehnungsfuge optisch akzeptabel ist und vom Auftraggeber im Vorfeld ausdrücklich freigegeben wurde.

unbestimmte Rechtsbegriffe
Unter unbestimmten Rechtsbegriffen versteht man Begriffe oder Merkmale in einem Gesetz oder Regelwerk, die unterschiedlich ausgelegt und/oder bewertet werden können. Der Gesetzgeber oder Herausgeber von Regelwerken definiert diese Begriffe oder Merkmale bewusst ungenau bzw. legt diese nicht konkret fest, um einen Interpretationsspielraum für den Einzelfall zu schaffen. Denn nicht jeder Sachverhalt ist regelungsbedürftig vorhersehbar. Unbestimmte Rechtsbegriffe sind z. B. „gewöhnlicher Verwendungszweck“ oder „üblicher Gebrauch“. Das Gegenteil von unbestimmten Rechtsbegriffen sind bestimmte Rechtsbegriffe. Diese sind eindeutig und nicht auslegungsbedürftig.

Ungerichtete oberflächennahe Risse
Ungerichtete oberflächennahe Risse entstehen bei Beton z. B. durch zu große Temperatur- und Feuchtigkeitsunterschiede zwischen dem Bauteilquerschnitt und der Bauteiloberfläche. Als Richtwert gilt, dass diese Risse bei Betonbauteilen in den ersten Wochen auftreten, wenn Temperaturunterschied > 20 °C beträgt. Diese Risse sind in der Regel wenige Zentimeter tief und schließen sich teilweise wieder.

Unterfangung
Als Unterfangung wird eine bauliche Maßnahme bezeichnet, bei der ein Fundament oder ein Gebäudeteil mit Hilfe eines eingefügten Bauteils im Höhenbereich der bisherigen Gründungskonstruktion so abgefangen wird, dass die ursprünglich vom Fundament in den Baugrund abgeleitete Last über das neue Bauteil in die tieferliegenden Bodenbereiche übertragen werden.

Untergrundbedingte Risse
Untergrundbedingte Risse werden durch Ursachen im unmittelbaren Untergrund ausgelöst. Untergründe können klassische Wandbildner unterschiedlichster Art sein: von Beton und Mauerwerk (Neubau) über Mischuntergründe (Altbau), Skelett- oder Holzbauweise genauso wie Baustoffwechsel (z. B. Rollladenkästen) bis hin zu Bau- und Wärmedämmplatten und dgl. Die Ursachen sind in der Regel auf lastunabhängige Verformungen zurückzuführen wie z. B. durch hygro-thermische Einflüsse, durch die Baustoffe quellen und schwinden (Feuchtigkeit) oder ausdehnen und schrumpfen (Temperatur). Unterschiedliche Baustoffe im Untergrund haben eine unterschiedliche Wasseraufnahme und -abgabe sowie einen unterschiedlichen Wärmeausdehnungskoeffizienten. Hinzu kommen handwerkliche Mängel im Untergrund, zu denen z. B. Unebenheiten und Versätze, offene Fugen oder Fehlstellen, ein zu geringes Überbindemaß oder so genannte Überzähne im Mauerwerksverband zählen. Diese verursachen eine Kerbwirkung an sprunghaften Veränderungen der Putzschichtdicke. Bei Wärmedämmplatten müssen Verwölbungen und Schüsselungen sowie Höhenversprünge und/oder offene Fugen zwischen benachbarten Dämmplatten genannt werden. Hinzu kommen z. B. keine oder eine unzureichende Gewebeüberlappung und/oder eine fehlende Diagonalarmierung. Untergrundbedingte Risse werden häufig von Konstruktivbedingten Rissen überlagert.

Untergrundprüfung
Bei der Untergrundprüfung wird ermittelt, ob die Oberfläche eines Untergrundes für eine nachfolgende Beschichtung geeignet ist. Hierbei gilt der Grundsatz, dass ein Untergrund fest, ausreichend trocken, tragfähig, fett- und staubfrei sein soll. Haftungsmindernde Substanzen oder Schichten, durch die eine Untergrundhaftung behindert wird, sind zu entfernen. Dies ist nicht Aufgabe der Untergrundprüfung, sondern der →Untergrundvorbehandlung. Die Untergrundprüfung erfolgt gemäß DIN 18350 „VOB Vergabe- und Vertragsordnung für Bauleistungen – Teil C: Allgemeine Technische Vertrags-

bedingungen für Bauleistungen (ATV) – Putz- und Stuckarbeiten“ (2019), wobei Art, Umfang und Aufwand der Prüfung vor Ort dem gewerbeüblichen Maß entsprechen muss und sich auf die Feststellung sichtbarer oder anderweitig erkennbarer Mängel beschränkt. Labortechnische Materialprüfungen zur Bestimmung von Materialkennwerten gehören nicht zum Umfang einer Untergrundprüfung. Gewerbeübliche Prüfmethoden sind je nach Untergrund z. B. die Inaugenscheinnahme, Benetzungsprobe, Lösemittelprobe, Abrieb-, Wisch-, Kratzprobe bzw. Gitterschnittprüfung, pH-Wert-Prüfung, Prüfung der Festigkeit durch Abklopfen sowie Messen der Temperatur und Feuchtigkeit auf der Bauteiloberfläche oder die →Schichtdickenmessung. Gegenstand der Untergrundprüfung ist neben der Beurteilung der Oberfläche auch die Feststellung erkennbarer →Mängel z. B. durch vorausgegangene Gewerke. Daher gehört auch die Prüfung möglicher Maßabweichungen zu diesen Aufgaben. Zu sichtbaren Mängeln gehören auch Sinterschichten, →Risse, →Ausblühungen, mikrobieller Befall oder →Ausblutungen. Die Prüfung der verschiedenen Untergründe hat nicht nur unmittelbaren Einfluss auf das nachfolgende Arbeitsergebnis, sondern auch auf Haftungsfragen im rechtlichen Sinn. Denn die Prüfung gilt als mögliche Absicherung für den Auftragnehmer selbst. Schließlich unterliegt dieser je nach vertraglicher Vereinbarung einer Prüfungs- und Anzeigepflicht. Dies bedeutet, dass eine Untergrundprüfung auch eine →Bedenkenanmeldung nach sich ziehen kann.

Untergrundvorbehandlung
Bei der Untergrundvorbehandlung wird die Oberfläche eines Untergrundes für nachfolgende Beschichtungen vorbereitet. Grundsätzlich gilt, dass ein Untergrund fest, ausreichend trocken, tragfähig, fett- und staubfrei sein soll. Haftungsmindernde Substanzen oder Schichten wie z. B. Schalöl oder Sinterschichten, durch die eine Untergrundhaftung behindert wird, sind zu entfernen. Zur Untergrundvorbehandlung gehören deshalb verschiedene Maßnahmen. Die wichtigste ist eine gründliche Reinigung oder eben das Entfernen von Altbeschichtungen. Außerdem kann das Auftragen einer →Grundierung und/oder →Haftbrücke notwendig sein. Die DIN 18350 „VOB Vergabe- und Vertragsordnung für Bauleistungen – Teil C: Allgemeine Technische Vertragsbedingungen für Bauleistungen (ATV) – Putz- und Stuckarbeiten“ (2019) unterscheidet zwischen Untergrundvorbereitungen, die eine Nebenleistung darstellen und Vorbereitungen, die zu den besonderen Maßnahmen gehören. Werden aufgrund der Beschaffenheit des Untergrundes zusätzliche Leistungen notwendig gehören diese nicht zu den Nebenleistungen im Sinne der VOB/C, sondern sind besondere Leistungen, die entsprechend zu vergüten sind.

Unterputz
Ein Unterputz ist die unterste von zwei oder mehreren Putzschichten. Dieser kann in einer oder mehreren Putzlagen aufgebracht werden und verschiedene Funktionen übernehmen. Die wichtigste Aufgabe besteht darin, einen geeigneten Untergrund für nachfolgende Beschichtungen wie z. B. Oberputze oder Beläge wie z. B. Fliesen zu schaffen. Hierbei gleicht der Unterputz mögliche Unebenheiten des Untergrundes aus. Je nach Untergrund und Putzsystem kann der Unterputz auch eine Entkopplungsschicht darstellen, mögliche Spannungen ausgleichen und/oder bauphysikalische Funktionen übernehmen. Daher werden Unterputze in klassische Grundputze (Standardputze) und Spezialputze (Funktionsputze) unterschieden. Zu Standardputzen gehören Kalk- und Kalkzementgebundene Unterputze, die im Neubau oder im Altbau ohne Anforderungen eingesetzt werden. Hierzu gehören auch die Leichtputze. Zu den Funktionsputzen gehören Unterputze, die für spezielle Anwendungen entwickelt wurden. Hierzu gehören z. B. Sanierputze und Wärmedämmputze. Daher unterscheiden sich Unterputze in Bezug auf ihre Festigkeit, Wasseraufnahme, Rohdichte und E-Modul, →Porosität, Elastizität und Wasserdampfdiffusionsverhalten sowie weiterer Eigenschaften zum Teil erheblich. Gleiches gilt für die

Zusammensetzung, insbesondere der Zuschlagsstoffe und →Additive.

UV-Beständigkeit
Die UV-Beständigkeit gibt an, wie sich physikalische Eigenschaften von Baustoffen wie z. B. Dichtstoffen oder Anstrichstoffen unter Einwirkung von ultravioletten Strahlen verhalten. UV-Strahlen können erhebliche Materialveränderungen verursachen wie z. B. Materialabbau, Festigkeitsverlust und Farbveränderungen. Diese physikalisch-chemischen Veränderungen werden durch den energiereichen UV-Anteil vor allem der UVA- und UVB-Strahlen ausgelöst. Insbesondere bei polymeren Baustoffen gibt es große Unterschiede in der Beständigkeit gegenüber UV-Strahlung. Daher werden diese mit UV-Stabilisatoren oder Absorbern behandelt, um dessen Widerstandsfähigkeit gegen UV-Licht zu erhöhen. Man unterscheidet zwischen UV-stabil und UV-beständig.

U-Wert
→Wärmedurchgangskoeffizient

9.22 V

Verankerung (allgemein)
Eine Verankerung im Allgemeinen ist eine Befestigung, Verbindung oder Fixierung von einem oder mehreren Baustoffen mit einem Bauteil. Seit 2019 wird diese über die DIN EN 1992-4 „Eurocode 2 – Bemessung und Konstruktion von Stahlbeton- und Spannbetontragwerken – Teil 4: Bemessung der Verankerung von Befestigungen in Beton“ geregelt. Die Norm führte nicht nur unterschiedliche Richtlinien zusammen, sondern harmonisierte auch verschiedene Fachbegriffe im Markt. Außerdem wird die Bemessung für verschiedene Befestigungsarten wie z. B. Metalldübel, Kunststoffdübel, Verbunddübel, Verbundspreizdübel, Kopfbolzen, Ankerbolzen und Ankerschienen dargestellt und die unterschiedlichen Einwirkungen auf die Befestigung definiert. Bei der Verankerung werden folgende physikalische Wirkprinzipien unterschieden: →Formschluss, →Reibschluss und →Stoffschluss.

Verankerung (von Mauerwerk)
Eine Verankerung ist ein spezielles Instandsetzungsverfahren im Rahmen der Risssanierung, bei dem unterschiedliche Anker eingesetzt werden, um ein Mauerwerk zu stabilisieren und die Tragfähigkeit zu erhöhen oder nachträglich wieder herzustellen. Je nach Ausführungsart sind auch Begriffe wie →Vernadelung oder →Verklammerung gebräuchlich. Am häufigsten werden →Spiralanker eingesetzt. Diese werden rechtwinklig zum Riss gesetzt, wobei die Lagerfugen mit eingeschlossen werden. Nachdem diese mit Hilfe von Abstandhaltern mittig in die Öffnungen des Mauerwerkes eingelegt wurden, wird der vorhandene Hohlraum mit einem →Ankermörtel verfüllt. Wichtig ist eine ausreichende und gleichmäßige Überdeckung des Spiralankers. Diese haben die Aufgabe, die Horizontalkräfte aufzunehmen, die vor allem bei Mauerwerken mit nicht kohäsiver Innenschale auftreten. Die Lastübertragung zwischen der äußeren Schale des Mauerwerks und dem Spiralanker erfolgt über die Verbundwirkung zwischen Spiralanker und Ankermörtel. Eine Verankerung wird daher zur Instandsetzung von Konstruktivbedingten Rissen eingesetzt.

Verbundbaustoffe
Verbundbaustoffe sind eine Kombination aus mindestens zwei oder mehreren Baustoffen. Im Gegensatz zu Bausystemen handelt es sich bei Verbundbaustoffen um unterschiedliche Baustoffe unterschiedlicher Hersteller, durch die eine definierte Funktionalität sichergestellt werden soll. Bekanntes Beispiel ist der Stahlbeton, bei dem die Eigenschaften und Vorteile unterschiedlicher Baustoffe genutzt und die Nachteile der Komponenten kompensiert werden. Ein anderes Beispiel ist ein verputztes Mauerwerk, das aus einem Stein, einem Mörtel, einem Unterputz und Oberputz sowie in der Regel einen Anstrichstoff verfügt. Alle diese Baustoffe haben unterschiedliche Eigenschaften in Bezug auf die Wasseraufnahme, das Wasserdampfdiffusionsverhalten, die →Elastizität, das Schwind- und Dehnverhalten, bei Druck- und Zugfestigkeiten und dgl., so dass sich deren Eigenschaften im Verbund anders verhalten als bei den Einzelbaustoffen. Dies ver-

ursacht bei lastunabhängigen Verformungen wie z. B. hygro-thermische Einflüsse und/oder bei lastabhängigen Verformungen wie →Kriechen und →Schwinden Spannungen zwischen den Baustoffen, die zu Rissen führen können. Ein weiteres Merkmal von Verbundbaustoffen ist, dass diese in der Regel einer Norm entsprechen und aufgrund der Vielzahl der verschiedenen Kombinationsmöglichkeiten nicht geprüft sind, ausgenommen sind freiwillige Prüfungen der Hersteller untereinander.

Verbundrisse
Verbundrisse treten im Stahlbeton auf und entstehen durch einen unzureichenden Verbund des Betons mit der Stahlbewehrung (Bewehrungsstäbe, -matten). Die Risse verlaufen in der Regel parallel zu diesen.

Verdämmung
Unter Verdämmung wird das temporäre Verschließen oder Abdichten einer Injektionsebene verstanden, damit Injektionsstoffe oder →Rissfüllstoffe nicht unkontrolliert austreten. Wenn das Risiko nicht mehr besteht, wird die Verdämmung wieder entfernt.

Verdeckter/versteckter Mangel
Der Begriff des verdeckten oder versteckten Mangels wird oft bemüht, wenn ein →Mangel erst nach der →Abnahme oder schlimmstenfalls erst nach Ablauf der →Gewährleistung auftritt und bisher unerkannt blieb. Der Auftraggeber (im rechtlichen Sinn der Gläubiger) unterstellt dann nicht selten dem Auftraggeber (im rechtlichen Sinn der Schuldner), dass er diesen arglistig verschwiegen hätte. In der Praxis führt dies oft dazu, dass Auftraggeber meinen, dass sich daraus verlängerte Gewährleistungsfristen gegenüber dem Auftragnehmer ableiten lassen. Die Rechtsprechung kennt den Begriff des verdeckten oder versteckten Mangels nicht. Weder im Werkvertragsrecht nach BGB noch VOB/B gibt es diesen Begriff. Daher haben diese auch keine Auswirkungen auf Verjährungsfristen oder Ansprüche in Bezug auf eine Mangelbeseitigung.

Verdrängungsinjektion
Verdrängungsinjektion ist eine spezielle Methode im Rahmen der →Baugrundverfestigung. Hierbei wird ein steifer →Injektionsstoff wie z. B. mineralische Mörtel über Injektionslanzen in verschiedene Tiefen des Baugrunds gepresst und verdichtet. Ziel der Verdrängungsinjektion ist die Bodenverdrängung und damit Verdichtung des umgebenden Baugrunds. In Folge der Verdichtung des Bodens, der Erhöhung der Horizontalspannungen sowie des Einbringens des Injektionsstoffes selbst wird die →Tragfähigkeit des Baugrundes erhöht. Dies wird durch überlappende Injektionsbereiche sichergestellt.

Verdünnungsmittel
Verdünnungsmittel sind Flüssigkeiten, mit denen →Viskosität und Verarbeitungskonsistenz von Bau- oder Beschichtungsstoffen eingestellt werden kann. Hierbei handelt es sich in der Regel um Wasser. In Ausnahmen werden auch organische Lösemittel verwendet.

Verformbarkeit
Unter Verformbarkeit wird die Fähigkeit eines Baustoffes verstanden, sich unter →Spannung zu verformen, ohne dass das Baustoffgefüge zerstört wird. Diese Eigenschaft wird über das →Elastizitätsmodul angegeben.

Verformung
Die Verformung ist eine Volumenänderung von Bauteilen und/oder Baustoffen. Diese kann lastunabhängige Ursachen wie hygro-thermische Einflüsse und/oder lastabhängige Ursachen wie →Kriechen und →Schwinden haben. Infolgedessen können Spannungen verursacht werden, die zu Rissen führen können.

Verformungsklassen (nach DIN 18533)
Bei der Planung und Ausführung von Bauwerksabdichtungen müssen im Bereich von →Bewegungsfugen unterschiedliche Einwirkungen aus dem Flankenversatz berücksichtigt werden. Diese können ein-, zwei- und dreidimensional (senkrecht zur Abdichtungsebene durch Sche-

rung sowie längs in Abdichtungsebene durch Dehnung oder Stauchung sowie durch Verzerrung) auftreten. Nach der Art der Bewegung werden Fugen-Typ I für langsame, einmalige oder selten wiederholte Bewegungen sowie Fugen-Typ II für schnelle, häufig wiederholende Bewegungen (Verkehr, Temperatur) unterschieden. Hierzu wurden in der DIN 18533-1 „Abdichtung von erdberührten Bauteilen – Teil 1: Anforderungen, Planungs- und Ausführungsgrundsätze" (2017) fünf Verformungsklassen für Bewegungsfugen definiert. Aus den in alle drei Richtungen maximal zu erwartenden Bewegungen ist die resultierende Verformung zu ermitteln.

Verfüllende Injektionen (Mauerwerke)
Verfüllende Injektionen, auch als Spaltinjektion oder Hohlrauminjektion bezeichnet, werden zur Instandsetzung von älteren Mauerwerken eingesetzt. Ziel dieser Maßnahmen ist die Stabilität und Tragfähigkeit zu erhöhen oder nachträglich wieder herzustellen. Die hierfür eingesetzten kalk- und kalkzementgebundenen Injektionsmörtel, auch als Verfüllmörtel bezeichnet, sind niedrigviskos und schwindfrei erhärtend. Einigen Injektionsmörteln wird Trass zugegeben, andere bestehen aus Kaliwasserglas oder sind mit Kunstharzen vergütet. Eingebracht werden diese drucklos oder unter geringem Druck. Bei älteren Mauerwerken muss beachtet werden, dass diese häufig Gipsanteile aufweisen, so dass bei Verwendung von zementgebundenen Mörteln die Gefahr der →Ettringitbildung besteht.

Verfüllmörtel
Verfüllmörtel sind mineralische Mörtel zum Füllen von Hohlräumen in Mauerwerken aus Ziegel- oder Naturstein. Verfüllmörtel sind niedrigviskos und schrumpffrei erhärtend.

Vergelung
Vergelung ist ein unspezifischer Oberbegriff und wird für die abdichtende Injektion mit reaktiven Injektionsstoffen wie z. B. →Acrylatgele verwendet als auch für die abdichtende Injektion im Rahmen der nachträglichen Vertikalabdichtung, wenn anders als bei der →Schleierinjektion die Abdichtungsebene innerhalb der Baukonstruktion ausgebildet wird.

Vergussmörtel
Vergussmörtel sind in der Regel beschleunigte zementgebundene Mörtel, so dass innerhalb kürzester Zeit eine sehr hohe Druckfestigkeit erreicht wird und die Mörtel früh belastbar sind. Die Korngröße/Sieblinie ist auf den jeweiligen Anwendungsfall abgestimmt. Vergussmörtel sind niedrigviskos, sehr gut fließfähig und erhärten schrumpffrei.

Verjährungsfrist
Die Verjährung von Ansprüchen aus Werkverträgen beginnt mit der →Abnahme des Werkes. Die Verjährungsfrist richtet sich nach den vertraglichen Vereinbarungen zwischen dem Auftraggeber (Gläubiger im rechtlichen Sinn) und dem Auftragnehmer (Schuldner im rechtlichen Sinn) sowie sonstigen Umständen. So gilt für Bauleistungen, für die ein Werkvertrag nach BGB geschlossen wurde, ein Ablauf der Verjährung von fünf Jahren (§ 634 BGB). Allerdings gilt eine kürzere Verjährungsfrist von nur zwei Jahren, wenn lediglich Reparaturarbeiten durchgeführt wurden (Urteil des OLG Bamberg vom 28.01.2016 – 1 U 146/15 sowie Beschluss des BGH vom 24.01.2018 – VII ZR 33/16). Ist dagegen ein VOB/B-Vertrag geschlossen worden, gilt in der Regel ein Ablauf der Verjährung von vier Jahren. Bei arglistigem Verschweigen eines Mangels beträgt die Verjährungsfrist drei Jahre (§ 634 Abs. 3 BGB). Verjährungsfristen bei Bauleistungen können auch nicht durch AGB unterbrochen oder verkürzt werden. Im Baurecht bedeutet der Ablauf der Verjährungsfrist, dass der Auftraggeber keine Möglichkeit mehr hat, mögliche Ansprüche gegen den Auftragnehmer geltend zu machen.

Verklammerung
→Verankerung

Vernadelung
Von einer Vernadelung wird gesprochen, wenn bei einer →Verankerung im Mauerwerk die Anker rasterartig angeordnet werden.

Vernetzung
Vernetzung ist ein Begriff aus der makromolekularen Chemie und beschreibt die räumliche Verknüpfung von Polymerketten untereinander zu einem quervernetzten Polymer. Diese ist verantwortlich für die Verfestigung von chemisch reagierenden Baustoffen wie z. B. Fugendichtstoffe.

Verpressen
Die Injektion von Material unter Druck wird auch als Verpressen bezeichnet.

Vertikalrisse
Vertikalrisse ist ein fachlich unspezifischer Begriff für →Risse mit einem vertikalen →Rissverlauf. Hierbei handelt es sich in der Regel um →Konstruktivbedingte Risse oder um →baugrundbedingte Risse.

V-förmige Risse
Eine →Rissform wie ein „V" ist namensgebend für diese Risse. Im Gegensatz zu parallel verlaufenden Rissflanken haben V-förmige Risse eine bestimmte, durch den Risswinkel bedingte Tiefe. Dies bedeutet, dass die →Rissbreite an der Bauteiloberfläche am größten ist. V-förmige Risse bzw. solche mit begrenzter →Risstiefe treten vor allem dort auf, wo ein starkes →Schwinden stattgefunden hat. Diese Risse sind meistens nur wenige Millimeter tief. Daher kann Wasser nur im oberflächennahen Bereich eindringen.

Videoskop
Ein Videoskop ist ein flexibles Endoskop, das am Ende des flexiblen Rohrs mit einer Videokamera ausgestattet ist. Der Vorteil gegenüber dem klassischen Endoskop besteht darin, dass nicht nur Fotos, sondern auch Videos (Bewegtbilder) von Hohlräumen und dgl. aufgenommen werden können. Bei den meisten Geräten kann mit einem Joystick oder ähnlichem die Betrachtungsposition gesteuert werden. Einige Videoskope sind tauchfähig, so dass sie für Hohlräume verwendet werden können, in denen Wasser steht z. B. in Fußböden oder in mehrschaligen Wandkonstruktionen nach einem sporadischen Wasserschaden.

Viskosimeter
Ein Viskosimeter ist ein Messgerät zur Bestimmung der →Viskosität.

Viskosität
Die Viskosität beschreibt das Fließverhalten von flüssigen und pastösen Baustoffen. Je höher die Viskosität ist, umso dickflüssiger bzw. zähflüssiger ist der Baustoff. Die Viskosität der meisten Baustoffe wird von der Temperatur beeinflusst. Daher muss diese bei Prüfungen immer mit gemessen werden. Bei der Viskosität wird unterschieden zwischen absoluter bzw. dynamischer und kinematischer Viskosität. Bei der absoluten bzw. dynamischen Viskosität wird der Reibungswiderstand gemessen, den ein flüssiger oder pastöser Baustoff einer Verformung durch eine Druck- oder Schubspannung entgegensetzt. Der Messwert wird in Millipascalsekunde angegeben. Bei der kinematischen Viskosität wird die innere Reibung eines flüssigen oder pastösen Baustoffs angegeben. Der Messwert wird in m^2/s angegeben. Die kinematische Viskosität wird berechnet, indem die dynamische Viskosität durch die Dichte des Baustoffs geteilt wird.

Vlies
Ein Vlies ist ein feines textiles Flächengewebe (Gewirk), das in Anstrichstoffe eingebettet wird und zur anstrichtechnischen Risssanierung verwendet wird. Vliesstoffe sind sehr flexibel und leicht biegsam. Sie weisen eine vergleichsweise geringe Dicke gegenüber ihrer Länge und Breite auf (40 bis 50 g/m^2).

VOB
VOB ist die Abkürzung für Vergabe- und Vertragsordnung für Bauleistungen. Diese wird vom Deutschen Vergabe- und Vertragsausschuss für Bauleistungen erstellt und regelt die Vergabe von Bauaufträgen öffentlicher Auftraggeber sowie die Vertragsbedingungen für die Ausführung von Bauleistungen. Die VOB ist in drei Teile untergliedert. Teil A enthält die von öffentlichen Auftraggebern anzuwendenden Allgemeinen Bestimmungen für die Vergabe von Bauleistungen und ist in drei Abschnitte unterteilt. Abschnitt 1 regelt nationale und Abschnitt 2 europaweite

Bauvergaben. Im Abschnitt 3 wird die Vergabe von verteidigungs- oder sicherheitsspezifischen öffentlichen Bauaufträgen geregelt. Teil B der VOB enthält die Allgemeinen Vertragsbedingungen für die Ausführung von Bauleistungen und im Teil C werden die Allgemeinen Technischen Vertragsbedingungen für Bauleistungen (ATV) definiert. Wird die VOB Vertragsbestandteil eines Werkvertrages, spricht man von einem →VOB-Vertrag. Die VOB ist gegenüber dem BGB kein Gesetz und keine Rechtsverordnung. Im Gegensatz zum BGB ist die VOB ein Regelwerk, das ausschließlich nur die Ausführung von Bauleistungen betrifft.

VOB-Vertrag
Ein VOB-Vertrag kommt zustande, wenn der Auftraggeber (Gläubiger im rechtlichen Sinn) und der Auftragnehmer (Schuldner im rechtlichen Sinn) die Regelungen der →VOB in einem Werkvertrag nach BGB vereinbaren. Hierbei werden die allgemeinen Vertragsbedingungen für die Ausführung von Bauleistungen der VOB Teil B ergänzt. Diese müssen zwischen den Vertragsparteien ausdrücklich als Ganzes vereinbart und als Regelwerk im Werkvertrag aufgenommen werden. Denn die in der VOB Teil B geregelten Vertragsbedingungen weichen zu verschiedenen Inhalten von den allgemeinen Vorschriften zum Werkvertrag nach BGB ab. Sind diese vereinbart, sind die Regelungen der VOB dann privilegiert vor denen des BGB. Hierbei darf aber mit dem VOB-Vertrag nicht gegen die zwingenden Vorschriften des BGB und anderer Gesetze verstoßen werden. Gerade Abweichungen hinsichtlich Allgemeiner Geschäftsbedingungen sind immer wieder Anlass für Rechtsstreitigkeiten. VOB-Verträge kommen in der Regel dann zur Anwendung, wenn komplexe Bauvorhaben geregelt werden müssen. Dafür ist das BGB in der Regel nicht umfassend ausgerichtet. Für Baumaßnahmen von öffentlichen Auftraggebern muss die VOB verbindlich herangezogen werden.

Vorkomprimierte Fugendichtbänder
Vorkomprimierte Fugendichtbänder („Kompribänder") sind imprägnierte Schaumstoffbänder mit einer selbstklebenden Schicht. Geregelt werden diese in der DIN 18542 „Imprägnierte Fugendichtungsbänder aus Schaumkunststoff zur Abdichtung von Außenwandfugen – Anforderungen und Prüfung". Für die Planung und Ausführung muss der richtige Typ in der richtigen Größe auf Grundlage der Fugendimensionierung sowie der vorgesehenen Anwendung ausgewählt werden. Alle Fugendichtbänder sind wasserabweisend und je nach Komprimierung winddicht. Einige sind darüber hinaus luftdicht und schlagregendicht. Fugendichtbänder haben sehr gute thermische und akustische Eigenschaften. Allerdings haben die meisten Fugendichtbänder keine dauerhafte UV-Beständigkeit, so dass diese mit einer zusätzlichen Beschichtung versehen werden müssen. Durch die Vorkomprimierung ist sichergestellt, dass Fugendichtbänder auch Fugen mit unterschiedlicher Breite und Tiefe ausfüllen und sich an ihre Größe und Form anpassen. Außerdem steht dadurch genügend Zeit für das Einbringen der Dichtbänder in die Fugen zur Verfügung. Durch die Rückstellkraft des expandierten Fugendichtbandes wird eine ausreichende Haftung an den Fugenflanken sichergestellt. Allerdings brauchen die Fugen hierfür eine ausreichende Fugentiefe und nahezu parallel verlaufende Fugenflanken. Dies hat gegenüber Fugendichtstoffen oder aufgeklebten Fugenbändern den Vorteil, dass keine Untergrundvorbehandlung notwendig ist.

Vornorm
Eine Vornorm ist Teil innerhalb der Entwicklung einer neuen DIN-Norm. In dieser Phase werden die Inhalte einer geplanten DIN-Norm unter Vorbehalt und mit dem Zusatz V (DIN V) veröffentlicht. Durch die Anwendung einer Vornorm soll die Praxistauglichkeit der Inhalte erprobt und bestätigt sowie ggf. Unzulänglichkeiten beseitigt werden. Die Vorgehensweise ist in der DIN 820 „Normungsarbeit" geregelt.

Vorschussanspruch
Der Anspruch auf einen Vorschuss ist ein Rechtsbegriff und stellt nach § 637 Abs. 3 BGB ein sekundäres Mängelrecht eines Auftraggebers (oder Gläubigers im rechtlichen Sinn) im Rahmen der →Gewährleistung z. B. eines Werkvertrages dar,

damit dieser z. B. einen Anspruch auf Nachbesserung nicht vorfinanzieren muss.

Vorspannung
Unter Vorspannung wird das planmäßige Einbringen einer künstlich erzeugten Kraft in ein Bauteil verstanden. Dies geschieht aus hochfesten Spanngliedern, die gegenüber der klassischen Bewehrung etwa die doppelte →Zugfestigkeit aufweisen. Diese werden im Bauzustand bis an die Grenze ihrer →Tragfähigkeit gezogen und dann diese Kraft als Druckkraft in das Bauteil eingeführt.

V-Schnittverfahren
Das V-Schnittverfahren ist eine alte Methode bei der nachträglichen Horizontalabdichtung. Hierbei wird das feuchte Mauerwerk zunächst von der einen Seite schräg (45°) nach unten durchtrennt und mit einem wasserabweisenden Mörtel verfüllt. Nach der vollständigen Erhärtung wird dieser Vorgang auf der anderen Seite des Mauerwerks wiederholt. Bei einem vertikalen Schnitt durch das Mauerwerk ergibt sich eine V-förmige Horizontalabdichtung. Das Verfahren ist zeitaufwändig und kann bei fehlerhafter Anwendung zu konstruktivbedingten Rissen führen. Der Vorteil ist, dass sich eine durchgehende Abdichtungsschicht ausbildet und das Mauerwerk durch das Einbringen von niedrigviskosen Verfüllmörteln nachträglich ertüchtigt werden kann.

9.23 W

Wärmeausdehnung
→thermische Ausdehnung

Wärmeausdehnungskoeffizient
Der Wärmeausdehnungskoeffizient (auch thermischer Ausdehnungskoeffizient genannt) ist baustoffspezifisch und temperaturabhängig. Dieser gibt an, um welche Längendifferenz sich ein Baustoff bei einer Temperaturänderung von einem Kelvin im Verhältnis zur Gesamtlänge verändert. Die Maßeinheit wird in 1/K angegeben.

Wärmebrücke
Wärmebrücken werden umgangssprachlich und fälschlicherweise auch als Kältebrücke bezeichnet. Bauphysikalisch gesehen ist dies nicht korrekt, da die betroffenen Bauteilbereiche eine höhere Wärmestromdichte aufweisen als die benachbarten. Das entsprechende Bauteil kühlt schneller aus. Infolgedessen geht es um Wärmeverluste, da Wärme von innen nach außen transportiert wird (und nicht Kälte von außen nach innen). Wärmebrücken sind eine wärmetechnische Schwachstelle in der Baukonstruktion, da es in diesen Bauteilbereichen zu erhöhten Wärmeverlusten kommt. Man spricht daher auch von „gestörten“ Bauteilen, da es in diesen Bauteilbereichen zu einer Absenkung der Temperatur kommt, die meistens noch in benachbarte Bauteile abstrahlt. Wärmebrücken können verschiedene Ursachen haben. Hierzu zählen die Geometrie und Form der Gebäudehülle, der Einsatz unterschiedlich wärmeleitender Baustoffe sowie konstruktionsbedingte Aspekte. Infolgedessen werden materialbedingte (oder auch baustoffbedingte) Wärmebrücken, geometriebedingte Wärmebrücken und konstruktionsbedingte Wärmebrücken unterschieden. Um Wärmebrücken sichtbar zu machen, wird die →Thermografie eingesetzt. Diese visualisiert Schwachstellen und Unregelmäßigkeiten in Bauteilen.

Wärmedämmputz
Ein Wärmedämmputz ist ein →Unterputz mit wärmedämmenden Eigenschaften. Nach DIN EN 998-1 „Festlegungen für Mörtel im Mauerwerksbau – Teil 1: Putzmörtel“ werden diese Putzmörtel nach der Wärmeleitfähigkeit in zwei Kategorien unterschieden: T1 mit einem λ-Wert $\leq$ 0,1 W/(m K) und einem Bemessungswert von 0,12 W/(m K) und T2 mit einem λ-Wert $\leq$ 0,2 W/(m K) und einem Bemessungswert von 0,24 W/(m K). Früher wurde den klassischen Wärmedämmputzen organische Leichtzuschläge in Form von expandiertem Polystyrol („EPS-Kügelchen“) zugegeben, um die Wärmeleitfähigkeit zu reduzieren. Seit 10/15 Jahren werden

zunehmend mineralische Leichtzuschläge in Form von Bims, Blähton und Perlite zugegeben, mit denen allerdings eine höhere Wärmeleitfähigkeit erreicht wird. Bei einigen WD-Putzen werden Leichtzuschläge mit Tensiden (Luftporenbildner) kombiniert, um den Porenanteil im Putzgefüge zu erhöhen und die Trockenrohdichte zu reduzieren. Wärmedämmputze haben eine Trockenrohdichte unterhalb von 600 kg/m^3. Art und Menge der Leichtzuschläge bestimmt aber nicht nur Trockenrohdichte und Wärmeleitfähigkeit, sondern auch Festigkeit, Wasseraufnahme, Wasserdampfdiffusion und Brandverhalten. Je nach Zusammensetzung entsprechen Wärmedämmputze nach DIN EN 13501 „Klassifizierung von Bauprodukten und Bauarten zu ihrem Brandverhalten“ der Baustoffklasse A1 („nicht brennbar“), A2 („nicht brennbar, mit geringen organischen Bestandteilen“) oder B1 („schwer entflammbar“).

Wärmedämm-Verbundsysteme
Im Kontext zu Rissen in Gebäuden sind Wärmedämm-Verbundsysteme (WDVS) sowohl Teil des Problems (Risse im WDVS) als auch Teil der Lösung (WDVS als Instandsetzung).

Wärmedämm-Verbundsysteme (als Lösung)
Ein Wärmedämm-Verbundsystem stellt eine Instandsetzungsmethode im Rahmen der Risssanierung bei konstruktivbedingten Rissen, untergrundbedingten Rissen sowie dynamischen Rissen mit einer Rissbreite über 0,5 mm dar. Die plattenförmigen Wärmedämmstoffe bieten hierbei gleich mehrere Vorteile. Zum einen wirken diese wie eine →Entkopplungsschicht. Hierzu müssen die Dämmplatten mindestens eine Schichtdicke von 5 cm aufweisen. Zum anderen bewirken diese, dass die Baukonstruktion der Gebäudehülle durch Temperaturwechsel (Tag/Nacht und Sommer/Winter) nicht mehr so stark beansprucht wird. Temperaturbedingte Rissbewegungen werden durch die Wärmedämmschicht deutlich reduziert. Hierbei organische und anorganische Wärmedämmstoffe unterschieden. Zu den organischen Wärmedämmstoffen gehört vor allem Expandierter Polystyrol-Hartschaum (EPS), aber auch Extrudierter Polystyrol-Hartschaum (XPS), Polyurethan-Hartschaum (PUR) und Phenolharz (oder Resol-Hartschaum). Zu den anorganischen Wärmedämmstoffen gehört vor allem Mineralwolle (Stein- und Glaswolle). In Deutschland muss die Verwendbarkeit eines Wärmedämm-Verbundsystems durch eine allgemeine bauaufsichtliche Zulassung (abZ) oder in Kombination mit einer Europäisch-Technischen Zulassung (ETZ) bzw. Europäisch-Technischen Bewertung (ETB) über eine Verwendungszulassung nachgewiesen werden. Die Zulassung des →DIBt (Deutsches Institut für Bautechnik) dokumentiert alle vom Systemhersteller vorgegebenen und im Gesamtsystem geprüften Komponenten (Kleber, Dämmplatte, Dübel, Armierungsschicht, Oberputz oder alternative Schlussbeschichtung) sowie die brandschutztechnisch relevanten Eigenschaften. Im Rahmen der Risssanierung werden die Wärmedämmplatten auf dem Untergrund entweder vollflächig verklebt oder mittels Wulst-Punkt-Methode (mit mind. 40 % Klebefläche). Vor allem zur Instandsetzung von konstruktivbedingten Rissen haben sich Wärmedämm-Verbundsysteme bewährt, die auf einem Schienensystem montiert werden. Dadurch wird die Wirkung der Entkopplungsschicht verstärkt.

Wärmedämm-Verbundsysteme (als Problem)
Ein Wärmedämm-Verbundsystem ist nicht nur eine mögliche Lösung bei der Instandsetzung von Rissen, sondern kann auch selbst Ursache für Risse sein. Die plattenförmigen Wärmedämmstoffe im WDVS können ursächlich für →untergrundbedingte Risse sein, die Schlussbeschichtung z. B. durch einen Oberputz ursächlich für →Putzbedingte Risse. Untergrundbedingte Risse in einem WDVS zeigen sich vor allem diagonal von den Fensterecken ausgehend und entlang der horizontalen und vertikalen Plattenstöße. Diese sind u. a. darauf zurückzuführen, dass die Wärmedämmplatten nicht „knirsch“ verlegt (offene Fugen) und/oder der Plattenversatz (Verband) nicht eingehalten wurde. Außerdem verursacht auch ein Nachschwinden der Wärmedämmplatten untergrundbedingte Risse sowie eine fehlende oder falsch verlegte →Gewebearmierung in der Armierungsschicht. In der Regel

wird bei Rissen in WDVS die →Zugfestigkeit der Armierungs- und/oder Putzschicht durch auftretende Zugspannungen überschritten. Hierfür können systemrelevante Ursachen wie z. B. eine zu große Steifigkeit des Putzsystems z. B. bei einem dickschichtigen Edelkratzputz verantwortlich sein oder ausführungsbedingte Ursachen. Hierzu gehören neben den bereits erwähnten offenen Plattenstößen oder der fehlenden oder falsch verlegten →Diagonalarmierung auch eine falsche Verklebung der Wärmedämmplatten, insbesondere von EPS. Nicht hinreichend abgelagerte Dämmplatten können durch Nachschwinden offene Fugen von 2 bis 3 mm verursachen, die eine Kerbwirkung entfalten.

Wärmedehnung
→thermische Ausdehnung

Wärmedehnzahl
→Wärmeausdehnungskoeffizient

Wärmeschrumpfung
→thermische Kontraktion

Wärmedurchgangskoeffizient
Der Wärmedurchgangskoeffizient, auch bekannt als U-Wert, ist ein baustoffspezifischer Kennwert für den Wärmedurchgang durch ein Bauteil, wenn auf dessen beiden Seiten verschiedene Lufttemperaturen vorhanden sind. Der U-Wert gibt den Wärmestrom in W an, der durch eine Fläche von 1 m^2 bei einem stationären Temperaturunterschied von 1 K fließt. Die Einheit ist W/($m^2 \cdot K$). Er wird im Wesentlichen durch die Dicke und die Wärmeleitfähigkeit der einzelnen Bauteilschichten, aber auch durch den Wärmeübergang an beiden Oberflächen in Folge Konvektion und Wärmestrahlung bestimmt. Kleine U-Werte stehen hierbei für eine gute, und große U-Werte für eine schlechte Wärmedämmung des Bauteils.

Wärmedurchgangswiderstand
Der Wärmedurchgangswiderstand ist die Summe der Wärmedurchlasswiderstände vorhandener Bauteilschichten und Wärmeübergangswiderstände auf beiden Seiten des Bauteils. Die Einheit ist ($m^2 \cdot K$)/W. Der Reziprok Wert des Wärmedurchgangswiderstandes ist der →Wärmedurchgangskoeffizient.

Wärmedurchlasswiderstand
Der Wärmedurchlasswiderstand beschreibt den Widerstand, den ein Bauteil mit einer Fläche von 1 m^2 dem Wärmestrom bei Anliegen einer Temperaturdifferenz von 1 K zwischen seinen Oberflächen entgegensetzt. Die Einheit ist ($m^2 \cdot K$)/W. Um eine Aussage über die Wärmedämmung einer Wand treffen zu können, ist die Wärmeleitfähigkeit der einzelnen Baustoffschichten nicht ausreichend, da sie nur ein baustoffspezifischer Kennwert ist. Es muss die Dicke jeder einzelnen Baustoffschicht für jedes Bauteil berücksichtigt werden. Der Wärmedurchlasswiderstand ergibt sich somit aus dem Quotienten der Dicke einer Baustoffschicht und der Wärmeleitfähigkeit des Baustoffs. Bei mehrschichtigen Bauteilen wird für die Ermittlung des gesamten Wärmedurchlasswiderstandes des Bauteils die Summe der Einzelwiderstände der Stoffschichten gebildet. Ist der Wärmedurchlasswiderstand eines Bauteils groß, verringert sich bei gleicher Temperaturdifferenz der Wärmestrom oder anders ausgedrückt: je geringer der Wärmestrom = Wärmeverlust eines Bauteils sein soll, umso größer muss der Wärmedurchlasswiderstand des Bauteils sein.

Wärmeeindringkoeffizient
Der Wärmeeindringkoeffizient ist eine von der Wärmeleitfähigkeit und der spezifischen Wärmespeicherfähigkeit abhängige baustoffspezifische Kenngröße für den Wärmetransport bei einem kurzfristigen Kontakt zwischen zwei Körpern. Die sich an der Berührungsfläche einstellende Kontakttemperatur wird bestimmt durch die Wärmeeindringkoeffizienten beider Stoffe.

Wärmefluss
→Wärmestrom

Wärmeflussmessung
Wärmeflüsse spielen beim Wärmetransport auf Bauteiloberflächen sowie im Querschnitt von Bauteilen eine zentrale Rolle. Daher kommt der

Wärmeflussmessung ein hoher Stellenwert zu. Diese fällt z. B. bei der Ermittlung der Wärmeleitfähigkeit von Wärmedämmstoffen, der Untersuchung von thermischen Schwachstellen (Wärmebrücken) einer Gebäudehülle oder beim Wärmeaustausch auf Bauteiloberflächen an. Wärmeflussmesser (Wärmeflussplatten) sind spezielle Messgeber, welche den hindurchfließenden →Wärmestrom als elektrische Messgröße darstellen. Aus der gemessenen Wärmestromdichte und den gemessenen Oberflächentemperaturen des Bauteils kann der →Wärmedurchlasswiderstand und unter Berücksichtigung der Wärmeübergangswiderstände der →Wärmedurchgangskoeffizient des Bauteils ermittelt werden.

Wärmeleitfähigkeit
Die Wärmeleitfähigkeit (auch als Wärmeleitzahl oder Wärmeleitkoeffizient bezeichnet) eines Bauteils ist seine Fähigkeit, thermische Energie durch Wärmeleitung zu transportieren. Die baustoffspezifische Kenngröße gibt an, wie groß der →Wärmefluss ist, der durch eine Baustoffschicht von 1 m Dicke bei einer Temperaturdifferenz von 1 K fließt.

Wärmeleitkoeffizient
→Wärmeleitfähigkeit

Wärmeleitung
Unter Wärmleitung wird die auf Molekül- und Teilchenbewegung basierende Form des Wärmetransports in Festkörpern, ruhenden Flüssigkeiten und unbewegten Gasen in Folge eines Temperaturunterschieds verstanden, wobei die Wärme immer nur in Richtung geringerer Temperatur fließt. Der Koeffizient für die Wärmeleitung in einem Baustoff ist dessen →Wärmeleitfähigkeit.

Wärmeleitzahl
→Wärmeleitfähigkeit

Wärmestrom
Der Wärmestrom ist eine bauphysikalische Kenngröße zur quantitativen Erfassung von Wärmetransportvorgängen, z. B. des Wärmedurchgangs durch ein ebenes Bauteil, wenn auf beiden Seiten des Bauteils verschiedene Temperaturen anliegen. Er gibt die Wärmemenge an, die pro Zeiteinheit übertragen wird, wobei die Fließrichtung des Wärmestroms immer von einem Bereich höherer Temperatur zu einem Bereich niedrigerer Temperatur verläuft. Der Wärmestrom hängt zum einen von der Temperaturdifferenz und zum anderen vom Wärmedurchgangswiderstand und der Fläche des Bauteils ab.

Wärmestromdichte
Bei der Betrachtung der Wärmeübertragung durch ein Bauteil gibt die Wärmestromdichte an, welcher Wärmestrom pro m^2 Bauteilfläche bei Anliegen einer Temperaturdifferenz zwischen der Innen- und Außenluft durch das Bauteil fließt. Die Einheit ist W/m^2.

Wärmetransport
→Wärmeübertragung

Wärmeübergangskoeffizient
Der Wärmeübergangskoeffizient (auch als Wärmeübergangszahl bezeichnet) ist ein Proportionalitätsfaktor, der die Intensität des Wärmeübergangs zwischen der Außenluft und der Oberfläche eines ebenen Bauteils infolge Konvektion und Strahlung bestimmt. Der Wärmeübergangskoeffizient ist keine Materialkonstante, sondern von der Geschwindigkeit der anströmenden Luft, den geometrischen Verhältnissen und der Beschaffenheit der Bauteiloberfläche abhängig. Er ist der Reziprok Wert des Wärmeübergangswiderstandes, der in bauphysikalischen Berechnungen verwendet wird. Die Einheit ist $W/(m^2 \cdot K)$.

Wärmeübergangswiderstand
Der Wärmeübergangswiderstand ist ein Maß für den Widerstand, den eine Baustoffschicht an der Stoffgrenze (Übergangszone) der →Wärmeübertragung durch Strahlung und Konvektion zwischen Umgebungsluft und Bauteil (innen) oder umgekehrt zwischen Bauteil und Umgebungsluft (außen) entgegensetzt. Wegen der höheren Luftgeschwindigkeiten ist der äußere Wärmeübergangswiderstand erheblich kleiner als der

Wärmeübergangswiderstand innen. In Innenräumen hangt der Wärmeübergangswiderstand zusätzlich von der Richtung des konvektiven Wärmestroms ab. Die Bemessungswerte sind nach der DIN EN ISO 6946 „Bauteile – Wärmedurchlasswiderstand und Wärmedurchgangskoeffizient" (2018) zu ermitteln. Die Einheit ist $(m^2 \cdot K)/W$.

Wärmeübergangszahl
→Wärmeübergangskoeffizient

Wärmeübertragung
Als Wärmeübertragung wird der Transport von thermischer Energie in Folge eines Temperaturunterschiedes innerhalb von festen Baustoffen durch →Wärmeleitung, zwischen festen Baustoffen und Flüssigkeiten oder Gasen durch Konvektion sowie zwischen den Oberflächen von zwei festen Baustoffen durch Wärmestrahlung bezeichnet. Die physikalische Größe der Wärmeübertragung ist der →Wärmestrom, der so lange zwischen dem Punkt mit der höheren Temperatur und dem Punkt mit der niedrigeren Temperatur fließt, bis sich ein Temperaturgleichgewicht eingestellt hat.

Wartungsfuge
Eine Wartungsfuge ist lt. DIN 52460 „Fugen- und Glasabdichtungen – Begriffe" (2015) eine Fuge, die starken chemischen und/oder physikalischen Einflüssen ausgesetzt ist und deren Fugendichtstoff in regelmäßigen Zeitabständen überprüft und ggf. erneuert werden muss. Damit wird der Begriff in den Regelwerken sehr weit gefasst und lässt z. B. offen, um welche Art von Fugen es sich handelt und ab welchem Zustand die Fuge zu erneuern ist.

wasserabweisend
→hydrophob

Wasserabweisende Beschichtung
Eine wasserabweisende Beschichtung muss nach der Beanspruchungsgruppe III (starke Regenbeanspruchung) nach DIN 4108-3 „Wärmeschutz und Energie-Einsparung in Gebäuden – Teil 3: Klimabedingter Feuchteschutz – Anforderungen, Berechnungsverfahren und Hinweise für Planung und Ausführung" (2018, diese Norm wurde zurückgezogen) folgende Anforderungen erfüllen: Wasseraufnahmekoeffizient $w \leq 0{,}5\ kg/(m^2 \cdot h^{0,5})$, wasserdampfdiffusionsäquivalente Luftschichtdicke $sd \leq 2\ m$ und das Produkt dieser beiden Kenngrößen $w \cdot s_d \leq 0{,}2\ kg/(m \cdot h^{0,5})$.

Wasseraufnahmekoeffizient
Der Wasseraufnahmekoeffizient (auch w-Wert genannt) gibt an, welche Wassermenge ein Baustoff in Abhängigkeit von der Zeit aufnehmen kann. Der Wasseraufnahmekoeffizient eines Baustoffes wird ermittelt, indem die Grundfläche der Baustoffprobe einige Millimeter tief in Wasser getaucht wird. Die Probe wird in bestimmten Zeitabständen gewogen und anschließend die Masse des aufgesaugten Wassers in Abhängigkeit von der Zeit grafisch dargestellt. Aus der Steigung der Tangente wird der Wasseraufnahmekoeffizient ermittelt, der eine Klassifizierung der Baustoffe nach ihrem Wasseraufnahmevermögen erlaubt. Die Wasseraufnahme wird u. a. über die Porenstruktur und Benetzbarkeit (Kapillarwirkung) eines Baustoffes beeinflusst. Je größer der w-Wert ist, umso höher ist die kapillare Wasseraufnahme. Die Einheit ist $kg/(m^2 \cdot h^{0,5})$.

Wasser-Bindemittel-Wert
Der Wasser-Bindemittel-Wert beschreibt das volumenbezogene Verhältnis der zugegebenen Wassermenge zum Bindemittel und darf nicht mit dem Wasser-Zement-Wert (→W/Z-Wert) gleichgesetzt werden. Denn dieser beschreibt ausschließlich das volumenbezogene Verhältnis vom Anmachwasser zum Zement und somit ausschließlich die Mechanismen bei der Zementhärtung. Dagegen beschreibt der Wasser-Bindemittel-Wert die Gesamtheit der anorganischen wie auch organischen Bindemittel. Infolgedessen wird der Wasser-Bindemittel-Wert nicht nur bei der (chemischen) Härtung anorganischer Bindemittel, sondern auch bei der (physikalischen) Trocknung der organischen Bindemittel berücksichtigt.

Wasserdampfdiffusion
Diffusion ist ein physikalischer Vorgang, bei dem sich zwei oder mehrere Gase vermischen bzw. gegenseitig durchdringen. Hervorgerufen durch Konzentrationsunterschiede wird das Ziel verfolgt, einen Konzentrationsausgleich herzustellen. Für die Wasserdampfdiffusion ist ein Dampfdruckgefälle verantwortlich, das durch eine Temperaturdifferenz zwischen zwei unterschiedlichen Luftfeuchten, in der Regel zwischen der Innen- und Außenseite eines Bauteils, entsteht. Wasserdampf wandert stets von der warmen auf die kalte Seite eines Bauteils oder bei gleicher Temperatur auf die Seite der geringeren absoluten Luftfeuchte. Das Problem bei der Wasserdampfdiffusion ist, wenn sich feuchte Luft beim Transport durch ein Bauteil soweit abkühlt, dass der Taupunkt unterschritten und Tauwasser gebildet wird.

Wasserdampf-Diffusionsstromdichte
Die Wasserdampf-Diffusionsstromdichte gibt die Menge Wasserdampf an, die pro Zeit- und Flächeneinheit in senkrechter Richtung zur Fläche durch eine Baustoffschicht diffundiert. Die Einheit ist $kg/(m^2 \cdot h)$.

Wasserdampf-Diffusionswiderstandszahl
Die Wasserdampf-Diffusionswiderstandszahl (auch Wasserdampfdiffusionswiderstandsfaktor genannt oder als μ-Wert bezeichnet) gibt an, um welchen Faktor der Diffusionswiderstand eines Baustoffes gegenüber Wasserdampf größer ist als der einer gleich dicken, ruhenden Luftschicht gleicher Temperatur. Der μ-Wert kann hierbei zwischen 1 und ∞ variieren. Die μ-Werte gängiger Baustoffe sind in der DIN 4108-4 „Wärmeschutz und Energie-Einsparung in Gebäuden – Teil 4: Wärme- und feuchteschutztechnische Bemessungswerte“ (2020) angegeben.

Wasserdampf-Diffusionsäquivalente Luftschichtdicke
Die wasserdampfdiffusionsäquivalente Luftschichtdicke, auch als sd-Wert bezeichnet, ist die Dicke einer ruhenden Luftschicht, die den gleichen Wasserdampfdiffusionswiderstand aufweist wie eine bestimmte Bauteilschicht oder ein aus mehreren Schichten bestehendes Bauteil. Diese bestimmt den Widerstand gegen →Wasserdampfdiffusion und ergibt sich für eine Baustoffschicht aus der Multiplikation der →Wasserdampf-Diffusionswiderstandszahl μ mit der Schichtdicke s in m.

Wasserdicht
Baustoffe mit einem Wasseraufnahmekoeffizienten $w \leq 0{,}001\ kg/(m^2 \cdot h^{0,5})$ werden als wasserdicht bezeichnet. Die Wasseraufnahme dieser Baustoffe ist so gering, dass auf eine Begrenzung der wasserdampfdiffusionsäquivalenten Luftschichtdicke verzichtet werden kann. Darin unterscheidet sich der Begriff wasserdicht von anderen wie →wasserabweisend, →wasserhemmend oder →wasserundurchlässig.

Wasserdurchlässigkeit (Boden)
Die Wasserdurchlässigkeit eines Bodens, auch hydraulische Permeabilität genannt, wird gemäß DIN 18130-1 („Baugrund – Untersuchung von Bodenproben; Bestimmung des Wasserdurchlässigkeitsbeiwerts – Teil 1: Laborversuche“ (1998, die Norm wurde zurückgezogen) mit Hilfe des Durchlässigkeitsbeiwertes (Durchlässigkeitskoeffizienten) bestimmt. Dieser kf-Wert gibt an, mit welcher Geschwindigkeit Wasser durch den Boden fließt. Daraus folgt: Je höher der kf-Wert ist, umso höher ist die Durchlässigkeit des Bodens. Die Einheit ist m/s.

Wassereindringprüfung
→Karsten'sches Prüfrohr

Wassereinwirkungsklasse
Bei einer fehlenden oder nicht mehr funktionstüchtigen Vertikalabdichtung kommt es je nach Lastfall (alte Bezeichnung nach DIN 18195) bzw. Wassereinwirkungsklasse (neue Bezeichnung nach DIN 18533) zu unterschiedlichen Feuchtigkeitsbelastungen. Diese werden unterschieden in Bodenfeuchte und →nicht drückendes Wasser (W1-E), →drückendes Wasser (W2-E), nicht drückendes Wasser auf erdüberschütteten Decken (W3-E) sowie Spritzwasser am Wandsockel und Kapillarwasser in und unter erdberührten Wänden (W4-E). Die Wasserein-

wirkungsklasse wird neben der Art der Feuchtebelastung auch über die Bodenverhältnisse sowie das Vorhandensein einer Drainage bestimmt. Daher werden zusätzliche Kenntnisse über den Baugrund wie z. B. der →Durchlässigkeitsbeiwert, der Bemessungsgrundwasserstand und der Bemessungshochwasserstand benötigt, um die Wassereinwirkungsklasse festlegen zu können. Die Wassereinwirkungsklassen sowie →Rissklassen nach DIN 18533 dienen als Grundlage für die Festlegung und Bemessung der notwendigen →Bauwerksabdichtung.

wasserhemmend
Baustoffe mit einem →Wasseraufnahmekoeffizient ≤ 2 kg/(m$^2 \cdot$ h^{0,5}) werden nach DIN 4108-3 „Wärmeschutz und Energie-Einsparung in Gebäuden – Teil 3: Klimabedingter Feuchteschutz – Anforderungen, Berechnungsverfahren und Hinweise für Planung und Ausführung“ (2018, die Norm wurde zurückgezogen) als wasserhemmend bezeichnet. Dies bedeutet, dass derartige Baustoffe noch eine gewisse Menge Feuchtigkeit aufnehmen, so dass sichergestellt werden muss, dass diese in den Trocknungsphasen abgegeben wird.

Wasserhemmende Beschichtung
Eine wasserhemmende Beschichtung muss nach der Beanspruchungsgruppe II (mittlere Regenbeanspruchung) nach DIN 4108-3 „Wärmeschutz und Energie-Einsparung in Gebäuden – Teil 3: Klimabedingter Feuchteschutz – Anforderungen, Berechnungsverfahren und Hinweise für Planung und Ausführung“ (2018, diese Norm wurde zurückgezogen) folgende Anforderungen erfüllen: Wasseraufnahmekoeffizient w $\leq$ 0,5 kg/(m$^2 \cdot$ h^{0,5}) und $\leq$ 2,0 kg/(m$^2 \cdot$ h^{0,5}).

wasserreaktive Quellgummi
→Quellfugenband

Wasserrückhaltemittel
Ein Wasserrückhaltemittel ist ein Zusatzmittel für mineralische, hydraulische Frischmörtel, mit dem das Anmachwasser für eine normale Aushärtungszeit gespeichert wird.

Wasserrückhaltevermögen
Das Wasserrückhaltevermögen ist eine wichtige Eigenschaft bei hydraulisch erhärtenden Baustoffen. Dieses stellt sicher, dass das zugegebene Anmachwasser möglichst lange im Frischmörtel zurückgehalten wird, bis die chemische Härtung abgeschlossen ist. Damit wird einer möglichen Rissbildung durch hygrisches Schwinden vorgebeugt. Zum Hintergrund: In Frischmörteln entweicht das Wasser zunächst aus den größeren Poren. Je feiner diese in einem Baustoffgefüge sind, umso besser können Adsorptions- und Kapillarkräfte das Wasser halten. Dieses bildet dünne Wasserfilme um die Feststoffpartikel. Je feiner ein Baustoff ist, umso höher ist die spezifische Oberfläche, die benetzt werden kann bzw. muss. Dies bedeutet, dass Baustoffe mit einem hohen Anteil an Feinzuschlägen ein höheres Wasserrückhaltevermögen haben als Baustoffe mit einem geringeren Anteil. Bei diesen werden dann →Wasserrückhaltemittel zugegeben, um diesen Nachteil auszugleichen.

Wassersaugend
Wassersaugend ist ein unspezifischer Begriff für eine hohe →kapillare Wasseraufnahme. Baustoffe mit einer Wasseraufnahme w $\geq$ 2,0 kg/(m$^2 \cdot$ h^{0,5}) können als wassersaugend bezeichnet werden, auch wenn der Begriff untypisch ist. Man kann diesen auch als →hydrophil bezeichnen.

Wasserundurchlässig
Wasserundurchlässig ist ein unspezifischer Begriff für wasserabweisende Baustoffe, die über die →kapillare Wasseraufnahme und auch bei hydrostischem Druck nicht durchfeuchtet werden können. Allerdings nehmen wasserundurchlässige Baustoffe noch Feuchtigkeit über Wasserdampfdiffusion und Kapillarkondensation auf und sind somit nicht →wasserdicht.

Wasserundurchlässiger Beton
→WU-Beton

Wasser-Zement-Wert
→W/Z-Wert

Weiße Wanne
Weiße Wanne bezeichnet eine U-förmige Ausführung von Betonbauteilen wie z. B. ein Keller. Häufig wird der Begriff synonym für einen →WU-Beton verwendet, was nicht ganz zutreffend ist, da eine weiße Wanne nicht zwangsläufig aus einem wasserundurchlässigen Beton bestehen muss.

Werktrockenmörtel
Ein Werktrockenmörtel ist ein industriell hergestellter Trockenmörtel, dem vor der Verarbeitung nur noch Wasser zugegeben werden muss.

Wetterseiten
Die Wetterseiten einer Gebäudehülle sind die Fassaden mit der höchsten Beanspruchung durch Witterung wie Niederschlägen (→Schlagregen) und Wind (hohe Windgeschwindigkeit). In der Regel wird die Nordwestseite eines Gebäudes als Wetterseite bezeichnet, da aus nordwestlicher Richtung die meisten Niederschläge fallen und starke Winde wehen. Feuchtes und kühles Wetter in Verbindung mit Wind beansprucht die Wetterseite stärker als andere Fassadenseiten. Daher müssen bei der Planung und Ausführung von Beschichtungen auf der Wetterseite die Beanspruchungsgruppen nach Teil 3 der DIN 4108 beachtet werden.

Winkeltoleranz
Eine Winkeltoleranz ist ein Begriff der DIN 18202 „Toleranzen im Hochbau – Bauwerke" (2019) und hat eine Bedeutung im Zusammenhang mit Maßabweichungen im Rahmen der →Abnahme. Diese können u. a. darüber entscheiden, ob eine Werkleistung mangelfrei oder mangelbehaftet ist. Neben der Winkeltoleranz kennt die Norm auch noch Abweichungen von Bauteilabmessungen (Grenzabmaße) und Abweichungen innerhalb einer Fläche, so genannte →Ebenheitstoleranzen.

WTA
WTA steht für Wissenschaftlich-Technische Arbeitsgemeinschaft für Bauwerkserhaltung und Denkmalpflege.

WTA-Merkblätter
WTA-Merkblätter werden über die →WTA herausgegeben. Diese haben über viele Jahre die Lücke geschlossen, die bei DIN-Normen oder anderen Regelwerken für die Planung und Ausführung von älteren bis hin zu denkmalgeschützten Gebäuden bestanden. Einige WTA-Merkblätter fanden später Einzug in DIN-Normen. Im Kontext von Rissen in Gebäuden hat das WTA-Merkblatt 2-4 „Beurteilung und Instandsetzung gerissener Putze an Fassaden" einen hohen Stellenwert.

WU-Beton
WU-Beton ist die Abkürzung für →wasserundurchlässiger Beton. Nach der DIN 1045-2 „Tragwerke aus Beton, Stahlbeton und Spannbeton – Teil 2: Beton" (2023) sowie der DIN EN 206 „Beton – Festlegung, Eigenschaften, Herstellung und Konformität" (2021) wird darunter ein Beton mit einem hohen Wassereindringwiderstand verstanden. Dieser wird zunächst über die Rezeptur des wasserundurchlässigen Betons erreicht. Die Prüfung erfolgt nach der DIN EN 12390-8 „Prüfung von Festbeton – Teil 8: Wassereindringtiefe unter Druck" (2019) an mindestens drei Probekörpern. Um einen hohen Wassereindringwiderstand zu erreichen, ist die Wasserundurchlässigkeit des Zementsteins entscheidend. Hierzu muss der Porenanteil im Beton reduziert werden, da sich bei einem Porenvolumen unter 20 % die Kapillarporen in der Regel nicht mehr durchgängig verbinden, so dass die Wasserdurchlässigkeit des Zementsteins sinkt. Außerdem muss der →W/Z-Wert bei einer Bauteildicke ≤ 40 cm nicht über 0,6 und bei Bauteildicken > 40 cm nicht über 0,7 liegen. Die Wasserdampfdiffusion wird ab einer Bauteildicke von 20 cm ebenfalls unterbunden. Die Wasserundurchlässigkeit von Betonbauteilen wird darüber hinaus durch eine richtige Verarbeitung und Nachbehandlung sichergestellt. Risse müssen vermieden und konstruktionsbedingte und nicht zu vermeidende Schwachstellen wie z. B. Fugen abgedichtet werden. In der WU-Richtlinie des DAfStb (Deutscher Ausschuss für Stahlbeton) „Wasserundurchlässige Bauwerke aus Beton"

(2017) sind darüber hinaus Anforderungen an die Rissbreiten definiert.

Wurzel-t-Gesetz
Das Wurzel-t-Gesetz ist die mathematische Beschreibung für die Eindringtiefe von Wasser in porösen Baustoffen oder Böden in Abhängigkeit von der Porosität des Baustoffs und des hydrostatischen Drucks.

W/Z-Wert
W/Z-Wert steht für Wasser-Zement-Wert und definiert das volumenbezogene Verhältnis der zugegebenen Wassermenge zum Zement. Dieser spielt bei der Härtung zementgebundener Baustoffe eine wichtige Rolle. Ein niedriger W/Z-Wert bedeutet einen geringen Porenanteil und somit eine hohe Dichtheit des Zementsteins.

9.24 Y

Y-Risse
→Schwindrisse

9.25 Z

Zeitsetzungsverhalten
Stark bindige bzw. feinkörnige Böden wie z. B. plastische Tone oder Schluffe weisen ein so genanntes Zeitsetzungsverhalten auf. Hiermit ist gemeint, dass sich Bauwerke mit einer Flachgründung noch über Jahre bis hin zu Jahrzehnten auf diesen Böden setzen können.

Zementgel
Die bei der Hydratation entstehenden CSH-Phasen bilden das.

Zementinjektion
Eine Zementinjektion ist eine →Injektion mit zementhaltigen Injektionsstoffen oder zementhaltigen Rissfüllstoffen. Hierbei handelt es sich in der Regel um Zementleime oder Zementsuspensionen. Diese niedrigviskosen Stoffe werden in der Regel mit Druck injiziert, um Hohlräume und/oder Risse zu füllen. Für →abdichtende Injektionen sind diese eher nicht geeignet.

Zementleim
Ein Zementleim ist eine Mischung aus Wasser und Zement. Das genaue Mischungsverhältnis wird durch den Wasser-Zement-Wert (→W/Z-Wert) bestimmt. Zementleime werden zur →Injektion von Rissen in Bauteilen ab einer →Rissbreite von 0,8 mm eingesetzt sowie zur Verfüllung von Hohlräumen und somit zur Verfestigung z. B. von Mauerwerken. Die Injektion von mineralischen Injektionsstoffen wie Zementleime (ZL) hat gegenüber einer Injektion mit polymergebundenen Injektionsstoffen wie z. B. Epoxidharze oder Polyurethanharze den Vorteil, dass die Materialeigenschaften des Injektionsstoffes und des zu injizierenden Bauteils nahezu gleich sind. Zementleime haben zu Beton eine hohe Affinität. Außerdem können mit Zementleimen kraftschlüssige Verfüllungen bei feuchten und drucklos wasserführenden Rissen erzielt werden. Die Materialeigenschaften der Zementleime bestimmen maßgeblich die Festigkeit im Bereich der →Rissflanken, die deutlich über denen polymergebundener Injektionsstoffe liegt. Zementleime unterscheiden sich von →Zementsuspension im so genannten Blainwert. In den Regelwerken wie den →ZTV-ING Teil 3 Abschnitt 5 „Füllen von Rissen und Hohlräumen in Betonbauteilen" sowie in der DafStb-Richtlinie „Schutz und Instandsetzung von Betonbauteilen" (auch als Instandsetzungsrichtlinie bekannt oder kurz Rili SIB) wird gefordert, dass Risse bei der Injektion mit Zementleimen an der Risswurzel ab der Rissbreite von 0,2 mm gefüllt sein müssen.

Zementsuspension
Zementsuspension ist eine Mischung aus Wasser und Feinstzement. Das genaue Mischungsverhältnis wird durch den Wasser-Zement-Wert (→W/Z-Wert) bestimmt. Zementsuspensionen werden zur →Injektion von Rissen in Bauteilen ab einer →Rissbreite von 0,2 mm eingesetzt sowie zur Verfüllung von Hohlräumen und somit zur Verfestigung z. B. von Mauerwerken. Im Gegensatz zu Zementleime können Zement-

suspensionen sowohl bei Trennrissen als auch bei oberflächennahen Rissen eingesetzt werden. Die Injektion von mineralischen Injektionsstoffen wie Zementsuspensionen hat gegenüber einer Injektion mit polymergebundenen Injektionsstoffen wie z. B. Epoxidharze oder Polyurethanharze den Vorteil, dass die Materialeigenschaften des Injektionsstoffes und des zu injizierenden Bauteils nahezu gleich sind. Zementsuspensionen haben zu Beton eine hohe Affinität. Außerdem können kraftschlüssige Verfüllungen bei feuchten und drucklos wasserführenden Rissen mit ihnen erzielt werden. Die Materialeigenschaften der Zementsuspensionen bestimmen maßgeblich die Festigkeit im Bereich der →Rissflanken, die deutlich über denen polymergebundener Injektionsstoffe liegt. Zementsuspensionen unterscheiden sich von Zementleime im so genannten Blainwert. In den Regelwerken wie den →ZTV-ING Teil 3 Abschnitt 5 „Füllen von Rissen und Hohlräumen in Betonbauteilen“ sowie in der DafStb-Richtlinie „Schutz und Instandsetzung von Betonbauteilen“ (auch als Instandsetzungsrichtlinie bekannt oder kurz Rili SIB) wird gefordert, dass Risse bei der Injektion mit Zementsuspensionen an der Risswurzel ab der Rissbreite von 0,05 mm gefüllt sein müssen.

Zerstörende Messverfahren
Zerstörende Messverfahren sind Untersuchungsmethoden, bei denen für die Untersuchung eine Baustoffprobe aus dem Bauteil entnommen werden muss. Ein bekanntes Beispiel ist die CM-Messung oder Prüfungen der →Haftzugfestigkeit.

Zerstörungsfreie Messverfahren
Zerstörungsfreie Messverfahren sind Untersuchungsmethoden, bei denen für die Untersuchung eines Baustoffes oder Bauteils keine Materialprobe entnommen werden muss. Ein bekanntes Beispiel ist die kapazitive Feuchtemessung oder die →Thermografie.

Zerstörungsfreies Injizieren
Die Verwendung von Klebepackern bei der →Injektion von Rissen in Betonbauteilen wird auch als zerstörungsfreies Injizieren bezeichnet, weil diese direkt auf den Riss geklebt werden, ohne dass hierzu Bohrungen im Bauteil notwendig sind.

ZL-I
ZL-I ist die Abkürzung in den einschlägigen Regelwerken für die →Injektion von Rissen mit Zementleimen.

ZL-T
ZL-T ist die Abkürzung in den einschlägigen Regelwerken für das →Tränken von Rissen mit Zementleimen.

ZS-I
ZS-I ist die Abkürzung in den einschlägigen Regelwerken für die →Injektion von Rissen mit Zementsuspensionen.

ZS-T
ZS-T ist die Abkürzung in den einschlägigen Regelwerken für das →Tränken von Rissen mit Zementsuspensionen.

Zug
Als Zug wird eine Zugkraft oder →Zugspannung bezeichnet.

Zugbeanspruchung
Die Beanspruchung eines Bauteils auf Zug bezieht sich auf Zugkräfte, durch die ein Bauteil auseinandergezogen wird und in der Regel Zugspannungen verursacht. Hierbei kann es sich um lastabhängige oder lastunabhängige Verformungen handeln. Die →Zugfestigkeit eines Bauteils wirkt diesen Kräften entgegen. Um die Zugspannung und Zugfestigkeit von Bauteilen oder Baustoffen zu untersuchen, werden Zugversuche durchgeführt. Diese ermitteln die Beanspruchung auf Zug und das Verhalten der Materialstruktur von Baustoffen. Das Gegenteil davon sind Druckkräfte, bei denen Bauteile durch eine äußere Kraft zusammen gepresst werden.

Zugbruch
Wenn sich die Bruchflächen eines Bauteils und/ oder Baustoffs nach einem →Bruch auseinander bewegen und mindestens eine →Zugspannung beteiligt ist, spricht man von einem Zugbruch.

Zugbruchdehnung
Eine Zugbruchdehnung ist die →Dehnung, bei der an einem Bauteil und/oder Baustoff ein →Zugbruch eintritt.

Zugfestigkeit
Als Zugfestigkeit wird der Widerstand einer Bauteil- und/oder Baustoffoberfläche gegen eine →Zugbeanspruchung senkrecht zur Oberfläche bis zum →Bruch bezeichnet. Diese kann mit Hilfe eines Zugversuches ermittelt werden.

Zugspannung
Zugspannungen innerhalb eines Bauteils und/oder Baustoffs werden durch Zugkräfte verursacht, die von der Querschnittsfläche senkrecht gerichtet einwirken. Wenn die Zugspannung größer ist als die →Zugfestigkeit des Bauteils und/oder Baustoffs kommt es zum →Bruch bzw. Riss.

Zugsteifigkeit
Die Zugsteifigkeit, auch als Dehnsteifigkeit bezeichnet, ist die maximale Festigkeit eines Bauteils und/oder Baustoffs, die bei einem →Zugversuch erreicht wird. Sie wird errechnet aus der maximal erreichten Zugkraft, bezogen auf den Querschnitt. Die Einheit ist N/mm^2. Bei spröden Baustoffen entspricht die Zugsteifigkeit in der Regel der →Reißfestigkeit. Bei elastischen Baustoffen wie z. B. rissüberbrückenden Anstrichstoffen liegt diese darüber, da sich diese Baustoffe nach dem Überschreiten der maximalen Zugkraft noch dehnen, bevor diese reißen.

Zugversuch
Der Zugversuch ist ein Prüfverfahren, mit dem baustoffspezifische Kennwerte wie z. B. die →Zugfestigkeit, die →Zugsteifigkeit oder die →Bruchdehnung ermittelt werden. Diese dienen der Prüfung des Festigkeits- und Verformungsverhaltens bei →Zugbeanspruchung. Hierbei wird ein Bauteil und/oder Baustoff so lange gedehnt, bis es reißt. Während des Zugversuchs wird die Zugkraft und die Längenänderung der Bauteil- oder Baustoffprobe gemessen.

Zugzone
Zugzone ist der Querschnittsbereich in einem tragenden Bauteil, in dem Zugspannungen entstehen.

Zulässige Gesamtverformung
Die zulässige Gesamtverformung ist ein Begriff, der bei Fugendichtstoffen verwendet wird und das Dehnungsvermögen beschreibt – also die Fähigkeit, sich der Bewegung der Fuge anzupassen. Hierbei umfasst der Verformungsbereich die Gesamtheit von Dehnung, Stauchung und Scherung, innerhalb dessen der Fugendichtstoff seine Funktionalität behält. Dieses Dehnungsvermögen liegt zwischen 0 bis 25 % und wird vom Hersteller für Fugendichtstoffe festgelegt. Wird dieser Wert überschritten, kann es zu einem Kohäsions- oder Adhäsionsbruch kommen.

Zulässige Rissbreite
Die zulässige Rissbreite gibt in der Regel die Rissbreiten je Bauteil und/oder Baustoff an, die in einschlägigen Regelwerken für Baustoffe, →Verbundbaustoffe und Bausysteme als Richtwert empfohlen werden. Technisch verbindliche Grenzwerte gibt es für die zulässige Rissbreite in der Regel nicht, da die Bewertung der Rissbreite von vielen individuellen und objektspezifischen Einflüssen abhängig sind.

Zulassung
→Allgemein bauaufsichtliche Zulassung

Zurückbehaltungsrecht
Das Zurückbehaltungsrecht ist ein Rechtsbegriff und stellt nach § 641 Abs. 3 BGB ein sekundäres Mängelrecht eines Auftraggebers (oder Gläubigers im rechtlichen Sinn) im Rahmen der →Gewährleistung z. B. eines Werkvertrages dar.

Zusatzmittel
Ein Zusatzmittel (oder auch Zusatzstoff) ist ein organischer oder anorganischer Hilfsstoff, der anorganischen und organischen Baustoffen zugegeben wird, um dessen Eigenschaften gezielt zu beeinflussen. Dies können je nach Rezeptur und

Anwendung sowie geforderte Eigenschaften z. B. →Hydrophobierungsmittel, →Filmbildehilfsmittel, →Entschäumer u. a. sein.

Zuschlagsstoffe
Zuschlagsstoffe sind das Korngerüst in einem mineralischen Mörtel, das durch Bindemittel verfestigt wird. Zuschlagstoffe selbst sind an der Verfestigung bzw. Härtung mineralischer Baustoffe nicht beteiligt, haben hierbei aber eine essenzielle Bedeutung. Zuschlagstoffe unterscheiden sich vor allem hinsichtlich der Korngröße (Größt-, Fein- und Feinstkorn) und Korngrößenverteilung, der Kornform sowie dem Kornaufbau und der Eigenfestigkeit. Außerdem spielt die Oberflächenbeschaffenheit eine große Rolle. Durch deren Art und Menge wird der Härtungsverlauf, die Festigkeitsentwicklung und das Schwindverhalten beeinflusst – und somit das Rissrisiko. Neben traditionellen Zuschlagsstoffen werden heute zunehmend auch Leichtzuschlagsstoffe wie Perlite, Vermiculit, Blähton sowie natürliche Leichtzuschlagsstoffe wie Bims oder Tuff eingesetzt. Diese haben auf die Porosität, Festigkeit sowie andere Eigenschaften Einfluss.

ZTV-ING
Die Abkürzung ZTV-ING steht für Zusätzliche Technische Vertragsbedingungen und Richtlinien für Ingenieurbauten. Im Kontext zu Rissen in Gebäuden ist vor allem der Punkt 5 im Teil 3 relevant. Dieser regelt das Füllen von Rissen und Hohlräumen in Betonbauteilen.

ZTV-Riss
ZTV-RISS ist die Abkürzung für „Zusätzliche Technische Vertragsbedingungen und Richtlinien für das Füllen von Rissen in Betonbauteilen“. In diesem Regelwerk wurde über viele Jahre die Instandsetzung von Rissen in Betonbauteilen geregelt. Für den allgemein bauaufsichtlichen Rechtsbereich galt die „Richtlinie für Schutz und Instandsetzung von Betonbauteilen“, kurz Rili-SIB genannt. Beide Regelwerke wurden zusammengeführt und sind in die →ZTV-ING eingeflossen.

Zwang/Zwängung
Unter Zwang (oder auch Zwängung) versteht man eine Kraft, die durch eine behinderte, →lastunabhängige Verformung z. B. durch →hygrothermische Einwirkungen, verursacht wird.

Zweikomponentig
Als zweikomponentig werden Baustoffe bezeichnet, die durch chemische Reaktion der beiden Komponenten miteinander erhärten. Diese werden erst kurz vor der Anwendung zusammengeführt. Anschließend muss die vorgeschriebene →Topfzeit beachtet werden.

Anhang

relevante Regelwerke

europäische und deutsche Normen

Nachfolgend sind die wichtigsten europäischen und deutschen Normen aufgeführt, die für Risse in Gebäuden, mit Schwerpunkt auf die Gebäudehülle bzw. Fassade, relevant sind.

Die Reihenfolge stellt keine Gewichtung oder sonstige Systematik dar.

In der Auflistung befinden sich sowohl aktuelle Normen als auch zurückgezogene Normen, wenn diese noch relevant sind bzw. im Markt Verwendung finden. Die Auflistung erhebt nicht den Anspruch auf Vollständigkeit.

- DIN 4123 „Ausschachtungen, Gründungen und Unterfangungen im Bereich bestehender Gebäude" (2013)
- DIN 1054 „Baugrund – Sicherheitsnachweise im Erd- und Grundbau – Ergänzende Regelungen zu DIN EN 1997-1" (2010)
- DIN 4020 „Geotechnische Untersuchungen für bautechnische Zwecke – Ergänzende Regelungen zu DIN EN 1997-2" (2010)
- DIN 18533-1 „Abdichtung von erdberührten Bauteilen – Teil 1: Anforderungen, Planungs- und Ausführungsgrundsätze" (2017)
- DIN EN 1997-1 „Eurocode 7 – Entwurf, Berechnung und Bemessung in der Geotechnik – Teil 1: Allgemeine Regeln" (2014)
- DIN 1053-4 „Mauerwerk – Teil 4: Fertigbauteile"
- DIN EN 1996-1-1 Eurocode 6 „Bemessung und Konstruktion von Mauerwerksbauten – Teil 1-1: Allgemeine Regeln für bewehrtes und unbewehrtes Mauerwerk"
- DIN EN 1996-1-1/NA „Nationaler Anhang – National festgelegte Parameter – Eurocode 6: Bemessung und Konstruktion von Mauerwerksbauten – Teil 1-1: Allgemeine Regeln für bewehrtes und unbewehrtes Mauerwerk"
- DIN EN 1996-2 Eurocode 6 „Bemessung und Konstruktion von Mauerwerksbauten – Teil 2: Planung, Auswahl der Baustoffe und Ausführung von Mauerwerk"
- DIN EN 1996-2/NA „Nationaler Anhang – National festgelegte Parameter – Eurocode 6: Bemessung und Konstruktion von Mauerwerksbauten – Teil 2: Planung, Auswahl der Baustoffe und Ausführung von Mauerwerk"
- DIN EN 998-2 „Festlegungen für Mörtel im Mauerwerksbau – Teil 2: Mauermörtel"
- DIN 18530 „Massive Deckenkonstruktionen für Dächer; Planung und Ausführung" (1997), zurückgezogen
- DIN 18202 „Toleranzen im Hochbau – Bauwerke"
- DIN EN 206 „Beton – Festlegung, Eigenschaften, Herstellung und Konformität"
- DIN 1045 „Tragwerke aus Beton, Stahlbeton und Spannbeton"
- DIN EN 1992-1-1 „Eurocode 2: Bemessung und Konstruktion von Stahlbeton- und Spannbetontragwerken – Teil 1-1: Allgemeine Bemessungsregeln und Regeln für den Hochbau"

F. Frössel, *Risse in Gebäuden*, https://doi.org/10.1007/978-3-658-47096-8

- DIN EN 1992-1-1/NA „Nationaler Anhang – National festgelegte Parameter – Eurocode 2: Bemessung und Konstruktion von Stahlbeton- und Spannbetontragwerken – Teil 1-1: Allgemeine Bemessungsregeln und Regeln für den Hochbau"
- DIN EN 1504-2 „Produkte und Systeme für den Schutz und die Instandsetzung von Betontragwerken – Definitionen, Anforderungen, Qualitätsüberwachung und Beurteilung der Konformität – Teil 2: Oberflächenschutzsysteme für Beton" (2005)
- DIN EN 1504-5 „Produkte und Systeme für den Schutz und die Instandsetzung von Betonbauteilen – Definitionen, Anforderungen, Qualitätsüberwachung – Teil 5: Injektion von Betonbauteilen"
- DIN V 18026 „Oberflächenschutzsysteme für Beton aus Produkten nach DIN EN 1504-2" (2006), zurückgezogen
- DIN V 18028 „Rissfüllstoffe nach DIN EN 1504-5:2005-03 mit besonderen Eigenschaften" (2006), zurückgezogen
- DIN EN ISO 11600 „Hochbau – Fugendichtstoffe – Einteilung und Anforderungen von Dichtungsmassen" (2011)
- DIN EN 15651-1 „Fugendichtstoffe für nicht tragende Anwendungen in Gebäuden und Fußgängerwegen – Teil 1: Fugendichtstoffe für Fassadenelemente" (2017)
- DIN 18540 „Abdichten von Außenwandfugen im Hochbau mit Fugendichtstoffen" (2014)
- DIN 52459 „Prüfung von Dichtstoffen für das Bauwesen – Bestimmung der Wasseraufnahme von Hinterfüllmaterial – Rückhaltevermögen" (2013)
- DIN 18542 „Imprägnierte Fugendichtungsbänder aus Schaumkunststoff zur Abdichtung von Außenwandfugen – Anforderungen und Prüfung" (2020)
- DIN EN ISO 2409 „Beschichtungsstoffe – Gitterschnittprüfung" (2020)
- DIN 18558 „Kunstharzputze; Begriffe, Anforderungen, Ausführung" (1985), zurückgezogen
- DIN 55945 „Beschichtungsstoffe und Beschichtungen – Ergänzende Begriffe zu DIN EN ISO 4618" (2016)
- DIN EN ISO 4618 „Beschichtungsstoffe – Begriffe" (2015), zurückgezogen
- DIN EN ISO 7783 „Beschichtungsstoffe – Bestimmung der Wasserdampfdurchlässigkeit – Schalenverfahren" (2012), zurückgezogen
- DIN EN 998-1 „Festlegungen für Mörtel im Mauerwerksbau – Teil 1: Putzmörtel"
- DIN EN 15824 „Festlegungen für Außen- und Innenputze mit organischen Bindemitteln"
- DIN EN 13658-2 „Putzträger und Putzprofile aus Metall – Begriffe, Anforderungen und Prüfverfahren – Teil 2: Außenputze"
- DIN EN 13914-1 „Planung, Zubereitung und Ausführung von Außen- und Innenputzen – Teil 1: Außenputze"
- DIN 18550-1 „Planung, Zubereitung und Ausführung von Außen- und Innenputzen – Teil 1: Ergänzende Festlegungen zu DIN EN 13914-1 für Außenputze"
- DIN 4121 „Hängende Drahtputzdecken – Putzdecken mit Metallputzträgern, Rabitzdecken – Anforderungen für die Ausführung"
- DIN EN 1062 „Beschichtungsstoffe und Beschichtungssysteme für mineralische Untergründe im Außenbereich und Beton"
- DIN 54190-1 „Zerstörungsfreie Prüfung – Thermografische Prüfung – Teil 1: Allgemeine Grundlagen" (2004)
- DIN EN 13187 „Wärmetechnisches Verhalten von Gebäuden – Nachweis von Wärmebrücken in Gebäudehüllen – Infrarot-Verfahren" (1999), zurückgezogen
- DIN EN ISO 15148 „Wärme- und feuchtetechnisches Verhalten von Baustoffen und Bauprodukten – Bestimmung des Wasseraufnahmekoeffizienten bei teilweisem Eintauchen" (2018)
- DIN 4108-3 „Wärmeschutz und Energie-Einsparung in Gebäuden – Teil 3: Klimabedingter Feuchteschutz – Anforderungen, Berechnungsverfahren und Hinweise für Planung und Ausführung"
- DIN 4108-4 „Wärmeschutz und Energie-Einsparung in Gebäuden – Teil 4: Wärme- und feuchteschutztechnische Bemessungswerte"
- DIN EN ISO 15148 „Wärme- und feuchtetechnisches Verhalten von Baustoffen und Bauprodukten – Bestimmung des Wasseraufnahmekoeffizienten bei teilweisem Eintauchen"
- DIN EN 13501-1 „Klassifizierung von Bauprodukten und Bauarten zu ihrem Brandver-

halten – Teil 1: Klassifizierung mit den Ergebnissen aus den Prüfungen zum Brandverhalten von Bauprodukten“ (2019)

- DIN 55699 „Anwendung und Verarbeitung von außenseitigen Wärmedämm-Verbundsystemen (WDVS) mit Dämmstoffen aus expandiertem Polystyrol-Hartschaum (EPS) oder Mineralwolle (MW)“ (2017)
- DIN 18515-1 „Außenwandbekleidungen – Grundsätze für Planung und Ausführung – Teil 1: Angemörtelte Fliesen oder Platten“ (2023)
- DIN 1052 „Entwurf, Berechnung und Bemessung von Holzbauwerken – Allgemeine Bemessungsregeln und Bemessungsregeln für den Hochbau“ (2008), zurückgezogen
- DIN EN 13499 „Wärmedämmstoffe für Gebäude – Außenseitige Wärmedämm-Verbundsysteme (WDVS) aus expandiertem Polystyrol – Spezifikation“ (2003)
- DIN EN 13500 „Wärmedämmstoffe für Gebäude – Außenseitige Wärmedämm-Verbundsysteme (WDVS) aus Mineralwolle – Spezifikation“ (2003)
- DIN EN 13171 „Wärmedämmstoffe für Gebäude – werkmäßig hergestellte Produkte aus Holzfasern (WF) – Spezifikation“ (2015)
- DIN 18299 „VOB Vergabe- und Vertragsordnung für Bauleistungen – Teil C: Allgemeine Technische Vertragsbedingungen für Bauleistungen (ATV) – Allgemeine Regelungen für Bauarbeiten jeder Art“
- DIN 18350 „VOB Vergabe- und Vertragsordnung für Bauleistungen – Teil C: Allgemeine Technische Vertragsbedingungen für Bauleistungen (ATV) – Putz- und Stuckarbeiten“
- DIN 18363 „VOB Vergabe- und Vertragsordnung für Bauleistungen – Teil C: Allgemeine Technische Vertragsbedingungen für Bauleistungen (ATV) – Maler- und Lackierarbeiten – Beschichtungen“

Merkblätter und Richtlinien

Nachfolgend sind die wichtigsten Merkblätter und Richtlinien verschiedener Verbände aufgeführt, die für Risse in Gebäuden, mit Schwerpunkt auf die Gebäudehülle bzw. Fassade, relevant sind.

Die Reihenfolge stellt keine Gewichtung oder sonstige Systematik dar.

In der Auflistung befinden sich sowohl aktuelle als auch zurückgezogene Merkblätter und Richtlinien, wenn diese noch relevant sind bzw. im Markt Verwendung finden und/oder in den Regelwerken darauf Bezug genommen wird. Die Auflistung erhebt nicht den Anspruch auf Vollständigkeit.

- Merkblatt 2-4-14/D „Beurteilung und Instandsetzung gerissener Putze an Fassaden“, WTA Wissenschaftlich-Technische Arbeitsgemeinschaft für Bauwerkserhaltung und Denkmalpflege
- Merkblatt 19 „Risse in Außenputzen, Beschichtung und Armierung“ (1997), BFS Bundesausschuss Farbe und Sachwertschutz e. V.
- Merkblatt 19.1 „Risse in unverputztem und verputztem Mauerwerk, in Gipskartonplatten und ähnlichen Stoffen auf Unterkonstruktionen; Ursachen und Bearbeitungsmöglichkeiten“, BFS Bundesausschuss Farbe und Sachwertschutz e. V.
- „Leitlinien für das Verputzen von Mauerwerk und Beton“, VDPM Verband für Dämmsysteme, Putz und Mörtel e. V.
- „Merkblatt für Planung und Anwendung von metallischen Putzprofilen im Außen- und Innenbereich“, Europäischer Fachverband der Putzprofilhersteller
- Merkblatt „Ausbildung von Details mit Profilen und Fugendichtungsbändern bei Außenputz und WDVS“, VDPM Verband für Dämmsysteme, Putz und Mörtel e. V.
- Richtlinie „Anschlüsse an Fenster und Rollläden bei Putz, Wärmedämm-Verbundsystemen und Trockenbau“, SAF Fachverband der Stuckateure für Ausbau und Fassade Baden-Württemberg, et al.
- Richtlinie „Fassadensockelputz/Außenanlage“, SAF Fachverband der Stuckateure für Ausbau und Fassade Baden-Württemberg, et al.
- Merkblatt „Sockelausführung im Übergang zu Wärmedämm-Verbundsystemen und Putzsystemen“, VDPM Verband für Dämmsysteme, Putz und Mörtel e. V.

- Merkblatt „Verputzen, Wärmedämmen, Spachteln, Beschichten bei hohen und niedrigen Temperaturen“, BAF Bundesverband Ausbau und Fassade im ZDB
- Merkblatt „Einbau und Verputzen von Platten aus extrudiertem Polystyrolschaum (XPS-R)“, VDPM Verband für Dämmsysteme, Putz und Mörtel e. V.
- Merkblatt „Egalisationsanstriche auf Edelputzen“, VDPM Verband für Dämmsysteme, Putz und Mörtel e. V.
- Merkblatt 9 „Beschichtungen auf mineralischen und pastösen Außenputzen“, BFS Bundesausschuss Farbe und Sachwertschutz e. V.
- Merkblatt 20.1 „Prüfung des Putzgrundes für Putzarbeiten“, BFS Bundesausschuss Farbe und Sachwertschutz e. V.
- Merkblatt „Total Solar Reflectance“ VDPM Verband für Dämmsysteme, Putz und Mörtel e. V.
- Merkblatt „Mikrobiologischer Bewuchs auf Fassaden – Algen und Pilze“, VDPM Verband für Dämmsysteme, Putz und Mörtel e. V.
- Merkblatt „Begrenzung der Rissbildung im Stahlbeton- und Spannbetonbau“, DBV Deutscher Betonverein
- Merkblatt „Rissbreitenbegrenzung für frühen Zwang in massiven Wasserbauwerken“, BAW Bundesanstalt für Wasserbau
- ZTV-RISS „Zusätzliche Technische Vertragsbedingungen und Richtlinien für das Füllen von Rissen in Betonbauteilen“
- ZTV-ING „Zusätzliche Technische Vertragsbedingungen und Richtlinien für Ingenieurbauten – Teil 3: Massivbau, Abschnitt 5: Füllen von Rissen und Hohlräumen in Betonbauteilen“, DAfStb Deutscher Ausschuss für Stahlbeton
- TL/TP FG-EP „Technische Lieferbedingungen und Prüfvorschriften für Füllgut aus Epoxidharz und zugehöriges Injektionsverfahren“
- TL/TP FG-PUR „Technische Lieferbedingungen und Prüfvorschriften für Füllgut aus Polyurethan und zugehöriges Injektionsverfahren“
- TL/TP FG–ZL/ZS „Technische Lieferbedingungen und Prüfvorschriften für Füllgut aus Zementleim/Zementsuspension und zugehöriges Injektionsverfahren“
- ZTV-SIB „Zusätzliche Technische Vertragsbedingungen und Richtlinien für Schutz und Instandsetzung von Betonbauteilen“, DAfStb Deutscher Ausschuss für Stahlbeton
- Richtlinie „Schutz und Instandsetzung von Betonbauteilen“ (Instandsetzungsrichtlinie), DAfStb Deutscher Ausschuss für Stahlbeton
- Richtlinie „Wasserundurchlässige Bauwerke aus Beton“, DAfStb Deutscher Ausschuss für Stahlbeton
- Merkblatt Nr. 2 „Dichtstoffcharakterisierung“, IVD Industrieverband Dichtstoffe e.V.
- Merkblatt Nr. 4 „Abdichten von Fugen im Hochbau mit Elastomer-Fugenbändern unter Verwendung von ausreagierenden Klebstoffen“, IVD Industrieverband Dichtstoffe e.V.
- Merkblatt Nr. 7 „Elastischer Fugenverschluss bei Fassaden aus angemörtelten keramischen Fliesen“, IVD Industrieverband Dichtstoffe e.V.
- Merkblatt Nr. 9 „Dichtstoffe in der Anschlussfuge für Fenster und Außentüren“, IVD Industrieverband Dichtstoffe e.V.

Literatur- und Quellennachweis

(1) Dritter Bericht über Schäden an Gebäuden, Unterrichtung der Bundesregierung
Hrsg.: Bundesministerium für Raumordnung, Bauwesen und Städtebau (1996), übernommen aus: Frank Frössel in „Risse in Gebäuden“, BAULINO Verlag, 2. unveränderte Auflage (2010)

(2) Marktstudie über das Bauen im Bestand
Hrsg.: Gewiplan im Auftrag des Fachverbandes VHF des Fachverbandes WDVS
übernommen aus: Frank Frössel in „Risse in Gebäuden“, BAULINO Verlag, 2. unveränderte Auflage (2010)

(3) Werner Riedel, Heribert Oberhaus, Frank Frössel, Wolfang Haegele
Wärmedämm-Verbundsysteme – von der Thermohaut bis zur transparenten Wärmedämmung
Hrsg.: BAULINO Verlag, (2010)
übernommen aus: Frank Frössel in „Risse in Gebäuden“, BAULINO Verlag, 2. unveränderte Auflage (2010)

(4) Gerhard A. Bertholdi
Bindemittel – Grundlagen und Anwendung
Hrsg.: Expert Verlag, Esslingen (2001)
übernommen aus: Frank Frössel in „Risse in Gebäuden", BAULINO Verlag, 2. unveränderte Auflage (2010)

(5) www.wikipedia.de
übernommen aus: Frank Frössel in „Risse in Gebäuden", BAULINO Verlag, 2. unveränderte Auflage (2010)

(6) Günther Ruffert
Lexikon der Betoninstandsetzung
Hrsg.: Fraunhofer IRB Verlag, Stuttgart (1999)
übernommen aus: Frank Frössel in „Risse in Gebäuden", BAULINO Verlag, 2. unveränderte Auflage (2010)

(7) A. Gottfried, H.-J. Rolof
Lexikon der Farben und Lacke
Hrsg.: Objektverlag Düsseldorf (2007)
übernommen aus: Frank Frössel in „Risse in Gebäuden", BAULINO Verlag, 2. unveränderte Auflage (2010)

(8) Otto Henning, Dietbert Knöfel
Bauchemie
Hrsg.: Verlag für Bauwesen, Berlin (1997)
übernommen aus: Frank Frössel in „Risse in Gebäuden", BAULINO Verlag, 2. unveränderte Auflage (2010)

(9) Wolfgang F. Tegethoff
Calciumcarbonat – von der Kreidezeit bis ins 21. Jahrhundert
Hrsg.: Birkhäuser Verlag, Basel (2001)
übernommen aus: Frank Frössel in „Risse in Gebäuden", BAULINO Verlag, 2. unveränderte Auflage (2010)

(10) Werner Pfefferkorn, Helmut Klaas
Rissschäden an Mauerwerk – Schadensfreies Bauen, Band 7
Hrsg.: Fraunhofer IRB Verlag, Stuttgart (2002)
übernommen aus: Frank Frössel in „Risse in Gebäuden", BAULINO Verlag, 2. unveränderte Auflage (2010)

(11) Helmuth Venzmer
Lexikon der Mauerwerkssanierung von A bis Z
Hrsg.: Verlag für Bauwesen, Berlin (2001)
übernommen aus: Frank Frössel in „Risse in Gebäuden", BAULINO Verlag, 2. unveränderte Auflage (2010)

(12) Peter Schubert
Mauerwerk – Risse und Ausführungsmängel vermeiden und instandsetzen
Hrsg.: Fraunhofer IRB Verlag, Stuttgart (2009)
übernommen aus: Frank Frössel in „Risse in Gebäuden", BAULINO Verlag, 2. unveränderte Auflage (2010)

(13) Wolfram Jäger
Mauerwerkskalender 2008 – Baustoffe, Konstruktion, Bemessung
Hrsg.: Verlag Ernst & Sohn, Berlin (2008)
übernommen aus: Frank Frössel in „Risse in Gebäuden", BAULINO Verlag, 2. unveränderte Auflage (2010)

(14) DIN 1053-1 „Mauerwerk, Teil 1: Berechnung und Ausführung"
Hrsg.: Deutsches Institut für Normung, Berlin (1996)
übernommen aus: Frank Frössel in „Risse in Gebäuden", BAULINO Verlag, 2. unveränderte Auflage (2010)

(15) DIN EN 998-1 „Festlegungen für Mörtel im Mauerwerksbau – Teil 1: Putzmörtel"
Hrsg.: Deutsches Institut für Normung, Berlin (2016)
übernommen aus: Frank Frössel in „Risse in Gebäuden", BAULINO Verlag, 2. unveränderte Auflage (2010)

(16) DIN 1045 „Tragwerke aus Beton, Stahlbeton und Spannbeton"
Hrsg.: Deutsches Institut für Normung, Berlin (2023)
übernommen aus: Frank Frössel in „Risse in Gebäuden", BAULINO Verlag, 2. unveränderte Auflage (2010)

(17) G. Hilbert
Feuchtetransport und Salzeinlagerung in hochporösen Putzmörteln
in: Anwendung von Sanierputzen in der baulichen Denkmalpflege
Hrsg.: Sonderdruck der Firma Remmers, Löningen (1997)

übernommen aus: Frank Frössel in „Risse in Gebäuden“, BAULINO Verlag, 2. unveränderte Auflage (2010)

(18) H. Föll
http://www.tf.uni-kiel.de/matwis/amat/mw1_ge/kap_7/backbone/r7_3_2.html
übernommen aus: Frank Frössel in „Risse in Gebäuden“, BAULINO Verlag, 2. unveränderte Auflage (2010)

(19) Raimund Probst
Vortrag bei den Bauschadenstagen in Rottach (2004)
übernommen aus: Frank Frössel in „Risse in Gebäuden“, BAULINO Verlag, 2. unveränderte Auflage (2010)

(20) H.-J. Rolof
Risse in Beschichtungen
in: Tagungsband des SV-Treffen DACH in Innsbruck (2006)
übernommen aus: Frank Frössel in „Risse in Gebäuden“, BAULINO Verlag, 2. unveränderte Auflage (2010)

(21) Peter Schubert
Risse in tragendem Mauerwerk und in Zwischenwänden
in: Tagungsband Aachener Bausachverständigentage
Hrsg.: AIBau Aachen (2006)
übernommen aus: Frank Frössel in „Risse in Gebäuden“, BAULINO Verlag, 2. unveränderte Auflage (2010)

(22) K. Zeuss
Einfluss der Mauersteinart, des Formats und der Fugenausbildung
in: Tagungsband Aachener Bausachverständigentage
Hrsg.: AIBau Aachen (2006)
übernommen aus: Frank Frössel in „Risse in Gebäuden“, BAULINO Verlag, 2. unveränderte Auflage (2010)

(23) Cziesielski, Schrepfer, Fechner
Beurteilung von Rissen in Wärmedämm-Verbundsystemen
in: Tagungsband Aachener Bausachverständigentage
Hrsg.: AIBau Aachen (2006)
übernommen aus: Frank Frössel in „Risse in Gebäuden“, BAULINO Verlag, 2. unveränderte Auflage (2010)

(24) Helmut Künzel, H. Böhm
Außenseitige Wärmedämmung von Außenwänden in Verbindung mit mineralischen Putzen
in: Bericht aus dem Fraunhofer Institut für Bauphysik (11/1986)
veröffentlicht in: Bauphysik 9 (1987), Heft 4, Seite 125
Hrsg.: Verlag Ernst und Sohn, Berlin
übernommen aus: Frank Frössel in „Risse in Gebäuden“, BAULINO Verlag, 2. unveränderte Auflage (2010)

(25) Helmut Künzel, H. Leonhardt
Praxisbewährung von mineralischen Wärmedämm-Verbundsystemen
in: Mappe (1991), Heft 7, Seite 20 bis 22
Hrsg.: Callwey Verlag, München
übernommen aus: Frank Frössel in „Risse in Gebäuden“, BAULINO Verlag, 2. unveränderte Auflage (2010)

(26) Helmut Künzel
Die Bewertung von Putzrissen bei Wärmedämm-Verbundsystemen
in: Bericht aus dem Fraunhofer Institut für Bauphysik (62/1995)
veröffentlicht in: Bautenschutz und Bausanierung 13 (1995), Heft 6, Seite 42–48
Hrsg.: Rudolf Müller Verlag, Köln
übernommen aus: Frank Frössel in „Risse in Gebäuden“, BAULINO Verlag, 2. unveränderte Auflage (2010)

(27) Rainer Oswald
Mängel, Schäden, Streitigkeiten – Typische Schwachstellen bei Außenwänden
Hrsg.: Deutsche Verlagsanstalt, Stuttgart (2004)
übernommen aus: Frank Frössel in „Risse in Gebäuden“, BAULINO Verlag, 2. unveränderte Auflage (2010)

(28) Raimund Oswald
Hinzunehmende Unregelmäßigkeiten bei Gebäuden – Typische Erscheinungsbilder, Beurteilungskriterien und Grenzwerte
Hrsg.: Verlag Vieweg und Teubner, Wiesbaden (2006)
übernommen aus: Frank Frössel in „Risse in Gebäuden“, BAULINO Verlag, 2. unveränderte Auflage (2010)

(29) P. Bleutge
Fertigstellungsbescheinigung – Neue Aufgabe für Sachverständige
Hrsg.: Institut für Sachverständigenwesen, Köln (2005)
übernommen aus: Frank Frössel in „Risse in Gebäuden“, BAULINO Verlag, 2. unveränderte Auflage (2010)

(30) H. R. Sangenstedt
An und für sich schwierig – Ab wann ist eine Mängelbeseitigung unverhältnismäßig?
in: Deutsches Ingenieurblatt, Heft 3, Seite 56 und 57
Hrsg.: Bundesingenieurkammer, Berlin (2006)
übernommen aus: Frank Frössel in „Risse in Gebäuden“, BAULINO Verlag, 2. unveränderte Auflage (2010)

(31) G. Motze
Wissenschaftlich technische Erkenntnisse kontra rechtlicher Bewertung bei Algen- und Pilzbefall unter Berücksichtigung des neuen Sachmangelbegriffs der Schuldrechtmodernisierung
in: Tagungsband zum Werkstofftag 2002
Hrsg.: Firma Caparol, Ober-Ramstadt
übernommen aus: Frank Frössel in „Risse in Gebäuden“, BAULINO Verlag, 2. unveränderte Auflage (2010)

(32) WTA-Merkblatt 2-4-14/D „Beurteilung und Instandsetzung gerissener Putze an Fassaden“
Hrsg.: Wissenschaftlich-Technische Arbeitsgemeinschaft für Bauwerkserhaltung und Denkmalpflege, München (2014)
übernommen aus: Frank Frössel in „Risse in Gebäuden“, BAULINO Verlag, 2. unveränderte Auflage (2010)

(33) BFS-Merkblatt 19 „Risse in Außenputzen – Beschichtung und Armierung“ (1997)
Hrsg.: Bundesverband Farbe und Sachwertschutz, Frankfurt
übernommen aus: Frank Frössel in „Risse in Gebäuden“, BAULINO Verlag, 2. unveränderte Auflage (2010)

(34) BFS-Merkblatt 19.1 „Risse in unverputztem und verputztem Mauerwerk, in Gipskartonplatten und ähnlichen Stoffen auf Unterkonstruktionen – Ursachen und Bearbeitungsmöglichkeiten“ (1991)
Hrsg.: Bundesverband Farbe und Sachwertschutz, Frankfurt
übernommen aus: Frank Frössel in „Risse in Gebäuden“, BAULINO Verlag, 2. unveränderte Auflage (2010)

(35) J. Gänssmantel
Nicht alle mögen´s heiß
in: Ausbau und Fassade, Heft 7-8 (2008)
Hrsg.: Maurer Druck und Verlag, Geislingen
übernommen aus: Frank Frössel in „Risse in Gebäuden“, BAULINO Verlag, 2. unveränderte Auflage (2010)

(36) Jürgen Gänssmantel
Risse in Decken und Wänden
Hrsg.: Forum Verlag, Merching (2007)
übernommen aus: Frank Frössel in „Risse in Gebäuden“, BAULINO Verlag, 2. unveränderte Auflage (2010)

(37) Firmeninformationen
Hrsg.: Firma Wienerberger, Hannover
übernommen aus: Frank Frössel in „Risse in Gebäuden“, BAULINO Verlag, 2. unveränderte Auflage (2010)

(38) Firmeninformationen
Hrsg.: Firma Wacker-Chemie, Burghausen
übernommen aus: Frank Frössel in „Risse in Gebäuden“, BAULINO Verlag, 2. unveränderte Auflage (2010)

(39) Firmeninformationen
Hrsg.: Firma Sto AG, Stühlingen
übernommen aus: Frank Frössel in „Risse in Gebäuden“, BAULINO Verlag, 2. unveränderte Auflage (2010)

(40) Uwe Erfurt
Fassadenrisse
in: Tagungsband der IBK-Tagung 2008
Hrsg.: Institut für das Bauen mit Kunststoffen e.V., Darmstadt
übernommen aus: Frank Frössel in „Risse in Gebäuden“, BAULINO Verlag, 2. unveränderte Auflage (2010)

(41) K. Hilmer
Schäden im Gründungsbereich
in: Tagungsband der IBK-Tagung 2008

Hrsg.: Institut für das Bauen mit Kunststoffen e.V., Darmstadt
übernommen aus: Frank Frössel in „Risse in Gebäuden“, BAULINO Verlag, 2. unveränderte Auflage (2010)

(42) J. Henzinger
Rissursache im Baugrund
in: Tagungsband der IBK-Tagung 2008
Hrsg.: Institut für das Bauen mit Kunststoffen e.V., Darmstadt
übernommen aus: Frank Frössel in „Risse in Gebäuden“, BAULINO Verlag, 2. unveränderte Auflage (2010)

(43) Leitlinien für das Verputzen von Mauerwerk und Beton
Hrsg.: VDPM Verband für Dämmsysteme, Putz und Mörtel e. V., Berlin (2022)
übernommen aus: Frank Frössel in „Risse in Gebäuden“, BAULINO Verlag, 2. unveränderte Auflage (2010)

(44) Peter Schubert
Neue Erkenntnisse zu Rissbildungen in tragendem Mauerwerk
in: Tagungsband Aachener Bausachverständigentage (2006)
übernommen aus: Frank Frössel in „Risse in Gebäuden“, BAULINO Verlag, 2. unveränderte Auflage (2010)

(45) J. Meinz
Berechnung von Putzrissen in Wärmedämm-Verbundsystemen im Bereich einspringender Ecken
in: Diplomarbeit an der TU Berlin, FAK VI – Bauingenieurwesen, Fachbereich Allgemeiner Ingenieurbau 2004
übernommen aus: Frank Frössel in „Risse in Gebäuden“, BAULINO Verlag, 2. unveränderte Auflage (2010)

(46) Wolfgang Steinert
Risse
in: Tagungsband der IBK-Tagung 2008
Hrsg.: Institut für das Bauen mit Kunststoffen e.V., Darmstadt
übernommen aus: Frank Frössel in „Risse in Gebäuden“, BAULINO Verlag, 2. unveränderte Auflage (2010)

(47) Helmut Klaas
Fugen und Risse in Verblendschalen und Bekleidungen
in: Tagungsband Aachener Bausachverständigentage (2006)
übernommen aus: Frank Frössel in „Risse in Gebäuden“, BAULINO Verlag, 2. unveränderte Auflage (2010)

(48) Heinz Meichsner, Katrin Rohr-Suchalla
Risse in Beton und Mauerwerk – Ursachen, Sanierung, Rechtsfragen
Hrsg.: Fraunhofer IRB Verlag, Stuttgart (2011)
übernommen aus: Frank Frössel in „Risse in Gebäuden“, BAULINO Verlag, 2. unveränderte Auflage (2010)

(49) Hans-Theodor Soergel
Kommentar zum BGB
Hrsg.: Kohlhammer Verlag, Stuttgart (2006)
übernommen aus: Frank Frössel in „Risse in Gebäuden“, BAULINO Verlag, 2. unveränderte Auflage (2010)

(50) Firmeninformationen
Hrsg.: Firma Soilcrete, Schweiz
übernommen aus: Frank Frössel in „Risse in Gebäuden“, BAULINO Verlag, 2. unveränderte Auflage (2010)

(51) Wolfram Jäger
Mauerwerkskalender 2009 – Ausführung, Instandsetzung, Lehmmauerwerk
Hrsg.: Verlag Ernst & Sohn, Berlin (2009)
übernommen aus: Frank Frössel in „Risse in Gebäuden“, BAULINO Verlag, 2. unveränderte Auflage (2010)

(52) Firmeninformationen
Hrsg.: Firma Uretek, Mülheim an der Ruhr
übernommen aus: Frank Frössel in „Risse in Gebäuden“, BAULINO Verlag, 2. unveränderte Auflage (2010)

(53) Michael Raupach, Jeanette Orlowsky
Erhaltung von Betonbauwerken – Baustoffe und ihre Eigenschaften
Hrsg.: Vieweg und Teubner Verlag, Wiesbaden (2008)
übernommen aus: Frank Frössel in „Risse in Gebäuden“, BAULINO Verlag, 2. unveränderte Auflage (2010)

(54) Frank Frössel
Mauerwerkstrockenlegung und Kellersanierung

Hrsg.: BAULINO Verlag (2010)
übernommen aus: Frank Frössel in „Risse in Gebäuden“, BAULINO Verlag, 2. unveränderte Auflage (2010)

(55) Frank Frössel
Lexikon der Bauwerksabdichtung und Kellersanierung
Hrsg.: BAULINO Verlag (2005)
übernommen aus: Frank Frössel in „Risse in Gebäuden“, BAULINO Verlag, 2. unveränderte Auflage (2010)

(56) Richtlinie „Herstellung und Verwendung von zementgebundenem Vergussbeton und Vergussmörtel“
Hrsg.: DAfStb Deutscher Ausschuss für Stahlbeton, Berlin (2019)
übernommen aus: Frank Frössel in „Risse in Gebäuden“, BAULINO Verlag, 2. unveränderte Auflage (2010)

(57) Sylvia Stürmer
Injektionsschaummörtel für die Sanierung historischen Mauerwerkes unter besonderer Berücksichtigung bauschädlicher Salze
in: Doktorarbeit
Hrsg.: Logos Berlin (1999)
übernommen aus: Frank Frössel in „Risse in Gebäuden“, BAULINO Verlag, 2. unveränderte Auflage (2010)

(58) Ingo Mielke, Jochen Stark
Injektionsschaummörtel
in: Mauerwerkskalender 2008 – Baustoffe, Konstruktion, Bemessung
Hrsg.: Verlag Ernst & Sohn, Berlin (2008)
übernommen aus: Frank Frössel in „Risse in Gebäuden“, BAULINO Verlag, 2. unveränderte Auflage (2010)

(59) Heinz Meichsner
Spiralanker für die Mauerwerksinstandsetzung
in: Der Bausachverständige, Heft 6
Hrsg.: Fraunhofer IRB Verlag, Stuttgart (2006)
übernommen aus: Frank Frössel in „Risse in Gebäuden“, BAULINO Verlag, 2. unveränderte Auflage (2010)

(60) Heinz Meichsner
Spiralanker für die Mauerwerksinstandsetzung
in: Der Bausachverständige – Berechnung und Konstruktion, Heft 6
Hrsg.: Fraunhofer IRB Verlag, Stuttgart (2007)
übernommen aus: Frank Frössel in „Risse in Gebäuden“, BAULINO Verlag, 2. unveränderte Auflage (2010)

(61) Firmeninformationen
Hrsg.: Firma Schwenk Putztechnik, Ulm
übernommen aus: Frank Frössel in „Risse in Gebäuden“, BAULINO Verlag, 2. unveränderte Auflage (2010)

(62) Firmeninformationen
Hrsg.: Firma Sto AG, Stühlingen
übernommen aus: Frank Frössel in „Risse in Gebäuden“, BAULINO Verlag, 2. unveränderte Auflage (2010)

(63) Firmeninformationen
Hrsg.: Firma Erfurt & Sohn, Wuppertal
übernommen aus: Frank Frössel in „Risse in Gebäuden“, BAULINO Verlag, 2. unveränderte Auflage (2010)

(64) Helmut Künzel, H. Böhm
Außenseitige Wärmedämmung von Außenwänden in Verbindung mit mineralischen Putzen
in: Bericht aus dem Fraunhofer Institut für Bauphysik (11/1986)
veröffentlicht in: Bauphysik 9 (1987), Heft 4, Seite 125
Hrsg.: Verlag Ernst und Sohn, Berlin
übernommen aus: Frank Frössel in „Risse in Gebäuden“, BAULINO Verlag, 2. unveränderte Auflage (2010)

(65) Buehler
Eine Theorie für rasende Risse
Hrsg.: Max-Planck-Gesellschaft, München
übernommen aus: Frank Frössel in „Risse in Gebäuden“, BAULINO Verlag, 2. unveränderte Auflage (2010)

(66) Total Solar Reflectance
Hrsg.: VDPM Verband für Dämmsysteme, Putz und Mörtel e. V., Berlin (2022)

Auswahl weiterführende Literatur

Nachfolgend wird eine Auswahl weiterführender Literatur empfohlen, um sich bei Bedarf in das eine oder andere Thema vertiefend einzulesen. Die Reihenfolge stellt keine Gewichtung oder sonstige Systematik dar. Die Auflistung erhebt nicht den Anspruch auf Vollständigkeit.

Jürgen Gänßmantel, Kornelia Horn
Risse: Ursachen – Diagnostik – Instandsetzung
WEKA Verlag (2021)

Heinz Meichsner
Bauwerksrisse kurz und bündig: Rissentstehung, -ursachen und -vermeidung, Instandsetzung gerissener Bauteile
Fraunhofer IRB Verlag (2022)

Heinz Meichsner
Rissbilder und Rissbreiten im Stahlbetonbau: Erfassen und Dokumentieren, Messen und Bewerten.
Fraunhofer IRB Verlag (2023)

Mohammad Nodoushani
Handbuch Gründungsschäden – Erkennen und Instandsetzen
Birkhäuser Verlag (2012)

Josef Maier
Handbuch Historisches Mauerwerk – Untersuchungsmethoden und Instandsetzungsverfahren
Springer Vieweg Verlag (2012)

Hartmut Ross, Friedemann Stahl
Praxis-Handbuch Putz – Stoffe, Verarbeitung, Schadensvermeidung
Rudolf Müller Verlag (2003)

Frank Frössel
Handbuch Putz und Stuck
Callwey Verlag (2004)

Helmut Künzel
Schäden an Fassadenputzen
in: Schadenfreies Bauen, Band 9
Fraunhofer IRB Verlag (2011)

Helmut Weber
Fassadenschutz und Bausanierung – Der Leitfaden für die Sanierung, Konservierung und Restaurierung von Gebäuden
Expert-Verlag Esslingen (2008)

Erich Cziesielski, Frank Ulrich Vogdt
Schäden an Wärmedämm-Verbundsystemen – Schadensfreies Bauen, Band 20
Fraunhofer IRB Verlag (2007)

Horst Reul
Die Sanierung der Sanierung – Grundlagen und Fallbeispiele, Boden, Mauerwerk, Fassade und Flachdach
Fraunhofer IRB Verlag (2009)

Doris Gerken
Institut für Bauforschung e.V. -IFB-, Hannover
Wärmedämmverbundsysteme (WDVS) im Wohnungsbau
Bauforschung für die Praxis, Band 32: Bestandsanalyse zur längerfristigen Lebensdauer und Kostendämpfung
Fraunhofer IRB Verlag (1997)

Markus Weißert, Achim Bauer
Kommentar ATV DIN 18350 und DIN 18299 Putz- und Stuckarbeiten
Verlag Vieweg & Teubner (2017)

Rainer Oswald
Aachener Bausachverständigentage 2006 – Außenwände: Moderne Bauweisen – Neue Bewertungsprobleme. Rechtsfragen für Baupraktiker.
Verlag Vieweg & Teubner (2007)

Ralf Ertl
Toleranzen im Hochbau, Kommentar zur DIN 18202 – zulässige Maßabweichungen im Roh- und Ausbau
Rudolf Müller Verlag (2020)

Wolfgang Schultze
Wässrige Siliconharz-Beschichtungssysteme für Fassaden – Grundlagen, Formulierungen, Anwendung in der Praxis, Problemlösungen
Expert-Verlag (2004)

Manfred Puche
Mängel an Gebäude- und Bauteiloberflächen: Anforderungen, Schadensbilder, Ursachen, Bewertung
Rudolf Müller Verlag (2007)

Dieter Scholz
Typische Baufehler erkennen – vermeiden – beheben
Rudolf Müller Verlag (2005)

Helmut Bruckner
Gewerk Mauerwerksbau: Richtig ausführen – Fehler vermeiden
Fraunhofer IRB Verlag (2002)

K. Gertis, D. Nannen
Thermische Spannungen in Wärmedämmverbundsystemen
in: Wärmeschutz im Hochbau
Springer Verlag (1997)

Peter Schubert
Formänderungen von Mauerwerk – Nachweisverfahren, Untersuchungsergebnisse, Rechenwerte
in: Mauerwerk-Kalender 27
Verlag Ernst & Sohn

Peter Schubert
Vermeiden von schädlichen Rissen in Mauerwerksbauten
in: Mauerwerk-Kalender 21
Verlag Ernst & Sohn

Peter Schubert
Verformung und Risssicherheit
in: Mauerwerksbau
Werner Verlag (1999)

Peter Schubert
Zur rissfreien Länge von nichttragenden Mauerwerkswänden
in: Mauerwerk-Kalender 13
Verlag Ernst & Sohn

Peter Schubert
Putz auf Leichtmauerwerk, Eigenschaften von Putzmörteln
in: Mauerwerk-Kalender 18
Verlag Ernst & Sohn

Peter Schubert
Innen-/Außenwände – Risse durch zu große Verformungsunterschiede in vertikaler Richtung
in: Schadensfreies Bauen mit Mauerwerk
Fachzeitschrift Mauerwerk
Verlag Ernst & Sohn (2001)

Peter Schubert, I. Beer
Beurteilung der Risssicherheit von Außenputzen
in: Ibac-Kurzberichte 17 (2004)

Peter Schubert, U. Schmidt
Experimenteller Nachweis zur Leistungsfähigkeit von Putzinstandsetzungssystemen
in: Ibac-Kurzberichte 17 (2004)

H. Klaas, E. Schulz
Schäden an Außenwänden aus Ziegel- und KS-Verblendmauerwerk
in: Schadensfreies Bauen, Band 13
Fraunhofer IRB Verlag (2002)

G. Iványi, W. Rosa
Füllen von Rissen und Hohlräumen im Konstruktionsbeton mit Zementsuspension
Beton- und Stahlbetonbau (1992) Heft 9, Seite 224–229

A. Eßer
Polyurethan – ein Füllgut zum Füllen von Rissen in Betonbauteilen
in: Betonbau in Forschung und Praxis.
Festschrift zum 60. Geburtstag von György Iványi
Verlag Bau und Technik (1999)

K. Kuhn, A. Paschke
Acrylatgele – Untersuchungen zur Anwendbarkeit als Füllgut zum Abdichten von Rissen in Betonbauteilen.
Diplomarbeit, Universität Essen (2000)

J. Bödefeld, R. Ehmann, D. Schlicke
Mindestbewehrung zur Begrenzung der Rissbreiten in Stahlbetonbauteilen infolge des Hydratationsprozesses

in: Beton- und Stahlbetonbau, Heft 1 (32–37) und Heft 2 (79–85)
Verlag Ernst und Sohn (2012)

D. Schlicke
Zwangbeanspruchung und Rissbreitenbeschränkung in Stahlbetonbauteilen auf Grundlage der Verformungskompatibilität
in: Betonkalender
Verlag Ernst und Sohn (2020)

P. Schießl
Grundlagen der Neuregelung zur Beschränkung der Rissbreite
in: DAfStb-Heft 400
Beuth-Verlag (1994)

M. Empelmann, D. Busse
Vergleich von normativen Modellen zur Berechnung der Rissbreite
in: Beton- und Stahlbetonbau, Heft 4, Seite 298–306
Verlag Ernst und Sohn (2018)

Bildnachweis

Firma SCHWENK Putztechnik, Ulm
Abb. 2.3, 4.19, 4.20, 4.25, 4.30, 4.31, 4.45, 4.51, 5.1, 5.2, 5.44, 5.45, 5.46, 6.3, 6.90
Forschungs- und Prüfinstitut Steine und Erden, Karlsruhe
Abb. 7.60, 7.61, 7.62, 7.63, 7.64, 7.65, 7.66, 7.67, 7.68, 7.69
Firma SAKRET Trockenbaustoffe Europa, Berlin / Firma SAKRET, Bad Lauterberg
Abb. 3.7, 3.8, 3.9, 3.10, 3.11, 3.12, 3.13, 3.14, 3.15, 3.16, 3.17, 3.18, 3.19, 3.20, 3.21, 4.24, 4.26, 4.27, 4.57, 4.63, 4.64, 5.4, 5.9, 5.10, 5.11, 5.12, 5.23, 6.45, 6.56, 6.61
Firma Sto, Stühlingen
Abb. 2.6, 3.23, 4.59, 5.16, 5.17, 5.41, 5.49, 5.55, 5.69, 6.4, 6.63, 6.72, 6.73, 6.89, 6.100, 6.101, 6.102, 6.103, 6.107, 6.108, 6.109, 6.110, 7.11, 7.12, 7.13, 7.19, 7.20, 7.36, 7.37, 7.40, 7.50, 7.52, 7.53, 7.54, 7.56
Firma Akzo Nobel, Köln
Abb. 4.32, 4.33, 4.47, 5.5, 5.7, 5.18, 5.42, 5.43, 5.47, 5.52, 5.53, 5.54, 5.56, 5.67, 5.68, 6.46, 6.48, 6.50, 6.56, 6.77, 6.78, 6.79, 6.80, 6.91, 6.92, 6.93, 6.94, 6.99, 7.33, 7.47, 7.48, 7.51
Firma Remmers Bauchemie, Löningen
Abb. 3.3, 3.4
Firma Maler Steiner, Herne
Abb. 7.41, 7.42, 7.43
BFS Bundesverband Farbe und Sachwertschutz, Frankfurt
Abb. 5.50
FAS Fachverband der Stuckateure, Rutesheim
Abb. 3.2
Frank Frössel, Horb
Abb. 2.2, 3.27
Wolfgang Cyrol, Hameln
Abb. 7.44, 7.46
Firma Testo, Titisee-Neustadt
Abb. 5.57, 5.58
Rainer Oswald, AIBau Aachen
Abb. 2.1, 5.6
Bernd Ehrmann, München
Abb. 5.13, 5.14
Firma Scanntronik Mugrauer, Zorneding
Abb. 5.29, 5.30, 5.31, 5.32, 5.33, 5.34
Rudolf Schäfer, Hindelang
Abb. 6.58
Max-Planck-Gesellschaft, München
Abb. 4.1, 4.2, 7.24, 7.25
Firma Flir Systems, Frankfurt
Abb. 4.28, 5.61, 5.62, 5.63, 5.64
Deutsche Bauchemie, Frankfurt
Abb. 7.71
Firma DAW/Caparol, Ober-Ramstadt
Abb. 4.29
Firma Saint-Gobain Weber, Düsseldorf
Abb. 7.70
Firma Brillux, Münster
Abb. 5.48
Lothar Goretzki, Weimar
Abb. 3.25, 3.26
Edwin Fecker, Ettlingen
Abb. 4.68, 7.2
Raimund Probst, Frankfurt
Abb. 4.3, 4.4, 4.5, 4.6, 4.7, 4.8, 4.9, 4.10, 4.11, 4.12, 4.13, 4.14, 4.15, 4.16, 4.17
Günter Zimmermann, Stuttgart

Abb. 4.18, 4.21, 4.22, 4.23, 5.15, 5.22, 5.24, 5.25, 5.65, 7.59

Peter Schubert, Aachen

Abb. 4.41, 4.42, 4.43, 4.48, 4.50, 6.36, 6.40, 6.41, 6.42, 6.47, 6.49, 6.51, 6.52, 6.54, 6.55, 6.57, 6.59

Stephan Pfefferkorn, Dresden/Helmut Klaas, Stuttgart

Abb. 6.1, 6.2, 6.5, 6.6, 6.7, 6.9, 6.13, 6.14, 6.16, 6.31, 6.32, 6.33, 6.34, 6.35, 6.36, 6.37, 6.44, 6.60, 6.62, 6.64, 6.65, 6.66, 6.71, 6.74, 6.75, 6.85, 6.86, 6.87, 6.88, 6.97, 6.98, 6.105, 6.106

Firma Webac, Hamburg

Abb. 4.34, 4.35, 4.36, 4.37, 5.3, 7.4, 7.8, 7.9, 7.10, 7.14, 7.15, 7.16, 7.17, 7.18, 7.21, 7.22, 7.23

Markus Donner, Badische Zeitung

Abb. 4.40, 4.69, 5.26, 5.27, 6.10, 6.26, 6.27, 6.28

Wolfram Jäger, Radebeul

Abb. 4.44, 5.19, 5.20, 5.21, 5.70, 6.8, 6.17, 6.29, 6.30, 6.53, 6.67, 6.68, 6.69, 6.70

Klaus-Gunnar Bauch, Dresden

Abb. 4.46, 6.43

Firma Gutjahr Systeme, Birkenbach

Abb. 4.52

Thomas Mulik, Erfurt

Abb. 6.95, 6.96

Saskia Frey, Hamburg

Abb. 4.53, 5.35, 5.36, 5.37, 5.38

Heribert Oberhaus, Dortmund

Abb. 2.5, 4.54, 4.56, 4.65, 4.66, 4.67

Jürgen Gänßmantel, Schömberg

Abb. 4.60

Helmut Weber, Ebersberg

Abb. 3.5, 3.6

MAPPE/Callwey Verlag, München

Abb. 4.58

Erich Cziesielski, Berlin

Abb. 4.61, 4.62

Firma Wienerberger, Hannover

Abb. 6.39

Berthold Müller/Firma Infratec, Dresden

Abb. 5.61, 5.62

Jürgen Weber, Leipzig

Abb. 5.66, 6.81, 6.82, 6.83, 6.84

Firma Uretek, Mühlheim a. d. R.

Abb. 6.11, 6.12, 6.15, 6.18, 6.19, 6.20, 6.21, 6.22, 6.23, 7.3

Firma Desoi, Kalbach

Abb. 7.26, 7.27, 7.29, 7.30, 7.31, 7.32

Firma Rascor, Schweiz

Abb. 7.5, 7.6, 7.7

Firma Henkel Bautechnik, Düsseldorf

Abb. 7.34, 7.35

Heinz Meichsner, Leipzig

Abb. 4.38, 4.39

Wikipedia.de/gemeinfrei

Abb. 6.24, 6.25, 7.1

Firma Elcometer, Manchester

Abb. 5.39, 5.40

TUM Technische Universität, München

Abb. 5.59

Firma Marburg, Kirchhain

Abb. 5.60

MIX
Papier aus verantwortungsvollen Quellen
Paper from responsible sources
FSC® C105338

If you have any concerns about our products,
you can contact us on
ProductSafety@springernature.com

In case Publisher is established outside the EU,
the EU authorized representative is:
Springer Nature Customer Service Center GmbH
Europaplatz 3, 69115 Heidelberg, Germany

Printed by Libri Plureos GmbH
in Hamburg, Germany